U0230328

湘东北陆内金（多金属）矿床成矿系统与深部资源预测

许德如　董国军　王智琳　宁钧陶 等　著

科 学 出 版 社

北　京

内 容 简 介

板（陆）内成矿作用已成为当前国际矿床学研究的前沿领域和新热点。本书系统阐述了位于江南古陆中段的湖南省东北部（简称湘东北）地区金（多金属）成矿作用特征及其与陆内构造-岩浆演化事件的关系，正式提出了陆内活化型（intracontinental re-activation type）矿床这一新的矿床类型，并总结了该类型矿床的成矿作用基本特征；同时将湘东北地区金（多金属）矿床划分为五类成矿系统，重点研究了陆内活化型金（锑钨）矿床成矿系统和钴铜多金属矿床成矿系统的成因机理，构建了其区域成矿模式和“三位一体”找矿预测地质模型，并运用地球物理深部探测技术和三维可视化建模技术等，开展了金（多金属）矿产预测，为实现深部找矿突破提供了关键理论与核心技术支撑。

本书可供产、学、研等部门的广大地质矿产工作者和高等院校师生阅读参考。

审图号：GS(2022)1548 号

图书在版编目(CIP)数据

湘东北陆内金（多金属）矿床成矿系统与深部资源预测／许德如等著．—北京：科学出版社，2023.8

ISBN 978-7-03-073192-0

Ⅰ.①湘…　Ⅱ.①许…　Ⅲ.①金矿床-多金属矿床-成矿地质-地质特征-湖南 ②金矿床-多金属矿床-找矿-研究-湖南　Ⅳ.①P618.51

中国版本图书馆 CIP 数据核字（2022）第 173092 号

责任编辑：王　运　柴良木／责任校对：何艳萍

责任印制：肖　兴／封面设计：图阅盛世

科学出版社 出版

北京东黄城根北街 16 号

邮政编码：100717

http://www.sciencep.com

北京中科印刷有限公司 印刷

科学出版社发行　各地新华书店经销

*

2023 年 8 月第　一　版　开本：889×1194　1/16

2023 年 8 月第一次印刷　印张：35 1/4

字数：1 120 000

定价：508.00 元

（如有印装质量问题，我社负责调换）

作 者 名 单

许德如　董国军　王智琳　宁钧陶　邹少浩

周岳强　邓　腾　刘拥军　于得水　符巩固

陈根文　张俊岭　文志林　吴　俊　林　伟

李增华　黄宝亮　贺转利　肖朝阳

作 者 单 位

东华理工大学

湖南省地质矿产勘查开发局四〇二队

中国科学院广州地球化学研究所

中南大学

中国科学院地质与地球物理研究所

前　　言

位于江南古陆中段的湖南省东北部（以下简称湘东北地区），是我国华南大陆极为重要的、以金为主的金-铅-锌-钴-铜多金属矿集区。目前，在湘东北地区已发现黄金洞和大万等大型-超大型金矿床、桃林和栗山大型铅锌（萤石）矿床、七宝山大型铜铅锌多金属矿床以及横洞和井冲等钴铜多金属矿床；此外，该区还产有大型伟晶岩型铌钽（锂铍）矿床。自20世纪80年代以来，湖南省地矿部门、国内相关院校、中国科学院和中国地质科学院等相关研究所，针对湘东北金（多金属）成矿的地质背景、矿床成因与成矿规律，以及矿产预测和找矿勘查等曾开展了大量地质科研与找矿勘查工作。以往工作成果均显示，湘东北地区具有优越的成矿地质条件和巨大的金（多金属）矿产找矿潜力，但仍存在着一些制约地质找矿突破的关键科学与技术问题。

为实现找矿的重大突破，保障国家经济和社会可持续发展对金铅锌铜钴等多金属矿产资源的战略需求，自20世纪90年代初至今的30多年，东华理工大学（原华东地质学院）与湖南省地质矿产勘查开发局四〇二队、中国科学院广州地球化学研究所（原中国科学院长沙大地构造研究所部分）、中南大学等单位联合，在自然资源部（国土资源部）中国地质调查局、科技部、国家自然科学基金委员会、中国科学院、湖南省科学技术厅、湖南省自然资源厅（国土资源厅）、湖南省自然科学基金委员会、湖南省地质矿产勘查开发局以及矿山企业等支持下，针对制约找矿突破的一些重大基础地质问题，以大陆成矿学、陆内构造-岩浆活化与成矿、成矿系统与成矿系列等理论为指导，应用现代关键分析测试技术，结合三维可视化建模和地球物理深部探测等技术，着重对湘东北地区金（多金属）富集成矿的地球动力学背景、控制金（多金属）矿床形成演化的关键地质因素、金（多金属）成矿元素的来源和迁移与沉淀的物理化学条件等开展了系列专题研究，系统总结了湘东北地区金（多金属）成矿规律，并重点对金、钴铜、铅锌矿产的深部资源进行了成矿预测、找矿勘查和资源量评估。

经过30多年的成矿学研究和找矿勘查，不仅在陆内成岩成矿理论取得了一系列重大进展，而且在找矿勘查技术方法和深部资源预测取得了重大突破，发现和评价了一批大型-超大型矿床，提交了一批金（多金属）资源量，培养了一批高层次人才，取得了重大的社会和经济效益。本书所取得系列创新成果和认识是由东华理工大学、湖南省地质矿产勘查开发局四〇二队、中国科学院广州地球化学研究所、中南大学等单位共同完成的，也是项目组全体参加人员共同智慧的结晶。

本书所取得的研究成果先后被自然资源部（国土资源部）、湖南省政府、国际地质专家，以及人民日报、中央电视台等媒体密切关注，并得到地学界的普遍推广和应用。同时，为行业与企事业单位培养了中青年优秀人才50名、博士研究生21名、硕士研究生54名，他们大部分已走向行业领导岗位或成为技术骨干、学术带头人。其中，1人享受国务院政府特殊津贴；1人获“新世纪百千万人才”称号；1人获江西省“双千计划”人才称号；1人兼任国际矿床成因协会矿床大地构造委员会主席；1人兼任国际权威期刊*Ore Geology Reviews*副主编；1人为湖南省“新世纪121人才工程”人选和湖南省地质矿产勘查开发局学科带头人；1人获中国地质学会青年地质科技奖银锤奖；2人获中国地质学会野外青年地质贡献奖——金罗盘奖。在国内外各类学术期刊上公开发表学术论文近300篇，提交地质技术和科研报告60余份。

本书由以下项目成果集合而成：①中国地质调查局国土资源大调查项目“湖南平江金井—龙王排金铜

钴矿评价”（2000～2002年，项目编号：200110200053）、“湖南平江横洞—安下矿区钴矿评价”（1998～2000年，项目编号：K1.3.1），国土资源部矿产资源补偿费矿产勘查项目“湖南省平江县大洞矿区金矿普查”（2004～2005年，项目编号：200301007），国土资源部全国危机矿山接替资源找矿项目“湖南省平江县黄金洞金矿接替资源勘查”（2007～2010年，项目编号：200643047），中国地质调查局矿产资源调查项目“湖南金井-九岭地区矿产远景调查”（2013～2015年，项目编号：12120113067100）、“湖南省文家市地区矿产远景调查”（2010～2012年，项目编号：1212011085397）、“湖南湘东北桃江地区1∶5万地质矿产综合调查”（2015～2017年，项目编号：121210115029101）、“湖南省平江地区金矿矿产调查与找矿预测”（2018年，项目编号：12120100400017220l～23），中国地质调查局全国重要矿集区找矿预测“湖南省平江县矿集区找矿预测”（2016～2017年，项目编号：DD2016005207）；②湖南省国土资源厅两权价款项目“湖南浏阳市枨冲-麻子坪铜多金属矿预查”（2010～2011年，项目编号：201003018）、“湖南省平江县铁罗洞矿区金矿预查”（2011～2012年，项目编号：201103032）、“湖南省浏阳市青草矿区及外围金矿普查”（2011～2018年，项目编号：社投［201601］）、“平江县西林洞矿区铅锌多金属矿普查”（2012～2013年，项目编号：201203002）、“浏阳七宝山矿区边深部金铜多金属矿普查”（2012～2013年，项目编号：201203010）、“平江县万古矿区边深部金矿普查”（2012～2013年，项目编号：201203012）、“湖南省平江县大岩矿区金多金属矿预查”（2013～2014年，项目编号：201303002）、“湖南省平江县大江洞矿区铅锌多金属矿预查”（2013～2014年，项目编号：201303001）、“湖南省临湘市桃林矿区外围铅锌矿普查”（2014～2015年，项目编号：20140320）、“湖南省平江县横洞矿区钴矿普查”（2014～2015年，项目编号：20140321）、“湖南省桃江县包狮村矿区金矿（预查）普查”（2012～2015年，项目编号：201203004）、“临湘桃林矿区上塘冲矿段边深部铅锌矿详查”（2015～2016年，项目编号：20150305）；③商业性地质勘查项目“湖南省平江县万古矿区童源—和尚坡矿段金矿详查”（2010～2011年）、“湖南省平江县万古矿区童源—和尚坡矿段金矿补充详查”（2012年）、“湖南省浏阳市井冲矿区潭玲铜钴矿详查”（2009年）、“湖南省平江县万古矿区摇钱坡矿段金矿详查”（2015年）、“湖南省平江县万古矿区团家洞金矿勘查”（2005年）、“湖南省平江县张家洞矿区金矿详查”（2010～2016年）、“湖南省平江县大洞矿区金矿详查”（2012～2013年）、“湖南省平江县万古矿区江东金矿边深部详查”（2015～2018年）、“湖南省平江县万古矿区大南金矿-300米标高以下详查”（2015～2018年）、“湖南省平江县桥上矿区金矿勘查”（2009～2015年）、“湖南省平江县罗家塘矿区金矿普查”（2012～2016年）、“湖南省平江县栗山矿区栗山矿段铅锌铜多金属矿详查”（2010～2014年）、“湖南省平江县黄金洞金矿边深部详查”（2018～2020年）。

此外，本书所反映的研究内容和成果，还得到以下项目资助：科技部、湖南省科学技术厅先后设立的“中澳科技合作特别基金”项目“湖南地区隐伏矿产资源快速评价综合模型研究”（国科外字［2000］第0270号），湖南省重点攻关项目“湖南地区隐伏矿产资源快速评价综合模型研究”（02SSY2006），湖南省科技攻关项目“活化构造（地洼学说）成矿理论在湖南矿产资源预测评估中的应用”，湖南省自然科学基金项目“湘东北蛇绿岩存在的证据及构造成矿学意义”（2001～2002年，项目编号：03jjy3066）、“湘东北地区连云山岩体与钴铜多金属成矿关系研究”（2016～2018年，项目编号：2016JJ3143），国家自然科学基金面上项目“湘东北地区钴铜多金属成矿作用研究”（2017～2020年，项目编号：41672077），湖南省自然资源厅（国土资源厅）地质科技项目“湘东北金矿成矿规律研究及靶区优选”（2018～2020年，项目编号：2018-03）、“湘东北金矿深部成矿规律及找矿方向研究”（2020～2021年，项目编号：2020-13），湖南省地质院地质科技项目“湘东北金矿的成矿物理化学条件研究”（2020～2021年，项目编号：201916）、“连云山整装勘查区金矿成矿规律研究及靶区优选”（2018～2019年）等。

全书共7章，执笔人如下：前言由许德如、董国军共同撰写；第1章由许德如、王智琳、董国军、陈根文共同撰写；第2章由许德如、王智琳、邹少浩、贺转利、林伟、李增华共同撰写；第3章由宁钧陶、许德如、王智琳、董国军、符巩固、邓腾、文志林、吴俊共同撰写；第4章由王智琳、邓腾、许德如、周岳强、于得水共同撰写；第5章由许德如、周岳强、王智琳、邓腾、董国军、于得水、肖朝阳共同撰写；第6章由董国军、张俊岭、许德如、刘拥军、宁钧陶、黄宝亮共同撰写；第7章由许德如、董国军、刘拥军共同撰写。全书最后由许德如、董国军统编定稿。

本书的出版受国家自然科学基金委员会重点基金项目（项目编号：41930428）和国家重点研发计划“深地资源勘查开采”重点专项（项目编号：2016YFC0600401、2017YFC0602302）资助；同时得到东华理工大学、湖南省地质矿产勘查开发局四〇二队、中南大学、中国科学院广州地球化学研究所等单位的大力支持；翟明国院士、毛景文院士、胡瑞忠院士、池国祥教授（加拿大里贾纳大学）、孙晓明教授、陈衍景教授、蒋少涌教授、孙卫东研究员、秦克章研究员、倪培教授、陈华勇研究员、陆建军教授等，为本书提出了非常宝贵和中肯的修改意见。

值本书出版之际，作者对上述单位和各位专家以及支撑本成果的各项目来源单位和领导，表示衷心的感谢！

目　　录

第1章　国内外研究现状与关键科学技术问题

1.1　世界上主要金矿类型及其特征

金矿床在全球分布虽然广泛，但空间上具有显著丛集性分布特征，并以太古宙克拉通绿岩带和环太平洋带为代表（许德如等，2019）。其中南非威特沃特斯兰德（Witwatersrand）盆地具有世界上最大的黄金储量。世界上的金矿大致可划分为砂金型、角砾岩型、浅成低温热液型（epithermal）、沉积浸染型（卡林型）、侵入岩相关型（intrusion-related）和造山型（orogenic）等。此外，Au还以伴生矿种出现在与镁铁质和超镁铁质岩有关的Ni-Cu硫化物矿床、火山块状硫化物（VHMS）矿床和斑岩型（porphyry）铜矿床中。其中，造山型金矿是目前全球发现数目最多，也是最重要的金矿床类型，其产量占全球一半以上，其次是与斑岩型、浅成低温热液型、卡林型、VHMS型、夕卡岩型、热液铁氧化物-Cu-Au-U-REE（IOCG）型和侵入岩相关的金矿。浅成低温热液型金矿几乎均产于环太平洋火山岩带，特别是在美国西部、印度尼西亚、巴布亚新几内亚、日本等地；卡林型金矿最集中分布于美国西部内华达州、中国西南云贵川等地区，东南亚等国和秘鲁也是重要的卡林型金矿产地；造山型金矿广泛发育于加拿大、印度、澳大利亚和津巴布韦等国的太古宙（尤其是在2.7Ga的）克拉通绿岩带内，但大多数古生代脉型金矿则产于北美洲、澳大利亚和乌兹别克斯坦等地大陆边缘浊积岩环境；有意义的脉型金矿也产于如美国和加拿大等国的中生代—新生代增生造山环境（Misra，1999）。

世界上金矿床可产于增生-碰撞造山带、岛弧-弧后体系、克拉通边缘、大陆内部等不同构造环境，因而形成各具成矿特点的不同矿床类型；同时，由于全球不同大陆在地壳组成与演化上的差异、地壳/地幔化学组成的不均一性、成矿构造环境的差异、重大地质构造事件对金成矿的影响，以及构造转换或转折和叠加、矿床形成与保存能力等，金成矿作用在时空分布上表现出极不均匀性（许德如等，2019）。

1.1.1　造山型金矿床

1.1.1.1　概念与基本特征

“造山型金矿”概念由Böhlke（1982，1989）提出，后来Groves等（1998）对之进行了系统介绍。造山型金矿是赋存于不同变质程度的变质地体中，在时空上和增生造山作用有关（图1-1），受构造控制的脉状后生金矿床（Groves et al.，1998；Kerrich et al.，2000）。造山型金矿的成矿温度和形成深度变化较大，深可达25km，浅可至近地表，因此，Groves（1993）和Groves等（1998）提出了造山型金矿的地壳连续模式（图1-2）。Kerrich等（2000）根据前人的研究总结了造山型金矿的12个基本地质特征：①成矿作用多和增生造山作用有关；②大多位于重要的超岩石圈构造附近，或位于复杂的变质火山-深成岩地体及沉积地体的构造边界附近；③多个地体不断拼贴增生的造山带，造山作用持续时间长，成矿时间范围大，但总是同步或者滞后于赋矿地质体的峰期变质作用或者构造作用；④矿床分布在复杂的大型地质构造单元中，构造单元的岩性、应变和变质级呈现渐变，反映当时处于造山带环境；⑤很多超大型的成矿省都产在绿片岩相变质地体中；⑥矿床受构造控制，多产在二级或者更次级的断裂中；⑦矿床一般受控于脆性-韧性变形的转换带或者转变期，金沉淀与构造变形同步；⑧绿片岩相域的蚀变矿物组合主要为石英、碳酸盐、云母、(±钠长石)、绿泥石和黄铁矿（±白钨矿和电气石）；⑨与区域背景的元素丰度相比，Au、Ag（±As、Sb、Te、W、Mo、Bi、B）等强富集，而Cu、Pb、Zn、Hg、Tl等弱富集，As、Sb、

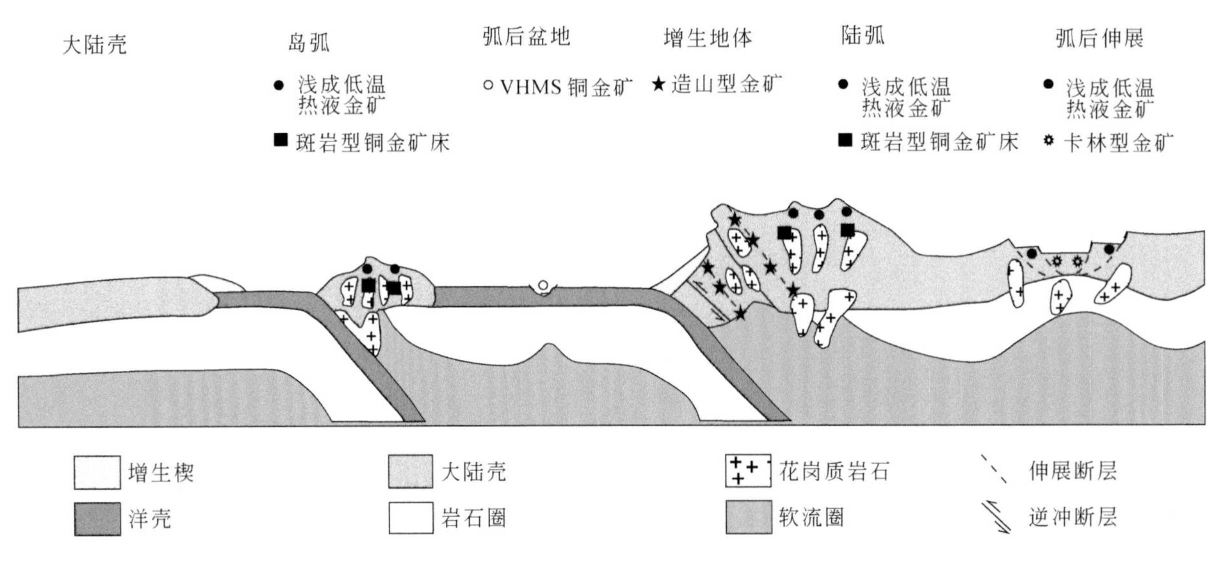

图 1-1　洋陆碰撞环境造山型金矿及相关矿床形成的板块构造模式（据 Groves et al.，1998）

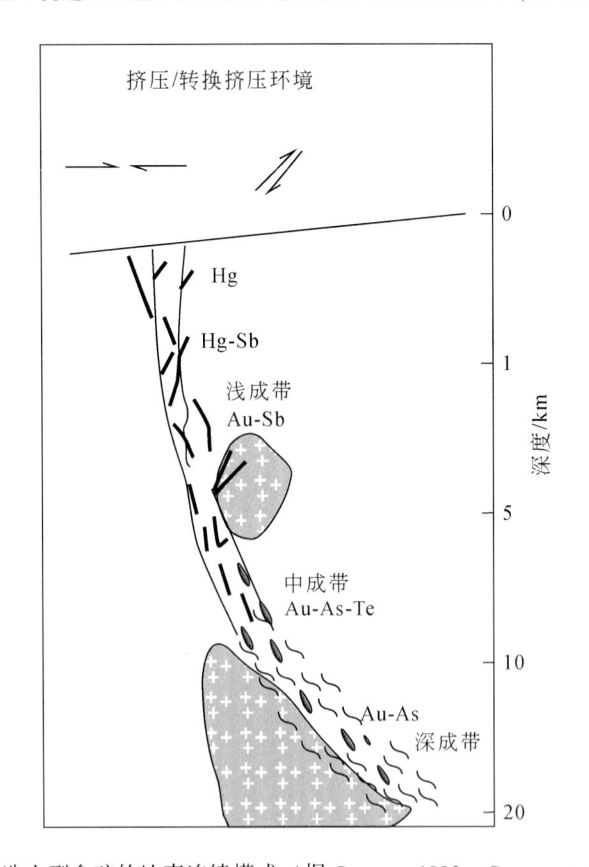

图 1-2　造山型金矿的地壳连续模式（据 Groves，1993；Groves et al.，1998）

Hg 在矿床的浅部低温域更加富集；⑩成矿流体主要为低盐度的富碳水溶液，盐度一般低于 6% NaClequiv.，CO_2+CH_4的含量为 5% ~30%，局部发生 H_2O-CO_2 不混溶；⑪在脆-韧性剪切带内，流体压力从超静岩到低于静岩压力之间波动；⑫尽管在矿区范围内存在元素分带现象，但是对于某个特定的矿床来说，矿脉的垂直延伸可能超过 2km，且没有元素分带现象或元素分带现象很弱。在这些特征中，造山型金矿区别于其他类型金矿床的标志性特征为：主要产于造山带的二级或更次级断裂构造中、低盐度富 CO_2 的成矿流体、成矿时间滞后于造山带峰期变质作用。

造山型金矿概念的提出及其基本特征的归纳主要来源于对澳大利亚、加拿大和美国等地区的金矿省的研究（Groves et al.，1998），认为这些金矿所需的成矿热液来自增生造山带洋壳俯冲-增生造山过程中俯冲洋壳的变质脱水作用。但目前已认识到，造山作用过程实际上包含增生造山和碰撞造山，上述理论尚有一定的局限性，因为既然在增生造山作用过程中可以形成造山型金矿，那么在碰撞造山作用过程中，是否也可以形成造山型金矿呢？答案是肯定的。中国大陆发育典型的碰撞造山带，如喜马拉雅-特提斯、东秦岭，如今我们已知东秦岭发育大规模的金矿床。通过对东秦岭金矿床如康山金矿（王海华等，2001）、上宫金矿（Chen et al.，2006，2008）等深入研究，在中国确立了大批的造山型金矿（图 1-3）。

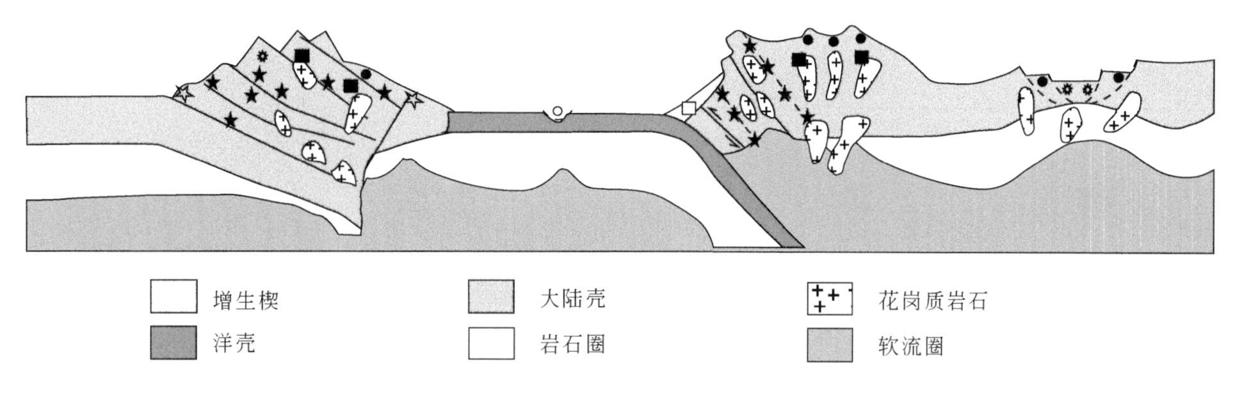

图 1-3　陆陆碰撞环境造山型金矿及相关矿床形成的板块构造模式（据陈衍景，2006）

MVT 型即密西西比河谷型；SEDEX 型即富 Au 的沉积-喷流型

1.1.1.2　研究现状

从 Groves 等（1998）对造山型金矿进行系统介绍开始，国际上掀起了开展造山型金矿研究的热潮，而鲜有人讨论是否存在其他矿种的造山型矿床。事实上，造山型金矿的实质是变质热液矿床，即当俯冲板片下插到仰冲板片时，俯冲板片的压力和温度升高；温压环境的改变打破了原有的物质平衡，俯冲板片内低晶格能的活动组分优先活化，形成流体或熔体，产生的流体或熔体向低温低压的浅部或断裂带迁移，并活化萃取浅部或者流体运移通道附近的活动组分，在有利的位置与围岩发生作用，从而形成新的矿床（陈衍景，1998）。Au 和 Ag、Mo、Cu、Sb 等成矿元素均属亲硫元素，大多数地质环境下，其地球化学行为具有较多的相似性，这些成矿元素常常共生于同一造山带中，当金在造山过程中发生活化、迁移、富集成矿过程时，这些元素至少也应该发生一定程度的活化、迁移、富集成矿。基于此，陈衍景等根据中国造山带的特点，以比较矿床学思想（涂光炽和李朝阳，2006）为指导，首次提出在世界范围的造山带中除存在大量的造山型金矿以外，也存在有造山型银矿、钼矿、铜矿、锑矿等的可能性（陈衍景，2006）；另外，在同一含矿断裂构造带内，可见从深部高温到浅部低温金属元素的成矿分带现象。据此，建立了多尺度的碰撞造山成岩成矿模式（CMF 模式，图 1-4），并提出了断控脉状矿床的元素垂向分带模式（图 1-5；Chen et al.，1998，2004a；陈衍景等，1990；陈衍景和富士谷，1992；陈衍景，1998，2013；陈衍景，2010a）。

以陈衍景为代表的中国学者经过多年研究（陈衍景，2006；陈衍景等，2007；陈衍景，2010b），认为造山型矿床的鉴别关键和标志包含以下几个方面：①造山型矿床是造山作用的结果，造山型矿床的发育时间应该晚于或者滞后于造山事件，而不可能早于造山事件，成矿年龄滞后现象是造山型矿床的典型特征或标志；②造山型矿床矿石中的石英含量高，以发育次生交代石英岩或石英脉为特征，且多遭受构造变形而破碎或呈角砾状构造，发育定向甚至共轭排列的网脉状构造；③成矿流体方面，低盐度、富 CO_2 的成矿流体是造山型矿床或变质热液矿床区别于其他类型矿床的主要标志，正因为热液成矿系统在成矿过程的中、晚阶段往往混入大气降水，所以成矿早阶段的流体包裹体才能作为判别矿床成因的依据。据此，在我国已识别了大量的造山型矿床，如铁炉坪银矿（Chen et al.，2004b）、冷水北沟铅锌银矿（祁进

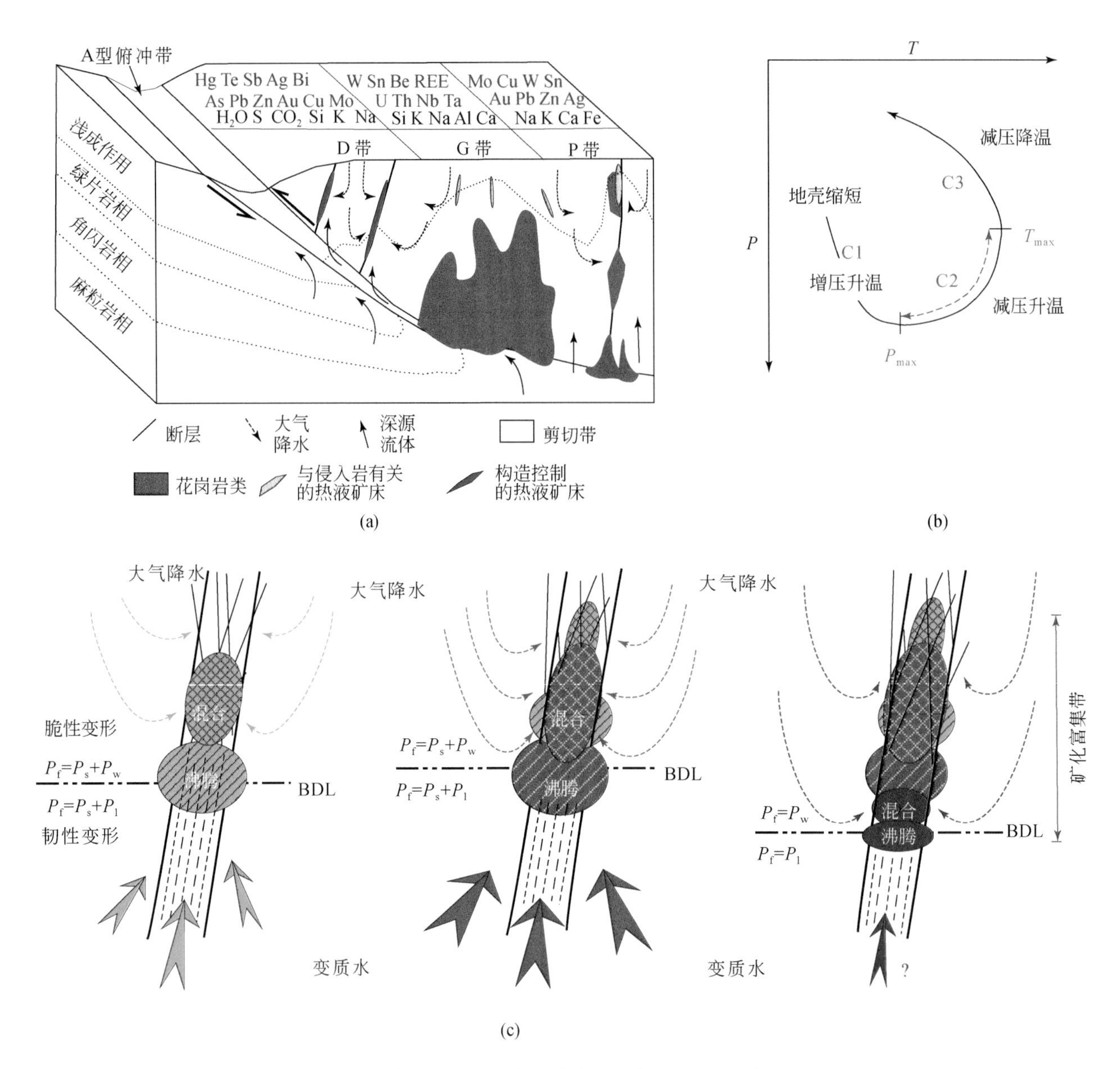

图 1-4　陆陆碰撞造山型成矿模式图（据 Chen et al.，2004a）

（a）D 带 = 热液矿床；G 带 = 花岗岩及相关热液矿床；P 带 = 斑岩、角砾岩筒及相关矿床。（b）C1：$\Delta P_s>0$，$P_s>0$，$\Delta T>0$；C2：$\Delta P_s\leq0$，$P_s>0$，$\Delta T>0$；C3：$\Delta P_s<0$，$P_s<0$，$\Delta T<0$。（c）P_f. 流体压力；P_s. 构造附加压力；P_l. 静岩压力；P_w. 静水压力；BDL. 脆韧性转换带

平等，2007）、大湖钼矿（Li et al.，2011a，2011b；Ni et al.，2012）、铁木尔特铅锌矿（Zhang et al.，2012）等。

1.1.1.3　存在的主要问题

虽然当前关于造山型矿床的研究已经取得了一系列的进展，但是仍然存在很多科学问题亟待解决：①不只对于造山型矿床，对于任何类型的热液矿床来说，成矿时间的准确厘定都是首要的问题，难度在于缺乏与成矿密切相关的适合定年的矿物或者由于形成的矿床被后期的造山作用叠加、改造；②造山型矿床的成矿模式仍然难具有普适性，目前造山型矿床的流体来源被认为是俯冲板片的变质脱水，若在同一地域有着多个时代的造山型矿床，则可能难以运用俯冲板片变质脱水理论来解释每个造山型矿床的成矿流体来源，造山型矿床的成矿流体来源也有可能是多来源的；③造山型矿床的标志性特征是低盐度、

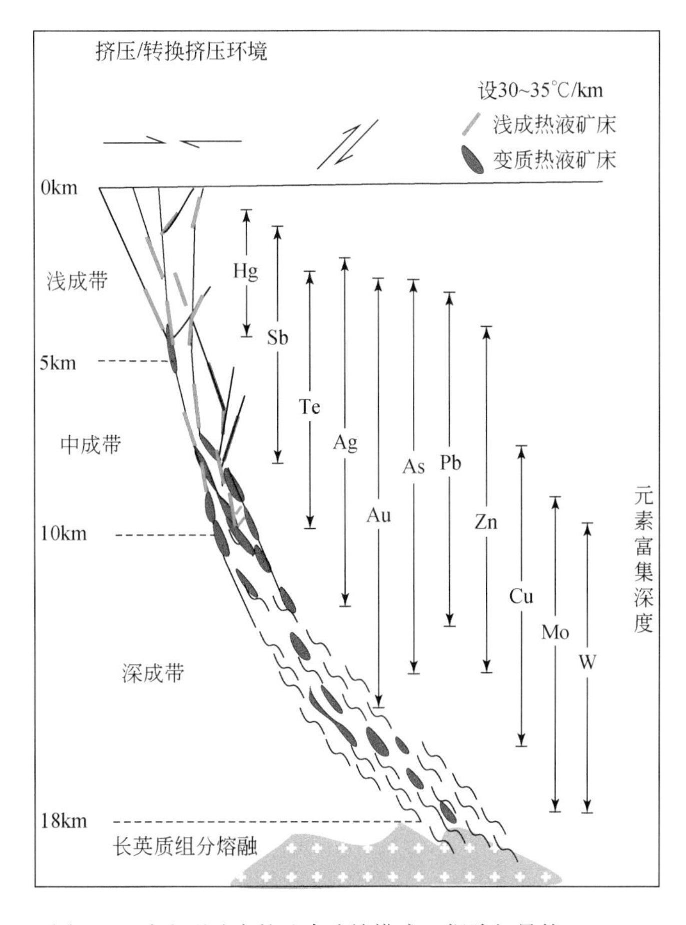

图 1-5　造山型矿床的地壳连续模式（据陈衍景等，2020）

富 CO_2 的成矿流体，但是 CO_2 在造山型矿床的成矿作用过程中起到何种作用仍然是一个科学难题；④有些造山型矿床矿区存在同时代的岩浆岩，而另外一些造山型矿床矿区无任何岩浆岩出露，两种类型的造山型矿床在成矿元素组合上有何区别，岩浆岩在造山型矿床成矿作用过程中起到了何种作用；⑤某些造山带可能经历了多期造山事件，某一其他类型的矿床在后期的造山作用过程中被改造成了新的矿床，这个新的矿床能否称为造山型矿床，如何对这个新的矿床进行研究才能反演当时以及更早期的构造热事件；等等。

1.1.2　卡林型金矿床

1.1.2.1　概念与基本特征

自 1962 年纽蒙特（Newmont）矿业公司根据 Roberts R. J. 的意见在美国内华达州林恩构造窗首次发现卡林型金矿以来，在美国西部的北部盆地和山岭省（即 Basin-and-Range Province）陆续发现了超过 100 个卡林型金矿，累计资源储量超过 4800t，美国一跃成为全球最大的卡林型金矿产地。如何定义卡林型金矿，其能否单独归为某种特定类型的金矿床，以及卡林型金矿和浅成低温热液型矿床、与侵入岩有关的金矿床、造山型金矿床等之间有何联系，卡林型金矿的成矿模式如何等一直以来都是科学家争论的热点（Phillips and Powell，1993；Kerrich et al.，2000）。

美国内华达州地区的卡林型金矿以富含金的黄铁矿在碳酸盐岩围岩中呈浸染状分布为主要特征；很多卡林型矿床附近发育岩浆岩，但是岩浆岩与成矿流体之间是否有必然联系尚不清楚（Ilchik and Barton，1997；Kesler et al.，2005；Cline et al.，2005）；卡林型金矿床浅部常会遭受极强的氧化作用，甚至可能延伸至深部（Arehart et al.，2003a，2003b；Nutt and Hofstra，2003）；黄铁矿多呈环带结构，中心为成矿前黄铁矿、边部为含砷黄铁矿，富含 Au 及多种微量元素，Au 多以 Au^0 或 Au^{+1} 存在于含砷黄铁矿中。在卡林型金矿中，部分可见明金，多被解释为成矿期黄铁矿在后期的风化作用和氧化过程中析出（Muntean et al.，2011）；常见 Au-As-Sb-Tl-Hg 等矿物组合，多见雄黄、雌黄、辰砂等矿物（Hofstra and Cline，2000；Cline et al.，2005）；控制矿床定位的因素主要包括三个端元：地层的岩性、构造的控制、围岩坍塌形成的崩塌角砾岩（Jory，2002）。

卡林型金矿的蚀变类型常以脱碳酸盐化、硅化、泥化为主，其中脱碳酸盐化是卡林型金矿床最常见的一种特征蚀变，其作用主要是增加岩石的孔隙度和透水性，从而利于含矿热液的运移（Kerrich et al.，2000）。在某些卡林型矿床，强烈的脱碳酸盐化甚至可以导致围岩坍塌，形成角砾岩，这样可以极大地增加岩石的孔隙度和透水性，大大提高水岩交换反应的强度，从而形成高品级的矿床（Jory，2002；Emsbo et al.，2003）。硅化也是卡林型金矿比较典型的一种蚀变类型，大多数情况下表现为发育似碧玉岩而少见石英，似碧玉岩呈网脉状或者他形结构时，往往指示它们的形成温度（>180℃）和深度相对较大，这种特征的似碧玉岩往往和卡林型金矿的金成矿作用相关（Cline，2001）；相反，当似碧玉岩呈锯齿状或者表现为玉髓时，则指示它们低温产出，此时往往与卡林型金成矿作用无关（Nutt and Hofstra，2003）。泥化多为围岩在酸性成矿流体作用下的一个过程，多形成高岭石、迪开石、伊利石及少量的绢云母等。

卡林型金矿脉石矿物中的流体包裹体一般比较小而且很少，因此对于卡林型金矿，流体包裹体的测试工作难度较大，但是以往测试结果表明：成矿流体多为中低温（180～240℃）、低盐度（多为 2%～3% NaClequiv.），含少量的 CO_2、CH_4，另外含有足够的 H_2S（10^{-2}～10^{-1}）来运移 Au 及其他的亲硫元素。没有证据表明存在流体沸腾或者流体不混溶现象（Cline and Hofstra，2000），指示最低成矿深度为 1.7～6.5 km，而最大成矿深度可能不会大于 8km（图 1-6）（Hofstra and Cline，2000）。

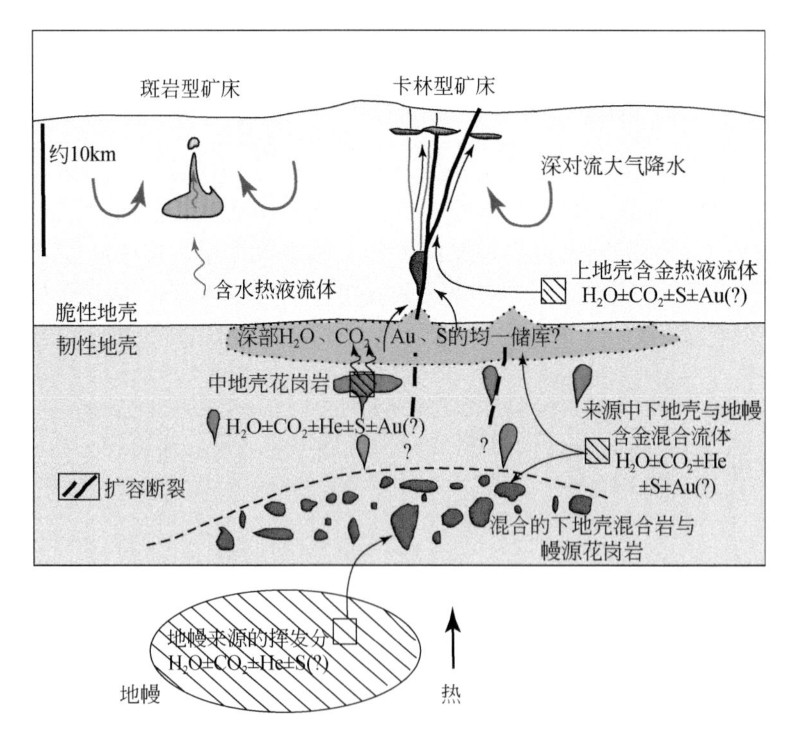

图 1-6 卡林型金矿成矿流体的产生过程

注意壳内贡献金和其他含矿流体成分的位置（据 Cline et al.，2005）

以上特征均根据对美国卡林型金矿的研究结果而归纳总结得出。20 世纪 80 年代以来，在扬子地块西南缘和西北缘发现了大批卡林型金矿床和地质地球化学特征类似的金矿床，构成了滇-黔-桂和陕-甘-川两个金三角，至此中国成为世界第二大卡林型金矿成矿省（陈衍景等，2004）。中国的卡林型金矿与美国内华达地区卡林型金矿既有相似性，也有自己的特点，如中国的卡林型金矿多分布在大陆内部的造山带，而美国的卡林型金矿则分布于大陆边缘地区；美国内华达州地区卡林型金矿成矿时代多与同时代的钙碱性岩浆作用密切相关，而中国的卡林型金矿地区岩浆作用较为少见（Hu et al.，2002；陈衍景等，2004）。

1.1.2.2　存在的主要问题

50余年来，科学家对卡林型金矿的研究取得了许多卓著的成果，并指导找矿工作。但是关于卡林型金矿的成矿流体来源、成矿模式等，仍然存在着许多争论和关键科学问题（Ilchik and Barton，1997；Cline and Hofstra，2000；Ye et al.，2003；Heinrich et al.，2004；Cline et al.，2005；Large et al.，2011；Muntean et al.，2011；Xie et al.，2018）。

（1）如上所述，对于任何类型的热液矿床来说，成矿时间的准确厘定都是首要的问题，将有助于证实触发成矿流体运移至金属沉淀位置的关键机制、正确理解控制不同地区或同一地区不同矿床的成矿因素。对于卡林型金矿来说，定年的难度源于缺乏与金成矿同期的适合定年矿物；另外，卡林型金矿多呈浸染状，颗粒细小，无疑更加大了定年的难度。卡林型金矿多遭受了多期次与成矿无关的变形、岩浆与热液活动，因此即使得出年龄，也很难代表卡林型金矿的成矿年龄。近年有学者通过卡林型金矿成矿期方解石Sm-Nd等时线年龄或者与矿脉相穿插的岩脉年龄来间接限定卡林型金矿的成矿年龄（Hofstra et al.，1999；Su et al.，2009a），但仍然缺乏普适性。

（2）卡林型金矿的成矿模式问题一直都是科学家争论的焦点，涉及成矿物质与流体源区和性质及成矿地质背景等。目前比较流行的模式主要有大气降水成因模式（Ilchik and Barton，1997）、浅成岩浆流体成因模式（Kesler et al.，2005）、深源岩浆流体成因模式（Heinrich et al.，2004）、深源变质流体成因模式（Phillips and Powell，1993，2010）。以上四种成矿模式，各自可以解决某些卡林型金矿的具体成矿过程，但卡林型金矿产出地质背景复杂，不同的卡林型金矿矿体之间在关键的成矿地质特征方面又可能各异，所以要建立一个通用于所有卡林型金矿的成矿模式是极其困难的。这有待于对矿床地质体、流体包裹体和稳定同位素、稀有气体和放射性同位素进行系统研究，而对不同成矿阶段详细的矿物精细解剖则是建立成矿模式的关键。

（3）中国西南部滇-黔-桂地区赋存于沉积岩中的金矿一直被认为是卡林型金矿，这些金矿与美国内华达州卡林型金矿床具有很多相似的特征，包括：矿体赋存于沉积岩中；具有Au、As、Hg、Tl和Sb元素异常；金主要以不可见状态赋存于含砷黄铁矿中。但滇-黔-桂地区金矿规模远小于美国内华达州卡林型金矿，且在含金黄铁矿结构和微量元素组成、围岩蚀变、矿石矿物组成、成矿流体成分和性质以及岩浆作用特征等方面与后者也有较大差别。那么，中国西南部滇-黔-桂地区赋存于沉积岩中的金矿是否是典型的卡林型金矿？其成矿作用过程与机理和成矿地球动力学背景有什么样的特征？等等，都是值得进一步研究的课题（Xie et al.，2018）。

（4）西秦岭也是我国重要的卡林型-类卡林型金矿成矿省，许多之前被认为是卡林型的金矿在后期被认为是造山型金矿，测年数据也表明西秦岭许多卡林型金矿和造山型金矿同时形成。由此，我们不得不考虑卡林型金矿和造山型金矿是源于不同的热液系统，还是同一热液系统在地壳不同深度的表现，或者是否存在两种热液成矿系统之间联系的纽带（Phillips and Powell，1993；Mao et al.，2002a；毛景文，2001）。

（5）长期困扰众多学者的问题是为何这么多同时代的卡林型金矿床聚集在美国内华达州地区，在先存的地层和构造系统，早期的金预富集，深部变质作用或者岩浆作用，同时代的浅部岩浆活动及处于伸展作用初期这些条件中哪些是卡林型金矿形成的先决条件呢？

1.1.3　弧相关的浅成热液型金矿床

1.1.3.1　概念与基本特征

产于地壳上部几公里范围内的浅成热液型矿床是全球金属金的主要来源（Kerrich et al., 2000）。正如Sillitoe（1993a）所定义那样，巨型浅成热液型金矿总是包含200～1000t Au。相似于斑岩型和夕卡岩型Cu-Au矿床，浅成热液型矿床产于大陆弧和大洋弧构造环境（Simmons et al., 2005），大部发生在太平洋边缘的中白垩世或更年轻的活动弧内，其余一些有意义的浅成热液型金矿与欧洲南部（如希腊、罗马尼亚）阿尔卑斯造山事件有关，或产于晚古生代冈瓦纳弧（如澳大利亚昆士兰北东部）和古特提斯弧（如中亚天山）局部保存的浅层残余物中。浅成热液型金矿典型地被划分为低硫化作用亚型（low-sulfidation）和高硫化作用亚型（high-sulfidation）。

浅成热液型金矿最典型的是被推测为地壳1～2km范围内火成岩驱动的热液流体活动的产物（Berger and Eimon, 1983; Henley, 1991）。因此，这个类型矿床最主要的特征是它们绝大多数与火山岩和下覆的斑岩系统存在空间关系，而从浅成岩浆库出溶的流体和对流的大气降水按可变的比例混合的流体可能参与这类矿床的形成。浅成热液型金矿床矿石沉淀的温度变化于100～300℃，所报道的Au与Ag比例也是可变的；此外，某些地区还观察到这类矿床与主要的横断构造存在空间关系，尽管它们对矿床的形成过程并不重要（Henley, 1991; Sillitoe, 1993b）。在火山地体（如Matsukawa、Broadlands、Salton Sea）的活动含金地热系统目前已普遍接受为古老浅成热液金矿床的现代类似物。而低硫化作用亚型（或冰长石-绢云母型）浅成热液矿床系统与高硫化作用亚型（或酸性硫酸盐型、明矾石-高岭土型）浅成热液矿床系统在特征上具有有意义的差别（Hayba et al., 1985; Heald et al., 1987; White and Hedenquist, 1995; Hedenquist et al., 1996）。

低硫化作用亚型矿床典型地位于次火山侵入体旁侧，其成矿流体主要为低盐度的大气降水；块状的开阔脉（open-space）和网状脉赋存有火山环境的金矿石，并普遍有相关的黄铁矿、辉银矿、砷黝铜矿/黝铜矿、毒砂、碲化物和贱金属硫化物矿物产生；非常显著的矿石结构包括角砾状、条带状和壳状脉（banded and crustiform veins），以及晶簇充填孔洞；而在以沉积岩为主的地体内，雄黄、雌黄、辰砂和辉锑矿则是更为普遍的硫化物矿物相；冰长石和方解石，以及广泛的石英-玉髓（chalcedony）也十分丰富，这是因为近中性的热液流体被围岩缓冲。伊利石在最接近于相关侵入岩的富冰长石集合体中普遍存在，并沿流体冷却路径越往远处和向地表延伸，渐渐地转变为蒙脱石（Hedenquist et al., 1996）。而在（流体）沸腾发生的地方，向地表逃逸的上升蒸汽产生了类似于在高硫化作用亚型矿床中所见到的蚀变迹象。与低硫化作用亚型矿床相反，高硫化作用亚型矿床以岩浆流体为主（Hedenquist et al., 1996），且该类型矿床中的绝大多数金并不是赋存于不连续脉内，而是出现于火山岩交代带内或以浸染状形式发生于更为渗透的岩石中；正如Hedenquist（1995）所讨论的，这些产金属带发生于一个相对导通的、避免氧化性岩浆流体流入上覆地下水面的地方。由此所引起的极度酸性的溶液（pH≤2）浸滤围岩，在附近围岩中留下块状的晶簇状二氧化硅（硅石）残余物及相关的高岭石、明矾石、叶蜡石/水铝石和相关的重晶石，黄铁矿、硫砷铁矿和硫砷铜矿是石英晶簇中与金最一致的金属相；此外，有色金属硫化物和砷黝铜矿/黝铜矿也出现于许多金属集合体中。更大型的高硫化作用亚型矿床似乎与相对浅成地壳有关，并定位于高度渗透的熔结凝灰岩和其他类型的凝灰岩、湖相沉积物内（Sillitoe et al., 1996; Sillitoe, 1999）。

浅成低温热液型金矿的产出和含金的斑岩型铜矿具有非常一致的构造环境，尤其是在环太平洋地区，大洋和大陆弧是这些岩浆-热液成矿系统产出的最为熟知的构造环境。由于依赖于热体制，浅成热液型矿石在时间上可能随弧增生（如欧洲南部、安第斯山脉、马里亚纳群岛）或后碰撞热事件（如伊朗北东部、Cripple Creek）而演化。在这两种构造环境，矿床可能定位于汇聚板块边缘的弧后盆地或弧本身的浅部火山岩体中。尽管相关的地壳在类型和厚度上变化，但相关的岩浆作用总是钾质的（也就是相关火成岩中的 K>Na）。相对于非钾质火成岩，这些钾质火成岩更为年轻，并在层位上侵位于更高的地壳水平，且远离于内陆的活动海沟喷发；而非钾质火成岩的产地典型地接近于大陆边缘，包括低钾拉斑玄武岩和钙碱性火成岩。这些特征集中暗示钾质岩浆形成于沿贝尼奥夫带的更深部地壳（Müller and Groves，1991）。Sillitoe（1997a）很好地描绘了环太平洋地区钾质火成岩和浅成热液型金矿的组合关系，他指出该地区近20%的大型浅成热液型矿床清楚地与钾玄质和碱性钾质火成岩有关，且这些岩石占环太平洋地区所有火成岩不到3%的比例。一个具有不再活动的下沉板片的碰撞后部分熔融可能使地幔硫化物氧化，并将金释放进入演化的钾质岩浆的构造环境，而这可能是浅成热液型金矿床的形成关键（Sillitoe，1997b）。正如Müller 和 Groves（1991）所指出，关于浅成热液型金矿的构造环境分类仍存在许多不确定性，但一个主要的一致性意见是在浅层地壳水平出现升高的地热梯度，并将岩浆和流体携带进入附近的地壳环境。这个特征与前面讨论的造山型金矿特征相反，即后者在更典型的热梯度条件下于更深部地壳水平而演化。这是因为高的地热梯度典型地出现于浅成热液型金矿床所产出的弧和弧后两种构造环境。

安第斯山脉是产有大陆火山弧环境火山弧相关的浅成热液型金矿最具代表性的地区。该地区形成了丰富的重要浅成热液型金矿床，并随弧发展主要保存于过去15Ma，所形成的矿床包括：高硫化作用系统如 Yanacocha 矿床（896t）、Pierina 矿床（320t）和 Pascua 矿床（352t）；尽管不如高硫化作用矿床系统普遍具有大的矿床金资源量，低硫化作用矿床系统也广泛产于安第斯山脉，包括 Cerro Vanguardia 矿床（阿根廷，100t）和 Kori Kollo 矿床（玻利维亚，160t）。Kay 等（1999）认为许多浅成热液型金矿床形成于安第斯型岩浆作用的消减时期，此时期压缩变形的高峰与地壳增厚和区域抬升的最大量相关。与该模式以俯冲带变浅为基础相反，其他学者将浅成热液活动与纳斯卡（Nazca）板块从平板俯冲向更陡、更直立的正向俯冲转变联系起来（James and Sacks，1999）。这个模式通过岩浆底侵允许热的软流圈物质加入和地壳加厚，并伴随弧岩浆作用向西迁移和可能的热液活动。虽然纳斯卡板块运动历史和金矿脉形成间精确的时间关系仍存在争议，但安第斯山脉浅成热液型金矿显然是浅部同弧岩浆作用的结果。与之相反的是，美国西部的高硫型和低硫型浅成热液矿化与后大陆弧岩浆作用有关，且主要成矿系统的形成时间明显存在向大洋方向变年轻的趋势，即从科罗拉多矿带（Colorado Mineral Belt，如具有800t金的 Cripple Creek 矿床）的约30Ma，经科罗拉多西部至内华达州中部（如 Round Mountain、Goldfield）的25～20Ma 和内华达州西部（如 Comstock 矿床）的14Ma，至沿圣安德烈斯断层系统（San Andreas fault system）（如 McLaughlin 矿床）的最近几百万年。所有这些金成矿系统是紧随120～80Ma 的弧岩浆作用和拉米拉期（Laramide，如80～50Ma）在弧后盆地相关地区因基底抬升和前陆盆地的形成而产生的（Burchfiel et al.，1992）。广义上，这些矿床系统与现今 Rocky Mountains 的抬升、向大陆边缘回迁的伸展构造作用和圣安德烈斯转换断层系统在早中新世触发等事件后法龙（Farallon）板片的下沉相关。因此，这些矿床系统至少形成于主要的科迪勒拉弧岩浆作用停止后的50Ma 左右，并位于中生代大陆弧的两侧。虽然未知，但很可能有意义的安第斯型浅成热液型金矿出现于中生代早期北美南部和中部科迪勒拉弧的浅部，这是因为主要的更深地壳水平现今出露于 Sierra 岩基和 Klamath Mountains 的大部分地区。更向北部，在一个始新世大陆边缘岩浆弧（从 Cascades 至沿海岩基）的几十公里内陆，约50Ma 年龄的浅成热液型金矿形成于北华盛顿（如 Republic 地区）与南育空（如 Yukon 的 Mount Skukum/Wheaton 河）之间北科迪勒拉的弧后盆地伸展时期。

空间上与丰富的浅成热液型金矿有关的其他环太平洋中生代大陆火山弧出现于俄罗斯远东地区和中国东南沿海地区。在这两个区域，成矿作用似乎与保存的太平洋浅部弧岩浆作用显示有紧密的时间关系。在俄罗斯的北东部地区，高硫化作用亚型和低硫化作用亚型的金矿床（如 Kubaka、Karamken 等矿床）广泛出现在105～70Ma 的鄂霍次克海（Okhotsk）-楚科塔（Chukotka）火山弧（Abzalov，1999；Leier et al.，1997；Goryachev and Edwards，1999）。这个相对狭窄的、>3500km 长的钙碱性岩浆弧可能与俄罗斯最东部地区增生的中生代大洋地体之下的板片后撤和之内的相关伸展作用有关（Rubin et al.，1995）。因此，该区的浅成热液型金矿床类似于安第斯山脉，与狭窄的弧有关，但类似于北美洲的盆-岭构造而晚于碰撞造山的主要时期。这一点也再次强调了大陆浅成热液型金矿与浅成高温地壳域有关，而非与单个的时空构造环境有关。沿我国华南褶皱带的沿海地区，存在一显著的、沿 NNE 向延伸约 1000km 长的晚燕山期（主要为早白垩世）成矿带，在该带的大部分地区广泛发育有浅成热液型金矿床，尽管它们并不出现在中国的大部分地区。其中，高硫型的紫金山矿床是该带所知的最大金矿床，其金资源量超过 400t（Li and Jiang，2017）。沿长江中下游成矿带分布一系列有重要经济意义的斑岩型和夕卡岩型 Cu-Fe-Au-Mo 矿床（Pan and Dong，1999），Kerrich 等（2000）认为该区可能也具有浅成热液型金矿的找矿前景，这是因为该区出现 146 ~ 87Ma 的钾质钙碱性火成岩，而后者似乎是碰撞后伸展环境新元古代和更年轻岩石的熔融产物（Li，2000），所以其成矿环境类似于美国渐新世—中新世盆-岭构造省。延伸于西班牙东南部至保加利亚的欧洲南部的环地中海地区 5000 年来也是一个重要的浅成热液型金矿产地，在这个带的东侧，主要来自罗马尼亚 South Apuseni Mountains、保加利亚 Drina-Rhodope 弧（Mitchell，1996）和希腊北部部分地区的黄金产量可能已达 2240t（Foster，1997）。这些区域主要的高硫型和低硫型矿床包括 Chelopech 矿床（保加利亚，201.6t）、Bor 矿床（268.8t）和 Lahoca 矿床。此外，Lattanzi（1999）还描述了意大利 Sardinia 和 Tuscany 地区的浅成热液型金矿省。遍及 Carpathian-Balkan 地区的金矿床形成于晚渐新世—中新世时期的浅层地壳，并与该时期广泛的钾质钙碱性岩浆作用同时发生，然而成矿的大地构造环境却非常复杂，难以用一个模式统一起来（Neubauer et al.，1997）。总体上，成矿作用晚于大约结束于 40Ma 的阿尔卑斯陆-陆碰撞的主要阶段，研究区的随后演化历史包括一系列微陆碰撞、弧形成事件、伸展作用幕，因而可能代表了区域上跨时序的后始新世构造作用。大部分构造作用则可能由某些类型的岩石圈拆沉和由此导致的软流圈浅层侵位所控制（De Boorder et al.，1998）。尽管大陆环境下的大多数浅成热液型金矿床发生于白垩纪至新生代时期，局部保存的更古老古生代造山带的地壳浅部也包含一些重要的成矿系统，如在中亚天山海西期（晚古生代）的金矿床就散布在其内相对低级变质部分地体中，某些在空间上与重要的斑岩 Cu-Au 成矿系统有关的矿床就包括乌兹别克斯坦 Chatkal-Kurama 地区的 Kochbulak（128t）和 Kairagach 矿床（Islamov et al.，1999），塔吉克斯坦北部 Kundjol 地区的 Shkoínoe 矿床（Moralev and Shatagin，1999），中国新疆的西天和阿希矿床（Rui，2001）。地质年代学数据暗示这些金矿床和相关的岩浆作用出现于晚碰撞至碰撞后环境，因此它们并不是增生岛弧金成矿系统。这些矿床分布于主要的海西期缝合带北部，大多数相关的变形和岩浆作用也暗示中亚浅成热液型矿床产于弧后构造背景。然而，若要确定这些矿床是否与主要的弧增生事件有关、是否形成于碰撞后的弧后伸展环境，仍需要更详细的研究。

在古特提斯大洋对侧，古生代的浅成热液型金矿床形成于 Tasman 造山带内的各种褶皱带中，尽管这个造山带以产出重要的造山型金矿床而闻名，但在造山带的浅部水平发育一些重要的各种成矿时代的浅成热液金矿床。而在拉克兰褶皱带（Lachlan）发展时期，更古老的弧相关的热液活动幕还导致了奥陶纪高硫型 Peak Hill 浅成热液成矿系统的形成（Corbett and Leach，1998）。不像许多典型的高硫型浅成热液金矿床，但类似于巨型的 Pueblo Viejo 浅成热液型金矿床，Peak Hill 矿床发育具有特征的叶蜡石，而不是具有晶簇状的石英核带（White and Poizat，1995）。遍及北 New South Wales，浅成热液脉在空间上宽阔地、在时间上显著地和成因上可能地与重要的斑岩型 Au-Cu 矿床相关，如 Cadia Hill 矿床。有些研究者则提出，与浅成金成矿系统有关的弧岩浆作用形成于大洋环境，因此它们代表增生的大洋岛弧浅成热液型/斑岩型金矿床（Cooke et al.，2000a），如北美洲北西部的矿床。但保存在 Tasman 造山带内的更年轻的浅成热液矿床发生于昆士兰 Thomson 和 Hodgkinson-Broken 河流褶皱带更为确定的大陆环境（Solomon and Groves，2000），且具有许多与上面讨论过的美国 Nevada 古近纪—新近纪盆-岭构造省低硫化型浅成热液矿床共同的特征。昆士兰矿床形成于大陆盆地，可能与弧后伸展火山作用有关（Henley and Adams，1992），如 Bowen 盆地内的 Cracow 矿床（约 32t）就与早二叠世环状火山机构有关，且这些火山岩在晚石炭世—早二叠世间由酸性向中性成分演化。另外，附近产于前寒武纪基底的低硫型含金角砾岩（如 Kidston 矿床，金储量>128t）也同样是热液活动幕的产物，但可能代表与成矿侵入岩体更密切相关的矿化系统的一部分（Corbett and Leach，1998）。在 Drummond 盆地内，将近相同成矿年龄的热液矿床的矿化类型，变化于浅成热液型（如 Pajingo，Mt. Coolon）到热泉型，可能与长英质至中性火山作用同时发生

(Perkins et al., 1995)。随着Tasman造山带在晚二叠世—三叠纪向海洋的最后增长，火山作用和低硫型浅成热液事件（如North Arm）向东迁移成为演化的New England褶皱带。

大洋岛弧环境的浅成热液型金矿与西南太平洋新生代大洋弧显著相关，成矿系统在规模上达到巨型，如Lihir、Porgera和Lepanto矿床就包含320～960t的金储量，普遍有2～10g/t的金品位，成矿时代一致地小于等于10Ma。西南太平洋地区的许多浅成热液型成矿系统在成因上与斑岩Cu-Au矿床有关，正如下面指出，大洋板片从正向到斜向俯冲的转变可能是岩浆和流体定位的关键（Corbett and Leach，1998)。在西南太平洋地区，已认识到高硫型浅成热液型矿床往往形成于许多矿化岩体上部（如菲律宾Lepanto矿床)，而低硫型矿床位于岩体的旁侧（Mitchell and Leach，1991)。不过，在西南太平洋地区的钙碱性陆相火山岩层序内，最有经济意义的低硫型矿床构成大多数高吨位矿床。从中国台湾到新西兰North Island地区的浅成热液型矿床，White等（1995）已给出详尽的描述，这些矿床大多数最终是一个大洋板块向另一个大洋板块俯冲的结果。但在许多局部地带，浅成热液型金矿位于大洋板块俯冲于大陆壳之下的上部，这种俯冲方式包括太平洋板块俯冲于澳大利亚大陆之下形成新几内亚（New Guinea）部分、苏门答腊岛(Sumatra）和爪哇岛（Java）部分，以及新西兰北岛（North Island）地区（White et al.，1995)。西南太平洋浅成热液型金矿床相对富有色金属，且在低硫型矿床中主要是透明的、非玉髓质（chalcedonic）石英，并典型地缺失冰长石（低温钾长石）(Sillitoe and Bonham，1990)，浅成热液脉中的银含量相对金含量也是普遍地低。这些重要特征明显不同于美国西部的浅成热液型矿床。与其他地区典型浅成热液成矿系统相比，西南太平洋地区的许多矿床形成深度更大，如Java岛的Kelian矿床形成深度在900～1500m，形成温度为280～310℃，显示非典型浅成热液金矿类型的P/T（压力/温度）条件（White et al.，1995)。Porgera矿床内的与早期碱性侵入岩相关的矿石也显示许多造山型矿脉的基本特征，因而不是简单的经典浅成热液型矿床（Richards and Kerrich，1993)，它们唯一的年轻成矿年龄和普遍就位“深”的浅成热液系统是高的降水量、迅速的抬升和暴露、仍然为热液系统更深部极端的剥蚀速度的结果（White et al.，1995)。在地形起伏大的地区，或许由于流体垂向流动而需克服高静水压力头，来自热液系统的地表静流在大洋弧内并不普遍（Corbett and Leach，1998)；相反，当垂向构造达到有利于来自混合的岩浆水-大气降水的脉系统发展前，沿高渗透带的侧向流动可能超过5km。与这个普遍的弧环境相反，在新西兰的弧后大陆裂谷环境，Taupo附近的现今热泉从主要的加热的大气降水中活跃地沉淀金。晚三叠世和早侏罗世中太平洋岛弧内的俯冲相关的构造，明显早于大洋岛弧与加拿大科迪勒拉大陆边缘的碰撞，并沿科迪勒拉大陆边缘对接，与斑岩形成的主要间歇期相关（Goldfarb et al.，1989)。所引起的碱性Cu-Au和钙碱性Cu-Mo-Au斑岩矿床目前聚集于当今的整个British Columbia中部，发生在所谓的Stikinia和Quesnellia地体发展的增生岛弧内，这些碱性岩枝是硅饱和的和硅不饱和的，具有原始地幔地球化学印记（Lang et al.，1995)。普遍地，加拿大科迪勒拉斑岩矿床呈带状向外过渡到重要的富金的浅成热液脉系统（如Red Mountain的Sulphurets矿床)。某些低硫型浅成热液系统显示矿化系统更为明显的交代成因类型（如Snowfield矿床)；而在Stikine地体，其他的浅成热液Au-Ag脉型矿区如Stewart和Toodoggone矿床，则与作为同样的早侏罗世岩浆幕一部分的次火山侵入岩有关，一个相似的构造环境似乎出现在乌拉尔山脉(Ural Mountains）南部的浅成热液型金成矿带。Bereznjakovskoje金矿床的浅成热液型金矿床沿山岭的东部边缘延伸，包含赋存于晚泥盆世中性火山岩和次火山岩层序中的64～128t金资源量（Lehmann et al.，1999；Lehmann and Grabezhev，2000)。这些弧火山岩赋存的金矿脉可能形成于大洋环境，并如同上述的Stikinia地体，在Uralide造山作用期间增生于大陆边缘。

形成于前寒武纪而保存下来的浅成热液型金矿床相当稀少，但假若给定一个稳定地区矿床保存的有利条件，这些矿床不可能完全排除，如Kerrich等（2000）报道了加拿大东部Avalon地体新元古代大洋弧内产生的高硫型浅成热液型金矿，这个弧形成于Iapetus大洋的某地，于200Ma后增生于北美大陆。因此，火山-侵入层序的早期倾斜或埋藏可能是浅部金成矿系统保存的关键因素（Kerrich et al.，2000)。

1.1.3.2 存在的主要问题

浅成热液型矿床是Au和Ag金属资源重要的类型之一，形成深度小于1.5km，温度<300℃，主要为

陆相的热液系统中。这种热液系统普遍发生于汇聚板块边缘火山弧钙碱性-碱性岩浆作用过程以及弧内、弧后和碰撞后的裂谷环境。许多重要的浅成热液型矿床形成于古近纪—新近纪或更年轻的时代，主要集中于环太平洋边缘和欧洲地中海、喀尔巴阡山脉地区产出。成矿时代较老的矿床则发生在欧洲至亚洲特提斯弧，其他的矿床中零散出现在不同时代的火山弧，太古宙年龄的非常稀少。贵金属矿化发生在赋存于同时期火山岩层序和下覆于基底岩石的高古渗透率带中，并普遍以高角度、含有最高品位矿石的脉出现。贵金属矿化也以角砾岩、粗粒碎屑岩和强烈渗滤岩（leached rock）的浸染状形式出现，虽然这种矿化类型具有非常低的品位，但整体储量更大，且适合混合回采。由一个或多个矿体组成的矿床和矿区面积变化于10～200km^2。与石英±方解石±冰长石（adularia）±伊利石组合相关的浅成热液低硫型矿床含有Au-Ag、Ag-Au或Ag-Pb-Zn矿石，银金矿、螺状硫银矿（acanthite）、银硫酸盐、银的硒化物和Au-Ag碲化物是主要的含Au-和含Ag的矿石矿物，闪锌矿、方铅矿和黄铜矿则是普遍微量的矿物，但在有些矿床中贱金属是金属组合中占优势的金属；石英是主要的脉石矿物，并伴有可变数量的玉髓、冰长石、伊利石、黄铁矿、方解石和/或菱锰矿（rhodochrosite），且后者多出现在更为富Ag和富贱金属矿床中。这种类型矿床最为普遍的特征是，由板状方解石和其石英假象组成的集合体具有显著呈条带的壳状-胶状结构（banded crustiform-colloform textures）和晶格结构（lattice textures）；具带状的热液蚀变深部由区域性青磐岩化蚀变组成，向浅部的蚀变则引起黏土、碳酸盐和沸石矿物数量增加，而围绕矿体的近矿蚀变带由石英、冰长石、伊利石和黄铁矿组成；另外，具品位的矿化向上部普遍中止，且存在最小剥蚀的地带，矿化往往隐伏于区域性广泛的黏土-碳酸盐-黄铁矿或高岭土-明矾石-蛋白石±黄铁矿蚀变席状覆盖层之下。流体包裹体数据显示，Au-Ag矿床成矿流体的盐度普遍低于5% NaClequiv.，Au-Pb-Zn矿床的盐度在10%～20% NaClequiv.之间；稳定同位素数据显示，热液流体大多数由深部循环的大气降水组成，但有零到少量和可变成分的岩浆水出现。

浅成热液型矿床成矿的关键控制因素包括（Simmons et al.，2005）：①在几公里深度汇聚范围内，氧化的酸性流体与还原的近中性pH流体的相对演化由成矿流体中岩浆水和大气降水的成分比例以及由流体上升至浅成热液环境过程后的水-岩反应的强度所控制；②在浅成热液深度，流体沸腾和/或流体混合条件的发展产生了有益于贵金属和贱金属沉淀的突变物理和化学梯度；③在浅层水平，地下水位控制了深部浅成热液矿化作用的静水压力-温度梯度。浅成热液成矿作用能发生于大的区域，其矿体在形态、规模和品位具有一定变化范围，并易隐伏于黏土蚀变或未蚀变的火山沉积物席状覆盖层之下。因此，要求将区域至矿床规模范围内的所有地质、地球化学和地球物理数据进行整合以开展有效的勘探；而矿脉的矿物学和结构、热液蚀变模式、地球化学扩散模型以及相关的地球物理证据的三维解释将有利于指导勘探。浅部特征可能并不能可靠地指示深部到底发生了什么，因此，有益的钻探工作是关键。然而，关于浅成热液型矿床的研究将重点关注以下问题：

（1）继续应用高精度^{40}Ar-^{39}Ar定年等技术，以解决相对于赋矿围岩形成年龄和火成岩活动历史的成矿作用时代，并理解矿化事件的持久性和出现的频率。

（2）通过已应用于研究斑岩型矿床的流体包裹体微分析技术（Ulrich et al.，2002），定量确定成矿流体的成分和金属含量。由于流体中金属含量表现出与特别事件相关的特征潜力，这些研究将大大地增加对浅成热液型矿床的理解。

（3）重视活动系统中（Brown and Simmons，2003）流体的采样和微量元素分析是探究流体类型的多样性，特别是深部来源的流体类型的关键，也是确定不同地质环境中流体运移金属能力的重要手段。它们与对流体包裹体的分析结果相联合，将为理解金属聚集机制、建立金属运移和沉淀的定量模型提供依据，并有可能进一步加深对微量元素扩散晕的形成是如何与成矿过程相联系的理解。

（4）及时应用新的勘探技术（包括地球化学和地球物理）以提高对隐伏于盖层岩石深部的矿体发现能力。许多大型浅成热液型矿床的顶部仍有待重新认识，而在邻近地体和需重新确定边界的已知矿区也有待发现新的矿床。

1.1.4　斑岩型铜-金矿床

1.1.4.1　概念与基本特征

斑岩型矿床是指一类与浅成侵入体有直接成因联系的矿床（Burnham，1997），可产于俯冲、碰撞及陆内等构造环境（杨志明等，2020），具有规模大（Cu矿石量通常大于1亿t，铜金属量典型地在几百万吨至上千万吨）、低至中等品位（Cu品位通常小于1%，往往介于0.3%～1.5%之间）、埋藏浅（一般形成深度小于3km）等特征（Seedorff et al.，2005；Sillitoe，2010）。在斑岩成矿系统中，小体积的致矿侵入岩和广泛分散的岩浆-热液蚀变与矿化间存在着密切的时空联系（图1-7）。大范围发育的热液蚀变主要表现为早期内部发育钾硅酸盐化和外围发育青磐岩化、晚期不同程度地叠加绢英岩化和黏土化蚀变（Gustafson and Hunt，1975；Yang and Cooke，2019）。铜钼金矿化主要呈脉状、网脉状及角砾状产出（Lowell and Guilbert，1970），与钾硅酸盐化和/或绢英岩化蚀变有关（Seedorff et al.，2005；Sillitoe，2010；Yang and Cooke，2019），少量与青磐岩化蚀变有关（Cao et al.，2019）。虽然斑岩型矿床是Cu、Mo、Au金属资源的主要生产类型，供应了全球近75%的Cu、50%的Mo和20%的Au（Sillitoe，2010），但根据John和Taylor（2016），它也是全球Re（铼）、Se（硒）、Te（碲）等关键矿产的最主要来源，全球超过80%的Re、几乎所有的Se和Te均产自该类型矿床。

富金的斑岩型矿床大多出现在环太平洋成矿带，金品位在0.3～1.6g/t（Sillitoe，1990，1993b）。国外几个富金的斑岩型矿床含有300～1500t的金（Kerrich et al.，2000），我国西藏雄村和江西德兴则是国内最大的两个富Au矿床，Au储量分别为218t和215t（杨志明等，2020）。富金的斑岩型矿床普遍发生在大陆和岛弧两种造山环境，大陆环境的经典成矿省包括美国西部的安第斯山脉中部和巴布亚新几内亚-伊里安查亚（Irian Jaya），而火山岛弧相关矿床出现在整个西太平洋（Seedorff et al.，2005）。斑岩型矿床具有浸染状、细脉状和裂隙控制的Cu-Fe硫化物矿物特征，后者分布于与斑状岩体和直接围岩中的钾硅酸盐化、绢云母化、青磐岩化及不太普遍的高级泥化有关的大体积岩石中（Titley，1981；Meyer and Hemley，1967；Lowell and Guilbert，1970）。

斑岩型Cu-Au矿床的主要特征为（Kerrich et al.，2000）：①成矿年龄范围主要是新生代和中生代，虽古近纪—新近纪最普遍，但可发生在任何时代。②经典成矿省（经典矿床）包括大陆边缘环境如美国西部的宾厄姆（Bingham）和Dos Pobers矿床、安第斯山脉中部的Bajo de la Alumbrera和Marte矿床、巴布亚新几内亚-伊里安查亚的Grasberg、Ok Tedi和Freida River矿床，以及岛弧环境如西太平洋地区的Panguna、Batu Hijau和Lepanto-Far South East矿床。③控矿构造式样以脆性构造为主，但早期的脆-韧性“A-型细脉”与岩浆侵入岩有关，而裂隙模式显示区域的和局部的应力场变化。④矿化式样（mineralization style）为陡倾斜的网状脉和裂隙定位于致矿母岩内及附近，A型脉、B型脉和D型脉随时空演化发展。⑤围岩类型为中性至酸性钙碱性和钾碱性斑状侵入岩和邻近的火山岩、沉积岩及其他类型岩石；在岛弧环境则是同时期的安山质至英安质火山岩普遍，而大陆环境钾碱性岩更普遍。⑥成矿中心为Cu-Au（Mo、Ag）组合、向外为Pb-Zn（Ba、Mn）组合；在大陆环境的矿床中心和岛弧环境矿床的边缘普遍为Mo；Au（10^{-6}）、Cu（%）比普遍为1∶3至1∶1，Au>0.6×10^{-6}的矿床Au、Cu比普遍>1∶1。⑦金的成色为自然金和银金矿。⑧就致矿侵入岩侵位来说，蚀变在时空上发生变化——侵入体中心和成矿早期为K硅酸盐蚀变，侵入体外围和成矿晚期为中级泥化，绢云母化和高级泥化蚀变与侵入体边缘、断层和盖层（高级泥化）有关。⑨早阶段成矿的岩浆水$\delta^{18}O$=+6‰～+10‰（K硅酸盐蚀变），成矿晚期的外来流体$\delta^{18}O$=-10‰～+5‰（青磐岩化、绢英岩化和高级泥质蚀变）。⑩热源为致矿侵入体。⑪其他特征，俯冲板片的结构对上覆弧的斑岩矿化起重要控制作用；正如变形环境导致地壳加厚，断块抬升和弧-横断层/裂隙带也具同样作用。其中，最重要的特征包括：①出现小规模（<$2km^2$）的、中性-长英质成分的致矿侵入体；②浅层侵位，典型地在1～4km；③致矿侵入岩具斑状结构，长石、石英和铁镁质斑

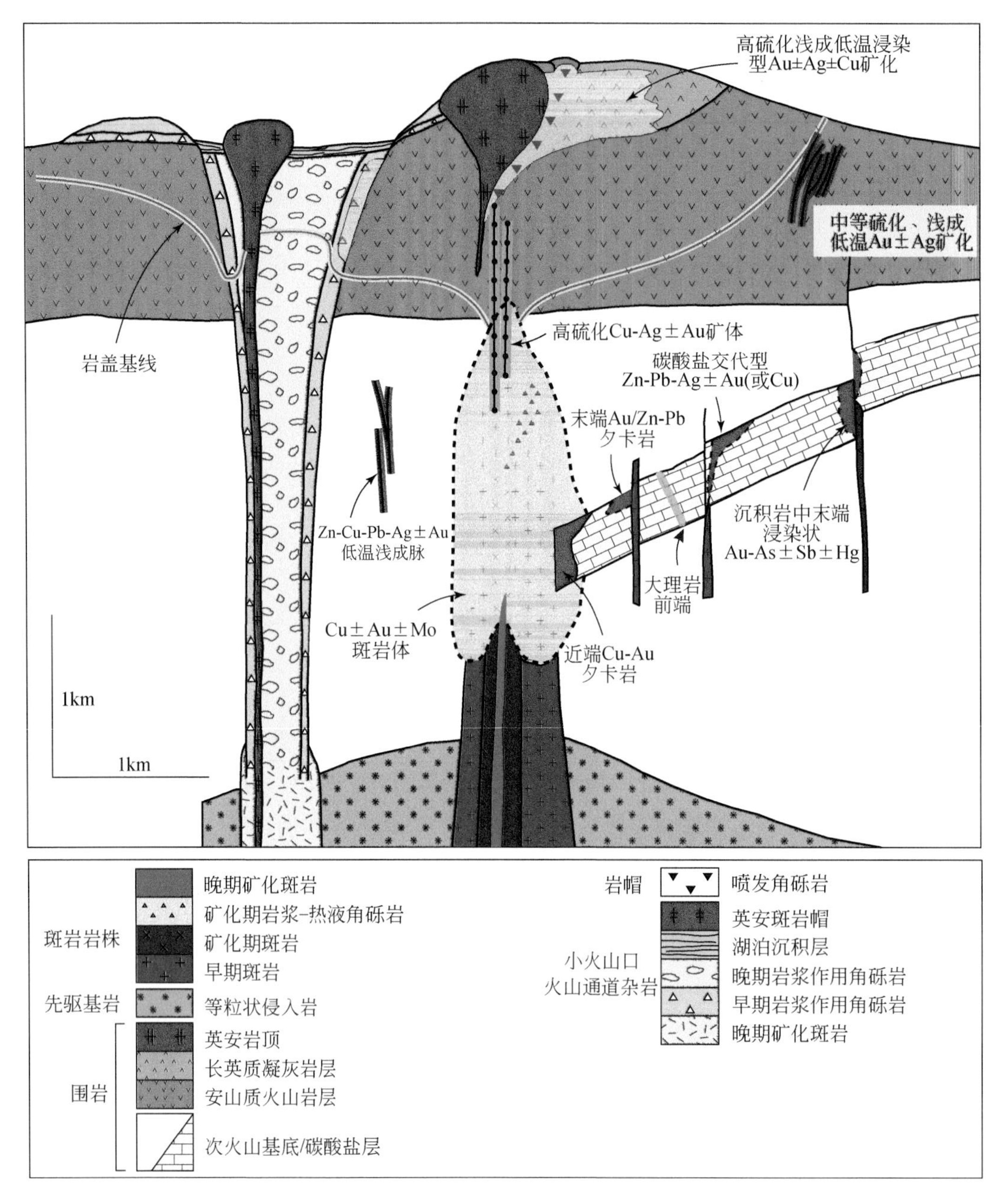

图 1-7　缩放的斑岩型 Cu 成矿模型

图中显示了多阶段斑岩岩株和接触围岩中处于中心位置的斑岩 Cu±Au±Mo 矿床、碳酸盐岩地层中外围近源和远源夕卡岩型、碳酸盐岩-交代型（烟囱-层控型）和沉积岩赋存型（远源浸染型）矿床以及非碳酸盐岩石中亚浅成热液脉，还显示了岩盖中沿岩盖边缘的上覆高硫型与中硫型浅成热液矿床间的空间相互关系（据 Sillitoe，2010）。图例解释了随着斑岩岩株早于小火山口火山角砾岩筒侵位的岩石类型出现的时间顺序，并反过来叠置岩盖发展和潜在角砾岩化

晶分布在细粒至隐晶质基质中；④显示成矿前、成矿期和成矿后的多阶段侵入，且在西太平洋火山弧环境出现典型的晚阶段火山通道；⑤伴随每期矿化侵入岩侵位出现多阶段的蚀变；⑥在斑岩和邻近围岩发生广泛的裂隙控制的蚀变和矿化；⑦矿化类型从早期不连续和不规则的脉、细脉（A 型脉），经层状脉（B 型脉），过渡到晚期全脉（D 型脉）和角砾型矿体；⑧热液蚀变具有从早期中心的钾质硅酸盐和远矿的交代类型向晚期的绢云母化和高级、中级泥化蚀变类型发展；⑨硫化物和氧化矿物从早期的斑铜矿-磁铁矿组合，经黄铜矿-黄铁矿组合，向晚期的黄铁矿-赤铁矿、黄铁矿-硫砷铜矿或黄铁矿-斑铜矿过渡；⑩早期蚀变和铜矿化由盐度为 30% ~60% NaClequiv. 和温度范围在 400 ~600℃的岩浆流体产生，与晚期蚀变和矿化的流体则普遍包含大气水成分，且盐度（<15% NaClequiv.）和温度更低（200 ~400℃）。

控矿构造环境：目前所发表的大多数论文考虑了侵入岩相关的斑岩 Cu-Au 矿床定位的控制因素，并集中于火山-侵入岩浆弧、构造环境、岩浆成分、岩性组合和地壳规模断裂的一般构造格架。根据 Sillitoe (1993b)，斑岩型矿床出现在大陆和大洋岛弧两种构造环境下的压缩域或伸展域；Corbett 和 Leach (1998) 讨论了弧环境下正向与斜向汇聚对地壳变形式样和矿床类型的影响，他们观察到侵入岩相关的典型矿化发生在局部改变期间由正向汇聚向斜向汇聚的弧环境。Solomon (1990) 认为西太平洋弧的许多富金的斑岩型矿床是在如北吕宋岛（North Luzon）、菲律宾和巴布亚新几内亚的布干维尔岛（Bougainville）等地的俯冲极性反转的结果。这个构造环境下钙碱性和富钾的碱性岩浆的产生可能反映了俯冲板片上方先前已熔融的地幔楔在深部的第二阶段熔融和一定动力构造背景下的上涌。正如以往研究指出（Sillitoe，1995；Müller and Groves，1993，2000；Müller and Forrestal，1998），在高钾火成岩与富金斑岩型和浅成热液型矿床之间存在直接的成因联系。此外，许多学者也相信斑岩型岩浆具高度氧化状态，通过结晶融体的挥发分饱和可导致金属的富集（Burnham，1962；Sillitoe and Thompson，1998）。

有些学者也强调在大陆边缘环境高地壳水平侵入岩相关矿床定位中压缩变形、地壳增厚和迅速抬升的重要性（Kay et al.，1999；Hu et al.，1998）。由卫星影像和地球物理数据所确定的上升岩浆和热液流体沿主要的转换断层和区域性线性构造聚集是经常引用的主题。斑岩型和侵入岩相关的浅成热液型矿床往往沿亚平行于或垂直于岩浆弧伸展的走滑断层和线性构造定位，其中控制矿床分布的平行岩浆弧的断裂带例子包括菲律宾的菲律宾断裂和智利的西 Fissure-Domeyko 断裂系统（Baker and Guilbert，1987）；而横断岩浆弧的控矿构造包括巴布亚新几内亚的拉凯卡穆（Lakekamu）转换构造-布洛洛（Bulolo）地堑系统（Corbett and Leach，1998）、安第斯山脉岩浆作用和成矿系统横穿弧的片断（Sillitoe，1974）。在安第斯山脉的中部，上覆于岩浆弧之上的俯冲板片的结构、岩浆成因和矿化间存在潜在关系，有些作者对其进行了重点研究（Kay et al.，1999；Sasso and Clark，1998；Skewes and Stern，1995）。下面将讨论构造元素与斑岩型铜-金矿和侵入岩相关的浅成热液型矿床之间的关系，特别强调的是俯冲板片的形态结构（topology）与变形式样的关系以及上覆弧地壳对岩浆作用和相关成矿作用的控制，相关例子包括巴布亚新几内亚、印度尼西亚和菲律宾的新近纪和更新世的矿区，以及安第斯山脉中新世矿区。在这些区域随后的构造叠加影响也相对较弱，且研究程度较高、数据丰富；此外，这些关系也可应用于对美国西部的古近纪矿床研究。

1. 地壳增厚、块体抬升和俯冲板片的形态结构

(1) 大陆环境。在安第斯山脉中部的科迪勒拉边缘和新几内亚大陆的 Papuan 褶皱-逆冲带，在矿化侵入岩侵位前或侵位过程挤压构造作用将导致局部变形和地壳加厚，地壳加厚导致了安第斯山脉中部的科迪勒拉（Cordillera）、阿尔蒂普拉诺（Altiplano）和普纳（Puna）高原（Kay et al.，1999）以及新几内亚的中央山脉抬升（Li and Peters，1998）。这两个地区的距离在 3000m 以上，经历了有意义的抬升剥蚀，而在安第斯山脉中部，当弧向东迁移、弧火山作用衰退阶段，地壳加厚还伴随着纳斯卡板块俯冲角度的减小（Kay et al.，1999；Skewes and Stern，1995）。从北部 Maricunga 带的早中新世到南部埃尔特尼恩特（El Teniente）的最晚中新世，与岩浆侵入岩有关的矿床成矿年龄向南有普遍变年轻的趋势，这个趋势分布与地壳边厚和板片俯冲角度减小向南连续变化相一致。根据与矿化同期喷发的钙碱性和富钾碱性熔岩的 REE 和其他地球化学印记，Kay 等（1999）描述了这个平行关系。尽管这个俯冲角度变缓的原因并不清楚，但可能代表有浮力的无震 Juan Fernandez 洋脊俯冲于安第斯山脉中部之下向南发展痕迹（Hu et al.，1998；Skewes and Stern，1995；Pilger，1981）。相反，来自距 Maricunga 带东大约 250km 的晚中新世法拉隆（Farallon）地区的地球化学数据（Sasso and Clark，1998）并不显示矿化期或矿化前地壳实质加厚的任何迹象。因此，如以下所讨论，除了 Kay 等（1999）所建议的机制，需要另外的机制来解释 Bajo de la Alumbrera 和其他斑岩型矿床的就位。在新几内亚中央山脉，Ok Tedi 和 Grasberg 等矿化的始新世—更新世富钾碱性侵入岩并不位于很好确定的 Wadati-Benioff 带，且缺少同期的陆相火山岩，但可能部分反映该间歇期区域的广泛抬升和剥蚀。此外，富钾碱性岩浆源也未得到很好的制约。最有可能的是，在外来弧地体增生之前，在白垩纪俯冲于大陆边缘之下而被修改的地幔发生延迟熔融（Johnson et al.，1978），或者是由东部运移来的弧地体所引起的软流圈上涌造成（McDowell et al., 1996）。美国西部的许多斑岩矿床的就位发生于最晚的白垩纪—新近纪拉拉米造山作用时期（Laramide），这一时期还发生了褶皱、逆冲和地壳加厚（Dickinson and Snyder, 1978；Titley, 1981）。由于这一时期汇聚速度加快，Dickinson 和 Snyder（1978）推测法拉隆板块的俯冲角度变缓；Murphy 等（1998）则认为，法拉隆板块由形成于约 70Ma 的地幔柱之上的俯冲带的迁移所托举。美国西部的许多成矿年龄在 54～72Ma 的矿床接近位于由 Kirkham（1998）所修订的 60Ma 的法拉隆板块的推测枢纽部位（Bird, 1984）。

（2）岛弧环境。菲律宾北部吕宋岛（Luzon）科迪勒拉中部的 Baguio 和 Mankayan 地区的上新世—更新世金和铜矿床发生在位于海平面上 1500m 以上的洋底抬升部分，中中新世产珊瑚的灰岩（Kennon 层）和凸状地形峡谷的出现证实了该区发生了上新世至现代的抬升。科迪勒拉中部包括有褶皱和加厚的地壳，该地壳位于俯冲的无震的 Scarborough 海山链轨迹之上，推测该海山链于上新世至现代向东俯冲于马里亚纳海沟（Manila）之下已导致"Stewart bank"宽阔弓形构造的形成、板片变形（slab flattening）和由此引起的抬升（Yang et al., 1996）。据 Yang 等（1996）的研究结果，由于俯冲为初始洋脊-弧碰撞所中断，弧岩浆作用在 3～2Ma 期间处于间歇期，随后在大约 2Ma 被下沉板片的撕裂引起局部软流圈上涌，导致岩浆作用重新活动，第二次岩浆脉动的时间与 Mankayan 地区 Lepanto 矿床内斑岩型和浅成热液型矿化的时间（1.5～1.2Ma）有很好的对应关系（Arribas, 1995；Arribas et al., 1995）。在印度尼西亚位于洋壳下面的火山岛弧，其地壳增厚和区域抬升相对并不发展，但包括 Sumbawa 地区的 Batu Hijau 矿区和 Sulawesi 北部的 Tombulilato 矿区在内的上新世斑岩铜-金矿床和相关的高硫型浅成热液成矿系统发生在位于俯冲板片转折上方的弧地壳内，而俯冲板片的转折部位系由地震震源的分布所推测。这些转折部位明确了局部与俯冲洋岛边缘相一致的俯冲板片倾角变化的弧平行片段，其例子如位于 Batu Hijau 南部的印度板块的 Roo 洋脊。因此，即便是在大规模地壳缩短不存在的区域，俯冲板片的形态结构被认为对上覆弧的侵入岩型矿床定位发挥控制作用。

2. 地壳基底、碰撞事件和区域性断裂

大多数最大、最富的斑岩铜-金矿床沿位于大陆边缘的弧分布，这些大陆边缘弧的致矿侵入岩被认为由于地壳加厚和迅速抬升而侵位于高的构造位置（Hu et al., 1998）。但在印度尼西亚的岩浆弧，除了伊利安查亚，侵入岩相关的斑岩型和高硫型浅成热液金成矿系统优先于建立在大洋岩石圈的弧中产生。印度尼西亚西部弧的大陆一侧，如 Sunda 和 Kalimantan 中部弧则缺失斑岩矿床以及如安第斯山脉中部和 New Guinea 中央山脉所具有的区域性褶皱-逆冲带特征的晚第三纪①地壳加厚印记。因此，在缺失压缩变形和块体抬升定位的造山弧环境，厚的大陆壳能够阻止岩浆迅速上升和矿化侵入岩高水平侵位。形成于薄的大洋岩石圈的弧，其构造上有利的地带可能被证明是侵入岩相关矿床的理想赋存部位。在 Sumatra 地区，随着能容许大部分俯冲作用弧平行元素的 Sumatra 右旋走滑断层运动，中至陡倾角的印度板片正斜向俯冲于 Sunda 弧之下，这个 Sunda 弧片段缺失任何有意义的侵入岩相关的铜-金矿床，但奇特的是 Tangse 斑岩铜-钼矿床和 Miwah 高硫型浅成热液型矿床出现在 Sumatra 地区的北端，且该处具有平缓的板片俯冲倾角（大约 30℃）（Kerrich et al., 2000）。因此，缓的板片倾角似乎是大陆弧环境侵入岩相关矿化的前提。相反，产于印度尼西亚东部的火山岛弧的侵入岩相关矿床普遍受上覆于俯冲板片转折部位的大洋岩石圈中横断弧的正断层带和斜滑断层带所控制。Banda 弧的 Sumbawa 地区的 Batu Hijau 斑岩矿床就位于控制中新世火山-沉积单元和岛弧的当今海岸线分布的主要左旋斜滑断裂带 30km 范围内。北向俯冲近垂直于 Sumbawa 邻区的弧的走向（DeMets et al., 1994），这个几何学关系被推断自第三纪现中期一直是相对稳定的（Hall, 1996）。在 Batu Hijau 岛弧致矿侵入岩和矿化的年龄（约 3.7Ma, Fletcher et al., 2000）相当接近向东的 Timor 邻区澳大利亚大陆与 Banda 弧于 4～2.5Ma 的碰撞时间（Hall, 1996；Richardson and Blundell, 1996）。由于弧向西扩展，且远离碰撞带位置，这个碰撞被认为引起平行于弧的伸展。来自最近

① 第三纪原为新生代的第一个"纪"，分为老第三纪、新第三纪。新制订的地质年代表将老第三纪改称古近纪，新第三纪改为新近纪，"第三纪"不再使用。

地震震源中心的断层面研究显示，在 Sumbawa-Timor 邻区，沿横断走滑断层的东西向伸展速度大约为3mm/a（McCaffrey，1996a，1996b；McCaffrey and Nabelek，1998）。

因此，主要的构造事件如陆-弧、弧-弧和脊-弧碰撞可能引起经历了近正向汇聚弧的区域应力场的偏移，进而导致沿横断弧的走滑断裂群的幕式扩张；这些事件反过来有助于局部的岩浆迅速上升和高的构造部位相关的矿化流体的有效释放。类似地，在菲律宾北部的吕宋岛科迪勒拉中部和我国台湾岛北部的金瓜石地区，与侵入岩相关的上新世—更新世矿床的形成可能也与区域应力场变化导致的断层再活化有关。在这种情形下，区域应力场的改变由菲律宾海板块和欧亚大陆间的碰撞所引起，在中国大陆部分，这种碰撞于约5Ma开始（Rak，1999）。另一个说明碰撞构造过程与侵入岩相关的成矿作用的因果关系的例子发生在西南太平洋布干维尔岛-所罗门群岛岛弧，此外，潘古纳（布干维尔岛）和 Koloula（瓜达尔卡纳尔岛）上新世斑岩矿床的产生与俯冲极性的倒转有关，这些矿床与北东向的俯冲相联系，后者则紧随弧与翁通爪哇海底高原的碰撞引起中-晚中新世时期向西南直接俯冲的终止而触发（Solomon，1990）。在安第斯山脉中部和新几内亚的中央山脉，通过地图测绘并不能很好地记录区域规模的弧横断断层，不过，横穿弧分布的矿床、矿区规模的断层、年龄相同的火山岩-岩体和遥感线性构造均促使研究者假定在上覆的岩石圈板块或在下沉的板片存在深部断裂带，相关的实例见于巴布亚新几内亚大陆延伸入几个大型矿床的弧转换构造（Corbett and Leach，1998）和位于中新世 Maricunga 带与 Chile-Argentina 法拉隆地区的“复活热泉线”（Easter Hot Line）轨迹（Bonatti et al.，1977；Sasso and Clark，1998）。“复活热泉线”标志着一条上涌软流圈线性带，而这条线性带是当俯冲板片倾角由北向南变平坦时，因俯冲的纳斯卡板块处从东部撕裂或膝折所局部定位，它邻近于智利平板板片的北部边界，并推测上覆于阿雷基帕（Arequipa）-安托法亚（Antofalla）克拉通裂谷边缘（Sasso and Clark，1998）。因此，早-晚中新世矿床沿这条带定位可能反映深部地壳断层的再活化作用。沿横断弧分布，且从 El Teniente，经 Paramillos Sur 至智利-阿根廷 San Luis 矿带向东延伸的矿床，是紧随于邻近 Juan Fernandez 俯冲脊边缘的 Chilean 平坦板片的南缘而发生的。这个矿床分布特点也与下沉板片发生膝折位置相耦合，因而可能反映了通过俯冲板块的撕裂发生了减压熔融和软流圈上涌，所推测的减压熔融和软流圈上涌如同以往所命名的板片窗出现的情形那样（slab window；Kirkham，1998）。由美国西部早第三纪斑岩矿床的分布确定了局部的横截弧的轴，这正如由北东向爱达荷（Idaho）-蒙大拿（Montana）斑岩带所表现的特征一样（Armstrong et al.，1978；Armstrong，1981），其局部与跨越查利斯（Challis）和大瀑布城（Great Falls）地区的线性构造相一致。美国 Montana 的 Butte 采矿区邻近于这个线性构造发生（Tooker，1990），而后者经定年被认为发生于前寒武纪，并标志着一个板内不连续面。另据 Kirkham（1998）的研究，这个北东向斑岩带可能产生于一个类似于安第斯山脉中部的横断弧矿化趋势环境，而后者邻近始于约60Ma的法拉隆板块俯冲的平板片段边缘。

总之，在西太平洋地区和安第斯山脉中部的最大、最有意义的侵入岩相关的铜-金和金矿床与一套具有共同的构造相关的地质特征有关。许多矿床产于大陆造山环境，且后者表现出地壳加厚、块体抬升和板片俯冲角变平或变化。但位于洋壳之下的火山岛弧也赋存大型矿床。在大陆和大洋两种环境中，俯冲板片的膝折或撕裂，或是地幔的不稳定性，都在局部引起软流圈上涌，进而导致岩浆迅速上升至上覆地壳的高位处，在这些部位，气相饱和、挥发分出溶和铜-金沉淀均可发生。下沉板片的膝折与上覆弧岩石圈的变形带间的空间一致性有利于岩浆通过在软流圈和弧地壳上部层位间所建立的联系而侵位；在转换挤压（transpressional）至转换拉张（transtensional）环境，地壳规模断裂和裂隙系统的幕式再活化进一步增强了造山弧地壳的渗透率，而在造山弧板块汇聚方向、碰撞事件和易浮的非震洋脊的俯冲变化对改变主要垂直弧压应力的定向起作用；相反，形成于拉分盆地和弧后裂谷盆地，并在斜向汇聚弧环境沿平行弧的走滑断裂带发展的大型伸展构造环境则有利于含矿挥发分从上升的岩浆和冷却的侵入岩中释放出来。尽管显示低硫型浅成热液型金矿和火山块状硫化型矿床，与致矿侵入岩没有太直接的关系，但含矿挥发分在这些环境的出现也更为普遍。

1.1.4.2 存在的主要问题

斑岩型矿床大概代表了有色金属矿产资源最有经济意义的一种类型（Seedorff et al.，2005）。这种岩浆-热液矿床的细脉具有特征的硫化物和氧化物矿石矿物，以及在大体积热液蚀变岩（达 4km^3）中呈浸染状产出特征。斑岩型矿床产于世界上岩浆带内，并在空间、时间和成因上与具斑状结构和普遍具细晶或隐晶质浅成的闪长质及花岗质侵入岩有关。在成矿时代上，以显生宙，尤其是新生代最为典型，反映了与板块俯冲构造相关的岩浆作用和保存于年轻岩浆的优势。

根据矿床中有经济意义的主要金属，Seedorff 等（2005）将斑岩型矿床划分为五类：斑岩 Au、斑岩 Cu、斑岩 Mo、斑岩 W 和斑岩 Sn。对于每个斑岩矿床类型，其中的主要金属丰度相对于具有相似成分的未矿化岩石中相应金属丰度达 100 ~ 1000 倍富集度。斑岩型矿床储量超过四个数量级，并具有 Cu>Mo 至 Au>Sn>W 的中值规模的顺序。热液蚀变是矿化剂的重要指标，这是因为它在矿化带并延伸到大体积（>10km^3）邻近围岩中均产生了一系列矿物组合。斑岩矿石中所观察到的典型时间演化序列为从早期高温黑云母±钾长石组合（钾质蚀变），到白云母±绿泥石组合（绢英岩质蚀变），到含黏土的组合（高级泥质和中级泥质蚀变），这与在流体最终呈中性化之前的更为酸性，且具更高流-岩比率相一致。尽管高级泥化蚀变在矿床形成过程中是相对晚的，且它叠加于先前矿体和钾质蚀变上，但在矿区内高级泥质蚀变（特别出现石英+明矾石组合）保存在矿体之上，且普遍趋同位于古沉积面，因而在大时间尺度上它可能与钾质蚀变是同时发生的。相反，钠斜长石-阳起石（Na-Ca 蚀变）和钠长石-绿帘石-碳酸盐（青磐岩化蚀变）矿物组合形成于低酸度流体，且普遍缺失矿石矿物。地质、流体包裹体和同位素示踪暗示岩浆流体控制了与矿化有关的酸性蚀变，而非岩浆流体控制了 Na-Ca 蚀变和青磐岩化蚀变。在斑岩矿床中，矿脉含有大比例的矿石矿物，并包括与矿石矿物和黑云母-长石蚀变有关的高温糖状结构的石英细脉，而中温黄铁矿质脉具有绢英岩质包络外壳。

与斑岩矿床有关的火成岩成分实际上覆盖当今所观察到的火山岩的整个范围，其中，矿化斑岩为中-酸性岩（SiO_2>56%），其细晶质结构的基质代表富水岩浆突然减压（depressurization）而发生结晶作用结果。然而，在某些矿床少量的包括煌斑岩在内的超镁铁质至中性岩石与斑岩矿床形成显示紧密的时、空关系。正确理解斑岩型矿床形成的关键是有赖于确定矿化事件的相对时代和不同位置矿化事件时代的相关性，但部分有赖于矿化的出露。具最大出露度和连续性的斑岩成矿系统普遍发生倾斜，并被成矿期后的变形所肢解。大多数与矿化有关的斑岩侵入体表现为小规模（<0.5km^3）的岩脉和岩栓（plug），其侵位深度在 1 ~ 6km，尽管某些岩体侵位较深。矿床普遍呈丛集性发生于下覆中性至酸性侵入岩顶部的一个或多个穹顶上方。蚀变岩向上进入古沉积面，向下则向产生斑岩岩浆和含水流体的花岗质侵入岩扩展，而侧向上在矿床两侧出露几公里。下覆岩浆房通过镁铁质岩浆灌入（recharge）、围岩混染、结晶作用和岩浆侵入而以开放系统形式运行，但矿化侵入岩并不喷发。

热液蚀变岩和硫化物-氧化物矿石矿物的现今分布是破裂诱导的流体流动的时间整合产物。Seedorff 等（2005）对所有五个类型的斑岩矿床判别出三个空间格架，其中，①第一个空间格架包括两个变量：正如在 Chorolque、Henderson 和 San Manuel-Kalamazoo 所发生的那样，绢英岩化蚀变主要位于具有向上变窄的钟状或帽状（hood）形态的钾质蚀变的上方或旁侧；绢云母质蚀变与高级泥质蚀变同时出现，且后者在某些情况下如出现在 Batu Hijau、Cerro Rico 和 El Salvador 矿床系统的较高位置形成一个较宽的带。②第二个空间格架表现为强烈的绢云母质蚀变和局部高级泥化蚀变切穿近矿包裹的钾质蚀变，但如同在 Butte、Chuquicamata 和 Besolution 矿区，这些蚀变也延伸至一个整体上具有漏斗几何形态的向上扩展带内的钾质蚀变上方。③除了 K 质蚀变，第三个空间格架表现为 Na-Ca 质蚀变在矿化系统的中心广泛发育，并正如发生在 Yerington 矿区，具有向上延伸通过上覆矿体的钠质蚀变的指状投影的 Na-Ca 质蚀变在钾质蚀变下具有一个倒的杯状形态一样。金属品位与矿物初始沉淀的位置和随后再活化的强度有直接关系。金属沉淀是多个变量引起的结果，其中，典型的包括温度、酸度和铁、硫化物足够性等变量。因此，矿体的形态有赖于致矿和非致矿岩合格的数量和位置，矿脉、大矿脉或角砾岩的比例、形状和定位，控制矿物稳定性的 P-T 改变以及水-岩相互作用。

地质年代学和热模型暗示，热液活动的持续时间在 5 万年至 50 万年是普遍的现象（Seedorff et al., 2005），然而，大型斑岩矿床因涉及多个事件，其热液活动可持续几个百万年。在特别的空间位置，包括矿脉错位在内的穿插关系为示踪热液活动的相对时代提供了限定性证据，而切断更老的矿脉且反过来被更年轻的矿脉所穿切的侵入接触提供了允许建立空间上不同热液事件关系的时间证据。大多数斑岩矿床显示了多期次侵入岩侵入，而与一系列热液脉相关的每期侵入岩又形成了一个下降的成矿温度间隔。成矿流体成分的高温起始点在不同类型斑岩矿床间发生有系统的变化，一定程度上也必然反映了熔体、矿物和含水流体间岩浆成分和化学分离（partitioning）。尽管已有的数据较少，岩浆和相关的高温流体发生变化，以至于氧化作用状态、硫化作用状态和整体硫的含量对于斑岩 Cu 和 Au 矿床类型是最高的，而在斑岩 Mo 矿床稍微偏低，在斑岩 Sn 矿床较低，在斑岩 W 矿床中则表现最低。然而，在大多数的斑岩类型和亚类型中存在矿床在更低温度时偏向低的 α_{K+}/α_{H+} 值和高的 S 逸度，以至于产生了高级泥质蚀变和高硫化态的矿石矿物。正如全球岩浆作用谱系一样，全球斑岩矿化的频率同样具有一致的基本过程，但保持本身显著的地质特征。然而，尽管对斑岩矿床已开展了一个半多世纪的研究，且成矿理论研究水平随着经济发展的需求而不断提升，许多相关问题仍有待解决：

（1）斑岩矿床类型谱系仍有待深入认识。斑岩型 Cu 矿床是斑岩成矿系统中认识到的最早的类型，随后还认识到了斑岩型 Mo（White et al.，1981）、斑岩型 Sn 和斑岩型 W 矿床，但 Au 常常作为斑岩型铜矿床的副产品，是否存在独立的斑岩型 Au 和/或其他斑岩矿床类，尚有待发现；此外，斑岩型 Sn 和 W 矿床也有待深入研究。

（2）斑岩矿床具有大的规模但相对低的品位，且矿石矿物在地质上以浸染状特征发生于狭窄的、近等距脉和热液蚀变岩内（Titley and Hicks，1966；Lowell and Guilbert，1970）。目前关于斑岩矿床研究的相关科学问题的许多变化性虽然反映了岩浆成分、构造式样、赋矿围岩和其他因素的差别（Gustafson and Hunt，1975；Gustafson，1978；Einaudi，1982），且大多数均一的斑岩矿床在几百米范围岩石一致，但有特色的细脉和蚀变晕具有毫米和厘米级的宽度（Titley，1982）；另外，虽然成矿系统和矿床规模的模式和过程具有实际和科学意义，但关于斑岩矿床的一个关键的地质兴趣是在手标本规模上许多特征是可见的，在填图和钻孔编录过程就可连续记录丰富的共生关系信息。所有这些均要求细致的野外调查和室内外系统观察。

（3）斑岩矿床的形成涉及地球系统构造、岩浆、地球化学和成矿作用等过程的一系列基本问题，由此必然应用和发展新的地质填图技术、测试分析技术和理论方法，并反过来将导致或推动经济地质学整个领域许多概念性进展（Skinner，1997；Barton and Hanson，1989；Barton et al.，1991）。然而，精确确定成矿时代是增进对这类矿床形成机理的理解、解决重大科学问题的关键。

（4）斑岩型矿床显示了显著的多样性特征，并导致几乎普适的成因观点和实际应用。然而，尽管目前对斑岩型 Cu 矿和斑岩型 Mo 已开展普遍研究，但对整个斑岩矿床成矿谱系的地质特征和起源并未很好地开展整合研究。因此，有必要将斑岩矿床不同谱系进行整合研究，以检验单个矿床类型的成因假设是否可应用到其他矿床谱系。

（5）世界上斑岩型 Cu-（Mo-Au）矿床在空间上主要产于消减板块边缘岩浆弧环境（图1-8），典型的如安第斯山脉中部大陆弧（Cooke et al.，2005）和东太平洋岛弧环境内的斑岩型 Cu 矿床（Sillitoe，2010），但已有研究揭示（Hou et al.，2011；Yang and Cooke，2019），斑岩矿床成矿环境多样，不仅产于俯冲有关的岛弧，也可出现在陆-陆碰撞、大陆裂谷和碰撞后等环境，但对后者的动力学触发机制仍存在不同看法（Griffin et al.，2013；Pirajno and Zhou，2015；Zhu et al.，2015；Deng et al.，2016；Wang et al.，2016）。因此，应根据不同地区区域构造特点以确定斑岩型矿床产出环境。

（6）不同环境下的斑岩矿床具有不同的形成过程，并显示不同的成矿时限，如 Wilkinson（2013）就提出四个层次的关键触动机制可能导致斑岩型矿床的形成。第一个过程表现在深部地壳具有金属和水的岩浆周期性富集特征；第二个过程表现为含有硫化物的岩浆饱和度有助于将金属浓缩成较小体积的物质，以便以后金属能从中释放出来；第三个过程是一个将金属有效运移至出溶于岩浆的热液流体过程；第四个过程为矿石矿物沉淀于地壳中。尽管某些或所有过程必须共同起作用以形成大型斑岩矿床，但 Wilkinson 等（2013）主张岩浆中硫的饱和度是最重要的一个因素。因成矿的复杂性，该主张仍有待考证。

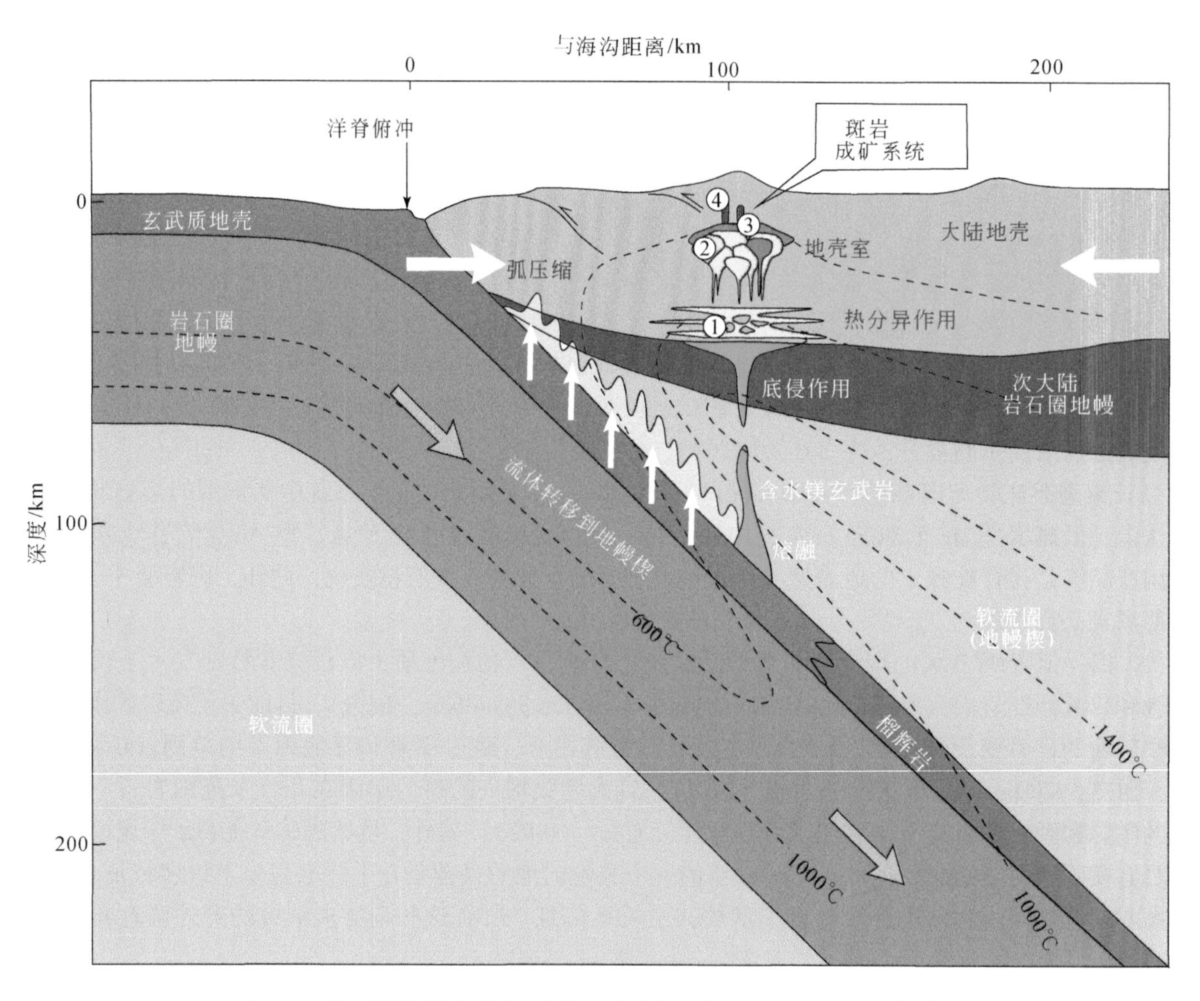

图 1-8　俯冲环境下斑岩型矿床形成模式图（据 Wilkinson，2013 修改）

（7）存在许多因素导致有特色的矿石矿物沉淀、矿脉模式和围岩蚀变的斑岩热液成矿系统具有可变性（Candela and Piccoli，2005）。而特色成矿系统规模的时空演化和矿石、脉、蚀变矿物的分带由沿着被温度、硫化状态、酸度和活动或富集比率所控制的地球化学演化路径的变化所引起。以往研究表明，矿床不同地球化学路径主要由以下方面引起：①由岩浆成分和岩浆作用过程所体现的初始岩浆流体成分；②与岩浆-热液致裂、侵位深度、围岩的渗透性、同时期的构造事件和压力、温度梯度陡度的有效性相关的水文因素；③围岩的成分；④累积水/岩质量比；⑤岩浆水和外来流体相互作用的程度和时间。然而，尽管已取得以上进展，直到目前仍没有完全了解形成有经济意义的斑岩矿床的不同过程。

1.1.5　热液铁氧化物-Cu-Au 矿床（IOCG 型）

1.1.5.1　基本概念与特征

IOCG 热液铁氧化物-Cu-Au 型矿床是多年来所认识到的构造控制的外生矿床类型。这类矿床普遍形成于古元古代—中元古代伸展环境（Meyer，1988；Hitzman et al.，1992；Davidson and Large，1998；Williams，1998），其大型矿床典型地含有品位在 0.8% ~1.6%、储量>100Mt 的 Cu 和品位在 0.25 ~0.8g/t 的 Au。根据 Hitzman 等（1992）的定义，这类矿床构成一个范围更大的矿床类型的一部分，包括如瑞典的 Kiruna 巨型含磷铁矿床、中国内蒙古的白云鄂博超大型 Fe-Nb-Ta-REE 矿床，因而被命名为热液铁氧化物-Cu-U-Au-REE 矿床（Williams et al.，2005）。这个矿床类型最典型的实例是位于澳大利亚南部、形成于

Stuart 大陆架的奥林匹克坝（Olympic Dam）矿床，其包含有品位为1.6%、储量约2000Mt的Cu和品位为0.6g/t的Au（Oreskes and Einaudi，1990）。其他世界级的矿床包括澳大利亚昆士兰克朗克里（Cloncurry）地区的Ernest Henry矿床等，其中含铜167Mt（品位1.1%）、金（品位0.5g/t）（Williams，1998）。此外，可能属于该矿床类型但未经证实的矿床包括Salobo矿床（Cu储量1000Mt、品位0.85%；Au品位0.4g/t），Igarape Bahia/Alemao矿床（铜储量140Mt、品位1.5%；金品位0.8g/t）以及巴西Carajas地区的其他矿床（Kerrich et al.，2000）。智利安第斯山脉的Candelaria矿床（铜储量326Mt；金品位0.26g/t）也可能属于该类型，但该矿床具有某些不寻常的特征，如出现有意义的Fe硫化物、缺失特征性微量元素丰度、典型的夕卡岩矿物共生序列（Ryan et al.，1995），其他小型矿床（1～10Mt铜）出现在美国密苏里（Missouri）东南部和加拿大育空（Yukon）地区的Wernecke山脉（Hitzman et al.，1992）。

IOCG型矿床的基本特征如下。①成矿年龄范围：1.8～0.1Ga，大多数在1.8～1.4Ga；②典型成矿省或典型矿床：南澳大利亚Stuart大陆架的Olympic Dam，澳大利亚昆士兰Cloncurry地区的Ernest Henry，巴西Carajas地区的Salobo和Igarape Bahia，智利Atacama省的Candelaria；③构造类型：大多数为韧性至脆性构造，但显示可变的构造控制；④矿化型式：定向可变的、普遍陡倾的角砾岩型、不整合脉型或整合交代型矿体；⑤赋矿围岩：极其可变的，从太古宙片麻岩和绿片岩系到宽阔同时期的花岗质岩或火山岩和沉积岩；⑥成矿元素组合：Fe-Cu-Au（Ag、As、Co、Fe、Mo、Nb、Ni、P、REE、U）；⑦金成色：无相关数据，但金矿物为自然金和银金矿；⑧近矿围岩蚀变：蚀变强烈且随深度而变化，从深部至浅部可从Na-Ca长石蚀变至钾长石蚀变，至绢云母和铁橄榄石蚀变（fayalite），到铁闪石-阳起石蚀变，最后至碳酸盐蚀变，但热液蚀变成因的石英少，特别是在深部表现明显；⑨P–T条件：是可变的，对于Cu-Au的成矿温度为200～400℃，而对于铁硅酸盐和磁铁矿矿物形成温度可达600℃；⑩成矿流体：为高盐度的、酸性的和氧化性流体；⑪同位素（水）：$\delta^{18}O=+6‰\sim+10‰$；⑫热源：可能来自侵入岩（碱性?），奥林匹克坝矿床就与非造山岩浆作用有关；⑬其他特征：可能过渡到巨型的含磷的基律纳型铁矿和中国白云鄂博富REE-Fe-Nb-Ta矿床，也可能与Serra Pelada型和Jacutinga型Au-Pd矿床有关。不过，IOCG型矿床的主要特征可归纳如下：①高的储量，但低的品位；②铁氧化物矿物以磁铁矿和/或赤铁矿为主；③相对低硫铜矿物的低硫化物含量；④低SiO_2含量；⑤具有特征的Fe-Cu-Au-REE金属组合，并普遍具有异常的Ag、As、Co、F、Mo、Nb、Ni、P和/或U丰度；⑥高的Cu/（Cu+Zn+Pb）值。

在区域上，这类矿床将近位于遥感和/或地球物理数据所确定的地壳规模的断层或剪切带、线性变形带内；在矿床规模上，该类型矿床也由构造控制，或位于更次一级的断裂及剪切构造发生，或沿岩性地层界面发生，或邻近于花岗质岩与表壳岩接触带发生。根据矿体形态，IOCG型矿床可呈典型的筒状（如Olympic Dam）、环状脉（如Igarape Bahia/Alemao和Carajas地区的Sossego），有时呈不规则状（Ernest Henry），或如Candelaria矿床呈席状。大多数大型矿体至少部分由角砾岩组成，但也可能存在活性或孔隙岩石的交代结构。在以角砾岩为主的矿体中，普遍存在碎屑和岩筒边缘的交代。另外，与许多其他热液型矿床不同的是，矿石中普遍缺少或缺乏石英矿物，且硅酸盐矿物为磁铁矿所交代，反映SiO_2溶解而非沉淀。

（1）蚀变垂直分带特征。随成矿深度的变化，似乎存在着有意义的蚀变矿物变化规律。尽管存在某些例外，所估算的IOCG型矿床的形成深度在地表下约1km至地表下至少6km（Hitzman et al.，1992）；矿石矿物成分随深度增加表现出普遍趋势：从Olympic Dam为代表的以赤铁矿为主，向Ernest Henry和Carajas矿床为代表的以磁铁矿为主的变化，与之相应变化的是富铁矿物也出现从碳酸盐经阳起石向铁闪石和铁橄榄石的改变（Salabo地区矿床，Kerrich et al.，2000）。此外，随深度增加，从浅部至深部也存在从绢云母化、经钾化至Na-Ca长石的变化（Hitzman et al.，1992）。在地壳更浅的部位（higher crustal levels），石英矿物可能更为丰富；总体来说，深度的变化与Groves（1993）造山型金矿的连续性模式的相关记录，以及与某些斑岩型Cu成矿系统如美国内华达州Yerrington矿床的有关记录相一致（Dilles et al.，1992；Dilles and Einaudi，1992），但不同于斑岩成矿系统的是，IOCG型矿床并不位于或邻近于所已知的成矿岩体。尽管发现Au/Cu值在Candelaria矿区（Ryan et al.，1995）和Olympic Dam矿床的局部

(Reeve，1990）随深度增加而降低，但该值的变化规律尚罕有报道。南非约2.0Ga的Phalabowra Fe-P-Cu矿床具有IOCG型矿床的某些相似成矿特征，如富磁铁矿、出现贫硫的Cu硫化物矿物如黄铜矿–斑铜矿–辉铜矿，以及具有高的P和REE含量，但该矿床赋存于碱性火成杂岩体内。因此，这些特征总体上可能代表IOCG型矿床最接近于碱性岩浆源区的矿床，并伴有远离这些因岩石圈基本构造所触发的深部富挥发分的岩浆–热液矿床系统的地壳浅部矿床。这些IOCG型矿床典型地形成于多个阶段，其中早期高温阶段以出现铁氧化物和相关的钙硅酸盐和/或富铁的硅酸盐矿物为特征，随后伴随的是低温阶段的Cu硫化物（主要是黄铜矿、斑铜矿、辉铜矿）和金矿化，紧接着是Fe氧化物出现（Oreskes and Einaudi，1990）。此外，其他如Candelaria矿床的矿体则显示更为复杂的叠置关系。

（2）热液流体和成矿金属的源区。来自许多矿床的流体包裹体、矿物–稳定性和其他热力学数据显示，矿化作用发生在可变的但普遍高盐度的、低pH和氧化性的热液流体，地壳较深部位沉淀早期磁铁矿和相关Fe硅酸盐矿物的温度约在600℃，发生Cu-Au矿化的温度为200～400℃（Hitzman et al.，1992；Davidson and Large，1998）。已发表的少量C-O同位素数据也与深部来源的岩浆或变质流体的卷入一致，而这种流体至少有利于早阶段矿化（Hitzman et al.，1992）；而成矿晚期则有一些大气降水的参与（Gow et al.，1994）。巴西卡拉雅斯（Carajás）的Serra Pelada Au-Pd矿床是一个贫硫化物而富赤铁矿的矿床，与几个IOCG型铁氧化物-Cu-Au矿床具有相同的岩性构造和成矿省，因此，它最可能来源于一个具有相似盐度的酸性、氧化性热液流体（Mountain and Woods，1989），在成因上可划分为IOCG型矿床。

（3）成因模式。IOCG型矿床成矿流体的最终源区一直在学术界存在相当大的争议。大多数学者并不赞同“岩浆分离模式”是初始触发基律纳型富P铁矿床形成的原因（Philpotts，1967），而目前认为该矿床具有热液起源。根据某些学者，主要的成矿流体从特定岩浆出溶。而基于起源于岩浆源区的支持者，碱性岩浆（Meyer，1988）和特定的花岗质岩套（Williams，1998）两者都是热液流体和成矿金属的源区。还有一种解释则认为成矿流体为同生的盆地卤水（图1-9），部分可能来源于普遍处于伸展环境下的更古

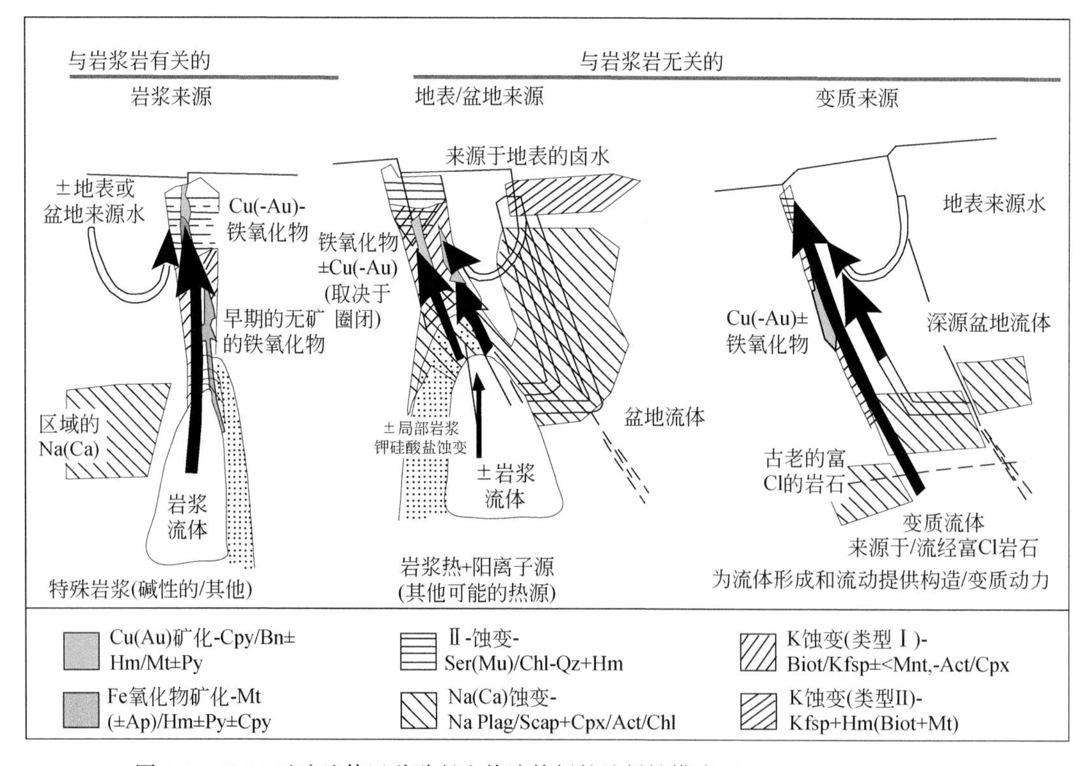

图1-9　IOCG矿床流体运移路径和热液特征的选择性模式（Williams et al.，2005）

黑色箭头表示沿各种路径所预测的不同石英饱和岩石中的石英沉淀（成脉）情形，它从而提供了一个有用的一级流动指示；Py. 黄铁矿；Cpy. 黄铜矿；Bn. 斑铜矿；Hm. 赤铁矿；Mt. 磁铁矿；Ap. 磷灰石；Ser（Mu）. 绢云母（白云母）；Chl. 绿泥石；Qz. 石英；Plag/Scap. 斜长石/方柱石；Cpx/Act. 单斜辉石/阳起石；Biot/Kfsp. 黑云母/钾长石；Mnt. 蒙脱石；Act. 阳起石

老的蒸发岩（Oreskes and Einaudi，1990）。事实上，IOCG型矿床与特定的火成岩体并不存在明显的紧密空间关系，因此，除Phalabowra矿床外，如果这些矿床具有岩浆-热液起源，那么它们一定形成于母岩浆的远侧，但IOCG型矿床与近于岩浆源区形成的斑岩型Cu-Au等矿床则完全相反。然而，许多证据支持IOCG型矿床与岩浆特别是与碱性岩浆的联系：①至少对于早阶段的成矿流体具有高的温度（600℃）和起源于岩浆或变质的同位素印记；②成矿流体盐度具有特征的岩浆流体值，而不是低盐度的变质流体；③与众不同的相容和不相容元素的成矿金属组合相似于Meyer（1988）所报道的碱性岩；④角砾岩筒至角砾状环状岩脉类似于爆破碱性侵入岩体；⑤在Phalabowra矿床，岩浆碳酸岩赋存的磁铁矿-黄铜矿-斑铜矿-辉铜矿-磷灰石矿石与IOCG型矿石具有相似性；⑥在成矿时代上，Olympic Dam矿床与非造山岩浆作用具有耦合性（Johnson and Cross，1995）；⑦Phalabowra和Olympic Dam矿床具有的亏损地幔性质的Nd同位素特征，以及Olympic Dam角砾岩型矿体出现包含有高Cr含量铬铁矿的热液蚀变煌斑质脉岩和同时出现的磁异常和重力异常，与发生在深部的碱性铁镁质岩体相一致（Campbell et al.，1998）；⑧至少是元古宙矿床，普遍出现在厚的太古宙地幔岩向减薄的后太古宙岩石圈的近过渡部位，而在该部位，伸展作用优先发生于岩石圈边界，从而导致地幔岩石圈交代域减压熔融，反过来发生具有相容和不相容元素富集特征的碱性岩浆作用。结果，蒸发岩模式并不能解释那些赋存于伸展盆地内由片麻岩和花岗岩-绿岩组成的太古宙地体，而不是赋存于同时期岩石中的如Carajas矿床的起源。

（4）构造环境。如同其他地区所包含的IOCG型矿床一样，Stuart大陆架和Carajas地区元古宙IOCG型矿床的形成似乎主要与伸展构造环境下的陆内岩浆作用、双峰式火山作用和非造山A型花岗质岩有关（Hitzman et al.，1992）。克拉通边缘似乎是IOCG型矿床产出的重要环境：如Olympic Dam矿床就位于Torrens枢纽带50km内，这个枢纽带实际上将太古宙Gawler克拉通的东部边缘分割开来（Reeve，1990）；Carajas矿床位于地球上最广泛的非造山地体之一、曾经是伸展的太古宙克拉通东部边缘的唯一残余地体内。人们对包括Ernest Henry在内的Cloncurry地区矿床的构造环境则不太清楚，但据Williams（1998）报道，这些矿床大体上与由I型英云闪长岩、花岗闪长岩、二长花岗岩和碱长岩体所组成的侵入岩套同时发生（Wyborn，1998），与Isan挤压造山环境由韧性向脆性过渡有关。这些矿床大约位于厚的太古宙岩石圈与薄的岩石圈的边界部位，但太古宙岩石分布于这个边界两侧。而显生宙IOCG型矿床如Candelaria，形成于大陆弧或大陆弧后伸展区域。因此，对于IOCG型矿床来说，不同的矿床可产于不同的构造环境，而在赋存有IOCG型矿床的挤压环境内又具有伸展非造山和伸展两种环境。如Candelaria这类显生宙IOCG型矿床可能并不是元古宙IOCG型矿床的严密同等物，因为前者的成矿特征介于IOCG型和与碱性火成岩相关的斑岩型矿床之间（Müller and Groves，1993）。从广义的IOCG矿床类型来看，各种矿床在成矿特征上如成矿元素组合、硫与金属比值可能存在的差异与岩浆源区有关：如铁镁质碱性-碳酸岩岩浆有利于Cu-Au-REE-P-F-U组合IOCG型矿床，但碱性花岗质岩有利于相对缺失不相容元素富集的Cu-Au组合的IOCG矿床；且前者可能产于非造山伸展环境，而后者形成于整个处于挤压造山带内的局部伸展环境或与晚阶段伸展变形有关。但至今很少有据金属组合来推断构造环境的矿床。

1.1.5.2 存在的主要问题

关于IOCG型矿床的成因，最终要讨论的主要问题是：特别是对于巨型矿床，是否通过岩浆与地幔或下地壳存在直接联系，或IOCG型矿床是否完全产于能将先前分散在大的岩石块体中的金属有效富集的巨型热液系统地壳中（表1-1）。由于缺失代表未来重要研究方向的关键数据，要回答这个问题仍存在不确定性。主要欠缺的知识如下：

（1）存在有限的直接证据支持或反对来自与IOCG成矿系统同时期岩浆的富Fe和富P的熔体或富Cu的含水流体。特别是，假定成矿流体中存在普遍的碳质成分，或假定矿石中存在热液成因的碳酸盐，与碱性和/或富CO_2的岩浆（Groves and Vielreicher，2001）的可能联系值得进一步关注。

（2）存在有限的和模糊的来自放射性同位素印记，而大多数已有的研究与某些但不是全部来源于同时期火成岩物质的矿石成分相一致；而在这些情形下，典型地存在指示与地幔直接相联系的某些证据

（Johnson and McCulloch，1995；Gleason et al.，2000；Skirrow et al.，2000；Mathur et al.，2000，2002）。

（3）尽管对澳大利亚 Cloncurry 和瑞典北部 Norrbotten 矿床的有限研究暗示这些矿床存在 Cl 和 Br 的多个源区（Mark et al.，2001；Williams et al.，2001，2003；Williams and Pollard，2001），但仍存在少量的卤素（halogen）元素地球化学数据制约盐度的源区（Yardley et al.，2000）。

表 1-1　IOCG 成矿体系的基本特征与成因认识（Barton and Johnson，2004）

流体来源	岩浆	非岩浆	
		盆地/地表	变质
基本过程	从岩浆释放的贫 S^{2-} 的含金属卤水通过浮力上升；冷却、水岩反应和/或流体混合提供沉淀位置	非岩浆卤水发生热对流，通过水岩反应提供金属；冷却、水岩反应和/或流体混合提供沉淀位置；二次流体提供金属	通过脱挥发分或与其他流体发生反应变质卤水组分释放，然后通过浮力作用向上运移；冷却、水岩反应和/或流体混合提供沉淀位置
伴随的火成岩	成分上从闪长岩到花岗岩的高 K、氧化性岩套，以及所建议的碳酸岩和强碱性岩系列	火成岩具多样性（从辉长岩到花岗岩），已知有非岩浆岩实例；在大多物源区，关键热源的多样性反映在地球化学上	尽管火成岩普遍出现，但没有必然联系；不过在某些环境，火成岩可能是热源，也可能是物源
含长石围岩的热液蚀变	Na（Ca）、（K、H^+）蚀变与岩浆有关；区域 Na（Ca）蚀变与 Cu（-Au）耦合，但也不直接相关	在流体上升区域发生 K、H^+ ± Na（Ca）蚀变（类型Ⅰ）；在流体卸载区域发生 Na（Ca）±K 蚀变（类型Ⅱ）	矿区范围内主要为 K、H^+ 蚀变，区域上 Na（Ca）蚀变组合反映源区特征
铁氧化物与 Cu（-Au）关系	部分铁氧化物与 Cu（-Au）可能来自深部或高温；贫铁氧化物可能来源于远源流体，且通常出现在同一区域更老的热液体系中	富磁铁矿的来源较深、较早形成（高温），且磁铁矿或赤铁矿也与 Cu 典型共生；贫铁氧化物代表缺乏硫对 Cu 的捕获或代表缺乏第二次含 Cu 的流体	出现铁氧化物但数量相对少（因黑云母或绿泥石普遍），铁氧化物普遍通过基性矿物的分解，而不是由于铁的加入形成
形成深度/构造	浅部-中部地壳；通常沿区域构造接近致矿侵入岩	主要发生于脆性的上地壳；通道系统为区域或火山构造	邻近或位于主要构造的中部-浅部地壳
全球背景	产生氧化型的高 K 或碱性岩浆的弧或拉伸环境	具有适宜的卤水源区（干旱环境或古老的富 Cl 物质）、通道系统和热驱动的区域	富 Cl、低-中等变质程度的源区岩区域，挤压背景（如盆地坍塌）或递进变质作用
参考文献	Hauck（1989）、Pollard（2000）、Groves 和 Vielreicher（2001）、Sillitoe 和 Hedenquist（2003）	Barton 和 Johnson（1996，2004）、Haynes 等（1995）、Haynes（2000）	Williams（1994）、Hitzman 和 Porter（2000）

（4）仍不确定区域性碱交代作用与空间上相关的矿石的质量平衡（mass budget）间是否存在联系（Williams，1994；Barton and Johnson，1996；Hitzman and Porter，2000；Oliver et al.，2004），也不确定这种蚀变是否是矿床形成过程的一个前提或结果，或是否是一个仅用来指示适于 IOCG 型矿床预测的构造环境、热构造和地层层序等不相关的特征。

（5）目前的大多数研究认为 IOCG 型矿床是断层和/或剪切带控制的远源岩浆热液系统的产物，其中一些矿床加入了有意义数量的非岩浆流体。但如果岩浆对 IOCG 型矿床的形成做出了主要贡献，应考虑的主要问题是构造环境和岩石地球化学的特殊性是如何形成富 Fe-Cu 流体的以及在能指示如 Cloncurry 矿区的深部条件下流体是如何演化的。这就暗示控制全球 IOCG 矿床分布的基本条件可能联系到在下地壳或地幔中岩浆产生的特征。而对于另一个流体起源的观点，如果流体中盐类主要来源于盆地卤水、蒸发岩或变质作用，而成矿金属来源于沿流体流动通道的岩石中浸滤或从源区岩中浸滤，那么有意义的暗示是，远景预测（prospectivity）将联系到特别的古地理环境或地层序列，以及矿床周缘赋矿围岩的热和渗滤历史。在上述两种情形下，如果不考虑成矿流体和成矿金属的源区，Williams 等（2005）认为，Cu 的沉淀要求有一个硫的源区，且后者是开展有经济意义远景预测的关键因素。

（6）流体混合或流体多来源性是否是定义 IOCG 型矿床的标志（hallmark）也有待证实。然而，对可能的致矿岩体的逼近识别和相对于围岩反应、围岩冷却的流体混合的作用可能最终允许判别这一广义 IOCG 型的不同矿床类型，也更有利于集中勘探和对 IOCG 型矿床的理解。但这有待于将来的深入研究。

1.1.6　富 Au 的沉积-喷流型（SEDEX 型）矿床

1.1.6.1　基本概念与特征

“SEDEX”来自 Carne 和 Cathro（1982）的定义，即包括从赋存于细粒碎屑岩中条带状喷流型硫化物，到赋存于碎屑质、碳酸盐质和变沉积岩中含有条带状矿石的各类矿床。SEDEX 型矿床在世界上广泛分布，但大多数分布在北美洲、大洋洲和亚洲。SEDEX 型矿床最初指层状硫化物矿床，并被认为形成于成矿流体喷发于海底。但目前认为 SEDEX 成矿流体来源于喷流进入盆底的盆地卤水（Lydon，1983；Sangster，1990，2002）和/或在浅部地表下岩石交代盆地沉积物的盆地卤水。Gustafson 和 Williams（1981）、Large（1983）、Sangster（1990）、Goodfellow 等（1993）、Lydon（1996，2004a，2004b）、Sangster 和 Hillary（1998）、Large 等（2002）和 Goodfellow（2004）总结了 SEDEX 型矿床的普遍特征。其中，关键的特征包括：①扁平状或板状、含条带状、层状矿化的 Pb-Zn-Ag 矿床形式出现；②赋存于页岩、碳酸盐、富碳酸盐或富有机质碎屑岩（粉砂岩，不太普遍地为砂岩和富角砾岩）中；③空间上和/或成因上普遍缺失相关的火成岩，或体积上火成岩是微量的；④形成于克拉通内部和/或克拉通边缘裂谷以及被动大陆边缘环境（Large and Both，1980；Large et al.，2002）。Leach 等（2005）将 SEDEX 型矿床划分为 Broken Hill 型（BHT）、碳酸盐交代型（CR）、赋存于碳酸盐型（carb-hst）、赋存于页岩型（sh-hst）和赋存于粗粒碎屑岩型（cc-hst）。

SEDEX 型矿床最重要的原始矿物为硫化物、碳酸盐、重晶石和石英（包括燧石和硅质页岩），尽管这些矿物的比例变化较大。同时，SEDEX 型矿床普遍具有矿物分带特征（图 1-10）。这个分带性表现为（Lydon，2004b）：从上升带内的还原矿物相（硫化物、二价铁的碳酸盐）过渡到外围的更为氧化相（重晶石、铁的氧化物、钙质碳酸盐）。Selwyn 盆地某些矿床很好地记录了这一分带特征（Jason 矿床；Goodfellow，2004）。这个趋势反映在远离上流带 Zn/Ba 和 Zn/Mn 值的降低（Lydon，2004b），同时也反映在从通道杂岩体向外 Zn/Pb 值增加，后者很好地记录在 Tom（Goodfellow and Rhodes，1990）、Jason（Turner，1990）、Cirque（Jefferson et al.，1983）和 Sullivan（Hamilton et al.，1982）矿床。此外，在 Selwyn 盆地矿床，其他元素的比例，如 Pb/Ag、Cu/（Zn+Pb）、SiO_2/Zn，在远离通道的杂岩体中也降低（Goodfellow，2004）。在大多数 Fe 包含在黄铁矿内的矿床，随着远离通道杂岩体的距离增加，Fe/Pb 和 Fe/Zn 的值也逐渐增加。SEDEX 型矿床金属垂直分带也普遍。Large 等（2005）研究表明，在矿床规模内，如在澳大利亚许多矿床（HYC、Century、George Fisher），Zn 的平均丰度（和普遍的 Zn/Pb 值）向上降低。这与 Red Dog 矿床的 Zn/Pb 值从矿床底部的约 4.5 降低至顶部的 3.0 左右相一致，但普遍伴随 Zn/Fe 值的增加（Kelley et al.，2004b）。SEDEX 型矿床在垂直方向的地球化学变化可能反映矿石矿物全面丰度的变化（即闪锌矿和方铅矿相对比率），或者可能反映了硫化物的化学成分（如 Howards Pass 矿床，Goodfellow，2004）。

与 SEDEX 型矿床有关的蚀变和蚀变晕的发展依赖于赋矿沉积岩的成分、渗透率以及孔隙度特征。尽管 SEDEX 型矿床的蚀变强度普遍弱于 VHMS 型矿床，但沿有利层位蚀变晕的扩展是非常大的。Leach 等（2005）研究表明存在两个明显的蚀变类型：①Fe-Mn 碳酸盐蚀变晕。这种类型的蚀变在澳大利亚北部矿

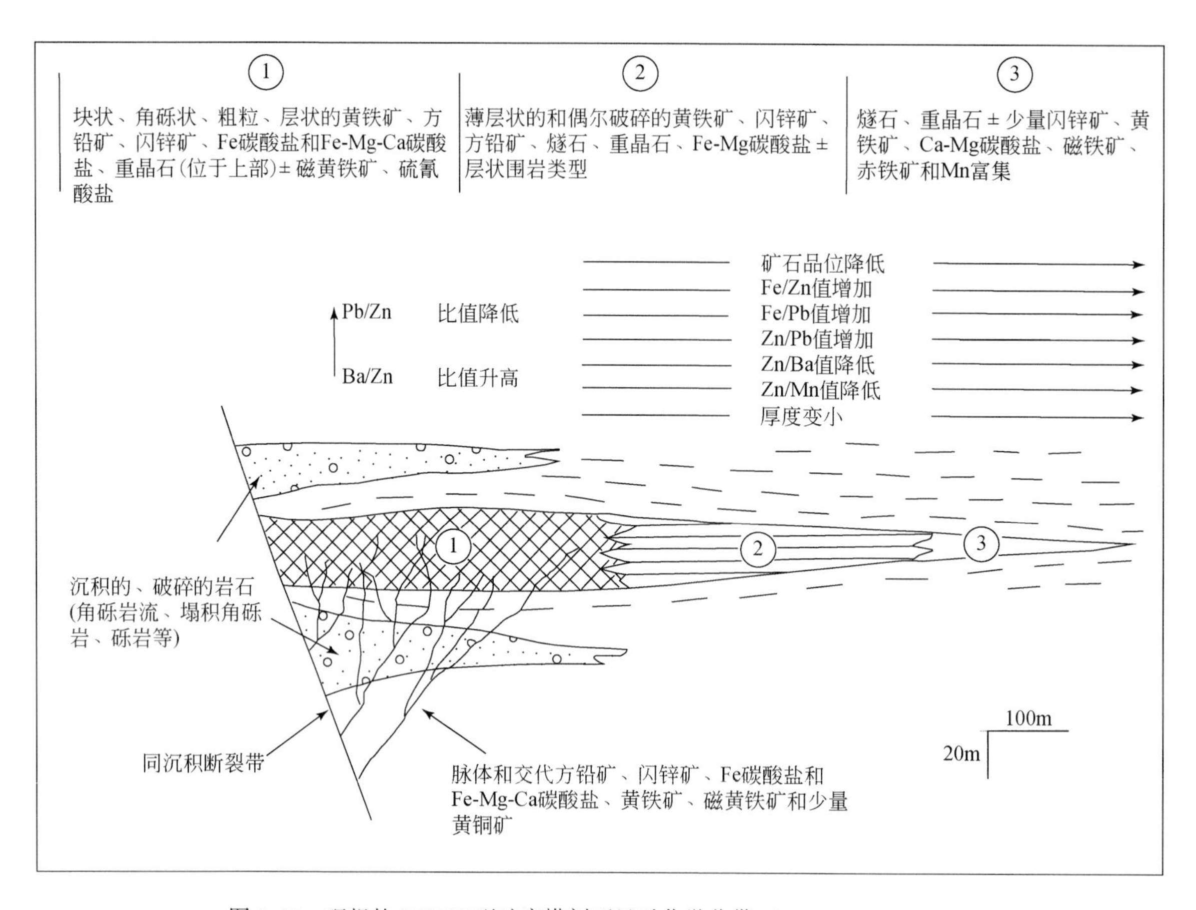

图 1-10　理想的 SEDEX 型矿床横剖面显示化学分带（Leach et al., 2005）

床白云质粉砂岩中最为发育（如 Lady Loretta 矿床，Large and McGoldrick，1998；HYC 矿床，Large et al., 2000；Century 矿床，Broadbent et al., 2002；George Fisher 矿床，Chapman，2004）。围绕矿体，蚀变晕是最厚的，并沿层位延伸几百米，甚至 10km 以上；而远离矿体，沉积和热液成因的 Fe 和 Mn 含量普遍降低。②硅质蚀变晕。某些赋存于硅质碎屑沉积岩中的 SEDEX 型矿床记录了硅质蚀变作用。在 Sullivan 矿床，电气石蚀变富集于矿床最厚部分底部筒状带。微量的绿泥石-磁黄铁矿蚀变出现于电气石管道的旁侧，而层状矿体位于白云母蚀变的沉积物之上。上盘蚀变具有在矿床上部向上延伸达 200m 的绿泥石-钠长石-黄铁矿蚀变带的特征，且被一个广泛的白云母蚀变带所包围。在近于层状硫化物和通道杂岩体过渡带，存在丰富的碳酸盐蚀变。此外，相似的白云母蚀变环发生在 Anvil 营地赋存非钙质的沉积物中（Carne and Cathro，1982；Shanks et al., 1987）。

另外，还发育有：①微量元素蚀变晕。在某些矿床菱铁矿和铁白云石晕内，金属 Zn 和 Pb 富集可分别达到 $1000\times10^{-6}\sim10000\times10^{-6}$ 和 $100\times10^{-6}\sim1000\times10^{-6}$（Lambert and Scott，1973；Large and McGoldrick，1998）。这些富集金属发生在上盘中部沉积岩中达几百米，并沿有利的层位富集上百米至上千米。②除了 Mn，Tl（铊）也是矿化和 SEDEX 型矿床勘探的重要地球化学指标和载体（Large et al., 2000；Slack et al., 2004a，2004b），在黑色页岩中，其丰度从矿石 315×10^{-6} 变化到矿体和附近硅质页岩的 $60\times10^{-6}\sim110\times10^{-6}$，以及远离矿化（大于 1km）的 $0.1\times10^{-6}\sim1.1\times10^{-6}$（Slack et al., 2004a，2004b）。其他元素如 As、Ba、Bi、Ge、Hg、Ni、P、Sb 和 REE 也在围绕矿床的沉积岩中显示分散现象。③同位素晕。最近对 HYC 矿床和 Lady Loretta 矿床的研究表明（McGoldrick，1998；Large et al., 2001），围绕 Mn-Tl 和 Fe 碳酸盐岩石地球化学晕 C 和 O 同位素存在强烈的变化。对与 SEDEX 矿床有关的重晶石和碳酸盐 Sr 同位素研究还表明，Sr 同位素普遍为放射性 Sr 成分。

SEDEX 型矿床矿石具有高度可变的结构，包括细粒的层状和条带状结构以及含或不含粗粒的角砾状、脉状、碎裂状或无序的结构。Leach 等（2005）认为矿石粒径的变化普遍由成岩和埋藏变质作用过程原生硫化物矿物学特征及热液粗粒化和/或重结晶作用的强度所控制。但在许多SEDEX型矿床中的一个共同结构特征是，矿石中贱金属硫化物或其他热液产物呈层状顺层产出，且与赋矿围岩类型互层出现，而单个硫化物层厚度变化于毫米级至几十厘米级间。顺层接触关系往往是突变的，特别是在硫化物层和赋矿围岩层之间。某些矿床存在由块状和/或交代带、角砾岩、不规则脉、结核状结构和/或浸染状硫化物、重晶石或碳酸盐组成的大带。这种大带通常解释为形成于上升的热液流体与早期热液矿物和赋矿围岩的反映（Large et al., 2002；Goodfellow, 2004）。此外，普遍用来指示同沉积硫化物证据的同沉积结构包括：①与赋矿围岩精细互层的并与硫化物层和未矿化的赋矿围岩条带间边界呈突变关系的富硫化物条带（Large et al., 1998）。但这些结构也可能是在如同Anarraap矿床内（Kelley et al., 2004a）硫化物交代碳酸盐岩层导致的结果。②Large等（1998）在HYC矿床描述了压缩重荷模（compaction load-cast）结构。③粒序沉积岩中的微角砾层和圆形、亚圆形硫化物碎屑解释为沉积于盆地底部的改造型硫化物层（Moore et al., 1986；Large et al., 1998）。④由多类型硫化物层组成的层状体暗示了沉积起源和来源于浊积流的沉积（Jason矿床，Goodfellow, 2004；Sullivan矿床，Lydon, 2004b）。而用来显示海底交代作用的证据包括：①部分或完全被黄铁矿或贱金属硫化物交代的碳酸盐、重晶石层、结核（HYC矿床部分，Large et al., 1998；Anarraaq矿床，Kelley et al., 2004a）；②贱金属硫化物交代早期黄铁矿（Meggen矿床，Geer, 1988；Anarraaq矿床，Kelley et al., 2004a）；③贱金属硫化物交代碳酸盐中化石（Anarraaq矿床，Kelley et al., 2004a）；④重晶石和其他矿物假象现在充填有硫化物（Red Dog矿床，Kelley et al., 2004b；Kelley and Jennings, 2004）；⑤硫化物交代块状熔岩和凝灰岩单元中的玻璃屑（HYC矿床，Eldridge et al., 1993）。然而，所有这些特征可能发生在一个喷流沉积矿体下的海底热液交代作用过程。

SEDEX型矿床主要发生于两个构造环境：陆内或克拉通内夭折裂谷、裂解的大西洋型大陆边缘。其中，唯一形成于夭折裂谷的是Large等（2005）所描述的元古宙澳大利亚矿床，而发生在大陆边缘环境的SEDEX型矿床在时间和地理位置上具有更大的变化。由于许多大陆边缘赋存的SEDEX型矿床具有古生代成矿年龄，它们能合理地置于板块重建的位置（Goodfellow, 2004）。然而，关于元古宙全球构造框架重建一直相当薄弱。因此，澳大利亚北部产SEDEX型矿床盆地的古地理重建仅限于澳大利亚北部地体重建的范围内。这些盆地的全面构造环境最近联系于澳大利亚中部向北俯冲系统的仰冲板片的伸展作用（Betts et al., 2003）。与大陆边缘赋存矿床具有开阔的大洋环境相反，澳大利亚北部盆地普遍被描绘为在以陆地包围的东非裂谷系统方式的大陆壳内伸展（Plumb et al., 1980；Betts et al., 2003）或转换伸展（transtensional, Muir, 1983）裂谷。结果，赋存这些矿床的盆地充填物中大多数碳酸盐和蒸发岩的形成根据湖泊相模式来解释（Muir, 1983；Donnelly and Jackson, 1988）。然而，同位素研究显示，丰富的微生物碳酸盐清晰地记录了C同位素一致沉淀于元古宙海水的印记（Braisier and Lindsay, 1998；Large et al., 2001）。因此，尽管它们是陆内成因，并发育于减薄的大陆壳，就某种意义而言，这些盆地是与它们大部分演化历史中开阔大洋相连的港湾。同样，它们是产生在盆地范围内，且刻画这些盆地上部矿化部分的浅水至初始碳酸盐台地和蒸发地层的自然工厂。

Large等（2005）总结了对赋存于澳大利亚北部元古宙盆地陆内裂谷矿床的理解。根据构造环境和矿化的关系，所存在的盆地构造框架和水力模型可能解释了矿床构造地层位置和澳大利亚盆地全面的发育（Large et al., 2002）。这些依赖于吸附有区域性广阔的（>500000km^2）、上覆同等规模的、由地台碳酸盐提供情形下的水文半透水层的碎屑含水系统的长寿命陆内（但海相联系的）盆地系统。Large等（2002）暗示具有这些构造轮廓的盆地在古生代大陆环境中是很少的，或许可解释大型陆内裂谷赋存的矿床明显制约在元古宙。与陆内裂谷赋存的、能被证明所必需的盆地环境是稀少的矿床相反，裂解的被动边缘在时空上普遍跨过古生代。然而，这些系统的大多数并不赋存有层状Zn矿床。Large（1983）、Lydon（1983）、Goodfellow等（1993）、Dumoulin等（2004）对某些已知矿床和矿集区（Selwyn盆地、Red Dog矿区）进行过详细研究，并提出了盆地规模矿床形成模式。

（1）沉积和盆地环境。不考虑构造环境，大多数SEDEX型矿床盆地具有包含上覆页岩和碳酸盐的盆地碎屑及以火山岩为主的层序的基本地层元素。在这个宽阔的盆地格架内，矿床发生在由两个共同因素相联系的上部层序中。在这些还原性沉积岩中，矿床赋存在还原的细粒粉砂岩-页岩-泥岩和/或碳酸盐单元；例外的是 Loretta 矿床（Large et al., 2005），足够的沉积作用分析表明这个矿床的赋矿围岩反映沉积于相对深水次波基底环境。在由浅至初始的碎屑岩、碳酸盐和蒸发岩占主导的陆内裂谷系统情形下，这些次级波基底相可能反映沉积体系中沉积物从来源于局部构造控制增长的相对突变和短暂时期（HYC 矿床；Large et al., 1998）到来源于面积上更为广阔海侵的更长时期的任何变化（Century 矿床；Andrews, 1998）。在大陆边缘系统的情形下，深水还原沉积作用速度普遍遵循这个规则，而不是例外（如在这个带和 Selwyn 盆地，赋存 SEDEX 型矿床的页岩突出了保存有机质物质的局限性盆地沉积速度的重要性）。在 Selwyn 盆地也证实了这一点，因为其中赋存有 Howards Pass 矿床的次级盆地基本上缺乏硅质碎屑沉积岩（Goodfellow and Jonasson, 1987）；Kuna 盆地也是如此，其内的 Red Dog 和 Anarraaq 矿床赋存在沉积年龄大于 30Ma、达 250m 厚的沉积物中（Dumoulin et al., 2004；Young, 2004）。在以上两种情形下，盆地边缘的邻近碳酸盐台地被解释为保存有有机碳和具有局部高生产力的缺氧海底底层水创造条件的局限性碎屑沉积物的加入。联系所有 SEDEX 矿床的第二个因素是，这些矿床发生在受同沉积断层作用和/或受次级盆地形成有一定影响度的地区。这可能是矿床地质最显著的特征，具体如发生在 HYC 矿床（Large et al., 1998）和 Selwyn 盆地矿床（Jason 矿床和 Tom 矿床，Goodfellow, 2004）内的侧向突变和厚度改变以及断层崖来源的粗粒碎屑与细粒矿化围岩的相互贯穿，或者出现在 Century 矿床（Broadbent et al., 1998）或 Anarraaq 矿床（Dumoulin et al., 2004）赋矿围岩的岩相和厚度的稍微改变。对于这种组合存在两个因素。在所有事件中，同沉积断层是来源于深部盆地含水层含金卤水聚集上升的显著通道。此外，对于被考虑形成于卤水池的矿床，某些凹陷或次级盆地是捕获喷流卤水的必要条件。

（2）成矿流体的性质。关于 SEDEX 型矿床成矿流体的温度、成分和源区所确定的流体包裹体证据是极其有限的（Leach et al., 2005）。尽管普遍认为 SEDEX 成矿流体的温度高于 MVT 型成矿流体，但很少有数据支持这种推测。对于 SEDEX 型矿床，最广泛引用的流体包裹体数据来自 Selwyn 盆地 Jason（Gardner and Hutcheon, 1985）和 Tom（Ansdell et al., 1989）矿床。Ansdell 等（1989）报道了 Tom 矿床蚀变带中铁白云石和切穿主要矿带石英脉中石英的流体包裹体数据。由于石英可能形成于成矿期后变形和变质作用，这些作者筛选了石英流体包裹体数据。其中，铁白云石中流体包裹体盐度数据可能是有效的，但成矿期后流体包裹体密度的改造可能已影响均一温度。铁白云石中流体包裹体盐度在 2% ~18.3% NaClequiv.（Ansdell et al., 1989）。Gardner 和 Hutcheon（1985）报道了经历成矿期后变形和低温变质作用的 Jason 矿床铁白云石中流体包裹体数据，其温度变化于 234~274℃，盐度在 8.1% ~15.2% NaClequiv. 之间。

Leitch 和 Lydon（2000）报道了 Sullivan 矿床一个宽阔范围的流体包裹体盐度（<1% NaClequiv. 至 >45% NaClequiv. 间）和温度（<100℃至>400℃）。然而，就石英脉的地质特征和同时的流体流动历史来说，这些不确定性给解释流体包裹体数据带来了困难（Lydon, 2004a）。Frimmel（2001）报道了纳米比亚 Rpsh Pinah 矿床硅化下盘几个主要流体包裹体具有将近 400℃的温度和高的盐度。然而，Leach 等（2005）认为 Rpsh Pinah 矿床是一个页岩型与 VMS 型的过渡类型。Century 矿床附近的含闪锌矿石英脉被认为代表 Century 矿化事件的一个晚共生阶段（Broadbent et al., 1998）。矿带内粗粒闪锌矿中流体包裹体研究（Bresser, 1992）产生的流体均一温度在 98~180℃之间，盐度在 8.9% ~21.5% NaClequiv. 间。Forrest（1983）、Edgerton（1997a, 1997b）和 Leach 等（2004）也报道了 Red Dog 矿床流体包裹体数据，其中，石英脉和块状硫化物矿石中石英流体包裹体均一温度在 175~180℃之间，盐度在 0~8% NaClequiv. 间，而石英脉闪锌矿中具不确定性捕获起源的 5 个流体包裹体的均一温度在 255~302℃之间，盐度在 4% ~5% NaClequiv. 间（Forrest, 1983）。Edgerton（1997a）提供了包含有 300 多个重晶石、石英、方解石、碳酸钡矿和闪锌矿的流体包裹体数据，其温度变化于 100~350℃之间。随后，他们关于 Red Dog 矿床的工作确定更晚期热液流体沉淀了大多数石英，而闪锌矿中原生流体包裹体产生的均一温度在 100~200℃之间，冰点温度所确定的盐度在 14% ~19% NaClequiv. 间（Leach et al., 2004）。

关于成矿流体的源区：尽管存在有限的直接流体包裹体数据的事实，目前普遍推测成矿流体主要是热的含金盆地卤水（Badham, 1981；Lydon, 1983）。形成 SEDEX 型矿床的高的卤水温度可能是由于与伸展构造环境有关的高的地热温度或者是由于卤水循环至足够深的地壳深部。无论何种情形，高的热流可能联系到同时期、通常起源于深部的岩浆活动，特别是那些时空上与火成岩密切的矿床（如 Sullivan 矿床），尽管相关的火成岩体通常是小岩体。然而，在大多数矿床中，普遍没有任何或有很少的证据支持这些岩体对热液系统提供直接能量或金属物源（Leach et al.，2004；Lydon，2004a）。

高盐度的原因要么归于蒸发岩的浅表溶解（Land and Macpherson，1992），要么归于高浓度卤水的向下迁移。然而，除了澳大利亚北部的元古宙盆地，在大多数赋存有 SEDEX 型矿床的沉积盆地中并没有蒸发岩层的报道，因此，浅表蒸发岩溶解可能并不是大多数 SEDEX 型矿床具有高盐度的主要原因。这种情形更可能支持蒸发卤水因重力沉降渗透至裂谷充填序列（Leach et al.，2004；Lydon，2004a），其直接证据来自 Red Dong 矿床中流体包裹体电解液数据，并显示高盐度成矿流体来源于海水的蒸发作用（Leach et al.，2004）。其他更多的支持蒸发卤水模式的间接证据在于许多 SEDEX 型矿床形成于同期赤道的高蒸发作用纬度。此外，蒸发条件印记已发现于赋存有 SEDEX 型矿床沉积盆地内的赋矿层序或它们的侧向层位等价地层，如 McArthur 盆地石膏结核和盐碎屑（Goodfellow et al.，1983；Muir，1983；Cooke et al.，2000b），Belt-Purcell 盆地边缘的石膏结核（Chandler，2000）和阿拉斯加 Brooks 山脉邻近 Kuna 盆地浅水地台碳酸盐中的含硬石膏红层和潮上带白云岩（Dumoulin et al.，2004）。环盆地卤水的沉陷被描绘为一个矿沉淀的卤水池模式过程。显示海底交代的矿床可能通过卤水渗透至卤水池下伏的沉积物中而形成。然而，考虑到这个过程有效性的关键因素是沉积物的渗透性和孔隙度，因为如果下伏沉积物具有低的渗透率（如泥岩），卤水将不会沉陷。但如果下伏沉积物是粗粒碎屑岩，由于其具有足够高的渗透率，就允许上覆卤水通过取代密度不太高的孔隙水而沉陷。针对澳大利亚 HYC 矿床的起源，Williams（1978a，1978b）提到过沉陷卤水过程，但最近受到 Ireland 等（2004a，2004b）的挑战。

典型的 SEDEX 型矿床具有 Pb-Zn-Ag 成矿元素组合特征，形成于裂解的陆缘至陆内沉积盆地，并普遍伴有同矿化的火山活动（Goodfellow et al.，1993；Cooke et al.，2000b；Cooke and Davies，2000）。但最近发现，如加拿大 British Columbia 省的 Eskay Creek 矿床，可慎重考虑划分为富金的 SEDEX 型矿床，或者划分为一个新的金矿床。Eskay Creek 矿床位于科迪勒拉 Cordilleran Stikine 地体，产于中侏罗世双峰式火山岩层序与上覆泥岩-玄武岩层序的接触界面；近矿围岩为火成碎屑岩、安山岩和浅海相砂岩、页岩；同沉积断层作用暗示产于一个伸展构造环境。根据 Roth 等（1997）的研究，这个矿床的成矿特征具有大多数 VMS 型矿床的非典型成矿特征，但 Sherlock 等（1999）将 Eskay Creek 矿床命名为一个 VMS 型硫化物-硫酸盐矿床。从1998年开始，其中一个矿化带探明的金属资源量为1.9Mt，其中 Pb、Zn、Cu、Au 的品位分别为3.2%、5.2%、0.7%、60.2g/t、2652g/t，且富金矿化带包含 As-Sb-Hg 成矿元素组合。据研究，这个矿床来源于相对低温的成矿流体（<20℃）、形成水下1.5km 深度，且成矿流体富气相，经历了液-气相改变，并与一个低温的（约100℃）、盐度偏高的流体混合，而后者具有高的 K/Na 和 Cl/Br 值，暗示为岩浆起源。Sherlock 等（1999）认为高的贵金属与有色金属比值是由低温环境下有色金属具有低的沉淀能力这一机制所引起。

1.1.6.2　存在的主要问题

（1）目前关于 SEDEX 成因亚分类存在不同方案，并可广泛应用于大多数 SEDEX 型矿床，但总是存在有意义的例外。例如，根据热动力学模拟和假设 Ba、Pb、Zn 一起被同样的流体所挟带，Cooke 等（2000b）的划分方案暗示产生具丰富重晶石的 Selwyn 型矿床（Selwyn 盆地矿床、Red Dog 矿床）的卤水是热的、还原性的、酸性的。然而，最近来自 Red Dog 矿床的数据显示大多数重晶石沉淀于主要硫化物阶段，暗示沉淀重晶石的流体并不一定是沉淀硫化物的同样流体（Kelley et al.，2004b）。此外，由于证实热液通道带普遍存在的问题或困难，在应用近热液通道与远热液通道划分方案时也引起了困惑（图1-11）。第一，由于晚期热液或变质事件所导致的后矿化构造破坏和/或叠加，某些通道带可能并不会暴露。第二，用来示踪一个热液通道出现的证据普遍是含糊的。例如，在许多矿床中，脉的出现普遍被用来指示一个通道带出现的证据，然而，正如 Sangster 和 Hillary（1998）所指出那样，将矿床认定为近热液通道要求有热液通道下盘蚀变作用连同脉一起出现。第三，远热液通道划分方案并不考虑矿床形成于无通道含矿流体的先存沉积物的海底交代作用。

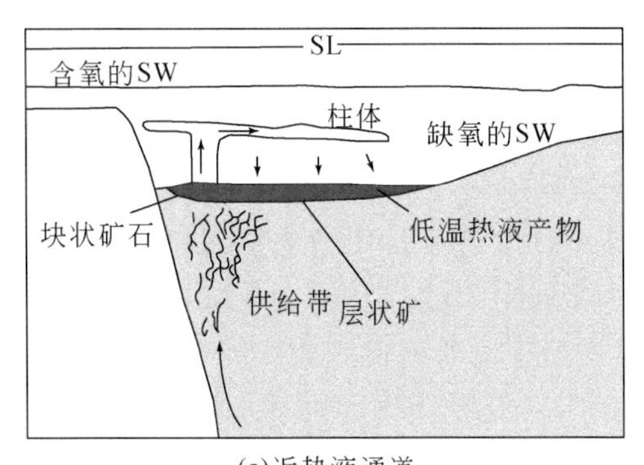

(a)近热液通道
(如Sullivan矿床, Lydon,1996;Goodfellow et al., 1993)

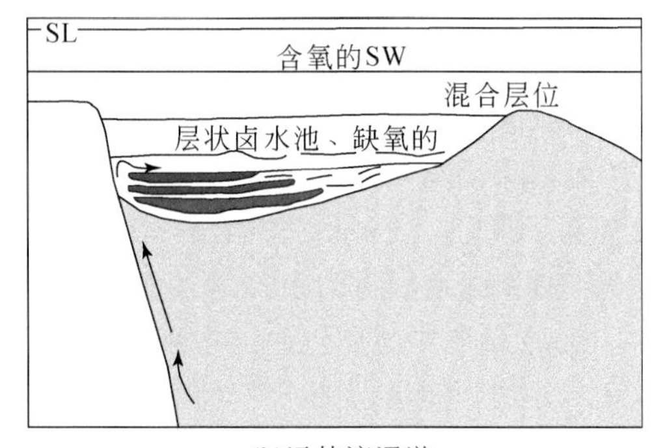

(b)远热液通道
(如HYC矿床, Large et al., 2001)

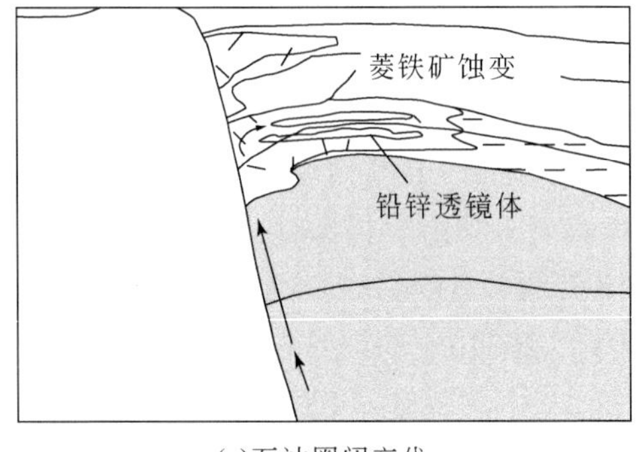

(c)石油圈闭交代
(如Century矿床, Broadbent et al.,1998)

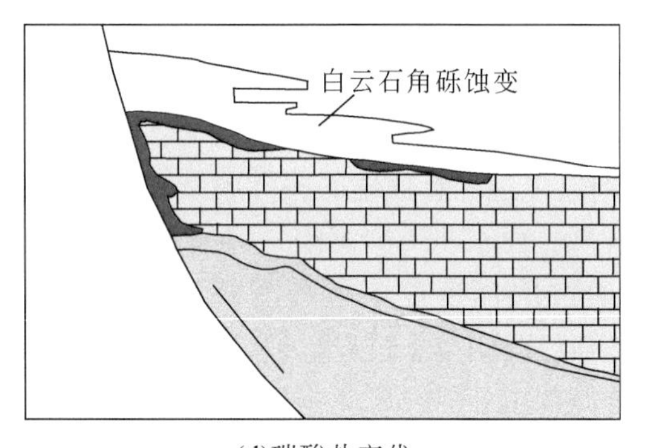

(d)碳酸盐交代
(如Anarraaq矿床, Kelley et al., 2004a, 2004b)

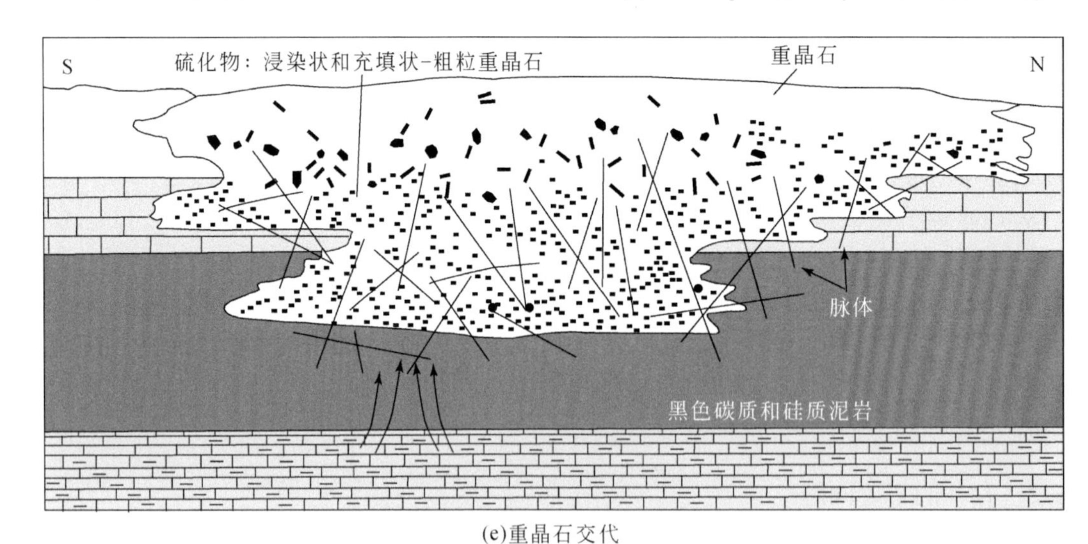

(e)重晶石交代
(如Red Dog矿床, Kelley et al.,2004b)

图 1-11　SEDEX 型层状 Zn-Pb-Ag 矿床沉积模式（Leach et al., 2005）

SL. 海平面（sea level）；SW. 海水（sea water）

（2）最初认为 SEDEX 型矿床或多或少地赋存于黑色页岩中，现已认识到 SEDEX 型矿床赋存于许多岩石类型中，如页岩、碳酸盐和富碳酸盐与富有机质的碎屑岩（如粉砂岩，不太普遍的为富砂岩和富角砾岩层序；Sangster，1990）。根据 Leach 等（2005），SEDEX 型矿床划分为 carb-hst、sh-hst 和 cc-hst 等亚型，而不同亚型矿床规模不一，如 sh-hst 亚型具有最高 Pb+Zn 储量和包含更多的 Cu，而 cc-hst 亚型矿床具有更高丰度的 Ag。引起这种差别的原因仍有待从赋矿围岩物理化学性质等方面深入研究。如不考虑赋矿围岩的主要岩性，局部来源的碎屑沉积岩是大多数 SEDEX 型矿床的一个共同特征（Lydon，2004a）。这些碎屑沉积岩由碎屑流、层状和不整合砾岩、角砾岩和泥岩流组成，并通常由如 SEDEX 型矿床本身发生在同样或更深部地层层位的岩石类型组成。

（3）以石英形式出现的硅化作用已被报道是某些 SEDEX 型矿床的蚀变相。然而对于含有额外硅质的矿床，硅化作用和硫化物沉淀作用间是矛盾的，这是因为硅质矿物普遍具有细粒性质，石英和硫化物间的结构关系是不清楚的。例如，Broadbent 等（1998）对成生序列的研究表明，在 Century 矿区，贱金属硫化物的沉淀晚于硅化事件；Slack 等（2004b）认为在 Red Dog 矿区，硅化早于或叠加在早期主要成矿阶段；而 Leach 等（2004）解释该矿床大部分石英晚于矿形成阶段。

1.1.7　侵入岩相关的金矿床

1.1.7.1　基本概念与特征

侵入岩相关的金矿床（intrusion-related gold deposits，IRGD）已构成一类主要的矿床类型，包括了多种多样的矿床式样，如夕卡岩型、矿化角砾岩型、席状脉型、侵入岩体或周缘围岩中浸染型（Thompson et al.，1999；Baker and Lang，2001；Lang and Baker，2001；Hart，2005）。侵入岩相关的金矿床是一类显著不同于富金的斑岩型矿床类型（Sillitoe，2000），这是因为前者：①与中等氧化至还原性的小侵入岩有关，所以有些研究者曾称之为还原性侵入岩相关的金矿（reduced intrusion-related gold deposits，RI-RGD；Hart，2007），岩体侵位深度可达到 8km 以深；②金属组合大多数包括 Sn、W、Mo、Bi、Te 和 As，但不包括 Cu 和 Ag；③矿脉具有低的硫化物矿物；④热液流体富 CO_2。IRGD 型矿床往往发生在侵入岩体中和/或它们的碎裂热接触变质带内，但由于侵入岩晚于区域韧性剪切和高峰变质作用期，它们通常变形弱。所裸露的侵入岩形成 1 ~ 2km 宽的岩株，可能相应于一个下覆的更大的岩体的顶端或穹顶。成因上，普遍推测 IRGD 型矿床与长英质侵入岩侵位和冷却相联系，甚至是同时的（Baker and Lang，2001；Gloaguen et al.，2014）。

“侵入岩相关的金矿床”最初由 Sillitoe（1991）依据斑岩型铜成矿模式所引入，并应用于划分一个产于浅层带至中层带环境的相关金矿化式样的谱系。尽管 Sillitoe（1991）并没有清晰地注意到这一点，但他对侵入岩相关的金矿的定义只限于含有高丰度贱金属，主要是铜。Thompson 等（1999）随后构建了“还原性侵入岩相关的金矿床”，专指成因上与那些具低的 Cu 丰度，但高的 Bi、Te、As、Mo、Sb、W，某些情况下高的 Sn 丰度的还原性亚碱性至碱性侵入岩有关的金矿床（Thompson and Newberry，2000；Lang and Baker，2001）。另外，还存在一个侵入岩相关的金矿床家族，特指为与正长岩有关的金矿床，Robert（1997，2001）定义了这个矿床类型，并指出它是与二长质至正长质侵入岩同时发生的、具有赤铁矿/磁铁矿±硬石膏±重晶石氧化性矿物聚合体的矿床。Helt 等（2014）也认为包括 Robert（2001）所定义的正长岩相关的规模大、品位低的金矿具有如下特征：①与二长闪长质至正长质侵入岩具有成因联系；②氧化性矿石矿物组合；③富集 Au、Ag、Te、Mo、W、Pb 和 Bi；④亏损 Cu 和 Zn；⑤广泛而同时发出的钾质蚀变、碳酸盐化、硫化作用和硅化，这些特征能将矿床重新划分为氧化侵入岩相关的金矿床，以区别于 Thompson 等（1999）的“还原性侵入岩相关的金矿床”。Helt 等（2014）进一步提出，加拿大魁北克 Malartic 金矿床可能是侵入岩相关的金矿床的一种典型亚类。

侵入岩相关的成矿系统的区域成矿特征主要由相关花岗质岩的性质所决定（Hart et al.，2004a）。在影响侵入岩相关的成矿作用变量中，最重要的可能是岩浆的原始氧化还原状态。这个认识导致 Ishihara（1977）、Ishihara 和 Shunso（1981）将花岗质岩划分为磁铁矿系列和钛铁矿系列，并注意到每个系列具有特征的成矿金属组合。一般来说，磁铁矿系列花岗质岩具有高的氧化潜力，形成了含磁铁矿的基岩，并产生富硫化物的 Cu、Au、Mo、Pb 和/或 Zn 矿床；而那些具有低的氧化潜力的花岗质岩属于钛铁矿系列，则优先产生富 W 和 Sn 的氧化物矿床。这种岩浆氧化还原态和成矿作用的关系是侵入岩相关成矿作用有力的判别标志之一，也是区域矿床勘探目标的一个关键因素。一个基岩的氧化态很大程度上是侵入岩源区物质的性质反映（Carmichael，1991）。磁铁矿系列的基岩典型来源于地幔楔中镁铁质成分的部分熔融，因而响应于俯冲板片成分脱水的熔体是含水的、氧化的。由此所导致的岩浆大多常以氧化的、产于弧环境的钙碱性岩体侵位。钛铁矿系列岩浆大部分来源于，或与包含有还原性碳质地层的变质沉积岩层序的部分熔体混合（Ishihara and Shunso，1981）。这些岩浆典型来源于大陆弧后位置、可能响应地壳加厚的变沉积大陆壳的部分熔融，或不太普遍情况下来源于异常热的增生楔中复理石建造的近海沟俯冲相关的熔融。这些产生磁铁矿系列和钛铁矿系列花岗质岩的不同构造环境，能为地质工作者查明甚至是重新理解某些复杂岩基的形成构造环境提供启示。

R-IRGD 主要分布在美国科罗拉多州特别是 Tintina 带（Baker et al.，2006），如 Fort Knox 和 Dublin Gulch 矿床作过描述（Hollister，1992；Sillitoe and Thompson，1998；Thompson et al.，1999；Hart，2005），尽管这些矿床先前被描述为热接触变质晕类型（Wall and Taylor，1990）。目前，R-IRGD 已扩展至晚古生代天山矿床，如 Muruntau、Vasilkovskoye、Amantaitau 和 Kumtor，但并不是没有争议（Mao et al.，2004；Morelli et al.，2007）。在欧洲海西期成矿带，有几个金矿床也被认为是 R-IRGD，如捷克的 Mokskro 矿床、法国的 Salsigne 矿床、西班牙的 Rio Narcea 矿床（Lang et al.，2000）和 Salave 矿床（Rodríguez-Terente et al.，2018），并确定一个约 300Ma 的成矿事件（Gloaguen et al.，2003；Bouchot et al.，2005）。此外，非洲摩洛哥中部的 Tighza 多金属成矿区也被认为是 R-IRGD，成矿时代约为 286Ma（Éric et al.，2015）。R-IRGD 表现出以下特征：①位于变形的大陆架层序内；②与具有钙碱性成分、介于钛铁矿和磁铁矿过渡型系列、与 Sn-W 矿化有关的相对还原性岩体组合有关；③如同造山型金矿，晚于高峰变质侵入；④具有低的硫化物含量；⑤近侵入岩金矿石与远端富贱金属脉构成一个组合。与金矿化有关的流体为携带 Au、Bi、W、As、Mo、Te 和/或 Sb 的富 CO_2 的热液（Hart，2005）。

Ishihara（1977）将与金矿化密切联系的花岗质侵入岩划分为氧化型（磁铁矿，I 型）和还原型（钛铁矿，S 型）两个序列，且每个序列都有其成矿的专属性。因此，作为 Fe-Ti 氧化物主要出现的磁铁矿或钛铁矿，被普遍认为是相对氧化态的良好指示性矿物，反过来，这些 Fe-Ti 氧化物的出现将影响成矿金属的溶解度，并由此推断所形成的矿床的可能类型（Ishihara，1977，Blevin and Chappell，1992）。如果特征的矿物组合如氧化的榍石-磁铁矿-石英出现，则能够更加精确地确定氧化态（Wones，1989），因为在无水条件下，榍石与磁铁矿同时出现指示了一个高的氧逸度（Frost et al.，2001）。然而，如果磁铁矿是稀少的或缺失，而钛铁矿也同时稀少时，在含水条件下，榍石能稳定于更低的氧逸度（Mair et al.，2011）；在这种条件下，岩浆中 H_2O 逸度增加，从而导致钙铁辉石和钛铁矿与 H_2O 反应形成榍石和角闪石（Wones，1989）。而当磁铁矿的缺失制约了氧化态的上限时，钛铁矿出现于包含镁钙质辉石的硅饱和集合体就暗示了岩浆仍然是相对氧化的，可能投影在 QFM 缓冲线以上接近 1 ~ 2 个 log 单元（Dilles，1987；Wones，1989；Frost，1991）。由于氧逸度的不同引起成矿金属和硫行为的差异，氧化型花岗质岩体赋存铜、铅锌和钼硫化物矿床，而还原型的花岗质岩体则以发育 W-Sn 矿床为典型（Blevin et al.，1996；Blevin，2004）。与还原型花岗质岩体有关的金矿床集中在小岩株中，边部发育破碎的热晕（Baker and Lang，2001；Stephens et al.，2004），包括矿化类型有夕卡岩型、交代型、角砾岩型和石英脉型（Gloaguen et al.，2014）。这类矿床最为显著的特征是金矿化赋存在岩株穹顶中低硫化物含量的席状薄石英脉中，其成矿元素组合为金-铋-蹄-砷-钼-钨±锑（Fornadel et al.，2011）。典型的例子包括北美洲科迪勒拉山系北部 Yukon 地区 Brewery Creek 矿床、Dublin Gulch 矿床，Alaska 地区 Donlin Creek 矿床、Fort Knox 矿床、Shotgun 矿床和 Pogo 矿床（Baker et al.，2006）以及天山造山带 Kumtor 矿床和 Muruntau 矿床（Mao et al.，2004；Morelli et al.，2007）。在与还原型花岗质岩体有关的金成矿体系中，还原型花岗质岩体的侵位和冷却过程被认为与金的沉淀相关（Fornadel et al.，2011）。

侵入岩相关的 Au-Bi 成矿系统由几个在成因上与花岗质岩体侵入和冷却有关的热液矿化类型组成，相关岩体的氧化状态是趋于还原性的，被划分为钛铁矿（S 型）系列（如 Tintina 金矿省：Lang et al.，2000；Lang and Baker，2001），尽管某些地区的磁铁矿（I 型）系列（如阿尔泰造山带：Heinhorst et al.，1996；

Serykh，1996。加拿大 New Brunswick 的西南部 Appalachian 造山带：Yang et al.，2008）和磁铁矿/钛铁矿过渡系列花岗岩（Timbarra：Mustard，2001，2004。Linares：Cepedal et al.，2013）也与 Au-Bi-（As-Te）矿化相关（Baker et al.，2005）。Sui 等（2017）还认为中国中部西秦岭造山带 Xiahe-Hezuo 矿区的 Dewulu 金-铜矿床可能起源于早三叠世还原性 I 型钛铁矿系列的石英闪长岩体。不过，世界上也发现一批显生宙碱性侵入岩相关的金矿（如巴布亚新几内亚的 Cripple Creek、Colorado 和 Ladolam：Jébrak and Marcoux，2015）；而相似的新太古代矿床也在绿岩带中发现，如西澳大利亚 Yilgarn 克拉通和加拿大 Superior 克拉通 Abitibi 绿岩带（Robert，2001；Duuring et al.，2007；Beakhouse et al.，2011；Fayol et al.，2013，2016；Helt et al.，2014）。侵入岩相关的 Au-Bi 成矿系统最普遍的矿化类型由具低的硫化物含量、赋存于侵入岩中的席状石英脉列组成，并具有 Au-Bi-Te±W 金属组合特征（Baker et al.，2005；Goldfarb et al.，2005；Hart，2005，2007）。这些矿床类型典型地形成于产有低品位但大吨位金资源的顶部带（Hart，2007）。与侵入岩相关的 Au-Bi 成矿系统金属分带可和 W±Mo、Sn、Bi 及 Au 一同发生在与近外围 Au、As 和 Sb 以及远端 Zn、Pb 和 Ag 矿化的中心（Goldfarb et al.，2005；Hart et al.，2002；图 1-12）。尽管侵入岩相关的金成矿系统的构造环境仍未能被很好地制约，但根据 Baker 等（2005）、Hart（2007）等研究，它们普遍发生在由先前碰撞事件导致地壳加厚的大陆边缘，但发生在这些加厚的大陆边缘的花岗质岩浆和侵入岩相关金成矿系统普遍与碰撞后伸展环境有关。侵入岩相关的 Au-Bi 成矿系统在世界各地已得到证实，尽管这种矿床类型研究的最好例子为形成于阿拉斯加的 Tintina 金矿省和 Yukon 地体（如 Fort Knox、Donlin Creek、Dublin Gulch：Lang and Baker，2001；Lang et al.，2000；McCoy，1997；Thompson et al.，1999）。其他潜在的侵入岩相关金矿床包括发育在 Bolivian 多金属成矿带（Kori Kollo：Long et al.，1992）、中亚（Vasilkovskoe：Burshtein，1996）、澳大利亚东部（Kidston：Baker and Tullemans，1990）、伊比利亚半岛（Salave：Harris，1980）、美国北内华达州（Bald Mountain：Nutt and Hofstra，2007）和中国华北（Niuxinshan：Yao et al.，1999）等地区的矿床。此外，侵入岩相关的金成矿系统也出现在欧洲地区，如捷克的 Mokrsko 和 Petrackova hora 矿区（Morávek et al.，1989；Zachariáš et al.，2001）、希腊北东部的 Palea Kavala Bi-Te-Pb-Sb±Au 矿区（Fornadel et al.，2011）。

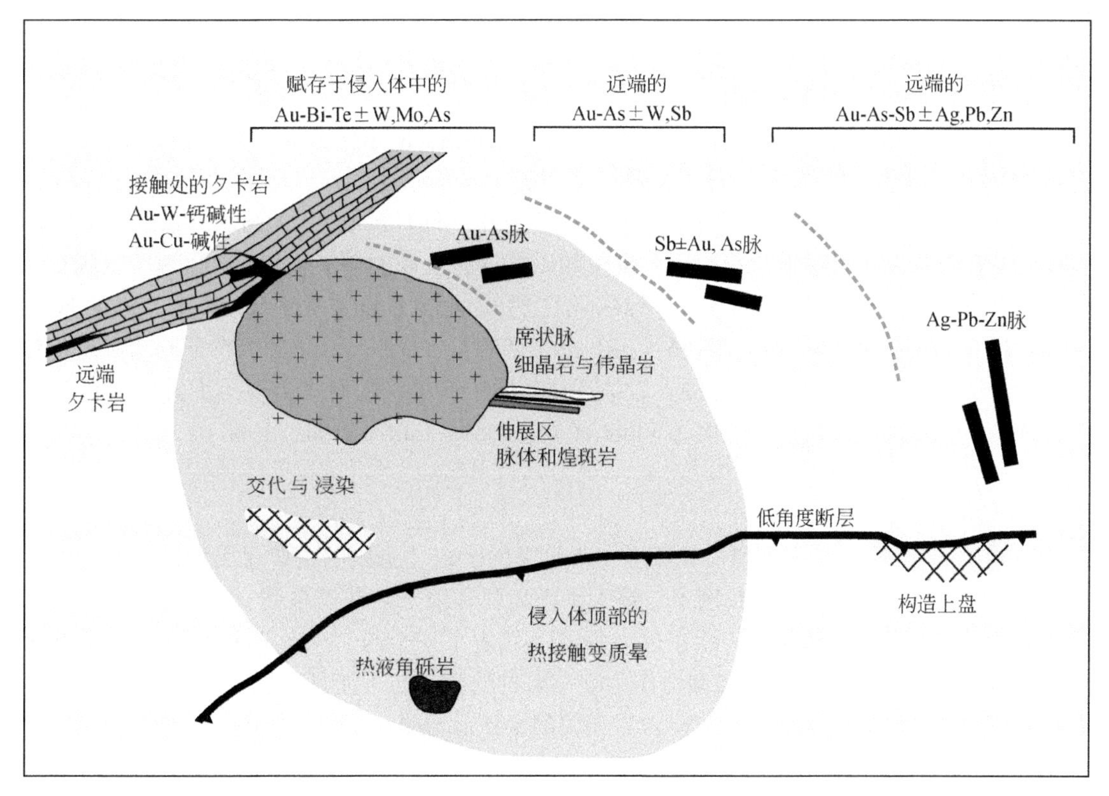

图 1-12　Tintina 金矿省侵入岩相关的金成矿系统平面模式图（据 Hart et al.，2002 修改）
特别注意从岩体中心向外可预见变化的宽阔矿化类型和地球化学变化

类似地，Duuring 等（2007）的相关研究也表明，澳大利亚 Yilgarn 克拉通内的太古宙侵入岩相关的 Au-Mo-W 和 Mo±Au 成矿系统也普遍具有小的规模（<10t Au），时空上与侵位于<5～14km 深度的长英质侵入岩有关；矿体与花岗质赋矿围岩和近矿表壳岩中普遍蚀变有关；足够的流体包裹体和金属组合数据显示，在矿质沉淀过程，一个含水的、含 CO_2 的、中至高盐度的流体卷入成矿作用。不过，Witt 和 Hammond（2008）则认为同地区的 Carosue Dam 矿区是代表一个大型的、太古宙侵入岩相关热液成矿系统的重要实例。而 Helt 等（2014）认为，世界上产于太古宙绿岩带中侵入岩相关的金矿已增长成为一个有意义的产金的矿床类型，这种矿床类型包括一群普遍规模大、品位低的矿床，且其中的金呈浸染状产于蚀变带和具有长英质至中性成分的侵入岩中或邻近该侵入岩的黄铁石英网脉中。这些包括与钙碱性侵入岩有关的含铜矿床以及与亚碱性至碱性侵入岩有关的亏损铜和其他贱金属矿床。与钙碱性侵入岩有关的含铜矿床如加拿大 Abitibi 绿岩带中的 Hollinger-McIntyre 的 Au-Cu 矿床、澳大利亚 Saddleback 绿岩带中的 Boddington Cu-Au 矿床和加拿大 Evans-Frotet 绿岩带中的 Troilus Au-Cu 矿床（Mason and Melnik，1986；Roth，1992；Fraser，1993）。不过，所有这些矿床曾被认为是典型的太古宙斑岩型矿床。

太古宙与亚碱性至碱性侵入岩有关的矿床包括 Uchi 绿岩带 Springpole 湖矿床和 Abitibi 绿岩带 Kirkland 湖矿床以及 Robert（2001）划分为正长岩相关的矿床如 Young-Davidson 矿床、Ross 矿床和 Holloway 矿床（Davidson and Banfield，1944；Sinclair，1982；Akande，1985；Robert，1997；Ropchan et al.，2002）。世界级的加拿大 Malartic 矿床是这类矿床中最大的矿床，其证实的和预测的金金属资源量为 13.4Moz①，其中所证实的金矿石量为 372.9Mt、品位为 1.02g/t Au，而预测的金矿石量为 50.4Mt、品位为 0.71g/t Au（以 0.32g/t 为最低工业品位来估算，Helt et al.，2014）。该矿床在历史上已开采的金金属量为 5.1Moz，且大多数来自平均品位达 3.37g/t 以上的地下采坑勘探（Trudel and Sauvé，1992）。可见，太古宙侵入岩相关的 Au 成矿系统也是高品位的、规模大的金矿床。此外，Moura 等（2006）认为，巴西亚马孙南部 Juruena-Teles Pires 金矿省 Serrinha 金矿床在空间上和成因上与古元古代 I 型钙碱性二长花岗岩的热液蚀变有关，成矿阶段早期含盐的均一矿化流体出溶于花岗质熔体，成矿晚期则与大气降水混合；成矿元素金被解释为最初在一个热的、含盐的、酸性的氧化性流体中以氯的络合物方式从正在结晶的岩浆中被迁移；在流体上升过程中，温度的降低、流体不混溶或 pH 升高被认为是金沉淀的原因；这种含盐流体随后的稀释则引起成矿晚期金沉淀于黄铁矿裂隙中。不过，Moura 等（2006）认为，Serrinha 矿床是一个典型的近矿侵入岩型金矿，类似于斑岩型金矿床。

关于新元古代侵入岩相关的金矿床报道虽然不多，但 Doebrich 等（2004）对阿拉伯地盾沙特拉伯 Ad Duwayhi 新元古代侵入岩相关的金矿的研究表明，这个矿床与还原性侵入岩相关的金矿（Thompson et al.，1999；Thompson and Newberry，2000；Lang and Baker，2001）具有相似性：①低的硫化物和贱金属含量；②还原至弱氧化成矿系统（贫磁铁矿花岗岩、少量的磁黄铁矿及辉钼矿）；③网状脉和席状脉；④与壳内或陆内构造环境有关的岩浆-热液系统；⑤与区域性所知的产生 Sn、W、Mo 矿化的岩浆幕形成组合（Feybesse and Le Bel，1984；Du Bray，1986；Jackson，1986）。Ad Duwayhi 矿床特征则暗示成矿作用来源于单个演化的岩浆-热液系统，金主要与侵入岩最近侵入阶段有关，因而完全不同于斑岩型和 Climax 型钼矿成矿系统的幕式侵入岩侵位和叠加矿化（White et al.，1981；Carten et al.，1988）。

1.1.7.2 存在的主要问题

（1）Sillitoe（1991）通过在浅层到中层环境中所定义的一个“宽阔的金矿化类型谱”来建立与侵入岩相关的分类。然而，他所列举的大多数例子与环太平洋岛弧环境下磁铁矿系列（氧化）、I 型侵入岩体中的斑岩铜矿化类型有关。因此，这些矿床在很大程度上代表了一个与“氧化”型侵入岩相关的金矿化类型。Sillitoe 和 Thompson（1998）通过强调金作为唯一矿种的矿床与可能具有岩浆岩起源的成矿元素组合，进一步拓宽了 Sillitoe（1991）所暗示的与侵入岩相关的金矿脉分类。Sillitoe（1991）所建立的与侵入岩相

① 1Moz=28.349523Mg。

关的金矿化模式随着Thompson等（1999）的贡献进一步演化，且聚焦于成因上与缺失近矿贱金属矿化但具有一定程度的W或Sn矿化及低的近矿氧化态［由此将这些矿床区别于Sillitoe（1991）所描述的斑岩铜矿和许多实例］侵入岩有关的金矿化类型。这个类型被Lang等（2000）创建为侵入岩相关的金成矿系统模式（IRGS），然后为Thompson和Newberry（2000）稍加修改，并命名为还原性IRGS模式以更好地强调相关花岗质岩的还原状态。最近，还原性侵入岩相关的金矿床已成为低品位、大吨位的勘探目标（Hart and Goldfarb，2005）。这类矿床被识别的最好实例来自北美科迪勒拉北部的Tintina金矿省。该类型矿床与造山型金矿具有许多普遍性特征（表1-2），如异常丰度的Bi、W、Te，低盐度，富CO_2成矿流体以及与火成岩具有时空组合，因此对沿汇聚边缘带产出的许多金矿床的成因类型划分仍存在普遍的混淆和争论。Hart和Goldfarb（2005）由此认为判别IRGS矿床的最好标志如下：①区域上位于系列增生地体内侧的变形大陆架层序中，也位于包含有重要Sn和/或W矿床的地体内；②金矿石与相对还原的、趋碱性的富挥发分岩体的穹顶和接触变质晕具有空间组合；③金沉淀晚于变形时间；④火成岩体内的矿石具有极低的硫化物含量（普遍<1%），矿石中成矿元素组合从致矿岩体向外，经近矿夕卡岩，至远矿富贱金属脉则表现分带现象；⑤岩体穹顶内含金席状脉系统表现低的品位（<1g/t Au）。

（2）造山型金矿床在前寒武纪和显生宙造山带中广泛分布（Groves and Phillips，1987；Groves et al.，2003；Goldfarb et al.，2005）。但许多造山型金矿在时间上和空间上与中酸性侵入体相联系（表1-2），如北美洲科迪勒拉山系（Lang et al.，2000）、澳大利亚东部Lachlan造山带（Blevin，2004）、Bohemian山脉（Zachariáš et al.，2001）和加拿大东部（Betsi et al.，2013；Yang et al.，2006），它们的成因通常被认为与岩浆活动引起的流体循环有关（Tuduri et al.，2018），然而含金成矿流体是否直接来源于岩浆仍然存在争论（Goldfarb et al.，2005）。在过去的20多年中，通过在北美洲科迪勒拉山系北部Yukon和Alaska地区Tintina金矿省持续的勘探活动，一种新的与侵入岩有关的金矿床类型被识别（Thompson et al.，1999；Lang et al.，2000；Lang and Baker，2001；Baker et al.，2006）。它代表的是在时间上和空间上与分异的、还原型-弱氧化型中酸性岩浆相联系的一大类金矿床（Thompson et al.，1999；Lang and Baker，2001），具体包括斑岩型铜金矿、铁氧化物铜金矿（IOCG型）和还原型侵入体有关的金矿（R-IRGD型）（Éric et al.，2015）。这类矿床展示出一系列的共性特征（Thompson et al.，1999；Baker and Lang，2001；Hart，2007；Tuduri et al.，2018）：①位于变形的增生-碰撞、俯冲相关变质地体绿片岩到角闪岩相中；②时空上与具钙碱性化学成分和中-低氧逸度条件的小岩株（包括岩席和岩墙）或大岩体紧密联系；③一系列的含金石英脉；④金矿化沉淀于中-低盐度、含CO_2的流体。尽管它们之间存在一些共性特征，但是其在同位素成分、矿物组合和成矿金属富集程度上仍有不同（Spence-Jones et al.，2018），因此对成矿流体来源以及运移的溶解组分尚未形成统一认识（Goldfarb et al.，2005；Goldfarb and Groves，2015；Wyman et al.，2016），尤其是关于岩浆流体在成矿过程中所起的作用，如要么为成矿提供热驱动力，要么直接参与成矿。

表1-2　造山型金矿、侵入岩相关金矿（不包括夕卡岩）和具有非典型成矿元素组合的金矿对比表

主要特征	造山型金矿	侵入岩相关金矿	具有非典型成矿元素组合的金矿
成矿年龄	中太古代到第三纪，峰期为新太古代、古元古代和显生宙	主要为显生宙，部分为元古宙，少量为太古宙晚期	大部分为太古宙晚期，部分为显生宙
大地构造背景	他源地体的变形大陆边缘	冒地槽边部的次克拉通地体	弧后-增生到碰撞地体的弧
构造背景	挤压和张扭性阶段	褶皱和逆冲带中挤压向伸展的转换	晚期演化相似于造山型金矿
围岩	围岩变化，主要是基性岩或杂砂岩-板岩	主要花岗岩类，部分在沉积岩中	围岩变化，通常是酸性岩
围岩变质程度	（次）绿片岩相—低麻粒岩相	（次）绿片岩相—绿片岩相	绿片岩相—角闪岩相
伴随的侵入岩	酸性到煌斑岩墙或大陆边缘岩基	与花岗岩类关系密切；煌斑岩墙	与花岗岩类和/或煌斑岩墙关系密切

续表

主要特征	造山型金矿	侵入岩相关金矿	具有非典型成矿元素组合的金矿
矿体样式	变化较大，大脉、脉组、鞍形或交代富铁岩石	主要是席状脉，次为角砾状、脉状和浸染状	变化较大，浸染状到脉状
矿化时间	晚于构造，绿片岩相之后或角闪岩相变质峰期	区域变质峰期之后	与火山岩同期和变质之前？变质作用晚期
矿体的构造体系	通常比较复杂，特别是在韧脆性体系	相对脆性的构造体系	复杂且争议较大
叠加作用	叠加较强，特别是在大型矿床中，具有多期脉	后期构造叠加较弱	大部分矿床的叠加较强
金属组合	Au-Ag±As±B±Bi±Sb±Te±W	Au-Ag±As±B±Bi±Sb±Sn±Te±W（Pb-Zn，远距离）	Au-Ag±Ba±Cu±Hg±Mo±Pb±Zn
金属分带	模糊的水平和纵向分带	强的分带 Au-W/Sn-Ag/Pb-Zn	变化较大，但比较明显
近端蚀变	随变质级别变化：云母–碳酸盐–铁的硫化物	云母–钾长石–碳酸盐–绿泥石–铁的硫化物	随矿床类型和变质级别不同而不同
温压条件	0.5～4.5kbar[①]、220～600℃，常见 1.5±0.5kbar、350±50℃	富 Au 系统：0.5～1.5kbar、200～400℃	变化较大，通常反映围岩变质条件
成矿流体	低盐度 H_2O-CO_2±CH_4±N_2	盐度变化，H_2O-CO_2，少量 CH_4±N_2	盐度变化，高盐度 H_2O 到低–中等盐度 H_2O-CO_2
可能的热源	变化的，软流圈上涌到中地壳的花岗岩类	花岗岩类	火成岩（早），深部地壳/岩石圈热源（晚）
可能的金属来源	俯冲地壳/表壳岩/深部花岗岩类	花岗岩类/表壳岩	变化较大：岩浆/变质/深部壳源

（3）侵入岩相关金矿床的产出位置和形态受构造控制（Lang and Baker，2001），且构造环境多样（Groves et al.，2003），因此阐明控矿构造的动力学机制和演化及其与矿化的关系也是侵入岩型金矿床研究的重点。目前，对于侵入岩相关金矿床的深部岩浆通道系统的3D几何学特征并不了解（Eldursi et al.，2018），尽管已很清楚岩体的形态可能对相关矿化的形成具有复杂的影响（White et al.，1981；Carten et al.，1988；Seedorff，1988；Wallace，1991；Guillou-Frottier et al.，2000；Guillou-Frottier and Burov，2003；Eldursi et al.，2009；Gloaguen et al.，2014）。因为普遍的矿化形态和位置依赖于相关侵入岩的形态，对侵入岩3D形态的理解是勘探矿化的岩体顶端或穹顶的关键（Eldursi et al.，2018）。此外，如能精细理解整个矿化过程，也将极大地提高对勘查模型的构建。

（4）由于还原性侵入岩相关型金矿床的概念应用越来越扩展至它本身定义之外，关于这类新矿床家族的成因仍未很好地理解。其中主要的不确定性仍然是侵入岩与矿化间的具体成因联系，如：①流体中的成矿元素是来源于地幔或地壳，还是来源于岩浆或在赋矿岩石中通过的对流；②侵入岩冷却过程中热的作用和热液阶段持续的时间；③金与浅成热液多金属矿床的联系（Éric et al.，2015）。

关于侵入岩相关成矿系统的流体源区一直处在争论中，主要考虑岩浆流体在热液矿化系统中的作用（Tuduri et al.，2018）。反对成矿流体和矿金属来源于岩浆的，主要依据含矿石英脉的流体包裹体和同位素数据，据此，研究者强调了大气降水和/或变质流体的作用，并暗示岩浆作用和热液活动完全脱耦（Boiron et al.，2003；Cepedal et al.，2013；Essarraj et al.，2001；Vallance et al.，2003）。在这种情形下，来源于花岗质岩浆的热能被认为仅仅产生热流循环（thermal convection cells），而流体从变质或沉积岩中萃取了金和其他成矿元素（Boiron et al.，2003；Rowins et al.，1997）。主张岩浆流体来源者的依据是：花岗岩和热液系统具有系统的空间组合、硅质熔融包裹体中发现有金的含量、流体成分主要为岩浆来源

① 1bar = 10^5Pa。

（Baker and Lang，2001；Hart et al.，2004b；Lang and Baker，2001；Mair，2000，2006；Mair et al.，2011；Éric et al.，2015；Mustard，2001；Mustard et al.，2006；Tunks and Cooke，2007）。然而，在以往文献中，岩浆-热液联系仍未得到足够的论证。这是由于大多数先前工作讨论这个问题时主要聚焦于矿化岩浆系统中流体和熔融包裹体的分析和实验研究（Halter and Webster，2004，Mair，2006；Mustard et al.，2006）。相反，专注于发生在花岗质侵入岩附近的岩体相关的构造控制和矿化脉系统特征性的有意义研究仍是缺失的（Halter and Webster，2004；Lang and Baker，2001）。事实上，为达到确认在岩浆和热液事件间存在一个过渡阶段的目的，相对很少的研究已聚焦于全球脉系统的形态、结构和矿物分析（Kontak et al.，1990；Chauvet et al.，2012；Gloaguen et al.，2014；Kontak and Kyser，2011；Thorne et al.，2008；Tuduri et al.，2018）。

Gloaguen 等（2014）认为，在侵入岩相关金矿形成中的岩浆-热液过渡阶段，构造控制是关键，并能解释为什么仅在侵入岩的某些部位是矿化的，而仅有少量的侵入岩有大型矿床发生。另外，大多数侵入岩相关成矿系统的形成晚于高峰区域变质作用，并产于相对低应变域。但一个事实是，在碎裂的热接触变质带，沿侵入岩与赋矿围岩的有利定向接触部位因机械不稳定性保持了高的渗透性，金矿化构造圈闭的效率是最高的。这能够加强从下覆的根带发生熔体注入。在一个侵入岩的顶部（“顶部”意为一个侵入岩剥蚀前的顶包膜），其机械不稳定性似乎是找出岩浆-热液过渡位置的一个主要构造先决条件。顶部不稳定性有利于穹顶（cupola）、顶点（apex）和岩墙群（dyke swarm）等形态特征的形成，这些形态似乎是还原性侵入岩相关金矿床（RI-RGD）情形下发生成矿作用的关键因素（Goldfarb et al.，2005；Hart，2007）。自 1999 年以来，这种类型的金矿床仅仅被认识到是区别于造山型的一种独立类型，同样也处在未来需理解的状态（Hart，2007）。RI-RGD 包括各种矿床类型，如夕卡岩型、浸染型、交代型、角砾岩型、网脉状，或更为普遍的是侵入岩赋存的、由薄的石英脉组成的席状排列。具低 Au-Bi-Te-W 含量的硫化物印记的这些脉可能发生在岩体的热接触变质带内、带外或带上方。相关的侵入岩具有中等低的原始氧化态，使之被划入还原的钛铁矿系列花岗质岩（Ishihara and Shunso，1981）。在这样的矿化系统中，还原性长英质岩从侵位至冷却循环过程可能是与金沉淀同时的，且成因上相联系的。RI-RGD 因此是由流体包裹体研究所证实的具有岩浆-热液过渡的系统（Baker and Lang，2001）。这些矿床普遍集中在小岩体内、岩体顶部或岩墙群中，而围绕这些成矿地质体发育有碎裂的热接触变质带（Baker and Lang，2001；Stephens et al.，2004）。但由于这种侵入岩晚于区域性韧性剪切和高峰变质侵位，所以它们是弱变形的。然而，就我们当前的知识，尽管具有有利条件，从没有任何构造研究［包括重力（gravimetry）研究］专注这种类型矿床，以此来说明侵入岩动力学作为这类岩浆-热液矿化系统的构造控制因素。在与火成岩活动相关的成矿系统中，岩浆-热液过渡是一关键成矿过程（见 Halter and Webster，2004 的综述）。即使通过矿物学和地球化学调查对这种岩浆-热液过渡有很好的了解，但采用构造和结构分析来评估仍然是困难的。对于岩浆和热液相关的系统，这个判断是特别有效的，因为紧邻于高应变区域剪切带侵位的岩体（如变质核杂岩中拆离断层面下盘）可能保存了岩浆岩和亚岩浆岩构造泥（magmatic and submagmatic textural gauges），但持续的高固态应变和迅速抬升导致很难精确建立起岩浆注入和随后的热液系统间的成因联系（Menant et al.，2018）。相反，尽管低应变导致岩浆和亚岩浆构造泥不明显，但从结构和构造角度来看，远离主要剪切带侵位的岩体和它们的含矿系统则是显示岩浆至热液过渡成矿的极好候选物。此外，弱变形的岩浆系统为评估岩浆动力学对岩浆-热液过渡的结构框架和通道系统形成的贡献也提供了机会（Gloaguen et al.，2014）。

（5）与氧化型花岗质岩体有关的金矿床包括斑岩型矿床、铁氧化物铜金矿床两类。斑岩型铜金矿是世界上最主要的铜、钼和金来源，并且已成为我国铜矿床主要类型。典型矿床包括印度尼西亚 Grasberg 斑岩型铜金矿床、智利 El Teniente 斑岩型铜钼金矿床、中国德兴斑岩型铜矿床和驱龙斑岩型铜钼矿床（Sun et al.，2015）。它们与钙碱性、弧相关中酸性大的浅成（<3km）斑岩体相关，并且初始的成矿岩浆被认为具有高 Sr/Y 值、高氧逸度、高水含量（3%～5%）和富集成矿金属及硫（Zhang and Audétat，2018）。已有的研究表明斑岩型铜金矿的蚀变与矿化受到岩浆-热液过程控制（Tosdal and Richards，2001），因此

研究成矿流体的演化是理解此类矿床的关键（Li et al., 2018）。此外，斑岩型铜金矿的蚀变与矿化同样受到矿床形成时的区域构造影响（Tosdal and Richards, 2001），能够产出在活动的俯冲带-碰撞后不同的构造环境中（Sun et al., 2015）。事实上，构造环境不仅强烈影响斑岩体系的规模和形式，而且决定矿床的定位（Tosdal and Richards, 2001），因此岩浆活动与斑岩型矿床形成过程中的动态构造环境之间的相互作用也是这类矿床研究的重点。铁氧化物铜金矿是由广谱的矿化所组成，仅仅因为它们除了主要组分黄铜矿和斑铜矿之外还有热液的磁铁矿/赤铁矿而划分在一起（Ray and Lefebure, 2000）。成矿元素除了达到经济品位的铜和金之外，还可能有Co、U、Mo、Ag，以及稀土元素等。典型矿床是澳大利亚奥林匹克坝矿床、Ernest Henru矿床，智利Candelaria矿床、Mantoverde矿床（Sillitoe and Hedenquist, 2003）。铁氧化物铜金矿通常与主要造山带平行的同时代韧性-脆性断裂系统和侵入体紧密相关（Sillitoe and Hedenquist, 2003）。在这类矿床中，金的分布对于其经济价值和矿床成因都具有重要意义，但是在铁氧化物铜金矿床中金的分布及其控制因素仍然是一个不解之谜（Zhu, 2016）。

1.2　我国主要金矿类型及其特征

我国金矿床类型多种多样，其中又以：①与火山岩有关的浅成热液型金矿（如新疆阿希和阿舍勒、福建紫金山、甘肃白银厂）；②与侵入岩有关的金矿（斑岩型、夕卡岩型、斑岩-夕卡岩型）（如云南金厂、新疆托里萨尔托海）；③产于沉积岩中的卡林型金矿（如西南云贵川地区、甘肃阳山）；④产于变质地体内、与韧性剪切带有关的石英脉型和破碎-蚀变岩型金矿（如山东玲珑和焦家、吉林夹皮沟、广东河台、海南戈枕）为主。其中，与火山岩有关的浅成热液型金矿又划分为产于陆相火山岩中的金矿床（浅成低温-斑岩型金-银、铜-金矿床）和产于海相火山岩中的金矿床；产于变质地体内的金矿又可分为产于太古宙（古元古代）中深变质岩或其衍生的后期花岗岩（通称的绿岩带）中的金矿床和产于浅变质碎屑岩中的金矿床。

我国金矿床的特点是：①中小型矿床多，大型矿床少。目前我国金矿床（点）共计近6000个，但真正具有一定规模的只有1000多处，仅占全国金矿床（点）总数的19%左右，且大、中、小型金矿床的比例为6.2∶11.7∶82.1。由此可见我国金矿床中，小型占绝大多数，大型矿床数量不多。②矿石品位一般中等。中小型矿床品位变化大，常伴生多种有益组分。大型金矿品位一般不高，以中、低品位为主；蚀变岩型大型金矿品位中等偏低，但较稳定；石英脉型大型金矿一般品位较高，但变化大；斑岩型金矿品位低。我国单一成分金矿很少，岩金矿床常伴生（共生）铜、铅、锌、银、钼、钨、锑、镍等有益组分，几乎所有的岩金矿床都伴生有银、硫。砂金矿常伴生有锆石、独居石、石榴子石、金红石等有用矿物。③伴生金资源在我国金矿资源中占有重要地位。在我国金矿保有储量中，伴生金占有比例高达44%，远大于世界伴生金占有的平均比例。伴生金主要作为铜矿、铅锌矿、硫铁矿、铁矿及镍矿等的副产品综合回收。新中国成立以来，伴生金年平均产量占我国黄金总产量的25%左右。

我国金矿床无论是在矿床成因类型，还是金矿资源量，均具有明显的时间和空间分布规律，可能与中国大陆所经历的独特的大地构造和地球动力学演化事件有关。空间分布上，已知成矿区带按已查明资源储量从多到少依次为（张文钊等，2014）：胶东、小秦岭—熊耳山、滇黔桂、松潘—摩天岭、西秦岭、东秦岭、巴颜喀拉、华北陆块北缘东段（燕辽）、长江中下游、桐柏—大别—苏鲁、黑龙江三江沿岸、吉南—辽东、海南、江南隆起东段（包括武功山—杭州湾）、哀牢山（墨江—绿春）、五台—太行、盐源—丽江—金平、云开（粤西—桂东南）、康滇隆起、南岭、华北陆块北缘西段（乌拉山—大青山）、天山—北山、江南隆起西段、东昆仑、延边—东宁、白乃庙—锡林浩特、阿尔泰、柴北缘、准噶尔（东、西准噶尔）、浙闽粤（东南）沿海、祁连山、鲁西—皖北、上黑龙江盆地、冈底斯—拉萨、班公湖—怒江成矿区带。

中国金矿床的成矿时代可分为太古宙、元古宙、早古生代、晚古生代、早中生代（三叠纪）、晚中生代（侏罗—白垩纪）和新生代7个成矿时期：①太古宙成矿期（>2500Ma）。尽管太古宙是世界金矿床的主要成矿期（蒋志，1995），主要于太古宙变质绿岩带中形成造山型金矿（Kerrich et al., 2000），但在我国发现的仅有产于中深变质岩中的硅质岩型金矿（五台山金矿和东风山金矿）和产于辽北太古宙变质岩系中分布的富金VHMS矿床。②元古宙成矿期（2500～540Ma）。该时期金矿床大多分布于古陆边缘、陆间裂陷带或裂谷带，主要产于元古宙浅变质碎屑岩-碳酸盐岩-（夹）基性火山岩中的金矿床。③早古生代成矿期（540～409Ma）。该时期金矿成矿作用微弱，主要产于古亚洲构造域加里东造山带中，部分形成于江南古陆内，主要金矿类型为产于海相火山岩中VMS型伴生金矿床。④晚古生代成矿期（409～250Ma）。这是中国金矿一个较重要的成矿期，和塔里木-华北板块与西伯利亚板块聚合有关，主要产于陆相火山岩中，其次是产于海相火山岩中的金矿及伴生金矿、产于花岗岩类侵入体内外接触带中的金矿床。⑤三叠纪成矿期（250～208Ma）。与古特提斯洋演化晚阶段及塔里木-华北板块、华南板块碰撞聚合形成统一欧亚大陆的作用有关，也是重要的成矿期之一。主要矿床类型为产于沉积岩中的金矿，其次为产于元古宙浅变质含碳碎屑岩、泥质岩中的金矿床。⑥侏罗—白垩纪成矿期（208～65Ma）。这是中国最为重要的金矿成矿期，形成的矿床规模较大、类型齐全，与该时期中国区域大地构造演化密切相关，主要包括产于太古宙中深变质岩中的金矿床、产于陆相火山-次火山岩中的金矿床、产于花岗岩类侵入体内外接触带中的金矿床。⑦新生代成矿期（65Ma以来）。这是世界上第二个重要的金成矿期，也是中国金矿主要成矿期之一。最主要是外生成矿作用，形成数量众多的砂金矿床。该成矿期岩金矿床分布在印度板块与亚洲板块的碰撞带特提斯-喜马拉雅成矿域以及我国台湾地区的太平洋板块俯冲带，其主要类型为产于陆相火山岩中的金矿床，其次是产于风化壳中的铁帽型和红土型金矿床，主要分布于长江中下游地区。

中国金矿床在成矿特征和成因类型上的变化规律以及在时间和空间上的分布规律，是由中国大陆不同地区的地质结构和大地构造演化的差异所决定的。中国大陆地处欧亚板块、印度板块和太平洋板块的交汇部位，是由数个大小不同的陆块在地质历史时期经多次碰撞拼合而成。中国大陆地壳组成和结构的最基本特征是由一系列不同时期的弧-盆系统经多期多阶段碰撞、拼贴而形成的造山带所组成的构造域将华北、扬子和塔里木三大陆块统一为整体；中生代以来，中国大陆特别是其东部地区又经历了陆内造山与岩石圈伸展和减薄的多期次交替，不仅强烈改造破坏了古老大陆岩石圈或克拉通，同时导致大规模的岩浆作用（大火成岩省出现）、显著的陆内变形（北东—北北东向深大断裂、断块隆升和剥蚀、挤压逆冲推覆与褶皱、盆-岭构造省和变质核杂岩等）和大规模的W、Sn、Bi、Mo、Cu、Pb、Zn、Au、Sb等有色金属、稀有金属、贵金属与放射性金属（U）的爆发式成矿（Mao et al.，2013a）。中国大陆这一复杂而特殊的地壳演化和地质构造特征，决定了其成矿作用具有十分鲜明的特色，由此也决定了它在成矿作用的时空分布上所具有的与全球大陆的显著差异。

1.3　湘东北金（多金属）矿床研究现状

位于扬子与华夏两大板块结合部位的江南古陆（也称江南古岛弧、江南古隆起：黄汲清，1954；郭令智，1986；任纪舜，1990），是华南地区极负盛名的构造-地层、构造-岩浆和构造-成矿单元（Xu et al.，2017a），广泛出露低变质级的、具典型浊积岩层序的新元古代火山-碎屑沉积岩，以及多期次，尤其是燕山期大规模花岗质岩浆岩。与东南侧的华夏板块产有丰富的与花岗岩有关的W-Sn-Bi-Mo-Nb-Ta-REE和U矿床、斑岩型和浅成热液型Cu-Au-Mo-Pb-Zn矿床、火山块状硫化物（VMS）型矿床，以及西北侧的扬子板块丰富的卡林型Au矿、层控型PGE和Fe矿、密西西比型（MVT）型和/或沉积喷流型（SEDEX）Pb-Zn矿、与大火成岩省有关的V-Ti磁铁矿、赋存于溢流玄武岩内的Cu矿等相对比（Hua et al.，2003；Zaw et al.，2007；Pirajno et al.，2009；Mao et al.，2011a，2013a；Deng and Wang，2016），江南古陆的成矿具有明显差异，发育丰富的、不同类型的矿产（矿化）：包括与构造和热液活动有关的石英脉型和蚀变碎裂岩型Au-(Sb)-(W)矿床以及蚀变构造角砾岩型钴铜矿床，斑岩型和夕卡岩型Cu-Pb-Zn-Au矿床，与基性/超基性岩有关的Cu-Ni硫化物等矿床（Xu et al.，2017a），与花岗岩有关的超大型钨（铜）多金属矿床（如江西省朱溪、大湖塘、东坪）（Chen et al.，2015；陈国华等，2012；周洁，2013；项新葵等，2015；李吉明等，2016）。因此，位于扬子板块东南缘的江南古陆已构成一个规模宏大的重要的跨省的金锑钨铜铅锌多金属成矿带，带内探明和预测的金金属资源量达 1000t 以上，显示出巨大的金找矿潜力（Xu et al.，2017a）。

湘东北地区位于江南古陆中段的幕阜山—九岭一带（图 1-13），是华南极为重要的金-铅-锌-钴-铜多金属矿集区。区内目前已发现黄金洞和大万等大型-超大型金矿床、桃林和栗山大型铅锌矿床、七宝山大型铜铅锌金多金属矿床，以及横洞钴铜矿床和井冲铜钴多金属矿床等（罗献林，1988；柳德荣和吴延之，1994；毛景文和李红艳，1997；刘亮明等，1999；符巩固等，2002；贺转利等，2004；董国军等，2008；黄诚等，2012；文志林等，2016；许德如等，2017；郭飞等，2018；Mao et al.，2002b；Deng et al.，2017；Wang et al.，2017；Xu et al.，2017a；Zhang et al.，2018；Zou et al.，2018）。

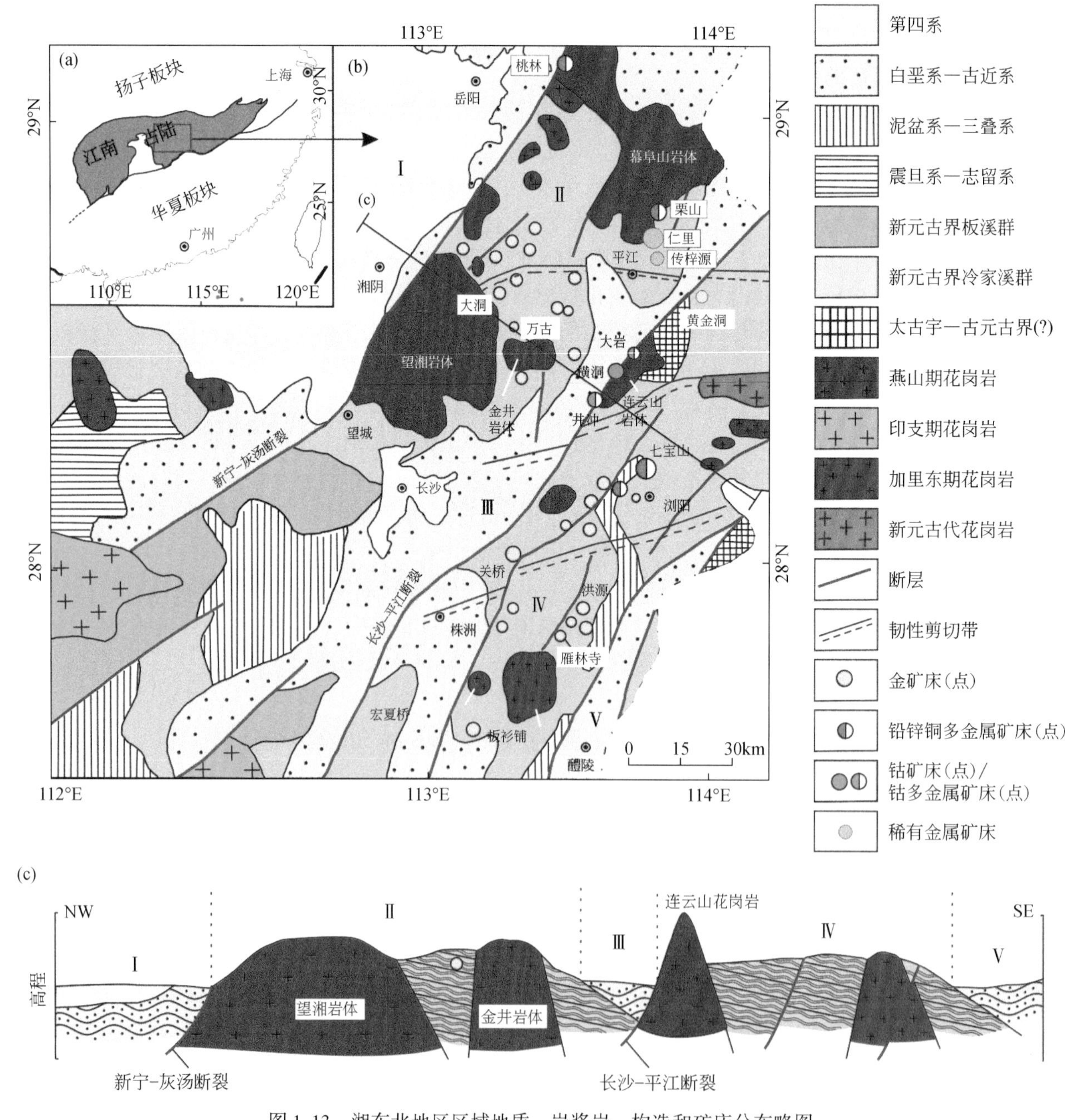

图 1-13　湘东北地区区域地质、岩浆岩、构造和矿床分布略图

Ⅰ. 汨罗断陷盆地；Ⅱ. 幕阜山-望湘断隆；Ⅲ. 长沙-平江断陷盆地；Ⅳ. 浏阳-衡东断隆；Ⅴ. 醴陵-攸县断陷盆地

上述金多金属矿床/矿化点均产于区内新元古界冷家溪群浅变质碎屑沉积岩系中，部分产于燕山期花岗质岩体内及其与新元古代浅变质岩的接触带部位，并严格受韧性剪切带或不同性质的断层破碎带控制。

在湘东北地区，目前已控制的和预测的金金属量分别为200t和500t，铅锌金属量分别为100万t和200万t，钴金属量分别为1.32万t和5万t，铜金属量分别为38万t和50万t。近年来，在区内还新发现了大型伟晶岩型铌钽（铍）矿床（刘翔等，2018）。自20世纪80年代以来，湖南省相关地勘单位、国内相关院校和科研机构针对湘东北地区金多金属成矿的地质背景和控矿因素、矿床成因与成矿规律，以及矿产预测等曾开展了大量科研和找矿勘查工作。以往找矿勘查和科研成果均揭示了湘东北地区成矿地质条件优越、找矿前景巨大，但所存在的一些关键科学技术问题已制约着地质找矿的突破。

关于湘东北地区成矿作用的基本特征、控制因素和矿床成因等，国内学者已做过大量论述（Xu et al.，2017a及其参考文献；Zou et al.，2018；Zhang et al.，2018），并提出了多种成因模式以解释包括湘东北地区在内的江南古陆金多金属大规模成矿作用，如沉积-变质改造型、岩浆-热液型、同沉积喷流（SEDEX）型等。早期沉积-变质改造成因模式的倡导者（马东升，1991，1997；马东升和刘英俊，1991；刘英俊等，1993；等等）认为，金多金属成矿元素主要来源于新元古代地层，晚中生代大规模流体（变质水、大气水和/或它们的混合）运移对矿源层的渗漏导致了成矿元素的活化、迁移和富集。建立该模式的主要依据是新元古代地层不仅是这些金多金属矿床的赋矿围岩，而且含较高的成矿元素丰度，如Au、Sb、W等。但据Yang和Blum（1999），中晚新元古代板溪群并不具有高的Au、Sb、W甚至是As的背景值，因而他们认为前寒武纪地层不大可能是江南古陆金多金属大规模成矿的矿源层。顾雪祥等（2003）、贺转利等（2004）和Xu等（2007）对前寒武纪地层和矿床地球化学示踪发现，早新元古代冷家溪群同样具低的金成矿元素丰度（小于1×10^{-9}），该结果与鄢明才等（1990）对区内各种沉积岩Au丰度的研究结论相一致。沉积-变质改造成因模式还难以解释的另一个事实是：江南古陆金多金属矿床的矿体和近矿围岩均表现出强烈的热液蚀变，并受剪切相关的断裂构造严格控制，而远离矿体的围岩其蚀变和矿化则明显减弱（典型的如湖南境内的黄金洞、万古等金矿）。虽然刘亮明等（1997，1999）曾解释这些金矿床是分散在冷家溪群中的成矿物质经武陵—加里东期和印支—燕山期两次构造-热事件活化转移和再富集结果，但对制约大规模金成矿的构造改造或变质事件的过程与精确时限和机制，以及导致成矿物质活化和富集的流体来源与性质等，未作精细的研究。因此，金多金属成矿元素到底来源于何种源区，又如何被活化或迁移并沉淀富集，仍有待合理的解释。

与沉积-变质改造成因模式相反，岩浆-热液成因模式（张振儒等，1978；彭渤等，2003）认为江南古陆金多金属矿床的成矿元素来源于晚中生代大规模花岗质岩浆热液。越来越多的证据也显示（罗献林，1990；毛景文和李红艳，1997；Mao et al.，2002b；贺转利等，2004；许德如等，2006a，2017；Deng et al.，2017；Xu et al.，2017a；Zou et al.，2017），至少部分成矿物质来源于地壳深部或地幔。有些学者（刘继顺，1993）甚至强调晚中生代长英质脉岩，或更古老中基性岩对这些矿床可能有较大的物源贡献。但由于长英质脉岩规模小，彭建堂和戴塔根（1999）曾对此观点提出疑问。许德如等（2009，2017）的研究表明，虽然江南古陆大多数晚中生代花岗质岩具极低的金多金属元素丰度，暗示本身提供大规模成矿物质的可能性不大，但古陆内金多金属矿床与这些花岗质岩却表现了密切的空间关系，如围绕湘东北地区晚中生代连云山岩体分布的矿化就呈现高温到低温的分带现象（图1-14）：以该岩体为中心，向北东方向依次出现铌钽铍矿→铜铅锌钨矿→金矿（黄金洞）。此外，围绕幕阜山岩体也依次出现铌钽铍矿→钼矿→铅锌铜矿→金矿（大万金矿）的现象。

Peng和Frei（2004）虽然认为分布于江南古陆金多金属矿床的成矿物质部分来源于前寒武纪地层，但他们也认为这些矿床的形成与中生代华南地区因陆内抬升和逆冲导致的花岗质岩侵位可能存在某种成因上的关系。结合近年来在江南古陆东段发现一批超大型钨（铜）多金属矿床的事实（如朱溪、大湖塘、东坪），以及许多学者对东段江西境内德兴地区铜钼金多金属成矿系统成因的广泛研究（Wang et al.，2004；Li and Sasaki，2007；Sun et al.，2010；Mao et al.，2011b；Liu et al.，2013，2014，2016；Hou et al.，2013；Zhou et al.，2013；周洁，2013；Wang et al.，2015a；项新葵等，2015；Chen et al.，2016；Li et al.，2017；Pan et al.，2017），本书作者认为，江南古陆形成演化过程触发的大规模矿化可能与不同时期特别是中生代花岗质岩浆事件存在某种事实上的联系。然而，江南古陆所发育的不同时期特别是中生代花岗质岩大多数表现为S型（钛铁矿系列）（湖南省地质矿产局，1988；江西省地质矿产局，1988；李鹏春等，2005；许德如等，2006b，2009，2017；Zhao et al.，2013；Wang et al.，2014），与典型侵入岩型金矿以I型（磁铁矿系列）花岗闪长岩为主特征明显不同（Groves et al.，2003；Izumino et al.，2016），且带内金（多金属）矿床某些成矿特征，如以Au-Sb-W-Cu-Pb-Zn-Ag成矿元素组合为主、层位控矿明显、成矿流体具有相对低的盐度和温度等，也与典型侵入岩型金矿具有一定的差别（Baker and Lang，2001；Lang and Baker 2001；Groves et al.，2003；De Boorder，2012；Zachariáš et al.，2014）。因此，江南古陆大规模金成矿与花岗质岩浆活动究竟存在何种深层次成因联系，花岗质岩浆具有何种氧化还原性质，抑或金矿化是否是与花岗质岩同期的其他性质的侵入岩/岩脉导致的结果等，仍有待深入研究。

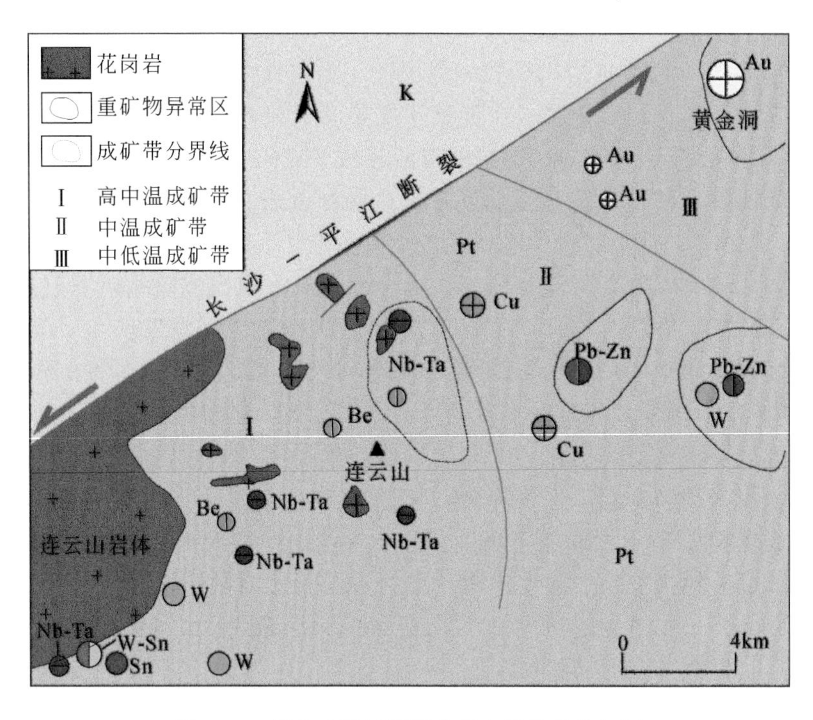

图1-14　湘东北地区围绕连云山岩体矿化特征

K. 白垩系；Pt. 元古宇

近年来随着对江南古陆金多金属矿床研究的逐渐深入，作者总结后发现这些矿床普遍具有如下特征（Xu et al.，2017a）：①均赋存于新元古代浅变质岩系中；②严格受层间剪切破碎带或滑脱断裂带的控制；③矿石类型以石英脉型和蚀变碎裂岩型与蚀变糜棱岩型为主；④矿石中硫化物的含量普遍低于8%；⑤金矿物以自然可见金为主；⑥硅化、黄铁矿化、绢云母化、绿泥石化和碳酸盐化蚀变强烈；⑦大多数矿床的δD、$\delta^{18}O_{water}$、$\delta^{34}S$同位素值分别主要为-70‰~-40‰、+2‰~+12‰和-9‰~+6‰；⑧成矿流体成分普遍为H_2O-CO_2±CO±CH_4±H_2型，盐度主要为3%~9% NaClequiv.、均一温度主要集中于210~350℃（刘育，2017）。由于这些特征与世界上典型造山型金矿类似（Groves，1993；McCuaig et al.，1993；Groves et al.，1998，2003；McCuaig and Kerrich，1998；Ridley and Diamond，2000；Goldfarb et al.，2001；Chen et al.，2004a；陈衍景等，2007；Chen and Santosh，2014），有些学者将江南古陆大规模金成矿归为造山型（Xu et al.，2017a；Zhang et al.，2018）。但由于长期以来对华南特别是江南古陆构造-岩浆（热）事件及其性质的不同理解，以及对带内不同地段不同矿床或同一地段同一矿床在成矿时代认识上的显著差异，江南古陆大规模金成矿或认为与新元古代造山有关（Li et al.，2010；Zhao et al.，2014；Deng and Wang，2016），或是早古生代造山产物（Ni et al.，2015；Zhu and Peng，2015），或是多阶段及晚中生代造山的结果（Pirajno and Bagas，2002；贺转利等，2004）。造山型金矿特指那些金为唯一矿种的一类矿床，且很少富集Ag、As、Sb、Te±Se、±W、±Mo±Bi，并具低的Cu、Zn、Pb含量（McCuaig and Kerrich，1998；Hagemann et al.，2000；Kerrich et al.，2000；Groves et al.，2003）；另外，虽然这类矿床与区域花岗质岩浆岩显示宽阔的时空联系（Groves et al., 1998; Goldfarb et al., 2001），但它与已知的侵入岩（套）很少有特定的关系（Groves et al., 2003）。即使江南古陆金多金属矿床来源于某特定造山事件，“造山型”模式倡导者也未能清晰地阐明这些造山事件的构造属性、精确时限、变质特征以及是如何制约大规模金矿化的。Xu等（2017a）对以往流体包裹体及C-H-O、He-Ar、S和Pb多同位素数据系统整理和综合分析后发现，虽然带内大规模金成矿的流体主要来源于变质水或岩浆水，并可能有地幔流体和大气水加入，但仍难区分这些流体到底是来源于深部的变质水，还是来源于壳源岩浆水或来源于与中基性脉岩伴生的深部岩浆热液。这些流体又是如何混合，并导致大规模矿化的？它们的深部过程又怎样？等等，均有赖于结合区域构造-岩浆活动和变形/变质事件的精细厘定。

江南古陆金多金属矿床在成因上的显著分歧，还与以往成矿时代的不确定性有密切关系，由此导致对与成矿相联系的地质及地球化学过程、成矿机理和成矿环境等有着不同理解。前人曾采用多种定年方法试图厘定江南古陆金多金属矿床的成矿年龄，这些方法和定年对象包括：①含矿石英脉石英的Ar-Ar定年（Peng et al., 2003；李晓峰等，2007）；②含矿石英脉白钨矿的Sm-Nd定年（Peng et al., 2003）；③赋矿围岩和矿石及矿石中伊利石与含矿石英脉中石英、硫化物流体包裹体Rb-Sr定年（Mao et al., 2013a; Mao et al., 2013b; Ni et al., 2015；陈好寿和徐步台，1996；毛景文和李红艳，1997；彭建堂和戴塔根，1998；王秀璋等，1999；毛景文和王志良，2000；许德如等，2006a；李华芹等，2008）；④赋矿围岩和蚀变围岩中钾长石、伊利石的K-Ar定年（万嘉敏，1986；Li et al., 2003）；⑤含金石英脉中毒砂Re-Os定年（王加昇等，2011）；⑥含矿石英脉石英的裂变径迹定年（胡瑞英和郭士伦，1995）；⑦含金石英脉石英的顺磁共振（ESR）定年（黄诚等，2012）；⑧矿石中硫化物（黄铁矿、方铅矿等）Pb-Pb模式年龄（罗献林，1988，1990；叶有钟等，1993）。然而，由上述定年方法获得了一个跨度相当大的矿化年龄（约1.0Ga至约70Ma间），且采用同一或多种方法对同一矿床进行定年还获得不同的成矿年龄（Xu et al., 2017a及其相关文献），因此有必要对这些定年方法和年龄数据的可靠性重新评估。例如，可能因江南古陆多阶段构造-岩浆（热）事件的影响而引起的同位素重置，或者可能因定年样品卷入了可变数量的原生和次生流体包裹体，所获得的Rb-Sr等时线年龄普遍存在较大的误差（可达±110Ma，如Mao et al., 2013b）。再考虑石英流体包裹体Rb-Sr定年方法可能存在的不确定性（Pettke and Diamond, 1995）以及解释Pb-Pb模式年龄的适用范围（Bielicki and Tischendorf, 1991），由这两种方法所获得的年龄就难以精确制约江南古陆大规模金成矿事件。例如，罗献林（1988，1990）曾依据矿石硫化物Pb-Pb模式年龄认为江南古陆金多金属矿床主要成矿时代为晋宁期或加里东期，但毛景文和李红艳（1997）、彭建堂和戴塔根（1998）、王秀璋等（1999）基于江南古陆所经历的复杂地质事件对该模式年龄的可靠性提出疑问。Goldfarb等（2001）也强调，即使有意义的金矿化发生在1.6～0.57Ga的地质历史时期，由于古克拉通边缘经多期次构造改造而使得这些矿化可能并未完整保存下来。同样，由于可能存在初始同位素的不均一性或后期叠加事件的二次扰动，所获得的某些含钙矿物（如萤石、方解石、白钨矿、电气石）的Sm-Nd等时线年龄也可能存在较大误差（Nägler et al., 1995）。此外，石英裂变径迹、ESR以及钾长石、伊利石的K-Ar和Ar-Ar等定年方法易于受后期热事件影响而发生同位素重置，获得的年龄也应谨慎应用，原因是白云母、黑云母和绢云母中Ar保留封闭温度普遍被认为分别为350～450℃、325～400℃和300～350℃（Harrison et al., 1985; Lee, 2009; Yang et al., 2014），而钾长石和伊利石的封闭温度分别为150～100℃和260±30℃（Hunziker et al., 1986; Lee, 2009）。因此虽然以往研究者依据上述定年结果认为加里东期（423～397Ma）和/或燕山期（176～170Ma、144～130Ma）是江南古陆大规模金成矿的主要时期（Xu et al., 2017a及其参考文献），但江南古陆金多金属矿床的成矿时代仍有赖于高精度定年方法的精确厘定，也将为正确理解带内金多金属大规模成矿的构造-岩浆（热）事件特征和动力学背景，并阐明大规模成矿的深部过程与富集机理等提供关键证据。

江南古陆金多金属异常富集是华南大陆聚合、裂解和增生，以及陆内演化过程的必然结果。虽然对华南大陆的起源、增生方式和增生历史及陆内演化过程与动力学机制至今未取得统一认识，国内外学者已认识到包括江南古陆在内的华南大陆至少经历了四个构造-岩浆（热）事件（Xu et al., 2017a; Deng et al.，2018），即：①元古宙碰撞造山及随后的裂解。以出现晚中元古代—早新元古代蛇绿岩和弧火山岩，以及因扬子与华夏两个块体聚合成统一的华南大陆而形成江南碰撞造山带为标志，并广泛沉积两者呈角度不整合的早新元古代（970～825Ma）和中新元古代（820～750Ma）火山-碎屑岩系，发育835～800Ma的S型花岗岩、780～730Ma的双峰式火成岩等。②早古生代加里东期造山。该构造-岩浆（热）事件导致了自中晚新元古代裂解的华南大陆的再次聚合，以出现大量志留纪S型花岗岩和混合岩（高峰：约435Ma）以及泥盆系不整合覆盖于前志留纪地层之上为标志，并发育同时期的剪切变形或大型逆冲推覆等构造。③晚古生代—早中生代的印支期造山。这是中国大陆形成统一的块体，并成为泛古陆一部分的又一次构造-岩浆（热）事件，在华南则以广泛发育印支期花岗岩（280～190Ma，高峰：220Ma和239Ma）、大规模褶皱逆冲（250～220Ma）、转换伸展构造（220～195Ma）以及侏罗纪地层不整合于前三叠纪地层上为标志。④侏罗纪—白垩纪的燕山期造山。以大规模岩浆侵入和火山喷发（高峰：晚侏罗世、早-中白垩世）、一系列NE—NNE向（深大）断裂和白垩系沉积盆地，以及分别代表挤压和伸展环境的褶皱-逆冲系统和变质核杂岩等穹隆构造等为标志（详见许德如等著《湘东北陆内伸展变形构造及形成演化的动力学机制》一书）。上述（陆内）构造-岩浆（热）事件对江南古陆金多金属大规模成矿及与之紧密相关的其他地质过程如岩浆岩的成分与演化、沉积盆地的形成与充填、与成矿流体运移和矿物沉淀场所有关的断裂、剪切带的发展等无疑起关键控制作用，国内外学者为此进行了许多有益探索（Pirajno and Bagas，2002；Zhou et al.，2002；Pirajno et al.，2009；Mao et al.，2011a，2013a；Deng and Wang，2016；Xu et al.，2017a，2017b；许德如等，2017）。

然而，长期以来由于对上述，特别是燕山期构造-岩浆（热）事件的构造属性、精确时限和驱动机制及其深部过程与浅部表现等，还存在不同甚至相反的理解（张国伟等，2013；Xu et al.，2017a，2017b），有关江南古陆金多金属大规模成矿的构造背景与时空格架和成矿机理等也就存在不同的认识。例如，顾雪祥等（2003）和Gu等（2007，2012）还曾提出用元古宙同沉积喷流模式（SEDEX）解释湖南境内沃溪Au-Sb-W矿床的形成，但因成矿年龄（423～416Ma：Peng et al.，2003）远较中新元古代板溪群赋矿围岩年轻，且新元古代华南大陆构造性质与演化特征仍存在争议（Deng et al.，2018），该模式曾引起某些争议（Xu et al.，2017a）。又如进一步对比发现，江南古陆金多金属成矿特征虽然明显不同于浅成热液型金成矿系统（Hedenquist et al.，1996；Corbett，2002a；Yang et al.，2009；Jiang et al.，2013），但受地层（赋矿围岩为细粒硅质碎屑岩）和构造严格控制的事实则类似于卡林型金矿的某些特点（Hofstra and Cline，2000；Hu et al.，2002；Peters，2004；Kesler et al.，2005；Su et al.，2009a，2009b；Chen et al.，2011；Liu et al.，2015），暗示金多金属矿化产于板内伸展环境（Cline et al.，2005；Muntean et al.，2011）。目前，多数学者趋于认为中生代以来，包括江南古陆在内的华南内陆全面进入由陆内造山转换为陆内伸展的构造环境（傅昭仁等，1999；Li，2000；Zhou and Li，2000；Wang et al.，2005，2013；Zhou et al.，2006；Li and Li，2007）；这种构造环境的转折还诱发了W、Sn、Bi、Mo、Cu、Pb、Zn、Au、Sb和U等多金属大规模矿化（华仁民和毛景文，1999；毛景文等，2005；Hua et al.，2003；Mao et al.，2011a；Xu et al.，2017a），且矿化时代主要集中于230～210Ma、170～150Ma和120～80Ma三个时期（Mao et al.，2013a）。但关于华南中生代陆内构造转折的背景和精确时限、深部过程与浅部响应以及动力学来源与转换机制等仍有不同看法（Hsü et al.，1990；Gilder et al.，1996；Zhou and Li，2000；Wang et al.，2001；Wang et al.，2002，2005；董树文等，2007；Li and Li，2007；Sun et al.，2007），即使江南古陆金多金属大规模矿化发生于晚中生代伸展背景，将它们划为“卡林型”也有待精细研究。Xu等（2017a，2017b）在总结江南古陆矿床地质特征基础上，通过对以往矿床地球化学与成岩成矿年龄数据分析，初步认为带内大规模金矿化是在元古宙矿源层基础上，经加里东期造山改造和燕山期大规模陆内构造-岩浆活化导致的结果，据此，提出了“陆内活化型”（intracontinental reactivation type）矿床概念以试图解释金多金属矿床的成因，但关于“陆内活化型”矿床的定义，涉及构造改造和陆内活化的精细过程、方式和动力机制以及对成矿作用的控制机理等，仍有待深入理解。江南古陆金多金属大规模成矿事件是华南大陆形成演化的具体表现，因此为精细刻画金多金属成矿的过程与机理，应以江南古陆整体为视角，并将其置于中国，乃至全球大陆动力学体系，以正确理解江南古陆构造-岩浆（热）事件及其精确时限与构造属性和深部过程与浅表响应。

1.4 关键科学技术问题

江南古陆目前所发现的大多数金（多金属）矿床均赋存于抬隆带浅变质的前寒武纪地体中，矿石类型以与剪切变形构造有关的石英脉型和破碎蚀变岩型为主，因而显示了典型造山型金矿的某些成矿特征。但目前关于华南大地构造演化特征特别是其中生代以来的地球动力学背景，仍存在着显著的分歧，已制约了对江南古陆金（多金属）矿床的成因和形成过程与机理的正确理解。另外，江南古陆具有多期次花岗质岩浆作用，尤以中生代以来表现最为强烈，且与这些金（多金属）矿产显示某种时间和空间上的联系。但这些花岗质岩对金（多金属）成矿是否有贡献，有何种贡献，仍处于较大争论中。因此，加强江南古陆湘东北地区金（多金属）矿床的成矿地球动力学背景、成矿流体与金属的来源、中生代花岗质岩浆起源和深部过程及与金（多金属）成矿关系等创新研究，不仅能深化对江南古陆金（多金属）矿床的成因和成矿过程与机理的认识，而且也有助于开展江南古陆金（多金属）矿床的成矿预测与找矿勘查。

1.4.1 成矿地球动力学背景

江南古陆的形成演化与最终定位是由中国东部大陆所经历的多期重大地质与地球动力学事件所决定的，反过来，这些因素对该区金（多金属）矿床形成或叠加、改造，乃至形成后的保存和剥蚀有着密切的关系。中元古代晚期至新元古代早期，随着华南华夏克拉通向扬子克拉通的俯冲（有些学者也认为存在双向俯冲：Zhao，2015），在扬子克拉通东南缘（现今位置）产生了北东—南西向岛弧（即江南岛弧，现今位置），两者间的南华洋则逐渐闭合，并最终导致扬子克拉通与华夏克拉通的碰撞拼贴，引起大规模新元古代花岗质岩浆作用，这一时期的构造-热事件即所谓的“格林威尔造山”或“晋宁或四堡造山”事件，使统一的华南陆块成为罗迪尼亚（Rodinia）超大陆一部分（Li et al.，1995，1999），同时在江南古陆可能导致最早的金（多金属）矿化或初步富集（Xu et al.，2017a），形成所谓的“造山型金矿”（Zhao et al.，2014；Deng and Wang，2016）。中晚新元古代时期（≤825Ma），可能由于超地幔柱冲击（Li et al.，2008），聚合后的华南陆块发生裂解，以出现双峰式火成岩为特征，在华南东南侧的华夏克拉通、江南古岛弧和华南扬子克拉通西南缘就广泛出现铁镁质火山岩和酸性花岗岩，并可能产生与基性-超基性岩浆作用有关的Cu-Ni硫化物矿床和与地幔柱和/或冰川事件有关的条带状铁建造铁矿床（Hu et al.，2017）。当华南岩石圈演化至早古生代时期，强烈的构造-岩浆（热）事件，即加里东造山（也称广西运动、武夷-云开造山）（Wang et al.，2013）导致华夏和扬子克拉通重新碰撞、贴合形成统一的华南陆块，并以广泛出现晚奥陶世—早志留世S型花岗岩和同时期构造变形、变质作用为标志，这一时期在江南古陆可能出现所谓的“造山型”金矿（Ni et al.，2015；Zhu and Peng，2015；Liu et al.，2019）。晚古生代至早中生代，随着古特提斯大洋的消亡，华南陆块与印支陆块和华北克拉通的先后碰撞-拼贴，中国大陆形成统一的块体并成为泛古陆（Pangea）一部分，此时期的构造-岩浆（热）事件，即印支期造山事件，以三叠纪大规模花岗质岩浆岩为标志，但二叠纪晚期（约260Ma）在中国西南地区出现与地幔柱有关的峨眉山大火成岩，且在江南古陆出现与印支期花岗质岩有关的钨矿床（张龙升等，2014）。

侏罗纪以来，中国陆块基本受太平洋构造体制所控制，由于古太平洋板块向中国东部大陆边缘俯冲，且俯冲极性和/或俯冲角度发生变化（Zhou et al.，2006；Li and Li，2007；Sun et al.，2007），中国东部大陆岩石圈发生剧烈改造，地壳构造变形强烈，并伴随大规模的岩浆作用和成矿事件。我国著名地质学家翁文灏先生（Wong，1927，1929）曾将此时期在华北阴山-燕山地区所发生的构造-热事件称为“燕山运动”；而大约同时期在华南沿海地区所发生的构造-热事件，我国著名大地构造学家、成矿学家陈国达先生（陈国达，1956，1960）称之为“后地台活化”或“构造-岩浆活化”。朱日祥等学者（Zhu et al.，

2012，2013，2015）则将整个华北克拉通自侏罗纪以来所经历的岩石圈改造命名为“克拉通破坏”（Cratonic destruction）。中生代，特别是晚中生代是中国大陆最重要的成矿作用时期，在中国东部约有80%的金属矿产形成于该时期。在江南古陆，已有资料表明（Xu et al.，2017a及其参考文献），不仅在中晚侏罗世（177～170Ma）出现斑岩型、夕卡岩型和浅成热液型Cu-Au多金属成矿作用（如江西德兴铜矿、湖南七宝山Cu-Fe-Pb-Zn-Au-稀散金属“五元素”矿床等），而且在早白垩世（140～120Ma）发生与同时期构造作用和岩浆活动有关的Au-W-Cu-Co-Pb-Zn-Nb-Ta-(Li-Be）成矿作用（如湘东北地区、江西省和安徽省境内）。

然而，由于对华南大地构造演化特征仍存在分歧，以及由于金属矿床精确定年上的困难，有关江南古陆金（多金属）矿床的成矿地球动力学背景的确定也就存在不同观点，进而导致对矿床成因认识上的不足。目前，关于华南构造-岩浆（热）事件的性质及精确时限主要存在以下争论：①元古宙时期华南扬子克拉通与华夏克拉通碰撞拼贴的精确时限与俯冲极性是当前学术界具争议的问题之一，由此还导致统一的华南陆块于元古宙裂解的时限与机制的争议（Zou et al.，2017）。华南属于Rodinia（罗迪尼亚）超大陆一部分的倡导者最早认为（Li et al.，1995，1999，2002，2008；Li，1999），华南华夏克拉通向扬子克拉通的俯冲、碰撞发生于格林威尔造山时期的1300～900Ma，但他们后来又认为这个俯冲-碰撞事件具有不同时性；Wang等（2006，2007，2012）则认为该造山事件发生于约800Ma后的更年轻时期，因而华南并不位于Rodinia超大陆的内部，而是位于其边缘（Wang et al.，2015b）或位于南极洲北缘的印度克拉通与澳大利亚克拉通之间（Hoffman，1991；Yu et al.，2008；Wang et al.，2010）；Zhao（2015）还用双俯冲模式来解释元古宙中晚期华南的碰撞造山事件。②对早古生代造山事件的性质争论，也就是加里东造山是属于陆内的还是与大洋俯冲有关的，还涉及华南在冈瓦纳大陆中的位置以及华南早古生代造山事件与泛非造山（pan-African）事件的关系。虽然目前大多数中国学者倾向于陆内造山的观点（Li，1998；Wang et al.，2013；Shu et al.，2008，2015；舒良树，2006），但也有少数学者认为与大洋消亡有关（Xu et al.，2008）；而与以出现俯冲-增生和高压或高温变质作用为特征，并发生于650～500Ma的典型pan-African事件明显不同的是，华南加里东造山事件明显滞后，同碰撞型花岗岩和变形变质作用出现的高峰约在435Ma（Wang et al.，2013；王智琳等，2015；Xu et al.，2015a），因此，华南在东冈瓦纳大陆中的位置及其演化的地球动力学特征就引起了广泛的研究（Li，1998；Li et al.，2008；Duan et al.，2011；Metcalfe，1996a，1996b，2013；Xu et al.，2015b）。③同样，对华南印支期造山事件性质的争议，也涉及对华南印支期成矿作用特征的理解。尽管目前国内大多数学者认为华南内部的印支期造山属于陆内性质，但在华南北缘和西南缘却发生了与古特提斯大洋闭合有关的陆-陆碰撞，因而有些学者（吴浩若，2003；Xu et al.，2007，2008）认为华南内陆在晚古生代至早中生代时期的构造演化可能与古特提斯大洋演化有关（Metcalfe，1996a，1996b，2011，2013），但Li等（2006）认为印支期造山事件与古太平洋板块于约270Ma的俯冲事件有关，而Wang等（2013）则提出远程俯冲模式解释华南印支期陆内造山事件。④关于晚中生代（180～65Ma）燕山期造山事件的开启时限、造山过程、转折时限与动力学机制的争论（董树文等，2007），对理解中国东部大规模成矿作用事件已产生重大影响（Xu et al.，2017b）。这里涉及太平洋板块的俯冲时限、俯冲极性和动力学来源与深部过程等。尽管已认识到华南晚中生代燕山造山事件以发生大规模岩浆作用（大花岗岩省、火山岩）、构造变形（走滑剪切断层、盆-岭造省、变质核杂岩等）和金属成矿作用为特征，并普遍认为是自230～210Ma的碰撞造山，经180～160Ma的太平洋俯冲，至150～80Ma的岩石圈减薄和拆沉这一构造转换的结果，但燕山运动或燕山造山的本质仍未得到清晰的阐述，并由此对其造山过程、造山驱动力提出了不同的解译模式，如太平洋板块俯冲转向模式（Sun et al.，2007）、太平洋板块平板俯冲模式（Li and Li，2007）、太平洋板块俯冲角度变化模式（Zhou and Li，2000）、远程效应模式（Li，1998）、华南中生代碰撞造山模式（Hsü et al.，1990）以及多动力源模式（陈国达等，2002；董树文等，2007）。

对华南不同时期造山事件的有关地球动力学等问题的不同认识，必然导致对不同时期成矿作用特点的正确理解；同时，由于每次造山事件均伴随不同程度的地壳隆升和沉降、构造变形、变质作用和岩浆活动，特别是先前构造的再活化，它们对地质历史时期的金（多金属）矿床或矿化将起到改造、富化或叠加或破坏或保存作用。这些给识别江南古陆早期成矿作用特点、正确厘定矿床的成因带来一定难度；同时也为精确预测远景区及其成矿潜力、开展找矿勘查产生了极大的制约。

1.4.2　成矿物质与成矿流体来源

关于江南古陆金（多金属）矿床成因争论的关键科学问题还有成矿流体的来源和性质，以及成矿金属的源区、络合物性质与迁移、沉淀和富集机制。绝大多数江南古陆金（多金属）矿床赋存在前寒武纪地层内，不仅成矿时代较之年轻，且矿区内没有花岗岩出露，如前述，却提出不同甚至相反的成因模式，以解释成矿物质和成矿流体的来源和性质，但关于成矿的过程与机理仍鲜有详尽的阐述。

事实上，造山型金矿的主要倡导者 Groves 等（2003）早就注意到，对于造山型金成矿系统，要区分成矿流体是来源于深部的变质流体（Stüwe，1998）还是来源于深部的岩浆热液（Ridley and Diamond，2000）仍是相当困难的。Lawrence 等（2013a，2013b）还主张岩浆水和变质水的相互作用能形成世界级造山型金矿。另外，基于与造山环境有关的成矿时代，要具体区分造山型与侵入岩型相关金矿也存在一定的难度（Goldfarb et al.，2001；Groves et al.，2003），这是因为产于那些经历了中–高温和中–低压变质作用的典型地体内的造山型金矿（Powell et al.，1991）往往伴随有大规模的花岗质岩浆活动，因此造山型金矿与某些侵入岩在空间上的关系也暗示它们在成因上可能存在着联系。然而，尽管江南古陆发育不同时期（特别是晚中生代）花岗质岩，它们以 SP 型（过铝–强过铝质）为主（江西省地质矿产局，1988；湖南省地质矿产局，1988；李鹏春等，2005；许德如等，2009），且带内金多金属矿床的某些成矿特征如层位控矿明显、以 Au-Cu-Sb-Pb-Zn 元素组合为主、成矿流体具有相对低的盐度和温度等，与典型侵入岩型金矿有一定的差别（Groves et al.，2003；De Boorder，2012；Zachariáš et al.，2014）。但近年来与晚中生代花岗质岩有密切成因联系的系列 W-Cu 多金属矿床在江南古陆内的发现，将促使我们不得不重新思考这些花岗质岩对金（多金属）矿床的成矿贡献。另外，江南古陆金（多金属）矿床明显不同于浅成热液型金成矿系统（Hedenquist et al.，1996），如后者主要产于环太平洋成矿带，主要赋存于中新生代陆相火山岩中，不仅具有特征的低温（150～300℃）Au-Hg-Sb-Te-Se 成矿元素组合和指示性蚀变矿物冰长石或高岭石和明矾石，而且位于斑岩成矿系统的高地壳水平（Zhai et al.，2009；Yang et al.，2009；Jiang et al.，2013），成矿流体要么主要来源于大气水，要么主要来源于岩浆热液（Corbett，2002b）。对卡林型金矿的成矿物质和成矿流体的来源与形成机理仍存在不同的观点（Hofstra and Cline，2000；Gu et al.，2002；Hu et al.，2002；Peters，2004；Cline et al.，2005；Kesler et al.，2005；Su et al.，2009a，2009b，2012；Chen et al.，2011，2015；Muntean et al.，2011；Liu et al.，2015；Tan et al.，2015），江南古陆金（多金属）矿床所具有的成矿特征如矿石类型以含金石英脉型和破碎蚀变岩型为主，金矿物以自然可见金为主，强烈蚀变以硅化、绢云母化、绿泥石化、碳酸盐化和黄铁矿化为主，以及成矿流体特征等（如成分、盐度、温度等），与国内外典型的卡林型金矿也有较大差异。然而，江南古陆金（多金属）矿床明显受地层（赋矿围岩为细粒硅质碎屑岩）和构造严格控制的事实，又表现出与卡林型金矿某些相似的成矿特征。如果江南古陆金（多金属）矿床主要产于板内伸展环境，那么这种构造环境也有利于卡林型金矿的形成（Cline et al.，2005；Muntean et al.，2011）。由上可见，正确分析江南古陆金（多金属）成矿的地球动力学背景、精确厘定成矿物质和成矿流体的来源与性质，仍是正确判别江南古陆金（多金属）矿床成因的关键。

1.4.3　不同成矿系统的成因联系

湘东北地区不仅具有特殊的大地构造位置（即江南古陆的组成部分）和复杂的地球动力学演化史，而且表现典型的“盆–岭”构造格局，后者则由系列北北东向的前寒武纪变质岩和不同时期特别是燕山期花岗岩组成的隆起、白垩系红层充填的伸展盆地和它们的边缘走滑断层组成（Xu et al.，2017a）。根据空间分布和产出特征，我们曾将湘东北地区金（多金属）矿床粗略划分为两个成矿系统：①以金成矿作用为主的热液成矿系统；②以铜-钴-铅锌为主的热液成矿系统。这两类成矿系统在矿床地质特征上具有显著差异，但两者是否有某种成因联系仍需做深入对比分析。

就以金成矿作用为主的热液成矿系统来说，目前所发现的绝大多数金矿床或矿化点均产于断隆带内或边缘的冷家溪群中，矿化类型主要为石英脉型和破碎蚀变岩型，并与区域性韧性剪切等大型变形构造息息相关，常常伴有钨、锑、铅、锌矿化。所有这些金矿床和矿化点均沿三条近东西向区域规模的韧性逆冲剪切带（即慈利-临湘、仙池界-连云山、安化-浏阳韧性推覆剪切带）及其两侧分布（Xu et al.，2017a）；而绝大多数金矿脉的走向呈近东西向或 NWW 向，并表现较强的脆-韧性变形特征，且变形越强的矿石金品位越高。典型的如大万金矿、黄金洞金矿等。

与以金成矿作用为主的热液成矿系统相比，以铜-钴-铅锌为主的热液成矿系统主要产于 NNE 向长沙-平江（简称长平）深大断裂下盘破碎的冷家溪群和泥盆系内，矿石类型以蚀变角砾岩型为主，常伴有金、铅、锌矿化，矿体走向与长平深大断裂一致。这类成矿系统与燕山晚期花岗岩（如连云山岩体）密切相关，矿体常常过渡到混合岩化花岗岩、花岗岩，蚀变强烈，以硅化为主，典型的如井冲、横洞矿床。

然而，关于上述两类成矿系统的成因机理尚有待深入研究；对这两类成矿系统间的成因联系也未进行过系统分析，尤其是在成矿背景、成矿次序、成矿物质和流体的起源上等，是否存在必然的联系，是建立区域成矿模式和找矿勘查模型的关键。此外，随着找矿勘查的深入，湘东北地区目前还发现了与燕山期花岗岩-伟晶岩有关的大型-超大型铌钽矿床（刘翔等，2018，2019），以及一批锂矿化点、钨矿化点等，这些战略性稀有金属成矿系统与以金为主的热液成矿系统、以铜-钴为主的热液成矿系统存在什么样的成因联系和时空关系，也尚未有过相关的研究。

1.4.4　深部资源成矿潜力

湘东北地区是华南典型的“盆-岭”构造亚省，是在华南多期造山运动的基础上，于晚中生代以来的伸展作用背景下因地壳隆升和沉降而形成。在这种复杂的构造演变环境中，块断作用强烈，地壳隆升和沉积活跃，先期形成的矿床可能被抬升剥蚀或者被年轻沉积物特别是白垩系沉积盆地埋藏，给开展金（多金属）矿产找矿潜力评价和找矿勘查带来了一定难度，因此特别需要采用深部探测关键技术手段。

当前国内外矿山找矿重点已转向矿区深部（500m 以深）和外围隐伏区，并在成矿预测理论，如成矿系列理论、成矿系统理论、矿田构造找矿理论、相似类比预测理论、地质异常预测理论、地球化学块体预测理论、综合信息成矿预测理论等，以及深部探测技术方法，如大深度地球物理［瞬变电磁法（TEM）、可控源音频大地电磁法（CSAMT）、金属矿地震勘探法和井中物探方法］、深穿透地球化学、高分辨率航卫遥感和大深度钻探等，取得重要研究进展和广泛应用。但相对地表矿和浅部矿，深部和隐伏区找矿存在的困难，如：如何确定控制深部矿空间定位的关键因素、如何揭示深部矿的成矿规律以及采用何种有效的探测技术以识别深部成矿地质体（地层、构造、岩体）和矿体等，仍制约着深部矿、隐伏矿的定位预测与勘查评价的突破。因此，加强深部矿成矿理论和成矿模式的深入研究，探索深部矿探测新技术新方法的应用，合理构建深部矿综合找矿勘查模型，是发现深部矿、隐伏矿的有效途径，对揭露湘东北地区深部或隐伏金（多金属）矿床或发现新的矿种将具有重大实际意义。

鉴于湘东北地区在金（多金属）矿床成因上所存在的显著分歧，我们认为，有必要集成以往大量科研与找矿勘查和矿山开发成果，在现代成矿理论（如大陆成矿学理论、与岩浆岩有关的成矿理论、成矿系列理论、成矿系统理论等）指导下，应用现代测试分析技术手段，在系统研究典型矿床地质特征和成矿地质与地球动力学背景基础上，重新审视湘东北地区金（多金属）大规模成矿作用特征及其与（剪切）构造变形和加里东期以来大规模陆内花岗质岩浆作用的关系，以正确理解成矿作用过程与富集机理，深化成矿规律认识，并合理建立典型矿床的成矿模式与找矿预测模型；在此基础上，结合地球物理和地球化学等探测成果，开展深部和隐伏区矿体找矿预测，为实现地质找矿新突破提供科学依据。该项研究对查清江南古陆不同类型金（多金属）矿床成矿系统的组成与发育特征、开展找矿预测还将起到示范和引领作用。

参考文献

陈国达．1956．中国地台“活化区”的实例并着重讨论“华夏古陆”问题．地质学报，36（3）：239-271．

陈国达．1960．地洼区的特征和性质及其与所谓“准地台”的比较．地质学报，40（2）：167-186．

陈国达，杨心宜，梁新权．2002．关于活化区动力学研究的几个问题．地质科学，37（3）：320-331．

陈国华，万浩章，舒良树，等．2012．江西景德镇朱溪铜钨多金属矿床地质特征与控矿条件分析．岩石学报，28（12）：3901-3914．

陈好寿，徐步台．1996．浙江主要金银矿床的成矿时代．科学通报，41（12）：1107-1110．

陈衍景．1998．影响碰撞造山成岩成矿模式的因素及其机制．地学前缘，（S1）：112-121．

陈衍景．2006．造山型矿床、成矿模式及找矿潜力．中国地质，33（6）：1181-1196．

陈衍景．2010a．初论浅成作用和热液矿床成因分类．地学前缘，17（2）：27-34．

陈衍景．2010b．秦岭印支期构造背景、岩浆活动及成矿作用．中国地质，37（4）：854-865．

陈衍景．2013．大陆碰撞成矿理论的创建及应用．岩石学报，29（1）：1-17．

陈衍景，富士谷．1992．豫西金矿成矿规律．北京：地震出版社．

陈衍景，胡受奚，傅成义，等．1990．中国北方孔达岩系与金矿集中区的分布关系及新金矿集中区预测．黄金地质科技，23（1）：17-22．

陈衍景，张静，张复新，等．2004．西秦岭地区卡林-类卡林型金矿床及其成矿时间、构造背景和模式．地质论评，50（2）：134-152．

陈衍景，李诺，邓小华，等．2020．秦岭造山带钼矿床成矿规律．北京：科学出版社．

陈衍景，倪培，范宏瑞，等．2007．不同类型热液金矿系统的流体包裹体特征．岩石学报，23（9）：2085-2108．

董国军，许德如，王力．2008．湘东地区金矿床矿化年龄的测定及含矿流体来源的示踪——兼论矿床成因类型．大地构造与成矿学，32（4）：482-491．

董树文，张岳桥，龙长兴，等．2007．中国侏罗纪构造变革与燕山运动新诠释．地质学报，81（11）：1449-1461．

符巩固，许德如，陈广浩，等．2002．湘东北地区金成矿地质特征及找矿新进展．大地构造与成矿学，26（4）：416-422．

傅昭仁，李紫金，郑大瑜．1999．湘赣边区NNE向走滑造山带构造发展样式．地学前缘，6（4）：263-272．

顾雪祥，Oskar S，Franz V，等．2003．湖南沃溪钨-锑-金矿床的矿石组构学特征及其成因意义．矿床地质，22（2）：107-120．

郭飞，王智琳，许德如，等．2018．湘东北地区栗山铅锌铜多金属矿床的成因探讨：来自矿床地质、矿物学和硫同位素的证据．南京大学学报（自然科学），54（2）：366-385．

郭令智．1986．大陆边缘地质学研究的新动向．地球，（2）：2-3．

贺转利，许德如，陈广浩，等．2004．湘东北燕山期陆内碰撞造山带金多金属成矿地球化学．矿床地质，23（1）：39-51．

胡瑞英，郭士伦．1995．裂变径迹法在金矿研究中的应用．地球化学，24（2）：188-192．

胡正华，楼法生，李永明，等．2018．江西武宁县东坪钨矿床中与成矿有关的岩浆岩年代学、地球化学及岩石成因．地球科学，43（S1）：243-263．

湖南省地质矿产局．1988．湖南区域地质志．北京：地质出版社．

华仁民，毛景文．1999．试论中国东部中生代成矿大爆发．矿床地质，18（4）：300-308．

黄诚，樊光明，姜高磊，等．2012．湘东北雁林寺金矿构造控矿特征及金成矿ESR测年．大地构造与成矿学，36（1）：76-84．

黄汲清．1954．中国主要地质构造单位．北京：地质出版社．

江西省地质矿产局．1988．江西区域地质志．北京：地质出版社．

蒋志．1995．矿床效益估计的理论和方法．北京：地质出版社．

李华芹，王登红，陈富文，等．2008．湖南雪峰山地区铲子坪和大坪金矿成矿作用年代学研究．地质学报，82（7）：900-905．

李吉明，李永明，楼法生，等．2016．赣北发现“五层楼”式石英脉型黑钨矿矿床——东坪黑钨矿矿床的发现及其地质意义. 地球学报，37（3）：379-384.
李鹏春，许德如，陈广浩，等. 2005. 湘东北金井地区花岗岩成因及地球动力学暗示：岩石学、地球化学和 Sr-Nd 同位素制约. 岩石学报，21（3）：921-934.
李晓峰，王春增，易先奎，等. 2007. 德兴金山金矿田不同尺度构造特征及其与成矿作用的关系. 地质论评，53（6）：774-782，868-870.
刘继顺. 1993. 关于雪峰山一带金成矿区的成矿时代. 黄金，14（7）：7-12.
刘亮明，彭省临，吴延之. 1997. 湘东北地区脉型金矿床成矿构造特征及构造成矿机制. 大地构造与成矿学，21（3）：197-204.
刘亮明，彭省临，吴延之. 1999. 湘东北地区脉型金矿床的活化转移. 中南大学学报：自然科学版，30（1）：4-7.
刘翔，周芳春，黄志飚，等. 2018. 湖南平江县仁里超大型伟晶岩型铌钽多金属矿床的发现及其意义. 大地构造与成矿学，42（2）：235-243.
刘翔，周芳春，李鹏，等. 2019. 湖南仁里稀有金属矿田地质特征、成矿时代及其找矿意义. 矿床地质，38（4）：771-791.
刘英俊，马东升. 1991. 论江南型金矿床的成矿作用地球化学. 桂林理工大学学报，11（2）：130-138.
刘英俊，孙承辕，马东升. 1993. 江南金矿及其成矿地球化学背景. 南京：南京大学出版社.
刘育. 2017. 江南古陆中段长平断裂带造山型金矿成矿模式. 北京：中国地质大学.
柳德荣，吴延之. 1994. 平江万古金矿床地球化学研究. 国土资源导刊，13（2）：83-90.
罗献林. 1988. 论湖南黄金洞金矿床的成因及成矿模式. 桂林冶金地质学院学报，8（8）：225-290.
罗献林. 1990. 论湖南前寒武系金矿床的成矿物质来源. 桂林理工大学学报，10（1）：13-26.
马东升. 1991. 江南元古界层控金矿的地球化学和矿床成因. 南京大学学报（自然科学版），27（4）：753-764.
马东升. 1997. 地壳中大规模流体运移的成矿现象和地球化学示踪——以江南地区中-低温热液矿床的地球化学研究为例. 南京大学学报（自然科学版），33（地质流体专辑）：1-10.
马东升，刘英俊. 1991. 江南金成矿带层控金矿的地球化学特征和成因研究. 中国科学（B 辑），（4）：424-433.
毛景文. 2001. 西秦岭地区造山型与卡林型金矿床. 矿物岩石地球化学通报，20（1）：11-13.
毛景文，李红艳. 1997. 江南古陆某些金矿床成因讨论. 地球化学，26（5）：71-81.
毛景文，王志良. 2000. 中国东部大规模成矿时限及其动力学背景的初步探讨. 矿床地质，19（4）：403-405.
毛景文，李晓峰，李厚民，等. 2005. 中国造山带内生金属矿床类型、特点和成矿过程探讨. 地质学报，79（3）：342-372.
彭渤，陈广浩，Adam P. 2003. 湘西沃溪钨锑金矿床辉锑矿脉矿物学特征及其矿床成因指示. 矿物学报，23（1）：82-90.
彭建堂，戴塔根. 1998. 雪峰地区金成矿时代问题的探讨. 地质与勘探，34（4）：37-41.
彭建堂，戴塔根，胡瑞忠. 1999. 湘西南金矿床成矿物质来源的地球化学证据. 矿物学报，19（3）：327-334.
祁进平，陈衍景，倪培，等. 2007. 河南冷水北沟铅锌银矿床流体包裹体研究及矿床成因. 岩石学报，23（9）：2119-2130.
任纪舜. 1990. 论中国南部的大地构造. 地质学报，（4）：275-288.
舒良树. 2006. 华南前泥盆纪构造演化：从华夏地块到加里东期造山带. 高校地质学报，12（4）：418-431.
涂光炽，李朝阳. 2006. 浅谈比较矿床学. 地球化学，35（1）：1-5.
万嘉敏. 1986. 湘西西安白钨矿矿床的地球化学研究. 地球化学，（2）：183-192.
王海华，陈衍景，高秀丽. 2001. 河南康山金矿同位素地球化学及其对成岩成矿及流体作用模式的印证. 矿床地质，20（2）：190-198.
王加昇，温汉捷，李超，等. 2011. 黔东南石英脉型金矿毒砂 Re-Os 同位素定年及其地质意义. 地质学报，85（6）：955-964.
王秀璋，梁华英，单强，等. 1999. 金山金矿成矿年龄测定及华南加里东成金期的讨论. 地质论评，45（1）：19-25.
王智琳，许德如，Monika A K，等. 2015. 海南石碌铁矿独居石的成因类型，化学定年及地质意义. 岩石学报，31（1）：200-216.
文志林，邓腾，董国军，等. 2016. 湘东北万古金矿床控矿构造特征与控矿规律研究. 大地构造与成矿学，40（2）：281-294.
吴浩若. 2003. 晚古生代—三叠纪南盘江海的构造古地理问题. 古地理学报，5（1）：63-76.
项新葵，尹青青，孙克克，等. 2015. 江南古陆中段大湖塘同构造花岗斑岩的成因——锆石 U-Pb 年代学、地球化学和 Nd-Hf 同位素制约. 岩石矿物学杂志，34（5）：3-22.
许德如，马驰，陈广浩，等. 2006a. 湘东地区金矿床矿化年龄的测定及同位素地球化学示踪//陈毓川，毛景文，薛春纪. 第八届全国矿床会议论文集. 北京：地质出版社：616-623.

许德如，陈广浩，夏斌，等. 2006b. 湘东地区板杉铺加里东期埃达克质花岗闪长岩的成因及地质意义. 高校地质学报，12（4）:507-521.

许德如，王力，李鹏春，等. 2009. 湘东北地区连云山花岗岩的成因及地球动力学暗示. 岩石学报，25（5）：1056-1078.

许德如，邹凤辉，宁钧陶，等. 2017. 湘东北地区地质构造演化与成矿响应探讨. 岩石学报，33（3）：695-715.

许德如，叶挺威，王智琳，等. 2019. 成矿作用的空间分布不均匀性及其控制因素探讨. 大地构造与成矿学，43（3）：368-388.

鄢明才，王春书，迟清华，等. 1990. 岩石和疏松沉积物中金丰度值的初步研究. 地球化学，（2）：144-152.

杨志明，侯增谦，周利敏，等. 2020. 中国斑岩铜矿床中的主要关键矿产. 科学通报，65（33）：3653-3664.

叶有钟，叶桂顺，赵关连，等. 1993. 浙江诸暨璜山地区金（银）矿成矿时代探讨. 浙江国土资源，（2）：12-16.

张国伟，郭安林，王岳军，等. 2013. 中国华南大陆构造与问题. 中国科学（D辑），43（10）：1553-1582.

张龙升，彭建堂，胡阿香，等. 2014. 湘西大溶溪钨矿床中辉钼矿 Re-Os 同位素定年及其地质意义. 矿床地质，33（1）：181-189.

张文钊，卿敏，牛翠祎，等. 2014. 中国金矿床类型、时空分布规律及找矿方向概述. 矿物岩石地球化学通报，33（5）：721-732.

张振儒，李健炎，黄曙灿. 1978. 湖南桃源沃溪金、锑、钨矿床金的赋存状态. 中南大学学报（自然科学版），（1）：61-74.

周洁. 2013. 江南古陆东段含钨花岗岩成因研究. 南京：南京大学.

Abzalov M Z. 1999. Gold deposits of the Russian North East（The Northern Circum Pacific）：metallogenic overview. Australia：The Australasian Institute of Mining and Metallurgy.

Akande S O. 1985. Coexisting precious metals，sulfo salts and sulfide minerals in the Ross gold mine，Holtyre，Ontario. The Canadian Mineralogist，23（1）：95-98.

Andrews S J. 1998. Stratigraphy and depositional setting of the upper McNamara Group，Lawn Hill region. Economic Geology，93：1132-1152.

Ansdell K M，Nesbitt B E，Longstaffe F J. 1989. A fluid inclusion and stable-isotope study of the Tom Ba-Pb-Zn deposit，Yukon Territory，Canada. Economic Geology，84（4）：841-856.

Arehart G B，Chakurian A M，Tretbar D R. 2003a. Evaluation of radioisotope dating of Carlin-type deposits in the Great Basin，western North America，and implications for deposit genesis. Economic Geology and the Bulletin of the Society of Economic Geologists，98（2）：235-248.

Arehart G B，Coolbaugh M F，Poulson S R. 2003b. Evidence for a magmatic source of heat for the Steamboat Springs geothermal system using trace elements and gas geochemistry. Transactions Geothermal Resources Council，27：269-274.

Armstrong R L. 1981. Radiogenic isotopes：the case for crustal recycling on a near-steady-state no-continental-growth Earth. Philosophical Transactions of the Royal Society of London：Series A，Mathematical and Physical Science，301（1461）：443-472.

Armstrong R L，Hollister V F，Harakel J E. 1978. K-Ar dates for mineralization in the White Cloud-Cannivan porphyry molybdenum belt of Idaho and Montana. Economic Geology，73（1）：94-96.

Arribas A. 1995. Characteristics of high-sulfidation epithermal deposits，and their relation to magmatic fluid. Mineralogical Association of Canada Short Course，23：419-454.

Arribas A，Hedenquist J W，Itaya T. 1995. Contemporaneous formation of adjacent porphyry and epithermal Cu-Au deposits over 300Ma in northern Luzon，Philippines. Geology，23（4）：337-340.

Badham J P N. 1981. Shale-hosted Pb-Zn deposits：products of exhalation of formation waters// Francis L T. United Kingdom：Institution of Mining and Metallurgy Transactions：90：70-76.

Baker E M，Tullemans F J. 1990. Kidston gold deposit. Geology of the mineral deposits of Australia and Papua New Guinea，2：1461-1465.

Baker R C，Guilbert J M. 1987. Regional structural control of porphyry copper deposits in northern Chile. Abstracts with Programs of 1987 Annual Meeting and Exposition of Geological Society of America，19：578.

Baker T，Lang J R. 2001. Fluid inclusion characteristics of intrusion-related gold mineralization，Tombstone-Tungsten magmatic belt，Yukon Territory，Canada. Mineralium Deposita，36（6）：563-582.

Baker T，Pollard P J，Mustard R，et al. 2005. A comparison of granite-related tin，tungsten and gold-bismuth deposits：implications for exploration. Society of Economic Geologists Discovery，61：5-17.

Baker T, Ebert S, Rombach C, et al. 2006. Chemical compositions of fluid inclusions in intrusion-related gold systems, Alaska and Yukon, using PIXE microanalysis. Economic Geology, 101 (2): 311-327.

Bakke A A. 1995. The Fort Knox 'porphyry' gold deposit-Structurally controlled stockwork and shear quartz vein, sulphide-poor mineralization hosted by a Late Cretaceous pluton, east-central Alaska// Schroeter T G. Porphyry Deposits of the Northwestern Cordillera of North America. Canada: Canada Institute of Mining and Metal Special paper.

Barton M D, Hanson R B. 1989. Magmatism and the development of low-pressure metamorphic belts: implications from the western United States and thermal modeling. Geological Society of America Bulletin, 101 (8): 1051-1065.

Barton M D, Johnson D A. 1996. Evaporitic-source model for igneous-related Fe oxide-(REE-Cu-Au-U) mineralization. Geology, 24 (3): 259-262.

Barton M D, Johnson D A. 2004. Footprints of Fe-oxide (-Cu-Au) systems. University of Western Australia Special Publication, 33: 112-116.

Barton M D, Ilchik R P, Marikos MA. 1991. Metasomatism. Reviews in Mineralogy, 26: 321-350.

Beakhouse G P, Lin S, Kamo S L. 2011. Magmatic and tectonic emplacement of the Pukaskwa batholith, Superior Province, Ontario, Canada. Canadian Journal of Earth Sciences, 48 (2): 187-204.

Berger B R, Eimon P L. 1983. Conceptual models of epithermal precious metal deposits//Shanlrs W C. Cameron Volume on Unconventional Mineral Deposits. New York: EUA, Society of Mining Engineers.

Betsi T B, Lentz D, Chiaradia M, et al. 2013. Genesis of the Au-Bi-Cu-As, Cu-Mo±W, and base-metal Au-Ag mineralization at the Mountain Freegold (Yukon, Canada): constraints from Ar-Ar and Re-Os geochronology and Pb and stable isotope compositions. Miner Deposita, 48: 991-1017.

Betts P G, Giles D, Lister G S. 2003. Tectonic environment of shale-hosted massive sulfide Pb-Zn-Ag deposits of Proterozoic northeastern Australia. Economic Geology, 98 (3): 557-576.

Bielicki K H, Tischendorf G. 1991. Lead isotope and Pb-Pb model age determinations of ores from Central Europe and their metallogenetic interpretation. Contributions to Mineralogy and Petrology, 106 (4): 440-461.

Bird P. 1984. Laramide crustal thickening event in the Rocky Mountain foreland and Great Plains. Tectonics, 3 (7): 741-758.

Blevin P L. 2004. Redox and compositional parameters for interpreting the granitoid metallogeny of eastern Australia: implications for gold-rich ore systems. Resource Geology, 54 (3): 241-252.

Blevin P L, Chappell B W. 1992. The role of magma sources, oxidation states and fractionation in determining the granite metallogeny of eastern Australia. Transactions of the Royal Society of Edinburgh: Earth Sciences, 83 (1-2): 305-316.

Blevin P L, Chappell B W, Allen C M. 1996. Intrusive metallogenic provinces in eastern Australia based on granite source and composition. Transactions of the Royal Society of Edinburgh: Earth Sciences, 87 (1): 281-290.

Böhlke J K. 1982. Orogenic (metamorphic-hosted) gold-quartz veins//Jeffrey W H, John F H T, Richard J G, et al. US Geological Survey Open-File Report. Economic Geology, 795: 70-76.

Böhlke J K. 1989. Comparison of metasomatic reactions between a common CO_2-rich vein fluid and diverse wallrocks: intensive variables, mass transfers, and Au mineralization at Alleghany, California. Economic Geology, 84 (2): 291-327.

Boiron M C, Cathelineau M, Banks D A, et al. 2003. Mixing of metamorphic and surficial fluids during the uplift of the Hercynian upper crust: consequences for gold deposition. Chemical Geology, 194 (1-3): 119-141.

Bonatti E, Harrison C G A, Fisher D E. 1977. Easter volcanic chain (Southeast Pacific): a mantle hot line. Journal of Geophysical Research, 82 (17): 2457-2478.

Bouchot V, Ledru P, Lerouge C, et al. 2005. Late Variscan mineralizing systems related to orogenic processes: the French Massif Central. Ore Geology Reviews, 27: 169-197.

Braisier M D, Lindsay J F. 1998. A billion years of environmental stability and emergence of eukaryotes, new data from northern Australia. Geology, 26: 555-558.

Bresser H A. 1992. Origin of base metal vein mineralisation in the Lawn Hill mineral field, North-Western Queensland. Queensland: James Cook University of North Queensland.

Broadbent G C, Myers R E, Wright J V. 1998. Geology and origin of shale-hosted Zn-Pb-Ag mineralization at the Century deposit, northwest Queensland, Australia. Economic Geology, 93 (8): 1264-1294.

Broadbent G C, Andrews S J, Kelso I J. 2002. A decade of new ideas: geology and exploration history of the Century Zn-Pb-Ag deposits, northeastern Queensland, Australia. Society of Economic Geologists Special Publications, 9: 119-140.

Brown K L, Simmons S F. 2003. Precious metals in high-temperature geothermal systems in New Zealand. Geothermics, 32 (4-6): 619-625.

Burchfiel B C, Cowan D S, Davis G A. 1992. Tectonic overview of the Cordilleran orogen in the western United States. Geology of North America, G-3.

Burnham C W. 1962. Facies and type of hydrothermal alteration. Economic Geology, 57: 768-784.

Burnham C W. 1997. Magmas and Hydrothermal Fluids//Barnes H L. Geochemistry of Hydrothermal Ore Deposits (3rd ed). New York: John Wiley and Sons.

Burshtein E F. 1996. Genetic types of granite-related mineral deposits and regular patterns of their distribution in central Kazakhstan//Shatov V, Seltmann R, Kremenetsky A, et al. Granite-related Ore Deposits of Central Kazakhstan and Adjacent Areas. St. Petersburg: Glagol Publishing House, 83-91.

Campbell I H, Compston D M, Richards J P. 1998. Review of the application of isotopic studies to the genesis of Cu-Au mineralization at Olympic Dam and Au mineralization at Porgera, Tennant Creek district and Yilgarn Craton. Australian Journal of Earth Sciences, 45 (2): 201-218.

Candela P A, Piccoli P M. 2005. Magmatic Processes in the Development of Porphyry-Type Ore Systems. Economic Geology, 100: 25-38.

Cao K, Yang Z M, Mavrogenes J, et al. 2019. Geology and genesis of the giant Pulang porphyry Cu-Au district, Yunnan, southwest China. Economic Geology, 114: 275-301.

Carmichael I S E. 1991. The redox states of basic and silicic magmas: a reflection of their source regions? Contributions to Mineralogy and Petrology, 106 (2): 129-141.

Carne R C, Cathro R J. 1982. Sedimentary exhalative (sedex) zinc-lead-silver deposits, northern Canadian Cordillera. Canadian Institute of Mining Bulletin, 75 (840): 66-78.

Carten R B, Geraghty E P, Walker B M, et al. 1988. Cyclic development of igneous features and their relationship to high-temperature hydrothermal features in the Henderson porphyry molybdenum deposit, Colorado. Economic Geology, 83 (2): 266-296.

Cepedal A, Fuertes-Fuente M, Martín-Izard A, et al. 2013. An intrusion-related gold deposit (IRGD) in the NW of Spain, the Linares deposit: igneous rocks, veins and related alterations, ore features and fluids involved. Journal of Geochemical Exploration, 124: 101-126.

Chandler F W. 2000. The Belt-Purcell Basin as a low-latitude passive rift: implications for the geological environment of Sullivan type deposits. Geological Association of Canada: Mineral Deposits Division, 82-112.

Chapman L H. 2004. Geology and mineralization styles of the George Fisher Zn-Pb-Ag deposit, Mount Isa, Australia. Economic Geology, 99 (2): 233-255.

Chauvet A, Volland-Tuduri N, Lerouge C, et al. 2012. Geochronological and geochemical characterization of magmatic-hydrothermal events within the Southern Variscan external domain (Cévennes area, France). International Journal of Earth Sciences, 101 (1): 69-86.

Chen C H, Hsieh P S, Lee C Y, et al. 2011. Two episodes of the Indosinian thermal event on the South China Block: constraints from LA-ICPMS U-Pb zircon and electron microprobe monazite ages of the Darongshan S-type granitic suite. Gondwana Research, 19 (4): 1008-1023.

Chen F C, Wang Q F, Li G J, et al. 2015. ^{40}Ar-^{39}Ar chronological and geochemical characteristics of Zhenyuan lamprophyres in Ailaoshan belt, western Yunnan. Acta Petrologica Sinica, 31 (11): 3203-3216.

Chen G H, Shu L S, Shu L M, et al. 2016. Geological characteristics and mineralization setting of the Zhuxi tungsten (copper) polymetallic deposit in the Eastern Jiangnan Orogen. Science in China (Series D: Earth Sciences), 59 (4): 803-823.

Chen Y J, Santosh M. 2014. Triassic tectonics and mineral systems in the Qinling Orogen, central China. Geological Journal, 49 (4-5): 338-358.

Chen Y J, Guo G J, Li X. 1998. Metallogenic geodynamic background of gold deposits in Granite-greenstone terrains of North China Craton. Science in China (Series D: Earth Sciences), 41 (2): 113-120.

Chen Y J, Pirajno F, Yong L, et al. 2004a. Metallogenic time and tectonic setting of the Jiaodong gold province, eastern China. Acta Petrologica Sinica, 20 (4): 907-922.

Chen Y J, Pirajno F, Sui Y H. 2004b. Isotope geochemistry of the Tieluping silver deposit, Henan, China: a case study of orogenic silver deposits and related tectonic setting. Mineralium Deposita, 39: 560-575.

Chen Y J, Pirajno F, Qi J P, et al. 2006. Ore geology, fluid geochemistry and genesis of the Shanggong gold deposit, eastern Qinling Orogen, China. Resource Geology, 56 (2): 99-116.

Chen Y J, Pirajno F, Qi J P. 2008. The Shanggong gold deposit, Eastern Qinling Orogen, China: isotope geochemistry and implications for ore genesis. Journal of Asian Earth Sciences, 33 (3-4): 252-266.

Cline J S. 2001. Timing of gold and arsenic sulfide mineral deposition at the Getchell Carlin-type gold deposit, North-Central Nevada. Economic Geology, 96 (1): 75-89.

Cline J S, Hofstra A A. 2000. Ore- fluid evolution at the Getchell Carlin- type gold deposit, Nevada, USA. European Journal of Mineralogy, 12 (1): 195-212.

Cline J S, Hofstra A H, Muntean J L, et al. 2005. Carlin- type gold deposits in Nevada: critical geologic characteristics and viable models. Economic Geology: 100th Anniversary volume: 451-484.

Cooke D R, Davies A G S. 2000. Phreatic explosions, breccia deposits and gold mineralisation in low sulfidation epithermal environments. Geological Society of Australia, 59 (1): 95.

Cooke D R, House M, Smith S. et al. 2000a. Oxidised magmas, oxidised fluids and their controls on alteration assemblages and metal distribution in the porphyry Cu- Au deposits of Goonumbla, NSW, Australia. Geological Society of America Annual Meeting, 32 (7): 113.

Cooke D R, Bull S W, Large R R. 2000b. The importance of oxidized brines for the formation of Australian Proterozoic stratiform sediment-hosted Pb-Zn (SEDEX) deposits. Economic Geology, 95 (1): 1-8.

Cooke D R, Hollings P, Walshe J L. 2005. Giant porphyry deposits: characteristics, distribution, and tectonic controls. Economic Geology, 100: 801-818.

Corbett G J. 2002a. Epithermal gold for explorationists. American International Group News, 67: 1-8.

Corbett G J. 2002b. Structural controls to Porphyry Cu-Au and Epithermal Au-Ag deposits. Applied Structural Geology for Mineral Exploration, Australian Institute of Geoscientists Bulletin, 36: 32-35.

Corbett G J, Leach T M. 1998. Controls on hydrothermal alteration and mineralization, Southwest Pacific Rim gold-copper systems: structure, alteration, and mineralization. Society of Economic Geologist, Special Publication, 6: 69-82.

Davidson G J, Large R D. 1998. Proterozoic copper- gold deposits. AGSO Journal of Australian Geology and Geophysics, 17 (4): 105-114.

Davidson S C, Banfield A F. 1944. Geology of the Beattie gold mine, Duparquet, Quebec. Economic Geology, 39 (8): 535-556.

De Boorder H D. 2012. Spatial and temporal distribution of the orogenic gold deposits in the Late Palaeozoic Variscides and Southern Tianshan: How orogenic are they? Ore Geology Reviews, 46: 1-31.

De Boorder H D, Spakman W, White S H, et al. 1998. Late Cenozoic mineralization, orogenic collapse and slab detachment in the European Alpine Belt. Earth and Planetary Science Letters, 164 (3-4): 569-575.

DeMets C, Gordon R G, Argus D F, et al. 1994. Effect of recent revisions to the geomagnetic reversal time scale on estimates of current plate motions. Geophysical Research Letters, 21 (20): 2191-2194.

Deng J, Wang Q. 2016. Gold mineralization in China: metallogenic provinces, deposit types and tectonic framework. Gondwana Research, 36: 219-274.

Deng J, Wang C, Bagas L, et al. 2018. Crustal architecture and metallogenesis in the south- eastern North China Craton. Earth-Science Reviews, 182: 251-272.

Deng T, Xu D R, Chi G X, et al. 2017. Geology, geochronology, geochemistry and ore genesis of the Wangu gold deposit in northeastern Hunan Province, Jiangnan Orogen, South China. Ore Geology Reviews, 88: 619-637.

Deng X D, Li J W, Zhao X F, et al. 2016. Re-Os and U-Pb geochronology of the Laochang Pb-Zn-Ag and concealed porphyry Mo mineralization along the Changning- Menglian suture, SW China: implications for ore genesis and porphyry Cu- Mo exploration. Mineralium Deposita, 51 (2): 237-248.

Dickinson W R, Snyder W S. 1978. Plate tectonics of the Laramide orogeny//Matthews I V. Laramide folding associated with Basement Block faulting in the Western United States. Memoir of the Geological Society of America, 151 (3): 355-366.

Dilles J H. 1987. Petrology of the Yerington Batholith, Nevada: evidence for evolution of porphyry copper ore fluids. Economic Geology, 82 (7): 1750-1789.

Dilles J H, Einaudi M T. 1992. Wall- rock alteration and hydrothermal flow paths about the Ann- Mason porphyry copper deposit,

Nevada: a 6 km vertical reconstruction. Economic Geology, 87 (8): 1963-2001.

Dilles J H, Solomon G C, Taylor H P. 1992. Oxygen and hydrogen isotope characteristics of hydrothermal alteration at the Ann-Mason porphyry copper deposit, Yerington, Nevada. Economic Geology, 87 (1): 44-63.

Doebrich J L, Zahony S G, Leavitt J D, et al. 2004. Ad Duwayhi, Saudi Arabia: geology and geochronology of a neoproterozoic intrusion-related gold system in the Arabian Shield. Economic Geology, 99: 713-741.

Donnelly T H, Jackson M J. 1988. Sedimentology and geochemistry of a mid- Proterozoic lacustrine unit from northern Australia. Sedimentary Geology, 58 (2-4): 145-169.

Du Bray E A. 1986. Jabal Silsilah tin prospect, Najd region, Kingdom of Saudi Arabia. Journal of African Earth Sciences, 4: 237-247.

Duan S, Xue C, Chi G. et al. 2011. Ore geology, fluid inclusion, and S-and Pb-isotopic constraints on the genesis of the Chitudian Zn-Pb deposit, southern margin of the North China Craton. Resource geology, 61 (3): 224-240.

Dumoulin J A, Harris A G, Blome C D, et al. 2004. Depositional settings, correlation, and age of carboniferous rocks in the western Brooks Range, Alaska. Economic Geology, 99 (7): 1355-1384.

Duuring P, Cassidy K F, Hagemann S G. 2007. Granitoid- associated orogenic, intrusion-related, and porphyry style metal deposits in the Archean Yilgarn Craton, Western Australia. Ore Geology Reviews, 32 (1-2): 157-186.

Edgerton D G. 1997a. Reconstruction of the Red Dog Zn- Pb- Ba orebody, Alaska: implications for the vent environment during the mineralizing event. Canadian Journal of Earth Sciences, 34 (12): 1581-1602.

Edgerton D G. 1997b. Geologic models of sediment- buffered hydrothermal vents: a case study of the Red Dog Zn- Pb- Ag orebody, western Brooks Range, Alaska. Texas: The University of Texas at Austin.

Einaudi M T. 1982. General features and origin of skarns associated with porphyry copper plutons//Titley S R. Advances in Geology of the Porphyry Copper Deposits. Tucson : The University of Arizona Press.

Eldridge C S, Williams N, Walshe J L. 1993. Sulfur isotope variability in sediment- hosted massive sulfide deposits as determined using the ion microprobe SHRIMP: Ⅱ, a study of the H. Y. C. Deposit at McArthur River, Northern Territory, Australia. Economic Geology, 88 (1): 1-26.

Eldursi K, Branquet Y, Guillou-Frottier L, et al. 2009. Numerical investigation of transient hydrothermal processes around intrusions: heat-transfer and fluid-circulation controlled mineralization patterns. Earth and Planetary Science Letters, 288 (1-2): 70-83.

Eldursi K, Branquet Y, Guillou-Frottier L, et al. 2018. Intrusion-related gold deposits: new insights from gravity and hydrothermal integrated 3D modeling applied to the Tighza gold mineralization (Central Morocco) . Journal of African Earth Sciences, 140: 199-211.

Emsbo P, Hofstra A H, Lauha E A, et al. 2003. Origin of high-grade gold ore, source of ore fluid components, and genesis of the meikle and neighboring Carlin-type deposits, Northern Carlin Trend, Nevada. Economic Geology, 98 (6): 1069-1105.

Éric M, Khadija N, Yannick B, et al. 2015. Late-Hercynian intrusion-related gold deposits: an integrated model on the Tighza poly-metallic district, central Morocco. Journal of African Earth Sciences, 107: 65-88.

Essarraj S, Boiron M C, Cathelineau M, et al. 2001. Multistage deformation of Au-quartz veins (Laurieras, French Massif Central): evidence for late gold introduction from microstructural, isotopic and fluid inclusion studies. Tectonophysics, 336 (1): 79-99.

Fayol N, Azevedo C, Bigot L, et al. 2013. Geophysical signature of late Archean gold- bearing intrusions in the Abitibi in their geodynamic setting. Québec mines: 11-14.

Fayol N, Jébrak M, Harris L B. 2016. The magnetic signature of Neoarchean alkaline intrusions and their related gold deposits: significance and exploration implications. Precambrian Research, 283: 13-23.

Feybesse J L, Le Bel L. 1984. Petrographic and structural study of the Bi'r Tawilah Au, W prospects. Saudi Arabian Deputy Ministry for Mineral Resources Open-file Report.

Fletcher I R, Garwin S L, McNaughton N J. 2000. SHRIMP U-Pb dating of Pliocene zircons// Woodhead J D, Hergt J M, Noble W P. Beyond 2000: New Frontiers in Isotope Geoscience, Lorne: NSW 2000 Abstracts and Proceedings.

Fornadel A P, Spry P G, Melfos V, et al. 2011. Is the Palea Kavala Bi-Te-Pb-Sb±Au district, northeastern Greece, an intrusion-related system? Ore Geology Reviews, 39 (3): 119-133.

Forrest K. 1983. Geologic and isotopic studies of the Lik deposit and the surrounding mineral district, De Long Mountains, western Brooks Range, Alaska. Minnesota: University of Minnesota.

Foster B. 1997. Gold Mineralization in Europe: characteristics and tectonic settings. Minerals Industry International, 1038: 24-31.

Fraser R J. 1993. The Lac Troilus gold-copper deposit, northwestern Quebec: a possible Archean porphyry system. Economic geology, 88 (6): 1685-1699.

Frimmel H E. 2001. Geodynamic and paleoclimate setting of the Neoproterozoic Rosh Pinah Zn-Pb province, southwestern Namibia//Piestrzynski. Mineral deposits at the beginning of the 21st century, Proccedings of the Joint Sixth Biennial SGA-SEG Meeting, Krakow, Poland, August 26-29. Lisse: The Nederlands, Swets and Zeitlinger Publishing: 129-132.

Frost B R. 1991. Introduction to oxygen fugacity and its petrologic importance. Reviews in Mineralogy and Geochemistry, 25: 1-9.

Frost B R, Chamberlain K R, Schumacher J C. 2001. Sphene (titanite): phase relations and role as a geochronometer. Chemical geology, 172 (1-2): 131-148.

Gardner H D, Hutcheon I. 1985. Geochemistry, mineralogy, and geology of the Jason Pb-Zn deposits, Macmillan Pass, Yukon, Canada. Economic Geology, 80 (5): 1257-1276.

Geer K A. 1988. Geochemistry of the stratiform zinc-lead-barite mineralization at the Meggen mine, Federal Republic of Germany. Pennsylvania: Pennsylvania State University.

Gilder S A, Gill J, Coe R S, et al. 1996. Isotopic and paleomagnetic constraints on the Mesozoic tectonic evolution of south China. Journal of Geophysical Research: Solid Earth, 101 (B7): 16137-16154.

Gleason J D, Marikos M A, Barton M D, et al. 2000. Neodymium isotopic study of rare earth element sources and mobility in hydrothermal Fe oxide (Fe-P-REE) systems. Geochimica et Cosmochimica Acta, 64 (6): 1059-1068.

Gloaguen E, Chauvet A, Branquet Y, et al. 2003. Relations between Au/Sn-W mineralizations and late Variscan granite: preliminary results from the Schistose domain of Galicia-Trás-os-Montes zone, Spain. Mineral Exploration and Sustainable Development, Athens, Greece, 1: 271-274.

Gloaguen E, Branquet Y, Chauvet A, et al. 2014. Tracing the magmatic/hydrothermal transition in regional low-strain zones: the role of magma dynamics in strain localization at pluton roof, implications for intrusion-related gold deposits. Journal of Structural Geology, 58: 108-121.

Goldfarb R J, Groves D I. 2015. Orogenic gold: common or evolving fluid and metal sources through time. Lithos, 233: 2-26.

Goldfarb R J, Leach D L, Rose S C. 1989. Fluid inclusion geochemistry of gold-bearing quartz veins of the Juneau Gold belt, southeastern Alaska: implications for ore genesis. Economic Geology Monograph, 6: 363-375.

Goldfarb R J, Groves D I, Gardoll S. 2001. Orogenic gold and geologic time: a global synthesis. Ore Geology Reviews, 18 (1-2): 1-75.

Goldfarb R J, Baker T, Dubé B, et al. 2005. Distribution, character and genesis of gold deposits in metamorphic terranes. Economic Geology, 100th Anniversary Volume: 407-450.

Goodfellow W D. 2004. Geology, genesis and exploration of SEDEX deposits, with emphasis on the Selwyn Basin, Canada//Deb M, Goodfellow W D. Sediment hosted lead-zinc sulphide deposits: attributes and models of some major deposits in India, Australia and Canada. New Delhi: Narosa Publishing House: 24-99.

Goodfellow W D, Jonasson I R. 1987. Environment of formation of the Howards Pass (XY) Zn-Pb deposit, Selwyn basin, Yukon. Canadian Institute of Mining and Metallurgy Special Volume, 37: 19-50.

Goodfellow W D, Rhodes D. 1990. Geological setting, geochemistry and origin of the Tim stratiform Zn-Pb-Ag-barite deposits. Geological Survey of Canada Open File, 2169: 177-241.

Goodfellow W D, Jonasson I R, Morganti J M. 1983. Zonation of chalcophile elements about the howard's pass (XY) Zn-Pb deposit, Selwyn Basin, Yukon. Journal of Geochemical Exploration, 19 (1): 503-542.

Goodfellow W D, Lydon J W, Turner R J W. 1993. Geology and genesis of stratiform sediment-hosted (SEDEX) zinc-lead-silver sulphide deposits. Geological Association of Canada Special Paper, 40: 201-251.

Goryachev N A, Edwards A C. 1999. Gold metallogeny of North-East Asia. In PACRIM, 99: 287-302.

Gow P A, Wall V J, Oliver N H S. 1994. Proterozoic iron-oxide (Cu-U-Au-REE) deposits: further evidence of hydrothermal origins. Geology, 22 (7): 633-636.

Griffin W L, Begg G C, O'Reilly S Y. 2013. Continental-root control on the genesis of magmatic ore deposits. Nature Geoscience, 6 (11): 905-910.

Groves D I. 1993. The crustal continuum model for late-Archaean lode-gold deposits of the Yilgarn Block, Western Australia. Mineralium Deposita, 28 (6): 366-374.

Groves D I, Phillips G N. 1987. The genesis and tectonic controls on Archean lode gold deposits of the Western Australian shield: a metamorphic-replacement model. Ore Geology Reviews, 2 (4): 287-322.

Groves D I, Vielreicher N M. 2001. The Phalabowra (Palabora) carbonatite-hosted magnetite-copper sulfide deposit, South Africa: an end-member of the iron-oxide copper-gold-rare earth element deposit group? Mineralium Deposita, 36 (2): 189-194.

Groves D I, Goldfarb R J, Gebre-Mariam M, et al. 1998. Orogenic gold deposits: a proposed classification in the context of their crustal distribution and relationship to other gold deposit types. Ore Geology Reviews, 13 (1-5): 7-27.

Groves D I, Goldfarb R J, Robert F, et al. 2003. Gold deposits in metamorphic belts: overview of current understanding, outstanding problems, future research, and exploration significance. Economic Geology, 98 (1): 1-29.

Gu X X, Liu J M, Zheng M H, et al. 2002. Provenance and tectonic setting of the Proterozoic turbidites in Hunan, South China: geochemical evidence. Journal of Sedimentary Research, 72 (3): 393-407.

Gu X X, Schulz O, Vavtar F, et al. 2007. Rare earth element geochemistry of the Woxi W-Sb-Au deposit, Hunan province, South China. Ore Geology Reviews, 31 (1-4): 319-336.

Gu X X, Zhang Y M, Schulz O, et al. 2012. The Woxi W-Sb-Au deposit in Hunan, South China: an example of Late Proterozoic sedimentary exhalative (SEDEX) mineralization. Journal of Asian Earth Sciences, 57: 54-75.

Guillou-Frottier L, Burov E. 2003. The development and fracturing of plutonic apexes : implications for prophyry more deposits. Earth and Planetary Science Letters, 214 (1-2): 341-356.

Guillou-Frottier L, Burov E B, Milesi J P. 2000. Genetic links between ash-flow calderas and associated ore deposits as revealed by large-scale thermo-mechanical modeling. Journal of Volcanology and Geothermal Research, 102 (3): 339-361.

Gustafson L B. 1978. Some major factors of porphyry copper genesis. Economic Geology, 73 (5): 600-607.

Gustafson L B, Hunt J P. 1975. The porphyry copper deposit at El Salvador, Chile. Economic Geology, 70 (5): 857-912.

Gustafson L B, Williams N. 1981. Sediment-hosted stratiform deposits of copper, lead, and zinc. Economic Geology, 75th Anniversary Volume: 139-178.

Hagemann S, Cassidy K F, Hecht L. et al. 2000. Archean orogenic lode-gold deposits in the Yilgarn Craton: a depositional site analysis. Münchner Geologische Hefte, Reihe A: Allgemeine Geologie, 28: 167-191.

Hall R. 1996. Reconstructing cenozoic SE Asia//Hall R, Blundell D J. Tectonic Evolution of Southeast Asia. Geological Special Publication, 106 (1): 153-184.

Halter W E, Webster J D. 2004. The magmatic to hydrothermal transition and its bearing on ore-forming systems-Preface. Chemical Geology, 210: 1-6.

Hamilton J M, Bishop D T, Morris H C, et al. 1982. Geology of the Sullivan orebody, Kimberley, B. C. , Canada. Geological Association of Canada, Special Paper, 25: 597-665.

Harris M. 1980. Hydrothermal alteration at Salave gold prospect, northwest pain. Transactions of the Institution of Mining and Metallurgy, B89: B5-B15.

Harrison T M, Duncan I, McDougall L. 1985. Diffusion of ^{40}Ar in biotite: temperature, pressure and compositional effects. Geochimica et Cosmochimica Acta, 49: 2261-2468.

Hart C J R. 2005. Classifying, distinguishing and exploring for intrusion-related gold systems. The Gangue, 87 (1): 4-9.

Hart C J R. 2007. Reduced intrusion-related gold systems//Goodfellow W D. Mineral deposits of Canada: A Synthesis of Major Deposit Types, District Metallogeny, the Evolution of Geological Provinces, and Exploration Methods. Geological Association of Canada, Mineral Deposits Division Special Publication, 5: 95-112.

Hart C J R, Goldfarb R J. 2005. Distinguishing intrusion-related from orogenic gold systems. New Zealand Minerals Conference Proceedings, 125-133.

Hart C J R, Goldfarb R J, Qiu Y M, et al. 2002. Gold deposits of the northern margin of the North China Craton: multiple late Paleozoic-Mesozoic mineralizing events. Mineralium Deposita, 37 (3-4): 326-351.

Hart C J R, Goldfarb R J, Lewis L L, et al. 2004a. The northern Cordilleran Mid-Cretaceous plutonic province: ilmenite/magnetite-series granitoids and intrusion-related mineralisation. Resource Geology, 54 (3): 253-280.

Hart C J R, Mair J L, Goldfarb R J, et al. 2004b. Source and redox controls on metallogenic variations in intrusion-related ore systems, Tombstone-Tungsten Belt, Yukon Territory, Canada. Earth and Environmental Science Transactions of the Royal Society of Edinburgh, 95 (1-2): 339-356.

Hauck S A. 1989. Petrogenesis and tectonic setting of middle Proterozoic iron oxide-rich ore deposits: an ore deposit model for Olympic Dam-type mineralization. U. S. Geological Survey Bulletin, B-1932: 4-39.

Hayba D O, Bethke P M, Heald P. 1985. Geologic, mineralogic, and geochemical characteristics of volcanic- hosted epithermal precious- metal deposits. Geology and Geochemistry of Epithermal Systems, 2: 129-167.

Haynes D W. 2000. Iron oxide copper (- gold) deposits: their position in the ore deposit spectrum and modes of origin//Porter T M. Hydrothermal Iron Oxide Copper-Gold and Related Deposits: a Global Perspective. Adelaide: Australian Mineral Foundation: 71-90.

Haynes D W, Cross K C, Bills R T, et al. 1995. Olympic Dam ore genesis: a fluid mixing model. Economic Geology, 90: 281-307.

Heald P, Foley N K, Hayba D O. 1987. Comparative anatomy of volcanic- hosted epithermal deposits; acid- sulfate and adularia- sericite types. Economic Geology, 8 (1): 1-26.

Hedenquist J W. 1995. The ascent of magmatic fluid: discharge versus mineralization. Magmas, Fluids and Ore Deposits: Mineralogical Association of Canada Short Course Series, 23: 263-289.

Hedenquist J W, Izawa E, Arribas A, et al. 1996. Epithermal gold deposits: styles, characteristics, and exploration. Resource Geology Special Publication, 23 (1): 9-13.

Heinhorst J, Lehmann B, Seltmann R. 1996. New geochemical data on granitic rocks of central Kazakhstan//Shatov V, Seltmann R, Kremenetsky A, et al. Granite- related Ore Deposits of Central Kazakhstan and Adjacent Areas. St. Petersburg: Glagol Publishing House: 55-66.

Heinrich C A, Driesner T, Stefánsson A, et al. 2004. Magmatic vapor contraction and the transport of gold from the porphyry environment to epithermal ore deposits. Geology, 32 (9): 761-764.

Helt K M, Williams- Jones A E, Clark J R, et al. 2014. Constraints on the genesis of the Archean oxidized, intrusion- related Canadian Malartic gold deposit, Quebec, Canada. Economic Geology, 109 (3): 713-735.

Henley R W. 1991. Epithermal deposits in volcanic terranes//Foster R P. Gold Metallogeny and Exploration. Glasgow: Blackie: 133-164.

Henley R W, Adams D P M. 1992. Strike- slip fault reactivation as a control on epithermal vein- style gold mineralization. Geology, 20 (5): 443-446.

Hitzman M W, Porter T M. 2000. Iron oxide-Cu- Au deposits: what, where, when, and why. Hydrothermal Iron Oxide Copper- Gold and Related Deposits: a Global Perspective, 1: 9-25.

Hitzman M W, Oreskes N, Einaudi M T. 1992. Geological characteristics and tectonic setting of Proterozoic iron oxide (Cu- U- Au- REE) deposits. Precambrian Research, 58 (S1-4): 241-287.

Hoffman P F. 1991. Did the breakout of Laurentia turn Gondwanaland inside-out? Science, 252 (5011): 1409-1412.

Hofstra A H, Cline J S. 2000. Characteristics and models for carlin- type gold deposits. Gold in 2000, Reviews in Economy Geology, 13: 163-220.

Hofstra A H, Snee L W, Rye R O, et al. 1999. Age constraints on Jerritt Canyon and other carlin- type gold deposits in the Western United States, relationship to mid- Tertiary extension and magmatism. Economic Geology, 94 (6): 769-802.

Hollister V F. 1992. On a proposed plutonic porphyry gold deposit model. Nonrenewable Resources, 1 (4): 293-302.

Hou Z, Pan X, Li Q, et al. 2013. The giant Dexing porphyry Cu- Mo- Au deposit in east China: product of melting of juvenile lower crust in an intracontinental setting. Mineralium Deposita, 48 (8): 1019-1045.

Hou Z Q, Zhang H R, Pan X F, et al. 2011. Porphyry Cu (- Mo- Au) deposits related to melting of thickened mafic lower crust: examples from the eastern Tethyan metallogenic domain. Ore Geology Reviews, 39 (1-2): 21-45.

Hsü K J, Li J L, Chen H H, et al. 1990. Tectonics of South China: key to understanding West Pacific geology. Tectonophysics, 183 (1-4): 9-39.

Hu R Z, Su W C, Bi X W, et al. 2002. Geology and geochemistry of Carlin- type gold deposits in China. Mineralium Deposita, 37 (3-4): 78-392.

Hu S X, Wang H N, Wang D Z. 1998. Geology and Geochemistry of Gold Deposits in East China. Beijing: Science Press.

Hu X, Chen H, Zhao L, et al. 2017. Magnetite geochemistry of the Longqiao and Tieshan Fe- (Cu) deposits in the Middle- Lower Yangtze River Belt: implications for deposit type and ore genesis. Ore Geology Reviews, 89: 822-835.

Hua R, Chen P, Zhang W. et al. 2003. Metallogenic systems related to Mesozoic and Cenozoic granitoids in South China. Science in China (Series D: Earth Sciences), 46 (8): 816-829.

Hunziker J C, Frey M, Clauer N, et al. 1986. The evolution of illite to muscovite: mineralogical and isotopic data from the Glarus Alps, Switzerland. Contributions to Mineralogy and Petrology, 92 (2): 157-180.

Ilchik R P, Barton M D. 1997. An amagmatic origin of carlin-type gold deposits. Economic Geology, 92 (3): 269-288.

Ireland T, Bull S W, Large R R. 2004a. Mass flow sedimentology within the HYC Zn-Pb-Ag deposit, Northern Territory, Australia: evidence for syn-sedimentary ore genesis. Mineralium Deposita, 39 (2): 143-158.

Ireland T, Large R R, McGoldrick P, et al. 2004b. Spatial distribution patterns of sulfur isotopes, nodular carbonate, and ore textures in the McArthur River (HYC) Zn-Pb-Ag deposit, Northern Territory, Australia. Economic Geology, 99 (8): 1687-1709.

Ishihara S. 1977. The magnetite-series and ilmenite-series granitic rocks. Mining geology, 27 (145): 293-305.

Ishihara S, Shunso I. 1981. The granitoid series and mineralization. Economic Geology: 458-484.

Islamov F, Kremenetsky A, Minzer E, et al. 1999. The Kochbulak-Kairagach ore filed, Au, Ag, and Cu deposits of Uzbekistan. Excursion B6 of the Joint SGA-IAGOD Symposium of International Field Conference of IGCP, 373: 91-106.

Izumino Y, Maruoka T, Nakashima K. 2016. Effect of oxidation state on Bi mineral speciation in oxidized and reduced granitoids from the Uetsu region, NE Japan. Mineralium Deposita, 51 (5): 603-618.

Jackson N J. 1986. Mineralization associated with felsic plutonic rocks in the Arabian shield. Journal of African Earth Sciences, 4: 213-228.

James D E, Sacks I S. 1999. Cenozoic formation of the Central Andes: a geophysical perspective// Skinner B J. Geology and Ore Deposits of the Central Andes. Society of Economic Geologists: Special Publish, 7: 1-26.

Jébrak M, Marcoux E. 2015. Geology of Mineral Resources. Mineral Deposits Division of the Geological Association of Canada, 1-668.

Jefferson C W, Kilby D B, Pigage L C, et al. 1983. The Cirque barite-zinc-lead deposits, northeastern British Columbia. Mineralogical Association of Canada Short Course Handbook, 8: 121-140.

Jiang S H, Liang Q L, Bagas L, et al. 2013. Geodynamic setting of the Zijinshan porphyry-epithermal Cu-Au-Mo-Ag ore system, SW Fujian Province, China: constrains from the geochronology and geochemistry of the igneous rocks. Ore Geology Reviews, 53: 287-305.

John D A, Taylor R D. 2016. By-products of porphyry copper and molybdenum deposits: Chapter 7. Review in Economic Geology, 18: 137-164.

Johnson J P, Cross K C. 1995. U-Pb geochronological constraints on the genesis of the Olympic Dam Cu-U-Au-Ag deposit, South Australia. Economic Geology, 90 (5): 1046-1063.

Johnson J P, McCulloch M T. 1995. Sources of mineralising fluids for the Olympic Dam deposit (South Australia): Sm-Nd istopic constraints. Chemical Geology, 121 (1): 177-199.

Johnson R W, Mackenzie D E, Smith I E M. 1978. Delayed partial melting of subduction-modified mantle in papua new guinea. Tectonophysics, 46 (1-2): 197-216.

Jory J. 2002. Stratigraphy and host rock controls of gold deposits of the northern carlin trend. Nevada Bureau of Mines and Geology: 20-34.

Kay S M, Mpodozis C, Coira B. 1999. Neogene magmatism, tectonism, and mineral deposits of the central andes 22° to 33° S latitude//Skinner B. Geology and Ore Deposits of the Central Andes. Sheridan: Sheridan Books.

Kelley K D, Jennings S. 2004. A special issue devoted to barite and Zn-Pb-Ag deposits in the Red Dog district, western Brooks Range, northern Alaska. Economic Geology, 99 (7): 1267-1280.

Kelley K D, Dumoulin J A, Jennings S. 2004a. The Anarraaq Zn-Pb-Ag and barite deposit, northern Alaska: evidence for replacement of carbonate by barite and sulfides. Economic Geology, 99 (7): 1577-1591.

Kelley K D, Leach D L, Johnson C A, et al. 2004b. Textural, compositional, and sulfur isotope variations of sulfide minerals in the Red Dog Zn-Pb-Ag deposits, Brooks Range, Alaska: implications for ore formation. Economic Geology, 99 (7): 1509-1532.

Kerrich R, Goldfarb R, Groves D, et al. 2000. The characteristics, origins, and geodynamic settings of supergiant gold metallogenic provinces. Science in China (Series D: Earth Sciences), 43 (1): 1-68.

Kesler S E, Riciputi L C, Ye Z. 2005. Evidence for a magmatic origin for Carlin-type gold deposits: isotopic composition of sulfur in the Betze-Post-Screamer Deposit, Nevada, USA. Mineralium Deposita, 40 (2): 127-136.

Kirkham R V. 1998. Tectonic and structural features of arc deposits: metallogeny of Volcanic Arcs. British Columbia Geological Survey, B: 1-45.

Kontak D J, Kyser K. 2011. A fluid inclusion and isotopic study of an intrusion-related gold deposit (IRGD) setting in the 380Ma South Mountain Batholith, Nova Scotia, Canada: evidence for multiple fluid reservoirs. Mineralium Deposita, 46 (4): 337-363.

Kontak D J, Smith P M, Kerrich R. 1990. An integrated model for Meguma Group lode gold deposits, Nova Scotia, Canada. Geology, 18 (3): 238-242.

Lambert I B, Scott K M. 1973. Implications of geochemical investigations of sedimentary rocks within and around the McArthur zinc-lead-silver deposit, Northern Territory. Journal of Geochemical Exploration, 2 (4): 307-330.

Land L S, Macpherson G L. 1992. Origin of saline formation waters, Cenozoic section, Gulf of Mexico sedimentary basin. AAPG Bulletin, 76 (9): 1344-1362.

Lang J R, Baker T. 2001. Intrusion-related gold systems: the present level of understanding. Mineralium Deposita, 36 (6): 477-489.

Lang J R, Stanley C R, Thompson J F H, et al. 1995. Na-K-Ca magmatic-hydrothermal alteration in alkali porphyry Cu-Au deposits, British Columbia. Mineralogical Association of Canada Short Course, 23: 339-366.

Lang J R, Baker T, Hart C J R, et al. 2000. An exploration model for intrusion-related gold systems. Society of Economic Geologists Newsletter, 40: 1-15.

Large D E. 1983. Sediment-hosted massive sulphide lead-zinc deposits: an empirical model. Mineralogical Association of Canada Short Course in Sediment-Hosted Stratiform Lead-Zinc Deposits: 1-25.

Large R R, Both R A. 1980. The volcanogenic sulfide ores at Mount Chalmers, eastern Queensland. Economic Geology, 75 (7): 992-1009.

Large R R, McGoldrick P J. 1998. Lithogeochemical halos and geochemical vectors to stratiform sediment hosted Zn-Pb-Ag deposits: 1. Lady Loretta deposit. Journal of Geochemical Exploration, 63: 37-56.

Large R R, Bull S W, Cooke D R, et al. 1998. A genetic model for the HYC Deposit, Australia: based on regional sedimentology, geochemistry, and sulfide-sediment relationships. Economic Geology, 93 (8): 1345-1368.

Large R R, Bull S W, McGoldrick P J. 2000. Lithogeochemical halos and geochemical vectors to stratiform sediment hosted Zn-Pb-Ag deposits. Part 2. HYC deposit, McArthur, Northern Territory. Journal of Geochemical Exploration, 68: 105-126.

Large R R, Bull S W, Winefield P R. 2001. Carbon and oxygen isotope halo in carbonated related to the McArthur River (HYC) Zn-Pb-Ag deposit: implications for sedimentation, ore genesis, and mineral exploration. Economic Geology, 96: 1567-1593.

Large R R, Bull S W, Selley D, et al. 2002. Controls on the formation of giant stratiform sediment-hosted Zn-Pb-Ag deposits: with particular reference to the north Australian Proterozoic. University of Tasmania, Centre for Special Ore Deposit and Exploration (CODES) Studies Publication, 4: 107-149.

Large R R, Bull S W, McGoldrick P J, et al. 2005. Stratiform and strata-bound Zn-Pb-Ag deposits in Proterozoic sedimentary basins, northern Australia. Economic Geology, 100: 931-963.

Large R R, Bull S W, Maslennikov V V. 2011. A carbonaceous sedimentary source-rock model for Carlin-type and orogenic gold deposits. Economic Geology, 106 (3): 331-358.

Lattanzi P. 1999. Epithermal precious metal deposits of Italy—an overview. Mineralium Deposita, 34 (5-6): 630-638.

Lawrence D M, Treloar P J, Rankin A H, et al. 2013a. The geology and mineralogy of the Loulo mining district, Mali, West Africa: evidence for two distinct styles of orogenic gold mineralization. Economic Geology, 108 (2): 199-227.

Lawrence D M, Treloar P J, Rankin A H, et al. 2013b. A fluid inclusion and stable isotope study at the Loulo mining district, Mali, West Africa: implications for multifluid sources in the generation of orogenic gold deposits. Economic Geology, 107: 229-257.

Leach D L, Marsh E, Emsbo P, et al. 2004. Nature of hydrothermal fluids at the shale-hosted red dog Zn-Pb-Ag deposits, Brooks Range, Alaska. Economic Geology, 99 (7): 1449-1480.

Leach D L, Sangster D F, Kelley K D, et al. 2005. Sediment-hosted lead-zinc deposits: a global perspective. Economic Geology, 100 (1): 561-607.

Lee J K W. 2009. Using argon as a temporal tracer of large-scale geologic processes. Chemical Geology, 266 (1-2): 104-112.

Lehmann B, Grabezhev A I. 2000. The Bereznjakovskoje gold trend, southern Urals, Russia. Mineralium Deposita, 35 (4): 388-389.

Lehmann B, Heinhorst J, Hein U. 1999. The Bereznjakovskoje gold trend, southern Urals, Russia. Mineralium Deposita, 34 (3): 241-249.

Leier P V, Ivanov V V, Ratkin V V. 1997. Epithermal gold-silver deposits of northeast Russia: the first ^{40}Ar-^{39}Ar age determinations of the ores. Doklady, 357: 1141-1144.

Leitch C H B, Lydon J W. 2000. Fluid inclusion petrography and microthermometry of the Sullivan deposit and surrounding area. Geological Association of Canada, Mineral Deposits Division: 617-632.

Li B, Jiang S Y. 2017. Genesis of the giant Zijinshan epithermal Cu-Au and Luoboling porphyry Cu-Mo deposits in the Zijinshan ore district, Fujian Province, SE China: a multi-isotope and trace element investigation. Ore Geology Review, 88: 753-767.

Li L, Ni P, Wang G G, et al. 2017. Multi-stage fluid boiling and formation of the giant Fujiawu porphyry Cu-Mo deposit in South China. Ore Geology Reviews, 81: 898-911.

Li N, Chen Y J, Fletcher I R, et al. 2011a. Triassic mineralization with Cretaceous overprint in the Dahu Au-Mo deposit, Xiaoqinling gold province: constraints from SHRIMP monazite U-Th-Pb geochronology. Gondwana Research, 20 (2-3): 543-552.

Li N, Chen Y J, Santosh M, et al. 2011b. The 1.85 Ga Mo mineralization in the Xiong' er Terrane, China: implications for metallogeny associated with assembly of the Columbia supercontinent. Precambrian Research, 186 (1-4): 220-232.

Li X, Sasaki M. 2007. Hydrothermal alteration and mineralization of Middle Jurassic Dexing porphyry Cu-Mo deposit, southeast China. Resource Geology, 57 (4): 409-426.

Li X, Wang C, Hua R, et al. 2010. Fluid origin and structural enhancement during mineralization of the Jinshan orogenic gold deposit, South China. Mineralium Deposita, 45 (6): 583-597.

Li X F, Hua R M, Mao J W, et al. 2003. A study of illite Kübler Indexes and chlorite crystallinities with respect to shear deformation and alteration, Jinshan gold deposit, East China. Resource Geology, 53 (4): 283-292.

Li X H. 1999. U-Pb zircon ages of granites from the southern margin of the Yangtze Block: timing of Neoproterozoic Jinning: orogeny in SE China and implications for Rodinia Assembly. Precambrian Research, 97 (1-2): 43-57.

Li X H. 2000. Cretaceous magmatism and lithospheric extension in Southeast China. Journal of Asian Earth Sciences, 18 (3): 293-305.

Li X H, Li Z X, Li W X, et al. 2006. Initiation of the Indosinian orogeny in South China: evidence for a Permian magmatic arc on Hainan Island. The Journal of Geology, 114: 341-353.

Li Y, Selby D, Li X H, et al. 2018. Multisourced metals enriched by magmatic-hydrothermal fluids in stratabound deposits of the Middle-Lower Yangtze River metallogenic belt, China. Geology, 46 (5): 391-394.

Li Z, Peters S G. 1998. Comparative geology and geochemistry of sedimentary-rock-hosted (Carlin-type) gold deposits in the People's Republic of China and in Nevada, United States of America. Reno: University of Nevada.

Li Z X. 1998. Tectonic history of the major East Asian lithospheric blocks since the mid-Proterozoic—a synthesis. Mantle dynamics and plate interactions in East Asia. Geodynamics, 27: 221-243.

Li Z X, Li X H. 2007. Formation of the 1300-km-wide intracontinental orogen and postorogenic magmatic province in Mesozoic South China: a flat-slab subduction model. Geology, 35 (2): 179-182.

Li Z X, Zhang L H, Powell C M. 1995. South China in Rodinia: part of the missing link between Australia-East Antarctica and Laurentia? . Geology, 23 (5): 407-410.

Li Z X, Li X H, Kinny P D, et al. 1999. The breakup of Rodinia: did it start with a mantle plume beneath South China? Earth and Planetary Science Letters, 173 (3): 171-181.

Li Z X, Li X H, Zhou H W, et al. 2002. Grenvillian continental collision in south China: new SHRIMP U-Pb zircon results and implications for the configuration of Rodinia. Geology, 30 (2): 163-166.

Li Z X, Bogdanova S V, Collins A S, et al. 2008. Assembly, configuration, and break-up history of Rodinia: a synthesis. Precambrian Research, 160 (1-2): 179-210.

Liu J, Dai H, Zhai D, et al. 2015. Geological and geochemical characteristics and formation mechanisms of the Zhaishang Carlin-like type gold deposit, western Qinling Mountains, China. Ore Geology Reviews, 64: 273-298.

Liu Q Q, Shao Y J, Chen M, et al. 2019. Insights into the genesis of orogenic gold deposits from the Zhengchong gold field, northeastern Hunan Province, China. Ore Geology Reviews, 105: 337-355.

Liu X, Fan H R, Santosh M, et al. 2013. Origin of the Yinshan epithermal-porphyry Cu-Au-Pb-Zn-Ag deposit, southeastern China: insights from geochemistry, Sr-Nd and zircon U-Pb-Hf-O isotopes. International Geology Review, 55 (15): 1835-1864.

Liu X, Fan H R, Evans N J, et al. 2014. Cooling and exhumation of the mid-Jurassic porphyry copper systems in Dexing City, Southeastern China: insights from geo-and thermochronology. Mineralium Deposita, 49 (7): 809-819.

Liu X, Fan H R, Hu F F, et al. 2016. Nature and evolution of the ore-forming fluids in the giant Dexing porphyry Cu-Mo-Au deposit, Southeastern China. Journal of Geochemical Exploration, 171: 83-95.

Long K, Luddington S, Du Bray E, et al. 1992. Geology and mineral deposits of the La Joya district, Bolivia. Society of Economic

Geologists Newsletter, 10: 1, 13-16.

Lowell J D, Guilbert J M. 1970. Lateral and vertical alteration- mineralization zoning in porphyry ore deposits. Economic Geology, 65 (4): 373-408.

Lydon J W. 1983. Chemical parameters controlling the origin and deposition of sediment-hosted stratiform lead-zinc deposits. Sediment-hosted stratiform lead-zinc deposits. Mineralogical Association of Canada Short Course Handbook, 9: 175-250.

Lydon J W. 1996. Sedimentary exhalative sulphides (SEDEX) . Geological Survey of Canada, Geology of Canada, 8: 130-152.

Lydon J W. 2004a. Genetic models for Sullivan and other SEDEX deposits//Deb M, Goodfellow W D. Sediment- hosted lead- zinc sulfide deposits: attributes and models of some major deposits in India, Australia, and Canada. New Delhi, India: Narosa Publishing House: 149-190.

Lydon J W. 2004b. Geology of the Belt-Purcell basin and the Sullivan deposit//Deb M, Goodfellow W D. Sediment-hosted lead-zinc sulfide deposits: attributes and models of some major deposits in India, Australia, and Canada. New Delhi, India: Narosa Publishing House: 100-148.

Mair J L. 2000. Structural controls on mineralization at the Scheelite Dome gold prospect. Yukon Exploration and Geology: 165-176.

Mair J L. 2006. Geochemical constraints on the genesis of the Scheelite Dome intrusion- related gold deposit, Tombstone Gold Belt, Yukon, Canada. Economic Geology and the Bulletin of the Society of Economic Geologists, 101 (3): 523-553.

Mair J L, Farmer G L, Groves D I, et al. 2011. Petrogenesis of postcollisional magmatism at scheelite dome, Yukon, Canada: evidence for a lithospheric mantle source for magmas associated with intrusion- related gold systems. Economic Geology and the Bulletin of the Society of Economic Geologists, 106 (3): 451-480.

Mao G Z, Hua, R M, Long G M, et al. 2013b. Rb-Sr dating of pyrite and quartz fluid inclusions and origin of ore-froming materials of Jinshan gold deposit. Acta Geologica Sinica (English edition), 87 (6): 1658-1667.

Mao J, Qiu Y, Goldfarb R J, et al. 2002a. Geology, distribution, and classification of gold deposits in the western Qinling belt, central China. Mineralium Deposita, 37 (3-4): 352-377.

Mao J W, Kerrich R, Li H Y, et al. 2002b. High^{3}He/^{4}He ratios in the Wangu gold deposit, Hunan province, China: implications for mantle fluids along the Tanlu deep fault zone. Geochemical Journal Japan, 36 (3): 197-208.

Mao J, Konopelko D, Seltmann R, et al. 2004. Postcollisional age of the Kumtor gold deposit and timing of Hercynian events in the Tien Shan, Kyrgyzstan. Economic Geology, 99 (8): 1771-1780.

Mao J W, Pirajno F, Cook N. 2011a. Mesozoic metallogeny in East China and corresponding geodynamic settings—an introduction to the special issue. Ore Geology Reviews, 43 (1): 1-7.

Mao J, Zhang J, Pirajno F, et al. 2011b. Porphyry Cu-Au-Mo-epithermal Ag-Pb-Zn-distal hydrothermal Au deposits in the Dexing area, Jiangxi province, East China—a linked ore system. Ore Geology Reviews, 43 (1): 203-216.

Mao J W, Cheng Y B, Chen M H, et al. 2013a. Major types and time-space distribution of Mesozoic ore deposits in South China and their geodynamic settings. Mineralium Deposita, 48 (3): 267-294.

Mark G, Williams P, Ryan G, et al. 2001. Fluid chemistry and ore- forming processes at the Ernest Henry Fe oxide- copper- gold deposit, NW Queensland. Townsville, James Cook University, Economic Geology Research Unit Contribution, 59: 124-125.

Mason R, Melnik N. 1986. The anatomy of an Archean gold system: the McIntyre- Hollinger Complex at Timmins, Ontario, Canada//Macdonald A J, Downes M, Pirie J, et al. Gold '86: An International Symposium on the Geology of Gold Deposits, Toronto, 86: 40-55.

Mathur R, Ruiz J, Munizaga F. 2000. Relationship between copper tonnage of Chilean base-metal porphyry deposits and Os isotope ratios. Geology, 28 (6): 555-558.

Mathur R, Marschik R, Ruiz J, et al. 2002. Age of mineralization of the Candelaria Fe oxide Cu- Au deposit and the origin of the Chilean iron belt, based on Re-Os isotopes. Economic Geology, 97 (1): 59-71.

McCaffrey R. 1996a. Estimates of modern arc-parallel strain rates in fore arcs. Geology, 24 (1): 27-30.

McCaffrey R. 1996b. Slip partitioning at convergent plate boundaries of SE Asia. Geological Society London Special Publications, 106 (1): 3-18.

McCaffrey R, Nabelek J. 1998. Role of oblique convergence in the active deformation of the Himalayas and southern Tibet plateau. Geology, 26 (8): 691-694.

McCoy D. 1997. Plutonic- related gold deposits of interior Alaska. Mineral Deposits of Alaska. Economic Geology Monograph, 9: 191-241.

McCuaig T C, Kerrich R. 1998. P- T- t—deformation—fluid characteristics of lode gold deposits: evidence from alteration systematics. Ore Geology Reviews, 12 (6): 381-453.

McCuaig T C, Kerrich R, Groves D I. 1993. The nature and dimensions of regional and local gold-related hydrothermal alteration in tholeiitic metabasalts in the Norseman Goldfields: the missing link in a crustal continuum of gold deposits. Mineralium Deposita, 28 (6): 420-435.

McDowell F W, McMahon T P, Warren P Q, et al. 1996. Pliocene Cu-Au-bearing igneous intrusions of the Gunung Bijih (Ertsberg) district, Irian Jaya, Indonesia: K-Ar geochronology. The Journal of Geology, 104 (3): 327-340.

McGoldrick P J. 1998. A genetic model for the HYC Deposit, Australia: based on regional sedimentology, geochemistry, and sulfide-sediment relationships. Economic Geology, 93 (8): 1345-1368.

Menant A, Jolivet L, Tuduri J, et al. 2018. 3D subduction dynamics: a first-order parameter of the transition from copper- to gold-rich deposits in the eastern Mediterranean region. Ore Geology Reviews, 94: 118-135.

Metcalfe I. 1996a. Gondwanaland dispersion, Asian accretion and evolution of eastern Tethys. Australian Journal of Earth Sciences, 43 (6): 605-623.

Metcalfe I. 1996b. Pre-Cretaceous evolution of SE Asian terranes. Geological Society, London, Special Publications, 106 (1): 97-122.

Metcalfe I. 2011. Tectonic framework and Phanerozoic evolution of Sundaland. Gondwana Research, 19 (1): 3-21.

Metcalfe I. 2013. Gondwana dispersion and Asian accretion: tectonic and palaeogeographic evolution of eastern Tethys. Journal of Asian Earth Sciences, 66: 1-33.

Meyer C. 1988. Ore deposits as guides to geologic history of the earth. Annual Review of Earth and Planetary Sciences, 16 (1): 147-171.

Meyer C, Hemley J J. 1967. Wall rock alteration//Barnes H L. Geochemistry of hydrothermal ore deposits. New York: Rinehart and Winston: 166-235.

Misra K C. 1999. Understanding mineral deposits. Dordrecht, the Netherlands: Kluwer Academic Publishers: 1-845.

Mitchell A H G. 1996. Distribution and genesis of some epizonal Zn-Pb and Au provinces in the Carpathian-Balkan region. Applied Earth Science, 105: 127-138.

Mitchell A H G, Leach T M. 1991. Epithermal gold in the Philippines: island arc metallogenesis, geothermal systems and geology. London: Academic Press: 457.

Moore D W, Young L E, Modene J S, et al. 1986. Geologic setting and genesis of the Red Dog zinc-lead-silver deposit, western Brooks Range, Alaska. Economic Geology, 81 (7): 1696-1727.

Moralev G V, Shatagin K N. 1999. Rb-Sr study of Au-Ag Shkol'noe deposit (Kurama Mountains, north Tadjikistan): age of mineralization and time scale of hydrothermal processes. Mineralium Deposita, 34 (4): 405-413.

Morávek P, Janatka J, Pertoldová J, et al. 1989. Mokrsko gold deposit—the largest gold deposit in the Bohemian Massif, Czechoslovakia. Economic Geology Monograph, 6: 252-259.

Morelli R, Creaser R A, Seltmann R, et al. 2007. Age and source constraints for the giant Muruntau gold deposit, Uzbekistan, from coupled Re-Os-He isotopes in arsenopyrite. Geology, 35 (9): 795-798.

Mountain B W, Woods S A. 1989. Chemical controls on the solubility, transport and deposition of platinum and palladium in hydrothermal solutions: a thermodynamic approach. Economic Geology, 83 (3): 492-510.

Moura M A, Botelho N F, Olivo G R, et al. 2006. Granite-related Paleoproterozoic, Serrinha gold deposit, Southern Amazonia, Brazil: hydrothermal alteration, fluid inclusion and stable isotope constraints on genesis and evolution. Economic Geology, 101 (3): 585-605.

Muir M D. 1983. Depostional environments of host rocks to northern Australian lead-zinc deposits, with special reference to McArthur River. Minealogical Association of Canada Short Course Handbook, 8: 141-169.

Müller A G, Groves D I. 1991. The classification of Western Australian greenstone-hosted gold deposits according to wall-rock-alteration mineral assemblages. Ore Geology Reviews, 6 (4): 291-331.

Müller D, Forrestal P. 1998. The shoshonite porphyry Cu-Au association at Bajo de la Alumbrera, Catamarca Provine, Argentina. Mineralogy and Petrology, 64 (1) : 47-64.

Müller D, Groves D I. 1993. Direct and indirect associations between potassic igneous rocks, shoshonites and gold-copper deposits. Ore Geology Review, 8 (5): 383-406.

Müller D，Groves D I. 2000. Potassic Igneous Rocks and Associated Gold-Copper Mineralization. Berlin：Springer：1-252.

Muntean J L，Cline J S，Simon A C，et al. 2011. Magmatic- hydrothermal origin of Nevada's Carlin- type gold deposits. Nature Geoscience，4（2）：122-127.

Murphy B J，Oppliger G L，Brimhall Jr G H，et al. 1998. Plume- modified orogeny：an example from the western United States. Geology，26（8）：731-734.

Mustard R. 2001. Granite- hosted gold mineralization at Timbarra，northern New South Wales，Australia. Mineralium Deposita，36（6）：542-562.

Mustard R. 2004. Textural，mineralogical and geochemical variation in the zoned Timbarra Tablelands pluton，New South Wales. Australian Journal of Earth Sciences，51（3）：385-405.

Mustard R，Ulrich T，Kamenetsky V S，et al. 2006. Gold and metal enrichment in natural granitic melts during fractional crystallization. Geology，34（2）：85-88.

Nägler T F，Pettke T，Marshall D. 1995. Initial isotopic heterogeneity and secondary disturbance of the SmNd system in fluorites and fluid inclusions：a study on mesothermal veins from the central and western Swiss Alps. Chemical Geology，125（3-4）：241-248.

Neubauer F，Cloetingh S，Dinu C，et al. 1997. Tectonics of the Alpine-Carpathian-Pannonian region：introduction. Tectonophysics，272（2-4）：1-96.

Ni P，Wang G G，Chen H，et al. 2015. An Early Paleozoic orogenic gold belt along the Jiang-Shao Fault，South China：evidence from fluid inclusions and Rb-Sr dating of quartz in the Huangshan and Pingshui deposits. Journal of Asian Earth Sciences，103：87-102.

Ni Z Y，Chen Y J，Li N，et al. 2012. Pb-Sr-Nd isotope constraints on the fluid source of the Dahu Au-Mo deposit in Qinling Orogen，central China，and implication for Triassic tectonic setting. Ore Geology Reviews，46：60-67.

Nutt C J，Hofstra A H. 2003. Alligator ridge district，east-central nevada：carlin-type gold mineralization at shallow depths. Economic Geology，98（6）：1225-1241.

Nutt C J，Hofstra A H. 2007. Bald mountain gold mining district，nevada：a jurassic reduced intrusion-related gold system. Economic Geology，102（6）：1129-1155.

Oliver N H S，Cleverley J S，Mark G，et al. 2004. Modeling the role of sodic alteration in the genesis of iron oxide-copper-gold deposits，Eastern Mount Isa block，Australia. Economic Geology，99（6）：1145-1176.

Oreskes N，Einaudi M T. 1990. Origin of rare earth element-enriched hematite breccias at the Olympic Dam Cu-U-Au-Ag deposit，Roxby Downs，South Australia. Economic Geology，85（1）：1-28.

Pan X，Hou Z，Li Y，et al. 2017. Dating the giant Zhuxi W-Cu deposit（Taqian-Fuchun Ore Belt）in South China using molybdenite Re-Os and muscovite Ar-Ar system. Ore Geology Reviews，86：719-733.

Pan Y，Dong P. 1999. The Lower Changjiang（Yangzi/Yangtze River）metallogenic belt，east central China：intrusion- and wall rock-hosted Cu-Fe-Au，Mo，Zn，Pb，Ag deposits. Ore Geology Reviews，15（4）：177-242.

Peng B，Frei R. 2004. Nd-Sr-Pb isotopic constraints on metal and fluid sources in W-Sb-Au mineralization at Woxi and Liaojiaping（Western Hunan，China）. Mineralium Deposita，39（3）：313-327.

Peng J，Hu R，Zhao J，et al. 2003. Scheelite Sm- Nd dating and quartz Ar- Ar dating for Woxi Au- Sb- W deposit，western Hunan. Chinese Science Bulletin，48（23）：2640-2646.

Perkins C，Walshe J L，Morrison G. 1995. Metallogenic episodes of the Tasman Fold Belt System，Eastern Australia. Economic Geology，90（6）：1443-1466.

Peters S G. 2004. Syn-deformational features of Carlin-type Au deposits. Journal of Structural Geology，26（6-7）：1007-1023.

Pettke T，Diamond L W. 1995. Rb-Sr isotopic analysis of fluid inclusions in quartz：evaluation of bulk extraction procedures and geochronometer systematics using synthetic fluid inclusions. Geochimica et Cosmochimica Acta，59（19）：4009-4027.

Phillips G N，Powell R. 1993. Link between gold provinces. Economic Geology，88（5）：1084-1098.

Phillips G N，Powell R. 2010. Formation of gold deposits：a metamorphic devolatilization model. Journal of Metamorphic Geology，28（6）：689-718.

Philpotts A R. 1967. Origin of certain iron-titanium oxide and apatite rocks. Economic Geology，62（3）：303-315.

Pilger R H. 1981. Plate reconstructions，aseismic ridges，and low-angle subduction beneath the Andes. Geological Society of America Bulletin，92（7）：448-456.

Pirajno F，Bagas L. 2002. Gold and silver metallogeny of the South China Fold Belt：a consequence of multiple mineralizing events?

Ore Geology Reviews, 20 (3-4): 109-126.

Pirajno F, Zhou T. 2015. Intracontinental porphyry and porphyry-skarn mineral systems in eastern China: scrutiny of a special case "Made-in-China". Economic Geology, 110 (3): 603-629.

Pirajno F, Ernst R E, Borisenko A S, et al. 2009. Intraplate magmatism in Central Asia and China and associated metallogeny. Ore Geology Reviews, 35 (2): 114-136.

Plumb K A, Derrick G M, Wilson I H. 1980. Precambrian geology of the McArthur River—Mount Isa region, northern Australia. The Geology and Geophysics of Northeastern Australia, 71-88.

Pollard P J. 2000. Evidence of a magmatic fluid and metal source for Fe-oxide Cu-Au mineralization//Poter T M. Hydrothermal iron oxide copper-gold and related deposits: a global perspective. Adelaide: Australian Mineral Foundation: 27-41.

Powell R, Will T M, Phillips G N. 1991. Metamorphism in Archaean greenstone belts: calculated fluid compositions and implications for gold mineralization. Journal of Metamorphic Geology, 9 (2): 141-150.

Rak P. 1999. The Relationship Between Gold Deposit Distribution and Major Tectonic Events in Southeast Asia (B. Sc. Honours Thesis). Crawley WA: The University of Western Australia: 98.

Ray G E, Lefebure D V. 2000. A synopsis of iron oxide ± Cu ± Au ± P ± REE deposits of the Candelaria-Kiruna-Olympic Dam family. Geological Fieldwork 1999, 2000-1: 267-272.

Reeve J S. 1990. Olympic Dam copper-uranium-gold-silver deposit. Geology of the mineral deposits of Australia and Papua New Guinea, 1009-1035.

Richards J P, Kerrich R. 1993. The Porgera gold mine, Papua New Guinea: magmatic hydrothermal to epithermal evolution of an alkalic-type precious metal deposit. Economic Geology, 88 (5): 1017-1052.

Richardson A N, Blundell D J. 1996. Continental collision in the Banda arc. Geological Society, London, Special Publications, 106 (1): 47-60.

Ridley J R, Diamond L W. 2000. Fluid chemistry of orogenic lode-gold deposits and implications for genetic models. Reviews in Economic Geology, 13: 141-162.

Robert F. 1997. A preliminary geological model for syenite-associated disseminated gold deposits in the Abitibi belt, Ontario and Quebec. Geological Survey of Canada Paper, Current Research: 201-210.

Robert F. 2001. Syenite-associated disseminated gold deposits in the Abitibi greenstone belt, Canada. Mineralium Deposita, 36 (6): 503-516.

Rodríguez-Terente L M, Martin-Izard A, Arias D, et al. 2018. The Salave Mine, a Variscan intrusion-related gold deposit (IRGD) in the NW of Spain: geological context, hydrothermal alterations and ore features. Journal of Geochemical Exploration, 188: 364-389.

Ropchan J R, Luinstra B, Fowler A D, et al. 2002. Host-rock and structural controls on the nature and timing of gold mineralization at the Holloway Mine, Abitibi Subprovince, Ontario. Economic Geology, 97 (2): 291-309.

Roth E. 1992. The nature and genesis of Archean porphyry-style Cu-Au-Mo mineralization at the Boddington gold mine. Western Australia: University of Western Australia (Perth) for Ph. D. thesis: 1-126.

Roth T, Thompson J F H, Barrett J. 1997. The precious metal-rich Eskay Creek deposits, Northwestern British Columbia. Reviews in Economic Geology, 8: 357-374.

Rowins S M, Groves D I, McNaughton N J, et al. 1997. A reinterpretation of the role of granitoids in the genesis of Neoproterozoic gold mineralization in the Telfer Dome, Western Australia. Economic Geology, 92: 133-160.

Rubin C M, Miller E L, Toro J. 1995. Deformation of the northern circum-Pacific margin: variations in tectonic style and plate tectonic implications. Geology, 23: 10-17.

Rui Z Y. 2001. Advance of the porphyry copper belt of the East Tianshan Mountain, Xinjiang. Chinese Geology, 28: 11-16.

Ryan P J, Lawrence A L, Jenkins R A, et al. 1995. The Candelaria copper-gold deposit, Chile. Arizona Geological Society Digest, 20: 625-645.

Sangster D F. 1990. Mississippi valley-type and SEDEX lead-zinc deposits: a comparative examination. Transactions of the Institution of Mining and Metallurgy (Section B). Applied Earth Science, 99: 21-42.

Sangster D F. 2002. The role of dense brines in the formation of vent-distal sedimentary-exhalative (SEDEX) lead-zinc deposits: field and laboratory evidence. Mineralium Deposita, 37 (2): 149-157.

Sangster D F, Hillary E M. 1998. SEDEX lead-zinc deposits: proposed sub-types and their characteristics. Exploration and Mining

Geology, 7 (4): 341-357.

Sasso A M, Clark A H. 1998. The Farallón Negro Group, northwest Argentina: magmatic, hydrothermal and tectonic evolution and implications for Cu-Au metallogeny in the Andean back-arc. Society of Economic Geology Newsletter, 34 (1): 8-18.

Seedorff E. 1988. Cyclic development of hydrothermal mineral assemblages related to multiple intrusions at the Henderson porphyry molybdenum deposit, Colorado. Canadian Institute of Mining and Metallurgy Special Publication, 39: 367-393.

Seedorff E, Dilles J H, Proffett J M, et al. 2005. Porphyry deposits: characteristics and origin of hypogene features. Economic Geology (100th Anniversary Volume): 251-298.

Serykh V I. 1996. Granitic rocks of central Kazakhstan// Shatov V, Seltmann R, Kremenetsky A, et al. Granite-Related Ore Deposits of Central Kazakhstan and Adjacent Areas. St. Petersburg: Glagol Publishing House: 25-54.

Shanks W C, Woodruff L G, Jilson G A, et al. 1987. Sulfur and lead isotope studies of stratiform Zn-Pb-Ag deposits, Anvil Range, Yukon: basinal brine exhalation and anoxic bottom-water mixing. Economic Geology, 82: 600-634.

Sherlock R L, Roth T, Spooner E T C. 1999. Origin of the Eskay Creek precious metal-rich volcanogenic massive sulfide deposit: fluid inclusion and stable isotope evidence. Economic Geology, 94.

Shu L, Faure M, Wang B, et al. 2008. Late Palaeozoic-Early Mesozoic geological features of South China: response to the Indosinian collision events in Southeast Asia. Comptes Rendus Geoscience, 340 (2-3): 151-165.

Shu L S, Wang B, Cawood P A, et al. 2015. Early Paleozoic and early Mesozoic intraplate tectonic and magmatic events in the Cathaysia Block, South China. Tectonics, 34: 1600-1621.

Sillitoe R H. 1974. Tectonic segmentation of the Andes: implications for magmatism and metallogeny. Nature, 250 (5467): 542-545.

Sillitoe R H. 1990. An international congress on the geology, structure, mineralisation, economics and feasibility of mining developments in the Pacific Rim. Including feasibility studies of mines in remote, island, rugged and high rainfall locations: 119-126.

Sillitoe R H. 1991. Intrusion-related gold deposits//Foster R P. Gold Metallogeny and Exploration. Glasgow: Blackie and Son: 165-209.

Sillitoe R H. 1993a. Giant and bonanza gold deposits in the epithermal environment: assessment of potential genetic factors in giant ore deposits. Society of Economic Geologists, 2: 125-156.

Sillitoe R H. 1993b. Gold-rich porphyry copper deposits: geological model and exploration implications. Geological Association of Canada Special Paper, 40: 465-478.

Sillitoe R H. 1995. Proceedings of the sapporo international conference on "Mineral Resources of the NW Pacific Rim" 1994. Journal of Geochemical Exploration, 56 (3): 279.

Sillitoe R H. 1997a. Characteristics and controls of the largest porphyry copper-gold and epithermal gold deposits in the circum-Pacific region. Australian Journal of Earth Sciences, 44 (3): 373-388.

Sillitoe R H. 1997b. Epithermal medels: genetic types, geometrical controls and shallow features. Geological Association of Canada Special Paper, 40: 403-417.

Sillitoe R H. 1999. Styles of high-sulphidation gold, silver and copper mineralization in the porphyry and epithermal environments// Weber G. Pacrim'99 Congress, Bali, Indonesia, 1999. Parkville: Australasian Institute of Mining and Metallurgy: 29-44.

Sillitoe R H. 2000. Gold-rich porphyry deposits: descriptive and genetic models and their role in exploration and discovery. Reviews in Economic Geology, 13: 315-345.

Sillitoe R H. 2010. Porphyry copper systems. Economic Geology, 105 (1): 3-41.

Sillitoe R H, Bonham H F. 1990. Sediment-hosted gold deposits: distal products of magmatic-hydrothermal systems. Geology, 18 (2): 157.

Sillitoe R H, Thompson J F H. 1998. Intrusion-related vein gold deposits: types, tectono-magmatic settings and difficulties of distinction from orogenic gold deposits. Resource Geology, 48 (4): 237-250.

Sillitoe R H, Hedenquist J W. 2003. Linkages between volcanotectonic settings, ore-fluid compositions and epithermal precious metal deposits//Simmons S F, Graham I. Volcanic, Geothermal and Ore-forming Fluids: Rulers and Witnesses of Processes within the Earth. Society of Economic Geologists Special Publications, 10: 315-343.

Sillitoe R H, Hannington M D, Thompson J F H. 1996. High sulfidation deposits in the volcanogenic massive sulfide environment. Economic Geology, 91 (1): 204-212.

Simmons S F, White N C, John D A. 2005. Geological characteristics of epithermal precious and base metal deposits. Economic Geology (100th anniversary volume), 29: 485-522.

Sinclair W D. 1982. Gold deposits of the Matachewan area, Ontario. Canadian Institute of Mining and Metallurgy, 24 (special volume): 83-93.

Skewes M A, Stern C R. 1995. Genesis of the giant late miocene to pliocene copper deposits of central chile in the context of Andean magmatic and tectonic evolution. International Geology Review, 37 (10): 893-909.

Skewes M A, Stern C R. 1995. Miocene to present magmatic evolution at the northern end of the Andean Southern Volcanic Zone, Central Chile. Revista Geolögica De Chile an International Journal on Andean Geology, 22 (2): 261-272.

Skinner B J. 1997. Hydrothermal mineral deposits: what we do and don't know. Geochemistry of Hydrothermal Ore Deposits.

Skirrow R G, Camacho A, Lyons P, et al. 2000. Metallogeny of the southern Sierras Pampeanas, Argentina: geological, ^{40}Ar-^{39}Ar dating and stable isotope evidence for Devonian Au, Ag-Pb-Zn and W ore formation. Ore Geology Reviews, 17 (1-2): 39-81.

Slack J F, Kelley K D, Anderson V M, et al. 2004a. Multistage hydrothermal silicification and Fe-Tl-As-Sb-Ge-REE enrichment in the Red Dog Zn-Pb-Ag district, northern Alaska: geochemistry, origin, and exploration applications. Economic Geology, 99 (7): 1481-1508.

Slack J F, Dumoulin J A, Schmidt J M, et al. 2004b. Paleozoic sedimentary rocks in the Red Dog Zn-Pb-Ag district and vicinity, western Brooks Range, Alaska: provenance, deposition, and metallogenic significance. Economic Geology, 99 (7): 1385-1414.

Solomon M. 1990. Subduction, arc reversal, and the origin of porphyry copper-gold deposits in island arcs. Geology, 18 (7): 630-633.

Solomon M, Groves D. 2000. The Geology and Origin of Australia's Mineral Deposits. Oxford: Oxford University Press.

Spence-Jones C P, Jenkin G R T, Boyce A J, et al. 2018. Tellurium, magmatic fluids and orogenic gold: an early magmatic fluid pulse at Cononish gold deposit, Scotland. Ore Geology Reviews, 102: 894-905.

Stephens J R, Mair J L, Oliver N H S, et al. 2004. Structural and mechanical controls on intrusion-related deposits of the Tombstone Gold Belt, Yukon, Canada, with comparisons to other vein-hosted ore-deposit types. Journal of Structural Geology, 26 (6-7): 1025-1041.

Stüwe K. 1998. Tectonic constraints on the timing relationships of metamorphism, fluid production and gold-bearing quartz vein emplacement. Ore Geology Reviews, 13 (1-5): 219-228.

Su W C, Hu R, Xia B, et al. 2009a. Calcite Sm-Nd isochron age of the Shuiyindong Carlin-type gold deposit, Guizhou, China. Chemical Geology, 258 (3-4): 269-274.

Su W C, Heinrich C A, Pettke T, et al. 2009b. Sediment-hosted gold deposits in Guizhou, China: products of wall-rock sulfidation by deep crustal fluids. Economic Geology, 104 (1): 73-93.

Su W C, Zhang H, Hu R Z, et al. 2012. Mineralogy and geochemistry of gold-bearing arsenian pyrite from the Shuiyindong Carlin-type gold deposit, Guizhou, China: implications for gold depositional processes. Mineralium Deposita, 47 (6): 653-662.

Sui J X, Li J W, Wen G, et al. 2017. The Dewulu reduced Au-Cu skarn deposit in the Xiahe-Hezuo district, West Qinling orogen, China: implications for an intrusion-related gold system. Ore Geology Reviews, 80: 1230-1244.

Sun W, Ding X, Hu Y H, et al. 2007. The golden transformation of the Cretaceous plate subduction in the west Pacific. Earth and Planetary Science Letter, 262 (3-4): 533-542.

Sun W, Huang R F, Li H, et al. 2015. Porphyry deposits and oxidized magmas. Ore Geology Reviews, 65: 97-131.

Sun X M, Wei H X, Zhai W, et al. 2010. Ore-forming fluid geochemistry and metallogenic mechanism of Bangbu large-scale orogenic gold deposit in southern Tibet, China. Acta Petrologica Sinica, 26 (6): 1672-1684.

Tan J, Wei J, Li Y, et al. 2015. Origin and geodynamic significance of fault-hosted massive sulfide gold deposits from the Guocheng-Liaoshang metallogenic belt, eastern Jiaodong Peninsula: Rb-Sr dating, and H-O-S-Pb isotopic constraints. Ore Geology Reviews, 65: 687-700.

Thompson J F H, Newberry R J. 2000. Gold deposits related to reduced granitic intrusions. Society of Economic Geology Reviews, 13: 377-400.

Thompson J F H, Sillitoe R H, Baker T, et al. 1999. Intrusion-related gold deposits associated with tungsten-tin provinces. Mineralium Deposita, 34 (4): 323-334.

Thorne K G, Lentz D R, Hoy D, et al. 2008. Characteristics of mineralization at the Main Zone of the Clarence Stream Gold Deposit, southwestern New Brunswick, Canada: evidence for an intrusion- related gold system in the northern Appalachian Orogen. Exploration and Mining Geology, 17 (1-2): 13-49.

Titley S R. 1981. Porphyry copper deposits: part 1, Geologic settings, petrology, and tectogenesis. Economic Geology, 75.

Titley S R. 1982. The style and progress of mineralization and alteration in porphyry copper systems. Advances in geology of the porphyry copper deposit, southwestern North America. Tucson: University of Arizona Press: 93-116.

Titley S R, Hicks C L. 1966. Geology of the porphyry copper deposits, Southwestern North America. Tucson: University of Arizona Press.

Tooker E W. 1990. Gold in the Butte District, Montana, Gold in Porphyry Copper System. U. S. Geological Survey Bulletin, 1857E: E17-E27.

Tosdal R M, Richards J P. 2001. Magmatic and structural controls on the development of porphyry Cu ± Mo ± Au deposits//Richards J P. Structural controls on ore genesis. Reviews in Economic Geology, 14: 157-181.

Trudel P, Sauvé P. 1992. Synthèse des caractéristiques géologiques desgisements d' or du district de Malartic. Québec Ministère de l' énergie etdes Ressources, MM 89-104: 126.

Tuduri J, Chauvet A, Barbanson L, et al. 2018. Structural control, magmatic- hydrothermal evolution and formation of hornfels-hosted, intrusion-related gold deposits: insight from the Thaghassa deposit in Eastern Anti-Atlas, Morocco. Ore Geology Reviews, 97: 171-198.

Tunks A J, Cooke D R. 2007. Geological and structural controls on gold mineralization in the Tanami District, Northern Territory. Mineralium Deposita, 42 (1-2): 107-126.

Turner R J W. 1990. Jason stratiform Zn-Pb-barite deposit, Selwyn Basin, Canada (NTS 105- O- 1): geological setting, hydrothermal facies and genesis. Mineral deposits of the northern Canadian Cordillera. International Association on the Genesis of Ore Deposits, Field Trip, 14: 137-175.

Ulrich T, Gunther D, Heinrich C A. 2002. The evolution of a porphyry Cu- Au deposit, based on LA- ICP- MS analysis of fluid inclusions: bajo de la alumbrera, argentina. Economic Geology, 97 (8): 1889-1920.

Vallance J, Cathelineau M, Boiron M C, et al. 2003. Fluid- rock interactions and the role of late Hercynian aplite intrusion in the genesis of the Castromil gold deposit, northern Portugal. Chemical Geology, 194 (1-3): 201-224.

Wall V J, Taylor J R. 1990. Granite emplacement and temporally related gold mineralization. Geological Society of Australia, Abstract Series, 25: 264-265.

Wallace A R. 1991. Geology and ore deposits of the Great Basin. Nevada: Geological Society of Nevada: 179-183.

Wang G G, Ni P, Yao J, et al. 2015a. The link between subduction- modified lithosphere and the giant Dexing porphyry copper deposit, South China: constraints from high-Mg adakitic rocks. Ore Geology Reviews, 67: 109-126.

Wang L J, Griffin W L, Yu J H, et al. 2010. Precambrian crustal evolution of the Yangtze Block tracked by detrital zircons from Neoproterozoic sedimentary rocks. Precambrian Research, 177: 131-144.

Wang L X, Ma C Q, Zhang C, et al. 2014. Genesis of leucogranite by prolonged fractional crystallization: a case study of the Mufushan complex, South China. Lithos, 206: 147-163.

Wang Q, Zhang P Z, Freymueller J T, et al. 2001. Present-day crustal deformation in China constrained by global positioning system measurements. Science, 294 (5542): 574-577.

Wang Q, Zhao Z H, Jian P, et al. 2004. SHRIMP zircon geochronology and Nd-Sr isotopic geochemistry of the Dexing granodiorite porphyries. Acta Petrologica Sinica, 20 (2): 315-324.

Wang W, Zhou M F, Zhao J H, et al. 2016. Neoproterozoic active continental margin in the southeastern Yangtze block of south China: evidence from the ca. 830-810Ma sedimentary strata. Sedimentary Geology, 342: 254-267.

Wang X L, Zhou J C, Qiu J S, et al. 2006. LA-ICP-MS U-Pb zircon geochronology of the Neoproterozoic igneous rocks from Northern Guangxi, South China: implications for tectonic evolution. Precambrian Research, 145 (1-2): 111-130.

Wang X L, Zhou J C, Griffin W L, et al. 2007. Detrital zircon geochronology of Precambrian basement sequences in the Jiangnan orogen: dating the assembly of the Yangtze and Cathaysia Blocks. Precambrian Research, 159 (1-2): 117-131.

Wang X L, Shu L S, Xing G F, et al. 2012. Post- orogenic extension in the eastern part of the Jiangnan orogen: evidence from ca 800-760Ma volcanic rocks. Precambrian Research, 222-223: 404-423.

Wang Y J, Fan W, Guo F, et al. 2002. U-Pb dating of early Mesozoic granodioritic intrusions in southeastern Hunan Province, South China and its petrogenetic implications. Science in China (Series D: Earth Sciences), 45 (3): 280-288.

Wang Y J, Zhang Y H, Fan W M, et al. 2005. Structural signatures and $^{40}Ar/^{39}Ar$ geochronology of the Indosinian Xuefengshan tectonic belt, South China Block. Journal of Structural Geology, 27 (6): 985-998.

Wang Y J, Fan W M, Zhang G W, et al. 2013. Phanerozoic tectonics of the South China Block: key observations and controversies. Gondwana Research, 23 (4): 1273-1305.

Wang Z L, Xu D R, Hu G C, et al. 2015b. Detrital zircon U-Pb ages of the Proterozoic metaclastic-sedimentary rocks in Hainan Province of South China: new constraints on the depositional time, source area, and tectonic setting of the Shilu Fe-Co-Cu ore district. Journal of Asian Earth Sciences, 113 (4): 1143-1161.

Wang Z L, Xu D R, Chi G X, et al. 2017. Mineralogical and isotopic constraints on the genesis of the Jingchong Co-Cu polymetallic ore deposit in northeastern Hunan Province, South China. Ore Geology Reviews, 88: 638-654.

White N C, Hedenquist J W. 1995. Epithermal gold deposits: styles, characteristics and exploration. Society of Economic Geologists Newsletter, 23: 1-13.

White N C, Poizat V. 1995. Epithermal deposits: diverse styles, diverse origins? Exploring the Rim, PACRIM 1995 Congress, Auckland, New Zealand, Proceedings, 623-628.

White N C, Leake M J, McCaughey S N. 1995. Epithermal gold deposits of the southwest Pacific. Journal of Geochemical Exploration, 54 (2): 87-136.

White W H, Bookstrom A A, Kamilli R J, et al. 1981. Character and origin of Climax-type molybdenum deposits. Economic Geology, 75: 270-316.

Wilkinson J J. 2013. Triggers for the formation of porphyry ore deposits in magmatic arcs. Nature Geosciences, (6): 917-925.

Wilkinson J J, Vry V H, Spencer E T, et al. 2013. Fluid evolution in a super-giant porphyry Cu-Mo deposit: El Teniente, Chile. Society for Geology Applied to Mineral Deposits, 12: 906-909.

Williams N. 1978a. Studies of the base metal sulfide deposits at McArthur River, Northern Territory, Australia, I, The Cooley and Ridge deposits. Economic Geology, 73 (6): 1005-1035.

Williams N. 1978b. Studies of the base metal sulfide deposits at McArthur River, Northern Territory, Australia, II, The sulfide-S and organic-C relationships of the concordant deposits and their significance. Economic Geology, 73 (6): 1036-1056.

Williams P J. 1994. Iron mobility during synmetamorphic alteration in the Selwyn Range area, NW Queensland: implications for the origin of ironstone-hosted Au-Cu deposits. Mineralium Deposita, 29 (3): 250-260.

Williams P J. 1998. Magmatic iron enrichment in high-iron metatholeiites associated with 'Broken Hill-type' Pb-Zn-Ag deposits, Mt Isa Eastern Succession. Australian Journal of Earth Sciences, 45 (3): 389-396.

Williams P J, Pollard P J. 2001. Australian Proterozoic iron oxide-Cu-Au deposits: an overview with new metallogenic and exploration data from the Cloncurry district, northwest Queensland. Exploration and Mining Geology, 10 (3): 191-213.

Williams P J, Dong G, Ryan C G, et al. 2001. Geochemistry of hypersaline fluid inclusions from the Starra (Fe oxide) -Au-Cu deposit, Cloncurry district, Queensland. Economic Geology, 96 (4): 875-883.

Williams P J, Dong G Y, Pollard P J, et al. 2003. The nature of iron oxide-copper-gold ore fluids: fluid inclusion evidence from Norrbotten (Sweden) and the Cloncurry district (Australia) //Eliopoulos D G. Mineral exploration and sustainable development. Rotterdam: Mill Press: 1127-1130.

Williams P J, Barton M D, Johnson D A, et al. 2005. Iron oxide copper-gold deposits: geology, space-time distribution, and possible modes of origin. Economic Geology (100th Anniversary Volume): 371-405.

Witt W K, Hammond D P. 2008. Archean gold mineralization in an intrusion-related, geochemically zoned district-scale alteration system in the carosue basin, western australia. Economic Geology, 103 (2): 445-454.

Wones D R. 1989. Significance of the assemblage titanite+ magnetite+ quartz in granitic rocks. American Mineralogist, 74 (7-8): 744-749.

Wong W H. 1927. Crustal movement and igneous activities in eastern China since Mesozoic time. Bulletin of Geological Society of China, 6 (1): 9-36.

Wong W H. 1929. The Mesozoic orogenic movement in eastern China. Bulletin of Geological Society of China, 8: 33-44.

Wyborn L. 1998. Younger ca 1500 Ma granites of the Williams and Naraku Batholiths, Cloncurry District, eastern Mt Isa Inlier: geochemistry, origin, metallogenic significance and exploration indicators. Australian Journal of Earth Sciences, 45 (3): 397-411.

Wyman D A, Cassidy K F, Hollings P. 2016. Orogenic gold and the mineral systems approach: resolving fact, fiction and fantasy. Ore Geology Reviews, 78: 322-335.

Xie Z, Xia Y, Cline J S, et al. 2018. Are there Carlin-type gold deposits in China? A comparison of the Guizhou, China, deposits with Nevada, USA, Deposits//Muntean J L. Diversity in Carlin-style Gold Deposits. Reviews in Economic Geology, 20: 187-234.

Xu D R, Gu X X, Li P C. et al. 2007. Mesoproterozoic- Neoproterozoic transition: geochemistry, provenance and tectonic setting of clastic sedimentary rocks on the SE margin of the Yangtze Block, South China. Journal of Asian Earth Sciences, 29 (5-6): 637-650.

Xu D, Xia B, Bakun Czubarow N, et al. 2008. Geochemistry and Sr- Nd isotope systematics of metabasites in the Tunchang area, Hainan Island, South China: implications for petrogenesis and tectonic setting. Mineralogy and Petrology, 92 (3-4): 361-391.

Xu D, Deng T, Chi G, et al. 2017a. Gold mineralization in the Jiangnan Orogenic Belt of South China: geological, geochemical and geochronological characteristics, ore deposit-type and geodynamic setting. Ore Geology Reviews, 88: 565-618.

Xu D R, Kusiak M A, Wang Z L, et al. 2015a. Microstructural observation and chemical dating on monazite from the Shilu Group, Hainan Province of South China: implications for origin and evolution of the Shilu Fe-Co-Cu ore district. Lithos, 216-217 (1): 158-177.

Xu D R, Chi G X, Zhang Y H. et al. 2017b. Yanshanian (Late Mesozoic) ore deposits in China- An introduction to the Special Issue. Ore Geology Reviews, 88: 481-490.

Xu X, Li Y, Tang S, et al. 2015b. Neoproterozoic to Early Paleozoic polyorogenic deformation in the southeastern margin of the Yangtze Block: constraints from structural analysis and $^{40}Ar/^{39}Ar$ geochronology. Journal of Asian Earth Sciences, 98: 141-151.

Yang L Q, Deng J, Guo C, et al. 2009. Ore-forming fluid characteristics of the Dayingezhuang gold deposit, Jiaodong gold province, China. Resource geology, 59 (2): 181-193.

Yang L Q, Deng J, Goldfarb R J, et al. 2014. $^{40}Ar/^{39}Ar$ geochronological constraints on the formation of the Dayingezhuang gold deposit: new implications for timing and duration of hydrothermal activity in the Jiaodong gold province, China. Gondwana Research, 25 (4): 1469-1483.

Yang S X, Blum N. 1999. Arsenic as an indicator element for gold exploration in the region of the Xiangxi Au- Sb- W deposit, NW Hunan, PR China. Journal of Geochemical Exploration, 66 (3): 441-456.

Yang T F, Lee T, Chen C H, et al. 1996. A double island arc between Taiwan and Luzon: consequence of ridge subduction. Tectonophysics, 258 (1-4): 85-101.

Yang X M, Lentz D R, Sylvester P J. 2006. Gold contents of sulfide minerals in granitoids from southwestern New Brunswick, Canada. Mineralium Deposita, 41 (4): 369-386.

Yang X M, Lentz D R, Chi G, et al. 2008. Geochemical characteristics of gold- related granitoids in southwestern New Brunswick, Canada. Lithos, 104 (1-4): 355-377.

Yang Z M, Cooke D R. 2019. Porphyry copper deposits in China//Chang Z S, Goldfarb R J. Mineral deposits of China. United States: Society of Economic Geologists, Special Publication: 133-187.

Yao Y, Morteani G, Trumbull R B. 1999. Fluid inclusion microthermometry and the PT evolution of gold- bearing hydrothermal fluids in the Niuxinshan gold deposit, eastern Hebei province, NE China. Mineralium Deposita, 34 (4): 348-365.

Yardley B W D, Banks D A, Barnicoat A C, et al. 2000. The chemistry of crustal brines: tracking their origins. Hydrothermal iron oxide copper- gold and related deposits: a global perspective. Adelaide: Porter Geological Publishing: 1: 61-70.

Ye Z, Kesler S E, Essene E J, et al. 2003. Relation of Carlin- type gold mineralization to lithology, structure and alteration: screamer zone, Betze-Post deposit, Nevada. Mineralium Deposita, 38 (1): 22-38.

Young L E. 2004. A geologic framework for mineralization in the western Brooks Range, Alaska. Economic Geology, 99: 1281-1306.

Yu J H, O'Reilly S Y, Wang L, et al. 2008. Where was South China in the Rodinia supercontinent: evidence from U- Pb geochronology and Hf isotopes of detrital zircons. Precambrian Research, 164 (1-2): 1-15.

Zachariáš J, Pertold Z, Pudilová M, et al. 2001. Geology and genesis of Variscan porphyry- style gold mineralization, Petráčkova hora deposit, Bohemian Massif, Czech Republic. Mineralium Deposita, 36 (6): 517-541.

Zachariáš J, Morávek P, Gadas P, et al. 2014. The Mokrsko- West gold deposit, Bohemian Massif, Czech Republic: mineralogy, deposit setting and classification. Ore Geology Reviews, 58 (C): 238-263.

Zaw K, Peters S G, Cromie P, et al. 2007. Nature, diversity of deposit types and metallogenic relations of South China. Ore Geology Reviews, 31 (1-4): 3-47.

Zhai W, Sun X, Sun W, et al. 2009. Geology, geochemistry, and genesis of Axi: a Paleozoic low- sulfidation type epithermal gold deposit in Xinjiang, China. Ore Geology Reviews, 36 (4): 265-281.

Zhang D, Audétat A. 2018. Magmatic-hydrothermal evolution of the barren Huangshan pluton, Anhui Province, China: a melt and fluid inclusion study. Economic Geology, 113 (4): 803-824.

Zhang L, Zheng Y, Chen Y. 2012. Ore geology and fluid inclusion geochemistry of the Tiemurt Pb-Zn-Cu deposit, Altay, Xinjiang, China: a case study of orogenic-type Pb-Zn systems. Journal of Asian Earth Sciences, 49: 69-79.

Zhang L, Yang L Q, Groves D I, et al. 2018. Geological and isotopic constraints on ore genesis, Huangjindong gold deposit, Jiangnan Orogen, southern China. Ore Geology Reviews, 99: 264-281.

Zhao C, Ni P, Wang G G, et al. 2014. Geology, fluid inclusion, and isotope constraints on ore genesis of the Neoproterozoic Jinshan orogenic gold deposit, South China. Geofluids, 13 (4): 506-527.

Zhao G. 2015. Jiangnan Orogen in South China: developing from divergent double subduction. Gondwana Research, 27 (3): 1173-1180.

Zhao J H, Zhou M F, Zheng J P. 2013. Constraints from zircon U-Pb ages, O and Hf isotopic compositions on the origin of Neoproterozoic peraluminous granitoids from the Jiangnan Fold Belt, South China. Contributions to Mineralogy and Petrology, 166 (5): 1505-1519.

Zhou Q, Jiang Y H, Zhang H H, et al. 2013. Mantle origin of the Dexing porphyry copper deposit, SE China. International Geology Review, 55 (3): 337-349.

Zhou T H, Goldfarb R J, Phillips G N. 2002. Tectonics and distribution of gold deposits in China—an overview. Mineralium Deposita, 37: 249-282.

Zhou X M, Li W X. 2000. Origin of Late Mesozoic igneous rocks in Southeastern China: implications for lithosphere subduction and underplating of mafic magmas. Tectonophysics, 326 (3-4): 269-287.

Zhou X M, Sun T, Shen W Z, et al. 2006. Petrogenesis of Mesozoic granitoids and volcanic rocks in South China: a response to tectonic evolution. Episodes, 29 (1): 26-33.

Zhu R X, Xu Y G, Zhu G, et al. 2012. Destruction of the North China Craton. Science in China (Series D: Earth Sciences), 55 (10): 1565-1587.

Zhu R X, Fan H R, Li J W, et al. 2015. Decratonic gold deposits. Science in China (Series D: Earth Sciences), 58 (9): 1523-1537.

Zhu X, Zhai M, Chen F, et al. 2013. 2.7 Ga crustal growth in the North China craton: evidence from zircon U-Pb ages and Hf isotopes of the Sushui complex in the Zhongtiao terrane. The Journal of Geology, 121 (3): 239-254.

Zhu Y N, Peng J T. 2015. Infrared microthermometric and noble gas isotope study of fluid inclusions in ore minerals at the Woxi orogenic Au-Sb-W deposit, western Hunan, South China. Ore Geology Reviews, 65 (P1): 55-69.

Zhu Z. 2016. Gold in iron oxide copper-gold deposits. Ore Geology Reviews, 72: 37-42.

Zou S, Yu L, Yu D, et al. 2017. Precambrian continental crust evolution of Hainan Island in South China: constraints from detrital zircon Hf isotopes of metaclastic-sedimentary rocks in the Shilu Fe-Co-Cu ore district. Precambrian Research, 296: 195-207.

Zou S, Zou F, Ning J, et al. 2018. A stand-alone Co mineral deposit in northeastern Hunan Province, South China: its timing, origin of ore fluids and metal Co, and geodynamic setting. Ore Geology Reviews, 92: 42-60.

第2章 陆内构造-岩浆活化与成矿

2.1 陆（板）内成矿作用

自20世纪60年代末板块构造兴起以来，国际成矿学研究多聚焦于大陆板块边缘（洋陆板块）的成矿作用（Garson and Mitchell，1981；Sawkins，1984；Sillitoe，2010），即板缘或陆缘成矿。与大洋消亡事件有关的俯冲碰撞成矿是基于威尔逊板块构造旋回体制因板块扩张—离散和板块俯冲—碰撞—汇聚而在板块边缘（包括造山带）发生的成矿作用，典型的如与板块俯冲有关的造山型Au矿床（图2-1；Groves et al.，2003）、斑岩型Cu-Au-Mo矿床等就主要产于大陆板块边缘（Wilkinson，2013）。

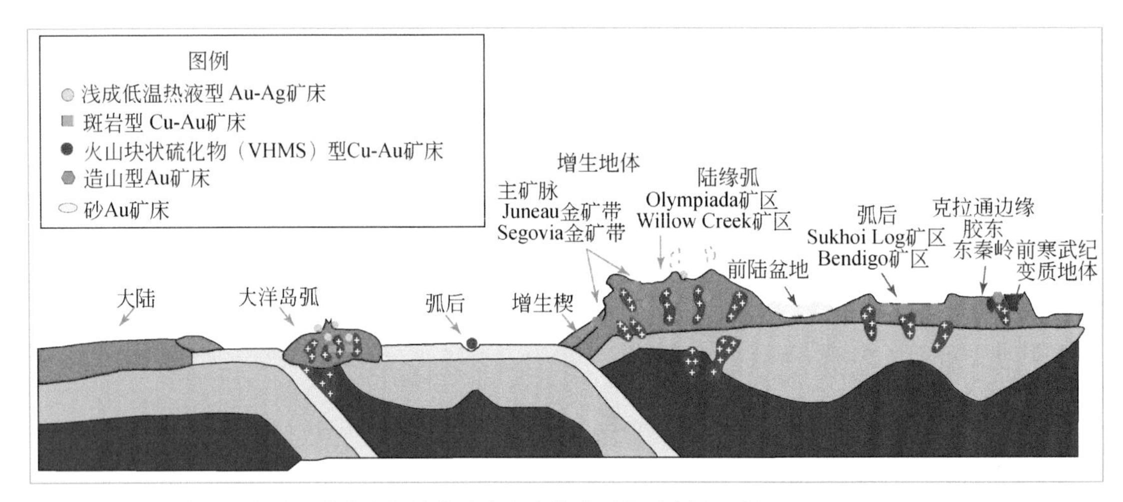

图2-1 造山型金矿和其他金相关的矿床产出构造环境示意图（据Goldfarb and Groves，2015）
造山型金（Au）矿既可形成于活动大陆边缘变质的弧前和弧后区域，也可沿剪切边缘至大陆弧岩基分布；
在东亚，该类型矿床则沿破坏的华北克拉通边缘分布

然而，基于威尔逊板块构造旋回理论在解释大陆板块内部的构造变形、岩浆活动和成矿作用等时遇到挑战，20世纪80年代末以来国际上掀起了以发展板块构造理论、深入理解大陆成矿作用机制、提高发现大陆内部矿床能力为主要目的的“大陆动力学”研究（肖庆辉，1996，1997；李锦轶和肖序常，1998；许志琴等，2008；滕吉文等，2009，2014；胡瑞忠等，2010；张国伟等，2011；翟明国，2015）。经过30多年来的研究与发展，陆内（大陆内部或板内）成矿作用已成为当前国际矿床学研究的前沿领域和新热点（毛景文等，2005；胡瑞忠等，2008，2010）。大陆成矿作用是指古大洋形成以前和古大洋闭合以后在大陆板块内部演化阶段、主要由大陆板块内部动力学过程，如地幔柱活动、岩石圈伸展、岩石圈拆沉、幔源岩浆底侵、陆内造山等（Griffin et al.，2013；Zhu et al.，2015；Yang and Cooke，2019），而诱发的成矿作用（李锦轶和肖序常，1998；胡瑞忠等，2010）。由于地球深部物质与能量的交换、物质运移的深层过程和动力学机制是大陆动力学研究的核心科学问题（滕吉文等，2014），而大陆的物质演化（包括成矿元素）是解开大陆动力学之谜的基础（翟明国，2015），因此，深入研究陆内成矿作用，不仅能揭示制约金属元素巨量堆积的机理及其与壳-幔相互作用等深部过程的关系，还将为阐明大陆的组成与深部结构、增生和保存以及与之相关的大陆裂解、离散和聚合的动力学过程和机制等重大科学问题提供重要依据（许志琴等，2008；滕吉文等，2009；Pirajno et al.，2009；张国伟等，2011；Dobretsov and Buslov，2011；Zhai and Santosh，2013；Goldfarb et al.，2014；Nance et al.，2014）。研究大陆动力学与成矿关系的大陆成

矿学也必将成为当代地球系统科学新的学科增长点（翟明国等，2016；翟明国，2020）。

陆内成矿作用在中国，尤其是其东部，极其广泛和重要。中国大陆因自身独特的地质构造和复杂的地壳演化历史，应成为研究大陆成矿作用特征、破解“大陆成矿之谜”的“世界窗口”。中国大陆地处欧亚板块、印度板块和太平洋板块的交汇部位，是由数个大小不一的陆块在地史时期经多次碰撞拼合而成（Wang and Mo，1995；任纪舜等，1999），因此，其地壳组成和结构的最基本特征是由一系列具不同时期、不同构造属性的造山带将华北、扬子和塔里木等多陆块统一为整体。中生代以来，中国大陆，尤其是其东部又普遍经历了陆内造山与岩石圈伸展和减薄的多次交替，不仅强烈改造或破坏了古老大陆岩石圈或克拉通，同时导致了巨量岩浆作用（大火成岩省）、显著陆内变形（深大断裂、断块隆升和剥蚀、逆冲推覆与褶皱、盆-岭构造和变质核杂岩等）和大规模 W、Sn、Bi、Mo、Cu、Pb、Zn、Au、Sb 等有色金属、稀有金属、贵金属与放射性金属 U 爆发式成矿（Mao et al.，2011a，2013；Zhai and Santosh，2013；Xu et al.，2017a），近 80% 的中-大型金属矿床就产于燕山期。中国大陆这一复杂而特殊的地质构造，决定了其成矿作用具有鲜明的特色，由此也控制了它在成矿规律上与全球其他大陆的显著差异（翟明国等，2016）。因此，从中国大陆自身独特的地质构造和复杂的演化历史出发，系统解剖典型成矿带的地壳组成与深部结构，精细刻画陆内成矿的深部过程与富集机理，是破解中国大陆特色成矿根本原因的关键；对阐明地史时期中国大陆的成矿规律、揭示大陆特色成矿与重大地质事件的耦合关系，并认知中国大陆的增生和陆内演化过程及动力学机制等还具有重大理论与现实意义。

目前人们已认识到陆（板）内成矿作用具有如下几个典型特征：①成矿位置远离板块边缘，往往距离板缘数百公里至上千公里；②与强烈的板内岩浆作用密切相关（图 2-2），如花岗岩、大陆溢流玄武岩、双峰式火山岩、基性-超基性侵入岩、碳酸岩、金伯利岩等在陆内（板内）广泛发育；③陆内岩浆作用以东亚中生代—新生代板内岩浆作用、中亚和中国的 285 ~ 250Ma 大火成岩省为代表（Pirajno and Morris，2005）；④成矿类型多样，典型的包括中国南岭地区与高分异花岗岩有关的全球最大的 W-Sn（Bi-Mo-Be-Nb-Ta）矿床（Mao et al.，2013）和离子风化壳型 REE 矿床（赣南），与碱性岩-碳酸岩（中国的内蒙古

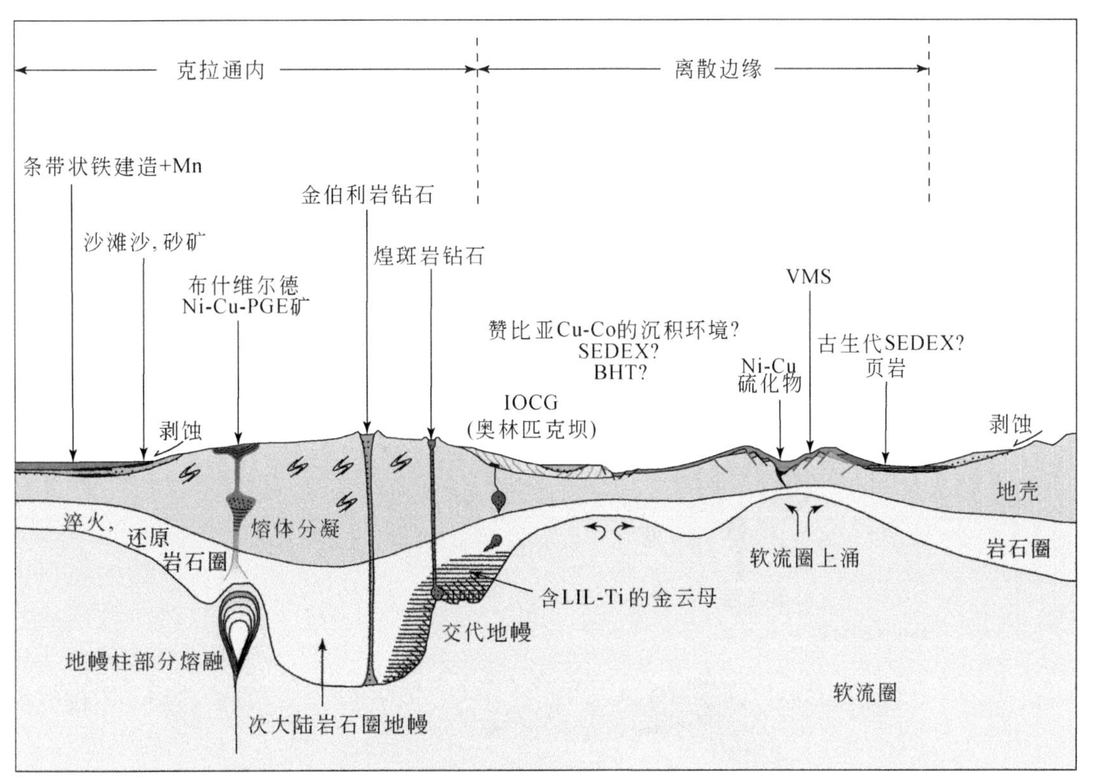

图 2-2　产于次大陆岩石圈地幔（SCLM）之上大陆壳内的主要矿床类型（正常为太古宙年龄；据 Groves et al.，1987）和产于离散板块边缘被动大陆边缘与大洋扩张脊内的主要矿床类型（据 Groves and Bierlein，2007）

IOCG. 热液铁氧化物-铜-金-铀矿床；BHT. 类似于 SEDEX 型的 Broken Hill 型矿床；LIL. 大离子亲石元素

白云鄂博、四川冕宁—德昌牦牛坪和秦岭庙垭等，俄罗斯西伯利亚的 Khamna 和 Gornoye Ozero 等）有关的全球最大的 REE 矿床，与（超）基性岩有关的世界级 Ni-Cu-PGE 矿床（中国甘肃金川、俄罗斯西伯利亚 Noril'sk-Talnakh）和金刚石矿床（西伯利亚 Mir pipe），与高氧逸度埃达克质花岗斑岩有关的斑岩型 Cu-Mo-Au 矿床（中国江西德兴和西藏驱龙、玉龙和甲玛，俄罗斯西伯利亚 Erdenetuin-Obo），与基性岩有关的热液脉型 Au-Hg 多金属矿床（俄罗斯北乌拉尔山 Vorontsovskoe），与大陆溢流玄武岩有关的产于陆内环境的 V-Ti 磁铁矿矿床（如中国四川攀枝花），以及萤石矿床、夕卡岩型多金属矿床、热液铁氧化物-Cu-Au-U-REE（IOCG）矿床等；⑤陆内成矿作用往往形成大而富的矿床，成因上特别是具有多期成矿或叠加富集成矿特征（详见 2.3 节）。

根据目前国内外研究进展，陆内成矿机制（图 2-3）大体可归纳为陆内岩石圈伸展（Pirajno and Zhou，2015）、造山后垮塌和/或岩石圈拆沉（Li et al.，2012；Deng et al.，2016；Yang and Cooke，2019）、岩石圈减薄和/或幔源岩浆底侵（Zhu et al.，2015）、地幔柱构造（Griffin et al.，2013；Pirajno and Zhou，2015）、陆内造山（Deng et al.，2016）或陆内构造-岩浆活化（陈国达，1956，1996，2000）等。此外，Mao 等（2013）、董树文等（2019）还分别提出古太平洋俯冲板块远程效应、多板块汇聚模式等机制以解释中国华南中生代陆内大规模成矿作用。总体上，这些机制大致可归为挤压型、挤压-伸展转换型和伸展型三种。如有些斑岩矿床就与岩石圈拆沉（Yang and Cooke，2019）或与软流圈地幔上涌和陆内伸展（Pirajno and Zhou，2015）有关。

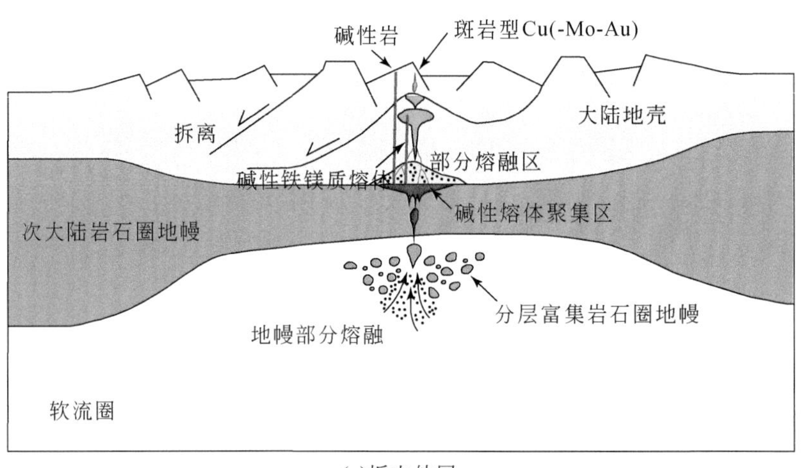

(a)板内伸展

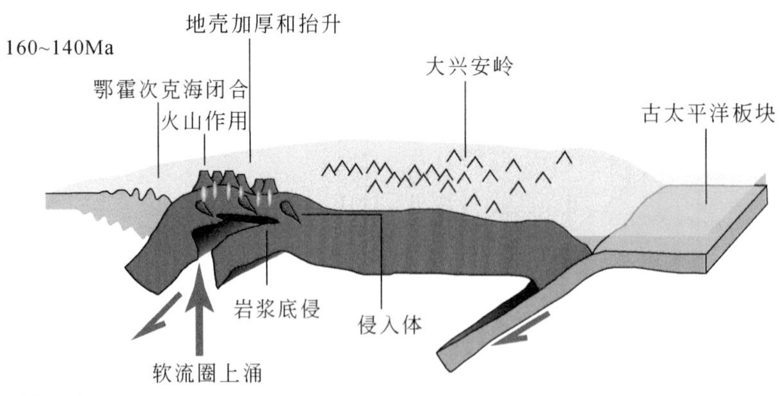

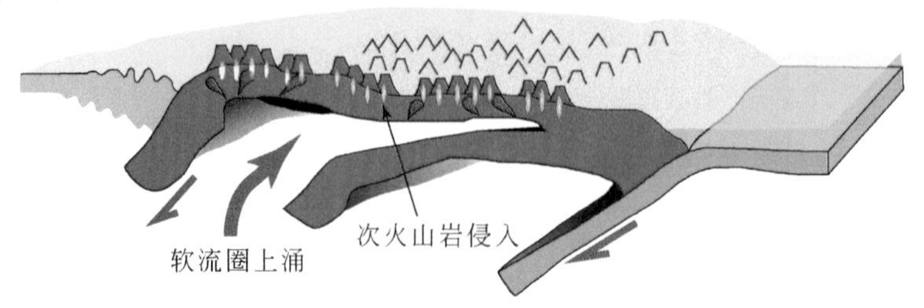

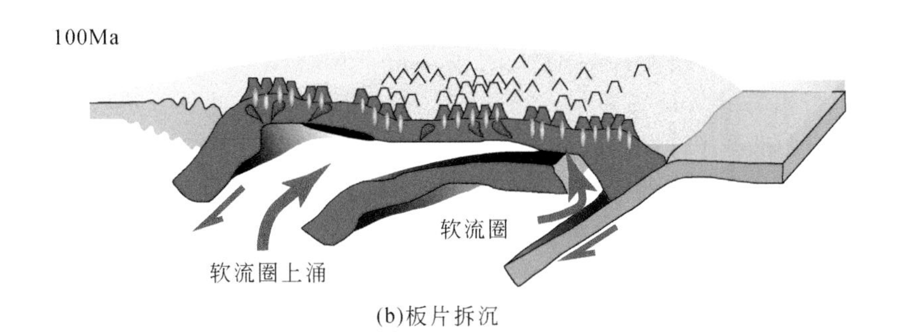

(b)板片拆沉

图2-3　示陆内成矿作用模式图

(a) 板内伸展：通过次大陆岩石圈地幔拆沉和由此产生的软流圈上涌而形成的斑岩型Cu (-Mo-Au) 矿床。软流圈地幔上涌将导致富集的岩石圈地幔部分熔融，并产生碱性镁铁质岩浆。这些碱性镁铁质岩浆可能通过增厚的下地壳上升，并导致部分熔融，形成深部岩浆房。在深部岩浆房中持续的岩浆混合可能产生了形成矿石的岩浆（Yang and Cooke，2019）。(b) 板片拆沉：由于来自蒙古-鄂霍次克海洋（Mongol-Okhotsk Ocean）的封闭和板块碰撞所导致的内侧障碍物，古太平洋（伊扎纳吉：Izanagi）板块发生连续的拆沉和板片断裂；此后，连同由此产生的岩浆，板块向东拆沉。此模型可以解释弥漫式的岩浆作用和局部裂解类型（据Pirajno and Zhou，2015）

地幔柱作为一类特殊地球动力学环境下的产物，与大规模成矿关系越来越引起关注（Pirajno et al.，2009）。地幔柱活动不仅导致了板内不同时期大规模岩浆作用、出现大火成岩省，且相应发育世界级正岩浆型Cr、Ni-Cu-PGE硫化物矿床及与其伴生的大陆斑岩型Cu-Mo成矿系统和Ni-Co-As、Au、Sb-Hg热液脉型矿床（Mao et al.，2008），因此这些矿床成矿系统与地幔柱活动表现出密切的成因联系。典型的实例如澳大利亚古太古代至现代不同时期的大火成岩省及相关的成矿系统（Pirajno et al.，2009）。亚洲大陆二叠纪—三叠纪大规模的火成岩事件及大型Cu、Ni、Au，PGE矿床和稀有、稀土矿床与超级地幔柱活动也有密切的关系。引起板内大规模岩浆作用和沿走滑断裂带分布的岩浆-热液型Ag-Sb、Ag-Pb-Sb、Ag-Pb、Ag-Hg-Sb、Sn-Ag矿床和脉型、浅成热液型、再活化脉型Au矿床、镁铁-超镁铁质岩相关的Ni-Cu-PGE矿化，也可能是碰撞后地幔柱活动或软流圈上涌结果。类似于BIFs（条带状含铁建造）的成因，某些深海VHMS型矿床（Berge，2013）、斑岩型Cu-Mo矿床以及Hg、Au-Hg、稀有金属和Au成矿系统（Webber et al.，2013）也被认为与地幔柱活动具有直接或间接的关系。Griffin等（2013）进而认为SCLM含有丰富的成矿元素，因此对岩浆型矿床的形成可能起重要的作用。此外，广受关注的热液铁氧化物-铜-金-铀-稀土（IOCG）矿床，尽管可形成于地壳发展的不同时期，但主要与伸展构造事件（如陆内非造山岩浆环境、俯冲相关的大陆边缘弧伸展环境、陆内造山垮塌环境）及所伴随的脆-韧性剪切变形关系密切（Williams et al.，2005）。

2.2　陆内伸展构造成矿

大陆岩石圈（陆内或板内）伸展作用在变形构造和岩浆活动中表现出多种形式，包括盆-岭构造省、陆内裂陷（裂谷）盆地与强拆离盆地、走滑盆地、由拆离断层等脆-韧性剪切变形构造组成的变质核杂岩（MCCs）、先存构造活化、大型走滑（剪切）断层和伸展（层间、重力）滑脱构造、大规模岩浆侵入或热穹隆和火山喷发、剥蚀高原地貌，以及与陆内伸展交替出现的大型逆冲-推覆构造等。研究这些伸展变形构造，不仅能为阐明大陆板块的运动学和动力学特征、洋-陆板块相互作用及其深部过程和浅表响应提供可信证据，而且能为解释大规模成藏成矿事件提供重要机制（详见许德如等著《湘东北陆内伸展变形构造及形成演化的动力学机制》一书）。

2.2.1　盆-岭构造成矿

据以往研究，盆-岭构造省的一个显著特征是：蚀变强烈（绿泥石化、硅化、碳酸盐化、黄铁矿化等)，且赋存有丰富的矿产，如与同期花岗岩无关或有关的卡林型金矿床（Hu et al.，2002；Kerrich et al.，2000；Cline et al.，2005）、与同期花岗岩有关的 W、Sn、Nb、Ta、Cu 和 Au 多金属矿床（周新民，2007)，以及与拆沉作用相关的 Au-Ag 矿化（Appleby et al.，1996）。此外，热液铁氧化物-铜-金-铀-(REE)（IOCG）型矿床大都产于伸展构造环境（Hitzman et al.，1992；Williams et al.，2005)，因此推测，不同时代尤其是古-中元古代或更老的盆-岭省可能也有 IOCG 型矿床产出。

在美国西部盆-岭构造省的内华达州，第三纪火成岩基本上存在两个不同的岩石地球化学类型（图 2-4；Mckee and Moring，1996)，是中晚新生代北美洲西部两个区域性构造域活动的结果。在内华达州发育的许多热液矿床清晰地反映了这两个构造域和相关的火成岩活动。其中，年龄比较老的一套火成岩组合发生于始新世至整个渐新世，它们在成分上是中性钙碱性的，与太平洋法拉龙（Farallon）板块俯冲于北美大陆板块之下有关，并在内华达州的东部和中部地区如 Copper Canyon、McCoy 和 Mineral Hill 形成夕卡岩和远成浸染型矿床；在内华达州中部形成了包括浸染型贵金属矿床在内的热液型矿床。在内华达州西部与俯冲有关的岩浆为晚渐新世和早中新世，这些岩浆通过内华达州西部高度破裂的 Walker Lane 地区，产生了广泛的渗透性蚀变且在内华达州西部的 Aurora、Goldfield、Tonopah 与 Comstock 地区形成贵金属矿脉。相反，较年轻的另一种火成岩类型具有中中新世或更年轻的形成时代，成分上为玄武质岩或双峰式玄武岩-高硅流纹岩组合，并与因盆-岭（地垒和地堑）断裂作用所引起的 Great Basin 伸展有关。在内华达州中北部、北西部和西南部，浅成热液型贵金属和汞矿床与这个中、晚中新世双峰式岩浆作用有密切关系，形成于这个构造-岩浆环境的某些矿床包括内华达州北西部的 McDermitt 汞矿床和 Sleeper、Seven Troughs、Hog Ranch 金矿床，内华达州中北部的 Mule Canyon 与 Buckhorn 金矿床，以及内华达州西南部的 Bullfrog 金矿床。

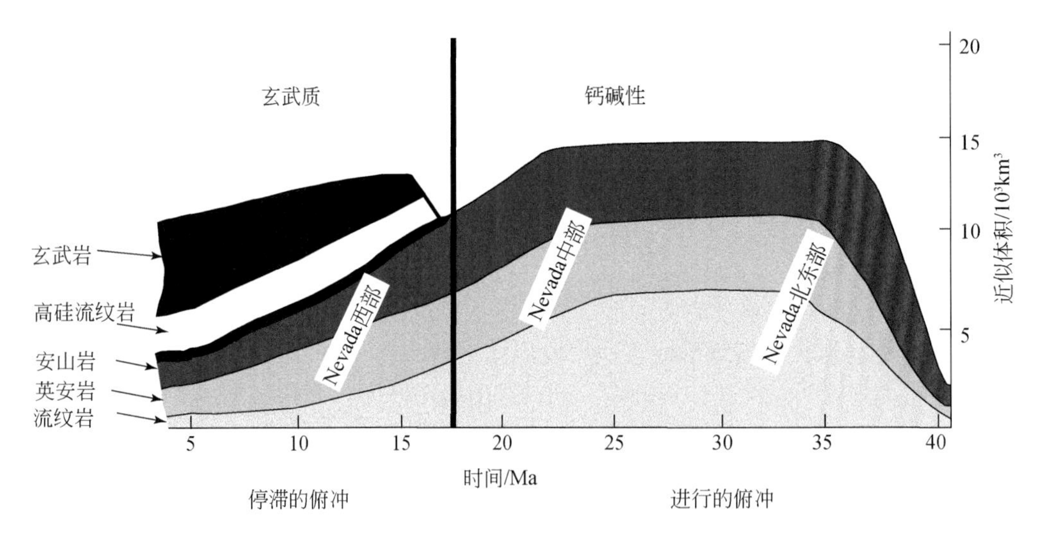

图 2-4　Great 盆地的年龄谱图和新生代火成岩的近似体积（据 Mckee and Moring，1996 修改）

此外，内华达州西南部火山岩地区的火成岩活动可划分为三个岩浆阶段（Noble et al.，1991)：主要岩浆作用阶段开始于约 15.2Ma、结束约 12.8Ma 的 Paintbrush 凝灰岩 Tiva Canyon 群喷发，具有许多大体积硅质灰流岩席的喷火山口形成的喷发特征，大多显示亚碱性，少量的为硅质和中性熔岩。Timber Mountain 岩浆阶段则紧随于 1～1.5Ma 的火山活动宁静期之后，其火山活动具有自主要组成破火山口的火山灰流岩席的喷发向主要来自位于内华达州西南部火山区西部的火山通道中的凝灰岩和熔岩局部单元喷发的演化。在主要期和 Timber Mountain 期岩浆作用阶段，发生了热液活动和成矿作用。Sterling Mother Lode Daisy 的浅成热液型金与萤石矿化和沿 Bare Mountain 的北部与东部边缘的如 Wahmonie 矿化，可能与其下部的 13.5～13Ma 的斑岩型岩浆系统有关。与 Timber Mountain 岩浆阶段有关的最强烈、最广泛的热液活动和浅成热液型 Au-Ag 矿化发现于火山岩区西部的 Bullfrog Hills 地区。在 Bond Gold Bullfrog 和 Gold Bar 金矿区以及许多先前的采矿区和远景区，构造上其矿化受正断层控制，似乎也与 Timber Mountain 岩浆阶段晚期的岩浆活动有关。在西南内华达州火山岩地区西部，地壳伸展卷入一个区域性的低角度拆离断层（Original Bullfrog-Fluorspar Canyon 断层）和部分晚于并切错低角度构造的高角度正断层同时运动。Bullfrog Hills 地区的断块旋转最有可能发生于 Timber Mountain 凝灰岩喷出之后，并于距今 7.6Ma 当产状近水平的、由 Stonewall Flat 凝灰岩组成的 Spearhead 地层单元沉积时完成。一个晚于 Stonewall Flat Tuff 的更年轻的正断层作用幕则产生了到达北西部研究区的大多数现今地形。

位于美国内华达州 Nye 市近 Beatty Fluorspar Canyon 的浸染型金矿床产于几种地质环境（Greybeck and Wallace，1991），这个成矿系统为几种浅成热液型金矿床类型之间提供了过渡性例子。每一个过渡带显示其显著不同的地球化学和蚀变组合特征，而后者至少部分是赋矿围岩的函数。低角度断层（拆离型）是金矿化的一个重要控制因素。有两个矿化带发生于寒武系沉积岩中，是典型的卡林型矿化。西部矿化带赋存在 Nopah 组 Halfpint 群灰岩中，最高的金品位与强烈的硅化和萤石矿化有关，在 Halfpint 群与金异常还同时出现 As、Sb、Hg、Tl 异常丰度。南部矿化带赋存于 Carrara 组粉砂质灰岩和钙质粉砂岩中。微弱的蚀变表现出脱钙作用（decalcification）。异常高的 As 出现于该矿化带中，但 Ag、Cu、Mo 和 Tl 的含量变化也趋于与 Au 有关。自 1916 年开采的块状萤石脉产于金矿化之上的 Bonanza King 层白云岩中，浸染状金矿化发生于 Secret Pass 带 Fluorspar Canyon 区中新世火山岩中。金矿化发生于强烈青磐岩化、泥化和硅化的火山灰流内，并存在 As、Sb、Hg 和 Tl 异常。Ag 也与 Au 存在很好的关系，但具有低的丰度（典型的 Au∶Ag 为 4∶1）。正断层作用是已知的三个金矿化带的主要构造控矿因素，且低角度和高角度断层同时发生，而更高品位的矿化与这些断层的交切部位有关。在西部矿化带，一个低角度断层构成有利赋矿围岩的底板；在南部矿化带，浸染状金矿化发生于具有利赋矿围岩的低角度断层的下盘；在 Secret Pass 带，低角度断层叠加于上盘的矿化火山岩和下盘未矿化的古生代碳酸盐和碎屑岩。Secret Pass 带的构造被解释为位于一宽阔外来席状岩体底部的（Carr and Monsen，1988）、大型拆离断层的一个片段，后者还被称为 Fluorspar Canyon 拆离系。

2.2.2 变质核杂岩（MCCs）构造成矿

20 世纪 70 年代后期人们对变质核杂岩的认识（Monastero et al.，2005 及其参考文献）加快了认识到它们在各种有色金属和贵金属脉型矿床成因中的作用，这种矿床类型尤以浅成热液型为主（Spencer and Welty，1986；Doblas et al.，1988；Beaudouin et al.，1991；Howard，2003；Marchev et al.，2005）。目前，变质核杂岩构造与多金属的成矿关系已经引起了国内外地质学者的广泛关注（李先福，1991；朱志澄，1994；傅昭仁等，1991，1997；李德威，1993；Horner et al.，1997；侯光久等，1998；陈先兵，1999；傅朝义，1999；孟宪刚等，2002；Marchev et al.，2005；戴传固等，2005；李建忠等，2006；Holk and Taylor，2007；Marignac et al.，2016）。Hollister 和 Crawford（1986）、Doblas 等（1988）、Lister 和 Davis（1989）、翟裕生和吕古贤（2002）等还建立了变质核杂岩构造成矿模式（图 2-5）。变质核杂岩中的拆离断层带往往是一条金属成矿带（Marignac et al.，2016），如我国长江中下游地区某些铜、铁和多金属矿、胶东金矿，美国西部大型低品位金矿、金银矿和多金属矿，西班牙中央体系浅成热液银-贱金属矿，澳大利亚某些金矿，以及阿尔及利亚北东部 Edough-Cap de Fer 多金属矿（Marignac et al.，2016），等等，都与拆离断层相关或受其控制。这些矿床主要产于拆离断层带中、拆离断层与分支断层交会部位、次级顺层拆离断层中，在糜棱岩中亦有矿床产出。

研究表明，变质核杂岩构造控制着岩浆作用及其沉积建造，其拆离断层面既是脆性构造与塑性构造的变换面，又是氧化与还原作用的交替面，同时沿拆离断层产生的动力变质作用和变质热液及韧脆性断裂带均为导矿、容矿的有利条件。因此，拆离断层赋矿有其特定的有利成矿条件（Holk and Taylor，2007），如：①两种流体（浅层大气水流和深层岩浆流体）及其交汇；②两种物化环境（上盘氧化环境和下盘还原环境）并于拆离断层带构成有利矿质沉淀的氧化-还原界面；③大量断层和强烈破碎带为含矿溶液的运移、渗滤和成矿物质的沉淀、聚集提供了通道和空间；④变质核杂岩往往是多期岩浆活动的中心，

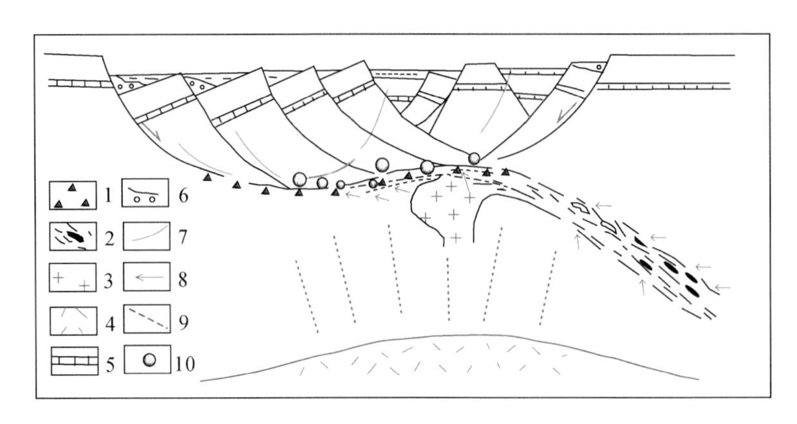

图2-5　变质核杂岩构造流体系统示意图（据翟裕生和吕古贤，2002）

1. 碎裂岩带；2. 糜棱岩化带；3. 同构造花岗岩；4. 岩石圈地幔；5. 沉积岩层；6. 表生堆积物；7. 上盘流体系统；8. 下盘变质热液流体系统；9. 幔源热及气液系统；10. Cu、Pb、Zn、Au矿床

岩浆-热液活动、伸展隆起和构造剥蚀形成了高地热梯度和高热流环境，为成矿元素的活化、萃取、迁移、富集提供了良好条件。因此，开展变质核杂岩研究，对于指导研究区的找矿具有直接的重要意义。

在大多数所描述的变质核杂岩构造中，矿化与拆离构造和相关的变质作用是同时进行的，它们共同允许拆离构造上覆板块中的浅层流体和下覆板块中的深层流体运移，以及这些流体在有利位置的混合（Beaudouin et al.，1991；Costagliola et al.，1999；Holk and Taylor，2007）。与韧性变形构造同步，高焓地热系统可能在变质核杂岩构造的上覆板块中演化（Monastero et al.，2005）。然而，有一些矿化核杂岩的例子，其矿化过程虽然由伸展事件所产生的变质核杂岩的几何形状和有利沉淀位置的出现所控制，但它们显然是后动力学过程中形成的，其中的流体循环除了依赖于因核杂岩的形成所产生的高温梯度外，还有赖于其他热因素等控制（Marchev et al.，2005；Gilg et al.，2006）。据此，Marignac 等（2016）探讨了阿尔及利亚东北部 Edough-Cap de Fer 多金属矿集区（Fe-Cu-Pb-Zn、W-Au-Sb、W-As）的成因与阿尔卑斯 Maghrebide 构造带中晚中新世变质核杂岩的成矿演化关系，认为在晚渐新世—早中新世期间，三个主要的热液事件导致了 Edough-Cap de Fer 多金属矿集区的形成（图2-6）：约17Ma为As（方砷铁矿）-F（萤石）-W（白钨矿）矿化阶段［图2-6（a）］，矿化深度约2km、温度450～500℃，成矿流体系起源于隐伏稀有金属花岗岩的超盐度岩浆热液和来源于变质核杂岩的变质流体的混合；约16Ma微晶花岗岩侵入在基底与上覆复理石岩层边界产生了高热焓的、以液体为主的地热场，并形成了中温热液型多金属矿脉区［图2-6（b）］，其温度高达350～375℃、形成深度1.3～1.5km，成矿流体来源于可能由深部花岗岩岩基侵位引起的热传导的基底，区域性断裂则成为成矿热流体运移通道，并引起Zn-Pb-Cu矿化；约15Ma的再次岩浆活动可能导致了新的浅层（约800m深度）地热场以及浅表流体（大气降水和可能的海水）的对流，从而产生了“浅成低温热液型”多金属矿床和As-Au矿化［图2-6（c）］，成矿物质主要来源于变质核杂岩及上覆复理石盖层，少量来自岩浆岩。可见，来源于变质核杂岩的变质流体和因岩浆作用导致的热及热传导对 Edough-Cap de Fer 多金属矿集区的形成起同等重要作用。

国内外学者对变质核杂岩成矿作用的研究提供了可供借鉴的有益思路，即：①从变质核杂岩-伸展穹隆-岩浆活动三者统一实体探索成矿规律；②从岩石岩体的变形变质、蚀变和矿化，分析测试其温压变化规律；③探讨、测定岩浆活动期次与多期成矿作用关系；④研究矿床的垂向分带和空间分带与变质核杂岩的关系，有时需要根据隆升幅度和剥蚀深度恢复变质核成矿时的原貌；⑤根据变质核杂岩中稳定同位素的分析，探讨两种流体的运移规律。总之，研究中要将构造、岩体、流体、矿液相结合，构造与地球化学相结合，从动态的时空变化上探索其成矿赋矿规律。

2.2.3　断层活化对成矿的控制

许多后生金属矿床的形成受陆内地壳变形引起的构造控制，成矿多发生在断层和剪切带内，或者与

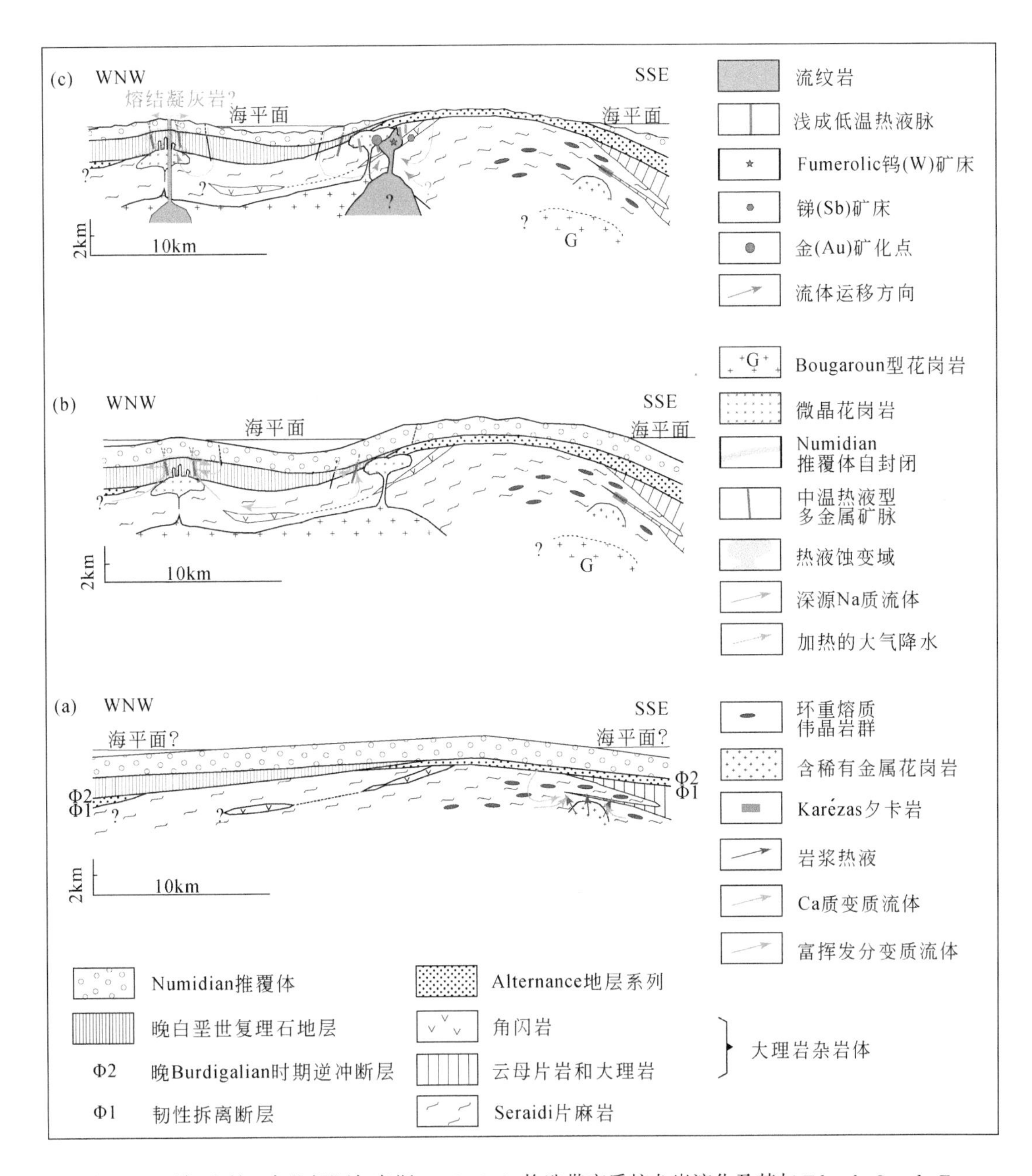

图 2-6　阿尔及利亚东北部阿尔卑斯 Maghrebide 构造带变质核杂岩演化及其与 Edough-Cap de Fer 多金属矿化系统关系模式图（据 Marignac et al., 2016 修改）

其相关的断裂系统内（Cox et al., 2001）。热液金属矿床作为一类重要的矿床，其形成离不开大量含矿流体源源不断流经成矿场所并沉淀金属矿物。在成矿学的研究中，构造控矿与构造成矿作为一个普遍现象已被国内外学者和生产单位广泛关注。对许多矿床的地质特征研究表明，其形成与先成断层的活化密切相关。例如，澳大利亚 Drummond 盆地中的浅成低温热液型金矿主要受活化后的北东向走滑断层控制（Henley and Adams, 1992）。又如，中国小秦岭石英脉型金矿的形成与在挤压应力下早期韧性剪切带发生脆性活化形成的逆断层有关（薛良伟等，1998）。

断层活化过程（fault reactivation processes）已被认为对断裂发展（fault propagation）具重要的控制作用（Walsh et al., 2002; Bellahsen and Daniel, 2005）。对断层活化及其过程进行研究可以了解断层消亡历史（Wood and Mallard, 1992）、有效评估可能的流体幕式活动（Blair and Bilodeau, 1988; Cartwright et al., 1998; Lisle and Srivastava, 2004）和确定断层活化对断层增生行为和比例关系的影响（Cartwright et al., 1998; Walsh et al., 2002; Nicol et al., 2005）。正确制约断层活化过程对提高评估地震灾害性水平

（Lisle and Srivastava，2004）和评价断层活化对断裂封闭质量和流体迁移（Holdsworth et al.，1997；李增华等，2019），以及正确理解矿床的成因等还具有重要实际意义。

断层活化是指断层沉寂很长时间后又发生活动，但成矿作用可以和断层活化同时发生，也可以发生在断层活化一段时间以后。在前一种情况下，断层活动本身可能为成矿流体的流动提供了动力，而在后一种情况下，活化的断层为流体的流动提供了运移通道。因此，从成矿的角度而言，先存断层作为岩石中的薄弱位置，后期多次的活化会不断提高断层自身及周边围岩的渗透率，有利于成矿流体的运移和汇集，在温度、压力和化学等条件合适时沉淀金属矿物。例如，加拿大阿萨巴斯卡盆地（Athabasca Basin）不整合型铀矿床产于太古宙—古元古代变质结晶基底与上覆晚古元古代—中元古代砂岩之间的不整合面，受基底断层控制，这些基底断层切穿并错动不整合面几十米到几百米。然而，上部砂岩多近水平且变形程度很低，并不受如此大程度的断层活动影响（Thomas et al.，2000；Jefferson et al.，2007）。Li 等（2017）、李增华等（2019）归纳总结了阿萨巴斯卡盆地内铀矿的地质特征，得出该断层应为继承的基底断层在盆地沉积后发生再活化，而不太可能为盆地形成后新发育的断层，并运用数值模拟的方法证明有先存断层的基底比没有先存断层的基底更容易变形，从而使不整合面发生错动。结合成矿流体来自盆地，活化的基底断层比不活化的基底断层更可能与成矿流体沟通，从而对铀矿成矿作用产生控制。

2.3　陆内构造-岩浆活化与成矿

陈国达先生于1956年首次提出活化区（activated region）术语，用以代表诸如中国大陆东部大部分原系地台的地区（陆内），于中生代中期发生“地台（陆内）活化”过程，形成一种新的、以强烈地壳运动为特征的活化构造区，即地台活化区（陈国达，1956）。基于地台活化区所特有的构造-地貌、火山-沉积建造和岩浆建造、变质建造，以及所表现的特色成矿作用，陈国达（1959a，1959b，1959c，1965）将这种新的活化构造区正式命名为地洼区，强调它是大陆地壳演化中除地槽区和地台区外、新发现的第三个基本构造单元，并指出地壳演化史是由多种类型的“活动”构造区和“稳定”构造区，交替转化与阶段发展构成的。随着20世纪60年代以来板块构造学说的提出和广泛应用，以及80年代以来大陆动力学研究在全球范围内的深入，为能更恰当地表述地洼学说的理论核心，自1992年起陈国达先生采用活化构造理论（简称活化构造论，theory of activated tectonics；Chen，2000）作为地洼学说的同义语使用。这种表述上的变化，从侧面反映出了半个多世纪来，随活化区研究的积累和深入，活化构造理论及其动力学机制也在不断充实完善（林舸，2005；林舸和范蔚茗，2015）。

构造-岩浆活化（区）的主要表现形式包括（陈国达，1996）：①从构造-地貌或构造反差强度的角度来看，强烈的块断升降运动形成地堑-地垒构造式样或盆地-山岭构造格局，并伴随系列大型（剪切）块断断裂或深大断裂；②剧烈的岩浆活动导致大规模花岗质岩浆侵入和火山喷发（伸展和裂谷作用），构造-岩浆活化晚期则以基性、超基性岩浆喷发和侵入为主；③大面积地壳隆升和剥蚀在沉积盆地沉积系列火山岩建造、火山-碎屑沉积建造和含煤-油气建造；④块体间水平挤压作用导致逆冲推覆构造或逆掩断层和断裂变质作用；⑤因多期多阶段构造-岩浆改造、变质作用和沉积活动，活化区的矿床往往具有叠加成矿特征或表现复杂成因类型，但常产生大型-超大型甚至巨型矿床，或高品位富化矿床。

活化构造理论的提出及不断完善过程，也是对地壳演化阶段成矿规律的再认识过程。为更好地描述活化构造区所具有的独特成矿现象，以正确理解矿床的成因、时空分布规律，并为找矿实践服务，陈国达（1956，1959a，1996）将大地构造学与矿床学相结合，提出了活化（地洼）成矿理论，并认识到不同构造单元表现成矿专属性、矿产继承性和成矿递进性、成矿的多阶段性及不平衡性等。随后，他正式提出了多因复成矿床的概念（陈国达，1982），专指那些由于不止一次的成矿作用的综合结果，以致明显地同时具有多方面的成因特征的一类矿床，并表现出“叠加富化”“改造富化”“再造富集”等三种成因模式。此类矿床最常见于地壳演化的地台（陆内）活化阶段，因而最广泛分布于活化构造区。此后，陈国达先生对多因复成矿床的基本特征作了高度概括，认为该类型矿床普遍表现为多个大地构造演化阶段、多种成矿物质来源、多类控矿因素、多种成矿作用和多样成因类型（陈国达，1996，2000）。多因复成这一新类型矿床的提出，不仅为正确理解那些复杂或特色矿床的成因提供了新的思路，而且为深入探索地台活化或陆内构造-岩浆活化的动力学机制开辟了新的视角，更重要的是为在陆内活化区开展成矿预测和找矿勘查提供新的成矿理论支撑。为阐明活化（地洼）构造的动力学机制及其成矿过程，陈国达（1965）曾提出“地幔蠕动热能聚散交替”假说，认为地壳的“动”（活动区）“定”（稳定区）转化、递进发展，以及地壳块体移动和定向构造形成，其根本原因是地幔物质及温度的不均一性所引起的缓慢蠕动和地壳中的热能聚散交替。一些学者还从定量计算（董军等，2001）、岩石探针和数值模拟（范蔚茗等，1993；林舸，2005）等角度，讨论了地台活化或构造-岩浆活化的动力学性质和过程与表现形式，认为地台活化与软流圈上涌导致的地幔热侵蚀和壳-幔相互作用有着密切的成因关系（林舸和范蔚茗，2015）。

近年来，许德如等（2015）结合板块构造、地幔柱构造及其所导致的各种矿床类型的动力学起源和循环特征等研究进展认为，无论是板块构造成矿理论，还是地幔柱构造成矿理论，对矿床成矿系统的起源、时空分布和成因机制的解释，均紧密联系大地构造演化及其地球动力学背景，且超大陆的聚合和裂解表现出旋回性或周期性的同时也导致了大陆成矿作用具有旋回性或周期性特征。因此，陈国达先生所研究的地台活化区应特指中国东部或全球类似地区大地构造发展至中生代时期因发生强烈构造-岩浆活动和相关成矿作用而在大陆地壳的表现（许德如等，2015）。由于成矿作用与大地构造演化和地球动力学事件具有密切的成因联系，以及不同活化构造区的地壳演化及其大地构造发展阶段还具有独特性或存在某些差异，成矿作用从而表现出多旋回性、特殊性或叠加改造和富化特点；特别是，地台活化区或陆内构造-岩浆活化区往往经历多个大地构造发展阶段，并相应地发生大规模构造变形、岩浆活动和变质作用等构造-岩浆-热（流体）事件，因而这种活化构造区内的成矿作用往往具有多因复成特征，并形成了具有经济意义的、大而富的矿床。实质上，我们可以认为陆内构造-岩浆活化或多因复成矿床是多地质过程包括沉积作用、构造变形、岩浆作用和变质作用及伴生的大规模流体事件等耦合的产物，其动力学机制可能来源于（多期或幕式）地幔（柱）对流和上涌及壳-幔相互作用或地幔柱-岩石圈板块相互作用。

由此可见，（陆内）构造-岩浆活化过程实际上也是一个叠加成矿富集的过程。已有研究发现，全球许多大型金多金属成矿带往往就表现出多期或叠加成矿特征（翟裕生等，2009；Hastie et al.，2020），如澳大利亚 Yilgarn 克拉通中的金矿（Bucci et al.，2004）、津巴布韦 Kwekwe 地区金-多金属矿（Buchholz et al.，2007）、美国内华达州的卡林型金矿（Emsbo et al.，2006）、天山金成矿带（薛春纪等，2020）、南非的 Witwatersrand 金矿（Large et al.，2013），等等。叠加成矿的贡献包括：①提高金属元素的品位和储量（Large et al.，2013）；②早期矿化为晚期热液中金属的沉淀提供化学圈闭（Meffre et al.，2016）；③新增矿石和脉石矿物的类型（Cabral et al.，2011）。这种叠加成矿不仅表现在矿床地质特征上（如同一矿区不同成矿期次形成的矿脉具有不同的产状或相互叠置或穿插、具有不同矿物组成和围岩蚀变，且对金成矿有着不同的贡献等），而且也表现在成矿流体和成矿时代的差异性上（Essarraj et al.，2001；Bucci et al.，2004；Bateman and Hagemann，2004；Duuring et al.，2004；Buchholz et al.，2007；Large et al.，2013；Siebenaller et al.，2015；Meffre et al.，2016；Haroldson et al.，2018）。导致叠加成矿作用的因素可能包括构造体制（域）或构造应力场的转换或转折和叠加，不同级别、不同类型、不同层次的构造叠加，以及不同时期所发生的沉积作用、岩浆活动和变质作用等改造（邓军等，2010；翟明国等，2003；Sun et al.，2007，2013；Ghosh and Mukhopadhyay，2007；宋传中等，2010；许德如等，2015）。

例如，由于不同构造域（古亚洲构造域、特提斯构造域、环太平洋构造域）在不同时期的转换和叠加（赵越等，1994），中国大陆出现的丰富的矿产资源主要集中分布于古亚洲成矿带、特提斯成矿带和环西太平洋成矿带等三大巨型成矿带（李文昌等，2014）。又如，中生代时期由于中国大陆特别是中国大陆中东部经历了重大构造转折，即从晚古生代—早中生代初的板块边缘造山向中-新生代的板内或陆内造山转变（Zhou et al.，2006；Li and Li；2007；Mao et al.，2011b；Mao et al.，2013，2014），因而在中国东南部创造了世界级的钨、锡、铋、钼、锑矿床（Xu et al.，2017b）。而基于华北大陆赋存于太古宙—古元古代古老变质岩中的许多金矿床（如小秦岭成矿省），其成矿时代（130～120Ma）明显晚于克拉通稳定化

（新太古代—古生代）和新太古代—早古元古代区域变质作用的事实（图 2-7），Li 等（2012）就认为这些金矿床产于晚中生代时期华北克拉通构造活化导致的伸展构造环境中，即由构造“稳定区”向“活动区”转化［图 2-7（c）］。他们同时还提出，华北克拉通在晚中生代的构造活化是岩石圈减薄和热的软流圈上涌结果，并在克拉通东部地区表现为大规模岩浆作用、断陷盆地的形成、高的地壳热流以及广泛的变质核杂岩构造。克拉通的这种岩石圈减薄和构造-岩浆活化除了为流体流动和金沉淀提供有利的构造场

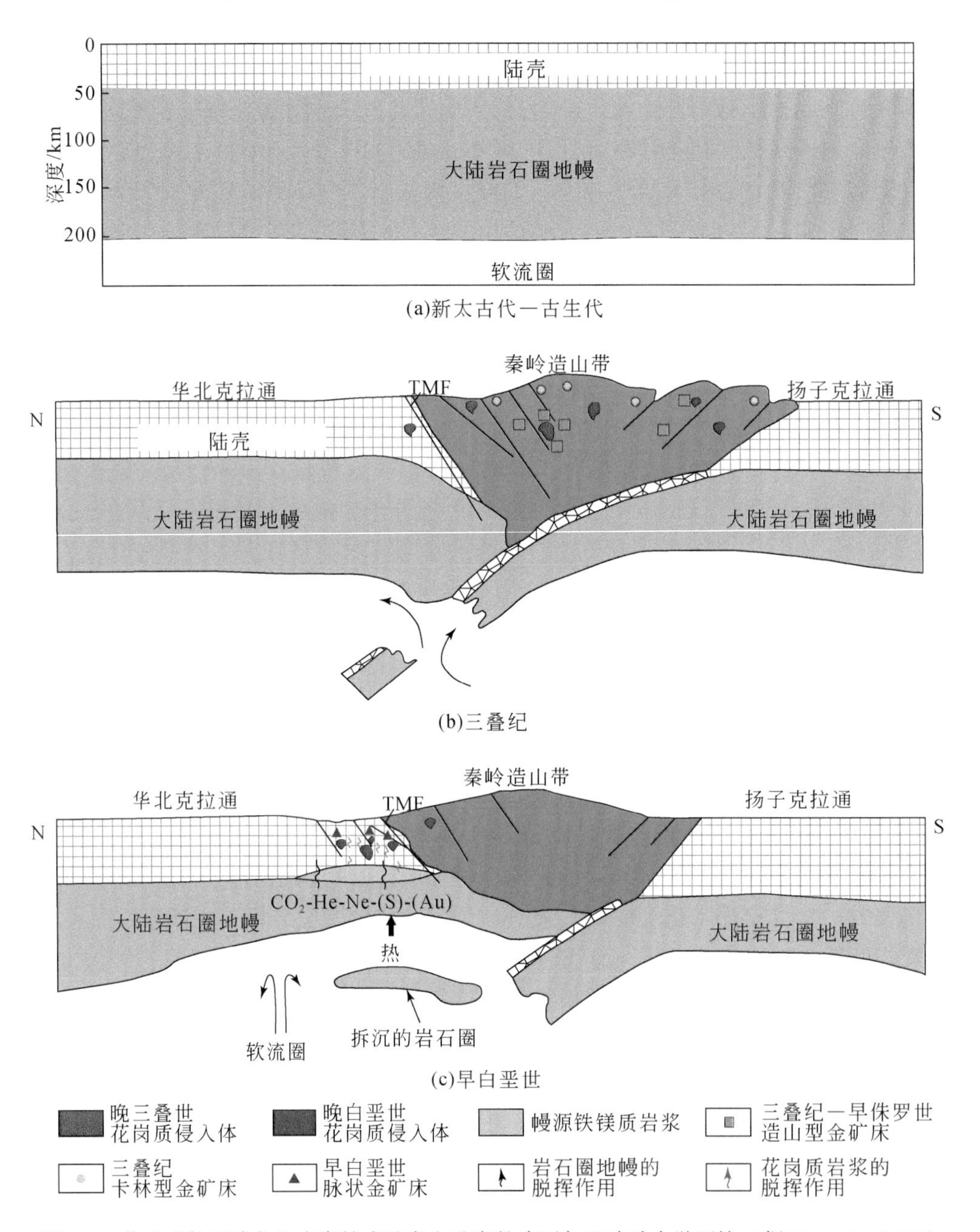

图 2-7　华北克拉通演化和小秦岭成矿省金矿床的成因与地球动力学环境（据 Li et al.，2012）

（a）自早古元古代稳定以来，直至古生代末，一个厚的岩石圈（>200km）一直出现在华北克拉通之下（Menzies et al.，1993），但在这个长期稳定时期并没有强烈的岩浆作用和热液矿化发生；（b）扬子和华北克拉通间的大陆碰撞形成了秦岭造山带，并使华北克拉通岩石圈加厚，但俯冲的岩石圈拆沉在秦岭造山带导致广泛的碰撞后花岗质岩，局部则出现在华北克拉通南缘（Qin et al.，2007；Wang et al.，2007；Hu，2009；Dong et al.，2011），在三叠纪—早侏罗世造山演化过程中大量造山型和卡林型金矿也形成于秦岭造山带（Mao et al.，2003）；（c）早白垩世，由于岩石圈拆沉和/或软流圈上涌，位于华北克拉通南部之下的岩石圈明显变薄，在克拉通南缘特别是在小秦岭和熊耳山成矿省导致了强烈的岩浆作用、伸展变形构造和金成矿作用，这个热液成矿系统中的 S、流体和其他成分可能主要来源于岩浆挥发作用和地幔脱气，而最可能因三叠纪大陆碰撞效应导致的铁炉子-马超营超岩石圈断裂（TMF；陈衍景和富士谷，1992）可能控制了小秦岭成矿省金矿床的形成和分布。

所外，还通过提供足够的热能、流体、硫和可能的金属金，极大地促进了广泛的金成矿作用。毛景文等（2008）、Mao等（2013）则总结出华南地区中生代主要金属矿床成矿作用发生于三个阶段（图2-8）：晚三叠世（230～210Ma）、中晚侏罗世（170～150Ma）和早中白垩世（134～80Ma），并认为它们对应不同时期的地球动力学事件。其中，晚三叠世成矿元素组合为W-Sn-Nb-Ta，成因上与过铝质二云母花岗岩有关，

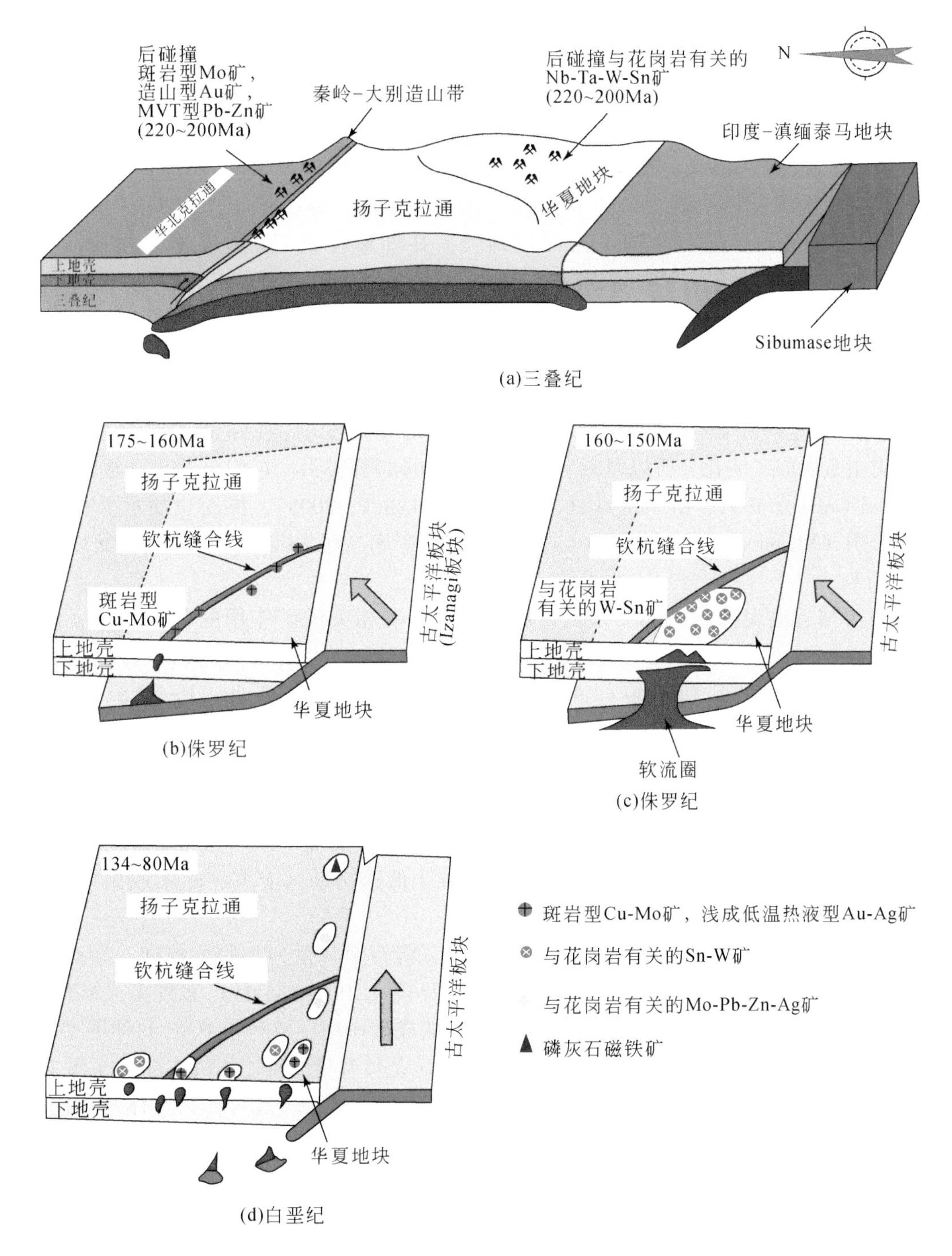

图2-8　华南大陆中生代地球动力学演化和相关矿床成因模式（Mao et al.，2013）

（a）印支期构造-岩浆事件期间，华北克拉通、扬子板块、华夏板块和印支板块和滇缅泰马板块（Sibumase）的相互作用和形成的各种矿床；（b）175～160Ma钦-杭缝合带与斑岩Cu-Mo间的耦合作用，可能因Izanagi板块的俯冲板片的撕裂引起；（c）160～150Ma可能由板片窗诱导的软流圈岩浆上涌和广泛的壳-幔相互作用及由此导致上涌区形成Sn-W矿床；（d）沿华南板块大陆边缘发生的白垩纪构造-成矿事件：134～80Ma期间，古太平洋板块平行于欧亚大陆移动引起NWN-SES伸展，从而有利于拉分盆地沿大陆边缘发展和与这些盆地有关的Cu-Mo-Au-Ag-W-Sn-Pb-Zn矿床形成

是华北、华南和印支三大板块后碰撞过程的成岩成矿响应；中晚侏罗世的成矿包括 170 ~ 160Ma 斑岩-夕卡岩型铜矿床和 160 ~ 150Ma 与花岗岩有关的钨锡多金属矿床，均是 Izanagi 板块向欧亚大陆俯冲的结果，但前者可能与 170 ~ 160Ma 期间由于俯冲板片局部撕裂形成 I 型或埃达克质岩有关，而后者与 160 ~ 150Ma 期间因俯冲板片在局部（如南岭地区）开天窗、软流圈物质上涌并形成壳幔混合型高分异花岗质岩有关；早中白垩世则形成浅成低温热液型铜金银矿床和花岗岩有关的钨锡铜多金属矿床，可能与俯冲板片方向改变、大陆岩石圈伸展（以大规模断陷盆地和变质核杂岩出现为特征），以及其导致的大规模火山活动和花岗质岩浆侵位有关。

地球演化历史也见证了超大陆内大陆碎片的循环聚合和离散（Nance et al.，2014；Pirajno and Santosh，2015；Rogers and Santosh，2004）。大陆碎片聚合成超大陆涉及大洋岩石圈间大洋盆地的封闭和大洋岩石圈及大量海沟沉积物的俯冲（Li and Zhong，2009；Maruyama et al.，2007；Santosh，2010）。俯冲板片在地幔过渡带停滞，随后垮塌进入深部地幔，并堆聚在核-幔边界（Maruyama et al.，2007；Peacock，1996；Zhong and Gurnis，1995；Zhao，2004）。有学者提出，不同年龄的残留板片可以在地幔中储存数百万年甚至几十亿年（Shaw et al.，2012），并推测，在地球演化历史不同时期通过长时间俯冲而产生的堆聚在核-幔边界的板片基石，由于地核加热将随时间而转化为大规模上涌的地幔柱或超地幔柱（Kawai et al.，2013；Maruyama et al.，2007；Nance et al.，2014；Pirajno and Santosh，2015；Santosh，2010）。这种上涌的超地幔柱最终会导致超大陆的裂解（Nance et al.，2014；Pirajno and Santosh，2015）。对地球演化历史中金属成矿演化分析以及对各种矿床类型的剖析表明，它们与超大陆循环有着广泛的相关性（Barley and Groves，1992；Kerrich et al.，2000；Yakubchuk，2008），同时也显示了它们有来自深俯冲滞留板片的影响（Khomich et al.，2014）。主要的世界级矿床与超大陆的聚合和裂解密切相关（Pirajno and Santosh，2015）。

理清地幔对流与近地表构造间的关系是了解区域构造和相关成矿作用的关键之一（Keith，2001；Lobkovsky and Kotelkin，2015）。一般来说，涉及 P 波和 S 波速度的地震结构被认为反映了地幔对流所导致的地球内部整个物理性质（Fukao et al.，2009；Santosh，2010）。据此，He 和 Santosh（2016）通过对地震层析成像的推断，评估了华南大陆（包括江南古陆）上地幔的速度结构，以了解地幔动力学及其对华南大陆构造和成矿的影响。他们的研究证实了在华南大陆深部的上地幔和地幔过渡带内发生了显著的速度扰动，这暗示深部地幔动力学与多个构造-热事件有关；同时，还确定了俯冲板片的残余和停滞的斑点，以及地幔柱从地幔过渡区达到地壳底部的显著上涌。He 和 Santosh（2016）据此评估了华南大陆主要矿床的分布情况，发现这些矿床大多位于低速扰动区上方，暗示成矿作用和地幔动力学存在密切的联系。

另外，每一特定构造环境的发生或构造环境的改变，将产生一系列相应的控矿、导矿或赋矿构造，它们对叠加成矿也起着重要作用。例如，中国东部燕山早期（200 ~ 135Ma）大规模成矿作用主要受近 EW 向伸展型断裂构造控制，而燕山晚期（135 ~ 56Ma）的成矿作用主要产于 NNE 向伸展型断裂系统内，分别与当时最大主压应力方向平行，而两组构造的交汇部位是最有利的富矿体成矿部位（图 2-9）。可见，构造环境的改变所导致的构造体系是控制成矿叠加的一个关键因素，不仅可作为流体和成矿物质运移的通道，同时还改变成矿的物理化学条件，并最终提供成矿物质沉淀、聚集和就位的空间。基于我国特殊的地质构造发展和演化特征，涂光炽（1979）、曾庆丰等（1984）还提出“叠加成矿”论，以解释中国大陆特别是中国大陆东部中生代以来的大规模成矿富集事件与赋存规律，并认为构造叠加与成矿叠加是相互依存的。

综上所述，尽管人们对陆内构造-岩浆活化的机制仍存在不同的理解，但已趋同陆内活化过程对成矿或成矿叠加有着重大影响，是导致成矿富集的决定因素。

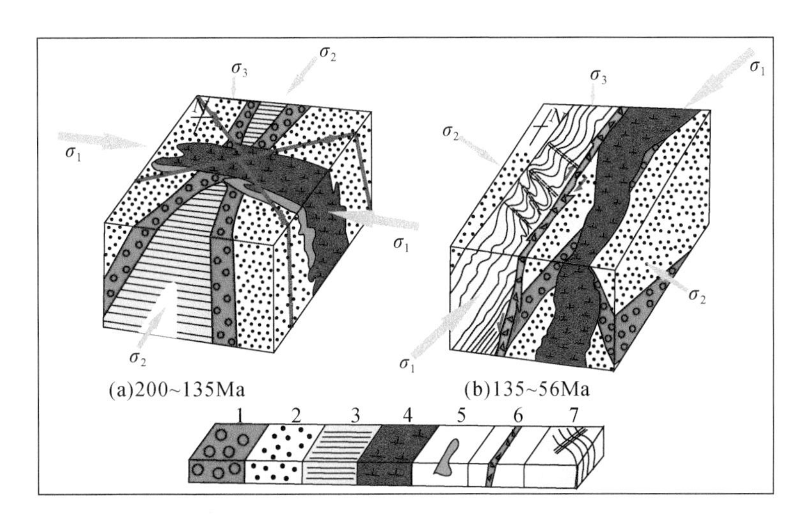

图2-9 燕山早期（200～135Ma）和燕山晚期（135～56Ma）构造应力场、岩石变形及其对成矿作用的影响（据Wan，2010修改）

1. 角砾岩；2. 砂岩；3. 粉砂岩和页岩；4. 闪长岩；5. 矿床；6. 角砾岩带；7. 微褶皱轴面

σ_1 为最大主应力；σ_2 为中间主应力；σ_3 为最小主应力

2.4 中国大陆金（多金属）成矿机制

2.4.1 中国大陆金（多金属）成矿特征

与全球其他相对稳定的大陆（如加拿大克拉通、西澳大利亚克拉通、印度克拉通等）相比，中国大陆本身具有复杂的地壳演化历史和独特的地质构造特征。中国大陆地处欧亚板块、印度板块和太平洋板块的交汇部位（图2-10），是由数个大小不一的陆块在地球演化历史时期经多构造体制的转换、多动力源效应和多次碰撞拼合与多期复合造山而形成的（Wang and Mo，1995；和政军等，1999；翟明国，2020）。因此，其地壳组成和结构的最基本特征为一系列不同时期具不同构造属性的造山带将华北、扬子和塔里木等多陆块统一为整体。显生宙尤其是中生代以来，中国大陆特别是其东部地区又经历了陆内造山与岩石圈伸展和减薄的多期次交替，不仅强烈改造或破坏了古老大陆岩石圈或克拉通，同时导致大规模的岩浆作用（出现大火成岩省）、显著的陆内变形（北东—北北东向深大断裂、断块隆升和剥蚀、挤压逆冲推覆与褶皱、盆-岭构造省和变质核杂岩等）和大规模的W、Sn、Bi、Mo、Cu、Pb、Zn、Au、Sb等有色金属、稀有金属、贵金属与放射性金属（U）的爆发式成矿（Mao et al.，2011a，2013；Xu et al.，2017b）。中国大陆这一复杂而特殊的地壳演化和地质构造特征，决定了其成矿作用具有十分鲜明的特色，由此也控制了它在成矿类型、成矿时间及空间分布上与全球大陆的显著差异（许德如等，2019）。

与全球主要大陆相比，中国大陆的成矿作用无论是在矿种还是在矿床类型上都存在显著差异。例如，与西澳大利亚和加拿大克拉通不同的是，中国大陆太古宙地层的分布区尚未发现有重要价值的与科马提岩有关的Ni-Cu-Au矿床，在花岗-绿岩带也缺少太古宙时期形成的大型-超大型金矿床；元古宙时期，中国克拉通面积虽有扩大，但它在较长时期内仍处于不稳定状态，缺少像南非大陆中存在的巨型稳定克拉通盆地，因而不具备含金砾岩型金矿的形成条件，也缺乏像西澳大利亚Pilibara克拉通内稳定的古陆风化环境，难以形成Hamersley型巨型富铁矿床。而与全球经典斑岩型铜矿产出地——安第斯-科迪勒拉成矿带（Cooke et al.，2005）相比较，中国大陆斑岩型铜矿也显示出自身的成矿特点（Yang and Cooke，2019）：①尽管中国境内斑岩型铜矿的产出与全球三大成矿域相对应，但从矿床数量和规模来看，以特提斯-喜马拉雅成矿带为主，古亚洲和太平洋成矿带的产出相对较少（李文昌等，2014）；②成矿环境多

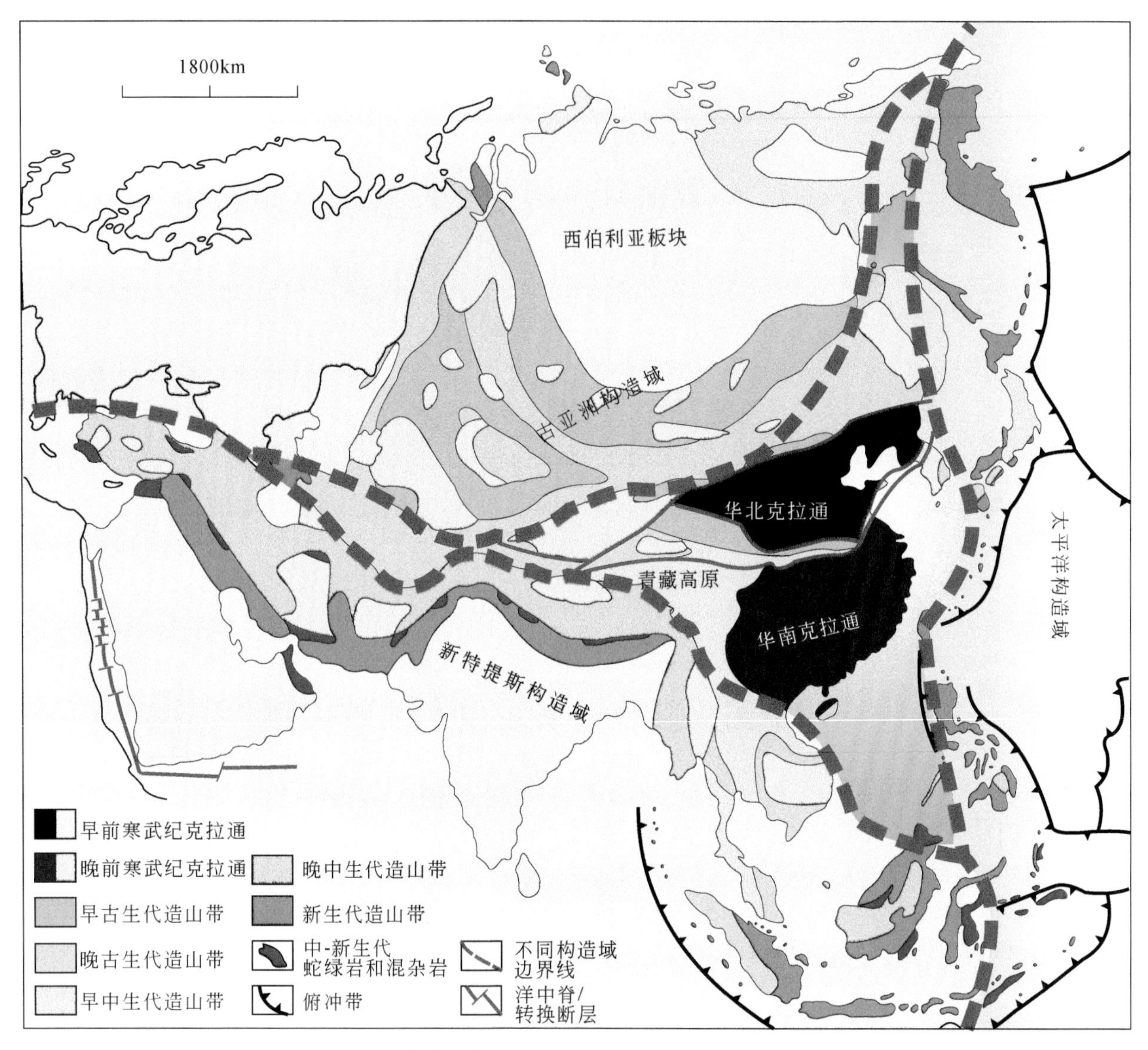

图 2-10　华北、华南克拉通位于三大构造域中心（据 Li et al.，2013）

样，不仅产于与俯冲有关的岛弧，也可出现在陆-陆碰撞、大陆内部裂谷和碰撞后走滑断裂带等环境（图 2-11；Hou et al.，2011）；③成矿持续时间长，从太古宙至第三纪均有产出，但主要集中于中、新生代；④常与夕卡岩型、火山热液型、VHMS 型、SEDEX 型和 MVT 型等矿床共伴生，但规模相对较小。

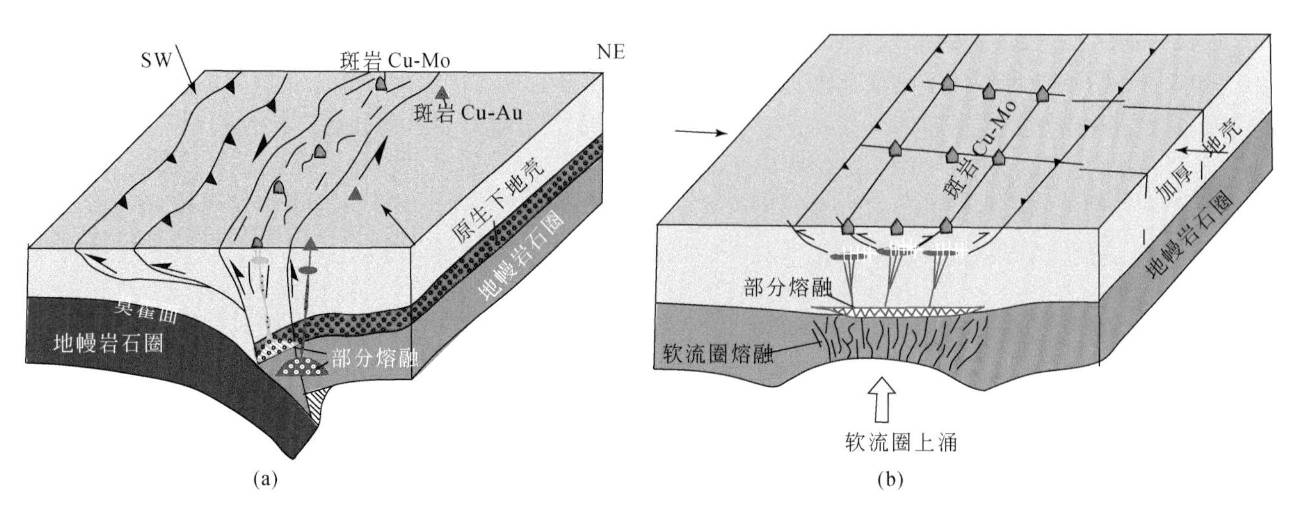

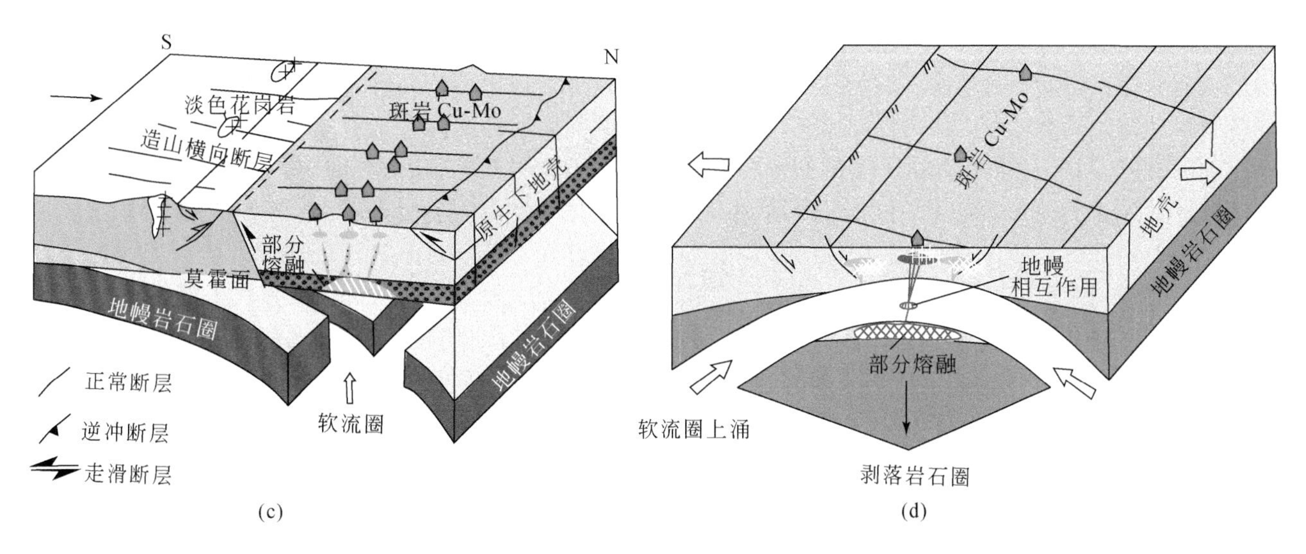

图 2-11　非俯冲环境下斑岩型矿床形成模式图（据 Hou et al., 2011）

中国大陆因不同成矿域具有自身独特地质构造演化特征，成矿作用在时间上、空间上表现出极不均匀性。例如，在空间分布上：①前寒武纪矿床主要分布在古陆边缘和陆内裂谷内部，但在不同构造单元差异较大。例如，华北板块是我国前寒武纪矿产分布最多的地区，以铁、稀土、铌、金、硼、菱镁矿、滑石、铅、锌、镍、石墨等矿最为重要；而华南扬子板块前寒武纪优势矿产则为铜、锰、磷、铅、锌、金、铁等矿产。②造山带内显生宙矿产十分丰富，主要分布于中亚洲成矿带、秦-祁-昆成矿带、特提斯-喜马拉雅成矿带和滨太平洋成矿带（翟裕生，2007），而中生代约 86% 的矿床集中于西太平洋成矿带，特提斯-喜马拉雅和中亚成矿带中的矿床数量相对较少。③因西部大陆（指 108°E 以西）主要受古亚洲构造域和特提斯-喜马拉雅构造域的控制，而东部主要受太平洋构造域的控制，因此，东、西部大陆成矿特征区别显著。如东部虽面积仅占全国的 55% 左右，却分布了我国已知中大型矿床数的 3/4；前寒武纪绝大多数超大型、特大型金属和非金属矿床也分布在中国东部大陆（Xu et al., 2017b）。④同一矿种在空间分布上表现极不均衡性，如我国已探明稀土资源量居世界之首，但稀土矿床具有“北轻南重”的分布特点；又如我国境内金矿主要分布于东部西太平洋成矿带的华北北缘、胶东和华南东南沿海，以及华北南缘的秦岭-大别、西南三江特提斯成矿带和华南江南成矿带。其中，中国东部地区已知金矿床（点）占 89%，约占探明储量的 95%。⑤不同成因类型的同一矿种在空间分布上也表现出不均衡性。例如，中国境内不同成因类型的铀矿床具有显著的空间分布规律，并表现出成矿环境的专属性（蔡煜琦等，2015）：砂岩型铀矿床主要产于中国北方系列中-新生代陆相盆地中，可能是古亚洲构造域和太平洋构造域形成演化导致陆源碎屑沉积和含铀富氧流体大规模运移的结果；火山岩型和花岗岩型铀矿床主要产于中国华南地区印支期—燕山期构造-岩浆活动带内，在中国中部长江中下游和秦祁昆构造-岩浆带也有产出，与太平洋构造域和/或特提斯构造域形成演化过程导致的大规模花岗质岩浆侵入和火山活动及壳幔相互作用等深部过程密切相关；碳硅泥岩型铀矿床主要产于中国西南地区的扬子陆块边缘，其次是中国中部的南秦岭地区，赋存于震旦系—二叠系海相碳酸盐岩建造和细粒碎屑岩建造中，成因上可能与特提斯构造域演化有关。

此外，中国大陆成矿作用在空间分布上的不均一性也表现在成矿系统的元素组合和成矿强度上：①在成矿元素组合上，华北板块在太古宙—早古元古代形成铁成矿系统，在元古宙形成 Cu-Pb-Zn、REE-Fe-Pb-Zn 和 Mg-B-C（古元古代的石墨）成矿系统，在古生代形成 Cu-Mo 成矿系统，在中生代形成 Au、Ag-Pb-Zn 和 Mo 成矿系统（Zhai and Santosh, 2013）；而华南板块在元古宙晚期形成 Cu-Pb-Zn、Pb-Zn 和 Fe-Co-Cu 成矿系统，在晚古生代形成有色和贵金属成矿系统，在晚古生代—早中生代形成 Au、Cu-Pb-Zn 和 Pt-Pd-Ni-Cu-Co 成矿系统，在晚中生代形成 Au-Sb-W、W-Sn-Bi-Mo-Be、REE 和 W-Cu 成矿系统，在喜马拉雅期则形成 Cu、Au 成矿系统（Hu et al., 2017）。②在成矿强度上，亚洲成矿域以华北地块及其北缘最高，环太平洋成矿域以华南地块最高，特提斯成矿域以西藏地块最高，而秦-祁-昆成矿域以秦岭-大别造山带最高。

成矿作用在空间上表现出不均匀性的同时，在时间上也表现出不均匀性，显然这两者是一对不可分割的有机整体。因此，可以认为控制成矿作用的空间分布不均匀性的因素也就是控制成矿作用的时间分布不均匀性的因素。例如，超大陆多旋回聚合和裂解对成矿作用及矿床的时空分布的控制已引起众多学者的关注（Nance et al.，2014）。又如我国华北地区主要矿床类型的时空分布就与该区多期聚合和裂解事件表现出耦合性，具体为新太古代地壳巨量生长和稳定化过程与条带状 BIF 铁矿成矿系统，古元古代裂解-俯冲-增生-碰撞和大氧化事件与 Cu-Pb-Zn、Mg-B 成矿系统，晚古元古代—新元古代多期裂解与 REE-Fe-Pb-Zn 成矿系统，古生代造山与 Cu-Mo 成矿系统，中生代岩石圈减薄和克拉通破坏伸展构造与 Au、Ag-Pb-Zn、Mo 成矿系统（图 2-12）。而我国华南矿床类型多样，丰富的矿产资源形成与 2.1 ~ 1.4Ga 的哥伦比亚超大陆演化、1.3 ~ 0.9Ga 格林威尔或晋宁期造山和罗迪尼亚超大陆聚合及随后的裂解、650 ~ 500Ma 的冈瓦纳超大陆聚合、泥盆纪以来的特提斯洋演化和 250 ~ 200Ma 的泛大陆形成，以及约 180Ma 以来的太平洋板块俯冲和由此引起的岩石圈伸展减薄等地球动力学事件有密切关系（图 2-13；Zaw et al.，2007；Hu et al.，2017）。

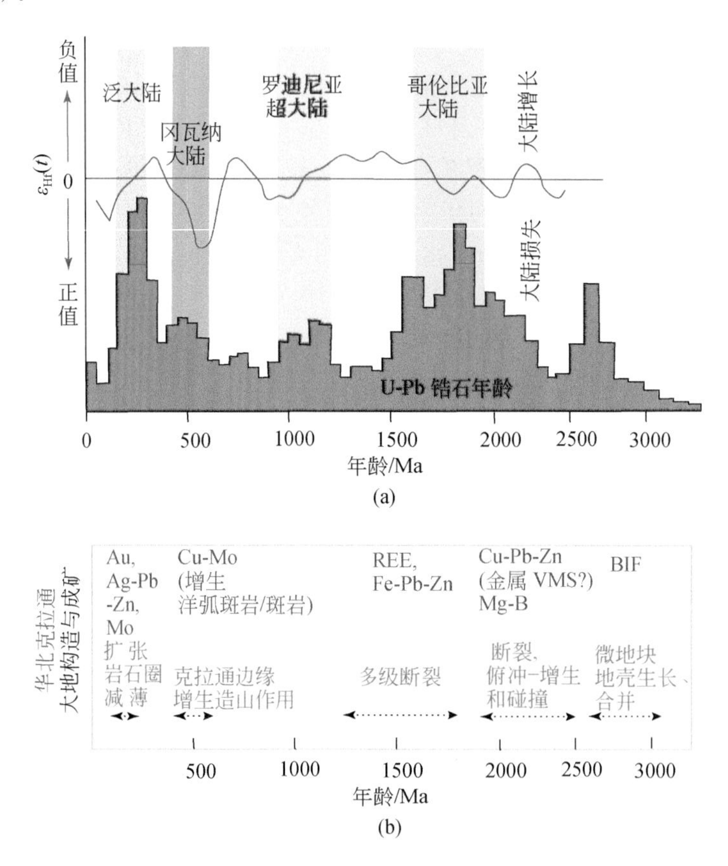

图 2-12　全球锆石初始铪（Hf）同位素数据与 U-Pb 年龄图解（a）和华北克拉通主要成矿幕与主要地质构造事件关系（b）（据 Zhai and Santosh，2013）

2.4.2　中国大陆显生宙金（多金属）成矿机制

中国大陆特别是中国大陆中东部产有丰富的不同成因类型的金矿床（详见 1.4 节）。据有关资料（USGS，2019），2007 ~ 2018 年中国是世界上最大的黄金产出国，2018 年中国的金储量在全球排第 9。Deng 和 Wang（2016）曾将中国地区划分为 5 个大地构造单元、16 个成矿省：①中亚造山带由东北成矿省和太行山-阿尔泰成矿省组成；②华北克拉通由华北北部边缘成矿省、胶东成矿省和小秦岭成矿省组

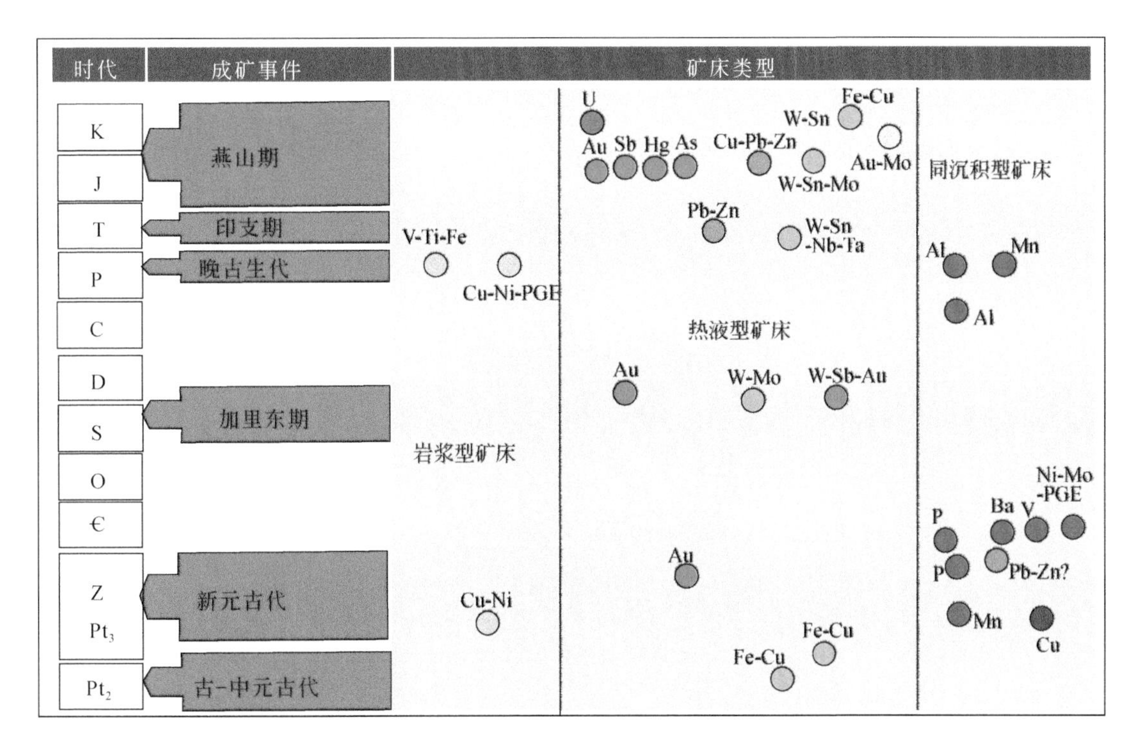

图2-13　华南地区主要成矿事件（据Hu et al.，2017）

成；③秦岭-祁连山-昆仑造山带由西秦岭成矿省、北祁连成矿省和东昆仑成矿省组成；④西藏和三江造山带由拉萨成矿省、甘孜-理塘成矿省、哀牢山成矿省和大渡河-锦屏山成矿省组成；⑤华南大陆由右江盆地成矿省、江南古陆成矿带、长江中下游成矿带和东南沿海成矿带组成。同时，他们把这些金矿床划分为造山型、胶东型、斑岩-夕卡岩型、卡林型和浅成热液型。

1. 克拉通破坏环境下起源于交代富集地幔的岩浆底侵成矿机制

针对华北大陆于早白垩世（集中于130～120Ma）时期在其北缘的辽东-吉南矿集区、赤峰-朝阳矿集区和冀北-冀南矿集区，其东部的胶东矿集区，以及其中部的太行山矿集区和其南缘的小秦岭矿集区、熊耳山矿集区等发生大规模金成矿作用，Zhu等（2015）曾提出了“克拉通破坏型”金矿（decratonic gold deposits）新的成因类型，认为这些早白垩世金矿并不能像先前建议的那样归为造山型金矿（Groves et al.，2020）。同时，他们还提出了美国内华达州卡林型金矿实际上也可能是“克拉通破坏型”金矿。“克拉通破坏型”金矿的成因机制如下：由于古西太平洋板块（伊扎纳吉板块）向西俯冲于中国东部大陆之下，在早白垩世为大规模金矿化创造了最佳的构造环境。而在地幔过渡带，被俯冲并滞留的板片因脱水导致了华北大陆下方的地幔楔连续地发生水化作用和可观的交代作用。结果，难熔的地幔被氧化，并高度富集大离子亲石元素和亲铜元素（如Cu、Au、Ag和Te）。这种地幔的局部熔融将会产生大量的含水、含Au和含S的玄武质岩浆，这种岩浆与因玄武质岩浆底侵所诱导的地壳衍生的熔体一起混合，就成为含矿流体的一种重要源区。

地幔来源的岩浆对克拉通破坏型（包括美国内华达州始新世金矿）金成矿作用的主要控制可归纳为（图2-14）：①提供了部分金元素和挥发分。②当岩浆底侵或侵入下地壳时引起下地壳广泛地部分熔融，随后岩浆上升，并可能在各种地壳深度形成暂时的岩浆库，其中的硫化物可能分馏在岩浆库中形成富金的硫化物堆积（Muntean et al.，2011），而更多新通量的镁铁质岩浆进入岩浆库将会使硫化物堆积熔融，形成更多的富金的岩浆（Botcharnikov et al.，2011）。③在岩浆房中积聚的金属硫化物可以通过岩浆的出溶流体溶解，也可以注入演化的岩浆库内的镁铁质岩浆中，形成富金的岩浆。当岩浆上升到上地壳，并快速减压期间，含金流体相将被分离。这些岩浆流体通常沿着断层长距离迁移，并在较短的时间范围内沉淀矿物质，其特点具有低的温度和盐度梯度（Muntean et al.，2011），深部钻探已揭示了胶东金矿集区的成矿流体类似于该特征（Hu et al., 2013）。④镁铁质岩浆也能为成矿作用和地壳流体的循环提供热源，在华北大陆变质的镁铁质火山岩中的某些Au能由存在的流体循环萃取出来（Sun et al., 2013）。当华北克拉通破坏达到高峰，富挥发分的低熔点成分被消耗殆尽时，金成矿作用也就停止，因此，Zhu等（2015）认为克拉通破坏型金矿形成于一个短的时间内。

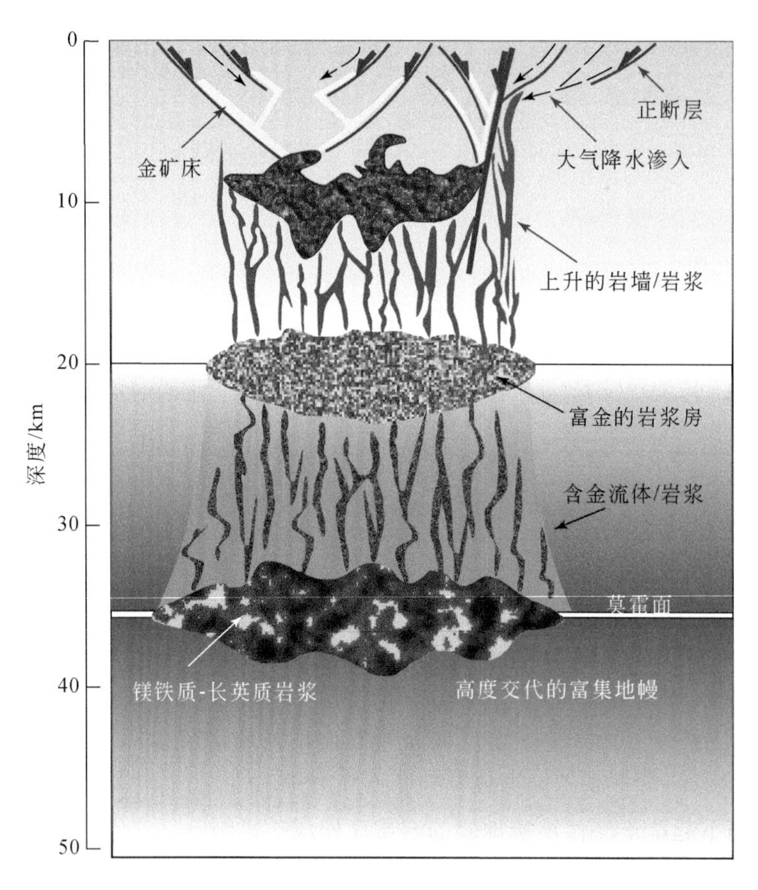

图2-14　克拉通破坏型金矿可能的成矿过程（据Zhu et al., 2015）

2. 造山型板片液化成矿机制

造山型金矿形成时代广、赋存深度宽、品位高、规模大，其资源量占到全球资源量的30%以上（Weatherley and Henley, 2013），是全球金矿勘探的重要类型（Groves et al., 1998; Goldfarb et al., 2005; 邱正杰等，2015）。随着研究程度的加深和不同构造背景下造山型金矿被发现，造山型金成矿模型从俯冲增生型（Groves et al., 1998; Phillips and Powell, 2009, 2010; Tomkins, 2010）已发展到碰撞造山型（陈衍景，1996，2013；侯增谦，2010；Deng et al., 2015），并提出地壳变质成因模式（Goldfarb et al., 2005; Large et al., 2011; Phillips and Powell, 2010; Tomkins, 2010）、地幔流体成因模式（Peacock, 1990; Sibson, 2004; Goldfarb and Santosh, 2014; Deng et al., 2015; Zhao et al., 2019）等多种造山型金成矿机制。基于造山型金成矿大地构造背景和矿床地质特征的研究，地幔流体成因模式大致还可分为以下三种模式：①俯冲洋壳脱水与流体回返模式（Peacock, 1990; Sibson, 2004; Peacock et al., 2011）。即由于俯冲板片脱挥发分，挥发分含金的流体沿着板片与地幔楔边界向上运移（Peacock, 1990; Wyman and Kerrich, 2010; Hyndman et al., 2015），到弧前地区的地壳浅部地震带沉淀成矿（Sibson, 2004; Peacock et al., 2011）。②克拉通破坏富集地幔脱气模式（Goldfarb and Santosh, 2014; Deng et al., 2015）。俯冲洋片释放的流体可能沿着区域深大断裂运移并进入次级断裂成矿，或者俯冲洋片释放的流体使地幔楔边缘蛇纹石化并富集S、C、Au等元素，并可以保存在地幔楔中达数十个百万年（Groves and Santosh, 2015, 2016）。后来由于克拉通破坏和软流圈上涌使富集地幔脱气并释放成矿流体（Seno and Kirby, 2014;

Goldfarb et al., 2001, 2014)。③岩石圈拆沉富集地幔脱气模式(Zhao et al., 2019; Wang et al., 2020)。在同碰撞或之前俯冲事件中不均一交代富集的岩石圈地幔可作为造山型金矿统一的物质来源，如中国扬子陆块西缘的丹巴金矿等(Zhao et al., 2019; Wang et al., 2020)。

Groves 等(2020)进一步认为，如果造山型金矿群如同所有其他矿床群一样具有一组连贯的关键特征，那么应如 Wyman 等(2016)所论证那样，将共享一个特定来源，并涉及一个统一的成矿系统模型。基于一致的关系和地质年代学制约，变质模型中两个变量为这种统一模型提供了唯一可能性：一个模式涉及赋矿围岩深处超壳层序的液化对矿床的贡献；另一个模式卷入一个次地壳(sub-crustal)源区(Wyman et al., 2016)，最可能是来自俯冲板片和上覆沉积物楔的液化。超壳变质模式要求源区岩从前寒武纪到显生宙由镁铁质火山岩变化到沉积岩，要求起源于绿片岩相至角闪岩相 *P-T* 变质条件下的含金变质流体被排到较高的地壳水平，并导致矿化是发生在同一事件中变质的岩石中，同时也要求这种流体可能发生了有意义地侧向流动至地壳规模断层。在这种模式中，相对普遍的前寒武纪深成金矿床和不太普遍的显生宙等同物形成于角闪岩相变质条件(Groves et al., 2020)；然而，形成于更古老的、先前已变质的赋矿围岩中的年轻浅层至中深层金矿床，如中国巨型胶东金矿集区，不得不考虑是该超壳变质模式的一种极端例子。因此，Groves 等(2019)认为这种超壳变质统一模式并不适合于所有年龄的造山型金矿。相反，Groves 等(2019)认为由我国巨型胶东矿集区发展而来的板片液化作用假说有可能成为一个统一的模型(图 2-15)，这个模式可以融合所有造山型金矿，包括那些高 *P/T* 的前寒武纪和显生宙矿床，且其成矿作用和区域变质的时间并不兼容。它解释了为什么在高峰变质后的含金流体对流和由于俯冲板片的停滞而改变构造域之间存在一致的联系，也解释了超压流体是如何直接向上运移进入地壳规模断层带的，然后又如何将水力梯度降低到韧-脆性过渡部位的金沉积位置。这个模式涉及整个地质历史时期的一个共同的流体源区、板片和上覆黄铁矿质沉积楔；同时，该模型有可能解释海洋缺乏 CO_2 汇聚地，因而前寒武纪造山型成矿流体具有较高的 CO_2 含量，以及由于当时海洋沉积物中同生沉积黄铁矿具有异常高的含金量，因而新太古代金矿床具有重要的经济价值。Groves 等(2019)认为，板片液化假说确实是一个整体模型，但与所有模型共享时该模型唯一的不确定性是它应用于深部时的精细过程，即在这种情况下，流体是如何沿着板片—地幔边界输送的，以及这种流体是如何向海洋方向迁移到这些造山型金矿的增生地体中的。

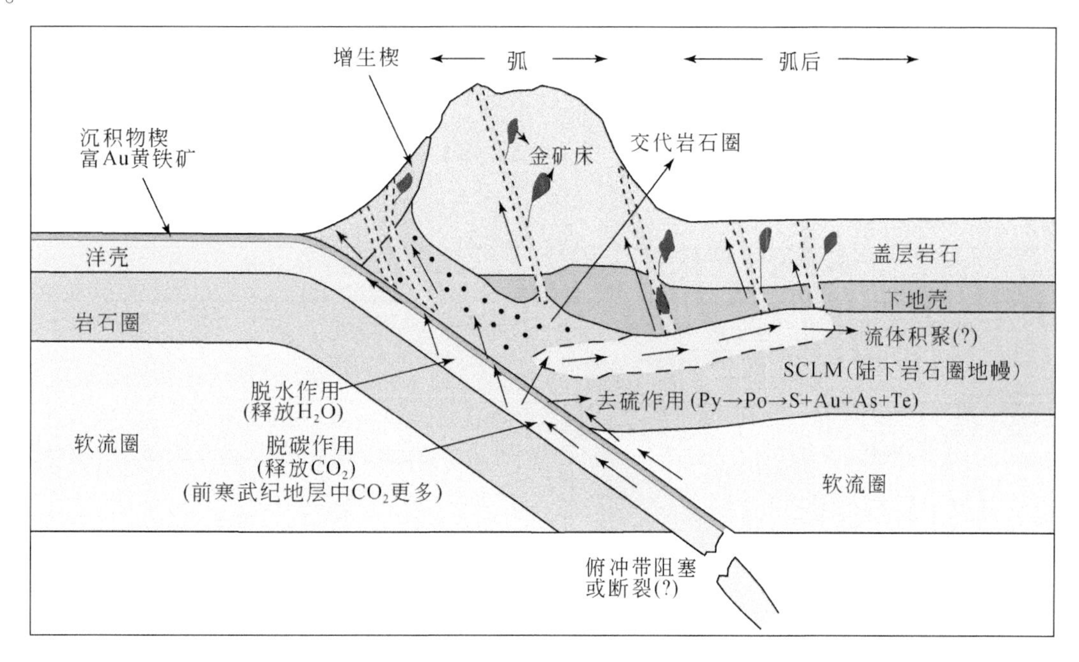

图 2-15　基于俯冲的全球造山型金矿床形成模型示意图(据 Groves et al., 2020)

从俯冲板片和沉积物或从含水地幔楔释放的流体沿俯冲板片与上覆地幔楔或与岩石圈基底间的界面向上、下运移；超压流体横切深部地壳规模断层，然后向上对流在次级构造或水力致裂岩体形成造山型金矿

然而，这个俯冲板片液化模式也并不能解释中国境内那些与板片俯冲并没有直接联系的金矿床（Groves et al.，2020），如华南大陆扬子板块西缘丹巴地区所谓深成造山型金矿床（Zhao et al.，2019）、扬子板块西南缘哀牢山成矿带所谓浅层造山型金矿床、华南江南古陆金（多金属）矿床（Xu et al.，2017a）等，尽管 Groves 等（2019）采用交代的陆下岩石圈地幔（SCLM）液化模型来解释含金流体的释放过程。此外，有些金矿床，如我国华北胶东金矿集区，成矿时间远远晚于区域变质作用，已有的造山型金矿成矿模式仍不能解释它们的成矿机制（Groves et al.，2020）。Goldfarb 和 Santosh（2014）、Deng 等（2015）还提出了克拉通破坏富集地幔脱气模式，认为指示俯冲洋壳板片上覆沉积物中含 Au 和其他元素的黄铁矿非常重要，是 Au、S、C、O、H 等元素的最终物源（Chen et al.，2008；Large et al.，2009，2011；Steadman et al.，2013）。因此，Groves 等（2019）所提出的全球造山型金矿的统一模式，仍需进一步丰富和完善。

3. 不同构造环境下金的成矿机制

Deng 和 Wang（2016）根据中国大陆金矿床的成矿构造环境，认为不同类型金矿床具有不同的成矿机制：①造山型金矿产于各种构造环境（图 2-16），如秦岭-祁连山-昆仑造山带、太行山-阿尔泰成矿省、华北克拉通北缘成矿省和小秦岭成矿省就与大洋板片俯冲和随后的地壳伸展事件有关，西藏和三江造山带就与始新世—中新世大陆碰撞有关。而从板片俯冲到板块聚合、从大陆软碰撞到硬碰撞、从陆内压缩到剪切或陆内伸展等构造周期，对于造山型金矿的形成起着重要作用。他们同时认为，造山型金矿是区域变质期间释放的变质流体的产物，而这种区域变质与大洋板块俯冲或大陆碰撞有关，或与大洋闭合后岩石圈伸展期间的岩浆侵位和相关的热液活动有关。②胶东成矿省及其周缘、小秦岭成矿省和华北大陆北缘的“胶东型”金矿，其特点是有地幔来源的流体参与，与太平洋大洋板块的远程俯冲以及同时的华北克拉通的幕式破坏具有时间联系（图 2-17）。③发生在右江盆地成矿省和西秦岭成矿省的卡林型金矿形成与具不同程度混合的同生流体、变质流体和大气水的活动有关，但在形成时代上前者与特提斯大洋板块的远程效应有关，而后者产于同碰撞环境（图 2-18）。④斑岩-夕卡岩型 Au 矿床分布于太行山-阿尔泰成矿省、长江中下游成矿带和两者均处于俯冲和大陆碰撞环境中的西藏-三江造山带（图 2-19）。这种类

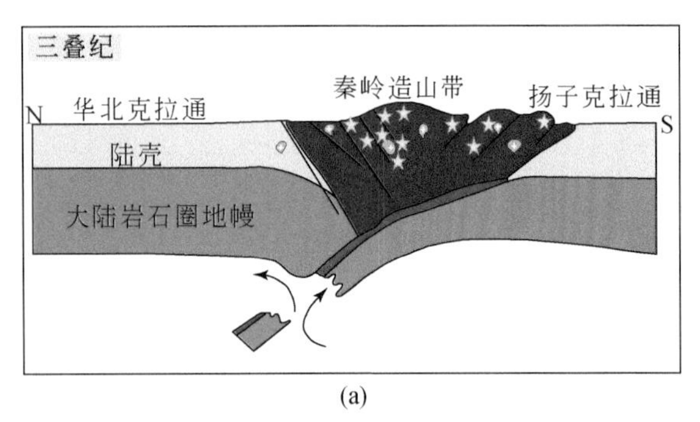

(a)

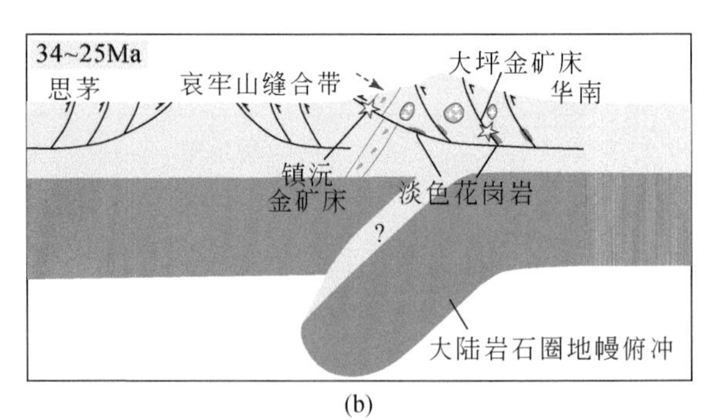

(b)

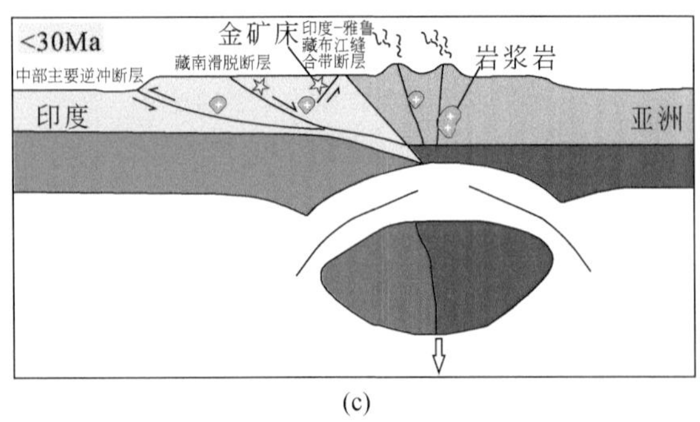

(c)

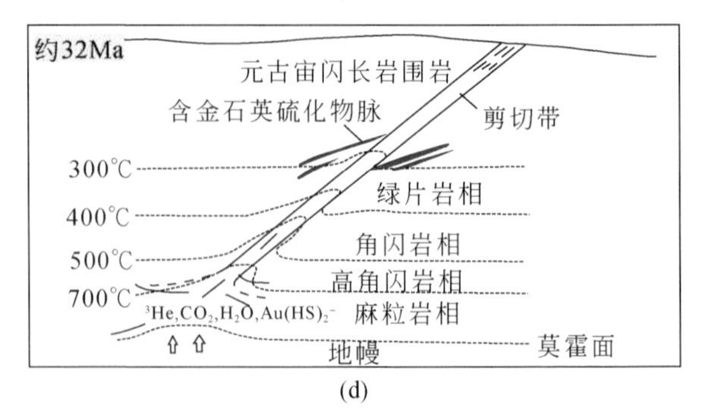

(d)

图 2-16　产于不同构造环境的造山型金矿模式图（Deng and Wang，2016）

（a）小秦岭成矿省产于大陆碰撞后伸展环境（据 Li et al.，2012）；（b）华南大陆岩石圈俯冲于思茅板块之下，导致哀牢山成矿带金矿化（据 Deng et al.，2014）；（c）西藏造山带 Au-Sb 成矿作用（据 Zhai et al.，2014）；（d）三江造山带因地幔上涌引起区域变质作用，并导致大坪金矿床的形成（据 Sun et al.，2009）

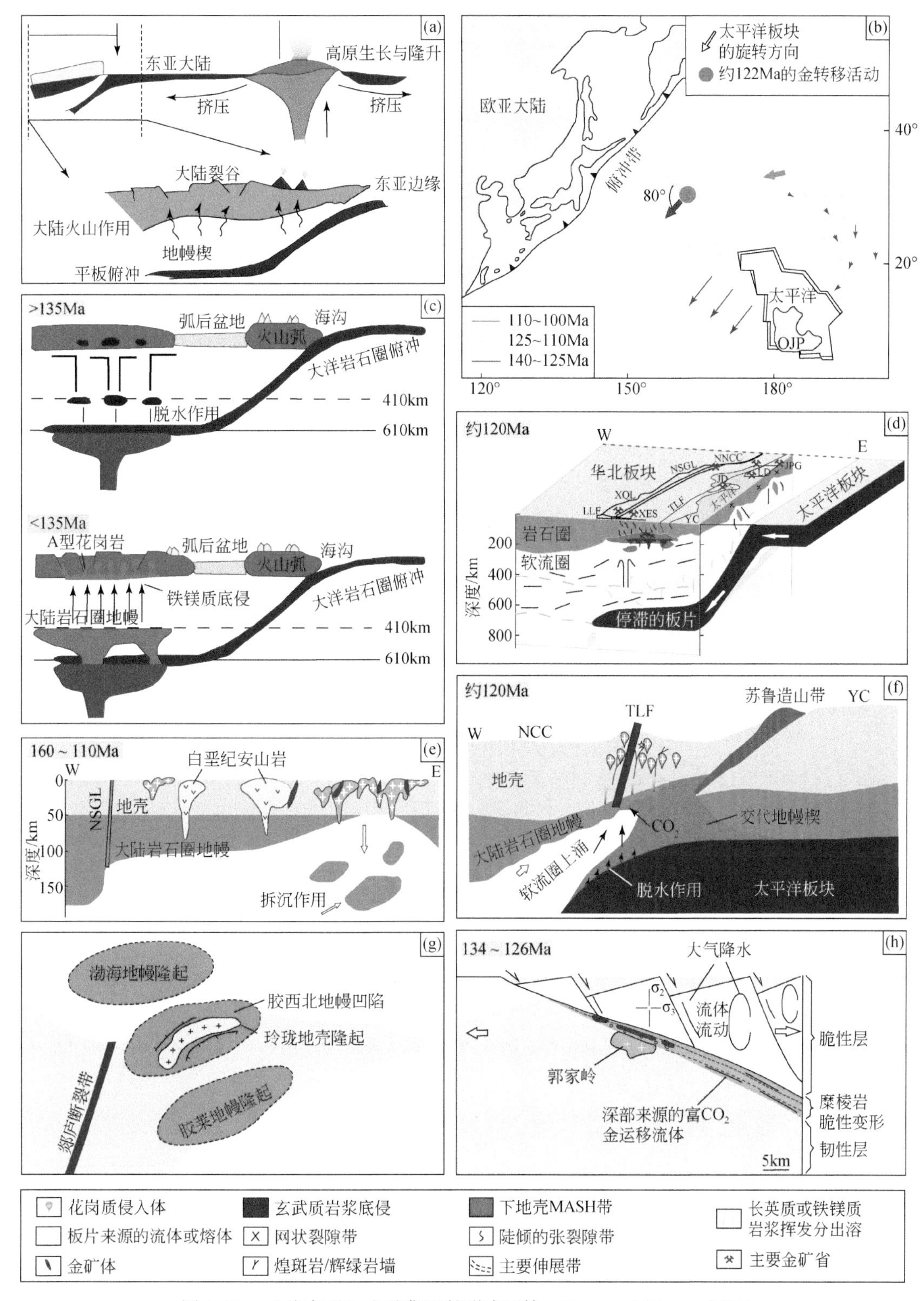

图2-17 “胶东型”金矿集区的形成环境（Deng and Wang，2016）

(a) 白垩纪太平洋超级地幔柱事件可能产生了向东亚大陆边缘方向的远程推进，导致伊扎纳吉板块俯冲，并造成裂解和岩浆，伴随着各种成矿系统（据 Pirajno and Zhou，2015）；(b) 太平洋板块漂移方向的变化被认为控制了中国东部大陆白垩纪金矿化（据 Sun et al.，2013）；(c) 伊扎纳吉板块和软流圈相互作用的两阶段模式（据 Zhao et al.，2009；Pirajno and Zhou，2015）；(d) 控制与板片俯冲有关的华北克拉通减薄/破坏以及由此产生的岩浆作用和金成矿作用的地球动力学（据 Li et al.，2012）；(e) 金矿化与华北克拉通岩石圈减薄有关（据 Yang et al.，2003）；(f) 俯冲的大洋板片和上覆沉积物的脱水，或俯冲板片上方富集地幔楔的液化作用导致“胶东型”金矿的形成（据 Goldfarb and Santosh，2014）；(g) 地幔构造与“胶东型”金矿成因模式（据 Khomich et al.，2014）；(h) “胶东型”金矿化与由变质核杂岩表现的地壳伸展间的联系（据 Yang et al.，2014）。OJP. 翁通爪哇（Ontong-Java）洋底高原，NNCC. 华北克拉通北部，NSGL. 南北向重力线，LLF. 洛南-栾川断裂，TLF. 郯城-庐江断裂（郯庐断裂），YC. 扬子克拉通，XQL. 小秦岭金矿集区，JD. 胶东金矿集区，LD. 辽东金矿区，XES. 熊耳山金矿集区，JPG. 夹皮沟金矿集区，NCC. 华北克拉通；σ_2、σ_3 分别表示中间主应力、最小主应力

型金矿床的成矿母岩普遍来源于加厚的年轻地壳的部分熔融。⑤浅成热液型金矿以低硫型为主，少数几个为高硫型，它们在太行山-阿尔泰成矿省产于石炭纪大洋板块俯冲环境，在华南大陆东南沿海成矿带形成于早白垩世和第四纪大洋板块俯冲环境，而在西藏造山带就位于上新世大陆碰撞环境。

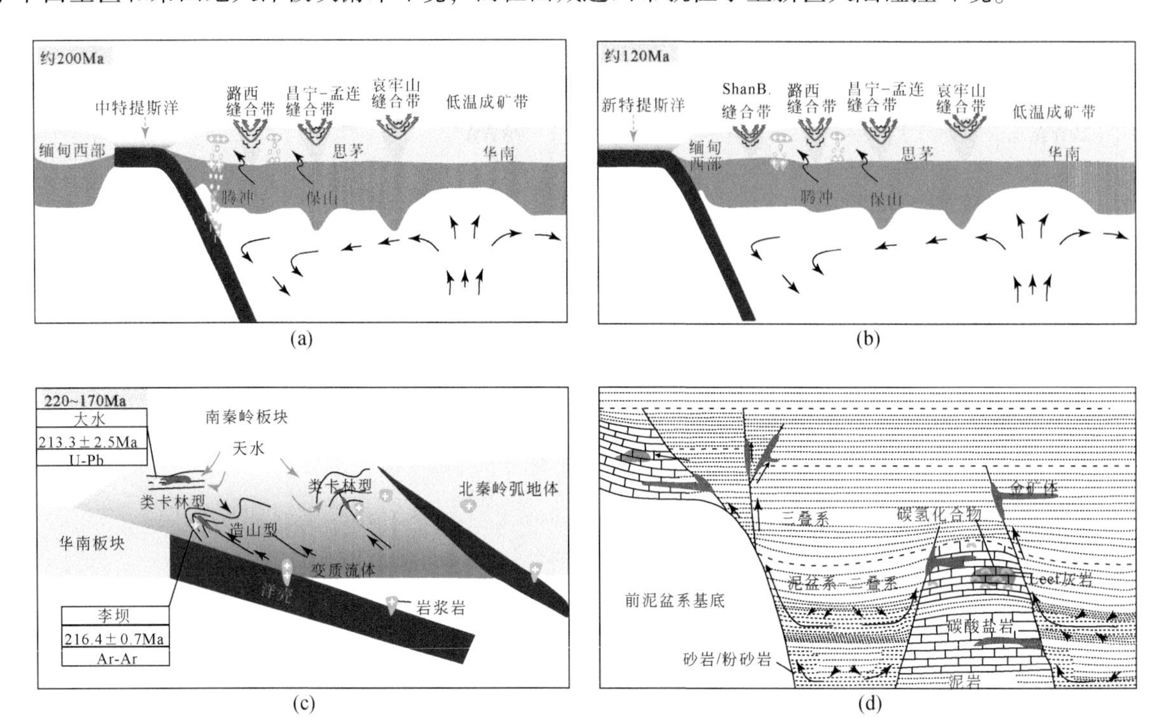

图 2-18　卡林型金矿成因模式（Deng and Wang，2016）

（a）（b）200Ma 和 120Ma 的伸展分别与中特提斯和新特提斯大洋远距离俯冲时间一致；（c）西秦岭金成矿省产于同碰撞构造环境（Liu et al.，2014）；（d）右江盆地金矿化和碳水化合物堆聚成因模式（Gu et al.，2012）

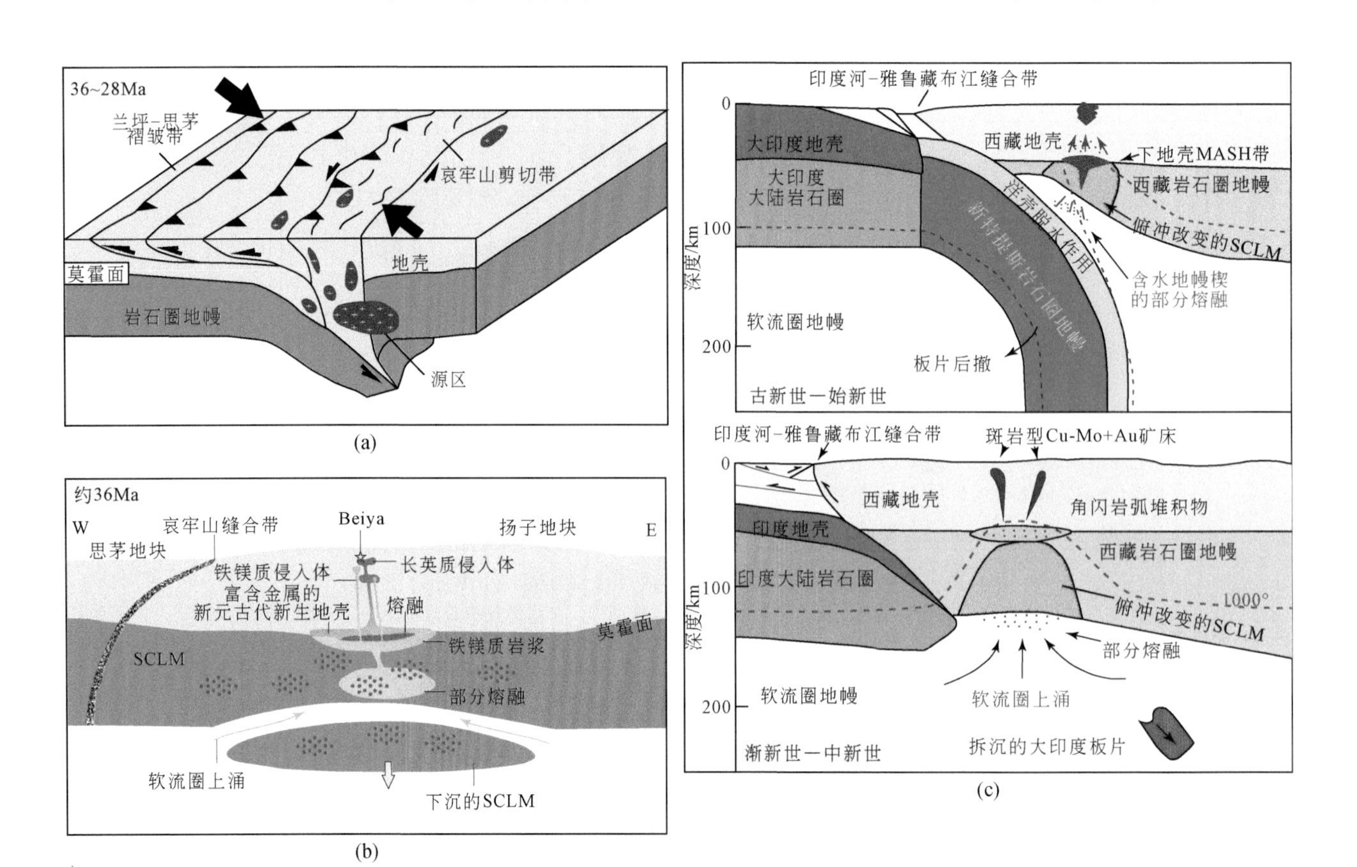

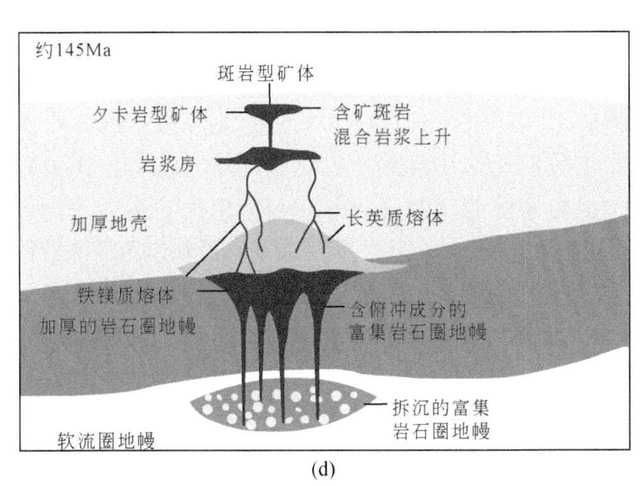

(d)

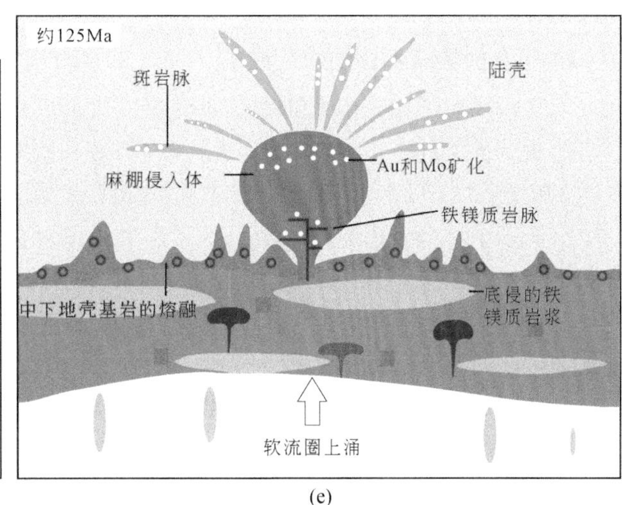

(e)

图 2-19　斑岩-夕卡岩型金矿成矿模式（Deng and Wang, 2016）

（a）沿哀牢山成矿带与剪切作用有关的钾质侵入岩产生（Deng et al., 2014a）;（b）沿哀牢山成矿带陆下岩石圈地幔拆沉和岩浆产生（Deng et al., 2014）;（c）冈底斯大陆弧年轻地壳熔融和岩浆岩形成（Wang et al., 2014）; MASH 指熔融过程-混染-储存-均一化（melting process, assimilation, storage, and homogenization）; SCLM 代表陆下岩石圈地幔;（d）长江中下游成矿带岩石圈地幔拆沉和年轻地壳熔融产生含金属岩浆岩（Zhou et al., 2015）;（e）白垩纪斑岩成矿系统成矿过程（Li et al., 2015）

然而，Deng 和 Wang（2016）也认识到，可能由于复杂的流体演化或成矿后蚀变，中国大陆不同成因类型的金矿或不同成矿带内具有相同成因类型的金矿，它们的同位素组成显著叠置，因而暗示大多数金矿发生过两期或两期以上的成矿作用。

2.5　中国东部伸展构造成矿

中国大陆东部华南和华北板块及邻区发育有众多与晚中生代区域伸展作用相关的变质核杂岩构造或伸展穹隆以及盆-岭构造省（林伟等，2019），但它们与成矿作用的关系研究相对有限（朱日祥等，2015 及其参考文献）。本节探讨了华北板块西部、东部和南缘以及华南大陆东南部早白垩世伸展构造与成矿的关系。

2.5.1　华北板块早白垩世伸展构造成矿

1. 华北板块西部伸展构造成矿

华北板块西部由于经历了中生代蒙古-鄂霍次克洋闭合与华北克拉通破坏的影响以及侏罗纪和早白垩世两期大规模岩浆作用，其成矿过程相对复杂且成矿时间也存在较大的争议（Li and Santosh, 2014; Li and Santosh, 2017）。区域上，Au、Mo、Ag、Pb、Zn 等多金属矿床大致沿东西方向从西部的狼山-喀喇沁地区向东展布、绵延超过 1000km，称为燕辽成矿带（Li et al., 2017）。主要金属矿床类型表现为：①与中-酸性岩浆活动有关的斑岩型 Mo 矿和浅成热液 Au、Ag、Pb、Zn 矿等，成矿主要时代在 148 ~ 134Ma，较区内伸展穹隆的成因时间稍早；②与基底重熔和深成侵位花岗质岩体有关的大规模爆发式金成矿作用，遍布在华北东部的克拉通边缘以及克拉通内部，成矿主期在 120Ma 左右，与伸展穹隆形成的时间一致（翟明国，2010）。华北克拉通北部赤峰地区的安家营子金矿床构成了一个非常典型的、与区域伸展相关的矿床范例：所有金矿体均赋存于喀喇沁伸展穹隆下盘的鸡冠子岩体内部，其产出严格受 NE 向韧-脆性和脆性断裂带控制，含矿断裂带是区域内北东向左旋剪切向 NW—SE 方向伸展转换阶段的产物，矿床形成于 133 ~ 126Ma 之间，与核部杂岩快速隆升相一致，成矿流体被认为沿拆离断层带上升并最终导致金的沉淀（付乐兵等，2015）。

2. 华北板块东部伸展构造成矿

华北板块东部是中国大陆中东部晚中生代伸展构造研究最为深入的地区，其伸展构造区构成了我国中东部两个最大的中生代成矿带：辽吉成矿带和胶东成矿带。辽吉成矿带南部的辽东半岛多金属矿产地多达348处，尤其以金矿著名，其中大型金矿2处、中小型8处，其余皆为矿化点（李士江等，2010），显示出辽东半岛金成矿的巨大潜力。辽东半岛的金矿大多受韧性剪切带的控制，与中生代同构造花岗岩密切相关，成因类型主要为岩浆热液型，少数为变质热液型（倪培和徐克勤，1993；吕贻峰和秦松贤，1998）。在同构造花岗岩与作为矿源层的“盖县组”接触部位的韧性剪切带中，金成矿尤其明显，著名的五龙金矿即属此类。五龙金矿受控于三股流岩体边部的NE向韧性剪切带，矿化类型为含金石英脉型，叠加在韧性剪切带上的脆性断裂控制了含金石英脉的形成和分布。锆石LA-ICP-MS定年结果显示三股流岩体形成于131～120Ma，岩体边部韧性剪切带内成矿前强变形闪长岩和成矿后未变形闪长岩定年结果分别为125Ma和117Ma，进而将五龙金矿形成时间限定为120Ma左右（吴福元等，2005）。这一成矿年龄与中国东部早白垩世大规模金矿成矿作用时代相匹配（魏俊浩等，2003），为早白垩世伸展构造的重要产物（杨进辉等，2004）。依据辽东半岛金成矿的一般规律，即大型金矿多受控于同构造花岗岩边部的韧性剪切带，侵入于早白垩世伸展构造的经典代表——辽南-万福变质核杂岩中的古道岭、饮马湾山等大规模同构造花岗岩体边部的韧性剪切带似乎应控制更多的大型金矿床，但实际上与辽南-万福变质核杂岩相关的金矿床鲜有报道。杨中柱等（1996）在阐释辽南变质核杂岩时认为，变质核杂岩的强烈伸展作用易于形成具有工业价值的矿床，沿韧性剪切带存在大规模的金属、非金属矿化，并在局部富集成矿，如普兰店孙家沟金矿、核桃房金矿。但李士江等（2010）的总结显示辽南-万福变质核杂岩分布区主要分布一些矿化点，仅在普兰店东存在一处金矿化点。造成这一现状的主要原因可能是，辽南变质核杂岩两侧缺失被认为是矿源层的盖县组，而辽南地区金矿绝大多数仅与基底变质岩系有关，尤其与古元古界辽河群具有密切的空间分布关系（吕贻峰和魏俊浩，1998）。

胶东金成矿省作为中国金储量最高的地区，也是亚洲最重要的金矿矿集区之一（Santosh and Pirajno，2015；图2-20）。尤其是在2015年，由于金储量达470 t的三山岛超大型金矿的发现，胶东半岛的金储量高达4000t（Hao et al.，2016）。同时，胶东地区还分布着Cu、Pb、Zn、Mo等有色金属矿床（图2-20）。

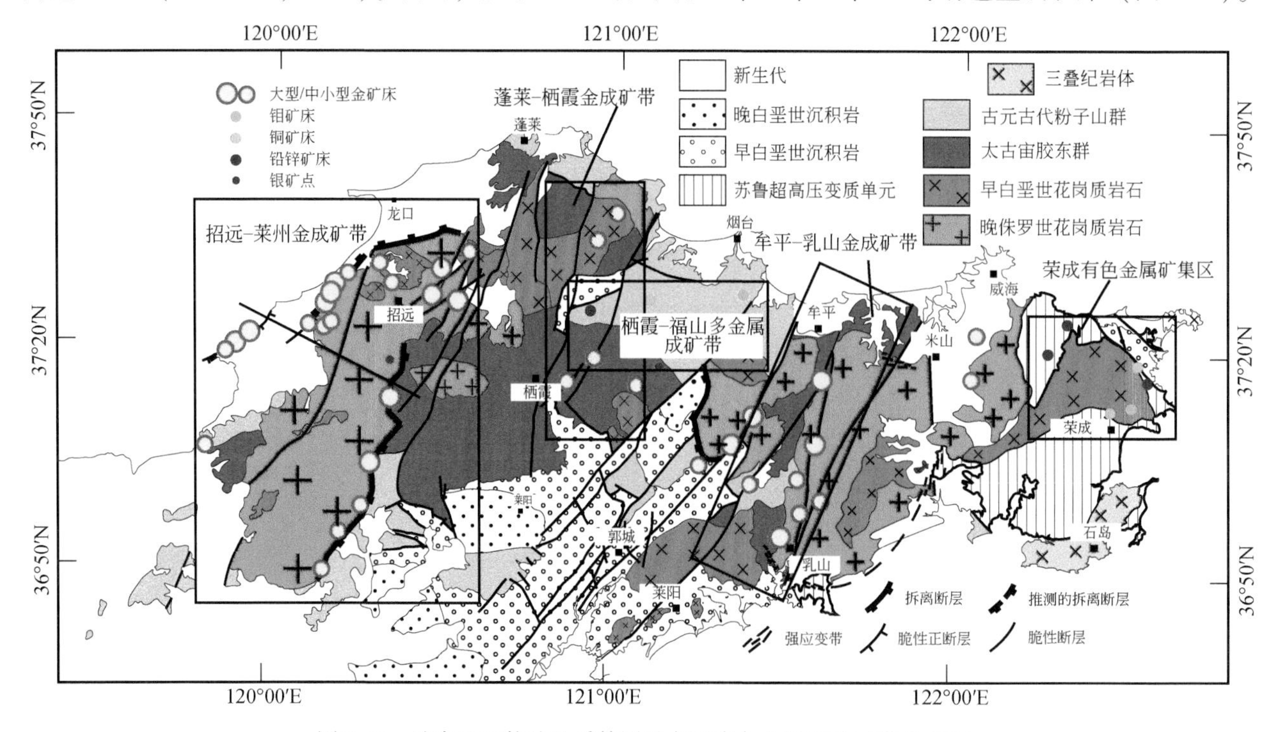

图2-20　胶东地区构造地质简图及主要有色金属矿分区带分布图

值得指出的是位于胶东半岛西侧呈NNE—SSW展布的玲珑-郭家岭杂岩体主要由晚侏罗世的玲珑二长花岗岩（163～155Ma）和早白垩世的郭家岭花岗闪长岩、斑状花岗岩（约130Ma）组成（苗来成等，1998；Yang et al.，2012；Jiang et al.，2016）。岩体周围发育三条韧-脆性剪切带，自西向东分别为三山岛-仓上断裂、龙口-莱州断裂（郭家岭韧性剪切带）、招远-平度断裂（玲珑拆离断层）。后两者构成了岩体与太古宙—古元古代岩石岩相分隔的界线，玲珑-郭家岭杂岩整体构成一个复式穹隆的几何形态。同时，胶东地区近60%的金矿床出露于玲珑-郭家岭穹隆内部及周围，其产出主要受三条韧-脆性剪切带及其次级断层的控制，提供了早白垩世伸展穹隆控矿的实例。

玲珑-郭家岭穹隆最西侧为三山岛-仓上断裂，断层呈NE—SW走向，倾向SE，倾角约40°。其下盘岩石为斑状花岗岩，岩体形成时代为130Ma（Yang et al.，2012），上盘为第四系及其下覆的古元古代粉子山群。同时，断裂下盘的岩体发生了强烈的韧性变形（杨奎峰等，2017），指示了三山岛-仓上断裂为叠加在韧性剪切带之上的脆性正断层，二者具有相同的上部向SE的运动学特征，且为三山岛、仓上等蚀变岩型金矿床（焦家式）提供了容矿空间（Fan et al.，2003）。呈ENE—WSW的郭家岭韧性剪切带主要分布于郭家岭岩体的北缘，使得郭家岭岩体发生了韧性变形，糜棱岩面理向NW缓倾且发育NW—SE的矿物拉伸线理以及上部向NW的运动学特征，为胶东地区早白垩世NW—SE向伸展构造的产物（Charles et al.，2011）。该韧性剪切带可向南延伸至莱州一带，主体表现为脆性断裂，糜棱岩则出露不连续（王中亮，2012）。断裂沿玲珑岩体与胶东群接触部位呈NE—SW走向，向NW缓倾，下盘玲珑岩体破碎强烈，且普遍发育与金成矿相关的钾长石化、黄铁绢英岩化等，控制了焦家、新城、河西、望儿山等焦家式金矿的产出。

与三山岛-仓上断裂的构造几何形态十分相似，位于玲珑-郭家岭穹隆最东侧的招远-平度断裂发育强烈的韧性变形，使下盘的玲珑岩体发生糜棱岩化。糜棱岩面理向SE缓倾，发育NW—SE向的矿物拉伸线理，岩石的剪切变形具有上部向SE的运动学指示，被解释为早白垩世NW—SE向伸展背景下形成的拆离断层（Charles et al.，2011）。而大尹格庄、夏甸等金矿床的产出则受叠加在韧性拆离断层之上低角度脆性正断层的控制（Yang et al.，2014，2016）。同时，区域伸展作用使得玲珑岩体内部发育了一系列次级的高角度正断层，它们多数呈NE—SW走向，向NW陡倾（>70°），控制了石英脉型金矿（玲珑式）的产出。

从成矿年龄和构造活动时间的关系来看，玲珑-郭家岭穹隆SE部的韧性剪切带的^{40}Ar-^{39}Ar定年给出了142～126Ma的冷却年龄，代表拆离断层冷却过程发生的时间（Charles et al.，2013；Yang et al.，2014）。而受其脆性断裂控制的夏甸金矿、大尹格庄的成矿年龄被认为在130Ma左右（Yang et al.，2014，2016），近同时或稍晚于韧性剪切带的活动时间。对于玲珑式金矿的成矿年龄目前没有得到很好的限定，且时间跨度比较大，年龄分布于120～100Ma之间（翟明国等，2004；Qiu et al.，2008；Yang and Zhou，2001），但总体晚于拆离断层的活动时间。穹隆北部的郭家岭韧性剪切带给出了130～120Ma的中速冷却过程（Charles et al.，2013；Jiang et al.，2016）。而与之相关的低角度正断层控制的焦家金矿、新城金矿、望儿山金矿，绢云母^{40}Ar-^{39}Ar定年给出了较为一致的120Ma的成矿年龄（Guo et al.，2013），也与郭家岭韧性剪切带的活动时间相近。目前虽然没有对三山岛-仓上断裂底部的糜棱岩进行过年代学研究，但是卷入变形的岩体（130Ma，Yang et al.，2012）显示出了高温变形的特征，被认为是同构造岩体（杨奎峰等，2017）。同时，受三山岛-仓上断裂控制的三山岛金矿、仓上金矿的绢云母^{40}Ar-^{39}Ar年代学研究也给出了约120Ma的成矿年龄（Guo et al.，2013），显示出了伸展构造与金成矿的相关性。

招远-莱州成矿带中的金矿床受控于早白垩世NW—SE向伸展背景下形成的玲珑-郭家岭伸展穹隆。空间上金矿床主要受伸展穹隆边部的三条韧-脆性剪切带控制，低角度正断层控制了焦家式金矿的产出，而高角度正断层控制了玲珑式金矿的产出（图2-21）。这些脆性正断层不仅为含金成矿流体的运移提供通道，也为后期成矿物质的沉淀提供了容矿空间。时间上，焦家式金矿的形成近同时或稍晚于韧性剪切带的活动时间，而玲珑式金矿的形成晚于韧性剪切带的活动时间。

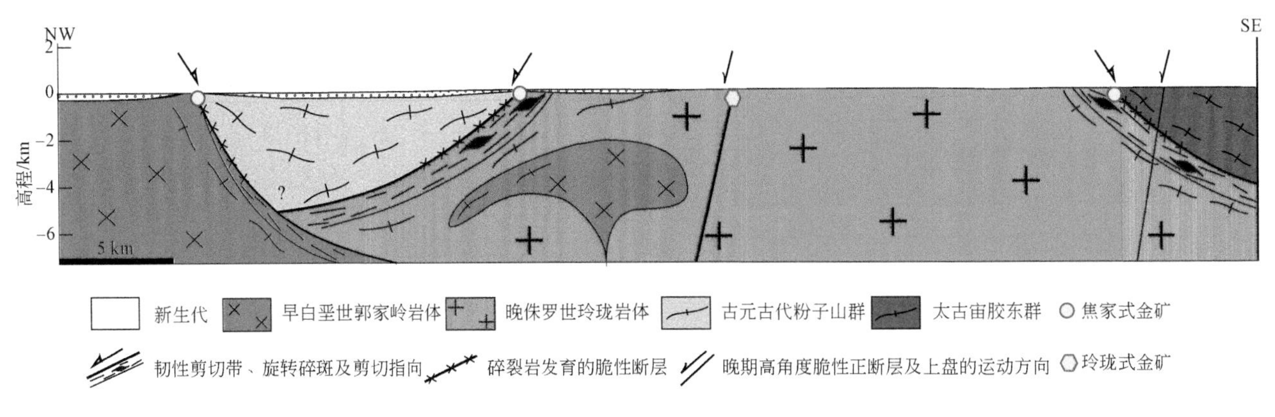

图 2-21　胶东西部玲珑和郭家岭穹隆伸展构造剖面及相关的金矿床成因位置耦合关系

总体而言，胶东金矿同早白垩世伸展构造息息相关，玲珑金矿田（玲珑式）中矿床的分布受控于ENE 走向、倾向 SE 的断裂带，即沿拆离断层发育的浅表张裂隙为含金石英脉提供了容矿构造（Lu et al.，2007；郭林楠，2016；图 2-20）。三山岛矿床、焦家金矿田等（焦家式）则主要受控于一系列 NE 走向的韧脆性剪切带（Zeng et al.，2006；Zhang et al.，2003；杨奎峰等，2017），主干断裂呈雁列式分布，并在其间发育一系列次级断裂，整体呈菱形构造（王中亮，2012；图 2-20）。在蚀变岩型矿床下部，还存在少量的脉状矿体，赋存在剪切带次级的 R 和 T 型破裂中，这些破裂也被认为是拆离断层带在浅表的脆性表现（Lu et al.，2007）。对于分布在玲珑拆离断层和鹊山拆离断层附近的大尹格庄金矿、夏甸金矿以及蓬家夼金矿等，主要为受控于 NE—SW 走向的低角度韧性拆离断层的浸染状蚀变岩型金矿，部分金矿则以石英脉型产出于上盘的高角度正断层之中（Yang et al.，2014，2016；Li et al.，2006）。

胶东地区钼钨矿、钼矿、铜矿及多金属矿床的分布主要受早白垩世晚期岩体（如牙山岩体、伟德山岩体等）所控制，除了少数矿床有可靠的辉钼矿 Re-Os 年龄以外，大多数矿床形成时代被认为与岩体相近，为 120 ~ 110Ma。这一时期，区域的伸展构造活动强烈，伴随着壳幔混源的岩浆活动的发生，大量的成矿流体通过岩浆分异作用形成，并在岩体内或接触带的适当部位发生沉淀，形成斑岩型钼钨矿、铜矿以及铅锌矿；而在岩体与灰岩接触带的位置又形成了夕卡岩型矿床，整体构成了统一的斑岩型-夕卡岩型成矿系统。

在华北东部带，无论是金矿床还是有色金属矿床，它们的形成和分布具有统一的动力学背景与地质时代，均与早白垩世华北克拉通的破坏息息相关。一方面，早白垩世岩石圈地幔性质的转变，使得幔源熔/流体与地壳发生相互作用，形成了大量壳幔混源的岩浆岩，并带来了丰富的成矿物质，使得金矿以及有色金属矿床的物质来源也具有了壳幔混源的特征；另一方面，巨量的伸展构造为流体的大规模运移、矿体和岩体的就位提供了空间，使得具有正断层性质的断裂带控制了金矿的产出，而有色金属矿床则主要赋存于早白垩世（120 ~ 110Ma）斑岩体中、围岩接触带中以及断裂构造带（包括岩体内部的节理裂隙带）中。

3. 华北南缘及秦岭-大别造山带伸展构造成矿

华北板块南缘及秦岭-大别造山带是我国重要的多金属成矿带之一。该区由于早白垩世大规模的伸展作用，具同构造花岗岩特征的高钾钙碱系列花岗岩和钾玄岩系列火山-侵入岩类以及代表伸展构造晚期持续作用的碱性花岗岩沿 NW—SE 向构造带展布（林伟等，2019）。这些岩浆岩侵位过程与拆离断层上盘不同类型的岩石相互作用形成了 Au、Cu、Mo、Pb、Zn 及萤石矿等矿产（阴江宁等，2016）。豫陕交界的小秦岭金矿田中几个大中型石英脉型金矿床多分布于太古宙片麻岩与晚中生代岩体接触部位，并呈脉状或脉群平行排列或斜列；成矿过程中韧性剪切带、断裂破碎带和晚中生代花岗岩的侵入为金矿的形成提供了有利的构造-岩浆条件，最终导致金富集成矿（朱广彬等，2005）。桐柏-大别北缘韧性剪切带在区域上控制了一系列金矿的产出，沿走向上百公里范围均有明显的显示，如桐柏一带的老湾、上上河、白杨庄、三里岗、黄竹园等金矿，大别山一带的凉亭、余冲等小型金矿床（阴江宁等，2016）；其中，老湾金矿床位于河南省桐柏山北麓，赋存于老湾花岗岩体北侧的龟山岩组内，为桐柏地区重要的大型金矿床之一，平行于桐柏山伸展穹隆拆离断层的WNW走向的两条主断裂和韧性剪切带构成了矿区的主要控矿构造，金成矿深度可达1000m。

同时，秦岭-大别造山带也是我国重要的斑岩型钼矿成矿带之一，成矿期次多，断裂构造较为发育，构造活动剧烈，中生代尤其是燕山期岩浆作用强烈。近年来该造山带的斑岩型钼矿找矿勘查已获得重大突破，典型的如大别山北缘的河南省罗山至安徽省金寨一线的大型-特大型斑岩型钼矿（彭三国等，2012）。

2.5.2　华南内陆早白垩世伸展构造成矿

相对于华北板块，尽管华南内陆晚中生代伸展构造的研究仍较薄弱，但我们发现华南内陆伸展构造带仍对应着多个成矿带（图2-22）。长江中下游成矿带，位于华南内陆伸展构造带的北侧，发育大量铜铁金矿床，同时也伴生钨多金属矿床。这一地区大量早白垩世花岗岩体侵位，时代集中在150～130Ma，与成矿时代一致（周涛发等，2017）。当深源岩浆沿深部断裂系统上升侵入地壳浅部，在不同层位和不同位置形成不同类型的矿床。例如，在志留系和泥盆系五通组砂岩地层，产生了深部斑岩型Cu-Au矿化和浅部斑岩型Mo（W）矿化，而在浅部上古生界碳酸盐岩地层中，夕卡岩型Cu、Au、PbZn矿化则与之对应（Mao et al.，2011a；周涛发等，2017）。这些矿床通常受NNE或E-W向切穿基底的深大断裂控制。在区域伸展环境下，正断层的活动产生了大量空间，使得岩浆沿断裂带上涌并就位于这些开放空间（Wei

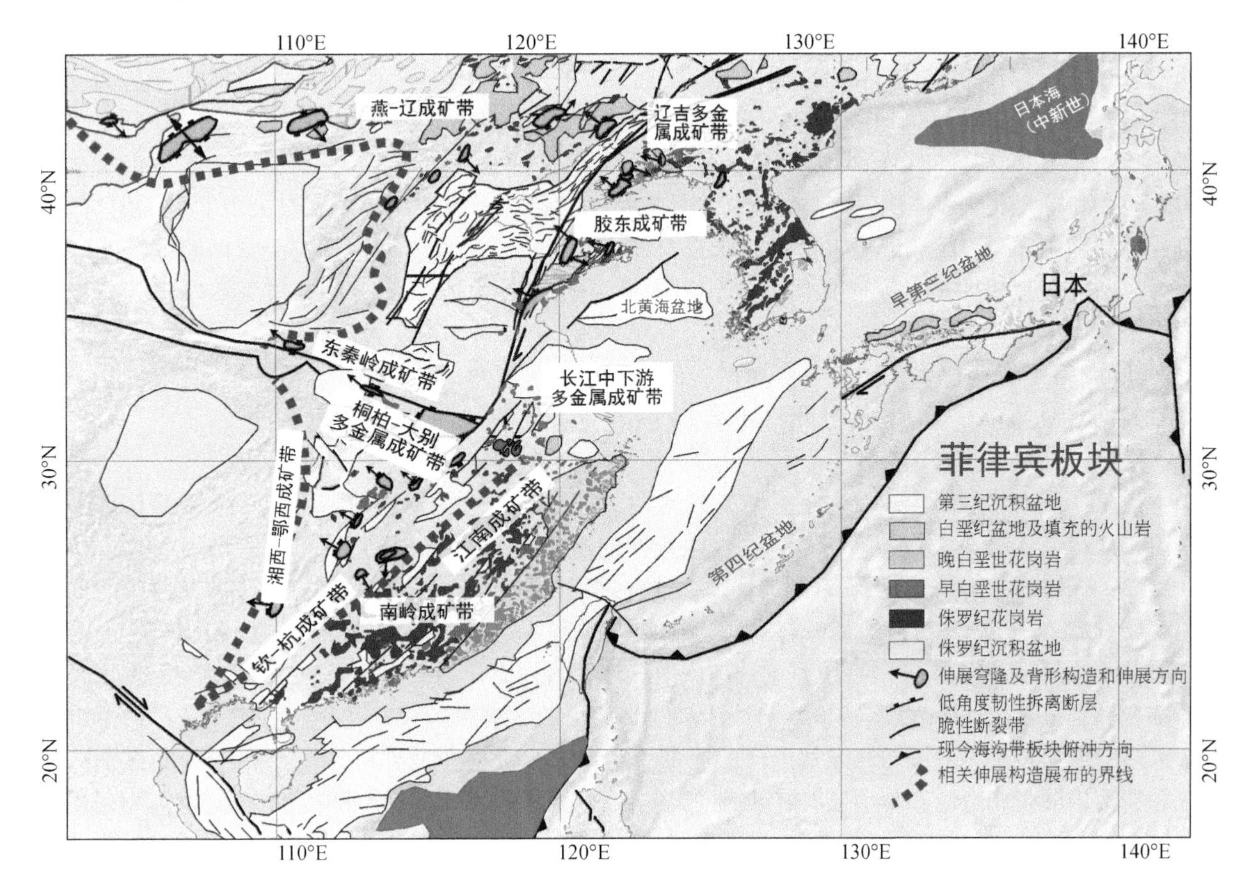

图2-22　中国大陆东部晚中生代伸展构造及相关成矿带展布空间示意图

穹隆的位置和构造特点修改自Lin和Wei（2018）；各相关数据的参考文献见正文

et al., 2014)，矿床也就形成于岩体周边；同时，成矿流体/热液也可顺断层运移，导致矿化作用发生在远离岩体的地方。在宁芜和庐枞火山断陷盆地中，也发育了玢岩型铁矿。

位于长江中下游成矿带南侧的江南古陆是华南内陆重要的金-锑-钨-铜-铅锌多金属成矿带，尤其是在该成矿带的湘东北地区发育一系列大型-超大型金矿床、铅锌矿床等，著名的如大万金矿、黄金洞金矿、桃林铅锌-萤石矿和栗山铅锌矿以及七宝山铜多金属矿等，且这些矿床主要呈脉型、破碎蚀变岩型和蚀变角砾岩型产出（Xu et al., 2017a）。目前研究表明（详见本书第3～5章），这些矿产的形成与早白垩世伸展构造事件在华南导致的盆-岭构造和变质核杂岩或伸展穹隆等密切相关。如位于湘东北地区幕阜山-望湘隆起带中部望湘-金井岩体北缘的大万金矿，就产于NW—NWW向层间滑脱断层破碎带，成矿时代为142～130Ma（锆石U-Pb和白云母Ar-Ar年龄：Deng et al., 2017），与区内伸展变形事件时限相一致（舒良树和王德滋，2006；文志林等，2016）。又如产于幕阜山-望湘隆起带北侧大云山-幕阜山岩体边缘的桃林铅锌-萤石矿床，典型受大云山-幕阜山变质核杂岩构造所控制，矿体均赋存在该核杂岩北缘NE—SW—SE向弧形脆-韧性拆离断层内（傅昭仁等，1991；喻爱南等，1998）。虽然目前尚无精确成矿时代控制，但根据组成变质核杂岩核部的大云山-幕阜山岩体的侵位时代（154～146Ma：锆石U-Pb年龄；Wang et al., 2014），以及矿体主要赋存在拆离断层带内角砾岩中的事实，我们认为桃林矿床的形成应是伸展变形环境下的产物。

华南内陆伸展区南侧，虽然同南岭大规模多金属成矿带无法类比，沿白垩纪断陷盆地/伸展穹隆也存在着一定数量的与伸展构造相关的热液型多金属矿床（图2-22），如岩背锡矿、淘锡坝锡矿和红山斑岩铜矿、寻乌县铜坑嶂斑岩钼矿、粤北银岩斑岩锡矿、湘南界牌岭锡矿、赣北曾家垄锡矿和香炉山钨矿等（毛景文等，2008）。赣南红山铜矿与闽西紫金山铜金矿受NW向断裂带控制，形成于花岗斑岩、花岗闪长斑岩及隐爆角砾岩中，含矿石英脉K-Ar法年龄为97～80Ma（周济元等，2000）；位于武夷山西侧断陷带中的铜坑嶂斑岩钼矿的辉钼矿Re-Os同位素年龄在135Ma左右（许建祥等，2007）；湘南界牌岭锡矿的成矿黑云母$^{40}Ar/^{39}Ar$年龄为91.1±1.1Ma（毛景文等，2007），与粤北银岩斑岩锡矿有关花岗斑岩的Rb-Sr等时线年龄为87Ma（胡祥昭，1989）。尽管存在150～130Ma的金属矿床，但是该地区最重要的成矿高峰期为100～90Ma。大陆内部广泛发育与花岗岩岩体有关的锡钨多金属矿床，白垩纪火山盆地中的斑岩型-浅成热液型金铜矿床和浅成热液型银铅锌矿床及卡林型金矿，均受控于伸展构造，如断陷盆地和变质核杂岩的拆离断层（罗庆坤等，1995；毛景文等，2008）。在伸展构造中断层系统与深部岩浆共同作用之下，形成金属矿床。

2.5.3　中国大陆东部伸展构造对区域成矿的控制

中生代是中国大陆东部构造发生重大转折的时期，从早期的特提斯构造域转化为太平洋构造域，总体上是由挤压构造体制转化为伸展构造体制，由东西向转变为北北东向的盆-岭构造格局（Wang et al., 2011, 2012；林伟等，2013）。从岩石圈的尺度，这一过程以华北板块发生的克拉通破坏及伴生的构造为代表。变质核杂岩或伸展穹隆作为一类特殊的伸展构造，其发生背景被认为是地表热流值非常高（$100mW/m^2$）的大陆岩石圈伸展环境，这种高大地热流背景同克拉通破坏过程中大规模壳-幔作用具有非常好的耦合性，最为直接的表现是岩浆-热液活动及其相关的大规模的成矿作用。事实上，早白垩世大规模成矿大多与变质核杂岩的展布区域如燕辽构造带、辽吉构造带（华北西部和东部）、秦岭-大别构造带及邻区和华南内陆带相对应；形成了与中酸性岩浆岩密切相关的Au、Mo、Pb、Zn、Ag以及少量的Cu、Pt、W、Mn、Ag和Fe等矿产（图2-22；裴荣富和吴良士，1990；蔡发田等，2002；陈毓川等，2003；Mao et al., 2011a, 2013；朱日祥等，2015；秦克章等，2017）。特别是此阶段金矿床具有爆发式成矿特点而被命名为“克拉通破坏型金矿”（朱日祥等，2015）或“陆内活化型金矿”（Xu et al., 2017a）。

构造转折过程中，中国大陆东部受周围板块俯冲-碰撞及大规模壳-幔相互作用的共同影响，区内岩石圈响应强烈，产生一大批对应于这两种地质过程的花岗岩。而受中生代构造-岩浆-热液活动的控制，还发生了大规模成矿作用。早中生代我国东部整体处于挤压的构造环境，在较为局限的伸展部位形成了石英脉型或碳酸岩脉型的钼矿，而金在较大的断裂内则产生了局部的金矿化现象；直至晚中生代，区域构造环境由挤压转变为伸展，大规模的成岩成矿作用集中爆发，形成了一大批与中酸性岩浆岩密切相关的金矿床、钼矿床、银铅锌矿床以及少量的铜矿床、铂矿床、钨矿床、锰矿床、银矿床和铁矿床等（蔡发田等，2002；陈毓川等，2003）。

受到古太平洋板块俯冲作用和克拉通改造（岩石圈减薄）的影响，华南地区在晚中生代发育了巨量的岩浆活动和大规模的伸展构造，并形成了丰富的矿产资源，是我国多金属矿产最为丰富的地区（图2-22）。主要矿产资源包括了占世界储量50%的W、Sb，20%的Sn，而Nb、Ta、Cu、U和重稀土金属储量也在国内名列前茅（Zhou and Li，2000；毛景文等，2004a）。在整个华南地区，金属矿床均与岩浆活动呈现明显的亲缘关系。北部为长江中下游成矿带，从西向东有鄂东、九瑞、月山-贵池、铜陵和宁镇5个矿集区，同位素年龄显示成矿时间为150～130Ma（毛景文等，2004b；Li et al.，2010；Wu et al.，2012；周涛发等，2017）；长江中下游成矿带南部为江南成矿带，产有丰富的金锑钨铜铅锌多金属矿产，其中金的储量可达1000t，并产有大型-超大型钨（铜）矿床，晚中生代早白垩世也是其主要成矿时期（Xu et al.，2017a及其参考文献）；中部为南岭成矿带，主要为钨锡稀有金属矿，成矿时代可能在170～92Ma之间（毛景文等，2004a）；西部为湘西-鄂西成矿带，东部为东南沿海成矿带，形成时代集中在110～90Ma（毛景文等，2008；毛建仁等，2014）。这些成矿区带或多或少与早白垩世伸展构造及同期大规模岩浆作用具有直接或间接的关系。

参考文献

蔡发田，李祥才，毛展新.2002. 辽西地区侵入岩与内生金属成矿. 矿产与地质，16（3）：154-159.
蔡煜琦，张金带，李子颖，等.2015. 中国铀矿资源特征及成矿规律概要. 地质学报，89（6）：1051-1069.
陈国达.1956. 中国地台“活化区”的实例并着重讨论“华夏古陆”问题. 地质学报，36（3）：239-271.
陈国达.1959a. 地台活化说及其找矿意义. 科学通报，4（12）：398-400.
陈国达.1959b. 大陆地壳第三基本构造单元——地洼区. 科学通报，4（3）：94-95.
陈国达.1959c. 地壳动“定”转化递进论——论地壳发展的一般规律. 地质学报，39（3）：279-292.
陈国达.1965. 地洼区——后地台阶段的一种新型活动区. 北京：科学出版社.
陈国达.1982. 多因复成矿床并从地壳演化规律看其形成机理. 大地构造与成矿学，6（1）：33-55.
陈国达.1996. 地洼学说——活化构造及成矿理论体系概论. 长沙：中南工业大学出版社.
陈国达.2000. 关于多因复成矿床的一些问题. 大地构造与成矿学，24（3）：199-201.
陈先兵.1999. 冀东马兰峪变质核杂岩控矿的初步认识. 有色金属矿产与勘查，8（6）：321-324.
陈衍景.1996. 陆内碰撞体制的流体作用模式及与成矿的关系——理论推导和东秦岭金矿床的研究结果. 地学前缘，3（3-4）：282-289.
陈衍景.2013. 大陆碰撞成矿理论的创建及应用. 岩石学报，29（1）：1-17.
陈衍景，富士谷.1992. 豫西金矿成矿规律. 北京：地震出版社.
陈毓川，薛春纪，王登红，等.2003. 华北陆块北缘区域矿床成矿谱系探讨. 高校地质学报，9（4）：520-535.
戴传固，李硕，唐黔春，等.2005. 黔东地区变质核杂岩构造及其控矿作用. 贵州地质，22（4）：224-228.
邓军，侯增谦，莫宣学，等.2010. 三江特提斯复合造山与成矿作用. 矿床地质，29（1）：37-42.
董军，赖健清，彭省临.2001. 地幔蠕动流中一类复杂动力学现象. 大地构造与成矿学，25（3）：259-264.
董树文，张岳桥，李海龙，等.2019. “燕山运动”与东亚大陆晚中生代多板块汇聚构造——纪念“燕山运动”90周年. 中国科学：地球科学，49（6）：913-938.
范蔚茗，Menzies M A，尹汉辉，等.1993. 中国东南沿海深部岩石圈的性质和深部作用过程初探. 大地构造与成矿学，17（1）：23-30.
付乐兵，魏俊浩，谭俊，等.2015. 喀喇沁变质核杂岩内安家营子金矿床成矿与剥蚀历史. 矿物学报，35（S1）：15-16.
傅朝义.1999. 河北省变质核杂岩. 地质找矿论丛，14（3）：10-16，49.
傅昭仁，李先福，李德威，等.1991. 不同样式的剥离断层控矿研究. 地球科学——中国地质大学学报，16（6）：627-634.
傅昭仁，宋鸿林，颜丹平.1997. 扬子地台西缘江浪变质核杂岩结构及对成矿的控制. 地质学报，71（2）：113-122.

郭林楠 . 2016. 胶东型金矿成矿机理 . 北京：中国地质大学 .
和政军，王宗起，任纪舜 . 1999. 华北北部侏罗纪大型推覆构造带前缘盆地沉积特征和成因机制初探 . 地质科学，34（2）：186-195.
侯光久，索书田，魏启荣，等 . 1998. 雪峰山地区变质核杂岩与沃溪金矿 . 地质力学学报，4（1）：58-62.
侯增谦 . 2010. 大陆碰撞成矿论 . 地质学报，84（1）：30-58.
胡瑞忠，毛景文，毕献武，等 . 2008. 浅谈大陆动力学与成矿关系研究的若干发展趋势 . 地球化学，37（4）：344-352.
胡瑞忠，毛景文，范蔚茗，等 . 2010. 华南陆块陆内成矿作用的一些科学问题 . 地学前缘，17（2）：13-26.
胡祥昭 . 1989. 银岩含锡花岗斑岩的岩石学特征及成因研究 . 地球化学，18（3）：251-263.
李德威 . 1993. 洪镇变质核杂岩及其成矿意义 . 大地构造与成矿学，17（3）：211-220.
李德威，刘德民，廖群安，等 . 2003. 藏南萨迦拉轨岗日变质核杂岩的厘定及其成因 . 地质通报，22（5）：303-307.
李建忠，汪名杰，姚鹏，等 . 2006. 四川九龙黑牛洞铜矿床地质特征及其外围找矿方向初探 . 沉积与特提斯地质，26（4）：69-77.
李锦轶，肖序常 . 1998. 板块构造学说与大陆动力学——纪念李春昱教授逝世 10 周年（代前言）. 地质论评，44（4）：337-338.
李士江，马宏岩，姜国超 . 2010. 辽南地区金矿与侵入岩的关系 . 矿产勘查，1（3）：239-243.
李文昌，任治机，王建华 . 2014. 中国斑岩铜矿时空分布规律 . 矿床地质，33（S1）：19-20.
李先福 . 1991. 剥离断层及其热液成矿作用 . 地质与勘探，27（1）：1-6.
李增华，池国祥，邓腾，等 . 2019. 活化断层对加拿大阿萨巴斯卡盆地不整合型铀矿的控制 . 大地构造与成矿学，43（3）：518-527.
林舸 . 2005. 活化构造的动力学机制研究进展 . 大地构造与成矿学，29（1）：56-62.
林舸，范蔚茗 . 2015. 活化构造与克拉通破坏的动力学机制研究 . 大地构造与成矿学，39（3）：391-401.
林伟，王军，刘飞，等 . 2013. 华北克拉通及邻区晚中生代伸展构造及其动力学背景的讨论 . 岩石学报，29（5）：1791-1810.
林伟，许德如，侯泉林，等 . 2019. 中国大陆中东部早白垩世伸展穹隆构造与多金属成矿 . 大地构造与成矿学，43（3）：409-430.
罗庆坤，刘国生，王彪，等 . 1995. 庐山-彭山地区伸展构造演化及其对矿产形成的制约 . 地质科学，30（2）：117-129.
吕贻峰，秦松贤 . 1998. 辽南地区构造演化与构造控矿 . 辽宁地质，（3）：161-168.
吕贻峰，魏俊浩 . 1998. 辽南金矿集中区成矿地质异常分析及成矿预测 . 地质与勘探，34（4）：20-24，36.
毛建仁，叶海敏，Takahashi Y，等 . 2014. 中国东南沿海与西南日本白垩纪-古近纪火山-侵入岩带的地球动力学特征 . 资源调查与环境，35（3）：157-168.
毛景文，谢桂青，李晓峰，等 . 2004a. 华南地区中生代大规模成矿作用与岩石圈多阶段伸展 . 地学前缘，11（1）：45-55.
毛景文，李晓峰，Lehmann B，等 . 2004b. 湖南芙蓉锡矿床锡矿石和有关花岗岩的 ^{40}Ar-^{39}Ar 年龄及其地球动力学意义 . 矿床地质，23（2）：164-175.
毛景文，谢桂青，张作衡，等 . 2005. 中国北方中生代大规模成矿作用的期次及其地球动力学背景 . 岩石学报，21（1）：171-190.
毛景文，谢桂青，郭春丽，等 . 2007. 南岭地区大规模钨锡多金属成矿作用：成矿时限及地球动力学背景 . 岩石学报，23（10）：2329-2338.
毛景文，谢桂青，郭春丽，等 . 2008. 华南地区中生代主要金属矿床时空分布规律和成矿环境 . 高校地质学报，14（4）：510-526.
孟宪刚，冯向阳，邵兆刚，等 . 2002. 辽西医巫闾山变质核杂岩构造系统及其对金矿的控制 . 地质通报，21（12）：841-847.
苗来成，罗镇宽，关康，等 . 1998. 玲珑花岗岩中锆石的离子质谱 U-Pb 年龄及其岩石学意义 . 岩石学报，14（2）：3-5.
倪培，徐克勤 . 1993. 辽东半岛地质演化及金矿床的成因 . 矿床地质，12（3）：231-244.
裴荣富，吴良士 . 1990. 中国东部区域成矿研究述评 . 矿床地质，9（1）：91-94.
彭三国，蔺志永，胡俊良，等 . 2012. 关于武当-桐柏-大别成矿带的几个问题 . 矿床地质，31（S1）：27-28.
秦克章，翟明国，李光明，等 . 2017. 中国陆壳演化、多块体拼合造山与特色成矿的关系 . 岩石学报，33（2）：305-325.
邱正杰，范宏瑞，丛培章，等 . 2015. 造山型金矿床成矿过程研究进展 . 矿床地质，34（1）：21-38.
任纪舜，牛宝贵，刘志刚 . 1999. 软碰撞、叠覆造山和多旋回缝合作用 . 地学前缘，6（3）：85-93.

舒良树，王德滋 . 2006. 北美西部与中国东南部盆岭构造对比研究 . 高校地质学报，12（1）：1-13.
宋传中，黄文成，Lin S F，等 . 2010. 长江中下游转换构造结的特征，属性及其研究意义 . 安徽地质，20（1）：14-19，29.
滕吉文，白武明，张中杰，等 . 2009. 中国大陆动力学研究导向和思考 . 地球物理学进展，24（6）：1913-1936.
滕吉文，宋鹏汉，毛慧慧 . 2014. 当代大陆内部物理学与动力学研究的导向和科学问题 . 中国地质，41（3）：675-697.
涂光炽 . 1979. 矿床的多成因问题 . 地质与勘探，（6）：1-5.
王中亮 . 2012. 焦家金矿田成矿系统 . 北京：中国地质大学 .
魏俊浩，刘丛强，李志德，等 . 2003. 论金矿床成矿年代的确定——以丹东地区成岩成矿 Rb-Sr、U-Pb 同位素年代为例 . 地质学报，12（1）：113-119.
文志林，邓腾，董国军，等 . 2016. 湘东北万古金矿床控矿构造特征与控矿规律研究 . 大地构造与成矿学，40（2）：281-294.
吴福元，杨进辉，柳小明 . 2005. 辽东半岛中生代花岗质岩浆作用的年代学格架 . 高校地质学报，11（3）：305-317.
肖庆辉 . 1996. 大陆动力学的科学目标和前沿 . 地质科技管理，（3）：34-36.
肖庆辉 . 1997. 大陆动力学研究中值得注意的几个重大科学前沿 . 陕西地矿信息，22（2）：12.
许德如，周岳强，邓腾，等 . 2015. 论多因复成矿床的形成机理 . 大地构造与成矿学，39（3）：413-435.
许德如，叶挺威，王智琳，等 . 2019. 成矿作用的空间分布不均匀性及其控制因素探讨 . 大地构造与成矿学，43（3）：368-388.
许建祥，曾载淋，李雪琴，等 . 2007. 江西寻乌铜坑嶂钼矿床地质特征及其成矿时代 . 地质学报，81（7）：924-928.
许志琴，李廷栋，嵇少丞，等 . 2008. 大陆动力学的过去、现在和未来——理论与应用 . 岩石学报，24（7）：1433-1444.
薛春纪，赵晓波，赵伟策，等 . 2020. 中-哈-吉-乌天山变形带容矿金矿床：成矿环境和控矿要素与找矿标志 . 地学前缘，27（2）：294-319.
薛良伟，石铨曾，尉向东，等 . 1998. 小秦岭石英脉型金矿的反转成矿机制 . 科学通报，43（2）：203-206.
杨进辉，吴福元，罗清华，等 . 2004. 辽宁丹东地区侏罗纪花岗岩的变形时代：^{40}Ar-^{39}Ar 年代学制约 . 岩石学报，20（5）：216-225.
杨奎峰，朱继托，程胜红，等 . 2017. 胶东三山岛金矿构造控矿规律研究 . 大地构造与成矿学，41（2）：272-282.
杨中柱，孟庆成，江江，等 . 1996. 辽南变质核杂岩构造 . 辽宁地质，（4）：241-250.
阴江宁，邢树文，肖克炎 . 2016. 武当—桐柏—大别 Mo-REE-Au-Ag-Pb-Zn 多金属成矿带主要地质成矿特征及资源潜力分析. 地质学报，90（7）：1447-1457.
喻爱南，叶柏龙 . 1998. 大云山变质核杂岩构造的确认及其成因 . 湖南地质，17（2）：81-84.
喻爱南，叶柏龙，彭恩生 . 1998. 湖南桃林大云山变质核杂岩构造与成矿的关系 . 大地构造与成矿学，22（1）：82-88.
曾庆丰，李东旭，吴淦国 . 1984. 构造叠加与成矿叠加 . 中国科学 B 辑：化学，14（5）：449-457.
翟明国 . 2010. 华北克拉通的形成演化与成矿作用 . 矿床地质，29（1）：24-36.
翟明国 . 2015. 大陆动力学的物质演化研究方向与思路 . 地球科学与环境学报，37（4）：1-14.
翟明国 . 2020. 大陆成矿学//国家自然科学基金委员会，中国科学院 . 中国学科发展战略 . 北京：科学出版社：1-439.
翟明国，朱日祥，刘建明，等 . 2003. 华北东部中生代构造体制转折的关键时限 . 中国科学 D 辑：地球科学，1（10）：913-920.
翟明国，范宏瑞，杨进辉，等 . 2004. 非造山带型金矿——胶东型金矿的陆内成矿作用 . 地学前缘，11（1）：85-98.
翟明国，张旗，陈国能，等 . 2016. 大陆演化与花岗岩研究的变革 . 科学通报，61（13）：1414-1420.
翟裕生 . 2007. 地球系统、成矿系统到勘查系统 . 地学前缘，14（1）：172-181.
翟裕生，吕古贤 . 2002. 构造动力体制转换与成矿作用 . 地球学报，23（2）：97-102.
翟裕生，王建平，彭润民，等 . 2009. 叠加成矿系统与多成因矿床研究 . 地学前缘，16（6）：282-290.
张国伟，郭安林，董云鹏，等 . 2011. 大陆地质与大陆构造和大陆动力学 . 地学前缘，18（3）：1-12.
赵越，杨振宇，马醒华 . 1994. 东亚大地构造发展的重要转折 . 地质科学，29（2）：105-119.
周济元，崔炳芳，陈宏明 . 2000. 赣南红山-锡坑迳地区铜锡矿地质及预测 . 北京：地质出版社 .
周涛发，范裕，王世伟，等 . 2017. 长江中下游成矿带成矿规律和成矿模式 . 岩石学报，33（11）：3353-3372.
周新民 . 2007. 南岭地区晚中生代花岗岩成因与岩石圈动力学演化 . 北京：科学出版社：1-691.
朱广彬，刘国范，姚新年，等 . 2005. 东秦岭铅锌银金钼多金属成矿带成矿规律及找矿标志 . 地球科学与环境学报，27（1）：44-52.
朱日祥，范宏瑞，李建威，等 . 2015. 克拉通破坏型金矿床 . 中国科学：地球科学，45（8）：1153-1168.

朱志澄 . 1994. 变质核杂岩和伸展构造研究述评 . 地质科技情报，13（3）：1-9.

Appleby K，Circosta G，Fanning M，et al. 1996. New model for controls on gold-silver mineralization on Misima Island. Mining Engineering，48（3）：33-36.

Barley M E，Groves D I. 1992. Supercontinent cycles and the distribution of metal deposits through time. Geology，20（4）：291-294.

Bateman R，Hagemann S. 2004. Gold mineralisation throughout about 45 Ma of Archaean orogenesis：protracted flux of gold in the Golden Mile，Yilgarn craton，Western Australia. Mineralium Deposita，39（5-6）：536-559.

Beaudouin G，Taylor B E，Sangster D F. 1991. Silver-lead-zinc veins，metamorphic core complexes，and hydrologic regimes during crustal extension. Geology，19：1217-1220.

Bellahsen N，Daniel J M. 2005. Fault reactivation control on normal fault growth：an experimental study. Journal of Structural Geology，27（4）：769-780.

Berge J. 2013. Likely "mantle plume" activity in the Skellefte district，northern Sweden. A reexamination of mafic/ultramafic magmatic activity：its possible association with VMS and gold mineralization. Ore Geology Reviews，55：64-79.

Blair T C，Bilodeau W L. 1988. Development of tectonic cyclothems in rift，pull-apart，and foreland basins：sedimentary response to episodic tectonism. Geology，16（6）：517-520.

Botcharnikov R E，Linnen R L，Wilke M，et al. 2011. High gold concentrations in sulphide-bearing magma under oxidizing conditions. Nature Geoscience，4（2）：112-115.

Bucci L A，McNaughton N J，Fletcher I R，et al. 2004. Timing and duration of high-temperature gold mineralization and spatially associated granitoid magmatism at Chalice，Yilgarn Craton，Western Australia. Economic Geology，99（6）：1123-1144.

Buchholz P，Oberthür T，Lüders V，et al. 2007. Multistage Au-As-Sb mineralization and crustal-scale fluid evolution in the Kwekwe district，Midlands greenstone belt，Zimbabwe：a combined geochemical，mineralogical，stable isotope，and fluid inclusion study. Economic Geology，102（3）：347-378.

Cabral A R，Burgess R，Lehmann B. 2011. Late Cretaceous bonanza-style metal enrichment in the Serra Pelada Au-Pd-Pt deposit，Pará，Brazil. Economic Geology，106（1）：119-125.

Carr M D，Monsen S A. 1988. A field trip guide to the geology of Bare Mountain. Geological Society of America，Cordilleran Section//Barrett M L. Field Trip Guidebook. America：American Association of Petroleum Geologists.

Cartwright J，Bouroullec R，James D，et al. 1998. Polycyclic motion history of some Gulf Coast growth faults from high-resolution displacement analysis. Geology，26（9）：819-822.

Charles N，Gumiaux C，Augier R，et al. 2011. Metamorphic core complexes vs synkinematic plutons in continental extension setting：insights from key structures（Shandong Province，Eastern China）. Journal of Asian Earth Sciences，40（1）：261-278.

Charles N，Augier R，Gumiaux C，et al. 2013. Timing，duration and role of magmatism in wide rift systems：insights from the Jiaodong Peninsula（China，East Asia）. Gondwana Research，24（1）：412-428.

Chen G D. 2000. Diwa theory—activated tectonics and metallogeny. Changsha：Central South University Press.

Chen L，Tao W，Zhao L，et al . 2008. Distinct lateral variation of lithospheric thickness in the northeastern North China Craton. Earth and Planetary Science Letters，267（1-2）：56-68.

Cline J S，Hofstra A H，Muntean J L，et al. 2005. Carlin-type gold deposits in Nevada：critical geologic characteristics and viable models. Economic Geology（100th Anniversary volume）：451-484.

Cooke D R，Hollings P，Walshe J L. 2005. Giant porphyry deposits：characteristics，distribution，and tectonic controls. Economic Geology，100（5）：801-818.

Costagliola P，Benvenuti M，Maineri C，et al. 1999. Fluid circulation in the Apuane Alps core complex：evidence from extension veins in the Carrara marble. Mineralogical Magazine，63：111.

Cox R T，Van Arsdale R B，Harris J B，et al. 2001. Neotectonics of the southeastern Reelfoot rift zone margin，central United States，and implications for regional strain accommodation. Geology，29（5）：419-422.

Deng J，Wang Q. 2016. Gold mineralization in China：metallogenic provinces，deposit types and tectonic framework. Gondwana Research，36：219-274.

Deng J，Wang Q F，Li G J，et al. 2014. Cenozoic tectono-magmatic and metallogenic processes in the Sanjiang region，southwestern China. Earth-Science Reviews，138：268-299.

Deng J，Liu X F，Wang Q F，et al. 2015. Origin of the Jiaodong-type Xinli gold deposit，Jiaodong Peninsula，China：constraints from fluid inclusion and C-D-O-S-Sr isotope compositions. Ore Geology Reviews，65（3）：674-686.

Deng J, Wang Q F, Li G J. 2017. Tectonic evolution superimposed orogeny, and composite metallogenic system in China. Gondwana Research, 50: 216-266.

Deng X Q, Peng T P, Zhao T P. 2016. Geochronology and geochemistry of the late Paleoproterozoic aluminous A-type granite in the Xiaoqinling area along the southern margin of the North China Craton: petrogenesis and tectonic implications. Precambrian Research, 285: 127-146.

Doblas M, Oyarzun R, Lunar R, et al . 1988. Detachment faulting and late Paleozoic epithermal Ag-base-metal mineralization in the Spanish central system. Geology, 16 (9): 800-803.

Dobretsov N L, Buslov M M. 2011. Problems of geodynamics, tectonics, and metallogeny of orogens. Russian Geology and Geophysics, 52 (12): 1505-1515.

Dong Y P, Zhang G W, Neubauer F, et al. 2011. Tectonic evolution of the Qinling Orogen, China: review and synthesis. Journal of Asian Earth Sciences, 41 (3): 213-237.

Duuring P, Hagemann S G, Cassidy K F, et al. 2004. Hydrothermal alteration, ore fluid characteristics and gold depositional processes along a trondhjemite-komatiite contact at Tarmoola, western Australia. Economic Geology, 99 (3): 423-451.

Emsbo P, Groves D I, Hofstra A H, et al. 2006. The giant Carlin gold province: a protracted interplay of orogenic basinal and hydrothermal processes above a lithospheric boundary. Mineralium Deposita, 41 (6): 517-525.

Essarraj S, Boiron M C, Cathelineau M, et al. 2001. Multistage deformation of Au-quartz veins (Laurieras: French Massif Central): evidence for late gold introduction from micro structural, isotopic and fluid inclusion studies. Tectonophysics, 336 (1-4): 79-99.

Fan H R, Zhai M G, Xie Y H, et al. 2003. Ore-forming fluids associated with granite-hosted gold mineralization at the Sanshandao Deposit, Jiaodong gold province, China. Mineralium Deposita, 38 (6): 739-750.

Fukao Y, Obayashi M, Nakakuki T, et al. 2009. Stagnant slab: a review. Annual Review, 37: 19-46.

Garson M S, Mitchell A. 1981. Precambrian ore deposits and plate tectonics-science direct. Developments in Precambrian Geology, 4: 689-731.

Ghosh G, Mukhopadhyay J. 2007. Reappraisal of the structure of the Western Iron Ore Group, Singhbhum Craton, eastern India: implications for the exploration of BIF-hosted iron ore Deposits. Gondwana Research, 12 (4): 525-532.

Gilg H A, Boni M, Balassone G, et al. 2006. Marble- hosted sulfide ores in the Angouran Zn- (Pb- Ag) deposit, NW Iran: interaction of sedimentary brine with a metamorphic core complex. Mineralium Deposita, 41: 1-16.

Goldfarb R J, Baker T, Dubé B, et al. 2005. Distribution, character and genesis of gold deposits in metamorphic terranes. Economic Geology (100th Anniversary volume): 407-450.

Goldfarb R J, Santosh M. 2014. The dilemma of the Jiaodong gold deposits: are they unique? Geoscience Frontiers, 5 (2): 139-153.

Goldfarb R J, Groves D I. 2015. Orogenic gold: common or evolving fluid and metal sources through time. Lithos, 233: 2-26.

Goldfarb R J, Groves D I, Gardoll S. 2001. Orogenic gold and geologic time: a global synthesis. Ore Geology Reviews, 18: 1-75.

Goldfarb R J, Taylor R D, Collins G S, et al. 2014. Phanerozoic continental growth and gold metallogeny of Asia. Gondwana Research, 25 (1): 48-102.

Greybeck J D, Wallace A B. 1991. Gold mineralization at Fluorspar Canyon near Beatty, Nye County, Nevada//Raines G L, Lisle R E, Shafer R W, et al. Geology and Ore Deposits of the Great Basin, Symposium Proceedings. The Geological Society of Nevada, Reno: 935-946.

Griffin W L, Begg G C, O'Reilly S Y. 2013. Continental-root control on the genesis of magmatic ore deposits. Nature Geoscience, 6 (11): 905-910.

Groves D I, Bierlein F P. 2007. Geodynamic settings of mineral deposit systems. Journal of the Geological Society, 164: 19-30.

Groves D I, Santosh M. 2015. Province-scale commonalities of some world-class gold deposits: implications for mineral exploration. Geoence Frontiers, 6 (3): 389-399.

Groves D I, Santosh M. 2016. The giant Jiaodong gold province: the key to a unified model for orogenic gold deposits? Geoscience Frontiers, 7 (3): 409-417.

Groves D I, Phillips G N, Ho S E, et al. 1987. Craton-scale distribution of Archean greenstone gold deposits: predictive capacity of the metamorphic model. Economic Geology, 82 (8): 2045-2058.

Groves D I, Goldfarb R J, Gebre-Mariam M, et al. 1998. Orogenic gold deposits: a proposed classification in the context of their crustal distribution and relationship to other gold deposit types. Ore Geology Reviews, 13 (1): 7-27.

Groves D I, Goldfarb R J, Robert F, et al. 2003. Gold deposits in metamorphic belts: overview of current understanding, outstanding problems, future research, and exploration significance. Economic Geology, 98 (1): 1-29.

Groves D I, Santosh M, Goldfarb R, et al. 2019. Corrigendum to "Structural geometry of orogenic gold deposits: implications for exploration of world-class and giant deposits" [Geoscience Frontiers 9, (2018) 1163-1177]. Geoscience Frontiers, 10 (2): 789.

Groves D I, Santosh M, Deng J, et al. 2020. A holistic model for the origin of orogenic gold deposits and its implications for exploration. Mineralium Deposita, 55 (2): 275-292.

Gu X X, Zhang Y M, Li B H, et al. 2012. Hydrocarbon-and ore-bearing basinal fluids: a possible link between gold mineralization and hydrocarbon accumulation in the Youjiang basin, South China. Mineralium Deposita, 47 (6): 663-682.

Guo P, Santosh P, Li S R. 2013. Geodynamics of gold metallogeny in the Shandong Province, NE China: an integrated geological, geophysical and geochemical perspective. Gondwana Research, 24 (3-4): 1172-1202.

Hao Z G, Fei H C, Hao Q Q, et al. 2016. Two super-large gold deposits have been discovered in Jiaodong Peninsula of China. Acta Geologica Sinica (English Edition), 90 (1): 368-369.

Haroldson E L, Brown P E, Bodnar R J. 2018. Involvement of variably-sourced fluids during the formation and later overprinting of Paleoproterozoic Au-Cu mineralization: insights gained from a fluid inclusion assemblage approach. Chemical Geology, 497: 115-127.

Hastie E C, Kontak D J, Lafrance B. 2020. Gold Remobilization: insights from Gold Deposits in the Archean Swayze Greenstone Belt, Abitibi Subprovince, Canada. Economic Geology, 115 (2): 241-277.

He C, Santosh M. 2016. Crustal evolution and metallogeny in relation to mantle dynamics: a perspective from P-wave tomography of the South China Block. Lithos, 263: 3-14.

Henley R W, Adams D P M. 1992. Strike-slip fault reactivation as a control on epithermal vein-style gold mineralization. Geology, 20 (5): 443-446.

Hitzman M W, Oreskes N, Einaudi M T. 1992. Geological characteristics and tectonic setting of Proterozoic iron oxide (Cu-U-Au-REE) deposits. Precambrian Research, 58 (S1-4): 241-287.

Holdsworth R E, Butler C A, Roberts A M. 1997. The recognition of reactivation during continental deformation. Journal of the Geological Society, 154 (1): 73-78.

Holk G J, Taylor H P Jr. 2007. ^{18}O-^{16}O evidence for contrasting hydrothermal regimes involving magmatic and meteoric-hydrothermal waters at the Valhalla metamorphic core complex, British Columbia. Economic Geology, 102 (6): 1063-1078.

Hollister L S, Crawford M L. 1986. Melt-enhanced deformation: a major tectonic process. Geology, 14 (7): 558-561.

Horner J, Neubauer F, Paar W H, et al. 1997. Structure, mineralogy, and Pb isotopic composition of the As-Au-Ag deposit Rotgülden, Eastern Alps (Austria): significance for formation of epigenetic ore deposits within metamorphic domes. Mineralium Deposita, 32 (6): 555-568.

Hou Z Q, Zhang H R, Pan X F, et al. 2011. Porphyry Cu (-Mo-Au) deposits related to melting of thickened mafic lower crust: examples from the eastern Tethyan metallogenic domain. Ore Geology Reviews, 39 (1-2): 21-45.

Howard K A. 2003. Crustal structure in the Elko-Carlin region, Nevada, during Eocene gold mineralization: Ruby-East Humboldt metamorphic core complex as a guide to the deep crust. Economic Geology, 98: 249-268.

Hu F F, Fan H R, Jiang X H, et al. 2013. Fluid inclusions at different depths in the Sanshandao gold deposit, Jiaodong Peninsula, China. Geofluids, 13 (4): 528-541.

Hu H. 2009. U-Pb geochronology and geochemistry of the Mogou alkaline complex, southern margin of the North China Craton: implications for post-collisional extension. China: University of Geosciences.

Hu R Z, Su W C, Bi X W, et al. 2002. Geology and geochemistry of Carlin-type gold deposits in China. Mineralium Deposita, 37 (3-4): 78-392.

Hu R Z, Chen W T, Xu D R, et al. 2017. Reviews and new metallogenic models of mineral deposits in South China: an introduction. Journal of Asian Earth Sciences, 137: 1-8.

Hyndman R D, McCrory P A, Wech A, et al . 2015. Cascadia subducting plate fluids channeled to fore-arc mantle corner: ETS and Silica deposition. Journal of Geophysical Research Solid Earth, 120: 4344-4358.

Jefferson C W, Thomas D J, Gandhi S S, et al. 2007. Unconformity-associated uranium deposits of the Athabasca Basin. Bulletin of the Geological Survey of Canada, 588: 23-67.

Jiang P, Yang K F, Fan H R, et al. 2016. Titanite-scale insights into multi-stage magma mixing in Early Cretaceous of NW Jiaodong

Terrane, North China Craton. Lithos, 258-259: 197-214.

Kai H, Hu X, Hui X, et al. 2014. The oxidization behavior and mechanical properties of ultrananocrystalline diamond films at high temperature annealing. Applied Surface Science, 317: 11-18.

Kawai K, Yamamoto S, Tsuchiya T, et al. 2013. The second continent: existence of granitic continental materials around the bottom of the mantle transition zone. Geoscience Frontiers, 4 (1): 1-6.

Keith M. 2001. Evidence for a plate tectonics debate. Earth-Science Reviews, 55 (3-4): 235-336.

Kerrich R, Goldfarb R, Groves D, et al. 2000. The characteristics, origins, and geodynamic settings of supergiant gold metallogenic provinces. Science in China Series D, 43 (1): 1-68.

Khomich V G, Boriskina N G, Santosh M. 2014. A geodynamic perspective of world class gold deposits in East Asia. Gondwana Research, 26 (3): 816-833.

Large R R, Danyushevsky L, Hollit C, et al. 2009. Gold and trace element zonation in pyrite using a laser imaging technique: implications for the timing of gold in orogenic and Carlin-style sediment-hosted deposits. Economic Geology, 104: 635-668.

Large R R, Bull S W, Maslennikov V V. 2011. A carbonaceous sedimentary source-rock model for Carlin-type and orogenic gold deposits. Economic Geology, 106 (3): 331-358.

Large R R, Meffre S, Burnett R, et al. 2013. Evidence for an intrabasinal source and multiple concentration processes in the formation of the carbon leader reef, Witwatersrand Supergroup, South Africa. Economic Geology, 108 (6): 1215-1241.

Li C, Jiang Y, Xing G, et al. 2015. Two periods of skarn mineralization in the Baizhangyan W-Mo deposit, Southern Anhui Province, Southeast China: evidence from zircon U-Pb and molybdenite Re-Os and sulfur isotope data. Resource Geology, 65 (3): 193-209.

Li J W, Vasconcelos P M, Zhou M F, et al. 2006. Geochronology of the Pengjiakuang and Rushan gold deposits, Eastern Jiaodong gold province, Northeastern China: implications for regional mineralization and geodynamic setting. Economic Geology, 101 (5): 1023-1038.

Li J W, Bi S J, Selby D, et al. 2012. Giant Mesozoic gold provinces related to the destruction of the North China craton. Earth and Planetary Science Letters, 349: 26-37.

Li S R, Santosh M. 2014. Metallogeny and craton destruction: records from the North China Craton. Ore Geology Reviews, 56: 376-414.

Li S R, Santosh M. 2017. Geodynamics of heterogeneous gold mineralization in the North China Craton and its relationship to lithospheric destruction. Gondwana Research, 50: 267-292.

Li S Z, Suo Y H, Santosh M, et al. 2013. Mesozoic to Cenozoic intracontinental deformation and dynamics of the North China Craton. Geological Journal, 48 (5): 543-560.

Li X, Wang C, Hua R, et al. 2010. Fluid origin and structural enhancement during mineralization of the Jinshan orogenic gold deposit, South China. Mineralium Deposita, 45 (6): 583-597.

Li Z H, Chi G X, Kathryn M B, et al. 2017. Structural controls on fluid flow during compressional reactivation of basement faults: insights from numerical modeling for the formation of unconformity-related uranium deposits in the Athabasca Basin, Canada. Economic Geology, 112 (2): 451-466.

Li Z K, Bi S J, Li J W, et al. 2017. Distal Pb-Zn-Ag veins associated with the world-class Donggou porphyry Mo deposit, southern North China craton. Ore Geology Reviews, 82: 232-251.

Li Z X, Li X H. 2007. Formation of the 1300-km-wide intracontinental orogen and postorogenic magmatic province in Mesozoic South China: a flat-slab subduction model. Geology, 35 (2): 179-182.

Li Z X, Zhong S. 2009. Supercontinent-superplume coupling, true polar wander and plume mobility: plate dominance in whole-mantle tectonics. Physics of the Earth and Planetary Interiors, 176 (3-4): 143-156.

Lin W, Wei W. 2018. Late Mesozoic extensional tectonics in the North China Craton and its adjacent regions: a review and synthesis. International Geology Review, 62 (7-8): 811-839.

Lisle R J, Srivastava D C. 2004. Test of the frictional reactivation theory for faults and validity of fault-slip analysis. Geology, 32 (7): 569-572.

Lister G S, Davis G A. 1989. The origin of metamorphic core complexes and detachment faults formed during Tertiary continental extension in the northern Colorado River region, U. S. A. Journal of Structural Geology, 11 (1-2): 65-94.

Liu X, Fan H R, Evans N J, et al. 2014. Cooling and exhumation of the mid-Jurassic porphyry copper systems in Dexing City,

Southeastern China: insights from geo-and thermochronology. Mineralium Deposita, 49 (7): 809-819.

Lobkovsky L, Kotelkin V. 2015. The history of supercontinents and oceans from the standpoint of thermochemical mantle convection. Precambrian Research, 259: 262-277.

Lu H Z, Archambault G, Li Y S, et al. 2007. Structural geochemistry of gold mineralization in the Linglong- Jiaojia district, Shandong Province, China. Chinese Journal of Geochemistry, 26 (3): 215-234.

Mao J W, Wang Y, Zhang Z, et al. 2003. Geodynamic settings of Mesozoic large-scale mineralization in North China and adjacent areas. Science in China (Series D: Earth Sciences), 46 (8): 838-851.

Mao J W, Xie G Q, Bierlein F, et al. 2008. Tectonic implications from Re-Os dating of Mesozoic molybdenum deposits in the East Qinling-Dabie orogenic belt. Geochimica Et Cosmochimica Acta, 72 (18): 4607-4626.

Mao J W, Xie G Q, Duan C, et al. 2011a. A tectono-genetic model for porphyry-skarn-stratabound Cu-Au-Mo-Fe and magnetite-apatite deposits along the Middle-Lower Yangtze River Valley, Eastern China. Ore Geology Reviews, 43 (1): 294-314.

Mao J W, Cheng Y B, Chen M H, et al. 2013. Major types and time-space distribution of Mesozoic ore deposits in South China and their geodynamic settings. Mineralium Deposita, 48 (3): 267-294.

Mao J W, Pirajno F, Lehmann B, et al. 2014. Distribution of porphyry deposits in the Eurasian continent and their corresponding tectonic settings. Journal of Asian Earth Sciences, 79: 576-584.

Mao L, Xiao A, Wei G, et al. 2011b. Distribution and origin of the Late Paleozoic-Mesozoic rift systems in the northern margin of the Yangtze block. Acta Petrologica Sinica, 27 (3): 721-731.

Marchev P, Kaiser-Rohrmeier M, Heinrich C, et al. 2005. Hydrothermal ore deposits related to post-orogenic extensional magmatism and core complex formation: the Rhodope Massif of Bulgaria and Greece. Ore Geology Reviews, 27 (1-4): 53-89.

Marignac C, Aïssa D E, Cheilletz A, et al. 2016. Edough- Cap de Fer Polymetallic District, Northeast Algeria: II. Metallogenic Evolution of a Late Miocene Metamorphic Core Complex in the Alpine Maghrebide Belt//Bouabdellah M, Slack J F. Mineral Resource Reviews: Mineral Deposits of North Africa. Switzerland: Springer International Publishing AG Switzerland: 167-200.

Maruyama S, Santosh M, Zhao D. 2007. Superplume, supercontinent, and post- perovskite: mantle dynamics and Anti- plate tectonics on the Core-Mantle Boundary. Gondwana Research, 11 (1-2): 7-37.

McKee E H, Moring B C. 1996. Chapter 6: Cenozoic mineral deposits and Cenozoic igneous rocks of Nevada//McKee E H, Moring B C, Huber D F. Cenozoic volcanic rocks and Cenozoic mineral deposits of Nevada. Open-File Report (USGS Numbered Series), 95-248: 6-1 to 6-8.

Meffre S, Large R R, Steadman J A, et al. 2016. Multi-stage enrichment processes for large gold-bearing ore deposits. Ore Geology Reviews, 76: 268-279.

Menzies M A, Fan W, Zhang M. 1993. Palaeozoic and Cenozoic lithoprobes and the loss of >120 km of Archaean lithosphere, Sino-Korean craton, China. Geological Society, London, Special Publications, 76 (1): 71-81.

Monastero F C, Katzenstein A M, Miller J S, et al. 2005. The Coso geothermal field: a nascent metamorphic core complex. Geological Society of America Bulletin, 117: 1534-1553.

Muntean J L, Cline J S, Simon A C, et al. 2011. Magmatic- hydrothermal origin of Nevada's Carlin- type gold deposits. Nature Geoscience, 4 (2): 122-127.

Nance R D, Murphy J B, Santosh M. 2014. The supercontinent cycle: a retrospective essay. Gondwana Research, 25 (1): 4-29.

Nicol A, Walsh J, Berryman K, et al. 2005. Growth of a normal fault by the accumulation of slip over millions of years. Journal of Structural Geology, 27 (2): 327-342.

Noble D C, Weiss S I, McKee E H, et al. 1991. Magmatic and hydrothermal activity, caldera geology, and regional extension in the western part of the southwestern Nevada volcanic field, in Raines//Lisle G L, Schafer R E. Geology and Ore Deposits of the Great Basin Symposium Proceedings. Geological Society of Nevada: 913-934.

Peacock S A. 1990. Fluid processes in subduction zones. Science, 248 (4953): 329-337.

Peacock S M. 1996. Thermal and petrologic structure of subduction zones. American: American Geophysical Union.

Peacock S M, Christensen N I, Bostock M G, et al. 2011. High pore pressures and porosity at 35 km depth in the Cascadia subduction zone. Geology, 39 (5): 471-474.

Phillips G N, Powell R. 2009. Formation of gold deposits- review and evaluation of the continuum model. Earth Science Reviews, 94 (1-4): 1-21.

Phillips G N, Powell R. 2010. Formation of gold deposits: a metamorphic devolatilization model. Journal of Metamorphic Geology,

28 (6): 689-718.

Pirajno F, Morris P. 2005. Large igneous provinces in Western Australia: implications for Ni-Cu and Platinum Group Elements (PGE) mineralization. Mineral Deposit Research: Meeting the Global Challenge: 1049-1052.

Pirajno F, Santosh M. 2015. Mantle plumes, supercontinents, intracontinental rifting and mineral systems. Precambrian Research, 259: 243-261.

Pirajno F, Zhou T F. 2015. Intracontinental porphyry and porphyry-skarn mineral systems in Eastern China: scrutiny of a special case "Made-in-China". Economic Geology, 110 (3): 603-629.

Pirajno F, Hocking R M, Reddy S M, et al. 2009. A review of the geology and geodynamic evolution of the Palaeoproterozoic Earaheedy Basin, Western Australia. Earth-Science Reviews, 94 (1-4): 39-77.

Qin J F, Lai S C, Wang J Z, et al. 2007. High-Mg# adakitic tonalite from the Xichahe area, South Qinling Orogenic Belt (Central China): petrogenesis and geological implications. International Geology Review, 49 (12): 1145-1158.

Qiu L L, Chen F K, Yang J H. 2008. Single grain pyrite Rb-Sr dating of the Linglong gold deposit, Eastern China. Ore Geology Reviews, 34 (3): 263-270.

Rogers J J, Santosh M. 2004. Continents and supercontinents. Gondwana Research, 7 (2): 653.

Santosh M. 2010. Assembling North China Craton within the Columbia supercontinent: the role of double-sided subduction. Precambrian Research, 178 (1-4): 149-167.

Santosh M, Pirajno F. 2015. The Jiaodong-type gold deposits: introduction. Ore Geology Reviews, 65: 565-567.

Sawkins F J. 1984. Metal Deposits and Plate Tectonics — an Attempt at Perspective. Berlin: Springer Berlin Heidelberg.

Seno T, Kirby S H. 2014. Formation of plate boundaries: the role of mantle devolatilization. Earth-Science Reviews, 129: 85-99.

Shaw A M, Hauri E H, Behn M D, et al. 2012. Long-term preservation of slab signatures in the mantle inferred from hydrogen isotopes. Nature Geoscience, 5 (3): 224-228.

Sibson R H. 2004. Controls on maximum fluid overpressure defining conditions for mesozonal mineralization. Journal of Structural Geology, 26 (6-7): 1127-1136.

Siebenaller L, Salvi S, Béziat D, et al. 2015. Multistage Mineralization of the Inata Gold Deposit, Burkina Faso: Insights from Sulphide and Fluid Inclusion Geochemistry. SGA2015: 13th Biennial SGA meeting, Nancy, France.

Sillitoe R H. 2010. Porphyry copper systems. Economic Geology, 105 (1): 3-41.

Spencer J E, Welty J W. 1986. Possible control of base and precious-metal mineralization associated with Tertiary detachment faults in the lower Colorado River trough, Arizona and California. Geology, 14: 195-198.

Steadman J A, Large R R, Meffre S, et al. 2013. Age, origin, and significance of nodule sulfides in 2680 Ma carbonaceous black shale of the Eastern Goldfields Superterrane, Yilgarn craton, Western Australia. Precambrian Research, 230: 227-247.

Sun W D, Ding X, Hu Y H, et al. 2007. The golden transformation of the Cretaceous plate subduction in the west Pacific. Earth and Planetary Science Letters, 262 (3-4): 533-542.

Sun W D, Liang H Y, Ling M X, et al. 2013. The link between reduced porphyry copper deposits and oxidized magmas. Geochimica et Cosmochimica Acta, 103: 263-275.

Sun X, Zhang Y, Xiong D, et al. 2009. Crust and mantle contributions to Gold-forming process at the Daping deposit, Ailaoshan gold belt, Yunnan, China. Ore Geology Reviews, 36 (1-3): 235-249.

Thomas D J, Matthews R B, Sopuck V. 2000. Athabasca Basin (Canada) unconformity-type uranium deposits: exploration model, current mine developments and exploration directions//Cluer J K, Price J G, Struhsacker E M, et al. Geology and Ore Deposits 2000: the Great Basin and Beyond. Geological Society of Nevada Symposium proceedings, Reno Nevada: 103-126.

Tomkins A G. 2010. Windows of metamorphic sulfur liberation in the crust: implications for gold deposit genesis. Geochimica et Cosmochimica Acta, 74: 3246-3259.

USGS (United States Geological Survey). 2019. Mineral resources online spatial data. https://mrdata.usgs.gov/general/map-global.html#home[2019-1-2].

Walsh J J, Nicol A, Childs C. 2002. An alternative model for the growth of faults. Journal of Structural Geology, 24 (11): 1669-1675.

Wan T F. 2010. Mineralization and tectonics in China//Wang T F. The Tectonics of China. Beijing: Higher Education Press, Beijing and Springer-Verlag Berlin Heidelberg: 339-362.

Wang H Z, Mo X X. 1995. An outline of the tectonic evolution of China. Episodes, 18 (1): 6-16.

Wang L X, Ma C Q, Zhang C, et al. 2014. Genesis of leucogranite by prolonged fractional crystallization: a case study of the Mufushan complex, South China. Lithos, 206: 147-163.

Wang Q, Wyman D A, Xu J F, et al. 2007. Partial melting of thickened or delaminated lower crust in the middle of eastern China: implications for Cu-Au mineralization. The Journal of Geology, 115 (2): 149-161.

Wang Q, Zhao H, Groves D I, et al. 2020. The Jurassic Danba hypozonal orogenic gold deposit, western China: indirect derivation from fertile mantle lithosphere metasomatized during Neoproterozoic subduction. Mineralium Deposita, 55 (2): 309-324.

Wang R, Richards J P, Hou Z Q, et al. 2014. Increased magmatic water content—the key to Oligo-Miocene porphyry Cu-Mo±Au formation in the eastern Gangdese belt, Tibet. Economic Geology, 109: 1315-1339.

Wang T, Zheng Y D, Zhang J, et al. 2011. Pattern and kinematic polarity of late Mesozoic extension in continental NE Asia: perspectives from metamorphic core complexes. Tectonics, 30 (6): TC6007.

Wang T, Guo L, Zheng Y D, et al. 2012. Timing and processes of late Mesozoic mid-lower-crustal extension in continental NE Asia and implications for the tectonic setting of the destruction of the North China Craton: mainly constrained by zircon U-Pb ages from metamorphic core complexes. Lithos, 154 (6): 315-345.

Weatherley D K, Henley R W. 2013. Flash vaporization during earthquakes evidenced by gold deposits. Nature Geoscience, 6 (4): 294-298.

Webber A P, Roberts S, Taylor R N, et al. 2013. Golden plumes: substantial gold enrichment of oceanic crust during Ridge-plume interaction. Geology, 41 (1): 87-90.

Wei W, Martelet G, Le Breton N, et al. 2014. A multidisciplinary study of the emplacement mechanism of the Qingyang-Jiuhua massif in Southeast China and its tectonic bearings. Part II: amphibole geobarometry and gravity modeling. Journal of Asian Earth Sciences, 86: 94-105.

Wilkinson J J. 2013. Triggers for the formation of porphyry ore deposits in magmatic arcs. Nature Geosciences, (6): 917-925.

Williams P J, Barton M D , Johnson D A, et al. 2005. Iron oxide copper-gold deposits: geology, space-time distribution, and possible modes of origin. Economic Geology (100th Anniversary Volume): 371-405.

Wood R M, Mallard D J. 1992. When is a fault ‘extinct’? Journal of the Geological Society, 149 (2): 251-254.

Wu F Y, Ji W Q, Sun D H, et al. 2012. Zircon U-Pb geochronology and Hf isotopic compositions of the Mesozoic granites in southern Anhui Province, China. Lithos, 150: 6-25.

Wyman D A, Kerrich R. 2010. Mantle plume-volcanic arc interaction, consequences for magmatism, metallogeny, and cratonization in the Abitibi and Wawa subprovinces, Canada. Canadian Journal of Earth Sciences, 47: 565-589.

Wyman D A, Cassidy K F, Hollings P. 2016. Orogenic gold and the mineral systems approach: resolving fact, fiction and fantasy. Ore Geology Reviews, 78: 322-335.

Xu D R, Deng T, Chi G X, et al. 2017a. Gold mineralization in the Jiangnan Orogenic Belt of South China: geological, geochemical and geochronological characteristics, ore deposit-type and geodynamic setting. Ore Geology Reviews, 88: 565-618.

Xu D R, Chi G X, Zhang Y H, et al. 2017b. Yanshanian (Late Mesozoic) ore deposits in China—an introduction to the special issue. Ore Geology Reviews, 88: 481-490.

Yakubchuk A. 2008. Re-deciphering the tectonic Jigsaw Puzzle of northern Eurasia. Journal of Asian Earth Sciences, 32 (2-4): 82-101.

Yang J H, Zhou X H. 2001. Rb-Sr, Sm-Nd, and Pb isotope systematics of pyrite: implications for the age and genesis of lode gold deposits. Geological Society of America, 229 (8): 711-714.

Yang J H, Wu F Y, Wilde S A. 2003. A review of the geodynamic setting of large-scale Late Mesozoic gold mineralization in the North China Craton: an association with lithospheric thinning. Ore Geology Reviews, 23 (3-4): 125-152.

Yang K F, Fan H R, Santosh M, et al. 2012. Reactivation of the Archean lower crust: implications for zircon geochronology, elemental and Sr-Nd-Hf isotopic geochemistry of late Mesozoic granitoids from northwestern Jiaodong Terrane, the North China Craton. Lithos, 146-147: 112-127.

Yang L Q, Deng J, Goldfarb R, et al. 2014. $^{40}Ar/^{39}Ar$ geochronological constraints on the formation of the Dayingezhuang Gold Deposit: new implications for timing and duration of hydrothermal activity in the Jiaodong Gold Province, China. Gondwana Research, 25 (4): 1469-1483.

Yang L Q, Deng J, Wang Z L, et al. 2016. Thermochronologic constraints on evolution of the Linglong metamorphic core complex and implications for gold mineralization: a case study from the Xiadian gold deposit, Jiaodong Peninsula, Eastern China. Ore Geology

Reviews, 72: 165-178.

Yang Z M, Cooke D R. 2019. Porphyry copper deposits in China//Chang Z S, Goldfarb R J. Mineral Deposits of China. United States: Society of Economic Geologists, Special Publication: 33-187.

Zaw K, Peters S G, Cromie P, et al. 2007. Nature, diversity of deposit types and metallogenic relations of South China. Ore Geology Reviews, 31 (1-4): 3-47.

Zeng Q D, Liu J M, Liu H T, et al. 2006. The ore-forming fluid of the gold deposits of Muru gold belt in Eastern Shandong, China—a case study of Denggezhuang gold deposit. Resource Geology, 56 (4): 375-384.

Zhai M G, Santosh M. 2013. Metallogeny of the North China Craton: link with secular changes in the evolving Earth. Gondwana Research, 24 (1): 275-297.

Zhai W, Sun X, Yi J, et al. 2014. Geology, geochemistry, and genesis of orogenic gold-antimony mineralization in the Himalayan Orogen, South Tibet, China. Ore Geology Reviews, 58: 68-90.

Zhang H F, Sun M, Zhou X H, et al. 2003. Secular evolution of the lithosphere beneath the eastern North China Craton: evidence from Mesozoic basalts and high-Mg andesites. Geochimica et Cosmochimica Acta, 67 (22): 4373-4387.

Zhao D P. 2004. Global tomographic images of mantle plumes and subducting slabs: insight into deep earth dynamics. Physics of the Earth and Planetary Interiors, 146 (1-2): 3-34.

Zhao D P, Tian Y, Lei J S, et al. 2009. Seismic image and origin of the Changbai intraplate volcano in East Asia: role of big mantle wedge above the stagnant Pacific slab. Physics of the Earth and Planetary Interiors, 173: 197-206.

Zhao H S, Wang Q F, Groves D I, et al. 2019. A rare Phanerozoic amphibolite-hosted gold deposit at Danba, Yangtze Craton, China: significance to fluid and metal sources for orogenic gold systems. Mineral Deposita, 54 (1): 133-152.

Zhong S, Gurnis M. 1995. Mantle convection with plates and mobile, faulted plate margins. Science, 267 (5199): 838-843.

Zhou T F, Wang S W, Fan Y, et al. 2015. A review of the intracontinental porphyry deposits in the middle-lower Yangtze River Valley metallogenic Belt, Eastern China. Ore Geology Reviews, 65: 433-456.

Zhou X M, Li W X. 2000. Origin of Late Mesozoic igneous rocks in southeastern China: implications for lithosphere subduction and underplating of mafic magmas. Tectonophysics, 326 (3-4): 269-287.

Zhou X M, Sun T, Shen W Z, et al. 2006. Petrogenesis of Mesozoic granitoids and volcanic rocks in South China: a response to tectonic evolution. Episodes, 29 (1): 26-33.

Zhu R X, Fan H R, Li J W, et al. 2015. Decratonic gold deposits. Science China Earth Sciences, 58 (9): 1523-1537.

第3章　典型矿床地质特征

3.1　矿床类型与空间分布

湘东北地区矿产资源丰富，目前已发现的矿产包括金、钴、铜、铅、锌、钼、钨、铌、钽、铍等金属矿及石膏、高岭土等非金属矿，共发现各种矿产地42处（符巩固等，2002；贺转利等，2004；董国军等，2008；刘翔等，2018）。其中，大型金矿床包括大万金矿（大万金矿、大洞金矿的合称）、黄金洞金矿、雁林寺金矿等，大型铅锌铜多金属矿床包括栗山铅锌铜多金属矿床和桃林铅锌矿床、七宝山铜多金属矿床等，钴多金属矿床有井冲钴铜多金属矿床、横洞钴矿床，稀有金属矿床以仁里-传梓源大型-超大型铌钽多金属矿床为代表（图1-13）。其中金为区内的优势矿种，金的远景资源量在1000t以上。根据成矿作用特征，可将湘东北地区划分为五大矿床成矿系统：金（锑钨）多金属矿床成矿系统、钴铜多金属矿床成矿系统、铅锌多金属矿床成矿系统、铜-铅锌-金-银-稀散金属“五元素”矿床成矿系统，以及铌钽铍稀有金属矿床成矿系统。其中，金（锑钨）多金属矿床成矿系统、钴铜多金属矿床成矿系统、铅锌多金属矿床成矿系统是本书重点研究的三大矿床成矿系统。

3.2　金（锑钨）矿床成矿系统

湘东北地区发育数十个金矿床（点），如大万、黄金洞、雁林寺、洪源等。其中，大万和黄金洞金矿是该区最大的两个金矿床，并伴有锑、钨成矿元素出现，主要分布在北东向长沙-平江断裂的两侧，矿区外围出露有燕山期花岗岩，矿体赋存于新元古界冷家溪群板岩中，主要受NW—NWW向断裂和/或倒转褶皱控制（文志林等，2016；Deng et al.，2017；Xu et al.，2017）。矿石类型均主要为石英脉型和破碎蚀变岩型，少量为构造角砾岩型。现选择大万和黄金洞两个大型矿床作为典型矿床进行介绍。

3.2.1　大万金矿地质特征

本书将大万金矿及其东南侧的区域称为大万矿集区（即图3-1中的方框区域），该区除了有大万金矿（大万、大洞）、鲁源洞金矿之外，还有多个金矿化点，如团家洞、新渝和大岩等。其中，大万金矿位于北东向长沙-平江深大断裂的西侧、燕山期金井岩体北侧。该矿床已探明的金储量为85t，品位为3.55～11.87g/t，且深部和外围找矿潜力巨大（Deng et al.，2017；Xu et al.，2017）。

3.2.1.1　矿区地质特征

1. 矿区地层

大万金矿区出露地层简单，主要为新元古界冷家溪群坪原组及以角度不整合覆盖其上的白垩系戴家坪组和第四系（图3-2）。坪原组产状较为稳定，倾向NE—NNE，倾角中等（15°～60°），为一套浅变质碎屑岩系。根据岩性和沉积旋回，可将坪原组自下而上分为三个岩性段，其中第二和第三岩性段可以进一步细分为两个岩性亚段。坪原组第一岩性段主要由灰色、灰绿色、黄褐色薄-中层状粉砂质板岩、砂质板岩及变质杂砂岩组成，上部有一层灰白色黏土板岩，底部为黄褐色薄-中层变质细砂岩与小木坪组顶部条带状板岩相区分。坪原组第二岩性段第一岩性亚段的岩性为青灰色、灰绿色薄-中层粉砂质板岩和较薄的含粉砂质板岩夹层，而第二岩性亚段则为灰色、灰绿色、紫红色和黄褐色薄-中层状粉砂质板岩，局部可见纹层理和条带状构造。坪原组第三岩性段第一岩性亚段的岩性为灰绿色中-厚层状含粉砂质板岩和变质细砂岩夹少量薄层状粉砂质板岩，局部具有纹层理和条带状构造，而第二岩性亚段则为灰色、青灰色和灰绿色薄-厚层状含粉砂质板岩与灰绿色薄-中层状粉砂质板岩互层，局部有黄褐色变质细砂岩。白垩系主要位于矿区的北东侧，该地层目前未发现矿产，岩性与区域上对应的地层相似（毛景文和李红艳，1997；Deng et al.，2017）。

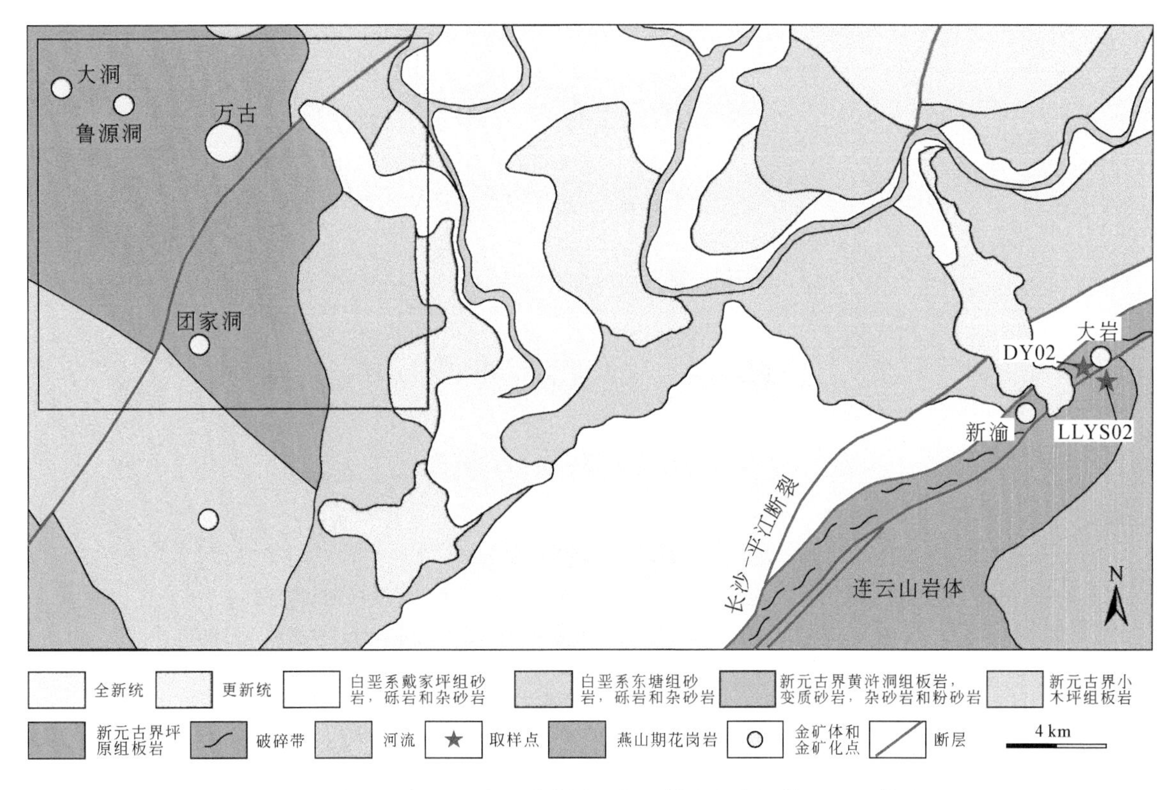

图3-1　大万矿集区区域地质略图（据毛景文和李红艳，1997修改）

图中方框区域为大万金矿地质图；五角星标识的位置为定年样品的采集点

2. 矿区构造

大万金矿区褶皱构造不发育，北西（西）向断裂是矿区内最为发育的一组断裂，并为主要的赋矿构造（图3-2）。与区域上的北西（西）断裂的产状一致，矿区内的北西（西）断裂倾向NE—NNE、倾角5°~60°，与地层产状相近，为层间断裂破碎带。与地层产状一致的北西（西）向断裂可能与早期区域褶皱引起冷家溪群具不同能干性的岩性之间发生的层间滑动有关。该组断裂可能形成于加里东期，并在燕山期受到区域构造应力的影响而重新活化，并经历了从韧性变形向脆性变形的作用（傅昭仁等，1999；肖拥军和陈广浩，2004）。

此外，矿区内出现一组切割北西（西）向断裂的北东向断裂，该组断裂的总体走向为30°~50°，倾角变化较大（图3-2）。它们和区域上北东向断裂类似，可能是在北西—南东向应力场作用下形成的，为古太平洋板块北西向俯冲及回撤作用的结果（Zhou et al.，2006；Li and Li，2007）。大万金矿区发育的多条小规模的北东向断裂以左旋位错为主，如大万矿区北西侧的断裂F_{23}使得冷家溪群坪原组赋矿地层和北西（西）向含矿断裂破碎带发生错动（图3-2）。

3. 矿区岩浆岩

大万矿区内目前尚未发现岩浆岩体，但在矿区西南10~12km处有燕山期侵入的金井花岗岩岩基。可控源音频大地电磁法（CASMT）测深结果（详见本书第6章），以及思村—社港一带有较大的航磁正异常和稳定的低重力场，均暗示深部存在隐伏岩体。大万矿区外围深部有较大的磁异常，也说明该隐伏岩体

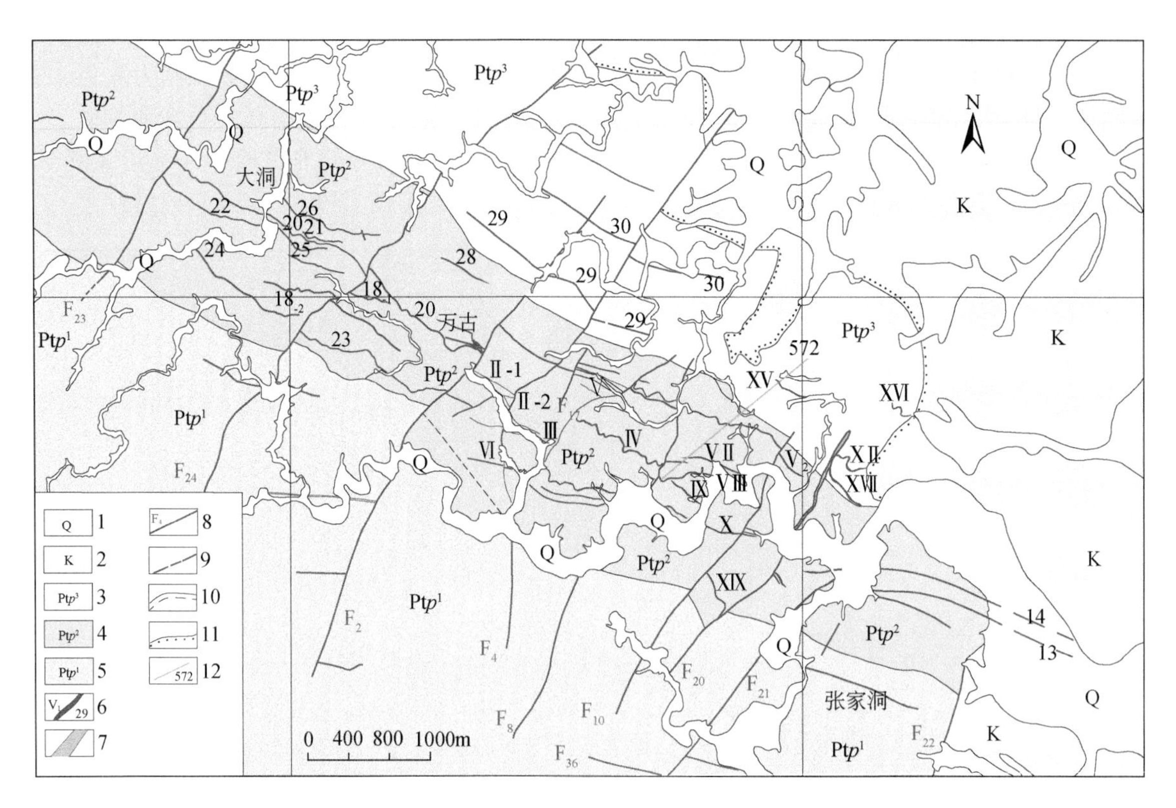

图 3-2　大万金矿区地质图（据湖南省地质矿产勘查开发局四〇二队）

1. 第四系；2. 白垩系；3. 新元古界冷家溪群坪原组第三岩性段；4. 新元古界冷家溪群坪原组第二岩性段；5. 新元古界冷家溪群坪原组第一岩性段；6. 含矿蚀变破碎带及编号；7. 断层破碎带；8. 断层及编号；9. 推测性质不明断层；10. 实测、推测地质界线；11. 不整合地质界线；12. 勘探线位置及编号

可能延伸到此处。

3.2.1.2　矿体地质特征

1. 矿体特征

经过 20 余年的地质勘查和采矿，矿区内共发现 40 余条含金构造带，圈出大小金矿体 74 个。矿体形态、产状和规模基本上受北西（西）向断裂破碎带控制，整体顺层，局部切层。矿体多呈脉状、似层状或长透镜体状沿构造破碎带充填，其中的石英脉亦呈透镜状及细（网）脉状沿构造面分布，前者脉宽一般 5 ~ 20cm。石英脉较发育处，往往金品位相对较高，局部可见明金。如图 3-3 所示，矿体一般倾向北东，沿走向及倾向产状变化较大。矿体规模明显受所在矿脉带规模制约，即矿脉带规模（含侧伏延深）越大，其中的矿体规模一般就越大，如②-1 号矿脉，出露长虽仅 800m，但侧伏延深达 1510m，仅一个矿体金资源储量就达 16t。据已有勘查资料，①、②、⑧号脉带中的矿体均具有向北东向侧伏的规律。

图 3-4 为大万矿区 8 号矿脉构造破碎带素描图。该破碎带呈 NW（W）走向、宽约 3m，中间夹有含矿石英脉。破碎带的上下顶板较清晰，顶板的产状为 26°∠37°，底板的产状为 26°∠47°，产状较稳定，且总体上与地层一致。断裂破碎带内构造角砾岩和断层泥发育，含矿石英脉的两侧为构造角砾岩，其中有较强的硅化和黄铁矿化。

2. 矿石特征

矿区矿石类型主要为石英脉型和破碎蚀变岩型，次为构造角砾岩型（图 3-5）。矿石矿物主要为毒砂和黄铁矿，少量为方铅矿、闪锌矿、辉锑矿、黄铜矿、自然金、白钨矿、车轮石等；脉石矿物主要为石英和方解石，有少量的绢云母、绿泥石和白云母。

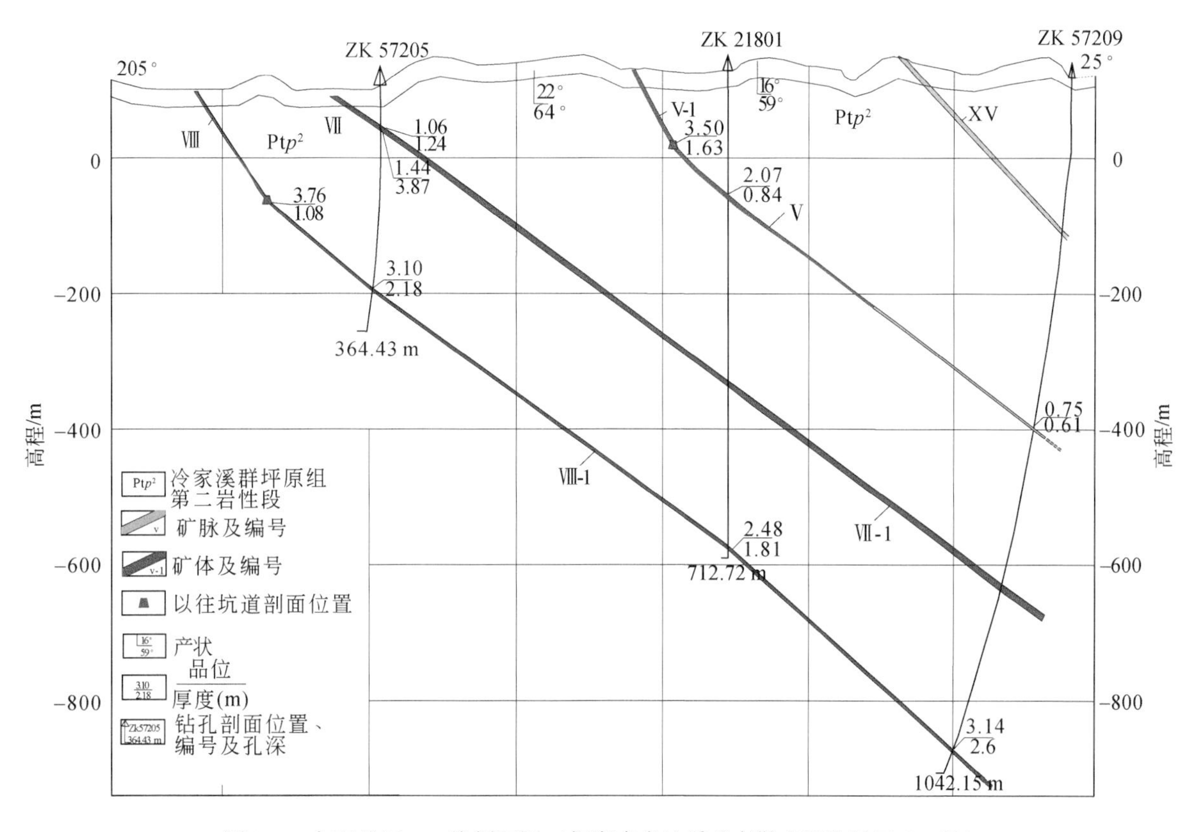

图3-3　大万矿区572线剖面图（据湖南省地质矿产勘查开发局四〇二队）

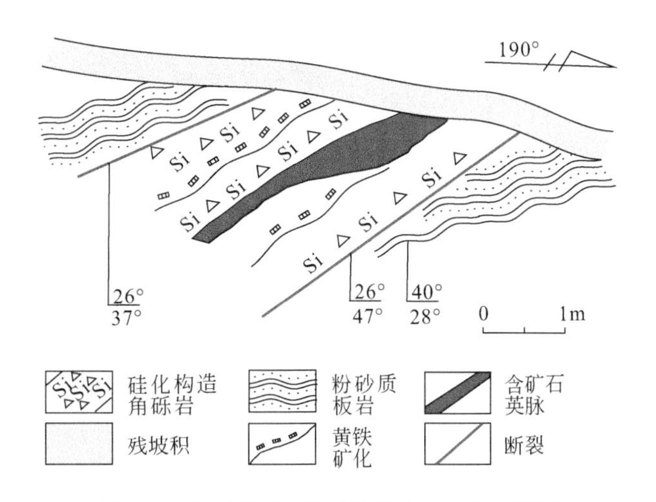

图3-4　大万矿区8号矿脉构造破碎带素描图

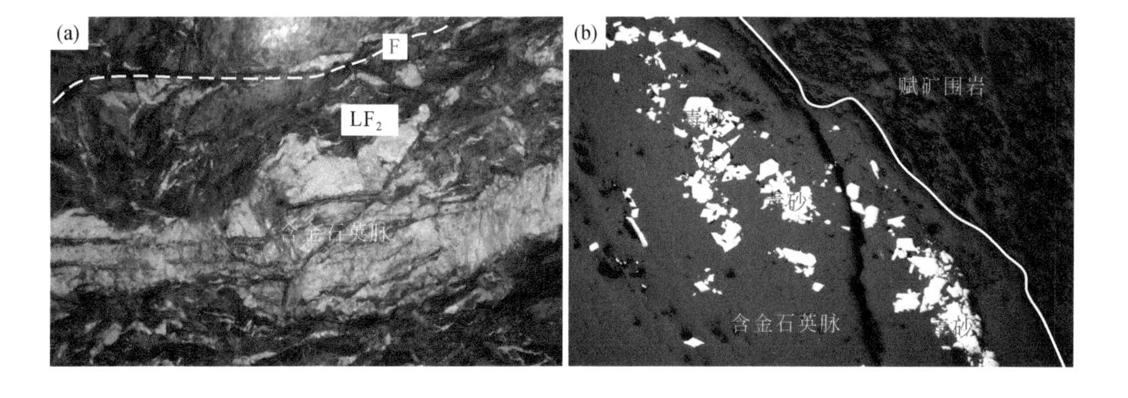

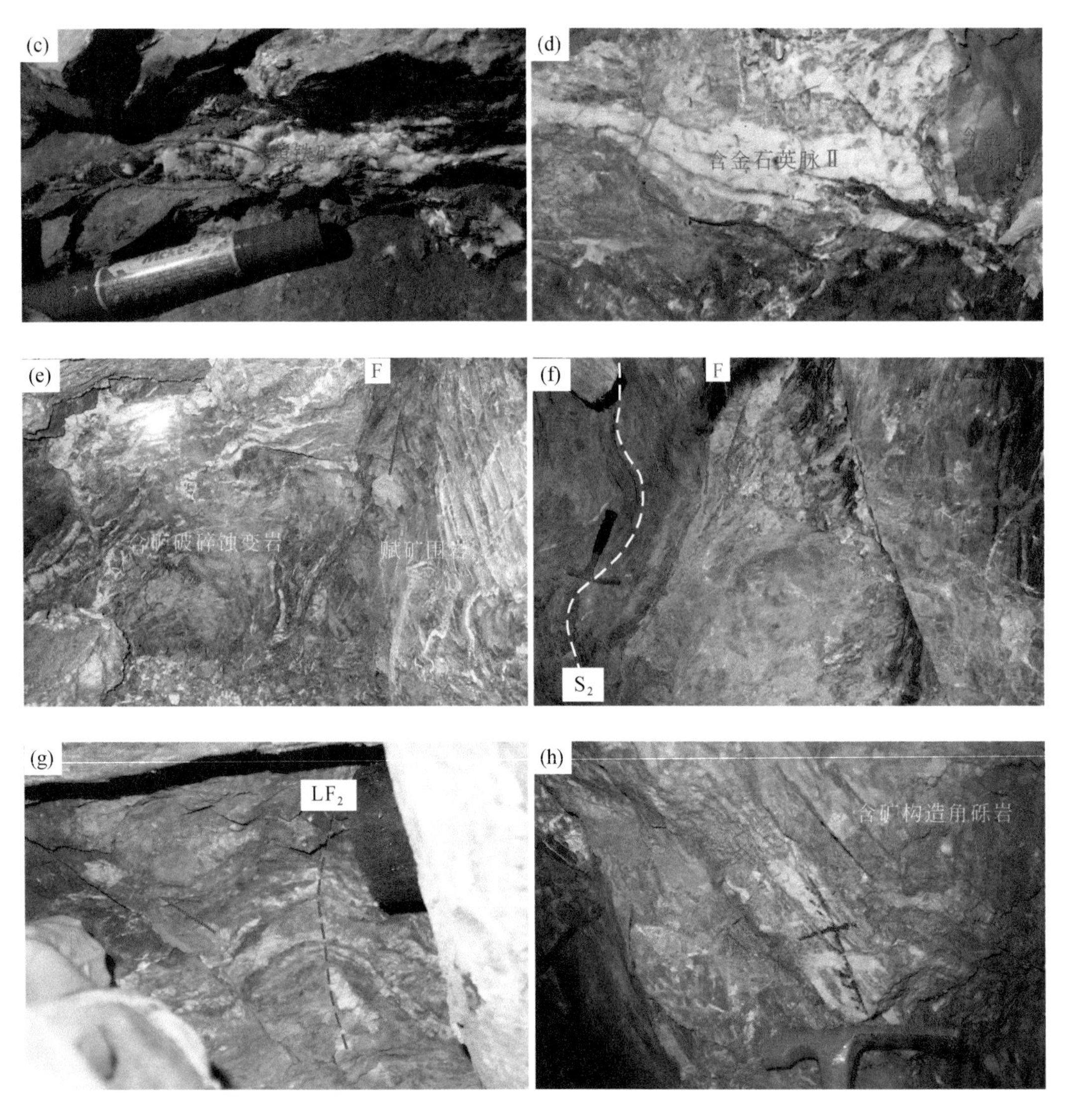

图 3-5　大万金矿矿石类型与变形特征

(a) 含矿破碎蚀变带中含矿石英脉，因受断层（F）影响残留有第二期褶皱的石英脉（LF_2）；(b) 与赋矿围岩直接接触的含矿石英脉中毒砂平行接触面分布；(c) 剪切变形的含矿石英脉及发育其中的黄铁矿；(d) 晚期含矿石英脉（Ⅱ）叠加于早期石英脉上（Ⅰ）；(e) 含矿破碎蚀变岩与赋矿围岩呈断层（F）接触；(f) 受断层（F）影响，赋矿围岩发育密集劈理（S_2?）；(g) 受晚期断层影响矿体形成牵引褶皱（LF_2?）；(h) 含矿石英脉型矿体受构造改造形成含矿构造角砾岩型矿石。图中箭头代表运动方向

含金的毒砂和黄铁矿的发育受构造面的控制［图 3-5（b）］，主要分布在石英脉和板岩的接触面上（图 3-6）。金在矿脉中的含量不稳定，金的富集主要与构造、脉体形态、伴生金属硫化物及围岩蚀变等因素有关。矿区内断裂挤压破碎强烈，次级裂隙发育部位是金的富集部位。当金属硫化物黄铁矿、毒砂等

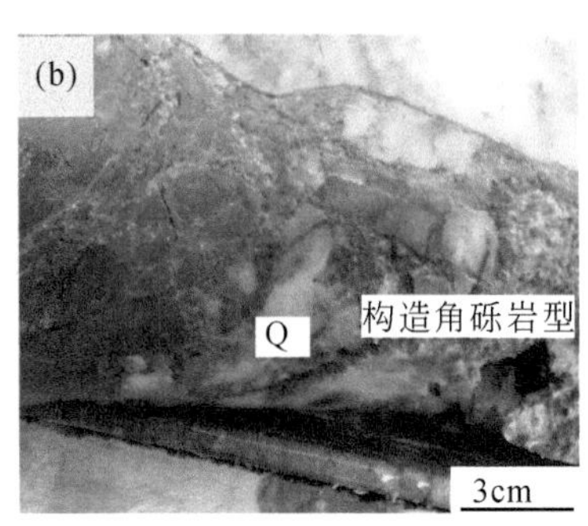

图3-6　大万金矿不同矿脉野外和手标本照片

（a）蚀变岩型矿脉；（b）构造角砾岩矿脉；（c）围岩发生硫化物蚀变，其中有多种硫化物，以毒砂和黄铁矿为主；（d）矿脉赋存在北西西向断裂中；（e）围岩发生硅化；（f）辉锑矿化；（g）与集块状白钨矿共生的石英脉；（h）白色无矿石英脉和与方铅矿和闪锌矿共生的烟灰色含矿石英脉；（i）含自然金石英脉。Sh. 白钨矿；Sph. 闪锌矿；Gn. 方铅矿；Au. 自然金；Q. 石英

富集，特别是呈细脉状、团块状出现时，一般含金较多。当围岩具多种蚀变，特别是硅化、黄铁矿化、毒砂化叠加地段且蚀变强烈时，有利于金的矿化富集。

大万矿区矿体严格受层间断裂破碎带控制［图3-5（a）（c）（e）］，且断层表现左行或右行特征。断层活动不仅导致早期石英脉和赋矿围岩产生褶皱变形和密集劈理化［图3-5（f）（g）］，同时也使早期石英脉型矿体发生构造角砾岩化［图3-5（h）］。进一步观察发现，矿区石英脉可能具有多期沉淀特征，图3-5（d）就可见晚期含矿石英脉叠加在早期含矿石英脉之上。

3. 围岩蚀变

矿区出露的冷家溪群坪原组普遍经历了区域浅变质作用，变质矿物主要为绢云母，其次为石英及少量绿泥石、黄铁矿和碳酸盐。矿区内岩石蚀变强烈，为裂隙式热液蚀变类型。裂隙式热液蚀变主要分布在构造破碎带及其两侧（图3-7），有硅化、碳酸盐化、绢云母化、毒砂、黄铁矿化等，并往往伴有钨矿化、辉锑矿化，以及微弱的闪锌矿化、黄铜矿化、辉铜矿化及方铅矿化等，含金石英脉中常伴有方铅矿化、铁闪锌矿化，偶见辉锑矿化（Ⅸ、13号矿脉），地表矿脉带中具较强的褐铁矿化，部分围岩具褪色化现象。围岩蚀变引起岩石的颜色、结构构造、矿物成分、化学成分发生变化，蚀变没有明显的分带现象，

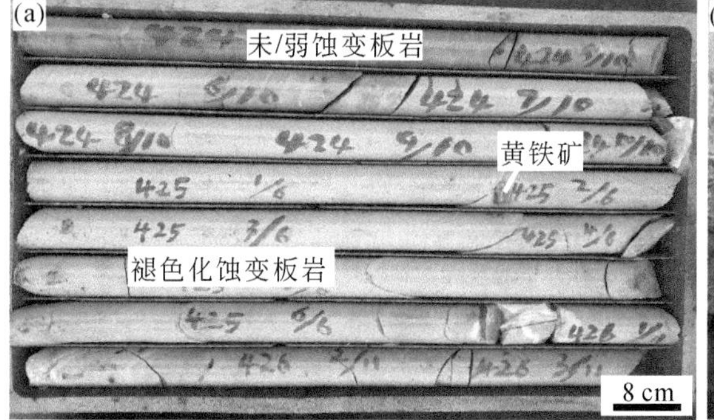

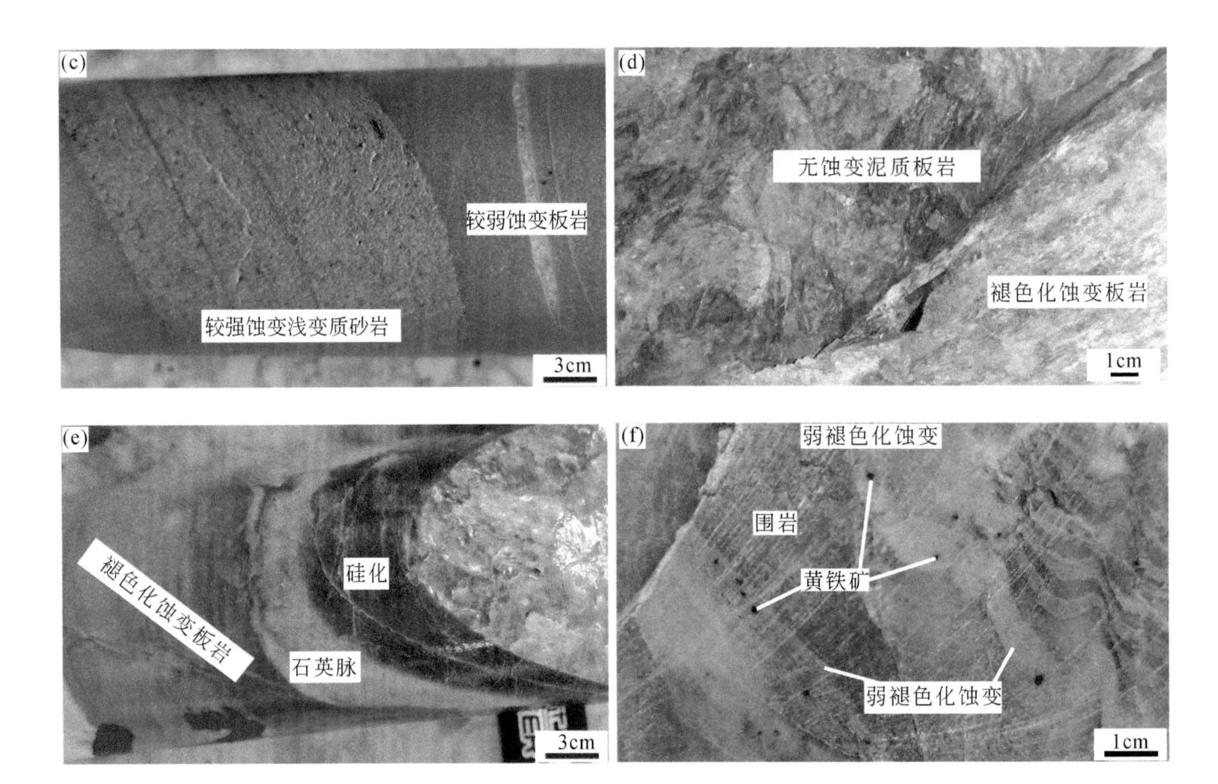

图 3-7　大万金矿区围岩蚀变手标本照片

往往在破碎带的两侧或一侧和矿脉中同时出现，与正常围岩呈渐变关系。金矿化与黄铁矿化、毒砂化、硅化关系密切，对金矿体的形成与富集起着重要作用。碳酸盐化与金成矿关系不大。

（1）硅化。发育于石英脉旁侧。强硅化地段，石英脉壁极不规则，呈浸染状逐渐向围岩过渡，而围岩大部分重结晶。在完全被石英交代的部位，原岩残块极不规则，但残块仍具鳞片变晶结构、片理构造的痕迹，而且每个残块的片理大体上是相同的。硅化成因石英呈等轴粒状，长条状或自形程度比较高，粒径 0.04 ~ 0.6mm，一般 0.2mm，呈曲边或齿状镶嵌，或与石英脉呈过渡关系，有时聚集成透镜体或与片状矿物组成条带。硅化一般发育于砂质板岩中，毒砂、黄铁矿多生于原岩残块较多的硅化部位或硅化与原岩残块接触处。

（2）黄铁矿化、毒砂矿化。常与硅化、绢云母化相伴生。黄铁矿、毒砂常呈完好晶体星散分布，有时亦组成脉状或细粒状集合体，粒径 1 ~ 2mm，大者达 5mm，细粒者多靠近石英脉，往外晶体增大，蚀变逐渐变弱。

（3）碳酸盐化。主要出现在矿脉附近的围岩中，常叠加于其他蚀变之上。

（4）绢云母化。一种见于石英脉附近，由于热液作用使原生绢云母重结晶，鳞片增大。另一种常呈束状分布于矿脉带附近的节理裂隙中，有交代石英脉和白云石的现象。绢云母化多发育于板岩中。

（5）绿泥石化。一般在岩石破碎剧烈的地段出现，绿泥石呈暗绿色鳞片状分布于石英脉壁及裂隙中。

3.2.2　黄金洞金矿地质特征

黄金洞金矿位于平江县黄金洞乡，由金枚、庵山、金塘、杨山庄、深坳里 5 个矿段组成。构造上位于浏阳-衡东断隆带的东北端、长平断裂带北东侧、连云山岩体北东面 10km 处，矿体金品位为 4 ~ 10g/t，已探明储量为 80t，潜在资源量大于 300t。

3.2.2.1　矿区地质特征

1. 矿区地层

黄金洞金矿出露的地层较为简单（图 3-8），仅有新元古界冷家溪群小木坪组，地层倾向 NE—NNE，倾角中等，但由于受到多期褶皱作用的影响，地层的产状变化较大，倾向 N 或 S。根据岩性，可以将小木坪组分为第一和第二两个岩性段：第一岩性段自下而上略有变化，下部为浅灰色和青灰色中厚层粉砂质板岩、绢云母板岩、凝灰质粉砂质板岩与变质细砂岩；中部为灰色、浅灰色和绿色条带状砂质板岩、凝灰质条带状砂质板岩、绢云母板岩，及变质砂岩；上部为青灰色、黄绿色和灰色厚层状绢云母板岩；顶部为厚层状砂质板岩，条带状板岩夹变质砂岩；第二岩性段相对简单，下部为灰绿色和浅灰色砂质板岩、绢云母板岩及变质细砂岩和绢云母板岩夹层；而上部则为青灰色薄层状绢云母板岩、砂质板岩和变质石英粉砂岩（黄强太等，2010）。

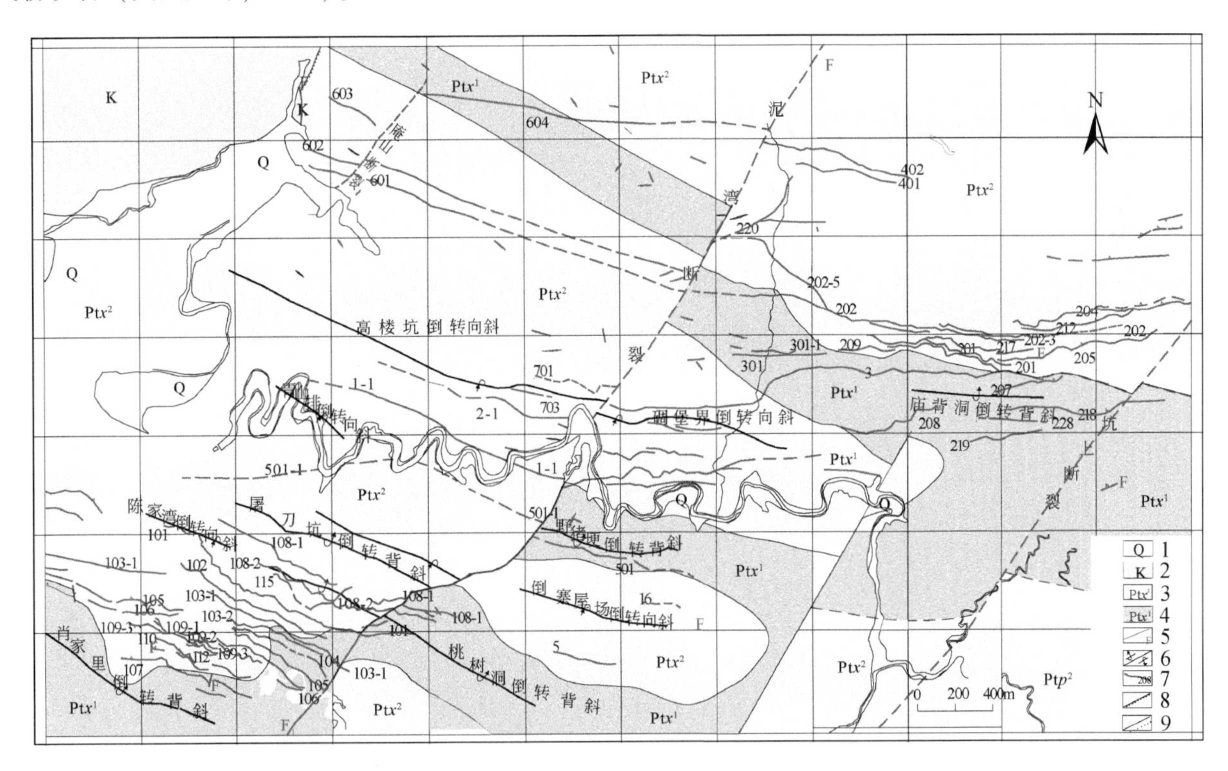

图 3-8　黄金洞金矿区地质及褶皱构造分布图

1. 第四系；2. 白垩系；3. 新元古界冷家溪群小木坪组第二岩性段；4. 新元古界冷家溪群小木坪组第一岩性段；5. 断层；6. 倒转向斜/倒转背斜；7. 含矿破碎带及编号；8. 实测、推测地质界线；9. 不整合地质界线

2. 矿区构造

黄金洞矿区内褶皱、断裂和节理构造较为发育。矿区褶皱构造属枫门岭-胆坑的近 EW 或 NWW 向的复式向斜构造北翼，由一系列近似平行的次级同向倒转背斜、向斜紧密型褶皱群组成（图 3-8），且发育系列层间剪切褶皱、膝折、大型窗棂构造；矿区发育的断裂则对先期褶皱构造和/或层间剪切褶皱等起改造或控制作用（图 3-9、图 3-10）。断裂构造主要分为近 EW 和 NWW 向及 NE 向三组，NE 向深大断裂具有多期活动的特征，在成矿过程中起导矿作用，为含矿热液提供通道，又对后期矿脉（体）有改造作用。EW 向及 NWW 向断裂是本矿区的主要容矿构造，含矿热液在此沉积、富集形成矿体。本矿区内构造活动主要经历了剪切、拉张和挤压阶段，其中剪切和拉张阶段是本区内金矿成矿的主要阶段。

1）*褶皱构造*

矿区内褶皱轴向大致呈 EW，或 NWW—SEE 向，两翼岩层皆向北倾，南翼倾角较陡（50°～70°），北翼倾角稍缓（40°～50°）。相对来说，矿区倒转紧闭褶皱较发育，枢纽走向总体上与北西（西）向的断裂平行，其转折端对矿体具有一定的控制作用。在泥湾断裂带上盘主要有屠刀坑倒转背斜及高楼坑倒转向

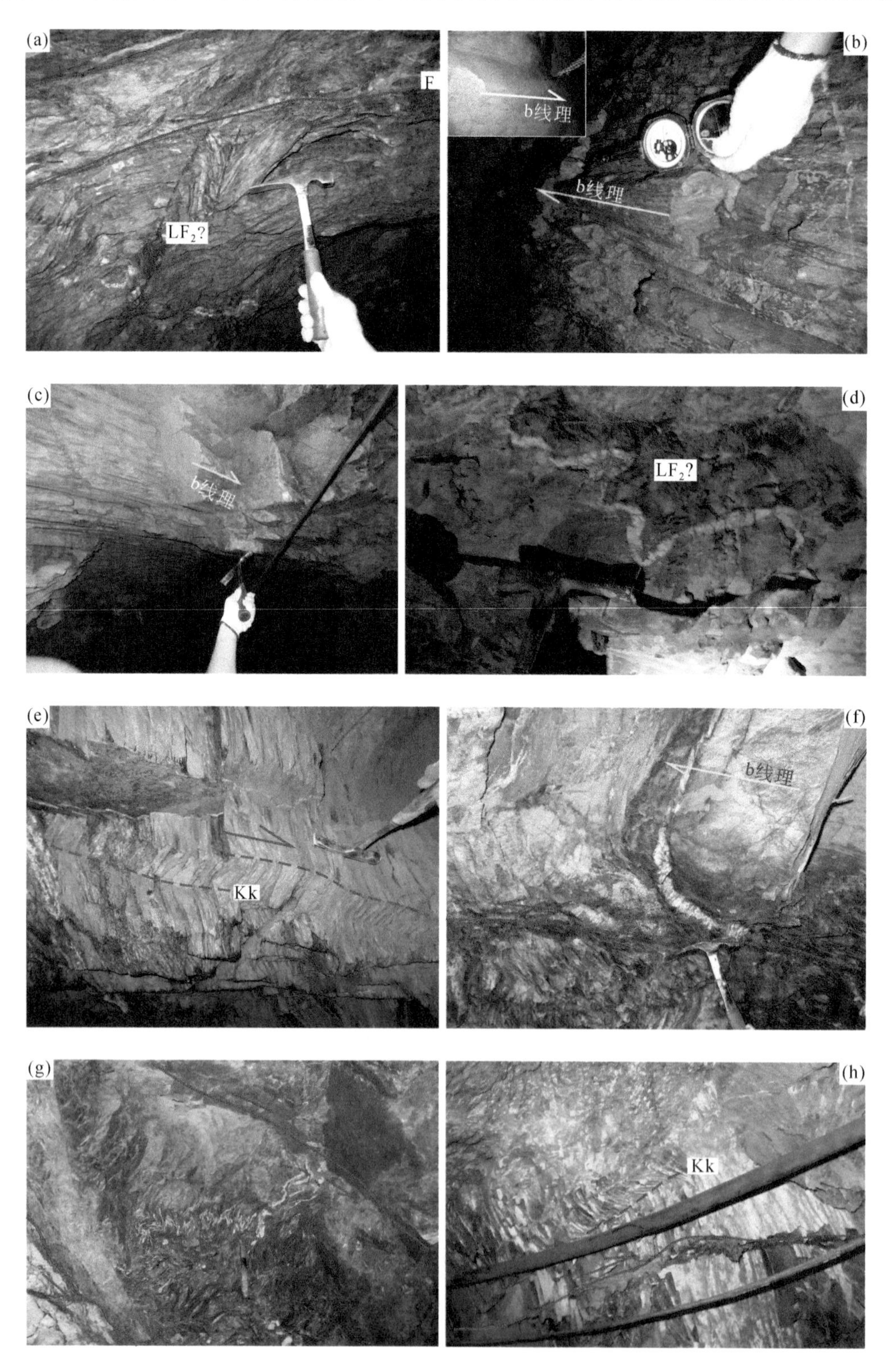

图 3-9　黄金洞矿区构造变形图一

(a) 断裂（F）活动导致的层间剪切褶皱（LF_2?），箭头示剪切方向；(b)(c) 平卧窗棂褶皱和伸展线理（b 线理），箭头代表伸展方向；(d) 肠状褶皱（LF_2?）的石英脉，箭头示剪切方向；(e) 赋矿围岩内的膝折（Kk），箭头示剪切方向；(f) 受层间断裂改造的窗棂褶皱，箭头示剪切方向；(g) 含矿蚀变断裂破碎带，箭头示剪切方向；(h) 断裂构造改造的膝折（Kk），箭头示剪切方向

斜，但产状与泥湾断裂下盘的褶皱有30°交角，轴面倾角30°左右。在泥湾断裂带下盘主要有野猪埂倒转背斜、砌堡界倒转向斜、庙背洞倒转背斜等，次级揉皱和小褶曲常见，但规模较小，对矿（化）体形态影响较小。

（1）野猪埂倒转背斜。分布于矿区南部、501号矿脉的北侧，走向北西西，倾向北，出露地层为冷家溪群小木坪组第一岩性段，向斜轴向线与501号矿脉大致平行分布，两者相距为100～150m。

（2）砌堡界倒转向斜。分布于矿区泥湾断裂以东，1号矿脉与3号矿脉之间，走向近东西或北西西向，倾向北，出露地层为冷家溪群小木坪第二岩性段，轴向线与矿脉露头线大致平行分布。

（3）高楼坑倒转向斜。位于矿区泥湾断裂以西，长约2000m，褶皱较开阔，地层为冷家溪群小木坪第二岩性段。岩层倾向北北东，倾角40°～65°，轴向280°～290°，北翼倒转，南翼正常。

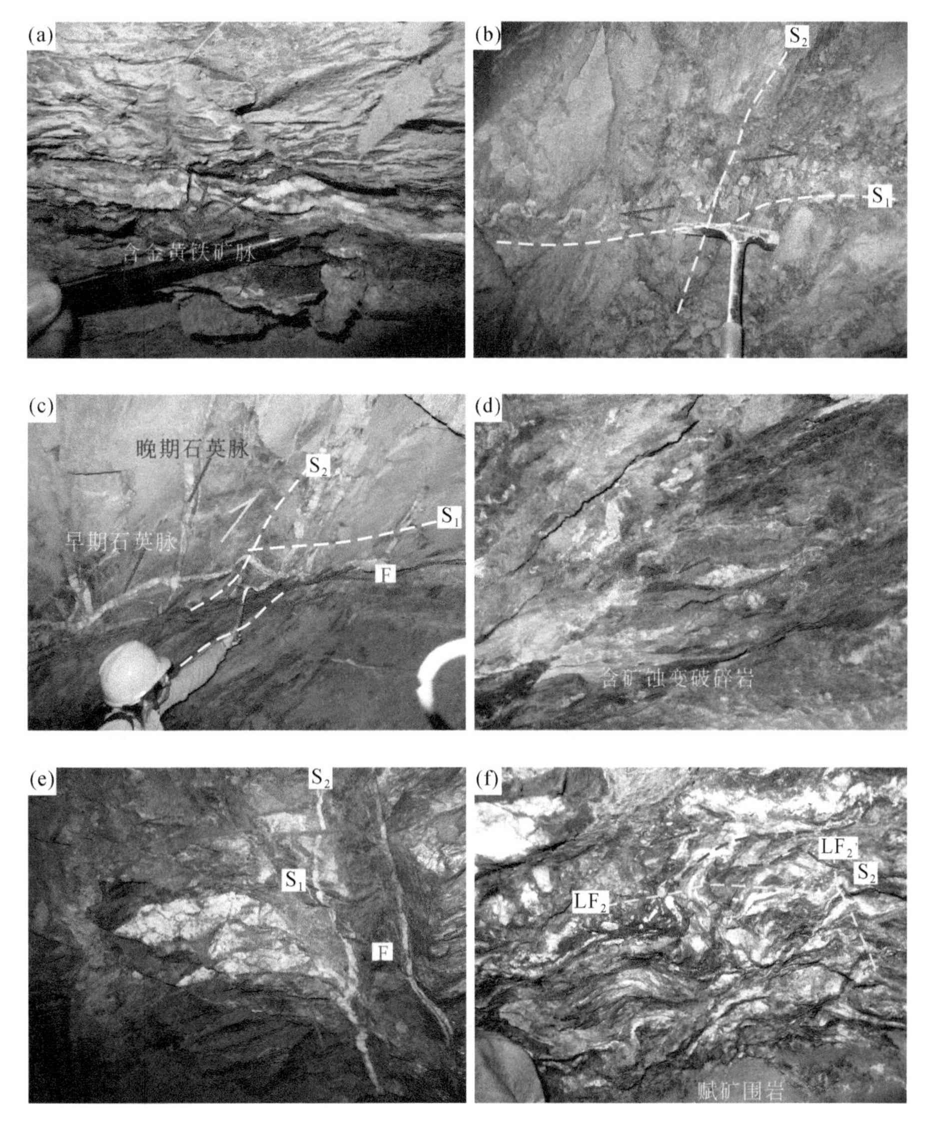

图3-10　黄金洞矿区构造变形图二

（a）层间破碎带中含矿石英/黄铁矿脉，黄铁矿脉显示晚期充填特征；（b）早期石英条带因构造置换形成肠状褶皱；（c）两期石英脉，其中第一期石英脉显示强烈变形，系早期石英质条带构造置换结果，但形成后又被晚期断层（F）破坏；（d）含矿蚀变破碎岩，早期石英脉破碎呈δ状透镜体；（e）晚期断裂（F）破坏及于两侧发育的晚期石英脉；（f）含矿蚀变破碎岩强烈褶皱变形，S_1、S_2分别代表第一期、第二期片理，LF_2、LF_2'代表第二期褶皱；箭头示剪切方向

（4）屠刀坑倒转背斜。位于矿区西南角，东起横岭，向西经屠刀坑，在猫公石南东300m处倾没，长2300m，由冷家溪群小木坪第二岩性段组成。两翼岩层次级褶皱发育，岩层倾向北北东，倾角50°～67°，

轴向为 280°～190°，北翼正常，南翼倒转。

（5）庙背洞倒转背斜。位于矿区东部 202 矿脉以南，走向近东西，倾向北，出露地层为冷家溪群小木坪第一岩性段，轴向线与矿脉露头线大致平行分布。

此外，区内次级褶皱规模较小，在金塘矿段有佑兴冲倒转背斜、凤形窝倒转背斜等。

2）断裂构造

区域总体构造格局呈北东向展布，由于受区域褶皱和南北向挤压应力作用的影响，区内断裂构造较为发育。根据断裂构造的分布特征、性质及产出状态，大致可分为三组：NE—NNE 向、NW 向和 EW—NWW 向（图 3-8）。其中，EW—NWW 向断裂为含金矿脉赋矿构造，是一组与褶皱大致平行的低序次，具压扭性质的断裂构造破碎带，其两侧常见羽状节理裂隙分布。这组断裂构造不但控制了本区金矿床的分布，而且控制了矿（脉）体的产状和规模。主要的 NE 向断裂为泥湾断裂和坑上断裂等，矿区的矿脉均分布于这两个断裂带之间。该组断裂走向北北东，倾向北西西，倾角 50°以上，走向长达数十公里，常形成硅化破碎带，局部充填石英脉，具压扭性质。

（1）NE—NNE 向断裂组，为区域性断裂的主要构造形迹，在矿区主要存在有泥湾断裂；分布在矿区中部，为区域性大断裂，地表断续出现大约 50km，走向 40°左右，倾向北西，倾角 36°～65°，属于平移逆断层；是含矿热液的主要通道，对褶皱和矿体起到一定破坏作用，但是错距不大，两盘岩层和矿体尚能互相对应，在实地野外工作过程中发现，泥湾断裂附近发现有不同程度的金矿化和石英脉出露，可能具有找矿前景。

该断裂附近存在较多与金成矿关系密切的毒砂、黄铁矿等，硅化、绢云母化、绿泥石化等蚀变现象较强。该组区域性断裂可能是印支—燕山期的多次构造运动的产物，这一时期是湘东北地区多金属成矿的重要时期，受到不同时期构造运动叠加，使得其倾向发生局部的变化，对湘东北地区金矿床的中后期改造、叠加、富集起到了一定的作用。

（2）NW 向断裂组，为区内成矿后期构造，多分布于含矿主构造的附近及其两侧，且规模不大，多属于张扭性平移正断层，可能为同向节理发展演化而成，走向长几十米至几百米，走向北西，倾向北东，倾角一般 30°～50°，该组断层部分对含矿带有一定破坏作用，但规模较小、断距不大。

（3）EW—NWW 向断裂组，该组断裂在区内极为发育，是受南北向挤压作用的影响而形成的压扭性断层，也是矿区容矿的主要断裂构造。在该组断裂带内产有 1、3、202、301、501、601、602 等矿脉，该组断裂沿背斜轴部或翼部平行褶皱轴向斜切地层层理，较密集分布，是矿区内主要的含金矿脉带，其中 1 号脉走向北西西，倾向北北东，倾角 37°～50°；3 号脉走向近东西，倾向南，倾角 42°～60°；202 号脉走向北西西，倾向北北东，倾角 62°～68°；301 号脉走向近东西，倾向南，倾角 46°～53°；601、602 号脉位于矿区北西部，走向北西西，倾向北北东，倾角 63°～70°，这组断裂构造形成较早（为雪峰-加里东期），具继承性活动，活动时间长（至少经历 4 次构造运动），至燕山晚期仍有活动［图 3-11（a）］。

控制矿脉的断裂构造共同特征是：以断裂破碎带形式产出，断裂破碎带沿走向延伸较远，断面清楚，沿走向及倾向均呈舒缓波状，断层带内出现断层泥或糜棱岩。此外，构造透镜体、片理化、拖拽褶皱和羽状裂隙、挤压剪切破碎带形迹都清晰可见［图 3-11（b）］。

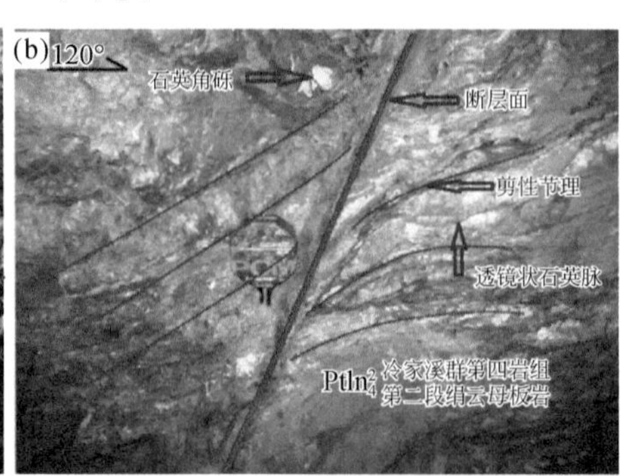

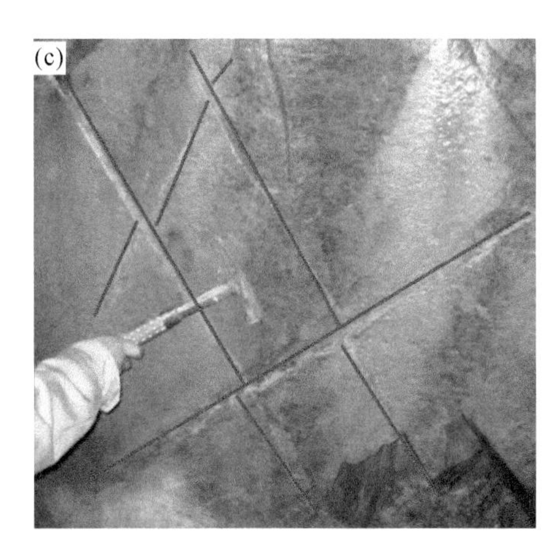

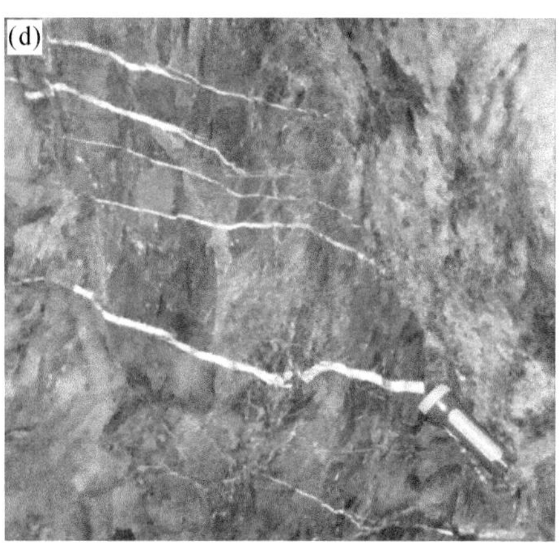

图3-11　黄金洞矿区变形构造照片

(a) 金塘矿段3号脉20中段，反映多期构造活动形迹；(b) 含金构造破碎带构造形迹（庵山矿段264线108中段）；
(c) 脉体顶板发育的“X”形剪节理；(d) 3号脉60中段裂隙被石英充填

断裂破碎带内往往发育有致密块状含金石英脉和构造角砾岩，含金石英脉呈脉状、透镜状或扁豆状产出，具强油脂光泽。断裂破碎带内围岩蚀变普遍，且强度明显较围岩高，由于构造活动多次叠加，其蚀变强度也随之加大，随着硅化、毒砂化和黄铁矿化的不断增强，矿化富集程度也相应得到提高。这些是形成矿区大而较富金矿体的基本条件。

由于后期的拉张构造作用对早期挤压构造的改造和早期挤压构造对后期拉张构造作用的控制，矿区含矿构造表现出以下特征：

(1) 含矿构造与区域地层走向大体一致，矿脉带走向延长较大，最大达3.3km。

(2) 含矿脉带倾向南及北（北）东，沿走向和倾向呈舒缓波状，倾角中等，仅局部变陡或变缓。

(3) 矿（化）体膨大缩小明显。

(4) 断裂破碎带中角砾多呈棱角状、次棱角状，局部见较大围岩碎块，胶结一般较松散，可能是伸展变形的产物。

(5) 挤压特征总体不明显，构造透镜体、片理化带少见，仅局部见压扭作用形迹。

由于受到褶皱、断裂构造作用的影响，区内金矿脉顶、底板岩石节理、裂隙较发育［图3-11 (c) (d)］，主要为剪节理，张节理次之，常成群成组出现，切割岩层呈菱形破碎。据矿区201、202号脉节理（图3-12）统计，201号脉节理主要发育三组：倾向15°～60°、250°～260°及300°～350°。202号脉节理

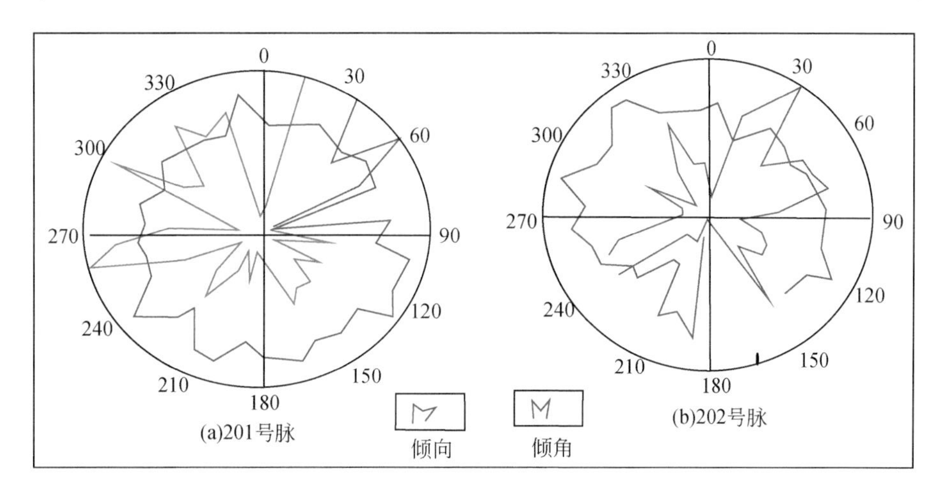

图3-12　黄金洞矿区201和202号脉节理玫瑰花图

主要发育四组：倾向 30° ~ 40°、145° ~ 150°、235° ~ 260°及 335° ~ 340°。由于节理较发育，部分矿脉（体）顶、底板岩石较破碎，在近主脉旁侧的部分节理裂隙中，也有矿化，或可富集成工业矿体。

3. 岩浆岩

矿区内无岩浆岩体出露，但在矿区西南 10km 处有燕山期的连云山复式岩体，岩体侵入新元古界冷家溪群中，接触面倾向围岩，为中深成相岩体。

3.2.2.2　矿体地质特征

1. 矿体特征

黄金洞矿区先后发现矿脉 40 余条，含金脉带多呈雁形排列（图 3-8），产于近东西向断裂破碎带中，除少数矿脉倾向南，倾角为 60° ~ 75°外，大多数矿脉倾向朝北，倾角为 40° ~ 75°（图 3-13）。这些矿脉一般沿走向延伸约 1km，地表可见厚度一般为 0.5 ~ 2.1m，金的平均品位一般 4 ~ 10g/t。其中，金塘矿区 3 号矿脉长度最大，达 2645m。

矿区共圈出大小矿体 52 个，主要由含金蚀变破碎板岩和含金石英脉组成，局部见含金构造角砾岩（202 号脉西段较典型），矿体形态、产状和规模基本上受断层破碎带控制。矿体呈似层状、脉状、透镜体状，具分支复合、尖灭再现的特点，沿构造充填，局部切层，整体顺层（图 3-13）。矿体控制长度 80 ~ 1296m，斜深 33 ~ 1294m，一般深大于延长，并具侧伏特点。

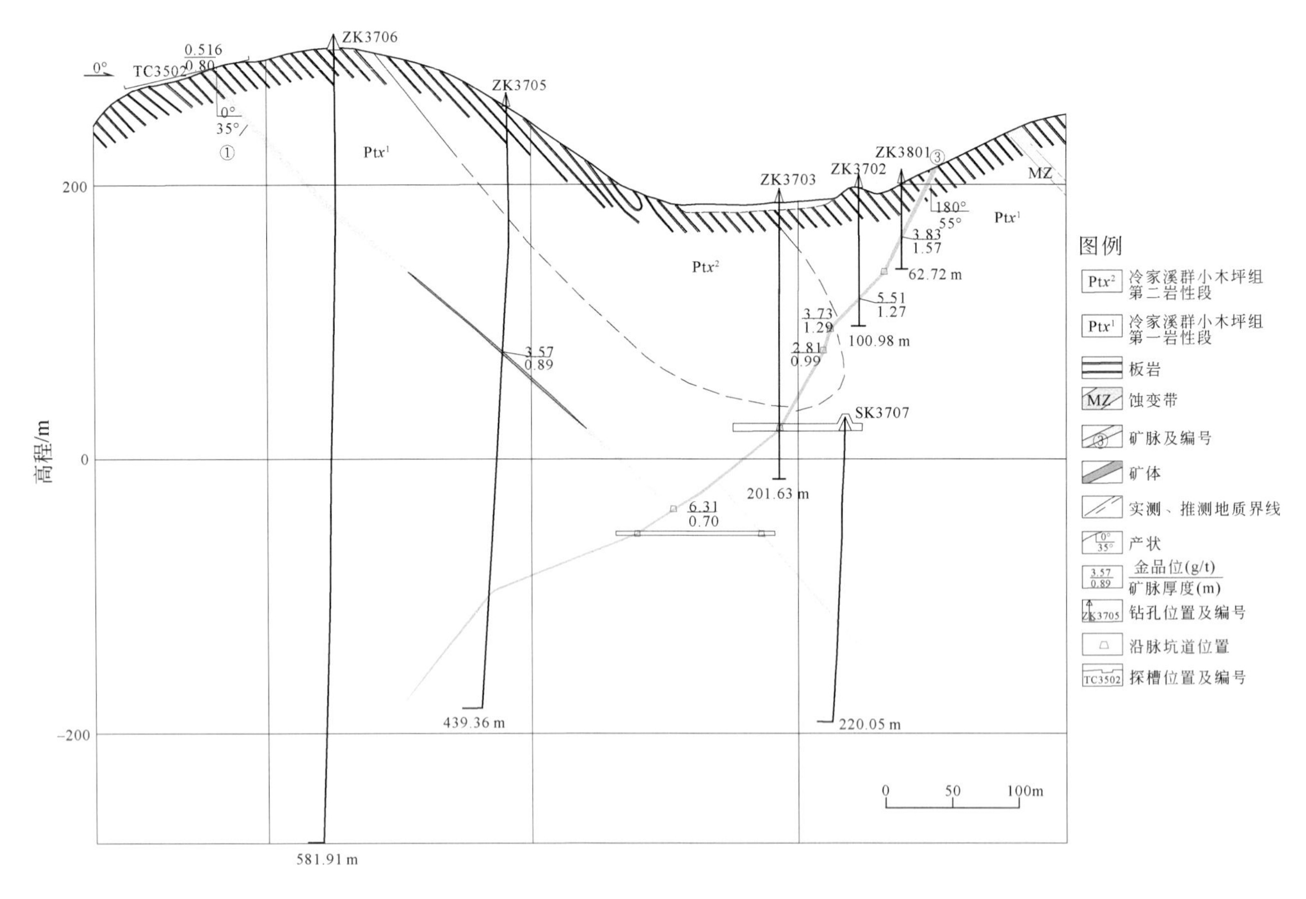

图 3-13　黄金洞矿区金塘矿段 37 线地质剖面图

矿体与赋矿围岩接触带清晰［图 3-14（a）］，含矿蚀变破碎带内石英细脉发育，部分呈肠状；含矿石英脉宽度可达 1m 以上，呈条带状、块状构造［图 3-14（b）（c）］，且被晚期断层所破坏，并略具变形。具条带状的石英脉由暗色条带（主要绢云母、绿泥石等组成）和白色条带（主要由石英组成）呈交替出现，可能暗示含矿热液多次充填沉淀。有些含矿石英脉则与含矿蚀变破碎带呈断层过渡［图 3-9（g）］。

有些含矿石英脉中还可见呈脉状产出的、具有乳白色或浊状的白钨矿矿脉，这些白钨矿矿脉似乎叠加于早期含矿石英脉之上发育，或以脉状横切早期石英脉，暗示它们系晚期成因［图3-14（d）~（f）］。此外，含矿（包括白钨矿）石英脉呈两种产状出现：沿第一期片理产出［图3-10（a）、图3-14（b）~（d）］和斜交或垂直于第一期片理产出［图3-14（e）］，可能暗示形成于不同构造环境，但大部分均被晚期断裂破坏。

2. 矿石特征

黄金洞矿区矿石类型与大万矿区非常类似，主要为石英脉型和破碎蚀变岩型，少量为构造角砾岩型，部分含矿石英脉受应力作用，发生揉皱。矿石矿物主要为毒砂和黄铁矿，少量为辉锑矿、白钨矿［图3-14（d）~（f）］、方铅矿、闪锌矿、黄铜矿、磁黄铁矿、自然金等。脉石矿物主要为石英、方解石，其次为绿泥石、绢云母、白云母、白云石等。

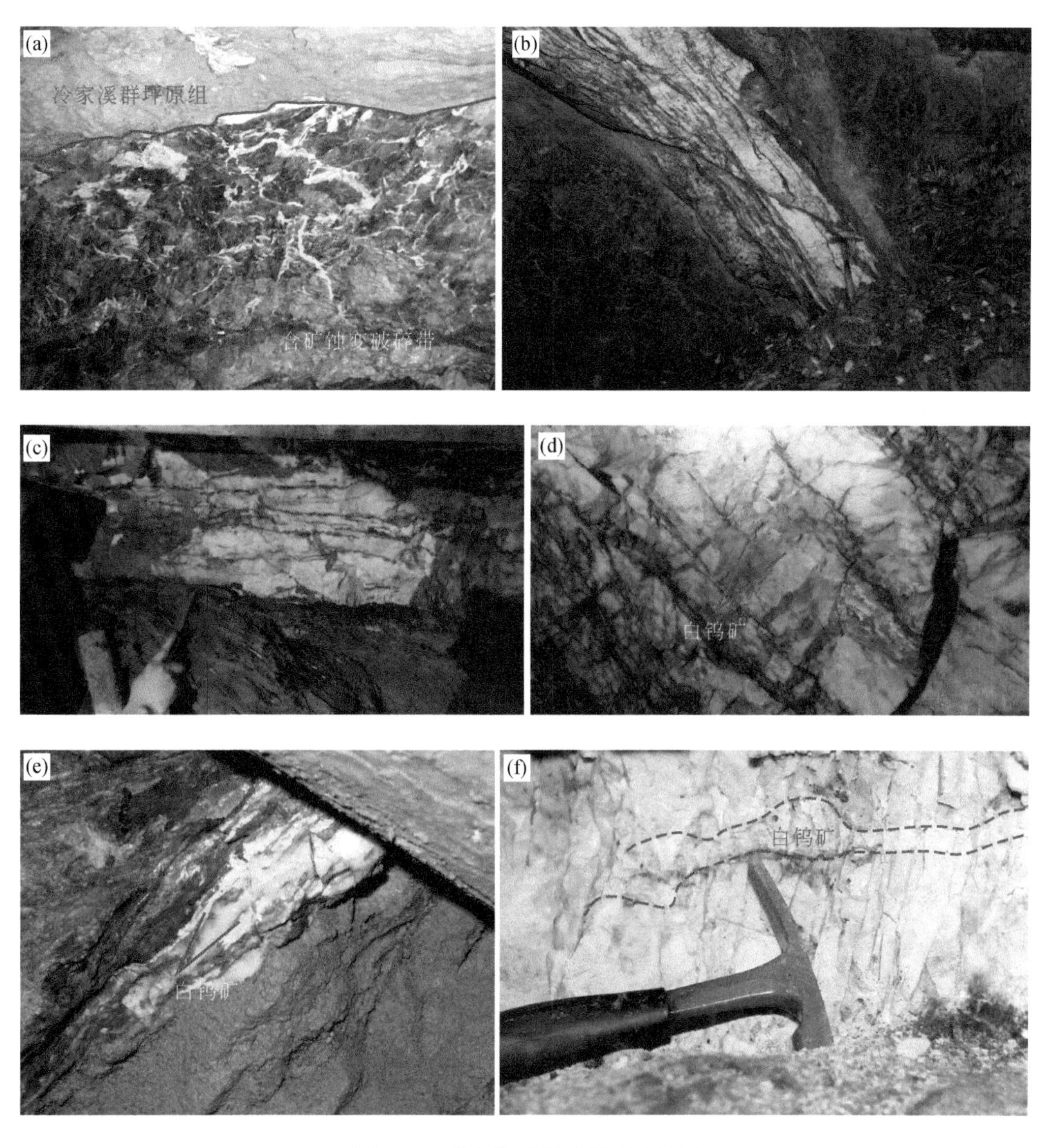

图3-14　黄金洞矿区矿脉产出特征

（a）含矿蚀变破碎带与赋矿围岩呈直接接触；（b）（c）条带状含矿石英脉；（d）与赋矿围岩一致产出的白钨矿矿脉和石英脉，围岩发生了强烈的硅化蚀变；（e）斜交或垂直赋矿围岩产出的白钨矿矿脉和石英脉；（f）以脉状横切早期块状石英脉产出的白钨矿矿脉

金主要以晶格金和纳米金颗粒的形式存在于毒砂和黄铁矿之中，可见少量的自然金。含金的毒砂和黄铁矿受构造面的控制，主要分布在石英脉和板岩的接触面上。金在矿脉中的含量不稳定，金的富集主

要与构造破碎带、脉体形态、伴生金属硫化物及围岩蚀变等因素有关。矿区内断裂挤压破碎强烈，次级裂隙发育部位，是金的富集部位。此外，矿区普遍发育的紧闭褶皱的转折端也是富集的有利部位。当金属硫化物黄铁矿、毒砂等富集，特别是呈细脉状、团块状出现时，一般含金较富。当围岩具多种蚀变，特别是硅化、黄铁矿化、毒砂化、白钨矿化、叶蜡石化叠加地段且蚀变强烈时，有利于金的矿化富集。

3. 围岩蚀变

黄金洞矿区变质与蚀变普遍，且与大万矿区极其类似。区域变质作用分布于整个矿区，发生时间相对较早，主要表现为冷家溪群小木坪组赋矿围岩低绿片相变质，形成的变质矿物主要有石英、绢云母等，其次为绿泥石、黄铁矿和碳酸盐；矿区热液蚀变主要表现为裂隙式，分布在含矿带中及两侧，有硅化、白云石化、绢云母化、毒砂化、黄铁矿化等，并往往伴有白钨矿化、辉锑矿化及微弱的闪锌矿化、黄铜矿化、辉铜矿化及方铅矿化等，如在庵山矿段可见明显的辉锑矿化，局部辉锑矿品位较高，达工业品位。此外，在杨山庄矿段，还可见明显的叶蜡石化（图3-15）。围岩蚀变引起岩石的颜色、结构构造、矿物成分、化学成分发生变化，但矿区热液蚀变没有明显的分带现象，往往在破碎带的两侧或一侧和矿脉中同时出现（图3-14），与正常围岩呈渐变关系。金矿化与黄铁矿化、毒砂化、白钨矿化、硅化关系密切，对金矿体的形成与富集起着重要作用。白云石化、绿泥石化与金成矿关系不大。

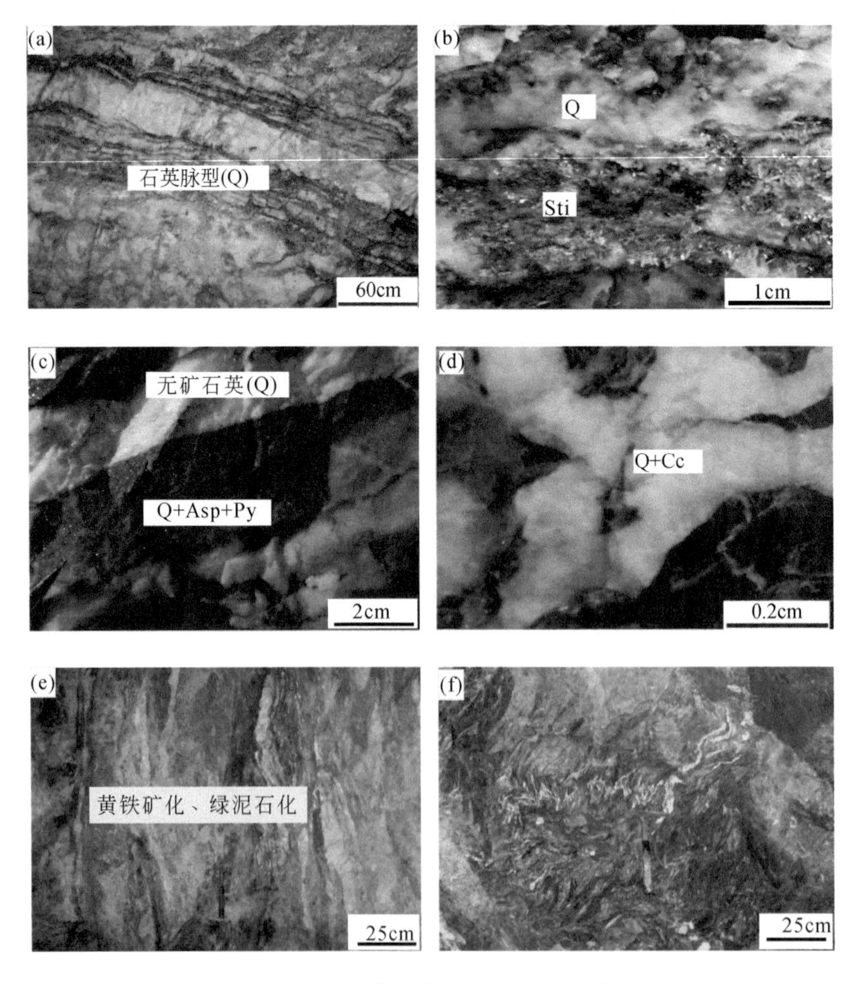

图3-15　黄金洞金矿主要矿石类型以及蚀变的井下照片特征

（a）石英脉型矿脉；（b）与块状辉锑矿共生的石英脉；（c）白色无矿石英脉和与毒砂及黄铁矿共生的烟灰色含矿石英脉；（d）肉红色与方解石共生的无矿石英脉；（e）含矿石英脉周围的黄铁矿化、绿泥石化、绢云母化；（f）细小的石英脉受应力作用形成挠曲。Asp. 毒砂；Py. 黄铁矿；Sti. 辉锑矿；Q. 石英；Cc. 方解石

（1）硅化。发育于石英脉两旁。强硅化地段，石英脉壁极不规则，呈浸染状逐渐向围岩过渡，而围

岩大部分重结晶成石英。在完全被石英交代的部位，原岩特征很难辨别，残块极不规则［图3-14（d）］，但残块仍具鳞片变晶结构、片理构造的痕迹，而且每个残块的片理大体上是相同的。硅化的石英呈等轴粒状，长条状或自形程度比较高，粒径0.04～0.6mm，一般0.2mm，呈曲边或齿状镶嵌；或与石英脉呈过渡关系，有时聚集成透镜体或与片状矿物组成条带。硅化一般发育于砂质板岩中，毒砂化、黄铁矿化多出现于原岩残块较多的硅化部位或硅化与原岩残块接触处。

（2）黄铁矿、毒砂矿化。常与硅化、绢云母化相伴生。黄铁矿、毒砂常呈完好晶体星散分布［图3-15（c）］，有时亦组成脉状或细粒状集合体，粒径1～2mm，大者达5mm，细粒者多靠近石英脉，往外晶体增大，蚀变逐渐变弱。

（3）白云石化。仅出现在矿脉附近的围岩中，常叠加于其他蚀变之上。在早期形成的石英脉内，白云石细粒往往沿裂隙贯入且交代石英，或被石英细脉所切割。白云石不但交代石英、绢云母、黄铁矿，而且还交代酸性斜长石。

（4）绢云母化。一种见于石英脉附近，由于热液作用使原生绢云母重结晶，鳞片增大。绢云母原生大小0.001mm×0.008mm～0.016mm×0.05mm，蚀变绢云母鳞片大小0.08mm×0.012mm～0.012mm×0.1mm。另一种常呈束状分布于矿脉带附近的节理裂隙中，有交代石英脉和白云石的现象。绢云母化多发育于板岩中（图3-14）。

（5）绿泥石化。一般在岩石破碎剧烈的地段出现，绿泥石呈暗绿色鳞片状分布于石英脉壁及裂隙中［图3-14（e）］。

总之，区内蚀变广度（由宽至窄）为白云石化—硅化—绢云母化；蚀变强度（由强至弱）为硅化—白云石化—绢云母化；蚀变顺序（由早至晚）为硅化—白云石化—黄铁矿化、毒砂化—绢云母化。

3.2.3　金成矿期次/阶段划分

根据野外、手标本和镜下观察，可将大万和黄金洞金矿的热液作用划分为三期五个成矿阶段，每个阶段具有不同的矿物共生组合（图3-16、图3-17）。这五个阶段包括：成矿期前的石英阶段（第一阶段，Q1）和白钨矿-石英阶段（第二阶段，Q2），成矿期的毒砂-黄铁矿-石英阶段（第三阶段，Q3）和多硫化物-石英阶段（第四阶段，Q4），以及成矿期后的方解石-石英阶段（第五阶段，Q5）。

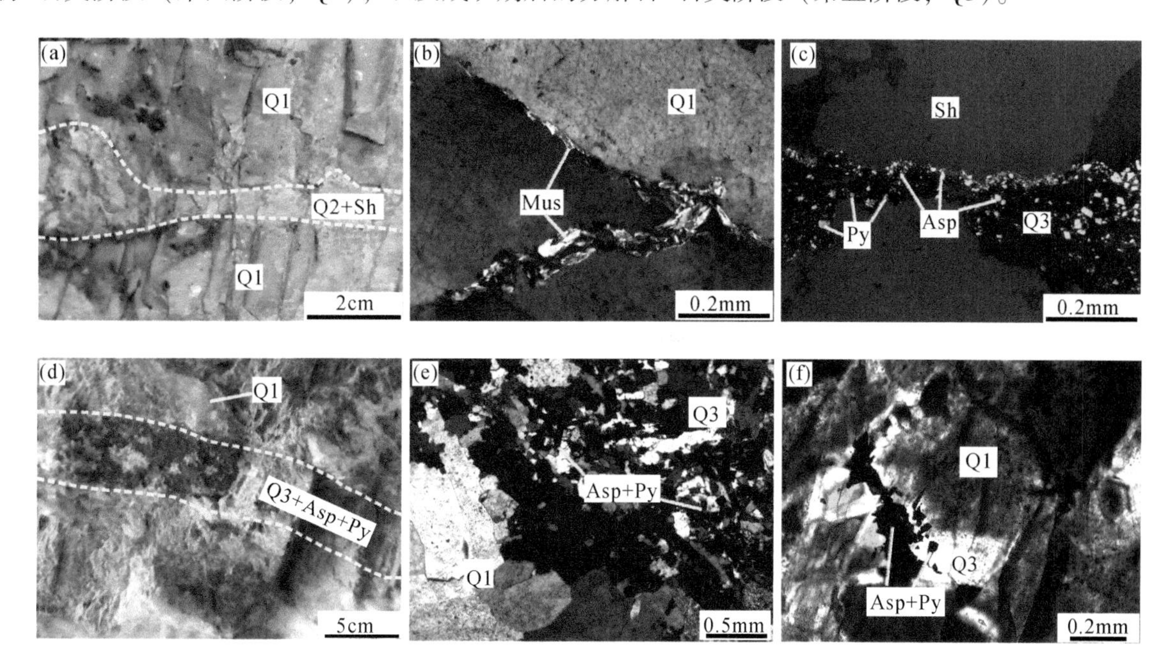

图 3-16　大万和黄金洞金矿不同矿脉穿插关系的野外、手标本和岩相学照片

（a）白钨矿-石英（Q2）脉切穿石英（Q1）脉（黄金洞）；（b）白云母切穿石英（Q1）脉（正交偏光，黄金洞）；（c）白钨矿被毒砂-黄铁矿-石英（Q3）脉切穿（反射光，大万）；（d）白色石英（Q1）脉被毒砂-黄铁矿-石英（Q3）脉切穿（大万）；（e）粗粒自形石英（Q1）颗粒被与毒砂和黄铁矿共生的细粒他形石英脉切穿（正交偏光，大万）；（f）石英（Q1）颗粒周围被毒砂-黄铁矿-石英（Q3）交代，其他硫化物位于不同石英（Q1）颗粒的周围（正交偏光，大万）；（g）毒砂颗粒被方铅矿和锑铜矿切穿（反射光，大万）；（h）石英（Q4）-闪锌矿切穿石英（Q1）颗粒（单偏光，大万）；（i）方解石-石英（Q5）切穿毒砂-黄铁矿-石英（Q3）脉（单偏光）。Asp. 毒砂；Py. 黄铁矿；Sph. 闪锌矿；Gn. 方铅矿；Cst. 锑铜矿；Sh. 白钨矿；Q. 石英；Cc. 方解石；Mus. 白云母；矿物缩写下同

成矿期前的石英（Q1）脉为白色，无硫化物与之共生。此类石英较为自形，且颗粒较大，一般为 0.3～4mm，单偏光下较混浊，指示其中有较多流体包裹体［图 3-16（a）（b）（d）～（f）（h）］。Q1 脉体在局部被白钨矿-石英（Q2）脉体切穿，其中白钨矿呈集块状产出，矿物颗粒大小可达 3mm［图 3-16（a）］。相比于 Q1 颗粒，Q2 颗粒较小，且自形程度较差。在局部，可见白云母切穿 Q1 矿物颗粒［图 3-16（b）］。

石英（Q1）和白钨矿-石英（Q2）脉体都被主成矿期的毒砂-黄铁矿-石英（Q3）脉体切穿［图 3-16（c）～（d）］。与 Q1 相比，Q3 颗粒一般较他形且较细小，大多小于 0.2mm［图 3-16（e）］，单偏光下较为清澈，指示流体包裹体较少。毒砂颗粒较自形，一般小于 0.4mm，镜下主要呈菱形。黄铁矿颗粒也呈自形，大小为 0.1～0.8mm 不等，大多数为五角十二面体，也可见少量的立方体颗粒和他形晶。Q3 除了以脉状产出外，在局部可见 Q3-黄铁矿-毒砂矿物组合交代自形的混浊的 Q1 矿物颗粒边界［图 3-16（f）］。毒砂和黄铁矿颗粒在局部被闪锌矿-方铅矿-黄铜矿-锑铜矿-辉锑矿-石英（Q4）矿物组合切穿，指示成矿进入第四个阶段［图 3-16（g）］。Q4 颗粒也相对较小，且较他形，并切穿 Q1［图 3-16（h）］。在局部，可见与方解石共生的石英颗粒（Q5）切穿毒砂-黄铁矿-石英（Q3）脉体，该脉体无硫化物与之共生，指示成矿进入晚期（图 3-16、图 3-17）。

	成矿前		成矿期		成矿后
矿物	石英阶段(Q1)	白钨矿-石英阶段(Q2)	毒砂-黄铁矿-石英阶段(Q3)	多硫化物-石英阶段(Q4)	方解石-石英阶段(Q5)
毒砂(Asp)					
黄铁矿(Py)					
白钨矿(Sh)					
闪锌矿(Sph)					
方铅矿(Gn)					
黄铜矿(Ccp)					
辉锑矿(Sti)					
自然金(Au)					
锑铜矿(Cst)					
车轮矿					
石英(Q)					
方解石(Cc)					

(a)

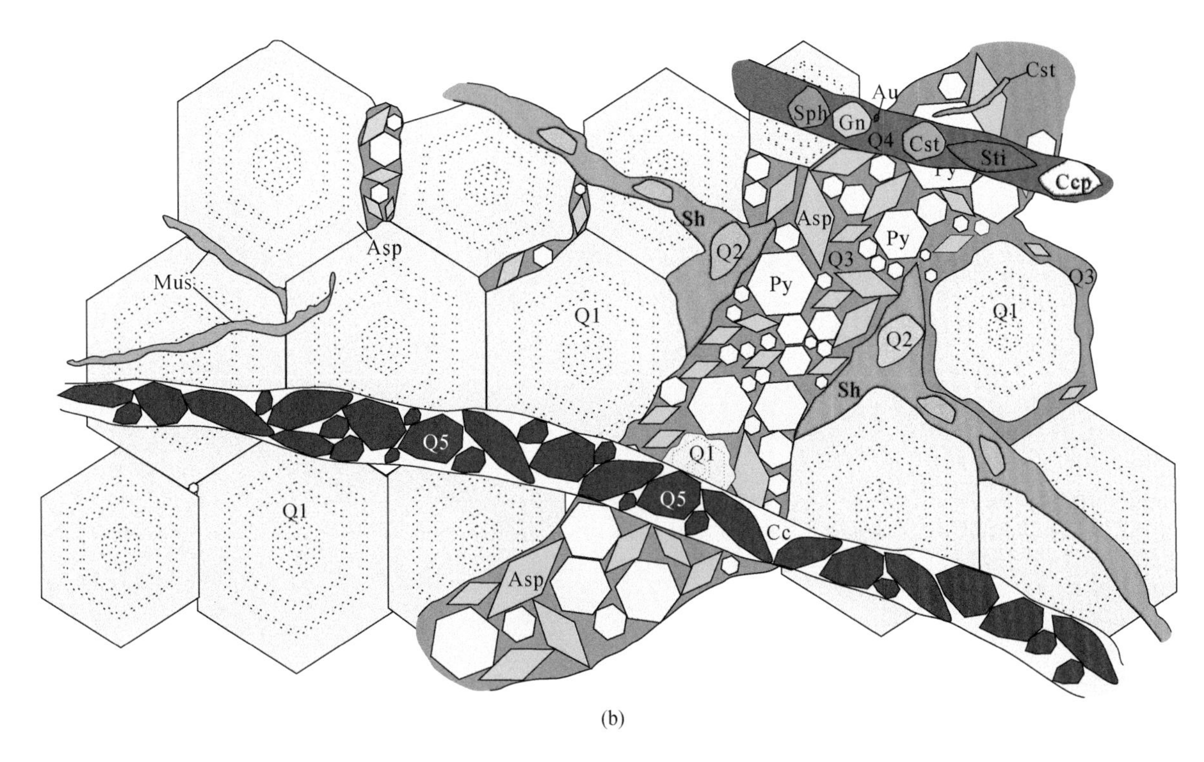

图3-17　大万和黄金洞金矿成矿期次（a）和不同矿脉穿插关系适应图（b）

3.3　钴铜多金属矿床成矿系统

相对于金矿床，湘东北地区钴（-铜）矿床（点）分布较少，且工作程度相对较低。根据成矿作用方式不同，将区内钴（-铜）矿床分为热液脉型钴（-铜）矿床和风化淋滤型钴土矿床两类。风化淋滤型钴土矿床主要分布于浏阳秀山、蕉溪、普迹等地，钴矿富集于第四系残坡积层及白垩系戴家坪组砂砾岩、泥质砂岩中，呈似层状或透镜状产出。含钴矿物主要为钴锰矿，品位0.38%～1.46%。该类型矿床由于规模小，难选，目前工业应用上意义不大。热液脉型钴矿床按矿体产出部位又可进一步分为含钴石英脉型和构造热液蚀变角砾岩型，前者以镇头万家山、枨冲杨家冲等钴矿点为代表，产于冷家溪群粉砂质板岩中，钴品位0.73%～2.30%，由于规模小，目前难以在工业上应用；后者以浏阳井冲钴铜多金属矿床及平江横洞钴矿床为代表，以矿体赋存于构造热液蚀变角砾岩带为特征。

3.3.1　井冲钴铜多金属矿床

井冲钴铜多金属矿床（图3-18）位于湘东北浏阳市北32km处的井冲，属浏阳市社港镇所辖。大地构造位置上位于连云山复式背斜西侧，长沙-平江断陷盆地东南缘，长沙-平江断裂带的中段（图1-13）。该矿区已探明的铜（Cu）金属量98080t，钴（Co）金属量3718t，铅（Pb）金属量3597t，锌（Zn）金属量7022t。此外，还共（伴）生有银（Ag）、金（Au）、硫（S）等资源。

3.3.1.1　矿区地质特征

1. 矿区地层

矿区出露地层较简单，主要为新元古界冷家溪群、泥盆系、白垩系及第四系（图3-18）。地层总体呈北东向展布，由老至新分述如下。

（1）新元古界冷家溪群。该地层沉积时代约860～820Ma（SHRIMP和LA-ICPMS U-Pb法；Wang

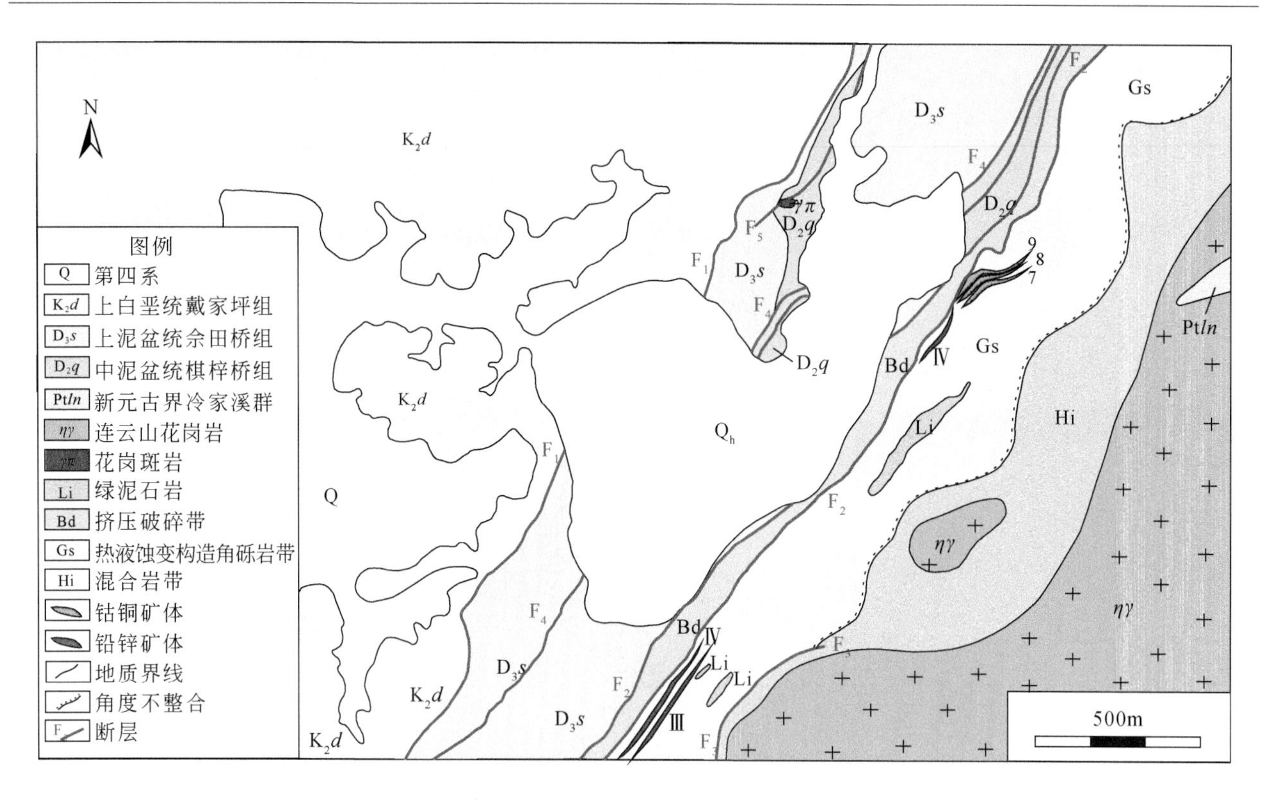

图 3-18　井冲钴铜多金属矿床地质简图

et al.，2007；Wang et al.，2010；高林志等，2011；孟庆秀等，2013；以及详见许德如等著《湘东北陆内伸展变形构造及形成演化的动力学机制》一书），中值约 825Ma。该地层是一套浅变质的火山-碎屑沉积岩建造，具复理石建造特征（Xu et al.，2007），由暗灰色、灰黑色、浅灰绿色板岩、砂质板岩、千枚状板岩，粉砂岩或细砂岩夹变质火山岩组成，分布于矿区东部，其产状为 305°～310°∠37°～63°。因受构造-岩浆活动影响，其与连云山岩体的接触部位发生强烈的混合岩化，形成宽 16～240m 的混合岩带。

（2）泥盆系。该地层在矿区分布较广泛，出露有中泥盆统跳马涧组（D_2t）、棋子桥组（D_2q），上泥盆统余田桥组（D_3s）。跳马涧组（D_2t）分布于长平断裂带下盘，野外表现为热液蚀变构造角砾岩带，由硅质构造角砾岩（图 3-19）、硅质岩、绿泥石化硅质岩、绿泥石岩、硅化绿泥石岩、混合岩化绿泥石化硅质岩组成，可见网脉状石英细脉。其原岩为一套砂质页岩、砾岩、板岩。

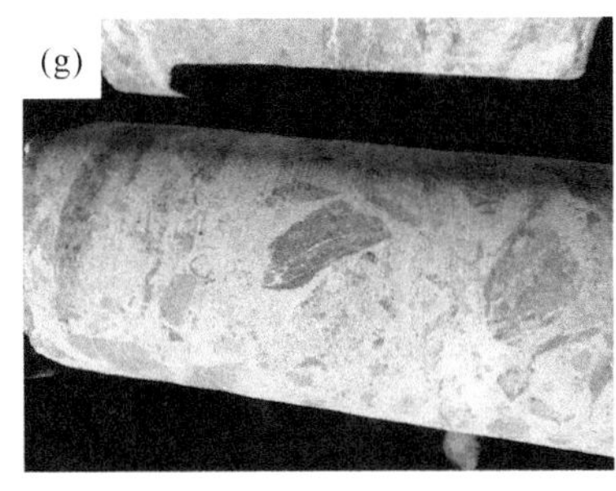

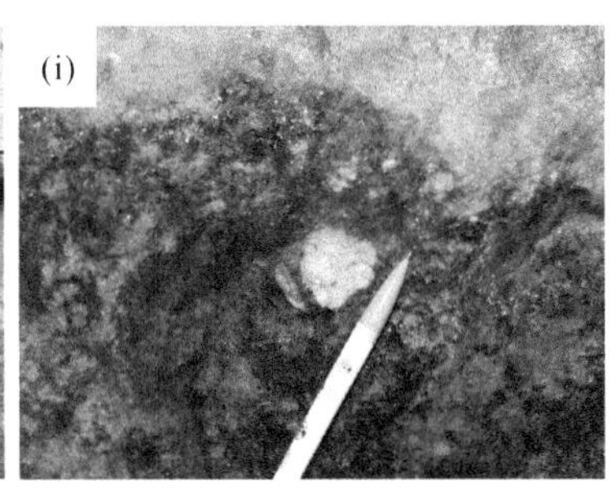

图3-19 井冲矿区构造角砾岩特征

(a)~(c) 长平断裂带的断层活动使地貌上表现为北西低缓而南东陡峻；(d) 硅化构造角砾岩带中的棱角状角砾；(e)(f) 硅化带中发育黄铁矿化；(g)(h) 硅化构造角砾岩带中的板岩角砾、钾长石角砾；(i) 石英集合体角砾

该带矿化蚀变较强，包括黄铁矿化、黄铜矿化、铅锌矿化、褐铁矿化等，是钴(Co)、铜(Cu)、铅锌(Pb、Zn)矿体的赋存层位。该组与下伏冷家溪群呈断层或不整合接触。棋子桥组(D_2q)由灰黑色板岩、青灰色板岩、钙质板岩夹灰岩、泥灰岩透镜体组成。因受长平断裂带影响，该组下部往往发育构造挤压破碎带，形成碎裂板岩或板岩质角砾岩。在泥盆系板岩所夹泥灰岩透镜体中发现有珊瑚、腕足类及苔藓虫化石碎片。该组岩层与下伏地层构造热液蚀变岩(原跳马涧组)呈断层接触关系。佘田桥组(D_3s)在区内自南至北，根据岩性组合特征，出露有两个岩性段。第一岩性段(D_3s^1)为青灰色板岩、黄绿色板岩，局部夹砂岩透镜体，与棋子桥呈整合接触，局部断层接触。第二岩性段(D_3s^2)为浅灰色、紫红色板岩夹少量青灰色板岩。佘田桥组岩层普遍较破碎，产状较乱，发育小揉皱及构造裂隙。该组与棋子桥组呈整合接触，局部呈断层接触。

(3) 上白垩统。该地层分布于矿区西部，为一套紫红色厚层砂岩、砂砾岩及砾岩。砾石成分以板岩为主，次为粉砂岩等，砾石的大小一般在0.5~1cm之间，最大可达4~5cm，砾石呈次棱角状或次圆状，胶结物为泥砂质、铁质。与下伏泥盆系呈断层或角度不整合接触。

2. 矿区构造

矿区总体呈一不完整的单斜构造，除一北北东向次级小向斜外，区内构造以断裂为主，包括F_1、F_2、F_3、F_4、F_5等五条，呈北北东向大致平行展布(图3-18)。其中F_2为长平断裂带的主干断裂，与成矿关系最为密切。

(1) F_1压扭性断裂。该断裂为红层盆地边缘断裂，沿泥盆系与白垩系之间发育。区内出露长约2.15km，总体走向为北东30°左右，倾向北西，倾角30°~50°，至深部产状变缓，为15°~20°左右。断裂破碎带宽2~25m，发育构造透镜体及糜棱岩化构造角砾岩。上盘岩层低序次构造发育，岩层陡立，挠曲拖曳现象普遍，表明上盘下降，并在破碎带中见两期构造角砾岩，表明断裂性质经历了先压扭后拉张的转化。

(2) F_2压扭性断裂。F_2为区域性长平断裂带的主干断裂，总体倾向北西，倾角23°~45°，地表局部达75°，地貌上表现为北西低缓而南东陡峻的自然景观[图3-19(a)~(c)]，是矿区内主要的控岩导矿构造。F_2断裂在燕山期活动最为强烈，其力学性质发生过多次转换。据北邻思村—塔洞一带F_2显微岩组分析资料，该断裂依次发生过剪性→张性→压扭性等不同性质的构造活动。该断裂发育于泥盆系棋子桥组与跳马涧组之间，由于两组岩石在物理性质上的差异，上盘岩层形成构造挤压破碎带出露宽度为50~160m，带内岩石片理化，糜棱岩化以及构造透镜体极为发育。角砾多呈次棱角至次圆状[图3-19(d)~(i)]，成分复杂，以板岩为主，次为砂岩、硅质岩、脉石英、花岗岩、灰岩等，砾径0.5~5cm。胶结物由片状矿物组成，定向排列，并发生糜棱岩化，呈鳞片变晶结构。下盘岩石形成构造热液蚀变岩带，其厚度达60~130m，是矿区钴铜多金属矿体的赋存层位。带内岩石片理化、糜棱岩化、碎裂岩化以及构造透镜体极为发育，常见走向为35°~45°的“入”字形压扭性次级分支断裂构造。该分支构造表现为一系列沿不同岩性界面发育形成的层间剪切带，并发育层间张、扭裂隙，构成层间构造裂隙群(图3-20)，钴铜多金属矿化（体）均产于层间剪切带中，严格受其控制。该构造热液蚀变岩带上部为硅质构造角砾岩，角砾呈次棱角状至次圆状，大小不等，成分为硅化板岩、石英岩等，硅质胶结，局部具绿泥石化、黄铁矿化，地表浅部见铅锌矿化，是铅锌矿化的主要赋存部位。中部为硅质构造角砾岩、石英岩、硅质岩、绿泥石岩等，具有强烈的黄铜矿化、黄铁矿化、硅化、绿泥石化，局部见碳酸盐化、萤石化，厚 35 ~ 80m，是钴铜矿体最主要的产出部位。下部为绿泥石岩、绿泥石化硅质岩、混合岩化绿泥硅质岩，厚 10 ~ 30m，局部见有黄铜矿化、黄铁矿化。

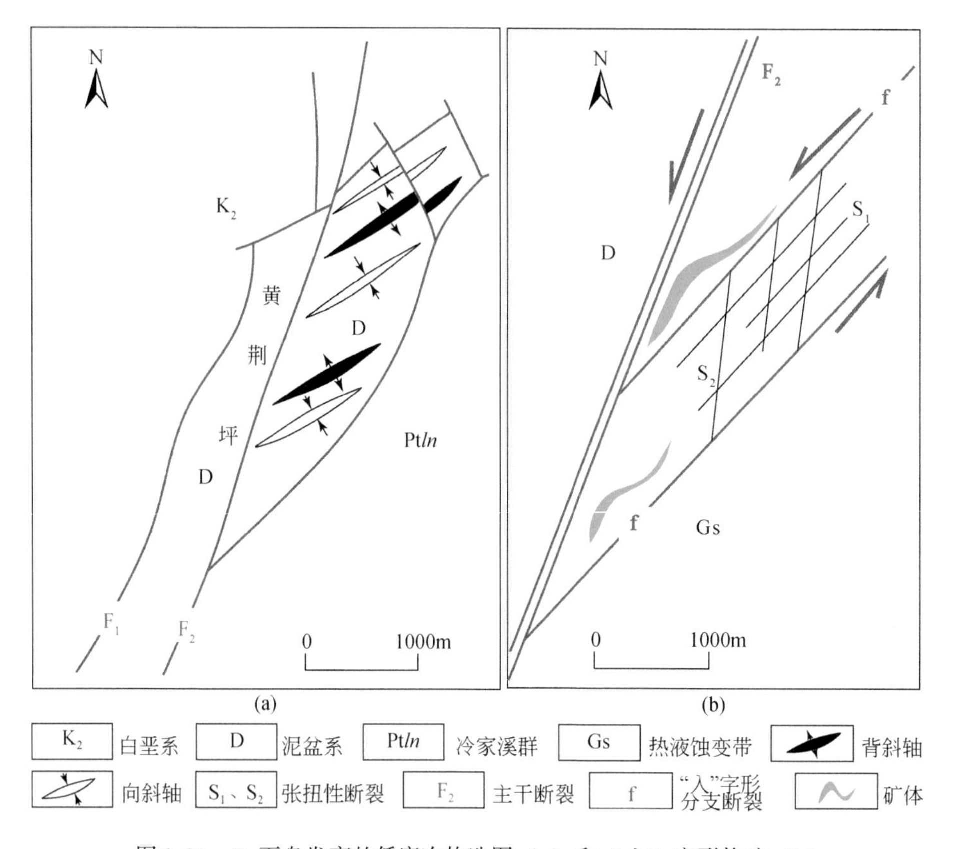

图 3-20　F_2 下盘发育的低序次构造图（a）和“入”字形构造（b）

（3）F_3 断裂。该断裂南起矿区外围玲珑寺，北至矿区凤凰山（王家坡），总长 4500m 左右，矿区出露长 260m，总体走向北东 30° ~ 35°，倾向北西，倾角不清。该断裂沿构造热液蚀变岩带与混合岩接触界面发育，与 F_2 近似平行展布，地表断裂形迹不甚明显，其下盘混合岩中见成群小岩体（脉）出露，而上盘则热液活动强烈。

（4）F_4 压扭性平移断裂。该断裂全矿区断续出露，往南西与 F_1 汇合。该断裂在矿区内分布长约 2.5km，总体走向北东，断层产状为 335°∠44°，与 F_2 近乎平行展布，挤压破碎带宽 10 ~ 30m 不等，该断裂将泥盆系棋梓桥组岩层错断，水平错距达 600m，垂直错距不清。

（5）F_5 压扭性平移断裂。该断裂呈北东向分布于矿区北部上洞—井冲一带，区内长约 870m，断层产状为 330°∠40°，挤压破碎带宽 5 ~ 15m 不等，沿断裂见花岗斑岩脉出露，该断裂使泥盆系棋梓桥组、佘田桥组岩层错断，水平错距达 15 ~ 30m，垂直错距不清。

3. 矿区岩浆岩

矿区东南侧出露有连云山岩体（155 ~ 129Ma；详见许德如等著《湘东北陆内伸展变形构造及形成演化的动力学机制》一书），面积约 0.56km²。岩体侵入于冷家溪群中，两者接触部位发生强烈混合岩化，形成宽 16 ~ 240m 的混合岩带。岩石类型包括二云母二长花岗岩、黑云母花岗岩、花岗闪长岩、（似斑状）黑云母花岗岩等，边部以细粒花岗结构为主，向岩体中心逐渐过渡为以中细粒花岗结构为主。岩体内常见有花岗伟晶岩细脉穿插和围岩残留体顶盖及捕虏体。岩石剪切变形特征明显，具糜棱结构、片麻状构造。此外，矿区还可见少量花岗斑岩呈脉状产出，地表仅见出露于F_5断裂中。

3.3.1.2　矿体地质特征

1. 矿体特征

矿区内共圈出铜矿体6个、钴矿体5个、铅锌矿化体4个。矿体整体走向北东，倾向北西，倾角36°~47°，呈似层状或透镜状产出，受构造、岩性控制明显。其中铜、钴矿体产于热液蚀变构造角砾岩带的中下部，铅锌矿体分布于上部（图3-21）。

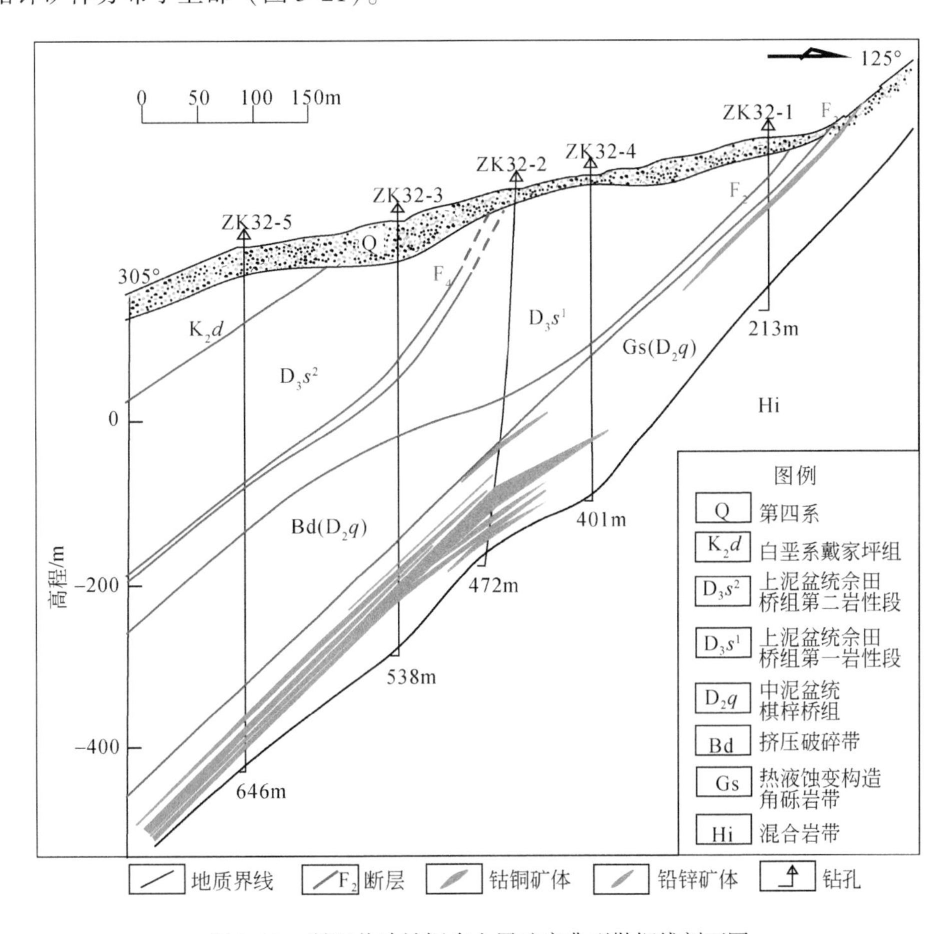

图3-21　浏阳井冲钴铜多金属矿床典型勘探线剖面图

区内圈出的6个铜矿体编号分别为5、6、7、8、9、10号，它们彼此互相平行排列，相距较近，一般3~10m。在侧伏方向上，它们呈尖灭再现或尖灭侧现分布，受构造岩性控制明显。其中7、8、9号主矿体的储量占总储量的84.8%。矿体地表出露长度162~232m，倾向北西，倾角36°~47°，沿侧伏方向呈透镜体产出，侧伏总长610~2528m，厚0.31~16.67m，控制矿体最大斜深长约592m。矿体赋存于硅质构造角砾岩、绿泥石化硅质岩中、绿泥石岩中。单工程铜品位1.671%~0.282%。

所圈出的5个钴矿体，从下至上编号为Ⅰ~Ⅴ号，其中Ⅲ号矿体为主矿体。地表矿体长70~240m，倾向北西，倾角44°~45°。矿体呈似层状或长扁豆状，沿侧伏方向长1400~1500m，剖面上矿体斜长600~700m。矿体厚度17.63~0.86m。单工程钴品位0.021%~0.041%，伴生元素铜品位0.249%~0.919%，硫4.77%~14.08%，金0.05×10^{-6}~0.26×10^{-6}。矿体产于构造热液蚀变岩下部硅质构造角砾岩中，顶板、底板均为硅质构造角砾岩。

此外，所发现的4个铅锌矿化体，其编号分别为Ⅰ、Ⅱ、Ⅲ、Ⅳ号，其中Ⅳ号矿化体规模较大。其长轴方向与热液蚀变构造角砾岩带走向一致，在深部它们分布在铜矿化体的斜上方，由北东向南西与铜矿化体的距离逐渐加大。矿体走向北东30°，倾向北西，倾角36°~46°，呈长条状产出，走向上不连续，总长1500m左右，倾向长80~224m，厚度1.74~0.42m。单工程铅品位0.06%~2.01%，锌品位0.03%~4.52%。

2. 矿石特征

按照主要金属矿物相对含量，矿石类型可分为黄铁矿-黄铜矿矿石、含铜钴黄铁矿矿石、黄铜矿矿石、方铅矿闪锌矿矿石。按照矿石构造可分为蚀变构造角砾型矿石、石英硫化物脉型矿石、蚀变碎裂岩型矿石等三种（图3-22）。矿石结构有自形、半自形、他形粒状结构、乳滴状结构、交代结构、斑状压碎结构等，构造以块状、角砾状、浸染状、放射状、梳状、皮壳状为主，次为条带状、脉状、网脉状构造（图3-22）。矿石矿物包括黄铁矿、黄铜矿、闪锌矿、方铅矿，及少量的辉铜矿、斑铜矿、毒砂、磁黄铁矿、白铁矿、辉铋矿、辉铅铋矿、硫铋铜矿、辉砷钴矿等（图3-23），脉石矿物以石英、绿泥石为主，次为绢云母、方解石、菱铁矿等。

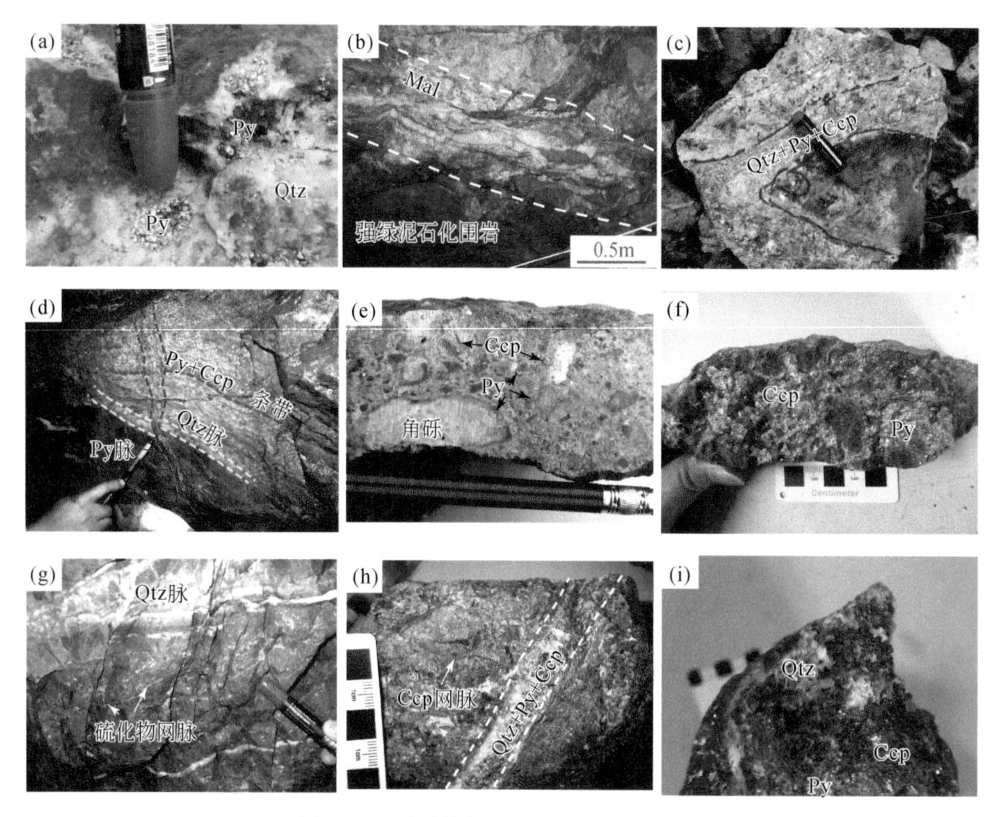

图3-22 井冲钴铜多金属矿床矿石特征

(a) 自形黄铁矿颗粒充填于石英晶洞中；(b) Co-Cu矿石，局部见孔雀石；(c) 石英硫化物脉型矿石环绕着黄铁矿化的角砾，石英硫化物脉中的硫化物呈浸染状分布；(d) 由富硫化物条带和富石英条带互层构成的石英硫化物脉型矿石，其被晚阶段的黄铁矿脉切穿；(e) 蚀变构造角砾型矿石，围岩角砾呈他形-半自形，被细粒石英、绿泥石及浸染状硫化物胶结；(f) 蚀变构造角砾型矿石中的金属硫化物呈团块状、囊状；(g) 蚀变碎裂岩型矿石中硫化物呈网脉状分布，被晚期的石英脉切穿；(h) 晚阶段的石英+黄铁矿+黄铜矿脉切穿蚀变构造角砾型矿石；(i) 石英脉型Co-Cu矿石，可见石英晶洞。Ccp. 黄铜矿；Py. 黄铁矿；Qtz. 石英；Mal. 孔雀石

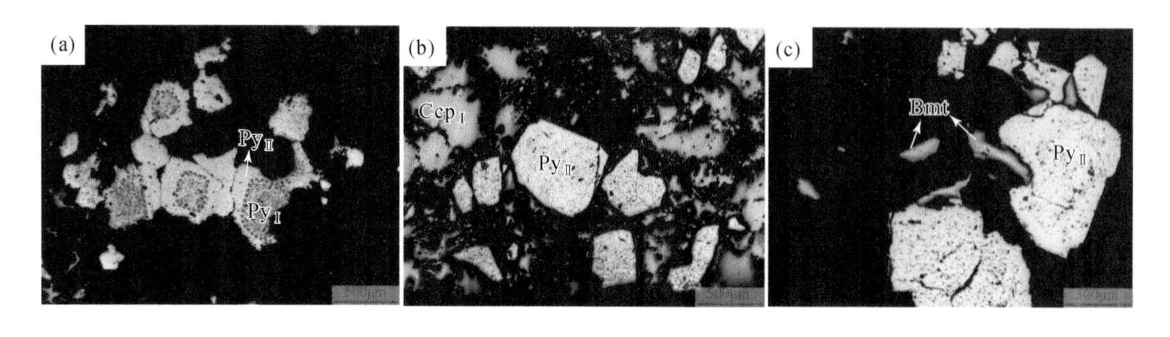

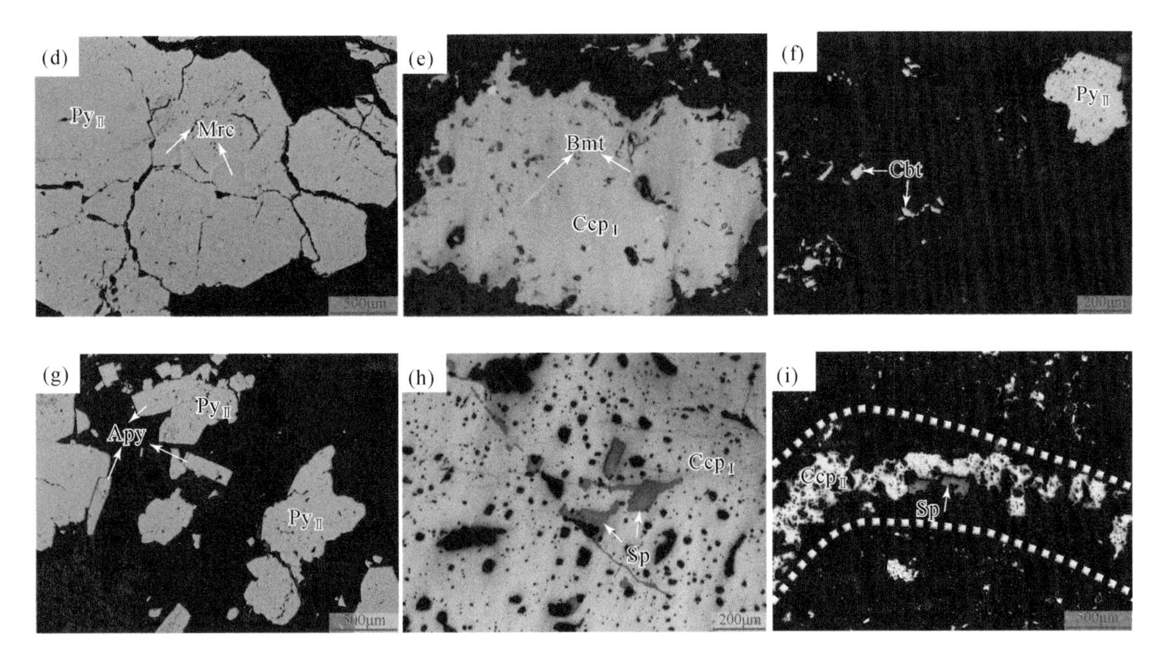

图3-23　井冲钴铜多金属矿床中金属硫化物的显微特征

(a) 结构致密的 Py_{II} 围绕着疏松多孔的 Py_{I}；(b) 自形的 Py_{II} 与他形 Ccp_{I} 共生；(c) 辉铋矿呈不规则状与 Py_{II} 共生；(d) 白铁矿与 Py_{II} 共生；(e) 辉铋矿呈针状、不规则状与 Ccp_{I} 共生；(f) 细粒针状辉砷钴矿；(g) Py_{II} 与毒砂共生；(h) 晚期细脉状闪锌矿交代 Ccp_{I}，闪锌矿中还可见黄铜矿出溶；(i) 晚期的闪锌矿+黄铜矿脉。(a)～(i) 均为反射光条件下。Apy. 毒砂；Bmt. 辉铋矿；Cbt. 辉砷钴矿；Ccp. 黄铜矿；Py. 黄铁矿；Mrc. 白铁矿；Sp. 闪锌矿

3. 围岩蚀变

矿区围岩蚀变强烈，其中硅化、绿泥石化与矿化关系密切，次为碳酸盐化、绢云母化、高岭土化等。矿化以黄铁矿化和黄铜矿化为主，次为毒砂矿化、赤铁矿化。

3.3.1.3　成矿期次/阶段划分

结合矿区地质调查和显微岩（矿）相学观察，根据产出状态、矿物共生组合及结构构造等，可将井冲钴铜多金属矿的成矿作用划分为两个期次：热液成矿期和表生氧化期。其中，热液成矿期又可划分为早、中、晚三个阶段。

热液成矿期早阶段主要形成蚀变构造角砾岩型矿石，角砾为强硅化和绿泥石化的围岩，具有明显的黄铁矿化。绿泥石呈片状、蠕虫状等形态，部分沿裂隙充填或交代长石、云母等矿物［图3-24（a）～（c）］。黄铁矿呈自形–半自形细粒状，部分黄铁矿具有疏松多孔状结构［图3-23（a）］。因此，该阶段的矿物组合为石英+绿泥石（Chl_{I}）+黄铁矿（Py_{I}）。中阶段以形成蚀变构造角砾岩型、石英硫化物脉型和蚀变碎裂岩型等三种矿石类型为特征，其中蚀变构造角砾岩型矿石不同于早阶段，其角砾往往被石英、绿泥石和硫化物等胶结；石英硫化物脉型中硫化物等充填在石英颗粒粒间；蚀变碎裂岩型矿石多为浸染状构造，表现为硫化物呈浸染状充填在强烈绿泥石化的破碎板岩中。该阶段形成了石英+绿泥石（Chl_{II}）+黄铁矿（Py_{II}）+黄铜矿（Ccp_{I}）+辉砷钴矿等矿物组合，此外，还见白铁矿、辉铋矿、毒砂等［图3-23（b）～(g)］。其中绿泥石呈由细小鳞片状集合体构成的同心圆状鲕粒状或片状绿泥石［Chl_{II}，图3-24（d）～(f)］，常与黄铜矿、黄铁矿共生并充填于自形的石英颗粒间。Py_{II} 或围绕 Py_{I} 生长［图3-23（a）］，或呈自形中粗粒状产出［图3-23（b）～(d)］，Ccp_{I} 呈他形粒状充填于矿物裂隙或粒间［图3-23（b）（e）］，辉砷钴矿则呈细粒或针状与 Py_{II} 共生［图3-23（f）］。晚成矿阶段形成了石英+碳酸盐+少量方铅矿+闪锌矿+黄铁矿（Py_{III}）+黄铜矿（Ccp_{II}）等硫化物细脉，这些脉多切穿了早期形成的矿石［图3-23（h）（i）］。表生氧化期形成了赤铁矿、针铁矿、褐铁矿、铜蓝和孔雀石等。矿物生成顺序见

图 3-25。

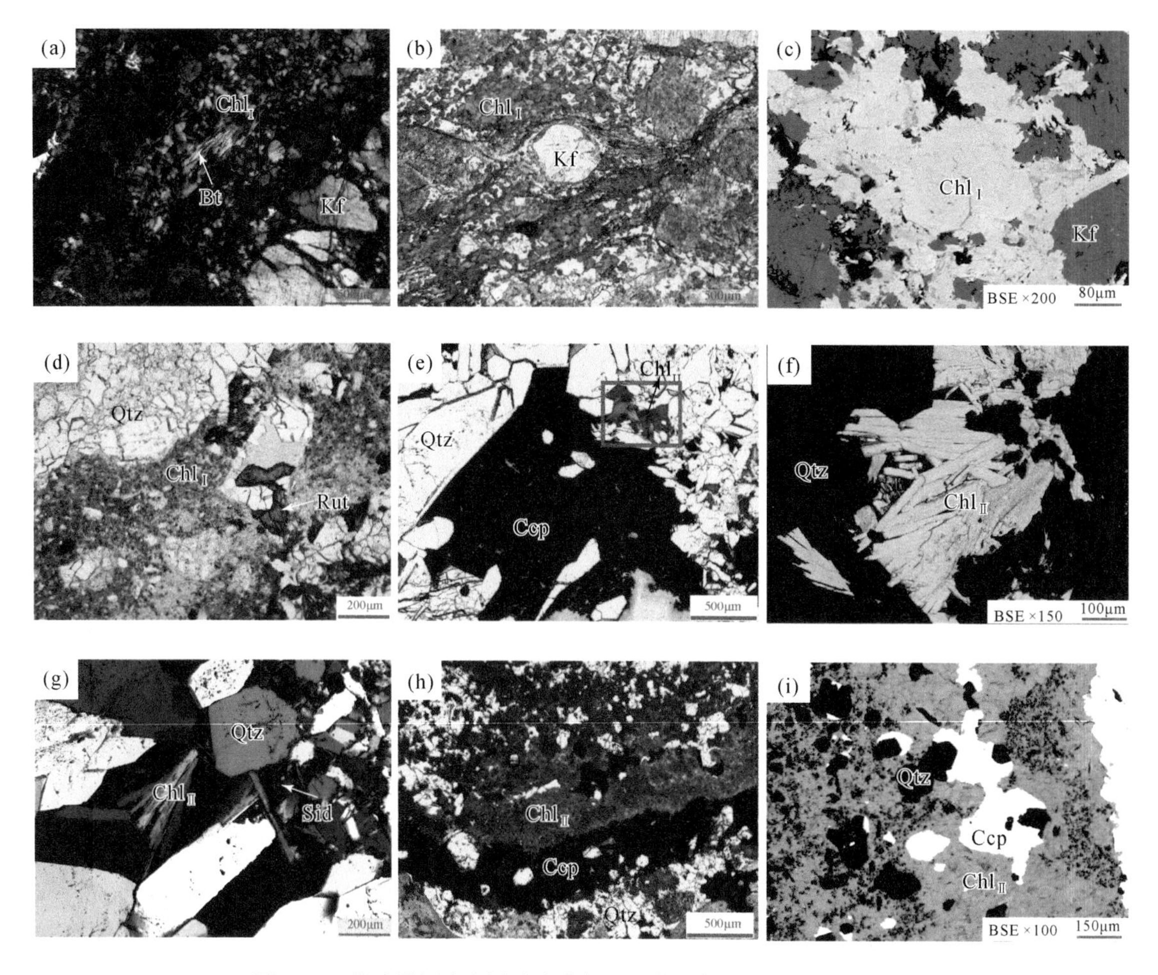

图 3-24　井冲钴铜多金属矿床中绿泥石的矿物学和结构显微特征

（a）黑云母被绿泥石交代，呈绿泥石假象；（b）围岩中广泛分布的辉绿岩；（c）围岩中钾长石被放射状绿泥石集合体交代；（d）与热液成因石英和金红石与片状绿泥石集合体共生；（e）充填于自形石英颗粒间的片状绿泥石；（f）片状绿泥石；（e）中红色矩形所指示区域；（g）片状绿泥石集合体的间隙被菱铁矿充填；（h）（i）球粒斑块状绿泥石与黄铜矿共生。（a）（b）（d）（e）（g）（h）均为透射光；（c）（f）（i）为 BSE（背散射电子）图像。Ccp. 黄铜矿；Qtz. 石英；Chl. 绿泥石；Bt. 黑云母；Kf. 钾长石

3.3.2　横洞钴矿床

横洞钴矿床位于湘东北连云山复式背斜西侧，长平断陷盆地南缘，长平断裂带中段，南西距井冲铜多金属矿区约 10km。地理坐标为 113°38′42″E ~ 113°41′36″E，28°28′24″N ~ 28°31′03″N，面积为 10.5km²（图 1-13、图 3-26）。

3.3.2.1　矿区地质特征

1. 矿区地层

矿区出露地层简单，由老至新依次为新元古界冷家溪群、中生界白垩系及第四系（图 3-26）。其中冷家溪群在 F_2 断裂北西侧（上盘）为青灰色板岩、砂质碎裂板岩，南东侧（下盘）为混合岩，其类型有混合质板岩、灰绿-暗绿色条带状混合岩和深灰色混合花岗岩等。白垩系为一套紫红色砂砾岩，局部夹砖红色粉砂岩及暗紫红色泥岩，与泥盆系呈不整合或断层接触，分布在矿区的北西侧。第四系岩性为黄褐色、砖红色黏土及砂砾石。

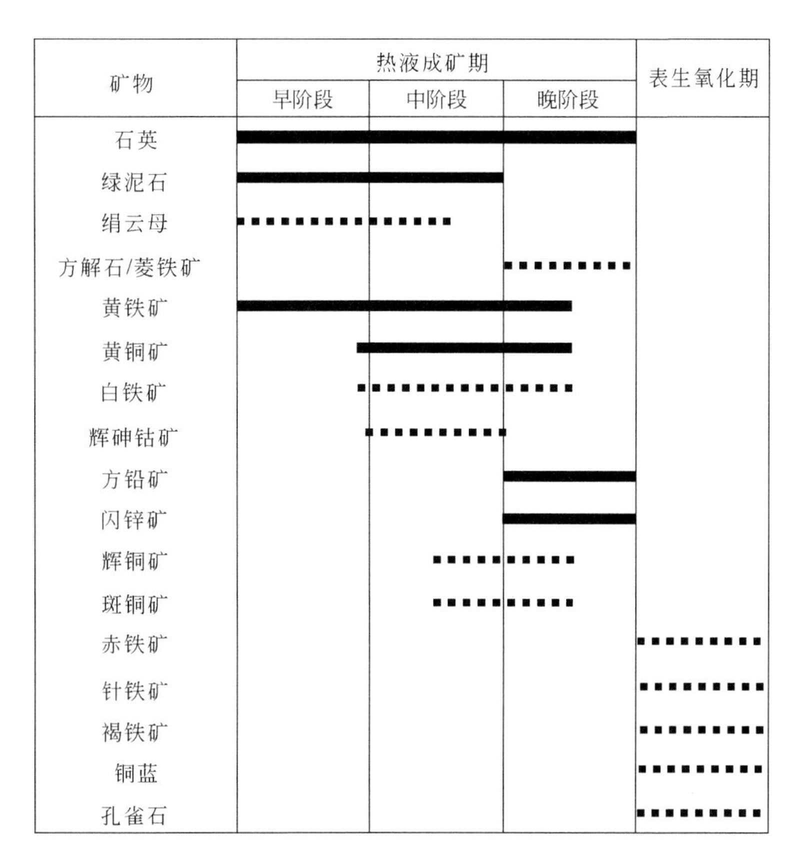

图3-25 井冲钴铜多金属矿床矿物生成顺序

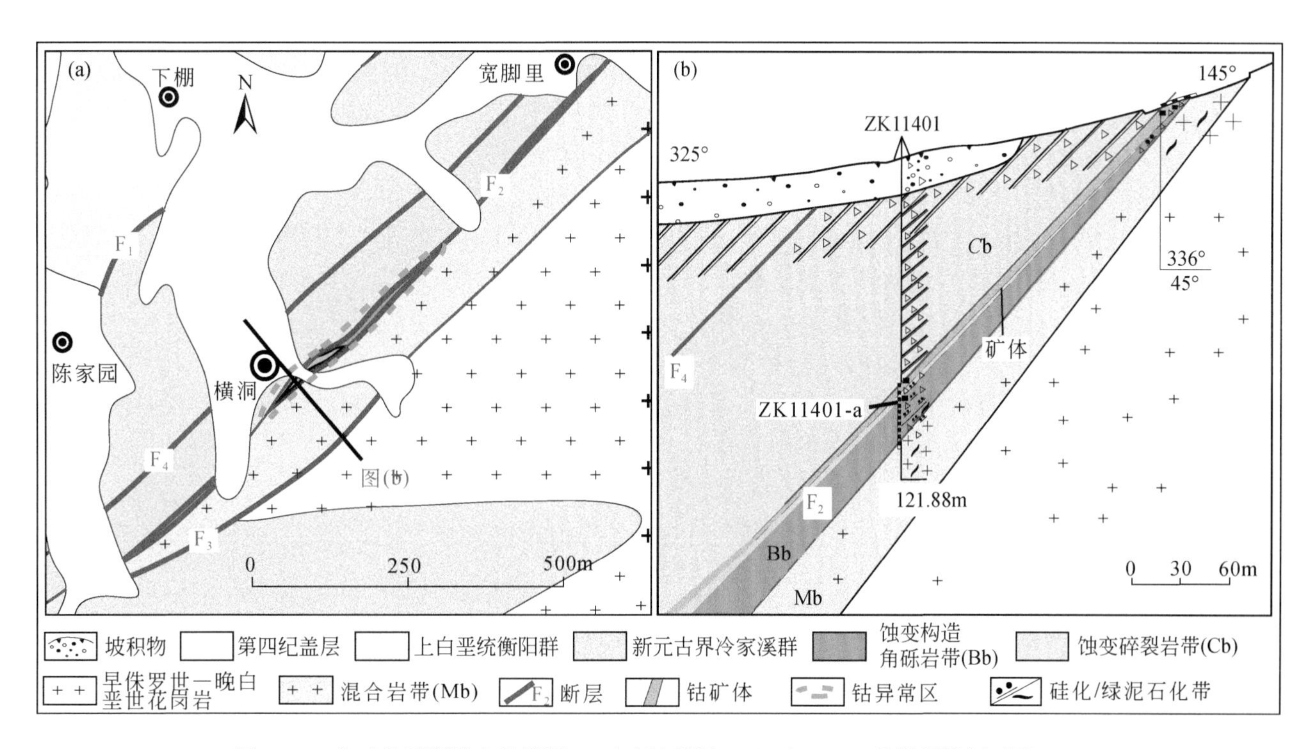

图3-26 产于长平断裂内的横洞Co矿床地质图（a）和11401号勘探线剖面图（b）

2. 矿区构造

横洞矿区断裂构造发育，主要有四条NE向平行断裂，分别为F_1、F_2、F_3、F_4［（图3-26（a）］，其

中 F_2为区域性长平断裂的 NE 延伸部分，即井冲矿区 F_2的 NE 延伸部分，为主干控矿构造，断裂带宽 10～100m，倾向 N30°E，倾角 40°NW，断裂面沿走向及倾向呈舒缓波状。其上盘为蚀变破碎岩带，构造透镜体、糜棱岩化发育；下盘主要为构造蚀变角砾岩带。构造蚀变角砾岩带出露长 700m，宽 0～60m，厚 0～10.50m，普遍受热液蚀变，主要岩性为构造角砾岩、石英岩，伴随绿泥石化、硅化，为钴矿体赋存空间［图 3-26（b）］；同时，构造蚀变角砾岩带与下伏连云山岩体之间发育一个以灰绿、暗绿色条带状混合岩为主的混合岩化带。下盘低序次构造发育，压性“入”字形分支构造是矿体富集的有利构造部位，控制了区内钴矿体的产出。

3. 矿区岩浆岩

矿区岩浆岩主要为连云山岩体（图 3-26），岩性以二云母二长花岗岩、黑云母花岗岩、花岗闪长岩、(似斑状）黑云母花岗岩等为主。连云山岩体主要侵入于新元古界冷家溪群中，少数岩脉穿插在白垩系中，在空间分布上受长平断裂带构造控制明显。岩体与围岩地层接触关系复杂，外接触带混合岩化特征明显，常见片麻状构造、斑杂构造、条带状构造等混染现象。此外，岩体中还常见冷家溪群残留体（傅昭仁等，1999）。

3.3.2.2　矿体地质特征

1. 矿体特征

横洞矿区的构造热液蚀变岩带（即 F_2断层下盘）发育较完整，矿区内出露长达 3000m，共圈定了钴矿体 2 个、铜矿体 1 个，这些矿体均位于 F_2断裂下盘的硅化构造带中［图 3-26（b）］，受构造蚀变带控制，呈长柱状、透镜状，形态较规则。共获得钴（333+334 类）金属量 482t、平均钴品位 0.038%；334 类铜金属量 347t、平均铜品位 0.59%。

（1）Ⅰ号钴矿体。出露最高标高 176m，地表控制长 310m，控制最低标高-334m。矿体厚 0.80～8.26m，平均厚度 2.99m，单工程钴品位 0.024%～0.054%，平均 0.037%。该矿体具有向南西 245°方向侧伏的规律，侧伏总长 1500m，沿侧伏方向呈透镜体产出，其长轴方向与构造热液蚀变带走向有 20°～30°的交角，矿体倾向北西，倾角 44°～52°，平均倾角 47°，倾伏角为 20°左右。矿体顶板为构造角砾岩或糜棱岩化板岩，底板为硅质构造角砾岩，矿石类型以含钴黄铁矿矿石为主。

（2）Ⅱ号钴矿体。地表控制长约 160m，出露最高标高 180m，控制斜深 155m，矿体倾向北西，倾角 46°，矿体厚 1.15～1.80m，钴品位 0.040%～0.049%。该矿体呈条带状产于 F_2 断裂带下盘硅化构造带上部，矿体赋存于石英质构造角砾岩中，顶、底板岩石与含矿岩石相同。矿化主要有褐铁矿化、黄铁矿化(以星点状、团块、粒状为主)，岩石具有强硅化及绿泥石化。

（3）Ⅲ号铜钴矿体。位于矿区中部思村一带，矿体倾向北西，倾角 45°～54°，平均倾角 46°，控制最大斜深 240m。见三层铜盲矿体（Ⅲ-1、Ⅲ-2、Ⅲ-3），矿体厚 0.69～2.34m，铜品位 0.50%～0.70%；钴矿体厚度 1.92～2.28m，钴品位 0.011%～0.021%。铜矿体产于 F_2 硅化构造带中，见黄铁黄铜矿化、斑铜矿化。顶板岩石为构造角砾岩，底板岩石为混合岩化花岗岩。

2. 矿石特征

横洞矿区钴矿床矿石类型仅为角砾岩型钴矿石（图 3-27）。矿石呈灰色、灰白色，角砾状、碎裂状结构，块状、浸染状构造。角砾成分为石英、长石或花岗岩、冷家溪群围岩，大小为 2～8mm 不等，基质成分为石英、绢云母、方解石、绿泥石、金红石等。金属矿物主要为黄铁矿、含钴黄铁矿，其次为黄铜矿、方铅矿、闪锌矿、毒砂、磁黄铁矿等［图 3-27、图 3-28（a）～(d)］。该类型矿石主要沿断裂带产出，普遍发育热液充填细脉，脉宽 1～2mm，偶见粗脉，宽度可达 5mm，成分主要为石英、方解石，平均品位为 0.013%。

图 3-27 横洞矿区钴矿床矿化及蚀变特征

(a) 蚀变破碎带；(b) 强硅化、绿泥石化的构造角砾岩带；(c) 矿化的硅化岩；(d) 硅化、绿泥石化、绢云母化的混合岩。Q. 石英；Chl. 绿泥石

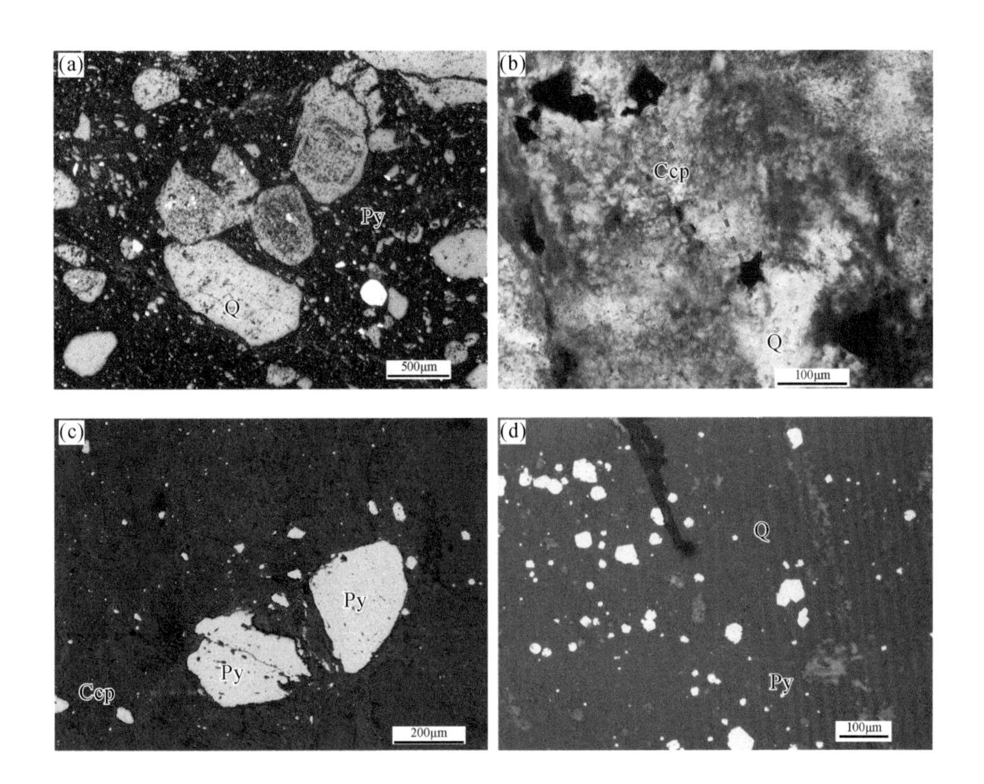

图 3-28 横洞钴矿床矿石显微结构与构造

(a) 角砾状结构；(b) 硅质岩型矿石中浸染状黄铜矿；(c) 角砾岩型矿石碎裂构造的黄铁矿；(d) 硅质岩型矿石中星点状分布的黄铁矿。Q. 石英；Ccp. 黄铜矿；Py. 黄铁矿

3. 围岩蚀变

在垂向上，蚀变由浅至深依次出现蚀变破碎带→蚀变构造角砾岩带→混合岩化带。不同蚀变带特征

及岩石组合具有一定差异。蚀变构造角砾岩带主要由绿泥石化、硅化构造角砾岩、石英岩、硅化岩、硅质构造角砾岩等组成，具黄铁矿化、毒砂化、铅锌矿化及褐铁矿化，钴矿体赋存在此带中，是重要的蚀变带。位于上盘的蚀变破碎带宽 80～200m，主要为板岩质角砾岩，岩石破碎严重，硅化、黄铁矿化、绿泥石化、绢云母化较弱。深部的混合岩化带主要由浅灰色混合岩组成，混合岩脉体与基体明显，脉体颜色浅淡，成分是长英质矿物；基体颜色深，是铁镁矿物重熔的产物。

3.3.2.3 成矿期次/阶段划分

基于野外调查，结合室内显微观察，根据矿物共生关系（图 3-29），横洞钴矿床的成矿作用可以划分

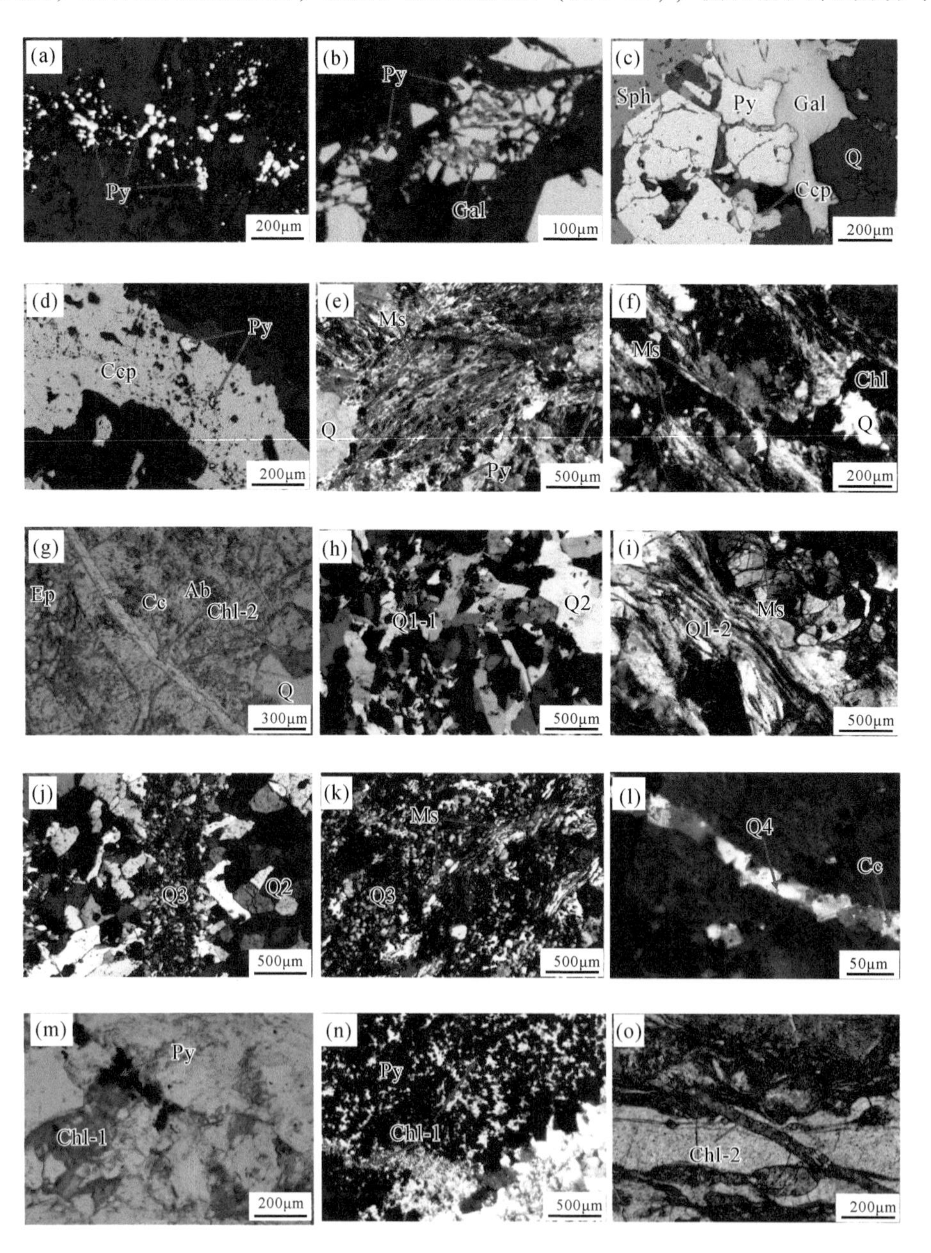

图 3-29 横洞钴矿床矿物共生关系

（a）蚀变构造角砾岩带中浸染状的自形-半自形的黄铁矿；（b）碎裂黄铁矿裂隙中充填有方铅矿；（c）黄铁矿与黄铜矿、方铅矿、闪锌矿共生；（d）他形黄铜矿集合体中的细粒黄铁矿；（e）黄铁矿与白云母共生；（f）糜棱岩中白云母略具定向排列；（g）绿泥石交代早期长英质矿物，同时被晚期方解石脉切穿；（h）波状消光的石英（Q1-1）和粗粒的石英（Q2）；（i）围岩中的带状石英（Q1-2）；（j）细粒的石英（Q3）切穿粗粒的石英（Q2）；（k）细粒的石英（Q3）与少量白云母；（l）晚期的石英（Q4）+方解石细脉；（m）早期的绿泥石（Chl-1）与细粒状黄铁矿共生；（n）早期的绿泥石（Chl-1）与浸染状黄铁矿共生；（o）晚期绿泥石脉（Chl-2）。Q. 石英；Chl. 绿泥石；Cc. 方解石；Py. 黄铁矿；Ccp. 黄铜矿；Gal. 方铅矿；Sph. 闪锌矿

出三个阶段，即热液成矿早阶段、中阶段及晚阶段。围岩以糜棱岩化的石英（包括波状消光的石英Q1-1、带状石英Q1-2）、韧性变形的长石及云母鱼［图3-29（f）（h）（i）］等矿物组合为特征，表现出韧性剪切变形，围岩中偶见黄铁矿。

热液成矿早阶段矿物组合为：石英（Q2）+黄铁矿+白云母±黄铜矿［图3-29（d）（e）］，其中，石英具粗粒结构，黄铁矿呈自形-半自形、粗粒结构。中阶段以石英（Q3）+绿泥石（Chl-1）+黄铁矿±多金属硫化物的矿物组合为特征［图3-29（b）（c）］，石英具细粒结构［图3-29（j）（k）］，绿泥石呈鳞片状集合体［图3-29（m）（n）］，与细粒-中粒浸染状黄铁矿、黄铜矿、方铅矿、闪锌矿共生。此外，还见少量金红石和绢云母。晚阶段以石英（Q4）、绿泥石（Chl-2）和方解石矿物组合为特征［图3-29（g）（l）（o）］，常呈细脉或网脉状产出，穿切早期矿物。详细矿物生成顺序见图3-30。

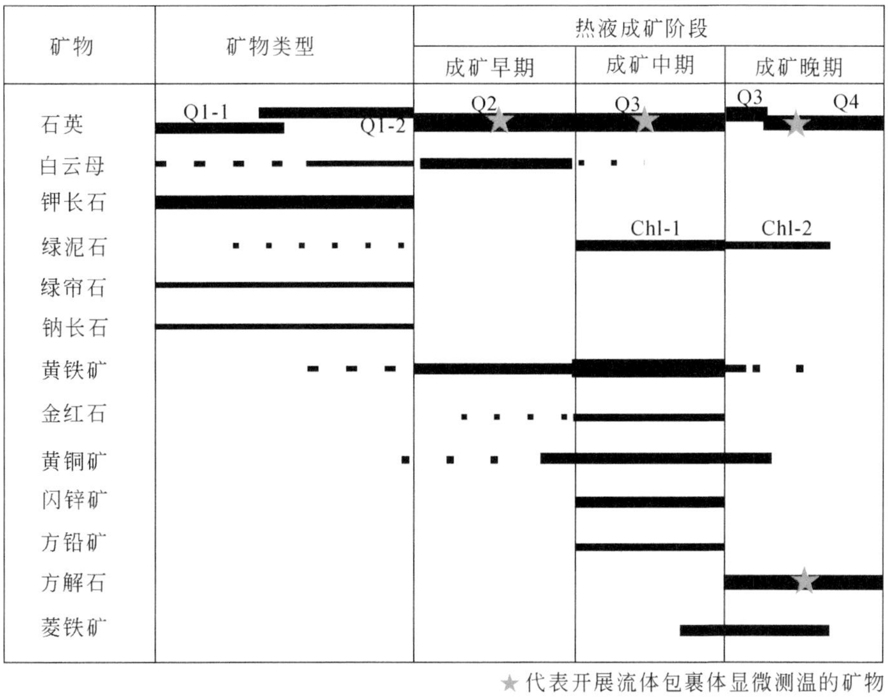

图3-30　横洞钴矿床成矿阶段及矿物生成顺序

3.3.3　大岩金钴矿化点

矿化点位于长沙-平江断裂带内，行政隶属平江县思村乡、三市镇、嘉义镇管辖，矿区面积约10km²。

3.3.3.1　矿区地质特征

1. 矿区地层

大岩矿化点区内出露的地层主要为冷家溪群黄浒洞组及中生界白垩系东塘组，次为新生界全新统。

1）新生界全新统（Qh）

该层下部多为砾石层，上部为灰、深灰色含粉砂质黏土层，交结松散，并含有大量腐殖质及植物根系。

2）冷家溪群黄浒洞组（Pt*h*）

该层为一套板岩、含粉砂质板岩，岩层多呈薄至中层状，走向51°～75°，倾向321°～345°，倾角38°～47°。

3）中生界白垩系东塘组

该层岩性主要为粉砂岩、杂砂岩，岩层多呈厚层状，走向北东，倾角较为平缓。

2. 矿区构造

区内仅发现断裂带一条，编号 F_1，分布于中部，为区域性长沙-平江深大断裂的北东延伸部分，亦是主要的控岩导矿构造。区内地表断续出露长约8000m，倾向319°～348°，倾角28°～75°，上盘岩层形成构造挤压破碎带（Bd），宽度40～250m，岩性主要为板岩质角砾岩；下盘为构造热液蚀变岩带（Gs），宽度0.8～10m，是金钴矿体主要赋存部位。岩性为硅化构造角砾岩，角砾成分主要为石英岩，局部见连云山花岗质岩体与硅化破碎带直接接触，岩石硅化极为强烈，往往形成孤峰状［图3-31（a）～（c）］，见蜂窝状及粉末状黄铁矿化、褐铁矿化。该断裂带南西部思村—北山一带见钴矿化，含Co量为0.011%～0.021%；北东端五星水库一带见金矿化，含金量为0.14～3.28g/t。

图3-31　含矿长沙-平江断裂带野外照片

（a）长沙-平江断裂带；（b）含矿硅化构造角砾岩露头；（c）与连云山岩体直接接触的硅化破碎带；（d）蚀变构造角砾岩型矿石

3. 矿区岩浆岩

区内岩浆岩主要为连云山中侏罗世二长花岗岩体，出露于南东部（图1-13），与冷家溪群呈断层接触，具有活动频繁、多次成岩、受构造控制明显的特点，与金属矿化关系密切。

3.3.3.2　矿化产出特征

1. 矿脉地质特征

区内仅发现含金钴多金属矿脉带各1条，受北东向 F_1 断裂破碎带控制，走向北东，倾向319°～348°，倾角25°～75°。在 F_1 断裂带南西部思村—北山一带圈出含见钴矿（化）脉带一条，地表含矿性较差，矿化不连续，矿脉带厚0.45～1.92m，含Co量为0.011%～0.021%；主要由硅化构造角砾岩组成，具强硅化及绿泥石化、褐铁矿化、黄铁矿化。北东端五星水库一带圈出含金矿（化）脉带一条，矿化不连续，矿脉带厚1.70～2.55m，含金量为 0.14×10^{-6}～3.28×10^{-6}；主要由硅化构造角砾岩组成，具强硅化及黄铁矿化。

2. 矿石质量

1）*矿石的物质组分*

大岩矿区矿石组分较简单，金属矿物主要有黄铁矿、黄铜矿、磁黄铁矿、辉钴矿等。脉石矿物有石英、绿泥石等。

2）*矿石结构、构造*

矿石结构主要有自形粒状结构及角砾状结构，前者黄铁矿呈自形立方体浸染在热液石英中；后者由构造角砾岩经强烈硅化和黄铁矿化所成，黄铁矿、磁黄铁矿呈斑状小团块产出，或黄铁矿分布在磁黄铁矿的边缘呈残碎小块或呈包裹状。

矿石构造主要有带状、角砾状、块状、浸染状、晶簇状、网脉状等构造。

3）*矿石类型*

区内钴矿石类型主要为含钴黄铁矿矿石，金矿石类型主要为含金构造角砾岩型。

3. 围岩蚀变

区内金钴矿（化）体均产于 F_1 下盘构造热液蚀变岩带（Gs）中，构造热液蚀变岩带是直接找矿标志，蚀变主要有绿泥石化、硅化及黄铁矿化。据以往勘查成果资料分析，与区内金钴矿成矿关系最为密切的是黄铁矿化，一般黄铁矿化（地表褐铁矿化）越强，金钴矿越富集。金、钴含量的高低一般与黄铁矿（S）的含量多少呈正比关系。据分析，黄铁矿中钴含量高达0.441%，超过矿石平均品位十倍，为主要赋矿矿物之一。

4. 矿床成因、控矿因素及找矿标志

1）*矿床成因及其控矿因素*

（1）成矿物质来源。该区与井冲铜钴矿区、横洞钴矿区同处于长平断裂带中部，二者成矿地质条件相似，根据井冲矿区矿体周围各类岩石中成矿元素的丰度值及矿体中硫、氧同位素的测定结果表明：矿体中硫同位素组成基本接近，$\delta^{34}S$ 值变化值小，且在零值附近；矿床中石英的 $\delta^{18}O$ 值为17.71‰（形成温度为327℃），$\delta^{18}O_{水}$ 值为11.72‰。这些基本反映了成矿物质来源于岩浆及地层，介质水为岩浆水及地层水、变质水。

（2）控矿因素。岩性。区内金钴矿均产于构造热液蚀变岩带中，其岩性为硅质构造角砾岩、石英质构造角砾岩、石英岩等。由于岩石的物理机械性质与化学性质有显著的差异，易形成层间滑动、裂隙、微细裂隙，从而为矿液的运移、扩散与沉淀提供了有利条件。

构造。该区位于新华夏系构造带与东西向构造带反接复合部位。新华夏系主干断裂下盘低序次“入”字分支构造发育，相邻的井冲铜钴矿化体及本区横洞钴矿体向西南230°～250°方向侧伏延伸，该侧伏体明显受主干断裂下盘“入”字形压扭性分支断裂控制。由于分支影响，其周围形成一系列层间构造裂隙群，成为矿液充填的良好空间。

岩浆岩。区域的铜钴多金属矿床（点）多集中分布在连云山岩体的外接触带的构造热液蚀变带内，与燕山早期岩体关系密切。结合硫、氧同位素分析，推测岩浆本身既带来部分成矿物质，又提供动力和热能，促使成矿元素的活化迁移和富集。

（3）矿床成因。根据上述成矿条件分析，结合井冲铜钴矿床的地质特征，将本区金钴多金属矿床的成矿过程总结为：早侏罗世古太平洋板块向欧亚板块呈斜向俯冲，这一挤压的构造背景导致长平断裂带兼具左行走向剪切和逆冲推覆的特征，随着软流圈的上涌加厚的下地壳部分熔融形成连云山岩体，连云山岩体演化的晚期，富含成矿元素的岩浆热液沿着长平断裂主干断裂运移，运移过程中萃取了中元古界中有利的成矿物质（如Co），并在有利的构造部位富集成矿。因此，矿床成因可归为中温热液充填成因，其中Co成矿作用发生在热液成矿期的早-中阶段。

2）找矿标志

（1）地层标志。长平断裂带主干断裂下盘原岩为脆性岩石，其厚度越大，裂隙越发育，硅化蚀变越强，越有利于金钴多金属矿的形成，是寻找充填型矿体的有利部位。

（2）构造标志。长平断裂主干断裂下盘构造热液蚀变岩带是工作区金钴多金属矿体主要赋存部位。沿主干断裂旁侧次级“多”字形构造、“入”字形构造发育地段以及不同方向断裂构造发育交汇部位可能为金钴多金属矿体的有利找矿地段。

（3）岩浆岩标志。燕山早期中酸性岩浆岩分布地区。

（4）围岩蚀变标志。与矿化关系密切的围岩蚀变主要有硅化、绿泥石化等。

（5）矿化标志。黄铁矿化以及地表较强的褐铁矿化是找矿的直接标志。

（6）地球化学标志。水系沉积物测量或土壤测量 Co、Cu、金异常区。

3.4 铅锌铜多金属矿床成矿系统

铅锌矿床类型包括夕卡岩型、岩浆热液脉型、层控改造型、浅成低温热液型、海底喷流沉积型等（Mao et al., 2013）。其中，与燕山期岩浆作用有关的矿床分布最为广泛，这些铅锌矿床大部分与I型花岗闪长（斑）岩、石英斑岩、花岗斑岩有关，如水口山、宝山、铜山岭等矿床；部分与S型黑云母（二长）花岗岩、花岗斑岩等有关，如黄沙坪铅锌矿床等，成矿时代多集中在162～153Ma（Jiang et al., 2009b; Huang et al., 2015; Li et al., 2016; Zhao et al., 2016; Hu et al., 2017；张九龄，1989；路远发等，2006；雷泽恒等，2010）。湘东北地区铅锌矿床主要为中低温热液充填型，代表性矿床为桃林铅锌萤石矿床和栗山铅锌铜多金属矿床，此外还见一些铅锌矿化点零星分布。上述铅锌矿床均位于幕阜山岩体（154～127Ma; Wang et al., 2014; Ji et al., 2017；许德如等著《湘东北陆内伸展变形构造及形成演化的动力学机制》）边缘，与燕山期岩浆活动密切相关。

3.4.1 桃林铅锌矿床

桃林铅锌矿床位于湘东北岳阳市临湘市南东约20km，隶属忠防镇、桃林镇及白羊田镇管辖。构造上位于幕阜山-望湘断隆带的北端（图1-13），临湘东西向向斜构造以南，大云山倒转向斜的北翼。其中铅金属量30.6万t，锌金属量53.91万t，萤石矿物量464万t，铅锌矿床规模为大型。

3.4.1.1 矿区地质特征

1. 矿区地层

矿区出露地层主要有新元古界冷家溪群、上白垩统分水坳组、古近系古新统枣市组及第四系（图3-32）。其中，冷家溪群在区内主要分布于沙坪—汀家畈、石田畈—曹婆桥—四房一带，岩性为板岩、千枚岩、片岩、石英千枚岩等，倾向北西，倾角一般为25°～40°，个别达50°～60°。上白垩统分水坳组在区内西北部大面积分布，呈角度不整合于冷家溪群之上，岩性为泥质砾岩、花岗质杂砾岩夹少量杂砂岩及钙质砂岩、泥质杂砾岩等，倾向南东，倾角一般为20°～35°。古近系古新统枣市组分布在工作区西南部赵莫登、甘田一带，岩性主要为薄层-中厚层状砾岩、砂砾岩、含砾砂岩等，与长石石英砂岩互层，倾向南东，倾角一般为20°～40°。第四系分布在地貌低洼处，多为砂砾堆积层及黏土层。

2. 矿区构造

矿区内构造以断裂为主，可分为北东向和北西向两组。

北东向断裂主要为石田畈-邱坪坳“入”字形构造（F_2），该断裂全长19km，走向北东东，倾向北西，倾角30°～49°［图3-32（a）］。F_2是一条多次活动的由南向北逐步扩展的断裂带，力学性质具有扭→压扭→张扭多次转化。断裂带呈舒缓波状分布，其构造岩膨缩、尖灭再现明显，具从上而下、由东向西侧伏的特征。该断裂带是矿区内主要的容矿构造，严格控制了北矿带各矿段包括上塘冲、银孔山、邱坪坳、杜家冲、官山、刘家坪（断山洞）等的展布。矿体主要产在主干断裂北西侧分布的近东西向分支断裂中，其与主干断裂呈锐角相交，具有延伸长、延深大、等距离分布的特点，其随主干断裂顺时针扭动而形成的张性构造角砾岩带即为铅锌矿体的容矿场所。断裂北西盘与新元古界冷家溪群、上白垩统分水坳组红层及古近系呈断层接触［图3-32（b）］，南东盘为花岗岩，受断裂的影响常形成花岗碎裂岩及糜棱岩化花岗岩。

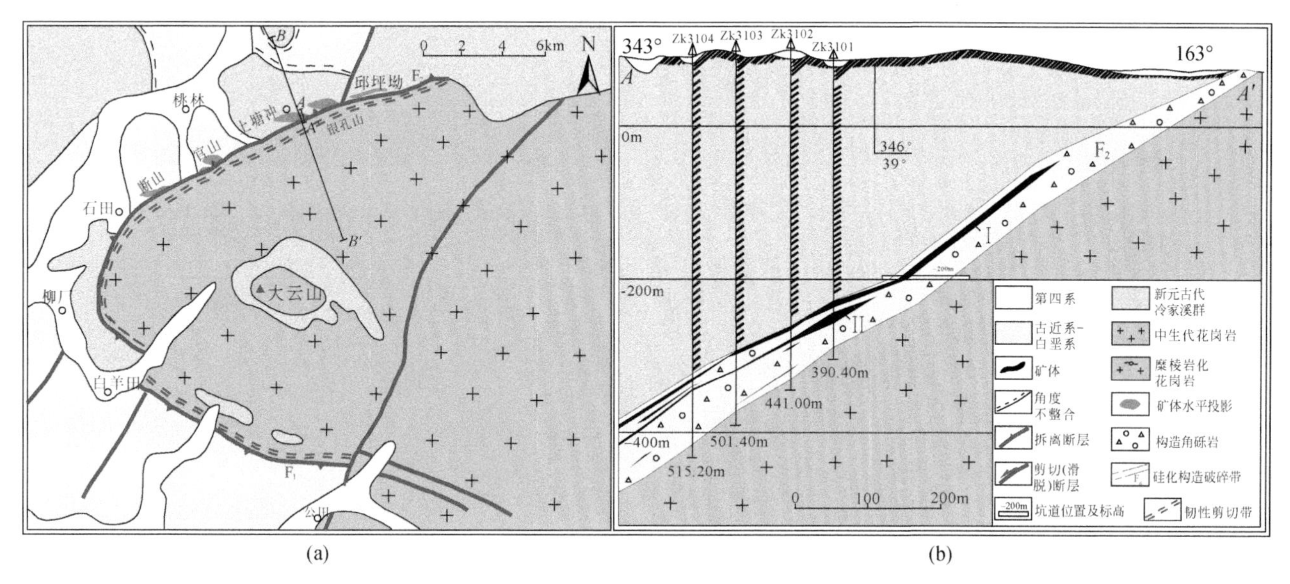

(a) (b)

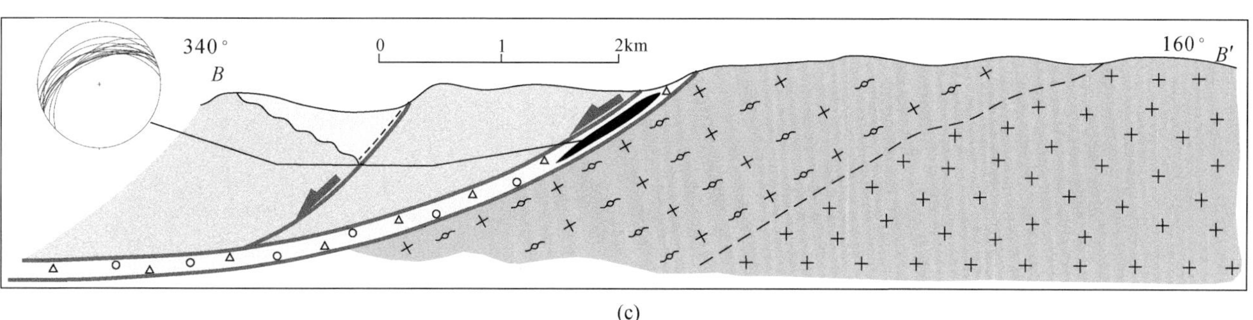

(c)

图3-32 桃林铅锌矿地质图

（a）桃林铅锌矿床矿区地质简图（据喻爱南和叶柏龙，1998修改）；（b）31号勘探线剖面图［沿图（a）中的A-A'］；（c）桃林铅锌矿含矿拆离断层带构造剖面示意图［沿图（a）中的B-B'；修改自傅昭仁等，1991］

北西向断裂主要发育有白羊田断裂（F_1），分布于南矿带白羊田矿段内，断续出露长约13km，断裂走向北西，倾向南西，倾角24°~64°，断裂南西盘与上白垩统分水坳组红层及古近系呈断层接触，北东盘为花岗岩，受断裂的影响常形成花岗碎裂岩及糜棱岩。构造带出露宽度为2~40m不等，岩石较为破碎，岩性为硅化构造角砾岩、碎裂花岗岩，地表见微弱铅锌矿化。

3. 矿区岩浆岩

矿区内出露的岩体为燕山期幕阜山岩体，岩性主要为二云母二长花岗岩和黑云母二长花岗岩。该岩体侵入冷家溪群、震旦系及白垩系，接触面一般倾向围岩，倾角30°~85°不等。此外，在矿区及刘家坪白垩系红色砾岩中还见细粒花岗岩脉及伟晶岩侵入（图3-33）。这些燕山期花质岩与破碎带接触部位则显示强烈剪切变形，具有左行特点，与长平断裂带活动方向一致。

图 3-33　桃林铅锌矿区赋矿围岩、含矿破碎角砾岩带与燕山期花岗质岩过渡

（a）北西盘冷家溪群破碎围岩与含矿蚀变角砾岩带直接接触；（b）强硅化角砾岩带；（c）侵入冷家溪群中的燕山期花岗质岩和伟晶岩脉；（d）左旋韧性剪切的燕山期花岗质岩；（e）燕山期细粒花岗岩中左旋剪切的石英脉；（f）侵入燕山期花岗质岩中的伟晶岩脉

3.4.1.2　矿体地质特征

矿区出露铅锌矿脉带 1 条，主要赋存于冷家溪群与花岗岩接触带附近的北东至北东东向的石田畈-邱坪坳“入”字形断裂构造带（即拆离断层）中，局部产于白垩系红色砾岩及花岗岩中。矿脉产状稳定，倾向北西、倾角 30°～45°，沿走向延伸约 13km，沿走向和倾向有膨胀、收缩、尖灭再现现象，指示近 NW 向的拉伸（图 3-32）。由南西至北东的矿化带范围内分布有石田畈、刘家坪、官山、上塘冲、银孔山、杜家冲及邱坪坳等七个矿段，其中上塘冲、银孔山、官山、刘家坪四个矿段规模较大，其储量占全矿区的 95.86%。矿体主要由构造角砾岩、糜棱岩及破碎板岩组成，以构造角砾岩为主。矿体在空间上具大致等距分布、由东向西侧伏、侧伏角 21°左右的规律［图 3-32（c）］。

矿体顶板围岩主要为冷家溪群板岩，部分为上白垩统分水坳组砂岩、砂砾岩、砾岩，与矿体接触处常见断层泥和花岗角砾；矿体底板除在5线勘探剖面以东为绿泥石石英片岩外，其他地区均为强硅化的石英岩，更深部分地段为花岗岩。

1. 主要矿体特征

1）上塘冲矿段（Ⅰ、Ⅱ）矿体

矿体主要赋存在北东向石田畈-邱坪坳断裂带的构造角砾岩中，为矿区最大的铅锌矿体，占全区储量的47.30%。矿体地表出露长约200m，深部沿走向控制长1900m，倾向北西，倾角为30°～45°（平均41°），具有向西侧伏规律，侧伏角为20°。矿体厚0.67～35m，平均12.88m。该矿体在-20m以上呈大脉状，往深部就出现分支，靠近构造带顶板的为Ⅰ号矿体，其下部为Ⅱ号矿体，Ⅰ号矿体为主要矿体，以铅锌矿为主，两层矿体间距为2.4～60m，常见膨胀、收缩、尖灭、再现现象，并出现无矿地段。

2）银孔山矿段（Ⅰ、Ⅱ）矿体

占全区储量的21.03%。矿体地表断续延伸长650m，深部沿走向控制长1800m左右，倾向北西，倾角为31°～44°（平均40°），矿体具有向西侧伏的规律，侧伏角为21°。矿体厚1.2～31m，平均厚7.93m。矿体主要赋存于硅化构造角砾岩带中，呈脉状，具有分支复合、尖灭再现现象，最大倾向延深长1000m，该矿体在+40m标高以上基本属大脉型，往下分支成了两层矿体（Ⅰ、Ⅱ）。

3）官山矿段（Ⅲ）矿体

占全区储量的16.30%。矿体主要赋存在构造角砾岩带中，呈脉状、透镜体状，具有分支复合、尖灭再现的现象。地表断续延伸长750m，深部沿走向长1800m左右，具有向西侧伏的规律，矿体平均厚度为6.65m，平均品位铅为1.41%，锌为1.32%，最大倾向延深长480m左右。

4）刘家坪矿段（Ⅳ）矿体

占全区储量的11.23%。矿体主要赋存在构造角砾岩带和白垩系蚀变碎裂砾岩中，呈脉状、透镜体状，地表断续延伸长800m，深部沿走向长1800m左右，矿体厚度2～4m，最厚达10.12m，平均品位铅为1.29%，锌为0.83%，最大倾向延伸长750m。

5）杜家冲矿段（Ⅴ）矿体

占全区储量的3.84%。矿体主要赋存在冷家溪群板岩与花岗岩接触带断裂破碎带中，呈脉状、透镜体状，地表断续延伸长1900m，深部沿走向长380m左右，矿体倾向北北西，倾角为40°～50°。矿体厚度1.44～9.50m，平均品位铅2.14%、锌1.51%。

6）邱坪坳矿段（Ⅵ）矿体

占全区储量的0.04%。矿体主要赋存在冷家溪群板岩与花岗岩接触带断裂破碎带中，呈脉状、透镜体状，地表断续延伸长400m，深部沿走向长200m左右，矿体倾向北北西，倾角为30°～40°。矿体平均厚度2.08m，平均品位铅为0.99%，锌为0.79%。

7）石田畈矿段（Ⅶ）矿体

矿体主要赋存在硅化构造角砾岩中，地表构造带无矿化，矿体倾角为48°。矿体厚度为1.01～6.04m，平均厚度为3.04m，平均品位铅为1.03%，锌为0.16%，萤石为5.40%，矿体倾向延深长700m左右。

2. 矿石特征

矿区内矿石类型比较简单，按其主要金属矿物含量多少可分为铅矿石、锌矿石和铅锌矿石。矿石矿物主要为方铅矿、闪锌矿、黄铜矿、黄铁矿，次为辉银矿、辉银铅铋矿、金等，脉石矿物主要为石英、萤石，次为绿泥石、重晶石、长石、云母、方解石等。此外，次生矿物有白铅矿、铅矾、孔雀石、蓝铜矿、褐铁矿、菱锌矿、菱铁矿等（图3-34）。矿石结构主要有自形晶粒结构，半自形晶粒结构、他形晶粒结构、梳状结构等；矿石构造主要是角砾状构造、条带状构造、皮壳状构造、块状构造、浸染状构造等（图3-35）。

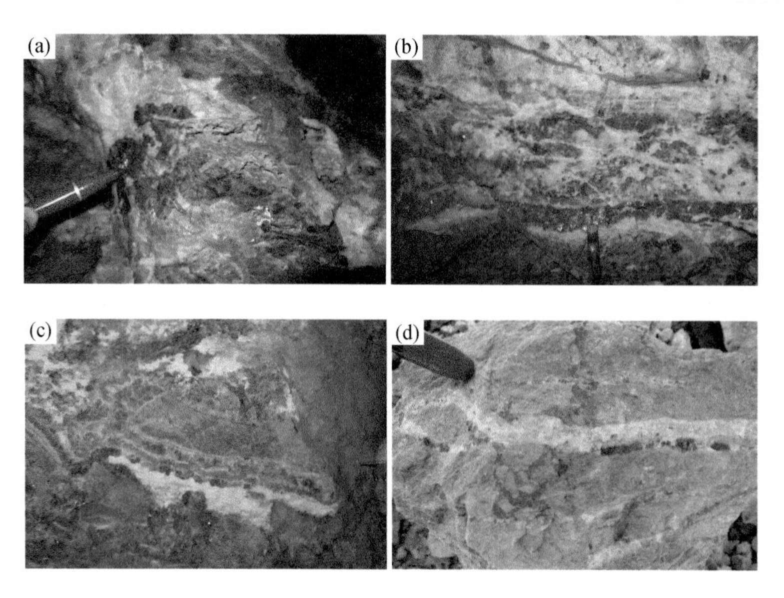

图 3-34　桃林矿床铅锌矿石产出特征

（a）石英、方铅矿和闪锌矿共生，表面次生氧化矿物为孔雀石；（b）石英、浅绿色萤石、闪锌矿和方铅矿以脉状形式产出；（c）石英、绿色萤石、方铅矿、闪锌矿和重晶石充填在大块围岩角砾之间；（d）含方铅矿、闪锌矿石英脉切穿蚀变围岩

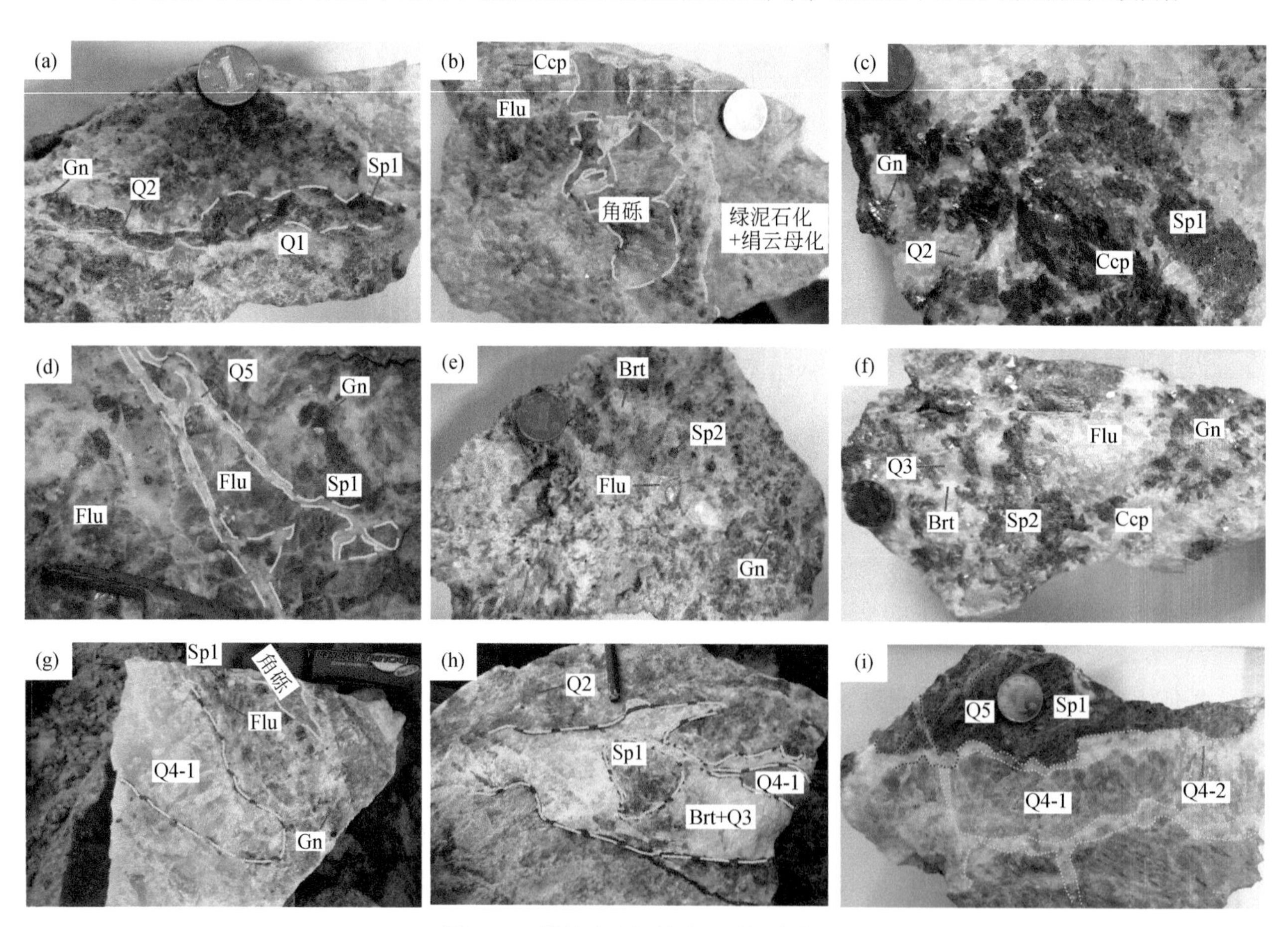

图 3-35　桃林矿床铅锌矿石手标本特征

（a）阶段Ⅱ石英（Q2）-硫化物细脉切穿阶段Ⅰ石英（Q1）；（b）角砾岩型矿石，萤石与围岩角砾岩周围发生黄铜矿化；（c）块状矿石，硫化物与石英共生；（d）阶段Ⅴ的石英（Q5）脉切穿阶段Ⅱ的石英-萤石-硫化物；（e）石英、重晶石和硫化物共生；（f）块状矿石，阶段Ⅲ石英（Q3）、重晶石和硫化物共生；（g）阶段Ⅳ石英（Q4-1）切穿阶段Ⅱ的石英（Q2）-萤石-硫化物脉；（h）具有少量硫化物的重晶石切穿石英-硫化物细脉；（i）晚期石英脉（阶段Ⅳ早期 Q4-1 和晚期 Q4-2 石英）切穿早期矿物。Sp1. 第一期闪锌矿；Sp2. 第二期闪锌矿；Gn. 方铅矿；Flu. 萤石；Ccp. 黄铜矿；Brt. 重晶石

3. 围岩蚀变

蚀变主要分布在构造角砾岩带及其两侧，硅化、萤石化、绿泥石化作用普遍，次为绢云母化、重晶石化、黄铁矿化及碳酸盐化。以弱硅化、绿泥石化、萤石化与成矿关系最为密切，叠加蚀变对成矿更为有利。弱硅化主要发育于构造角砾岩带上部石英细脉两侧，与铅锌矿化关系密切，是矿区主要的找矿标志；强硅化主要分布在构造角砾岩带底部，偶可见粉末状、星点状铅锌矿分布其中。绿泥石化碎裂岩多具铅锌矿化；重晶石化分布在硅化带和红层铅锌矿体的上下盘、两侧或顶部，与铅锌矿化关系不大。

3.4.1.3　成矿期次/阶段划分

基于野外地质调查，结合室内显微观察，根据矿物共生组合和交切关系，桃林铅锌矿床的成矿过程可划分为热液成矿期和表生氧化期。其中，热液成矿期又可划分为 5 个阶段：粗粒石英（Q1）阶段（阶段Ⅰ）[图 3-36（a）]，此阶段的石英和少量硫化物共生；石英（Q2）+萤石+闪锌矿（Sp1）+方铅矿+黄铜矿±黄铁矿（阶段Ⅱ）[图 3-36（a）~（e）]，可看到石英硫化物脉切穿 Q1，其中闪锌矿呈棕褐色且常与方铅矿、萤石和黄铜矿共生；石英（Q3）+重晶石+闪锌矿（Sp2）+方铅矿+黄铜矿±黄铁矿阶段（阶段Ⅲ）[图 3-36（f）]，其中闪锌矿呈浅黄色且常与方铅矿、重晶石和萤石共生；梳状石英（Q4：含少量黄铜矿）阶段（阶段Ⅳ）[图 3-36（g）]，该阶段石英又可以分为 Q4-1 和 Q4-2 两种，Q4-1 常呈浅粉色，Q4-2 通常出现在 Q4-1 边部；细粒石英（Q5）阶段（阶段Ⅴ）[图 3-36（h）（i）]，此阶段中的石英以细脉的形式出现，常和少量的黄铜矿方铅矿共生。其中，阶段Ⅱ和阶段Ⅲ为主成矿阶段（图 3-37）。

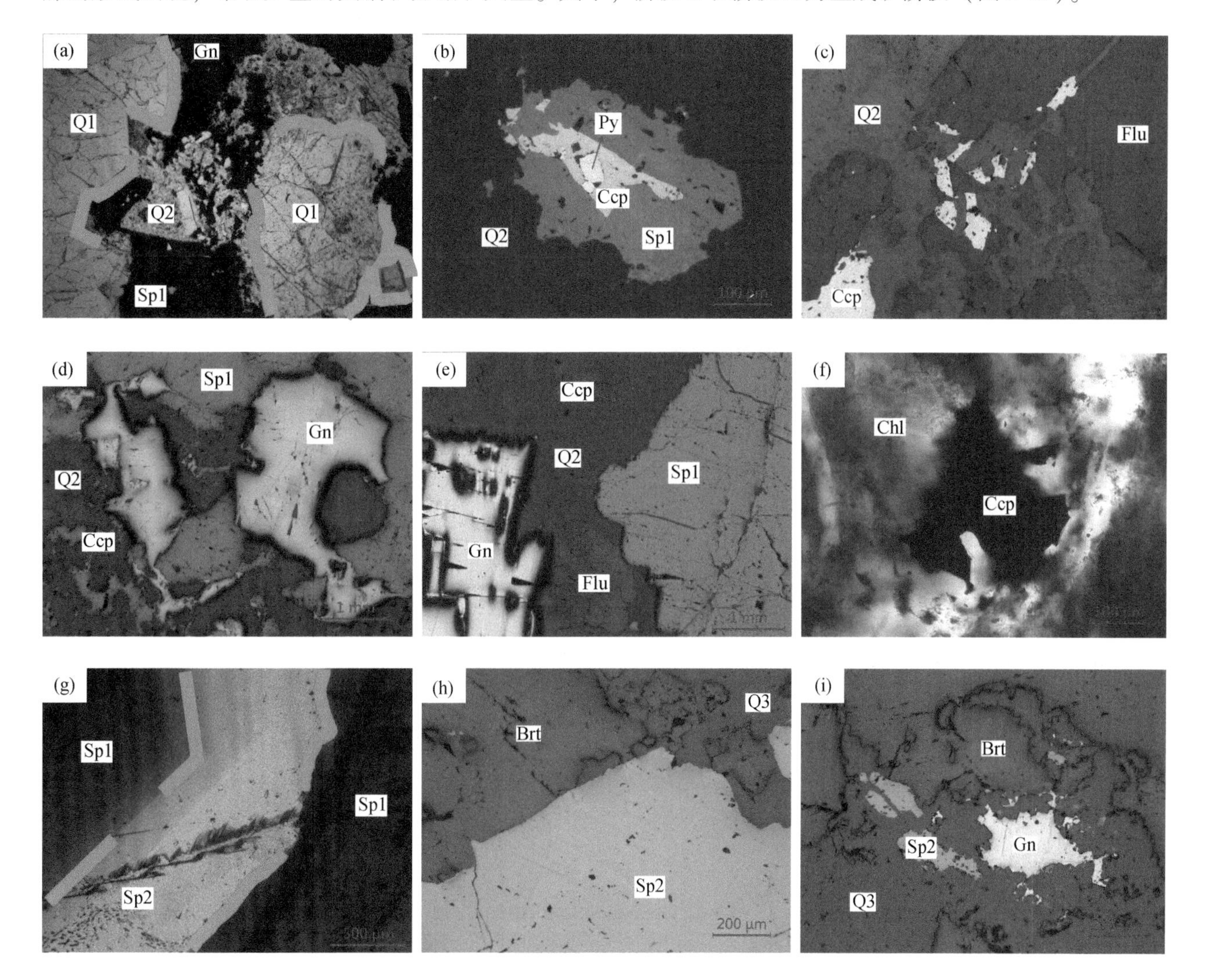

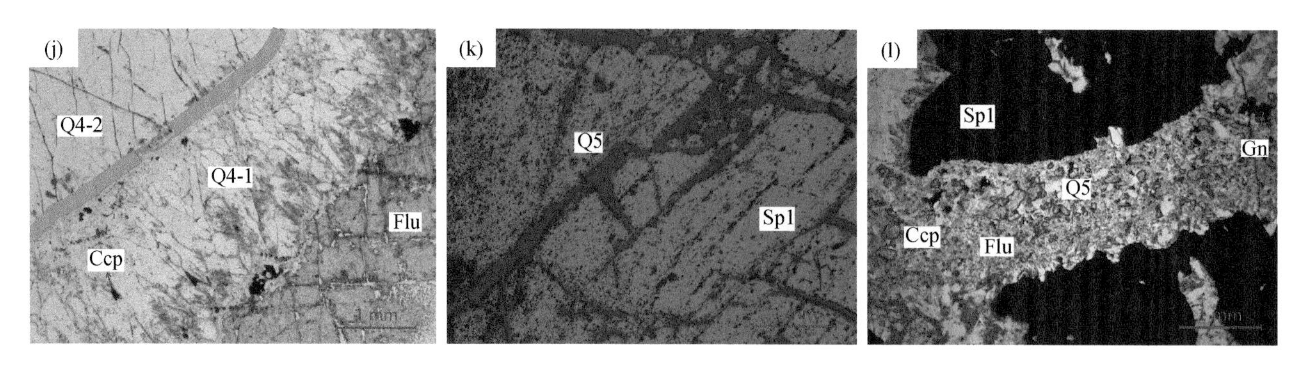

图 3-36　桃林铅锌矿床矿物显微镜下特征

（a）粗粒石英（Q1）切穿与闪锌矿、方铅矿共生的细粒石英（Q2）；（b）闪锌矿中自形的黄铁矿和黄铜矿；（c）细粒石英（Q2）与黄铜矿共生；（d）闪锌矿与方铅矿、黄铜矿和细粒石英（Q2）共生；（e）萤石与闪锌矿、方铅矿、黄铜矿和细粒石英（Q2）共生；（f）绿泥石与黄铜矿共生；（g）阶段Ⅲ闪锌矿（Sp2）切穿阶段Ⅱ闪锌矿（Sp1）；（h）细粒石英（Q3）与重晶石、闪锌矿共生；（i）重晶石与方铅矿、闪锌矿和细粒石英（Q3）共生；（j）梳状石英（Q4-1）和淡粉色石英（Q4-2）切穿早期矿物；（k）晚期石英脉（Q5）切穿早期闪锌矿；（l）含有少量硫化物的石英脉（Q5）切穿早期闪锌矿。（a）～（f）（h）在反射光条件下；（g）（i）单偏光。Qtz. 石英；Sp. 闪锌矿；Gn. 方铅矿；Py. 黄铁矿；Ccp. 黄铜矿；Flu. 萤石；Brt. 重晶石

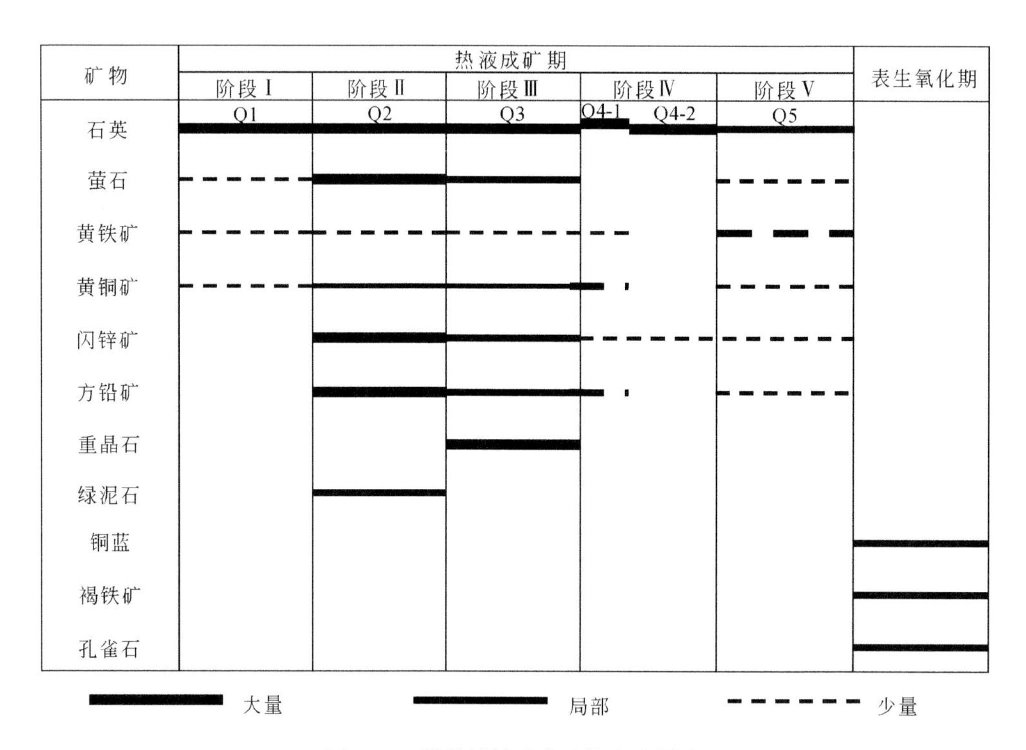

图 3-37　桃林铅锌矿床矿物生成顺序

3.4.2　栗山铅锌铜多金属矿床

栗山铅锌铜多金属矿床位于湖南省岳阳市平江县三墩乡境内，构造上位于幕阜山-望湘断隆带的北部（图 1-13），受天宝山-石浆断裂和天府山-幕阜山断裂的控制，铅金属量 27.72 万 t，锌金属量 34.36 万 t，铅锌矿床规模为大型；铜金属量 6.73 万 t，规模为小型。此外，伴生银金属量 304.4t，萤石矿物量 41.0 万 t。

3.4.2.1　矿区地质特征

1. 矿区地层

矿区内出露地层简单，仅有新元古界冷家溪群云母片岩及第四系盖层（图 3-38）。其中，第四系主要

分布于公路及溪沟两侧，以土黄色砂土为主，系花岗岩风化产物。冷家溪群岩性主要为云母片岩，主要分布在梅树湾、小洞、下棚附近，局部构成岩体中残留顶盖或捕虏体。

2. 矿区构造

区内褶皱不发育，构造以断裂为主。断裂主要展布于岩体内，其次是岩体与冷家溪群地层的内外接触带部位（图3-38）。按走向，矿区内断裂可分为近南北向、北西向、北北西向、北东向和北北东向等五组，其中，观塘坳张扭性断裂（F_1）、栗山张扭性断裂（F_2）、梅树湾张扭性断裂（F_3）、小洞张扭性断裂（F_4）最为发育、规模最大。这些断裂带一般延伸几百米至一两千米不等，宽度在1～6.5m。断裂带内岩石破碎、硅化强烈，主要由热液石英岩及硅化构造角砾岩组成，具多期活动特点，力学性质早期为压扭性，后期转换为张扭性（图3-39），是矿区重要的含矿构造，严格控制了各矿脉的产出。

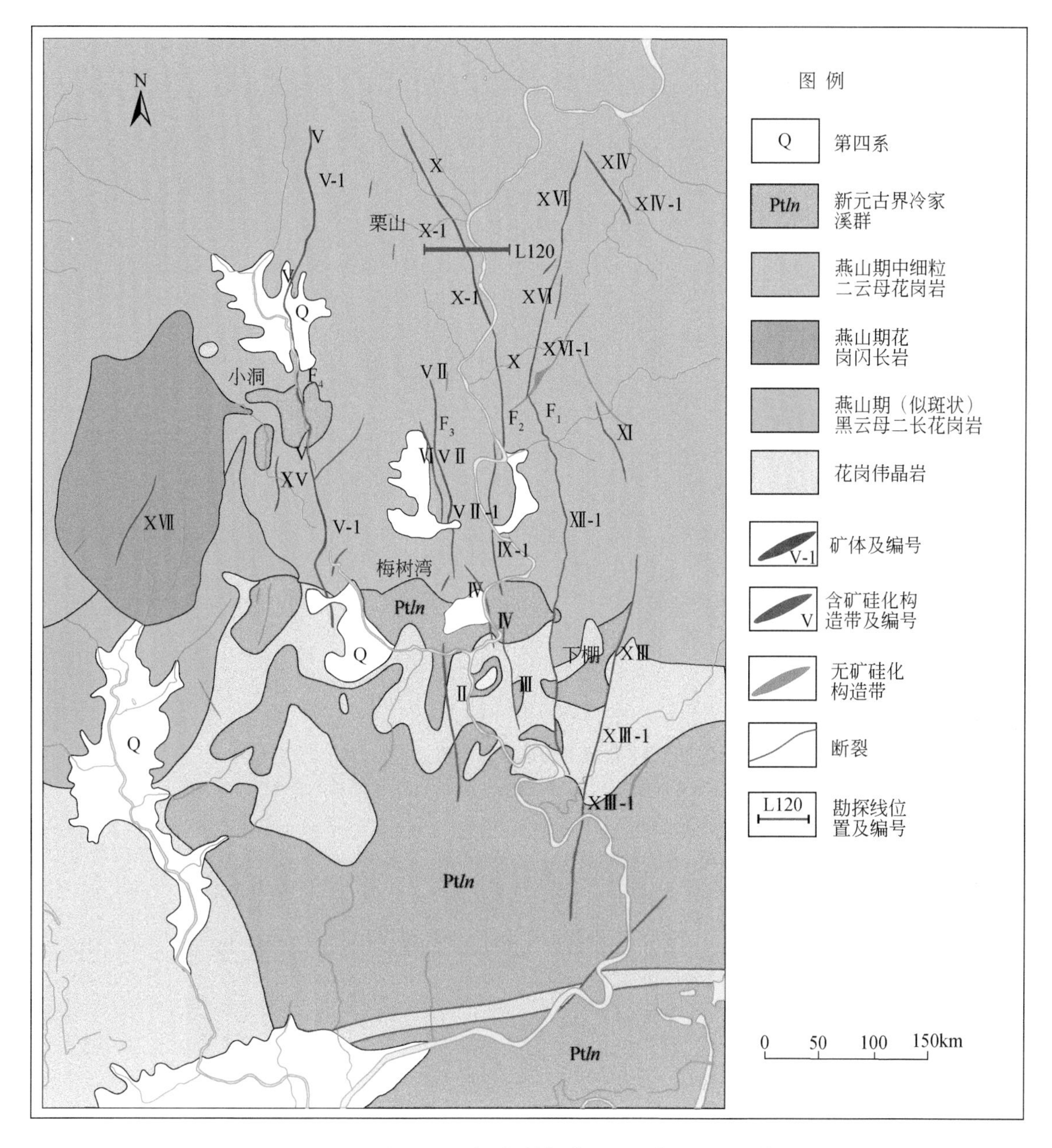

图3-38　栗山铅锌铜多金属矿床矿区地质简图

3. 矿区岩浆岩

矿区内岩浆岩广泛分布，占矿区面积的70%以上，与新元古界冷家溪群呈侵入接触关系。岩浆岩主要由幕阜山岩体（似斑状）黑云母二长花岗岩、花岗闪长岩（151～149Ma）和中细粒二云母花岗岩（132～127Ma）组成［图3-40（a）～（c）］（详见许德如等著《湘东北陆内伸展变形构造及形成演化的动力学机制》；Ji et al.，2017）。其中，中细粒二云母花岗岩分布最广（图3-39），在空间上与成矿关系最为密切。通过详细的野外观察发现，晚期未变形的中细粒二云母花岗岩切穿了早期剪切变形的花岗闪长岩［图3-40（a）］。岩石近地表风化强烈，多呈松散土状，见高岭土化、绿泥石化、绿帘石化强烈。另外，在矿区南部还分布有花岗伟晶岩脉，钻孔岩心编录发现含石榴子石花岗伟晶岩出现黄铜矿化［图3-40（d）］。

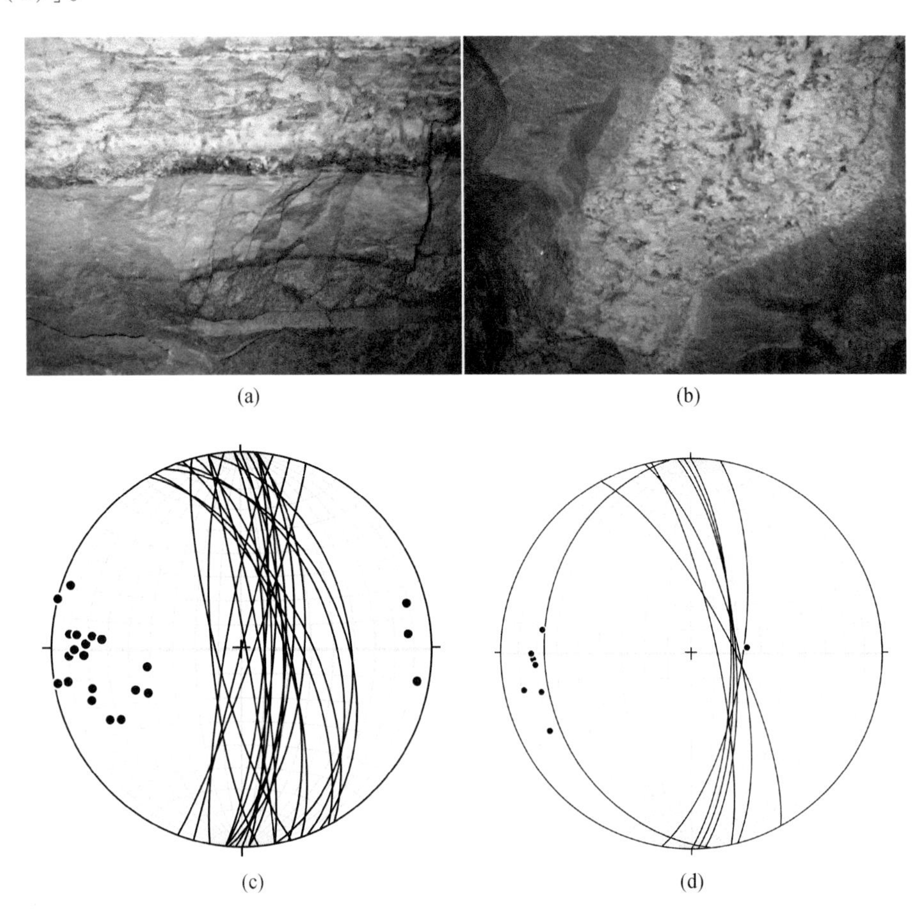

(a)　(b)

(c)　(d)

图3-39　F1断裂带构造应力分析

（a）含矿段断裂；（b）不含矿段断裂；（c）矿脉应力分析；（d）石英脉应力分析

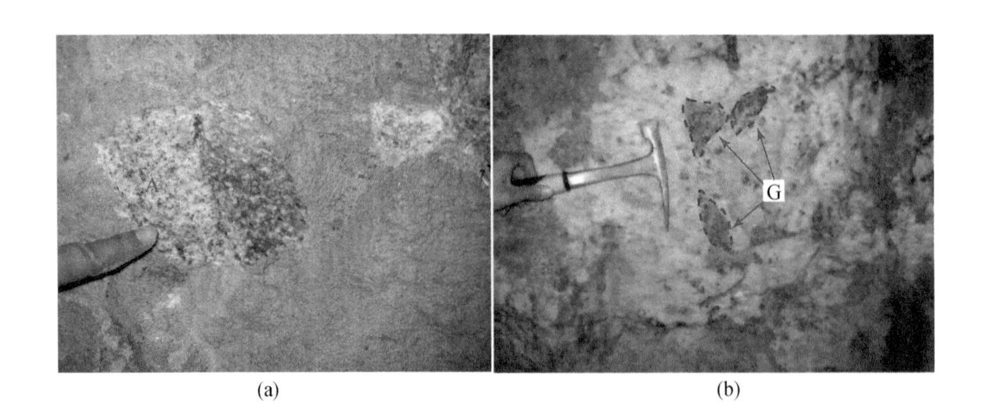

(a)　(b)

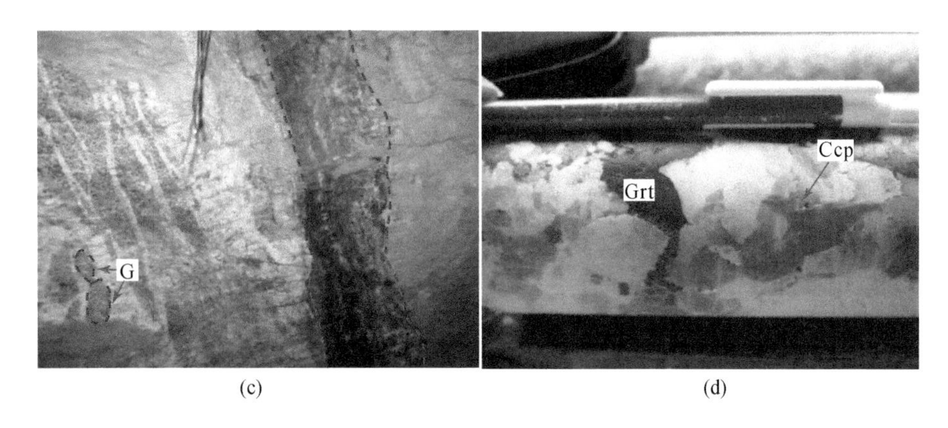

(c) (d)

图 3-40 栗山铅锌铜多金属矿床岩浆岩野外及手标本照片

(a) 未变形的中细粒二云母花岗岩 (A) 切穿了剪切变形的似斑状黑云母花岗岩 (B); (b) 花岗伟晶岩中的花岗岩角砾呈棱角状; (c) 矿脉赋存于中细粒二云母花岗岩中; (d) 黄铜矿化的花岗伟晶岩。G. 花岗岩角砾; Grt. 石榴子石; Ccp. 黄铜矿

3.4.2.2 矿体地质特征

1. 主要矿体特征

栗山矿区共发现铜铅锌矿脉带 12 条，总体呈 “帚状” 分布，共圈定铅锌铜矿体 10 个，编号分别是 Ⅴ-1、Ⅴ-2、Ⅶ-1、Ⅸ-1、Ⅹ-1、Ⅺ-1、ⅩⅡ-1、ⅩⅢ-1、ⅩⅣ-1、ⅩⅥ-1 (图 3-38)。矿体主要呈脉状充填于硅化构造破碎带中，与围岩界线清晰。矿体形态、产状和规模基本上受构造破碎带控制 (图 3-41)，主要由含铅锌铜硅化构造角砾岩及石英角砾岩组成。区内以 Ⅴ-1、Ⅹ-1 矿体规模最大。

1) Ⅴ-1 铅锌铜矿体

该矿体位于地表Ⅴ号脉 81 (西) ~121 (西) 线之间，地表控制总长 2200m，矿体出露标高 272 ~ 518m，工程控制最低标高为-453.24m (ZK10205)，控制最大斜深约 845m。矿体呈脉状产于Ⅴ号矿脉带中，倾向东，南北端倾向西，平均倾角 72°，由硅化构造角砾岩及石英角砾岩组成。矿体顶底板围岩主要为中细粒二云母二长花岗岩，局部为片麻状中细粒黑云母花岗岩、花岗伟晶岩。单工程铜品位 0.035% ~ 3.260%，平均 0.581%；单工程铅品位 0.20% ~16.44%，平均 2.62%；单工程锌品位 0.05% ~12.61%，平均 2.26%。厚度 0.46 ~3.05m，平均 1.24m。

2) Ⅹ-1 铅锌铜矿体

该矿体位于Ⅹ矿脉 97 ~131 线之间，地表控制长为 1640m，矿体出露标高 228 ~438m，工程控制最低标高为-240m (ZK12402)，控制最大斜深约 655m。矿体呈脉状产于Ⅹ矿脉带中，倾向北北东—东，平均倾角 74°，主要由硅化构造角砾岩及石英角砾岩组成。矿体顶底板围岩均为中细粒二云母二长花岗岩。单工程铜品位 0.147% ~1.630%，平均 0.572%；单工程铅品位 0.42% ~16.20%，平均 2.40%；单工程锌品位 0.58% ~14.90%，平均 3.65%。厚度 0.41 ~5.20m，平均 1.68m。

2. 矿石特征

矿区内矿石类型较为简单，按其主要金属矿物含量，可分为黄铜矿矿石、含铜铅锌矿矿石和铅锌矿矿石 [图 3-42 (b) (d) ~(g)]。矿石矿物主要有闪锌矿、黄铜矿和方铅矿，其次为黄铁矿；脉石矿物主要有石英、绿泥石和萤石，其次为绢云母、方解石 (图 3-43)。矿区常见的次生矿物有孔雀石、铜蓝和褐铁矿。

矿石结构类型较为简单，主要有自形-半自形粒状结构、交代残留结构、压碎结构和镶嵌结构；矿石构造类型主要有块状构造、角砾状构造、浸染状构造、脉状构造、网脉状构造和梳状构造等，其中块状构造和角砾状构造最为常见。

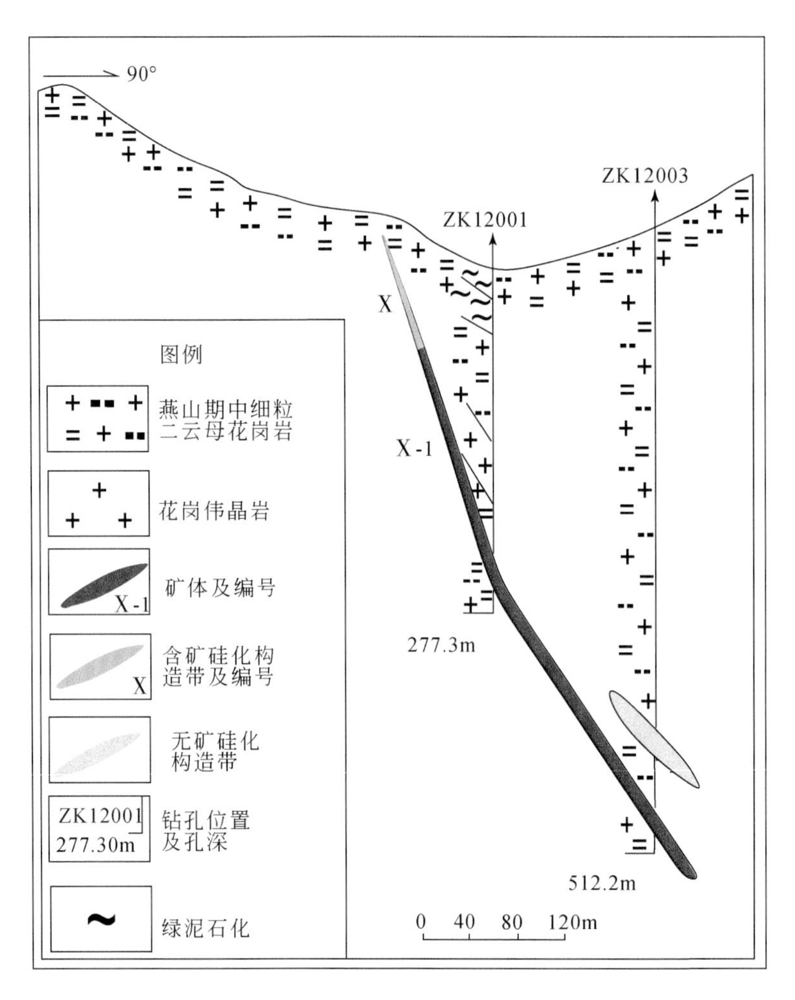

图 3-41　栗山矿区典型勘探线剖面图

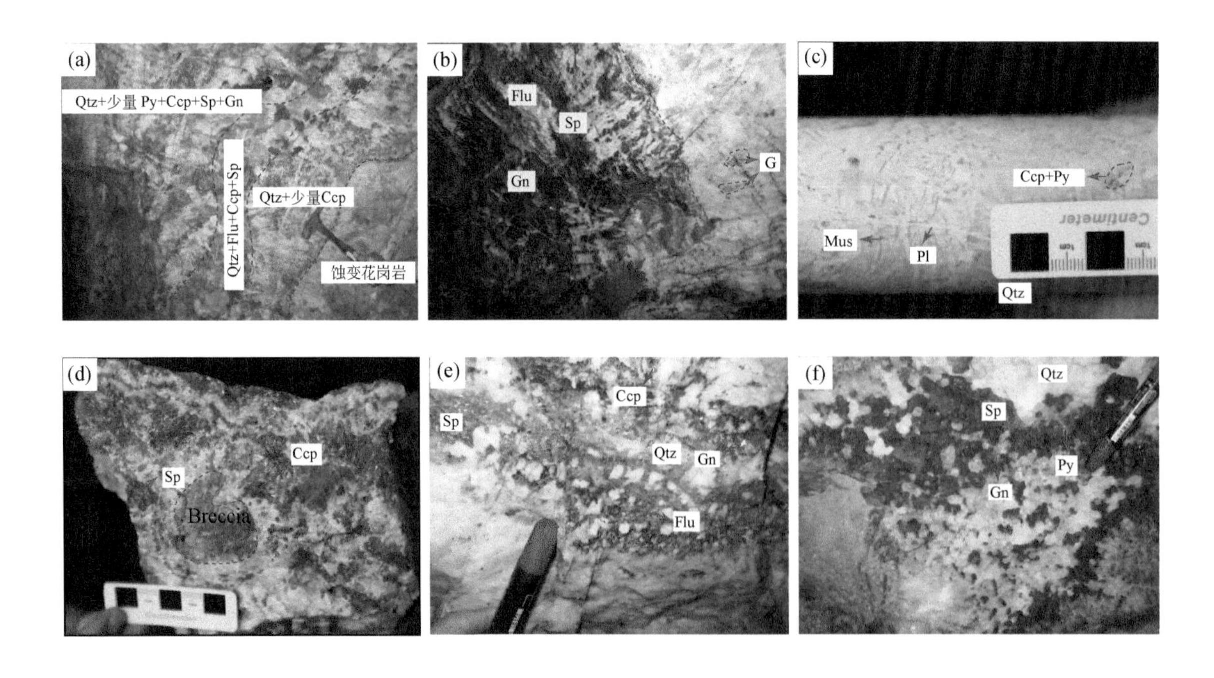

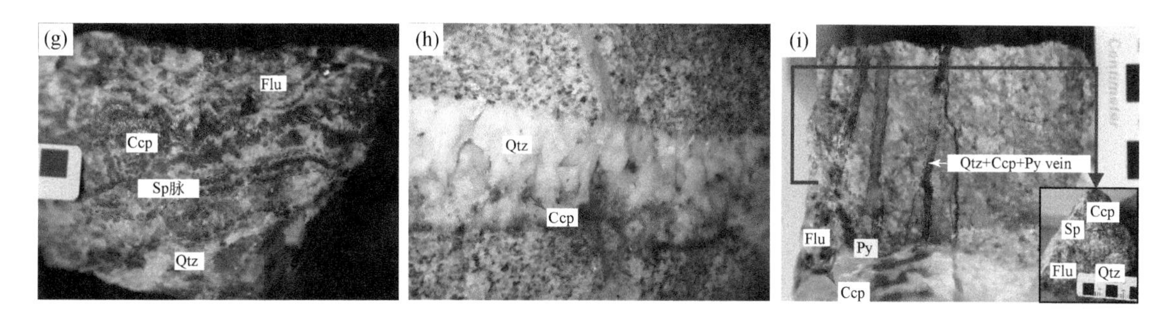

图3-42 栗山铅锌铜多金属矿床矿石和围岩矿化蚀变特征

(a) 从矿体边部至中心依次为：蚀变花岗岩（阶段Ⅰ）→强硅化带（灰色细粒Qtz+少量Ccp，阶段Ⅱ）→Qtz+Flu+Ccp+Sp（阶段Ⅲ）→Qtz+少量Ccp+Py+Sp+Gn（阶段Ⅳ）；(b) 矿体与围岩接触界线明显，围岩发生强硅化和绿泥石化，仅见少量残留的花岗岩，矿石受后期构造影响较为破碎；(c) 花岗伟晶岩中的黄铁矿化和黄铜矿化；(d) 阶段Ⅱ角砾岩型矿石，角砾发生强绿泥石化、硅化；(e) 阶段Ⅲ角砾岩型矿石，角砾呈棱角状，为阶段Ⅰ的硅化石英；(f) 阶段Ⅲ闪锌矿、方铅矿和黄铁矿充填在自形石英晶体间；(g) 阶段Ⅲ含铅锌Qtz+Ccp+Py细脉切穿蚀变围岩和阶段Ⅲ矿石；(h) 阶段ⅣQtz+Ccp脉切穿花岗质围岩，石英脉呈梳状构造；(i) 阶段ⅣQtz+Ccp+Py细脉切穿蚀变围岩和阶段Ⅲ矿石。G. 中细粒二云母花岗岩；Qtz. 石英；Flu. 萤石；Ccp. 黄铜矿；Py. 黄铁矿；Sp. 闪锌矿；Gn. 方铅矿；Mus. 白云母；Pl. 斜长石

3. 围岩蚀变

矿区围岩蚀变以硅化、绿泥石化、萤石化和绢云母化为主，其中硅化、绿泥石化、萤石化与矿化关系密切（图3-42）。

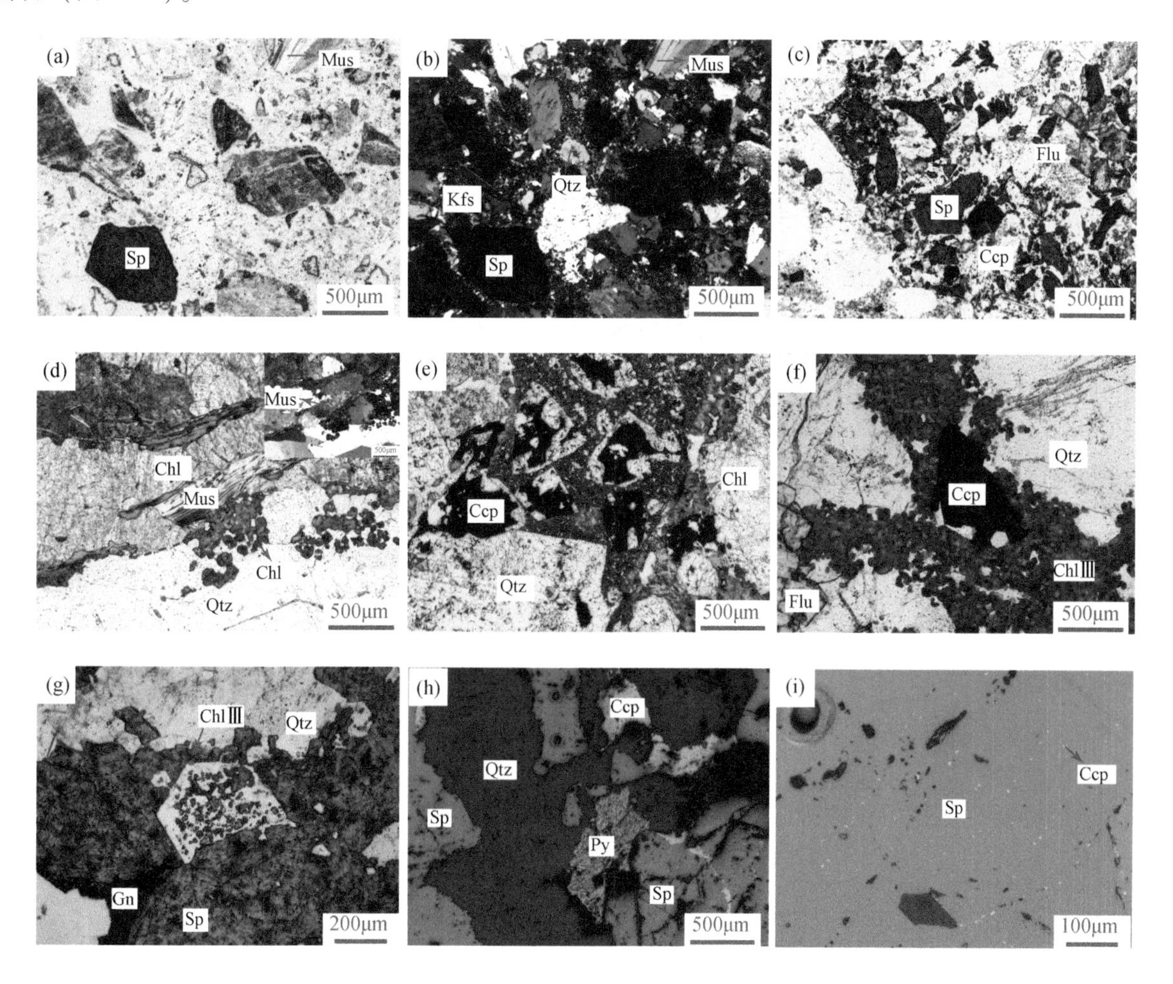

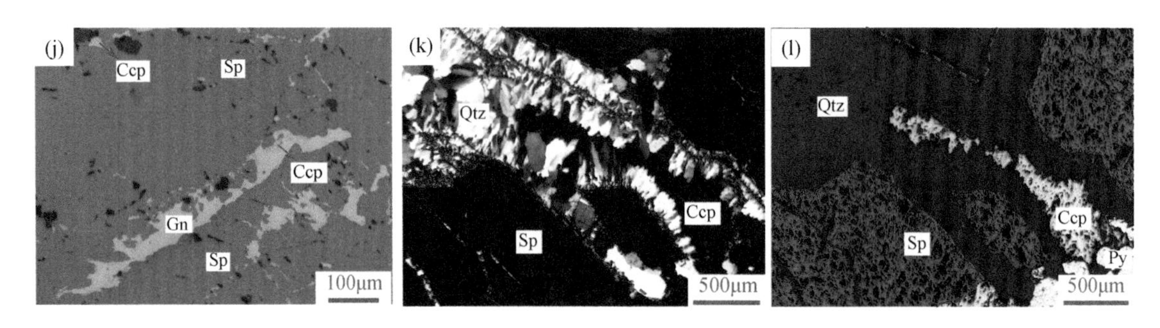

图 3-43　栗山铅锌铜多金属矿床中不同世代金属硫化物的显微特征

（a）角砾岩型矿石中角砾成分复杂，见石英、长石、云母等矿物角砾，单偏光；（b）同（a）正交偏光；（c）闪锌矿和萤石的压碎结构，单偏光；（d）$Chl_{Ⅰ}$交代围岩中的白云母，呈绿泥石假象，单偏光；（e）角砾岩型矿石中的$Chl_{Ⅱ}$与黄铜矿共生，单偏光；（f）（g）$Chl_{Ⅲ}$与黄铜矿、闪锌矿、方铅矿等共生，单偏光；（h）黄铁矿、黄铜矿与闪锌矿密切共生，反射光；（i）闪锌矿中黄铜矿"病毒"结构，反射光；（j）黄铜矿、方铅矿交代闪锌矿，反射光；（k）阶段ⅣQtz+Ccp+Py 脉切穿阶段Ⅲ形成的闪锌矿，闪锌矿发生破碎，正交偏光；（l）同（k），反射光。Qtz. 石英；Chl. 绿泥石；Flu. 萤石；Kfs. 钾长石；Mus. 白云母；Ccp. 黄铜矿；Py. 黄铁矿；Sp. 闪锌矿；Gn. 方铅矿

3.4.2.3　成矿期次/阶段划分

在详细的野外调查和室内岩（矿）相学观察基础上，可将栗山铅锌铜多金属矿床的成矿过程划分为热液成矿期和表生氧化期，其中热液成矿期从早到晚又可以划分为四个成矿阶段，即阶段Ⅰ、阶段Ⅱ、阶段Ⅲ和阶段Ⅳ（图 3-44）。阶段Ⅰ导致围岩的强烈硅化、绿泥石化、萤石化，主要形成粗粒石英、绿泥石和萤石，本阶段发生微弱的矿化，仅出现少量黄铁矿和黄铜矿［图 3-43（b）(d)］。阶段Ⅱ主要形成石

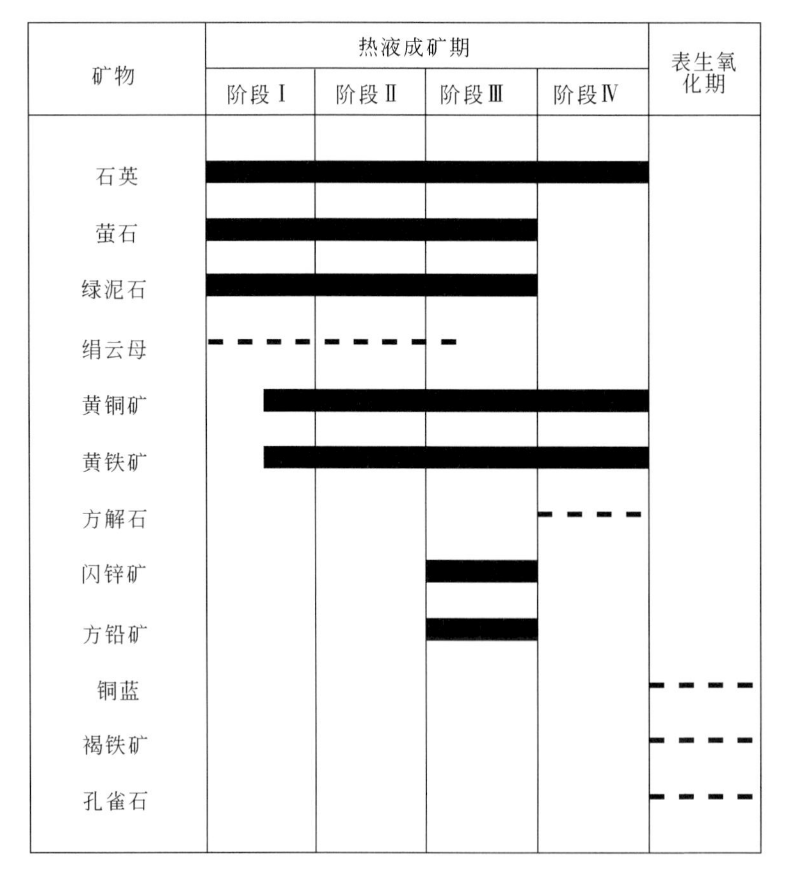

图 3-44　栗山铅锌铜多金属矿床矿物生成顺序

英、绿泥石、萤石和黄铜矿，以及少量黄铁矿，该阶段矿化较为明显，主要形成角砾岩型矿石［图3-42（d）］。阶段Ⅲ是本矿区的重要成矿阶段，形成了闪锌矿、方铅矿和黄铜矿，脉石矿物主要为石英、萤石和绿泥石，闪锌矿呈黄褐色-黄色，自形-他形粒状，颗粒大小不等，具压碎结构［图3-43（c）］，该阶段形成了条带状、脉状、块状、浸染状矿石及少量的角砾岩型矿石［图3-43（e）~（g）］。阶段Ⅳ形成石英+少量黄铜矿+黄铁矿脉［图3-43（h）（i）］，它们呈细网脉状切穿早期形成的矿石［图3-43（k）（l）］。

3.5 铜-铅锌-金-银-稀散金属矿床成矿系统

以位于湘东北地区浏阳市七宝山铜-铅锌-金-银-稀散金属“五元素”矿床为代表。此外，鳌鱼山、东冲等铜多金属矿床也可能属于这种类型。

3.5.1 七宝山铜多金属矿床

七宝山铜多金属矿床（图1-13）行政区划属于湖南省浏阳市七宝山乡，矿区东西长5km，南北宽1.3km，面积约6.5km^2。它以矿体的赋存部位多变及伴生的贵金属、稀散元素多而量大为显著特色。作为湖南省最大的铜矿床，其铜金属储量为28万t（平均品位0.58%），铅锌储量为57万t（平均品位4.95%），金储量为31t（平均品位1.23g/t），银储量>2000t（平均品位155.9g/t），铁1052万t，锰47万t，FeS_2为4050万t。此外，伴生Cd（储量2814t）、Ge（储量710t）、Te（储量1142t）、Ga（储量1201t）、In（储量659t）等关键金属矿产（杨中宝，2002）。

按成矿作用可划归成三种不同类型，即接触交代作用形成的斑岩型-夕卡岩型矿体、热液成矿作用形成的裂隙充填型矿体、风化淋滤作用形成的残余型矿体（如铁帽型、铁锰黑土型）。矿区由五个矿段组成，自西向东分别为老虎口矿段、鸡公湾矿段、大七宝山矿段、江家湾矿段、小七宝山矿段（图3-45）。产于靠近七宝山石英斑岩侵入体中心的大七宝山、江家湾、鸡公湾矿段为高-中温热液交代夕卡岩铜铁矿床，而远离侵入体的老虎口为中低温热液充填交代型含铜黄铁矿床，以及铁帽型金银矿床和铁锰黑土型金银矿床。

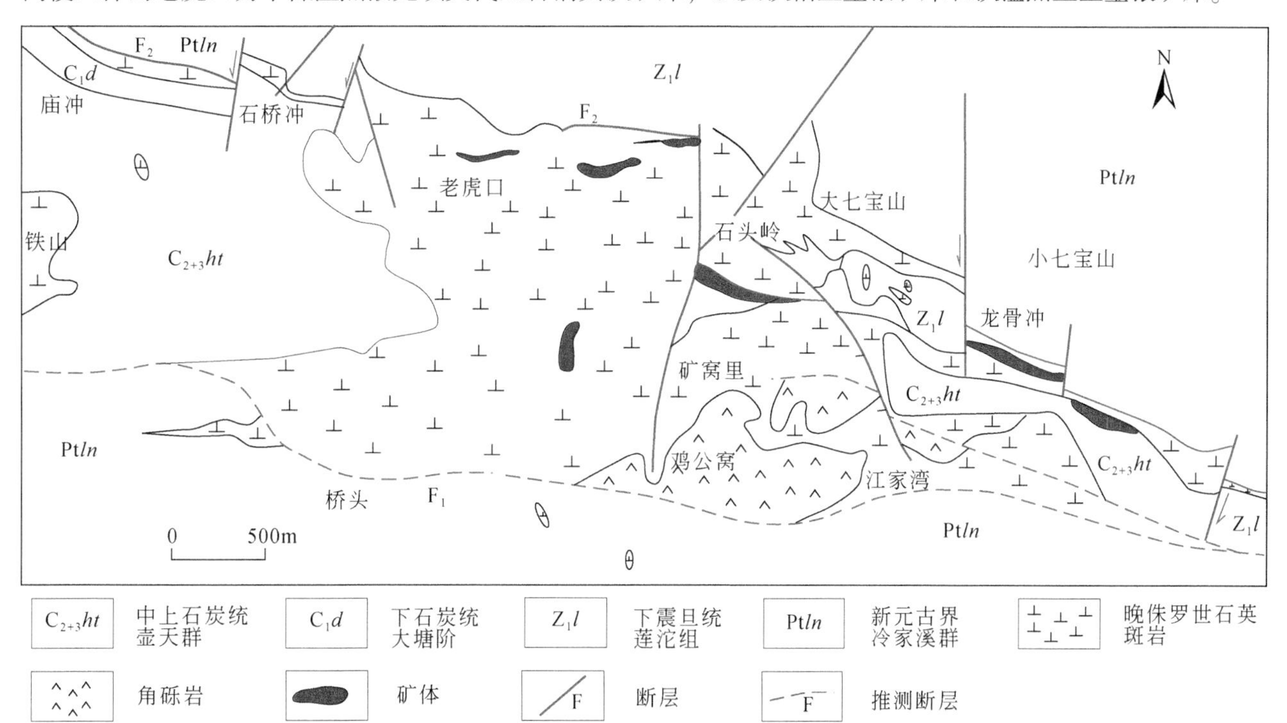

图3-45 七宝山铜多金属矿床地质简图（修改自Liu et al., 2017；Yuan et al., 2018）

3.5.1.1　矿区地质特征

1. 矿区地层

矿区地层出露较简单，由老到新依次为新元古界冷家溪群、下震旦统莲沱组、下石炭统大塘阶、中上石炭统壶天群和第四系（图3-45）。不同地层出露特征如下。

（1）新元古界冷家溪群（Pt*ln*）：分布于矿区南北侧外围，岩性主要为千枚状板岩、绢云母板岩、绢云母千枚岩等。岩层倾向150°~170°，倾角40°~60°。受岩浆侵入与构造活动的影响，该地层中常发育斜切层面或沿片理分布的石英细脉及石英斑岩细脉。

（2）下震旦统莲沱组（Z_1l）：分布于老虎口矿段，下段岩性为细-中粒变质石英砂岩，厚40~50m；上段岩性为千枚状板岩、含矿板岩夹变质粉砂岩，分布零星，厚度不详。岩层总体倾向为160°~200°，倾角50°~70°，与下伏冷家溪群呈角度不整合或假整合接触关系。

（3）下石炭统大塘阶（C_1d）：呈断续条带状分布于矿区西北部，岩性为砾岩、砂砾岩、粉砂岩及页岩等，不整合于前石炭纪地层之上。

（4）中上石炭统壶天群（$C_{2+3}ht$）：沿向斜轴部分布，由灰岩、白云质灰岩、白云岩等浅海相碳酸盐岩组成，厚度300~600m，与下伏地层呈不整合接触。碳酸盐岩和不整合面，往往是矿体赋存部位。其与石英斑岩的接触带上叠加有较强的铁锰碳酸盐化，常形成铁锰黑土型金银矿体。

（5）第四系残积、坡积层（Q）：分布于铁山-老虎口地段，包括土状褐铁矿-铁锰黑土层、风化石英斑岩残积层、黏土层等。其中，褐铁矿-铁锰黑土层为黑土型金银矿床的赋存层位。

2. 矿区构造

矿区构造较复杂，东西向构造形迹明显，总体上表现为一近东西向的倒转向斜（永和-横山向斜）和两条NWW—SEE的断层（横山-古港断裂、矿窝里-老虎口断裂）（图3-46）。具体特征如下。

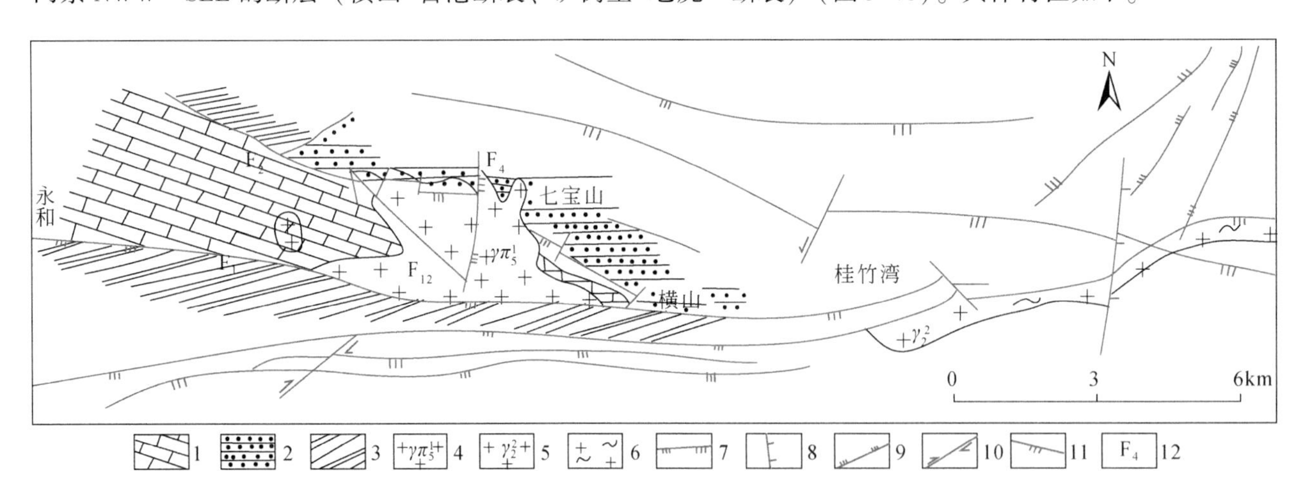

图3-46　七宝山地区区域地质简图（据陆玉梅等，1984修改）

1. 石炭-二叠系；2. 下震旦统；3. 新元古界冷家溪群；4. 燕山期石英斑岩；5. 雪峰期（?）花岗岩；6. 剪切变形的雪峰期（?）花岗岩；7. 压性断层；8. 张性断层；9. 压扭性断层；10. 扭性断层；11. 复合断层；12. 断层编号

（1）永和-横山向斜。该向斜呈西宽东窄喇叭状，北翼完整，南翼被横古-古港断层F_1破坏，核部为中上石炭统壶天群，翼部为下石炭统大塘阶，不整合于震旦系之上。轴向近EW，轴面倾向SSW，两翼产状不对称，北缓南陡。北翼倾角30°左右，南翼倾角60°~70°不等（详见许德如等著《湘东北陆内伸展变形构造及形成演化的动力学机制》）。七宝山矿区处于其东端部位。

（2）横山-古港断裂（F_1）。全长20km，从东至西斜切永和-横山向斜，纵贯整个矿区。F_1为区域性逆断层，使冷家溪群逆冲于壶天群之上，断层走向与向斜轴平行，倾向SSW，倾角40°~70°，控制了石英斑岩的产出，属控岩构造。

(3) 矿窝里-老虎口断裂 (F_2)。位于矿区北部，走向 NWW—SEE，向西逐渐转向 NW，倾向 SSW，倾角 60°~70°，基本发育于下石炭统大塘阶与中上石炭统壶天群的接触面或壶天群与震旦系莲沱组不整合界面附近。该断层在小七宝山一带与 F_1 交汇，不仅控制了石英斑岩的产出，而且控制了局部铜多金属矿体的产出。

3. 矿区岩浆岩

矿区内燕山期岩浆活动较强烈，表现为石英斑岩沿近东西向 F_1 断层侵入至中上石炭统碳酸盐岩中，岩体与围岩呈突变侵入接触关系，接触面较陡。空间上侵入岩位于永和-横山向斜的轴部，呈西宽东窄楔形展布，出露面积 1.17km²。石英斑岩中常见状态各异、大小不等的灰岩捕虏体和残留体，与灰岩接触带附近见夕卡岩化（图 3-47）。

图 3-47　石英斑岩野外照片

(a) 新鲜的石英斑岩；(b) 黄铁矿化的石英斑岩；(c) 坑道中可见石英斑岩中的矿化灰岩残留体，矿化灰岩中可见黄铁矿细脉；(d) 接触带发生明显的夕卡岩化

区内岩浆岩的侵入定位明显受 F_1 与 F_2 两断层的控制（图 3-48），其中 F_1 断层破碎带是本区岩浆运移的主要通道。当深部岩浆沿 F_1 下盘向上不断运移过程中，逐渐吞食同熔了部分围岩，于江家湾连通了 F_1 和 F_2 而成为区内侵入中心（图 3-48）；在近地表处又不断向东西两侧扩展，形成蘑菇状顶盖（图 3-49）。部分围岩因熔蚀不够充分，形成状态各异、大小不等的捕虏体（图 3-48）。其岩浆类型属混合同熔型。

石英斑岩呈灰白色，具斑状结构，斑晶含量 30%~40%，主要由石英和少量的斜长石、黑云母组成，副矿物包括锆石、磷灰石和榍石。石英斑岩蚀变强烈，部分斜长石和黑云母发生强烈的高岭土化和蒙脱石化。石英斑岩为钙碱性系列，锆石 U-Pb 年龄为 148~155Ma［二次离子质谱（SIMS）法、LA-ICPMS 法；胡俊良等，2016；Yuan et al., 2018］。锆石 $\varepsilon_{Hf}(t)$ 值为 -14.8~-5.5，$\delta^{18}O$ 值为 8.4‰~10.8‰。结合高的 $Mg^{\#}$ 值（69.1~73.0），暗示其是幔源岩浆底侵导致的古老地壳部分熔融形成的，岩浆源区由改造的古老地壳（70%~80%）和亏损地幔（20%~30%）组分构成，具有低的氧逸度（ΔFMQ = -1.8~+0.8）（Yuan et al., 2018）。

4. 区域地球物理与地球化学背景

七宝山矿区各种岩石中元素的平均丰度为：钨 $<5\times10^{-6}$、钼 0.38×10^{-6}、铜 25.92×10^{-6}、铅 8.75×10^{-6}、锌 54.92×10^{-6}、银 $<0.1\times10^{-6}$、铬 31.83×10^{-6}、镍 11.83×10^{-6}、钴 6.25×10^{-6}、砷 16.92×10^{-6}、硼 28.42×10^{-6}、锡 5.17×10^{-6}、铋 $<5\times10^{-6}$、锑 $<5\times10^{-6}$。其中，石英斑岩中的铜、铅、锌、钼、锡、铬等元素的平均含量

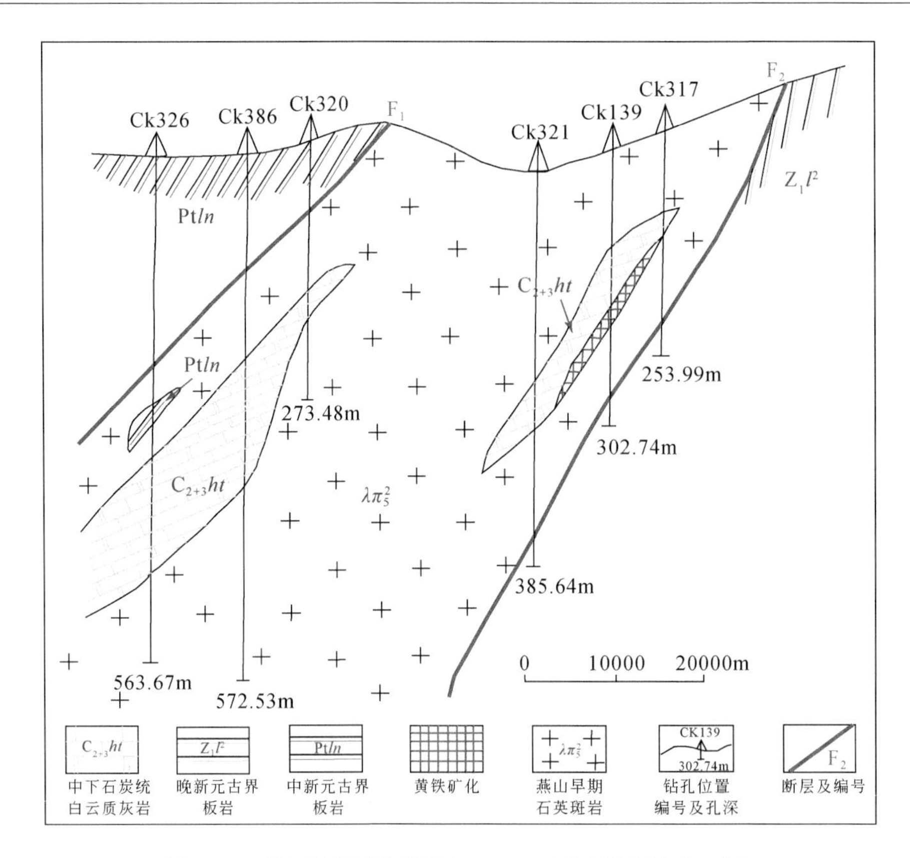

图 3-48　燕山早期石英斑岩与 F_1、F_2 断层关系图（34 线）

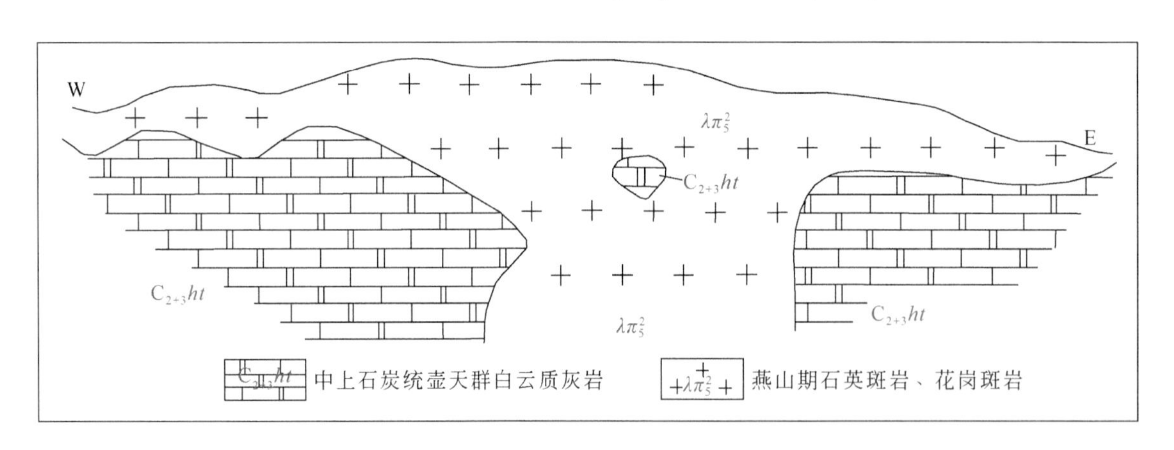

图 3-49　岩体形态示意图

高于各类沉积岩中的含量，而砷、钴、镍、硼的含量低于沉积岩中的含量。但它们大部分都低于克拉克值，仅砷、硼、锡高出克拉克值，以砷的高出率最大，达 9.95 倍。

区域上无论是重矿物、金属量，还是航磁或激电，它们在沉积岩、岩浆岩体中都可圈出异常。但含量偏低，大部分异常值在下限附近，而且面积小，形态不规则。只有白石桥、跨马塘、桂竹湾、七宝山等地物化探异常复合程度较好，尤其是在七宝山矿区多种元素复合，且含量值高（图 3-50）。

（1）白石桥位于加里东黑云母斜长花岗岩岩体中，有航磁、地磁、激电异常与金属量铜、钼异常重合，西面还有一个铜矿物、铅矿物的重砂异常。成矿条件较好。经地表、深部工作后，圈出一些小矿体，但工业意义不大。

（2）跨马塘位于壶天群灰岩与张坊加里东岩体的沉积接触部位，有金属铅的Ⅱ级异常与重砂锡石，白钨矿、铅矿物的Ⅱ级异常重合，还有激电异常。但异常范围不大，含量不高。经地表、深部工作，未发现矿体存在。

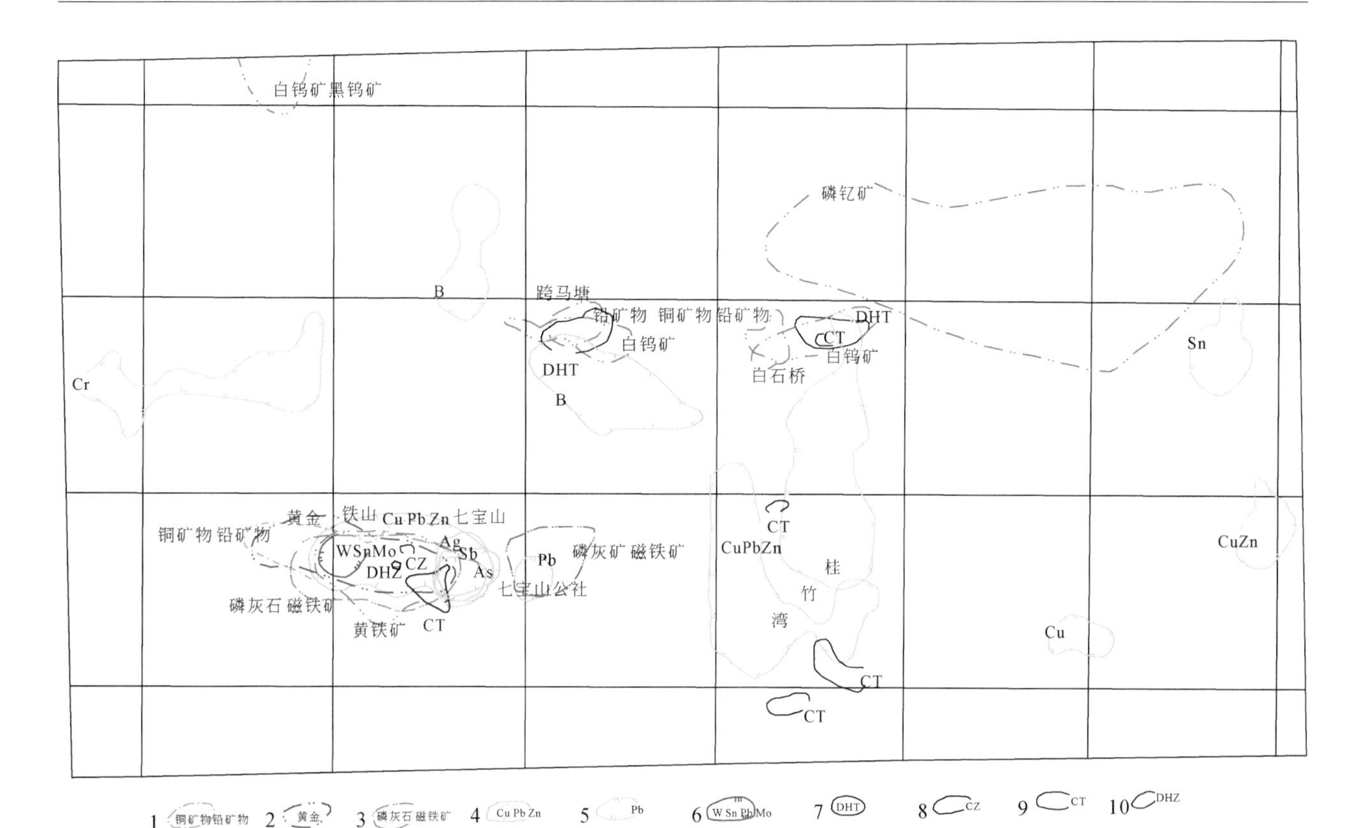

图3-50　七宝山地区物化探异常图

1. 一级中砂异常；2. 二级中砂异常；3. 三级中砂异常；4. 一级金属异常；5. 二级金属异常；6. 三级金属异常；7. 激电异常；8. 地磁异常；9. 航磁异常；10. 自电异常

（3）在桂竹湾雪峰期岩体及东西向构造带附近见有金属铜、铅、锌异常2个，它们基本连在一起，范围较大，约14km^2。异常展布方位特殊，它们横跨岩体及东西向构造带，呈南北向展布。异常值较小，平均含量是异常下限的一倍左右，最高值是异常下限的1.3～1.87倍。地表未见矿化。

（4）七宝山异常是多种元素、多种异常的重合复合，分别有铜、铅、锌、银、钨、锡、钼、铋、锑、砷等金属元素异常；黄金、黄铁矿、铜矿物、铅矿物、白钨矿、泡铋矿等重矿物异常及航磁、地磁、激电等物探异常。异常面积较大，呈东西走向，与区域构造线方向一致。含量值较高，大部属Ⅰ级异常。铜、铅、锌金属量异常面积7.88km^2，平均含量分别比背景值高出3倍、2.95倍、66.58倍，最高含量分别为172×10^{-6}、290×10^{-6}、4613×10^{-6}。银异常分成东、西两个，面积分别为2.077km^2、1.335km^2，其平均含量分别是异常下限的25倍、30.2倍。钨、锡、钼、铋异常面积较小，为4.38km^2，含量较低，分别是异常下限的3.33倍、1.83倍、2.65倍、3.55倍。锑、砷异常特征是：锑异常范围小，而砷异常较大，达6.26km^2，但含量值均低，分别是异常下限的1.73倍、2.46倍。铜矿物、铅矿物、黄金等重砂异常面积7km^2，与金属量铜、铅、锌异常一致，含量较高，分属Ⅰ、Ⅱ级异常。白钨矿、泡铋矿异常范围较小，为0.95km^2，属Ⅱ级异常。航磁、地磁异常面积1.25km^2，复合在以上异常之中。航磁异常最大值$\Delta T_{max}=2000\lambda$，航磁异常最小值$\Delta T_{min}=-1000\lambda$，地磁异常最大值$\Delta Z_{max}=21010\lambda$，地磁异常最小值$\Delta Z_{min}=-9110\lambda$。地磁异常$\Delta Z$幅度及梯度变化均很大。

以上说明，在区域范围内，仅在七宝山矿区形成一个较理想的地球物理、地球化学异常区。该异常区呈东西方向拉长的椭圆形，面积约8km^2。从异常区中心向外，元素组分和含量强度呈现有规律的演化。组分上的演化是铁-钨-锡-钼-铋-银-铜-铅-锌-砷-锑，是一个从高温到低温元素的完整组合系列。整个异常区的结构可明显地分成两个峰值。西峰位于铁山附近，东峰位于鸡公湾附近。并且不同元素组合其峰值并不重合，有较明显的位移，显示出元素的水平分带。但异常西部分带性不明显也不完整，而东部分带特性明显且完整。中心带为高温元素铁-钨-锡-钼-铋组合，中间带为中温的铜-铅-锌-银-砷组合，边缘带为低温的锑-（铅）组合。这些地球物理-地球化学特征构成了七宝山矿区能形成大型多金属矿床的区域地球物理化学背景。

3.5.1.2　矿体地质特征

1. 矿体特征

七宝山矿床成矿作用复杂，矿体形态产状多变，大小矿体约210个，其中主要矿体有8个（如1-1、1-3、Ⅲ-3、Ⅶ-20、Ⅷ-30、Ⅸ-1），占探明储量98.48%。所有矿体按成矿作用可划归成三种不同类型，即接触交代作用形成的夕卡岩型矿体、热液成矿作用形成的充填型矿体及风化淋滤作用形成的残余型矿体。这三类矿体在构造、岩浆岩较为有利地区构成了三位一体的大型硫化物多金属矿床。

1）原生矿体

主要有三类（胡祥昭等，2002）：

第一类为产于石英斑岩与壶天群碳酸盐岩接触带上的夕卡岩矿体（包括产于岩体中捕虏体周边的矿体），主要分布于矿区的中部，呈透镜状、巢状、不规则状等产出于接触带的凸凹处（图3-51）。

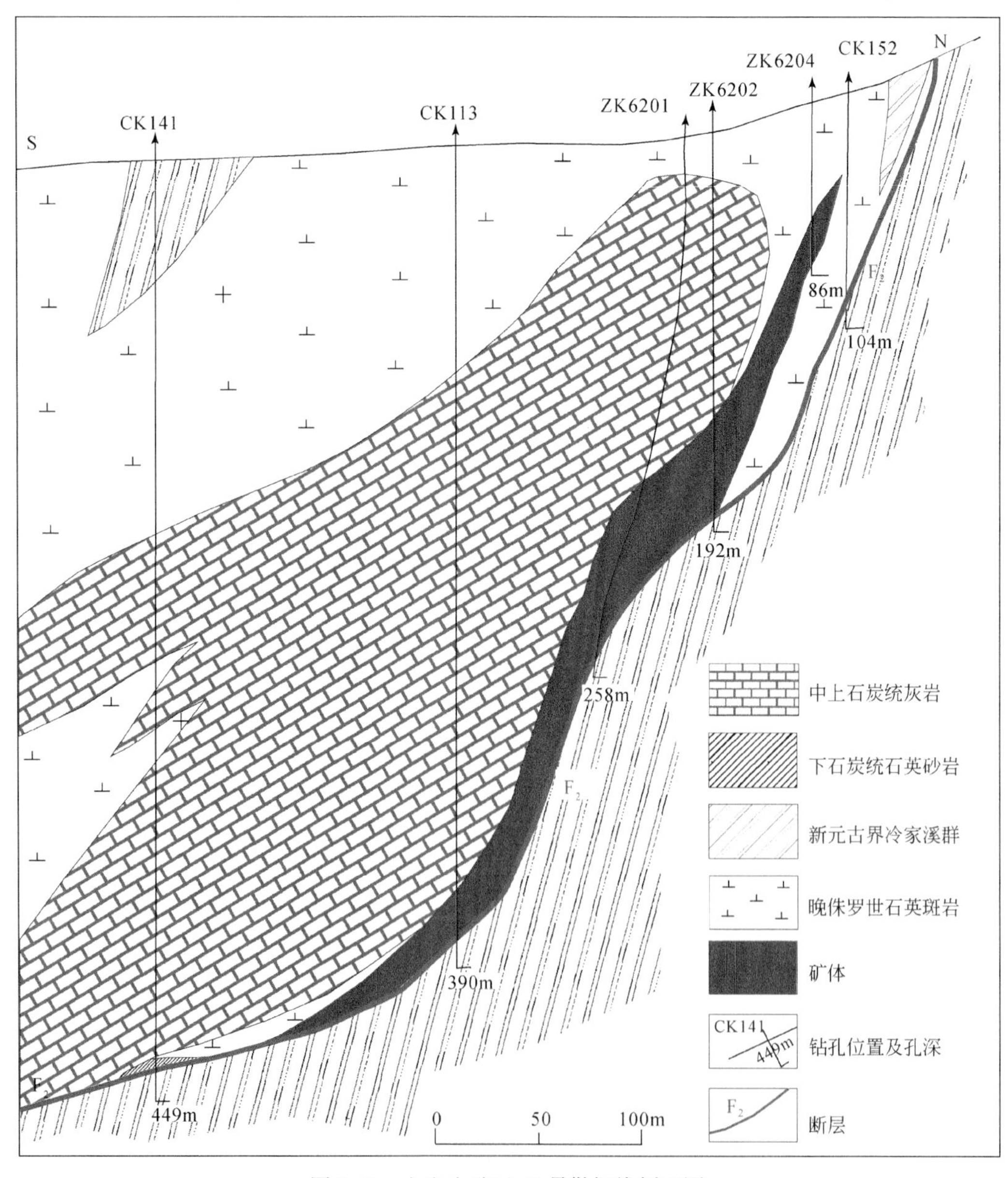

图3-51　七宝山矿区62号勘探线剖面图

第二类为产于接触带外侧壶天群与大塘阶的不整合接触界面或石英斑岩与莲沱组接触界面上的裂隙充填交代型矿体，呈似层状、透镜状，多分布于矿区的东、西两端。矿体产状与地层产状大体一致，顶板多为白云质灰岩，底板为砂岩、板岩和砾岩。矿体两侧围岩蚀变明显，主要为硅化和绢云母化。矿化与硅化关系更为密切，强硅化地段多为块状或稠密浸染状矿石，弱硅化地段多为细网脉状或浸染状矿石（郑硌等，2014）。

第三类为蚀变大理岩裂隙带中少量的脉状矿体。其中，第一类产出与接触带中夕卡岩体关系密切，后两者则明显受断裂和裂隙控制，常分布于第一类矿体的外围，距离接触带较远。

2）风化淋滤型矿体

包括铁帽型金银矿体和铁锰黑土型金银矿体两种类型，分布于远离老虎口一带。其中，铁帽型金银矿体是含铜黄铁矿在地表浅部的风化矿体，黑土型金银矿体产于铁锰黑土及棕色黏土层中。

3）裂隙充填交代型矿体

裂隙充填交代型中低温热液铜多金属Ⅰ$_{-1}$号矿体产于壶天群与冷家溪群不整合面附近F_2断裂带中。矿体延深40～350m，厚度0.76～3.6m，平均厚度2.18m，平均铜品位0.578%，平均锌品位3.09%，铅品位1.15%，共生硫平均品位16.68%。该矿体呈层状、似层状，沿走向及倾向都有波状起伏特点（图3-52）。矿体厚度变化特点是，产状平缓处厚度大，产状陡处厚度小，离火成岩近处厚度大，离火成岩远

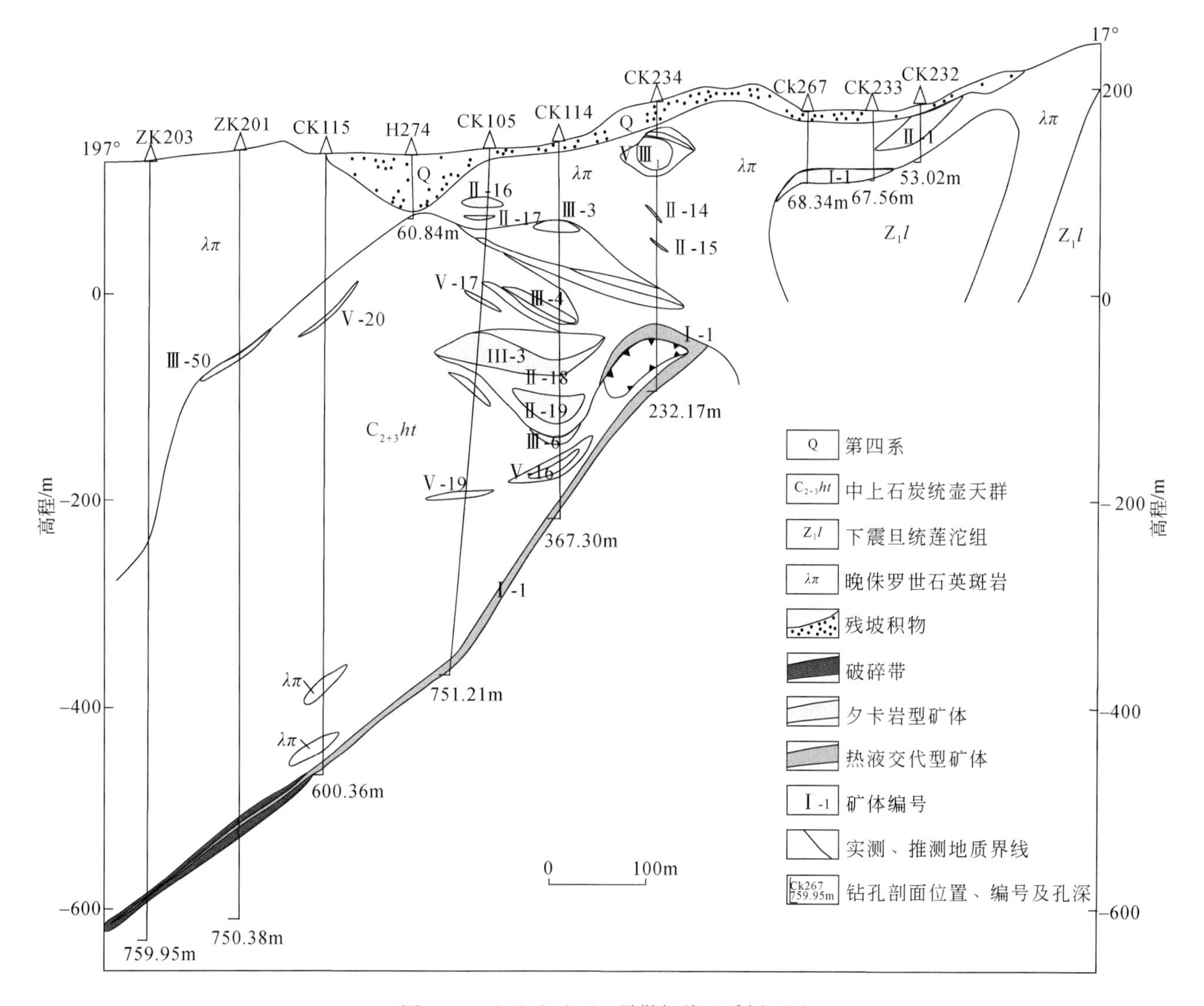

图3-52　七宝山矿区2号勘探线地质剖面图

者，厚度变小，倾斜上中深部厚度大，深部则变薄或尖灭。整个矿体以散粒状含铜黄铁矿、含铅锌黄铁矿及密集浸染状含铜黄铁矿为主，主矿体氧化后，自浅而深，往往具有明显氧化垂直分带现象，可以划分为以下4个带。

（1）铁帽带。分布于地表和100m标高以上，矿石主要由褐铁矿、针铁矿、石英和黏土矿物组成，矿石结构构造呈皮壳状、葡萄状、蜂窝状、土状等，矿石品位铁35.65%，富含金银矿产，形成铁帽型金银矿。

（2）氧化淋滴带。分布于70～100m标高之间，块状黄铁矿变成散粒状褐铁矿、针铁矿、黄钾铁矾、水绿矾等，铜品位0.5%～1.64%。

（3）次生富集带。分布于0～115m标高之间，呈灰黑-红棕色，铜灰色，由辉铜矿、铜蓝、斑铜矿、黄铜矿、黄铁矿、白铅矿、闪锌矿、胆矾、水绿矾等组成。铜平均品位在7%以上，个别样品达46%。

（4）原生硫化物带。一般在0m标高以下，次生硫化矿物减少，由黄铜矿、黄铁矿、方铅矿、铁闪锌矿为主的块状和粒状矿石组成。

此外，含铜黄铁矿在地表浅部经风化作用常形成铁帽型、黑土型金银矿体，产于铁锰黑土及棕色黏土层中，平均金品位0.81g/t，银26.33g/t，矿体主要为松散铁锰质黑土，埋深一般10m以上，厚度受地形控制明显，地势较高处厚度大，低洼地段受河水冲刷作用极为明显，矿体仅残存一部分。矿体中还含有少量锰、铅、锌，但均为氧化矿，且品位不高，难以回收利用。

2. 矿石特征

按矿物组合及其含量将七宝山矿区的矿石类型大致归纳为6种：黄铁矿矿石，黄铜-黄铁矿矿石，闪锌-黄铁矿矿石，方铅-黄铜矿矿石、闪锌-黄铁矿矿石，方铅-闪锌矿矿石，氧化铅-铁锰土矿石。

以上各种矿石类型围绕七宝山岩体呈环状或带状较有规律地分布，显示出成矿元素的分带性。铁矿石离侵入中心最近，铅锌矿石及硫矿石分布在远离侵入中心的矿区两端，两端的浅部，因次生氧化作用形成了氧化矿石。

矿石中主要的矿石矿物为黄铁矿、黄铜矿、磁铁矿、铁闪锌矿、方铅矿、赤铁矿、辉钼矿、辉银矿、自然银、银黝铜矿、深红银矿、淡红银矿、自然金、金银矿。次生矿物为蓝辉铜矿、辉铜矿、铜蓝、菱锌矿、异极矿、褐铁矿、斑铜矿、黝铜矿、白铅矿等。脉石矿物有石英、方解石、白云石、石榴子石、透辉石、斜长石、镁橄榄石、透闪石、阳起石、金云母、蛇纹石、绢云母、高岭石、绿帘石、绿泥石等。

矿石结构有粒状结构、交代残余结构、固溶体分解结构，镶边结构、角砾状结构、胶状结构等；矿石构造有粒状、致密块状、浸染状、角砾状、蜂窝状构造、皮壳状构造（图3-53）。

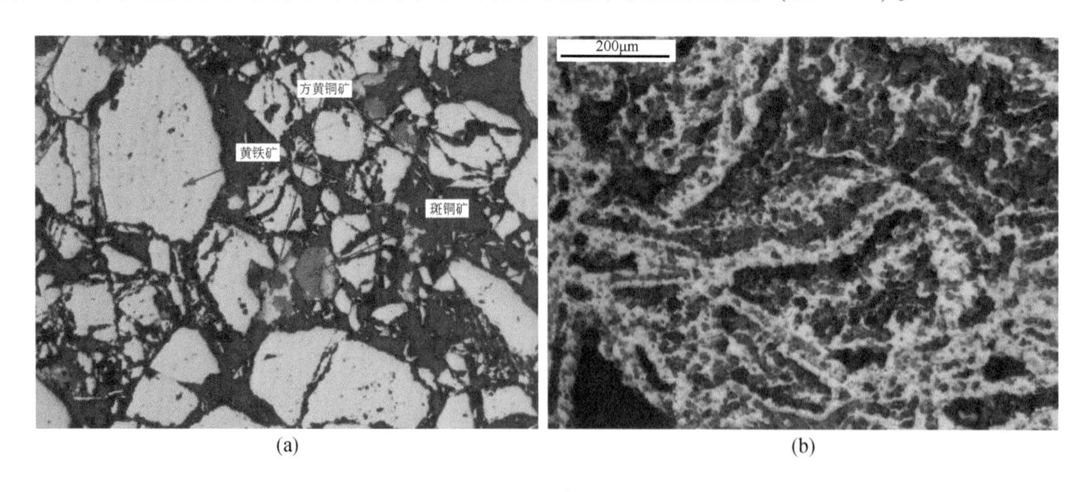

图3-53　七宝山矿床矿石显微照片

（a）闪锌黄铁矿矿石半自形-他形结构；（b）赤铁矿矿石中的浸染状构造

3. 围岩蚀变

矿区近矿围岩蚀变主要有夕卡岩化、硅化、碳酸盐化、绿泥石化、碳酸盐化等。

（1）夕卡岩化主要发生在靠近岩体侵入中心的石英斑岩与碳酸盐岩接触带内，次为岩体内。中上石炭统下部的白云岩和白云质灰岩向上过渡为白云质灰岩和灰岩，因此夕卡岩化可分为下部的镁质夕卡岩化和上部的钙质夕卡岩化，然而两类夕卡岩化并无明显的界线，为逐渐过渡关系。前者分布于岩体中心，西侧鸡公湾地段浅部，后者分布于鸡公湾深部，以及大七宝山和江家湾地段。两类夕卡岩化与矿体关系密切。

镁质夕卡岩化的典型矿物有镁橄榄石、斜硅镁石等，它们常被蛇纹石交代，与蛇纹石相伴的还有透闪石、金云母及滑石等含镁矿物。镁夕卡岩可以由内向外分为3个带：内接触带（即蚀变石英斑岩带）、蛇纹石夕卡岩-金属硫化物带、蚀变白云岩带。

钙质夕卡岩的典型矿物有钙铁石榴子石，透辉石等，常被绿帘石、透闪石、石英、方解石等交代。镁夕卡岩可以由内向外分为：内接触带（即蚀变石英斑岩带）、外接触带（即石榴子石-透辉石夕卡岩带）、绿帘石-绿泥石夕卡岩带、磁铁矿带、金属硫化物带、蚀变大理岩带。

（2）硅化、碳酸盐化、绿泥石化属于中温热液蚀变，它除了交代夕卡岩，叠加于夕卡岩带以外，更主要分布在矿区两端，离岩体侵入中心稍远的老虎口和小七宝山地段的千枚岩、灰岩、石英斑岩中，是裂隙充填交代含铜黄铁矿、闪锌黄铁矿及铅锌矿的主要蚀变类型。

灰岩、千枚岩、石英斑岩都有此类蚀变，典型脉石矿物是石英、方解石、白云石和绿泥石。

（3）铁锰碳酸盐化主要分布在远离侵入中心的矿区西部白云质灰岩分布区。它表现为铁锰质沿破碎角砾边缘浸染或沿白云质灰岩裂隙充填交代，同时还伴有灰岩或白云岩的重结晶作用，使岩石成为棕褐色、砖红色或深灰色的角砾状粗晶白云岩。地表风化后，常与硫铅锌矿体氧化后的铁锰土混在一起。

3.5.2　矿床成因与找矿标志

3.5.2.1　矿床成因及控矿因素

七宝山多金属矿是国内颇为知名的矿床之一，前人对矿床形成环境、物质来源及成矿规律等方面做过大量的研究，进行过深入细致的探讨。印支—燕山期的构造运动，促使下地壳或上地幔的斑岩质岩浆热液携带着金属元素，向地壳浅部上升，在这过程中混杂了少量地壳物质。早期热液中含大量氟、氯阴离子，pH很低，多呈酸性、弱酸性。到了中期，岩浆继续沿构造裂隙或减压部位运移，热液也不断从石英斑岩母岩中分泌出来。当溶液很快被中和，原来酸性、弱酸性的含矿热液变为中性甚至偏碱性溶液。这时溶液中的硫化物晶出，形成矿体。

根据以往资料及数据分析，矿床受新华夏构造与东西向构造的复合部位制约；各类构造裂隙及接触带决定了容矿空间，并控制了矿体的形态、产状；石英斑岩在空间分布上与矿体基本吻合；矿床广泛发育有各种中温蚀变；矿物组合是黄铁矿、黄铜矿、闪锌矿、方铅矿，还有磁铁矿和极少量的辉铋矿；硫同位素接近陨石硫同位素组成；铅同位素基本属正常铅，但钍铅偏高，μ值（U/Pb）<10，ω值（Th/Pb）<41，$\delta D_{水}$、$\delta^{18}O_{水}$及$^{87}Sr/^{88}Sr$值接近混合岩浆水范围；硫化物形成温度为210～330℃，说明矿体内主要金属矿物形成于高中温热液阶段，气成阶段仅仅是矿化的前奏。因此，我们推测七宝山矿床可能为斑岩-夕卡岩型矿床，但有待深入研究（图3-54）。

3.5.2.2　找矿标志

通过对矿区地质特征进行综合研究，归纳总结出的主要找矿标志如下：

（1）石英斑岩成矿母岩是直接找矿标志。

（2）岩石中黄铁矿化发育或地表褐铁矿化发育是找矿的直接标志。

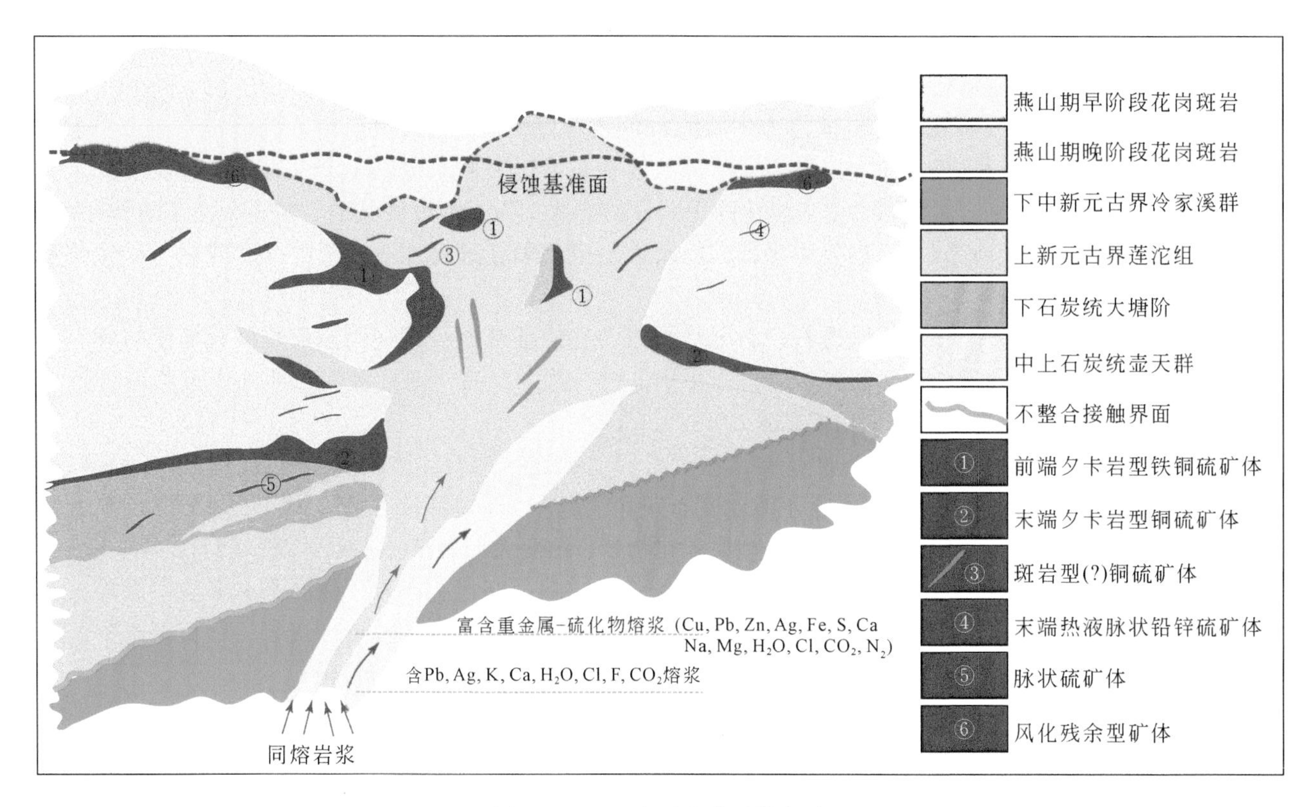

图 3-54　七宝山矿床成因模式图

（3）激电异常是指示矿（化）体存在的重要地球物理信息。

（4）铜、铅、锌、砷、金、银等元素异常是寻找该类型矿床的地球化学标志。

（5）石英斑岩与震旦系莲沱组板岩、壶天群灰岩与石英斑岩、壶天群灰岩与莲沱组板岩等三种界面之间是储矿的有利部位。

（6）燕山期以前的东西向压性断裂，后经燕山构造运动改造叠加的北西西向断裂是本区储矿的有利空间。

3.6　铌钽锂稀有金属矿床成矿系统

湘东北地区稀有金属矿床主要分布于幕阜山-连云山伟晶岩型稀有金属成矿带。区域稀有金属矿产分布总体呈现出“北铌钽、东铍、南锂铍铌钽、中铌钽锂、西部尚未见明显矿化”的分布规律（周芳春等，2019b），北部以断峰山铌钽矿床为代表，东部为麦市、盆形山、簸箕窝等铍矿点聚集区（冷双梁等，2018），南部以仁里铌钽矿床、传梓源铌钽锂矿床、连云山上石含锂铍铌钽矿床（肖朝阳和刘洁清，2003）为代表，中部产出凤凰翅、三岔埚等十多个稀有金属矿（化）点，反映出稀有金属成矿具有一定的分异性（图 3-55）。其中，仁里钽铌矿床为中国东部新发现的超大型、高品位伟晶岩型钽铌矿床，被评为 2017 年全国十大地质找矿成果之一，是我国已知铌钽矿床中最高品位的钽矿床（刘翔等，2019）。

仁里稀有金属矿田位于湖南省平江县，由仁里超大型钽铌矿床、传梓源中型铌钽锂矿床以及 5 个小型矿床（点）组成，构造位置上位于幕阜山岩体西南缘（图 3-55）。区内岩浆活动强烈，大面积出露燕山期幕阜山复式花岗岩基，其由花岗闪长岩、中粗粒（似斑状）黑云母二长花岗岩（局部呈弱片麻状）、二云母二长花岗岩、白云母二长花岗岩构成（图 3-56）。矿田南部为一系列新元古代小岩体或岩株，包括梅仙岩体、传梓源岩株、三墩岩体、团山岩株、钟洞岩体等。岩体外接触带接触变质作用发育，形成了硅化、混合岩化及片岩化带，幕阜山岩体西南缘舌状体外接触带蚀变带宽 1.0～2.5km。此外，矿田内伟晶岩、

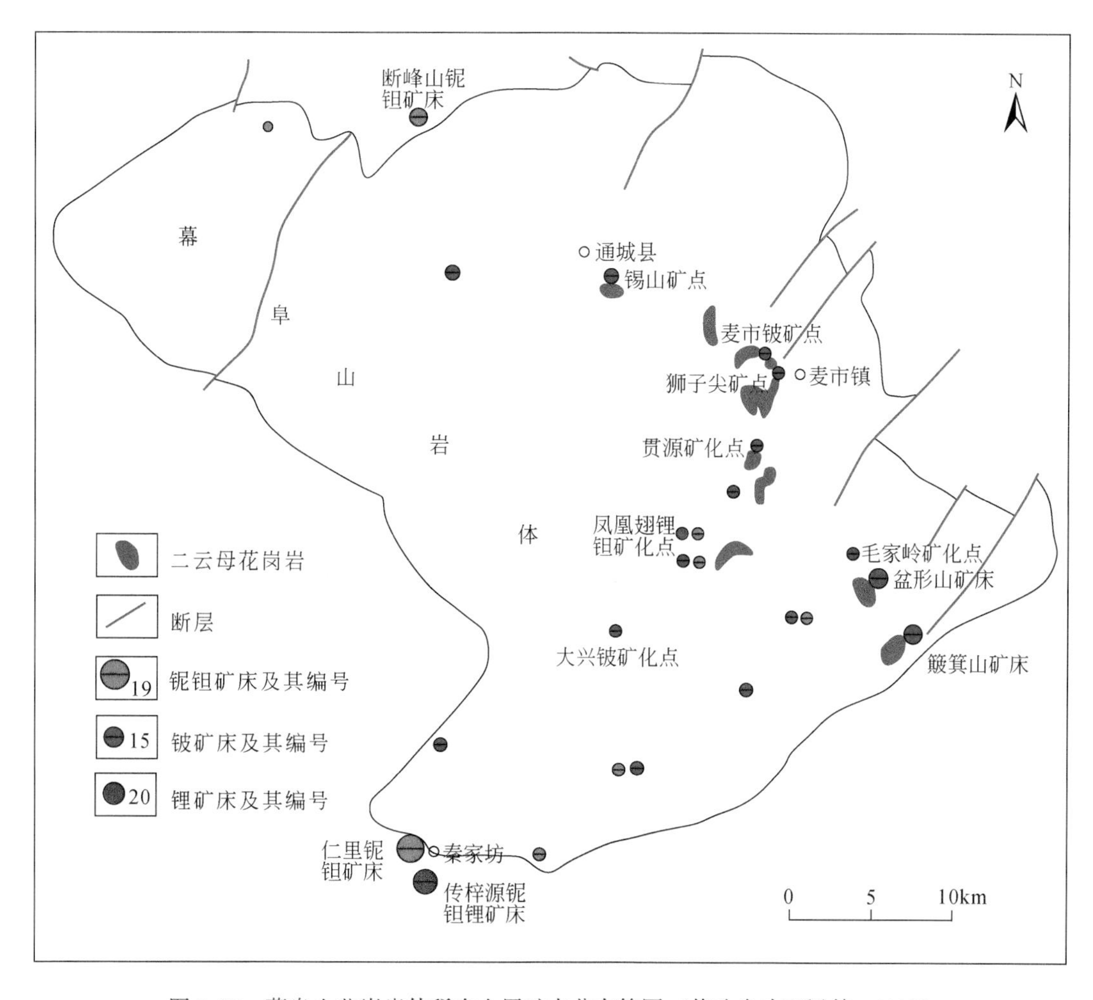

图3-55　幕阜山花岗岩体稀有金属矿点分布简图（修改自冷双梁等，2018）

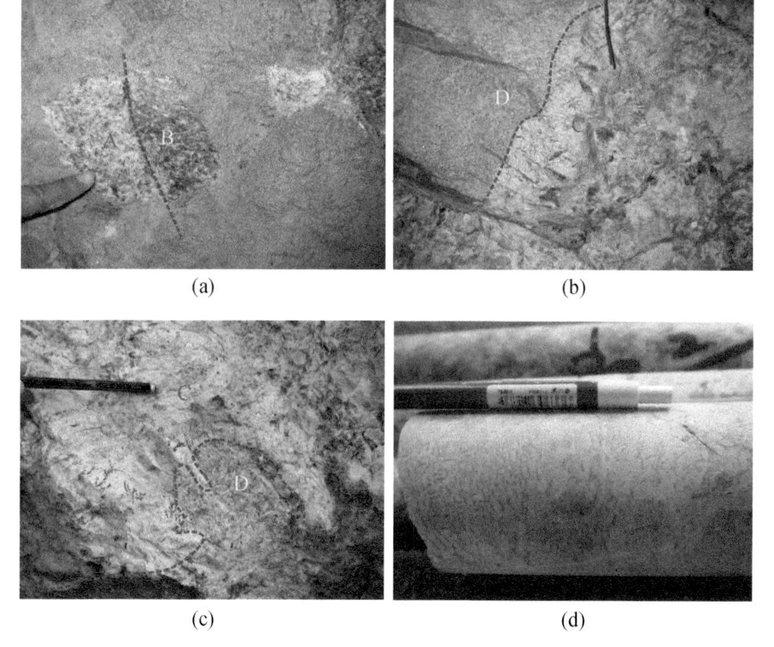

图3-56　幕阜山花岗岩和花岗质伟晶岩野外特征

（a）细粒二云母二长花岗岩（A）侵入到片麻状中粗粒似斑状黑云母二长花岗岩（B）；（b）（c）伟晶岩（C）以脉状侵入花岗岩体（D），接触界线截然；（d）具文象结构的花岗质伟晶岩

花岗斑岩、基性岩脉广泛出露。按云母的类型划分，矿田由北东向南西（即岩体内接触带到外接触带）伟晶岩具有从黑云母伟晶岩→二云母伟晶岩→白云母伟晶岩→锂云母伟晶岩→锂辉石白云母伟晶岩演化的分布特点，伟晶岩脉规模逐渐变大，产状由简单变复杂，对应的稀有金属演化序列为：无矿化→Be→Be+Nb+Ta→Be+Nb+Ta+Li→Be+Nb+Ta+Li+Cs。仁里矿区中仁里矿段伟晶岩规模最大（如2、5号矿脉），矿化最好（以铌钽为主）。南部新元古代花岗岩体（如三墩岩体、钟洞岩体、传梓源岩体等）内及其南部的伟晶岩脉矿化以锂、铍为主，铌钽次之，铌钽矿化与锂矿化呈消长的反相关关系。在纵向上，地表矿化较弱，深部矿化较好。

3.6.1　仁里铌钽矿床

3.6.1.1　矿区地质特征

仁里铌钽矿床位于幕阜山复式岩体与冷家溪群内外接触带伟晶岩脉密集分布区，矿区已探获 Ta_2O_5 资源量 10791t（平均品位 0.036%），Nb_2O_5 资源量 14057t（平均品位 0.047%），达到超大型规模（刘翔等，2018）。

1. 矿区地层和构造

矿区出露地层简单，主要为新元古界冷家溪群坪原组片岩、板岩及第四系（图 3-57）。坪原组呈北西

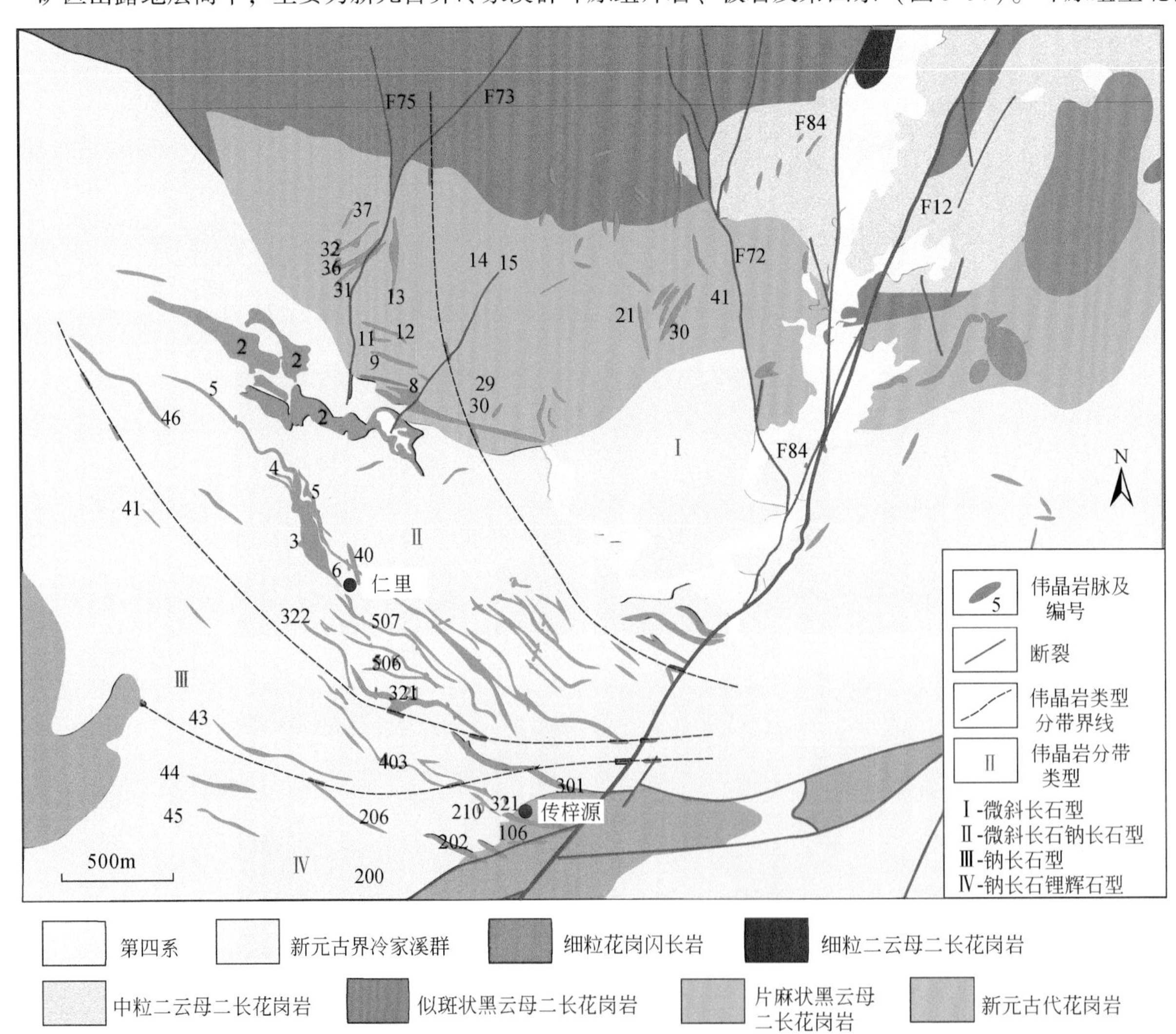

图 3-57　仁里矿区地质简图（修改自 Li et al.，2019）

向展布，薄层状，倾向南西，倾角一般20°~50°，产状较缓，岩性主要为灰黄色、灰黑色，局部呈紫红色的云母片岩。受幕阜山花岗岩体侵位时的挤压和剪切影响，层间破碎带和片理发育，区内片岩分带明显，由岩体接触带往外，依次为石榴子石片岩带—含十字石二云母片岩带—绢云母片岩带。仁里铌钽矿床主要的含铌钽伟晶岩脉产于该层位的片岩中。

矿区断裂构造发育，主要为北东向和北北西向断裂。仁里铌钽矿床位于北东向天宝山-石浆断裂（F_{12}）和九鸡头-苏姑断裂的夹持部位，黄柏山张扭性断裂（F_{75}）贯穿矿床西部主要的含铌钽伟晶岩脉，矿床构造格架呈“入”字形。铅锌铜矿化主要集中在天宝山-石浆断裂（F_{12}）及其构造夹持区。

2. 矿区岩浆岩

矿区内岩浆活动强烈，规模较大的燕山期幕阜山岩体分布于矿区北部和北东部，北部主要出露片麻状粗中粒斑状黑云母二长花岗岩、粗中粒斑状黑云母二长花岗岩；北东部出露中细粒二云母二长花岗岩、细粒二云母二长花岗岩及细粒花岗闪长岩。东南部出露少量的新元古代花岗岩体，包括梅仙岩体、三墩岩体及传梓源岩体，岩性主要为二云母斜长花岗岩。花岗岩的围岩蚀变主要有白云母化、绿泥石化、硅化和钠长石化。硅化往往与断裂构造有关，形成规模不等的硅化带，个别硅化带有铌钽等矿化。

3. 矿区伟晶岩

矿区伟晶岩脉分布较密集，分布长度大于100m的伟晶岩脉140条，其中位于岩体内接触带95条，外接触带45条。周芳春等（2019a）提出区内伟晶岩经历了结晶、交代两个阶段，结晶阶段为岩浆分异作用晚期的产物，形成块状、粒状铌钽等稀有金属矿物；交代阶段发生在伟晶岩结晶晚期，富含F、CO_2、H_2O的流体对早期矿物交代形成针状、细粒状铌钽等稀有金属矿物。

按伟晶岩特征性矿物组成，从岩体向西南围岩片岩方向，伟晶岩可分为微斜长石型（岩体内）、微斜长石-钠长石型（距岩体0~2.5km）、钠长石型（距岩体2.5~3.0km）和钠长石锂辉石型伟晶岩（距岩体>3.0km），四种类型伟晶岩脉从北西向到南东向呈带状分布（刘翔等，2019；周芳春等，2019b）。微斜长石型伟晶岩主要位于矿区北部的幕阜山岩体内，此类型岩脉局部有较强的钠长石化、白云母化，蚀变较强的地段铌钽矿化较强（如32、36、31、20、21号伟晶岩脉）。微斜长石钠长石型伟晶岩是矿区分布最广的伟晶岩类型，NW走向、呈雁列式、近平行排列分布于冷家溪群片岩中，主要分布于矿区中部和南部。钠长石型伟晶岩脉位于仁里矿区南部。微斜长石-钠长石型及钠长石型伟晶岩普遍钠长石化、白云母化较强，具有较好的钽铌矿化，易形成大而富的稀有金属矿体（5-2、5-3、2-1号矿体）。钠长石锂辉石型伟晶岩以NW向、近EW向及SN向赋存于矿区南部的新元古代传梓源岩体及其附近冷家溪群中，该类型伟晶岩脉锂矿化较强，锂辉石矿化程度最高，铌钽矿化程度次之（如106、206号矿脉中的矿体）。相对富钠长石的微斜长石-钠长石型伟晶岩和钠长石型伟晶岩具有较好的铌钽矿化，相对富锂辉石的锂辉石-钠长石伟晶岩以锂矿化为主，铌钽矿化次之。整体上，矿区稀有金属矿化具有北铌钽南锂的特征。

另外，根据伟晶岩中云母的类型来分，岩体内接触带伟晶岩属二云母伟晶岩，主要由钾长石、石英、钠长石、黑云母、白云母等矿物组成，岩脉局部地段为白云母伟晶岩，钠长石化、白云母化较强烈，有较好的铍铌钽等稀有金属矿化。外接触带伟晶岩均属白云母伟晶岩，含少量锂云母（杨晗等，2019）。

综上所述，仁里矿区伟晶岩脉分布规律和成矿特征为：岩体内接触带伟晶岩脉成群出现，其走向及产状没有一定的规律性，受构造裂隙控制，产状复杂，一般倾角较陡，规模相对较小，局部钠长石化、白云母化较强烈，易形成小的铌钽等稀有金属矿体。富含铌钽矿化的伟晶岩脉主要产于距离岩体接触带0.2~2km范围内的冷家溪群片岩中，顶板为板岩或片岩，底板为板岩或片岩或花岗岩。外接触带伟晶岩沿片岩层间断裂充填，其产状与片岩产状一致，呈北西向平行的雁列式密集分布。相对比，岩体外接触带冷家溪群伟晶岩脉规模大，NW走向，一般倾向南西，倾角较缓，呈层状产出，普遍钠长石化、白云母化强烈，铌钽等稀有金属矿化较好，易形成大而富的稀有金属矿体（周芳春等，2019b）。

3.6.1.2　矿体地质特征

1. 主要矿体特征

矿区内伟晶岩脉长 540～4040m，厚度 3.0～156.0m，延深大于 1080m，含铌钽矿脉长 160～2560m，脉厚 0.82～10.10m，倾角 25°～56°。共发现铌钽矿脉 14 条，圈定铌钽矿体 17 个，其中岩体内矿体 7 个，岩体外矿体 10 个。该区 97% 的钽铌矿资源集中在岩体外接触带片岩地区的伟晶岩矿脉中，并主要集中在 2、3、5、6 号矿脉。矿体主要特点为密集、规模大，品位高，且形态简单呈层状产出（周芳春等，2017）。

其中，2-2、5-2、5-3 号主要矿体特征如下。

（1）2-2 号矿体位于紧邻幕阜山岩体外接触带 2 号铌钽矿脉 66～67 线间，产状与 2 号伟晶岩脉产状相似。其围岩上盘为片岩，下盘为片岩或燕山期花岗岩，钠长石化、白云母化较强烈。矿体呈北西走向，倾向 175°～240°，为似层状，倾角一般 25°～40°，平均倾角 35°。矿体沿走向、倾向均未控制到边界。矿体走向长 1980m，工程控制标高 390.0～818.2m，控制斜深 60～1058m。矿体平均厚度 2.92m，平均品位 Ta_2O_5：0.026%，Nb_2O_5：0.037%，Rb_2O：0.06%，估算（333+334）资源量 Ta_2O_5：1857t，Nb_2O_5：2823t，Rb_2O：4509t，其中 Ta_2O_5、Nb_2O_5资源量占全矿区总资源量的 17% 左右。

（2）5-2 号矿体位于幕阜山花岗岩体外接触带 5 号铌钽矿脉 29～66 线间，产状与 5 号伟晶岩脉产状相似，围岩为片岩、燕山期花岗岩。矿体主要赋存于白云母钠长石带和锂云母石英核中，呈北西走向，倾向 198°～218°，倾角 25°～56°，平均倾角 36°。矿体走向长 2040m，工程控制标高 51.6～718.9m，控制斜深 62～746m。矿体呈似层状，沿冷家溪群片岩的层间构造充填。矿体平均厚度 3.04m，平均品位 Ta_2O_5：0.040%，Nb_2O_5：0.054%，Rb_2O：0.05%，估算（333+334）的资源量 Ta_2O_5：3894t，Nb_2O_5：5204t，Rb_2O：4743t。

（3）5-2 号矿体为盲矿体，位于 5 号铌钽矿脉 7～44 线间，围岩为片岩、燕山期花岗岩（图 3-58）。产状与 5 号伟晶岩脉产状相似，走向北西，倾向 198°～218°，倾角 28°～61°，平均倾角 46°，矿体呈似层

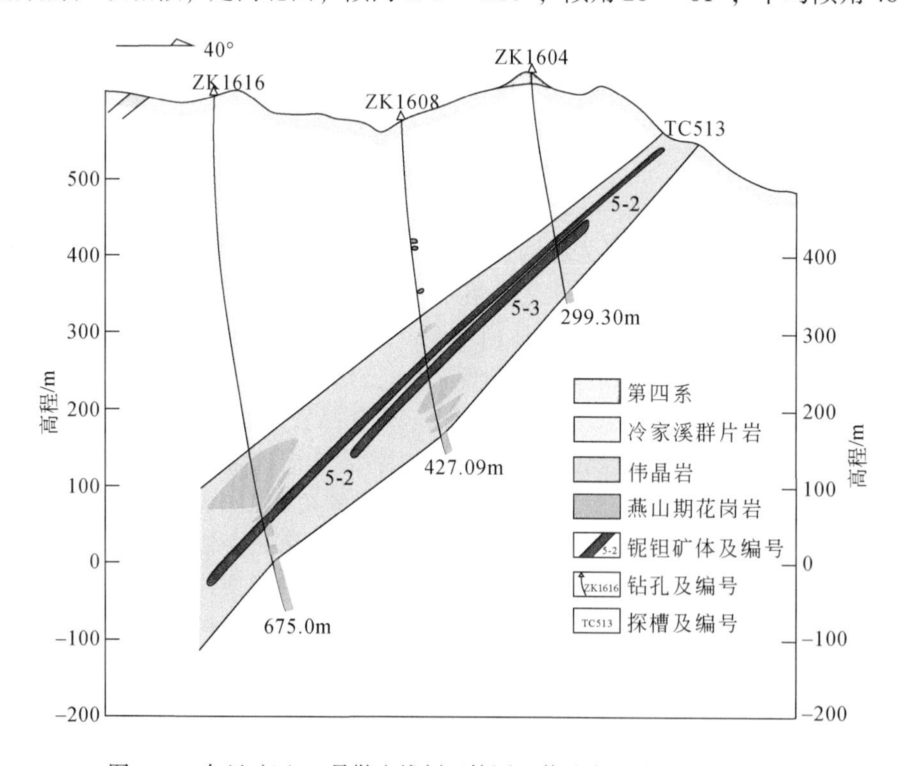

图 3-58　仁里矿区 16 号勘查线剖面简图（修改自周芳春等，2019b）

状。矿体走向长505m，工程控制标高5.4～415.2m，控制斜深93～756m，矿体平均厚度3.49m。平均品位Ta_2O_5：0.048%，Nb_2O_5：0.051%，Rb_2O：0.06%。估算的（334）资源量Ta_2O_5：2628t，Nb_2O_5：2792t，Rb_2O：3295t（刘翔等，2018）。

已有勘查成果表明，仁里矿床深部矿化延伸稳定，矿石品位比地表和浅部明显要好，表明矿区深部找矿潜力很大。

2. 矿石特征和围岩蚀变

矿物主要由石英、钾长石、钠长石、微斜长石、白云母、石榴子石（铁铝榴石和锰铝榴石）、绿柱石、黑电气石、锂电气石、黄玉、铯榴石、锂云母、铌钽铁矿（钽锰铌铁矿、钽铁铌锰矿、铌锰钽铁矿、铌铁锰钽矿）、细晶石等组成。此外，在伟晶岩中还发现硫化物如黄铜矿、闪锌矿等与钠长石和石英共生（Xiong et al.，2020）。稀有金属矿物地表多为块状、柱状、粒状、针状，局部见片状；深部以粒状、针状为主。地表矿物粒径大于深部的矿物粒径。矿石结构主要有文象结构、中粗粒结构、交代结构；矿石构造主要为斑杂状构造和块状构造（刘翔等，2018）。白云母化，特别是钠长石化交代作用与铌钽锂的分布和富集密切相关。硅化、绿泥石化、绢云母化等围岩蚀变是重要的间接标志。

3.6.2　传梓源铌钽锂矿床

传梓源铌钽锂矿床位于幕阜山南缘、仁里矿床南部的新元古代三墩岩体附近。传梓源矿床已探明$(Nb, Ta)_2O_5$资源储量1315.84t（平均品位0.0179%），Li_2O资源储量11276.13t（平均品位0.176%），Be资源储量3254.1t（平均品位0.0443%）。

矿区地层出露简单，包括新元古界冷家溪群和第四系。冷家溪群走向北西，倾向南西，倾角30°～50°。区内构造以北东东向、北东向、北西向断裂为主。区域北东东向张古冲–三墩压扭性断裂横穿矿区南东缘，该断层倾向南南东，倾角55°～85°，铌、钽、锂等稀有金属主要赋存于该断裂及其两侧次级裂隙中（李昌元等，2019）。矿区内花岗伟晶岩脉和花岗岩发育，其中新元古代传梓源岩体发育在矿区南西及南部，岩体总体走向45°，呈不规则岩株状侵入于冷家溪群浅变质岩中，岩性为斜长花岗岩。

矿区分布大小伟晶岩脉54条，其中矿脉32条。北部为白云母伟晶岩，南部为锂辉石伟晶岩。伟晶岩脉产于传梓源岩株接触面（仅207号脉）、岩株内张裂隙（如101、103、108等10条脉）及二云母石英片岩中。锂、铌、钽等稀有金属矿主要集中在二云母石英片岩的伟晶岩脉中，如106、204、206、301、208、116、202等7条矿脉，脉体走向277°～314°，倾向总体向S，局部向N，呈“弓”形、“S”形，倾角35°～80°，脉组长1000～1700m，主单脉长400～1200m，厚最大可达25.39m，延深>250m。脉体多具分支，厚度变化系数50%～70%，常夹有花岗岩或片岩捕虏体。

传梓源矿床的围岩蚀变的类型主要有白云母化、钾长石化、钠长石化、云英岩化、锂云母化、硅化等。其中，钠长石化、锂云母化与稀有金属元素矿化关系密切。

3.6.3　稀有金属成矿过程

3.6.3.1　稀有金属成矿时代

幕阜山岩体出露面积达2000km^2，为多期次幕式岩浆活动产物，侵位时代可分为约806Ma、154～146Ma、143～136Ma、132～127Ma等四个期次（详见许德如等著《湘东北陆内伸展变形构造及形成演化的动力学机制》一书），但主要形成于晚侏罗世—早白垩世（154～127Ma），为过铝质的高钾钙碱性系列，具有低的$\varepsilon_{Nd}(t)$（−10.2～−7.0）和$\varepsilon_{Hf}(t)$（−7.73～−4.04），是在古太平洋板块俯冲回撤所导致的拉张构造背景下由地壳重熔形成的（Wang et al.，2014；Ji et al.，2017，2018a，2018b；刘翔等，2019；Li et al.，2020）。Wang等（2014）提出幕阜山岩体内存在着连续的岩浆演化序列，即花岗闪长岩

（151Ma）→黑云母二长花岗岩（148Ma）→二云母二长花岗岩（146Ma）→白云母花岗岩的分离结晶演化历程。Ji 等（2017，2018a，2018b）则认为幕阜山主要由晚侏罗世花岗闪长岩、黑云母二长花岗岩（151～149Ma）和早白垩世中细粒二云母花岗岩（132～127Ma）两期岩浆活动形成。刘翔等（2019）获得幕阜山岩体西南缘珮瑚地段的二云母二长花岗岩的锆石 U-Pb 同位素年龄为139Ma，与 Li 等（2020）获得的仁里矿区二云母二长花岗岩的 LA-ICPMS U-Pb 年龄 138Ma 近乎一致。此外，还有其他的一些年龄结果，如仁里矿区片岩地区伟晶岩下盘似斑状中粗粒黑云母花岗岩年龄为146Ma（刘翔等，2019），黑云母二长花岗岩的 LA-ICPMS U-Pb 年龄为140Ma（Li et al.，2020）。上述年龄结果略有差别，但宽泛的年龄范围均表明幕阜山岩体经历了多期多阶段岩浆活动。

前人开展了幕阜山伟晶岩中云母的 Ar-Ar 定年和辉钼矿的 Re-Os 定年，获得了 130～125Ma 的坪年龄范围（李鹏等，2019；刘翔等，2019）。其中，仁里矿区 5 号伟晶岩脉中锂云母的 Ar-Ar 年龄为 125Ma，辉钼矿的 Re-Os 模式年龄为 130.5Ma（李鹏等，2019）；传梓源矿区 106 号脉——锂辉石钠长石型伟晶岩中白云母的 Ar-Ar 年龄为 130.8Ma（刘翔等，2019）。此外，幕阜山岩体中部大兴 Be 矿床含绿柱石白云母钠长石伟晶岩中白云母的 Ar-Ar 年龄为 130.5Ma，北部断峰山铌钽矿床含铌钽矿白云母钠长石伟晶岩中白云母的 Ar-Ar 年龄为 127.7Ma（李鹏等，2017），虎形山 W-Be 矿床含矿石英脉的 Rb-Sr 年龄为 131～135Ma（唐朝永等，2013）。因此，综合目前稀有金属矿区已有的成岩成矿年龄，大部分观点倾向于幕阜山岩体稀有金属形成于 130～125Ma，晚于幕阜山花岗岩约 10Ma。这与 Li 等（2020）获得的铌铁矿的 LA-ICPMS U-Pb 年龄 133Ma 一致，代表了铌钽矿化年龄。然而，Xiong 等（2020）通过 LA-ICPMS U-Pb 定年获得仁里矿区铌钽铁矿的成矿年龄为 140.2Ma，白沙窝铌钽矿的辉钼矿 Re-Os 年龄和铌钽铁矿的 U-Pb 年龄约为 140Ma（未发表）。因此，Xiong 等（2020）认为以往的 Ar-Ar 和 Rb-Sr 年龄并不能代表成矿年龄，更可能是受约 130Ma 的岩浆热事件影响，同位素体系发生重置导致的。上述复杂的成矿年龄可能暗示湘东北地区稀有金属经历了多阶段成矿作用，因此仍需开展精细的成矿过程示踪研究。

3.6.3.2　伟晶岩的演化及来源

根据矿物组合和结构特征，幕阜山地区伟晶岩属于起源于过铝质 S 型花岗岩的 LCT 型伟晶岩（富集 Li-Cs-Ta；Černý and Ercit，2005）。稀有金属伟晶岩中矿物的元素含量或比值可指示岩浆演化特征。在仁里矿区 5 号脉中，从外带向核部带，云母矿物特征具有一定的变化规律，如：①云母类型从白云母→富锂白云母→锂云母演化；②云母中的 F、Li、Rb、Cs 含量逐渐升高，K/Rb 和 K/Cs 值逐渐降低（王臻等，2019）。上述特征表明仁里 5 号伟晶脉自外部带向内部带，岩浆分异演化程度逐渐增高。在传梓源矿床，地球化学分析结果表明锂辉石伟晶岩和钠长石伟晶具有高的 Al_2O_3（13.37%～16.48%）和 Na_2O（4.38%～7.41%），低的 K_2O（0.85%～3.05%）和 CaO（0.16%～0.83%）含量，为过铝质伟晶岩（文春华等，2016；李鹏等，2019）；稀土元素含量较低（3.5×10^{-6}～19.26×10^{-6}），轻稀土富集，重稀土相对亏损，具较弱的 Eu 负异常，强烈富集 Rb、U、Li、Nb、Ta 元素，亏损 Ba、Sr、Ti 元素，挥发分含量较低，且 Nb、Ta 含量随 F 含量增加而降低（文春华等，2016）。这些特征同样揭示出传梓源伟晶岩是岩浆高度演化分异的产物。

此外，以矿物组合及特征矿物的发育程度为依据，李乐广等（2019）根据岩浆演化程度由低至高将幕阜山地区的伟晶岩划分为电气石伟晶岩、电气石-绿柱石伟晶岩、绿柱石伟晶岩、铌钽铁矿-绿柱石伟晶岩、锂电气石-锂云母伟晶岩，分别对应了伟晶岩稀有金属富集程度分类中的无矿，含 Be，富 Be，富 Be、Nb、Ta，富 Li、Be、Nb、Ta 阶段，并提出仁里地区伟晶岩已演化至晚期富多种稀有金属元素阶段，Li-Nb-Ta 多金属成矿潜力较大。电子探针和 LA-ICPMS 分析结果表明仁里地区的锂电气石富 Li（11873×10^{-6}～13148×10^{-6}）、Be（15×10^{-6}～25×10^{-6}）、Nb（7.6×10^{-6}～12.3×10^{-6}）、Ta（8×10^{-6}～13×10^{-6}）（李乐广等，2019），反映岩浆演化程度较高。因此，幕阜山伟晶岩为该区燕山期巨量花岗质岩浆经历长期结晶分异作用晚期的产物。

考虑到幕阜山岩体年龄变化较大和高 U 花岗岩定年过程中的高 U 效应、基体效应和铅丢失现象，

Xiong等（2020）认为LA-ICPMS法获得的白云母二长花岗岩年龄（141Ma）最能代表白云母二长花岗岩的年龄，该年龄与白云母二长花岗岩中独居石的年龄（140.7Ma）完全吻合，明显低于黑云母二长花岗岩的年龄（152～155Ma）（李鹏等，2017；Xiong et al.，2020）。此外，相对比黑云母二长花岗岩，白云母二长花岗岩具有更高程度的演化特征，如更高的SiO_2、Al_2O_3，低的$Fe_2O_3^T$、K_2O、TiO_2、CaO、MgO、P_2O_5，因此，结合白云母二长花岗岩与铌钽伟晶岩紧密的空间关系以及铌钽铁矿稀土元素分析给出的高演化特征，Xiong等（2020）认为铌钽矿化在成因上与早白垩世白云母二长花岗岩有关，而非晚侏罗世黑云母二长花岗岩。

然而，与幕阜山南缘地区花岗岩的地球化学特征相对比，伟晶岩中的Al_2O_3、Na_2O含量明显增加，K_2O、CaO、FeO含量明显降低，岩性由钙碱性岩石过渡到低钾岩石，Nb、Ta元素含量逐渐富集，可以反映钠长石化是Nb、Ta等稀有金属富集的重要因素。李乐广等（2019）通过幕阜山复式花岗岩体的岩浆期次与成矿时代的对比发现，区域成矿作用时代（130～127Ma）晚于区域出露的晚期花岗岩体成岩时代（130Ma），认为成矿作用发生在区域岩浆活动的晚期，是区域岩浆多期次分异演化作用的结果，并推测幕阜山伟晶岩脉与幕阜山二云母二长花岗岩和白云母花岗岩，存在密切成因关系，可能为其进一步连续演化末期的产物。然而，从花岗岩向伟晶岩的过渡期间，指示成岩成矿流体分异的A/CNK、Nb/Ta、Rb/Sr、稀碱总量等指数呈陡变，该现象与花岗母岩体—低类型伟晶岩—高类型伟晶岩的岩浆连续分异演化成因关系明显不同，且幕阜山复式岩体不同岩性的Rb、Nb、Ta、W、F等元素的丰度明显低于湖南其他地区的同种岩性，暗示出仁里-传梓源矿床的稀有金属伟晶岩并非矿区广泛出露的花岗质围岩——二云母二长花岗岩和黑云母二长花岗岩直接分异结晶的产物，成矿母岩可能来自深部隐伏岩体（李鹏等，2019）。

3.6.3.3　稀有金属成矿过程

幕阜山复式岩体作为一巨型花岗岩复式岩基，是华南晚中生代岩浆活动的产物，经历了多期次多阶段大规模岩浆活动。铌钽矿体主要产于距离幕阜山复式岩体接触带2km范围内的冷家溪群片岩中的伟晶岩脉中，受大型层状构造与燕山期岩浆岩联合控制，属于典型的花岗伟晶岩型矿床。花岗岩年龄总体呈现出由东向西，年龄由老到新，从NE向至SW向，岩浆分异程度逐渐增高，稀有金属逐渐富集，从而导致幕阜山岩体西南缘地区铌钽锂等稀有金属的高度富集，形成了以仁里超大型、高品位钽铌矿为代表的仁里稀有金属矿田。

刘翔等（2019）认为伟晶岩脉中的铌钽矿化是在幕阜山岩体多期次岩浆演化过程中，深部岩浆房继续演化再次侵位形成各类型伟晶岩脉，通过岩浆结晶分异而逐渐富集的（李鹏等，2017）。在仁里矿区5号脉，不同分带中云母类型及其化学成分的变化趋势表明云母为岩浆演化成因。然而，相对比Ⅰ带至Ⅳ带云母，Ⅴ带云母的化学组成变化趋势出现明显不同，具体表现在Mg、Ti从持续的增高转为降低，Li、Rb、Cs、F含量出现突增，暗示伟晶质岩浆体系可能由岩浆阶段逐渐过渡到热液阶段（王臻等，2019）。岩相学证据也支持了上述观点，如在5号脉中，Ⅳ带白云母边部发育的富锂白云母，后者常呈较窄、不连续的环边分布于前者颗粒边缘，或呈不规则状出现于节理缝中；Ⅴ带中的富锂、富铯类云母则或呈环边状、补丁状、不规则状交代早期白云母（杨晗等，2019）。除云母外，Ⅴ带中的绿柱石矿物也常见不规则、沿裂隙交代的富Cs蚀变边，其Cs_2O可高达14.8%，这些现象都表明流体组分比例的增高（王臻等，2019）。此外，Ⅴ带中大量细晶石的出现也指示了Ⅴ带演化为以流体作用为主的热液阶段。结合自外向内F、Li、Cs、Na元素含量不断增高，暗示着晚期流体富集F、Li、Cs、Na的性质，而这些元素的富集更有利于Nb、Ta，尤其是Ta富集沉淀，因此热液演化阶段中的流体可能是造成仁里稀有金属矿床Ta高度富集的原因（王臻等，2019）。仁里矿区5号脉锂云母结晶实验表明锂云母石英核（Ⅴ带）的形成温度为640～550℃，压力为350～530MPa，而流体包裹体测温研究显示Ⅴ带石英中的包裹体类型为气液两相包裹体，均一温度为270～290℃，盐度约为10% NaClequiv.，表现出明显的晚期热液流体演化特征，这种铌钽成矿流体富集碱性离子如Na^+、Li^+、Cs^+和卤族离子F^-、Cl^-，能溶解岩浆成因的铌钽矿物，并以（Li，Na，Cs）［$Ta(Nb)O(F, Cl)_4$］形式搬运（Li et al.，2019；刘聪宇，2019）。综上所述，湘东北稀有金属成矿作用可能经历了岩浆高度分异演化阶段及随后的热液流体交代富集阶段。含铌铁矿的微斜长石-钠长石伟晶岩的锆石 LA-ICPMS U-Pb 年龄暗示了岩浆-热液阶段转变时间可能发生在 131Ma，Hf 同位素组成特征揭示稀有金属伟晶岩及其围岩——二云母二长花岗岩和黑云母二长花岗岩均为新元古界冷家溪群部分熔融形成的，且冷家溪群为稀有金属提供了成矿物质（Li et al., 2020）。

参 考 文 献

董国军，许德如，王力，等. 2008. 湘东地区金矿床矿化年龄的测定及含矿流体来源的示踪——兼论矿床成因类型. 大地构造与成矿学，32（4）：482-491.

符巩固，许德如，陈广浩，等. 2002. 湘东北地区金成矿地质特征及找矿新进展. 大地构造与成矿学，26（4）：416-422.

傅昭仁，李先福，李德威，等. 1991. 不同样式的剥离断层控矿研究. 地球科学——中国地质大学学报，16（6）：627-634.

傅昭仁，李紫金，郑大瑜. 1999. 湘赣边区 NNE 向走滑造山带构造发展样式. 地学前缘，64（4）：263-272.

高林志，陈峻，丁孝忠，等. 2011. 湘东北岳阳地区冷家溪群和板溪群凝灰岩 SHRIMP 锆石 U-Pb 年龄——对武陵运动的制约. 地质通报，30（7）：1001-1008.

贺转利，许德如，陈广浩，等. 2004. 湘东北燕山期陆内碰撞造山带金多金属成矿地球化学. 矿床地质，23（1）：39-51.

胡俊良，徐德明，张鲲，等. 2016. 湖南七宝山铜多金属矿床石英斑岩时代与成因：锆石 U-Pb 定年及 Hf 同位素与稀土元素证据. 大地构造与成矿学，40（6）：1185-1199.

胡祥昭，杨中宝，冯德山. 2002. 祥云金厂箐金矿床地质特征及成因. 矿床地质，21（S1）：610-612.

黄强太，夏斌，蔡周荣，等. 2010. 湖南省黄金洞金矿田构造与成矿规律探讨. 黄金，31（2）：9-13.

雷泽恒，陈富文，陈郑辉，等. 2010. 黄沙坪铅锌多金属矿成岩成矿年龄测定及地质意义. 地球学报，31（4）：532-540.

冷双梁，谭超，黄景孟，等. 2018. 幕阜山花岗岩地区稀有金属成矿规律初探. 资源环境与工程，33（3）：351-357.

李昌元，向涛，闫友谊，等. 2019. 湘东北传梓源铌钽锂矿床地质地球化学特征及成因. 矿产勘查，10（12）：2953-2963.

李乐广，王连训，田洋，等. 2019. 华南幕阜山花岗伟晶岩的矿物化学特征及指示意义. 地球科学，44（7）：2532-2550.

李鹏，李建康，裴荣富，等. 2017. 幕阜山复式花岗岩体多期次演化与白垩纪稀有金属成矿高峰：年代学依据. 地球科学，42（10）：1684-1696.

李鹏，刘翔，李建康，等. 2019. 湘东北仁里-传梓源矿床 5 号伟晶岩岩相学、地球化学特征及成矿时代. 地质学报，93（6）：1374-1391.

刘聪宇. 2019. 幕阜山地区仁里矿床成矿流体特征及成矿温压条件研究. 北京：中国地质大学.

刘翔，周芳春，黄志飚，等. 2018. 湖南平江县仁里超大型伟晶岩型铌钽多金属矿床的发现及其意义. 大地构造与成矿学，42（2）：235-243.

刘翔，周芳春，李鹏，等. 2019. 湖南仁里稀有金属矿田地质特征、成矿时代及其找矿意义. 矿床地质，38（4）：771-791.

陆玉梅，殷浩然，沈瑞锦. 1984. 七宝山多金属矿床成因模式. 矿床地质，3（4）：53-60.

路远发，马丽艳，屈文俊，等. 2006. 湖南宝山铜-钼多金属矿床成岩成矿的 U-Pb 和 Re-Os 同位素定年研究. 岩石学报，22（10）：2483-2492.

毛景文，李红艳. 1997. 江南古陆某些金矿床成因讨论. 地球化学，26（5）：71-81.

孟庆秀，张健，耿建珍，等. 2013. 湘中地区冷家溪群和板溪群锆石 U-Pb 年龄、Hf 同位素特征及对华南新元古代构造演化的意义. 中国地质，40（1）：191-216.

唐朝永，陈云华，游先军，等. 2013. 湖南虎形山钨铍多金属矿床地质特征及成因初探. 矿产与地质，27（5）：353-362.

王臻，陈振宇，李建康，等. 2019. 云母矿物对仁里稀有金属伟晶岩矿床岩浆-热液演化过程的指示. 矿床地质，38（5）：1039-1052.

文春华，陈剑锋，罗小亚，等. 2016. 湘东北传梓源稀有金属花岗伟晶岩地球化学特征. 矿物岩石地球化学通报，35（1）：171-177.

文志林，邓腾，董国军，等. 2016. 湘东北万古金矿床控矿构造特征与控矿规律研究. 大地构造与成矿学，40（2）：281-294.

肖朝阳，刘洁清. 2003. 连云山上石含锂铍钽铌矿床地质特征及找矿前景. 湖南地质，22（1）：34-37.

肖拥军，陈广浩. 2004. 湘东北大洞-万古地区金矿构造成矿定位机制的初步研究. 大地构造与成矿学，28（1）：38-44.

杨晗，陈振宇，李建康，等. 2019. 湘东北仁里-传梓源 5 号伟晶岩脉云母和长石成分的演化与成矿作用的关系. 矿床地质，38（4）：851-866.

杨中宝. 2002. 湖南浏阳七宝山铜多金属矿床的地质特征及成因研究. 长沙：中南大学.
喻爱南，叶柏龙. 1998. 大云山变质核杂岩构造的确认及其成因. 湖南地质，17（2）：3-5.
张九龄. 1989. 湖南桃林铅锌矿床控矿条件及成矿预测. 地质与勘探，25（4）：1-7.
郑硌，顾雪祥，曹华文，等. 2014. 湖南省七宝山钙矽卡岩-镁矽卡岩共生型多金属矿床地质地球化学特征. 现代地质，28（1）：87-97.
周芳春，李建康，刘翔，等. 2019a. 湖南仁里铌钽矿床矿体地球化学特征及其成因意义. 地质学报，93（6）：1392-1404.
周芳春，刘翔，李建康，等. 2019b. 湖南仁里超大型稀有金属矿床的成矿特征与成矿模型. 大地构造与成矿学，43（1）：77-91.
Černý P，Ercit T S. 2005. The classification of granitic pegmatites revisited. The Canadian Mineralogist，43（6）：2005-2026.
Deng T，Xu D R，Chi G X，et al. 2017. Geology，geochronology，geochemistry and ore genesis of the Wangu gold deposit in northeastern Hunan Province，Jiangnan Orogen，South China. Ore Geology Reviews，88：619-637.
Hu X L，Gong Y J，Pi D H，et al. 2017. Jurassic magmatism related Pb-Zn-W-Mo polymetallic mineralization in the central Nanling Range，South China：geochronologic，geochemical，and isotopic evidence from the Huangshaping deposit. Ore Geology Reviews，91：877-895.
Huang J C，Peng J T，Yang J H，et al. 2015. Precise zircon U-Pb and molybdenite Re-Os dating of the Shuikoushan granodiorite-related Pb-Zn mineralization，southern Hunan，South China. Ore Geology Reviews，71：305-317.
Ji W B，Lin W，Faure M，et al. 2017. Origin of the Late Jurassic to Early Cretaceous peraluminous granitoids in the northeastern Hunan province（middle Yangtze region），South China：geodynamic implications for the Paleo-Pacific subduction. Journal of Asian Earth Sciences，141：174-193.
Ji W B，Faure M，Lin W，et al. 2018a. Multiple emplacement and exhumation history of the Late Mesozoic Dayunshan-Mufushan Batholith in Southeast China and its tectonic significance：2. Magnetic fabrics and gravity survey. Journal of Geophysical Research：Solid Earth，123（1）：711-731.
Ji W B，Faure M，Lin W，et al. 2018b. Multiple emplacement and exhumation history of the Late Mesozoic Dayunshan-Mufushan batholith in southeast China and its tectonic significance：1. Structural analysis and geochronological constraints. Journal of Geophysical Research：Solid Earth，123（1）：689-710.
Jiang Y H，Jiang S Y，Dai B Z，et al. 2009b. Middle to late Jurassic felsic and mafic magmatism in southern Hunan province，southeast China：implications for a continental arc to rifting. Lithos，107（3-4）：185-204.
Li J，Liu C，Liu X，et al. 2019. Tantalum and niobium mineralization from F-and Cl-rich fluid in the lepidolite-rich pegmatite from the Renli deposit in northern Hunan，China：constraints of fluid inclusions and lepidolite crystallization experiments. Ore Geology Reviews，115：103187.
Li J H，Dong S W，Zhang Y Q，et al. 2016. New insights into Phanerozoic tectonics of south China：Part 1，polyphase deformation in the Jiuling and Lianyunshan domains of the central Jiangnan Orogen. Journal of Geophysical Research-Solid Earth，121（4）：3048-3080.
Li P，Li J K，Liu X，et al. 2020. Geochronology and source of the rare-metal pegmatite in the Mufushan area of the Jiangnan orogenic belt：a case study of the giant Renli Nb-Ta deposit in Hunan，China. Ore Geology Reviews，116：103237.
Li Z X，Li X H. 2007. Formation of the 1300-km-wide intracontinental orogen and postorogenic magmatic province in Mesozoic South China：a flat-slab subduction model. Geology，35（2）：179-182.
Liu G，Zhou Y S，Shi Y L，et al. 2017. Strength variation and deformational behavior in anisotropic granitic mylonites under high-temperature and-pressure conditions—An experimental study. Journal of Structural Geology，96：21-34.
Mao J W，Cheng Y B，Chen M H，et al. 2013. Major types and time-space distribution of Mesozoic ore deposits in South China and their geodynamic settings. Mineralium Deposita，48（3）：267-294.
Wang L X，Ma C Q，Zhang C，et al. 2014. Genesis of leucogranite by prolonged fractional crystallization：a case study of the Mufushan complex，South China. Lithos，206：147-163.
Wang W，Wang F，Chen F K，et al. 2010. Detrital zircon ages and Hf-Nd isotopic composition of Neoproterozoic sedimentary rocks in the Yangtze Block：constraints on the deposition age and provenance. The Journal of Geology，118（1）：79-94.
Wang X L，Zhou J C，Griffin W L，et al. 2007. Detrital zircon geochronology of Precambrian basement sequences in the Jiangnan orogen：dating the assembly of the Yangtze and Cathaysia Blocks. Precambrian Research，159（1-2）：117-131.
Xiong Y Q，Jiang S Y，Wen C H，et al. 2020. Granite-pegmatite connection and mineralization age of the giant Renli Ta-Nb deposit

in South China: constraints from U-Th-Pb geochronology of coltan, monazite, and zircon. Lithos, 358-359: 105422.

Xu D R, Gu X X, Li P C, et al. 2007. Mesoproterozoic-Neoproterozoic transition: geochemistry, provenance and tectonic setting of clastic sedimentary rocks on the SE margin of the Yangtze Block, South China. Journal of Asian Earth Sciences, 29 (5-6): 637-650.

Xu D R, Deng T, Chi G X, et al. 2017. Gold mineralization in the Jiangnan Orogenic Belt of South China: geological, geochemical and geochronological characteristics, ore deposit-type and geodynamic setting. Ore Geology Reviews, 88: 565-618.

Yuan B, Zhang C Q, Yu H J, et al. 2018. Element enrichment characteristics: insights from element geochemistry of sphalerite in Daliangzi Pb-Zn deposit, Sichuan, Southwest China. Journal of Geochemical Exploration, 186: 187-201.

Zhao P L, Yuan S D, Mao J W, et al. 2016. Geochronological and petrogeochemical constraints on the skarn deposits in Tongshanling ore district, southern Hunan Province: implications for Jurassic Cu and W metallogenic events in South China. Ore Geology Reviews, 78: 120-137.

Zhou X M, Sun T, Shen W Z, et al. 2006. Petrogenesis of Mesozoic granitoids and volcanic rocks in South China: a response to tectonic evolution. Episodes, 29 (1): 26-33.

第4章　矿床地球化学示踪

4.1　分析方法

为揭示不同矿床类型的成矿过程与机理，阐明不同成矿系统的成因，本书利用现代先进的分析测试技术，开展了指示性矿物化学和流体包裹体、指示性矿物原位微量元素和氧（O）、硫（S）同位素、矿物S-Pb（铅）-H（氢）-O同位素、全岩微量元素、硫化物He-Ar同位素分析，以及云母类Ar-Ar、锆石U-Pb和白钨矿Sm-Nd定年。

4.1.1　电子探针分析

在详细的岩相学和成矿期次划分的基础上，在镜下先将需要测试的矿物圈定出来，并拍摄显微照片用于在实验时找到对应矿物点的位置。然后对抛光的薄片进行喷碳，并随后进行电子探针（EMPA）测试，测试在中南大学有色金属成矿预测与地质环境监测教育部重点实验室完成，分析仪器为装有四通道波谱仪和能谱仪的SHIMADZU EPMA-1720电子探针。实验条件为：加速电压20kV，束流15nA，束斑直径1～5μm，采用电子探针定量分析（ZAF）校正法。

4.1.2　LA-ICP-MS原位微区微量元素分析

硫化物原位微量元素分析在中国地质调查局国家地质实验测试中心完成，分析仪器为配有NWR193nm激光剥蚀系统的Finnigan Element 2 ICP-MS等离子体质谱仪。实验过程中采用氦气作为载气，激光束斑直径为35μm，脉冲频率10Hz，80%的激光能量，每个点的分析时间为60s，包括20s的背景测试和40s的样品信号。测试的元素包括^{34}S、^{57}Fe、^{59}Co、^{60}Ni、^{65}Cu、^{66}Zn、^{75}As、^{82}Se、^{96}Mo、^{107}Ag、^{115}In、^{118}Sn、^{121}Sb、^{208}Pb、^{209}Bi等。微量元素的校正使用美国地质调查局（USGS）硫化物标样MASS1、NIST610和NIST612作为联合外标，KL2G（德国马克斯-普朗克研究所的硅酸盐标准样品系列MPI-DING中的一个）作为监控标样，电子探针分析的Fe含量作为内标。详细的操作流程和数据处理见胡明月等（2008）。

4.1.3　微量元素分析

萤石微量元素分析在核工业北京地质研究院分析测试研究中心完成，分析采用ICP-MS方法，分析仪器为Element XR等离子体质谱仪，测试元素包括：Li、Be、Sc、V、Cr、Co、Ni、Cu、Zn、Ga、Rb、Sr、Y、Mo、Cd、In、Sb、Cs、Ba、La、Ce、Pr、Nd、Sm、Eu、Gd、Tb、Dy、Ho、Er、Tm、Yb、Lu、W、Re、Tl、Pb、Bi、Th、U、Nb、Ta、Zr、Hf等，具体分析方法见GB/T 14506.30—2010《硅酸盐岩石化学分析方法 第30部分：44个元素量测定》。

4.1.4　S-Pb-H-O同位素分析

单矿物硫同位素分析测试在中国地质大学生物地质与环境地质国家重点实验室完成，分析仪器为DELTA V Plus高温热转变元素分析仪-稳定同位素比值质谱仪（IRMS）。测试过程使用国际原子能机构的国际标准进行了重复分析计算，得出分析误差为 0.1‰，相对标准为 V-CDT（Vienna canyon diablo-troilite），具体实验流程见 Giesemann 等（1994）。

铅（Pb）-氢（H）-氧（O）同位素分析在核工业北京地质研究院分析测试研究中心进行。

将样品在溶解之前用 Milli-Q 水超声清洗。烘干以后称取约 50mg 的样品，完全溶解在 1：1 的 HNO_3+HCl 的混合酸中。然后蒸干样品，加入三次 0.2mL 的 2N HBr，分别蒸干。之后再次溶解在 HRb+HNO_3的混合酸中，两次通过 50μL 的 AG1X8（200～400 目）阴离子交换树脂来分离纯化铅。然后将样品连同硅胶和磷酸一起点在 Re 单带上。测试所用仪器为 Isoprobe-T 表面热电离质谱仪，分析精度为$^{206}Pb/^{204}Pb$为 0.2%，$^{207}Pb/^{204}Pb$ 为 0.2%，$^{208}Pb/^{204}Pb$ 为 0.5%。测试结果通过 NBS981 标样来校正分馏，标样的标准值据为$^{206}Pb/^{204}Pb=16.937±0.002$（2$\sigma$），$^{207}Pb/^{204}Pb=15.457±0.002$（2$\sigma$）和$^{208}Pb/^{204}Pb=36.611±0.004$（2$\sigma$）（Todt et al.，1996）。

O 同位素分析采用传统的 BrF_5分析方法，用 BrF_5与含氧矿物在真空和高温条件下反应提取矿物氧，在 700℃条件下与石墨棒反应转化成 CO_2气体，分析精度为±0.2‰，相对标准为 V-SMOW。H 同位素分析采用 Zn 分解法。选取 40～60 目的纯净石英样品，在 150℃低温条件下真空去气 4 小时以上，以彻底除去表面吸附水和次生包裹体水，然后在 400℃高温条件下爆裂取水，并与金属锌反应生成 H_2，分析精度为±0.2‰，相对标准为 V-SMOW。

4.1.5　SIMS 原位氧（O）和硫（S）同位素分析

将薄片中的石英用切割机切下后嵌入环氧树脂中，然后抛光、喷碳以确保样品光滑且导电。原位氧同位素采用 CAMECA IMS1280-HR 在中国科学院广州地球化学研究所同位素地球化学国家重点实验室进行。标样 NBS28 用于校正石英的 $\delta^{18}O$ 值。详细的分析方法见 Yang 等（2018）。

硫化物微区原位 S 同位素分析在西北大学大陆动力学国家重点实验室进行。激光剥蚀系统是 193nm 准分子激光剥蚀系统（RESOlution M-50，澳大利亚砂岩工业有限公司），包含一台 193nm ArF 准分子激光器，一个双室样品室和电脑控制的高精度 X-Y 样品台移动、定位系统。双室样品池能有效避免样品间交叉污染，减少样品吹扫时间，同时装载样品能力大大提高，减少了频繁换样过程中人为因素的影响。测试 S 同位素时使用的激光能量密度为 3.6J/cm^2，频率为 3Hz，剥蚀斑束为 25～37μm，剥蚀方式为单点剥蚀，载气为高纯氦气（280mL/min），补充气体为 Ar，一般为 0.86L/min。S 同位素分析采用多接收等离子体质谱（Nu Plasma 1700 MC-ICP-MS），Nu Plasma 1700 则由 10 个固定的法拉第杯和 6 个可移动的法拉第杯（高低质量端各有 3 个）以及 3 个离子计数器组成。法拉第杯 H5、Ax、L4 分别接收^{34}S、^{33}S、^{32}S。通过调节源狭缝、X-Y 狭缝以及法拉第杯前可调节的接收器狭缝可得到>20000 的分辨率。测试 S 同位素一般使用的分辨率大于 12000，此时 Nu Plasma 1700 能将^{32}S 与干扰（^{16}O-^{16}O）分开，测试 $\delta^{34}S$ 可达到很高的精度（小于 0.1‰）。

数据采集模式为 TRA（Trados）模式，积分时间为 0.2s，背景采集时间为 30s，样品积分时间为 50s，吹扫时间为 75s。S 同位素组成用相对值来表示：$\delta^xS=[(^xS/^{32}S_{sample})/(^xS/^{32}S_{standard})-1]\times1000$；$X$ 为 34 或 33。其中 standard 为曾经的国际标准 V-CDT 样品，但是该标准样品早已耗尽，现多用 IAEA-S-1（Ag_2S，$\delta^{34}S_{V-CDT}$已知为-0.3‰）作为标准样品，使用时将样品相对于标准样品的值换算为 $\delta^{34}S_{V-CDT}$。西北大学大陆动力学国家重点实验室测试 S 同位素的实验室内标全部通过气体稳定同位素质谱或溶液进样的 MC-ICP-MS 方法定值，定值时使用的标准样品为 IAEA-S-1、IAEA-S-2、IAEA-S-3（Ag_2S 粉末）。测试过程中使用的数据校正方法为“标准-样品-标准”交叉测试（SSB），每测一个样品前后各测一次标样，$^{34}S/^{32}S_{standard}$为样品前后两个标样的同位素比值均值。由于 LA-MC-ICP-MS 测试 S 同位素同时存在明显的基体效应，所以测试过程中对不同类型硫化物一般选择相同基体作为标准样品，该实验室目前有均一性较好的闪锌矿（NBS123，$\delta^{34}S_{V-CDT}=17.8‰±0.2‰$），黄铁矿（Py-4，$\delta^{34}S_{V-CDT}=1.7‰±0.3‰$），黄铜矿（Cpy-1，$\delta^{34}S_{V-CDT}=4.2‰±0.3‰$），方铅矿（CBI-3，$\delta^{34}S_{V-CDT}=28.5‰±0.4‰$），重晶石（NBS127，$\delta^{34}S_{V-CDT}=$

20.3‰±0.2‰）标准样品。为监控数据的准确性，会每隔8个样品插入测试一对实验室内标，如黄铜矿Cpy-1/GC，黄铁矿Py-4/PTST-2或闪锌矿NBS123/PTST-3，其中GC、PTST-2和PTST-3的$\delta^{34}S_{V-CDT}$值分别为-0.7‰±0.3‰、32.5‰±0.3‰、26.4‰±0.3‰。其他详细的分析方法见范宏瑞等（2018）和Chen等（2015）。

4.1.6　He-Ar同位素分析

He-Ar同位素分析在中国地质科学院矿产资源研究所进行，采用Helix SFT稀有气体质谱仪测试。系统由压碎、纯化和质谱系统组成。测试在高真空下完成，压碎和纯化系统在真空$n\times10^{-9}$mbar（1mbar=100Pa）条件下进行，质谱系统在真空$n\times10^{-10}$mbar条件下进行。质谱离子源采用Nier型离子源，灵敏度对He在800μA阴电流时好于2×10^{-4}A/Torr①，对Ar在200μA阴电流时好于1×10^{-3}amps/Torr。^{40}Ar静态上升率小于$1\times10^{-12}cm^3$SPT/min，^{36}Ar本底小于$5\times10^{-14}cm^3$SPT。法拉第杯分辨率>400，离子计数器分辨率>700，可将^3He与^4He、$HD+H_3$与^3He峰完全分开。

将高纯度40～60目样品清洗、烘干，取0.5～1.0g装入不锈钢坩埚再移到压碎装置中，密封并加热去气抽真空。压碎样品，多级纯化包裹体气，分离出纯He和Ar。He测试：He模式下，^4He信号用法拉第杯接收，^3He用离子倍增器接收。离子源电压4.5kV，电流1218μA，trap电压15.56V，电流450μA。Ar测试：Ar模式下，^{40}Ar和^{36}Ar用法拉第杯接收，^{38}Ar用离子倍增器接收。离子源电压4.5kV，电流454μA，trap电压15.02V，电流200μA。利用当天空气标准的测试结果和空气标准值校正样品测试结果。空气$^3He/^4He$标准值采用1.4×10^{-6}，$^{40}Ar/^{36}Ar$和$^{38}Ar/^{36}Ar$标准值分别采用295.5和5.35。利用0.1mL标准气^4He（$52.3\times10^{-8}cm^3$SPT）和^{40}Ar（$4.472\times10^{-8}cm^3$SPT）含量、标准气和样品的同位素信号强度以及样品压碎后过筛100目以下的质量标定样品中^4He和^{40}Ar含量。

4.1.7　Ar-Ar同位素定年

采用常规方法将样品粉碎至20目以上，并在双目镜下从每个样品中挑选出200mg左右的白云母，白云母的纯度大于99%。挑选出来的样品首先送往中国原子能科学研究院49-2反应堆B4孔道进行中子照射，用纯铝箔纸将白云母样品包成6mm大小的球形，封闭于石英玻璃瓶中，并用0.5mm厚的Cd箔包裹，照射时长为30小时，快中子通量为2.2576×10^{18}。同时对纯物质CaF_2和K_2SO_4进行同步照射，得出校正因子为：$(^{36}Ar/^{37}Ar)_{Ca}=0.000271$，$(^{39}Ar/^{37}Ar)_{Ca}=0.000652$，$(^{40}Ar/^{39}Ar)_K=0.00703$。照射后的样品经冷却装入样品架中，经密封去气后再一起装入系统。

Ar-Ar定年测试在北京大学造山带与地壳演化教育部重点实验室进行，测试采用的仪器为RGA10型质谱仪，详细的测试过程见Hall和Farrell（1995）。质谱仪记录5组Ar同位素信号，信号强度单位为mV，每隔三次测试就测一次空白样，数据处理的详细方法见Nomade等（2005）。样品14JM14和14JM15则被送往中国地质大学（武汉）进行Ar-Ar定年测试，测试采用的仪器为Argus VI型质谱仪，详细的测试过程见Qiu等（2015），数据处理的详细方法见Koppers（2002）。

4.1.8　锆石U-Pb同位素定年

将采集的样品（约5kg）清洗干净、破碎，采用常规方法将样品粉碎至80目以上，并采用电磁选方法进行分选。在双目镜下挑选出晶形和透明度较好，无裂纹，粒径足够大的锆石颗粒作为测试对象。锆石制靶和阴极发光（CL）图像在重庆宇劲科技有限公司完成，将其置于Devcon环氧树脂中，待固结后抛

① 1Torr=1.33322×10^2Pa。

磨至锆石粒径的大约二分之一，使锆石内部充分暴露。锆石年龄测试在中国科学院广州地球化学研究所矿物学与成矿学重点实验室完成，使用仪器为激光剥蚀电感耦合等离子质谱仪（LA-ICP-MS），仪器型号为 RESOlution M-50 Agilent 7500a，厂家为 Resonetics Agilent，光斑为 29μm。采用 He 气作为剥蚀物质的载体。采用标准锆石 Plesovice（337.13±0.37Ma；Sláma et al.，2008）和 Temora（416.6±1.0Ma；Black et al.，2003）作为外标，元素含量采用 NIST 610 作为外标，^{29}Si 作为内标元素（锆石中 SiO_2 含量为 32.8%），详细分析方法见 Yuan 等（2004）；普通铅校正采用 Andersen（2002）推荐的方法；锆石的同位素比值及微量稀土元素含量计算采用 ICPMSDataCal 程序（Liu et al.，2010a，2010b），年龄计算及谐和图的绘制采用 Isoplot 2006（Ludwig，2004）。

4.1.9　白钨矿 Sm-Nd 同位素定年

在详细进行野外和室内观察的基础上，首先将样品碎至 60 目。然后，在双目镜下借助荧光灯挑选白钨矿。在挑选过程中，将混晶和杂质剔除，使白钨矿的纯度达到 99% 以上。最后，将挑选出来的白钨矿碎至 200 目。白钨矿 Sm-Nd 同位素的测定工作在中国地质调查局武汉地质调查中心的 Triton 热电离质谱仪上完成。详细的操作流程参考李华芹（1998）。样品分析测试在超净化实验室完成。通过同位素稀释法得到 Sm、Nd 含量，直接对提纯的样品分析得到 Nd 同位素比值，质谱分析中产生的质量分馏采用 $^{146}Nd/^{144}Nd=0.7219$ 进行幂定律校正，并采用 GBW04419、BCR-2 和 GSW 标准物质对全流程和仪器进行监控。全流程 Sm、Nd 空白分别为 $3\times10^{-11}g$ 和 $2\times10^{-10}g$，对样品分析结果的影响可忽略不计。Sm-Nd 同位素年龄通过 Isoplot 程序分析处理（Ludwig，2003）。计算时采用的 ^{147}Sm 衰变常数 λ 为 $6.54\times10^{-12}a^{-1}$，球粒陨石均一储库（CHUR）现代的 $^{147}Sm/^{144}Nd$ 和 $^{143}Nd/^{144}Nd$ 值分别采用 0.1967 和 0.512638（Steiger and Jager，1977）。

4.1.10　流体包裹体分析

金（锑钨）矿床中流体包裹体的显微测温分析是在加拿大里贾纳大学地质系地质流体实验室进行，研究采用英国产 Linkam THMS 600 型地质用冷热台，并与 Olympus BX 51 显微镜相连。测试前，使用合成的 CO_2-H_2O（CO_2融化温度为-56.6℃）和 H_2O（冰点温度为0℃，超临界温度为374.1℃）流体包裹体对冷热台进行校正。测温时，使用的温度范围为-180～400℃，冰点温度（$T_{m\text{-}ice}$）、CO_2 相融化温度（$T_{m\text{-}CO_2}$）、CO_2水合物融化温度（$T_{m\text{-}Cl}$），以及 CO_2 相均一温度（$T_{h\text{-}CO_2}$）的测试精度为±0.2℃，流体包裹体均一温度（T_h）的测试精度为±2℃。其他矿床的流体包裹体显微测温工作是在中国科学院广州地球化学研究所矿物学与成矿学重点实验室完成。采用的仪器为英国产 Linkam THMDS 600 型地质用冷热台。仪器测定温度范围为-196～600℃，测试前先用人工合成的流体包裹体对仪器进行校正，测量精度在 25～400℃范围内为±0.1℃，400℃以上为±2℃。测试升温速率一般为 0.2～5±0.1℃/min，但是在接近冰点时升温速率降至 0.1℃/min，接近均一温度时升温速率为 0.2～0.5℃/min。

根据包裹体显微测温数据，采用“FLUIDS”软件计算流体包裹体的等容线（Bakker，2003）。将水溶液流体包裹体看作 H_2O-NaCl 体系，并使用“BULK”软件，根据均一温度和盐度计算流体密度（根据 Bodnar et al.，1993 的经验状态方程）。然后根据 Bodnar 和 Vityk（1994）的经验状态方程，使用“BISOC”软件来计算等容线。对于含 CO_2 流体包裹体，将其视作 H_2O-NaCl-CO_2 体系，使用“Flincor”软件（Bowers and Helgeson，1983）以及 Brown 和 Lamb（1989）中提到的公式来计算流体包裹体的成分和温压条件。

激光拉曼测试在加拿大里贾纳大学地质系地质流体实验室进行，使用的仪器为英国 Renishaw 公司产的 RM2000 型激光拉曼光谱仪，用于分析单个流体包裹体中的气体和流体的成分。使用 Ar 原子激光器，波长 514nm，物镜放大倍数为 50 倍，使用的光栅为 1800gr/mm。

4.2　金（锑钨）矿床成矿系统

4.2.1　矿物微量元素特征

大万和黄金洞金矿中硫化物的电子探针分析结果分别见表4-1、表4-2。由于电子探针的检测限较高，部分元素的含量值不可靠，但是可以说明这些元素存在于硫化物中。毒砂、黄铁矿、辉锑矿、闪锌矿、方铅矿中具有较高的Au含量，分别为0.0259%~0.611%、0.0259%~0.469%、0.0259%~0.198%、<0.0259%和<0.0259%，而Ag含量分别为0.0115%~0.138%、0.0115%~0.030%、0.0115%~0.0777%、<0.0115%和<0.0115%（表4-1、表4-2）。此外，矿区硫化物的Bi含量较低，大多小于检测限（0.0298%~0.0347%）。

表4-1　大万金矿硫化物电子探针数据　（单位：%）

分析矿物	Au	As	Bi	Pt	Se	Pb	Zn	S	Cu	Ni	Sb	Co	Fe	Ag	总计
Asp	0.387	39.281	—	0.048	—	0.109	0.022	23.446	—	—	0.054	0.073	37.381	0.072	100.873
Asp	—	39.47	—	—	—	0.063	—	24.483	—	—	—	0.016	36.251	—	100.283
Asp	0.167	43.35	—	—	—	0.089	0.032	21.303	—	0.18	0.041	0.077	35.726	—	100.965
Asp	—	41.866	—	0.094	—	0.171	—	21.714	—	0.204	—	0.07	35.91	—	100.029
Asp	—	41.691	—	0.224	—	—	—	22.141	0.021	0.038	—	0.049	36.409	0.127	100.700
Asp	0.059	39.161	—	0.262	—	0.098	—	23.401	—	0.026	0.149	0.101	36.984	—	100.241
Asp	0.236	40.993	—	—	—	0.094	—	22.433	—	0.05	—	0.076	36.57	—	100.452
Asp	0.263	40.663	—	—	—	0.109	—	22.16	0.014	—	—	0.034	36.515	—	99.758
Asp	0.536	41.336	—	—	—	0.06	—	22.32	—	—	—	0.027	37.119	—	101.398
Asp	0.411	41.43	—	—	—	0.094	—	22.049	—	—	—	0.037	36.023	—	100.044
Asp	—	41.048	—	—	—	0.083	0.096	22.739	0.042	0.028	—	0.048	36.479	—	100.563
Asp	0.184	41.772	—	—	—	—	0.053	22.106	0.043	—	—	0.041	36.558	—	100.757
Asp	0.214	39.482	—	0.131	—	0.066	—	23.271	—	—	—	0.007	36.713	—	99.884
Asp	—	40.412	—	0.428	—	0.123	0.069	22.929	—	0.018	0.055	0.043	36.227	—	100.304
Asp	—	41.717	—	0.675	—	0.145	—	21.478	—	—	0.036	0.068	36.23	0.048	100.397
Asp	0.506	43.221	—	—	—	0.094	—	21.882	—	—	—	0.04	35.752	—	101.495
Asp	—	41.426	—	—	—	0.082	0.024	22.175	—	—	—	0.078	36.826	—	100.611
Asp	—	39.865	—	—	—	0.086	0.027	23.46	0.016	—	—	0.038	37.361	—	100.853
Asp	—	40.016	—	0.403	—	0.053	—	23.213	—	—	—	—	36.802	0.138	100.625
Asp	0.088	41.13	—	0.248	—	0.134	0.035	22.567	—	0.017	—	0.028	36.519	—	100.766
Asp	0.146	42.39	—	0.53	—	0.149	—	21.485	—	0.015	—	0.038	35.805	—	100.558
Asp	—	40.105	—	0.166	—	0.063	—	23.823	0.063	—	—	—	36.411	—	100.631
Asp	—	41.417	—	—	—	0.12	—	21.893	—	—	—	0.055	36.446	—	99.931
Asp	—	39.959	—	—	—	0.089	0.038	23.535	—	—	—	0.044	37.008	0.053	100.726
Asp	—	40.969	—	0.44	—	0.099	—	22.565	—	0.025	—	0.03	36.32	—	100.448
Asp	0.316	40.711	—	—	—	0.091	—	22.408	0.052	—	—	0.043	36.779	—	100.400
Asp	0.453	41.411	—	—	—	0.097	0.038	21.679	—	0.012	—	0.054	36.249	—	99.993
Asp	0.22	40.433	—	—	—	0.069	0.052	23.084	—	0.026	—	—	36.921	—	100.805

续表

分析矿物	Au	As	Bi	Pt	Se	Pb	Zn	S	Cu	Ni	Sb	Co	Fe	Ag	总计
Asp	0.285	40.402	—	0.13	—	0.083	—	22.556	0.031	—	0.043	0.005	36.458	—	99.993
Asp	—	40.288	—	—	—	0.11	—	22.367	—	—	0.043	0.057	36.313	0.048	99.226
Asp	—	40.811	—	—	—	0.079	0.075	22.703	—	0.013	0.032	0.05	36.727	0.116	100.606
Asp	0.153	41.914	—	—	—	0.078	—	22.014	0.014	—	0.029	0.045	35.991	—	100.238
Asp	—	40.749	—	—	—	0.101	0.021	22.919	—	0.02	—	0.044	36.513	—	100.367
Asp	0.611	40.554	—	0.2	—	0.117	0.047	22.197	—	—	—	0.065	36.64	0.113	100.544
Asp	0.058	41.303	—	—	—	0.115	—	22.676	—	—	0.133	0.035	36.38	0.053	100.753
Asp	0.146	39.814	—	0.166	—	0.147	—	23.545	—	—	0.142	0.074	36.76	—	100.794
Asp	0.491	40.255	—	—	—	0.088	—	22.493	0.016	—	—	0.005	36.874	—	100.222
Asp	0.241	41.236	—	—	—	0.118	—	22.719	—	—	—	0.064	36.459	—	100.837
Asp	—	41.569	—	0.33	—	0.027	0.029	21.871	0.061	—	—	—	36.171	—	100.058
Asp	0.102	42.209	—	0.059	—	0.017	0.049	22.18	0.059	—	—	—	35.967	—	100.642
Asp	0.168	41.647	—	—	—	0.126	0.049	22.51	0.028	—	0.027	0.043	36.233	—	100.831
Asp	—	40.537	—	0.119	—	0.104	—	23.115		0.013	—	0.047	36.611	—	100.546
Asp	0.459	40.753	—	0.578	—	0.153	—	21.971	0.027	0.022	—	—	36.815	—	100.778
Asp	0.044	41.008	—	0.225	—	0.117	—	22.62	—	—	—	0.033	36.776	—	100.823
Asp	0.291	41.116	—	—	—	0.067	—	22.248	—	—	—	0.048	36.548	—	100.318
Asp	—	41.209	—	0.094	—	0.128	—	22.139	—	—	—	0.015	37.162	—	100.747
Asp	—	39.691	—	—	—	0.05	—	23.417	0.05	0.014	0.028	0.022	37.116	—	100.388
Asp	—	41.863	—	—	—	0.096	—	21.522	—	0.252	—	0.043	36.595	0.056	100.427
Asp	—	42.095	—	0.274	—	0.103	—	21.358	—	0.049	—	0.057	36.741	—	100.677
Asp	0.169	40.911	—	—	—	0.093	—	22.862	0.031	0.083	—	0.023	36.014	—	100.186
Asp	—	41.288	—	—	—	0.089	—	22.466	—	—	0.055	0.042	35.919	0.054	99.913
Asp	0.609	39.745	—	0.261	—	0.129	—	23.068	0.056	—	—	0.024	36.347	—	100.239
Asp	—	41.118	—	—	—	0.161	0.024	22.823	0.044	0.109	—	0.039	36.218	—	100.536
Py	—	2.804	—	0.677	—	0.209	—	49.819	—	0.017	—	0.035	45.946	—	99.507
Py	0.325	1.999	—	—	—	0.117	—	50.431	—	—	—	0.02	46.715	—	99.607
Py	—	3.869	—	0.166	—	0.154	—	50.14	0.023	0.102	—	0.041	45.251	—	99.746
Py	—	2.811	—	—	—	0.086	—	50.272	—	0.01	—	0.03	46.571	—	99.780
Py	—	3.024	—	—	—	0.26	—	50.3	0.029	0.019	0.038	0.036	46.363	—	100.069
Py	—	2.611	—	—	—	0.244	0.032	50.761	—	—	0.035	0.065	46.499	—	100.247
Py	—	3.246	—	0.628	—	0.161	—	49.566	—	—	—	0.045	46.616	—	100.262
Py	—		—	0.234	—	0.224	0.532	51.77	—	—	—	0.096	47.426	—	100.282
Py	—	3.458	—		—	0.262	0.043	50.775	—	—	—	0.033	45.789	—	100.360
Py	0.079	3.44	—	0.116	—	0.296	—	49.898	0.04	0.013	—	0.063	46.503	—	100.448
Py	—	3.317	—	0.064	—	0.123	—	50.917	—	—	0.041	—	46.052	—	100.514
Py	—	3.344	—	—	—	0.139	0.029	49.805	0.022	0.053	0.126	0.053	46.982	—	100.553
Py	—	3.769	—	0.382	—	0.138	0.024	49.765	—	0.058	—	0.072	46.377	—	100.585
Py	—	2.811	—	0.23	—	0.193	0.024	50.959	—	—	—	0.069	46.245	—	100.531
Py	0.032	2.757	—	0.076	—	0.154	—	50.667	—	—	—	0.041	46.888	—	100.615

续表

分析矿物	Au	As	Bi	Pt	Se	Pb	Zn	S	Cu	Ni	Sb	Co	Fe	Ag	总计
Py	—	2.8	—	—	—	0.125	—	51.631	—	0.061	0.064	0.068	45.848	—	100.597
Py	0.469	2.734	—	—	—	0.164	0.037	50.318	—	—	—	0.045	46.86	—	100.627
Py	—	4.777	—	—	—	0.126	—	50.184	0.037	0.013	—	0.095	45.406	—	100.638
Py	—	2.858	—	—	—	0.199	—	50.577	—	—	—	0.053	46.949	—	100.636
Py	0.327	2.979	—	—	—	0.19	—	50.52	—	—	—	0.037	46.613	—	100.666
Py	—	3.384	—	0.268	—	0.21	—	50.818	0.033	—	—	0.047	45.94	—	100.700
Py	0.382	2.598	—	0.772	—	0.179	—	50.522	—	—	—	0.011	46.272	—	100.736
Py	—	5.93	—	—	—	0.241	0.054	48.942	0.086	—	—	0.043	45.475	—	100.771
Py	0.079	3.335	—	—	—	0.166	0.021	51.325	—	0.019	—	0.081	45.737	—	100.763
Py	0.354	3.683	—	0.381	—	0.153	0.055	49.677	—	0.039	0.036	0.047	46.367	—	100.792
Py	—	0.198	—	—	—	—	—	51.866	—	—	0.067	0.091	46.421	—	98.643
Py	0.074	0.247	—	—	—	0.042	—	52.446	—	0.021	0.208	0.059	46.778	—	99.875
Py	0.067	0.089	—	—	—	—	—	52.909	—	—	0.1	0.096	46.828	—	100.089
Py	0.055	0.05	—	—	—	—	—	52.87	—	—	0.062	0.084	46.896	—	100.017
Py	0.038	0.062	—	—	—	—	—	52.208	—	—	0.146	0.083	46.845	—	99.382
Sph	—	—	0.033	—	—	—	65.191	32.563	—	—	—	—	1.65	—	99.437
Sph	—	—	—	—	—	—	65.621	32.692	—	—	—	—	1.335	—	99.648
Sph	—	—	—	—	—	—	65.574	32.326	—	—	—	—	1.313	—	99.213
Sph	—	—	—	—	—	—	65.476	32.598	0.084	—	—	—	1.597	—	99.755
Py	0.068	2.319	—	—	—	—	—	51.562	0.016	—	0.015	0.094	46.285	—	100.359
Py	—	0.756	—	—	—	—	—	52.437	—	—	—	0.088	46.784	—	100.065
Py	—	—	—	—	—	—	—	53.312	—	0.014	—	0.102	47.25	—	100.678
Py	0.057	0.029	—	—	—	—	—	53.045	—	—	—	0.064	47.105	—	100.300
Py	0.069	0.02	—	—	—	—	—	52.968	—	—	—	0.087	47.136	—	100.280
Sph	—	—	—	—	—	—	66.799	31.924	0.272	—	0.083	—	0.024	—	99.102
Bnt	—	0.375	—	—	—	43.394	0.308	19.35	13.953	—	23.298	—	0.012	—	100.690
Gn	—	—	—	—	—	84.689	—	13.058	0.013	—	1.019	—	0.022	—	98.801
Gn	—	—	—	—	—	86.058	1.642	13.271	0.778	—	0.26	—	0.027	—	102.036
Asp	0.274	44.244	—	—	—	—	0.435	21.144	0.04	0.119	—	0.083	33.4	—	99.739
Bnt	—	0.41	—	—	—	43.15	—	19.149	13.074	—	23.193	—	—	—	98.976
Sph	—	—	—	—	—	—	66.688	32.216	—	—	—	—	1.184	—	100.088
Sti	—	0.261	—	—	—	0.039	—	28.113	0.009	—	71.665	—	0.111	—	100.198
Sti	—	1.954	—	—	—	—	—	50.739	—	—	0.032	0.08	46.484	—	99.289
Sti	—	0.256	—	—	—	—	—	27.767	—	—	71.573	—	0.237	—	99.833
Sti	—	0.341	—	—	—	—	—	27.522	—	—	70.854	—	—	—	98.717
Sti	—	0.319	—	—	—	—	—	27.924	—	—	71.289	—	—	—	99.532
Py	—	2.551	—	—	—	—	—	51.248	—	—	—	0.1	46.359	—	100.258
Py	—	2.284	—	—	—	—	—	50.596	—	—	—	0.082	45.918	—	98.880
Py	0.034	2.121	—	—	—	—	—	51.365	—	—	—	0.084	46.153	—	99.757
Py	—	2.045	—	—	—	—	—	50.35	—	—	0.017	0.076	45.111	—	97.599

续表

分析矿物	Au	As	Bi	Pt	Se	Pb	Zn	S	Cu	Ni	Sb	Co	Fe	Ag	总计
Py	0. 048	2. 29	—	—	—	—	—	51. 179	—	—	0. 561	0. 098	45. 678	0. 02	99. 874
Py	0. 029	2. 074	—	—	—	—	—	51. 45	0. 018	—	0. 813	0. 084	45. 238	—	99. 706
Py	—	4. 671	—	—	—	—	—	49. 997	—	—	0. 209	0. 099	45. 244	—	100. 220
Py	—	5. 322	—	—	—	—	—	48. 86	—	—	0. 272	0. 064	45. 26	—	99. 778
Py	—	1. 77	—	—	—	—	0. 017	51. 301	—	—	0. 489	0. 056	45. 746	—	99. 379
检测限	0. 0259	0. 017	0. 0298	0. 0210	0. 026	0. 0256	0. 0109	0. 0087	0. 0085	0. 011	0. 0127	0. 0065	0. 0085	0. 0115	

注：“—”代表未检测到数据；Asp. 毒砂；Py. 黄铁矿；Sph. 闪锌矿；Gn. 方铅矿；Sti. 辉锑矿；Bnt. 斑铜矿。

表 4-2 黄金洞金矿硫化物电子探针数据 （单位:%）

分析矿物	Au	As	Bi	Pt	Se	Pb	Zn	S	Cu	Ni	Sb	Co	Fe	Ag	总计
Asp	0. 0414	29. 3743	—	—	—	0. 0334	—	36. 2346	0. 07	0. 0869	0. 0594	0. 052	34. 0223	0. 012	99. 986
Asp	—	29. 9951	—	0. 0251	—	—	—	35. 4877	—	—	0. 0137	—	34. 4287	—	99. 950
Asp	0. 0958	27. 2528	—	—	—	0. 0408	—	38. 4917	—	—	0. 1297	0. 0497	33. 9395	—	100. 000
Asp	—	27. 4319	—	0. 065	—	—	—	37. 8407	—	—	0. 0558	0. 0299	34. 5322	—	99. 956
Asp	—	28. 4571	—	0. 1118	—	0. 0464	—	36. 5342	—	1. 9841	0. 0292	0. 5259	32. 2563	0. 0432	99. 988
Asp	0. 047	27. 4071	—	—	—	—	—	37. 7127	0. 0145	0. 0216	0. 1245	0. 0215	34. 6264	—	99. 975
Asp	0. 0564	29. 0853	—	—	—	—	—	36. 3426	—	—	—	0. 0475	34. 4493	—	99. 981
Asp	0. 0811	28. 1893	—	—	—	—	—	37. 2402	—	—	0. 093	0. 0186	34. 3564	—	99. 979
Asp	—	27. 752	—	—	—	0. 0279	0. 0144	37. 7864	—	0. 0125	0. 0738	0. 0397	34. 2927	—	99. 999
Asp	0. 0645	27. 5985	—	—	—	—	—	37. 4414	0. 0629	0. 1786	—	0. 1318	34. 464	0. 0495	99. 991
Asp	—	28. 7978	—	0. 0588	—	0. 0361	—	36. 5657	—	0. 0657	—	0. 0366	34. 3883	—	99. 949
Asp	0. 1382	28. 2972	—	—	—	0. 0235	—	36. 8507	—	—	0. 0185	0. 053	34. 5993	0. 0038	99. 984
Asp	0. 066	27. 5104	—	—	—	0. 0282	—	37. 8216	—	—	0. 0514	0. 0186	34. 4619	0. 0151	99. 973
Asp	0. 0946	29. 0133	—	—	—	0. 0326	—	36. 2255	0. 0352	—	—	0. 0575	34. 5066	—	99. 965
Asp	—	28. 5591	—	0. 2047	—	—	—	36. 5287	—	0. 0128	0. 0172	0. 0232	34. 6208	—	99. 967
Asp	—	27. 577	—	0. 04	—	—	—	37. 6974	—	—	0. 1514	0. 0297	34. 4806	—	99. 976
Asp	—	28. 1869	—	0. 0509	—	—	—	37. 0826	0. 0177	—	0. 0214	0. 0192	34. 6002	—	99. 979
Asp	0. 06	26. 7281	—	0. 0887	—	—	0. 0561	38. 2719	0. 0085	—	0. 0559	0. 0244	34. 6874	0. 0094	99. 990
Asp	—	30. 139	—	—	—	—	—	35. 2308	0. 0269	0. 0128	—	0. 0423	34. 4807	0. 0391	99. 972
Asp		28. 9644	—	—	—	—	—	36. 2813	0. 0087	—	—	0. 0429	34. 5916	0. 0713	99. 960
Asp	—	27. 7687	—	0. 0184	—	0. 0313	0. 0204	37. 6665	—	0. 0171	0. 1161	0. 0275	34. 334	—	100. 000
Asp	—	29. 1945	—	0. 034	—	0. 0198	—	36. 1994	—	—	—	0. 0605	34. 4433	—	99. 952
Asp	—	28. 1828	—	0. 1004	—	0. 0197	—	37. 1963	0. 0157	—	—	0. 0174	34. 4455	—	99. 978
Asp	—	28. 043	—	0. 0095	—	0. 0067	—	37. 2069	—	—	0. 0334	0. 0222	34. 6573	—	99. 979
Asp	0. 0874	29. 0711	—	0. 0434	—	0. 03	—	36. 0715	0. 0379	—	—	0. 0607	34. 5261	0. 0667	99. 995
Asp	0. 0589	28. 7744	—	0. 0621	—	0. 0334	0. 0498	36. 7361	0. 0233	0. 172	—	0. 0937	33. 983	—	99. 987
Asp		28. 6351	—	0. 0278	—	0. 04	—	36. 6852	—	—	—	0. 0186	34. 5758	—	99. 983
Asp	0. 0395	27. 8254	—	—	—	0. 0288	—	37. 7598	—	—	0. 0907	0. 0438	34. 2121	—	100. 000
Asp	—	27. 4496	—	0. 0585	—	—	—	38. 4378	—	—	—	0. 058	33. 973	—	99. 977
Asp	0. 0907	28. 0449	—	—	—	—	0. 0312	38. 237	0. 0171	—	0. 0141	0. 0112	33. 5136	—	99. 960
Asp	—	28. 5232	—	—	—	—	—	37. 2709	0. 0307	0. 0297	—	0. 0415	34. 0912	—	99. 987

续表

分析矿物	Au	As	Bi	Pt	Se	Pb	Zn	S	Cu	Ni	Sb	Co	Fe	Ag	总计
Asp	—	27.5958	—	—	—	—	—	37.801	0.0093	0.0186	0.0155	0.0258	34.4915	—	99.958
Asp	—	28.0921	—	—	—	0.034	—	37.3031	0.0145	—	—	0.0326	34.4975	—	99.974
Asp	—	29.0826	—	—	—	0.0379	—	36.016	—	0.6118	—	0.0812	34.1141	0.0496	99.993
Asp	—	27.857	—	—	—	0.0326	—	37.8615	—	—	0.0178	0.0118	34.175	—	99.956
Asp	0.0435	28.7028	—	0.0525	—	0.0291	0.013	36.532	—	—	—	0.0216	34.5115	0.0505	99.957
Asp	—	28.7826	—	—	—	0.0343	—	36.4743	—	—	—	0.0165	34.6923	—	100.000
Asp	0.1621	29.0059	—	—	—	0.0434	0.064	36.3913	0.0199	—	—	0.0339	34.2792	—	100.000
Asp	—	28.6686	—	—	—	0.0289	0.0199	36.706	0.0128	0.0195	—	0.04	34.4867	—	99.982
Asp	0.0378	28.939	—	0.0618	—	—	0.0179	36.3175	—	0.0127	—	0.0231	34.5825	—	99.992
Asp	0.0749	28.618	—	—	—	—	0.0278	36.7042	—	0.0065	—	0.0096	34.5362	—	99.977
Asp	—	27.9856	—	—	—	—	0.0019	37.4338	0.0393	0.0208	—	0.0386	34.4455	0.0038	99.969
Asp	—	28.308	—	0.04	—	—	0.0311	37.4036	—	0.0249	—	0.0431	34.1342	—	99.985
Asp	—	27.8805	—	0.1005	—	0.0353	0.0221	37.8931	0.0127	0.0517	—	0.0338	33.9528	—	99.983
Asp	—	28.3131	—	0.2083	—	0.0373	—	36.8508	0.0162	0.0102	—	0.0348	34.5126	—	99.983
Asp	—	28.8046	—	—	—	—	0.0271	36.8736	0.029	0.0954	—	0.0201	34.1295	—	99.979
Asp	0.0562	28.4791	—	0.0428	—	—	—	36.54	0.0051	0.0576	—	0.0111	34.7711	—	99.963
Asp	—	27.9979	—	—	—	—	—	37.4584	—	0.0198	0.1501	0.0376	34.2946	—	99.958
Asp	—	28.3894	—	0.0856	—	—	0.0135	36.7752	0.0204	—	0.0127	0.0428	34.6309	—	99.971
Asp	—	28.5422	—	—	—	—	0.0745	36.6612	—	—	0.0701	0.0548	34.5336	0.0216	99.958
Asp	—	28.4021	—	0.0429	—	—	0.0387	36.803	0.0451	—	0.0817	0.0452	34.506	0.0119	99.977
Asp	—	28.2394	—	0.1651	—	—	—	36.8004	0.062	0.0118	0.0206	0.0473	34.6094	—	99.956
Asp	—	28.583	—	—	—	—	—	37.1732	0.0085	—	0.0623	0.0341	34.118	—	99.979
Asp	—	29.2458	—	—	—	—	—	36.1898	—	0.0943	—	0.0453	34.3866	—	99.962
Py	—	1.5001	—	—	—	0.0304	0.0239	64.1594	0.0422	—	—	0.0266	34.1918	—	99.974
Py	—	0.2578	—	—	—	0.037	—	65.7155	0.0268	—	0.0594	0.0674	33.8213	0.0082	99.993
Py	0.051	0.3408	—	—	—	0.045	0.0042	65.7956	0.0088	—	—	0.0426	33.7041	—	99.992
Py	—	1.4363	—	—	—	0.0381	—	64.7687	0.0255	—	—	0.0317	33.6738	—	99.974
Py	0.0548	1.4216	—	—	—	—	—	64.8959	0.0108	0.0157	—	0.0375	33.5202	—	99.957
Py	0.0096	1.6793	—	—	—	0.0359	0.0034	64.548	—	0.0125	—	0.022	33.6823	—	99.993
Py	0.077	0.3573	—	0.1333	—	0.0139	0.0017	65.2711	—	—	—	0.037	34.0864	0.0149	99.993
Py	—	0.9964	—	—	—	0.0272	—	65.394	—	—	0.0093	0.0341	33.5098	0.0103	99.981
Py	—	0.9949	—	0.0414	—	0.038	—	64.829	—	—	—	—	34.0807	—	99.984
Py	—	1.5793	—	—	—	0.0342	0.012	64.3248	—	—	—	0.0194	34.0124	0.0157	99.998
Py	0.049	1.8766	—	—	—	0.0246	0.0326	63.759	0.0327	—	0.0118	0.0112	34.1658	0.03	99.993
Py	—	2.0999	—	—	—	0.0329	0.02	62.2654	—	—	1.3414	0.0162	34.1939	—	99.970
Sti	—	0.9985	—	—	—	0.026	—	58.7938	—	—	40.1297	0.0505	—	—	99.999
Sti	—	1.0494	—	0.2242	—	0.0567	0.0743	58.4647	—	0.012	40.0781	0.0085	0.0153	—	99.983
Sti	—	0.9688	—	—	—	0.0451	0.0333	58.7039	—	0.0167	40.2322	—	—	—	100.000
Sti	—	0.9056	—	—	—	0.0434	0.0099	59.1926	0.0894	0.0125	39.6856	0.0398	—	0.0189	99.998
Sti	—	1.042	—	—	—	—	—	58.9289	—	—	40.001	—	—	—	99.972

续表

分析矿物	Au	As	Bi	Pt	Se	Pb	Zn	S	Cu	Ni	Sb	Co	Fe	Ag	总计
Sti	—	1. 0751	—	—	—	0. 0551	—	58. 8218	—	—	40. 0403	—	—	—	99. 992
Sti	0. 052	1. 0422	—	0. 2334	—	0. 0194	—	57. 9035	—	—	40. 7151	—	0. 025	—	99. 991
Sti	—	1. 0497	—	0. 1909	—	0. 0384	—	55. 2081	0. 0214	—	43. 2724	0. 0336	0. 1854	—	100. 000
Sti	—	0. 7947	—	0. 0957	—	0. 0543	—	57. 6177	—	—	41. 3002	0. 0221	0. 1128	—	99. 998
Sti	0. 1364	0. 1468	—	—	—	0. 079	0. 0073	60. 9957	0. 0487	—	38. 569	—	—	—	99. 983
Sti	—	0. 1954	—	—	—	0. 0441	0. 0696	60. 9586	0. 0053	—	38. 6754	0. 049	—	—	99. 997
Sti	—	0. 1249	—	0. 148	—	0. 0764	—	60. 7133	—	—	38. 9007	0. 0241	0. 0126	—	100. 000
Sti	0. 1106	0. 1224	—	0. 0555	—	0. 0488	0. 0551	60. 7482	0. 0502	—	38. 8015	0. 0077	—	—	100. 000
Sti	0. 018	0. 1619	—	0. 1255	—	0. 0695	—	61. 1027	—	—	38. 4991	—	—	—	99. 977
Sti	0. 027	0. 1424	—	0. 0663	—	0. 0975	0. 0585	60. 6498	—	0. 0132	38. 9454	—	—	—	100. 000
Sti	—	0. 1729	—	—	—	0. 072	—	60. 8757	0. 0118	—	38. 8428	—	—	—	99. 975
Sti	0. 1715	0. 1049	—	0. 1934	—	0. 0655	0. 041	60. 7928	0. 0179	—	38. 5075	0. 0105	0. 0158	0. 0777	99. 999
Sti	—	0. 17	—	0. 2181	—	0. 0429	—	60. 7588	—	0. 0156	38. 6988	0. 0421	0. 0536	—	100. 000
Sti	—	0. 1833	—	0. 0885	—	0. 0583	—	60. 8797	—	—	38. 7497	0. 0384	—	—	99. 998
Sti	0. 0789	0. 1577	—	0. 0702	—	0. 0752	—	60. 6919	—	—	38. 8667	0. 0212	0. 0263	—	99. 988
Sti	0. 0762	0. 1409	—	0. 1248	—	0. 0596	0. 034	60. 8343	0. 0265	0. 0304	38. 6685	0. 0048	—	—	100. 000
Sti	0. 198	0. 1636	—	—	—	0. 0543	0. 037	60. 2604	—	—	39. 2609	0. 0107	—	—	99. 985
Sti	—	0. 1503	—	—	—	0. 0729	—	60. 9122	—	—	38. 7869	—	0. 0267	0. 051	100. 000
Sti	0. 0769	0. 1554	—	—	—	0. 1188	0. 027	60. 4535	—	—	39. 1484	—	—	0. 02	100. 000
Sti	0. 0044	1. 1456	—	—	—	0. 0508	0. 0725	58. 6229	0. 0105	—	40. 0351	—	—	0. 0415	99. 983
检测限	0. 0259	0. 017	0. 0298	0. 0210	0. 026	0. 0256	0. 0109	0. 0087	0. 0085	0. 011	0. 0127	0. 0065	0. 0085	0. 0115	

注："—"代表未检测到数据；Asp. 毒砂；Py. 黄铁矿；Sti. 辉锑矿。

由上可知，大万和黄金洞金矿区中的大部分硫化物为载金矿物。大万和黄金洞的载金硫化物中的 Ag 含量较低，Ag/Au（原子数比值）较低，其中大万金矿绝大部分硫化物中的 Ag/Au 值小于 0. 5，而黄金洞金矿绝大部分硫化物中的 Ag/Au 值小于 1。如图 4-1 所示，大万和黄金洞金矿的毒砂和黄铁矿矿物颗粒中的 Au 含量没有明显的带状分布特征。

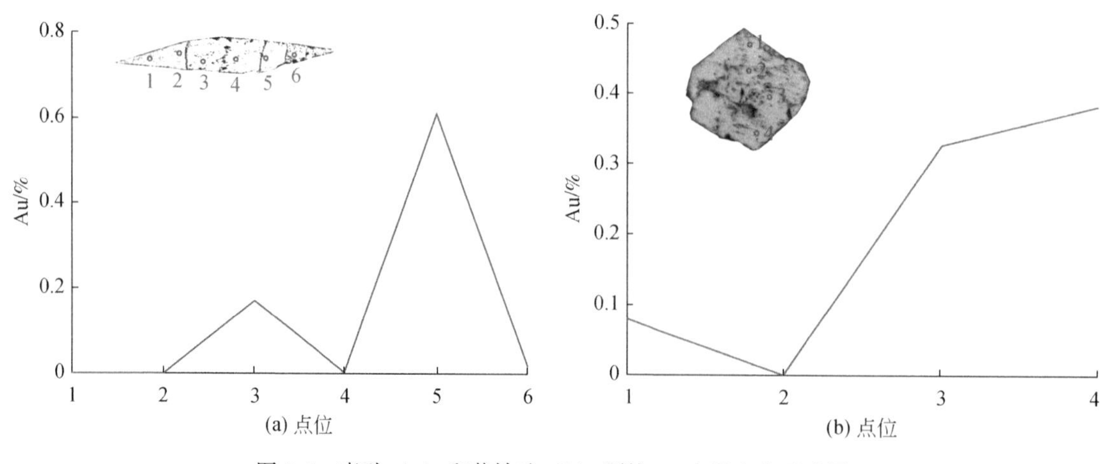

图 4-1　毒砂（a）和黄铁矿（b）颗粒 Au 含量变化示意图

如图4-2所示，细粒状黄铁矿和大部分五角十二面体的黄铁矿 Au/As>0.02（原子数比值），该值位于金在黄铁矿中的溶解度之上，说明金除了以类质同象的方式形成晶格金进入黄铁矿之外，可能还存在有纳米级金颗粒（Reich et al., 2005）。纳米级金颗粒的存在，可以大大减轻含 As 金矿床的开采成本和环境成本。结合我们在矿区发现的自然金颗粒，可以推断大万和黄金洞金矿的金主要有三种存在形式，即晶格金、自然金和纳米级金颗粒。由上分析可见，大万和黄金洞金矿中的硫化物都为载金矿物，且 Ag 含量都非常低。大万和黄金洞金矿的毒砂和黄铁矿矿物颗粒中的 Au 含量也没有明显的带状分布特征。矿区有自然金出露，且金在黄铁矿中的溶解度之上，说明大万和黄金洞金矿的金主要有三种存在形式。

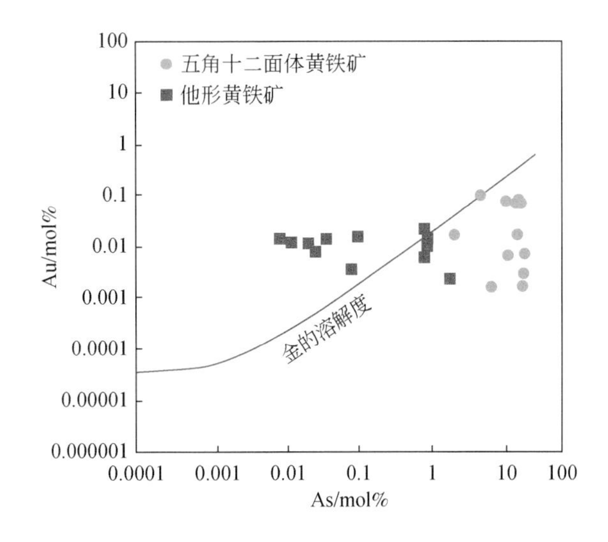

图4-2　黄铁矿颗粒 Au-As 含量投图（金的溶解曲线来自 Reich et al., 2005）

大万和黄金洞金矿的主要含金矿脉为毒砂-黄铁矿-石英（Q3）脉体（详见3.2节），而毒砂中的 As 含量可以用来估计成矿流体的温度。前人大多使用毒砂温度计研究成矿温度大于300℃的矿床（Kretschmar and Scott, 1976; Zachariáš et al., 2014），但近年来也有大量的研究将其用于成矿温度为200～300℃的中低温矿床（Stanley and Vaughan, 1982; Kalogeropoulos, 1984; Craw and Norris, 1991; Koh et al., 1992; Kerr et al., 1999; Becker et al., 2000; Cox et al., 2006）。对大万金矿载金毒砂的微量元素共测试了53个点，As 原子含量平均值为28.6，对应的成矿温度为245±20℃；对黄金洞金矿载金毒砂的微量元素共测试了54个点，As 原子含量平均值为28.4，对应的成矿温度为240±20℃（图4-3）。

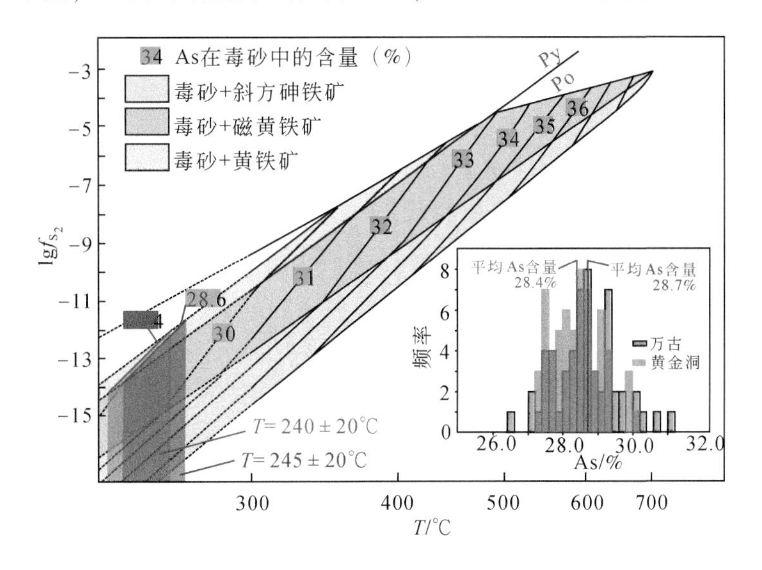

图4-3　毒砂中的 As 含量及根据毒砂矿物温度计估算出的温度 T（据 Kretschmar and Scott, 1976; Koh et al., 1992 修改）

因此，湘东北金矿主成矿期毒砂-黄铁矿-石英（Q3）脉体的形成温度为243±20℃。

4.2.2　流体包裹体特征

在详细的岩相学工作和成矿期次划分的基础上，首先对大万和黄金洞金矿各个成矿期次的脉体进行了流体包裹体岩相学工作，确定出各个期次流体包裹体的类型以及相应的特征，并同时用激光拉曼确定出流体包裹体的成分。之后，再对各个期次的流体包裹体进行显微测温，显微测温是采用流体包裹体组合（fluid inclusion assemblages，FIA）的标准（Goldstein and Reynolds，1994），以提高流体包裹体数据的质量。根据流体包裹体的显微测温结果，利用矿物温度计和相应的流体包裹体计算软件，计算不同成矿期次的流体压力，并以此研究湘东北金矿的流体特征和成矿机制。

4.2.2.1　流体包裹体岩相学特征

流体包裹体岩相学工作表明，大万和黄金洞金矿的流体包裹体一般较小，大多小于6μm，并存在三种类型：以液相为主的两相水溶液流体包裹体（Aq-L 型），以液相为主的含 CO_2 流体包裹体（AC-L 型）和以气相为主的含 CO_2 流体包裹体（AC-V 型）（图4-4）。

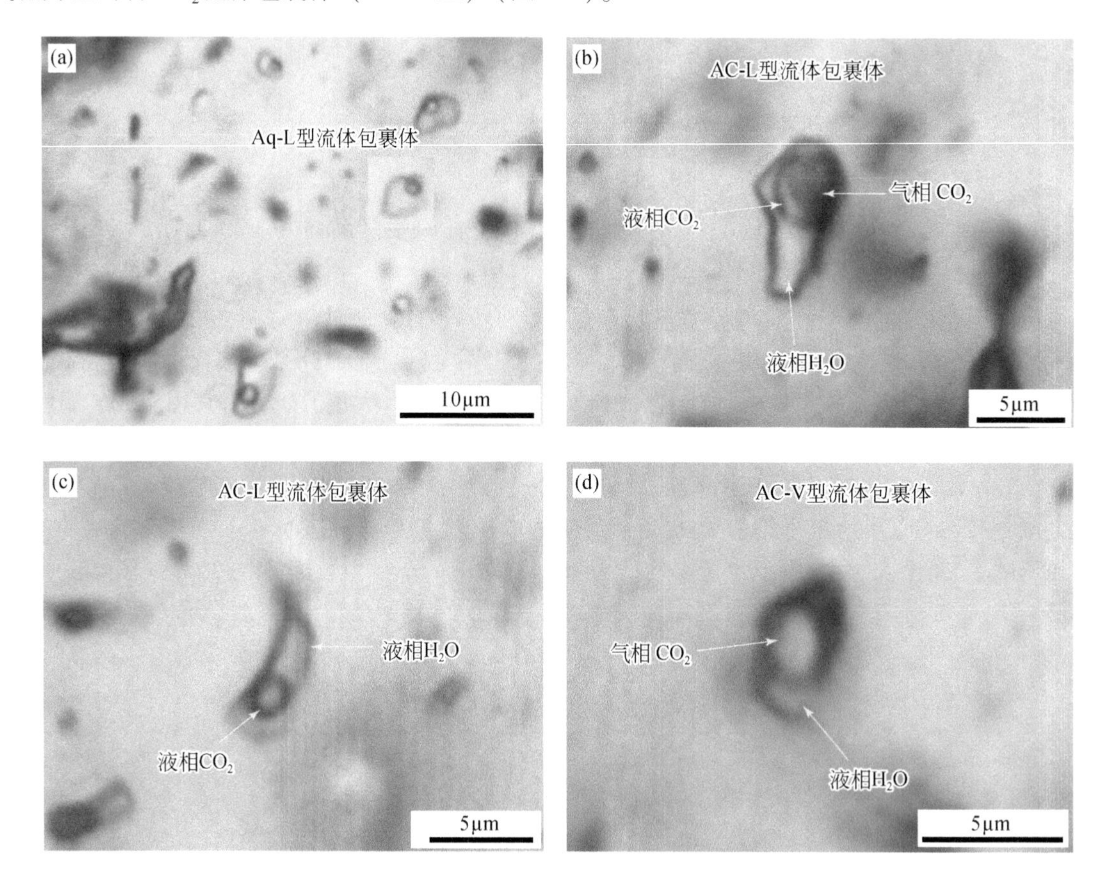

图4-4　不同类型流体包裹体显微照片（单偏光）

（a）Q1 颗粒中 Aq-L 型流体包裹体（样品号 15YJW22-1，黄金洞）；（b）Q1 颗粒中三相 AC-L 型流体包裹体（样品号 15WG09-1，大万）；（c）Q1 颗粒中两相 AC-L 型流体包裹体（样品号 15WG09-1，大万）；（d）Q1 颗粒中两相 AC-V 型流体包裹体（样品号 15WG09-1，大万）

Aq-L 型流体包裹体在室温下主要由一个液相和一个气相组成，气相中无 CO_2，不同包裹体的气泡体积为5%~40%，流体包裹体均一到液相［图4-4（a）］。AC-L 和 AC-V 型流体包裹体呈两相或三相，三相流体包裹体由气相和液相 CO_2 及液相水组成，而两相流体包裹体由气相 CO_2 和液相水组成［图4-4（b）~（d）］。室温下，AC-L 型流体包裹体 CO_2 相的体积占5%~50%，升温后流体包裹体均一到液相；AC-V 型

流体包裹体 CO_2 相的体积占55%~85%，升温后流体包裹体均一到气相。Aq-L型流体包裹体出现在大万和黄金洞金矿的各个成矿阶段（Q1、Q3、Q4、白钨矿和闪锌矿），而AC-L和AC-V型流体包裹体只在Q1和白钨矿的局部出露（图4-4）。此外，Aq-L、AC-L和AC-V型流体包裹体出现在Q1中的同一个生长环带，气泡体积的变化为5%~80%［图4-4（c）］。

分析的流体包裹体的产出状态包括生长环带、流体包裹体群、晶体内部的愈合裂隙、切穿矿物颗粒的长愈合裂隙和孤立的流体包裹体。生长环带是由矿物中包裹体的分布确定出来的［图4-5（a）~（c）］。流体包裹体群是指一群距离较近，且离其他包裹体较远的流体包裹体［图4-5（e）~（g）］，而孤立的流体包裹体与其他流体包裹体群的距离远大于包裹体自身的大小［图4-5（d）（h）］。生长环带和孤立产出的包裹体为原生包裹体，而生长在晶体内部愈合裂隙的流体包裹体为假次生包裹体（Roedder，1984）。流体包裹体群可能为次生或者原生，而切穿矿物颗粒的长愈合裂隙的流体包裹体为次生包裹体。分析的流体包裹体大部分为次生包裹体，同时也测试了少量次生包裹体用于对比。

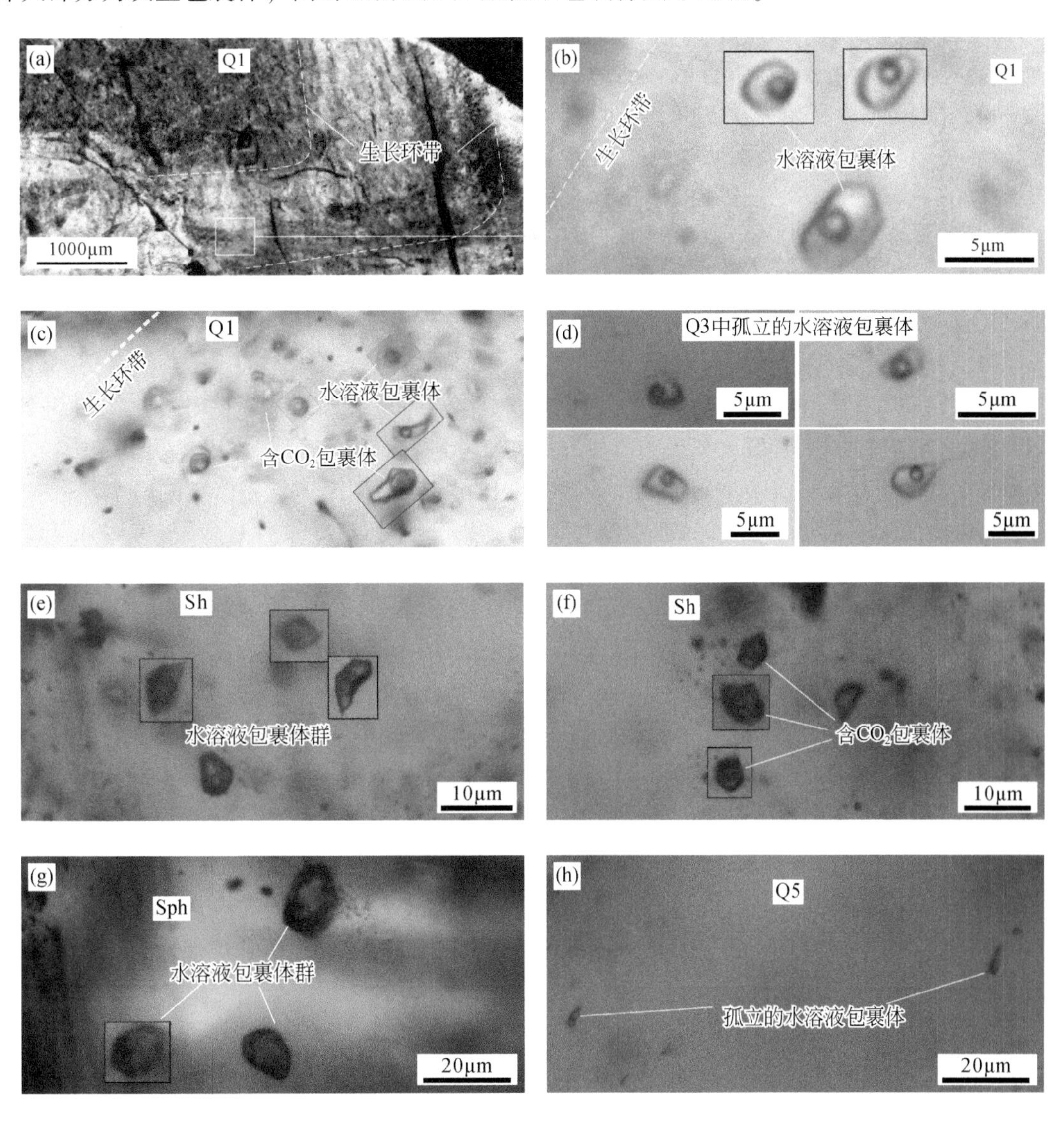

图4-5　湘东北地区大万和黄金洞金矿不同石英脉的流体包裹体

（a）具有良好生长环带的Q1颗粒（大万）；（b）在一个Q1颗粒的生长环带中的三个Aq-L型流体包裹体（大万）；（c）在一个Q1颗粒的生长环带中同时出现Aq-L、AC-L和AC-V型三种流体包裹体（黄金洞）；（d）Q3颗粒中的孤立产出的Aq-L型流体包裹体（大万）；（e）白钨矿中的Aq-L型流体包裹体群（黄金洞）；（f）白钨矿中的AC-L型流体包裹体（黄金洞）；（g）闪锌矿中的Aq-L型流体包裹体群（大万）；（h）Q5颗粒孤立产出的Aq-L型流体包裹体（大万）

4.2.2.2　流体包裹体显微测温

对大万和黄金洞金矿的成矿期前第一阶段石英（Q1）脉和第二阶段 Q2-白钨矿［详见图 3-17（a）］，成矿期的第三阶段 Q3 和第四阶段 Q4-闪锌矿，以及成矿期后第五阶段石英（Q5）脉进行流体包裹体显微测温，共测试了 264 个流体包裹体。显微测温包括 Aq-L 型流体包裹体的均一温度（T_h）和冰点温度（$T_{m\text{-}ice}$），AC-L 和 AC-V 型流体包裹体的 CO_2 相融化温度（$T_{m\text{-}CO_2}$）、CO_2 水合物融化温度（T_{Cl}）、CO_2 相均一温度（$T_{h\text{-}CO_2}$）（测试精度为±0.2℃）和流体包裹体均一温度（T_h）。对于部分 AC-L 和 AC-V 型流体包裹体，CO_2 相较小（<3μm），因此只测试了 $T_{m\text{-}Cl}$ 和 T_h。部分 AC-V 型流体包裹体在均一化之前，就发生了爆裂，因此只记录了其爆裂温度。此外，激光拉曼测试确定出流体包裹体中 CO_2 的存在（图 4-6）。

流体包裹体显微测温数据如表 4-3 所示，其中流体包裹体组合（FIA）的数据被集中罗列。出现在同一个生长环带、流体包裹体群和愈合裂隙中的流体包裹体被当作是一个流体包裹体组合。大多数流体包裹体组合的均一温度的变化范围小于 15℃，这与 Goldstein 和 Reynolds（1994）所提出的好 FIA 标准一致。然而，考虑到数据的实际情况，一部分流体包裹体组合的均一温度变化达 18℃，这些包裹体，尤其是一些流体包裹体群（池国祥和卢焕章，2008），可能没有完全符合 Goldstein 和 Reynolds（1994）所提出的同时捕获的定义。对于好 FIA（即前面所提到的均一温度的变化范围小于 15℃，图 4-7），只采用包裹体所有显微测温数据的平均值用于制作柱状图（图 4-8）和 T_h-盐度图（图 4-9）。

第一阶段石英（Q1）脉的原生 Aq-L 型流体包裹体的均一温度（T_h）和冰点温度（$T_{m\text{-}ice}$）分别为 208～253℃和-6.3～-4.1℃，对应的盐度为 6.6%～9.5% NaClequiv.（表 4-3、图 4-8、图 4-9）。Q1 中的次生 Aq-L 型流体包裹体的均一温度（T_h）和冰点温度（$T_{m\text{-}ice}$）分别为 173～192℃和-6.2～-5.0℃，对应的盐度为7.8%～9.6% NaClequiv.。

Q1 中的原生 AC-L 型流体包裹体的均一温度（T_h）为 266～276℃，CO_2 相融化温度（$T_{m\text{-}CO_2}$）为-58.6～-57.2℃，CO_2 相均一温度（$T_{h\text{-}CO_2}$）为 26.2～27.0℃，CO_2 水合物融化温度（$T_{m\text{-}Cl}$）为 7.0～7.2℃，对应的盐度为 5.0%～5.4% NaClequiv.。与 AC-L 和 AC-V 型流体包裹体在同一个环带共生的原生 Aq-L 型流体包裹体的均一温度（T_h）和冰点温度（$T_{m\text{-}ice}$）分别为 232～237℃和-5.9～-4.9℃，对应的盐度为 7.8%～9.1% NaClequiv.（表 4-3）。

第二阶段白钨矿中的原生 Aq-L 型流体包裹体均一温度（T_h）和冰点温度（$T_{m\text{-}ice}$）分别为 159～208℃和-4.0～-0.9℃，对应的盐度为1.5%～6.5% NaClequiv.。次生 Aq-L 型流体包裹体均一温度（T_h）和冰点温度（$T_{m\text{-}ice}$）分别为 143～144℃和-5.9～-5.0℃，对应的盐度为 7.9%～9.1% NaClequiv.。第二阶段白钨矿中的原生 AC-L 型流体包裹体 CO_2 相融化温度（$T_{m\text{-}CO_2}$）为-57.0℃，CO_2 相均一温度（$T_{h\text{-}CO_2}$）为 29.5℃，CO_2 水合物融化温度（$T_{m\text{-}Cl}$）为 8.2～9.0℃，均一温度（T_h）为 180～237℃，对应的盐度为 2.0%～3.3% NaClequiv.。

第三阶段石英（Q3）脉中的原生 Aq-L 型流体包裹体均一温度（T_h）和冰点温度（$T_{m\text{-}ice}$）分别为 169～256℃和-11.2～-5.6℃，对应的盐度为 8.7%～15.2% NaClequiv.。次生 Aq-L 型流体包裹体均一温度（T_h）和冰点温度（$T_{m\text{-}ice}$）分别为 143～195℃和-11.2～-5.0℃，对应的盐度为 7.9%～15.2% NaClequiv.。

第四阶段的闪锌矿中的原生 Aq-L 型流体包裹体均一温度（T_h）和冰点温度（$T_{m\text{-}ice}$）分别为 163～192℃和-5.8～-3.2℃，对应的盐度为 5.3%～9.0% NaClequiv.。闪锌矿和 Q4 中的次生 Aq-L 型流体包裹体均一温度（T_h）和冰点温度（$T_{m\text{-}ice}$）分别为 116～138℃和-5.3～-3.3℃，对应的盐度为 5.4～8.3% NaClequiv.。

第五阶段石英（Q5）脉中的原生 Aq-L 型流体包裹体均一温度（T_h）和冰点温度（$T_{m\text{-}ice}$）分别为 132～236℃和-6.2～-2.6℃，对应的盐度为 4.3%～9.5% NaClequiv.。

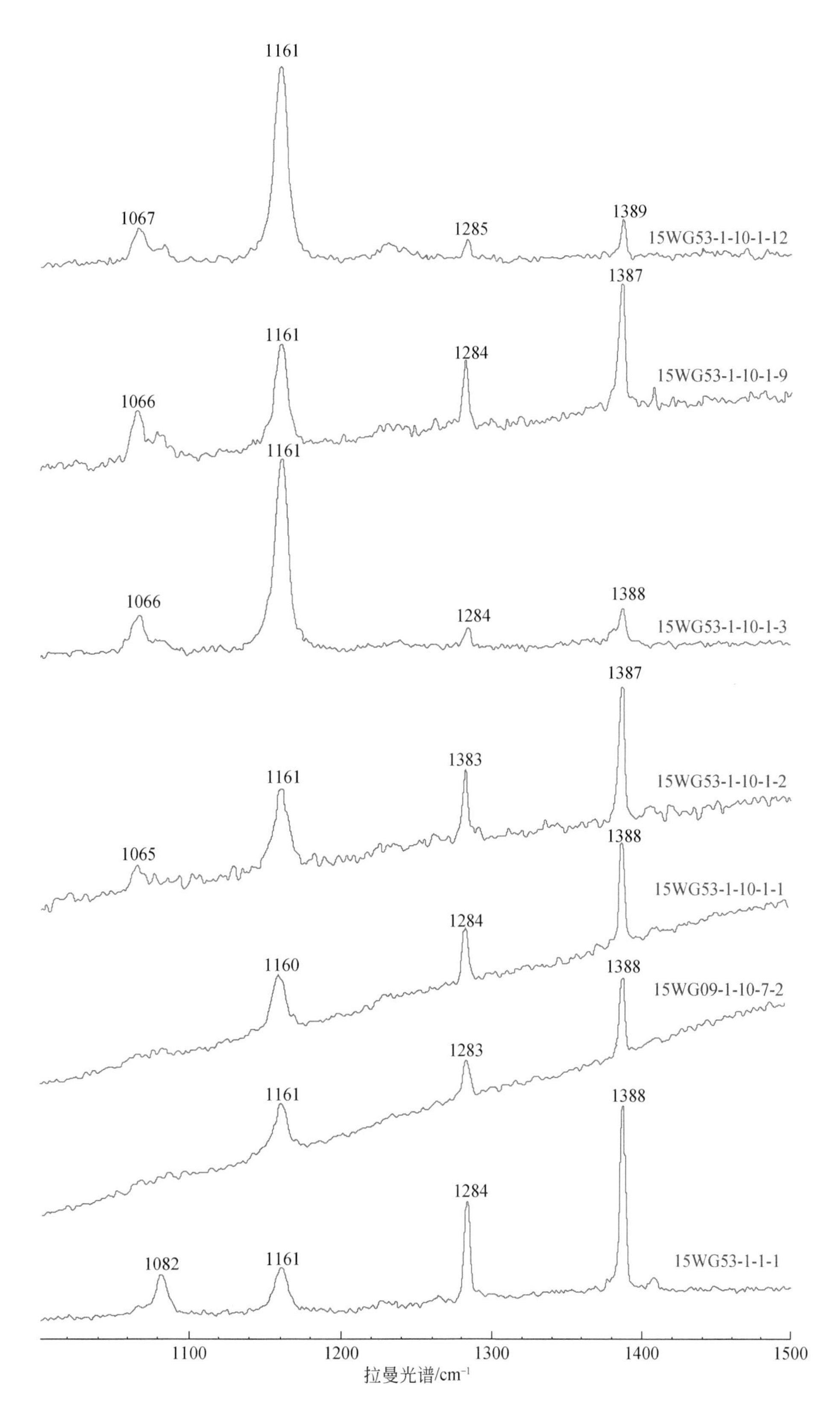

图4-6　Q1矿物颗粒中含CO_2流体包裹体拉曼光谱

表 4-3　大万和黄金洞金矿流体包裹体显微测温结果

样品号	矿床	矿物	产出形式	V/%	直径/mm	T_h(v-l)/℃	T_h(l-v)/℃	$T_{decrepitated}$/℃	T_{m-ice}/℃	盐度/% NaClequiv.	T_{m-CO_2}/℃	T_{h-CO_2}(v-l)/℃	T_{h-CO_2}(l-v)/℃	T_{Cl}/℃
15WG53-1	大万	Q1	生长环带	15	6	215			-4.3	6.9				
				15	4	205			-4.1	6.6				
				15	4	205			-3.9	6.3				
		Q1	生长环带	10	3	235			-4.3	6.9				
				10	5	233			-4.4	7.0				
				10	3	231			-4.5	7.2				
				10	6				-4.3	6.9				
				10	6				-4.4	7.0				
				10	5	235								
		Q1	生长环带	12	3	234			-4.7	7.5				
				12	5	238			-4.7	7.5				
				12	4	240			-4.5	7.2				
		Q1	生长环带	15	4	241			-3.7	6.0				
				15	4	240			-4.5	7.2				
				15	3	237			-4.5	7.2				
				15	4	239			-4.7	7.5				
				15	6	243			-4.9	7.7				
				15	3	239								
				15	4	241			-3.9	6.3				
				8	6	219			-4.1	6.6				
				8	8	230			-4.5	7.2				
				8	2	223			-4.3	6.9				
				8	4	220								
		Q1	生长环带	15	3	202								
				15	4	226			-4.5	7.2				
				15	3	208								
				15	3	213			-4.5	7.2				

续表

样品号	矿床	矿物	产出形式	V/%	直径/mm	T_h(v-l)/℃	T_h(l-v)/℃	$T_{decrepitated}$/℃	T_{m-ice}/℃	盐度/% NaClequiv.	T_{m-CO_2}/℃	T_{h-CO_2}(v-l)/℃	T_{h-CO_2}(l-v)/℃	T_{Cl}/℃
15WG09-3-2	大万	Q1	生长环带	15	4	210			-5.3	8.3				
				15	5	212								
				15	8	228			-4.9	7.7				
				15	5	224			-5.1	7.9				
15YJW03-1	黄金洞	Q1	生长环带	20	4	266			-4.6	7.3				
				20	5	252			-4.4	7.0				
				20	3	252			-5.0	7.9				
				20	2	258			-5.0	7.9				
				20	3	247								
				20	4	252								
				20	4	252								
				20	6	247			-5.4	8.4				
				20	5	247			-4.6	7.3				
				20	5	252			-4.6	7.3				
15YJW08-2	黄金洞	Q1	生长环带	23	4	216			-6.6	10.0				
				23	5	228			-6.2	9.5				
				23	4	224			-5.8	9.0				
15WG09-1	大万	Q1	生长环带	45	6	330				6.1	-58.6	30.2		6.6
				50	10	298				5.4	-57.8	27.9		7.0
				30	6	276				5	-57.2	27.0		7.2
				30		232			-5.6	8.7				
				30	3	276				5				7.2
				30	5	238			-6.2	9.5				
				30	7	226			-5.9	9.1				
				55	3			320		4.8				7.4
				30	3	285				5				7.2
				30	4	284				4				7.8

续表

样品号	矿床	矿物	产出形式	V/%	直径/mm	T_h(v-l)/℃	T_h(l-v)/℃	$T_{decrepitated}$/℃	$T_{m\text{-}ice}$/℃	盐度/% NaClequiv.	$T_{m\text{-}CO_2}$/℃	$T_{h\text{-}CO_2}$(v-l)/℃	$T_{h\text{-}CO_2}$(l-v)/℃	T_{Cl}/℃
15WG09-1	大万	Q1	生长环带	30	4	302				4	−56.8	28.2		7.8
				80	4			308		5.4	−57.2	27.6		7.0
				70	4			305		5.3	−57.4	27.5		7.1
				35	4	307				4.8	−56.9	28.0		7.4
				50	4	332				5				7.2
				35	4	308				5				7.2
				35	4	296				4				7.8
				85	4		282			5.8				6.8
				80	4		294			5				7.2
15WG09-2	大万	Q1	生长环带	28	4	284				4.8				7.4
				35	4	312				5.4				7.0
				25	4	240			−5.8	9				
				75	4			298		5.4				7.0
				50	4	296				5.4	−59.2	22.3		7.0
				25	4	266				5.4	−58.6	26.2		7.0
				55	4	340				4	−58.1	27.5		7.8
				30	4	308				5.8				6.8
				35	4	296				4.8				7.4
				40	4	322				4.8				7.4
				35	4	316				5.4				7.0
				25	4	265				5.4				7.0
				25	4	284				4.8				7.4
				25	4	296				4.4				7.6
				40	4	342				5				7.2
				30	4	330				4.9	−57.6		25.5	7.3
				20	4	278				5.6				6.9

续表

样品号	矿床	矿物	产出形式	V/%	直径/mm	T_h(v-l)/℃	T_h(l-v)/℃	$T_{decrepitated}$/℃	$T_{m\text{-}ice}$/℃	盐度/% NaClequiv.	$T_{m\text{-}CO_2}$/℃	$T_{h\text{-}CO_2}$(v-l)/℃	$T_{h\text{-}CO_2}$(l-v)/℃	T_{Cl}/℃
15WG09-2	大万	Q1	生长环带	20	4	288				5				7.2
				20	4	286				5	-56.9	28.3		7.2
				60	4			308		5.8				6.8
				25	4	222			-5.8	9				
				25	4	242			-4	6.5				
				70	4		302							
				25	4	270				5.4				7.0
				25	4	242			-4	6.5				
				20	4	238			-5.2	8.1				
15WG53-1	大万	Q1	生长环带，不一致 FIA	20	5	247								
				20	5	243								
				20	6	247								
				20	8	233								
				20	3	257								
				20	3	247								
				20	3	249								
				20	3	241								
				20	4	200								
				20	4	188								
				20	6	210								
15WG09-3	大万	Q1	愈合带	15	5	175			-5.0	7.9				
				15	6	172			-4.9	7.7				
				15	5	160			-4.9	7.7				
				15	4	180			-5.1	7.9				
				15	4	173								
				15	4	176								
				15	5	182								

续表

样品号	矿床	矿物	产出形式	V/%	直径/mm	T_h(v-l)/℃	T_h(l-v)/℃	$T_{decrepitated}$/℃	T_{m-ice}/℃	盐度/% NaClequiv.	T_{m-CO_2}/℃	T_{h-CO_2}(v-l)/℃	T_{h-CO_2}(l-v)/℃	T_{Cl}/℃
15YJW08	黄金洞	Q1	愈合带	15	5	188			-6.6	10.0				
				15	9	198			-7.0	10.5				
				15	8	200			-6.6	10.0				
				15	4	180			-6.2	9.5				
				15	4	178			-6.2	9.5				
				15	6	178			-6.6	10.0				
				15	8	198			-5.8	9.0				
				15	6	198			-5.2	8.1				
YJW15-1-3	黄金洞	Sh	流体包裹体群	10	7	180			-3.0	5.0				
				10	6	180			-2.8	4.7				
				10	6	184			-2.8	4.7				
YJW15-1-4			愈合带，假次生	8	5	176			-3.4	5.6				
				8	6	170			-3.6	5.9				
				8	4	182								
				8	4	176								
YJW15-1-5			流体包裹体群	10	7	171			-4.2	6.7				
				10	4	179			-3.8	6.2				
YJW15-2-1			孤立流体包裹体	15	6	176			-1.2	2.1				
YJW15-2-2			流体包裹体群	5	10	192			-1.1	1.9				
				5	2	204								
				5	3	192								
17WG03-2	大万		流体包裹体群	10	4	156			-1.0	1.7				
				10	8	160			-0.8	1.4				
				10	8	158								
				10	8	160								

续表

样品号	矿床	矿物	产出形式	V/%	直径/mm	T_h(v-l)/℃	T_h(l-v)/℃	$T_{decrepitated}$/℃	$T_{m\text{-}ice}$/℃	盐度/% NaClequiv.	$T_{m\text{-}CO_2}$/℃	$T_{h\text{-}CO_2}$(v-l)/℃	$T_{h\text{-}CO_2}$(l-v)/℃	T_{Cl}/℃
17WG04	大万	Sh	流体包裹体群	5	4	180								
				5	6	170			-0.8	1.4				
				5	8	176								
				5	4	178			-0.9	1.6				
17WG08-1			孤立流体包裹体	5	10	172			-3.0	5.0				
15WG02-1-1			流体包裹体群	10	6	178			-1.4	2.4				
					4	176								
15WG02-1-2			孤立流体包裹体	10	8	192			-2.3	3.9				
YJW15-2	黄金洞		孤立流体包裹体	40	6	195				2.3				8.8
			孤立流体包裹体	40	6	180				2.6	-57.0	29.5		8.6
			孤立流体包裹体	35	6	232				2.9				8.4
			孤立流体包裹体	30	5	211				2.6				8.6
			孤立流体包裹体	35	4	227				2.3				8.8
			孤立流体包裹体	30	5	209				2.0				9
			孤立流体包裹体	25	5	237				3.3				8.2
			孤立流体包裹体	20	8	204				2.9				8.4
YJW15-1-1			愈合带	8	7	142			-5.6	8.7				
				8	4	147								
				8	6	135			-6.2	9.5				
				8	6	138			-5.8	9.0				
				8	3	147								
				8	4	151								
				8	5	147								
				8	5	142								
				8	5	142								
				8	5	142								

续表

样品号	矿床	矿物	产出形式	V/%	直径 /mm	T_h(v-l) /℃	T_h(l-v) /℃	$T_{decrepitated}$ /℃	T_{m-ice} /℃	盐度/% NaClequiv.	T_{m-CO_2}/℃	T_{h-CO_2} (v-l)/℃	T_{h-CO_2} (l-v)/℃	T_{Cl} /℃
17WG03-1	大万	Sh	愈合带	8	4	147								
				5	7	146			-5.2	8.1				
				5	8	146			-4.8	7.6				
				5	4	150								
				5	9	136								
				5	5	140								
				5	5	146								
15WG09-3	大万	Q3	孤立流体包裹体	15	4	188			-8.4	12.2				
			孤立流体包裹体	25	3	193			-8.2	11.9				
			孤立流体包裹体	20	5	222			-8.0	11.7				
			孤立流体包裹体	8	4	183			-8.8	12.6				
			孤立流体包裹体	15	6	193			-9.7	13.6				
			孤立流体包裹体	10	6	187			-8.2	11.9				
15WG53-2			孤立流体包裹体	40	5	236			-8.4	12.2				
			孤立流体包裹体	13	9	169			-9.4	13.3				
			孤立流体包裹体	13	10	184			-9.4	13.3				
			孤立流体包裹体	10	9	196			-8.2	11.9				
			孤立流体包裹体	10	10	184			-10.6	14.6				
			孤立流体包裹体	10	11	188			-10.9	14.9				
			孤立流体包裹体	25	4	222			-11.0	15.0				
			孤立流体包裹体	20	5	228			-8.2	11.9				
			孤立流体包裹体	25	6	218			-10.2	14.2				
			孤立流体包裹体	25	4	205			-9.0	12.9				
			孤立流体包裹体	15	6	218			-10.6	14.6				
			孤立流体包裹体	20	6	228			-11.2	15.2				

续表

样品号	矿床	矿物	产出形式	V/%	直径/mm	T_h(v-l)/℃	T_h(l-v)/℃	$T_{decrepitated}$/℃	T_{m-ice}/℃	盐度/% NaClequiv.	T_{m-CO_2}/℃	T_{h-CO_2}(v-l)/℃	T_{h-CO_2}(l-v)/℃	T_{Cl}/℃
YJW07-1	黄金洞	Q3	孤立流体包裹体	13	4	193			-7.5	11.1				
			孤立流体包裹体	20	4	226			-7.8	11.5				
			孤立流体包裹体	20	4	252			-7.8	11.5				
			孤立流体包裹体	20	6	248			-7.0	10.5				
			孤立流体包裹体	15	5	208			-7.4	11.0				
			孤立流体包裹体	10	5	202			-7.4	11.0				
			孤立流体包裹体	20	5	242			-9.0	12.9				
YJW07-2			孤立流体包裹体	25	6	246			-7.0	10.5				
			孤立流体包裹体	20	4	200			-5.6	8.7				
			孤立流体包裹体	20	6	204			-5.6	8.7				
			孤立流体包裹体	25	10	256			-6.8	10.2				
			孤立流体包裹体	20	6	218			-5.6	8.7				
			孤立流体包裹体	20	6	226			-8.4	12.2				
			孤立流体包裹体	15	8	170			-5.6	8.7				
			孤立流体包裹体	20	4	240			-7.2	10.7				
15WG09-3-2	大万		愈合带	25	3	153			-11.2	15.2				
				25	3	157			-11.2	15.2				
			愈合带	15	6	185			-6.5	9.9				
				10	8	202			-6.3	9.6				
				15	3	146			-6.0	9.2				
				20	4	148			-6.0	9.2				
15WG09-1			愈合带	20	4	152			-4.8	7.6				
				20	6	152								
				20	8	160			-5.2	8.1				
				20	4	150								

续表

样品号	矿床	矿物	产出形式	V/%	直径/mm	T_h(v-l)/℃	T_h(l-v)/℃	$T_{decrepitated}$/℃	$T_{m\text{-}ice}$/℃	盐度/% NaClequiv.	$T_{m\text{-}CO_2}$/℃	$T_{h\text{-}CO_2}$(v-l)/℃	$T_{h\text{-}CO_2}$(l-v)/℃	T_{Cl}/℃
15WG53-4	大万	Q3	愈合带	5	8	142			-10.4	14.4				
				5	5	148			-10.4	14.4				
				5	6	155								
				5	4	157			-10.8	14.8				
				5	6	159			-10.8	14.8				
YJW06-2	黄金洞		愈合带	5	4	168			-6.2	9.5				
				5	5	168			-6.2	9.5				
YJW07-1-2			愈合带	20	6	135			-8.2	11.9				
				20	5	145			-8.2	11.9				
				20	4	147			-8.2	11.9				
15WG52-3	大万	Sh	流体包裹体	20	14	200			-4.9	7.7				
				20	15	202			-4.9	7.7				
				20	14	204			-5.3	8.3				
			孤立流体包裹体	20	24	206			-4.9	7.7				
15WG52-4			孤立流体包裹体	15	24	208			-5.4	8.4				
			孤立流体包裹体	10	12	183			-3.2	5.3				
			孤立流体包裹体	10	15	202			-5.3	8.3				
			孤立流体包裹体	10	8	192			-4.2	6.7				
			孤立流体包裹体	20	7	190			-4.5	7.2				
		Q4	孤立流体包裹体	20	8	208			-5.6	8.7				
14JM1-2	黄金洞	Sph	孤立流体包裹体	10	6	193			-4.6	7.3				
14JM1-3			孤立流体包裹体	8	8	202			-5	7.9				
			孤立流体包裹体	12	5	198			-5.8	9				
14JM2-3			孤立流体包裹体	5	8	163			-4.2	6.7				
			孤立流体包裹体	15	16	208			-4.2	6.7				
			孤立流体包裹体	20	10	212			-4.6	7.3				
			孤立流体包裹体	20	5	218			-4.8	7.6				

续表

样品号	矿床	矿物	产出形式	V/%	直径/mm	T_h(v-l)/℃	T_h(l-v)/℃	$T_{decrepitated}$/℃	$T_{m\text{-}ice}$/℃	盐度/% NaClequiv.	$T_{m\text{-}CO_2}$/℃	$T_{h\text{-}CO_2}$(v-l)/℃	$T_{h\text{-}CO_2}$(l-v)/℃	T_{Cl}/℃
15WG52-3	大万	Q4	愈合带	5	6	118			-3.3	5.4				
				5	4	113								
			愈合带	5	5	138			-5.6	8.7				
				5	6	138			-5.0	7.9				
WG21-4-1	大万	Q5	孤立流体包裹体	3	7	146			-3.4	5.6				
			流体包裹体群	5	4	142			-3.4	5.6				
				5	4	128			-3.2	5.3				
				5	5	128								
				5	4	130								
YJW07-1-9	黄金洞		孤立流体包裹体	15	1	148			-3.2	5.3				
WG21-4-2	大万		孤立流体包裹体	8	7	183			-6.2	9.5				
			孤立流体包裹体	15	6	210			-5	7.9				
WG21-4-3			孤立流体包裹体	15	6	202			-3.8	6.2				
			孤立流体包裹体	10	4	235			-3.2	5.3				
			孤立流体包裹体	10	3	225			-2.6	4.3				
WG21-4-4			孤立流体包裹体	20	4	174			-5	7.9				
			孤立流体包裹体	10	8	202			-5.4	8.4				
WG21-4-5			孤立流体包裹体	8	8	192			-4.6	7.3				
			孤立流体包裹体	10	5	182			-4.4	7				
			孤立流体包裹体	15	6	172			-4.6	7.3				
YJW07-1-10	黄金洞		孤立流体包裹体	25	4	192			-5.4	8.4				
			孤立流体包裹体	25	3	236			-5.8	9				
			孤立流体包裹体	25	4	188			-5	7.9				

续表

样品号	矿床	矿物	产出形式	V/%	直径/mm	T_h(v-l)/℃	T_h(l-v)/℃	$T_{decrepitated}$/℃	T_{m-ice}/℃	盐度/% NaClequiv.	T_{m-CO_2}/℃	T_{h-CO_2}(v-l)/℃	T_{h-CO_2}(l-v)/℃	T_{Cl}/℃
YJW07-1-10	黄金洞	Q5	孤立流体包裹体	10	4	212			−5.4	8.4				
			孤立流体包裹体	10	4	162			−4.6	7.3				
			孤立流体包裹体	10	6	214			−4.2	6.7				
			孤立流体包裹体	10	5	162			−5	7.9				
			孤立流体包裹体	10	4	192			−4.8	7.6				
			孤立流体包裹体	8	8	178			−5	7.9				

注：Q1、Q3、Q4 和 Q5 是指阶段Ⅰ、阶段Ⅲ、阶段Ⅳ、阶段Ⅴ的石英。V/%：气泡含量百分比；T_{m-ice}：冰点温度；T_h（v-l）：均一到液相的温度；T_h（l-v）：均一到气相的温度；$T_{decrepitated}$：流体包裹体爆裂温度；T_{m-CO_2}：固态 CO_2 的融化温度；T_{h-CO_2}（v-l）：CO_2 相均一到液相的温度；T_{h-CO_2}（l-v）：CO_2 相均一到气相的温度；T_{Cl}：CO_2 水合物融化温度；表格中空白处系未测定数据项。

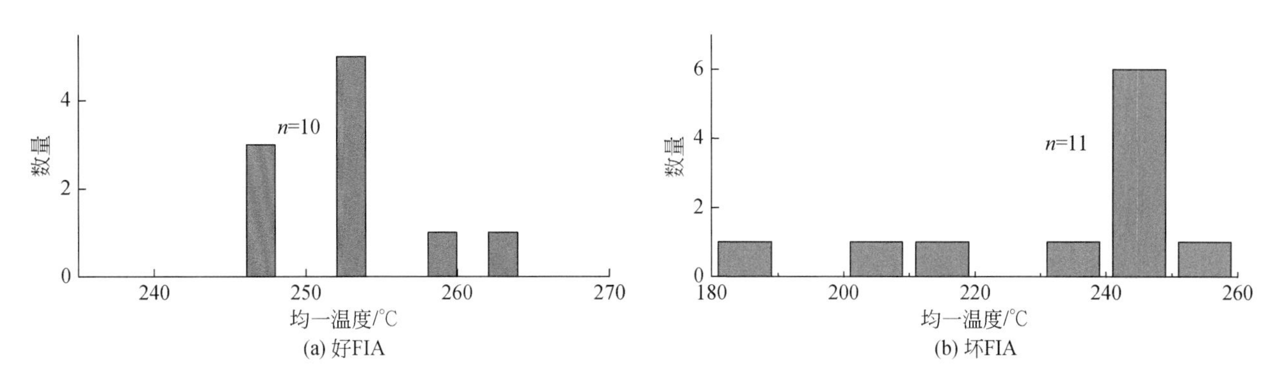

图4-7　“好”和“坏”流体包裹体组合（FIA）范例

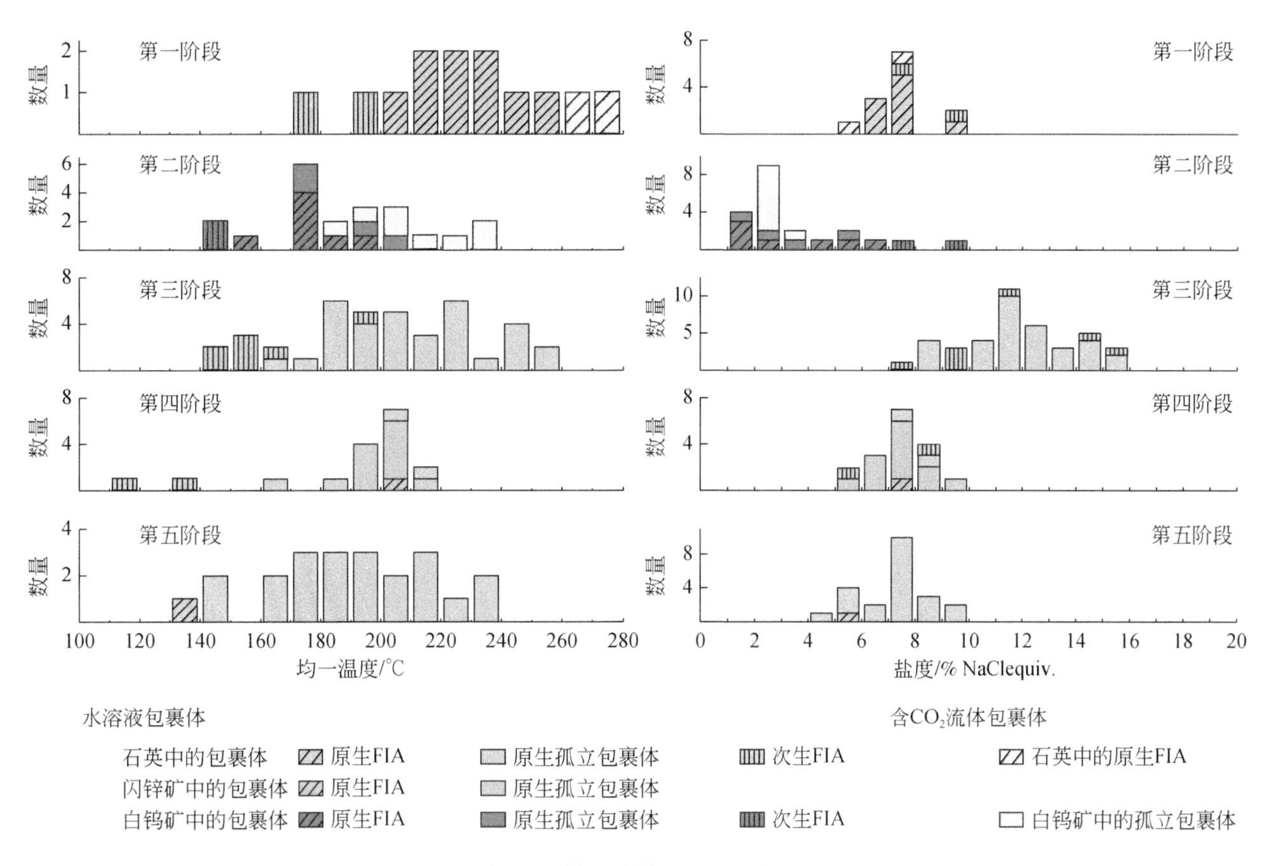

图4-8　不同阶段流体包裹体的均一温度和盐度柱状图

第一至第五阶段详见图3-17（a）

4.2.2.3　流体包裹体压力计算

前人研究表明，在已知捕获温度的情况下，可以根据流体包裹体的等容线计算流体包裹体的捕获压力（Roedder，1984）。在流体不混溶或者流体沸腾的情况下，流体包裹体的均一温度即可代表流体的捕获温度，而在其他情况下，则需要一个独立计算的矿物来计算相应的捕获压力。

流体包裹体岩相学工作表明，大万和黄金洞金矿中的第一阶段（Q1）石英脉中的同一个流体包裹体组合中同时含有Aq-L型、AC-L型和AC-V型流体包裹体，指示有流体不混溶现象存在。不同流体包裹体的气泡含量和均一温度值变化范围很大，说明大部分包裹体可能都是不均一捕获的产物，因此它们的均一温度不能代表流体包裹体的捕获温度。然而，同一个流体包裹体组合中气泡含量最少且均一温度最低

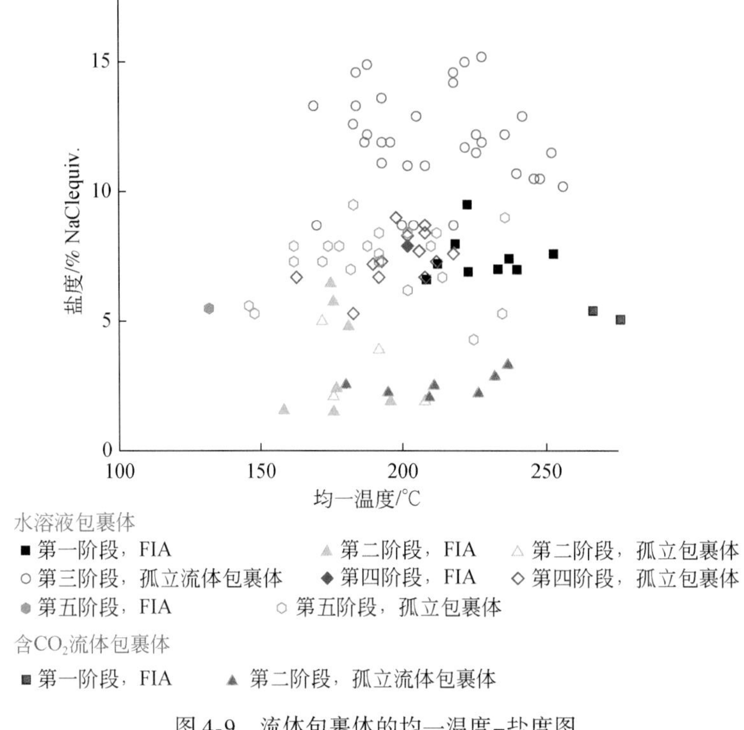

图 4-9　流体包裹体的均一温度-盐度图

的包裹体可能代表流体的捕获温度。均一温度最低的 Aq-L 型流体包裹体可能代表发生不混溶之后的流体，而均一温度最低的 AC-L 型流体包裹体可能代表了不混溶发生之前的流体。因此，这两种流体包裹体的均一压力可以代表流体捕获时压力的最小值和最大值。值得注意的是，由于流体的 CO_2 在不混溶之后被排除，所以估算出的压力最小值可能被低估（Robert and Kelly，1987）。使用该方法，我们对石英（Q1）中的两个流体包裹体组合估算的压力计算值变化范围分别为 17 ~ 2944bar 和 19 ~ 3087bar［图 4-10（a）］。

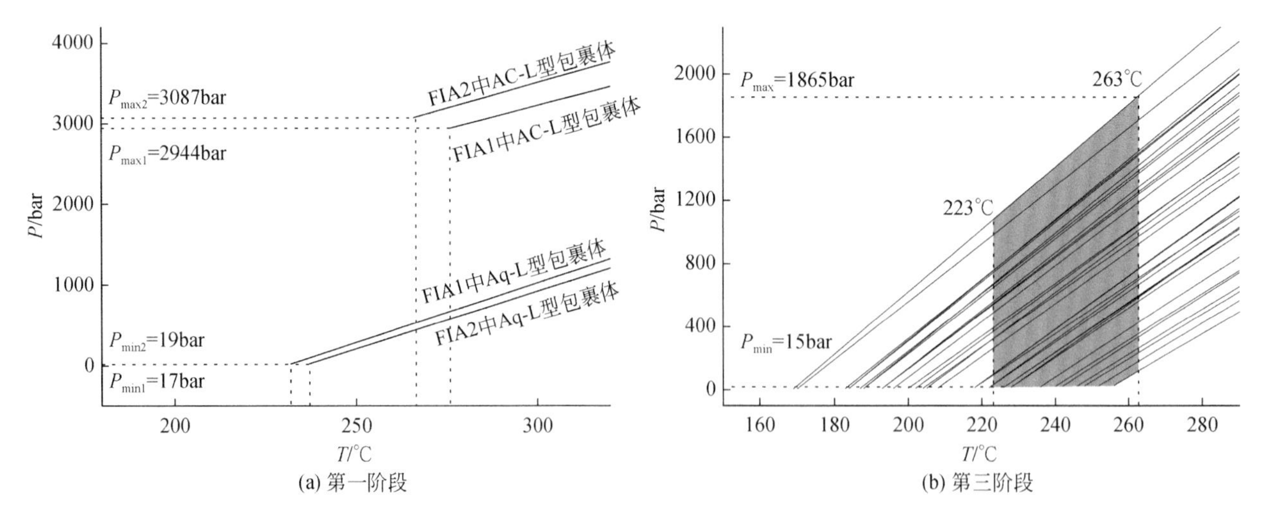

图 4-10　石英第一阶段（a）和毒砂-黄铁矿-（石英）(第三阶段)(b）的温度-压力计算图

在毒砂-黄铁矿-石英（Q3）脉体中，只发现了 Aq-L 型流体包裹体。根据这些流体的等容线（T_h = 169 ~ 256℃，盐度 = 8.7% ~ 15.2% NaClequiv.）和毒砂矿物温度计获得的温度为 243±20℃，得出该期流体的压力为 15 ~ 1865bar［图 4-10（b）］。

大万和黄金洞金矿包含三种类型的流体包裹体：以液相为主的水溶液包裹体（Aq-L 型）、以液相为主的含 CO_2 包裹体（AC-L 型）和以气相为主的含 CO_2 包裹体（AC-V 型）。岩相学及激光拉曼测试表明，成矿期前的石英阶段和白钨矿-石英阶段脉中有三种流体包裹体，且有流体不混溶现象；而成矿期和成矿期后的毒砂-黄铁矿-石英阶段、多硫化物-石英阶段和方解石-石英阶段脉中则只有Aq-L型包裹体，且无流体不混溶现象。因此，金矿化与含CO_2流体无关，矿化机制为硫化作用，而非流体沸腾。

基于FIA流体包裹体测温，五个阶段中水溶液包裹体的均一温度分别为208~253℃、159~208℃、169~256℃、163~212℃和132~236℃，盐度分别为6.6%~9.5% NaClequiv.、2.4%~9.1% NaClequiv.、8.7%~15.2% NaClequiv.、5.3%~9.0% NaClequiv.和4.3%~9.5% NaClequiv.。成矿期前石英阶段和白钨矿-石英阶段的含CO_2包裹体的均一温度为266~276℃和180~232℃，盐度分别为4.0%~8.2% NaClequiv.和2.3%~2.9% NaClequiv.。流体捕获压力计算表明，成矿期前的石英（Q1）阶段形成的压力较大（17~3087bar），指示较深的环境；而主成矿的毒砂-黄铁矿-石英（Q3）脉形成时的压力相对较小（15~1865bar），指示相对较浅的环境。

综合地质年代学、岩相学和流体包裹体研究，得知湘东北地区的金矿床与两期热液活动有关。其中，加里东期含CO_2流体形成了成矿期前石英阶段和白钨矿-石英阶段脉体，占总脉体的90%以上，但只含钨，不含金。燕山期不含CO_2流体则形成含金毒砂-黄铁矿-石英阶段和多硫化物-石英阶段脉体。

4.2.3 S-Pb-H-O同位素特征

4.2.3.1 硫同位素特征

本次测试及前人已发表的湘东北地区金（多金属）矿床硫化物的硫（S）同位素分析结果均见表4-4。大万金矿的黄铁矿和毒砂样品显示相对均一的、较亏损的$\delta^{34}S$值，且变化于-7.3‰和-11.1‰之间、平均为-8.87‰。黄金洞金矿的黄铁矿和毒砂$\delta^{34}S$值分布在-12.9‰~-4.83‰之间，平均值为-7.89‰。本次测试的硫化物的S同位素值与前人所得到的数据相似。赋矿围岩冷家溪群坪原组地层的S同位素组成有两个端元组分：一个具有较亏损的$\delta^{34}S$值（-10‰~-12‰），而另一个具有较富集的$\delta^{34}S$值（+13‰~+24‰）（表4-4）。湘东北地区典型的斑岩型矿床，即七宝山和鳌鱼山的$\delta^{34}S$值分别为0.58‰~5.4‰和0.2‰~3.3‰（图4-11）。而如图4-11所示，大万和黄金洞金矿硫化物的$\delta^{34}S$值与冷家溪群地层的$\delta^{34}S$值较低的端元相近，但明显低于湘东北地区的斑岩型七宝山和鳌鱼山矿床硫化物的$\delta^{34}S$值，说明金成矿流体的硫主要来源于冷家溪群地层，但不能排除有燕山期岩浆中硫的加入。

表4-4 湘东北地层和金多金属矿床硫化物的硫同位素组成

样品	矿物	矿床/地层	$\delta^{34}S_{V\text{-}CDT}$/‰	数据来源
（样号详见文献）	Py	冷家溪群	+12.90~+23.50（平均+18.5）	罗献林，1990
	Py		-13.10~-6.26	罗献林，1988；刘亮明等，1999
DD02-1	Py	大万	-8.64	本书
DD02-3	Py		-9.3	
DD02-5	Py		-7.97	
DD02-2	Asp		-9.67	
DD02-3	Asp		-10.2	
DD02-4	Asp		-9.54	
DD02-5	Asp		-9.23	
DD02-1	Asp		-9.35	
14WG002	Py		-10.7	
14WG006	Asp		-7.7	
14WG013	Asp		-7.6	

续表

样品	矿物	矿床/地层	$\delta^{34}S_{V\text{-}CDT}$/‰	数据来源
14WG014	Asp	大万	-8	本书
14WG017	Asp		-10	
14WG020	Py		-7.6	
14WG024	Asp		-7.3	
14WG035	Py		-7.9	
14WG047	Py		-9.2	
14WG052	Py		-7.6	
DD03-5	Asp		-11.1	
SPY-01	Py		-10.10	柳德荣等，1994
SPY-02	Py		-10.40	柳德荣等，1994
SAS-01	Asp		-8.90	柳德荣等，1994
SBB-01	Snt		-11.60	柳德荣等，1994
HD01-8	Py	黄金洞	-12.92	本书
HD01-9	Py		-10.02	
HD01-12	Py		-12.56	
HD01-10	Py		-5.93	
HD01-11	Py		-6.84	
HD01-13	Py		-8.62	
HD01-4	Asp		-6.7	
HD01-5	Asp		-5.8	
HD01-10	Asp		-4.83	
HD01-11	Asp		-5.69	
ysz02-1	Asp		-8	
ysz01	Asp		-6.8	
1	Py		-7.22	罗献林，1988
2	Asp		-6.06	
3	Asp		-6.97	
4	Py		-8.3 ~ -5.6（平均-6.69）	张理刚，1985
5	Py		-8.3 ~ -6.6（平均-7.22）	刘亮明等，1999
6	Py		-12.0 ~ -5.6（平均-8.16）	叶传庆等，1988
7	Py		-12.2 ~ -4.4（平均-7.80）	
8	Asp		-6.1 ~ -3.4（平均-4.45）	
9	Py		-8.5 ~ -4.2（平均-6.83）	
（样号详见文献）	Py		-5.73 ~ -4.57（平均-5.65）	刘亮明等，1999
YLS01-1	Py	雁林寺	-2.6	本书
YLS01-2	Py		-1.08	
YLS01-4	Py		-6.04	
YLS01-5	Py		-1.3	
YLS01-6	Py		-4.33	

续表

样品	矿物	矿床/地层	$\delta^{34}S_{V\text{-}CDT}$/‰	数据来源
YLS01-7	Py	雁林寺	−10.34	本书
YLS01-8	Py		−1.48	
YLS01-9	Py		−0.58	
YLS01-10	Py		−14.76	
YLS01-1	Py		−1.62	
YLS01-2	Py		−1.34	
YLS01-4	Asp		−0.54	
YLS01-5	Asp		−1.35	
YLS01-6	Asp		−0.91	
YLS01-7	Asp		−1.16	
YLS01-8	Asp		−1.46	
YLS01-9	Asp		−0.24	
YLS01-10	Asp		−1.67	
1	Py	七宝山	+1.8 ~ +5.4（平均+3.72）	刘垢群等，2001
2	Ccp		+2.73 ~ +4.24（平均+3.48）	刘垢群等，2001
3	Po		3.37	刘垢群等，2001
4	Sph		+2.2 ~ +4.89（平均+3.47）	刘垢群等，2001
5	Gn		+0.58 ~ +2.5（平均+1.36）	刘垢群等，2001
1	Py	鳌鱼山	−2.9 ~ +3.3（平均+0.73）	刘垢群等，2001
2	Sph		+0.2 ~ +2.9（平均+1.78）	刘垢群等，2001
3	Gn		2.2	刘垢群等，2001

注：Asp. 毒砂；Py. 黄铁矿；Sph. 闪锌矿；Gn. 方铅矿；Ccp. 黄铜矿；Po. 磁黄铁矿。

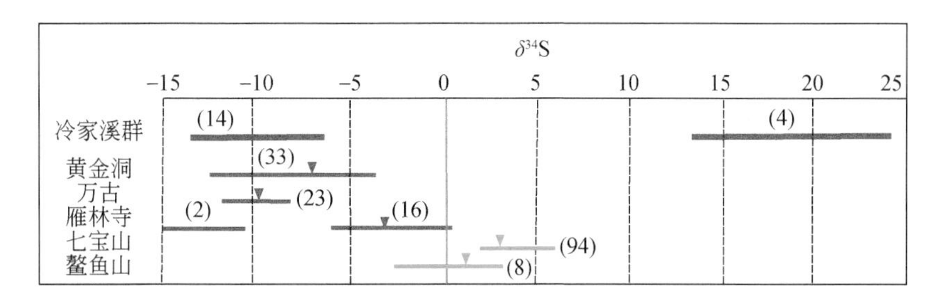

图4-11　湘东北金（多金属）矿床与新元古界冷家溪群及岩浆型矿床的硫化物的$\delta^{34}S$值对比

括号中的数字代表样品数，数据来源于表4-4

4.2.3.2　铅同位素特征

本次测试结果及前人已发表的湘东北金（多金属）矿床硫化物和燕山期花岗岩铅同位素分析结果均见表4-5。本次测得的大万金矿硫化物的同位素$^{208}Pb/^{204}Pb$、$^{207}Pb/^{204}Pb$和$^{206}Pb/^{204}Pb$值分别为38.126 ~ 38.674、15.618 ~ 15.785和17.918 ~ 18.105，平均值分别为38.411、15.676和18.008，与前人的数据相似（邓会娟等，2013）。连云山岩体、望湘岩体和幕阜山岩体等燕山期花岗岩的$^{208}Pb/^{204}Pb$、$^{207}Pb/^{204}Pb$和$^{206}Pb/^{204}Pb$值分别为37.859 ~ 38.631、15.524 ~ 15.713和17.960 ~ 18.532。与燕山期花岗质岩有关的七宝山和鳌鱼山斑岩型矿床的$^{208}Pb/^{204}Pb$、$^{207}Pb/^{204}Pb$和$^{206}Pb/^{204}Pb$值分别为38.201 ~ 38.948、15.537 ~ 15.809和18.055 ~ 18.478（刘垢群等，2001）。

表 4-5　湘东北金（多金属）矿床硫化物和燕山期花岗岩铅同位素分析结果

矿床/岩体	矿物/岩石	$^{208}Pb/^{204}Pb$	$^{207}Pb/^{204}Pb$	$^{206}Pb/^{204}Pb$	数据来源
大万	毒砂	38.539	15.73	18.024	邓会娟等，2013
	毒砂	38.403	15.665	18.082	邓会娟等，2013
	毒砂	38.623	15.766	17.983	邓会娟等，2013
	毒砂	38.872	15.767	18.135	邓会娟等，2013
	毒砂	38.886	15.693	18.358	邓会娟等，2013
	毒砂	38.318	15.659	18.015	邓会娟等，2013
	毒砂	38.344	15.685	17.988	邓会娟等，2013
	毒砂	38.247	15.654	17.934	邓会娟等，2013
	毒砂	38.645	15.787	18.005	邓会娟等，2013
	毒砂	38.412	15.674	18.091	邓会娟等，2013
	毒砂	38.674	15.785	18.050	本书
	毒砂	38.453	15.691	17.976	
	毒砂	38.426	15.640	18.105	
	毒砂	38.468	15.654	18.058	
	黄铁矿	38.664	15.621	18.091	
	黄铁矿	38.126	15.618	17.924	
	毒砂	38.175	15.625	17.918	
	毒砂	38.485	15.745	18.049	
	黄铁矿	38.135	15.643	17.957	
	毒砂	38.440	15.697	17.982	
	毒砂	38.472	15.720	17.982	
黄金洞	黄铁矿	38.365	15.712	17.97	罗献林，1989
	黄铁矿	38.069	15.584	17.848	罗献林，1989
	黄铁矿	37.178	15.589	17.897	罗献林，1989
	黄铁矿	38.974	15.564	17.845	罗献林，1989
	黄铁矿	38.223	15.556	17.963	罗献林，1989
	黄铁矿	37.762	15.556	17.86	罗献林，1989
	黄铁矿	38.262	15.539	17.943	罗献林，1989
	黄铁矿	38.02	15.529	17.846	罗献林，1989
	黄铁矿	38.088	15.509	17.83	罗献林，1989
	黄铁矿	37.702	15.508	17.706	罗献林，1989
鳌鱼山	方铅矿	38.73	15.688	18.372	刘垢群等，2001
	闪锌矿	38.655	15.623	18.356	刘垢群等，2001
七宝山	方铅矿	38.464	15.596	18.287	刘垢群等，2001
	黄铁矿	38.201	15.587	18.055	刘垢群等，2001
	方铅矿	38.746	15.681	18.313	刘垢群等，2001
	方铅矿	38.882	15.537	18.118	刘垢群等，2001
	方铅矿	38.708	15.628	18.478	刘垢群等，2001
	方铅矿	38.806	15.663	18.467	刘垢群等，2001
	方铅矿	38.818	15.723	18.42	刘垢群等，2001

续表

矿床/岩体	矿物/岩石	$^{208}Pb/^{204}Pb$	$^{207}Pb/^{204}Pb$	$^{206}Pb/^{204}Pb$	数据来源
七宝山	方铅矿	38.468	15.602	18.268	刘垢群等，2001
	方铅矿	38.628	15.626	18.1	刘垢群等，2001
	方铅矿	38.948	15.809	18.372	刘垢群等，2001
	方铅矿	38.464	15.596	18.287	刘垢群等，2001
连云山岩体	花岗岩	38.385	15.623	18.312	本书
	花岗岩	38.456	15.659	18.341	
	花岗岩	38.631	15.713	18.382	
	花岗岩	38.351	15.62	18.297	
	花岗岩	38.219	15.607	18.251	
	花岗岩	38.323	15.619	18.311	
	花岗岩	38.164	15.593	18.181	
	花岗岩	38.315	15.623	18.281	
	花岗岩	38.414	15.639	18.311	
	花岗岩	38.354	15.624	18.294	
	花岗岩	38.355	15.63	18.258	
	花岗岩	38.283	15.612	18.251	
	花岗岩	38.328	15.615	18.275	
望湘岩体	花岗岩	38.247	15.592	18.252	本书
	花岗岩	38.256	15.599	18.243	
幕阜山岩体	花岗岩	38.124	15.565	18.209	本书
	花岗岩	38.286	15.606	18.231	
	花岗岩	37.859	15.524	17.96	
	花岗岩	38.264	15.612	18.202	
	花岗岩	38.528	15.696	18.449	
	花岗岩	38.263	15.624	18.532	
	花岗岩	38.368	15.637	18.464	
	花岗岩	38.413	15.623	18.335	
金井岩体	花岗岩	37.92	15.559	17.976	本书
	花岗岩	38.287	15.595	18.145	
	花岗岩	38.333	15.593	18.148	
	花岗岩	38.469	15.65	18.21	
	花岗岩	38.368	15.627	18.185	
	花岗岩	38.359	15.627	18.208	
	花岗岩	38.402	15.639	18.21	

如图4-12所示，湘东北地区的七宝山和鳌鱼山斑岩型矿床的硫化物和燕山期花岗岩的全岩Pb同位素组成相似，而大万和黄金洞金矿的含金毒砂和黄铁矿的Pb同位素值变化较大，说明湘东北金矿的Pb并不全部来源于燕山期花岗质岩浆。同时，Pb同位素投图落在上地壳附近［图4-12（a）］，说明湘东北金矿的Pb主要为上地壳的物质来源，可能主要来自冷家溪群浅变质地层或岩性相似的古老岩石。

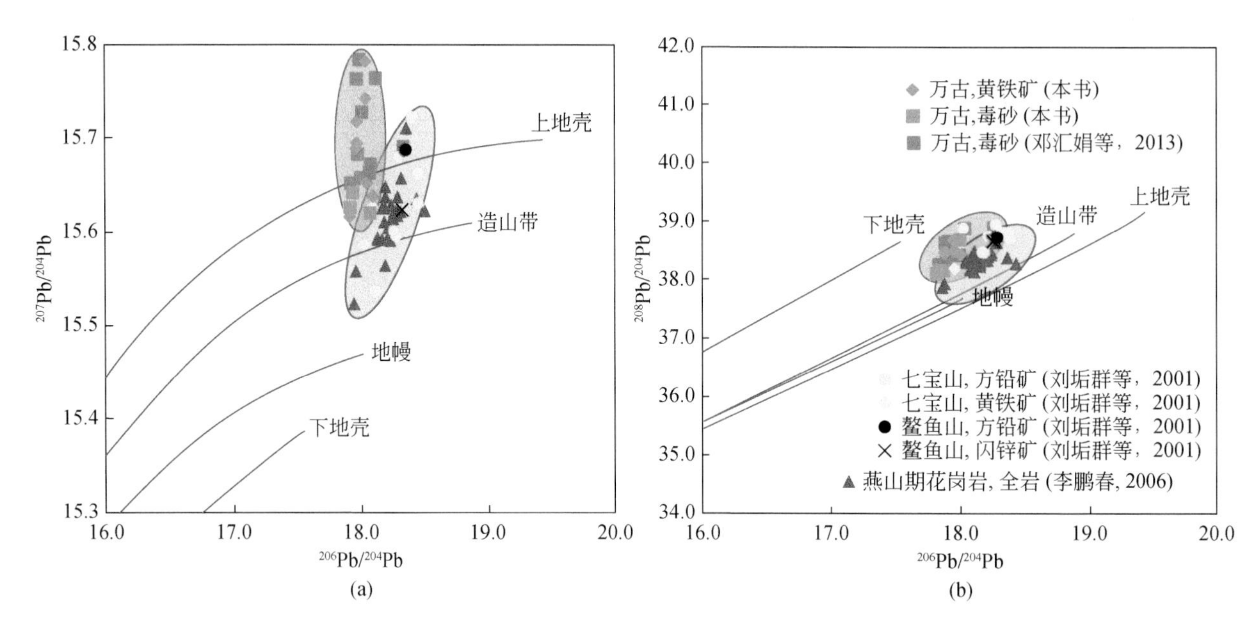

图 4-12　湘东北金多金属矿床的硫化物和燕山期花岗岩 $^{207}Pb/^{204}Pb$-$^{206}Pb/^{204}Pb$ 和 $^{208}Pb/^{204}Pb$-$^{206}Pb/^{204}Pb$ 投图

底图来自 Zartman and Doe，1981；数据来源于表 4-5

4.2.3.3　H-O 同位素特征

湘东北地区金矿床含矿石英脉的 H-O 同位素测试结果（表 4-6）显示，大万金矿的含矿石英脉中 δD 值为-95‰～-54‰，$\delta^{18}O$ 为 2.4‰～12.9‰；贫矿石英脉则明显具有较低的 H-O 同位素组成，δD 值为-98‰～-92‰，$\delta^{18}O$ 在 1.3‰～2.0‰。黄金洞金矿含金石英脉的 $\delta^{18}O$ 变化范围较大，为12.46‰～18.67‰，均值为 15.83‰，δD 为-61‰～-57‰。如图 4-13 所示，成矿期的流体的 H-O 同位素主要显示变质来源，但可能有岩浆来源流体的参与，成矿期后期较低的 H-O 同位素组成则指示晚期有大气降水混入。

表 4-6　湘东北地区金矿床含矿石英脉的 H-O 同位素测试结果

矿床	阶段	矿物	$\delta^{18}O_{mineral}$/‰	δD_{H_2O}/‰	$\delta^{18}O_{H_2O}$/‰	T_h/℃	资料来源
大万	成矿期和成矿期前	石英	15.5	-66.4	6.3	245	本书
	成矿期和成矿期前	石英	17.1	-59.2	7.9	245	
	成矿期和成矿期前	石英	18.2	-61.2	9.0	245	
	成矿期和成矿期前	石英	19.1	-62.1	9.9	245	
	成矿期和成矿期前	石英	19.3	-57.0	10.1	245	
	成矿期和成矿期前	石英	19.4	-58.5	10.2	245	
	成矿期和成矿期前	石英	20.4	-62.3	11.2	245	
	成矿期和成矿期前	石英	15.45	-64.2	3.09	201	柳德荣等，1994
	成矿期和成矿期前	石英	17.91	-55	3.81	176	
	成矿期和成矿期前	石英	17.5	-60.5	3.4	198	
	成矿期和成矿期前	石英	19.6	-61	7.8	207	Mao et al.，2002b
	成矿期和成矿期前	石英	19.5	-59	9.9	247	
	成矿期和成矿期前	石英	18.5	-64	10.9	295	
	成矿期和成矿期前	石英	18.7	-60	9.6	258	

续表

矿床	阶段	矿物	$\delta^{18}O_{mineral}$/‰	δD_{H_2O}/‰	$\delta^{18}O_{H_2O}$/‰	T_h/℃	资料来源
大万	成矿期和成矿期前	石英	17.8	-64	10.8	310	Mao et al., 2002b
	成矿期和成矿期前	石英	18.1	-60	9.8	276	
	成矿期和成矿期前	石英	17.9	-56	8.2	245	
	成矿期和成矿期前	石英	18.6	-60	7.4	216	
	成矿期和成矿期前	石英	18.1	-63	9.3	265	
	成矿期和成矿期前	石英	18.5	-59	10.1	273	
	成矿期和成矿期前	石英	19.1	-56	10.1	260	
	成矿期和成矿期前	石英	18.8	-61	9.1	244	
	成矿期后	石英	17.7	-92	1.3	145	
	成矿期后	石英	22	-86	2	138	
黄金洞	成矿期和成矿期前	石英	14	-69.1	5	240	本书
	成矿期和成矿期前	石英	16.1	-67.4	7.1	240	
	成矿期和成矿期前	石英		-61	9.6		毛景文和李红艳，1997
	成矿期和成矿期前	石英		-57	6.1		
	成矿期和成矿期前	石英	16.14		9.42	305	罗献林，1988
	成矿期和成矿期前	石英	16.59		8.51	270	
	成矿期和成矿期前	白钨矿	+4.94、+5.22		+5.92～+6.29	260～265	
	成矿期和成矿期前	白钨矿	均值+5.08		均值+6.11		
	成矿期和成矿期前	石英	17.12		8.16	250	
	成矿期和成矿期前	石英	16.79		7.59	245	
	成矿期和成矿期前	石英	18.67	-38.4	+3.62～+5.59	155～180	刘荫椿，1989
	成矿期和成矿期前	石英	12.46	-47.1	+1.67～+3.02	215～240	
	成矿期和成矿期前	石英	15.7		+4.91～+5.83	215～230	
	成矿期和成矿期前	石英	16.5		+5.71～+6.51	215～230	

注：流体的δD_{H_2O}值根据公式［$1000\ln\alpha_{quartz\text{-}water}=3.38\times(10^6T^{-2})-3.40$］计算得出（Clayton et al., 1972），温度使用的是毒砂矿物温度计获得的温度；表中空白处系未测定数据。

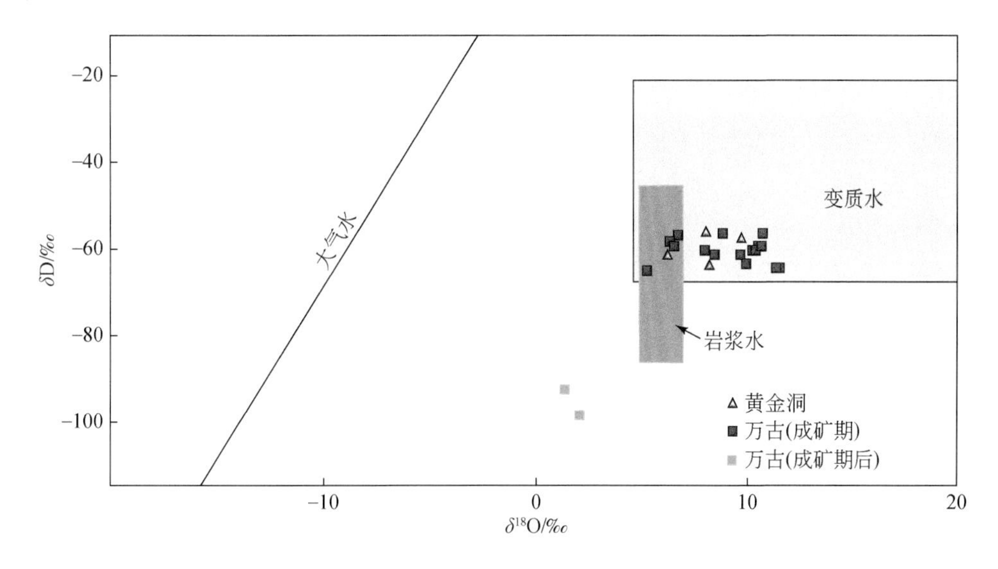

图4-13　湘东北地区大万和黄金洞金矿石英脉成矿流体H-O同位素图解

数据来源于表4-6

前人对大万金矿的石英脉进行了 He-Ar 同位素组成测试（Mao et al., 2002b），认为大万金矿的成矿流体具有地幔流体来源的特征。因此，综合 S-Pb-H-O 同位素数据及区域对比，可以推断湘东北地区金矿床的成矿物质和成矿流体主要来自前寒武纪变质地层，可能有少量的岩浆及地幔流体参与。但这些成矿物质和流体如何从古老变质地层释放出来（如古老封闭的变质水释放、变质矿物脱水、地层熔融释放）、运移路径及驱动机制，以及释放时间、物理化学变化条件等，仍有待深入研究。

4.2.4　原位氧（O）同位素组成

本次在对不同成矿期不同成矿阶段石英及其穿插关系阴极发光（CL）成像研究基础上（图 4-14），分析了大万、黄金洞金矿的 SIMS 氧同位素组成（表 4-7）。同时，以不同期次流体包裹体的温度数据作为矿物和流体之间氧同位素温度计算的依据，采用的温度分别为 271℃、194℃、243℃、200℃和 188℃，计算公式为 $1000\ln\alpha_{\text{quartz-water}}=3.38\times10^{6}T^{-2}-3.40$（Clayton et al., 1972）。

其中，Q1～Q5 的石英氧同位素数据分别为 18.19‰～20.53‰、18.68‰～20.13‰、11.01‰～21.34‰（其中两个数据 28.18‰、336.87‰因分析测试误差与实际不符而被剔除）、11.90‰～22.52‰和 18.73‰～20.37‰；根据上述公式和温度计算得到的 Q1～Q5 的流体的氧同位素数据分别为 10.16‰～12.51‰、6.58‰～8.03‰、1.72‰～12.05‰、0.19‰～10.84‰和6.23‰～7.87‰。从图 4-15 中可以看出，Q1 的流体的氧同位素含量较高，均指示变质流体来源，而主成矿期的 Q3 中流体的氧同位素值变化较大，部分指示变质来源，并可能有岩浆水和大气水的参与。Q2、Q4 和 Q5 中氧同位素值含量均较低，可能是变质水、岩浆水和大气水混合的结果，但也可能是因为用流体包裹体均一温度计算，流体氧同位素含量被低估。

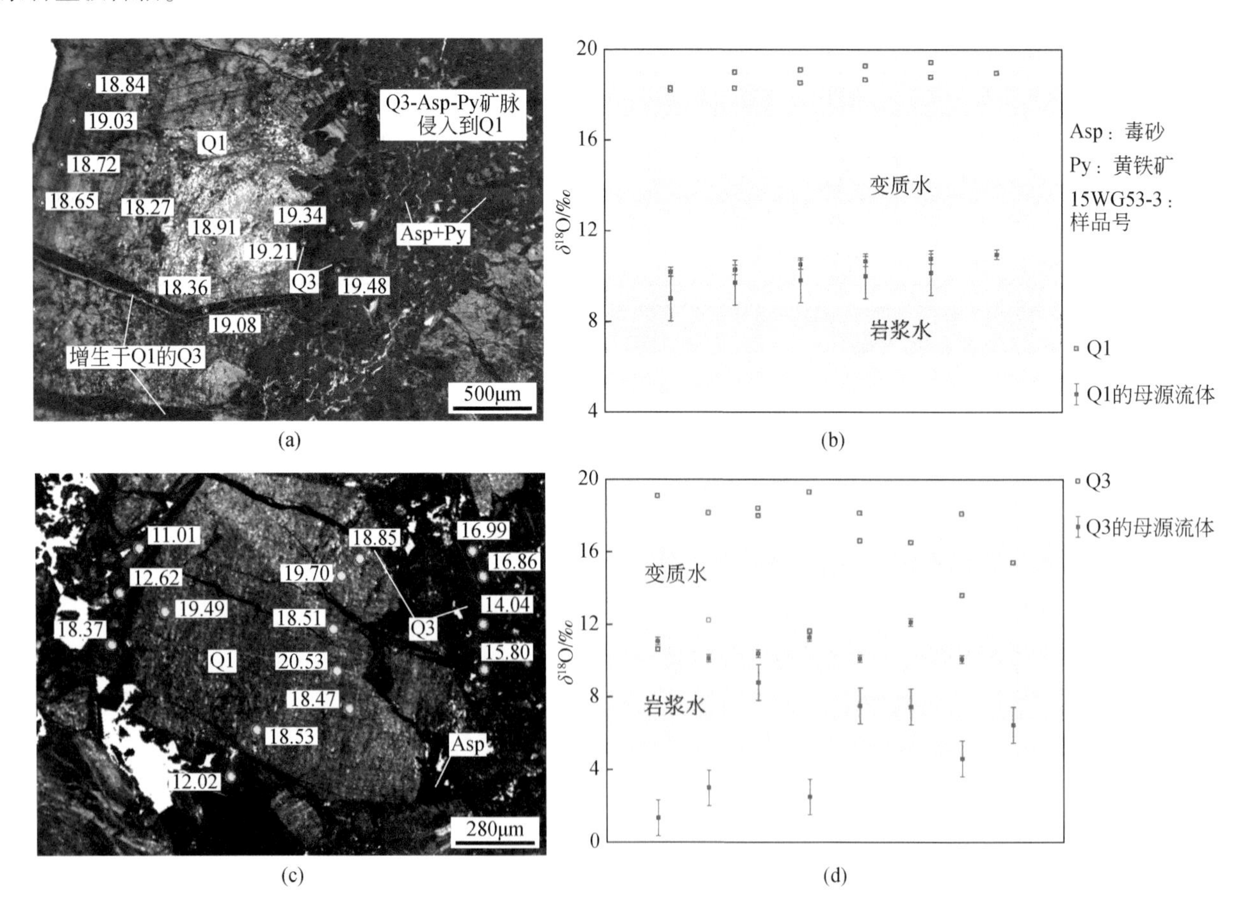

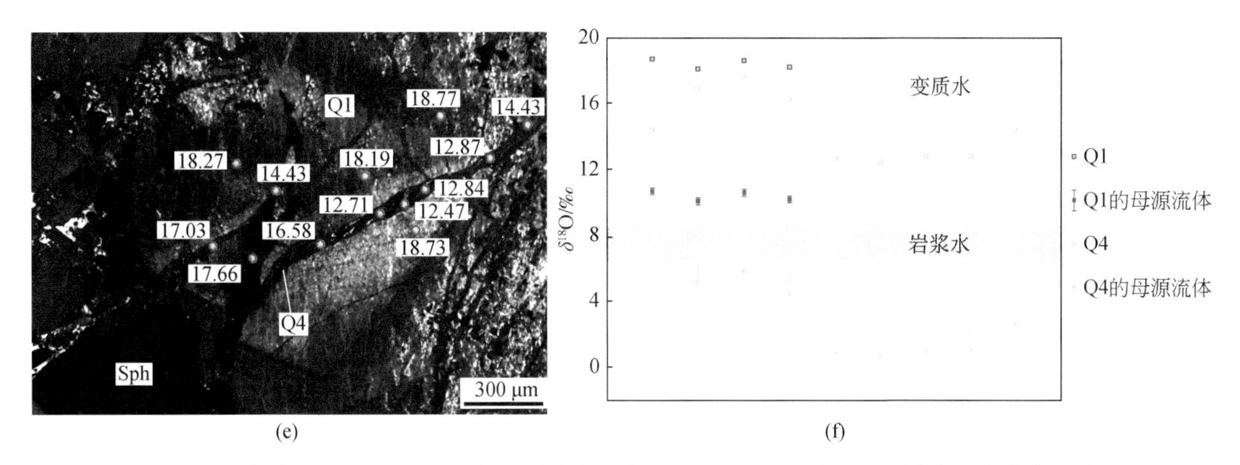

图4-14　湘东北地区大万金矿不同成矿阶段石英（以Q1～Q5表示）CL图像和O同位素组成分析值及与变质水、岩浆水相应值对比

(a) 含金石英脉样品15WG53-3-(1) 中不同阶段石英CL图像和O同位素值；(b) 计算的Q1和Q3石英流体O同位素分布图；(c) 含金石英脉样品15WG59-2-(4) 中不同阶段石英CL图像和O同位素值；(d) 计算的Q1和Q3石英流体O同位素分布图；(e) 含金石英脉样品15WG59-2-(1) 中不同阶段石英CL图像和O同位素值；(f) 计算的Q1和Q4石英流体O同位素分布图

表4-7　湘东北地区大万、黄金洞矿区不同矿化阶段石英SIMS原位O同位素组成

样品号	矿床	成矿阶段	$\delta^{18}O_{石英}$/‰	温度/℃	$\delta^{18}O_{VSMOW\text{-}fluids}$/‰（据Clayton et al., 1972公式计算）	2σ
15WG53-3-2@01	大万	Q1	18.75	271±5	10.73	0.21
15WG53-3-2@2	大万	Q1	19.14	271±5	11.12	0.21
15WG53-3-1@01	大万	Q1	18.27	271±5	10.24	0.21
15WG53-3-1@2	大万	Q1	18.34	271±5	10.32	0.21
15WG53-3-1@8	大万	Q1	18.65	271±5	10.62	0.21
15WG53-3-1@9	大万	Q1	18.72	271±5	10.70	0.21
15WG53-3-1@10	大万	Q1	18.84	271±5	10.82	0.21
15WG53-3-1@11	大万	Q1	19.03	271±5	11.01	0.21
15WG58-1-2@01	大万	Q1	19.42	271±5	11.39	0.21
15WG58-1-2@2	大万	Q1	19.36	271±5	11.34	0.21
15WG59-2-1@2	大万	Q1	18.77	271±5	10.75	0.21
15WG59-2-1@6	大万	Q1	18.19	271±5	10.16	0.21
15WG59-2-1@10	大万	Q1	18.73	271±5	10.71	0.21
15WG59-2-1@13	大万	Q1	18.27	271±5	10.25	0.21
15WG59-2-4@4	大万	Q1	19.49	271±5	11.47	0.21
15WG59-2-4@6	大万	Q1	18.53	271±5	10.51	0.21
15WG59-2-4@9	大万	Q1	18.85	271±5	10.82	0.21
15WG59-2-4@12	大万	Q1	19.70	271±5	11.67	0.21
15WG59-2-4@13	大万	Q1	18.51	271±5	10.49	0.21

续表

样品号	矿床	成矿阶段	$\delta^{18}O_{石英}$/‰	温度/℃	$\delta^{18}O_{VSMOW-fluids}$/‰（据 Clayton et al., 1972 公式计算）	2σ
15WG59-2-4@14	大万	Q1	20.53	271±5	12.51	0.21
15WG59-2-4@15	大万	Q1	18.47	271±5	10.45	0.21
15WG48-1@01	大万	Q2	20.13	194±19	8.03	1.27
15WG48-1@2	大万	Q2	19.19	194±19	7.09	1.27
15WG05-3@01	大万	Q2	18.68	194±19	6.58	1.27
15WG05-3@2	大万	Q2	19.53	194±19	7.43	1.27
15WG53-3-2@3	大万	Q3	18.48	243±20	9.19	0.99
15WG53-3-2@4	大万	Q3	17.60	243±20	8.31	0.99
15WG53-3-2@5	大万	Q3	28.18			
15WG53-3-2@6	大万	Q3	18.91	243±20	9.61	0.99
15WG53-3-2@07	大万	Q3	336.87			
15WG53-3-2@8	大万	Q3	19.37	243±20	10.07	0.99
15WG53-3-2@9	大万	Q3	20.11	243±20	10.82	0.99
15WG53-3-2@10	大万	Q3	19.39	243±20	10.09	0.99
15WG53-3-1@3	大万	Q3	18.36	243±20	9.07	0.99
15WG53-3-1@4	大万	Q3	19.08	243±20	9.79	0.99
15WG53-3-1@5	大万	Q3	19.21	243±20	9.91	0.99
15WG53-3-1@6	大万	Q3	19.34	243±20	10.05	0.99
15WG53-3-1@7	大万	Q3	19.48	243±20	10.18	0.99
15WG58-1-2@3	大万	Q3	20.27	243±20	10.97	0.99
15WG58-1-2@4	大万	Q3	20.64	243±20	11.35	0.99
15WG58-1-2@5	大万	Q3	20.64	243±20	11.34	0.99
15WG59-2-5@01	大万	Q3	21.34	243±20	12.05	0.99
15WG59-2-5@2	大万	Q3	21.12	243±20	11.83	0.99
15WG59-2-5@3	大万	Q3	18.63	243±20	9.33	0.99
15WG59-2-5@4	大万	Q3	19.68	243±20	10.39	0.99
15WG59-2-5@5	大万	Q3	12.99	243±20	3.70	0.99
15WG59-2-5@6	大万	Q3	18.65	243±20	9.36	0.99
15WG59-2-5@7	大万	Q3	16.02	243±20	6.72	0.99
15WG59-2-5@8	大万	Q3	17.74	243±20	8.44	0.99
15WG59-2-5@9	大万	Q3	18.86	243±20	9.56	0.99
15WG59-2-5@10	大万	Q3	18.68	243±20	9.39	0.99
15WG59-2-4@01	大万	Q3	11.01	243±20	1.72	0.99

续表

样品号	矿床	成矿阶段	$\delta^{18}O_{石英}$/‰	温度/℃	$\delta^{18}O_{VSMOW-fluids}$/‰（据 Clayton et al., 1972 公式计算）	2σ
15WG59-2-4@2	大万	Q3	12.62	243±20	3.32	0.99
15WG59-2-4@3	大万	Q3	18.37	243±20	9.08	0.99
15WG59-2-4@5	大万	Q3	12.02	243±20	2.73	0.99
15WG59-2-4@7	大万	Q3	16.99	243±20	7.70	0.99
15WG59-2-4@8	大万	Q3	16.86	243±20	7.56	0.99
15WG59-2-4@10	大万	Q3	14.01	243±20	4.71	0.99
15WG59-2-4@11	大万	Q3	15.80	243±20	6.50	0.99
YJW07-1-2@01	黄金洞	Q3	16.80	243±20	7.50	0.99
YJW07-1-2@2	黄金洞	Q3	17.20	243±20	7.91	0.99
YJW07-1-2@3	黄金洞	Q3	17.31	243±20	8.02	0.99
YJW07-1-2@4	黄金洞	Q3	17.40	243±20	8.11	0.99
YJW07-1-2@5	黄金洞	Q3	16.96	243±20	7.67	0.99
YJW07-1-2@6	黄金洞	Q3	17.21	243±20	7.92	0.99
YJW07-1-2@7	黄金洞	Q3	17.33	243±20	8.03	0.99
YJW07-1-2@8	黄金洞	Q3	17.28	243±20	7.98	0.99
YJW07-1-2@9	黄金洞	Q3	17.19	243±20	7.90	0.99
15WG59-2-1@01	大万	Q4	14.43	200±16	2.72	1.02
15WG59-2-1@3	大万	Q4	17.03	200±16	5.32	1.02
15WG59-2-1@4	大万	Q4	17.66	200±16	5.95	1.02
15WG59-2-1@5	大万	Q4	16.58	200±16	4.87	1.02
15WG59-2-1@7	大万	Q4	12.71	200±16	1.01	1.02
15WG59-2-1@8	大万	Q4	12.47	200±16	0.77	1.02
15WG59-2-1@9	大万	Q4	12.84	200±16	1.14	1.02
15WG59-2-1@11	大万	Q4	12.87	200±16	1.16	1.02
15WG59-2-1@12	大万	Q4	14.43	200±16	2.72	1.02
15WG59-2-2@01	大万	Q4	22.52	200±16	10.81	1.02
15WG59-2-2@2	大万	Q4	21.00	200±16	9.29	1.02
15WG59-2-2@3	大万	Q4	16.78	200±16	5.07	1.02
15WG59-2-2@4	大万	Q4	11.90	200±16	0.19	1.02
15WG59-2-2@5	大万	Q4	20.34	200±16	8.64	1.02
15WG59-2-2@6	大万	Q4	19.36	200±16	7.65	1.02
15WG58-1-2@6	大万	Q5	18.73	188±27	6.23	1.88
15WG58-1-2@7	大万	Q5	18.88	188±27	6.37	1.88

续表

样品号	矿床	成矿阶段	$\delta^{18}O_{石英}$/‰	温度/℃	$\delta^{18}O_{VSMOW\text{-}fluids}$/‰（据 Clayton et al., 1972 公式计算）	2σ
15WG58-1-2@8	大万	Q5	18.92	188±27	6.42	1.88
WG21-2@01	大万	Q5	19.59	188±27	7.09	1.88
WG21-2@2	大万	Q5	19.86	188±27	7.36	1.88
WG21-2@3	大万	Q5	20.37	188±27	7.87	1.88
WG21-2@4	大万	Q5	20.29	188±27	7.78	1.88
WG21-2@5	大万	Q5	19.34	188±27	6.83	1.88

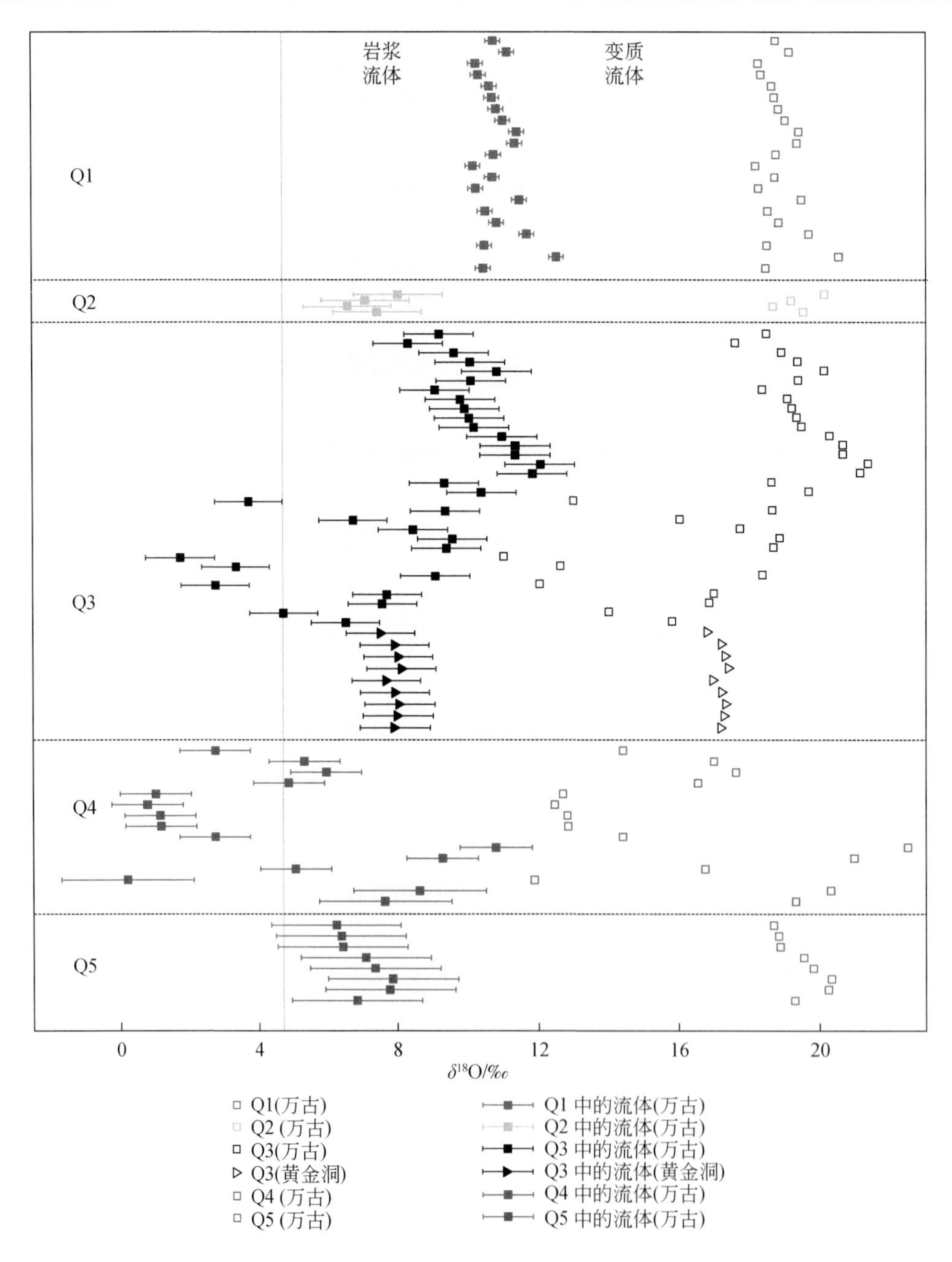

图 4-15　湘东北地区大万和黄金洞金矿不同成矿阶段石英（以 Q1 ~ Q5 表示）O 同位素组成分析图

4.2.5　成矿时代

4.2.5.1　云母类 Ar-Ar 同位素定年

野外调查时采集了黄金洞金矿中切穿成矿期前石英（Q1）脉的白云母脉体，并开展了 Ar-Ar 定年，白云母样品编号为 14JM15 和 14JM16，分析结果见表 4-8。由图 4-16 可知，样品 14JM15 的坪年龄为 398.73±1.84Ma，包含第 5 到第 16 阶段的加热，共 74% 的释放 Ar。^{40}Ar-^{39}Ar 等时线年龄值为 398.25±2.17Ma，初始^{40}Ar/^{39}Ar 值为 457.0±407.1。样品 14JM16 的坪年龄为 396.75±1.86Ma，包含第 10 到第 22 阶段的加热，共 72% 的释放 Ar。^{40}Ar-^{39}Ar 等时线年龄值为 396.90±2.18Ma，初始^{40}Ar/^{39}Ar 值为 279.5±119.8。两个样品的初始^{40}Ar/^{39}Ar 值与大气值在误差范围内是一致的，表明^{40}Ar/^{39}Ar 年龄可信。另外，^{40}Ar-^{39}Ar坪年龄和等时线年龄也非常接近，暗示白云母形成于 399～397Ma。黄金洞金矿区的成矿期前石英（Q1）脉被白云母脉体（14JM15 和 14JM16）切穿，因此成矿期前石英（Q1）脉的年龄大于 399Ma，由于黄金洞含金脉体都受到了加里东期的褶皱和断裂控制，推测成矿期前石英（Q1）脉也形成于加里东期。

表 4-8　黄金洞金矿区白云母样品 14JM15 和 14JM16 Ar-Ar 同位素年龄数据

阶段加热	激光强度/%	$^{36}Ar_a$ [fA]	$^{37}Ar_{ca}$ [fA]	$^{38}Ar_{cl}$ [fA]	$^{39}Ar_k$ [fA]	$^{40}Ar_r$ [fA]	年龄/Ma	2σ/Ma	$^{40}Ar_r$/%	$^{39}Ar_k$/%
样品号：14JM15；矿物：白云母；J=0.00742945±0.00001857										
1	2.4	0.0092	0.795	0.0000	10.050	295.542	357.32	2.02	99.1	0.46
2	2.6	0.0637	4.837	0.2020	226.841	7230.904	384.35	1.39	99.7	10.37
3	2.8	0.0592	3.390	0.1242	160.391	5201.486	390.36	1.42	99.7	7.34
4	2.9	0.0675	3.602	0.1686	205.912	6660.208	389.43	1.41	99.7	9.42
5	3	0.0188	0.950	0.0403	50.723	1683.396	398.54	1.47	99.7	2.32
6	3.1	0.0515	1.588	0.1135	168.805	5601.786	398.51	1.48	99.7	7.72
7	3.2	0.0127	0.464	0.0000	89.430	2963.758	398.03	1.51	99.9	4.09
8	3.5	0.0358	0.563	0.0596	165.415	5489.877	398.55	1.43	99.8	7.56
9	3.8	0.0456	0.101	0.0904	179.742	5975.715	399.17	1.44	99.8	8.22
10	4.2	0.0755	0.395	0.1054	232.317	7720.004	399.00	1.48	99.7	10.62
11	4.6	0.0443	0.000	0.1131	225.194	7480.860	398.88	1.44	99.8	10.30
12	5	0.0361	0.112	0.0322	144.513	4798.556	398.73	1.48	99.8	6.61
13	5.5	0.0433	0.649	0.0593	173.682	5762.719	398.45	1.44	99.8	7.94
14	6	0.0054	1.055	0.0000	38.685	1284.856	398.81	1.51	99.9	1.77
15	6.6	0.0204	0.807	0.0060	96.288	3198.607	398.88	1.47	99.8	4.40
16	7.2	0.0114	0.580	0.0000	18.610	619.083	399.39	1.79	99.5	0.85

续表

阶段加热	激光强度/%	$^{36}Ar_a$ [fA]	$^{37}Ar_{ca}$ [fA]	$^{38}Ar_{cl}$ [fA]	$^{39}Ar_k$ [fA]	$^{40}Ar_r$ [fA]	年龄/Ma	2σ/Ma	$^{40}Ar_r$/%	$^{39}Ar_k$/%
样品号：14JM16；矿物：白云母；J=0.00738520±0.00001846										
1	2.4	0.0593	0.302	0.0000	38.053	1073.769	342.30	1.41	98.4	0.66
2	2.6	0.0854	1.294	0.0312	72.073	1973.621	333.06	1.30	98.7	1.25
3	2.8	0.2395	6.276	0.2428	324.579	8853.855	331.88	1.23	99.2	5.64
4	2.9	0.0959	1.982	0.1076	192.535	5257.045	332.18	1.23	99.5	3.34
5	3	0.0909	1.767	0.0792	186.891	5253.222	341.09	1.26	99.5	3.25
6	3.1	0.0605	0.427	0.0299	137.207	3936.659	347.53	1.30	99.5	2.38
7	3.2	0.0887	0.552	0.0624	190.921	5661.953	358.13	1.33	99.5	3.32
8	3.5	0.1294	0.470	0.0980	239.612	7273.069	365.75	1.34	99.5	4.16
9	3.8	0.1701	0.280	0.1252	304.410	9479.308	374.31	1.37	99.5	5.29
10	4.2	0.3010	0.687	0.2446	498.220	16078.000	386.55	1.49	99.4	8.65
11	4.6	0.1667	0.353	0.1115	301.384	9754.398	387.57	1.40	99.5	5.24
12	5	0.2082	0.080	0.1447	345.952	11283.329	390.26	1.41	99.5	6.01
13	5.5	0.2449	0.408	0.1939	415.569	13633.510	392.32	1.42	99.5	7.22
14	6	0.2072	0.303	0.1875	361.038	11942.609	395.24	1.44	99.5	6.27
15	6.6	0.2656	0.573	0.2534	431.166	14329.820	396.92	1.55	99.4	7.49
16	7.2	0.2862	0.461	0.3480	425.267	14117.183	396.50	1.45	99.4	7.39
17	8	0.5176	0.759	0.6872	847.036	28116.821	396.48	1.43	99.5	14.71
18	9	0.1256	0.038	0.1159	201.775	6702.652	396.74	1.43	99.4	3.50
19	10	0.0445	0.099	0.0102	74.205	2468.709	397.28	1.51	99.5	1.29
20	11.5	0.0544	0.799	0.0101	54.923	1826.653	397.17	1.76	99.1	0.95
21	13.5	0.0956	1.250	0.0016	82.968	2754.631	396.55	1.47	99.0	1.44
22	16	0.0582	0.457	0.0000	31.088	1032.228	396.58	1.54	98.4	0.54

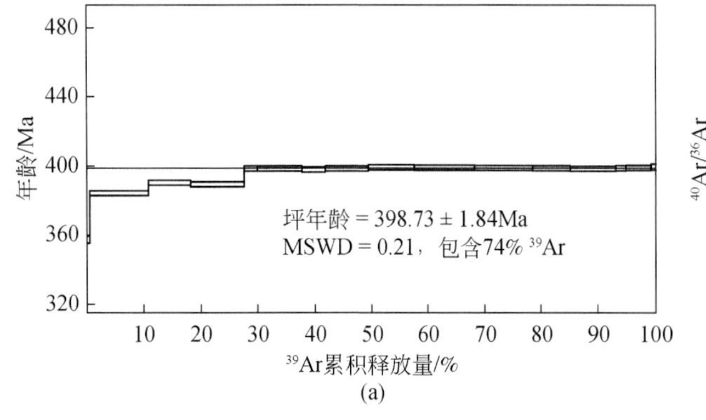

(a)

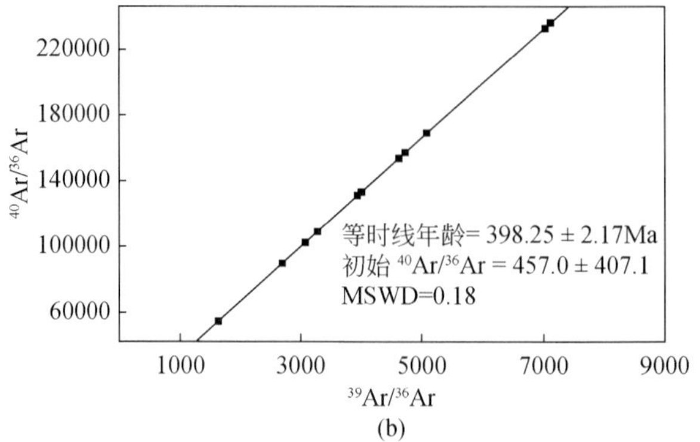

(b)

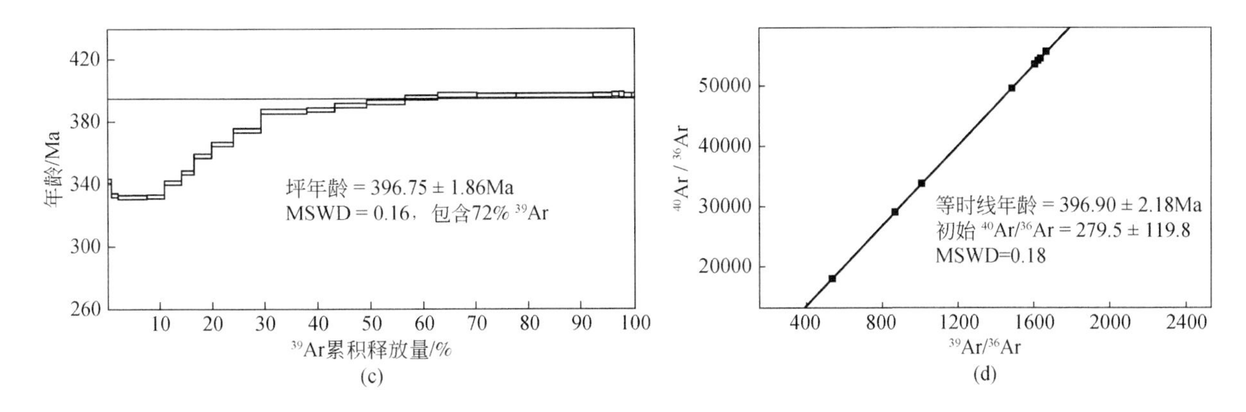

图4-16 黄金洞金矿14JM15（a）（b）和14JM16（c）（d）白云母样品^{40}Ar-^{39}Ar坪年龄和等时线年龄图

此外，野外发现长平断裂带北东段的大岩金钴矿化点含金矿脉（Q3）被含白云母的硅质岩切穿［图4-17（a）~（c）］，其中含金矿脉主要由石英及载金矿物毒砂和黄铁矿组成，而含白云母硅化带则由白云母和石英及少量的绢云母组成［图4-17（d）~（f）］。由于含金矿脉（Q3）又切穿了连云山岩体（约142Ma），该矿化点的成矿年龄可根据连云山岩体的侵位年代和白云母硅质岩的年龄限定。大岩金钴矿化点含白云母硅质岩样品DY02和DY03的Ar-Ar年龄分析结果详见《湘东北陆内伸展变形构造及形成演化的动力学机制》一书（许德如等著），其^{40}Ar-^{39}Ar坪年龄值为130Ma。因此，大岩金钴矿化点可能形成于142~130Ma。

图 4-17　大岩金钴矿化点白云母 Ar-Ar 和锆石 LA-ICPMS U-Pb 定年采样点野外、手标本和镜下照片
(a) 硅化带点切穿连云山岩体；(b) 含白云母硅化带脉体切穿硅化带；(c) 白云母切穿硅化带中的石英颗粒（正交偏光）；
(d) 硅化带中含有载金硫化物毒砂和黄铁矿（反射光）；(e) 蚀变带中部分黄铁矿颗粒被氧化（单偏光）；
(f) 含白云母硅化带包含石英和白云母（正交偏光）。Q. 石英；Asp. 毒砂；Py. 黄铁矿；Ser. 绢云母；Mus. 白云母

4.2.5.2　白钨矿 Sm-Nd 同位素定年

在对金矿床定年时，最理想的方式是选取与金沉淀同期的矿物进行直接定年（Bell et al., 1989）。然而，热液型金矿床中往往缺少可通过传统方法直接定年的矿物。因此，其成矿年龄的确定成为一个难以解决的问题（Bell et al., 1989；陆松年等，1999）。近几十年来，人们发现很多金矿床中都有白钨矿出现，且这些白钨矿与金关系密切，常被作为重要的找矿标志（Fryer and Taylor, 1984；Rao et al., 1989；Ghaderi et al., 1999；Boyle, 1979）。又由于白钨矿中的 Ca^{2+} 与 Sm、Nd 等稀土元素有着相似的半径和电子结构（Raimbault et al., 1993），白钨矿具有较高的稀土元素含量和 Sm/Nd 值（Bell et al., 1989；Brugger et al., 2008）。因此，自 Fryer 和 Taylor（1984）首次成功实现 Sm-Nd 同位素定年以来，白钨矿 Sm-Nd 同位素定年逐渐被运用于许多金矿床的研究中（Bell et al., 1989；Anglin et al., 1996；Darbyshire and Pitfield, 1996；彭建堂等，2003；Zhang et al., 2019b）。

前人曾获得黄金洞金矿床的黄铁矿 Pb-Pb 模式年龄为 552～416Ma（罗献林，1989），流体包裹体 Rb-Sr 等时线年龄为 425±33Ma（韩凤彬等，2010）和 152±13Ma（董国军等，2008）。由于这些测年方法存在着较大的局限性，黄金洞矿床目前仍缺乏可靠程度高的成矿年龄。在勘探开采过程中我们发现，矿区白钨矿出现的部位金的品位往往较高，甚至有明金的出现。基于此，本次研究工作对黄金洞矿区的含白钨矿矿石进行了详细的野外和镜下观察，并对白钨矿进行了 Sm-Nd 同位素测试，获得了黄金洞金矿床的成矿年龄。

1. 成矿阶段观察与样品来源

首先根据野外和镜下观察到的穿插关系，将黄金洞矿床的成矿过程划分为四个阶段（图 4-18、图 4-19）：第一个阶段以无矿石英（Q1）为特征，石英颗粒较大［图 4-18（c）（d）］；第二个阶段以白钨矿和石英（Q2）为特征［图 4-18（d）～（f）］；第三个阶段为金多金属硫化物阶段，形成石英（Q3）、毒砂、黄铁矿、方铅矿和自然金矿物组合［图 4-18（f）］；第四个阶段由方解石、石英（Q4）和少量黄铁矿组成［图 4-18（g）(h)］。其中，第三个阶段与金成矿有关。局部可观察到第二个阶段的白钨矿细脉切穿了第一个阶段形成的无矿石英（Q1）［图 4-18（c）～（e）］，同时又被第三个阶段形成的金多金属硫化物细脉切穿［图 4-18（c）（e）（f）］。

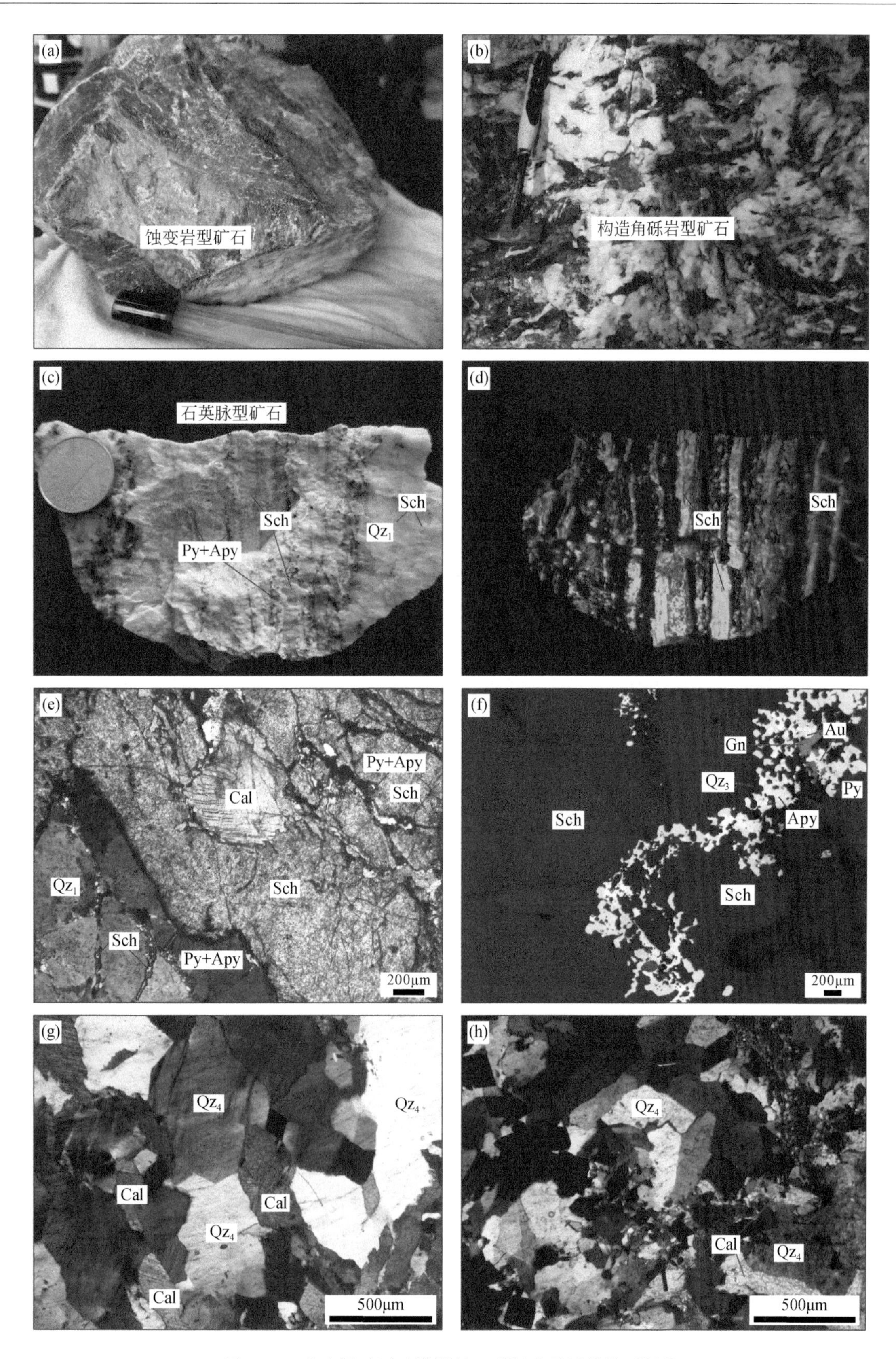

图 4-18　黄金洞矿区矿脉野外、手标本及显微镜下照片

（a）蚀变岩型矿石；（b）构造角砾岩型矿石；（c）石英脉型矿石手标本；（d）紫外荧光灯照射下的石英脉型矿石手标本；（e）白钨矿细脉切穿了无矿石英，又被黄铁矿、毒砂细脉切穿（正交偏光）；（f）金多金属硫化物细脉切穿白钨矿（反射光）；（g）（h）石英和方解石的矿物组合（正交偏光）。Apy. 毒砂；Au. 自然金；Cal. 方解石；Gn. 方铅矿；Py. 黄铁矿；Qz. 石英；Sch. 白钨矿

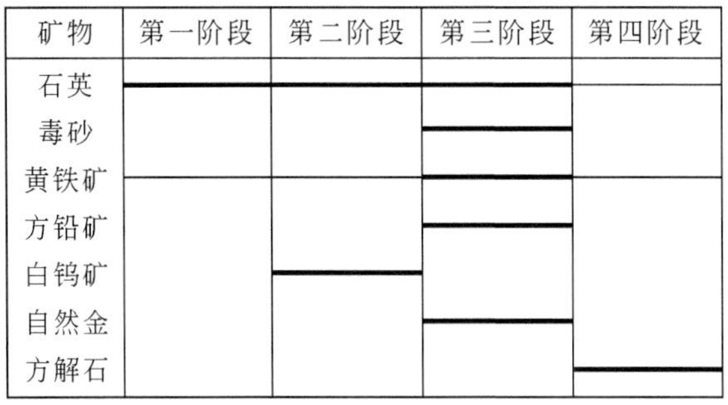

矿物	第一阶段	第二阶段	第三阶段	第四阶段
石英				
毒砂				
黄铁矿				
方铅矿				
白钨矿				
自然金				
方解石				

图 4-19　黄金洞金矿床的成矿阶段和矿物组合

本次研究的含白钨矿矿石均采自 3 号矿脉（详见第 3 章），详细采样位置见表 4-9。矿区的白钨矿通常为乳白色，油脂光泽，呈细脉状、团块状产出。

2. Sm-Nd 同位素定年结果

在黄金洞金矿床 3 号脉采集的 5 件样品中白钨矿的 Sm、Nd 含量以及同位素组成如表 4-9 所示。白钨矿 Sm、Nd 的含量分别为 $0.5517\times10^{-9}\sim5.1330\times10^{-9}$ 和 $0.5854\times10^{-9}\sim3.5100\times10^{-9}$，$^{147}Sm/^{144}Nd$ 值分布于 0.5702～1.1130 之间，$^{143}Nd/^{144}Nd$ 值分布于 0.512521～0.512979 之间。在 $^{147}Sm/^{144}Nd$-$^{143}Nd/^{144}Nd$ 图解中，5 个白钨矿样品表现出良好的线性关系（图 4-20）。运用 Isoplot 程序求得白钨矿的等时线年龄 $t=129.7\pm7.4$Ma，MSWD=1.04，$(^{143}Nd/^{144}Nd)_i$ 为 0.512040 ± 0.000038（图 4-20），对应的 $\varepsilon_{Nd}(t)$ 值为 −8.68～−8.21（表 4-9）。由于所有样品均采自黄金洞金矿床 3 号脉，是同源同期热液活动的产物，本次获得的年龄 129.7±7.4Ma 可代表白钨矿的真实形成年龄。

表 4-9　黄金洞金矿床中白钨矿的 Sm、Nd 含量以及同位素组成

采样位置	样品编号	$Sm/10^{-9}$	$Nd/10^{-9}$	$^{147}Sm/^{144}Nd$	$^{143}Nd/^{144}Nd\ (1\sigma)$	$\varepsilon_{Nd}(t)$
3 号脉-310m 标高	HJD-1	4.4990	2.4450	1.1130	0.512979（8）	−8.52
3 号脉-350m 标高	HJD-5	0.5517	0.5854	0.5702	0.512521（6）	−8.47
3 号脉-350m 标高	HJD-8	0.8152	0.7247	0.6806	0.512624（9）	−8.29
3 号脉-180m 标高	HJD-13	1.6800	1.2400	0.8198	0.512722（9）	−8.68
3 号脉-180m 标高	HJD-22	5.1330	3.5100	0.8847	0.512801（7）	−8.21

根据黄金洞金矿床的成矿阶段划分结果，金形成于第三个阶段，这一阶段的含金硫化物细脉切穿了第二阶段的白钨矿［图 4-18（f）］，且白钨矿的 Sm-Nd 等时线年龄为 129.7±7.4Ma。同时，赋矿地层新元古界冷家溪群又被白垩系不整合覆盖，且目前尚未在白垩系中发现金矿化（详见第 3 章）。因此，推测黄金洞金成矿年龄晚于 129.7±7.4Ma，但早于白垩系的沉积年龄。Deng 等（2017）测得黄金洞金矿区西侧长平断裂带上产出的大岩金矿化点的成矿年龄为 145～130Ma。其位置与黄金洞金矿床相邻，矿物组合石英-毒砂-黄铁矿与黄金洞金矿床主成矿阶段的矿物组合类似，表明大岩金矿化点和黄金洞金矿床可能为同一期金成矿事件的产物。这次金成矿事件的年龄应同时满足“晚于 129.7±7.4Ma”和“145～130Ma”两个条件。综上所述，黄金洞金矿床的成矿年龄应与白钨矿的 Sm-Nd 近似，略晚于白钨矿。金和白钨矿可能为同一次热液时间不同成矿阶段的产物，白钨矿的 129.7±7.4Ma 年龄可作为金的成矿年龄下限。

成矿和成岩年代学工作综合表明，湘东北金矿至少有两期热液活动。其中，成矿期前石英（Q1）脉最可能形成于加里东期（>399Ma），而成矿期含金矿石英（Q3）脉形成于燕山期（142～130Ma）。

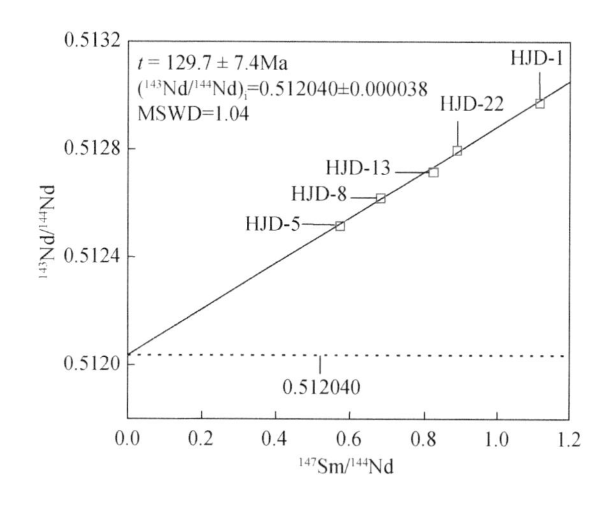

图4-20　湖南黄金洞金矿床白钨矿 $^{147}Sm/^{144}Nd$-$^{143}Nd/^{144}Nd$ 图解

4.2.6　矿床成因类型

根据流体包裹体岩相学工作，含 CO_2 的流体包裹体只出现在不含金的石英（Q1）脉和白钨矿-石英（Q2）脉中，而没有出现在与金矿化有关的石英脉（Q3）和多硫化物-石英（Q4）脉中。因此，我们认为湘东北金矿化与含 CO_2 流体无关，这与 Kokh 等（2016，2017）的结论相一致。由此可知，在没有详细的岩相学工作基础上，前人根据含 CO_2 的流体包裹体的存在来推断出包括湘东北在内的江南古陆金矿床的成矿流体含 CO_2 可能是不正确的（卢焕章等，2012；Zhao et al.，2013；Ni et al.，2015；Zhu and Peng，2015；刘育等，2017）。同时，前人将流体不混溶作为该区金矿床金沉淀的主要方式也是存在疑问的，至少值得商榷。考虑到金矿化与毒砂和黄铁矿等硫化物之间有密切的关系，硫化作用可能是包括湘东北在内的江南古陆矿床的主要金沉淀方式。

金矿赋矿围岩——新元古界冷家溪群自新元古代经历了第一次变形作用（晋宁运动，850～820Ma：Shu et al.，1994；Li et al.，2007；Zhao and Cawood，2012），并使得冷家溪群和板溪群呈角度不整合接触。显生宙以来，冷家溪群和板溪群经历了早古生代加里东运动、三叠纪印支运动和侏罗纪—白垩纪燕山运动（Li and Li，2007；Zhou et al.，2006）。前人研究表明，华南板块新元古代地层在加里东期发生了强烈的区域变质作用（Shu et al.，2008；Faure et al.，2009；Charvet et al.，2010；Xu et al.，2015；Li et al.，2017a），并形成了该区北西西向控矿构造（断裂、褶皱等）。本次地质年代学工作表明，大万和黄金洞金矿的石英（Q1）脉（主要脉体）形成于加里东期（399～397Ma），与冷家溪群变形和变质作用有关。这与石英（Q1）脉中的富 CO_2 原生流体包裹体、较高的流体压力（最大可到3087bar）以及同位素指示变质流体来源一致。在静岩压力的情况下，压力的最大值3087bar相当于所处深度为11.6km。该深度可能与围岩的变质程度（绿片岩-角闪岩相）和流体包裹体的温度（208～276℃）不一致，因此如前所述，流体的最大压力可能被高估。但是，富 CO_2 原生流体包裹体的出现，指示石英（Q1）脉形成于陆内造山作用的构造环境中，深度可能较大［图4-21（a）］。占矿区90%以上的矿脉即为变质成因，与S-Pb-H-O同位素指示成矿物质和成矿流体主要为变质来源的结论一致。

由于白钨矿从流体中结晶时，Nd同位素不会受到影响（Voicu et al.，2000），白钨矿的Nd同位素被广泛运用于源区示踪的工作（Bell et al.，1989；彭建堂等，2003；王永磊等，2012；Voicu et al.，2000；Kempe et al.，2001）。本次测得黄金洞金矿床中白钨矿的 $\varepsilon_{Nd}(t)$ 值位于-8.68～-8.21之间。根据毛景文等（1997）的Sm-Nd同位素数据，重新计算得出赋矿地层冷家溪群的 $\varepsilon_{Nd}(130Ma)$ 值分布于-13.86～-10.30之间。连云山岩体中成岩年龄为129±1.5Ma的斑状黑云母花岗岩为S型花岗岩，其 $\varepsilon_{Nd}(t)$ 值分布

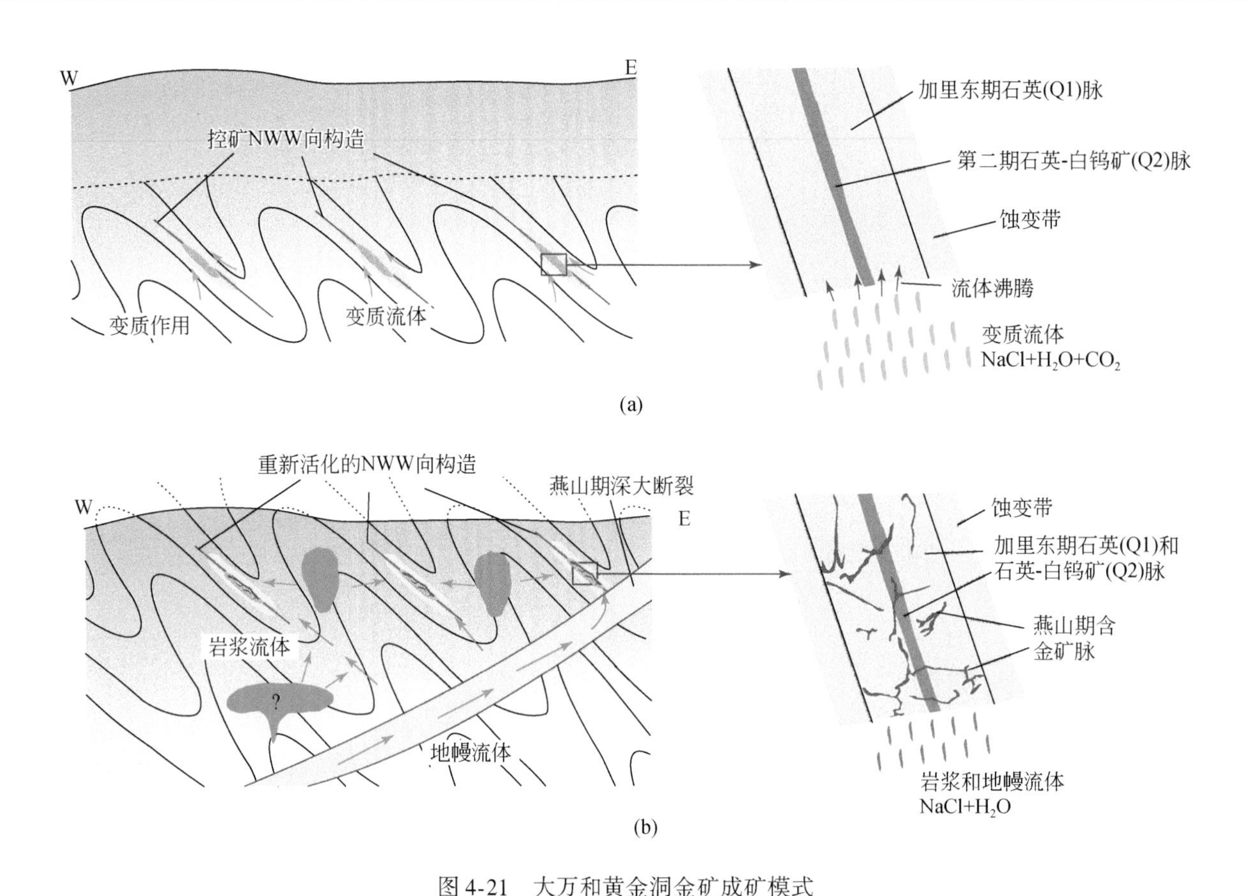

图 4-21　大万和黄金洞金矿成矿模式

（a）加里东期热液作用和相关的变质作用和岩浆作用，加里东期成矿前不含金脉体；（b）晚侏罗世—白垩纪金矿化与伸展型盆岭构造，燕山期含金矿脉叠加在加里东期不含金脉体之上

于-10.36～-10.02之间（详见许德如等著《湘东北陆内伸展变形构造及形成演化的动力学机制》一书）。冷家溪群和斑状黑云母花岗岩的 $\varepsilon_{\mathrm{Nd}}(t)$ 值均小于黄金洞金矿床中的白钨矿（图 4-22）。在黄金洞金矿区的邻近地区，时代更老的仓溪岩群（详见许德如等著《湘东北陆内伸展变形构造及形成演化的动力学机制》一书）的 $\varepsilon_{\mathrm{Nd}}$(130Ma) 值分布于-8.06～-5.80之间（图 4-22；唐晓珊等，2004）。这表明，热液中的 Nd 可能部分来自冷家溪群和/或连云山岩体中的斑状黑云母花岗岩，部分来自新元古界仓溪岩群。本书也认为黄金洞金矿区中的硫除了冷家溪群这个主要来源外，还有其他的来源（Xu et al.，2017b）。黄金洞矿区的成矿期次划分结果表明，白钨矿形成于第二阶段，金多金属硫化物形成于第三阶段。由于这两个阶段为同一期热液事件不同阶段（见本书第 3 章），新元古界仓溪岩群（?）可能也为金的成矿阶段提供了成矿物质。

然而，野外和岩相学工作表明，石英（Q1）脉是不含金的，而金矿化则主要与体积较小的毒砂-黄铁矿-石英（Q3）脉体有关。同位素年代学工作表明，成矿期含金石英（Q3）脉形成于燕山期（142～130Ma），并叠加在加里东期的主矿脉之上［图 4-21（b）］。我们在黄金洞矿区所测得切穿无矿石英（Q1）的白云母的 Ar-Ar 年龄为 397～399Ma，表明北西（西）向的赋矿构造形成于加里东期或更早，且在加里东晚期以前有一期无矿的热液活动。130Ma 左右，向华南陆块俯冲的古太平洋板块后撤，使得整个华南地区的应力体系由挤压向伸展转换（Zhou and Li，2000；Li et al.，2014）。本次测得黄金洞矿床第二和第三阶段的白钨矿和金多金属硫化物的年龄约 130Ma，与古太平洋板块后撤的时间接近，表明这期构造事件可能与黄金洞金矿的成矿有关。无矿石英（Q1）、白钨矿和金多金属硫化物均产出于北西（西）向的赋矿构造中，表明形成时间为加里东期或更早的赋矿构造在燕山期发生了活化，从而为成矿流体提供了运移的通道和成矿的空间。

另外，根据流体中不含 CO_2 和相对较低的捕获压力（15～1865bar），可知燕山期矿脉形成于较浅的环

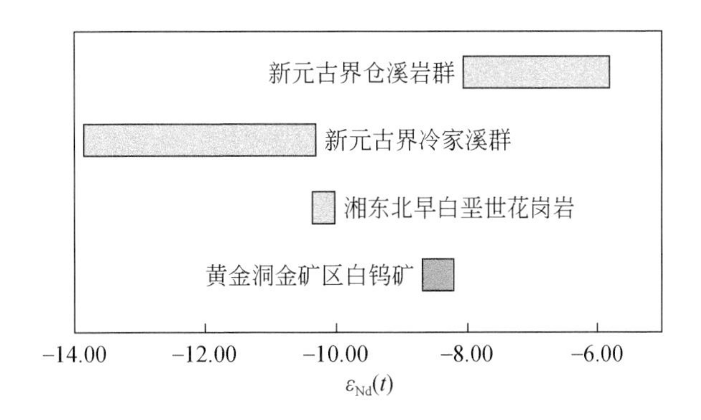

图 4-22　黄金洞金矿区白钨矿与湘东北各地质体 $\varepsilon_{Nd}(t)$ 值对比图

新元古界仓溪岩群（?）的 $\varepsilon_{Nd}(t)$（t=129.7Ma）根据毛景文等（1997）重新计算；新元古界冷家溪群的 $\varepsilon_{Nd}(t)$（t=129.7Ma）根据唐晓珊等（2004）重新计算；连云山岩体斑状黑云母花岗岩的 $\varepsilon_{Nd}(t)$（t=129Ma）数据引自中南大学未发表数据

境中。该期的流体可能为深部岩浆水和地幔水来源，深部的流体沿着长沙-平江深大断裂向上运移，在早期形成的 NWW 向断裂破碎内沉淀、叠加成矿［图 4-21（b）］。少量岩浆和地幔流体参与成矿，与 H-O-He-Ar 同位素的结论一致。

湘东北金矿床的形成主要与加里东期和燕山期的陆内构造-岩浆活动有关。湘东北金矿区的含矿构造主要为北西西向的层间断裂和倒转褶皱，这些构造与湘东北及华南的北西西向构造一样，与华南在加里东期经历陆内构造作用有关。北西西向的层间断裂的规模一般相对较小，但在矿区非常发育，产状与地层相近，其形成可能与早期（加里东期）区域褶皱引起冷家溪群具有不同能干性岩石之间发生的层间滑动有关。前人研究表明，北西西向断裂在地质历史时期经历过韧性变形（肖拥军和陈广浩，2004；文志林等，2016），这与湘东北地区发育的三条近东西向的韧性剪切带一致。湘东北地区的加里东期岩浆岩规模较小，且距离主要的矿体较远，推测与成矿关系不密切。但加里东期的陆内造山作用使得湘东北金矿区及深部发生了浅变质作用，区域变质作用产生的脱挥发分形成了含 CO_2 的变质流体和矿区成矿期前主脉体，这与典型的造山型金矿一致［图 4-21（a）、图 4-23（b）］。

在燕山期，中国东部包括华南大陆受到古太平洋板块俯冲和回撤作用的影响，江南古陆处于 NW—SE 向的应力作用中，并产生了一系列北东向区域性深大断裂、北东向次级断裂和花岗质岩浆作用（Zhou et al.，2006；Li and Li，2007；Jiang et al.，2009b；Zhu et al.，2014）。其中，北东向次级断裂规模较小，且不同的断裂活动的时间可能也不一样；矿区大多数北东向次级断裂切割矿体，因此形成于矿化之后。北东向区域性深大断裂虽然距大部分矿区有一定的距离，但在深部可能与燕山期花岗质岩和加里东期北西西向控矿断裂相连，为湘东北金矿流体运移的导矿构造（文志林等，2016；Xu et al.，2017b）。因此，北东向区域性深大断裂、北西（西）向断裂可能同时形成，且形成较早，而北东向次级断裂形成较晚，北西（西）向控矿断裂破碎带则是燕山期深大断裂活动时再次活化的结果。此外，燕山期花岗质岩距离金矿较远，但是地球物理探测表明，矿区的深部可能存在花岗质岩体，为金矿化提供部分成矿流体和流体运移的动力［图 4-21（b）、图 4-23（c）］。

由前述可知，湘东北地区金矿床的部分特征与造山型金矿相似，包括：矿体普遍呈脉状产出、变质来源为主的成矿物质和成矿流体、含 CO_2 的成矿期前流体以及中低温和低盐度的各阶段流体。但是，湘东北地区的金（多金属）矿化主要发生在燕山晚期的伸展型盆岭构造环境（详见许德如等著《湘东北陆内伸展变形构造及形成演化的动力学机制》一书），且成矿期流体不含 CO_2，因此湘东北地区金矿典型的造山型金矿明显不同。此外，金矿的赋矿围岩为浅变质而非碳酸盐岩或火山岩，矿体 Ag/Au<1，也与典型的卡林型金矿和浅成低温热液型金矿明显不同（Cline et al.，2005；Simmons et al.，2005）。而因赋存在浅变质地体内、远离花岗质岩体、主成矿期流体不含 CO_2 等特征，又与典型的与侵入岩相关的金矿有一定差别（如 Tuduri et al.，2018）。湘东北地区金矿与加里东期和燕山期两期陆内构造-岩浆活化作用有关，先

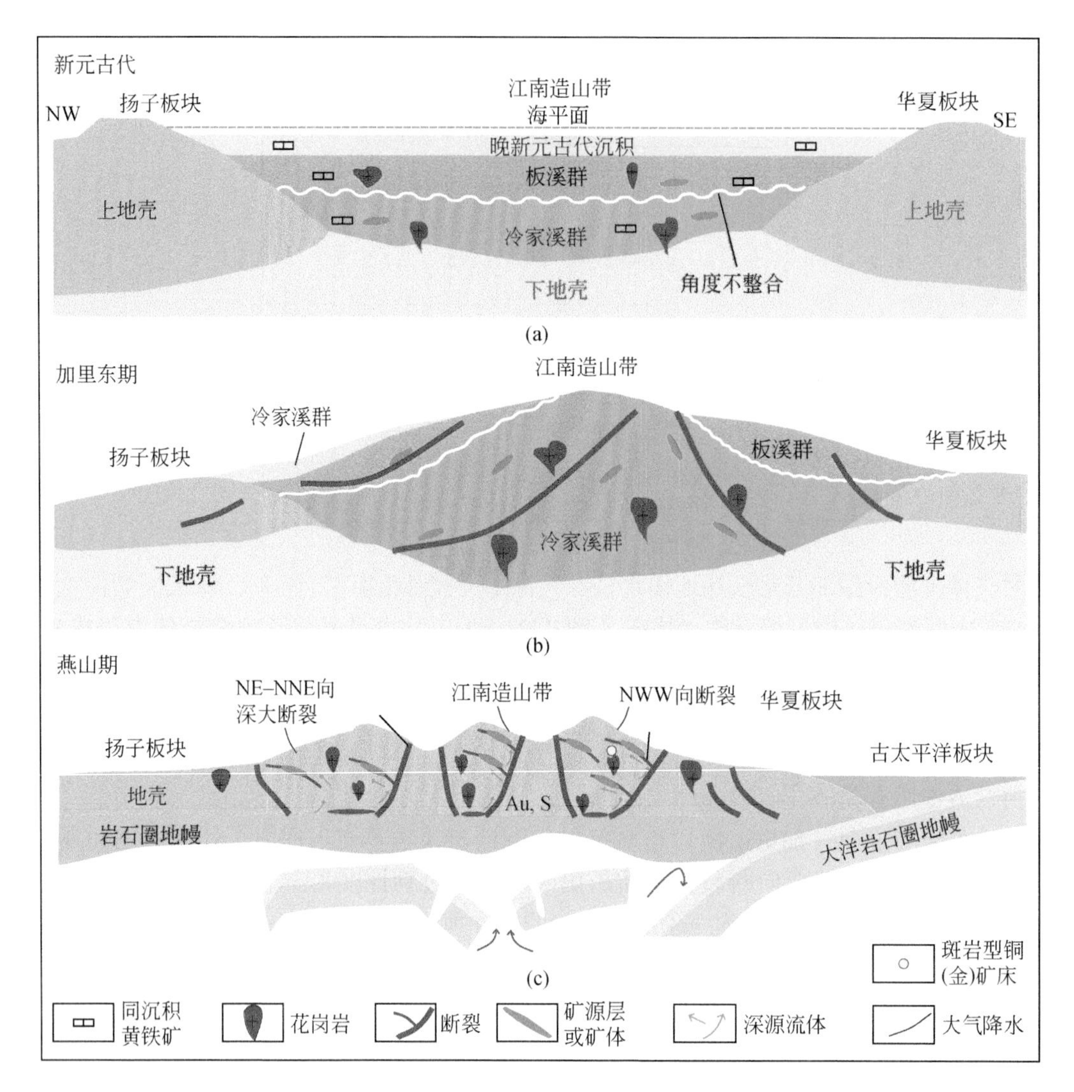

图 4-23　江南古陆金矿床多阶段成矿模式图

（a）新元古界冷家溪群和板溪群的沉积及初始变形；（b）与区域变质和岩浆作用同期的加里东期热液活动形成成矿期前不含金矿脉；（c）燕山期金矿化发生在伸展型盆岭构造中

存的加里东期构造和矿区主脉体，在加里东期发生重新活化，断裂重新扩容，而石英脉则发生脆性破碎，并随后被燕山期热液脉体叠加成矿，因此可将该区的金矿划分为陆内活化型金矿（intracontinental reactivation type：Xu et al.，2017a，2017b）。

江南古陆大万和黄金洞金矿表现出多期构造控制及成矿作用，该现象在经历多次陆内构造-岩浆活动的世界各地的克拉通内部常见（陈国达，1959，2000），其中最典型的代表为华北和华南克拉通（Li et al.，2012b；Groves and Santosh，2016；Xu et al.，2017b）。前人对华北板块及其北东侧的胶东金矿区和南侧的小秦岭金矿区的研究表明，华北克拉通形成于太古宙—元古宙，并在晚古生代之后一直保持稳定，这期间无明显的构造和岩浆活动（Li et al.，2012a；Zhu et al.，2015）。中生代以来，受到古太平洋板块俯冲以及华北和华南板块碰撞作用的影响，华北板块内部发生强烈构造-岩浆活化（Li et al.，2012a，2012b）。稳定克拉通在燕山期被破坏，形成了大量赋存于太古宙—元古宙地层及中生代花岗岩中的胶东和小秦岭金矿床（Mao et al.，2002a；Jiang et al.，2009a；Li et al.，2012b；Zhu et al.，2015）。

前人较可靠的年代学研究结果显示，尽管同样位于江南古陆内，不同金锑钨矿床的成矿时代却可能不同：部分矿床形成于加里东期（彭建堂等，2003；顾尚义等，2016；Wang et al.，2019a）、部分矿床形成于印支期（王永磊等，2012；Zhang et al.，2019b）、部分矿床形成于燕山期（本书）；还有部分矿床

（如金井、平秋）同时存在着两个可靠的成矿年龄（王加昇等，2011；顾尚义等，2016；Wang et al.，2019b）（表4-10、图4-24）。出现这种现象可能的原因有：①矿源层可能不一致；②虽然矿源层一致，但成矿物质被活化、迁移、沉淀成矿的时间不一致。

表4-10　江南古陆已报道和本书中的金锑钨矿床年龄统计表

<table>
<tr><th>序号</th><th>区域</th><th>矿床</th><th>年龄/Ma</th><th>定年方法</th><th>参考文献</th></tr>
<tr><td>1</td><td rowspan="17">北东段</td><td rowspan="8">金山</td><td>167.9±5.2</td><td>含金糜棱岩中伊利石的Rb-Sr等时线年龄</td><td>吕赟珊等，2012</td></tr>
<tr><td>2</td><td>161±6</td><td>蚀变千枚岩中Rb-Sr等时线年龄</td><td>张金春，1994</td></tr>
<tr><td>3</td><td>299.5±2.7</td><td rowspan="2">含金糜棱岩中伊利石的K-Ar等时线年龄</td><td rowspan="3">李晓峰等，2002</td></tr>
<tr><td>4</td><td>317.9±1.8</td></tr>
<tr><td>5</td><td>269.9±1.7</td><td>金矿脉中伊利石的K-Ar等时线年龄</td></tr>
<tr><td>6</td><td>732.1±61.9</td><td>碳质片岩Rb-Sr等时线年龄</td><td rowspan="2">韦星林，1996</td></tr>
<tr><td>7</td><td>714.5±60.5</td><td>糜棱岩Rb-Sr等时线年龄</td></tr>
<tr><td>8</td><td>838±110</td><td>含金黄铁矿Rb-Sr等时线年龄</td><td>毛光周等，2008</td></tr>
<tr><td>9</td><td rowspan="3">银山</td><td>78.2±1.4</td><td>英安斑岩中白云母Ar-Ar坪年龄</td><td rowspan="3">李晓峰等，2006</td></tr>
<tr><td>10</td><td>175.3±1.1</td><td>石英斑岩中白云母Ar-Ar坪年龄</td></tr>
<tr><td>11</td><td>175.4±1.2</td><td>蚀变石英斑岩中白云母Ar-Ar坪年龄</td></tr>
<tr><td>12</td><td rowspan="6">磺山剪切带</td><td>343</td><td>含金石英脉中多硅白云母K-Ar等时线年龄</td><td rowspan="6">叶有钟等，1993</td></tr>
<tr><td>13</td><td>373</td><td>含金糜棱岩K-Ar等时线年龄</td></tr>
<tr><td>14</td><td>325</td><td>含金石英脉中白云母K-Ar等时线年龄</td></tr>
<tr><td>15</td><td>329.9</td><td>含金糜棱岩中绢云母K-Ar等时线年龄</td></tr>
<tr><td>16</td><td>353</td><td rowspan="2">含金糜棱岩中白云母Ar-Ar等时线年龄</td></tr>
<tr><td>17</td><td>345</td></tr>
<tr><td>18</td><td rowspan="9">中段</td><td rowspan="3">黄金洞</td><td>396.75±1.86</td><td>白云母Ar-Ar坪年龄</td><td rowspan="3">本书</td></tr>
<tr><td>19</td><td>398.73±1.84</td><td>白云母Ar-Ar坪年龄</td></tr>
<tr><td>20</td><td>129.7±7.4</td><td>白钨矿Sm-Nd等时线年龄</td></tr>
<tr><td>21</td><td rowspan="4">雁林寺</td><td>155.0±26.0</td><td rowspan="4">石英ESR年龄</td><td rowspan="4">黄诚等，2012</td></tr>
<tr><td>22</td><td>177.4±17.0</td></tr>
<tr><td>23</td><td>176.5±17.0</td></tr>
<tr><td>24</td><td>214.2±21.0</td></tr>
<tr><td>25</td><td>大岩</td><td>130.3±1.4</td><td>白云母Ar-Ar坪年龄</td><td rowspan="2">Deng et al.，2017</td></tr>
<tr><td>26</td><td></td><td>130±1.4</td><td>白云母Ar-Ar坪年龄</td></tr>
<tr><td>27</td><td rowspan="10">西南段</td><td rowspan="4">沃溪</td><td>402±6</td><td>白钨矿Sm-Nd等时线年龄</td><td rowspan="3">彭建堂等，2003</td></tr>
<tr><td>28</td><td>423.2±1.2</td><td rowspan="2">石英Ar-Ar坪年龄</td></tr>
<tr><td>29</td><td>416.2±0.8</td></tr>
<tr><td>30</td><td>281.3</td><td>蚀变岩K-Ar等时线年龄</td><td>罗献林，1989</td></tr>
<tr><td>31</td><td>字溪</td><td>425±28</td><td>毒砂Re-Os等时线年龄</td><td>Wang et al.，2019a</td></tr>
<tr><td>32</td><td>柳林叉</td><td>412.46</td><td>钾长石K-Ar等时线年龄</td><td>王秀璋等，1999</td></tr>
<tr><td>33</td><td rowspan="4">板溪</td><td>397.4±0.4</td><td rowspan="2">石英Ar-Ar坪年龄</td><td>彭建堂等，2003</td></tr>
<tr><td>34</td><td>422.2±0.2</td><td>彭建堂等，2003</td></tr>
<tr><td>35</td><td>130.4±1.9</td><td rowspan="2">辉锑矿Sm-Nd等时线年龄毒砂、辉锑矿Rb-Sr等时线年龄</td><td>Li et al.，2017b</td></tr>
<tr><td>36</td><td>129.4±2.4</td><td>Li et al.，2017b</td></tr>
</table>

续表

序号	区域	矿床	年龄/Ma	定年方法	参考文献
37		渣滓溪	227.3±6.2	白钨矿 Sm-Nd 等时线年龄	王永磊等，2012
38			317.4±5.1		
39		西安	302.0±4.8	蚀变岩 K-Ar 等时线年龄	万嘉敏，1986
40			476.4±7.7		
41			223.6±5.3	白云母 Ar-Ar 年龄	Li et al.，2017b
42		古台山	331.0	绢云母 K-Ar 年龄	彭建堂和戴塔根，1998
43			210.0±2	白钨矿 Sm-Nd 等时线年龄	Zhang et al.，2019b
44		龙山	195.0±36	黄铁矿 Re-Os 等时线年龄	付山岭等，2016
45	西南段		162.5±1.8	白云母 Ar-Ar 年龄	张志远等，2018
46		漠滨	404.2	钾长石 K-Ar 等时线年龄	王秀璋等，1999
47		肖家	418±4	全岩 Rb-Sr 等时线年龄	彭建堂，1998
48		阳湾团	381.7±0.4	石英 Ar-Ar 坪年龄	彭建堂等，2003
49		平秋	400±24	毒砂 Re-Os 等时线年龄	王加昇等，2011
50			235.3±3.4	毒砂 Re-Os 等时线年龄	顾尚义等，2016
51		八克	410±52	毒砂 Re-Os 等时线年龄	
52		金井	400±11	毒砂 Re-Os 等时线年龄	Wang et al.，2019b
53			174±15	毒砂 Re-Os 等时线年龄	王加昇等，2011
54		分水坳	166.4±25.7	矿脉 Rb-Sr 等时线年龄	王瑞湖和张青枝，1997

在江南古陆，绝大多数金锑钨矿床赋存于新元古代地层之中。硫、铅同位素元素分析结果都表明，这些矿床的成矿物质主要来源于赋矿的新元古界。元素含量分析结果也表明，新元古界（尤其是冷家溪群）的金、锑、钨的含量高于地壳丰度值（朱炎龄等，1981；毛景文等，1997）。因此，江南古陆大多数金锑钨矿床的矿源层应为新元古界，各个矿床成矿时代不一致可能是成矿物质被活化、迁移、沉淀成矿的时间不同所导致的。

不论是加里东期、印支期还是燕山期，在江南古陆的西南段、中段和北东段通常都有相近的年龄（不论是成矿年龄还是无矿的热液活动年龄）出现（表 4-10、图 4-24）。这表明，大规模的造山作用和/或区域变质作用可能在引发江南古陆热液活动方面发挥了重要作用。江南古陆大部分金锑钨矿床的成矿流体主要为变质水的现象也支持这个观点。

本书研究也表明，岩浆作用在成矿物质的活化过程中发挥了重要作用（毛景文等，1997；贺转利等，2004；Peng and Frei，2004），表现为：①氢氧同位素分析结果显示江南古陆金锑钨矿床的成矿流体中可能有岩浆水的参与；②在湘东北地区，以连云山岩体为中心，由近到远依次出现高温、中温和低温的成矿元素分带。

此外，部分矿床同时存在着两个可靠的成矿年龄。例如，通过分析含金毒砂的 Re-Os 同位素，前人测得江南古陆西南段平秋金矿床的成矿年龄为 400±24Ma（王加昇等，2011）和 235±3.4Ma（顾尚义等，2016），金井金矿床的成矿年龄为 400±11Ma（Wang et al.，2019b）和 174±15Ma（王加昇等，2011）。而在黄金洞金矿区，早于约 400Ma 的无矿石英以及约 130Ma 的白钨矿和金矿均产出于北西（西）向赋矿构造中。这表明，控矿构造在形成后可能再次活化（详见第 5 章），这可能为含金流体的运移和沉淀成矿提供了通道和空间。

综上所述，造山作用及其相关的变质作用、岩浆作用可能都在江南古陆金的活化过程中起到了重要作用，而构造活化可能为含金流体的运移和沉淀成矿提供了空间。在某个特定的时期，部分地区成矿而

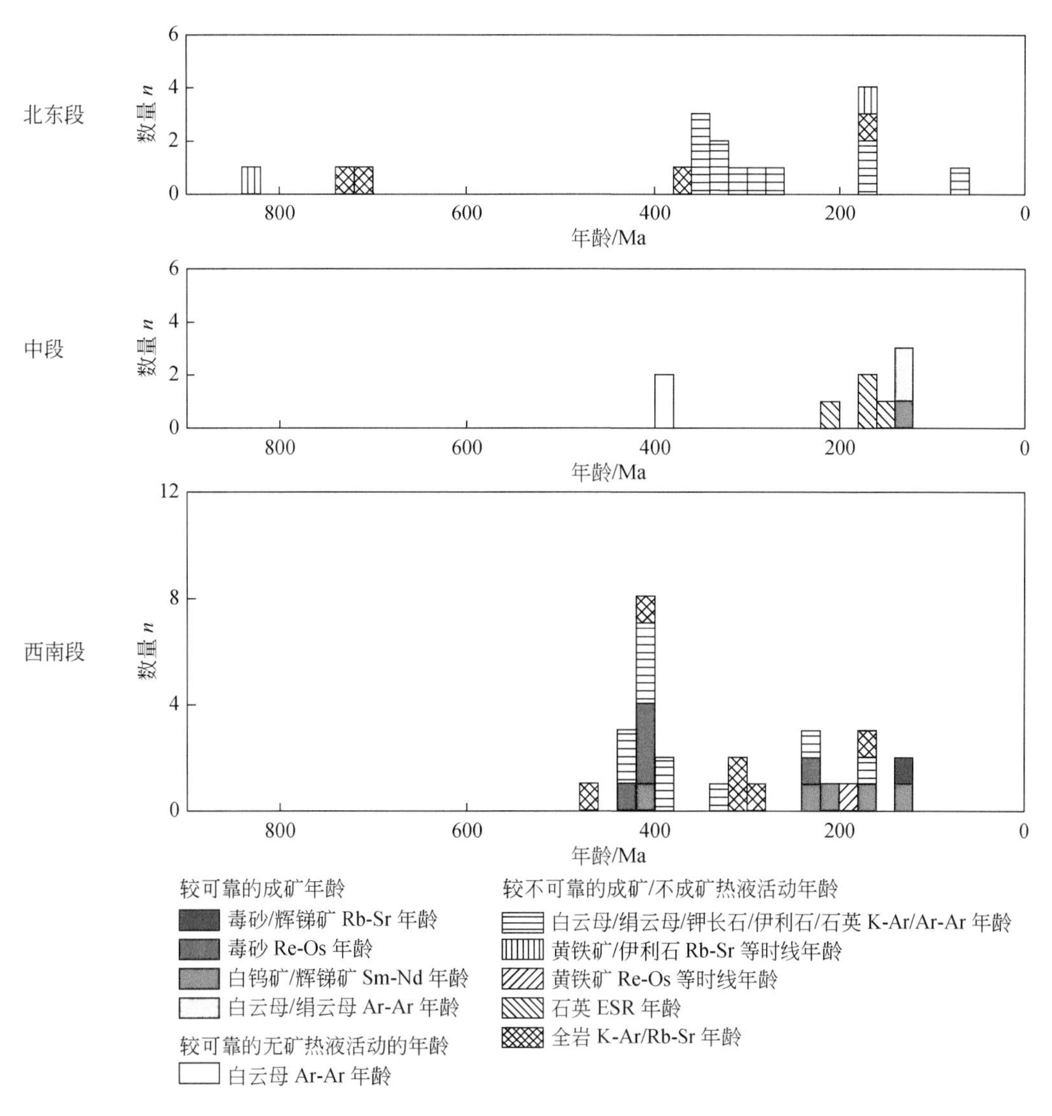

图 4-24　江南古陆北东段、中段、西南段年龄对比图

年龄数据来自表 4-10

部分地区不成矿的原因：一方面可能是不成矿地区区域变质作用和/或岩浆作用的影响程度较低导致矿源层中的成矿物质没有被活化；另一方面可能是不成矿地区缺乏成矿流体运移的通道和沉淀成矿的空间。

由于华南板块内部矿床分布较为分散，且大型金矿床的数量相对较少，前人对于华南板块的陆内构造活化和金成矿的关系研究较少。本次研究表明，自扬子板块和华夏板块在新元古代拼合形成统一的华南板块以来，江南古陆至少发生了加里东期、印支期和燕山期三期陆内构造-岩浆活化。其中，加里东期的陆内构造-岩浆活动形成了含矿的 NWW 向构造，区域变质作用形成的变质流体在此处沉淀，形成了矿区主体的成矿期前脉体。先存加里东期老构造作为新元古代地层中的“伤疤”，在燕山期陆内构造-岩浆活动的影响下，活化这些先存断层会比发育新的断层更容易实现。新形成的构造可以利用并改造先存老构造的格架，并作为流体沉淀和金矿化的理想场所（Qiu et al.，2002；Li et al.，2012a，2012b）。此外，深部地球动力学过程，包括软流圈地幔上涌、下地壳拆沉和多次岩浆作用，为金矿提供了部分成矿物质和成矿流体来源。

4.3　钴铜多金属矿床成矿系统

4.3.1　井冲钴铜多金属矿床

4.3.1.1　矿物微量元素特征

1. 绿泥石

针对两种不同产状的绿泥石分别进行了电子探针化学成分分析（表4-11）。根据电子探针分析结果可知，所有绿泥石的 Na_2O+K_2O+CaO 含量均小于0.5%，表明分析过程中未发生其他矿物的混染，测试结果可靠。由于绿泥石中的 Fe^{3+} 含量一般小于总铁含量的5%（Cathelineau and Nieva，1985），在阳离子相关计算中将总铁均作为 Fe^{2+} 来计算，并以14个氧原子为基准。结果表明，所有绿泥石的 SiO_2 含量为20.43%～24.48%，MnO 为0.28%～0.87%，TiO_2<0.15%。围岩中 $Chl_Ⅰ$ 的 Al_2O_3 含量为19.31%～20.88%，FeO 为32.21%～39.21%，MgO 为5.48%～9.92%；矿石中 $Chl_Ⅱ$ 的 Al_2O_3 为16.14%～18.39%，FeO 为37.59%～46.80%，MgO 为2.28%～6.91%。从围岩到矿石，绿泥石的 Al_2O_3、MgO 含量降低，而 FeO 含量升高。FeO 与 MgO 呈良好的负相关关系［图4-25（a）］，且 FeO 含量明显高于 MgO 含量，表明所分析绿泥石属于富 Fe 种属。根据 Wiewióra 和 Weiss（1990）定义的 Si、R^{2+}、Al 和八面体层占位之间的矢量关系［图4-25（b）］，绿泥石沿着八面体层占位等于6的饱和线分布，在无铝蛇纹石和镁绿泥石之间，但局限于 Al 值为2～3范围。根据绿泥石的 Fe/Si 分类图解［图4-25（d）］，$Chl_Ⅰ$ 为假磷绿泥石-蠕绿泥石，$Chl_Ⅱ$ 为鲕绿泥石。不同类型绿泥石的 $Al^{Ⅳ}/Al^{Ⅵ}$ 值为0.92～1.48［图4-25（e）］，暗示绿泥石四

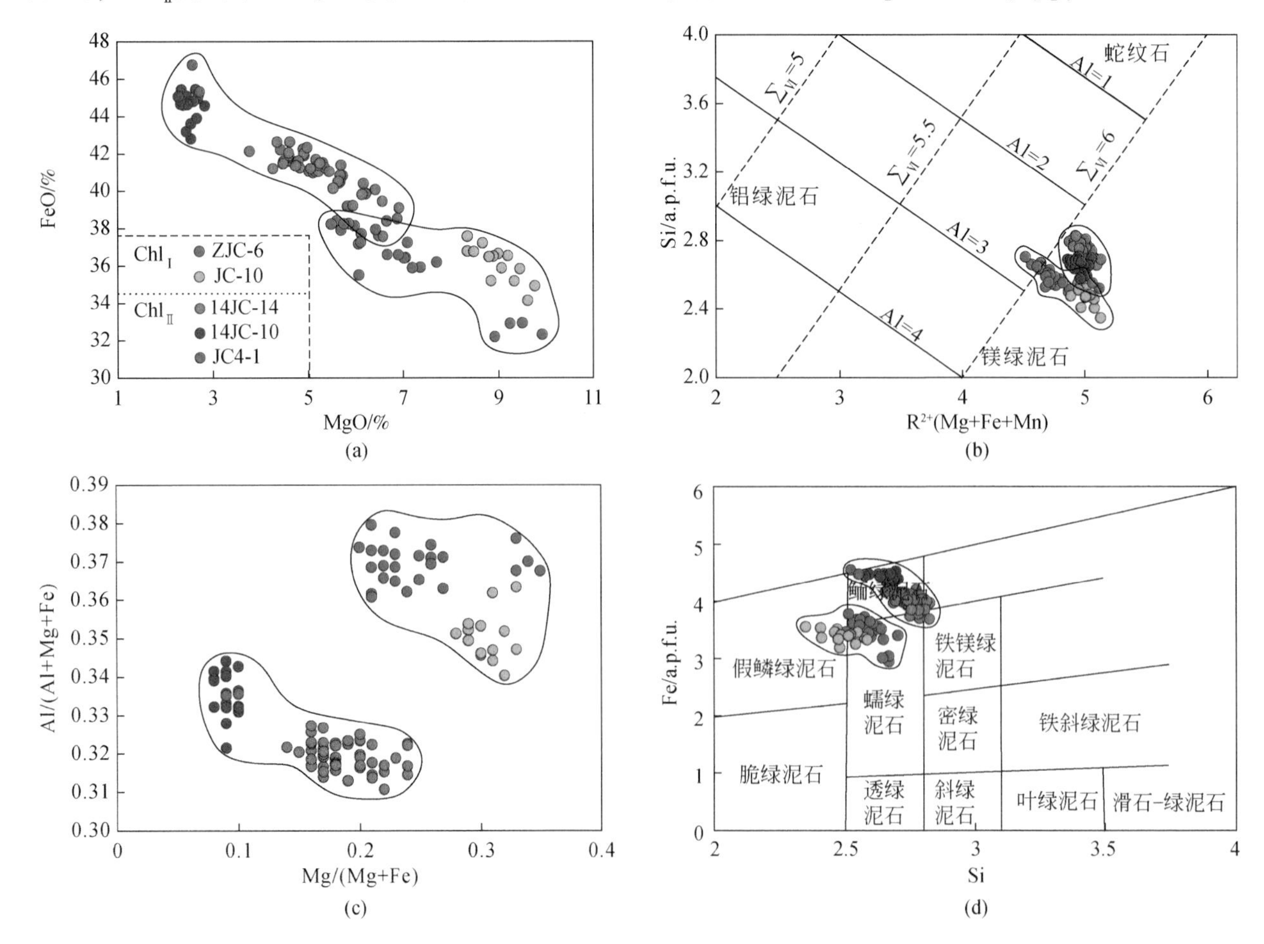

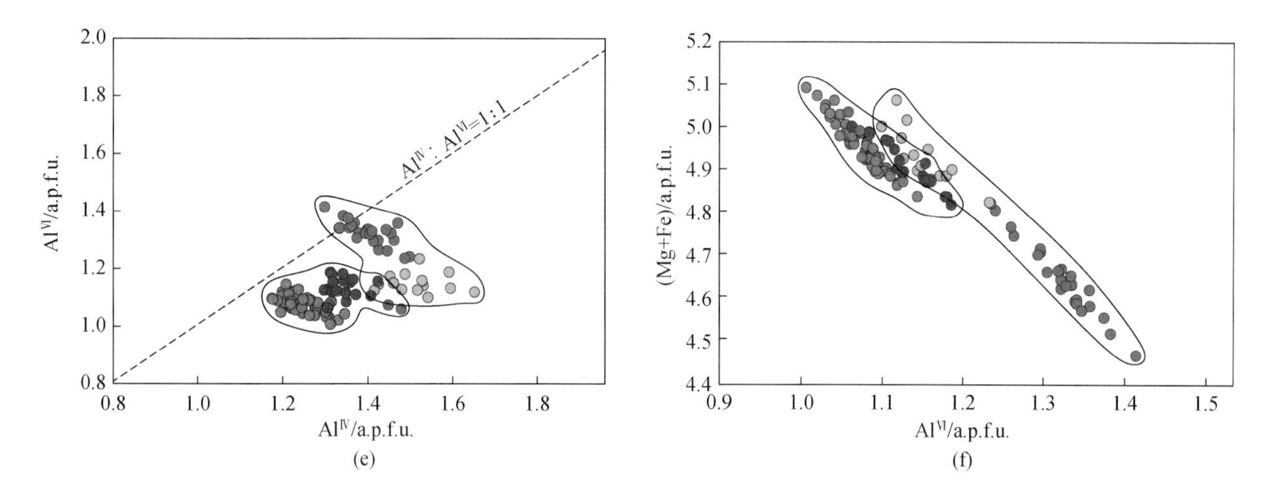

图4-25　不同类型绿泥石的FeO-MgO图解（a）、Si-R^{2+}（Mg+Fe+Mn）分类图解（b）、Al/（Al+Mg+Fe）-Mg/（Mg+Fe）图解（c）、Fe-Si图解（d）、$Al^{Ⅵ}$-$Al^{Ⅳ}$图解（e）和（Mg+Fe）-$Al^{Ⅳ}$图解（f）

面体位置存在切尔马克替代（Tschermak Substitution：$Al_2R^{2+}_{-1}Si_{-1}$），即四面体位置上$Al^{Ⅳ}$与Si置换引起的电荷亏损是由八面体中$Al^{Ⅵ}$替代Fe或Mg补偿的（Hillier and Velde，1991）。大部分绿泥石中的$Al^{Ⅳ}$要多于$Al^{Ⅵ}$，结合绿泥石中$Al^{Ⅵ}$与Mg+Fe原子数之间良好的线性负相关性［图4-25（f）］，说明相应的离子置换公式可能为（Fe^{2+}）^{Ⅵ}══（Mg^{2+}）^{Ⅵ}，（Al^{3+}）^{Ⅳ}+（Al^{3+}）^{Ⅵ}══（Si^{4+}）^{Ⅳ}+（Mg，Fe^{2+}）^{Ⅵ}，3（Mg，Fe^{2+}）^{Ⅵ}══□+2（Al^{3+}）^{Ⅵ}，□代表了八面体空位（Bourdelle et al.，2013）。

影响绿泥石化学成分的参数主要有温度、压力、围岩的化学组成、流体的f_{O_2}、pH、化学成分、水/岩比等（Cathelineau and Nieva，1985；Bourdelle et al.，2013），因此绿泥石常被用来示踪其形成的物理化学条件（Zang and Fyfe，1995）。一般认为泥质岩蚀变形成的绿泥石具有高的Al/（Al+Mg+Fe）值（Laird，1988）。相对于$Chl_{Ⅱ}$，$Chl_{Ⅰ}$高的Al/（Al+Mg+Fe）值［>0.35，图4-25（c）］表明$Chl_{Ⅰ}$可能为富Al矿物的蚀变产物，这与$Chl_{Ⅰ}$交代云母和长石的现象一致。$Chl_{Ⅱ}$低的Al/（Al+Mg+Fe）值（<0.35）和明显高的FeO含量，反映了其可能来源于富铁的流体。因此，结合产出状态，绿泥石的形成机制主要有两种：①由长石、黑云母等富铝硅酸盐矿物蚀变形成；②由富铁流体结晶形成。从早阶段到中阶段，绿泥石的含量及其Fe/(Fe+Mg)值的升高可能与不同的水岩比和其在热液体系中的位置有关（Zang and Fyfe，1995）。一般认为低氧化环境有利于富镁绿泥石的形成，而还原环境有利于形成铁绿泥石（Inoue，1995）。井冲矿区高的Fe/(Fe+Mg)值（0.65～0.92）暗示了该矿床的绿泥石形成于还原环境，这与矿区不存在硫酸盐矿物现象一致。

2. 黄铁矿和黄铜矿

通过详细的显微矿相学和电子探针背散射图像发现中阶段的黄铁矿（$Py_{Ⅱ}$）具有复杂的内部结构特征，常见不规则增生边或交代特征（图4-26）。因此，将$Py_{Ⅱ}$细分为$Py_{Ⅱ\text{-}1}$和$Py_{Ⅱ\text{-}2}$，其中，$Py_{Ⅱ\text{-}2}$不规则状增生在$Py_{Ⅱ\text{-}1}$边部或沿$Py_{Ⅱ\text{-}1}$愈合裂隙分布，显示明显的交代特征。由于大部分富钴黄铁矿（$Py_{Ⅱ\text{-}2}$）颗粒较小（直径5～20μm），本书仅对粒度较小的$Py_{Ⅱ}$开展了电子探针化学分析，而对粒度较大的其他世代黄铁矿和黄铜矿开展了LA-ICPMS分析（表4-12）。

电子探针分析结果显示黄铁矿$Py_{Ⅱ\text{-}1}$的As含量为0.157%～2.302%，S含量为52.190%～54.089%，Fe为45.748%～46.671%，Co含量为0.046%～0.276%，Ni含量相对较低，不高于0.04%，Co/Ni值为3～31（表4-12）。与$Py_{Ⅱ\text{-}1}$相比，$Py_{Ⅱ\text{-}2}$具有高的As（0.986%～7.423%）和Co（0.191%～13.132%）含量；低的Fe（31.506%～45.671%）、S（48.422%～53.092%）含量，Ni含量变化不大（<0.07%）。在Co-Fe［图4-27（a）］、As-S［图4-27（b）］图解中，虽然$Py_{Ⅱ\text{-}1}$和$Py_{Ⅱ\text{-}2}$具有不同的元素范围，但均呈现负相关性，暗示Co替代了黄铁矿中的Fe，As替代了黄铁矿中的S。

表 4-11 绿泥石的电子探针化学分析结果（a）

样品名称	Co-Cu 矿石																	
样品编号	14JC-10																	
分析点号	1	10	11	12	13	14	15	16	17	18	2	3	4	5	6	7	8	9
P_2O_5/%	—	—	—	—	—	—	—	—	—	—	—	—	—	—	—	—	—	—
SiO_2/%	22.18	22.45	21.86	22.74	22.31	22.28	22.32	22.43	23.00	21.79	22.21	22.37	21.59	21.52	22.17	22.40	22.73	22.33
TiO_2/%	—	0.06	—	0.03	—	0.05	—	—	0.01	0.02	0.02	—	0.06	0.03	0.08	0.02	0.11	—
Al_2O_3/%	17.90	18.12	17.51	17.44	16.65	17.79	17.39	17.68	17.49	17.54	17.51	17.64	17.75	18.28	18.05	17.53	17.51	17.36
FeO/%	44.64	45.47	44.84	45.06	45.12	44.68	45.48	45.19	45.00	42.85	43.22	43.65	44.83	44.68	44.88	43.93	44.60	45.09
MnO/%	0.54	0.51	0.43	0.48	0.51	0.50	0.47	0.43	0.55	0.43	0.42	0.44	0.50	0.48	0.46	0.44	0.46	0.46
CoO/%	—	0.04	0.07	0.08	—	0.01	0.09	0.08	0.07	0.08	0.06	0.04	0.09	0.04	0.04	0.03	0.07	0.08
MgO/%	2.38	2.34	2.54	2.43	2.45	2.33	2.64	2.70	2.68	2.54	2.44	2.54	2.59	2.47	2.32	2.66	2.83	2.28
CaO/%	—	0.01	0.03	0.03	0.02	0.02	—	—	0.02	0.03	0.03	0.01	0.03	0.03	0.01	—	0.01	0.01
K_2O/%	—	—	0.01	0.01	—	—	0.01	—	—	—	—	—	—	—	—	—	—	—
Na_2O/%	—	—	—	—	—	—	0.01	—	—	—	—	—	—	—	—	—	0.01	—
总计/%	87.64	89	87.29	88.3	87.06	87.66	88.41	88.51	88.82	85.28	85.91	86.69	87.44	87.53	88.01	87.01	88.33	87.61
据 14 个 O 原子计算																		
Si/a. p. f. u.	2.65	2.64	2.63	2.69	2.69	2.66	2.65	2.65	2.70	2.66	2.69	2.69	2.59	2.58	2.64	2.68	2.68	2.67
AlIV/a. p. f. u.	1.35	1.36	1.37	1.31	1.31	1.34	1.35	1.35	1.30	1.34	1.31	1.32	1.41	1.42	1.37	1.32	1.32	1.33
AlVI/a. p. f. u.	1.16	1.15	1.11	1.13	1.06	1.16	1.08	1.12	1.12	1.18	1.19	1.18	1.10	1.15	1.16	1.15	1.12	1.12
Ti/a. p. f. u.	—	0.01	—	—	—	—	—	—	—	—	—	—	0.01	—	0.01	—	0.01	—
Fe/a. p. f. u.	4.45	4.47	4.51	4.47	4.56	4.46	4.52	4.47	4.42	4.37	4.38	4.38	4.50	4.47	4.46	4.40	4.40	4.52
Mn/a. p. f. u.	0.06	0.05	0.04	0.05	0.05	0.05	0.05	0.04	0.05	0.04	0.04	0.05	0.05	0.05	0.05	0.04	0.05	0.05
Mg/a. p. f. u.	0.42	0.41	0.46	0.43	0.44	0.41	0.47	0.48	0.47	0.46	0.44	0.45	0.46	0.44	0.41	0.48	0.50	0.41
Ca/a. p. f. u.	—	—	—	—	—	—	—	—	—	—	—	—	—	—	—	—	—	—
Na/a. p. f. u.	—	—	—	—	—	—	—	—	—	—	—	—	—	—	—	—	—	—
K/a. p. f. u.	—	—	—	—	—	—	—	—	—	—	—	—	—	—	—	—	—	—
阳离子数/a. p. f. u.	10.09	10.09	10.12	10.08	10.11	10.08	10.12	10.11	10.06	10.05	10.05	10.07	10.12	10.11	10.1	10.07	10.08	10.1
Fe/(Fe+Mg)	0.91	0.92	0.91	0.91	0.91	0.92	0.91	0.90	0.90	0.90	0.91	0.91	0.91	0.91	0.92	0.90	0.90	0.92
绿泥石温度计																		
$T_{Battaglia}$/℃	285	286	288	280	282	284	286	285	278	282	279	279	292	294	287	280	280	283
$T_{Zang\ and\ Fyfe}$/℃	252	252	255	242	242	248	251	251	241	250	243	244	263	267	253	245	245	245
$T_{平均}$/℃	269	269	272	261	262	266	268	268	259	266	261	261	278	280	270	263	262	264

表 4-11 绿泥石的电子探针化学分析结果（b）

样品名称	Co-Cu 矿石																	
样品编号	14JC-14																	
分析点号	1-1	1-10	1-11	1-12	1-13	1-14	1-15	1-16	1-2	1-3	1-4	1-5	1-6	1-7	1-8	1-9	2-1	2-10
P_2O_5/%	—	—	—	—	—	—	—	—	—	—	—	—	—	—	—	—	—	—
SiO_2/%	22.60	23.68	23.12	23.69	23.59	23.17	23.22	23.57	22.93	21.85	23.47	22.76	23.97	24.14	23.98	24.02	22.93	23.80
TiO_2/%	0.04	0.09	0.06	—	0.02	0.02	0.03	0.04	0.07	0.01	—	0.03	—	0.01	0.02	—	0.05	0.05
Al_2O_3/%	16.67	16.77	16.46	16.76	16.78	16.95	16.75	17.20	16.76	16.33	16.57	16.63	16.90	16.97	16.87	16.75	16.91	16.66
FeO/%	41.93	42.66	42.17	41.64	41.84	42.25	41.23	41.42	41.61	41.64	42.29	41.92	42.03	41.62	42.66	41.64	41.10	39.89
MnO/%	0.39	0.40	0.36	0.37	0.38	0.38	0.39	0.30	0.44	0.37	0.37	0.37	0.40	0.37	0.50	0.33	0.33	0.32
CoO/%	0.02	0.06	0.05	0.03	0.01	0.08	0.06	0.06	—	0.12	0.08	0.02	0.08	0.09	0.17	0.07	0.08	0.09
MgO/%	4.91	4.62	3.77	4.62	4.60	4.42	4.26	5.68	4.76	4.49	4.89	4.60	4.91	4.77	4.34	4.79	5.01	6.20
CaO/%	0.03	0.03	0.06	0.02	0.06	0.03	0.04	0.05	0.06	0.04	0.04	0.04	0.05	0.03	0.03	0.03	0.02	0.04
K_2O/%	0.02	0.02	0.02	—	0.02	—	0.02	0.02	0.02	0.01	0.03	0.01	0.02	0.01	0.01	0.02	—	—
Na_2O/%	0.01	0.02	—	—	—	0.01	—	—	—	0.02	—	—	—	0.02	—	—	—	—
总计/%	86.62	88.35	86.07	87.13	87.3	87.31	86	88.34	86.65	84.88	87.74	86.38	88.36	88.03	88.58	87.65	86.43	87.05
据14个O原子计算																		
Si/a. p. f. u.	2.69	2.76	2.77	2.79	2.77	2.73	2.77	2.73	2.72	2.67	2.75	2.72	2.78	2.80	2.78	2.80	2.72	2.77
Al^{IV}/a. p. f. u.	1.31	1.24	1.23	1.22	1.23	1.27	1.23	1.28	1.28	1.33	1.25	1.28	1.22	1.20	1.22	1.20	1.28	1.23
Al^{VI}/a. p. f. u.	1.03	1.06	1.10	1.11	1.10	1.09	1.12	1.07	1.07	1.02	1.04	1.06	1.09	1.12	1.09	1.10	1.08	1.06
Ti/a. p. f. u.	—	0.01	0.01	—	—	—	—	—	0.01	—	—	—	—	—	—	—	—	—
Fe/a. p. f. u.	4.18	4.16	4.23	4.09	4.11	4.17	4.11	4.01	4.13	4.25	4.15	4.19	4.08	4.04	4.14	4.06	4.08	3.89
Mn/a. p. f. u.	0.04	0.04	0.04	0.04	0.04	0.04	0.04	0.03	0.04	0.04	0.04	0.04	0.04	0.04	0.05	0.03	0.03	0.03
Mg/a. p. f. u.	0.87	0.80	0.67	0.81	0.81	0.78	0.76	0.98	0.84	0.82	0.86	0.82	0.85	0.83	0.75	0.83	0.89	1.08
Ca/a. p. f. u.	—	—	0.01	—	0.01	—	0.01	0.01	0.01	0.01	—	—	0.01	—	—	—	—	0.01
Na/a. p. f. u.	—	—	—	—	—	—	—	—	—	—	—	—	—	—	—	—	—	—
K/a. p. f. u.	—	—	—	—	—	—	—	—	—	—	—	—	—	—	—	—	—	—
阳离子数/a. p. f. u.	10.12	10.07	10.06	10.06	10.07	10.08	10.04	10.11	10.1	10.14	10.09	10.11	10.07	10.03	10.03	10.02	10.08	10.07
Fe/(Fe+Mg)	0.83	0.84	0.86	0.83	0.84	0.84	0.84	0.80	0.83	0.84	0.83	0.84	0.83	0.83	0.85	0.83	0.82	0.78
绿泥石温度计																		
$T_{Battaglia}$/℃	274	266	266	262	264	269	264	267	270	278	267	272	262	259	263	259	269	259
$T_{Zang\ and\ Fyfe}$/℃	250	234	230	230	231	240	232	245	243	253	236	243	231	226	228	226	245	237
$T_{平均}$/℃	262	250	248	246	248	255	248	256	257	266	252	257	247	243	246	243	257	248

表 4-11　绿泥石的电子探针化学分析结果（c）

样品名称	Co-Cu 矿石																	
样品编号	14JC-14																	
分析点号	2-11	2-12	2-2	2-3	2-4	2-5	2-6	2-7	2-8	2-9	3-01	3-02	3-03	3-04	3-05	3-06	3-07	3-08
P_2O_5/%	—	—	—	—	—	—	—	—	—	—	—	—	—	—	—	—	—	—
SiO_2/%	22.84	23.25	23.59	22.86	23.52	21.88	23.15	23.76	23.39	23.82	24.21	24.27	23.60	23.50	22.45	23.95	23.44	23.05
TiO_2/%	0.11	0.07	0.03	—	0.02	0.01	—	0.05	0.04	0.04	0.02	0.02	0.05	0.04	—	0.06	0.04	0.05
Al_2O_3/%	16.77	16.74	17.24	16.90	16.73	16.70	16.14	16.53	16.68	16.84	16.78	16.56	16.50	17.14	16.43	17.16	17.15	17.02
FeO/%	40.85	42.36	41.55	41.72	41.13	41.27	39.21	41.01	40.42	40.52	40.86	41.06	41.08	40.46	41.27	40.52	41.41	42.08
MnO/%	0.32	0.33	0.37	0.37	0.37	0.39	0.29	0.38	0.29	0.34	0.33	0.37	0.35	0.37	0.42	0.33	0.35	0.35
CoO/%	0.06	0.05	0.03	0.02	0.05	—	0.02	0.07	0.04	0.06	0.06	0.06	—	0.08	0.03	0.07	0.05	0.14
MgO/%	5.71	4.98	5.30	5.16	5.14	4.82	5.81	5.10	6.15	5.66	5.66	5.15	5.21	5.64	5.35	5.62	5.21	4.59
CaO/%	0.03	0.05	0.03	0.03	0.04	0.03	0.07	0.03	0.03	0.02	0.04	0.04	0.03	0.01	0.04	0.04	0.04	0.02
K_2O/%	0.02	0.02	0.02	0.02	0.01	—	0.02	0.01	0.03	0.02	0.02	0.03	0.02	—	0.03	0.02	—	0.03
Na_2O/%	—	—	0.01	0.02	0.02	—	—	0.01	—	—	—	—	—	—	0.01	0.01	0.01	—
总计/%	86.71	87.85	88.17	87.1	87.03	85.1	84.71	86.95	87.07	87.32	87.98	87.56	86.84	87.24	86.03	87.78	87.7	87.33
据 14 个 O 原子计算																		
Si/a. p. f. u.	2.70	2.73	2.74	2.70	2.76	2.66	2.78	2.79	2.74	2.78	2.80	2.83	2.78	2.74	2.69	2.77	2.73	2.72
Al^{IV}/a. p. f. u.	1.30	1.28	1.27	1.30	1.24	1.35	1.22	1.21	1.26	1.23	1.20	1.18	1.22	1.26	1.31	1.23	1.27	1.28
Al^{VI}/a. p. f. u.	1.03	1.04	1.09	1.05	1.08	1.04	1.06	1.08	1.04	1.09	1.08	1.10	1.07	1.10	1.01	1.11	1.09	1.08
Ti/a. p. f. u.	0.01	0.01	—	—	—	—	—	—	—	—	—	—	0.01	—	—	0.01	—	—
Fe/a. p. f. u.	4.03	4.15	4.03	4.12	4.04	4.19	3.94	4.03	3.96	3.95	3.95	4.00	4.04	3.95	4.13	3.92	4.04	4.15
Mn/a. p. f. u.	0.03	0.03	0.04	0.04	0.04	0.04	0.03	0.04	0.03	0.03	0.03	0.04	0.03	0.04	0.04	0.03	0.03	0.04
Mg/a. p. f. u.	1.01	0.87	0.92	0.91	0.90	0.87	1.04	0.89	1.07	0.98	0.98	0.89	0.91	0.98	0.96	0.97	0.91	0.81
Ca/a. p. f. u.	—	0.01	—	—	0.01	—	0.01	—	—	—	—	0.01	—	—	—	0.01	0.01	—
Na/a. p. f. u.	—	—	—	—	—	—	—	—	—	—	—	—	—	—	—	—	—	—
K/a. p. f. u.	—	—	—	—	—	—	—	—	—	—	—	—	—	—	—	—	—	—
阳离子数/a. p. f. u.	10.11	10.12	10.09	10.12	10.07	10.15	10.08	10.04	10.1	10.06	10.04	10.05	10.06	10.07	10.14	10.05	10.08	10.08
Fe/(Fe+Mg)	0.88	0.89	0.89	0.89	0.89	0.90	0.87	0.89	0.87	0.88	0.88	0.89	0.89	0.88	0.89	0.88	0.89	0.90
绿泥石温度计																		
$T_{Battaglia}$/℃	271	270	266	272	263	279	260	260	265	260	258	255	262	264	274	260	267	271
$T_{Zang\ and\ Fyfe}$/℃	251	243	242	249	235	257	235	229	244	235	230	222	232	242	252	235	242	243
$T_{平均}$/℃	261	256	254	261	249	268	247	245	254	247	244	239	247	253	263	248	254	257

表 4-11　绿泥石的电子探针化学分析结果（d）

样品名称	Co-Cu 矿石																
样品编号	14JC-14															JC4-1	
分析点号	3-09	3-10	3-11	3-12	3-13	3-14	3-15	3-16	3-17	3-18	3-19	3-20	3-21	3-22	3-23	2-02	2-04
P_2O_5/%	—	—	—	—	—	—	—	—	—	—	—	—	—	—	—	—	0.02
SiO_2/%	23.88	24.06	22.55	23.91	23.50	23.42	24.13	23.56	24.26	23.63	23.95	24.48	23.53	23.29	22.93	21.53	21.48
TiO_2/%	—	0.03	0.01	—	0.09	0.07	0.03	—	0.01	0.02	0.05	0.03	0.05	0.09	0.02	0.02	0.07
Al_2O_3/%	17.09	16.54	17.10	16.75	16.66	16.96	16.99	16.76	16.48	17.17	16.77	16.72	17.15	16.82	17.23	18.39	18.01
FeO/%	41.51	41.24	40.17	39.11	37.59	38.42	39.46	39.87	40.09	41.38	39.83	38.54	41.52	39.23	41.08	46.80	45.36
MnO/%	0.39	0.39	0.40	0.36	0.28	0.32	0.37	0.29	0.31	0.36	0.39	0.28	0.33	0.34	0.36	0.87	0.74
CoO/%	0.05	0.04	—	0.07	0.06	0.07	0.04	0.07	0.07	0.04	0.13	0.13	—	0.05	0.09	0.02	0.08
MgO/%	4.47	5.04	5.52	6.91	6.56	6.64	6.55	6.19	6.40	4.73	6.12	6.87	5.24	5.92	5.43	2.58	2.72
CaO/%	0.02	0.03	0.02	0.02	0.03	0.04	0.06	0.06	0.04	0.07	0.05	0.03	0.04	0.07	0.05	0.13	0.04
K_2O/%	0.02	0.03	0.01	0.02	—	0.01	—	0.01	—	0.02	0.01	—	—	—	—	0.01	0.08
Na_2O/%	—	—	0.01	0.01	—	—	—	0.01	—	—	—	0.01	0.01	—	0.01	0.05	0.11
总计/%	87.43	87.39	85.77	87.15	84.78	85.93	87.64	86.82	87.65	87.43	87.28	87.07	87.87	85.81	87.20	90.40	88.68
据14个O原子计算																	
Si/a. p. f. u.	2.79	2.81	2.69	2.77	2.79	2.75	2.78	2.76	2.80	2.76	2.78	2.82	2.74	2.75	2.69	2.52	2.55
Al^{IV}/a. p. f. u.	1.21	1.19	1.31	1.23	1.22	1.25	1.22	1.25	1.20	1.24	1.22	1.18	1.26	1.25	1.31	1.48	1.45
Al^{VI}/a. p. f. u.	1.14	1.09	1.08	1.06	1.11	1.09	1.09	1.06	1.05	1.13	1.08	1.09	1.09	1.09	1.07	1.06	1.07
Ti/a. p. f. u.	—	—	—	—	0.01	0.01	—	—	—	—	—	—	—	0.01	—	—	0.01
Fe/a. p. f. u.	4.06	4.03	4.00	3.79	3.73	3.77	3.80	3.90	3.88	4.05	3.87	3.72	4.04	3.88	4.03	4.58	4.51
Mn/a. p. f. u.	0.04	0.04	0.04	0.04	0.03	0.03	0.04	0.03	0.03	0.04	0.04	0.03	0.03	0.03	0.04	0.09	0.07
Mg/a. p. f. u.	0.78	0.88	0.98	1.19	1.16	1.16	1.12	1.08	1.10	0.83	1.06	1.18	0.91	1.04	0.95	0.45	0.48
Ca/a. p. f. u.	—	—	—	—	—	0.01	0.01	0.01	0.01	0.01	0.01	—	0.01	0.01	0.01	0.02	—
Na/a. p. f. u.	—	—	—	—	—	—	—	—	—	—	—	—	—	—	—	0.01	0.02
K/a. p. f. u.	—	—	—	—	—	—	—	—	—	—	—	—	—	—	—	—	0.01
阳离子数/a. p. f. u.	10.03	10.04	10.11	10.08	10.04	10.06	10.06	10.08	10.06	10.05	10.05	10.03	10.08	10.06	10.10	10.21	10.18
Fe/(Fe+Mg)	0.84	0.82	0.80	0.76	0.76	0.76	0.77	0.78	0.78	0.83	0.79	0.76	0.82	0.79	0.81	0.91	0.90
绿泥石温度计																	
$T_{Battaglia}$/℃	260	258	272	258	255	260	257	262	255	264	258	250	266	261	271	302	297
$T_{Zang\ and\ Fyfe}$/℃	227	225	254	240	236	244	236	241	230	234	234	228	241	241	251	278	273
$T_{平均}$/℃	244	241	263	249	245	252	247	251	243	249	246	239	254	251	261	290	285

表 4-11　绿泥石的电子探针化学分析结果（e）

样品名称	围岩																		
样品编号	ZJC-6																		
分析点号	1-07	1-08	1-09	1-12	1-13	1-14	1-15	1-16	1-02	1-03	1-04	1-05	1-06	1-10	1-11	2-01	2-02	2-03	2-04
P_2O_5/%	—	—	—	—	—	—	—	—	—	—	—	—	—	—	—	—	—	—	—
SiO_2/%	23.66	23.02	21.75	24.29	23.02	23.96	24.04	22.06	22.52	22.07	22.20	22.01	22.97	23.42	23.04	23.32	23.27	23.23	23.67
TiO_2/%	0.10	0.03	0.08	0.04	0.02	0.05	0.05	—	0.06	0.09	0.01	0.05	—	—	0.01	—	0.04	0.08	0.01
Al_2O_3/%	20.58	20.54	20.21	20.64	20.58	20.40	20.81	20.36	19.96	20.45	19.91	20.88	20.40	19.96	20.26	20.38	20.15	20.24	20.71
FeO/%	32.21	36.46	36.22	32.33	35.94	32.92	32.95	36.43	39.21	38.42	37.73	37.94	37.27	35.53	37.20	37.63	37.96	37.28	35.91
MnO/%	0.50	0.49	0.63	0.50	0.55	0.44	0.56	0.57	0.49	0.51	0.43	0.62	0.55	0.48	0.49	0.54	0.51	0.61	0.55
CoO/%	0.06	0.04	0.02	0.03	0.03	0.01	0.11	0.12	0.07	0.03	0.02	0.07	0.06	0.07	0.10	0.09	0.02	0.10	0.01
MgO/%	8.90	7.04	7.70	9.92	7.36	9.24	9.50	7.01	5.84	5.60	6.10	5.68	7.09	6.05	6.05	6.46	6.40	6.09	7.19
CaO/%	0.02	0.03	0.01	0.02	0.01	0.01	0.03	0.02	0.02	0.01	0.01	0.01	0.02	—	0.02	0.14	0.04	0.01	—
K_2O/%	0.03	0.01	0.01	—	0.02	0.02	—	0.04	0.01	0.01	—	—	—	0.04	0.02	0.02	—	—	—
Na_2O/%	—	0.01	0.01	—	—	—	0.01	0.02	—	—	0.01	—	—	—	—	0.01	—	0.03	—
总计/%	86.06	87.67	86.64	87.77	87.53	87.05	88.06	86.63	88.18	87.19	86.42	87.26	88.36	85.55	87.19	88.59	88.39	87.67	88.05
据 14 个 O 原子计算																			
Si/a. p. f. u.	2.66	2.60	2.50	2.67	2.60	2.67	2.64	2.54	2.58	2.55	2.58	2.53	2.59	2.70	2.63	2.62	2.63	2.64	2.65
Al^{IV}/a. p. f. u.	1.34	1.40	1.50	1.33	1.40	1.33	1.36	1.46	1.43	1.45	1.42	1.47	1.41	1.30	1.37	1.38	1.37	1.36	1.35
Al^{VI}/a. p. f. u.	1.38	1.34	1.24	1.34	1.34	1.34	1.34	1.30	1.26	1.32	1.30	1.36	1.29	1.41	1.36	1.32	1.31	1.35	1.37
Ti/a. p. f. u.	0.01	—	0.01	—	—	—	—	—	0.01	0.01	—	—	—	—	—	—	—	0.01	—
Fe/a. p. f. u.	3.03	3.45	3.48	2.97	3.39	3.07	3.03	3.51	3.75	3.71	3.66	3.65	3.51	3.43	3.55	3.54	3.58	3.54	3.36
Mn/a. p. f. u.	0.05	0.05	0.06	0.05	0.05	0.04	0.05	0.06	0.05	0.05	0.04	0.06	0.05	0.05	0.05	0.05	0.05	0.06	0.05
Mg/a. p. f. u.	1.49	1.19	1.32	1.62	1.24	1.53	1.56	1.20	1.00	0.96	1.06	0.97	1.19	1.04	1.03	1.08	1.08	1.03	1.20
Ca/a. p. f. u.	—	—	—	—	—	—	—	—	—	—	—	—	—	—	—	0.02	0.01	—	—
Na/a. p. f. u.	—	—	—	—	—	—	—	—	—	—	—	—	—	—	—	—	—	0.01	—
K/a. p. f. u.	—	—	—	—	—	—	—	0.01	—	—	—	—	—	0.01	—	—	—	—	—
阳离子数/a. p. f. u.	9.96	10.03	10.11	9.98	10.02	9.98	9.98	10.08	10.08	10.05	10.06	10.04	10.04	9.94	9.99	10.01	10.03	10	9.98
Fe/(Fe+Mg)	0.67	0.74	0.73	0.65	0.73	0.67	0.66	0.74	0.79	0.79	0.78	0.79	0.75	0.77	0.78	0.77	0.77	0.77	0.74
绿泥石温度计																			
$T_{Battaglia}$/℃	255	270	282	253	269	255	257	279	279	282	277	282	273	258	269	270	270	268	263
$T_{Zang\ and\ Fyfe}$/℃	272	277	299	271	279	270	276	291	278	284	279	288	279	253	267	270	269	266	267
$T_{平均}$/℃	263	274	291	262	274	262	266	285	279	283	278	285	276	256	268	270	270	267	265

表 4-11　绿泥石的电子探针化学分析结果（f）

样品名称	围岩																			
样品编号	ZJC-6						JC-10													
分析点号	2-05	2-06	2-07	2-08	2-09	2-10	1-01	1-02	1-04	1-05	1-06	1-07	2-01	2-02	3-01	3-02	3-03	3-04	4-01	4-02
P_2O_5/%	—	—	—	—	—	—	—	—	0.02	0.02	—	—	0.05	0.06	0.07	—	0.01	—	0.02	—
SiO_2/%	22.90	22.66	22.87	21.13	22.07	21.73	23.27	23.14	22.53	20.80	22.04	22.65	21.96	21.66	22.40	21.73	22.44	21.67	20.95	20.43
TiO_2/%	0.03	0.02	0.07	0.01	0.04	0.03	0.15	0.12	0.05	0.05	0.06	0.15	0.14	0.09	0.09	0.08	0.08	0.04	0.11	0.05
Al_2O_3/%	20.26	20.18	20.52	19.43	20.35	19.55	19.73	19.31	19.70	20.02	20.80	19.76	20.16	19.76	19.68	19.63	20.23	19.98	20.52	20.47
FeO/%	38.16	38.28	36.60	38.26	38.25	36.63	36.55	35.85	36.81	36.78	34.16	34.94	37.59	36.66	36.53	35.89	36.50	35.20	35.22	37.24
MnO/%	0.52	0.52	0.53	0.55	0.51	0.55	0.66	0.64	0.61	0.66	0.66	0.64	0.77	0.80	0.82	0.73	0.66	0.63	0.72	0.72
CoO/%	0.09	—	0.10	0.08	0.01	0.01	0.11	0.09	0.05	0.02	0.07	0.05	0.07	0.10	0.07	0.06	0.03	0.06	0.12	0.03
MgO/%	5.96	5.84	6.89	5.73	5.48	6.65	9.19	9.45	8.33	8.46	9.61	9.76	8.33	8.98	8.87	9.05	8.78	9.33	8.83	8.65
CaO/%	0.01	0.02	0.03	0.01	0.01	0.01	—	0.03	0.01	0.01	0.04	0.02	0.01	—	0.01	0.02	0.03	0.02	0.03	0.02
K_2O/%	0.01	—	0.03	—	0.04	—	—	0.03	0.02	0.01	—	0.02	0.01	—	0.06	0.04	0.01	0.02	0.01	0.02
Na_2O/%	0.02	—	0.01	0.01	0.02	—	—	0.02	—	—	—	—	—	0.01	—	—	0.01	—	0.01	—
总计/%	87.96	87.52	87.65	85.21	86.78	85.16	89.66	88.68	88.11	86.81	87.44	87.99	89.04	88.06	88.53	87.23	88.77	86.95	86.52	87.63
据 14 个 O 原子计算																				
Si/a. p. f. u.	2.61	2.60	2.59	2.51	2.56	2.55	2.57	2.58	2.55	2.41	2.48	2.54	2.47	2.46	2.52	2.48	2.51	2.47	2.41	2.35
Al^{IV}/a. p. f. u.	1.39	1.40	1.41	1.49	1.44	1.45	1.43	1.42	1.45	1.60	1.52	1.46	1.53	1.54	1.48	1.52	1.49	1.53	1.59	1.65
Al^{VI}/a. p. f. u.	1.32	1.32	1.33	1.23	1.33	1.26	1.14	1.12	1.17	1.13	1.23	1.15	1.14	1.10	1.13	1.12	1.18	1.16	1.19	1.12
Ti/a. p. f. u.	—	—	0.01	—	—	—	0.01	0.01	—	—	0.01	0.01	0.01	0.01	0.01	0.01	0.01	—	0.01	—
Fe/a. p. f. u.	3.63	3.67	3.47	3.81	3.71	3.60	3.38	3.35	3.48	3.56	3.21	3.28	3.54	3.48	3.44	3.43	3.42	3.36	3.39	3.58
Mn/a. p. f. u.	0.05	0.05	0.05	0.06	0.05	0.06	0.06	0.06	0.06	0.06	0.06	0.06	0.07	0.08	0.08	0.07	0.06	0.06	0.07	0.07
Mg/a. p. f. u.	1.01	1.00	1.16	1.02	0.95	1.17	1.52	1.57	1.40	1.46	1.61	1.63	1.40	1.52	1.49	1.54	1.47	1.59	1.51	1.48
Ca/a. p. f. u.	—	—	—	—	—	—	—	—	—	—	0.01	—	—	—	—	—	—	—	—	—
Na/a. p. f. u.	0.01	—	—	—	—	—	—	—	—	—	—	—	—	—	—	—	—	—	—	—
K/a. p. f. u.	—	—	—	—	0.01	—	—	—	—	—	—	—	—	—	0.01	0.01	—	—	—	—
阳离子数/a. p. f. u.	10.02	10.04	10.02	10.12	10.05	10.09	10.11	10.11	10.11	10.22	10.13	10.13	10.16	10.19	10.16	10.18	10.14	10.17	10.17	10.25
Fe/(Fe+Mg)	0.78	0.79	0.75	0.79	0.80	0.75	0.69	0.68	0.71	0.71	0.67	0.67	0.72	0.70	0.70	0.69	0.70	0.68	0.69	0.71
绿泥石温度计																				
$T_{Battaglia}$/℃	273	275	272	287	280	279	272	270	277	295	280	274	287	287	279	283	280	283	291	302
$T_{Zang\ and\ Fyfe}$/℃	272	274	279	291	281	285	288	286	291	322	310	297	307	311	298	307	300	310	323	334
$T_{平均}$/℃	273	274	275	289	281	282	280	278	284	308	295	285	297	299	289	295	290	297	307	318

注：总铁量为 FeO；“—”表示分析值低于检测限；阳离子的计算是基于 14 个氧原子；绿泥石形成温度（T）根据 Battaglia（1999）、Zang 和 Fyfe（1995）的矿物温度计计算。

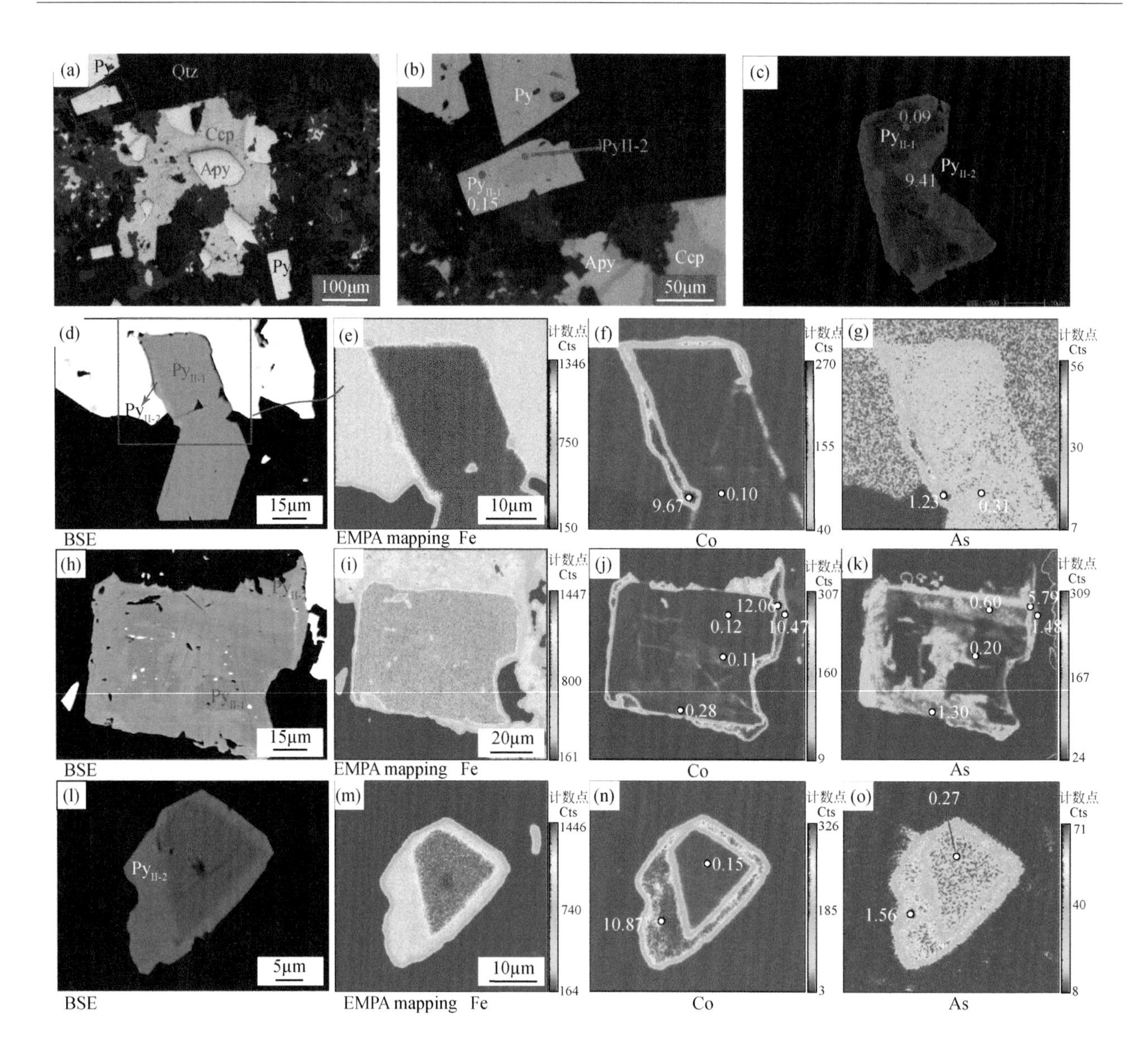

图 4-26　含钴黄铁矿的显微结构特征

(a) Py$_{Ⅱ}$与毒砂、黄铜矿共生，反射光；(b) 图 (a) 左上角方框内的黄铁矿颗粒，显示出明显的交代特征，富钴的 Py$_{Ⅱ-2}$沿 Py$_{Ⅱ-1}$中的裂隙交代形成富钴的核部，核部 Co 含量可高达 13.13%，反射光；(c) 富钴的 Py$_{Ⅱ-2}$交代增生在 Py$_{Ⅱ-1}$的边部，BSE 图像；(d) ~ (g) 富钴的 Py$_{Ⅱ-2}$沿 Py$_{Ⅱ-1}$的边部增生，(d) 为 BSE 图像，(e) ~ (g) 为 EPMA 面扫描图像；(h) ~ (k) 富钴的 Py$_{Ⅱ-2}$沿 Py$_{Ⅱ-1}$的边部增生，局部沿裂隙交代，(h) 为 BSE 图像，(i) ~ (k) 为 EPMA 面扫描图像；(l) ~ (o) 富钴的 Py$_{Ⅱ-2}$沿 Py$_{Ⅱ-1}$的边部增生，(l) 为 BSE 图像，(m) ~ (o) 为 EPMA 面扫描图像；除图 (g)、(k)、(o) 上的数字为黄铁矿中 Co 元素的百分含量外，其余图上的数字为黄铁矿中 Co 元素的百分含量

表 4-12　井冲钴铜多金属矿床中黄铁矿的 EPMA 分析结果

点号	黄铁矿及世代	As/%	S/%	Fe/%	Co/%	Ni/%	Cu/%	总计/%	Co/Ni
1	Py$_{Ⅱ-1}$	0. 174	53. 699	46. 134	0. 049	—	0. 02	100. 08	—
2	Py$_{Ⅱ-1}$	0. 181	53. 509	45. 748	0. 046	—	—	99. 48	—
3	Py$_{Ⅱ-1}$	0. 868	53. 603	46. 441	0. 159	—	—	101. 07	—
4	Py$_{Ⅱ-1}$	0. 906	52. 956	46. 074	0. 105	—	0. 064	100. 11	—
5	Py$_{Ⅱ-1}$	0. 216	53. 617	46. 525	0. 046	—	0. 054	100. 46	—

续表

点号	黄铁矿及世代	As/%	S/%	Fe/%	Co/%	Ni/%	Cu/%	总计/%	Co/Ni
6	Py_{II-1}	0.157	53.702	46.622	0.078	—	0.038	100.60	—
7	Py_{II-1}	0.214	54.06	46.419	0.055	—	0.036	100.78	—
8	Py_{II-1}	1.523	52.751	46.423	0.079	—	0.037	100.81	—
9	Py_{II-1}	0.292	54.002	45.977	0.132	—	0.009	100.41	—
10	Py_{II-1}	0.259	53.579	46.135	0.069	0.022	—	100.06	3.14
11	Py_{II-1}	0.603	53.218	45.823	0.119	0.014	—	99.78	8.50
12	Py_{II-2}	1.478	52.147	36.535	10.472	0.066	0.2	100.90	158.67
13	Py_{II-2}	5.787	48.422	32.766	12.064	0.064	0.024	99.13	188.50
14	Py_{II-1}	1.297	52.567	45.751	0.276	0.009	0.127	100.03	30.67
15	Py_{II-1}	0.202	53.507	45.789	0.112	0.039	0.044	99.69	2.87
16	Py_{II-1}	2.302	52.19	45.816	0.102	—	0.051	100.46	—
17	Py_{II-2}	2.231	52.042	45.671	0.265	—	0.04	100.25	—
18	Py_{II-1}	0.246	53.534	46.168	0.145	—	0.031	100.12	—
19	Py_{II-2}	0.986	53.092	37.835	8.971	—	0.043	100.93	—
20	Py_{II-2}	7.423	48.63	31.506	13.132	0.016	0.068	100.78	820.75
21	Py_{II-2}	1.037	49.632	38.999	8.893	—	0.047	98.61	—
22	Py_{II-2}	2.385	52.205	36.316	10.183	—	—	101.09	—
23	Py_{II-2}	1.659	52.779	45.507	0.191	—	—	100.14	—
24	Py_{II-1}	0.221	53.762	46.624	0.087	—	0.036	100.73	—
25	Py_{II-2}	1.121	52.985	37.143	9.405	—	0.031	100.69	—
26	Py_{II-1}	0.352	53.927	46.451	0.093	—	0.022	100.85	—
27	Py_{II-2}	1.557	52.678	36.029	10.729	—	0.023	101.02	—
28	Py_{II-1}	0.267	54.089	46.33	0.075	—	0.054	100.82	—
29	Py_{II-2}	1.231	53.056	36.526	9.666	—	0.228	100.71	—
30	Py_{II-1}	0.306	53.833	46.17	0.095	—	0.13	100.53	—
31	Py_{II-1}	0.254	53.662	46.671	0.084	—	—	100.67	—
32	Py_{II-2}	1.555	52.641	35.085	10.865	0.039	0.059	100.24	278.59
33	Py_{II-1}	0.271	53.889	45.886	0.145	—	0.036	100.23	—

注："—"表示分析结果低于检测限。

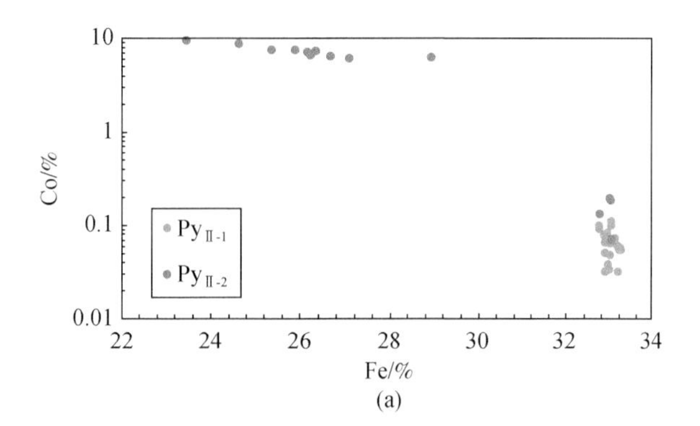

(a)

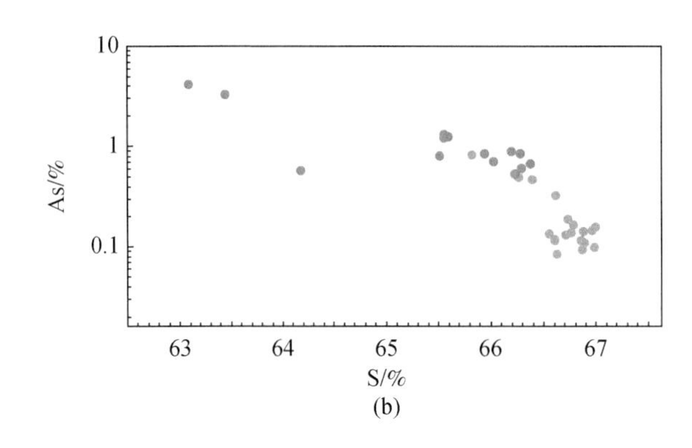

图4-27 井冲钴铜多金属矿床中黄铁矿的Co-Fe（a）和As-S（b）相关性图解

LA-ICP-MS 微量元素测试共获得了55个黄铁矿和12个黄铜矿数据（表4-13、表4-14）。由表4-13可知，$Py_Ⅰ$的Co含量较高，为$1315\times10^{-6}\sim6473\times10^{-6}$，平均值为$3654\times10^{-6}$；Ni为$0.33\times10^{-6}\sim4.56\times10^{-6}$，平均值为$2\times10^{-6}$；Co/Ni值为945～6599（平均2903）。Cu含量为$18.0\times10^{-6}\sim115\times10^{-6}$（平均$46.2\times10^{-6}$），Zn为$3.52\times10^{-6}\sim11.7\times10^{-6}$（平均$6.46\times10^{-6}$），As为$153\times10^{-6}\sim1677\times10^{-6}$（平均$606\times10^{-6}$），Mo为$3.81\times10^{-6}\sim53.7\times10^{-6}$（平均$22.3\times10^{-6}$），Ag为$0.17\times10^{-6}\sim15.8\times10^{-6}$（平均$3.74\times10^{-6}$），Pb为$0.60\times10^{-6}\sim143\times10^{-6}$（平均$51.6\times10^{-6}$），Bi为$3.00\times10^{-6}\sim942\times10^{-6}$（平均$394\times10^{-6}$）。相对于$Py_Ⅰ$，$Py_Ⅱ$具有较低的Co（$76.0\times10^{-6}\sim3866\times10^{-6}$，平均$801\times10^{-6}$）、Cu（平均$29.1\times10^{-6}$）、Mo（平均$8.93\times10^{-6}$）、Ag（平均$1.62\times10^{-6}$）和Bi（平均$74.2\times10^{-6}$），但高的Ni（平均$26.2\times10^{-6}$）、As（平均$3135\times10^{-6}$）、Se（平均$45.0\times10^{-6}$）和Pb（平均$140\times10^{-6}$）含量。Co/Ni值变化较大，为1.89～1345（平均137）。与$Py_Ⅰ$和$Py_Ⅱ$相比，$Py_Ⅲ$具有最低的Co（$4.59\times10^{-6}\sim435\times10^{-6}$，平均$100\times10^{-6}$）、Mo（平均$4.43\times10^{-6}$）和Bi（平均$58.5\times10^{-6}$）含量，以及最低的Co/Ni值（0.05～3.31，平均0.75），最高的Ni（平均124×10^{-6}）、Cu（平均201×10^{-6}）、Zn（平均298×10^{-6}）、As（平均5884×10^{-6}）、Se（平均48.7×10^{-6}）。通过对比，可以得出从早阶段到晚阶段，黄铁矿中的Co、Mo、Bi逐渐降低，Ni、As、Se逐渐升高［图4-28（f）］。此外，Ag、Pb等元素呈现出与Bi良好的正相关性［图4-28（c）(d)］。

由表4-14可知，整体上，黄铜矿中的微量元素含量较低，只有部分亲硫元素Zn、As、Se的含量可达几百个10^{-6}数量级。相对于黄铁矿来说，黄铜矿具有相对均一的微量元素组成，但不同世代黄铜矿中的微量元素组成显示一定的差异。$Ccp_Ⅰ$的Co含量为$0.19\times10^{-6}\sim3.39\times10^{-6}$（平均$1.58\times10^{-6}$），Ni含量$\leqslant32.0\times10^{-6}$（平均$9.31\times10^{-6}$），Zn变化范围为$112\times10^{-6}\sim489\times10^{-6}$（平均$235\times10^{-6}$），Se含量$\leqslant113\times10^{-6}$（平均$35.4\times10^{-6}$），Ag含量$\leqslant7.48\times10^{-6}$（平均$3.95\times10^{-6}$），Sn含量为$4.28\times10^{-6}\sim8.70\times10^{-6}$（平均$6.87\times10^{-6}$），Pb含量$<0.64\times10^{-6}$，Bi为$0.12\times10^{-6}\sim2.68\times10^{-6}$（平均$1.00\times10^{-6}$）。相对于$Ccp_Ⅰ$，$Ccp_Ⅱ$具有较低的Co（平均$0.73\times10^{-6}$）、Ni（平均$2.05\times10^{-6}$）和Se（平均$21.0\times10^{-6}$）含量，但较高的Zn（平均$375\times10^{-6}$）、Ag（平均$22.3\times10^{-6}$）、Sn（平均$14.6\times10^{-6}$）、Pb（平均$3.55\times10^{-6}$）和Bi（平均$5.48\times10^{-6}$）含量。$Ccp_Ⅱ$含有相对较高的Pb、Zn含量与铅锌矿化主要形成于热液成矿期晚阶段有关。另外，针对于不同世代的黄铜矿，Ag、Pb、Zn等元素均表现出与Bi良好的正相关性［图4-28（g）～(i)］，结合显微观察发现黄铜矿与含铋的硫化物或硫盐矿物共生［图3-23（e）］，据此推测这一正相关性与黄铜矿中存在着相应的矿物包裹体有关。

表 4-13　不同世代黄铁矿的 LA-ICP-MS 微量元素分析结果

世代	样品号（点号）	Co/10^{-6}	Ni/10^{-6}	Cu/10^{-6}	Zn/10^{-6}	As/10^{-6}	Se/10^{-6}	Mo/10^{-6}	Ag/10^{-6}	In/10^{-6}	Sn/10^{-6}	Sb/10^{-6}	Pb/10^{-6}	Bi/10^{-6}	Co/Ni
Py_{I}	JC04-1（Q1_2）	2191	0.33	18.0	6.64	197	17.1	53.7	0.65	—	0.24	0.28	40.4	352	6599
	JC04-1（Q1_3）	1315	1.07	19.7	5.88	153	8.87	31.6	0.17	0.04	0.10	0.33	41.2	334	1231
	JC04-1（Q1_8）	6473	1.45	115	4.54	617	28.3	18.4	15.8	—	—	1.05	143	942	4458
	JC04-1（Q3_2）	2447	2.59	36.0	3.52	384	17.5	3.81	1.88	0.02	0.19	0.36	32.8	341	945
	14JC-10（Q5_1）	5845	4.56	42.1	11.7	1677	85.4	3.89	0.24	0.02	—	0.06	0.60	3.00	1281
	Min	1315	0.33	18.0	3.52	153	8.87	3.81	0.17	—	—	0.06	0.60	3.00	945
	Max	6473	4.56	115	11.7	1677	85.4	53.7	15.8	0.04	0.24	1.05	143	942	6599
	Av	3654	2.00	46.2	6.46	606	31.4	22.3	3.74	0.02	0.11	0.41	51.6	394	2903
Py_{II}	JC-02（Q1_5）	260	8.65	3.18	24.0	823	38.0	4.08	0.37	—	0.04	—	3.03	16.4	30.1
	JC04-1（Q1_4）	680	11.2	15.5	6.48	169	11.8	43.1	3.41	—	0.12	0.14	25.9	186	60.7
	JC04-1（Q1_6）	331	—	5.28	4.40	125	6.73	9.39	0.42	—	0.17	—	9.44	71.6	—
	JC04-1（Q1_7）	395	—	11.3	5.77	138	15.6	33.7	—	0.02	—	0.22	10.1	89.9	—
	JC04-1（Q1_10）	141	11.0	5.18	4.07	208	35.0	3.84	—	—	0.09	—	0.05	0.41	12.8
	JC04-1（Q2_4）	228	—	2.74	5.74	2561	11.1	3.05	0.20	0.02	0.04	—	—	0.06	—
	JC04-1（Q3_3）	386	—	7.76	3.78	299	39.0	4.20	—	0.02	0.16	—	0.23	2.46	—
	JC04-1（Q3_4）	1228	220	101	8.02	934	24.1	2.88	—	0.03	—	—	0.75	7.64	5.58
	JC-05（Q1_1）	537	80.8	3.27	5.24	1107	38.4	5.40	8.04	0.01	—	1.70	116	158	6.65
	JC-05（Q1_2）	673	3.10	3.71	5.09	8855	24.4	3.87	0.46	0.01	0.45	0.03	0.36	2.46	217
	JC-05（Q1_3）	249	7.47	1.54	5.37	5248	46.6	4.17	0.49	0.03	0.38	—	1.81	9.63	33.4
	JC-05（Q1_4）	667	22.4	3.06	4.37	4948	65.0	4.41	—	—	—	0.04	0.22	2.51	29.8
	JC-05（Q1_5）	138	11.6	3.92	4.34	5094	47.4	4.52	0.52	0.02	0.19	—	3.52	29.6	11.9
	JC-05（Q1_6）	242	20.0	1.35	5.06	6390	48.8	4.15	—	0.03	—	0.03	0.03	0.62	12.1
	JC-05（Q1_7）	312	9.12	6.67	12.3	5566	57.7	4.56	—	—	0.20	0.03	0.20	0.61	34.2

续表

世代	样品号（点号）	Co/10^{-6}	Ni/10^{-6}	Cu/10^{-6}	Zn/10^{-6}	As/10^{-6}	Se/10^{-6}	Mo/10^{-6}	Ag/10^{-6}	In/10^{-6}	Sn/10^{-6}	Sb/10^{-6}	Pb/10^{-6}	Bi/10^{-6}	Co/Ni
Py_{II}	JC-05（Q2_1）	172	4.93	1.12	8.11	1255	85.3	4.62	—	—	0.74	0.16	5.02	31.2	34.9
	JC-05（Q3_2）	430	8.24	10.6	1.82	6165	66.7	7.36	0.87	—	0.12	0.06	42.3	80.9	52.1
	JC-05（Q3_3）	1212	1.40	5.32	39.3	8193	46.3	84.1	—	0.02	—	0.25	11.2	28.6	868
	JC-05（Q3_4）	1751	1.30	7.93	5.16	12595	64.2	3.91	1.16	—	—	—	8.15	19.9	1345
	14JC-09（Q1_1）	2591	23.6	2.46	2.08	1499	86.8	4.05	—	—	—	—	0.10	1.02	110
	14JC-09（Q1_3）	3866	29.5	14.2	3.56	2654	93.1	4.41	—	0.05	0.49	0.07	0.40	3.62	131
	14JC-09（Q1_5）	149	3.60	1.61	1.28	379	69.2	4.62	—	—	—	—	—	0.03	41.3
	14JC-09（Q1_6）	1842	11.8	8.85	5.40	1399	63.2	3.40	0.47	—	0.53	—	0.03	0.43	156
	14JC-09（Q3_2）	155	0.83	15.0	2.74	610	56.0	5.05	4.46	—	—	0.19	47.6	955	187
	14JC-10（Q3_4）	3569	4.59	5.91	5.09	218	101	26.8	0.19	0.02	—	0.16	11.0	722	777
	14JC-18（Q2_4）	1875	240	150	10.6	252	57.9	5.16	—	0.34	0.22	—	0.35	3.64	7.80
	14JC-18（Q2_5）	252	19.0	125	5.77	646	81.3	3.70	0.05	0.19	0.46	0.82	18.2	17.7	13.3
	14JC-18（Q2_7）	585	—	0.14	6.47	526	59.9	3.10	—	—	—	—	0.20	0.24	—
	14JC-18（Q2_8）	1068	13.6	4.53	4.42	510	61.1	4.09	—	0.01	0.13	—	0.17	0.02	78.3
	14JC-18（Q2_9）	207	5.92	149	4.50	534	59.9	3.16	—	0.12	—	0.29	4.21	10.9	35.0
	14JC-18（Q2_10）	1051	11.5	4.10	7.11	427	85.2	3.88	0.11	0.03	—	—	0.23	1.46	91.6
	14JC-18（Q2_11）	626	16.4	3.62	6.19	791	72.4	3.92	—	—	—	1.70	25.4	16.6	38.2
	14JC-18（Q2_12）	477	25.1	7.75	4.23	922	38.9	3.00	0.12	—	—	—	0.15	0.71	19.0
	14JC-18（Q3_1）	675	24.9	275	5.63	400	57.3	4.87	0.43	0.62	0.17	—	0.15	2.37	27.1
	14JC-18（Q3_2）	301	13.0	7.24	6.29	1014	42.7	4.38	6.55	0.04	—	0.01	60.1	111	23.1
	JC-13（Q1_10）	217	115	4.63	3.71	194	0.61	2.01	1.50	—	0.27	0.47	129	34.7	1.89
	JC-13（Q1_12）	609	35.7	10.5	3.04	17064	2.67	3.82	0.24	0.01	0.12	0.05	66.1	11.1	17.1
	JC-13（Q1_14）	76.0	6.80	11.3	4.88	8608	10.3	3.52	28.7	—	—	2.37	4642	224	11.2

续表

世代	样品号（点号）	Co/10^{-6}	Ni/10^{-6}	Cu/10^{-6}	Zn/10^{-6}	As/10^{-6}	Se/10^{-6}	Mo/10^{-6}	Ag/10^{-6}	In/10^{-6}	Sn/10^{-6}	Sb/10^{-6}	Pb/10^{-6}	Bi/10^{-6}	Co/Ni
Py_{II}	JC-13（Q3_1）	446	75.5	11.2	3.77	6535	14.6	3.44	8.32	—	0.12	1.22	719	250	5.90
	JC-13（Q3_2）	1378	5.75	230	5.61	884	9.98	5.24	0.41	0.07	—	0.01	1.40	4.12	240
	JC-13（Q3_4）	1901	21.5	—	5.88	771	12.7	4.49	1.02	0.02	0.40	0.01	4.88	12.4	88.3
	14JC-10（Q6_1）	246	1.11	5.27	3.72	13202	14.9	17.1	0.21	—	0.07	0.16	7.28	17.2	222
	14JC-10（Q6_6）	251	—	4.41	3.74	4087	9.70	21.7	0.93	—	0.12	0.85	46.0	51.6	—
	Min	76.0	—	—	1.28	125	0.61	2.01	—	—	—	—	—	0.02	1.89
	Max	3866	240	275	39.3	17064	101	84.1	28.7	0.62	0.74	2.37	4642	955	1345
	Av	801	26.2	29.1	6.37	3135	45.0	8.93	1.62	0.04	0.13	0.26	140	74.2	137
Py_{III}	14JC-9（Q2_1）	128	151	666	90.6	14513	40.4	5.04	1.81	3.46	0.49	1.04	20.3	52.1	0.85
	14JC-9（Q2_2）	15.1	68.5	89.4	13.6	7494	41.4	4.47	3.28	0.56	—	1.01	108	85.4	0.22
	14JC-9（Q2_3）	435	131	4.80	4.59	349	63.4	3.49	0.10	0.04	0.41	—	0.04	0.08	3.31
	14JC-9（Q2_4）	4.59	91.3	32.2	890	22.17	76.1	5.81	0.31	25.0	0.94	—	0.80	23.3	0.05
	14JC-9（Q2_5）	12.5	41.2	111	854	456	25.9	3.88	1.86	15.0	0.95	0.80	28.5	52.4	0.30
	14JC-9（Q2_6）	65.8	222	38.1	90.0	5818	55.0	4.46	4.86	3.18	0.12	0.79	133	120	0.30
	14JC-9（Q2_7）	40.1	160	464	146	12535	38.8	3.86	2.75	6.20	1.16	1.85	30.7	76.1	0.25
	Min	4.59	41.2	4.80	4.59	22.2	25.9	3.49	0.10	0.04	—	—	0.04	0.08	0.05
	Max	435	222	666	890	14513	76.1	5.81	4.86	25.0	1.16	1.85	133	120	3.31
	Av	100	124	201	298	5884	48.7	4.43	2.14	7.63	0.58	0.78	45.9	58.5	0.75

注：“—”表示分析值低于检测限；Min 代表最小值；Max 代表最大值；Av 代表平均值。

表 4-14　不同世代黄铜矿的 LA-ICP-MS 微量元素分析结果　（单位：$\times10^{-6}$）

世代	样品号（点号）	Co	Ni	Zn	As	Se	Mo	Ag	In	Sn	Sb	Pb	Bi
$Ccp_{Ⅰ}$	JC04-1（Q1_9）	0.19	6.47	143	5.57	5.71	3.58	7.48	29.4	6.38	—	0.64	2.68
	JC04-1（Q1_13）	0.27	9.70	135	5.47	6.10	2.35	—	34.8	6.15	0.10	—	1.34
	JC04-1（Q2_1）	0.27	—	112	6.70	—	1.95	1.03	23.9	7.38	—	—	0.12
	14JC-09（Q1_4）	3.39	32.0	311	184	113	3.36	6.11	36.3	8.70	0.96	—	0.82
	14JC-09（Q1_7）	2.25	—	489	168	74.2	4.38	7.11	37.7	8.34	—	0.35	0.68
	14JC-09（Q3_1）	3.12	7.67	220	92.2	13.3	3.05	1.99	30.7	4.28	—	0.03	0.38
	Min	0.19	—	112	5.47	—	1.95	—	23.9	4.28	—	—	0.12
	Max	3.39	32.0	489	184	113	4.38	7.48	37.7	8.70	0.96	0.64	2.68
	Av	1.58	9.31	235	77.0	35.4	3.11	3.95	32.1	6.87	0.21	0.17	1.00
$Ccp_{Ⅱ}$	JC-02（Q1_3）	—	—	451	6.36	24.4	2.24	1.48	28.6	20.9	0.24	0.22	1.06
	14JC-10（Q2_1）	0.60	—	642	95.6	26.0	4.96	48.2	27.2	3.12	0.19	11.7	17.3
	14JC-10（Q2_2）	1.42	0.82	311	111	9.58	3.72	50.5	29.6	4.50	0.10	7.87	11.4
	14JC-10（Q3_1）	0.52	—	288	87.0	12.8	2.82	3.65	45.3	24.2	0.07	0.39	0.44
	14JC-10（Q3_2）	0.94	—	263	97.2	22.4	2.15	29.1	40.7	9.31	—	0.67	1.63
	14JC-18（Q2_6）	0.89	11.5	292	158	31.0	4.96	1.13	29.7	25.6	0.01	0.46	1.03
	Min	—	—	263	6.36	9.58	2.15	1.13	27.2	3.12	—	0.22	0.44
	Max	1.42	11.5	642	158	31.0	4.96	50.5	45.3	25.6	0.24	11.7	17.3
	Av	0.73	2.05	375	92.5	21.0	3.48	22.3	33.5	14.6	0.10	3.55	5.48

注：“—”表示分析值低于检测限；Min 代表最小值；Max 代表最大值；Av 代表平均值。

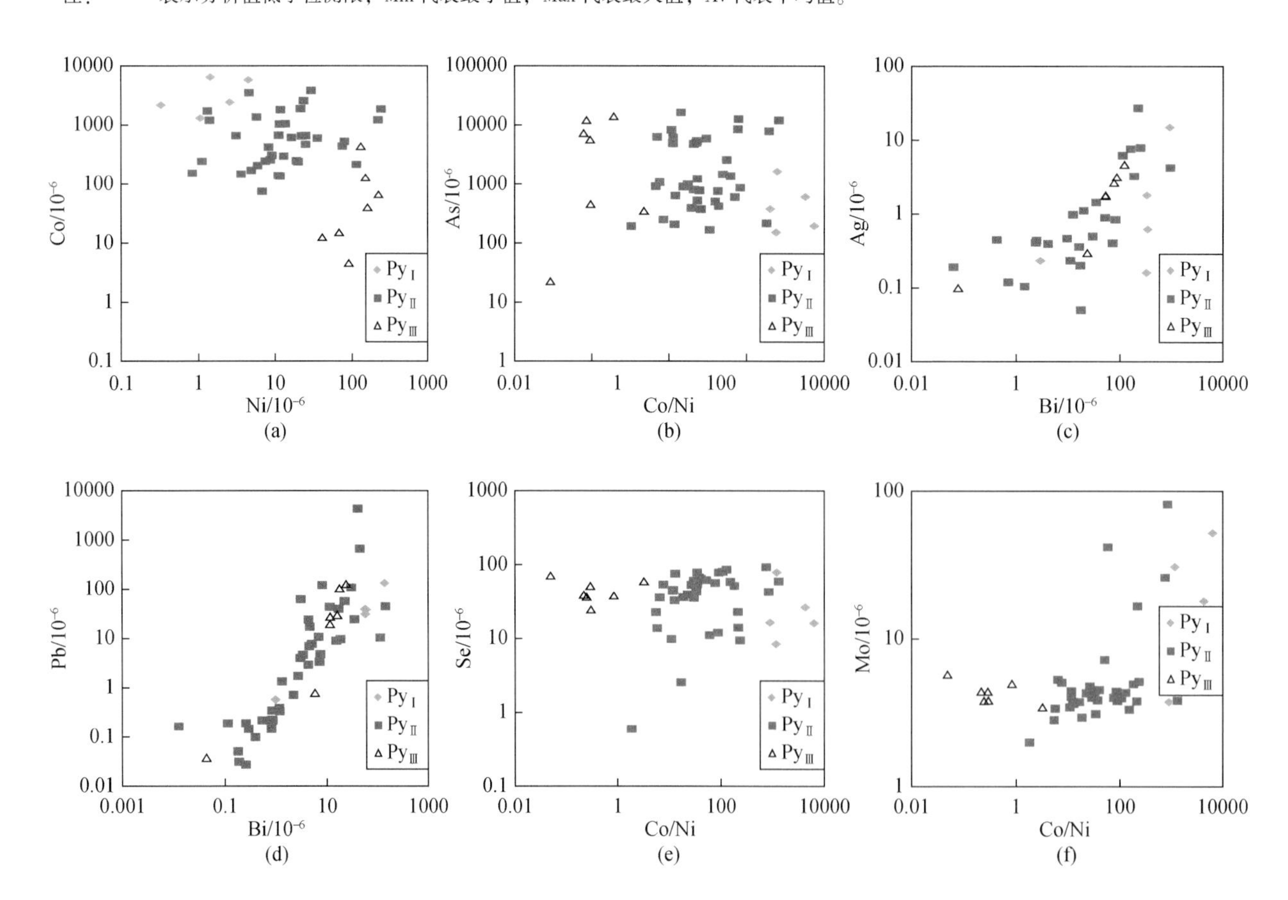

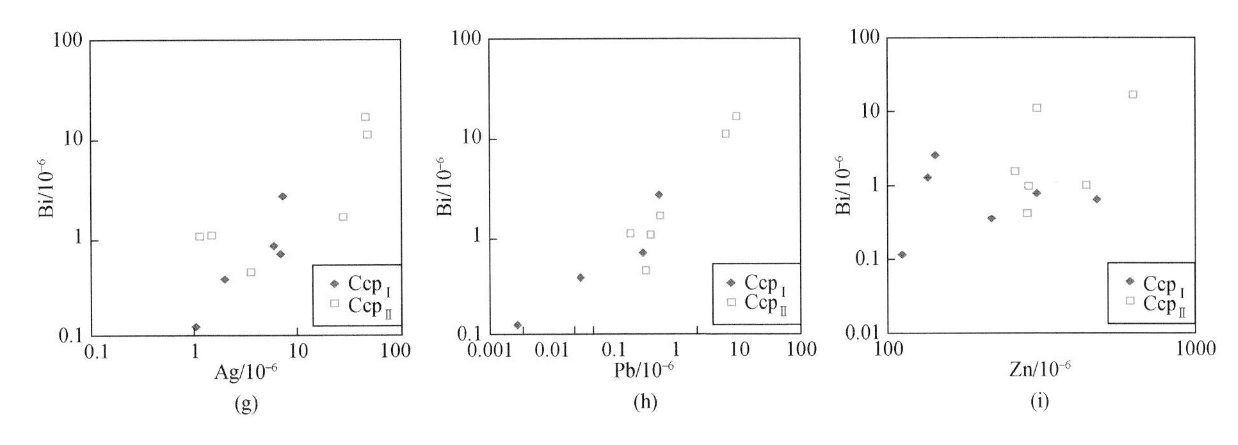

图 4-28　不同世代黄铁矿和黄铜矿的微量元素相关性图解

黄铁矿在自然界中分布广泛，常含有少量的 Au、Ag、Cu、Pb、Zn、Co、Ni、As、Sb、Se、Te、Hg、Tl、Bi 等元素（Cook et al., 2009a；Large et al., 2009；2014；Deditius et al., 2011），这些元素以固溶体（类质同象或侵入固溶体）和/或包裹体形式赋存于黄铁矿中（Reich et al., 2013）。其中，Co 作为亲铁元素，常以类质同象或纳米微粒的形式均匀地分布在黄铁矿中。在黄铁矿激光剥蚀信号强度谱图上（图 4-29），Co 元素呈现出相对平直的信号，结合 Co 与 Fe 之间负相关性［图 4-27（a）］，说明井冲矿区 Co 主要以类质同象方式赋存于黄铁矿中。结合辉砷钴矿的产出［图 3-17（f）］进一步表明井冲矿区的 Co 有两种赋存状态：①晶格替代 Fe 赋存于黄铁矿中；②钴的独立矿物。

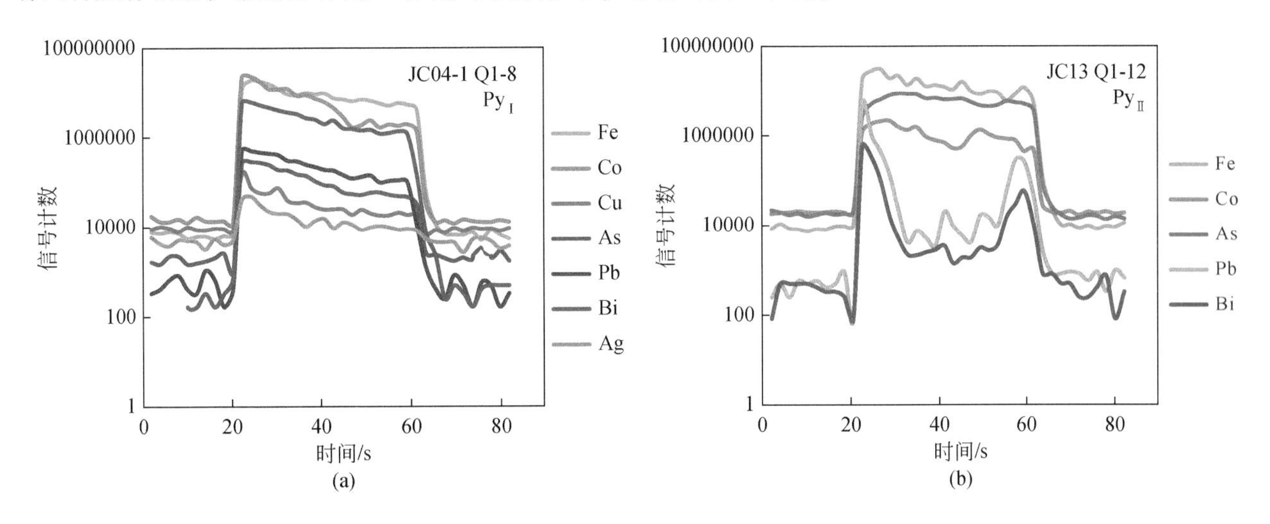

图 4-29　黄铁矿激光剥蚀信号强度谱图

分析中元素 Cu、As、Pb、Bi、Ag 等的激光剥蚀信号多平行于 Fe 的信号强度［图 4-29（a）］，表明这些元素主要以固溶体形式赋存于黄铁矿中。然而，在部分测点中，元素 Pb、Bi 显示了近乎一致的异常信号强度［图 4-29（b）］，结合元素 Pb、Ag 与 Bi 之间良好的正相关性［图 4-28（c）（d）］，说明可能存在着铋的硫化物或硫盐矿物包裹体，这与显微观察中黄铁矿与（含铅、银）辉铋矿、辉铅铋矿、铋铜铅矿等矿物共生现象一致［图 3-23（e）］。

4.3.1.2　S-Pb-He-Sr 同位素特征

1. 硫同位素特征

井冲钴铜多金属矿床中硫化物的硫同位素分析结果见表 4-15。$\delta^{34}S$ 值变化范围为-4.9‰～0.2‰（图

4-30)，其中黄铁矿的 $\delta^{34}S$ 值为-4.9‰～0.2‰（平均-1.7‰），黄铜矿为-4.4‰～0.2‰（平均-1.2‰），白铁矿为-4.3‰～-3.0‰（平均-3.7‰）。总体上，硫同位素变化较小且接近零值，暗示了成矿流体主要来自岩浆热液。该 $\delta^{34}S$ 值明显高于冷家溪群（$\delta^{34}S$=-13.1‰～-6.26‰；罗献林，1990；刘亮明等，1999）及赋存于其中的大万、大洞、黄金洞等金矿床（$\delta^{34}S$=-12.9‰～-3.4‰；罗献林，1990；毛景文等，1997；贺转利，2009），说明湘东北钴铜多金属矿的硫源明显不同于金矿。七宝山铜多金属矿床是湘东北地区已发现的规模最大的斑岩型-夕卡岩型铜多金属矿床，其形成与晚侏罗世石英斑岩（壳源+少量幔源物质混染成因）有密切的联系（胡俊良等，2016），其 $\delta^{34}S$ 值为 1.8‰～5.6‰（胡祥昭等，2000）。与该矿床相比，井冲钴铜多金属矿略富轻硫，这一差异可能与两个矿床中与成矿有关的岩体的源区特征不同有关（Seal，2006）。

表 4-15　井冲钴铜多金属矿床中硫化物的硫同位素分析结果　　(单位:‰)

样品编号	分析矿物	$\delta^{34}S_{VCDT}$
14JC-01	黄铜矿	-0.6
14JC-02	黄铁矿	-0.6
14JC-02	黄铜矿	-1.0
14JC-04	黄铁矿	-0.4
14JC-04	黄铜矿	-1.5
14JC-09	黄铁矿	-0.5
14JC-09	黄铜矿	-1.2
14JC-10	黄铁矿	-0.8
14JC-10	黄铜矿	-0.7
14JC-12	黄铁矿	-0.9
14JC-12	黄铜矿	-0.9
14JC-13	黄铁矿	0.2
14JC-13	黄铜矿	-0.6
14JC-14	黄铁矿	-1.1
14JC-14	黄铜矿	-1.4
14JC-18	黄铁矿	-1.9
14JC-18	黄铜矿	-1.5
14JC-20	黄铁矿	-0.2
14JC-20	黄铜矿	-0.2
JC-06	黄铁矿	-1.5
JC-01	黄铁矿	-3.9
JC-02	黄铁矿	-4.9
JC4-1	黄铁矿	-1.4

2. 铅同位素特征

井冲钴铜多金属矿床中硫化物的铅同位素分析结果（表 4-16）表明，黄铁矿和黄铜矿两个硫化物的 $^{206}Pb/^{204}Pb$、$^{207}Pb/^{204}Pb$、$^{208}Pb/^{204}Pb$ 值变化范围分别为 18.195～18.746（平均 18.361）、15.605～15.741（平均 15.658）、38.327～39.150（38.663），落在造山带和上地壳之间（图 4-31），反映复杂的铅来源。

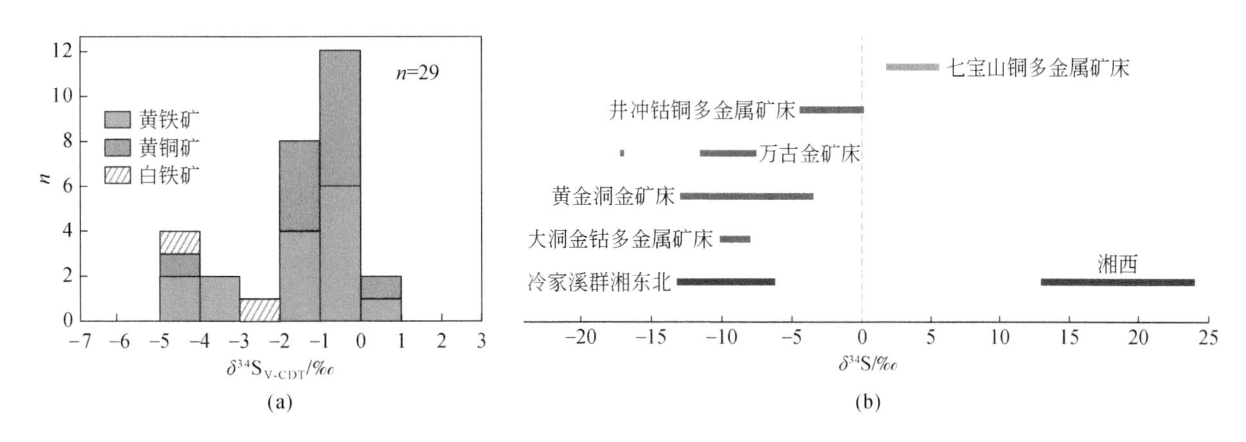

图4-30 井冲钴铜多金属矿床中硫化物的$\delta^{34}S$值及其与地层、其他矿床的对比

通过与其他地质体的铅同位素组成对比可以看出，井冲矿石的铅同位素特征接近连云山花岗岩，特别是连云山混杂岩的铅同位素组成（详见许德如等著《湘东北陆内伸展变形构造及形成演化的动力学机制》一书），而明显不同于冷家溪群和黄金洞金矿的铅同位素。该对比暗示了井冲矿石中的铅可能主要来源于连云山混杂岩。

表4-16 井冲钴铜多金属矿床中硫化物的铅同位素分析结果

样品编号	分析矿物	$^{206}Pb/^{204}Pb$	$^{207}Pb/^{204}Pb$	$^{208}Pb/^{204}Pb$
JC-01	黄铁矿	18.330	15.644	38.663
JC-02	黄铁矿	18.195	15.605	38.327
JC-02	黄铜矿	18.342	15.642	38.355
JC4-1	黄铁矿	18.342	15.642	38.637
JC-06	黄铁矿	18.317	15.645	38.636
14JC-02	黄铜矿	18.355	15.657	38.687
14JC-04	黄铜矿	18.330	15.658	38.686
14JC-09	黄铜矿	18.340	15.669	38.724
14JC-10	黄铜矿	18.746	15.741	39.150
14JC-14	黄铜矿	18.338	15.668	38.719
14JC-18	黄铜矿	18.335	15.664	38.705

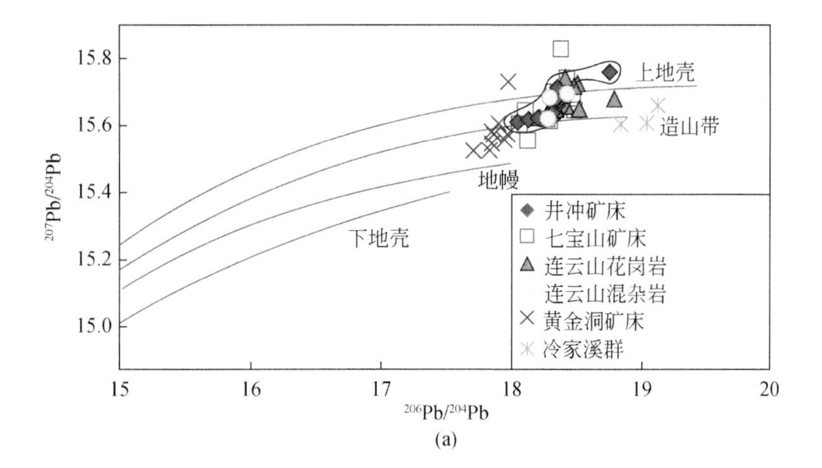

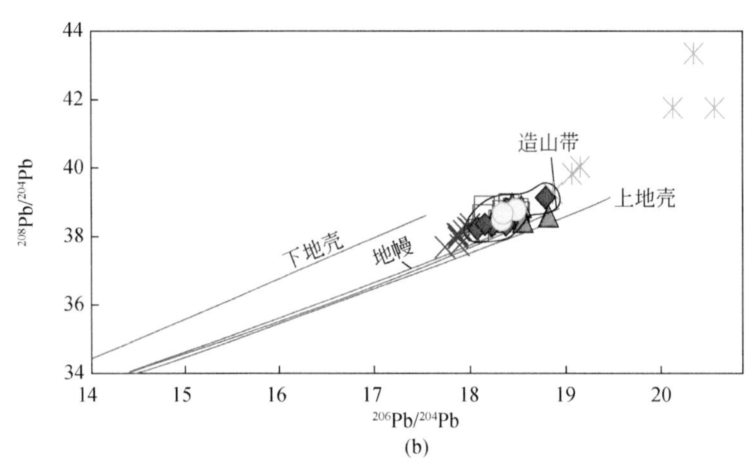

图 4-31　井冲矿区 Pb 同位素特征

3. He-Ar 同位素特征

井冲钴铜多金属矿床中黄铁矿的 He-Ar 同位素分析结果（表 4-17）表明，^4He 变化范围为 $2.2\times10^{-8}\sim11.8\times10^{-8}cm^3STP/g$，$^{40}Ar$ 为 $3.1\times10^{-8}\sim11.2\times10^{-8}cm^3STP/g$，这些组成的变化反映了流体包裹体丰度的变化（Hu et al.，2004）。$^3He/^4He$ 值范围为 $0.24\times10^{-7}\sim4.16\times10^{-7}$，即 0.017～0.30Ra（$Ra=1.4\times10^{-6}$，代表了大气的 $^3He/^4He$ 值；Stuart et al.，1995）；$^{40}Ar/^{36}Ar$ 值为 285.3～306.1，略高于大气氩组成（295.5）（图 4-32）。矿石高的 F^4He 值（611～3868）和低的但可变的 $^3He/^{36}Ar$ 值（$0.24\times10^{-5}\sim25.74\times10^{-5}$）表明大气 He 的贡献可以忽略。由图 4-32 可以看出成矿流体的 $^3He/^4He$ 值接近或略高于地壳值，但明显低于地幔值，根据 Ballentine 和 Burnard（2002）的公式计算出成矿流体中地幔 He 的最大比例为 0.12%～4.84%。因此，井冲矿石中的 He 主要来自壳源。井冲黄铁矿的 $^{40}Ar/^{36}Ar$ 值接近但略高于大气氩的特征说明有部分地壳放射性 ^{40}Ar 的加入，根据公式 $Ar^*(\%)=[1-295.5/(^{40}Ar/^{36}Ar)_{样品}]\times100$（Ballentine and Burnard，2002）计算出仅有不超过 4% 放射性 ^{40}Ar。因此，结合硫同位素组成，井冲矿区成矿流体最可能来源于地壳重熔成因的 S 型连云山花岗质岩，但混有大气降水。

表 4-17　井冲钴铜多金属矿床中黄铁矿的 He-Ar 同位素分析结果

样品编号	$^4He/(10^{-8}cm^3STP/g)$	$^3He/^4He/10^{-7}$	误差/1σ	R/Ra	$^{40}Ar/(10^{-8}cm^3STP/g)$	$^{40}Ar/^{36}Ar$	误差/1σ	$^3He/^{36}Ar/10^{-5}$	$^{40}Ar^*/\%$	$^{40}Ar^*/^4He$	F^4He	$^4He_{地幔贡献}/\%$
14JC-01	9.0	1.05	0.18	0.075	8.8	304.0	1.1	3.26	2.80	0.027	1879	1.09
14JC-02	5.7	1.70	0.27	0.12	4.6	300.0	1.3	6.32	1.50	0.012	2246	1.84
14JC-04	11.8	2.80	0.30	0.20	10.3	306.1	0.6	9.82	3.46	0.030	2119	3.17
14JC-09	6.8	0.49	0.12	0.035	5.8	302.0	1.5	1.73	2.15	0.018	2139	0.42
14JC-10	3.8	0.24	0.09	0.017	11.2	298.1	0.7	0.24	0.87	0.026	611	0.12
14JC-12	5.1	2.05	0.19	0.15	6.4	300.2	1.4	4.90	1.57	0.020	1445	2.34
14JC-13	7.0	0.72	0.16	0.051	4.0	305.0	1.5	3.84	3.11	0.018	3225	0.68
14JC-14	4.0	4.16	0.32	0.30	6.8	300.4	0.5	7.35	1.63	0.028	1068	4.84
14JC-18	9.2	4.02	0.37	0.29	4.1	285.3	0.7	25.74	—	—	3868	4.67
14JC-20	6.8	0.97	0.14	0.069	5.3	304.1	0.4	3.78	2.83	0.022	2357	0.98
JC-06	3.7	0.49	0.11	0.035	3.1	302.6	0.4	1.77	2.35	0.020	2182	0.42
JC4-1	2.2	3.44	0.22	0.25	3.1	296.8	0.5	7.25	0.44	0.006	1273	4.01

注：放射性成因 $^{40}Ar^*$ 的含量为 $^{40}Ar^*(\%)=[1-295.5/(^{40}Ar/^{36}Ar)_{样品}]\times100$；$^{40}Ar^*/^4He=(^{40}Ar-295.5\times^{36}Ar)/^4He$；$R/Ra=(^3He/^4He)_{样品}/(^3He/^4He)_{大气}$，其中 $(^3He/^4He)_{air}=1.4\times10^{-6}$，$R$=实测样品中 He 的同位素 $^3He/^4He$ 值；$F^4He=(^4He/^{36}Ar)_{样品}/(^4He/^{36}Ar)_{大气}$；$^4He/^{36}Ar_{大气}=0.1655$（Kendrick et al.，2001）；$^4He_{地幔贡献}=(R-R_c)/(R_m-R_c)\times100$，$R_c=0.01Ra$，$R_m=6Ra$；“—”表示分析值低于检测限。

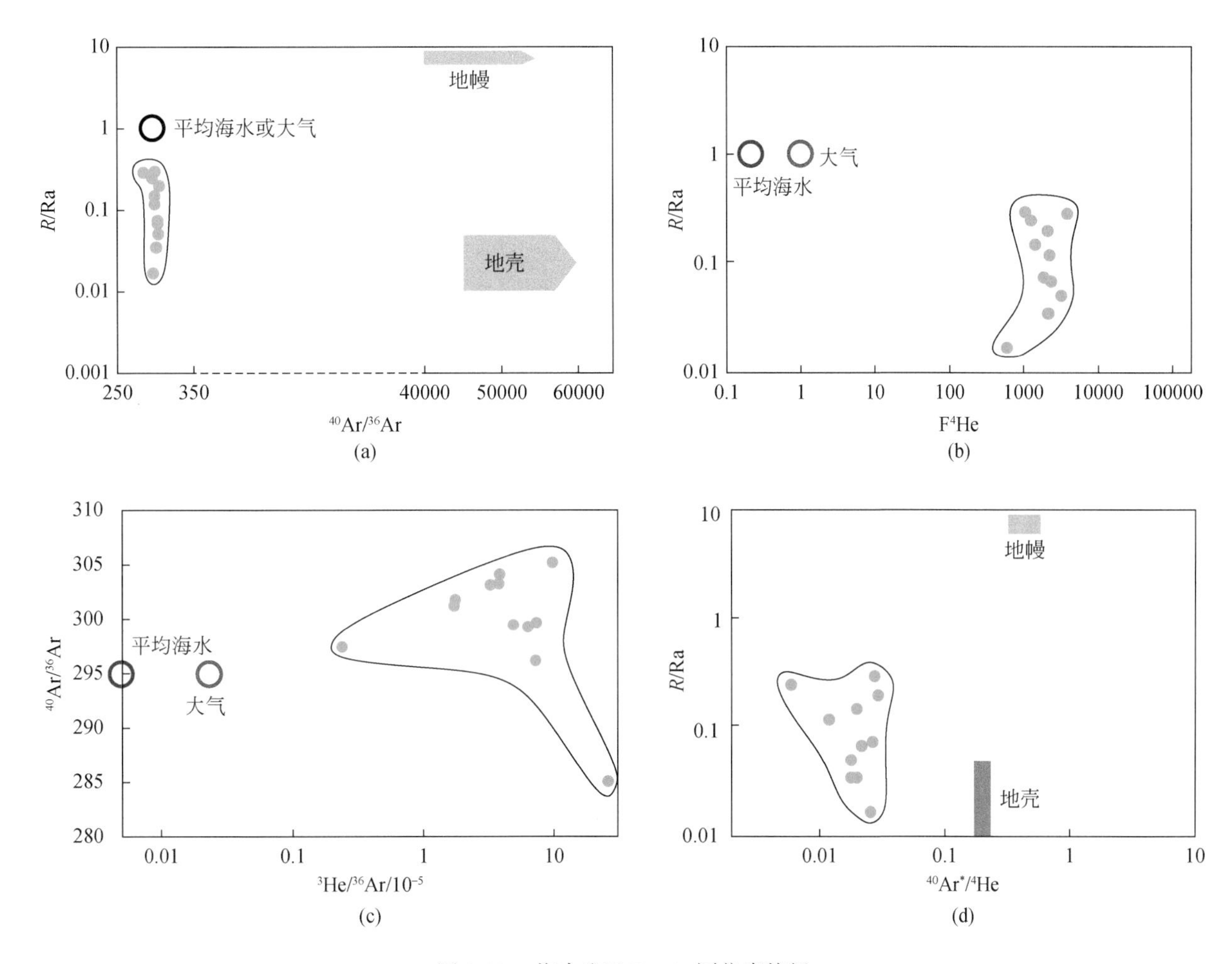

图4-32 井冲矿区 He-Ar 同位素特征

4.3.1.3 矿床成因类型

1. 成矿物质/流体来源

Co、Ni 是黄铁矿中常见的微量元素，其含量和 Co/Ni 值常被用来示踪其成因、沉积环境和形成温度（Bralia et al.，1979；Campbell and Ethier，1984；Bajwah et al.，1987；Cook，1996）。井冲矿区大部分黄铁矿的 Co/Ni 值明显大于沉积成因黄铁矿的相应值（通常<1），具岩浆热液成因黄铁矿的特征（Bralia et al.，1979；Clark et al.，2004；Large et al.，2009，2014），这与黄铁矿的硫同位素组成特征（$\delta^{34}S=-4.5‰\sim0.2‰$）相一致（图4-30），均暗示了与岩浆热液的成因联系。连云山岩体的地球化学特征显示其为强过铝质花岗岩（$SiO_2=69.41\%\sim75.14\%$，$Al_2O_3=13.61\%\sim17.46\%$，铁镁质=0.92%~3.14%，$Na_2O=2.04\%\sim3.83\%$，$K_2O=1.94\%\sim4.94\%$，$CaO=0.82\%\sim3.24\%$），具有 LREE 富集的稀土配分特征，$(^{87}Sr/^{86}Sr)_i=0.71008\sim0.73852$，$(^{206}Pb/^{204}Pb)_i=17.972\sim19.959$，$\varepsilon_{Nd}(t)=-12.37\sim-9.95$，被认为是陆内碰撞挤压-伸展环境下因玄武质岩浆底侵作用导致下地壳（连云山混杂岩）部分熔融的产物（详见许德如等著《湘东北陆内伸展变形构造及形成演化的动力学机制》一书）。可见，S-Pb 和 He-Ar 多同位素示踪均表明，井冲矿区成矿流体应来源于地壳重熔成因的S型连云山花岗岩，但混有大气降水。

相对于 Py_{II} 和 Py_{III}，呈疏松多孔状的 Py_{I}［图3-23（a）］具有最高的 Co 含量和 Co/Ni 值，这种明显的结构和化学差异暗示了 Py_{I} 可能具有特殊的成因。影响黄铁矿微量元素组成的因素有围岩化学成分、矿物共生组合、流体 f_{O_2} 和 pH、流岩相互作用等（Clark et al.，2004）。Co、Ni 作为强亲铁元素，往往富集在基性或超基性岩石中（Large et al.，2014）。Large 等（2014）对地球不同时期沉积黄铁矿中微量元素的对比研究发现，高 Co、Ni 含量的黄铁矿的形成往往与一些大火山岩省的喷发幕一致，从而认为火山岩的喷发导致了大量 Co、Ni 进入全球大洋和沉积黄铁矿中，这种一致性表明 Co、Ni 元素易受源区控制。$Py_{Ⅰ}$ 的疏松多孔结构暗示了其可能为沉积胶状黄铁矿，但受到岩浆热液的改造。考虑到连云山岩体与连云山混杂岩间的成因关联，以及连云山混杂岩中较高的 Co、Cu 含量（详见许德如等著《湘东北陆内伸展变形构造及形成演化的动力学机制》一书；许德如等，2009），$Py_{Ⅰ}$ 中高的 Co 含量最可能主要来源于连云山混杂岩，但热液活动促使 Co 发生活化、迁移，从而在 $Py_{Ⅰ}$ 中富集，这是因为热液作用易于使以化学计量替代形式的元素在晶格中保留或更加富集（Large et al.，2009）。

2. 成矿条件

与德兴斑岩铜矿相比，井冲矿区黄铁矿中的 Cu 含量普遍较低（最高 666×10^{-6}），前者黄铁矿中的 Cu 含量高达约 6%，Reich 等（2013）认为这一高的 Cu 含量是含铜的硫化物包裹体（如黄铜矿、辉铜矿等）引起的，并推测黄铁矿仅能含有 $1000\times10^{-6}\sim2000\times10^{-6}$ 的以固溶体产出的 Cu，一旦铜饱和就会在黄铁矿-流体界面形成含铜的硫化物包裹体。然而，塞尔维亚 CokaMarin VMS 矿床的黄铁矿含有高达 8% 的固溶体形式 Cu，被认为是由富 Cu 的胶状黄铁矿重结晶形成的（Pačevski et al.，2008）。井冲矿区黄铁矿低的 Cu 含量可能与成矿温度较低有关，因为从热力学上来说 CuS_2 固溶体在 FeS_2 中呈亚稳态，温度和压力均会影响 CuS_2-FeS_2 固溶体的各端元比例，如在 45kbar，CuS_2 在 FeS_2 中的溶解度会从 700℃ 的 0.6mol% 增加到 900℃ 的 4.5mol%（Schmid-Beurmann and Bente，1995）。

鉴于井冲矿区钴铜矿化过程伴随着绿泥石化，绿泥石经验温度计可用于估算成矿温度。由于井冲矿区高 Fe/(Fe+Mg)，Jowett（1991）提出的适用范围为 Fe/(Fe+Mg)<0.6 的经验温度计不适用本区。此外，井冲矿区缺乏富铝矿物，Kranidiotis 和 MacLean（1987）提出适用于铝饱和绿泥石的温度计也不适用。Cathelineau 和 Nieva（1985）、Cathelineau（1988）提出的温度计基于 $Al^{Ⅳ}$ 与温度间的关系所建立，未考虑 Fe/(Fe+Mg) 对 $Al^{Ⅳ}$ 的影响，故计算的温度往往偏高。根据 Rausell-Colom 等（1991）提出后经 Nieto（1997）修正的绿泥石面网间距 $d_{001}=14.339-0.1155\ Al^{Ⅳ}-0.0201Fe$ 公式，以及 Battaglia（1999）提出的 d_{001} 与温度关系，计算出 $Chl_{Ⅰ}$ 和 $Chl_{Ⅱ}$ 的形成温度范围分别为 253～302℃（平均 275℃）、250～302℃（平均 270℃）。运用 Zang 和 Fyfe（1995）提出的温度计，计算出 $Chl_{Ⅰ}$ 和 $Chl_{Ⅱ}$ 的形成温度范围分别为 253～334℃（平均 287℃）、222～278℃（平均 242℃）。由两种温度计的平均值得出 $Chl_{Ⅰ}$ 和 $Chl_{Ⅱ}$ 形成的温度范围分别为 256～318℃（平均 281℃）、239～290℃（平均 256℃）（图 4-33）。由于绿泥石是金属硫化物成矿期热液蚀变的产物，所以该温度可以代表成矿早、中阶段的温度，也就是说成矿温度从热液早阶段的 256～318℃降低到中阶段的 239～290℃。

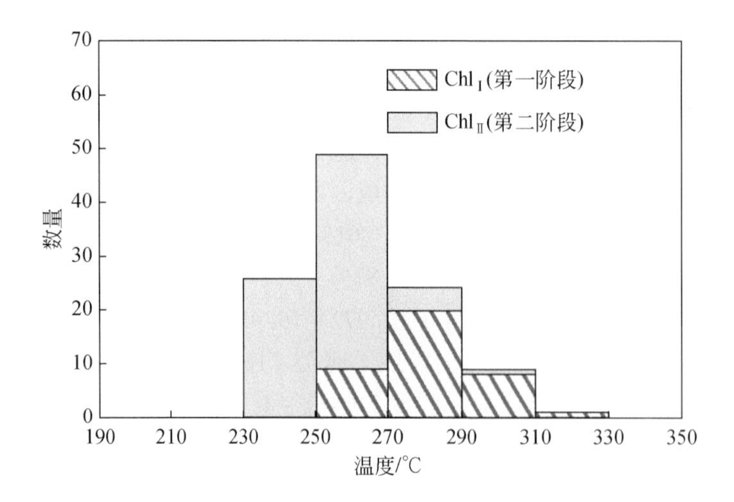

图 4-33　井冲钴铜多金属矿区围岩和矿石中绿泥石的形成温度范围

3. 矿床类型及成矿模式

与世界上典型的脉状钴矿床如摩洛哥 Bou Azzer Co-Ni-Fe-As-Au-Ag 矿床、加拿大安大略省 Cobalt-Gowganda 和 Thunder Bay 地区的 Ni-Co-Ag-As-Bi 脉状矿床以及美国 Idaho 钴矿带的 Cu-Au-Co 矿床相对比，井冲钴铜多金属矿床显示了独特的成矿地质条件，如：①受深大断裂控制，矿床沿北东向长平深大断裂带分布；②层间破碎带控矿，矿体分布在长平深大断裂带主干断层 F2 下盘的冷家溪群和/或泥盆系层间蚀变构造破碎带中，呈似层状、脉状产出；③与晚侏罗世—早白垩世花岗岩密切相关，矿体位于连云山岩体（155～140Ma；Li et al.，2016a；Wang et al.，2016；Ji et al.，2017；Deng et al.，2017）外接触带，岩体与地层接触带发生强烈的混合岩化和糜棱岩化；④蚀变矿化类似，围岩蚀变以硅化、绿泥石化、菱铁矿化为主，矿化有黄铁矿化、毒砂矿化、黄铜矿化等。S、Pb、He-Ar 同位素特征揭示了该矿床为与岩浆热液作用有关的热液脉型（宁钧陶，2002；易祖水等，2010；Wang et al.，2017；Zou et al.，2018）。通过对不同世代黄铁矿的显微结构和微区微量元素化学组成特征研究，可知井冲钴铜多金属矿床中钴的富集主要发生在中阶段的晚期。因为与其他阶段的黄铁矿相比，$Py_{Ⅱ-2}$异常富集 Co、As 元素，且 $Py_{Ⅱ}$往往与毒砂、辉砷钴矿共生，反映了一个 FeS_2-FeAsS-CoAsS 体系，这一成矿流体组成明显不同于其他阶段，暗示该成矿阶段有富 Co、As 的中高温流体加入。由于 $Py_{Ⅱ}$的 Co/Ni 值远大于 1，明显不同于沉积和变质成因黄铁矿，表现出岩浆热液成因黄铁矿的特征，推测该阶段钴的富集成矿与高温岩浆热液活动密切相关。

综上所述，井冲钴铜多金属矿床在成矿特征上明显区别于江南古陆中典型的斑岩型铜多金属矿床，具有明显的构造（赋存于热液蚀变构造岩带）和岩浆控矿性（分布于连云山岩体的外接触带）。结合绿泥石温度计和矿物共生组合，可将其归为中温-中高温热液充填交代成因。晚侏罗世—早白垩世［图 4-34

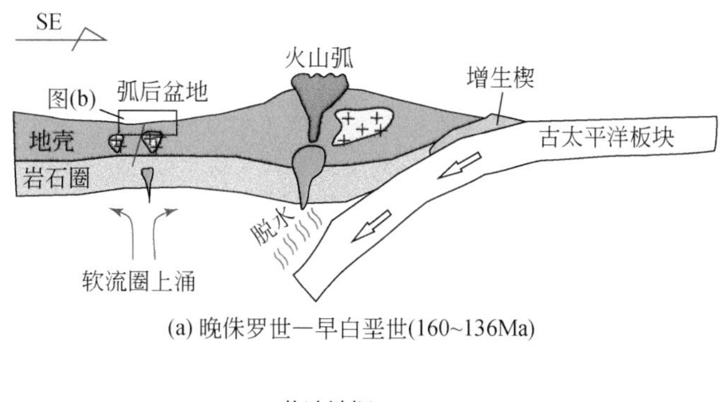

(a) 晚侏罗世—早白垩世(160~136Ma)

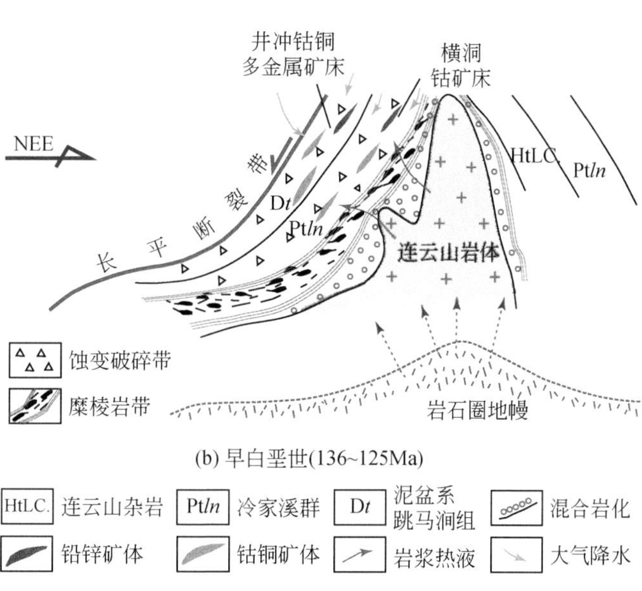

(b) 早白垩世(136~125Ma)

图 4-34　井冲钴铜多金属矿床的成矿模式图

(a)]，古太平洋板块的俯冲回撤导致华南处于拉张的构造环境，区域性 NE 向的长平断裂带发生活化(Mao et al., 2013；Xu et al., 2017b)，促进（F_2）连云山岩体沿断裂侵位。岩浆演化后期形成的热液沿着长平断裂主干断裂运移，萃取了基底中的成矿元素在有利的构造部位如层间裂隙、构造破碎带沉淀、富集成矿［图 4-34（b）]。其中，Co 成矿作用发生在热液成矿期的中阶段，而 Cu、Pb、Zn 成矿主要形成于中、晚阶段（图 4-34)。

4.3.2 横洞钴矿床

4.3.2.1 矿物微量元素特征

1. 绿泥石

绿泥石作为矿区重要的热液蚀变矿物，广泛发育于热液构造角砾岩中。在手标本上，绿泥石呈浅绿色、浅黄色，片状产出，偶尔出现鳞片状集合体。Chl-1 在镜下表现为团块状分布或片状集合体，与热液成因的金红石、绢云母、石英及金属硫化物共生。而 Chl-2 则在岩石中呈宽度不一的脉状产出，局部切穿 Chl-1。

横洞钴矿床中绿泥石电子探针分析结果见表 4-18。由分析结果可知，不同产状的绿泥石在成分上具有明显的差异。Chl-1 的 SiO_2变化于 21.29%～25.33%之间，平均值为 23.10%；Al_2O_3变化于 17.49%～19.80%之间，平均值为 18.71%；FeO 变化于 30.80%～35.04%之间，平均值为 33.18%；MgO 变化于 8.45%～13.06%之间，平均值为 11.24%。相对于 Chl-1，Chl-2 具有较高的 SiO_2，含量变化于 24.56%～33.63%之间，平均值为 26.12%；弱低的 Al_2O_3变化于 15.61%～19.86%之间，平均值为 17.96%；相近的 FeO 变化于 29.96%～34.88%之间，平均值为 33.00%；弱低的 MgO 变化于 8.14%～13.75%之间，平均值为 10.36%。两类绿泥石在 MgO-FeO 图解与（FeO+MgO）-Al^{VI}图解上均表现了较好的负相关性［图 4-35（a)(b)]。

绿泥石的结构公式使用 Windows program（WinCcac）计算，结果表明 Chl-1 中 Si 的变化范围为 2.45～2.75apfu.，Fe 的变化范围为 2.93～3.36apfu.，R^{2+}（Mg+Fe+Mn）的变化范围为 4.79～5.33apfu.，Fe/(Fe+Mg）变化范围为 0.57～0.67；Chl-2 的 Si 变化范围为 2.74～3.06apfu.，Fe 的变化范围为 2.71～3.24apfu.，R^{2+}（Mg+Fe+Mn）的变化范围为 4.45～4.97apfu.，Fe/(Fe+Mg）变化范围为 0.55～0.69。另外，Chl-1 中的八面体位置被 R^{2+}占据［图 4-35（e)]，且 Chl-1 中 Al^{IV}/Al^{VI}值接近 1，而 Chl-2 具有更多的四面体 Al 和较少的八面体 Al。上述结果表明横洞钴矿床绿泥石属于富铁、贫镁绿泥石，Chl-1 为蠕绿泥石-假鳞绿泥石，而 Chl-2 为蠕绿泥石-铁镁绿泥石［图 4-35（c)]。根据 Wiewióra 和 Weiss（1990）的绿泥石分类法［图 4-35（d)]，Chl-1 落入透绿泥石-铁绿泥石范围，Chl-2 落入斜绿泥石-鲕绿泥石范围。(FeO+MgO）与 Al^{VI}之间良好的相关性（R^2=0.84～0.94）［图 4-35（b)］指示存在着 $3(Mg, Fe^{2+})^{VI}=\square+2(Al^{3+})^{VI}$的类质同象替换（□表示八面体空位）。由化学成分和结构等推测，横洞钴矿床绿泥石主要存在两种形成机制：一是溶解-沉淀方式，黑云母蚀变形成的绿泥石（Chl-1)；二是溶解-迁移-沉淀方式，形成各种裂隙中填充的绿泥石（Chl-2)。

根据绿泥石温度计（Cathelineau and Nieva, 1985；Zang and Fyfe, 1995；Battaglia, 1999)，即由表 4-18 得出 Chl-1 形成温度为 280～350℃，Chl-2 形成温度为 120～290℃［图 4-35（f)]。

2. 黄铁矿

在详细的岩（矿）相学观察基础上，开展了围岩和矿石中黄铁矿的 LA-ICP-MS 微量元素化学成分分析。共分析了 32 个黄铁矿，其中 12 个黄铁矿来自成矿主阶段，20 个黄铁矿来自围岩。分析结果见表 4-19。

表 4-18　横洞钴矿床中绿泥石电子探针分析结果（a）

样品	zk11401-6 a											zk11402-5					
点位	q101	q102	q103	q104	q105	q106	q107	q201	q202	q203	q204	q205	q206	q301	q302	q303	q304
类型	Chl-1																
SiO_2/%	23. 17	23. 41	23. 19	22. 82	21. 77	21. 63	23. 02	25. 33	23. 88	23. 85	21. 98	22. 26	23. 45	23. 59	23. 38	23. 86	24. 19
TiO_2/%	0. 04	0. 02	0. 05	0. 05	0. 05	0. 06	0. 05	0. 00	0. 03	0. 05	0. 00	0. 03	0. 00	0. 06	0. 01	0. 00	0. 04
Al_2O_3/%	18. 91	18. 71	19. 12	18. 86	17. 90	18. 57	19. 59	19. 26	19. 22	19. 75	18. 66	19. 44	19. 10	18. 53	18. 42	18. 26	18. 33
FeO/%	31. 49	33. 75	34. 48	31. 69	33. 13	32. 80	34. 44	33. 92	32. 67	32. 64	33. 48	33. 26	33. 20	35. 04	34. 04	33. 89	32. 40
MnO/%	0. 44	0. 46	0. 50	0. 48	0. 48	0. 44	0. 61	0. 70	0. 62	0. 60	0. 54	0. 54	0. 68	0. 52	0. 60	0. 62	0. 49
MgO/%	13. 06	11. 86	11. 40	13. 00	12. 20	12. 46	10. 33	10. 14	10. 84	11. 37	10. 87	10. 92	10. 65	11. 50	10. 36	11. 55	12. 48
CaO/%	0. 05	0. 06	0. 01	0. 02	0. 11	0. 01	0. 05	0. 02	0. 03	0. 03	0. 01	0. 03	0. 02	0. 01	0. 01	0. 01	0. 03
Na_2O/%	0. 00	0. 00	0. 01	0. 00	0. 00	0. 02	0. 00	0. 02	0. 01	0. 00	0. 01	0. 00	0. 00	0. 00	0. 00	0. 00	0. 01
K_2O/%	0. 01	0. 01	0. 02	0. 00	0. 00	0. 02	0. 01	0. 00	0. 00	0. 02	0. 02	0. 01	0. 01	0. 01	0. 01	0. 02	0. 00
总计/%	87. 17	88. 28	88. 78	86. 92	85. 64	86. 01	88. 10	89. 39	87. 30	88. 31	85. 57	86. 49	87. 11	89. 26	86. 83	88. 21	87. 97
据14个O原子计算																	
Si^{IV}/a. p. f. u.	2. 57	2. 60	2. 57	2. 55	2. 51	2. 47	2. 57	2. 75	2. 66	2. 62	2. 53	2. 52	2. 63	2. 60	2. 65	2. 65	2. 67
Al^{IV}/a. p. f. u.	1. 43	1. 41	1. 43	1. 45	1. 50	1. 53	1. 43	1. 25	1. 34	1. 38	1. 47	1. 48	1. 37	1. 40	1. 36	1. 35	1. 33
Al^{VI}/a. p. f. u.	1. 05	1. 04	1. 06	1. 03	0. 93	0. 97	1. 14	1. 22	1. 18	1. 17	1. 06	1. 12	1. 15	1. 01	1. 10	1. 04	1. 05
Fe^{2+}/a. p. f. u.	2. 93	3. 13	3. 19	2. 96	3. 19	3. 13	3. 21	3. 08	3. 04	3. 00	3. 22	3. 15	3. 11	3. 23	3. 22	3. 15	2. 99
Mn/a. p. f. u.	0. 04	0. 04	0. 05	0. 05	0. 05	0. 04	0. 06	0. 07	0. 06	0. 06	0. 05	0. 05	0. 07	0. 05	0. 06	0. 06	0. 05
Mg/a. p. f. u.	2. 16	1. 96	1. 88	2. 16	2. 09	2. 12	1. 72	1. 64	1. 80	1. 86	1. 87	1. 84	1. 78	1. 89	1. 75	1. 91	2. 05
Fe/(Fe+Mg)	0. 58	0. 61	0. 63	0. 58	0. 60	0. 60	0. 65	0. 65	0. 63	0. 62	0. 63	0. 63	0. 64	0. 63	0. 65	0. 62	0. 59
绿泥石温度计																	
$T_{Battaglia}$/℃	263	264	269	266	276	279	269	245	256	259	274	273	260	266	261	259	253
$T_{Zang\ and\ Fyfe}$/℃	299	291	295	303	311	318	293	253	276	285	303	304	281	288	276	278	277
$T_{Cathelineau}$/℃	321	316	322	326	335	342	322	282	303	311	330	331	309	315	305	304	301
$T_{均值}$/℃	294	290	295	298	307	313	295	260	278	285	302	303	283	290	281	280	277

表 4-18　横洞钴矿床中绿泥石电子探针分析结果（b）

样品	zk11402-5	zk1102-2									ZK501-6-1						
点位	q305	q307	q308	q309	q402	q403	q404	q406	q407	q408	q15	q16	q17	q18	q19	q111	q112
类型	Chl-1										Chl-2						
SiO_2/%	23.36	24.01	23.72	23.11	23.04	21.29	21.42	23.86	22.89	23.66	26.80	25.77	25.74	26.67	26.72	25.00	25.80
TiO_2/%	0.00	0.00	0.00	0.02	0.06	0.00	0.05	0.01	0.00	0.05	0.14	0.04	0.01	0.05	0.01	0.04	0.02
Al_2O_3/%	18.80	18.34	18.05	18.27	18.68	19.80	17.89	19.09	17.69	19.41	16.89	17.83	17.62	16.98	17.35	18.38	18.74
FeO/%	34.01	34.04	32.93	33.77	32.25	34.90	32.46	31.82	34.44	32.96	32.56	33.74	34.31	31.96	32.17	33.37	30.87
MnO/%	0.61	0.59	0.50	0.60	0.56	0.57	0.55	0.41	0.51	0.51	0.40	0.44	0.46	0.42	0.42	0.44	0.43
MgO/%	11.55	11.79	12.11	11.47	11.43	9.71	11.34	11.99	9.95	11.66	11.36	10.22	9.96	12.08	11.07	10.11	11.21
CaO/%	0.06	0.03	0.03	0.04	0.01	0.03	0.03	0.04	0.05	0.06	0.02	0.04	0.01	0.01	0.00	0.02	0.01
Na_2O/%	0.03	0.01	0.00	0.02	0.00	0.00	0.00	0.01	0.00	0.01	0.03	0.02	0.03	0.02	0.00	0.04	0.09
K_2O/%	0.03	0.04	0.04	0.07	0.01	0.00	0.00	0.00	0.01	0.00	0.03	0.02	0.06	0.02	0.04	0.03	0.13
总计/%	88.45	88.85	87.38	87.37	86.04	86.3	83.74	87.23	85.54	88.32	88.23	88.12	88.20	88.21	87.78	87.43	87.30
据 14 个 O 原子计算																	
Si^{IV}/a. p. f. u.	2.59	2.65	2.65	2.60	2.61	2.45	2.52	2.64	2.64	2.61	2.93	2.84	2.85	2.90	2.92	2.78	2.83
Al^{IV}/a. p. f. u.	1.41	1.35	1.35	1.40	1.39	1.55	1.48	1.36	1.36	1.40	1.07	1.16	1.16	1.10	1.08	1.22	1.17
Al^{VI}/a. p. f. u.	1.05	1.03	1.02	1.02	1.10	1.13	0.99	1.13	1.05	1.12	1.10	1.16	1.14	1.08	1.16	1.18	1.24
Fe^{2+}/a. p. f. u.	3.15	3.14	3.07	3.18	3.05	3.36	3.19	2.95	3.33	3.04	2.97	3.11	3.17	2.91	2.95	3.10	2.83
Mn/a. p. f. u.	0.06	0.06	0.05	0.06	0.05	0.06	0.06	0.04	0.05	0.05	0.04	0.04	0.04	0.04	0.04	0.04	0.04
Mg/a. p. f. u.	1.91	1.94	2.02	1.92	1.93	1.67	1.99	1.98	1.71	1.91	1.85	1.68	1.64	1.96	1.81	1.68	1.83
Fe/(Fe+Mg)	0.62	0.62	0.60	0.62	0.61	0.67	0.62	0.60	0.66	0.61	0.62	0.65	0.66	0.60	0.62	0.65	0.61
绿泥石温度计																	
$T_{Battaglia}$/℃	266	259	257	265	262	286	275	255	263	261	223	236	237	225	223	243	232
$T_{Zang\ and\ Fyfe}$/℃	291	279	280	289	288	316	306	281	276	289	219	235	233	226	220	248	242
$T_{Cathelineau}$/℃	317	305	305	315	313	347	332	306	305	314	246	264	263	250	246	277	267
$T_{均值}$/℃	291	281	281	290	288	316	304	281	281	288	229	245	244	234	230	256	247

表 4-18　横洞钴矿床中绿泥石电子探针分析结果（c）

样品	ZK501-7-1										ZK501-1-1						
点位	q113	q114	q115	q116	q117	q118	q119	q120	q121	q122	q123	q124	q223	q224	q227	q228	q229
类型	Chl-2																
SiO_2/%	27.28	26.23	27.28	26.75	25.45	25.63	26.13	26.11	25.50	25.92	25.25	25.84	25.83	25.99	25.84	26.68	25.62
TiO_2/%	0.01	0.01	0.01	0.03	0.02	0.04	0.02	0.05	0.02	0.06	0.03	0.04	0.02	0.02	0.02	0.04	0.04
Al_2O_3/%	16.76	17.64	17.64	17.54	18.63	18.13	18.27	18.15	18.13	18.47	18.37	18.12	17.51	17.70	18.01	17.17	18.97
FeO/%	31.02	34.22	29.96	30.98	34.42	33.64	33.21	34.17	33.30	31.99	33.65	33.83	32.74	33.33	33.57	32.21	33.77
MnO/%	0.47	0.44	0.36	0.40	0.38	0.40	0.44	0.34	0.47	0.40	0.43	0.38	0.35	0.42	0.36	0.41	0.39
MgO/%	11.89	9.68	12.18	12.41	9.47	9.81	10.21	9.18	9.70	10.95	9.68	9.85	10.68	10.96	10.29	11.82	9.50
CaO/%	0.00	0.03	0.01	0.04	0.02	0.04	0.03	0.04	0.11	0.02	0.05	0.03	0.06	0.00	0.02	0.01	0.04
Na_2O/%	0.01	0.01	0.02	0.02	0.02	0.02	0.03	0.02	0.03	0.02	0.00	0.04	0.03	0.00	0.00	0.02	0.03
K_2O/%	0.02	0.03	0.01	0.01	0.06	0.12	0.18	0.08	0.04	0.05	0.07	0.09	0.12	0.06	0.05	0.05	0.30
总计/%	87.46	88.29	87.47	88.18	88.47	87.83	88.52	88.14	87.30	87.88	87.53	88.22	87.34	88.48	88.16	88.41	88.66
据 14 个 O 原子计算																	
Si^{IV}/a. p. f. u.	2.98	2.89	2.95	2.90	2.80	2.83	2.86	2.88	2.84	2.83	2.81	2.84	2.86	2.85	2.84	2.90	2.81
Al^{IV}/a. p. f. u.	1.02	1.11	1.05	1.11	1.20	1.17	1.15	1.12	1.17	1.17	1.20	1.16	1.14	1.16	1.16	1.10	1.19
Al^{VI}/a. p. f. u.	1.13	1.18	1.20	1.13	1.22	1.20	1.21	1.23	1.21	1.21	1.21	1.19	1.14	1.13	1.17	1.10	1.25
Fe^{2+}/a. p. f. u.	2.83	3.15	2.71	2.80	3.17	3.11	3.04	3.15	3.10	2.93	3.13	3.11	3.03	3.05	3.09	2.93	3.09
Mn/a. p. f. u.	0.04	0.04	0.03	0.04	0.04	0.04	0.04	0.03	0.04	0.04	0.04	0.04	0.03	0.04	0.03	0.04	0.04
Mg/a. p. f. u.	1.93	1.59	1.97	2.00	1.55	1.62	1.66	1.51	1.61	1.78	1.60	1.62	1.76	1.79	1.69	1.92	1.55
Fe/(Fe+Mg)	0.59	0.66	0.58	0.58	0.67	0.66	0.65	0.68	0.66	0.62	0.66	0.66	0.63	0.63	0.65	0.60	0.67
绿泥石温度计																	
$T_{Battaglia}$/℃	215	231	215	223	242	237	233	232	236	233	240	236	232	234	235	225	239
$T_{Zang\ and\ Fyfe}$/℃	211	224	217	230	241	235	232	224	235	239	241	233	233	236	235	227	240
$T_{Cathelineau}$/℃	235	254	240	252	272	265	261	256	265	265	271	263	260	263	264	251	271
$T_{均值}$/℃	220	236	224	235	252	246	242	237	245	246	251	244	242	244	245	234	250

表 4-18　横洞钴矿床中绿泥石电子探针分析结果（d）

样品	ZK501-1-1										ZK1102-4-3						
点位	q231	q232	q233	q234	q235	q236	q238	q239	q240	q241	q23	q24	q25	q26	q28	q29	q210
类型	Chl-2																
SiO_2/%	25.37	25.43	25.59	25.19	25.17	25.76	24.56	25.23	25.45	24.82	25.27	25.59	24.92	25.25	28.27	26.32	25.40
TiO_2/%	0.03	0.02	0.02	0.03	0.03	0.05	0.05	0.04	0.02	0.01	0.04	0.08	0.28	0.41	0.03	0.03	0.03
Al_2O_3/%	18.17	18.08	18.22	18.14	18.71	18.22	18.67	18.37	18.86	18.86	18.56	18.23	18.98	18.36	17.67	17.13	18.18
FeO/%	34.86	33.66	34.40	34.40	33.50	32.73	34.51	32.98	32.70	34.88	34.80	34.71	34.86	33.63	33.02	33.21	34.63
MnO/%	0.39	0.40	0.33	0.42	0.48	0.45	0.46	0.52	0.45	0.38	0.33	0.42	0.42	0.39	0.38	0.37	0.44
MgO/%	9.20	9.66	9.53	9.17	10.09	9.71	9.51	10.63	9.90	8.92	9.30	9.24	9.09	9.59	9.07	10.01	9.41
CaO/%	0.02	0.03	0.05	0.06	0.01	0.05	0.00	0.00	0.05	0.05	0.02	0.02	0.07	0.08	0.06	0.07	0.04
Na_2O/%	0.03	0.00	0.02	0.02	0.02	0.02	0.00	0.03	0.04	0.01	0.02	0.00	0.01	0.00	0.00	0.02	0.01
K_2O/%	0.10	0.11	0.13	0.10	0.05	0.07	0.03	0.05	0.06	0.07	0.03	0.03	0.09	0.12	0.13	0.12	0.11
总计/%	88.17	87.39	88.29	87.53	88.06	87.06	87.79	87.85	87.53	88.00	88.37	88.32	88.72	87.83	88.63	87.28	88.25
据 14 个 O 原子计算																	
Si^{IV}/a. p. f. u.	2.81	2.83	2.82	2.81	2.78	2.86	2.74	2.78	2.81	2.76	2.79	2.83	2.75	2.80	3.06	2.92	2.81
Al^{IV}/a. p. f. u.	1.19	1.17	1.18	1.19	1.23	1.14	1.26	1.22	1.19	1.24	1.21	1.17	1.25	1.21	0.94	1.08	1.19
Al^{VI}/a. p. f. u.	1.19	1.20	1.19	1.20	1.20	1.24	1.19	1.17	1.26	1.23	1.21	1.20	1.21	1.19	1.31	1.16	1.18
Fe^{2+}/a. p. f. u.	3.23	3.13	3.18	3.21	3.09	3.04	3.22	3.04	3.02	3.24	3.22	3.21	3.21	3.11	2.99	3.08	3.21
Mn/a. p. f. u.	0.04	0.04	0.03	0.04	0.04	0.04	0.04	0.05	0.04	0.04	0.03	0.04	0.04	0.04	0.04	0.04	0.04
Mg/a. p. f. u.	1.52	1.60	1.57	1.53	1.66	1.61	1.58	1.75	1.63	1.48	1.53	1.52	1.49	1.58	1.46	1.66	1.55
Fe/(Fe+Mg)	0.68	0.66	0.67	0.68	0.65	0.65	0.67	0.63	0.65	0.69	0.68	0.68	0.68	0.66	0.67	0.65	0.67
绿泥石温度计																	
$T_{Battaglia}$/℃	241	238	239	241	243	232	250	241	238	248	244	239	249	241	208	226	241
$T_{Zang\ and\ Fyfe}$/℃	238	236	236	238	249	231	255	248	242	248	243	235	252	244	187	218	239
$T_{Cathelineau}$/℃	269	266	267	270	278	260	286	276	271	281	274	267	284	273	218	247	270
$T_{均值}$/℃	249	247	247	250	257	241	263	255	250	259	253	247	262	253	204	230	250

表 4-18　横洞钴矿床中绿泥石电子探针分析结果（e）

样品	ZK1102-4-3																	
点位	q211	q212	q213	q214	q215	q216	q217	q218	q1534	q1535	q1536	q1537	q1539	q1540	q1541	q1542	q1543	q1544
类型	Chl-2																	
SiO_2/%	25.21	24.87	25.73	25.25	25.24	26.33	25.42	25.62	27.71	27.07	26.84	28.07	25.87	26.07	25.73	25.86	27.00	25.36
TiO_2/%	0.00	0.08	0.36	0.02	0.01	0.02	0.09	0.06	0.11	0.07	0.06	0.12	0.03	0.04	0.09	0.25	0.07	0.04
Al_2O_3/%	18.51	19.18	17.60	19.86	18.39	17.38	18.30	18.73	15.87	16.37	16.79	15.61	19.25	19.01	18.20	18.28	16.49	18.69
FeO/%	34.22	32.23	33.80	31.92	33.99	33.74	33.77	33.94	32.16	31.24	31.68	30.01	31.21	31.65	33.41	31.57	31.38	32.32
MnO/%	0.43	0.43	0.39	0.40	0.39	0.44	0.43	0.41	0.43	0.37	0.35	0.41	0.38	0.42	0.47	0.39	0.47	0.41
MgO/%	9.95	10.06	10.00	10.43	9.68	10.16	9.39	10.03	11.97	12.78	12.81	13.75	12.41	11.00	9.88	11.14	11.76	10.92
CaO/%	0.02	0.00	0.07	0.03	0.02	0.04	0.07	0.01	0.03	0.06	0.04	0.01	0.00	0.03	0.03	0.02	0.05	0.01
Na_2O/%	0.00	0.03	0.03	0.03	0.02	0.00	0.04	0.03	0.01	0.00	0.00	0.01	0.04	0.03	0.03	0.03	0.03	0.01
K_2O/%	0.08	0.05	0.06	0.08	0.07	0.09	0.12	0.08	0.11	0.08	0.03	0.04	0.06	0.18	0.12	0.12	0.09	0.06
总计/%	88.42	86.93	88.04	88.02	87.81	88.20	87.63	88.91	88.40	88.04	88.60	88.03	89.25	88.43	87.96	87.66	87.34	87.82
据 14 个 O 原子计算																		
Si^{IV}/a. p. f. u.	2.78	2.76	2.84	2.76	2.80	2.90	2.82	2.80	3.01	2.94	2.90	3.03	2.77	2.82	2.84	2.83	2.96	2.78
Al^{IV}/a. p. f. u.	1.22	1.24	1.16	1.25	1.20	1.10	1.18	1.20	0.99	1.06	1.10	0.98	1.23	1.18	1.16	1.17	1.04	1.22
Al^{VI}/a. p. f. u.	1.18	1.27	1.13	1.31	1.20	1.15	1.21	1.21	1.04	1.04	1.04	1.01	1.19	1.25	1.20	1.19	1.09	1.20
Fe^{2+}/a. p. f. u.	3.15	2.99	3.12	2.91	3.15	3.10	3.14	3.10	2.92	2.84	2.87	2.71	2.79	2.87	3.08	2.89	2.88	2.97
Mn/a. p. f. u.	0.04	0.04	0.04	0.04	0.04	0.04	0.04	0.04	0.04	0.03	0.03	0.04	0.03	0.04	0.04	0.04	0.04	0.04
Mg/a. p. f. u.	1.64	1.66	1.65	1.70	1.60	1.67	1.55	1.63	1.94	2.07	2.07	2.21	1.98	1.78	1.63	1.82	1.92	1.79
Fe/(Fe+Mg)	0.66	0.64	0.65	0.63	0.66	0.65	0.67	0.66	0.60	0.58	0.58	0.55	0.58	0.62	0.65	0.61	0.60	0.62
绿泥石温度计																		
$T_{Battaglia}$/℃	244	243	236	242	242	229	239	241	213	219	224	206	238	233	236	233	217	239
$T_{Zang\ and\ Fyfe}$/℃	247	253	235	255	243	223	237	243	203	220	228	205	256	241	236	241	213	250
$T_{Cathelineau}$/℃	277	281	264	282	273	252	268	273	228	242	250	225	279	267	265	266	238	276
$T_{均值}$/℃	256	259	245	260	253	235	248	252	215	227	234	212	258	247	246	247	223	255

注：总铁量为 FeO；“—”表示分析值低于检测限；阳离子的计算是基于 14 个氧原子；绿泥石形成温度（*T*）根据 Battaglia（1999）、Zang 和 Fyfe（1995）、Cathelineau（1988）的矿物温度计计算。

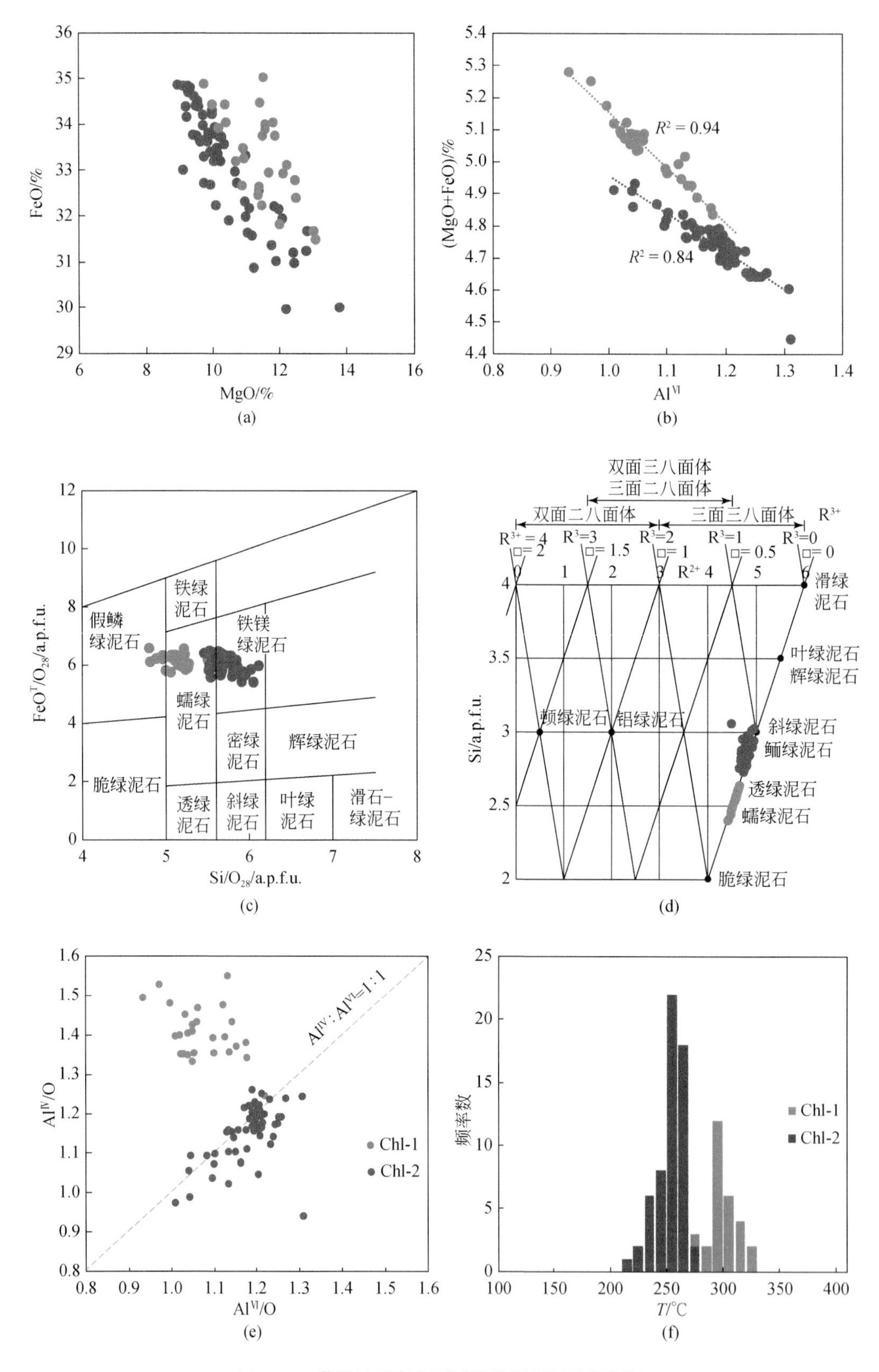

图 4-35　横洞钴矿床中不同阶段绿泥石特征图解

（a）绿泥石中 FeO 与 MgO 的线性相关性；（b）MgO+FeO 与 Al^{VI} 的线性相关性；（c）绿泥石的 Fe-Si 分类图解；（d）Si-R^{3+}（Mg+Fe+Mn）图解；（e）Al^{IV}-Al^{VI} 图解；（f）绿泥石形成温度直方图

表4-19 横洞钴矿床中硫化物的LA-ICP-MS微量元素分析

点号	1-1	1-2	1-3	1-4	1-5	1-6	1-7	1-8	1-9	1-10	1-11	1-12	1-13	1-14	2-1	2-2	2-3
岩性	矿石														围岩		
$Cu/10^{-6}$	11.59	1.97	3.27	3.99	2.36	3.31	5.44	10.06	0.01	8.71	7.11	3.61	1.10	2.42	4.51	1.47	2.17
$Sc/10^{-6}$	—	—	0.28	0.19	0.00	—	0.12	—	—	0.05	—	0.05	—	0.06	0.61	0.11	0.06
$V/10^{-6}$	0.02	—	—	0.08	—	0.08	0.03	—	—	—	0.09	0.03	—	0.02	5.54	0.80	0.03
$Cr/10^{-6}$	3.26	0.55	0.28	0.50	—	0.89	3.34	1.01	—	2.98	1.20	0.01	2.86	1.94	7.00	1.73	0.00
$Mn/10^{-6}$	1.51	1.28	1.26	1.59	2.45	1.02	1.70	2.11	1.51	1.77	1.90	1.10	1.20	1.68	78.07	8.95	1.75
$Co/10^{-6}$	3809	4793	8609	3943	6232	7528	3949	1200	2716	878	1431	1879	8574	2136	436	1036	10596
$Ni/10^{-6}$	81.00	82.82	99.92	264	130	200	94.55	63.31	105	46.66	27.88	23.59	229	113	30.28	108	31.70
$Zn/10^{-6}$	3.87	18.27	2.66	3.18	10.93	6.35	5.88	5.74	4.76	3.52	4.36	2.03	3.48	6.07	6.47	5.18	4.39
$Ga/10^{-6}$	—	0.06	—	—	0.07	0.08	0.06	0.01	0.00	0.03	—	0.04	—	0.01	1.53	0.18	0.02
$Ge/10^{-6}$	2.87	1.67	1.41	3.00	2.78	3.30	1.73	1.45	1.81	3.73	1.66	2.15	0.94	1.47	2.18	2.91	3.03
$As/10^{-6}$	682	461	1155	414	501	1532	775	337	651	811	219	136	876	314	839	652	1104
$Se/10^{-6}$	79.32	64.26	65.21	82.70	102	151	82.29	41.17	123	106	51.05	45.94	111	100	58.98	91.72	68.39
$Mo/10^{-6}$	3.44	3.02	4.13	2.78	3.24	3.57	3.13	3.16	3.09	3.74	3.54	3.89	2.75	3.61	4.55	3.43	4.32
$Ag/10^{-6}$	0.69	0.10	0.07	0.00	0.06	0.19	—	0.65	—	0.45	1.15	0.14	—	—	0.34	—	0.08
$Cd/10^{-6}$	—	—	0.20	0.02	—	0.01	—	0.12	—	0.12	—	—	—	—	0.04	0.13	—
$In/10^{-6}$	0.01	0.01	0.02	—	—	0.03	0.03	—	0.02	—	0.02	—	—	0.01	0.01	—	0.01
$Sn/10^{-6}$	0.09	—	0.05	0.33	—	0.01	0.26	0.31	0.14	0.10	—	—	0.13	0.02	0.08	—	—
$Sb/10^{-6}$	1.87	—	0.67	0.13	0.15	0.00	1.64	1.74	—	0.02	0.87	0.01	—	0.06	0.30	0.08	0.09
$Te/10^{-6}$	0.34	0.38	0.23	0.27	0.81	0.48	0.15	0.28	0.36	0.25	0.29	0.06	0.39	0.32	0.12	0.41	0.34
$Cs/10^{-6}$	0.03	—	—	—	0.07	—	—	0.11	0.01	0.04	—	0.02	—	—	0.03	0.02	—
$Ba/10^{-6}$	0.10	—	0.13	0.15	0.48	0.04	0.12	0.32	0.00	0.05	—	0.05	0.05	0.01	0.22	0.41	0.21
$Au/10^{-6}$	0.03	—	—	—	0.03	—	0.07	0.02	—	0.02	0.05	0.01	0.01	—	0.01	—	—
$Tl/10^{-6}$	0.16	—	0.02	0.01	0.02	0.01	0.03	0.19	—	—	0.01	—	—	0.06	0.01	—	—
$Pb/10^{-6}$	20.63	0.32	3.48	3.03	6.09	0.04	16.11	31.49	0.05	1.58	33.89	0.60	0.44	5.10	14.02	5.21	0.68
$Bi/10^{-6}$	22.07	0.99	0.07	1.84	64.39	0.09	6.91	34.06	—	4.14	27.66	1.25	0.73	12.12	34.80	11.44	4.46
Co/Ni	47.02	57.87	86.16	14.96	48.05	37.68	41.77	18.95	25.89	18.82	51.33	79.65	37.39	18.94	14.41	9.58	334

续表

分析点	2-4	2-5	2-6	2-7	2-8	2-9	2-10	2-11	2-12	2-13	2-14	2-15	2-16	2-17	2-18	2-19	2-20
岩性	围岩																
Cu/10^{-6}	8.80	8.32	1.73	1.92	3.35	2.69	1.54	1.35	2.53	6.81	6.03	5.22	2.01	1.90	2.80	0.00	1.90
Sc/10^{-6}	—	—	0.31	0.23	—	0.09	0.15	0.26	—	—	0.45	—	0.12	—	0.05	0.18	—
V/10^{-6}	0.04	0.08	—	0.05	0.01	4.88	2.20	3.62	1.68	3.09	0.10	0.13	—	—	0.02	—	0.06
Cr/10^{-6}	4.64	1.43	—	2.38	0.00	2.88	2.14	0.93	1.64	3.84	—	—	1.04	1.17	0.03	0.67	—
Mn/10^{-6}	1.82	7.35	1.58	1.30	2.10	57.31	32.19	34.73	22.54	37.96	3.65	3.74	1.66	1.07	2.23	1.01	1.51
Co/10^{-6}	2244	130	1445	511	527	1138	2091	763	259	955	2484	1005	463	726	70.54	164	633
Ni/10^{-6}	272	12.38	36.35	35.45	79.63	34.97	66.84	147	216	92.54	62.86	43.61	95.79	53.61	14.47	19.23	59.18
Zn/10^{-6}	3.63	4.32	5.77	7.42	4.45	9.26	4.84	7.29	5.94	6.48	5.06	3.03	4.22	3.08	4.17	3.46	5.21
Ga/10^{-6}	0.03	—	0.14	—	—	1.49	0.88	0.75	0.57	0.95	0.02	0.03	0.02	0.06	0.02	—	—
Ge/10^{-6}	1.50	1.88	3.40	2.11	1.49	1.94	2.56	0.32	1.70	3.39	2.61	2.43	2.72	0.69	2.45	3.15	2.47
As/10^{-6}	1549	578	959	260	137	1493	248	1043	777	1386	809	105	769	230	228	75.32	193
Se/10^{-6}	122	30.65	70.62	124	124	95.87	75.29	92.59	94.83	122	65.84	50.84	162	57.41/%	116	35.83	83.94
Mo/10^{-6}	4.14	2.79	4.95	4.48	4.06	3.84	3.68	5.08	4.16	4.33	3.70	4.00	3.61	3.37	2.68	6.25	3.55
Ag/10^{-6}	0.44	0.49	0.26	0.40	—	0.48	—	0.70	0.42	0.59	—	—	—	—	0.37	—	—
Cd/10^{-6}	—	0.02	0.27	—	—	0.06	—	—	—	—	—	—	—	0.21	—	0.08	0.10
In/10^{-6}	—	—	—	0.03	0.02	0.01	0.01	0.02	0.01	—	—	—	—	—	—	0.01	—
Sn/10^{-6}	0.16	0.19	0.13	0.37	—	—	0.00	0.06	0.32	0.50	0.21	—	—	—	0.22	0.07	—
Sb/10^{-6}	0.12	0.36	0.01	0.05	0.06	0.35	0.06	0.41	0.05	0.29	0.05	—	0.00	—	0.01	—	0.10
Te/10^{-6}	0.57	0.04	0.29	0.19	0.01	0.35	—	0.45	0.82	1.13	—	—	0.72	0.22	0.41	0.15	0.16
Cs/10^{-6}	0.00	0.04	—	—	0.01	0.05	0.05	0.02	0.05	0.04	0.01	—	0.05	—	0.01	0.01	—
Ba/10^{-6}	0.00	0.15	—	0.14	0.00	5.94	0.43	0.30	0.08	3.65	0.03	—	0.12	0.20	0.08	0.05	—
Au/10^{-6}	0.02	0.03	—	—	—	0.02	—	0.01	0.04	0.06	—	0.02	0.00	0.02	—	—	—
Tl/10^{-6}	—	—	—	—	0.01	0.03	—	—	0.02	0.01	0.02	0.02	—	—	—	—	—
Pb/10^{-6}	11.02	11.30	3.05	0.02	0.03	12.36	2.94	11.84	9.63	11.03	1.59	2.77	0.04	—	—	—	0.78
Bi/10^{-6}	30.69	19.54	8.43	0.01	0.11	29.34	6.19	24.61	19.58	25.96	2.07	1.98	0.01	—	—	0.06	3.27
Co/Ni	8.26	10.50	39.75	14.42	6.61	32.54	31.28	5.20	1.20	10.32	39.52	23.05	4.83	13.54	4.87	8.55	10.70

注：“—”表示低于检测限。

由激光剥蚀信号强度谱图［图4-36（a)(b)］可知，Co、As、Ni元素的信号较为平坦，与Fe的信号大致平行，暗示了这些元素主要以类质同象的方式赋存于黄铁矿中，这与黄铁矿电子探针面扫描中Co与Fe相似的变化规律现象一致［图4-36（c)(d)］。在横洞钴矿床黄铁矿微量元素中，Co的丰度最高，其中围岩中黄铁矿的Co含量变化范围为$70.5\times10^{-6}\sim10596\times10^{-6}$（平均$1384\times10^{-6}$），热液成矿期主（中）成矿阶段（详见图3-30）Co含量为$878\times10^{-6}\sim10596\times10^{-6}$（平均$4120\times10^{-6}$）。其次为Ni、As和Se。Pb、Bi含量变化较大，从低于检测限到数十个10^{-6}数量级。结合信号谱图中Pb、Bi不同于Fe，但常保持一致的异常信号峰［图4-36（a)(b)］，推测Pb、Bi很可能以含Pb和Bi的矿物包裹体形式存在于黄铁矿中。相对比，成矿主阶段黄铁矿中的Cu、Co、Ni、Ag、Au、Sb等元素的含量高于围岩（图4-37），而Sc、V、Mn、Ga、Cd、Ba等元素则在围岩黄铁矿中较高，且变化范围较大，In、Sn、Te、Cs、Au、Tl等元素含量基本在检测限上下。

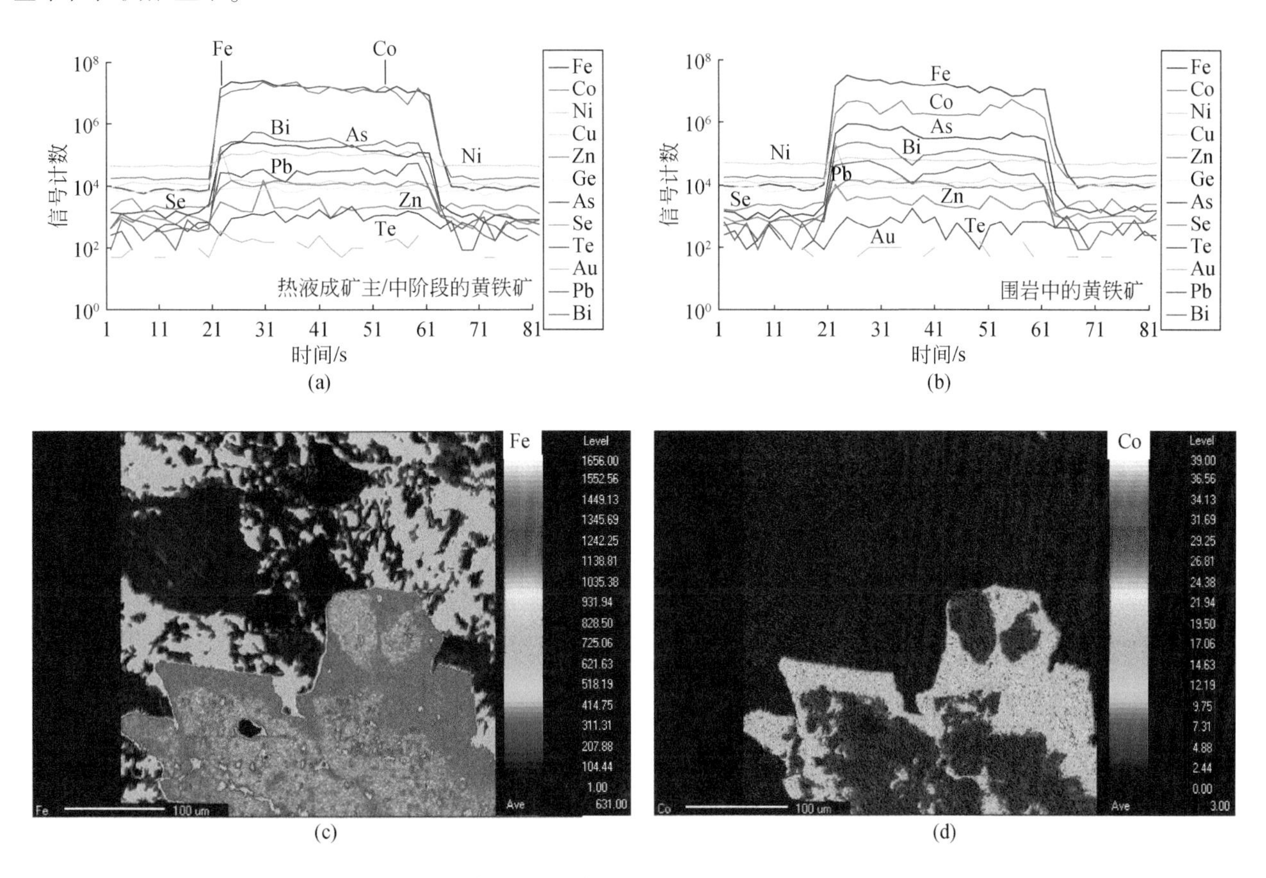

图4-36　横洞矿床硫化物的激光剥蚀信号强度谱图（a)(b）及黄铁矿的微量元素mapping图解（c)(d）

主成矿阶段黄铁矿的Co/Ni值变化于14.96～86.16，平均值为41.75；而围岩的Co/Ni值为1.20～334.26，平均值为31.17，相似的Co/Ni值反映了水岩相互作用强烈。已有研究表明沉积成因硫化物（黄铁矿）中Se丰度一般为$0.5\times10^{-6}\sim2\times10^{-6}$，S/Se值高达几万至几十万，而岩浆作用形成的硫化物（黄铁矿）中Se丰度大于20×10^{-6}，S/Se值小，一般小于15000（Goldschmidt，1954；Hawley and Nichol，1959；Yamamoto，1976；黎彤和倪守斌，1997；刘英俊等，1984；Ripley et al.，2002；Wen et al.，2008）。横洞钴矿床中黄铁矿的Se值为$20\times10^{-6}\sim190\times10^{-6}$（均值为$87\times10^{-6}$），S/Se值为2829～13461，暗示了与岩浆作用有关。

4.3.2.2　流体包裹体特征

1. 流体包裹体类型

选择不同成矿阶段的石英、方解石开展了流体包裹体岩相学、激光拉曼和测温工作。首先在显微镜

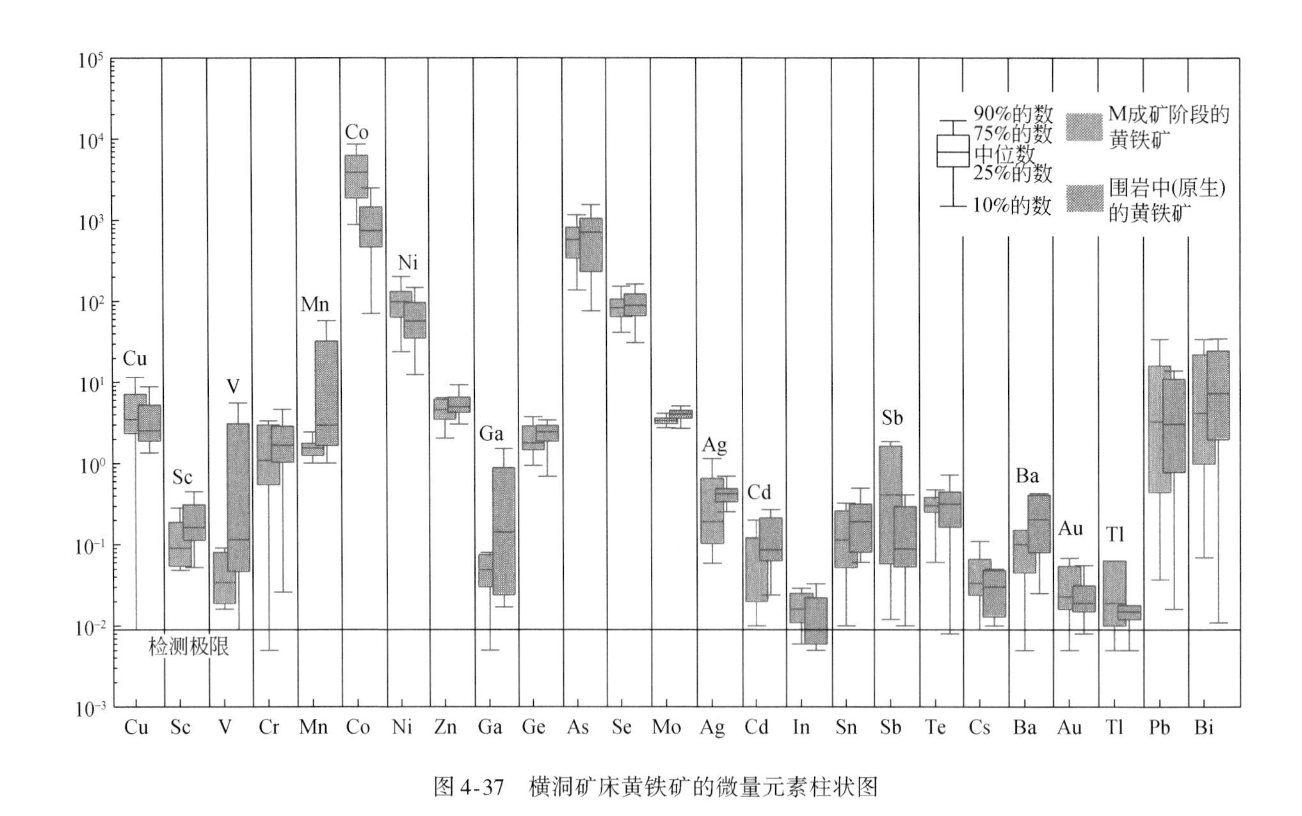

图 4-37　横洞矿床黄铁矿的微量元素柱状图

下系统地观察了流体包裹体的大小、类型、形态、气液比和产状，然后根据常温下流体包裹体的相态，结合激光拉曼和测温过程中的相变识别了四种类型的包裹体（图 4-38）：

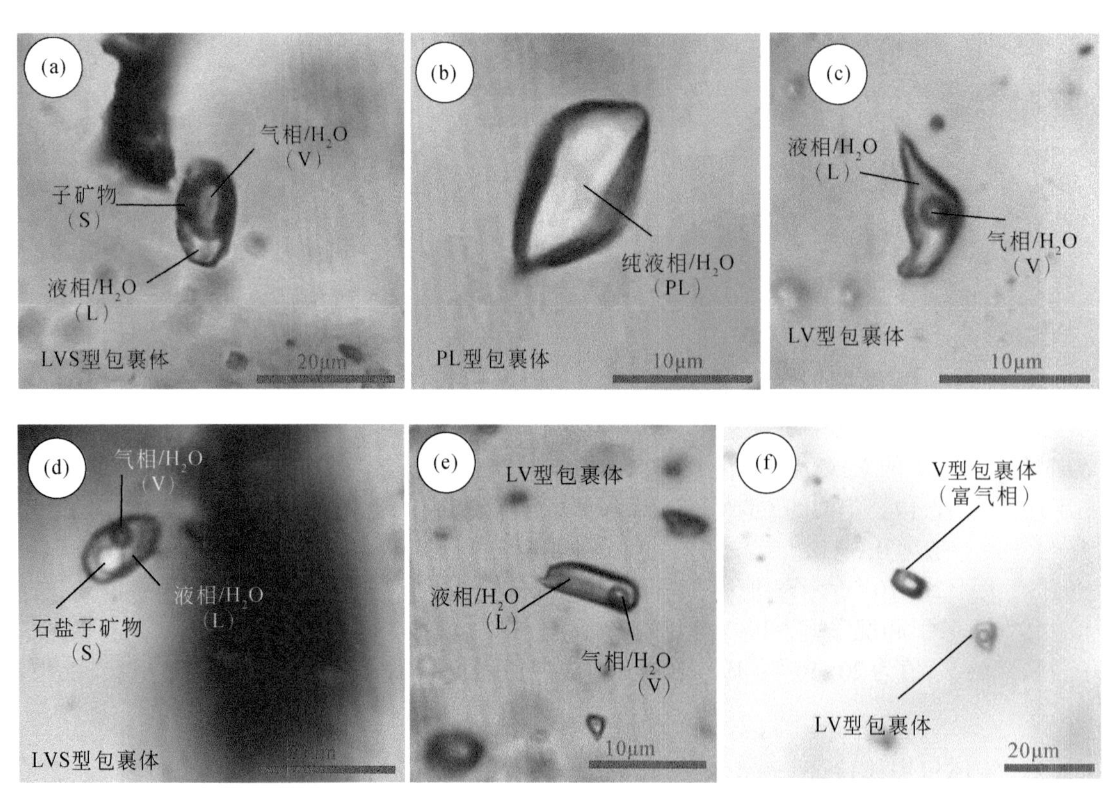

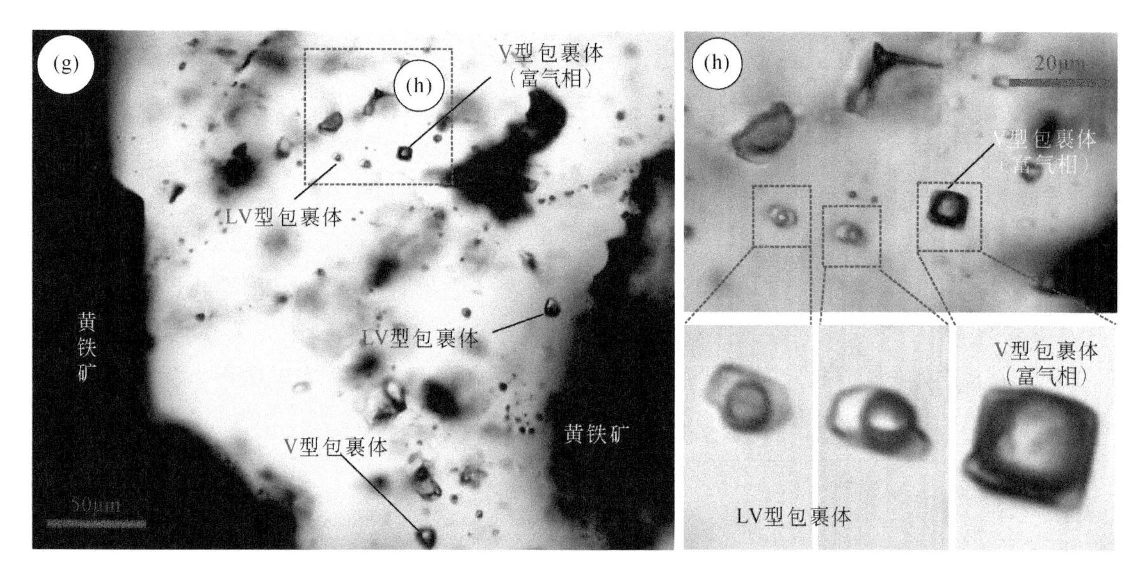

图4-38　横洞钴矿床流体包裹体特征显微照片

(a) LVS型包裹体，子矿物为石盐；(b) 成矿早阶段的PL型包裹体；(c) 成矿晚阶段的LV型包裹体；(d) 成矿主阶段LVS型，子矿物为石盐；(e) 成矿主阶段LV型包裹体；(f) 成矿主阶段L型、V型包裹体；(g) 成矿主阶段L型与V型包裹体共存；(h) 为 (g) 中V型和L型包裹体

(1) LV型包裹体。该类型包裹体粒径大小为4～45μm，呈气液两相包裹体，但以液相为主（10%～20%气相），这种类型的包裹体占到了绝大多数。拉曼光谱分析揭示气相成分是H_2O（图4-39），个别含有极少量的CO_2（<1mol%）[图4-38 (c)(e)]。

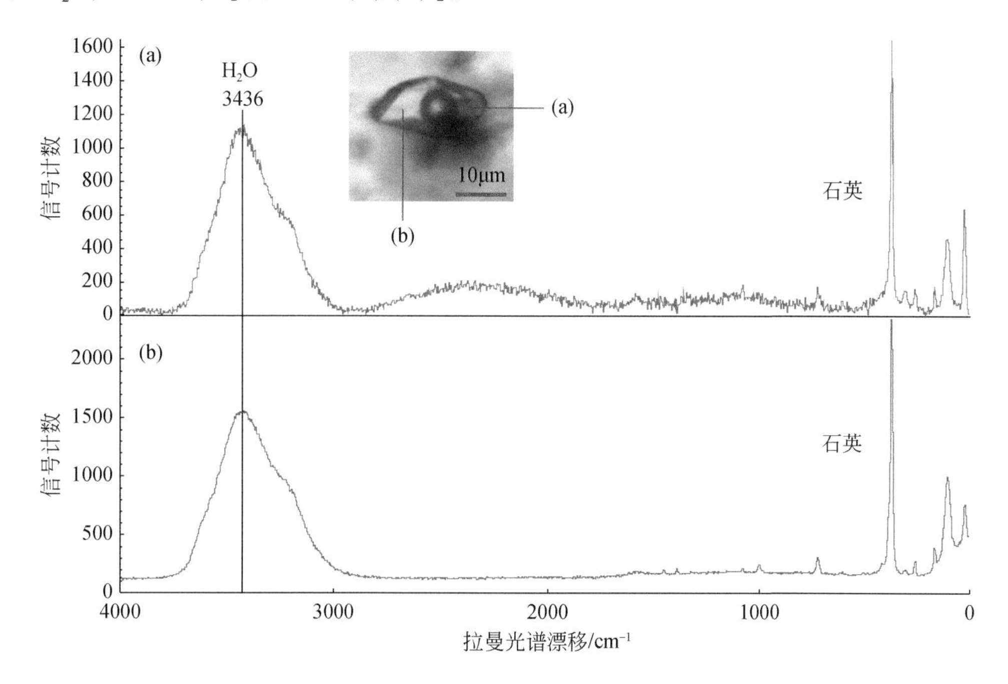

图4-39　横洞钴矿床流体包裹体成分激光拉曼分析图

(2) LVS型包裹体。即含子矿物气液包裹体，呈负晶形，椭圆状，子矿物一般较小，成分为石盐、钾盐、硫化物等，个别子矿物因为过小拉曼光谱很难识别。这种类型包裹体大小为5～35μm，呈现随机分布特征 [图4-38 (a)(d)]。

(3) V型包裹体。即富气相包裹体（65%～90%气相）或纯气相包裹体，该类型包裹体大小为10～

35μm，椭圆形居多，其次为圆形、不规则形，常常是随机分布，偶尔与 LV 型包裹体共生［图 4-38（f）（g）］。

（4）PL 型包裹体。即纯液相，该类型包裹体大小为 10～25μm，椭圆形，常常是呈线状分布或者成群，该类型包裹体较少。

2. 流体包裹体显微测温和盐度

测温结果表明大部分流体包裹体的初始熔融温度为-27～-21℃，主要集中在-23～-21℃，表明流体中除含有 Na^{+}外，还可能存在 Mg^{2+}或 Ca^{2+}。然而，Potter 等（1978）提出在相同的冰点温度条件下，Na-K-Ca-Mg-Cl-Br-SO_4-H_2O 体系的 P-V-T-X 性质与 NaCl 体系误差在±1.0%。因此，横洞钴矿床的流体包裹体盐度计算使用的是 NaCl-H_2O 体系计算方法（Bodnar and Vityk，1994）。测温结果见表 4-20、图 4-40。

表 4-20 横洞钴矿床流体包裹体显微测温数据结果

阶段	类型	数量	T_i/℃	$T_{m,ice}$/℃	H_s	T_h/℃	盐度/% NaClequiv.	密度/(g/cm³)
成岩阶段（P）	LV	27	-25.4～-23.3	-2.5～-0.1	液相	169.0～223	0.18～4.18	0.85～0.93
成矿早阶段（E）	LV	19	-27.3～-26.4	-10.9～-5.9	液相	250.9～289.1	9.08～14.87	0.86～0.92
	V	24	未测定	-10.6～-6.0	气相	261.3～329.6	9.21～14.57	0.80～0.88
成矿主阶段（M）	LV	15	-29.0～-24.0	-10.0～-6.9	液相	226.6～289	10.36～13.94	0.86～0.93
	V	18	-25.2～-23.5	-12.0～-4.4	气相	257～365.4	9.73～15.69	0.76～0.87
成矿晚阶段（L）	LV	51	-29.8～-25.0	-12.0～-6.3	液相	149.9～234	9.60～15.96	0.93～1.02

注：T_i为初始熔融温度；$T_{m,ice}$为冰点；H_s为均一相态；T_h为均一温度。

在成矿早阶段，流体包裹体主要类型为 LV 型、V 型，此外，有少量 LVS 型。LV 型包裹体的冰点温度变化于-10.9～-5.9℃，均一温度为 250.9～289.1℃，计算得到的盐度为 9.08%～14.87% NaClequiv.，密度为 0.86～0.92g/cm³。V 型包裹体的冰点温度变化于-10.6～-6.0℃之间，均一温度为 261.3～329.6℃，计算得到的盐度为 9.21%～14.57% NaClequiv.，密度为 0.80～0.88g/cm³。

在成矿主阶段，流体包裹体类型主要为 LV 型、PL 型，此外，有少量 V 型和 LVS 型。LV 型包裹体显示的冰点温度为-10.0～-6.9℃，均一温度为 216.6～289℃，计算得到的相应盐度为 10.36%～13.94% NaClequiv.，密度为 0.86～0.93g/cm³。该阶段的 V 型包裹体显示的冰点温度为-12.0～-4.4℃，均一温度为 257～365.4℃，计算得到的相应盐度为 9.73%～15.69% NaClequiv.，密度为 0.76～0.87g/cm³。对于 LVS 型流体包裹体，由于气泡早于固相消失，推测固相为捕获的，因此，LVS 型包裹体的均一温度 275～387℃无意义。

在成矿晚阶段，仅存在 LV 型流体包裹体，大小 2～5μm，测定的均一温度为 149.9～234.0℃，相应计算得到的盐度为 9.60%～15.96% NaClequiv.，密度范围为 0.93～1.02g/cm³。

由上可知，从成矿早阶段到晚阶段，流体包裹体均一温度逐渐下降，然而盐度和密度变化范围不大。在主成矿阶段，LV 型和 V 型包裹体往往出现在同一石英颗粒的很小范围内，暗示了流体不混溶作用。当然，这种不均一捕获也可能由“卡脖子”现象或不同来源的流体混合导致，然而，因石英颗粒并未发生变形，可排除“卡脖子”颈缩导致的不均一捕获。另外，由于成矿主阶段的 LV 和 V 型包裹体往往具有相似的盐度和密度但不同的均一温度，表明不同来源流体的混合并不是流体沉淀的机制。因此，结合：①LV 和 V 型包裹体共存在较小的范围；②LV 和 V 型包裹体均一温度相似；③流体包裹体均一温度与绿泥石温度计结果接近一致，可以得出流体不混溶是横洞钴矿形成的原因。

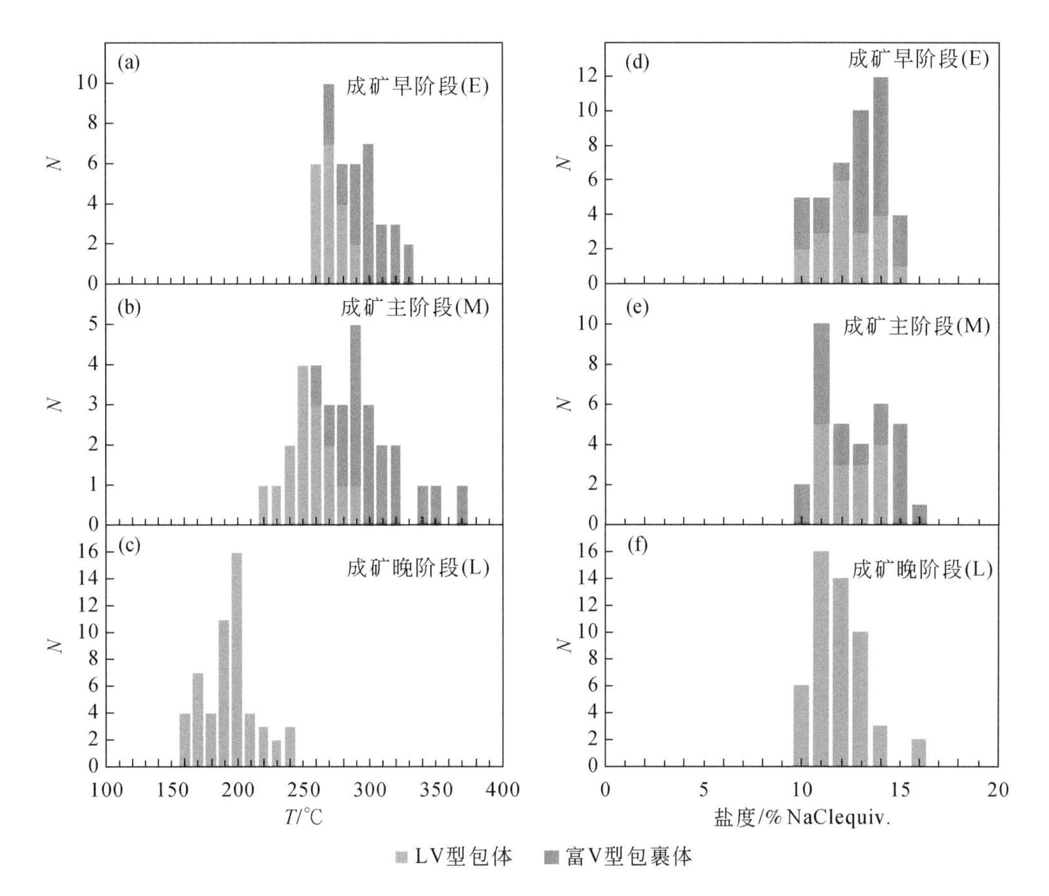

图 4-40　横洞钴矿床流体包裹体不同阶段均一温度、盐度分布图

N 为样品数

4.3.2.3　S-Pb 同位素

1. 硫同位素特征

横洞钴矿床中黄铁矿和黄铜矿的 $\delta^{34}S_{CDT}$ 值为 -15.9‰ ~ -1.5‰，变化范围比较大，主要分布于 -15.9‰ ~ -7.5‰，平均值 -10.8‰，仅有 2 个数据接近零值（-1.5‰和 -1.7‰）［表 4-21、图 4-41(a)］。横洞钴矿床中未发现有硫酸盐矿物，暗示了一个还原性的成矿环境，结合其成矿温度为中温，表明硫化物和流体中的硫同位素分馏较小，即硫化物的 $\delta^{34}S$ 可以近似代表成矿流体的硫同位素组成。

表 4-21　横洞钴矿床 S、Pb 同位素结果

样品编号	矿物	钻孔深度/m	$\delta^{34}S_{CDT}$/‰	$^{206}Pb/^{204}Pb$	$^{207}Pb/^{204}Pb$	$^{208}Pb/^{204}Pb$
ZK11401-04	黄铁矿	99.3	-15.3	—	—	—
ZK11401-08	黄铁矿	110.1	-12.8	—	—	—
ZK11401-08	黄铜矿	110.1	-12.3	—	—	—
ZK11401-06	黄铁矿	99.3	-15.6	—	—	—
ZK11401-05	黄铁矿	101.2	-15.9	—	—	—
ZK11401-03	黄铁矿	96.8	-14.9	—	—	—
ZK11401-02	黄铁矿	94.1	-1.7	—	—	—
ZK11401-02a	黄铁矿	92.3	-1.5	—	—	—
ZK11401-01	黄铁矿	89.5	-15.1	—	—	—

续表

样品编号	矿物	钻孔深度/m	$\delta^{34}S_{CDT}$/‰	$^{206}Pb/^{204}Pb$	$^{207}Pb/^{204}Pb$	$^{208}Pb/^{204}Pb$
ZK1102-05	黄铁矿	—	-10.1	18.156	15.645	38.469
ZK1102-04	黄铁矿	—	-7.5	18.761	15.662	39.172
ZK1102-03-R	黄铁矿	—	-11.6	18.187	15.650	38.531
ZK1102-03	黄铁矿	—	-11.3	18.689	15.660	39.095

注：“—”表示未分析。

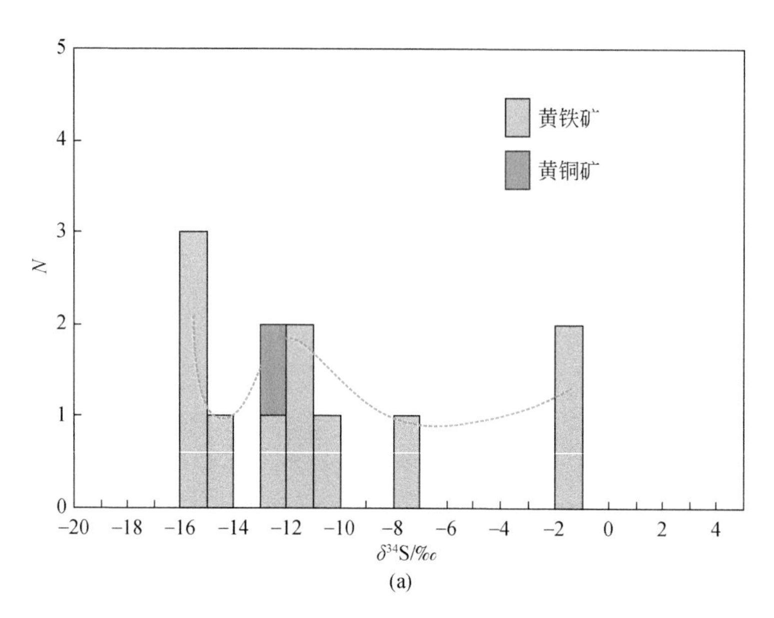

(a)

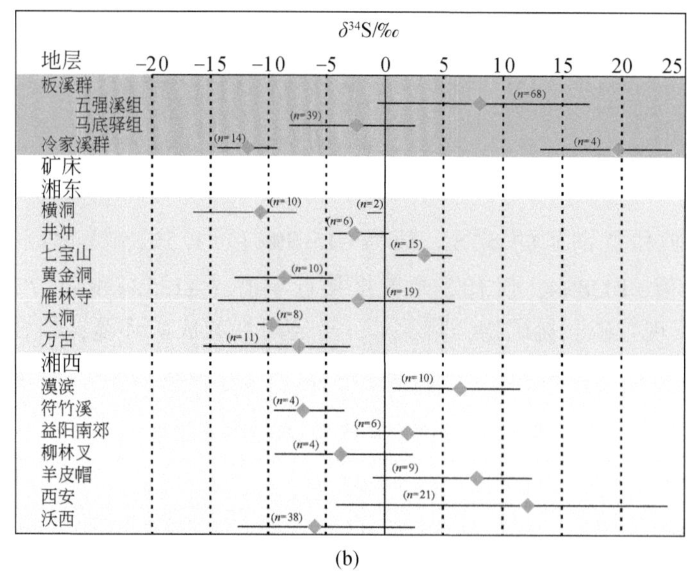

(b)

图 4-41　横洞钴矿床及邻区矿床、地层硫同位素组成

N 为样品数

横洞钴矿床变化范围比较大的 $\delta^{34}S_{CDT}$ 值暗示了硫具多来源。其中，接近零值的端元暗示了深源硫来源，该硫同位素值与紧邻矿区的井冲铜钴多金属矿床的硫同位素（-4.4‰～0.2‰）接近，暗示了岩浆硫的特征。另一端元 $\delta^{34}S_{CDT}$ 值与冷家溪群赋矿地层的硫同位素组成接近［图 4-41（b）］，因此，推测横洞钴矿床硫源主要来源于冷家溪群，但混有少量的岩浆硫。

2. Pb 同位素特征

横洞钴矿床4件样品的$^{208}Pb/^{204}Pb$变化范围为38.469～39.172（平均38.817），$^{207}Pb/^{204}Pb$变化范围为15.645～15.660（平均15.654），$^{206}Pb/^{204}Pb$变化范围为18.156～18.761（平均18.448）（表4-21），铅同位素落在了造山带和下地壳铅范围，高于现代地幔（图4-42）。与冷家溪群、连云山岩体和连云山岩群的铅同位素组成相比可知，横洞钴矿床的铅同位素组成与连云山岩体和连云山混杂岩更为接近，暗示了钴可能来源于连云山混杂岩。综合硫、铅同位素和黄铁矿的原位微区微量元素组成分析可知，横洞钴矿床成矿流体和钴金属最可能来源于连云山混杂岩。

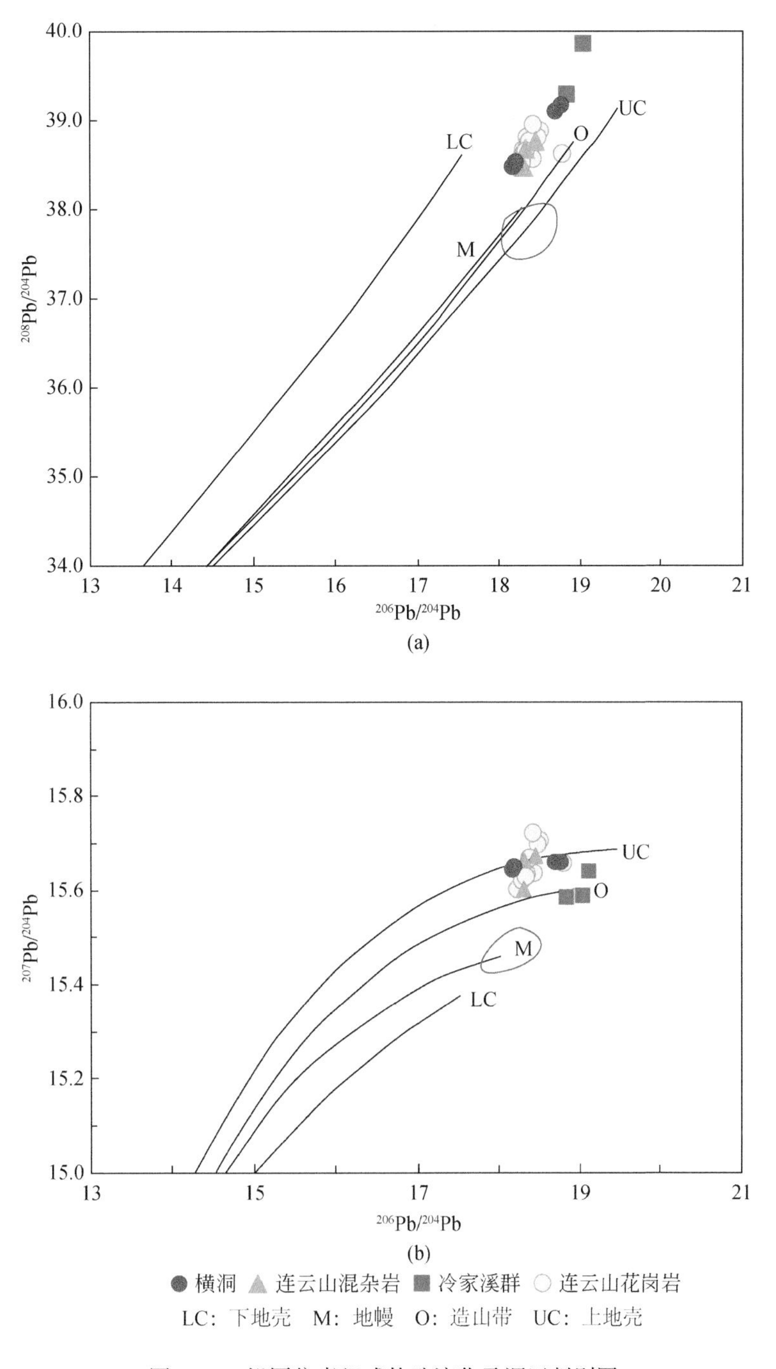

图4-42　铅同位素组成构造演化及源区判别图

（a）铅同位素构造演化图解；（b）铅同位素构造源区判别图解

4.3.2.4　成矿时代

横洞钴矿床蚀变碎裂岩型矿石（样品编号 ZK11402-02、ZK11402-03）中白云母的 A-Ar 年龄为 122 ~ 125Ma（分析结果详见许德如等著《湘东北陆内伸展变形构造及形成演化的动力学机制》一书）。结合区域地质背景可知，横洞矿床的形成受连云山岩体和长平断裂带活动限制，而连云山岩体的锆石 LA-ICP-MS 年龄约为 145Ma，因此，结合 Ar-Ar 年龄，推测横洞矿床的形成时代为 125 ~ 122Ma，可能与区域金矿化时代稍晚或同期。

4.3.2.5　矿床成因

综合矿床地质特征、矿物化学成分、流体包裹体特征、S-Pb 同位素组成及成矿时代等研究成果，构建了湘东北地区横洞钴矿床的成矿模式（图 4-43）。已有研究表明华南板块在 130 ~ 120Ma 处于拉伸的构造背景，具体表现为一系列拉伸盆地（如沅麻盆地、长沙-衡阳盆地、南雄盆地等）、变质核杂岩（如大云山、庐山、衡山穹隆等）、NE—ENE 向的走滑剪切断层（详见许德如等著《湘东北陆内伸展变形构造及形成演化的动力学机制》一书；Li et al., 2013）。这一伸展事件可能与古太平洋板块的俯冲后撤或洋脊俯冲过程中板片窗的开启有关（Gilder et al., 1991；Li et al., 2014；Sun et al., 2010；Zhao et al., 2016）。伴随着伸展构造活动，深源热流体将成矿金属钴从新元古代或更老的基底中活化萃取，并沿 NE—ENE 向走滑断裂（即长平断裂带）迁移搬运，伴随着成矿温度的降低，流体不混溶作用导致含矿流体沉淀从而形成横洞钴矿。

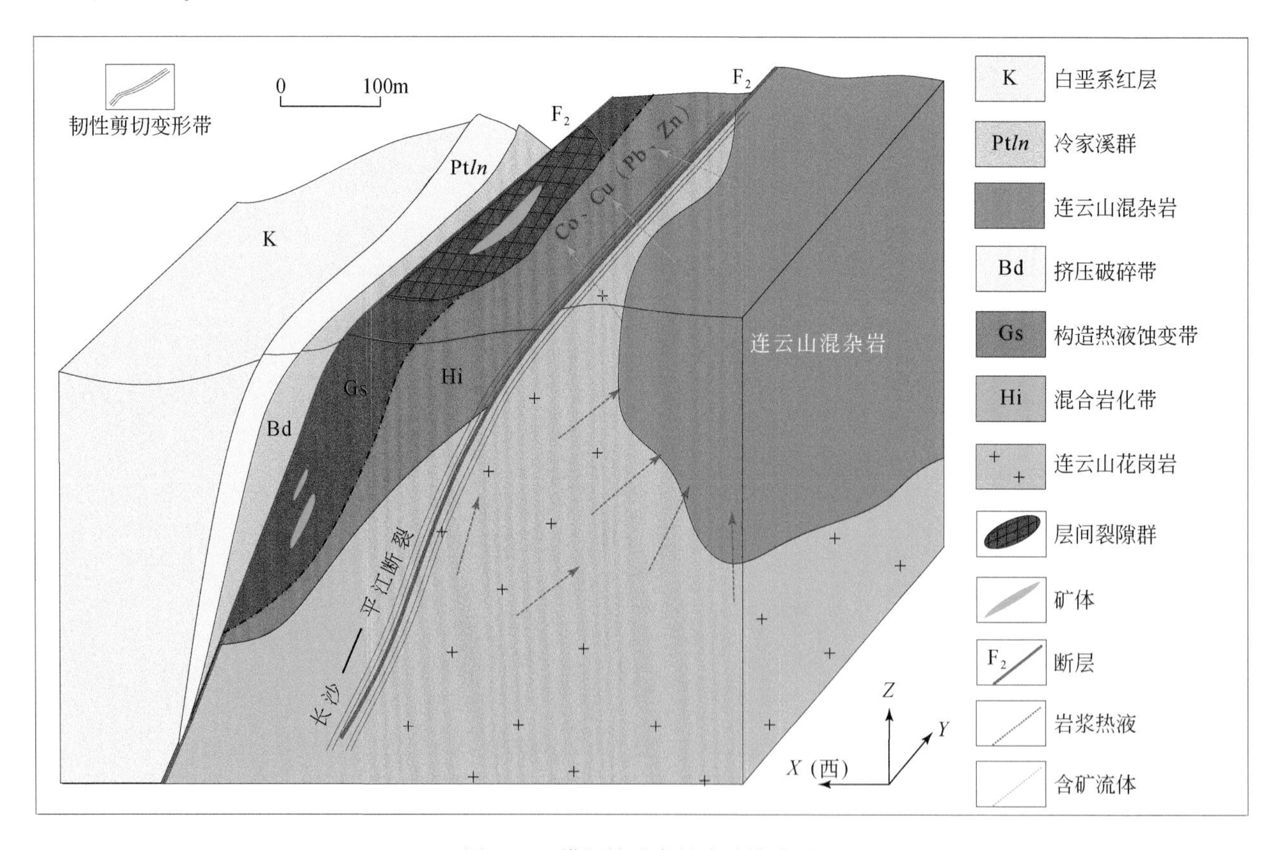

图 4-43　横洞钴矿床的成矿模式图

4.4　铅锌铜多金属矿床成矿系统

4.4.1　桃林铅锌矿床

4.4.1.1　矿物微量元素特征

1. 闪锌矿

桃林铅锌矿区矿石中闪锌矿主要形成于热液成矿阶段Ⅱ、阶段Ⅲ（详见第3章）。其中，热液成矿阶段Ⅱ中的闪锌矿（Sp1）呈棕褐色，通常与方铅矿、萤石等矿物共生，而热液成矿阶段Ⅲ中的闪锌矿（Sp2）呈浅黄色，常与方铅矿、重晶石共生（图3-33～图3-36）。桃林矿区Sp1和Sp2电子探针分析结果见表4-22，分析结果表明Sp1中Zn和S含量平均值分别为62.88%和32.55%，Sp2中Zn和S含量平均值分别为65.12%和32.49%。Sp1中的Fe（平均值为2.12%）、Co（平均值为0.04%）含量高于Sp2中的Fe（平均值为0.64%）、Co（平均值为0.01%），而Cd含量在Sp1（平均值为0.12%）和Sp2（平均值为0.13%）中大致相当。

主成分分析（principal component analysis，PCA）是利用数学中降维的思想，在尽可能多地反映原始信息的基础上，将多个指标转化为少数的几个综合的指标，同时转换后的几个综合的指标之间又保持相互独立的化学计量学方法（Belissont et al.，2014；Frenzel et al.，2016；Bauer et al.，2019）。这种方法可以提取数据的主要特征成分并且能尽可能反映更多的原始信息。另外，由于PCA采用的是线性降维的方法，每个变量之间的相关系数和主成分可以计算出来以确定出主成分的控制变量。因此，前两个具有最大方差的主成分对应于最明显的变量之间的关系。主成分又叫贡献率。它们的数学意义是某个主成分的方差占总方差的百分比，贡献率越大，说明该主成分代表的原始变量的信息就越多。PCA广泛应用于地球化学、同位素地球化学和硫化物地球化学领域（Winderbaum et al.，2012；Belissont et al.，2014；Frenzel et al.，2016；Wei et al.，2018a；Yuan et al.，2018；Bauer et al.，2019）。因此，在本次研究中PCA被应用于解释闪锌矿中元素之间的相关性。数据的筛选方法按照Yuan等（2018）进行。重要的少量和微量元素，如Fe、Mn、Co、Cu、Ga、Ge、Ag、Cd、In、Sn和Sb，为本次的研究对象。首先，在处理数据之前，将低于检测限的数据剔除。然后，对每个矿床类型中的闪锌矿元素进行对数变形。最后，利用R语言对这些数据进行处理。

64个点位的闪锌矿LA-ICP-MS原位微量元素分析结果见表4-23。Sp1中Mn（$63.84\times10^{-6}\sim549.89\times10^{-6}$）、Fe（$9809\times10^{-6}\sim41373\times10^{-6}$）和Co（$162.25\times10^{-6}\sim830.07\times10^{-6}$）含量高于Sp2中Mn（$12.91\times10^{-6}\sim92.65\times10^{-6}$）、Fe（$1190\times10^{-6}\sim7626\times10^{-6}$）和Co（$39.50\times10^{-6}\sim187.57\times10^{-6}$）含量［图4-44（a）～（c）］，这与电子探针分析结果一致。两种类型闪锌矿中元素Cu、Ga、Cd和Pb含量在误差范围内一致（Sp1：$1.94\times10^{-6}\sim676.95\times10^{-6}$Cu，$0.44\times10^{-6}\sim750.6\times10^{-6}$Ga，$425.18\times10^{-6}\sim1698.88\times10^{-6}$Cd和$0.07\times10^{-6}\sim4.76\times10^{-6}$Pb；Sp2：$2.36\times10^{-6}\sim534.49\times10^{-6}$Cu，$0.10\times10^{-6}\sim628.75\times10^{-6}$Ga，$472.83\times10^{-6}\sim1400.00\times10^{-6}$Cd和$0.05\times10^{-6}\sim18.30\times10^{-6}$Pb）；［图4-44（e）(f)(j)(n)］。Sp1中的In（$0.029\times10^{-6}\sim65.41\times10^{-6}$）和Sn（$0.270\times10^{-6}\sim6.487\times10^{-6}$）含量比Sp2中的In（$0.012\times10^{-6}\sim28.35\times10^{-6}$）和Sn（$0.262\times10^{-6}\sim3.549\times10^{-6}$）含量高［图4-44（k）（l）］。

相反，Sp2中的Sb含量（$0.09\times10^{-6}\sim33.19\times10^{-6}$）略高于Sp1中的Sb含量（$0.07\times10^{-6}\sim7.61\times10^{-6}$）。两种类型闪锌矿的Ge、Se、Ag含量均变化于$1\times10^{-6}\sim10\times10^{-6}$之间。另外，两种闪锌矿中的Ni和Bi含量一般均小于1×10^{-6}［图4-44（d）（o）］两种类型闪锌矿的Ga/In远大于1（Sp1介于2.17～3754.54之间，Sp2介于0.96～7646.52）。Sp1的Zn/Fe（16.32～76.83）和Cd/Fe（0.03～0.12）低于Sp2的Zn/Fe（98.64～609.73）和Cd/Fe（0.07～0.91）（表4-23）。

表 4-22　桃林铅锌矿床中闪锌矿的电子探针化学成分分析结果

点号	类型	Cu	As	Zn	Fe	Ag	Co	Mn	Sn	S	Pb	Cd	Ni	总计	FeS_{mol}/%	Zn/Fe	Cd/Fe
DJC-05J-2-1	Spl	—	—	63. 28	1. 13	—	0. 01	0. 01	—	32. 55	0. 01	0. 16	—	97. 15	1. 99	56. 00	0. 14
DJC-05J-2-2	Spl	0. 01	—	61. 53	2. 09	—	0. 05	0. 00	—	32. 50	0. 04	0. 09	—	96. 30	3. 69	29. 44	0. 04
DJC-05J-2-3	Spl	—	—	62. 74	1. 36	—	0. 04	—	—	32. 27	—	0. 11	—	96. 52	2. 42	46. 13	0. 08
DJC-05J-3-1	Spl	—	—	59. 83	4. 50	—	0. 07	0. 03	—	32. 73	—	0. 26	0. 00	97. 42	7. 90	13. 30	0. 06
DJC-05J-3-2	Spl	—	—	61. 51	3. 15	—	0. 06	0. 02	—	32. 41	—	0. 23	—	97. 38	5. 57	19. 53	0. 07
DJC-05J-3-3	Spl	—	—	62. 71	2. 44	—	0. 06	0. 01	0. 01	32. 53	—	0. 11	—	97. 87	4. 30	25. 70	0. 05
ST-03-3J-1-2	Spl	0. 08	—	63. 82	1. 58	—	0. 06	0. 00	—	32. 29	0. 02	0. 08	0. 01	97. 86	2. 80	40. 39	0. 05
ST-03-3J-1-3	Spl	0. 08	0. 00	63. 58	1. 58	—	0. 05	—	—	32. 66	0. 02	0. 04	0. 01	97. 94	2. 77	40. 24	0. 03
ST-03-3J-3-1	Spl	0. 03	—	64. 03	1. 34	—	0. 04	0. 01	—	32. 45	0. 03	0. 03	—	97. 93	2. 37	47. 78	0. 02
ST-03-3J-3-2	Spl	0. 02	—	63. 87	1. 51	—	0. 05	0. 01	—	32. 67	0. 01	0. 05	—	98. 17	2. 64	42. 30	0. 03
ST-03-3J-3-3	Spl	—	—	64. 48	1. 04	—	0. 04	—	—	32. 21	—	0. 04	0. 01	97. 82	1. 86	62. 00	0. 04
ST-04-2J-2-1	Spl	—	—	64. 30	1. 40	—	—	0. 02	—	32. 90	0. 00	0. 19	—	98. 81	2. 44	45. 93	0. 14
ST-04-2J-2-2	Spl	0. 05	—	64. 18	1. 69	—	0. 02	0. 01	—	32. 30	0. 01	0. 12	0. 02	98. 35	3. 00	37. 98	0. 07
ST-04-2J-3-1	Spl	0. 01	—	64. 28	1. 50	—	0. 02	0. 01	—	32. 52	0. 01	0. 11	0. 00	98. 45	2. 64	42. 85	0. 07
ST-04-2J-3-2	Spl	0. 04	0. 01	63. 91	1. 55	—	0. 03	0. 01	—	32. 55	—	0. 07	—	98. 12	2. 73	41. 23	0. 05
ST-05J-1-1	Spl	0. 01	—	63. 20	1. 68	—	0. 02	0. 01	0. 01	32. 62	0. 04	0. 08	—	97. 66	2. 96	37. 562	0. 05
ST-05J-1-2	Spl	—	—	63. 28	1. 75	—	0. 02	0. 01	—	32. 45	—	0. 22	—	97. 73	3. 09	36. 16	0. 13
ST-05J-2-1	Spl	0. 00	—	62. 96	1. 96	—	0. 03	—	—	32. 67	0. 03	0. 17	—	97. 82	3. 44	32. 12	0. 09
ST-05J-2-2	Spl	0. 04	—	63. 06	2. 06	—	0. 03	0. 00	—	32. 50	—	0. 12	—	97. 77	3. 63	30. 61	0. 06
DJC-02′J-1-2	Spl	—	—	61. 47	3. 79	—	0. 09	0. 03	0. 00	33. 62	0. 01	0. 11	—	99. 12	6. 48	16. 22	0. 03
DJC-02′J-1-5	Spl	—	—	60. 40	4. 39	—	0. 10	0. 03	0. 00	32. 52	0. 03	0. 15	—	97. 62	7. 76	13. 76	0. 03
DJC-02′J-3-3	Spl	—	—	61. 01	3. 17	—	0. 06	0. 02	—	32. 27	—	0. 12	—	96. 65	5. 64	19. 25	0. 04

续表

点号	类型	Cu	As	Zn	Fe	Ag	Co	Mn	Sn	S	Pb	Cd	Ni	总计	FeS_{mol}/%	Zn/Fe	Cd/Fe
平均值				62. 88	2. 12		0. 04	0. 01		32. 55		0. 12			3. 73	29. 66	0. 06
DJC-03-1fJ-1-1	Sp2	—	—	65. 42	0. 44	—	0. 01	—	0. 01	32. 43	0. 07	0. 12	—	98. 50	0. 77	149. 68	0. 27
DJC-03-1fJ-5-1	Sp2	—	—	64. 40	0. 75	—	0. 01	0. 01	—	32. 59	0. 02	0. 19	—	97. 97	1. 31	85. 87	0. 25
DJC-03-1fJ-5-2	Sp2	—	—	65. 50	0. 58	—	0. 01	—	—	32. 70	0. 11	0. 16	—	99. 06	1. 02	112. 93	0. 28
DJC-13-2J-2-1	Sp2	—	—	64. 40	1. 01	—	—	0. 00	—	32. 82	—	0. 18	—	98. 41	1. 77	63. 76	0. 18
DJC-13-2J-2-2	Sp2	—	—	65. 24	0. 78	—	0. 00	0. 00	0. 00	32. 36	0. 02	0. 13	—	98. 53	1. 38	83. 64	0. 17
DJC-13-2J-3-1	Sp2	0. 06	—	65. 55	0. 80	—	0. 01	0. 00	0. 01	32. 12	0. 03	0. 07	0. 02	98. 61	1. 43	81. 94	0. 09
DJC-13-2J-5-2	Sp2	0. 02	—	64. 72	0. 74	—	0. 00	—	—	32. 52	—	0. 05	—	98. 03	1. 31	87. 46	0. 07
DJC-13-2J-6-1	Sp2	—	—	65. 21	0. 81	—	—	0. 01	—	31. 91	0. 05	0. 13	0. 01	98. 13	1. 46	80. 51	0. 16
DJC-13-2J-6-2	Sp2	0. 00	—	64. 86	0. 95	—	0. 01	—	0. 00	32. 66	—	0. 20	0. 01	98. 69	1. 68	68. 27	0. 21
DJC-13-2J-7-1	Sp2	—	—	65. 78	0. 71	—	0. 01	—	0. 01	32. 56	0. 03	0. 06	—	99. 16	1. 26	92. 65	0. 08
DJC-13-2J-7-2	Sp2	—	—	65. 40	0. 73	—	0. 00	0. 01	—	32. 64	—	0. 07	—	98. 85	1. 28	89. 59	0. 10
ST-02-1fJ-2-1	Sp2	—	—	65. 05	0. 47	—	0. 00	—	0. 00	32. 50	—	0. 06	—	98. 08	0. 82	138. 40	0. 13
ST-02-1fJ-2-2	Sp2	—	—	64. 90	0. 65	—	0. 01	0. 00	—	32. 14	0. 00	0. 19	0. 00	97. 89	1. 15	99. 85	0. 29
ST-02-1fJ-3-1	Sp2	—	—	65. 00	0. 66	—	—	0. 00	—	32. 22	0. 01	0. 19	—	98. 08	1. 18	98. 48	0. 29
ST-02-1fJ-3-2	Sp2	—	0. 01	65. 36	0. 60	—	0. 01	—	—	32. 44	—	0. 19	0. 00	98. 60	1. 06	108. 93	0. 32
DJC-02fJ-1-3	Sp2	0. 01	—	65. 48	0. 29	—	0. 01	0. 00	—	32. 73	0. 03	0. 07	—	98. 61	0. 50	225. 79	0. 24
DJC-02fJ-2-2	Sp2	—	—	65. 32	0. 26	—	—	0. 01	—	32. 71	0. 02	0. 15	0. 01	98. 48	0. 45	251. 23	0. 58
DJC-02fJ-2-4	Sp2	0. 01	—	65. 84	0. 18	—	0. 01	—	—	32. 60	—	0. 10	—	98. 73	0. 32	365. 78	0. 56
17TL-14J-2-2	Sp2	—	—	64. 45	0. 79	—	0. 02	0. 00	0. 01	32. 73	—	0. 04	—	98. 04	1. 38	81. 58	0. 05
17TL-14J-2-3	Sp2	—	0. 00	64. 60	0. 71	—	—	0. 01	—	32. 48	0. 01	0. 16	—	97. 97	1. 25	90. 99	0. 23
平均值				65. 12	0. 64		0. 01	0. 01		32. 49		0. 13			1. 14	101. 75	0. 20

注：Sp1 为第一世代闪锌矿；Sp2 为第二世代闪锌矿；“—”代表低于检测限。

表 4-23　桃林铅锌矿床中闪锌矿的 LA-ICP-MS 微量元素分析结果

点号	类型	Zn /10^{-6}	Fe /10^{-6}	Mn /10^{-6}	Co /10^{-6}	Ni /10^{-6}	Cu /10^{-6}	Ga /10^{-6}	Ge /10^{-6}	Se /10^{-6}	Ag /10^{-6}	Cd /10^{-6}	In /10^{-6}	Sn /10^{-6}	Sb /10^{-6}	Bi /10^{-6}	Pb /10^{-6}	Te /10^{-6}	Tl /10^{-6}	Ga/In	Zn/Fe	Cd/Fe	*T_{cal}/℃ (1 SD)
DJC-05J-2-1	Spl	728965	10471	103.73	226.39	—	1.94	1.76	0.60	1.99	1.03	940.36	0.01	0.45	0.11	0.01	1.01	—	—	146.67	69.62	0.09	233.69
DJC-05J-2-2	Spl	719674	18168	168.36	364.66	0.11	149.82	232.47	3.10	1.67	1.78	884.34	3.98	1.20	0.10	0.08	4.75	—	—	58.45	39.61	0.05	208.09
DJC-05J-2-3	Spl	713486	16338	175.08	349.59	0.12	48.82	43.71	1.94	3.03	1.58	1063.19	—	0.41	0.07	0.07	2.91	—	—		43.67	0.07	
DJC-05J-3-1	Spl	686953	34424	316.39	507.76	0.16	85.63	113.40	1.46	2.44	1.16	1698.88	2.13	1.35	—	—	0.96	—	—	53.14	19.96	0.05	244.34
DJC-05J-3-2	Spl	701234	25632	324.99	405.17	0.09	33.58	0.44	1.25	2.39	1.24	1636.38	0.20	0.50	—	0.01	0.56	—	—	2.17	27.36	0.06	291.61
DJC-05J-3-3	Spl	703395	24558	310.04	434.74	0.13	5.65	0.63	1.01	2.51	1.08	1540.78	0.08	0.71	—	—	0.65	—	—	7.72	28.64	0.06	278.78
ST-03-3J-1-1	Spl	716169	10110	79.66	305.97	—	5.99	0.58	1.46	1.63	1.13	700.48	—	0.43	1.40	0.01	0.69	—	—		70.84	0.07	
ST-03-3J-1-2	Spl	716568	10588	71.23	417.76	—	619.27	648.91	25.81	3.18	2.18	425.18	0.32	0.26	0.08	—	0.28	0.45	0.01	2034.21	67.67	0.04	140.35
ST-03-3J-1-3	Spl	715940	9809	64.45	390.97	0.06	244.95	186.30	43.70	2.42	1.81	429.30	0.05	0.58	4.06	—	1.21	—	0.01	3726.08	72.99	0.04	136.77
ST-03-3J-3-1	Spl	712298	11775	89.27	292.64	0.17	189.77	300.57	2.51	2.64	1.47	793.63	0.12	0.47	1.93	—	2.03	0.33	—	2547.19	60.49	0.07	170.71
ST-03-3J-3-2	Spl	708886	11213	89.80	331.49	0.14	347.51	521.47	3.97	2.62	1.48	637.90	1.20	0.71	0.13	0.02	0.18	—	—	433.47	63.22	0.06	174.87
ST-03-3J-3-3	Spl	707520	11329	90.93	306.94	0.20	220.97	317.98	2.62	3.27	1.30	800.22	1.35	0.54	—	—	0.10	—	—	236.24	62.45	0.07	179.22
ST-04-2J-2-1	Spl	713552	11038	143.09	162.25	—	25.80	19.24	0.78	1.99	1.68	1301.39	6.06	1.01	0.18	0.13	3.34	—	—	3.18	64.65	0.12	247.10
ST-04-2J-2-2	Spl	714421	11207	91.97	204.47	—	109.20	249.85	1.34	1.89	1.32	701.35	2.38	0.64	—	0.04	1.98	—	—	105.11	63.75	0.06	203.29
ST-04-2J-2-3	Spl	710410	10361	93.05	165.73	0.11	40.09	90.54	1.02	3.26	0.94	945.10	7.43	0.52	0.15	—	0.16	—	—	12.18	68.57	0.09	
ST-04-2J-3-1	Spl	707294	11323	109.35	229.41	0.03	211.52	308.07	3.63	2.24	1.91	839.60	5.19	2.21	0.13	0.39	4.57	—	—	59.32	62.47	0.07	193.04
ST-04-2J-3-2	Spl	711889	11950	111.24	243.79	0.10	478.39	514.38	12.04	2.44	1.74	625.94	1.85	0.85	0.49	—	0.20	—	0.02	277.89	59.57	0.05	167.25
ST-04-2J-3-3	Spl	716215	9322	92.55	182.71	—	128.29	289.02	1.97	—	1.14	626.15	1.45	0.57	—	—	0.12	—	—	199.18	76.83	0.07	
ST-05J-1-1	Spl	758486	12967	63.84	227.35	0.10	165.09	408.64	1.84	2.98	1.37	925.60	4.40	1.48	0.69	—	0.34	—	0.03	92.87	58.49	0.07	193.29
ST-05J-1-2	Spl	746581	13918	74.72	208.60	—	72.93	137.71	1.14	3.91	1.55	1404.18	10.55	1.31	7.61	0.16	4.76	—	—	13.05	53.64	0.10	219.78
ST-05J-1-3	Spl	752339	13570	70.38	216.16	0.13	118.55	303.89	1.31	—	1.42	1161.40	8.78	1.73	1.69	0.04	1.34	—	—	34.60	55.44	0.09	
ST-05J-2-1	Spl	749715	16066	81.90	292.64	0.14	676.95	739.78	8.62	2.60	2.74	909.65	21.02	3.55	0.44	0.01	0.51	—	—	35.19	46.67	0.06	182.81
ST-05J-2-2	Spl	744946	16061	76.97	295.80	0.17	648.54	750.67	11.11	—	2.46	857.88	5.69	1.99	1.11	0.05	0.39	—	—	131.84	46.38	0.05	172.12

续表

点号	类型	Zn /10^{-6}	Fe /10^{-6}	Mn /10^{-6}	Co /10^{-6}	Ni /10^{-6}	Cu /10^{-6}	Ga /10^{-6}	Ge /10^{-6}	Se /10^{-6}	Ag /10^{-6}	Cd /10^{-6}	In /10^{-6}	Sn /10^{-6}	Sb /10^{-6}	Bi /10^{-6}	Pb /10^{-6}	Te /10^{-6}	Tl /10^{-6}	Ga/In	Zn/Fe	Cd/Fe	*T_{cal}/℃ (1 SD)
ST-05J-2-3	Sp1	743436	14650	76.37	213.58	—	111.43	144.79	2.60	3.44	1.35	1383.02	28.35	2.82	1.22	—	0.56	—	—	5.11	50.75	0.09	
DJC-02′J-1-2	Sp1	730336	24635	291.39	550.67	—	35.04	30.38	1.33	1.79	2.52	641.98	—	0.42	5.82	0.05	3.46	—	0.16		29.65	0.03	
DJC-02′J-1-5	Sp1	721027	31133	369.83	677.52	—	48.92	47.62	1.50	—	1.32	796.39	0.02	0.45	0.17	—	0.38	—	—	2380.85	23.16	0.03	227.72
DJC-02′J-3-1	Sp1	707844	31722	389.89	719.02	—	82.36	89.30	2.48	—	1.13	824.35	—	0.40	—	0.01	0.07	—	—		22.31	0.03	
DJC-02′J-3-3	Sp1	675129	41373	549.89	830.07	—	21.37	19.25	1.61	4.38	1.04	1225.00	0.12	0.35	—	—	0.07	—	—	155.23	16.32	0.03	246.32
DJC-02′J-3-4	Sp1	693895	23874	287.53	543.67	—	146.62	76.87	1.94	3.06	2.59	747.75	—	0.47	—	0.06	4.29	—	0.01		29.06	0.03	
平均值		718228	17227	167.51	355.09	0.12	175.00	227.18	5.02	2.66	1.57	947.15	4.70	0.98	1.38	0.07	1.44	0.39	0.04	531.29	50.15	0.06	205.6±42.6
DJC-03-1fJ-1-1	Sp2	756748	3475	41.53	142.13	—	140.86	71.31	28.21	3.17	1.85	894.69	3.74	4.38	—	—	0.08	—	—	19.08	217.75	0.26	148.73
DJC-03-1fJ-1-2	Sp2	753562	3782	46.73	132.81	0.09	2.36	0.10	0.61	2.07	1.43	1070.65	0.07	0.32	0.47	—	0.82	—	0.01	1.46	199.26	0.28	
DJC-03-1fJ-5-1	Sp2	748613	5733	84.09	161.12	0.12	59.91	35.03	1.84	3.16	2.13	1392.35	27.80	5.65	—	—	2.84	—	—	1.26	130.57	0.24	220.32
DJC-03-1fJ-5-2	Sp2	754162	4346	58.38	147.97	0.21	59.49	30.68	5.53	2.40	4.69	1018.36	1.17	6.49	0.11	0.02	3.71	0.38	0.00	26.13	173.53	0.23	180.86
DJC-13-2J-2-1	Sp2	752176	7626	51.57	70.51	—	8.12	3.96	0.99	—	1.04	1400.00	0.65	0.39	1.87	—	2.31	—	—	6.06	98.64	0.18	232.21
DJC-13-2J-2-2	Sp2	743574	7503	51.36	67.51	—	24.35	20.07	0.96	3.11	1.56	1374.64	2.03	0.78	1.20	—	1.31	—	0.01	9.89	99.10	0.18	214.63
DJC-13-2J-3-1	Sp2	749744	6334	32.37	93.92	—	534.49	608.68	35.77	2.32	1.67	530.88	2.13	1.43	4.26	—	0.67	—	—	285.50	118.36	0.08	126.28
DJC-13-2J-3-2	Sp2	753383	6633	37.36	80.12	—	194.71	275.68	10.19	—	1.32	908.74	0.67	0.57	1.88	—	10.51	—	—	410.85	113.58	0.14	
DJC-13-2J-5-2	Sp2	749960	6968	35.16	101.23	0.14	455.76	495.08	29.25	—	1.58	587.01	1.05	0.71	0.46	—	0.14	—	—	470.61	107.63	0.08	126.40
DJC-13-2J-5-3	Sp2	752618	6141	34.40	72.19	—	26.18	36.03	0.66	1.83	1.05	907.24	—	0.58	0.35	—	0.44	—	—		122.56	0.15	
DJC-13-2J-6-1	Sp2	751068	6713	36.31	96.56	—	149.18	233.15	1.07	—	1.25	829.93	0.13	0.52	—	—	0.05	—	—	1779.79	111.88	0.12	164.65
DJC-13-2J-6-2	Sp2	749971	7349	42.28	85.95	0.14	64.75	91.71	0.60	2.27	1.63	1216.57	0.21	—	10.19	—	7.29	—	—	432.59	102.05	0.17	190.62
DJC-13-2J-7-1	Sp2	758412	5727	32.62	94.55	—	246.09	434.77	7.62	4.39	1.32	555.34	0.06	—	0.12	—	0.07	—	—	7627.53	132.43	0.10	124.94
DJC-13-2J-7-2	Sp2	757929	6070	33.66	108.77	0.12	456.13	477.16	21.51	—	1.38	566.07	0.64	—	0.20	—	0.05	—	0.01	743.24	124.86	0.09	126.62
DJC-13-2J-7-3	Sp2	758110	6518	40.02	94.46	—	194.36	243.13	1.19	3.76	1.11	808.09	0.34	0.48	—	—	0.08	—	—	721.46	116.30	0.12	
ST-02-1fJ-2-1	Sp2	750307	4285	25.33	62.31	—	451.11	628.75	19.20	1.74	1.60	495.15	2.43	0.85	3.30	0.14	0.50	—	0.00	258.53	175.10	0.12	120.63

续表

点号	类型	Zn /10^{-6}	Fe /10^{-6}	Mn /10^{-6}	Co /10^{-6}	Ni /10^{-6}	Cu /10^{-6}	Ga /10^{-6}	Ge /10^{-6}	Se /10^{-6}	Ag /10^{-6}	Cd /10^{-6}	In /10^{-6}	Sn /10^{-6}	Sb /10^{-6}	Bi /10^{-6}	Pb /10^{-6}	Te /10^{-6}	Tl /10^{-6}	Ga/In	Zn/Fe	Cd/Fe	$^*T_{cal}$/℃ (1 SD)
ST-02-1fJ-2-2	Sp2	753982	4748	40. 03	55. 03	0. 14	120. 95	171. 50	5. 61	2. 72	1. 14	1064. 28	1. 65	0. 55	0. 49	0. 02	0. 13	—	—	104. 13	158. 81	0. 22	160. 12
ST-02-1fJ-2-3	Sp2	754495	4664	32. 59	44. 88	0. 10	7. 01	6. 22	—	4. 50	0. 94	1231. 98	1. 13	0. 40	0. 43	0. 01	0. 56	—	—	5. 51	161. 77	0. 26	
ST-02-1fJ-3-1	Sp2	756894	4954	34. 84	39. 50	—	7. 45	7. 25	0. 67	3. 78	0. 90	1365. 29	1. 54	0. 36	1. 28	0. 01	1. 50	—	0. 01	4. 70	152. 80	0. 28	222. 02
ST-02-1fJ-3-2	Sp2	757832	4516	28. 37	50. 85	0. 17	23. 97	51. 71	0. 82	3. 19	1. 21	1110. 98	1. 41	0. 46	2. 74	0. 05	1. 46	—	0. 01	36. 59	167. 81	0. 25	191. 37
ST-02-1fJ-3-3	Sp2	759207	4561	28. 77	52. 53	0. 14	45. 93	126. 22	0. 79	4. 42	0. 99	1070. 20	3. 35	0. 55	0. 18	0. 01	0. 07	—	0. 01	37. 68	166. 44	0. 23	
DJC-02fJ-1-3	Sp2	758007	1589	14. 40	99. 02	—	201. 76	235. 90	4. 04	2. 33	1. 04	538. 05	0. 57	0. 51	0. 09	—	0. 32	—	—	410. 27	477. 12	0. 34	126. 48
DJC-02fJ-1-4	Sp2	755091	1632	14. 92	103. 75	—	253. 56	275. 63	7. 29	2. 57	1. 34	546. 61	0. 26	0. 53	—	0. 01	0. 53	—	—	1064. 22	462. 63	0. 33	
DJC-02fJ-2-1	Sp2	741114	1818	16. 90	111. 91	—	16. 70	13. 05	0. 86	1. 92	1. 15	994. 74	0. 08	—	0. 92	—	0. 81	—	—	161. 16	407. 68	0. 55	
DJC-02fJ-2-2	Sp2	736558	1977	21. 33	101. 64	—	8. 38	6. 27	0. 73	1. 78	1. 13	1098. 59	0. 02	—	0. 52	0. 01	0. 22	—	—	391. 75	372. 53	0. 56	170. 82
DJC-02fJ-2-3	Sp2	720654	6759	92. 65	187. 57	—	21. 90	14. 09	1. 95	3. 13	3. 10	893. 85	1. 15	0. 47	—	0. 87	2. 23	—	—	12. 26	106. 62	0. 13	
DJC-02fJ-2-4	Sp2	725416	1190	12. 91	64. 32	—	6. 05	3. 76	0. 48	—	1. 35	1081. 70	0. 03	0. 43	0. 45	0. 02	0. 54	—	—	129. 76	609. 73	0. 91	173. 04
DJC-02fJ-3-2	Sp2	731811	1480	13. 98	121. 23	—	166. 30	162. 47	11. 90	—	2. 61	620. 30	—	0. 56	0. 22	—	1. 08	—	0. 01		494. 37	0. 42	
17TL-14J-2-2	Sp2	707001	6435	54. 41	85. 05	0. 12	110. 23	147. 15	2. 78	2. 67	1. 20	538. 67	65. 41	2. 42	—	—	0. 10	—	—	2. 25	109. 87	0. 08	199. 69
17TL-14J-2-3	Sp2	702928	4965	36. 16	56. 70	—	119. 04	243. 17	3. 43	1. 85	3. 44	841. 54	1. 24	0. 27	33. 19	0. 85	18. 30	—	—	196. 11	141. 56	0. 17	160. 84
17TL-14J-2-4	Sp2	703514	6867	55. 25	82. 69	0. 17	5. 26	0. 49	0. 79	3. 93	3. 11	544. 07	0. 12	0. 51	—	0. 03	1. 21	—	—	4. 11	102. 45	0. 08	
17TL-14J-1-1	Sp2	700714	7049	55. 04	77. 93	—	46. 51	27. 78	0. 87	2. 55	3. 36	472. 83	20. 25	6. 40	—	0. 03	0. 93	—	—	1. 37	99. 41	0. 07	
17TL-14J-1-2	Sp2	700835	5492	37. 46	61. 03	0. 13	192. 70	271. 65	12. 03	3. 48	3. 30	745. 65	4. 27	0. 43	19. 17	0. 76	13. 63	—	0. 04	63. 54	127. 61	0. 14	
17TL-14J-3-1	Sp2	704219	5998	48. 44	52. 95	—	19. 44	17. 83	0. 75	4. 64	1. 11	1170. 93	18. 52	0. 73	4. 23	0. 04	4. 94	—	—	0. 96	117. 42	0. 20	
17TL-14J-3-2	Sp2	703539	5654	38. 26	62. 55	—	131. 68	273. 23	2. 89	2. 69	2. 77	832. 88	20. 03	1. 04	27. 03	0. 70	12. 29	—	—	13. 64	124. 44	0. 15	
平均值		740404	5073	38. 85	89. 24	0. 14	130. 65	164. 02	6. 59	2. 94	1. 77	894. 83	5. 58	1. 33	4. 44	0. 21	2. 62	0. 38	0. 01	467. 70	191. 56	0. 23	169. 1± 36. 8

注：Sp1. 第一世代闪锌矿；Sp2. 第二世代闪锌矿；“—”代表低于检测限；$^*T_{cal}$代表利用闪锌矿地质温度计计算的温度。

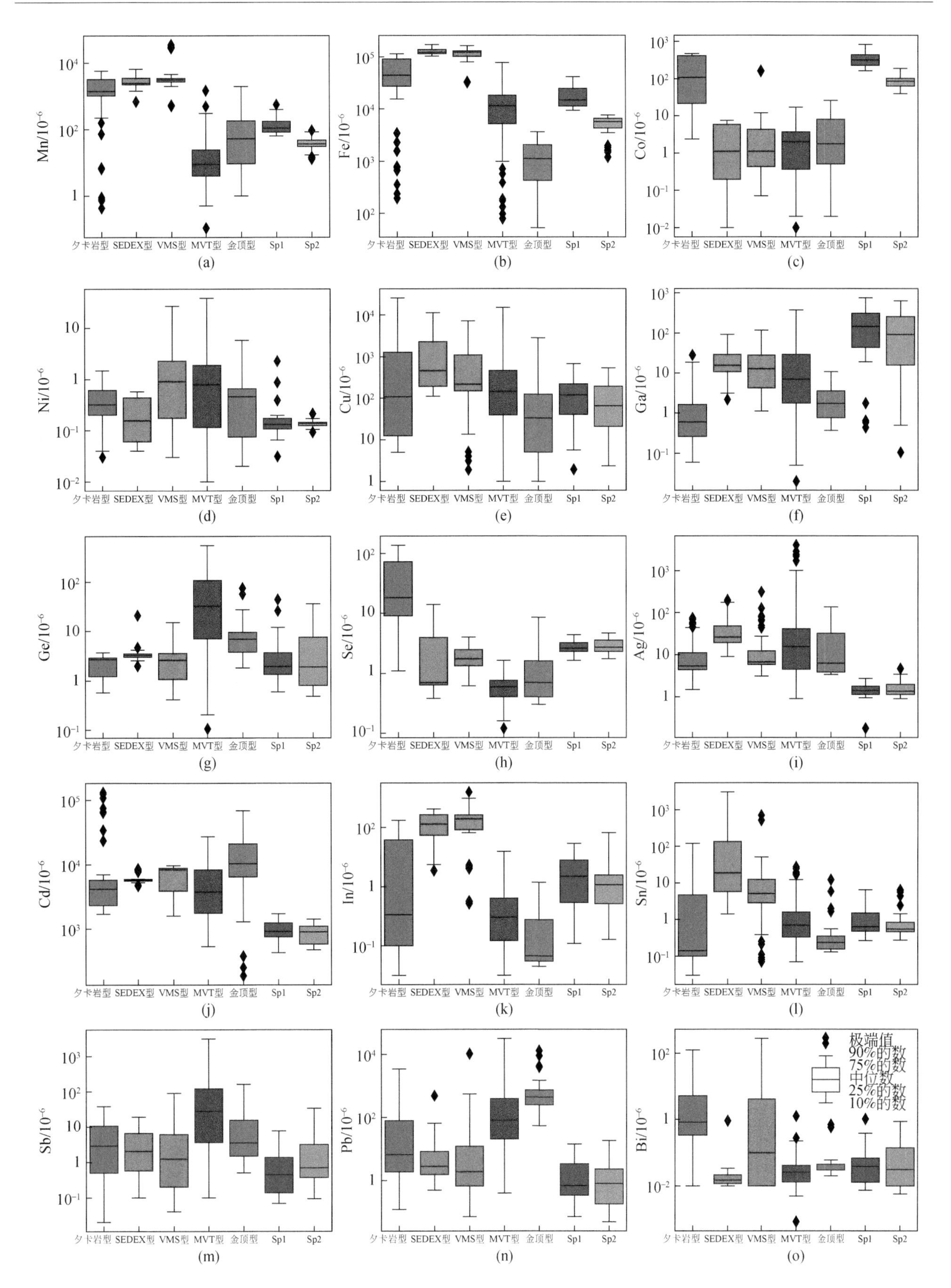

图4-44 桃林铅锌矿中闪锌矿微量元素组成特征及其与夕卡岩型、SEDEX型、VMS型、MVT型、金顶型等铅锌矿床的对比

其他类型矿床闪锌矿数据来自Cook等（2009b）、Ye等（2011）、Wei等（2018a，2018b）、Yuan等（2018）

与其他类型矿床如夕卡岩型、SEDEX 型、VMS 型、MVT 型和金顶型铅锌矿床相对比，桃林闪锌矿具有独特的微量元素组成，如桃林闪锌矿具有最高的 Co、Ga 含量和 Ag、Cd 含量［图 4-44（c）(f)(i)(j)］；Mn、Fe 含量低于夕卡岩、SEDEX 型和 VMS 型矿床，但略高于 MVT 型和金顶型［图 4-44（a）(b)］；Ge、Sb 和 Pb 含量与夕卡岩、SEDEX 型和 VMS 型大致相似［图 4-44（g)(m)(n)］，略低于 MVT 型和金顶型矿床；In 含量略高于 MVT 型和金顶型矿床，但低于 SEDEX 型和 VMS 型；Se 含量低于夕卡岩型［图 4-44（h)］；Sn 含量显著低于 SEDEX 型和 VMS 型［图 4-44（l)］。

由 LA-ICP-MS 激光剥蚀信号强度谱图（图 4-45）可知，元素 Fe、Cd、Co 和 Mn 在桃林闪锌矿中以固溶体形式出现，而 Ag、Cu、Pb、Ni、Ga、Ge、Se、Bi、Sb、In 和 Sn 以矿物包体和固溶体的形式产出。有研究表明闪锌矿中除简单的元素如 Zn^{2+} 被 Fe^{2+}、Cd^{2+}、Mn^{2+}、Co^{2+}、Ni^{2+}、Hg^{2+} 和 Sn^{2+} 替代外（Seifert and Sandmann，2006；Murakami and Ishihara，2013），还存在一些复杂的替代机制（Belissont et al.，2014；Frenzel et al.，2016；George et al.，2016；Yuan et al.，2018），这些替代机制可以通过闪锌矿中的不同微量元素间的二元图解揭示。在桃林矿区，闪锌矿中的 Fe 与 Mn 和 Co 元素均表现出明显的正相关性［图 4-46（f)（h)］。除此之外，Fe 与 Cd 之间显示出正相关性［图 4-46（g)］。因此，简单替代（$Zn^{2+}\leftrightarrow Fe^{2+}$，$Zn^{2+}\leftrightarrow Mn^{2+}$，$Zn^{2+}\leftrightarrow Co^{2+}$，$Zn^{2+}\leftrightarrow Cd^{2+}$）在本次研究中也再次证实。Ge 在闪锌矿中通常以 Ge^{4+} 形式出现，次为 Ge^{2+}（Ye et al.，2011）。桃林闪锌矿中 Ge 与 Cu、Ag 均显示出很好的正相关性［$(Cu/Ge)_{mol}=2$］［图 4-46（a)(b)］，暗示了可能存在 $3Zn^{2+}\leftrightarrow 2Cu^{+}+Ge^{4+}$ 和 $3Zn^{2+}\leftrightarrow 2Ag^{+}+Ge^{4+}$ 这两种替代关系。闪锌矿中的元素替代通常会导致一价、三价和四价阳离子如 Ag^{+}、Cu^{+}、Sb^{3+}、Ga^{3+}、In^{3+}、Ge^{4+} 和 Sn^{4+} 的富集（Cook et al.，2009b），这与图 4-47 中这些元素显示强烈的正相关性现象一致，闪锌矿中的 Cu^{+} 和 Ag^{+} 的含量与其他三价、四价阳离子含量总和接近［图 4-46（c)］，也进一步证实了这些元素的线性关系。虽然 Sb 和 Pb 的含量很低，但是这两个元素之间的正相关性表明在闪锌矿中存在 $4Zn^{2+}\leftrightarrow 2Sb^{3+}+Pb^{2+}+\square$（空缺）的替代机制［图 4-46（d)］。Sn 通常以 Sn^{2+}、Sn^{3+} 和 Sn^{4+} 出现，桃林闪锌矿中 In 与 Sn 之间弱的正相关性［图 4-46（e)］暗示可能存在 $3Zn^{2+}\leftrightarrow In^{3+}+Sn^{3+}+\square$、$3Zn^{2+}\leftrightarrow In^{3+}+Sn^{2+}+(Cu,Ag)^{+}$ 和 $4Zn^{2+}\leftrightarrow In^{3+}+Sn^{4+}+(Cu,Ag)^{+}+\square$ 这三种替代机制。Cu 与 Sb 之间的正相关性表明存在 $2Zn^{2+}\leftrightarrow Cu^{+}+Sb^{3+}$ 替代关系［图 4-46（i)］。

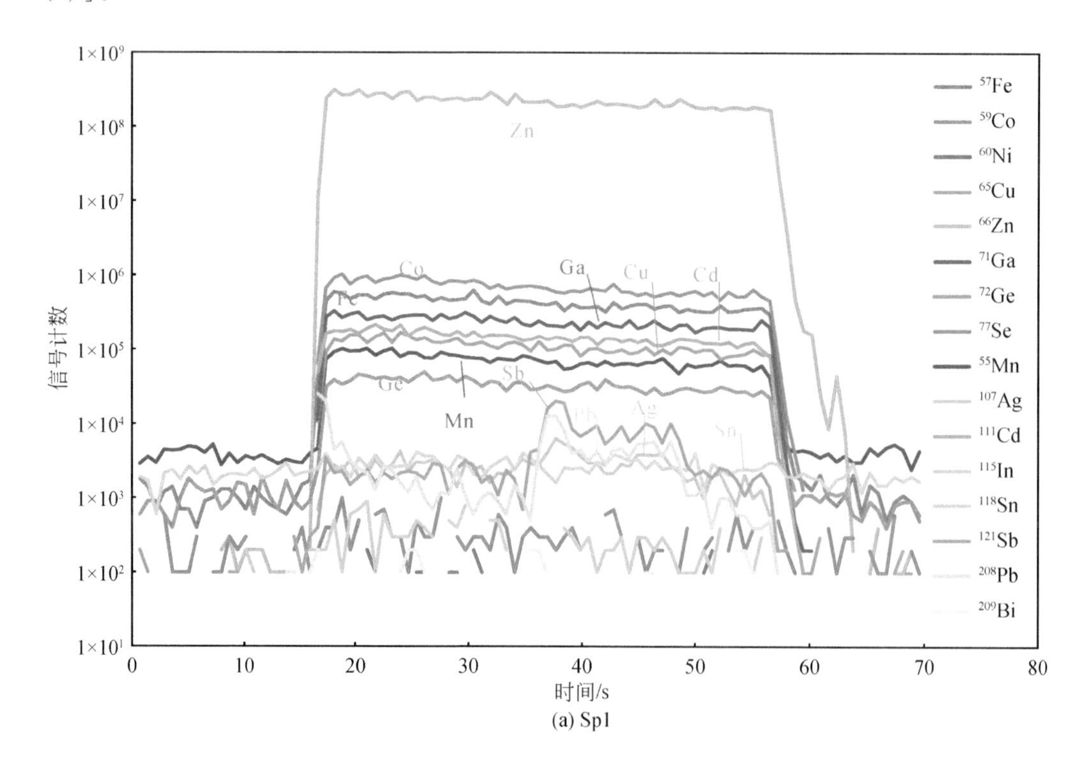

(a) Sp1

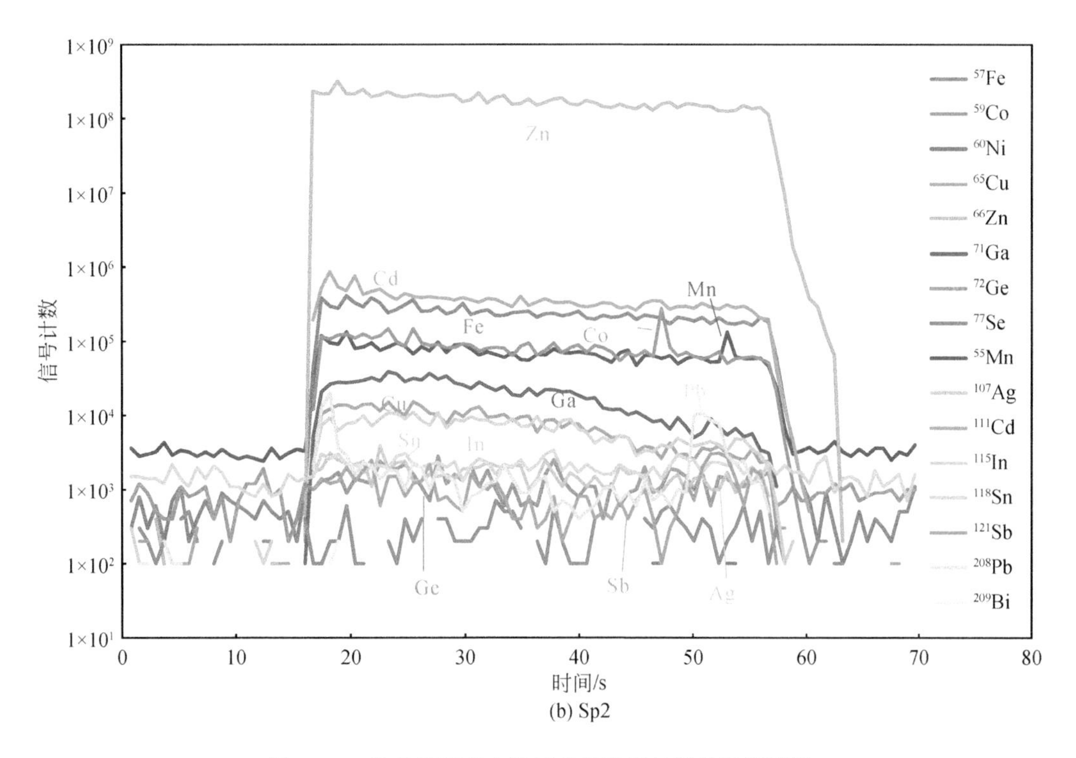

(b) Sp2

图4-45 桃林铅锌矿中闪锌矿激光剥蚀信号强度谱图

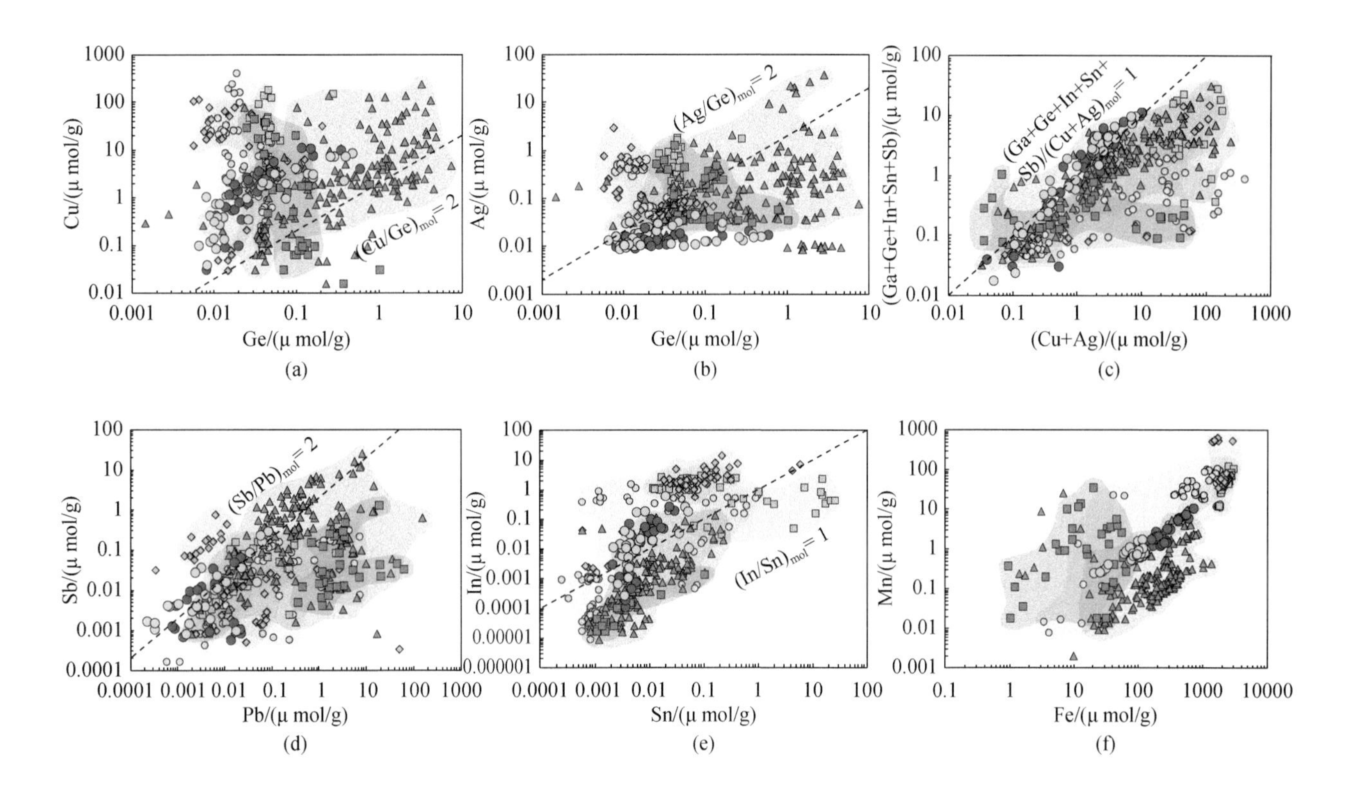

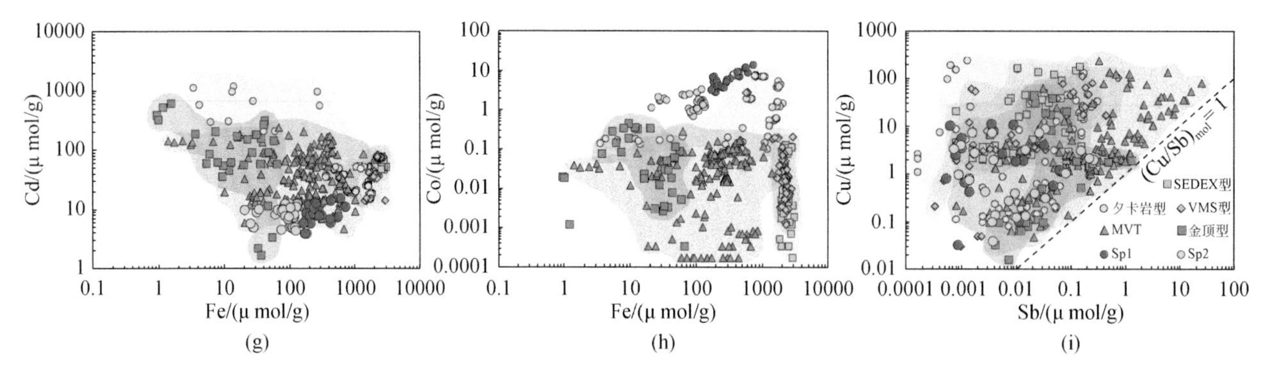

图 4-46　微量元素二元图解

(a) Cu-Ge; (b) Ag-Ge; (c) (Ga+Ge+In+Sn+Sb) -(Cu+Ag); (d) Sb-Pb; (e) In-Sn; (f) Mn-Fe; (g) Cd-Fe; (h) Co-Fe; (i) Cu-Sb

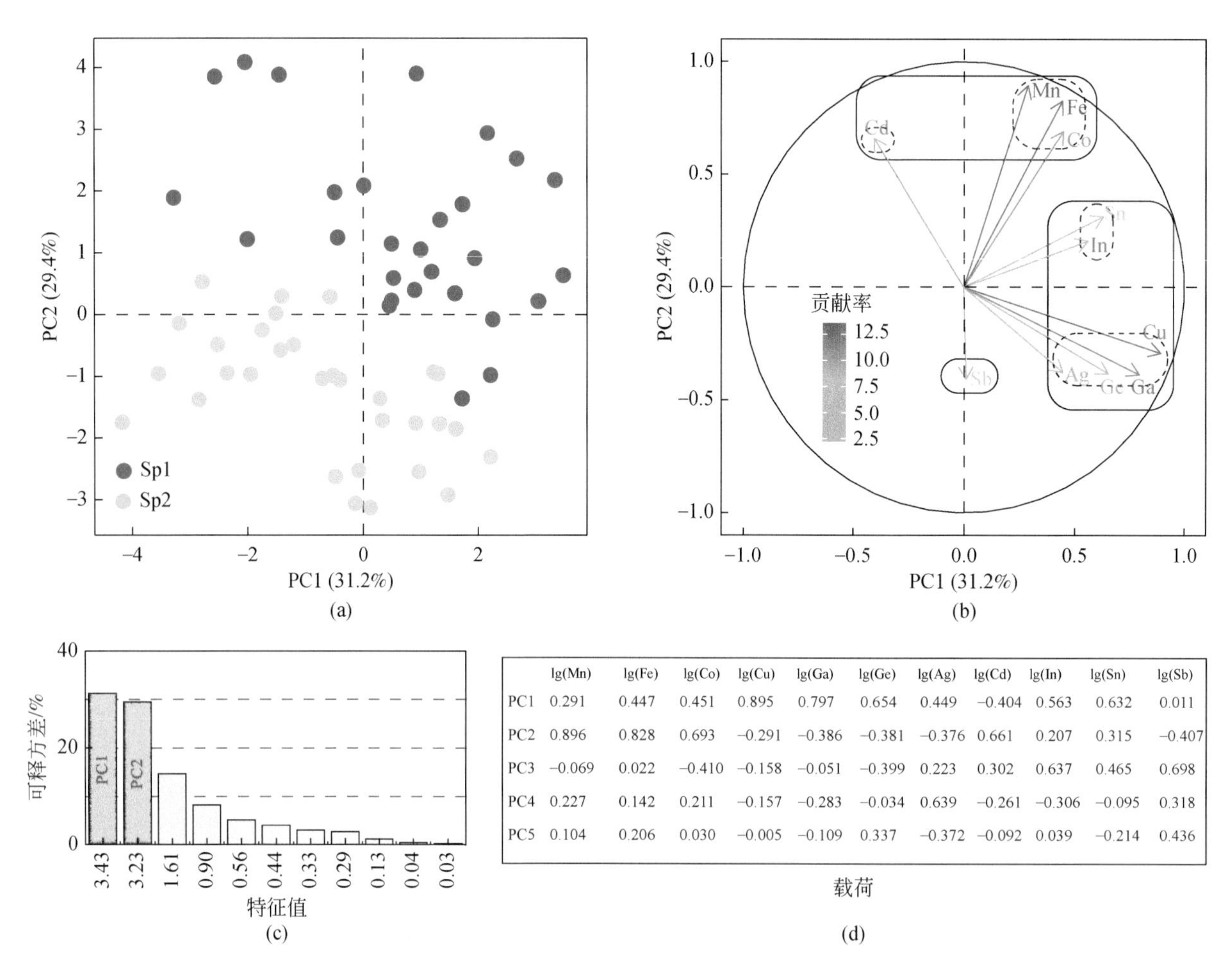

	lg(Mn)	lg(Fe)	lg(Co)	lg(Cu)	lg(Ga)	lg(Ge)	lg(Ag)	lg(Cd)	lg(In)	lg(Sn)	lg(Sb)
PC1	0.291	0.447	0.451	0.895	0.797	0.654	0.449	−0.404	0.563	0.632	0.011
PC2	0.896	0.828	0.693	−0.291	−0.386	−0.381	−0.376	0.661	0.207	0.315	−0.407
PC3	−0.069	0.022	−0.410	−0.158	−0.051	−0.399	0.223	0.302	0.637	0.465	0.698
PC4	0.227	0.142	0.211	−0.157	−0.283	−0.034	0.639	−0.261	−0.306	−0.095	0.318
PC5	0.104	0.206	0.030	−0.005	−0.109	0.337	−0.372	−0.092	0.039	−0.214	0.436

图 4-47　桃林铅锌矿中闪锌矿微量元素的 PCA 分析

2. 黄铁矿

桃林矿区黄铁矿（Py）可分为三种：Py0 呈他形产出在围岩中；Py1 主要与硫化物共生，呈自形产出；Py2 主要呈半自形产出在晚期石英脉中（图 4-48）。

黄铁矿的 LA-ICP-MS 微量元素分析结果见表 4-24，由分析结果可知，桃林矿区黄铁矿明显富集 Zn、Cu、As 和 Pb 等元素，其中 Zn、As 和 Pb 元素含量在不同类型黄铁矿中大致相等，一般为几百个 10^{-6} 数量

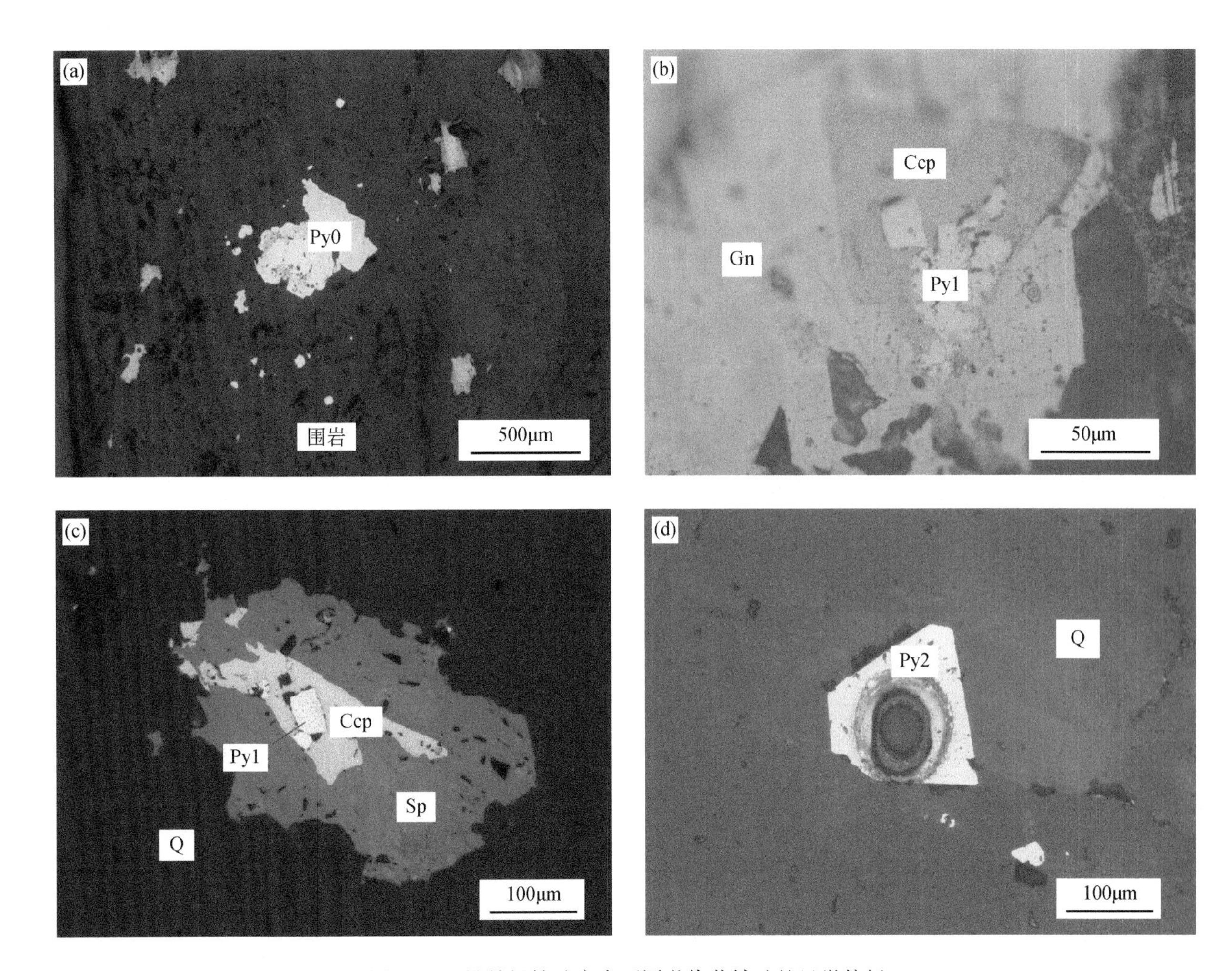

图4-48　桃林铅锌矿床中不同世代黄铁矿的显微特征

(a) 围岩中的他形黄铁矿 (Py0)；(b) 方铅矿 (Gn) 及黄铜矿 (Ccp) 内的自形黄铁矿 (Py1)；(c) 闪锌矿 (Sp) 及黄铜矿 (Ccp) 内的自形黄铁矿 (Py1)；(d) 晚期石英脉 (Q) 中的半自形黄铁矿 (Py2)

级，而Cu含量在Py1中相对较高且变化范围大 ($1528.10\times10^{-6}\sim103563.86\times10^{-6}$)，在Py0 ($44.83\times10^{-6}\sim3291.34\times10^{-6}$) 和Py2 ($16.93\times10^{-6}\sim883.30\times10^{-6}$) 中基本一致 (图4-49)。

相对富集Co、Ni、Se、Ag、Sb和Bi等元素。Py1的Co含量很低，一般小于3×10^{-6}；Py2和Py0具有相似的含量，可达几百甚至上千个10^{-6}数量级。Py2的Ni含量最高 ($64.42\times10^{-6}\sim1834.60\times10^{-6}$)，Py0次之 ($<100\times10^{-6}$)，Py1含量最低 (一般小于$2\times10^{-6}$)。Py1中的Se含量最低 ($0.9\times10^{-6}\sim6.58\times10^{-6}$)。Py2中的Ag含量变化范围比较大，可以达到两个10^{-6}数量级。Sb含量在Py1中最高 ($4.00\times10^{-6}\sim407.35\times10^{-6}$)，但变化范围比较大。Py2和Py0中Sb含量较低 (一般$<10\times10^{-6}$)。Bi含量在Py1最低 ($0.02\times10^{-6}\sim8.91\times10^{-6}$)，变化范围可达2~3个$10^{-6}$数量级。Py2和Py0中含量较高 (图4-49)。

整体上，桃林黄铁矿贫Cd、In和Sn元素。相比于其他元素，Cd在黄铁矿中含量比较低 (绝大多数$<10\times10^{-6}$)。In含量在Py0中最低 (大多数$<1\times10^{-6}$)，而在Py1和Py2中介于$1\times10^{-6}\sim10\times10^{-6}$之间。Sn含量整体偏低 ($<10\times10^{-6}$)。

由上述可知，Py1含有低的Co、Ni、Se和Bi含量，但Cu、As、Sb和Pb含量比较高且变化范围比较大；Py2具有低的Cd、Sn和Tl含量，而且Zn、Ag和Bi元素含量变化很大可以达到两个10^{-6}数量级；相比于Py2，Py0有低的Ni (绝大数$<100\times10^{-6}$) 含量，较高的Cd和Sn含量。在激光剥蚀信号强度谱图中 (图4-50)，Se、Cd、Sn和Sb呈相对平缓的曲线，表明这些元素以固溶体的形式存在于黄铁矿中。Pb、Zn

表 4-24　桃林铅锌矿床中黄铁矿的 LA-ICP-MS 微量元素分析结果

样品编号	类型	Se /10⁻⁶	Te /10⁻⁶	Zn /10⁻⁶	Co /10⁻⁶	Ni /10⁻⁶	Cu /10⁻⁶	As /10⁻⁶	Ag /10⁻⁶	Cd /10⁻⁶	In /10⁻⁶	Sn /10⁻⁶	Sb /10⁻⁶	Au /10⁻⁶	Tl /10⁻⁶	Bi /10⁻⁶	Pb /10⁻⁶	Co/Ni
ST-14J-1-2	Py0	17.26	0.94	370.19	215.63	20.70	543.20	455.93	—	1.40	0.28	0.81	1.25	0.28	0.23	130.19	784.09	10.42
ST-14J-1-3		21.90	1.41	698.88	881.66	30.82	209.05	900.40	3.60	11.90	0.11	0.56	1.01	0.19	0.39	258.52	—	28.61
ST-14J-1-4		15.67	1.69	396.67	1140.71	38.08	148.59	717.73	3.37	3.75	0.12	1.20	2.82	0.22	0.71	611.74	492.66	29.96
ST-14J-2-1		16.36	2.08	435.81	490.48	22.99	450.77	513.76	0.67	1.54	0.18	—	0.93	0.27	0.13	30.92	133.44	21.34
ST-14J-2-2		11.45	1.60	248.83	83.49	8.50	134.06	623.33	0.60	0.74	0.10	—	0.39	0.17	0.03	8.56	154.75	9.82
ST-14J-2-3		32.32	0.83	94.56	935.47	20.51	44.83	211.46	1.28	0.25	0.06	—	0.53	0.10	0.40	157.44	195.68	45.62
ST-14J-2-4		47.62	1.26	208.38	1685.75	36.91	156.06	306.16	2.54	1.41	0.22	—	2.06	0.56	0.52	410.83	358.94	45.67
ST-14J-2-5		22.66	1.44	208.50	523.32	26.76	251.50	1023.74	0.83	1.32	0.30	—	1.12	1.36	0.13	8.51	57.94	19.56
ST-14J-2-6		17.14	0.37	233.05	190.31	13.79	426.96	1103.60	2.49	8.05	0.03	—	1.10	0.45	0.08	30.98	187.12	13.80
ST-14J-2-8		98.06	—	110.97	53.15	82.05	3291.34	2214.18	8.92	0.95	11.01	—	15.05	0.64	0.08	138.82	923.62	0.65
ST-14J-2-9		60.00	3.92	38.53	7986.21	84.98	100.78	781.12	5.28	5.43	—	—	1.82	0.14	0.46	443.91	—	93.98
ST-14J-2-10		55.78	3.05	100.38	8239.56	52.66	93.17	1155.80	2.88	1.10	0.12	—	2.53	0.22	0.58	432.70	424.40	156.46
ST-14J-2-11		33.30	2.48	235.77	1088.56	26.15	219.10	869.43	2.77	1.52	0.07	—	1.04	0.63	0.03	50.45	92.62	41.63
ST-14J-2-12		73.45	3.55	67.86	5077.34	50.16	107.51	585.70	5.13	0.27	0.14	1.08	2.80	0.29	0.69	423.78	277.77	101.22
DJC-13-2J-5-1	Py1	—	—	116.34	0.92	8.23	1528.10	—	73.73	—	—	—	4.00	0.06	0.31	—	29.32	0.11
17TL-14J-2-1		6.58	—	183.66	0.48	0.74	13156.86	—	61.95	2.08	7.09	2.24	5.32	0.13	3.58	8.91	1140.80	0.65
DJC-03-1fJ-2-1		—	—	424.12	2.77	1.12	103563	1120.73	167.67	0.76	6.14	1.37	322.40	0.30	7.52	0.02	593.81	2.47
DJC-03-1fJ-3-1		—	—	107.45	1.07	—	1814.58	52.62	5.46	0.11	6.99	0.92	9.25	0.55	0.02	0.44	455.53	-
DJC-03-1fJ-4-1		—	—	90.29	2.19	1.10	53187.11	385.09	1016.31	—	4.96	—	407.35	0.24	42.19	—	704.97	1.99
DJC-02fJ-1-1		—	—	638.20	20.34	1.48	1872.82	—	17.72	1.44	—	—	7.17	0.73	3.09	0.05	14.22	13.76
ST-03-3J-4-1	Py2	77.10	—	1408.31	1642.48	8443.39	883.30	608.94	218.65	0.07	1.33	—	3.31	0.33	9.45	230.56	1461.28	0.19
ST-02-1fJ-1-1		6.92	—		302.00	64.42	16.93	1681.21	0.19	0.15	—	-	—	0.27	0.13	4.71	10.23	4.69
ST-04-2J-1-1		6.38	—	20.34	983.47	5548.72	397.54	608.49	5.30	0.04	5.54	0.33	5.68	4.61	0.01	9.04	267.60	0.18
ST-05J-6-1		3.90	—	8.17	200.99	1834.60	133.44	190.96	1.12	—	2.61	0.42	1.99	0.24	0.13	3.33	88.06	0.11

注：“—”代表低于检测限；Py0、Py1、Py2 分别代表原生黄铁矿、第一世代黄铁矿、第二世代黄铁矿。

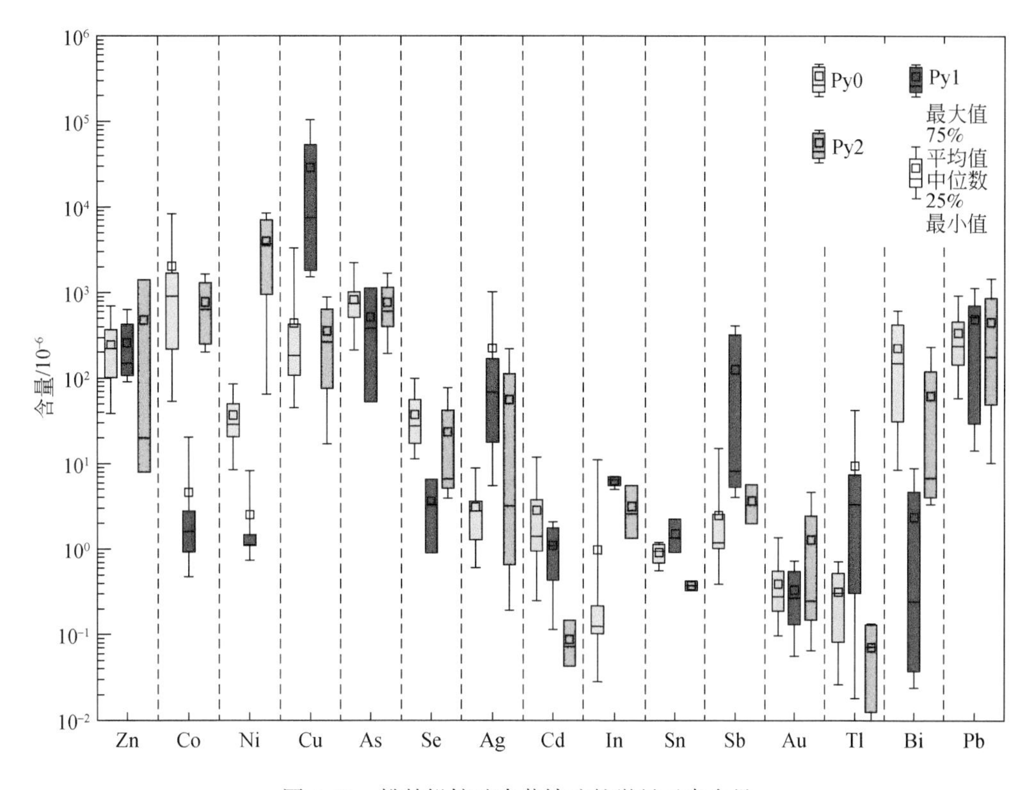

图 4-49　桃林铅锌矿中黄铁矿的微量元素含量

Py0、Py1、Py2 分别代表原生黄铁矿、第一世代黄铁矿、第二世代黄铁矿

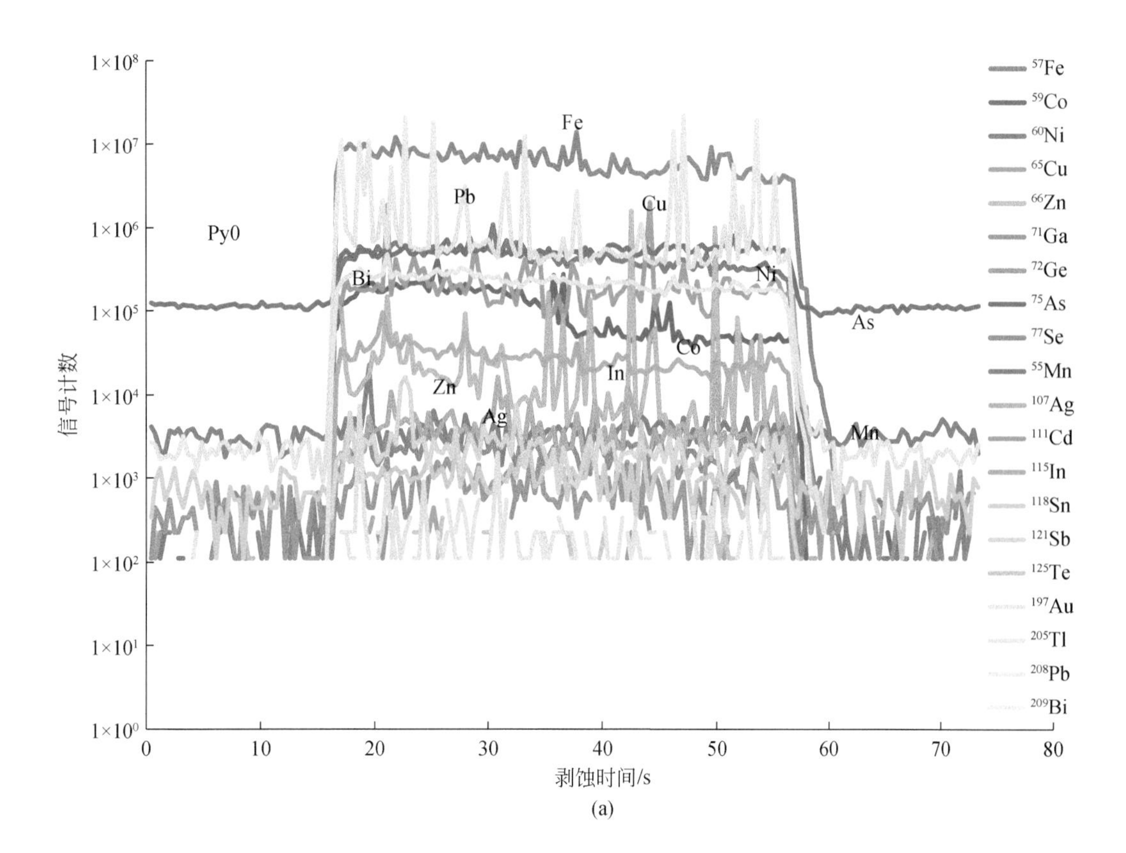

(a)

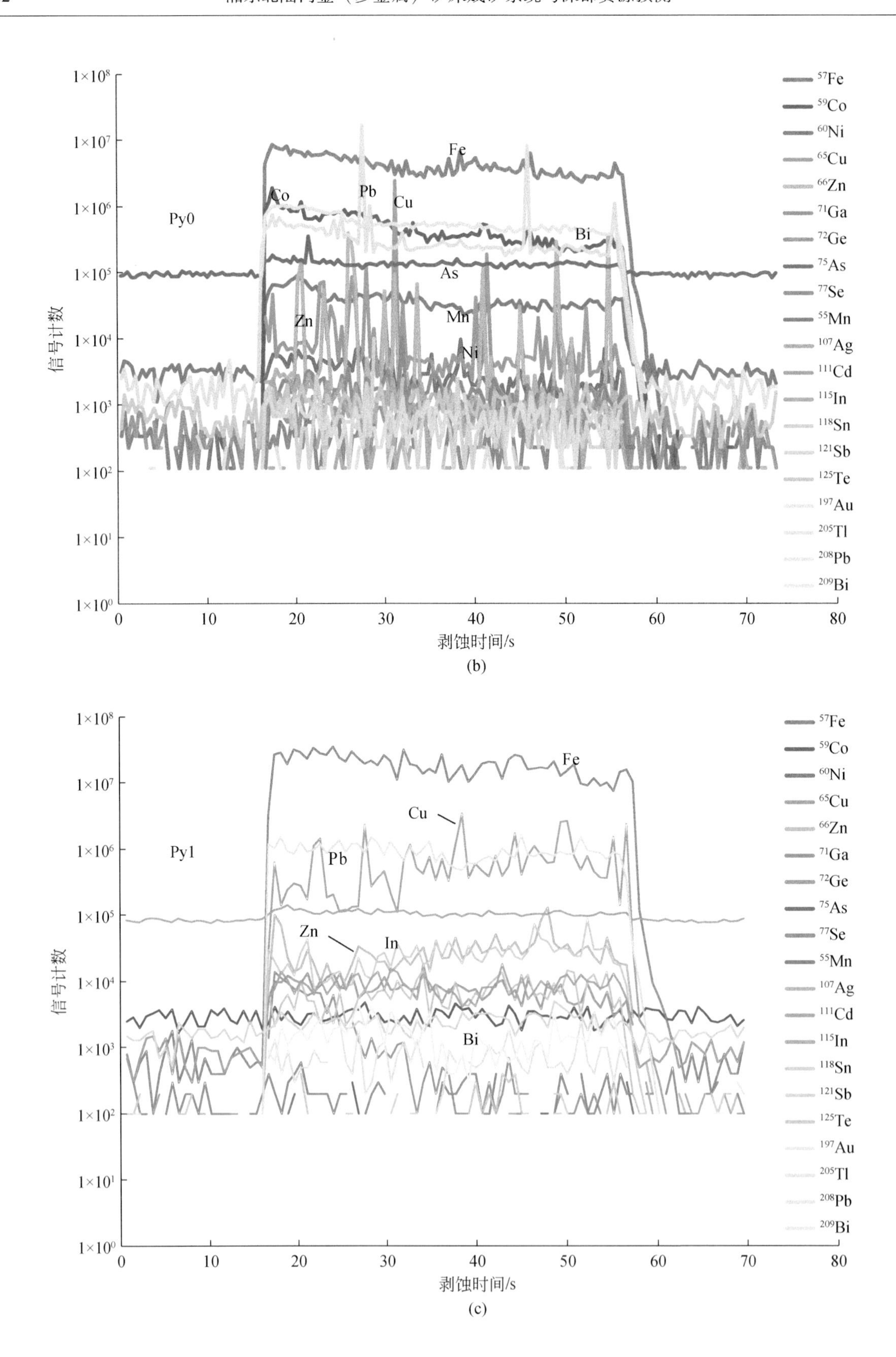

Py0
Fe
Co
Pb
Cu
Bi
As
Zn
Mn
Ni
信号计数
剥蚀时间/s
57Fe
59Co
60Ni
65Cu
66Zn
71Ga
72Ge
75As
77Se
55Mn
107Ag
111Cd
115In
118Sn
121Sb
125Te
197Au
205Tl
208Pb
209Bi

(b)

Py1
Fe
Cu
Pb
Zn
In
Bi
信号计数
剥蚀时间/s

(c)

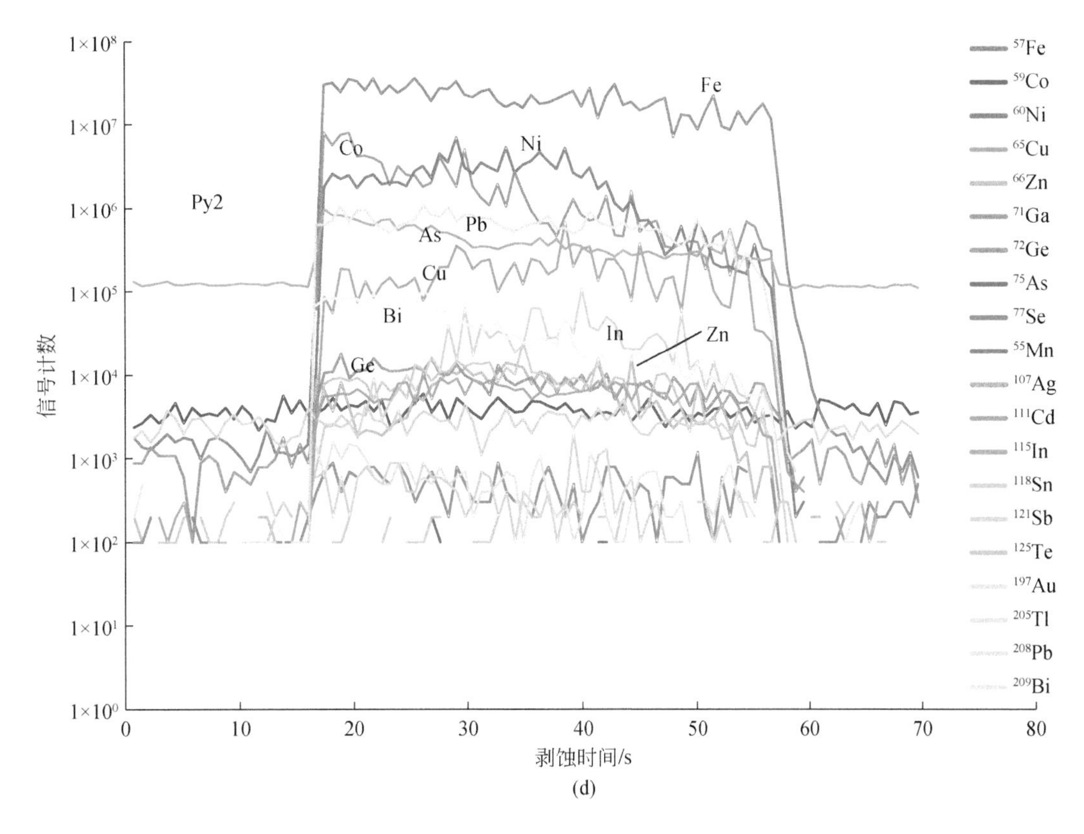

(d)

图4-50　桃林铅锌矿床黄铁矿的激光剥蚀信号强度谱图

Py0、Py1、Py2分别代表原生黄铁矿、第一世代黄铁矿、第二世代黄铁矿

和Cu元素则呈现变化幅度较大的曲线，结合它们较大的含量变化范围，说明这些元素以显微矿物包裹体（如方铅矿、闪锌矿和黄铜矿）的形式存在于黄铁矿中。Co、Ni、As、Ag和Bi元素局部出现锯齿状的信号曲线，表明这些元素以固溶体和显微包体的形式出现。此外，元素Bi与Pb还表现出明显的正相关性，暗示黄铁矿中可能存在Pb、Bi的硫盐矿物［图4-51（a）］。

黄铁矿中的Co/Ni常被用于判断黄铁矿的形成环境（Bralia et al., 1979；Raymond, 1996；Clark et al., 2004）。从测试结果看，大多数Py0和Py1的Co/Ni大于1，而Py2的Co/Ni主要小于1［图4-51（b）］。盛继福等（1999）和毛先成等（2018）认为黄铁矿的Co/Ni可以反映形成温度，Co/Ni越高其形成温度越高。桃林铅锌矿三种类型黄铁矿Py0、Py1和Py2的Co/Ni平均值分别为44.19、3.80和1.29，呈现出逐渐降低的趋势，表明黄铁矿的形成温度逐渐降低。由上述可知，早期黄铁矿Py0和Py1形成于岩浆较高温热液环境，晚期黄铁矿Py2可能形成于混入大气降水的低温热液环境。

4.4.1.2　O-S-Pb同位素特征

1. 石英结构

对桃林热液成矿阶段Ⅱ、阶段Ⅲ（图3-36）中的石英拍摄了阴极发光图像以揭示石英的内部结构。阶段Ⅱ中的石英发光图像通常比较均一，没有明显的条带或环带［图4-52（a）］。然而，阶段Ⅱ中的石英通常显示出明显的自形–半自形核幔结构，从核到边颜色由浅到深［图4-52（b）］。二者之间没有明显的交代结构，表明它们是生长边。浅色的核相对较宽且缺乏清晰的振荡环带，而深色的边比较窄且具有弱的振荡环带。

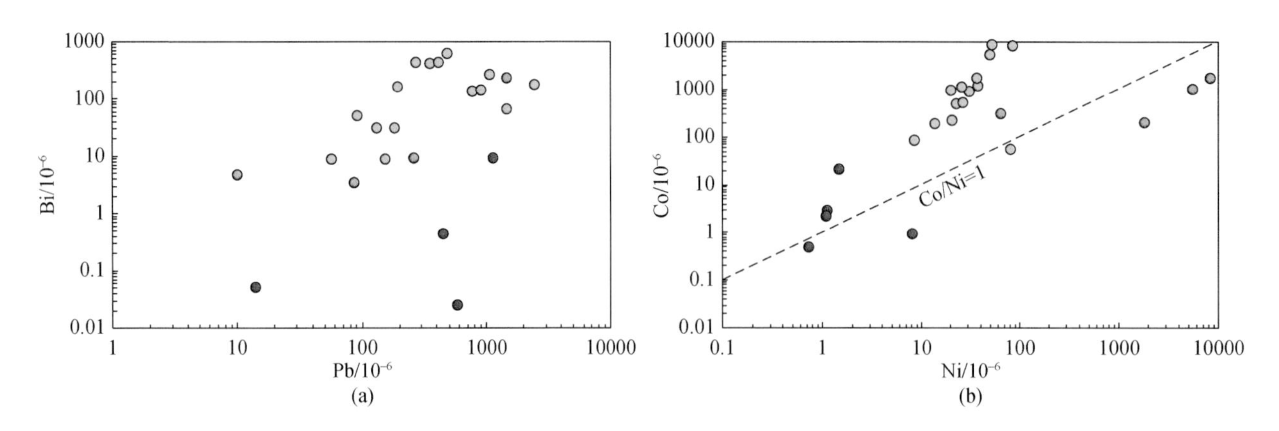

图4-51 桃林铅锌矿床黄铁矿 Bi-Pb（a）和 Co-Ni（b）图解

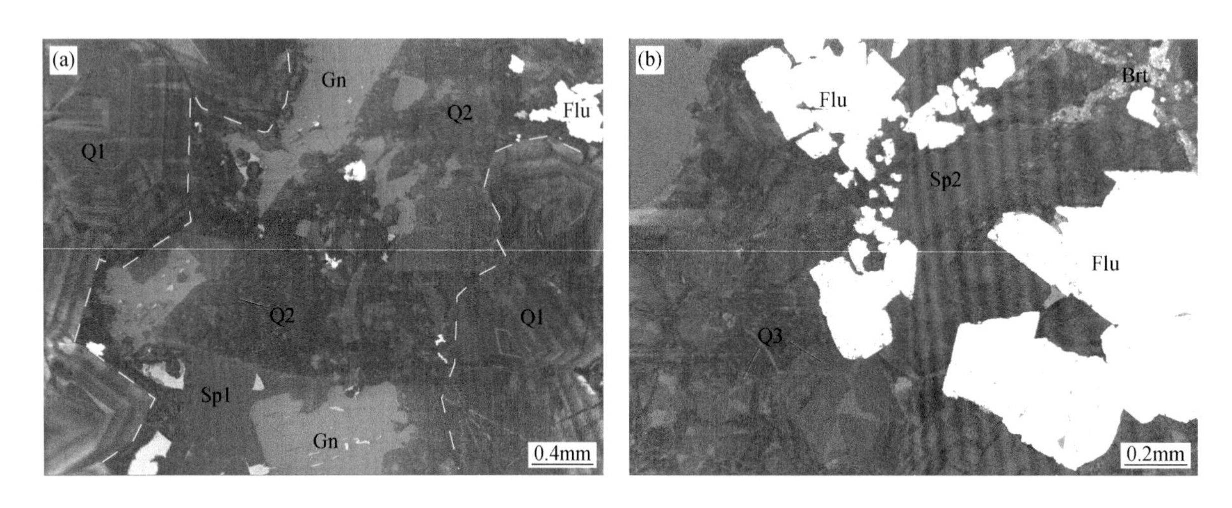

图4-52 桃林铅锌矿床中石英 CL 图像

（a）阶段Ⅱ中石英阴极发光图像相对均一，无明显条带或环带；（b）阶段Ⅲ中石英具有核幔结构。Q. 石英；Flu. 萤石；Sp. 闪锌矿；Gn. 方铅矿；Brt. 重晶石

2. 分析结果

桃林铅锌矿床中石英原位 O 同位素分析结果见表4-25。阶段Ⅱ中的石英 $\delta^{18}O$ 值相对较高，变化范围较小（14.3‰~17.9‰），而阶段Ⅲ中的石英 $\delta^{18}O$ 值（9.7‰~14.4‰）相对较低（图4-53）。

表4-25 桃林铅锌矿床中石英原位 O 同位素分析结果

点号	阶段	温度 T/℃	$\delta^{18}O_{石英}$/‰	2σ	温度校正后的 $\delta^{18}O_{流体}$		
					$\delta^{18}O_{流体}$/‰, V-SMOW	$\delta^{18}O_{流体}$/‰, V-SMOW	$\delta^{18}O_{流体}$/‰, V-SMOW
					163℃	206℃	248℃
17TL-2-1-1@01	阶段Ⅱ	205.6±42.6	15.79	0.20	1.29	4.49	6.79
17TL-2-1-1@2			15.89	0.24	1.39	4.59	6.89
17TL-2-1-1@3			15.85	0.15	1.35	4.55	6.85
17TL-2-1-1@05			15.49	0.38	0.99	4.19	6.49
17TL-2-1-1@06			16.56	0.47	2.06	5.26	7.56

续表

点号	阶段	温度 T/℃	$\delta^{18}O_{石英}$/‰	2σ	温度校正后的 $\delta^{18}O_{流体}$		
					$\delta^{18}O_{流体}$/‰, V-SMOW	$\delta^{18}O_{流体}$/‰, V-SMOW	$\delta^{18}O_{流体}$/‰, V-SMOW
					163℃	206℃	248℃
17TL-2-1-1@09	阶段Ⅱ	205.6±42.6	15.61	0.44	1.11	4.31	6.61
17TL-2-1-1@10			16.40	0.39	1.90	5.10	7.40
17TL-2-1-1@11			15.22	0.32	0.72	3.92	6.22
17TL-2-1-1@12			14.87	0.52	0.37	3.57	5.87
17TL-2-1-1@13			15.89	0.37	1.39	4.59	6.89
DJC03-2-2J@03			15.34	0.22	0.84	4.04	6.34
DJC-03-2′J@1			14.73	0.28	0.23	3.43	5.73
DJC-03-2′J@03			16.74	0.22	2.24	5.44	7.74
DJC-03-2′J@04			15.65	0.22	1.15	4.35	6.65
DJC-03-2′J@06			17.92	0.22	3.42	6.62	8.92
DJC-03-2′J@08			17.31	0.23	2.81	6.01	8.31
DJC-03-2′J@13			15.42	0.19	0.92	4.12	6.42
DJC-03-2′J@14			14.34	0.28	-0.16	3.04	5.34
					132℃	169℃	206℃
DJC-10′@1	阶段Ⅲ	169.1±36.8	12.40	0.19	-5.00	-1.60	1.10
DJC-10′@2			11.31	0.20	-6.09	-2.69	0.01
DJC-10′@3			13.11	0.17	-4.29	-0.89	1.81
DJC-10′@4			12.55	0.16	-4.85	-1.45	1.25
DJC-10′@5			11.93	0.12	-5.47	-2.07	0.63
DJC-10′@6			12.24	0.17	-5.16	-1.76	0.94
DJC-10′@7			11.58	0.19	-5.82	-2.42	0.28
DJC-14-2@01			11.55	0.20	-5.85	-2.45	0.25
DJC-14-2@2			13.76	0.18	-3.64	-0.24	2.46
DJC-14-2@3			10.73	0.28	-6.67	-3.27	-0.57
DJC-14-2@4			9.68	0.16	-7.72	-4.32	-1.62
DJC-14-2@5			10.82	0.21	-6.58	-3.18	-0.48
DJC-14@01			12.56	0.12	-4.84	-1.44	1.26
DJC-14@2			12.37	0.13	-5.03	-1.63	1.07
DJC-14@3			11.02	0.18	-6.38	-2.98	-0.28
DJC-14@4			10.92	0.15	-6.48	-3.08	-0.38
DJC-14@5			14.20	0.24	-3.20	0.20	2.90
DJC-15@01			13.57	0.16	-3.83	-0.43	2.27
DJC-15@2			11.10	0.26	-6.30	-2.90	-0.20
DJC-15@3			12.71	0.25	-4.69	-1.29	1.41
DJC-15@4			13.94	0.16	-3.46	-0.06	2.64
DJC-15@5			14.38	0.15	-3.02	0.38	3.08

续表

点号	阶段	温度 T/℃	$\delta^{18}O_{石英}$/‰	2σ	温度校正后的 $\delta^{18}O_{流体}$		
					$\delta^{18}O_{流体}$/‰, V-SMOW	$\delta^{18}O_{流体}$/‰, V-SMOW	$\delta^{18}O_{流体}$/‰, V-SMOW
					132℃	169℃	206℃
DJC-15@6	阶段Ⅲ	169. 1±36. 8	12. 28	0. 19	−5. 12	−1. 72	0. 98
ST02-1-2@01			11. 45	0. 15	−5. 95	−2. 55	0. 15
ST02-1-2@2			11. 34	0. 25	−6. 06	−2. 66	0. 04
ST02-1-2@3			11. 23	0. 16	−6. 17	−2. 77	−0. 07
ST02-1-2@4			12. 97	0. 30	−4. 43	−1. 03	1. 67
ST02-1-2@5			10. 41	0. 18	−6. 99	−3. 59	−0. 89
ST02-1-2@6			11. 20	0. 21	−6. 20	−2. 80	−0. 10
ST02-1-2@7			13. 19	0. 18	−4. 21	−0. 81	1. 89

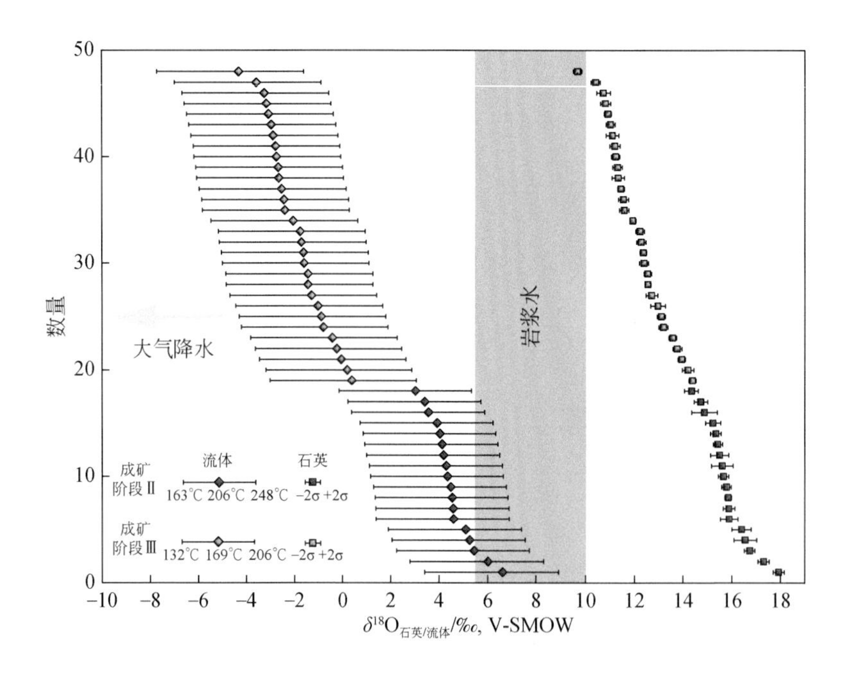

图 4-53　桃林铅锌矿床中石英原位氧（O）同位素分析结果

桃林铅锌矿床的原位 S 同位素分析结果见表 4-26。阶段Ⅱ中硫化物的 $\delta^{34}S_{V\text{-}CDT}$ 介于−8. 8‰ ~ −1. 8‰之间，其中闪锌矿变化于−2. 6‰ ~ −1. 8‰之间、黄铜矿变化于−4. 7‰ ~ −3. 8‰之间、方铅矿变化于−8. 8‰ ~ −5. 1‰之间（图 4-54）。阶段Ⅲ中的重晶石 $\delta^{34}S_{V\text{-}CDT}$ 值为 12. 6‰ ~ 17. 7‰、闪锌矿为−4. 2‰ ~ −3. 4‰、方铅矿为−8. 2‰ ~ −6. 7‰。

表 4-26　桃林铅锌矿中硫化物和重晶石 S 同位素分析结果

点号	阶段	矿物	$\delta^{34}S_{V-CDT}$/‰	2σ	$\delta^{34}S_{fluid}$/‰
DJC-03-2-1-1-Sph	阶段Ⅱ	Sp1（第一世代闪锌矿）	-2.5	0.1	-2.9
DJC-03-2-1-3-Sph	阶段Ⅱ	Sp1（第一世代闪锌矿）	-2.2	0.1	-2.6
DJC-03-2-2-1-Sph	阶段Ⅱ	Sp1（第一世代闪锌矿）	-2.5	0.1	-2.9
DJC-03-2B3-3-1-Sph	阶段Ⅱ	Sp1（第一世代闪锌矿）	-1.8	0.1	-2.3
DJC-05J-1-1-Sph	阶段Ⅱ	Sp1（第一世代闪锌矿）	-2.0	0.1	-2.4
DJC-05J-2-2-Sph	阶段Ⅱ	Sp1（第一世代闪锌矿）	-2.6	0.1	-3.1
DJC-03-2-1-5-Ccp	阶段Ⅱ	黄铜矿	-4.7	0.2	-4.9
DJC-03-2B3-2-1-Ccp	阶段Ⅱ	黄铜矿	-3.8	0.1	-4.0
DJC-05J-4-1-Ccp	阶段Ⅱ	黄铜矿	-3.9	0.1	-4.2
DJC-03-2-1-2-Gn	阶段Ⅱ	方铅矿	-8.2	0.3	-5.4
DJC-03-2-1-4-Gn	阶段Ⅱ	方铅矿	-8.4	0.3	-5.6
DJC-03-2-2-2-Gn	阶段Ⅱ	方铅矿	-8.8	0.7	-6.0
DJC-03-2B3-3-2-Gn	阶段Ⅱ	方铅矿	-6.0	0.3	-3.2
DJC-05J-1-2-Gn	阶段Ⅱ	方铅矿	-6.1	0.2	-3.3
DJC-05J-2-1-Gn	阶段Ⅱ	方铅矿	-5.1	0.2	-2.4
18DJC-10-2J-1-1-Sph	阶段Ⅲ	Sp2（第二世代闪锌矿）	-3.4	0.1	
18DJC-10-2J-3-2-Sph	阶段Ⅲ	Sp2（第二世代闪锌矿）	-3.8	0.1	
18DJC-10-2J-4-2-Sph	阶段Ⅲ	Sp2（第二世代闪锌矿）	-3.7	0.1	
18DJC-10-3J-1-1-Sph	阶段Ⅲ	Sp2（第二世代闪锌矿）	-3.7	0.1	
18DJC-10-4J-1-1-Sph	阶段Ⅲ	Sp2（第二世代闪锌矿）	-4.2	0.1	
18DJC-10-4J-5-1-Sph	阶段Ⅲ	Sp2（第二世代闪锌矿）	-3.5	0.1	
18DJC-10-3J-1-11-Gn	阶段Ⅲ	方铅矿	-8.2	0.3	
18DJC-10-3J-1-22-Gn	阶段Ⅲ	方铅矿	-7.9	0.3	
18DJC-10-3J-3-1-Gn	阶段Ⅲ	方铅矿	-7.8	0.3	
18DJC-10-3J-3-2-Gn	阶段Ⅲ	方铅矿	-7.6	0.3	
18DJC-10-4J-1-2-Gn	阶段Ⅲ	方铅矿	-7.0	0.2	
18DJC-10-4J-5-2-Gn	阶段Ⅲ	方铅矿	-6.7	0.2	
18DJC-10-2J-1-2-Brt	阶段Ⅲ	重晶石	17.7	0.1	
18DJC-10-2J-3-1-Brt	阶段Ⅲ	重晶石	17.1	0.1	
18DJC-10-2J-4-1-Brt	阶段Ⅲ	重晶石	16.9	0.1	
18DJC-10-3J-1-2-Brt	阶段Ⅲ	重晶石	16.1	0.1	
18DJC-10-3J-1-33-Brt	阶段Ⅲ	重晶石	13.8	0.1	
18DJC-10-3J-1-44-Brt	阶段Ⅲ	重晶石	14.4	0.1	
18DJC-10-3J-3-3-Brt	阶段Ⅲ	重晶石	15.0	0.1	
18DJC-10-3J-3-4-Brt	阶段Ⅲ	重晶石	12.6	0.1	
18DJC-10-4J-1-3-Brt	阶段Ⅲ	重晶石	13.4	0.1	
18DJC-10-4J-1-4-Brt	阶段Ⅲ	重晶石	13.6	0.1	
18DJC-10-4J-5-3-Brt	阶段Ⅲ	重晶石	13.3	0.2	
18DJC-10-4J-5-4-Brt	阶段Ⅲ	重晶石	13.5	0.1	

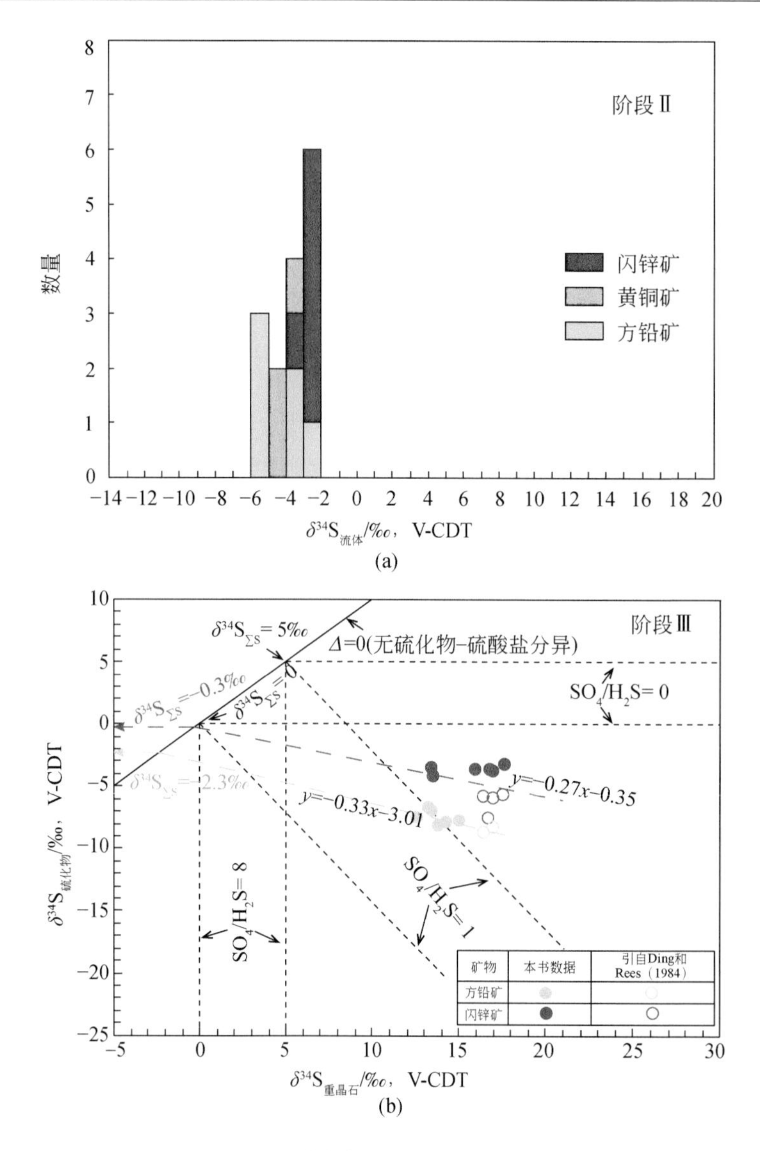

图 4-54　桃林铅锌矿床的硫同位素特征

（a）热液成矿阶段Ⅱ（见图3-37）中流体$\delta^{34}S$值分布直方图；（b）热液成矿阶段Ⅲ（见图3-37）中（$\delta^{34}S_{方铅矿}$，$\delta^{34}S_{闪锌矿}$）-$\delta^{34}S_{重晶石}$图，斜率为负的黑色虚线代表在较大温度范围内SO_4^{2-}-H_2S同位素交换产生的$\delta^{34}S_{硫化物}$和$\delta^{34}S_{硫酸盐}$的协同变化（Fifarek and Rye，2005），红色和蓝色虚线斜率的绝对值（0.27，0.33）等于流体中SO_4/H_2S的摩尔比，利用红色和蓝色虚线与无硫化物-硫酸盐分异（$\Delta=0$）的黑色实线之间的交点在纵坐标轴上的投影计算出的热液流体中的$\delta^{34}S_{\Sigma S}$值在-2.3‰ ~ -0.3‰之间。空心圆圈数据来自 Ding 和 Rees（1984）

桃林铅锌矿床岩体、硫化物和花岗岩的 Pb 同位素分析结果见表 4-27。Pb 同位素比值变化范围较小，$^{206}Pb/^{204}Pb$、$^{207}Pb/^{204}Pb$ 和$^{208}Pb/^{204}Pb$ 分别为 18.130 ~ 18.226（平均值 18.174）、15.629 ~ 15.752（平均值 15.684）和 38.619 ~ 39.000（平均值 38.791）。幕阜山花岗岩体的$^{206}Pb/^{204}Pb$、$^{207}Pb/^{204}Pb$ 和$^{208}Pb/^{204}Pb$ 分别为 18.039 ~ 18.323（平均值 18.190）、15.650 ~ 15.674（平均值 15.661）和 38.362 ~ 38.755（平均值 38.550）。Pb 同位素数据落到造山带演化线之上［图 4-55（a）］，且显示出较好的线性关系［图 4-55（b）］。

4.4.1.3　矿床成因类型

1. 成矿流体和物质来源

热液流体的 $\delta^{18}O$ 值计算公式为：$1000\times\ln\alpha_{quartz\text{-}H_2O}=4.28\times10^6\times T^{-2}-3.5\times10^3\times T$（Sharp et al.，2016）。利用闪锌矿地质温度计（GGIMFis；Frenzel et al.，2016）计算出的阶段Ⅱ、阶段Ⅲ的成矿流体氧同位素值

表 4-27　桃林铅锌矿床岩体、硫化物和花岗岩的 Pb 同位素分析结果

点号	岩性	矿物	$^{206}Pb/^{204}Pb$	$^{207}Pb/^{204}Pb$	$^{208}Pb/^{204}Pb$	数据来源
17LS-2	二云母二长花岗岩	全岩	18.232	15.667	38.553	本书
17LS-9	二云母二长花岗岩	全岩	18.323	15.672	38.556	
17TL-25	二云母二长花岗岩	全岩	18.197	15.674	38.755	
15MFS03-1	二云母二长花岗岩	全岩	18.306	15.657	38.516	
15MFS04-1	二云母二长花岗岩	全岩	18.099	15.650	38.496	
15MFS04-2	二云母二长花岗岩	全岩	18.259	15.655	38.465	
STCM3-02	二云母二长花岗岩	全岩	18.039	15.661	38.675	
17LS-10-2	黑云母二长花岗岩	全岩	18.235	15.668	38.598	
17LS-10-1	黑云母二长花岗岩	全岩	18.200	15.664	38.571	
17YKS-07-1	黑云母二长花岗岩	全岩	18.081	15.661	38.665	
15MFS05-1	黑云母二长花岗岩	全岩	18.161	15.652	38.362	
15MFS05-2	黑云母二长花岗岩	全岩	18.150	15.652	38.393	
17TL-2-1	矿石	方铅矿	18.226	15.752	39.000	
DJC-12	矿石	方铅矿	18.211	15.725	38.922	
DJC-13-1	矿石	方铅矿	18.199	15.718	38.913	
DJC-15-2	矿石	方铅矿	18.170	15.683	38.805	
17TL-2-1	矿石	闪锌矿	18.148	15.650	38.658	
ST-02	矿石	闪锌矿	18.130	15.632	38.619	
DJC-14	矿石	闪锌矿	18.134	15.629	38.622	
TL01	矿石	方铅矿	18.145	15.650	38.712	Ding et al., 1986
TL06	矿石	方铅矿	18.145	15.651	38.714	Ding et al., 1986
TL08	矿石	方铅矿	18.145	15.648	38.693	Ding et al., 1986
TL21	矿石	方铅矿	18.147	15.658	38.723	Ding et al., 1986
TL31	矿石	方铅矿	18.155	15.662	38.738	Ding et al., 1986
TL02	矿石	方铅矿	18.143	15.647	38.700	Ding et al., 1986
TL13	矿石	方铅矿	18.156	15.657	38.727	Ding et al., 1986
TL19	矿石	方铅矿	18.153	15.657	38.715	Ding et al., 1986
TL22	矿石	方铅矿	18.157	15.654	38.720	Ding et al., 1986
TL23	矿石	方铅矿	18.133	15.646	38.698	Ding et al., 1986
TL26	花岗岩	斜长石	18.124	15.676	38.800	Ding et al., 1986
TL27	花岗岩	斜长石	18.113	15.660	38.660	Ding et al., 1986
L-2	冷家溪群	全岩	18.832	15.586	39.294	刘海臣和朱炳泉，1994
L-7	冷家溪群	全岩	19.034	15.590	39.858	刘海臣和朱炳泉，1994
L-15	冷家溪群	全岩	20.089	15.728	41.786	刘海臣和朱炳泉，1994
L-32	冷家溪群	全岩	20.308	15.733	43.388	刘海臣和朱炳泉，1994
L-60	冷家溪群	全岩	20.525	15.788	41.792	刘海臣和朱炳泉，1994
L-11-1	冷家溪群	全岩	19.122	15.642	40.057	刘海臣和朱炳泉，1994
L-61	冷家溪群	全岩	22.038	15.937	46.917	刘海臣和朱炳泉，1994

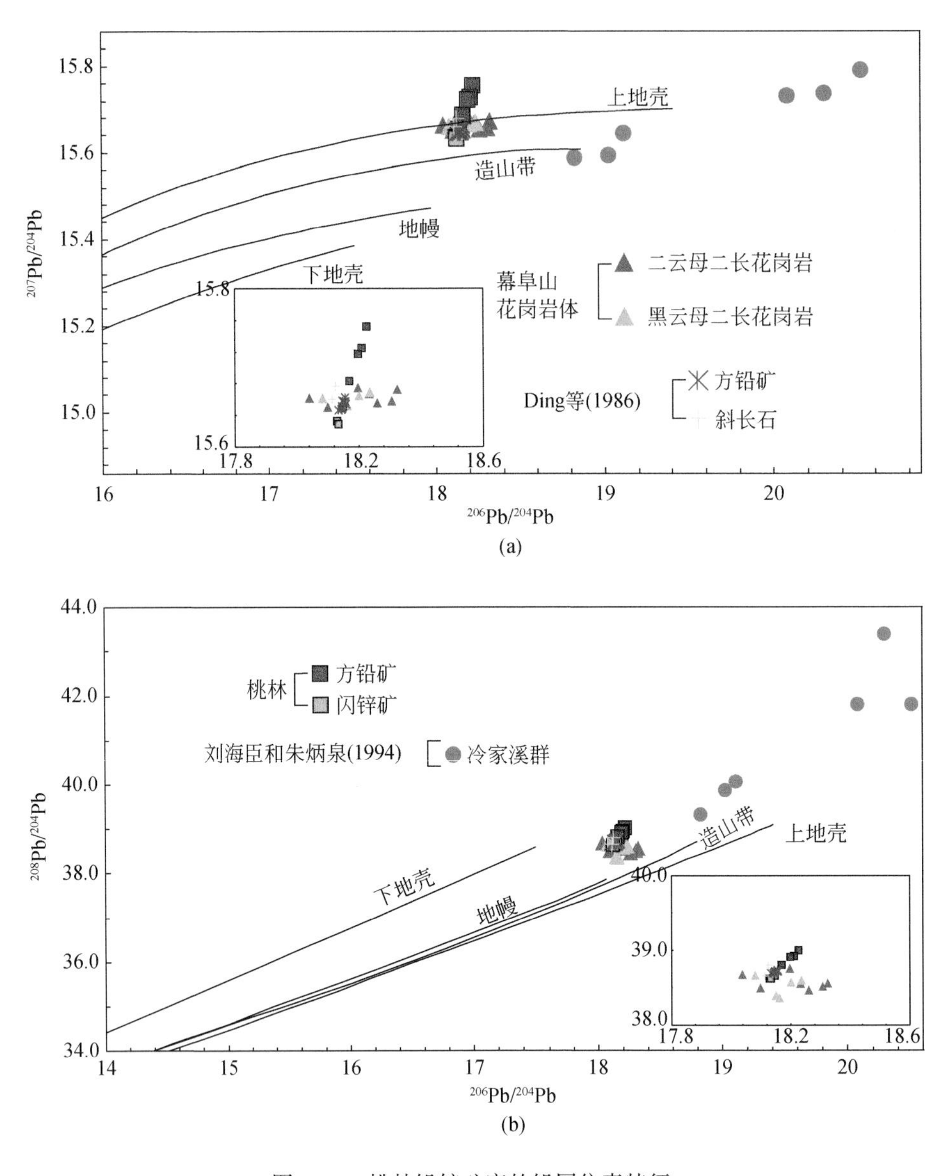

图 4-55　桃林铅锌矿床的铅同位素特征

在图 4-53 中给出。阶段Ⅱ的样品显示出相对高的 $\delta^{18}O_{fluid}$ 值（-0.2‰～8.9‰）（表 4-25），部分数据落入岩浆水的范围（5.5‰～10‰；Taylor，1974）。阶段Ⅲ样品中的流体 $\delta^{18}O_{fluid}$ 值（-7.7‰～3.1‰）相对亏损，明显表示有轻同位素物质的加入（如大气降水）。因此，桃林铅锌矿床在阶段Ⅱ时，幕阜山岩体的侵位导致成矿流体来源于岩浆水，之后在阶段Ⅲ混入大气降水。

通常来讲，硫化物的 S 同位素成分不能代表成矿流体的 $\delta^{34}S_{\Sigma S}$，成矿流体的 $\delta^{34}S_{\Sigma S}$ 受氧逸度、温度、pH 和离子键能的影响（Ohmoto，1972）。因此，桃林铅锌矿床中的 S 的来源必须基于成矿流体的 S 同位素特征来确定。然而，当低氧逸度、低 pH 热液流体中以 H_2S 为主时，$\delta^{34}S_{\Sigma} \approx \delta^{34}S_{H_2S} \approx \delta^{34}S_{黄铁矿}$ 是大致处于平衡状态的（Wu et al.，2014）。阶段Ⅱ中的硫化物以闪锌矿、方铅矿和黄铜矿为主，没有硫酸盐矿物的出现。因此，阶段Ⅱ中的成矿流体以 H_2S 为主，而且这些硫化物是在低氧逸度和低 pH 条件下形成的。由表 4-26 可知，桃林铅锌矿床中的闪锌矿、方铅矿和黄铜矿的 S 同位素已经达到平衡（Ohmoto，1986）。因此，闪锌矿、方铅矿和黄铜矿的 $\delta^{34}S_{H_2S}$ 值可以代表热液流体中的 $\delta^{34}S_{\Sigma S}$（徐九华等，1993）。$\delta^{34}S_{H_2S}$ 值可以由公式：$\delta^{34}S_{H_2S}=\delta^{34}S_i-A_i\ (10^6\times T^{-2})$ 计算出，这里 i 代表不同的硫化物，闪锌矿、黄铜矿和方铅矿的 A_i 值分别为 0.1、0.05 和-0.64，T 是开尔文温度（Li and Liu，2006），闪锌矿的地质温度计被用于计算 $\delta^{34}S_{H_2S}$

值。闪锌矿、黄铜矿和方铅矿的$\delta^{34}S_{H_2S}$值分别介于-3.1‰～-2.3‰、-4.9‰～-4.0‰和-6.0‰～-2.4‰之间［图4-54（a）］。这些值与岩浆S的范围是一致的（0‰±5‰；Ohmoto and Rye，1979），表明阶段Ⅱ中的S主要是岩浆来源。在阶段Ⅲ，由于重晶石的出现［图3-27（e）(f)(h)］，闪锌矿、方铅矿的$\delta^{34}S$值明显低于重晶石的值（表4-26）。由于在硫化物沉淀过程中硫同位素在氧化相与还原相之间可以再平衡（Gomide et al.，2013），硫化物或硫酸盐的平均值不能代表热液流体的$\delta^{34}S_{\Sigma S}$。热液流体的$\delta^{34}S_{\Sigma S}$值可以利用闪锌矿、方铅矿和共生的重晶石矿物对来计算（图4-54b；Fifarek and Rye 2005）。利用方铅矿-重晶石矿物对计算出的$\delta^{34}S_{\Sigma S}$值为-2.3‰，闪锌矿-重晶石矿物对计算出的$\delta^{34}S_{\Sigma S}$值为-0.3‰，表明岩浆S成因。从阶段Ⅱ到阶段Ⅲ，$\delta^{34}S_{\Sigma S}$值变大的趋势可能是$\delta^{34}S_{\Sigma S}$值为负的硫化物沉淀导致的（Ding and Rees，1984）。基于校正的S同位素，阶段Ⅲ的成矿流体可能与阶段Ⅱ一样都来源于岩浆。

为了进行对比，Ding等（1986）中的10个方铅矿和2个斜长石样品的Pb同位素数据也在图4-55中显示出来。在图4-55（a）中，大多数分析的样品都落在上地壳附近或以上，剩下的落在上地壳和地幔趋势线之间。而且，所有的桃林矿石样品、幕阜山岩体样品以及冷家溪群样品比地幔和下地壳具有更多的放射性Pb［图4-55（a）］，这表明桃林铅锌矿的Pb可能来源于上地壳。$^{208}Pb/^{204}Pb$-$^{206}Pb/^{204}Pb$图解［图4-55（b）］进一步反映出分析的样品平行于造山、地幔和上地壳趋势线。桃林铅锌矿床中的硫化物Pb同位素成分与幕阜山岩体的二云母二长花岗岩和黑云母二长花岗岩相似，但明显不同于冷家溪群岩石（图4-55）。这表明成矿金属（Pb和Zn）可能来源于幕阜山岩体，而不是冷家溪群岩石。

2. 成矿条件

前人研究表明闪锌矿中的元素含量在很大程度上受成矿温度的影响（刘英俊等，1984；Cook et al.，2009b；Ye et al.，2011；邹志超等，2012；高永宝等，2016），高温条件下形成的闪锌矿颜色比较深，且富Fe、Mn、In和Se，Ga/In值通常小于0.1。中温条件下形成的闪锌矿富Cd和In，Ga/In值通常介于0.1～5.0之间（刘英俊等，1984；高永宝等，2016）。低温条件下形成的闪锌矿颜色较浅，具有高的Ga、Ge和Ag含量且Ga/In值通常大于1（刘英俊等，1984；高永宝等，2016）。桃林铅锌矿床中的闪锌矿Fe和Mn含量与MVT型Pb-Zn矿床一致，然而，In和Se含量比MVT型Pb-Zn矿床高。而且，桃林铅锌矿中的闪锌矿富Ga且Ga/In值变化于0.96～7647之间（通常大于10；表4-23），表明桃林闪锌矿可能形成于中低温条件。另外，闪锌矿中的Fe含量与成矿温度具有正相关性（刘铁庚等，2010），中高温、中温和低温条件下形成的闪锌矿的Zn/Fe值分别为<10、10～100和>100（于琼华等，1987）。热液成矿阶段Ⅱ的Sp1的Zn/Fe值介于16.32～76.83之间（平均50.15），热液成矿阶段Ⅲ的Sp2的Zn/Fe值介于98.64～609.7之间（平均191.6），这表明Sp1形成于中温条件下，而Sp2形成于低温条件。根据Frenzel等（2016）提出的闪锌矿地质温度计（GGIMFis）计算出的Sp1和Sp2形成温度分别为206±43℃、169±37℃，这与Zn/Fe值估算的温度一致（表4-23）。这些估计的温度与流体包裹体得出的均一温度大致吻合（120～200℃；Roedder and Howard，1988）。因此，桃林Pb-Zn矿床可能形成于中低温条件。闪锌矿中的Fe含量除了受温度影响外还受硫逸度控制（Scott and Barnes，1971；Hutchison and Scott，1983；Kelly et al.，2004；Keith et al.，2014）。Sp2的FeS摩尔分数（平均1.14 mol%）与Sp1的FeS摩尔分数（平均3.73mol%）（表4-22）均比较低，表明阶段Ⅱ和阶段Ⅲ具有中硫逸度特征。另外，Mn是以MnS形式进入闪锌矿晶格中的（Bernardini et al.，2004；Kelly et al.，2004），而闪锌矿中的Mn含量与还原程度具有正相关性（Kelly et al.，2004）。因此，Sp1明显高于Sp2的Mn含量暗示Sp1在更还原的环境下形成。

3. 成矿时代

用于Ar-Ar定年的白云母样品采自铅锌矿化的伟晶岩中，年龄数据分析结果见表4-28。坪年龄、等时线年龄和反等时线年龄见图4-56。样品测试共分18个阶段加热，前两个阶段释放的^{39}Ar波动较大，而第3～第18个加热阶段积累了96.7%的^{39}Ar，形成了非常平坦的坪，其坪年龄为120.7±0.7Ma（MSWD=0.77）［图4-56（b）］。等时线的年龄为121.0±0.8Ma（MSWD=0.56），对应的初始$^{40}Ar/^{36}Ar$值为290.4±7.8［图4-56（c）］。反等时线年龄为120.9±0.8Ma（MSWD=0.55），对应的初始$^{40}Ar/^{36}Ar$值为291.0±7.7［图4-56（d）］。坪年龄、等时线年龄和反等时线年龄在误差范围内一致，而且样品的初始$^{40}Ar/^{36}Ar$

值与大气中的$^{40}Ar/^{36}Ar$值（295.5；Marty et al.，1989；Burnard et al.，1999）一致。另外，本次研究中分析的白云母与Pb-Zn矿化密切相关［图4-56（a）］，因此，其获得的$^{40}Ar/^{39}Ar$年龄可近似代表Pb-Zn矿化的时间。因为闪锌矿的地质温度计计算出的成矿温度为121～292℃（Yu et al.，2020），石英和闪锌矿中的流体包裹体均一温度为138～278℃（陕亮，2019），这些温度均低于白云母的封闭温度（350±50℃；McDougall and Harrison，1999），表明分析的白云母处在一个封闭体系中，未受到热扰动或混染。根据以上分析，认为获得的$^{40}Ar/^{39}Ar$年龄是可靠的，可近似代表桃林铅锌矿的形成时间大致为121Ma。

表4-28　桃林铅锌矿白云母Ar-Ar定年结果

阶段	^{36}Ar	^{37}Ar	^{38}Ar	^{39}Ar	^{40}Ar	$^{40}Ar/^{39}Ar$	$^{36}Ar/^{39}Ar$	$^{37}Ar/^{39}Ar$	$^{40}Ar^*/^{39}Ar$	$^{40}Ar^*$/%	$^{39}Ar_k$/%	年龄/Ma	$\pm2\sigma$/Ma
20WHA0267-002	3.3749	15.6972	2.6245	199.4664	2371.8038	11.8907	0.0169	0.0787	6.843	57.54	1.11	111.85	1.44
20WHA0267-003	3.3672	11.6235	4.4944	397.3909	3891.1539	9.7918	0.0085	0.0292	7.262	74.16	2.22	118.48	0.82
20WHA0267-004	4.4460	18.3960	9.4502	882.8442	7854.8803	8.8972	0.0050	0.0208	7.393	83.09	4.92	120.55	0.61
20WHA0267-005	3.3702	9.8388	8.2861	786.4790	6817.7243	8.6687	0.0043	0.0125	7.388	85.23	4.39	120.47	0.58
20WHA0267-006	3.0235	1.9528	9.0465	874.1075	7355.4782	8.4148	0.0035	0.0022	7.380	87.70	4.87	120.35	0.54
20WHA0267-007	2.1143	6.3063	9.0384	893.8903	7252.6413	8.1136	0.0024	0.0071	7.406	91.27	4.98	120.75	0.51
20WHA0267-009	1.5203	-3.8692	10.4901	1055.9596	8293.1895	7.8537	0.0014	-0.0037	7.422	94.50	5.89	121.00	0.49
20WHA0267-010	1.7435	0.6616	10.4760	1049.2599	8280.5844	7.8918	0.0017	0.0006	7.393	93.69	5.85	120.56	0.49
20WHA0267-011	2.0936	3.7259	10.8337	1076.6754	8570.3782	7.9600	0.0019	0.0035	7.377	92.68	6.00	120.30	0.49
20WHA0267-012	2.0362	-1.0080	10.6631	1057.9933	8438.7523	7.9762	0.0019	-0.0010	7.399	92.77	5.90	120.65	0.52
20WHA0267-013	1.8090	6.6170	10.9878	1099.4565	8662.9654	7.8793	0.0016	0.0060	7.386	93.74	6.13	120.44	0.49
20WHA0267-014	1.6093	11.4196	11.6170	1169.6225	9153.8101	7.8263	0.0014	0.0098	7.414	94.73	6.52	120.88	0.49
20WHA0267-016	1.6388	15.5249	12.8675	1298.4371	10125.1820	7.7980	0.0013	0.0120	7.420	95.15	7.24	120.97	0.48
20WHA0267-017	1.3340	9.1451	10.7842	1091.6559	8490.2019	7.7774	0.0012	0.0084	7.411	95.29	6.09	120.83	0.48
20WHA0267-018	1.6444	14.3550	10.4275	1045.6321	8240.6061	7.8810	0.0016	0.0137	7.410	94.03	5.83	120.82	0.49
20WHA0267-019	1.5545	-8.5422	10.4953	1054.5417	8276.2569	7.8482	0.0015	-0.0081	7.406	94.36	5.88	120.75	0.49
20WHA0267-020	1.4421	0.8921	12.5046	1266.6824	9820.4375	7.7529	0.0011	0.0007	7.411	95.59	7.06	120.83	0.49
20WHA0267-021	1.4915	14.1601	16.1298	1634.1372	12564.6252	7.6888	0.0009	0.0087	7.415	96.43	9.11	120.89	0.48

(a)

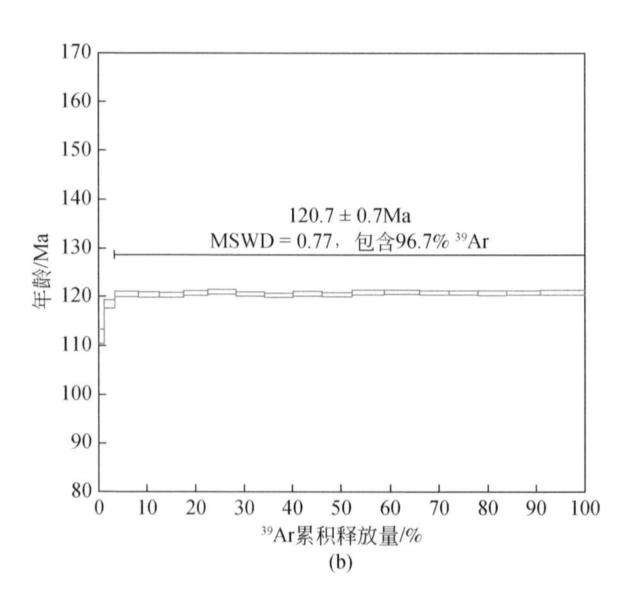

(b)

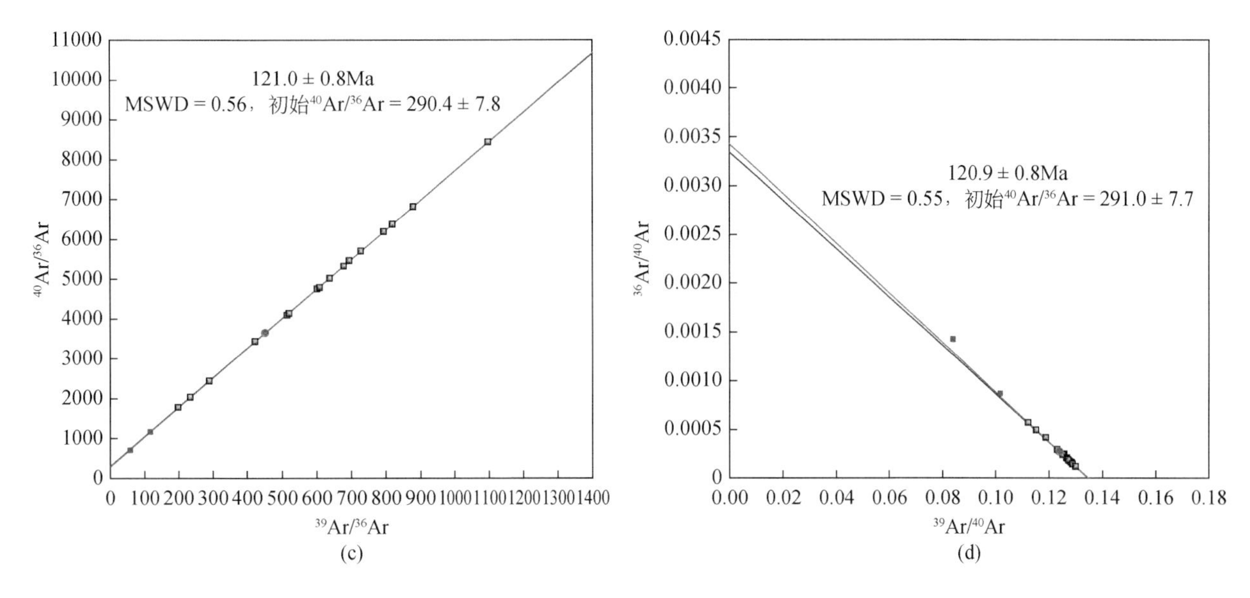

图4-56　桃林铅锌矿白云母定年样品手标本照片（a）、坪年龄（b）、等时线年龄（c）和反等时线年龄（d）

4. 矿床类型

前人研究表明不同类型Pb-Zn矿床中的闪锌矿微量元素含量变化很大。考虑到某些特定元素的不同地球化学特征，那么元素的二元图解可大致判断矿床的可能成因类型。例如，与岩浆作用相关的矿床（SEDEX型和VMS型）中的闪锌矿富集In、Sn、Fe和Mn。而夕卡岩型矿床中的闪锌矿富集Fe、Mn和Co。相反，与岩浆作用无关的矿床（MVT型和金顶型矿床）中的闪锌矿富集Ge、Ag、Sb、Cd和Pb。桃林铅锌矿床中的闪锌矿具有高的Co含量，这与岩浆作用相关的矿床（如夕卡岩型）中的闪锌矿Co含量一致。在图4-57中，PCA分析结果表明第一个主成分PC1以Ag、Cu、Sn、In和Co为主，第二个主成分PC2以Ge、Sb、Mn和Fe为主，第三个主成分以Cd和Ga为主。其中，前两个主成分占元素含量方差的65.3%。三个元素集群，如（Ge，Sb）、（Ag，Cu，Sn，Cd，Ga）和（Mn，Fe，In）在图4-57（a）中已显示。而且Co与（Ag，Cu，Sn，Cd，Ga）呈负相关性。一方面，闪锌矿中高Co、Mn、Fe和In含量可能与岩浆热液系统有关，如夕卡岩型、SEDEX型和VMS型，这些与岩浆作用有关的矿床主要分布在图4-57（b）(c)的下部。另一方面，Ge、Sb、Ag和Cd主要在与岩浆作用无关的低温矿床（如MVT型和金顶型矿床）中富集，这些与岩浆作用无关的矿床主要在图4-57（b）（c）的上部。也就是说，从上部到下部，温度有变大的趋势。桃林铅锌矿床Sp1、Sp2分布于图4-57（b）的左中下部，这与中低温岩浆热液矿床特征是一致的。结合闪锌矿微量元素结果和热液矿物O-S-Pb同位素成分可知，桃林铅锌矿床是与岩浆作用有关的中低温热液矿床。

桃林铅锌矿床与幕阜山岩体的空间关系以及O-S-Pb同位素成分表明Pb-Zn矿化在成因上与幕阜山岩体有关系。而且成矿流体主要来源于岩浆水，成矿物质主要来自幕阜山岩体。另外，在湘东北地区，发育大量的晚侏罗—早白垩世北东-北东东向断层、伸展拆离断层、花岗质岩体的侵入和盆岭构造（Wang et al.，2017；Zou et al.，2018）。伴随着这些伸展构造和岩浆作用，大量的热能产生从而促进流体沿着北东-北东东向断层运移（图4-58）。最终，温度逐渐降低可能是金属沉淀和富集的主要因素。

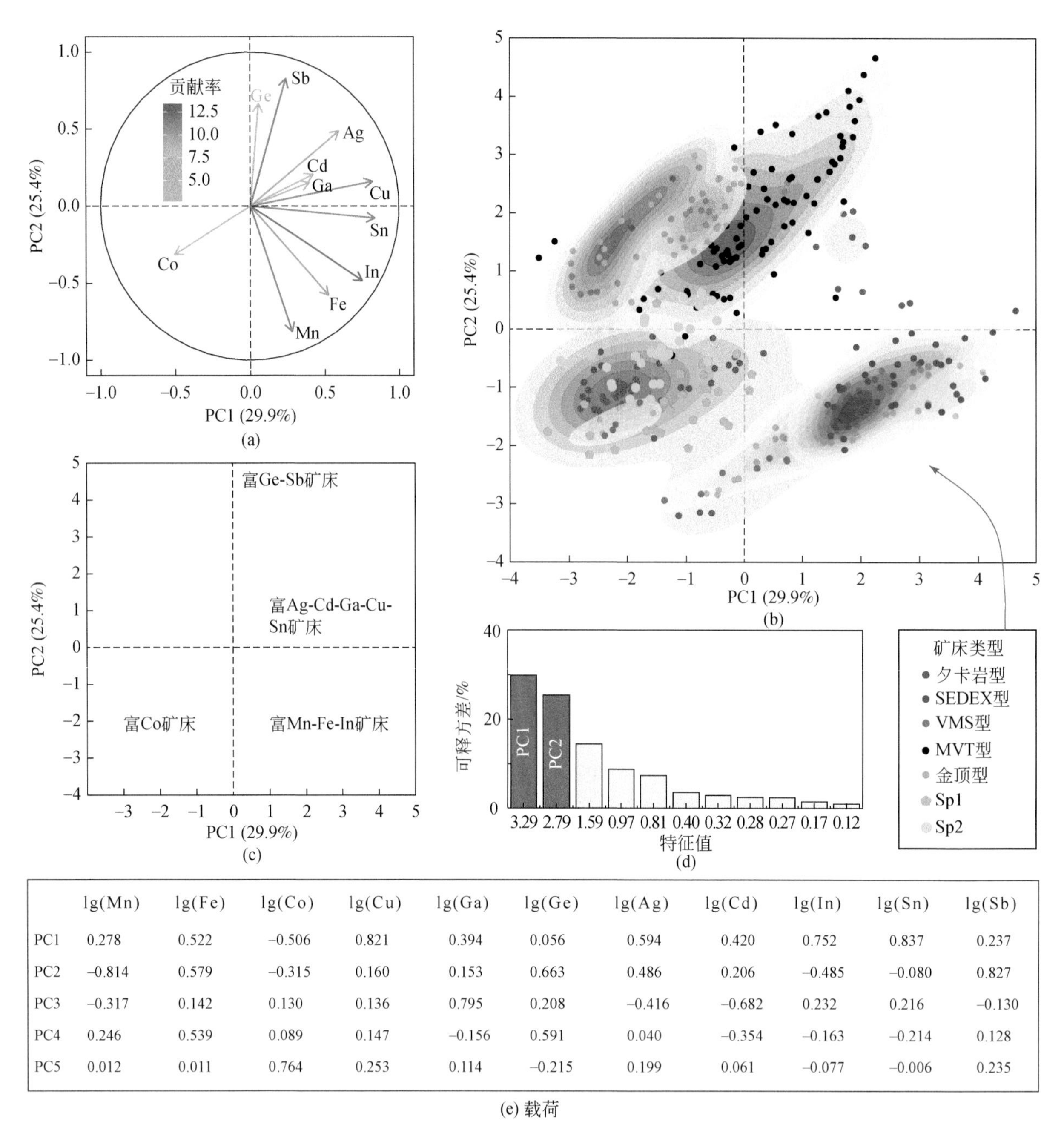

	lg(Mn)	lg(Fe)	lg(Co)	lg(Cu)	lg(Ga)	lg(Ge)	lg(Ag)	lg(Cd)	lg(In)	lg(Sn)	lg(Sb)
PC1	0.278	0.522	–0.506	0.821	0.394	0.056	0.594	0.420	0.752	0.837	0.237
PC2	–0.814	0.579	–0.315	0.160	0.153	0.663	0.486	0.206	–0.485	–0.080	0.827
PC3	–0.317	0.142	0.130	0.136	0.795	0.208	–0.416	–0.682	0.232	0.216	–0.130
PC4	0.246	0.539	0.089	0.147	–0.156	0.591	0.040	–0.354	–0.163	–0.214	0.128
PC5	0.012	0.011	0.764	0.253	0.114	–0.215	0.199	0.061	–0.077	–0.006	0.235

(e) 载荷

图 4-57　桃林铅锌矿床以及其他类型矿床中闪锌矿的 PCA 分析结果

（a）主成分分析的因子载荷图，显示出元素（变量）和具有相似地球化学行为元素的分类；（b）闪锌矿微量元素含量的因子得分图；（c）所选择的元素在不同类型铅锌矿床的富集趋势；（d）相关矩阵特征值的可释方差累计图；（e）主成分的载荷（提取特征向量，指每个原始变量和每个公共因子的相关系数）。数据来自 Cook 等（2009b）、Ye 等（2011）、Wei 等（2018a，2018b）和 Yuan 等（2018）

4.4.2　栗山铅锌铜多金属矿床

4.4.2.1　矿物微量元素特征

1. 绿泥石

通过手标本和显微镜下观察，总结栗山矿区绿泥石产出类型有：阶段 Ⅰ 形成第一世代绿泥石（$Chl_{Ⅰ}$），呈片状、蠕虫状等形态，沿裂隙充填或交代长石、白云母等矿物，常交代白云母并保持白云母

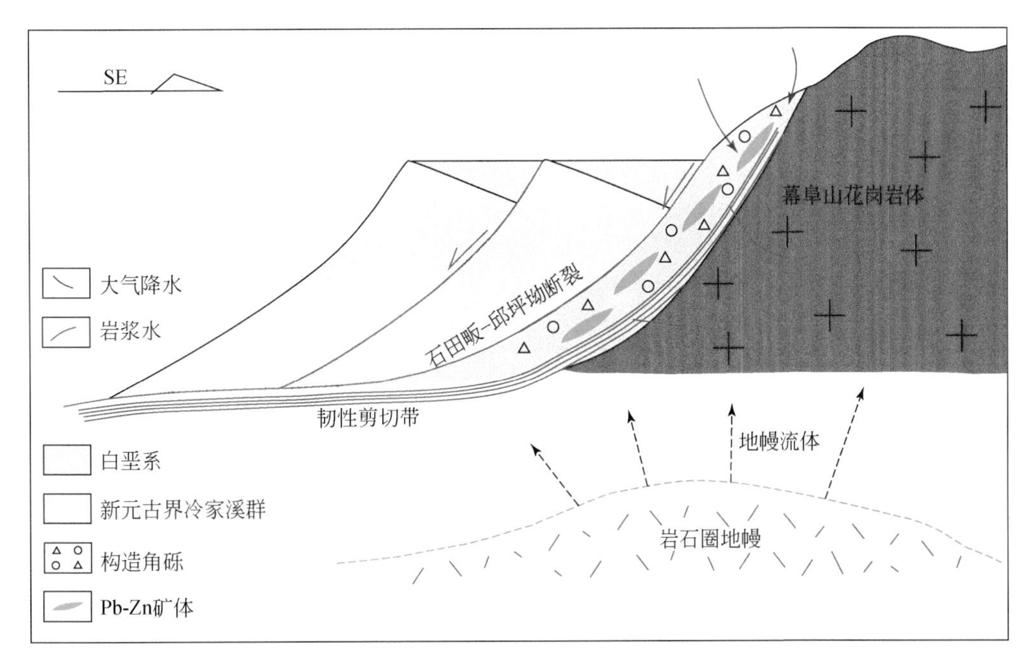

图4-58 桃林铅锌矿成矿模式图

假象［图4-59（a）~（c）］。在热液成矿阶段Ⅱ形成第二世代绿泥石（$Chl_{Ⅱ}$），呈扇状、放射状等，与石英、萤石和黄铜矿等共生［图4-59（d）~（f）］。在热液成矿阶段Ⅲ形成第三世代绿泥石（$Chl_{Ⅲ}$），呈片状、放射状和球状等，与黄铜矿、方铅矿和闪锌矿等硫化物共生［图4-59（g）~（i）］。

从栗山矿区热液成矿阶段Ⅰ、Ⅱ、Ⅲ各选取1个样品进行了绿泥石成分测试，共计36个测点。电子探针分析结果见表4-29，所有测点Na_2O+K_2O+CaO含量均小于0.50%，表明不存在其他矿物的混染，测试结果可靠（Foster，1962）。绿泥石的SiO_2和TiO_2含量变化不大，分别为21.88%~25.79%（平均24.26%）和<0.15%（平均0.04%）。$Chl_{Ⅰ}$的Al_2O_3含量为18.80%~19.99%（平均19.39%），MgO含量为7.39%~8.09%（平均7.63%），FeO含量为31.49%~34.54%（平均33.47%）；$Chl_{Ⅱ}$的Al_2O_3含量为14.94%~17.49%（平均16.56%），MgO含量为3.47%~6.95%（平均4.93%），FeO含量为36.24%~41.06%（平均39.06%）；$Chl_{Ⅲ}$的Al_2O_3含量为15.61%~17.48%（平均16.84%），MgO含量为7.65%~

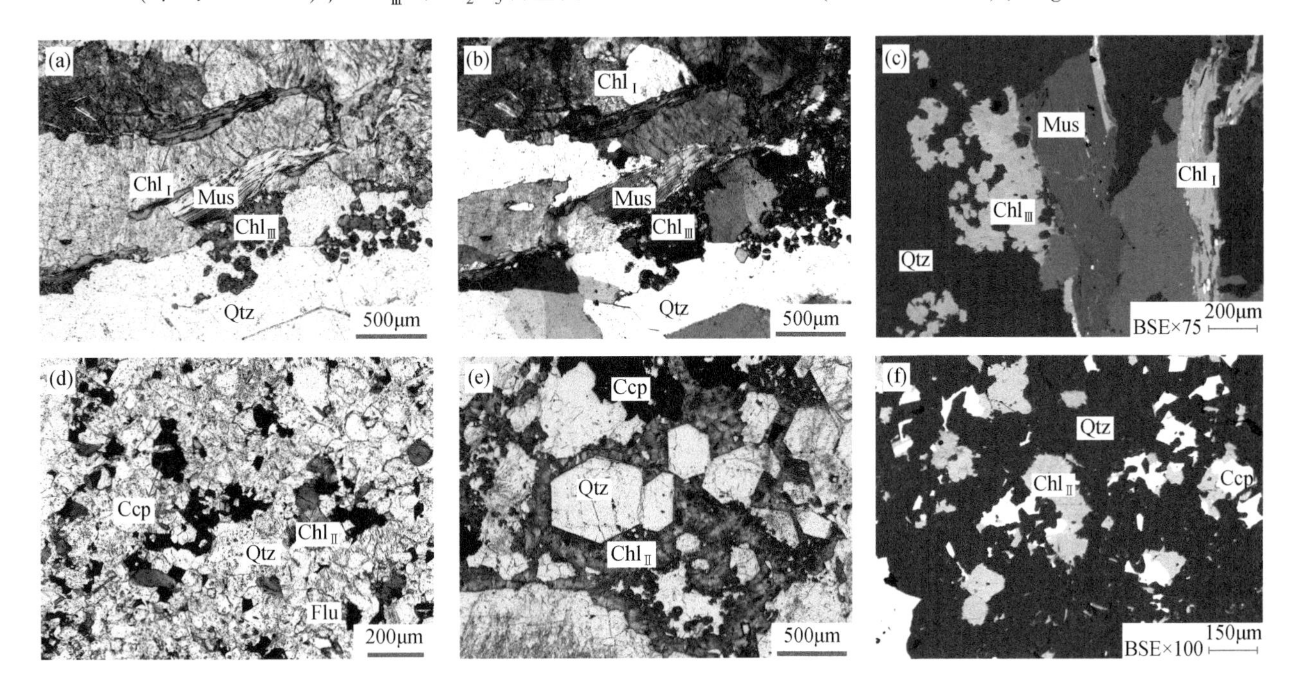

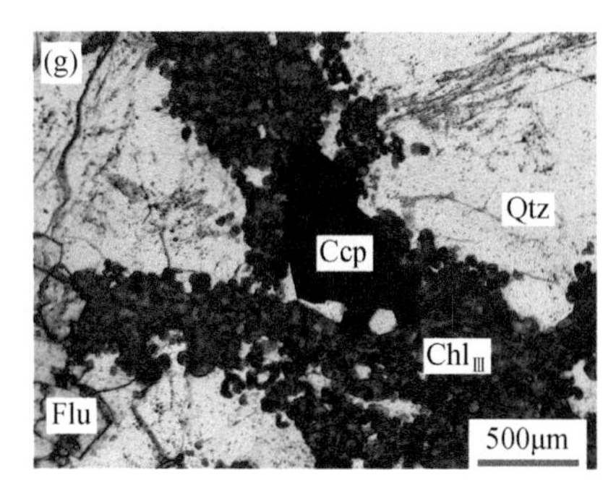

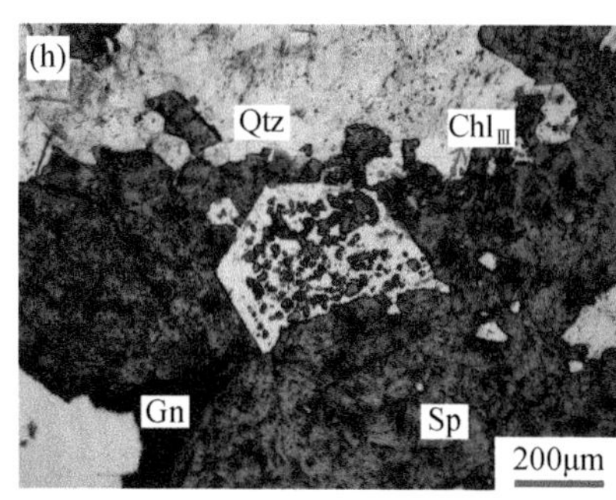

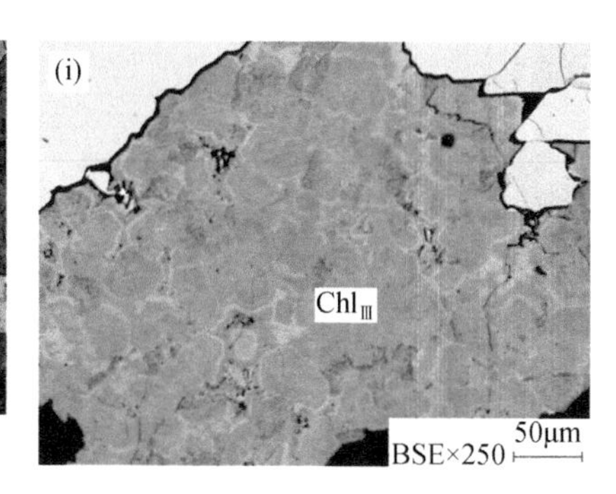

图 4-59　栗山铅锌铜多金属矿床不同世代绿泥石显微特征

（a）$Chl_{Ⅰ}$交代围岩中的白云母，呈绿泥石假象，单偏光；（b）同（a），正交偏光；（c）同（a），BSE 图像；（d）与石英、萤石和黄铜矿共生的放射状绿泥石（$Chl_{Ⅱ}$），单偏光；（e）放射状绿泥石（$Chl_{Ⅱ}$）分布于自形石英颗粒的间隙，与黄铜矿伴生，单偏光；（f）同（d），BSE 图像；（g）与黄铜矿共生的球状绿泥石（$Chl_{Ⅲ}$），单偏光；（h）片状绿泥石（$Chl_{Ⅲ}$）与闪锌矿和方铅矿共生，单偏光；（i）球状绿泥石（$Chl_{Ⅲ}$），BSE 图像。Qtz. 石英；Chl. 绿泥石；Flu. 萤石；Ccp. 黄铜矿；Sp. 闪锌矿；Gn. 方铅矿；Mus. 白云母

11.29%（平均 9.54%），FeO 含量为 30.40%~35.15%（平均 32.65%）。绿泥石的 FeO 和 MgO 之间均存在一定负相关性［图 4-60（a）］，且 FeO 含量明显高于 MgO 含量，表明所分析绿泥石属于富 Fe 种属。

绿泥石中 Fe^{3+} 的含量一般小于总铁含量的 5%（Cathelineau and Nieva，1985），因此在结构式计算（以 14 个氧原子为基准）中可将总铁看作 Fe^{2+}。计算结果表明，$Chl_{Ⅰ}$的 Si 值为 2.57 ~ 2.78apfu.（平均 2.71apfu.），Al 值为 2.53 ~ 2.73apfu.（平均 2.63apfu.），R^{2+}（Mg+Fe+Mn）值为 4.48 ~ 4.74apfu.（平均 4.59apfu.），Fe/(Fe+Mg) 值为 0.69 ~ 0.72（平均 0.71）；矿石中 $Chl_{Ⅱ}$的 Si 值为 2.69 ~ 2.93apfu.（平均 2.79apfu.），Al 值为 2.12 ~ 2.50apfu.（平均 2.34apfu.），R^{2+}（Mg+Fe+Mn）值为 4.77 ~ 5.02apfu.（平均 4.89apfu.），Fe/(Fe+Mg) 值为 0.75 ~ 0.87（平均 0.82）；矿石中 $Chl_{Ⅲ}$的 Si 值为 2.79 ~ 2.98apfu.（平均 2.86apfu.），Al 值为 2.13 ~ 2.33apfu.（平均 2.27apfu.），R^{2+}（Mg+Fe+Mn）值为 4.72 ~ 5.09apfu.（平均 4.86apfu.），Fe/(Fe+Mg) 值为 0.61 ~ 0.72（平均 0.66）。根据 Deer 等（1982）提出的绿泥石的 Fe/Si 图解［图 4-60（b）］可知，$Chl_{Ⅰ}$主要为蠕绿泥石，$Chl_{Ⅱ}$为鲕绿泥石，而 $Chl_{Ⅲ}$为铁镁绿泥石。

绿泥石的 $Al^{Ⅳ}/Al^{Ⅵ}$ 值为 0.89 ~ 1.22（平均 1.01）［图 4-60（c）］，暗示绿泥石四面体位置存在契尔马克替代（$Al_2R^{2+}_{-1}Si_{-1}$），即四面体位置上 $Al^{Ⅳ}$ 与 Si 置换引起的电荷亏损是因八面体中 $Al^{Ⅵ}$ 替代 Fe 或 Mg 补偿（Hillier and Velde，1991），这一替代关系也间接反映了绿泥石中 Fe^{3+} 含量较低（Zang and Fyfe，1995）。栗山矿区绿泥石的 Fe+$Al^{Ⅵ}$ 与 Mg 之间存在良好的负相关关系［图 4-60（d）］，表明绿泥石八面体位置主要发生 Fe、$Al^{Ⅵ}$ 对 Mg 的置换。其中，Fe 与 Mg 之间的负相关关系［图 4-60（e）］明显好于 $Al^{Ⅵ}$ 与 Mg 之间的负相关关系［图 4-60（f）］，表明绿泥石八面体位置上以 Fe 对 Mg 的置换为主，而 $Al^{Ⅵ}$ 对 Mg 的置换为辅。结合 Mg+Fe 与 $Al^{Ⅵ}$ 之间的负相关关系［图 4-60（g）］，绿泥石存在着如下替代关系：$(Fe^{2+})^{Ⅵ}=(Mg^{2+})^{Ⅵ}$，$(Al^{3+})^{Ⅳ}+(Al^{3+})^{Ⅵ}=(Si^{4+})^{Ⅳ}+(Mg, Fe^{2+})^{Ⅵ}$，$3(Mg, Fe^{2+})^{Ⅵ}=\square+2(Al^{3+})^{Ⅵ}$，“□”代表八面体空位（Bourdelle et al.，2013）。

根据 Wiewióra 和 Weiss（1990）定义的 Si、R^{2+}、Al 和八面体层占位之间的矢量关系，绿泥石沿着八面体层占位等于 6 的饱和线分布，在无铝蛇纹石和镁绿泥石之间，但局限于 Al 值为 2 ~ 3 范围［图 4-60（h）］。高的八面体总数可能源于假设所有铁为 Fe^{2+} 或四面体分配的 Al^{3+} 比八面体多［图 4-60（c）］，这一现象与变质绿泥石特征相符（Foster，1962）。所分析的绿泥石具有高的 Fe/(Fe+Mg) 值（0.60 ~ 0.87，平均 0.71），一般认为高 Fe/(Fe+Mg) 与富铁的岩石有关（Zang and Fyfe，1995），如 Carajá 含铁建造（BIF）中绿泥石的 Fe/(Fe+Mg) 值为 0.74 ~ 0.82，Wadi Karim 含铁建造中绿泥石的 Fe/(Fe+Mg) 值为 0.62 ~ 0.83（Basta et al.，2011）。然而，栗山矿区缺乏富铁岩石，暗示了其可能来源于富铁热液。此外，高的 Fe/(Fe+Mg) 值还暗示了栗山矿区绿泥石可能形成于还原环境，因为低 f_{O_2} 和低 pH 的环境下有利于

表 4-29 栗山铅锌铜多金属矿床中绿泥石的电子探针化学分析结果（a）

样品编号	LS04A								LS08								LS04	
点号	1	2	3	4	5	6	7	8	1	2	3	4	5	6	7	8	1	2
类型	$Chl_{Ⅰ}$	$Chl_{Ⅰ}$	$Chl_{Ⅰ}$	$Chl_{Ⅰ}$	$Chl_{Ⅰ}$	$Chl_{Ⅰ}$	$Chl_{Ⅰ}$	$Chl_{Ⅰ}$	$Chl_{Ⅱ}$	$Chl_{Ⅱ}$	$Chl_{Ⅱ}$	$Chl_{Ⅱ}$	$Chl_{Ⅱ}$	$Chl_{Ⅱ}$	$Chl_{Ⅱ}$	$Chl_{Ⅱ}$	$Chl_{Ⅲ}$	$Chl_{Ⅲ}$
SiO_2/%	23.77	22.79	23.35	21.88	23.60	24.35	24.57	23.80	23.79	24.80	24.36	23.02	22.79	22.00	22.16	22.66	24.50	25.21
TiO_2/%	0.13	0.10	0.05	0.09	0.08	0.14	0.12	0.14	—	—	0.01	0.01	0.07	0.02	0.02	0.04	—	0.07
Al_2O_3/%	19.59	19.99	19.19	19.79	19.11	19.14	18.80	19.53	17.34	15.43	14.94	17.05	17.27	16.45	17.49	16.50	16.48	15.61
FeO/%	31.49	33.76	32.46	34.54	33.94	34.11	33.31	34.15	38.38	37.73	36.24	39.9	40.5	39.34	41.06	39.35	33.11	34.36
MnO/%	0.59	0.57	0.51	0.47	0.48	0.55	0.59	0.62	0.85	0.83	0.64	0.79	0.92	0.72	0.70	0.74	0.76	0.75
MgO/%	8.09	7.49	7.63	7.48	7.65	7.39	7.76	7.57	5.14	6.61	6.95	3.92	3.78	5.00	3.47	4.57	9.91	8.89
CaO/%	0.08	0.02	0.12	0.02	0.03	0.02	0.04	0.02	0.05	0.03	0.04	0.04	0.10	0.07	0.06	0.08	0.05	0.03
Na_2O/%	0.07	0.05	0.06	0.01	0.00	—	0.02	0.02	0.01	0.01	0.01	0.02	0.01	0.03	0.01	0.01	0.00	0.01
K_2O/%	0.06	0.01	0.09	0.01	0.03	0.01	0.01	0.00	—	—	0.02	0.02	0.01	0.02	0.02	0.02	—	—
总计/%	83.87	84.78	83.46	84.29	84.92	85.71	85.22	85.85	85.56	85.44	83.21	84.77	85.45	83.65	84.99	83.97	84.81	84.93
Si/a. p. f. u.	2.74	2.64	2.73	2.57	2.72	2.78	2.81	2.71	2.80	2.92	2.93	2.77	2.74	2.70	2.69	2.76	2.83	2.92
Al^{IV}/a. p. f. u.	1.26	1.36	1.27	1.43	1.28	1.22	1.19	1.29	1.2	1.08	1.07	1.23	1.26	1.3	1.31	1.24	1.17	1.08
Al^{VI}/a. p. f. u.	1.40	1.36	1.36	1.30	1.32	1.35	1.34	1.34	1.21	1.05	1.05	1.19	1.18	1.07	1.18	1.12	1.07	1.05
Ti/a. p. f. u.	0.01	0.01	0.00	0.01	0.01	0.01	0.01	0.01	—	—	0.00	0.00	0.01	0.00	0.00	0.00	—	0.01
Fe/a. p. f. u.	3.04	3.27	3.17	3.39	3.27	3.25	3.18	3.26	3.78	3.71	3.65	4.02	4.07	4.03	4.16	4.01	3.20	3.33
Mn/a. p. f. u.	0.06	0.06	0.05	0.05	0.05	0.05	0.06	0.06	0.09	0.08	0.07	0.08	0.09	0.08	0.07	0.08	0.08	0.07
Mg/a. p. f. u.	1.39	1.29	1.33	1.31	1.32	1.26	1.32	1.29	0.90	1.16	1.25	0.70	0.68	0.91	0.63	0.83	1.71	1.54
阳离子数/a. p. f. u.	9.9	9.99	9.91	10.06	9.97	9.92	9.91	9.96	9.98	10	10.02	9.99	10.03	10.09	10.04	10.04	10.06	10
$T_{Zang\ and\ Fyfe}$/℃	253	272	254	286	254	242	236	255	228	208	206	230	237	249	247	236	238	215
$T_{Battaglia}$/℃	246	262	250	273	253	246	241	253	254	239	236	262	267	271	275	263	239	231
$T_{均值}$/℃	249.5	267	252	279.5	253.5	244	238.5	254	241	223.5	221	246	252	260	261	249.5	238.5	223
f_{O_2}	-47.09	-45.29	-46.79	-43.78	-46.92	-48.08	-48.49	-46.71	-48.89	-51.18	-52.11	-48.20	-47.12	-47.18	-46.45	-47.55	-48.88	-50.86
f_{S_2}	-2.08	1.20	-1.55	3.78	-1.49	-3.31	-4.15	-1.28	-4.21	-7.40	-8.19	-3.20	-1.80	-0.83	-0.36	-2.39	-4.40	-7.28

表 4-29　栗山铅锌铜多金属矿床中绿泥石的电子探针化学分析结果（b）

样品编号	LS04																	
点号	3	4	5	6	7	8	9	10	11	12	13	14	15	16	17	18	19	20
类型	$Chl_{Ⅲ}$	$Chl_{Ⅲ}$	$Chl_{Ⅲ}$	$Chl_{Ⅲ}$	$Chl_{Ⅲ}$	$Chl_{Ⅲ}$	$Chl_{Ⅲ}$	$Chl_{Ⅲ}$	$Chl_{Ⅲ}$	$Chl_{Ⅲ}$	$Chl_{Ⅲ}$	$Chl_{Ⅲ}$	$Chl_{Ⅲ}$	$Chl_{Ⅲ}$	$Chl_{Ⅲ}$	$Chl_{Ⅲ}$	$Chl_{Ⅲ}$	$Chl_{Ⅲ}$
SiO_2/%	24.16	25.37	26.25	24.54	24.11	24.72	25.2	25.13	25.21	25.38	24.54	24.61	25.22	25.79	24.94	25.46	24.61	24.85
TiO_2/%	—	0.03	—	—	—	0.07	0.06	0.04	—	—	0.05	—	—	0.02	0.03	0.01	—	—
Al_2O_3/%	16.33	15.99	15.96	17.14	16.86	17.22	17.06	16.76	17.10	17.48	17.20	16.80	17.14	17.05	16.80	17.33	17.19	17.27
FeO/%	34.70	33.46	32.45	32.24	31.31	29.78	32.69	33.34	34.66	32.71	31.00	33.15	30.40	30.49	32.19	30.89	34.88	35.15
MnO/%	0.74	0.76	0.72	1.07	0.93	1.00	0.87	1.14	1.20	1.38	1.08	1.35	1.03	1.07	1.19	1.00	1.22	1.22
MgO/%	9.73	9.46	9.86	9.03	10.80	10.80	9.53	8.80	7.88	9.37	9.14	8.71	10.92	11.29	9.99	11.16	7.91	7.65
CaO/%	0.05	0.05	0.02	0.02	0.01	0.04	0.05	0.01	0.04	0.02	0.03	0.07	0.04	0.06	0.02	0.04	0.04	0.09
Na_2O/%	0.01	0.03	0.02	0.01	0.00	0.01	0.01	0.01	0.00	0.01	—	0.01	0.01	0.01	—	—	0.00	0.01
K_2O/%	0.00	—	0.01	0.00	—	0.01	0.00	0.00	0.01	0.00	0.00	—	0.03	0.00	0.01	0.01	—	0.01
总计/%	85.72	85.15	85.29	84.05	84.02	83.65	85.47	85.23	86.1	86.35	83.04	84.7	84.79	85.78	85.17	85.9	85.85	86.25
Si/a. p. f. u.	2.79	2.92	2.98	2.85	2.79	2.84	2.87	2.89	2.88	2.86	2.86	2.85	2.86	2.89	2.85	2.85	2.83	2.85
Al^{IV}/a. p. f. u.	1.21	1.09	1.02	1.15	1.21	1.16	1.13	1.11	1.12	1.14	1.14	1.15	1.14	1.11	1.15	1.15	1.17	1.15
Al^{VI}/a. p. f. u.	1.00	1.08	1.12	1.19	1.08	1.17	1.16	1.15	1.18	1.18	1.22	1.14	1.15	1.14	1.11	1.14	1.16	1.18
Ti/a. p. f. u.	—	0.00	—	—	—	0.01	0.01	0.00	—	—	0.01	—	—	0.00	0.00	0.00	—	—
Fe/a. p. f. u.	3.35	3.21	3.08	3.13	3.03	2.86	3.11	3.20	3.31	3.08	3.02	3.21	2.88	2.85	3.08	2.89	3.36	3.37
Mn/a. p. f. u.	0.07	0.07	0.07	0.11	0.09	0.10	0.08	0.11	0.12	0.13	0.11	0.13	0.10	0.10	0.12	0.10	0.12	0.12
Mg/a. p. f. u.	1.67	1.62	1.67	1.56	1.86	1.85	1.62	1.51	1.34	1.58	1.59	1.5	1.85	1.88	1.70	1.86	1.36	1.31
阳离子数/a. p. f. u.	10.09	9.99	9.94	9.99	10.06	9.99	9.98	9.97	9.95	9.97	9.95	9.98	9.98	9.97	10.01	9.99	10	9.98
$T_{Zang\ and\ Fyfe}$/℃	245	218	205	232	249	239	228	222	220	229	230	230	234	230	233	236	231	227
$T_{Battaglia}$/℃	247	229	219	236	240	231	233	233	235	233	232	237	229	225	234	230	242	240
$T_{均值}$/℃	246	223.5	212	234	244.5	235	230.5	227.5	227.5	231	231	233.5	231.5	227.5	233.5	233	236.5	233.5
f_{O_2}	-48.17	-51.23	-52.36	-49.32	-47.98	-49.14	-49.76	-50.43	-50.32	-50.03	-49.45	-49.81	-50.02	-49.98	-49.55	-49.16	-48.98	-49.72
f_{S_2}	-3.14	-7.40	-9.29	-5.19	-3.12	-4.93	-5.83	-6.53	-6.45	-5.89	-5.61	-5.53	-5.83	-6.24	-5.32	-5.15	-4.70	-5.46

注：阳离子数的计算是基于 14 个氧原子；FeO 含量为总铁含量；绿泥石形成温度基于 Battaglia（1999）和 Zang 和 Fyfe（1995）的温度计计算；“—”代表低于检测限。

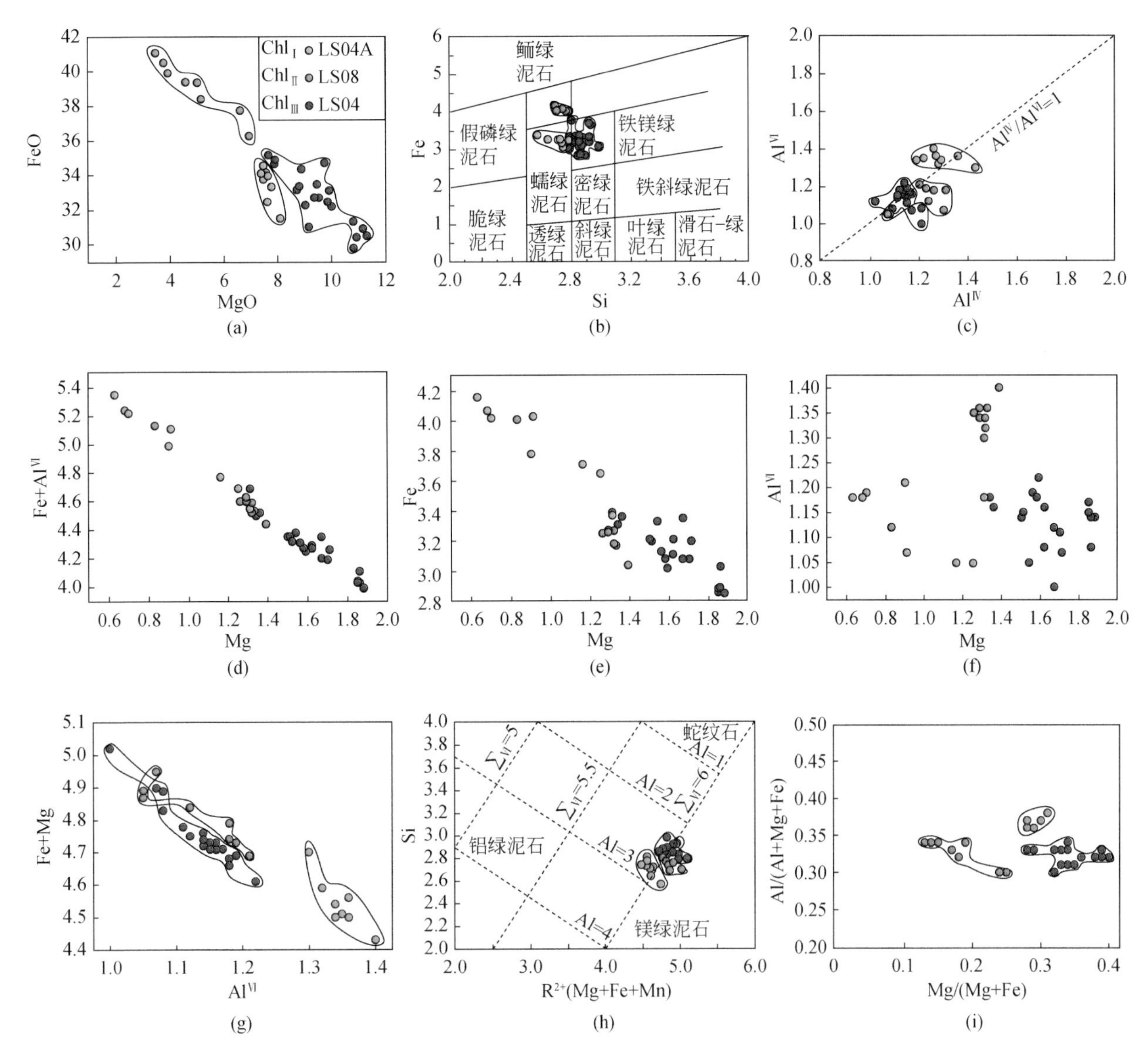

图4-60　栗山矿区热液成因绿泥石的化学成分特征

(a) 不同类型绿泥石的FeO-MgO图解；(b) Fe-Si分类图解（底图据Deer et al.，1982）；(c) $Al^{VI}-Al^{IV}$图解；(d) $Fe+Al^{VI}$-Mg图解；(e) Fe-Mg图解；(f) Al^{VI}-Mg图解；(g) (Fe+Mg) -Al^{VI}图解；(h) Si-R^{2+} (Mg+Fe+Mn) 图解（底图据Wiewióra and Weiss，1990）；(i) Al/(Al+Mg+Fe) -Mg/(Mg+Fe) 图解。除FeO、MgO的单位为%外，所有阳离子值均采用a. p. f. u.

镁质绿泥石的形成，而相对还原的环境则有利于富铁绿泥石的形成（Inoue，1995）。Chl_{I}的Al/（Al+Mg+Fe）值（0.36～0.38，平均0.37）略高于Chl_{II}和Chl_{III}的Al/（Al+Mg+Fe）值，后两者分别为0.30～0.34（平均0.33）和0.30～0.34（平均0.32）［图4-60（i）］，表明Chl_{I}可能为富铝矿物的蚀变产物，这与显微观察该类型绿泥石往往交代云母和长石的现象一致［图4-59（a）（b）］。Laird（1988）提出由泥质岩蚀变形成的绿泥石的Al/（Al+Mg+Fe）值>0.35，高于由铁镁质岩石蚀变而成的绿泥石，这与栗山矿区围岩为改造型S型花岗岩的源岩特征相一致（Wang et al.，2014）。绿泥石中的Ti含量明显低于云母中Ti含量，是因为云母向绿泥石的转变会导致含钛氧化物的沉淀（Wilkinson et al.，2015），这与显微观察中Chl_{I}的蚀变过程往往伴随着金红石产出的现象一致。综上所述，栗山矿区绿泥石的形成机制有两种：①由长石、白云母等富铝硅酸盐矿物蚀变形成（Chl_{I}）；②由富铁流体迁移-结晶形成（Chl_{II}和Chl_{III}）。

2. 萤石

栗山矿区萤石颗粒大小不等，颜色以深紫色、紫色为主，少量为淡绿色。阶段Ⅰ的萤石（Flu_{I}），呈紫色，粗粒结构，与石英、绿泥石共生［图4-61（a）（b）］；阶段Ⅱ的萤石（Flu_{II}），呈深紫色，细粒结构，与黄铜矿、黄铁矿共生［图4-61（c）（d）］；阶段Ⅲ的萤石（Flu_{III}），呈紫色和淡绿色，自形结构发育，与方铅矿、闪锌矿密切共生，同一件手标本上可能存在两种颜色的萤石［图4-61（e）（f）］。

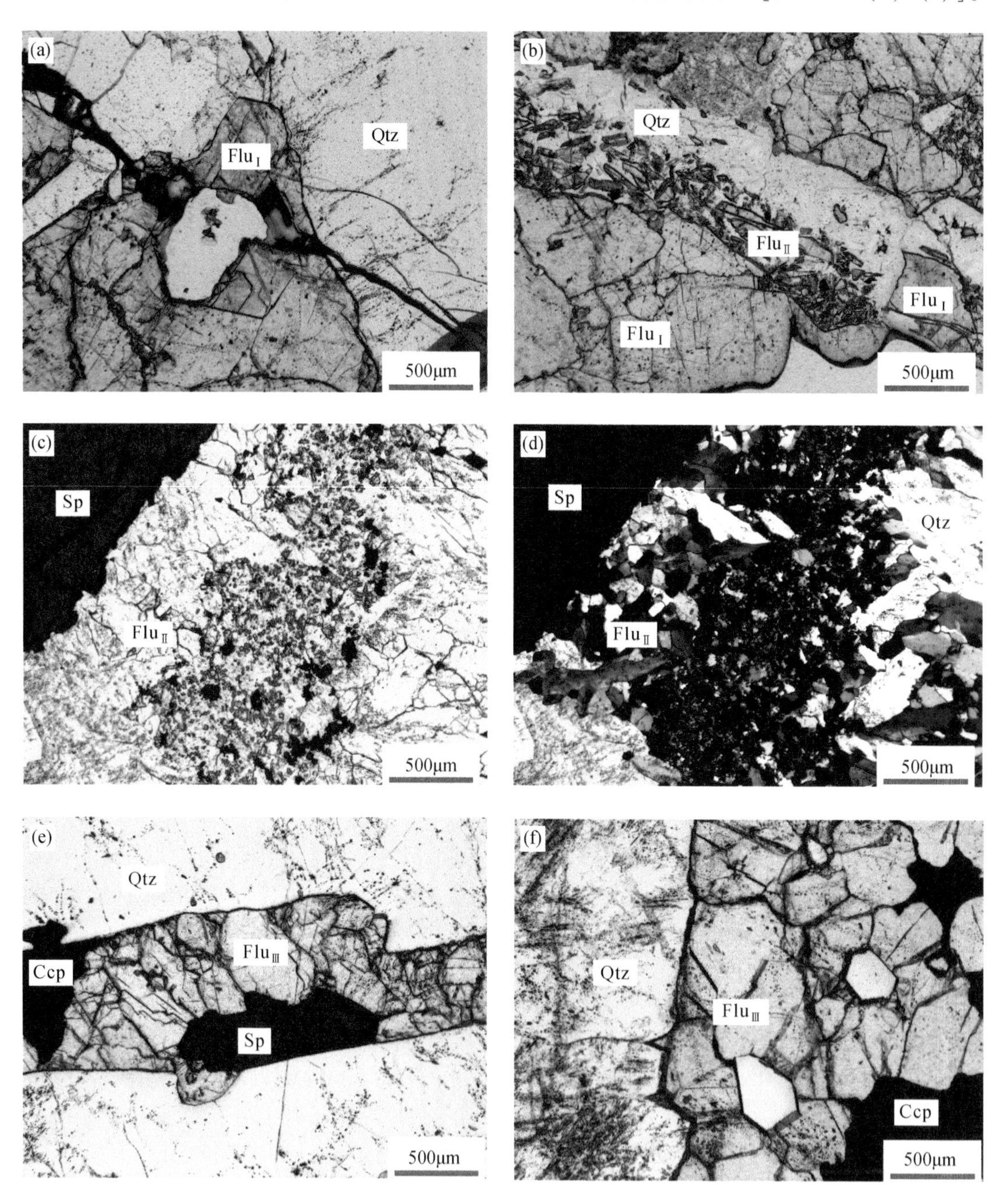

图4-61　栗山铅锌铜多金属矿床不同世代萤石显微特征

（a）阶段Ⅰ粗粒萤石，与石英共生，单偏光；（b）阶段Ⅱ细粒萤石+石英脉切穿阶段Ⅰ粗粒萤石，单偏光；（c）阶段Ⅱ细粒萤石，与石英共生，单偏光；（d）同（c），正交偏光；（e）阶段Ⅲ萤石+闪锌矿+黄铜矿脉，单偏光；（f）阶段Ⅲ自形粗粒萤石，与石英、黄铜矿共生，单偏光。Qtz. 石英；Flu. 萤石；Ccp. 黄铜矿；Sp. 闪锌矿

栗山矿区分别选取热液成矿阶段Ⅰ、阶段Ⅱ和阶段Ⅲ的1个、2个和5个萤石样品进行微量元素（稀土元素）分析，萤石的稀土元素组成和特征参数见表4-30，球粒陨石稀土元素含量引自Sun和McDonough（1989），分析结果如下。

表4-30　栗山铅锌铜多金属矿床萤石的稀土元素含量

样品编号	LS-04	LS-01	LS-02	LS-03	LS-03A	LS-05	LS-06	LS-07
成矿阶段	Ⅰ	Ⅱ	Ⅱ	Ⅲ	Ⅲ	Ⅲ	Ⅲ	Ⅲ
颜色	紫色	深紫	深紫	紫色	淡绿色	紫色	紫色	紫色
$La/10^{-6}$	0.11	0.15	0.22	0.76	1.45	1.10	0.98	0.98
$Ce/10^{-6}$	0.28	0.47	0.46	1.41	2.82	1.89	1.65	1.87
$Pr/10^{-6}$	0.06	0.10	0.08	0.22	0.44	0.27	0.24	0.29
$Nd/10^{-6}$	0.35	0.81	0.50	1.28	2.52	1.43	1.31	1.75
$Sm/10^{-6}$	0.15	0.54	0.30	0.57	1.04	0.44	0.40	0.88
$Eu/10^{-6}$	0.11	0.20	0.19	0.27	0.16	0.12	0.12	0.34
$Gd/10^{-6}$	0.21	0.72	0.54	0.93	1.49	0.62	0.64	1.03
$Tb/10^{-6}$	0.05	0.16	0.16	0.21	0.33	0.11	0.11	0.19
$Dy/10^{-6}$	0.29	1.00	1.20	1.04	1.72	0.57	0.55	0.92
$Ho/10^{-6}$	0.06	0.24	0.36	0.20	0.38	0.11	0.11	0.17
$Er/10^{-6}$	0.16	0.72	1.08	0.41	0.91	0.24	0.23	0.40
$Tm/10^{-6}$	0.03	0.13	0.19	0.05	0.13	0.03	0.03	0.05
$Yb/10^{-6}$	0.14	0.75	1.11	0.29	0.79	0.17	0.16	0.30
$Lu/10^{-6}$	0.02	0.10	0.16	0.04	0.12	0.02	0.02	0.05
$Y/10^{-6}$	3.94	16.6	25.1	19.7	36.3	17.3	16.3	17.4
$\sum REE/10^{-6}$	2.02	6.09	6.55	7.68	14.3	7.12	6.55	9.22
$\sum LREE$	1.06	2.27	1.75	4.51	8.43	5.25	4.70	6.11
$\sum HREE$	0.96	3.82	4.80	3.17	5.87	1.87	1.85	3.11
$\sum LREE/\sum HREE$	1.10	0.59	0.36	1.42	1.44	2.81	2.54	1.96
δEu	1.94	1.00	1.38	1.11	0.38	0.69	0.72	1.09
δCe	0.82	0.88	0.83	0.82	0.84	0.81	0.80	0.84
$(La/Lu)_N$	0.55	0.15	0.14	1.83	1.30	4.97	4.78	2.26
$(La/Sm)_N$	0.46	0.18	0.50	0.84	0.88	1.57	1.52	0.70
$(Gd/Lu)_N$	1.22	0.86	0.43	2.70	1.60	3.36	3.77	2.85
Sm/Nd	0.43	0.67	0.60	0.45	0.41	0.31	0.31	0.50
Y/Ho	65.67	69.17	69.3	98.50	95.53	157.27	148.18	102.35
$(Tb/Ca)_{原子比}/10^{-7}$	0.61	1.91	1.94	2.53	4.00	1.37	1.36	2.34
$(Tb/La)_{原子比}/10^{-7}$	0.39	0.91	0.64	0.24	0.20	0.09	0.10	0.17

注：$\delta Eu=2\times Eu_N/(Sm_N+Gd_N)$；$\delta Ce=2\times Ce_N/(La_N+Pr_N)$；计算（Tb/Ca）原子比时，$n$（Ca）采用 CaF_2 中Ca的理论值（51.3328%）。

（1）$Flu_Ⅰ$的$\sum REE$（不包括Y元素）含量为2.02×10^{-6}，其中$\sum HREE$含量为0.96×10^{-6}，$\sum LREE$为1.06×10^{-6}，$\sum LREE/\sum HREE$值为1.10，且其$(La/Lu)_N$为0.55，表明LREE比HREE略富集。$(La/Sm)_N$和$(Gd/Lu)_N$分别为0.46、1.22，表明轻重稀土元素的分馏不明显。δEu值为1.94，呈明显的正异

常；δCe 值为 0.82，呈弱负异常，球粒陨石标准化模式为左倾型（图 4-62）。

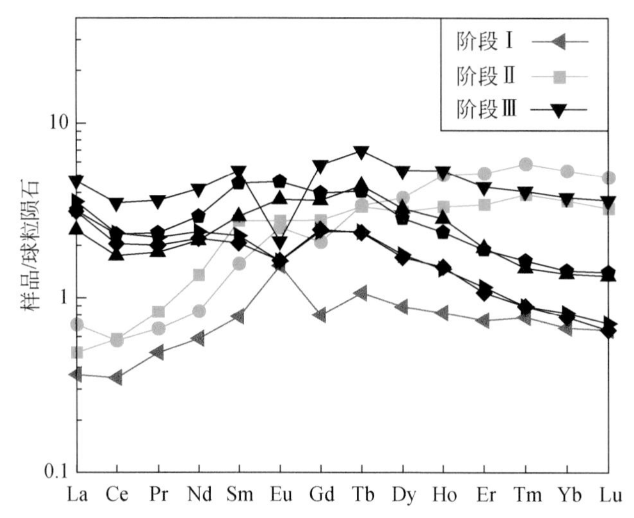

图 4-62　栗山铅锌铜多金属矿床萤石的稀土元素球粒陨石标准化配分模式图
球粒陨石稀土元素含量引自 Sun 和 McDonough（1989）

（2）$Flu_{Ⅱ}$的∑REE（不包括 Y 元素）含量变化范围为 $6.09\times10^{-6}\sim6.55\times10^{-6}$（平均 6.32×10^{-6}），其中∑HREE 含量为 $3.82\times10^{-6}\sim4.80\times10^{-6}$（平均 4.31×10^{-6}），∑LREE 为 $1.75\times10^{-6}\sim2.27\times10^{-6}$（平均 2.01×10^{-6}），∑LREE/∑HREE 值为 0.36～0.59（平均 0.48），变化范围较小，且其 $(La/Lu)_N$为 0.14～0.15（平均 0.15），表明 HREE 比 LREE 富集。$(La/Sm)_N$和 $(Gd/Lu)_N$分别为 0.18～0.50（平均 0.34）、0.43～0.86（平均 0.65），变化范围均较小，表明轻重稀土元素的分馏不明显。δEu 值为 1.00～1.38（平均 1.19），呈弱的正异常；δCe 值为 0.83～0.88（平均 0.86），呈弱的负异常，球粒陨石标准化模式为左倾型（图 4-62）。

（3）$Flu_{Ⅲ}$的∑REE（不包括 Y 元素）含量变化范围为 $6.55\times10^{-6}\sim14.3\times10^{-6}$（平均 8.97×10^{-6}），其中∑HREE 含量为 $1.85\times10^{-6}\sim5.87\times10^{-6}$（平均 3.17×10^{-6}），∑LREE 为 $4.51\times10^{-6}\sim8.43\times10^{-6}$（平均 5.80×10^{-6}），∑LREE/∑HREE 值为 1.42～2.81（平均 2.03），变化范围较小，且其 $(La/Lu)_N$为 1.30～4.97（平均 3.03），表明 LREE 比 HREE 富集。$(La/Sm)_N$和 $(Gd/Lu)_N$分别为 0.70～1.57（平均 1.01）、1.60～3.77（平均 2.86），表明 HREE 有较明显的分馏，而 LREE 分馏不明显。δEu 值为 0.38～1.11（平均 0.80），既存在明显的负异常，又存在微弱的正异常；δCe 值为 0.80～0.84（平均 0.82），呈弱的负异常，球粒陨石标准化模式为右倾型（图 4-62）。

栗山矿区的萤石 Sm 含量为 $0.15\times10^{-6}\sim1.04\times10^{-6}$（平均 0.54×10^{-6}），Nd 为 $0.35\times10^{-6}\sim2.52\times10^{-6}$（平均 1.24×10^{-6}），Sm/Nd 值为 0.31～0.67（平均 0.46），变化范围较小。栗山矿区萤石含有足量的 REE，相对于 Sm 和 Nd，萤石结晶后处于封闭状态，且其 Sm、Nd 元素发生了分馏。在理论上，Sm-Nd 同位素定年技术可应用于栗山矿区的萤石样品（Anglin et al.，1996）。然而，从萤石 Sm-Nd 同位素定年成功的先例来看，栗山矿区的萤石 Sm/Nd 值较小且变化范围较窄，难以在$^{147}Sm/^{144}Nd$-$^{143}Nd/^{144}Nd$ 图解上有效拉开等时线，可能难以获取萤石 Sm-Nd 等时线年龄（Chesley et al.，1994；彭建堂等，2006）。

萤石晶体结构中 Ca^{2+}容易被 Y^{3+}取代，导致晶体结构电性失衡，为保证整个结构的电中性，引入了间隙 F^{-1}，形成 Frenkel 缺陷。该缺陷中俘获的电子受激跃迁时选择性地吸收可见光中大部分光，仅透过绿光，使萤石呈绿色。这合理地解释了淡绿色萤石中 Y 的含量高于紫色萤石。紫色萤石的产生除了 REE 取代外，主要是晶格中电子色心的存在，萤石在受到放射能辐射时，晶体结构中 F^{-1}容易离开它的正常格位，导致 Ca^{2+}过量，而原来 F^{-1}的位置出现空位缺陷，为了保证体系的电中性，该空位俘获一个电子构成俘获电子中心，即电子色心（F 心）。在可见光作用下，该电子从基态向激发态跃迁时选择性地吸收可见光中大部分光，仅透过紫光，使萤石呈紫色。

栗山矿区萤石的其他微量元素组成见表4-31，分析结果表明，Co、Ni、Cu、Zn和Pb等元素含量较高，但均低于陆壳元素丰度。其中，$Flu_{Ⅰ}$的Co含量为$19.5×10^{-6}$，Ni为$36.0×10^{-6}$，Cu为$18.9×10^{-6}$，Zn为$23.2×10^{-6}$，Pb为$11.1×10^{-6}$；$Flu_{Ⅱ}$的Co含量为$17.4×10^{-6}$～$20.8×10^{-6}$（平均$19.1×10^{-6}$），Ni为$36.0×10^{-6}$～$38.0×10^{-6}$（平均$37.0×10^{-6}$），Cu为$88.9×10^{-6}$～$128×10^{-6}$（平均$108×10^{-6}$），Zn为$163×10^{-6}$～$536×10^{-6}$（平均$350×10^{-6}$），Pb为$202×10^{-6}$～$2502×10^{-6}$（平均$1352×10^{-6}$），Cu、Pb和Zn含量相对较高，为陆壳元素丰度的几倍至几百倍；$Flu_{Ⅲ}$的Co含量为$10.7×10^{-6}$～$12.6×10^{-6}$（平均$11.8×10^{-6}$），Ni为$33.6×10^{-6}$～$38.3×10^{-6}$（平均$37.1×10^{-6}$），Cu为$2.17×10^{-6}$～$4.05×10^{-6}$（平均$2.82×10^{-6}$），Zn为$2.72×10^{-6}$～$20.1×10^{-6}$（平均$8.10×10^{-6}$），Pb为$7.09×10^{-6}$～$14.0×10^{-6}$（平均$8.82×10^{-6}$），均低于陆壳元素丰度。

表4-31　栗山铅锌铜多金属矿床萤石的微量元素含量

样品编号	LS-04	LS-01	LS-02	LS-03	LS-03A	LS-05	LS-06	LS-07
成矿阶段	Ⅰ	Ⅱ	Ⅱ	Ⅲ	Ⅲ	Ⅲ	Ⅲ	Ⅲ
颜色	紫色	深紫	深紫	紫色	淡绿色	紫色	紫色	紫色
Li	0.42	0.17	0.21	5.19	1.34	3.56	3.40	1.55
Be	0.16	1.53	0.99	2.68	0.64	1.01	1.63	1.66
Sc	0.99	0.85	0.84	0.66	0.65	0.71	0.65	0.64
V	1.18	1.82	1.61	1.60	1.26	1.15	1.31	1.37
Cr	0.30	0.89	0.44	0.36	0.30	0.28	0.30	0.24
Co	19.5	20.8	17.4	12.6	10.7	11.7	11.6	12.2
Ni	36.0	38.0	36.0	33.6	38.1	38.3	38.3	37.1
Cu	18.9	88.9	128	3.07	2.17	2.38	4.05	2.44
Zn	23.2	163	536	2.72	5.57	4.84	20.1	7.29
Ga	0.08	0.02	0.10	0.04	0.04	0.06	0.05	0.05
Rb	0.28	0.11	0.17	0.21	0.05	0.31	0.15	0.25
Sr	36.4	34.5	32.5	23.5	19.4	17.4	17.8	29.0
Mo	0.02	0.05	0.04	0.03	0.02	0.07	0.07	0.17
Cd	0.06	0.64	1.48	0.04	0.04	0.03	0.08	0.09
In	0.01	0.01	0.01	0.01	0.01	0.01	0.01	0.01
Sb	0.07	0.04	0.16	0.03	0.03	0.03	0.04	0.05
Cs	0.03	0.03	0.04	0.12	0.03	0.08	0.06	0.04
Ba	1.61	0.74	0.73	1.29	0.66	0.68	0.64	0.76
W	1.76	3.06	3.12	2.24	1.77	1.57	1.31	0.98
Re	<0.002	<0.002	<0.002	<0.002	<0.002	<0.002	<0.002	<0.002
Tl	0.01	0.01	0.02	0.01	0.01	0.01	0.00	0.01
Pb	11.1	202	2502	8.35	7.22	7.09	14.0	7.5
Bi	0.14	0.11	2.20	0.13	0.03	0.02	0.04	3.71
Th	0.07	0.03	0.02	0.02	0.04	0.03	0.02	0.06
U	1.64	80.0	120	2.41	0.49	1.00	0.81	14.8
Nb	0.05	0.10	0.10	0.07	0.06	0.06	0.05	0.04
Ta	0.01	0.01	0.01	0.01	0.01	0.01	0.01	0.01
Zr	0.10	0.09	0.06	0.03	0.03	0.03	0.06	0.06
Hf	0.02	0.01	0.02	0.01	0.02	0.01	0.01	0.01

注：表中数据数量级均为10^{-6}。

所分析的萤石样品的 Sc、Cr、Ga、Rb、Mo、Cd、In、Sb、Cs、Ba、Tl、Bi、Th、Nb、Ta、Zr 和 Hf 等元素的含量均很低，大部分低于 1×10^{-6}，均低于陆壳元素丰度，其中 Nb、Ta、Zr 和 Hf 的含量仅供参考。这些元素含量较低且变化范围较小，主要原因可能有以下几点：①源区热液中这些元素含量较低，热液运移沉淀过程中没有足量的外来元素加入；②部分元素（如 Zr、Hf、Ta 和 Nb 等）以类质同象形式取代 Ca 进入萤石晶格的能力较弱，导致这些元素的含量相对较低；③与萤石共生的富集这些元素的矿物结晶（如独居石富 Th 和 U，金红石富 Nb、Tb、Zr 和 Hf 等）。栗山矿区与萤石共生的矿物主要为绿泥石、石英及金属硫化物，它们的结晶对萤石的微量元素含量的影响很小，因此萤石中这些微量元素含量较低主要受前两个因素制约。

此外，过高的 Ba 含量（1200×10^{-6}）通常会导致 ICP-MS 测试中出现 Eu 正异常假象，栗山矿区所分析的萤石中 Ba 的含量较低（$0.64\times10^{-6}\sim1.61\times10^{-6}$），这暗示萤石存在 Eu 正异常与 Ba 的含量无关。萤石 Rb 含量为 $0.05\times10^{-6}\sim0.31\times10^{-6}$（平均 0.19×10^{-6}），Sr 为 $17.4\times10^{-6}\sim36.4\times10^{-6}$（平均 26.3×10^{-6}），Rb/Sr 值变化范围为 0.002～0.009（平均 0.008），Rb/Sr 值均在 0.001～0.1 范围内，这与含钙矿物的晶体化学结构特征相吻合，即在萤石的晶格中，Ca 的位置能有限地容纳 Sr 而不接受 Rb，从而导致 Rb/Sr 值很小（Deer et al., 1966）。

3. 闪锌矿

栗山矿区闪锌矿形成于主成矿阶段（阶段Ⅲ），手标本（图 3-42）呈黄色-黄褐色，偏光镜下呈黄褐色-褐色，具有从中心到边缘常呈渐变的特点，自形-他形粒状，颗粒大小不等，具压碎结构［图 3-43 (c)］。常见闪锌矿与黄铁矿、黄铜矿与方铅矿等矿物呈规则或不规则的毗连或交代穿插［图 3-43 (h)］，部分闪锌矿内嵌布有方铅矿、黄铜矿等［图 3-43 (j)］。此外，少量闪锌矿中存在黄铜矿的固溶体或“病毒”结构［图 3-43 (i)］。

电子探针分析了热液成矿阶段Ⅲ的 7 个闪锌矿样品，共计 53 个测点。分析结果表明（表 4-32），栗山矿区闪锌矿中主要元素为 S（31.60%～33.50%，平均 32.89%）、Zn（64.03%～66.64%，平均 65.36%）和 Fe（0.68%～2.52%，平均 1.34%），而 Mn、Cd、Cu 含量较低，分别为 0～0.07%（平均 0.03%）、0.03%～0.16%（平均 0.09%）、0.02%～0.22%（平均 0.08%）。其中，Fe、Fe+Cd+Mn 与 Zn 均表现出弱的负相关关系［图 4-63 (a)(b)］，表明 Fe、Cd、Mn 主要以类质同象的方式替代闪锌矿晶格中的 Zn。

表 4-32　栗山铅锌铜多金属矿床中闪锌矿的电子探针化学成分分析结果

点号	S/%	Mn/%	Ge/%	Fe/%	Ag/%	Co/%	Cd/%	In/%	Cu/%	Zn/%	总计/%	*T*/℃
LS-13-01	32.40	0.03	0.02	2.52	—	—	0.05	0.00	—	64.03	99.09	257
LS-13-02	32.99	0.03	—	2.08	—	0.01	0.04	—	—	64.52	99.69	252
LS-13-03	32.69	0.07	—	2.06	—	0.00	0.07	0.03	—	64.89	99.84	252
LS-13-04	32.76	0.03	—	2.00	—	—	0.09	0.02	—	65.17	100.07	251
LS-13-05	31.60	0.03	0.01	2.03	—	—	0.08	—	—	65.18	98.91	251
LS-13-06	31.61	0.03	—	2.17	—	—	0.09	—	—	65.40	99.39	253
LS-13-07	32.63	0.06	—	1.77	—	0.06	0.04	—	—	65.76	100.31	248
LS-12-01	32.61	0.03	0.04	1.10	—	—	0.11	0.03	—	65.22	99.18	240
LS-12-02	32.60	0.02	0.03	0.74	—	—	0.10	0.02	—	66.49	100.02	236
LS-12-03	32.80	—	0.03	1.24	—	0.03	0.14	0.03	—	65.27	99.60	242
LS-12-04	32.82	0.04	0.06	1.09	—	—	0.07	0.04	—	65.08	99.22	240
LS-12-05	33.24	0.02	—	1.21	0.00	0.05	0.08	—	—	65.35	99.96	241
LS-12-06	32.60	0.02	0.01	1.26	0.03	0.02	0.15	0.03	—	64.90	99.14	242
LS-12-07	33.24	0.05	—	1.07	—	0.00	0.09	0.03	—	64.85	99.41	240

续表

点号	S/%	Mn/%	Ge/%	Fe/%	Ag/%	Co/%	Cd/%	In/%	Cu/%	Zn/%	总计/%	T/℃
LS-12-08	32.75	0.02	—	1.17	—	—	0.16	0.03	—	65.81	99.95	241
LS-12-09	33.03	0.01	—	0.86	—	0.03	0.08	0.04	—	65.61	99.78	237
LS-12-10	33.00	0.04	0.01	0.82	0.00	0.02	0.13	0.03	—	65.87	100.00	237
LS-12-11	32.70	—	—	1.09	—	0.04	0.07	—	—	65.50	99.40	240
LS-12-12	33.16	—	—	1.14	—	0.04	0.04	0.03	—	66.16	100.56	240
LS-12-13	33.48	0.01	—	1.13	0.03	0.03	0.10	0.01	—	65.06	99.90	241
LS-12-14	32.51	0.01	0.00	1.07	—	0.02	0.16	0.02	—	66.64	100.43	240
LS-12-15	32.96	—	0.02	1.09	—	—	0.08	—	—	65.56	99.75	240
LS-12-16	32.04	—	—	1.23	—	0.02	0.06	0.03	—	66.02	99.43	241
LS-12-17	33.23	0.07	—	0.98	—	0.03	0.07	—	—	66.10	100.48	239
LS-12-18	32.85	0.06	—	1.14	—	0.01	0.16	0.02	—	64.36	98.62	241
LS-02-01	32.65	0.01	—	0.82	—	—	0.11	—	—	65.60	99.30	237
LS-02-02	32.92	0.02	—	0.86	—	—	0.09	0.01	—	65.06	98.98	237
LS-02-03	32.85	0.01	—	0.89	—	0.02	0.10	0.01	—	64.95	98.84	238
LS-02-04	32.37	0.00	0.05	0.70	—	—	0.03	0.02	—	64.73	97.94	235
LS-02-05	32.39	0.04	—	0.68	0.03	0.01	0.06	—	—	66.06	99.30	235
LS-02-06	32.91	0.03	0.00	0.88	—	0.02	0.11	0.03	—	66.59	100.56	237
LS-02-07	33.50	0.04	—	1.48	—	—	0.09	—	0.06	65.13	100.30	245
LS-02-08	33.10	0.03	—	1.40	—	—	0.08	—	0.07	65.06	99.74	244
LS-10-01	32.93	—	—	2.07	—	—	0.08	—	0.11	64.44	99.64	252
LS-10-02	33.15	—	—	1.66	—	—	0.07	—	0.06	65.13	100.07	247
LS-10-03	33.25	—	—	1.45	—	—	0.06	—	0.06	65.02	99.86	244
LS-10-04	33.09	0.03	—	1.63	—	—	0.07	—	0.05	65.05	99.93	246
LS-09-01	33.03	—	—	1.76	—	—	0.07	—	—	65.05	99.93	248
LS-09-02	33.12	0.02	—	1.77	—	—	0.08	—	0.22	65.20	100.41	248
LS-09-03	33.06	0.06	—	1.53	—	—	0.07	—	0.06	65.87	100.65	245
LS-09-04	33.19	—	—	2.00	—	—	0.08	—	0.11	64.36	99.77	251
LS-09-05	33.44	—	—	2.20	—	—	0.07	—	0.06	64.73	100.55	253
LS-09-05	33.44	—	—	2.20	—	—	0.07	—	0.06	64.73	100.55	253
LS-09-06	33.12	—	—	1.83	—	—	0.06	—	0.06	64.87	99.98	249
LS-01-01	32.88	—	—	1.69	—	—	0.08	—	0.08	65.17	99.92	247
LS-01-02	33.05	0.04	—	0.73	—	—	0.10	—	0.09	65.98	99.98	236
LS-01-03	33.08	0.03	—	0.97	—	—	0.14	—	0.14	66.03	100.41	238
LS-01-04	33.32	0.06	—	1.16	—	—	0.12	—	0.13	65.25	100.03	241
LS-01-05	33.16	0.04	—	0.96	—	—	0.08	—	0.07	65.83	100.14	238
LS-01-06	33.00	0.03	—	1.23	—	—	0.06	—	0.10	65.37	99.80	242
LS-06-01	33.04	—	—	1.36	—	—	—	—	0.07	64.66	99.23	243
LS-06-02	33.14	—	—	0.90	—	—	—	—	0.04	66.51	100.66	238
LS-06-03	32.93	—	—	0.79	—	—	—	—	—	65.93	99.71	236
LS-06-04	32.87	0.02	—	0.72	—	—	—	—	0.02	66.33	99.99	241

注：“—”代表低于检测限。

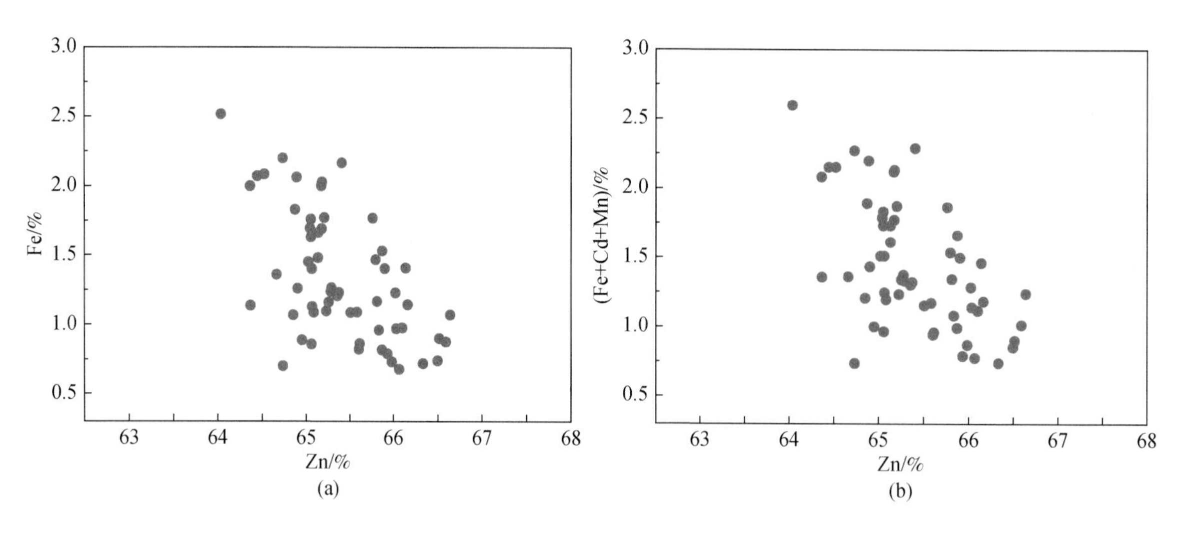

图 4-63　栗山铅锌铜多金属矿床中闪锌矿 Fe-Zn（a）和（Fe+Cd+Mn）-Zn（b）图解

LA-ICP-MS 分析了热液成矿阶段Ⅲ的 8 个样品，共计 70 个测点。分析结果表明（表 4-33），栗山矿区闪锌矿中微量元素主要为 Fe、Cd、Mn、Co、Ga、Cu、Ge、Ag、Sn、Se、In 等元素，其他元素的富集程度不明显。总体上栗山矿区闪锌矿微量元素组成具有以下特征。

表 4-33　栗山铅锌铜多金属矿床闪锌矿 LA-ICP-MS 微量元素分析结果

分析点号	Fe /10^{-6}	Mn /10^{-6}	Pb /10^{-6}	Co /10^{-6}	Ni /10^{-6}	Cu /10^{-6}	Ga /10^{-6}	Ge /10^{-6}	As /10^{-6}	Se /10^{-6}	Ag /10^{-6}	Cd /10^{-6}	In /10^{-6}	Sn /10^{-6}	Sb /10^{-6}	Tl /10^{-6}
LS-11-01	9241	304	0. 24	144	0. 10	14. 6	8. 20	0. 95	0. 65	2. 12	1. 57	689	0. 02	4. 70	—	—
LS-11-02	10047	3559	1. 04	167	0. 20	21. 5	11. 8	1. 21	0. 63	3. 53	1. 39	878	0. 03	2. 97	—	—
LS-11-03	9717	350	—	176	0. 23	81. 5	82. 1	2. 46	0. 59	1. 97	1. 24	757	0. 01	3. 08	—	—
LS-11-04	9271	331	—	147	0. 12	9. 04	8. 32	0. 97	0. 54	2. 87	1. 05	784	—	0. 48	—	—
LS-11-05	8580	307	1. 90	156	0. 17	11. 2	7. 37	0. 92	0. 87	3. 34	1. 58	730	—	3. 43	—	—
LS-11-06	9185	323	0. 09	153	0. 16	7. 56	6. 41	0. 83	0. 74	4. 15	1. 20	786	—	0. 85	—	—
LS-11-07	9158	327	0. 10	125	0. 17	7. 61	4. 70	0. 73	0. 40	3. 04	1. 31	583	—	2. 26	—	—
LS-09-01	8309	299	8. 99	156	—	594	29. 4	1. 08	0. 58	7. 67	4. 31	652	0. 02	2. 42	—	—
LS-09-02	9237	306	29. 2	108	—	1140	5. 57	0. 74	0. 39	3. 09	8. 84	583	—	0. 68	0. 16	—
LS-09-03	9369	305	55. 4	110	—	2977	21. 9	0. 92	0. 54	4. 92	15. 1	685	0. 02	2. 82	0. 29	—
LS-09-04	9261	308	29. 4	132	—	858	11. 3	0. 97	0. 71	8. 40	7. 81	650	—	1. 20	0. 39	0. 015
LS-09-05	7985	191	13. 3	1234	—	1433	29. 1	1. 03	0. 39	3. 50	4. 97	619	0. 13	4. 70	0. 25	0. 019
LS-09-06	6919	180	23. 2	130	0. 02	696	14. 7	0. 83	0. 59	6. 32	7. 42	632	0. 03	1. 20	0. 89	0. 051
LS-09-07	7647	184	9. 93	116	—	433	5. 25	0. 78	0. 64	3. 84	3. 13	590	—	0. 87	0. 38	—
LS-13-01	4143	59. 3	0. 20	35. 8	—	27. 9	4. 18	0. 75	0. 77	3. 81	14. 3	373	2. 25	0. 79	—	—
LS-13-02	5864	78. 5	4. 01	43. 2	—	192	20. 8	0. 91	0. 39	2. 93	7. 24	462	0. 84	1. 54	0. 13	—
LS-13-03	13563	228	0. 21	107	—	235	141	1. 07	0. 62	2. 42	12. 5	449	0. 01	0. 55	0. 04	—
LS-13-04	7644	134	2. 57	85. 5	—	55. 9	47. 8	3. 09	0. 68	2. 09	2. 64	452	0. 02	0. 54	0. 10	—
LS-13-05	14316	273	0. 75	66. 1	—	180	92. 5	1. 55	0. 28	2. 27	3. 02	420	0. 02	0. 83	—	—
LS-13-06	16518	285	0. 14	46. 3	0. 01	181	120	1. 92	0. 41	3. 09	2. 15	476	0. 03	0. 43	—	—
LS-13-07	14699	231	207	233	4. 94	3774	40. 1	1. 23	32. 5	3. 72	29. 0	536	6. 01	42. 3	13. 8	0. 13
LS-13-08	6677	107	2. 82	94. 0	—	33. 4	23. 4	0. 90	0. 72	4. 95	5. 90	426	0. 20	1. 20	—	—

续表

分析点号	Fe /10⁻⁶	Mn /10⁻⁶	Pb /10⁻⁶	Co /10⁻⁶	Ni /10⁻⁶	Cu /10⁻⁶	Ga /10⁻⁶	Ge /10⁻⁶	As /10⁻⁶	Se /10⁻⁶	Ag /10⁻⁶	Cd /10⁻⁶	In /10⁻⁶	Sn /10⁻⁶	Sb /10⁻⁶	Tl /10⁻⁶
LS-13-09	13160	207	0.79	125	—	194	169	3.75	0.76	4.91	5.41	471	1.67	14.9	0.71	—
LS-01-01	16643	384	1.78	110	—	370	104	1.84	0.33	2.73	4.99	683	—	0.32	—	—
LS-01-02	7296	285	1.74	113	—	25.9	18.7	1.19	0.63	7.96	1.79	1023	0.33	6.20	—	—
LS-01-03	13303	322	0.25	124	0.05	62.1	64.5	1.45	0.62	2.20	1.56	729	—	0.49	—	—
LS-01-04	9922	332	0.31	135	—	36.2	18.3	0.87	0.35	5.99	2.18	768	0.05	3.12	—	—
LS-01-05	10552	273	3.61	116	—	1660	12.3	1.27	0.53	3.18	4.08	508	0.05	3.87	—	—
LS-02-01	12056	308	2.32	178	—	27.3	19.7	0.96	0.50	5.66	2.32	834	0.12	1.45	—	0.01
LS-02-02	12015	284	0.84	180	0.10	25.4	24.6	0.61	0.51	5.35	1.94	722	0.09	1.19	—	—
LS-02-03	10955	260	2.22	196	—	50.2	45.9	1.34	0.28	2.52	2.64	506	0.45	6.09	—	0.01
LS-02-04	11685	286	1.61	166	—	119	25.0	0.74	0.53	4.95	2.18	746	0.13	1.55	—	—
LS-02-05	12683	323	0.55	170	0.07	28.9	22.7	0.96	0.30	6.81	3.58	8351	0.27	1.33	—	—
LS-02-06	10971	269	6.94	186	—	38.4	29.3	1.04	0.68	3.58	5.18	494	0.60	6.39	—	—
LS-02-07	13196	326	0.31	177	—	186	29.2	0.62	0.40	7.61	2.03	1079	0.18	1.99	—	—
LS-02-08	13419	303	0.64	222	—	76.9	64.3	1.09	0.57	3.30	2.09	676	0.51	8.76	—	—
LS-02-09	11760	282	1.21	160	—	25.7	23.6	0.75	0.45	4.18	1.80	554	0.05	0.46	—	0.01
LS-10-01	10378	127	0.52	83.1	—	26.4	21.4	0.86	0.38	3.85	2.73	595	0.39	0.66	0.92	—
LS-10-02	13308	153	3.31	96.4	—	37.3	19.2	0.86	0.25	3.40	5.01	613	0.02	0.43	—	—
LS-10-03	13159	153	0.52	108	—	175	179.3	1.72	0.41	3.99	1.42	509	5.36	2.27	0.58	—
LS-10-04	13126	157	0.37	113	—	117	95.0	5.11	0.48	4.45	6.71	538	18.9	2.87	—	0.01
LS-10-05	13554	163	2.70	104	—	77.6	68.8	1.38	0.64	1.63	7.06	453	2.79	1.70	2.37	0.01
LS-10-06	8152	98.2	0.13	75.2	—	18.3	7.40	1.48	0.63	1.80	4.41	475	—	0.41	—	—
LS-10-07	12168	137	1.81	86.2	—	61.9	59.7	0.90	0.55	2.91	4.50	549	0.96	0.45	—	—
LS-10-09	9883	137	1.28	72.6	—	41.7	20.2	0.89	0.75	3.18	7.56	486	0.05	0.66	0.12	—
LS-10-10	12472	141	0.81	99.8	—	157	147	1.35	0.75	4.43	4.03	486	0.58	0.81	0.97	—
LS-06-01	10423	151	3.07	33.6	—	153	155	2.47	0.81	2.90	2.86	353	—	0.51	0.29	—
LS-06-02	6144	92.3	—	39.4	—	9.98	5.20	1.33	0.63	2.14	1.53	373	0.59	2.66	—	—
LS-06-03	16698	305	0.07	129	—	55.6	57.5	1.04	0.40	3.95	1.42	598	—	0.29	—	0.01
LS-06-04	7308	108	—	27.3	—	45.8	36.5	5.20	0.44	2.33	1.23	390	0.03	0.41	—	—
LS-06-05	7393	106	0.37	27.7	—	43.0	33.9	5.57	0.37	3.95	1.29	383	0.02	0.56	—	—
LS-08-01	16263	286	2.02	153	0.12	78.6	74.8	1.34	0.74	2.33	1.78	562	0.03	0.48	0.05	—
LS-08-02	13100	205	1.27	91.4	—	180.4	186	3.14	1.08	1.68	2.30	500	2.73	0.85	1.24	—
LS-08-03	7593	100	4.64	57.4	—	42.3	42.4	1.18	0.60	1.58	2.98	471	0.10	0.58	0.62	—
LS-08-04	8239	110	2.68	65.3	—	30.0	25.5	2.44	0.60	3.98	1.87	444	0.04	0.67	0.06	—
LS-08-05	13634	186	1.16	189	—	110	68.4	1.21	0.64	3.33	2.00	496	—	0.49	—	—
LS-08-06	12181	185	2.97	174	—	68.9	69.9	1.21	0.52	1.77	1.62	474	1.85	0.67	—	—
LS-08-07	15304	225	1.79	187	—	56.8	53.6	1.23	0.72	2.57	1.96	653	0.06	0.94	—	—
LS-08-08	13847	195	2.97	188	—	222	78.9	1.09	0.71	0.30	2.87	482	0.02	0.61	—	—
LS-08-09	23975	352	0.34	191	0.13	246	5.44	1.04	0.04	26.2	1.43	778	19.7	1.27	—	—
LS-08-10	19950	337	4.41	173	0.11	233	133	3.06	0.33	10.5	3.00	600	10.7	13.1	—	—
LS-08-11	20721	319	1.44	184	0.13	210	170	3.63	0.67	8.44	2.12	640	16.5	21.7	0.04	—

续表

分析点号	Fe /10⁻⁶	Mn /10⁻⁶	Pb /10⁻⁶	Co /10⁻⁶	Ni /10⁻⁶	Cu /10⁻⁶	Ga /10⁻⁶	Ge /10⁻⁶	As /10⁻⁶	Se /10⁻⁶	Ag /10⁻⁶	Cd /10⁻⁶	In /10⁻⁶	Sn /10⁻⁶	Sb /10⁻⁶	Tl /10⁻⁶
LS-08-12	14035	216	4.01	195	—	381	23.0	0.89	0.67	3.27	2.25	587	—	0.42	0.10	0.01
LS-08-13	14701	213	0.66	194	—	171	161	1.86	0.58	3.76	1.85	550	0.44	1.07	—	—
LS-08-14	13074	183	—	130	—	7.72	6.21	0.64	0.43	3.34	1.27	552	0.06	0.64	—	—
LS-08-16	7516	106	—	60.5	—	19.4	16.9	1.17	0.04	2.83	1.15	473	0.68	1.61	—	—
LS-08-17	19958	303	0.42	174	—	142	19.3	0.98	0.47	17.3	1.42	611	43.2	6.26	—	—
LS-08-18	19302	285	0.25	174	0.12	37.7	36.4	1.06	0.65	18.1	1.18	585	0.07	0.81	—	—
LS-08-19	16010	323	6.27	140	—	132	52.7	1.19	0.44	3.42	3.11	610	0.06	1.00	—	—

注："—"表示低于检测限。表中数据数量级均为 10^{-6}。

（1）栗山矿区 Fe 的含量最高，变化范围为 $4143\times10^{-6}\sim23975\times10^{-6}$，平均值为 11747×10^{-6}，该矿床闪锌矿 Fe 的含量远小于铁闪锌矿 Fe 的含量（>10%）。与其他类型铅锌矿床相对比（图 4-64），其 Fe 的含量明显低于夕卡岩型（如云南核桃坪、芦子园和河南中鱼库）、SEDEX 型（如广东大宝山、云南白牛厂）和 VMS 型铅锌矿床（如云南澜沧老厂），而与 MVT 型铅锌矿床接近（如四川大梁子，贵州牛角塘，云南会泽、猛兴），但略高于金顶型铅锌矿床。Fe 与 Mn、Cd、Co、Ga、Ge 和 Ag+Sb 等均呈不同程度的正相关关系［图 4-65（a）~（f）］。

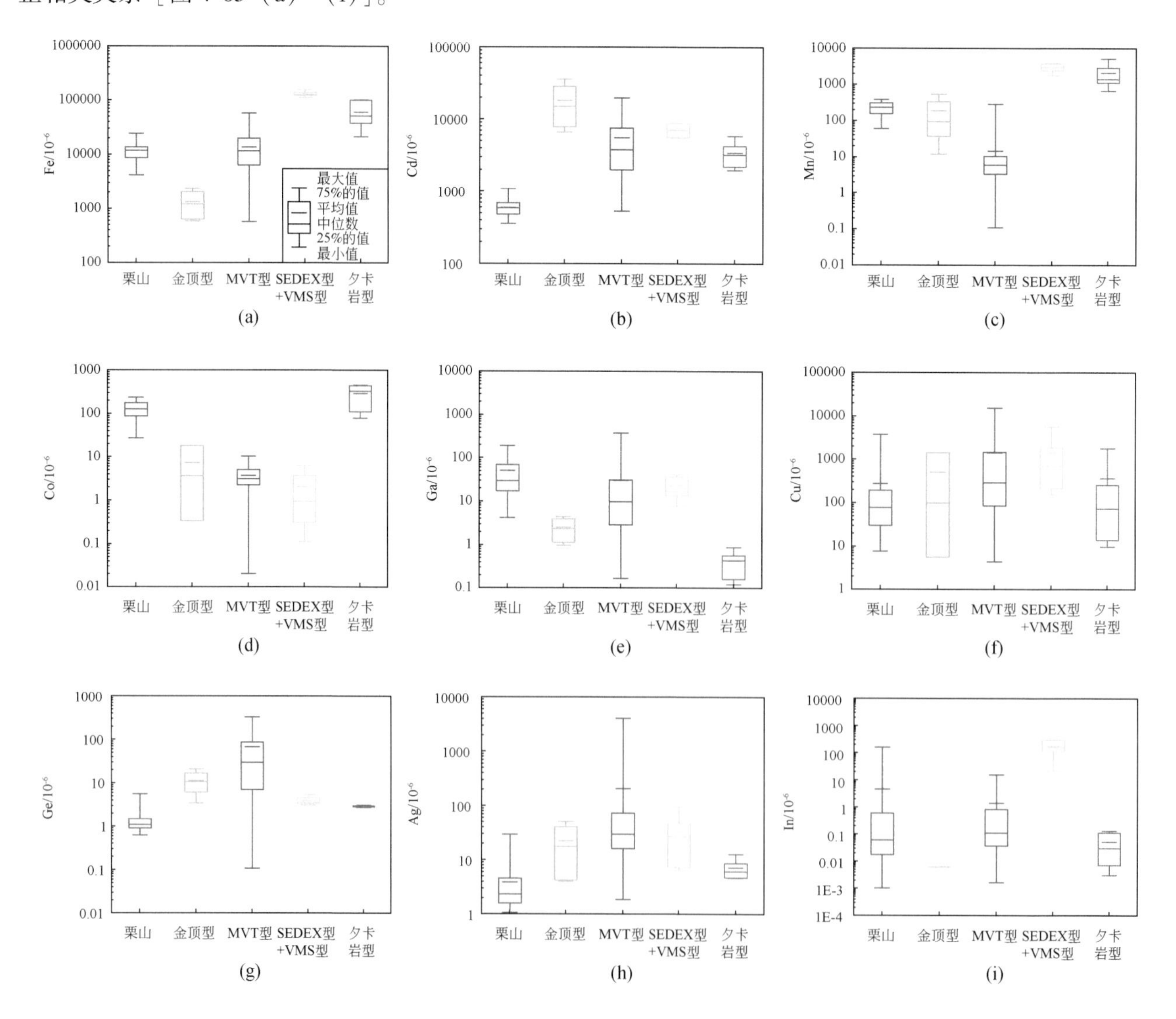

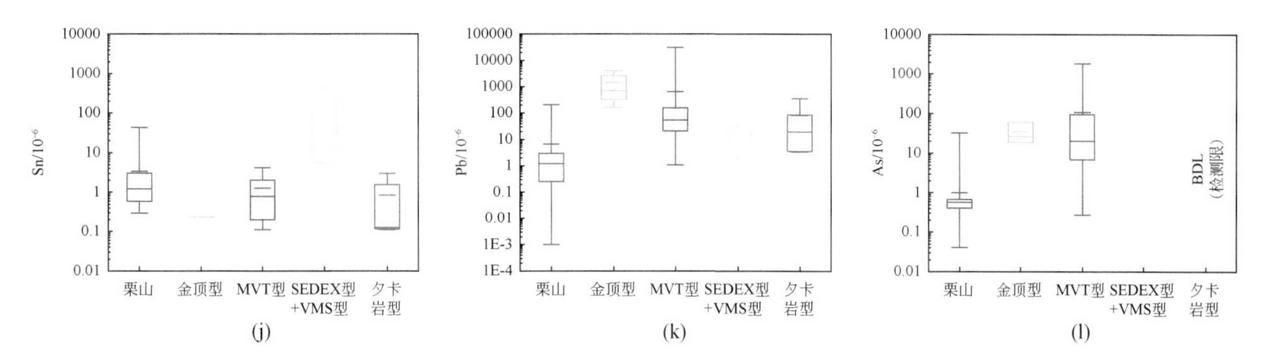

图4-64 栗山铅锌铜多金属矿床闪锌矿微量元素含量与其他类型矿床对比图

夕卡岩型、MVT型、SEDEX型、VMS型和金顶砂岩型矿床数据引自Ye等（2011）和Yuan等（2018）

（2）Cd、Mn、Co和Ga等元素的含量相对较高，其中，Cd的含量变化范围为353×10^{-6}～8351×10^{-6}，平均值为699×10^{-6}，其含量明显低于MVT型、夕卡岩型、SEDEX型、VMS型和金顶型铅锌矿床；Mn含量为59.3×10^{-6}～3599×10^{-6}，平均值为279×10^{-6}，其含量明显低于夕卡岩型、SEDEX型和VMS型铅锌矿床，明显高于MVT型铅锌矿床，但与金顶型铅锌矿床接近；Co含量为27.3×10^{-6}～1234×10^{-6}，平均值为144×10^{-6}，Co含量明显高于SEDEX型、MVT型、VMS型和金顶型铅锌矿床，但略低于夕卡岩型铅锌矿床，Co与Ni呈微弱的正相关关系［图4-65（g）］；Ga含量为4.18×10^{-6}～186×10^{-6}，平均值为51.25×10^{-6}，其含量明显高于夕卡岩型和金顶砂岩型铅锌矿床，与MVT型、SEDEX型和VMS型铅锌矿床接近，

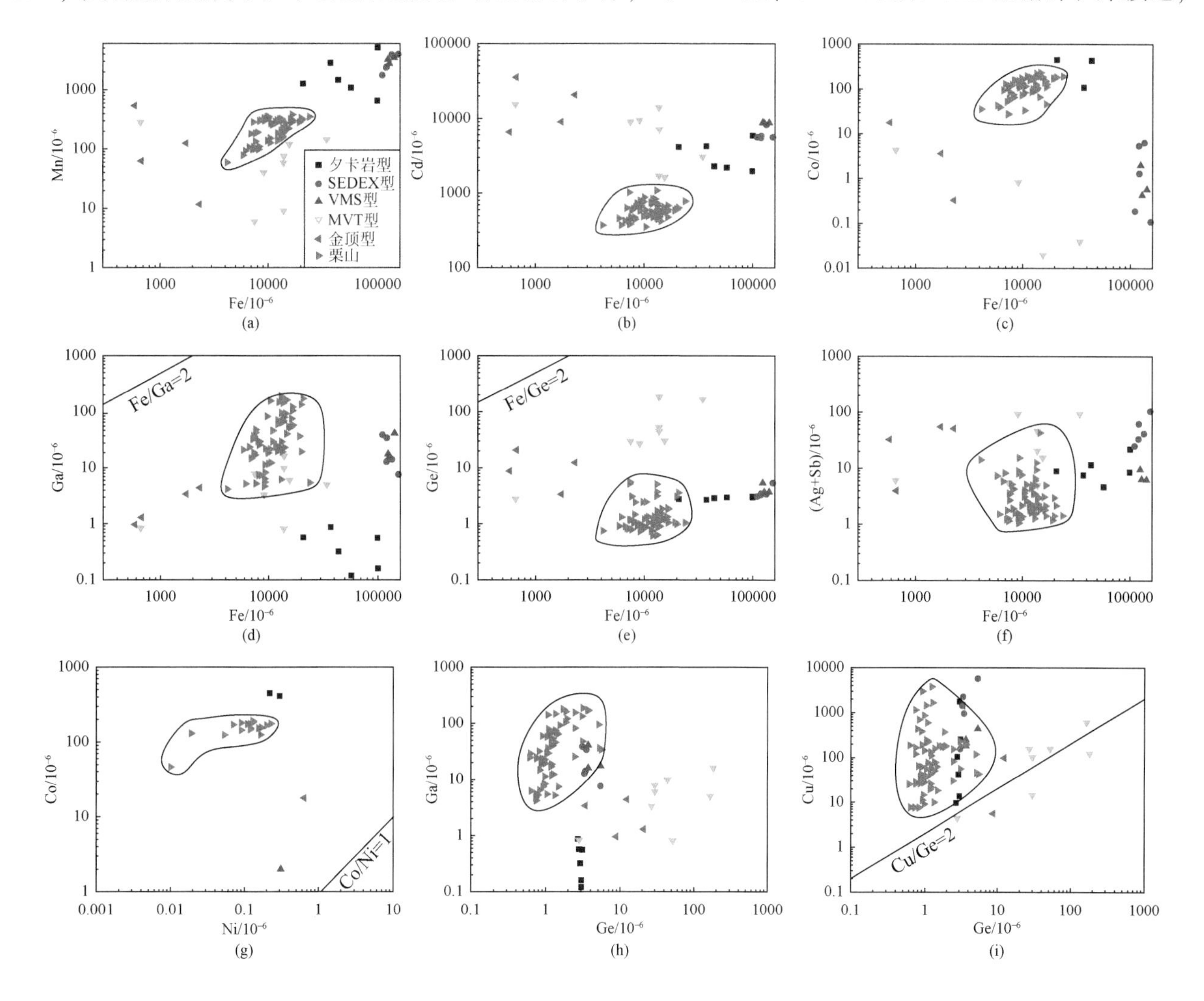

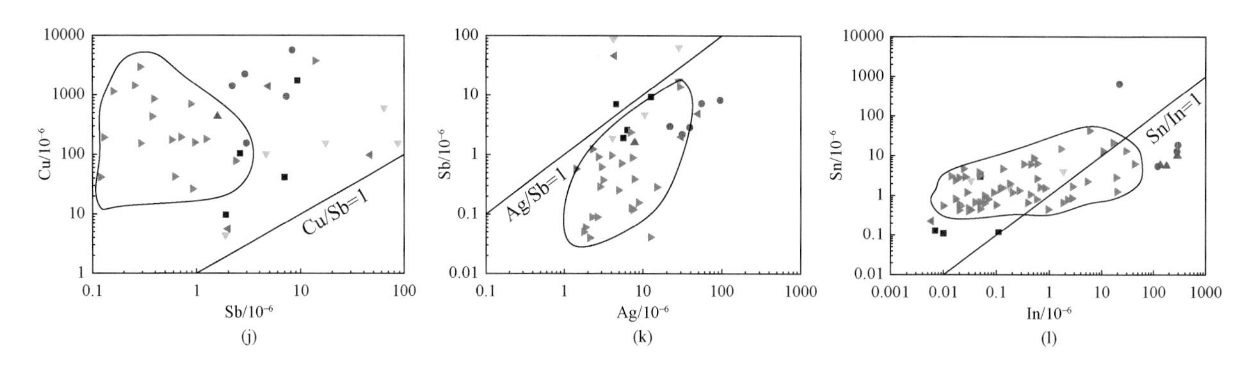

图 4-65　栗山铅锌铜多金属矿床及其他铅锌矿床的闪锌矿部分微量元素相关性图解

夕卡岩型、MVT 型、SEDEX 型、VMS 型和金顶型矿床数据引自 Ye 等（2011）和 Yuan 等（2018）

Ga 与 In 呈弱的正相关关系，而 Ga 与 Ge 呈较好的正相关关系［图 4-65（h）］。

（3）Cu、Ag、Pb 和 Sn 等元素含量变化范围较大，其中，Cu 的含量为 $7.56\times10^{-6}\sim3774\times10^{-6}$，平均值为 279.29×10^{-6}，Cu 与 Ge、Sb 均呈一定的正相关关系［图 4-65（i）（j）］；Ag 含量为 $1.05\times10^{-6}\sim29.0\times10^{-6}$，平均值为 3.90×10^{-6}，Ag 与 Sb 均呈良好的相关关系［图 4-65（k）］；Pb 含量为 $0.07\times10^{-6}\sim207\times10^{-6}$，平均值为 7.43×10^{-6}，Pb 与 Sb 呈良好的正相关关系；Sn 含量为 $0.30\times10^{-6}\sim42.3\times10^{-6}$，平均值为 3.60×10^{-6}，Sn 与 In 呈明显的正相关关系［图 4-65（l）］。

（4）Ge、In 和 Se 的含量相对较低，其中，Ge 含量为 $0.60\times10^{-6}\sim5.60\times10^{-6}$，平均值为 1.50×10^{-6}，Ge 含量明显低于 MVT 型和金顶砂岩型铅锌矿床，与夕卡岩型、VMS 型和 SEDEX 型铅锌矿床接近；In 含量为 $0.01\times10^{-6}\sim43.2\times10^{-6}$，平均值为 3.70×10^{-6}，明显低于 SEDEX 型和 VMS 型，与 MVT 型、夕卡岩型和金顶砂岩型铅锌矿床接近；Se 含量为 $0.29\times10^{-6}\sim26.2\times10^{-6}$，平均值为 4.56×10^{-6}。此外，Ni、Sb、Te 和 Bi 等元素含量大部分低于 0.10×10^{-6}，Au、Tl 和 Nb 等元素含量低于检测限。

由上述可知，本矿床闪锌矿以富集 Co、Ga，贫 Fe、Cd、Ge 为特征。其中 Fe、Mn、Cd、Co 和 Ga 等元素含量相对较稳定，而 Cu、Pb、Ag 和 Sn 等元素含量变化范围较大。在 LA-ICP-MS 激光剥蚀信号强度谱图中，Fe、Mn、Cd、Co 和 Ga 等元素呈平缓直线，与 Zn、S 的信号分配形式一致［图 4-66（a）］，表明这些元素以类质同象形式赋存于闪锌矿中。Cu、Pb、Ag 和 Sn 等元素则呈变化幅度较大曲线［图 4-66（b）］，结合它们较大的含量变化范围，说明这些元素除以类质同象形式存在外，还以包裹体形式赋存于闪锌矿中（如黄铜矿和方铅矿），这与显微观察中闪锌矿存在黄铜矿固溶体或“病毒”结构的现象一致［图 3-43（i）］。

已有研究表明闪锌矿中的 Zn^{2+} 容易被 Fe^{2+}、Cd^{2+}、Co^{2+}、Mn^{2+}、Sn^{2+} 等二价阳离子替代。然而，除了上述简单替换外，闪锌矿中往往还存在一些复杂的替换，如 $3Zn^{2+}\leftrightarrow2Cu^{+}+Ge^{4+}$、$4Zn^{2+}\leftrightarrow In^{3+}+Sn^{4+}+(Cu,Ag)^{+}+\square$ 等（□表示八面体空位）（Belissont et al.，2014；Frenzel et al.，2016；George et al.，2016）。闪锌矿中不同元素的相关关系，不仅可以确定元素的置换关系，还可用于判断成矿过程和矿床成因类型（Ye et al.，2011；Belissont et al.，2014；Cook et al.，2009a；Frenzel et al.，2016）。

栗山矿区闪锌矿中 Fe 的富集程度远大于其他微量元素，因此，Fe 与其他微量元素之间的相关性，可用来证明 Fe 的存在是否有助于闪锌矿中其他微量元素对 Zn 的替代。Fe 与 Mn、Cd、Co 明显的正相关关系［图 4-65（a）~（c）］以及 Fe 与 Ga、Ge 之间的正相关关系［图 4-65（d）~（f）］表明闪锌矿中除了 Fe^{2+} 对 Zn^{2+} 的替代，Zn^{2+} 被 Mn^{2+}、Cd^{2+}、Co^{2+}、Ge^{2+} 和 Ge^{4+} 取代的机制同样发挥了重要作用。

Ge 通常存在 Ge^{2+}、Ge^{4+} 两种氧化态，其中 Ge^{4+} 是最常见的氧化态。栗山矿区闪锌矿中 Ge 与 Fe 呈明显的正相关关系［图 4-65（f）］，斜率接近 2，推测可能存在着 $4Zn^{2+}\leftrightarrow2Fe^{2+}+Ge^{4+}+\square$ 的置换关系（Yuan et al.，2018）。Ga 通常有 Ga^{2+}、Ga^{3+} 两种离子，其中 Ga^{3+} 是普遍存在的。Ga 与 Fe 呈斜率接近 2 的正相关关系［图 4-65（d）］，表明可能存在 $3Zn^{2+}\leftrightarrow2Fe^{2+}+Ga^{2+}$ 的替代关系。此外，Cu 与 Ge 也呈现出斜率接近 2

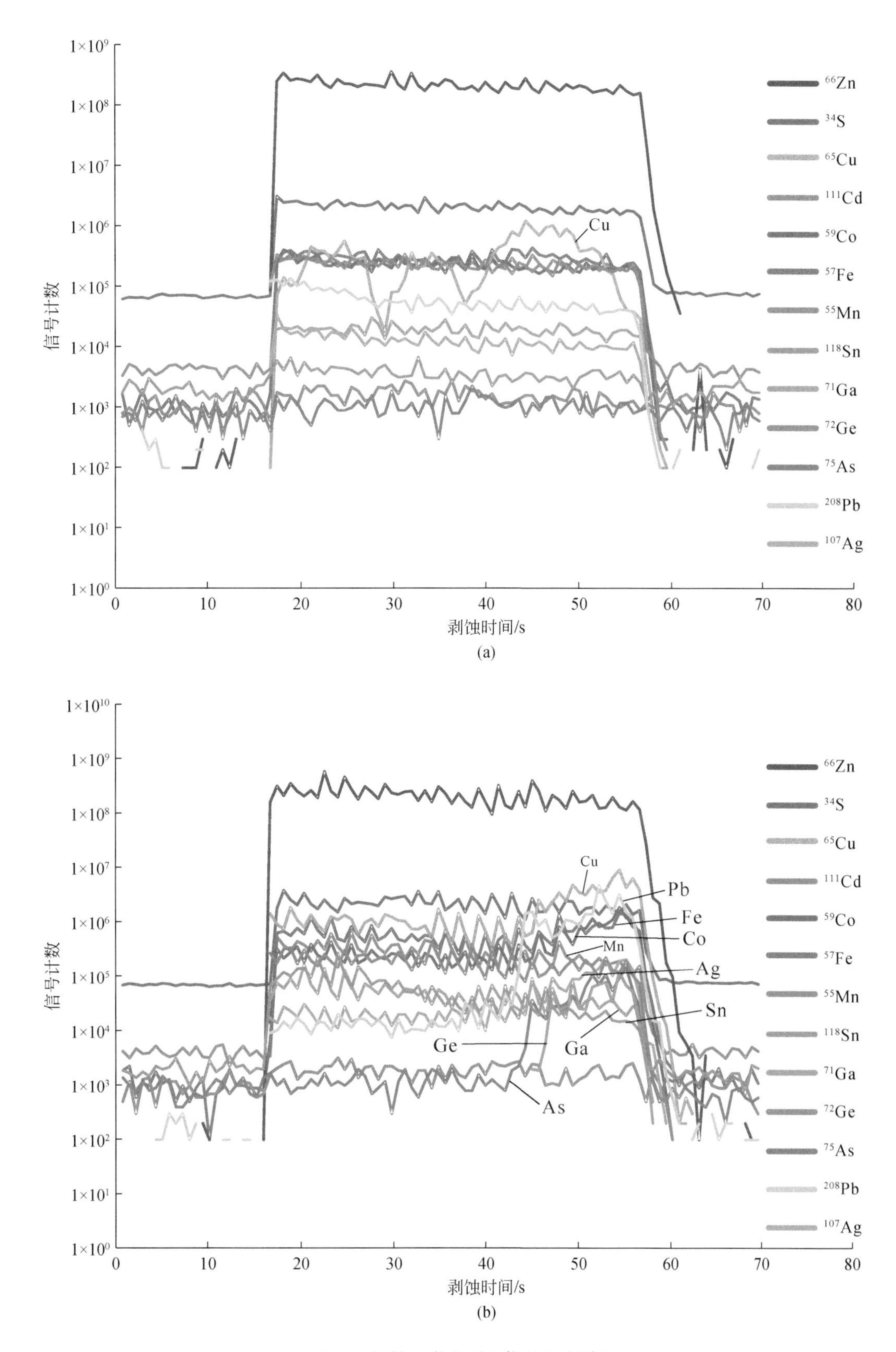

图4-66　闪锌矿激光剥蚀信号强度谱图

的正相关关系［图4-65（i）］，表明可能存在类似的替代关系，即 $3Zn^{2+} \leftrightarrow 2Cu^{+} + Ge^{4+}$，这与圣萨尔维脉型Zn-Ge-Ag多金属矿床中闪锌矿Cu与Ge的置换现象一致（Belissont et al.，2016）。另外，Ge与Ag良好的正相关关系可能揭示了$3Zn^{2+} \leftrightarrow 2Ag^{+} + Ge^{4+}$的替代关系，然而Ga与Ag的相关关系却不明显，尽管Ga与Ge的地球化学性质相似，且在栗山矿区闪锌矿中Ga与Ge表现出一定的正相关关系［图4-65（h）］。

Co和Ni具有相似的地球化学性质，以及弱的正相关关系（斜率接近1）［图4-65（g）］，表明存在着$Zn^{2+} \leftrightarrow Co^{2+}$或$Ni^{2+}$的替代，这种简单置换在闪锌矿中较为普遍，并不依赖于如$Fe^{2+} \leftrightarrow Co^{2+}$或$Fe^{2+} \leftrightarrow Ni^{2+}$的置换关系（Cook et al.，2009a）。此外，由于In在大多数矿物中以In^{3+}形式存在，因此，In和Sn明显的正相关关系（斜率接近1）［图4-65（l）］暗示了$3Zn^{2+} \leftrightarrow In^{3+} + Sn^{3+} + \square$的替代机制。然而，如果闪锌矿晶格中存在$Sn^{2+}$、$Sn^{4+}$，也可能存在$3Zn^{2+} \leftrightarrow In^{3+} + Sn^{2+} + (Cu, Ag)^{+}$或$4Zn^{2+} \leftrightarrow In^{3+} + Sn^{4+} + (Cu, Ag)^{+} + \square$的替代。Ag与Sb呈明显的正相关关系［图4-65（k）］，斜率接近1，表明$2Zn^{2+} \leftrightarrow Ag^{+} + Sb^{3+}$是一种可能存在的替代机制，因为矿相学观察未发现存在含Ag、Sb的包裹体。此外，Cu与Sb呈斜率接近1的正相关关系［图4-65（j）］，表明可能存在$2Zn^{2+} \leftrightarrow Cu^{+} + Sb^{3+}$的置换关系。

4. 黄铁矿

栗山矿区黄铁矿呈半自形–他形粒状结构，常与黄铜矿、石英及萤石等矿物共生［图3-42（f）、图3-43（h）］，镜下可见脉状黄铁矿交代切穿早期形成的闪锌矿［图3-43（l）］。本次研究分析了热液成矿阶段Ⅱ的2个黄铁矿样品，共计8个测点，分析结果见表4-34，栗山矿区黄铁矿微量元素含量相对于地壳元素丰度（Sun and McDonough，1989）具有如下特征。

表4-34　栗山铅锌铜多金属矿床黄铁矿LA-ICP-MS微量元素分析结果

点号	LS-01-01	LS-01-02	LS-01-03	LS-01-04	LS-01-05	LS-02-01	LS-02-02	LS-02-03
$Zn/10^{-6}$	23.0	1.42	0.45	17.0	0.56	875	0.43	131
$Mn/10^{-6}$	0.49	0.19	0.35	2.71	—	0.51	0.16	0.32
$Pb/10^{-6}$	1537	40.0	30.4	131	0.32	325	4.36	2771
$Co/10^{-6}$	348	0.70	61.2	202	47.9	0.02	0.02	0.01
$Ni/10^{-6}$	1.25	0.50	2.64	1.27	1.10	0.03	0.01	0.01
$Cu/10^{-6}$	703	146	4.83	4.64	0.24	215	1.60	551
$Ga/10^{-6}$	0.04	0.02	0.02	0.07	0.04	0.09	—	0.02
$Ge/10^{-6}$	8.00	7.82	8.40	8.16	8.40	8.25	8.45	7.71
$As/10^{-6}$	219	195	232	29.0	141	25.3	105	100
$Se/10^{-6}$	5.68	6.51	10.5	9.14	12.7	14.0	9.54	17.1
$Ag/10^{-6}$	5.70	0.52	0.15	2.64	0.01	3.15	0.06	13.6
$Cd/10^{-6}$	0.09	0.03	—	0.12	0.01	0.64	0.02	0.12
$In/10^{-6}$	—	0.00	—	0.01	—	0.38	—	0.15
$Sn/10^{-6}$	—	0.10	0.14	0.03	—	0.22	—	—
$Te/10^{-6}$	2.98	1.93	2.02	4.43	5.35	0.12	0.811	0.57
$Bi/10^{-6}$	14.6	1.22	2.74	13.2	0.07	15.12	1.411	33.2
Co/Ni	278.40	1.40	23.18	159.06	43.55	0.67	2.00	1.00

注：“—”代表低于检测限。

(1) 明显富集As、Se、Te、Bi、Pb和Cu等元素，除Te（$0.12\times10^{-6}\sim5.35\times10^{-6}$，平均$2.28\times10^{-6}$）和Se（$5.68\times10^{-6}\sim17.1\times10^{-6}$，平均$10.65\times10^{-6}$）含量相对稳定外，As、Bi、Pb和Cu等元素含量变化范围较大，其中，As含量为$25.3\times10^{-6}\sim232\times10^{-6}$（平均$130.79\times10^{-6}$），Bi为$0.07\times10^{-6}\sim33.2\times10^{-6}$（平均$10.20\times10^{-6}$），Pb为$0.32\times10^{-6}\sim2771\times10^{-6}$（平均$604.89\times10^{-6}$），Cu为$0.24\times10^{-6}\sim703\times10^{-6}$（平均$203.29\times10^{-6}$）。

(2) 相对富集Ge、Ag、Co和Zn等元素，除Ge含量（$7.71\times10^{-6}\sim8.45\times10^{-6}$，平均$8.15\times10^{-6}$）相对稳定外，Ag、Co、Zn含量变化范围较大，其中，Ag含量为$0.01\times10^{-6}\sim13.6\times10^{-6}$（平均$3.23\times10^{-6}$），Co为$0.01\times10^{-6}\sim348\times10^{-6}$（平均$82.48\times10^{-6}$），Zn为$0.43\times10^{-6}\sim875\times10^{-6}$（平均$131.11\times10^{-6}$）。黄铁矿Co/Ni值为0.67～278.40（平均96.89），明显>1。

(3) 贫Ni、Mn元素，它们的含量相对稳定，Ni含量为$0.01\times10^{-6}\sim2.64\times10^{-6}$（平均$0.85\times10^{-6}$），Mn为$0.16\times10^{-6}\sim2.71\times10^{-6}$（平均$0.68\times10^{-6}$）。此外，Cd、In、Sn和Ga等元素含量多低于$1\times10^{-6}$。

由上述可知，栗山铅锌铜多金属矿床黄铁矿以富集As、Se、Te和Bi，贫Ni、Mn为特征。另外，除Ge、Te和Se含量相对稳定外，大多数元素（Co、Bi、Cu、Pb等）含量变化范围较大。在LA-ICP-MS激光剥蚀信号强度谱图中，Co和As呈相对平缓的直线，且与Fe和S的信号分配形式基本一致［图4-67(a)］，表明Co和As以类质同象形式赋存于黄铁矿中。Cu、Pb、Zn和Bi等元素则呈变化幅度较大的曲线［图4-67(b)］，结合它们较大的含量变化范围，说明这些元素除以类质同象形式存在外，还以包裹体形式赋存于黄铁矿中（如黄铜矿、方铅矿、闪锌矿或自然铋等）。

4.4.2.2 石英氧（O）同位素

1. 石英结构

热液成矿阶段Ⅰ中石英（Q1）阴极发光图像整体呈浅灰色，偶尔出现窄的深灰色边［图4-68(a)］。阶段Ⅱ中石英（Q2）呈明显的自形-半自形核幔结构，阴极发光图像中核到边部颜色由浅灰至深灰［图4-68(b)］，无明显交代结构，表明其为生长环带。阶段Ⅲ中的石英（Q3）显示明显灰白相间环带［图4-68(c)］，为单一生长环带。

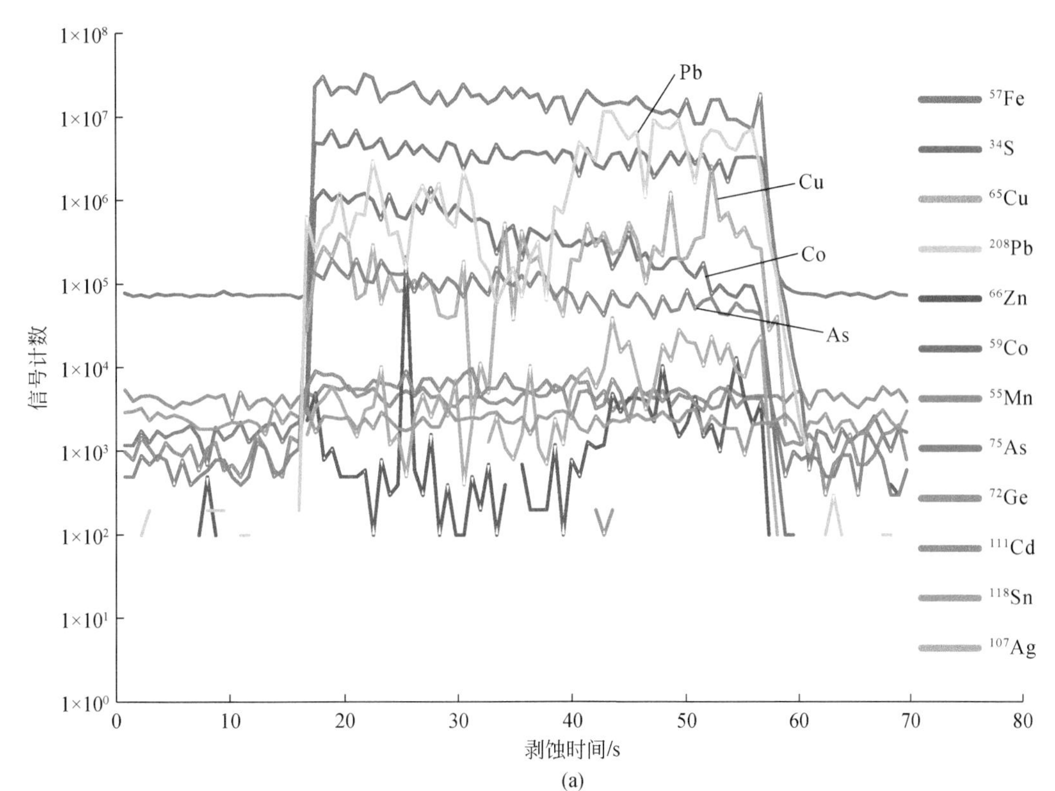

(a)

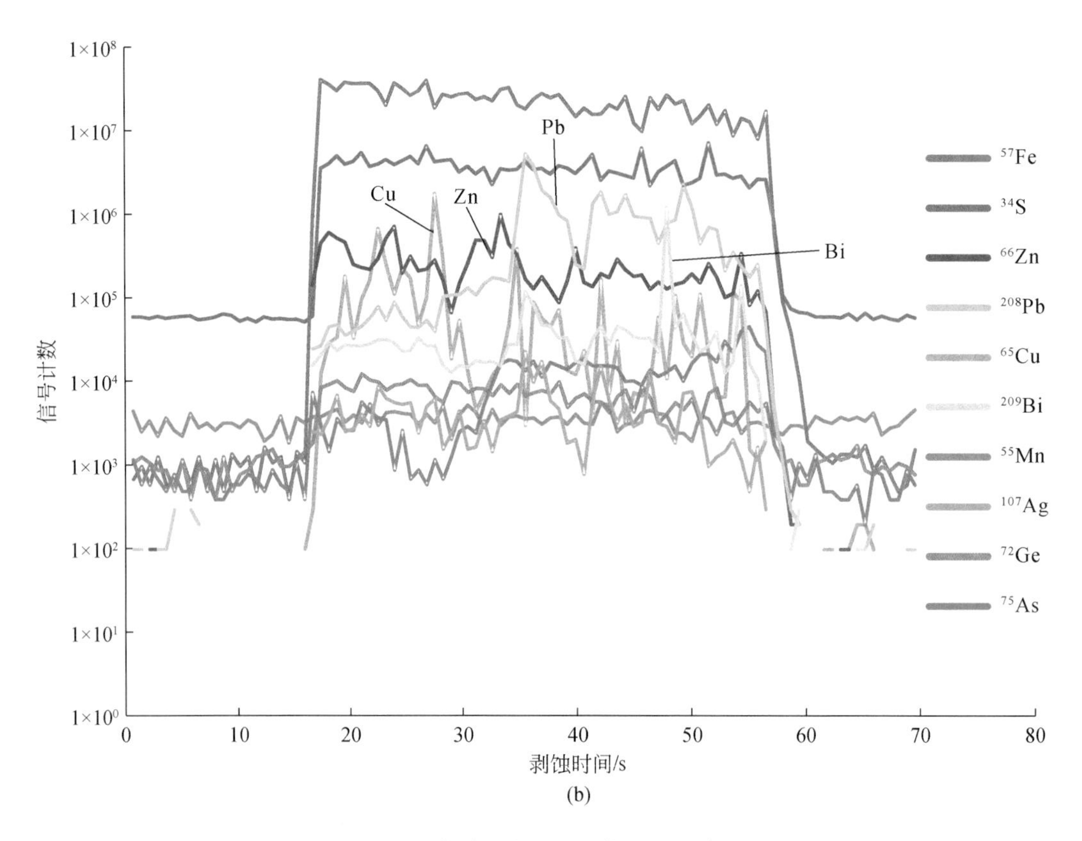

图 4-67　黄铁矿激光剥蚀信号强度谱图

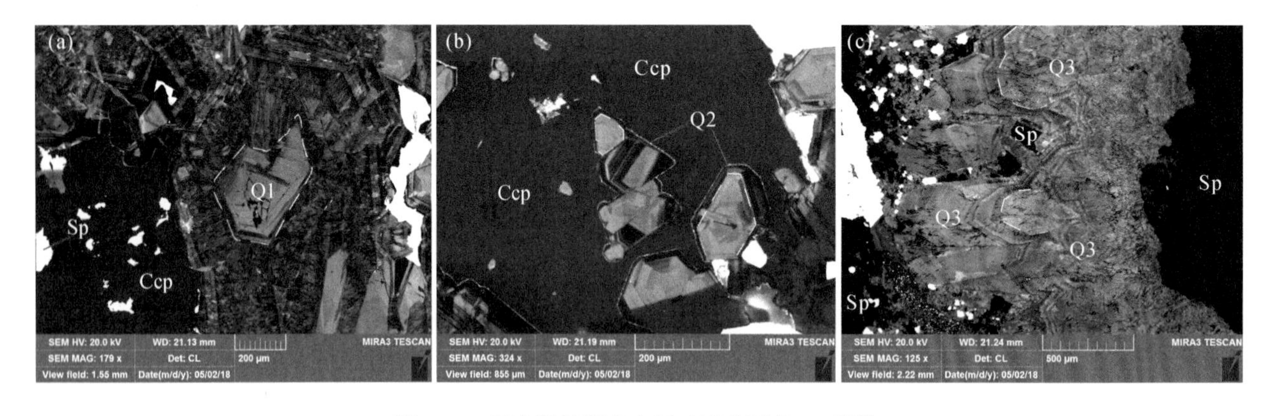

图 4-68　栗山铅锌铜多金属矿床中石英 CL 图像

（a）阶段Ⅰ中石英浅灰色阴极发光图像；（b）阶段Ⅱ中石英自形-半自形核幔结构；（c）阶段Ⅲ中石英单一生长环带。Q. 石英；Sp. 闪锌矿；Ccp. 黄铜矿

2. 分析结果

栗山铅锌铜多金属矿床中热液成矿阶段石英原位氧同位素分析结果见表 4-35。阶段Ⅰ中的 $\delta^{18}O_{石英}$ 值相对较低，介于 4.81‰～5.73‰之间。阶段Ⅱ中的 $\delta^{18}O_{石英}$ 值与阶段Ⅰ中石英相似，介于 4.74‰～5.97‰之间。阶段Ⅲ中的 $\delta^{18}O_{石英}$ 值（8.79‰～10.01‰）相对较高（图 4-69）。

表4-35 栗山铅锌铜多金属矿床中热液成矿阶段石英原位氧同位素分析结果 （单位：‰）

点号	$\delta^{18}O_{石英}$	阶段	2σ	温度校正后的 $\delta^{18}O_{流体}$					
LS-04-D1-7	4.81	Ⅰ（Q1）	0.19	239℃	-4.69	255℃	-3.89	280℃	-2.89
LS-04-D1-6	4.96		0.22		-4.54		-3.74		-2.74
LS-04-D1-5	5.73		0.28		-3.77		-2.97		-1.97
LS-01-D1-2	4.74	Ⅱ（Q2）	0.20	221℃	-5.66	244℃	-4.46	261℃	-3.66
LS-01-D1-6	4.85		0.22		-5.55		-4.35		-3.55
LS-01-D2-1	5.03		0.24		-5.37		-4.17		-3.37
LS-01-D2-6	5.09		0.21		-5.31		-4.11		-3.31
LS-01-D1-5	5.13		0.26		-5.27		-4.07		-3.27
LS-01-D2-4	5.14		0.17		-5.26		-4.06		-3.26
LS-01-D2-3	5.17		0.14		-5.23		-4.03		-3.23
LS-01-D2-9	5.19		0.23		-5.21		-4.01		-3.21
LS-04-D1-10	5.32		0.18		-5.08		-3.88		-3.08
LS-01-D2-2	5.51		0.15		-4.89		-3.69		-2.89
LS-01-D2-8	5.56		0.18		-4.84		-3.64		-2.84
LS-04-D1-4	5.63		0.18		-4.77		-3.57		-2.77
LS-01-D2-5	5.64		0.19		-4.76		-3.56		-2.76
LS-04-D1-3	5.75		0.20		-4.65		-3.45		-2.65
LS-04-D1-9	5.84		0.21		-4.56		-3.36		-2.56
LS-04-D1-8	5.97		0.22		-4.43		-3.23		-2.43
LS08-D1-5	8.79	Ⅲ（Q3）	0.19	212℃	-2.21	231℃	-1.11	238℃	-0.71
LS08-D1-4	9.14		0.21		-1.86		-0.76		-0.36
LS08-D1-6	9.24		0.31		-1.76		-0.66		-0.26
LS08-D3-7	9.29		0.22		-1.71		-0.61		-0.21
LS08-D1-7	9.29		0.15		-1.71		-0.61		-0.21
LS08-D3-1	9.33		0.15		-1.67		-0.57		-0.17
LS08-D1-3	9.37		0.14		-1.63		-0.53		-0.13
LS08-D3-8	9.59		0.13		-1.41		-0.31		0.09
LS08-D3-2	9.61		0.28		-1.39		-0.29		0.11
LS08-D3-5	9.73		0.23		-1.27		-0.17		0.23
LS08-D1-1	9.75		0.18		-1.25		-0.15		0.25
LS08-D3-6	9.77		0.18		-1.23		-0.13		0.27
LS08-D3-4	9.77		0.17		-1.23		-0.13		0.27
LS08-D1-2	9.90		0.27		-1.10		0.00		0.40
LS08-D3-3	10.01		0.19		-0.99		0.11		0.51

3. 成矿流体来源

热液流体的 $\delta^{18}O_{流体}$ 值可以由公式计算得出：$1000\times\ln\alpha_{quartz\text{-}H_2O}=4.28\times10^6\times T^{-2}-3.5\times10^3\times T$（Sharp et al.，2016）。利用绿泥石地质温度计计算出的各阶段成矿流体氧同位素值在图4-69中给出。阶段Ⅰ中样品的 $\delta^{18}O_{流体}$ 值相对亏损，介于-4.69‰～-1.97‰之间（表4-35）。阶段Ⅱ中的流体 $\delta^{18}O_{流体}$ 值（-5.66‰～-2.43‰之间）比较低，表明有轻同位素物质的加入（如大气降水）。阶段Ⅲ的样品显示出相对高的

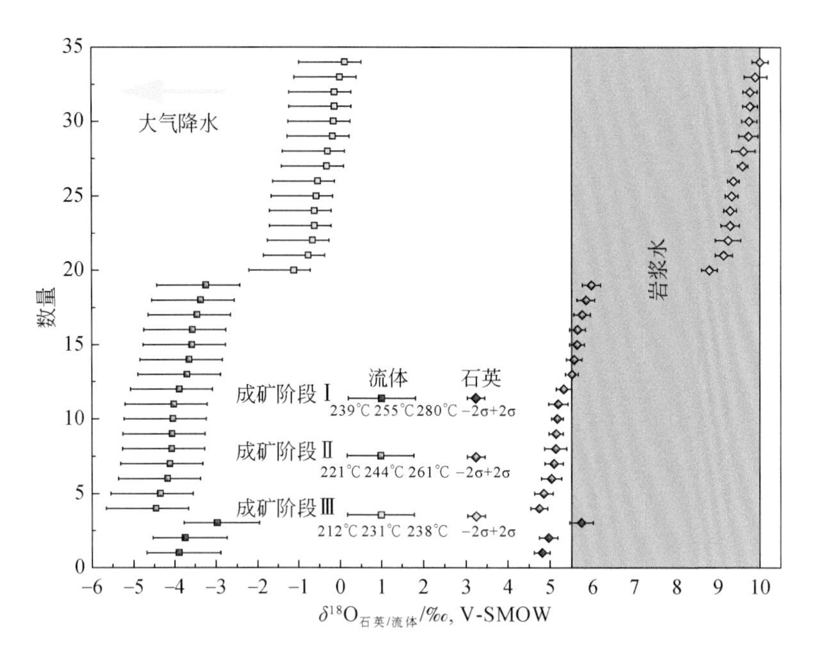

图 4-69　栗山铅锌铜多金属矿床中石英氧同位素结果

$\delta^{18}O_{流体}$值（−2.21‰～0.51‰）。因此，可推测出栗山铅锌铜矿床中的成矿流体来源于岩浆水和大气降水。

4.4.2.3　S-Pb-He-Ar 同位素

硫同位素能有效示踪矿床成矿流体的来源（Seal，2006）。栗山铅锌铜多金属矿床闪锌矿与方铅矿硫同位素分析结果见表 4-36。由表可知，栗山矿区硫同位素值变化范围为−4.7‰～1.5‰（平均−2.0‰），呈塔式分布（图 4-70）。其中，方铅矿的硫同位素值变化范围为−4.7‰～−1.4‰（平均−2.8‰），闪锌矿的硫同位素值变化范围为−0.1‰～1.5‰（平均 0.9‰）。栗山矿区内硫主要以金属硫化物形式出现，而在同位素分馏达到平衡的条件下，共生硫化物的 $\delta^{34}S$ 值按照黄铜矿−闪锌矿−黄铁矿−方铅矿的顺序递减，栗山矿区闪锌矿的 $\delta^{34}S$ 值（−0.1‰～1.5‰）大于方铅矿的 $\delta^{34}S$ 值（−4.7‰～−1.4‰），暗示成矿物质沉淀时基本达到了硫同位素平衡（Ohmoto and Rye，1979）。因此，结合绿泥石和闪锌矿化学组成所揭示的低 f_{S_2}、低 f_{O_2} 条件，硫化物的 $\delta^{34}S$ 值可近似代表成矿热液的 $\delta^{34}S$ 值（Hoefs，1997）。这一变化范围较小且接近零值的硫同位素组成（−4.7‰～1.5‰），与岩浆硫同位素组成相似，暗示其来源可能为岩浆。

表 4-36　栗山铅锌铜多金属矿床闪锌矿与方铅矿硫同位素分析结果　　（单位：‰）

样品编号	分析矿物	$\delta^{34}S$
15LS-01	方铅矿	−3.6
15LS-02	方铅矿	−4.4
15LS-03	方铅矿	−4.7
15LS-05	方铅矿	−2.1
15LS-06	方铅矿	−2.3
15LS-07	方铅矿	−3.3
15LS-08	方铅矿	−3.3
15LS-10	方铅矿	−1.9
15LS-13	方铅矿	−4.2
15LS-14	方铅矿	−1.4

续表

样品编号	分析矿物	$\delta^{34}S$
15LS-05	闪锌矿	1.2
15LS-06	闪锌矿	1.1
15LS-09	闪锌矿	1.5
15LS-10	闪锌矿	-0.1

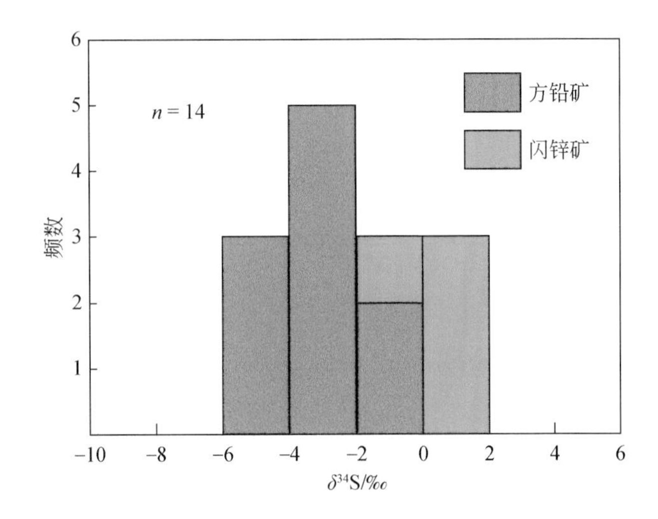

图4-70　栗山铅锌铜多金属矿床闪锌矿与方铅矿硫同位素直方图

栗山铅锌铜多金属矿床中硫化物铅同位素分析结果见表4-37。Pb同位素比值变化范围较小（图4-71），$^{206}Pb/^{204}Pb$、$^{207}Pb/^{204}Pb$和$^{208}Pb/^{204}Pb$值分别为18.14～18.378（平均值18.233）、15.666～15.819（平均值15.718）和38.574～39.207（平均值38.806）。

表4-37　栗山铅锌铜多金属矿床中硫化物Pb同位素分析结果

点号	矿物	$^{206}Pb/^{204}Pb$	$^{207}Pb/^{204}Pb$	$^{208}Pb/^{204}Pb$
17LS-5	黄铜矿	18.378	15.819	39.207
17LS-12-1	黄铜矿	18.294	15.753	38.96
17LS-6	闪锌矿	18.197	15.688	38.713
17LS-15-2	闪锌矿	18.16	15.694	38.656
17LS-12-2	方铅矿	18.207	15.666	38.657
17LS-15-2	方铅矿	18.14	15.671	38.574
17LS-6	方铅矿	18.253	15.734	38.873

栗山铅锌铜多金属矿床硫化物中包裹体的He-Ar同位素分析结果见表4-38。^{4}He含量为$0.06\times10^{-7}cm^3$ STP/g～$0.86\times10^{-7}cm^3$ STP/g，^{40}Ar值为$0.53\times10^{-7}cm^3$ STP/g～$3.52\times10^{-7}cm^3$ STP/g。$^{3}He/^{4}He$值为0.12～0.58Ra（平均值为0.24Ra），Ra代表大气$^{3}He/^{4}He$值（1.4×10^{-6}）（Stuart et al.，1995）。$^{40}Ar/^{36}Ar$值为315.0～325.3，略高于大气标准值（295.5）。放射性^{40}Ar（$^{40}Ar^{*}$）一般小于10%。$^{40}Ar^{*}/^{4}He$值为0.311～0.759。$F^{4}He$（$^{4}He/^{36}Ar$）值为211.9～478.5（图4-72）。

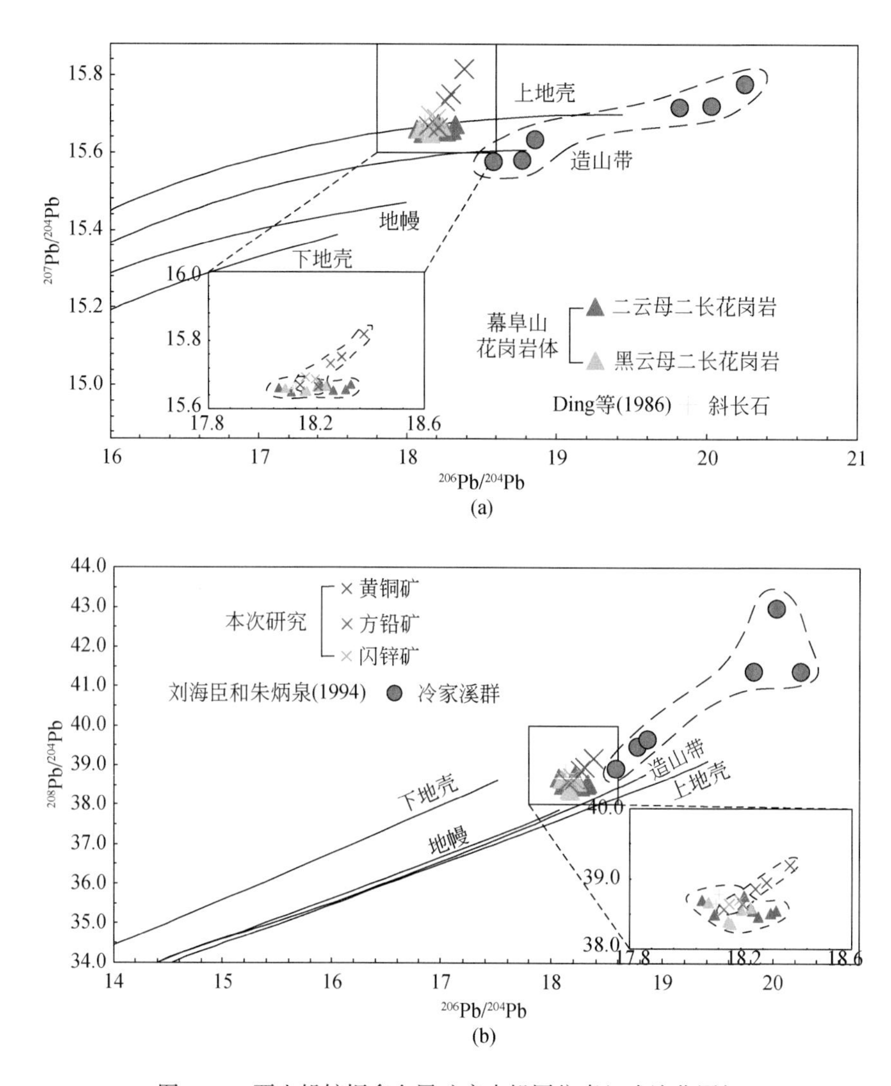

图 4-71　栗山铅锌铜多金属矿床中铅同位素组成演化图解

表 4-38　栗山铅锌铜多金属矿床硫化物中包裹体的 He-Ar 同位素分析结果

点号	$^4He/(10^{-7}cm^3$ STP/g)	$^3He/^4He$ $/10^{-7}$	R/Ra	$^{40}Ar/$ $(10^{-7}cm^3$ STP/g)	$^{40}Ar/$ ^{36}Ar	$^{40}Ar^*$ /%	$^{40}Ar^*$ $/^4He$	F^4He	$^4He_{mantle,Max}$ /%
17LS-6	0.70	1.81	0.13	3.52	315.0	6.20	0.311	379.3	2.00
17LS-16	0.06	8.06	0.58	0.53	322.1	8.27	0.759	211.9	9.45
17LS-15-2	0.47	1.70	0.12	2.97	318.6	7.25	0.455	306.8	1.86
17LS-17	0.86	2.06	0.15	3.51	325.3	9.17	0.377	478.5	2.29

注：除第二行样品为方铅矿外，其余测试对象为闪锌矿。

4.4.2.4　矿床成因类型

1. 成矿物质/流体来源

栗山矿区硫化物的 $\delta^{34}S$ 值变化范围为-4.7‰～1.5‰（平均-2.0‰），明显高于冷家溪群（-13.1‰～-6.3‰；罗献林，1990；刘亮明等，1999），也高于桃林铅锌矿床（-12.1‰～-1.5‰；本书及张九龄，1989），但低于黄沙坪铅锌矿床（$\delta^{34}S$=2.3‰～18.0‰；Ding et al.，2016；Li et al.，2016b；祝新友等，

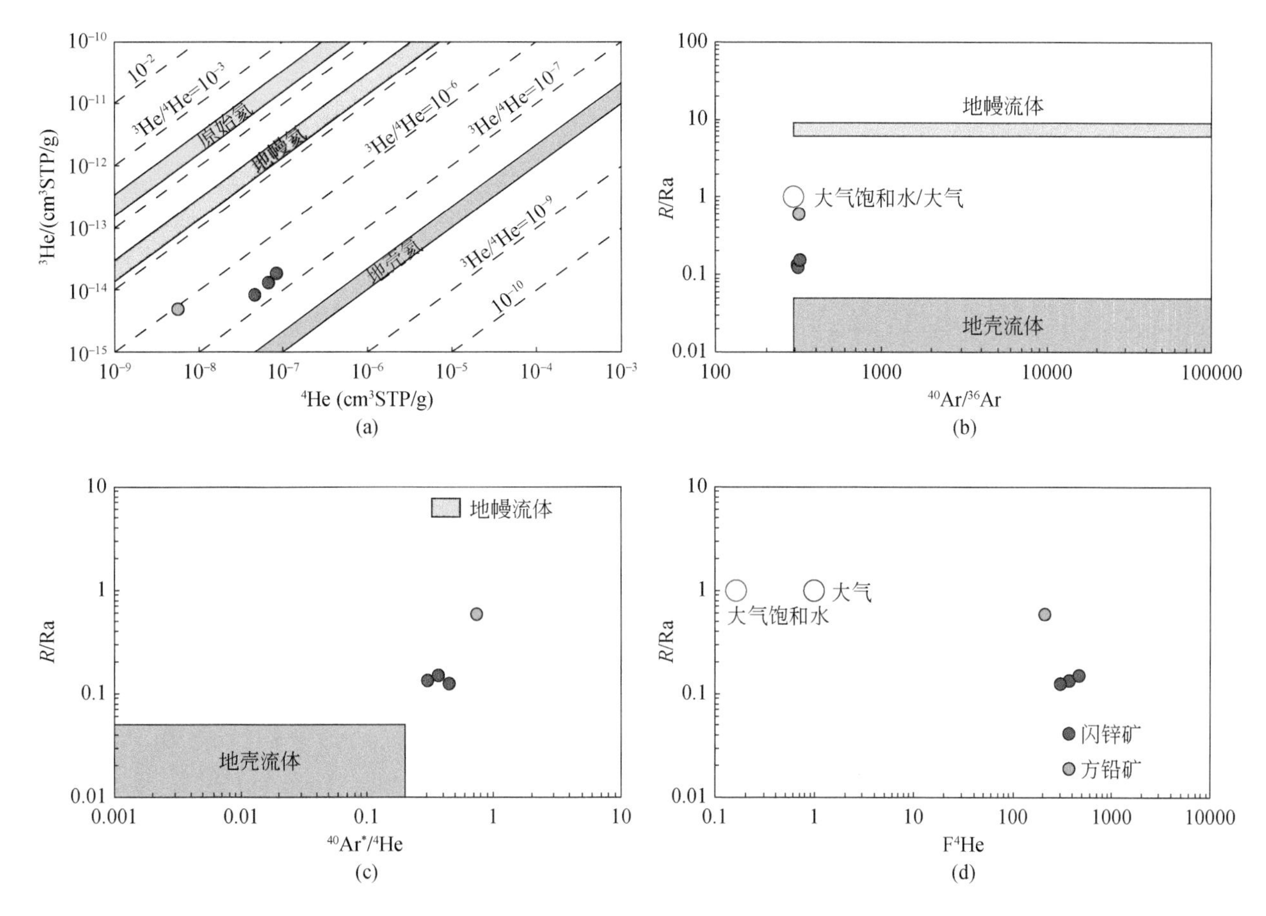

图 4-72　栗山铅锌铜矿床中硫化物包裹体中 He-Ar 同位素图解

2012)、七宝山铜多金属矿床（$\delta^{34}S$=1.8‰~5.6‰；胡祥昭等，2000)、铜山岭铜铅锌多金属矿床（$\delta^{34}S$=-1.9‰~5.7‰；蔡应雄等，2015）和宝山铅锌铜多金属矿床（$\delta^{34}S$=2.2‰~15.0‰；姚军明等，2005；祝新友等，2012）等钦杭成矿带典型的夕卡岩型铅锌多金属矿床，也略低于德兴斑岩铜矿床（$\delta^{34}S$=-4.3‰~5.0‰；Li and Sasaki，2007；杨波等，2016）和大宝山多金属矿床（$\delta^{34}S$=-3.7‰~4.5‰；徐文炘等，2008)。不过，本区 $\delta^{34}S$ 值与井冲钴铜多金属矿床（$\delta^{34}S$=-4.9‰~0.2‰，平均-1.6‰；Wang et al.，2017）和水口山铅锌矿床（$\delta^{34}S$=-2.7‰~2.6‰；路睿，2013）等与岩浆有关的热液型矿床接近，且上述三个矿床的成矿特征也类似。其中，栗山铅锌铜多金属矿床位于幕阜山岩体边缘，矿体主要产于燕山期中细粒二云母花岗岩及其内外接触带中的构造破碎带中，次为花岗闪长岩内；井冲钴铜多金属矿床赋存于晚侏罗世—早白垩世连云山岩体外接触带的热液蚀变构造角砾岩带内；水口山铅锌矿主要产出在晚侏罗世花岗闪长岩和下二叠统栖霞组灰岩接触带中的构造破碎带中。此外，硫同位素组成与土耳其重要的 Western Anatolia 成矿带中的 İnkaya Cu-Pb-Zn-(Ag) 中温热液矿床中硫化物的 $\delta^{34}S$ 值范围(-2.1‰~2.6‰）也类似，后者硫来源于长英质岩浆岩（Özen and Arik，2015)。综上所述，结合矿区地质特征，栗山矿区变化较小且接近零值的硫同位素组成范围表明成矿流体主要来源于岩浆热液，略富轻硫的特征可能与岩浆的源区特征有关。原位 O 同位素组成结果也表明，栗山矿床中的成矿流体主要来源于岩浆水，但有大气降水的参与。

Y 和 Ho 具有相似的地球化学性质，Y/Ho 和 La/Ho 值能有效地判别矿物的成矿流体是否同源，同期结晶形成的矿物的 Y/Ho 和 La/Ho 值具有相似性，而重结晶的矿物的 La/Ho 值变化较大，Y/Ho 值变化不大。此外，同源形成的矿物在 Y/Ho-La/Ho 图解上呈现出水平分布的特征（Bau and Dulski，1995)。栗山矿区萤石的 Y/Ho-La/Ho 图解中，不同阶段萤石大致呈一条直线分布［图 4-73（a)］，表明不同阶段的萤石是同一流体体系的产物。栗山矿区萤石 Y/Ho 值在 66.8 ~ 157 之间，明显不同于球粒陨石（Y/Ho = 28）和火成岩的 Y/Ho 值，但与热液萤石的 Y/Ho 值有很好的重叠［图 4-73（b）］。因此，Y/Ho 值表明栗山矿区萤石可能为热液成因。

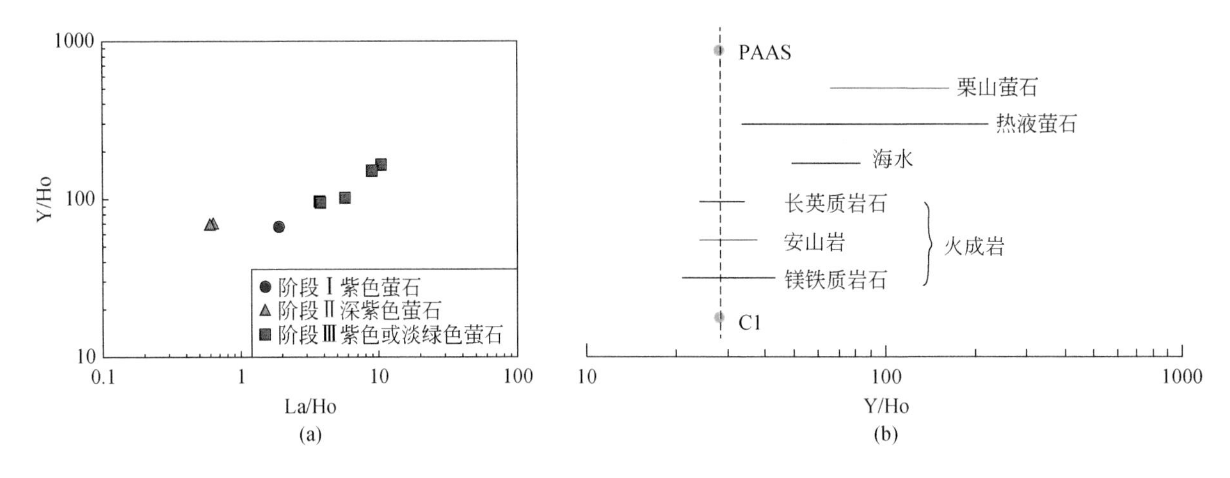

图 4-73　萤石 Y/Ho-La/Ho 图解（a）和萤石及其他地质体 Y/Ho 值分布图（b）

PAAS 代表后太古宙澳大利亚页岩（修改自 Bau and Dulski，1995）

栗山铅锌铜多金属矿床中硫化物的 Pb 同位素成分变化很小（图 4-71），表明栗山铅锌铜多金属矿床 Pb 源区比较均一。另外，所有硫化物数据落入造山带和上地壳演化线之间或者上地壳演化线之上，或者靠近上地壳演化线。这表明栗山矿床成矿金属元素主要来源于上地壳。然而，冷家溪群岩石的 Pb 同位素成分比栗山矿床硫化物的 Pb 同位素放射性更强（图 4-71），表明 Pb 并非来源于冷家溪群。相对比，栗山矿床硫化物的 Pb 同位素比值接近幕阜山花岗岩体，暗示 Pb 来自幕阜山岩体。

栗山矿床硫化物包裹体中^{4}He 值介于 0.06×10^{-7} ~ 0.86×10^{-7} cm^3STP/g 之间，^{40}Ar 变化于 0.53×10^{-7} ~ 3.52×10^{-7} cm^3STP/g 之间。$^{3}He/^{4}He$ 值变化于 0.12 ~ 0.58Ra 之间（平均为 0.24Ra）［图 4-72（a）］，Ra 代表大气的$^{3}He/^{4}He$ 值（1.4×10^{-6}）（Stuart et al.，1995）。所有样品的$^{40}Ar/^{36}Ar$ 值相对均一，变化于 315.04 ~ 325.33［图 4-72（b）］，比大气的标准值（295.5）略高。基于公式$^{40}Ar^{*}(\%) = [1 - 295.5/(^{40}Ar/^{36}Ar)_{sample}]\times100$ 计算出的放射性^{40}Ar（$^{40}Ar^{*}$）值小于 10%（表 4-38）。$^{40}Ar^{*}/^{4}He$ 值变化于 0.311 ~ 0.756 之间，$F^{4}He$ 值变化于 211.9 ~ 478.5 之间［图 4-72（d）］。在图 4-72（a）中，栗山矿床中硫化物包裹体中的$^{3}He/^{4}He$ 值略高于地壳值，低于地幔值。这表明硫化物中包裹体气体成分以地壳流体为主，并有少量地幔流体的加入。硫化物包裹体中的$^{40}Ar/^{36}Ar$ 值略高于大气饱和水（ASW）［图 4-72（b）］。因此，栗山矿床中的成矿流体可能是地壳流体和大气降水、地幔流体的混合。而且，在图 4-72（c）中，惰性气体的成分显示出明显的地壳和地幔物质的混合。地幔^{4}He 值变化于 1.86% ~ 9.45%，平均值为 3.90%。因此，结合 S、O 同位素特征，栗山矿床成矿流体可能来源于幕阜山花岗岩体，但有大气降水参与。

2. 成矿条件

鉴于栗山矿区铅锌铜多金属矿化过程伴随着绿泥石化，绿泥石温度计可用于估算成矿温度。栗山矿区绿泥石的 Fe/(Fe+Mg) 值为 0.60 ~ 0.87（平均 0.71），高于 Jowett（1991）基于绿泥石中 Fe、Mg 对温度的影响所提出的经验温度计适用范围［Fe/(Fe+Mg) <0.6］，因此该温度计不适于本区。此外，栗山矿区缺乏富铝矿物，故 Kranidiotis 和 MacLean（1987）提出适用于铝饱和绿泥石的温度计也不适用。Cathelineau 和 Nieva（1985）、Cathelineau（1988）提出的温度计基于 Al^{IV} 与温度间的关系所建立，未考虑 Fe/(Fe+Mg) 对 Al^{IV} 的影响，故计算的温度往往偏高。根据 Battaglia（1999）提出的 d_{001} 与温度的关系以及 Nieto（1997）修正的 $d_{001} = 14.339 - 0.1155Al^{IV} - 0.0201Fe$ 公式，再根据温度计公式 T（℃）$= 115Al^{IV} + 20.1Fe + 40$ 计算出 Chl_{I} 的形成温度范围为 246 ~ 286℃（平均 253℃），Chl_{II} 的形成温度范围为 236 ~ 275℃（平均 258℃），而 Chl_{III} 的形成温度范围为 205 ~ 247℃（平均 234℃）。运用 Zang 和 Fyfe（1995）提出的

温度计公式 T（℃）=106.2｛$2Al^{Ⅳ}$−0.88［Fe/(Fe+Mg)−0.34］｝+17.5，计算得出 $Chl_{Ⅰ}$ 的形成温度范围为242～272℃（平均256℃），$Chl_{Ⅱ}$ 的形成温度范围为206～249℃（平均230℃），而 $Chl_{Ⅲ}$ 的形成温度范围为205～249℃（平均229℃）。由两种温度计公式的平均值得出 $Chl_{Ⅰ}$ 的形成温度范围为239～280℃（平均255℃），$Chl_{Ⅱ}$ 的形成温度范围为221～261℃（平均244℃），而 $Chl_{Ⅲ}$ 的形成温度范围为212～238℃（平均231℃）（图4-74）。由于 $Chl_{Ⅰ}$、$Chl_{Ⅱ}$、$Chl_{Ⅲ}$ 分别对应热液成矿阶段Ⅰ、Ⅱ和Ⅲ（图3-44），上述温度可分别代表三个阶段成矿流体的温度，即成矿温度从成矿阶段Ⅰ到成矿阶段Ⅲ逐渐降低。

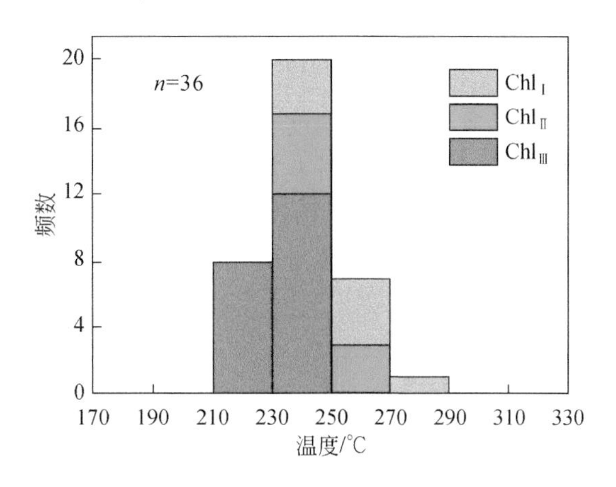

图4-74　栗山矿区绿泥石形成温度直方图

前人研究结果表明，闪锌矿中微量元素含量及其比值与成矿温度之间有密切关系。由于 Fe^{2+}、Mn^{2+}、In^{3+} 和 Zn^{2+} 的离子半径非常接近，在温度较高的条件下，易发生Fe、Mn、In对Zn的置换，而Se、Te和S的地球化学特征相似，易类质同象代替闪锌矿中的S。因此，高温条件下形成的闪锌矿通常富集Fe、Mn、In、Te、Se等元素，往往形成颜色较深的铁闪锌矿。相反地，在成矿温度较低的条件下，闪锌矿则相对富集Cd、Ga、Ge等元素，颜色较浅（刘英俊等，1984；朱赖民等，1995；Ye et al.，2011）。上述微量元素赋存形式揭示了栗山矿区不仅存在简单的元素晶格替代，还存在复杂的成对替代关系，暗示了成矿温度不可能为高温（刘英俊等，1984）。与其他类型矿床相比（图4-65），栗山矿床中闪锌矿具有高的Ga，中等-低的Fe、Mn、In的特征，Zn/Fe的主要变化范围为27～156（平均63），Ge/In和Ga/In值分别为1～249（平均27）和25～14730（平均954），这些均表明栗山矿床中闪锌矿可能形成于中低温的环境（叶霖等，2012）。

已有实验研究表明闪锌矿中的FeS含量能反映流体的温度、f_{O_2}、f_{S_2}，具有高的FeS含量的闪锌矿往往形成于高温、低 f_{O_2} 和 f_{S_2} 的流体中（Sack，2006；Keith et al.，2014；Zhang et al.，2018）。由于栗山矿区具有丰富的含铁矿物（黄铜矿和黄铁矿），暗示Fe是成矿流体的主要成分。因此，温度、f_{O_2} 和 f_{S_2} 可能是影响闪锌矿中不同元素置换的关键因素（Sack，2006）。根据闪锌矿的经验温度计公式 $Fe/Zn_{闪锌矿}=0.0013T-0.2953$（Keith et al.，2014），计算出闪锌矿沉淀的流体最低温度为235～257℃（平均243℃），与上述据绿泥石温度计（212～238℃，平均231℃）得出的成矿温度接近。

前人研究表明，黄铁矿中Co、Ni含量对成矿温度具有一定的指示意义，Co含量越高，黄铁矿的成矿温度越高（盛继福等，1999）。一般低温条件形成的黄铁矿Co含量 $<100\times10^{-6}$，中温条件下形成的黄铁矿Co含量介于 $100\times10^{-6}\sim1000\times10^{-6}$，而高温条件下形成的黄铁矿Co含量 $>1000\times10^{-6}$（梅建明，2000）。栗山矿床黄铁矿Co含量为 $0.01\times10^{-6}\sim348\times10^{-6}$（平均 101×10^{-6}），表明黄铁矿成矿温度不高，可能形成于中低温环境。

运用Walshe在1986年提出的六组分绿泥石固溶体模型计算绿泥石形成时的氧逸度（f_{O_2}）和硫逸度（f_{S_2}），运用张伟等（2014）提出的 $\lg K_1=21.77e^{-0.003t}$ 和 $\lg K_2=0.1368t-0.002t^2-82.615$ 计算 $\lg K_1$ 和 $\lg K_2$［其中，t 为绿泥石形成的温度；K_1、K_2 分别代表Walshe（1986）所提供的绿泥石形成时的氧逸度、硫逸

度两个化学反应式的平衡常数]，运用郑作平等（1997）提出的$f_{O_2}=4$（$\lg a_6-\lg a_3-\lg K_1$）和$f_{S_2}=$（$4f_{O_2}-\lg a_3-\lg K_2$）/7 计算f_{O_2}和f_{S_2}。计算结果表明，所有绿泥石形成时的f_{O_2}范围为-52.36 ~ -43.78（平均-48.80），f_{S_2}范围为-9.29 ~ 3.78（平均-4.18），属于低氧逸度和低硫逸度的环境。其中，$Chl_Ⅰ$形成时的f_{O_2}为-48.49 ~ -43.78（平均-46.65），f_{S_2}为-4.15 ~ 3.78（平均-1.11）；$Chl_Ⅱ$形成时的f_{O_2}为-52.11 ~ -46.45（平均-48.58），f_{S_2}为-8.19 ~ -0.36（平均-3.55）；而$Chl_Ⅲ$形成时的f_{O_2}为-52.36 ~ -47.98（平均-49.76），f_{S_2}为-9.29 ~ -3.12（平均-5.66）。结合绿泥石经验温度计计算结果，从热液成矿阶段Ⅰ到成矿阶段Ⅲ，热液的硫逸度随着温度降低而降低，这与硫化物的不断结晶有关。

根据前人对与含铁硫化物共生的闪锌矿中的FeS分子百分数和硫逸度、温度关系的研究（Warmada and Lehmann，2003），构建了闪锌矿形成温度与硫逸度（f_{S_2}）的关系图（图4-75）。栗山铅锌铜多金属矿床闪锌矿中FeS分子百分数为1.21%~4.49%，由图4-75可知，闪锌矿形成时的硫逸度在-12.3 ~ -10.8之间。与$Chl_Ⅲ$形成时的硫逸度（-9.29 ~ -3.12）相对比，闪锌矿形成时的硫逸度明显降低，这是由于闪锌矿的形成略晚于绿泥石，而较大的硫逸度差异与黄铜矿和黄铁矿的早期沉淀造成热液硫逸度的不断降低有关。

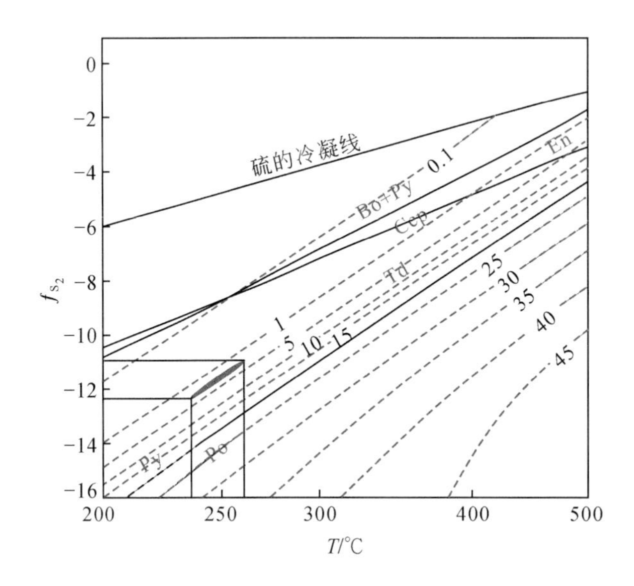

图4-75　共生硫化物形成时温度与硫逸度的关系图（底图据 Warmada and Lehmann，2003）

Po. 磁黄铁矿；Py. 黄铁矿；Ccp. 黄铜矿；Bo. 斑铜矿；En. 硫砷铜矿；Td. 砷黝铜矿。图中虚线上数字代表Fe在闪锌矿中的含量（%）

此外，Schwinn和Markl（2005）提出在酸性、低浓度络合物配体（如CO_3^{2-}、F^-和Cl^-等）的溶液体系中，LREE较HREE密度低，故LREE在溶液体系中较为富集，$(La/Lu)_N$值>1，而在含有CO_3^{2-}、F^-和Cl^-等络合物配位体的碱性溶液体系中，HREE较LREE更富集，$(La/Lu)_N$值则<1。栗山矿区萤石的$(La/Lu)_N$值多>1，指示萤石形成于相对酸性的环境。

3. 成矿时代

用于Ar-Ar定年的白云母样品采自具有黄铜矿化和黄铁矿化的伟晶岩中［图4-76（a）］，年龄数据分析结果见表4-39。坪年龄、等时线年龄和反等时线年龄见图4-76。样品测试共分18个阶段加热，各阶段释放的^{39}Ar波动很小，而第1 ~ 18个加热阶段积累了100%的^{39}Ar，形成了非常平坦的坪，其坪年龄为128.7±0.8Ma（MSWD=1.00）［图4-76（b）］。等时线年龄为128.8±0.8Ma（MSWD=0.93），对应的初始$^{40}Ar/^{36}Ar$值为295.3±4.0［图4-76（c）］。反等时线年龄为128.8±0.8Ma（MSWD=0.92），对应的初始$^{40}Ar/^{36}Ar$值为295.6±4.0［图4-76（d）］。坪年龄、等时线年龄和反等时线年龄在误差范围内一致，而且样品的初始$^{40}Ar/^{36}Ar$值与大气中的$^{40}Ar/^{36}Ar$值（295.5；Marty et al.，1989；Burnard et al.，1999）一致。另外，本次研究中分析的白云母与黄铜矿化和黄铁矿化密切相关［图4-76（a）］，因此其获得的

$^{40}Ar/^{39}Ar$年龄可近似代表 Pb-Zn-Cu 矿化的时间。闪锌矿的地质温度计计算出的成矿温度为 240～250℃（郭飞等，2020），绿泥石温度计计算出的温度为 212～280℃（郭飞等，2018），这些温度均低于白云母的封闭温度（350±50℃；McDougall and Harrison，1999），表明分析的白云母处在一个封闭体系中，未受到热扰动或混染。根据以上分析，获得的$^{40}Ar/^{39}Ar$年龄是可靠的，可近似代表栗山铅锌矿的形成时间大致为 129Ma。

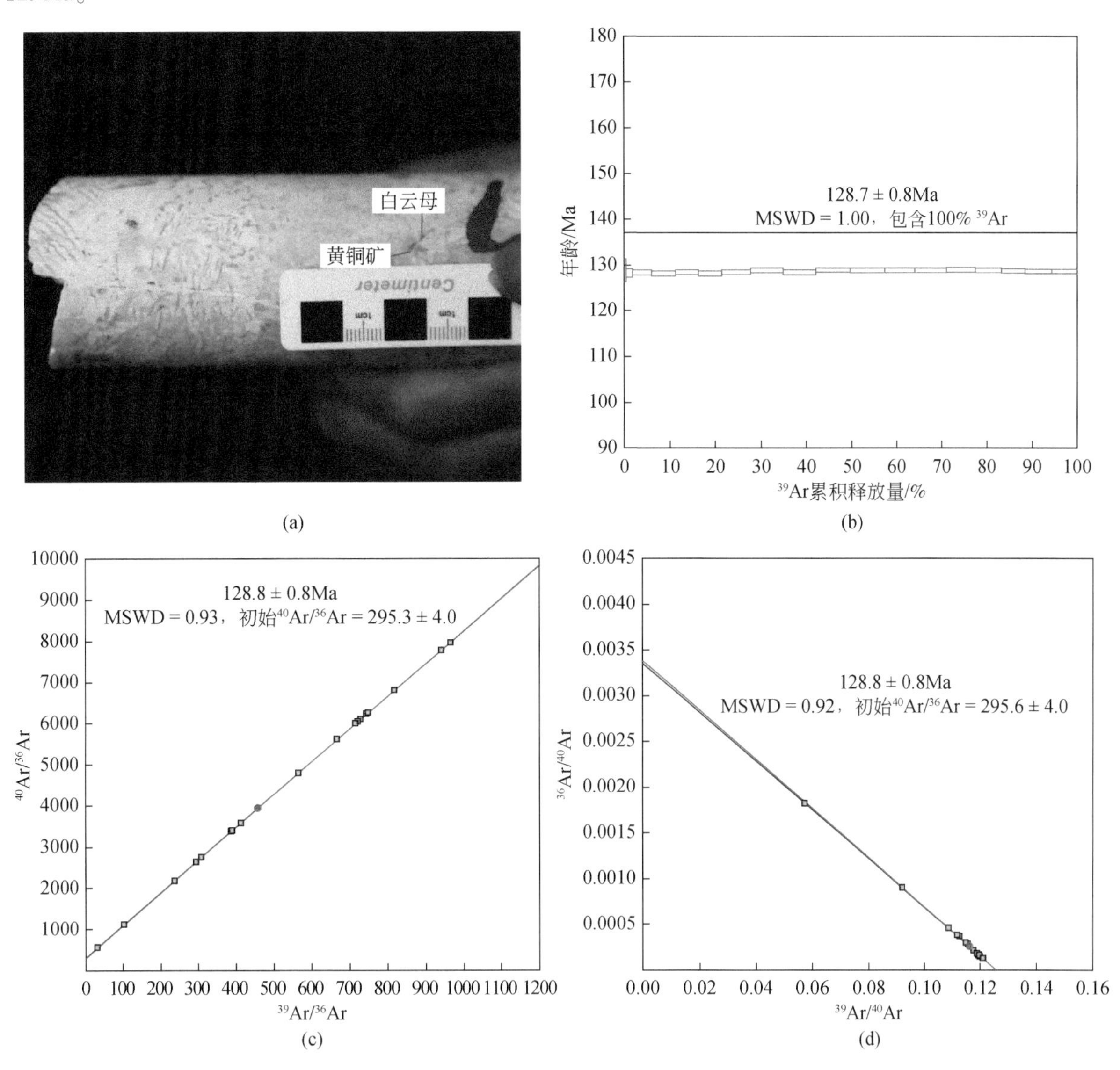

图 4-76　栗山铅锌铜矿白云母定年样品手标本照片（a）、坪年龄（b）、等时线年龄（c）和反等时线年龄（d）

表 4-39　栗山铅锌矿区白云母的 Ar-Ar 年龄数据分析结果

阶段	^{36}Ar	^{37}Ar	^{38}Ar	^{39}Ar	^{40}Ar	$^{40}Ar/^{39}Ar$	$^{36}Ar/^{39}Ar$	$^{37}Ar/^{39}Ar$	$^{40}Ar^{*}/^{39}Ar$	$^{40}Ar^{*}$/%	$^{39}Ar_k$/%	年龄/Ma	±2σ/Ma
20WHA0266-002	5.5797	0.2445	2.7805	175.5915	3064.7027	17.4536	0.0318	0.0014	7.964	45.63	0.54	128.86	2.49
20WHA0266-003	4.2109	6.4284	4.9809	430.7780	4672.9387	10.8477	0.0098	0.0149	7.928	73.08	1.34	128.29	0.93
20WHA0266-004	5.7500	1.0963	14.4287	1360.2728	12517.0272	9.2019	0.0042	0.0008	7.938	86.26	4.22	128.44	0.61
20WHA0266-005	3.9819	-14.0650	16.7701	1648.2144	14245.8911	8.6432	0.0024	-0.0085	7.920	91.63	5.11	128.16	0.53
20WHA0266-006	4.2279	5.8647	16.7062	1637.2111	14263.3969	8.7120	0.0026	0.0036	7.939	91.13	5.07	128.46	0.54

续表

阶段	^{36}Ar	^{37}Ar	^{38}Ar	^{39}Ar	^{40}Ar	$^{40}Ar/^{39}Ar$	$^{36}Ar/^{39}Ar$	$^{37}Ar/^{39}Ar$	$^{40}Ar^{*}/^{39}Ar$	$^{40}Ar^{*}$/%	$^{39}Ar_{k}$/%	年龄/Ma	$\pm2\sigma$/Ma
20WHA0266-007	5. 3896	-2. 7373	17. 2248	1666. 8066	14812. 5549	8. 8868	0. 0032	-0. 0016	7. 919	89. 11	5. 17	128. 15	0. 56
20WHA0266-009	5. 1335	3. 8021	20. 4044	2002. 9911	17441. 3998	8. 7077	0. 0026	0. 0019	7. 940	91. 19	6. 21	128. 48	0. 54
20WHA0266-010	3. 1343	-6. 2524	23. 3206	2335. 2187	19547. 7879	8. 3709	0. 0013	-0. 0027	7. 968	95. 19	7. 24	128. 91	0. 51
20WHA0266-011	7. 7876	-14. 4109	23. 8212	2299. 3085	20574. 0135	8. 9479	0. 0034	-0. 0063	7. 934	88. 67	7. 13	128. 39	0. 56
20WHA0266-012	3. 0205	5. 9371	24. 4986	2467. 3236	20571. 8715	8. 3377	0. 0012	0. 0024	7. 970	95. 59	7. 65	128. 95	0. 51
20WHA0266-013	3. 3687	1. 9776	24. 4856	2455. 9607	20566. 4601	8. 3741	0. 0014	0. 0008	7. 962	95. 08	7. 61	128. 83	0. 51
20WHA0266-014	3. 0489	7. 2820	21. 8842	2199. 4892	18443. 2075	8. 3852	0. 0014	0. 0033	7. 969	95. 04	6. 82	128. 94	0. 51
20WHA0266-016	3. 1608	2. 9117	22. 5826	2262. 0859	18971. 5022	8. 3867	0. 0014	0. 0013	7. 967	95. 00	7. 01	128. 91	0. 51
20WHA0266-017	3. 6231	5. 7365	20. 5454	2048. 1610	17412. 4116	8. 5015	0. 0018	0. 0028	7. 971	93. 76	6. 35	128. 97	0. 52
20WHA0266-018	2. 8089	-0. 3354	18. 6808	1873. 5219	15768. 3612	8. 4164	0. 0015	-0. 0002	7. 967	94. 65	5. 81	128. 89	0. 51
20WHA0266-019	2. 2453	-3. 5342	16. 7285	1682. 9916	14061. 8103	8. 3552	0. 0013	-0. 0021	7. 955	95. 21	5. 22	128. 71	0. 51
20WHA0266-020	1. 9910	-2. 8855	18. 9712	1921. 5126	15875. 2739	8. 2619	0. 0010	-0. 0015	7. 950	96. 23	5. 96	128. 64	0. 50
20WHA0266-021	1. 9142	13. 5975	17. 8170	1799. 6626	14881. 0180	8. 2688	0. 0011	0. 0076	7. 950	96. 14	5. 58	128. 63	0. 51

4. 矿床类型

以往研究表明，萤石的 $Tb/Ca_{原子比}$、$Tb/La_{原子比}$可用来判断其成因（Möller et al., 1976）。栗山矿区萤石的 $Tb/La_{原子比}$和 $Tb/Ca_{原子比}$范围分别为 0.09 ~ 0.91 和 6.12×10^{-8} ~ 4.00×10^{-7}，在 $Tb/Ca_{原子比}$-$Tb/La_{原子比}$图解中，落入热液成因区域（图 4-77）。此外，在结晶作用早期形成的萤石往往富集 LREE，中期形成的萤石轻重稀土富集程度相当，而晚期形成的萤石则富集 HREE（Möller et al., 1976），由此推断栗山矿区萤石形成于结晶作用的早、中阶段。

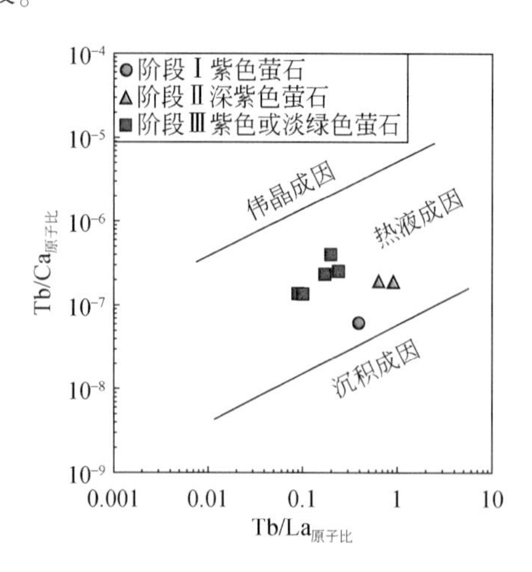

图 4-77 栗山铅锌铜多金属矿床萤石 $Tb/La_{原子比}$-$Tb/Ca_{原子比}$图（底图据 Möller et al., 1976）

微量元素组成特征不仅能揭示元素在成矿过程中的地球化学行为，还可指示矿床的成矿物理化学条件、成矿物质来源、流体运移和沉淀机制等，乃至矿床的成因类型（Cook et al., 2009a; Ye et al., 2011; 叶霖等, 2012）。如 SEDEX 型铅锌矿床通常以富集 Fe、Mn、In，贫 Cd、Ge、Ga 为特征（如云南白牛厂铅锌矿床和广东大宝山铜多金属矿床；表 4-40），夕卡岩型铅锌矿床则以富集 Mn、Co，贫 In、Sn、Fe 为特征（如云南核桃坪铅锌矿床和罗马尼亚 Baita Bihor 铅锌矿床），VMS 型铅锌矿床往往以富集 Fe、Mn、

In、Sn、Co，贫 Cd、Ge、Ga 为特征（如云南澜沧老厂银铅锌矿床），而 MVT 型铅锌矿床则以富集 Cd、Ge、Ga，贫 Fe、Mn、In、Sn、Co 为特征（如四川大梁子铅锌矿床、贵州牛角塘铅锌矿床和墨西哥 TresMarias 矿床），金顶型铅锌矿床与 MVT 型铅锌矿床类似，但更为富集 Tl（表 4-33）（Cook et al., 2009b；Ye et al., 2011；Yuan et al., 2018；叶霖等，2012）。

栗山铅锌铜多金属矿床闪锌矿 Fe 含量明显低于夕卡岩型、SEDEX 型和 VMS 型铅锌矿床，略高于金顶砂岩型铅锌矿床，而与 MVT 型铅锌矿床接近；与 Fe 不同的是，Mn 明显高于 MVT 型和金顶矿床；Cd 含量明显低于 MVT 型、夕卡岩型、SEDEX 型、VMS 型矿床和金顶型铅锌矿床；Co 含量明显高于 SEDEX 型、MVT 型、VMS 型和金顶型铅锌矿床，但低于夕卡岩型铅锌矿床；Ga 含量明显高于夕卡岩型矿床和金顶型铅锌矿床，与 MVT 型、SEDEX 型和 VMS 型铅锌矿床接近；Ge 含量明显低于 MVT 型和金顶型铅锌矿床，与夕卡岩型、VMS 型和 SEDEX 型铅锌矿床接近；In 含量明显低于 SEDEX 型和 VMS 型铅锌矿床，与 MVT 型、夕卡岩型和金顶型铅锌矿床接近。总体而言，栗山铅锌铜多金属矿床以富集 Co、Ga，贫 Fe、Cd、Ge 为特征，其微量元素组成特征（图 4-64）以及 Mn-Fe、Cd-Fe 等关系图（图 4-65）均明显不同于 SEDEX 型、VMS 型铅锌矿床，仅局部与 MVT 型、夕卡岩型铅锌矿床特征相似。在 Ag-Ga+Ge-In+Se+Te 图解中（图 4-78），栗山铅锌铜多金属矿床闪锌矿投影范围明显不同于 VMS 型、SEDEX 型铅锌矿床，但其两个端分别靠近 MVT、夕卡岩型铅锌矿床。

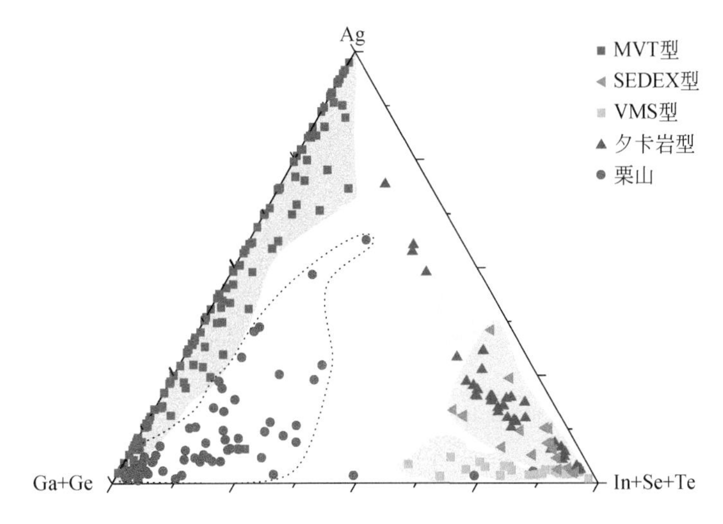

图 4-78　闪锌矿 Ag-Ga+Ge-In+Se+Te 三角图解（底图据朱赖民等，1995）
夕卡岩型、MVT 型、SEDEX 型、VMS 型矿床数据引自 Ye 等（2011）、Yuan 等（2018）

另外，PCA 分析结果表明第一个主成分 PC1 以 In、Sn、Cu、Ag 和 Co 为特征，第二个主成分 PC2 以 Mn、Fe、Ge 和 Sb 为特征，第三个主成分以 Ga 和 Cd 为特征（图 4-79）。其中，前两个主成分占元素含量方差的 55.6%。三个元素集群，如（Ge，Sb），（Ag，Cu，Sn，Cd，Ga）和（Mn，Fe，In）在图 4-79（a）中已显示。而且 Co 与（Ag，Cu，Sn，Cd，Ga）呈负相关性。一方面，闪锌矿中高 Co、Mn、Fe 和 In 含量可能与岩浆热液系统有关（如夕卡岩型、SEDEX 型和 VMS 型矿床）[图 4-79（b）（c）]，这些与岩浆作用有关的矿床主要分布在图 4-79（b）的上部。另一方面，Ge 和 Sb 主要在与岩浆作用无关的低温矿床（如 MVT 型和金顶矿床）[图 4-79（b）（c）] 中富集，这些与岩浆作用无关的矿床主要在图 4-79（b）的下部。也就是说，从上部到下部，温度有降低的趋势。栗山铅锌铜多金属矿床位于图 4-79（b）的中上部，这与中低温岩浆热液矿床特征是一致的。

闪锌矿中 Cd/Fe、Cd/Mn 值能较好地判断成矿过程中是否有岩浆活动的参与，与岩浆活动有关的闪锌矿往往具有较低的 Cd/Fe（<0.1）、Cd/Mn 值（<5），而沉积型或层控型矿床的 Cd/Fe、Cd/Mn 值分别大于 0.1 和 5（赵劲松等，2007）。栗山铅锌铜多金属矿床中闪锌矿 Cd/Fe 和 Cd/Mn 值分别为 0.03～0.14（平均 0.06）、1.54～6.30（平均 2.91），表现了与岩浆活动有关的特征（表 4-40）。闪锌矿中 Ge 含量对

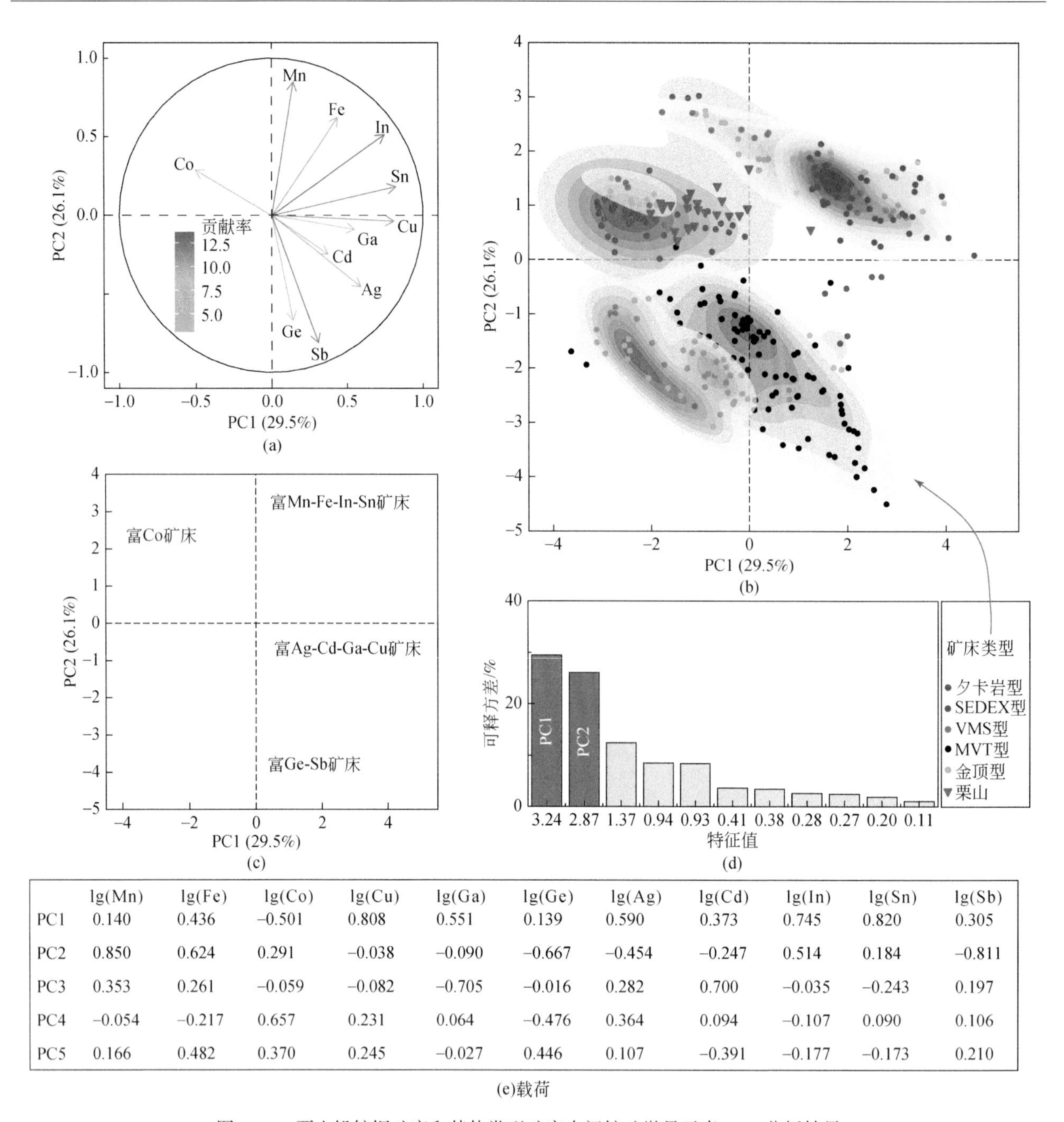

	lg(Mn)	lg(Fe)	lg(Co)	lg(Cu)	lg(Ga)	lg(Ge)	lg(Ag)	lg(Cd)	lg(In)	lg(Sn)	lg(Sb)
PC1	0.140	0.436	−0.501	0.808	0.551	0.139	0.590	0.373	0.745	0.820	0.305
PC2	0.850	0.624	0.291	−0.038	−0.090	−0.667	−0.454	−0.247	0.514	0.184	−0.811
PC3	0.353	0.261	−0.059	−0.082	−0.705	−0.016	0.282	0.700	−0.035	−0.243	0.197
PC4	−0.054	−0.217	0.657	0.231	0.064	−0.476	0.364	0.094	−0.107	0.090	0.106
PC5	0.166	0.482	0.370	0.245	−0.027	0.446	0.107	−0.391	−0.177	−0.173	0.210

(e)载荷

图 4-79　栗山铅锌铜矿床和其他类型矿床中闪锌矿微量元素 PCA 分析结果

（a）主成分分析的因子载荷图，显示出元素（变量）和具有相似地球化学行为元素的分类；（b）闪锌矿微量元素含量的因子得分图；（c）所选择的元素在不同类型铅锌矿床的富集趋势；（d）相关矩阵特征值的可释方差累计图；（e）主成分的载荷（提取特征向量，指每个原始变量和每个公共因子的相关系数）。数据来自 Cook 等（2009b）、Ye 等（2011）、Wei 等（2018a，2018b）、Yuan 等（2018）和郭飞等（2020）

成矿具有指示意义，与岩浆热液作用有关的矿床中闪锌矿的 Ge 含量通常 $<3\times10^{-6}$（周卫宁等，1989），如内蒙古黄岗梁夕卡岩矿床中浸染状和层状闪锌矿中 Ge 的含量分别为 $0.17\times10^{-6}\sim0.51\times10^{-6}$ 和 $0.26\times10^{-6}\sim0.46\times10^{-6}$（徐卓彬等，2017），低于栗山矿区闪锌矿中 Ge 含量（$0.6\times10^{-6}\sim5.6\times10^{-6}$，平均 1.5×10^{-6}），这可能与栗山矿区闪锌矿的成矿温度略低有关。

此外，Co、Ni 是黄铁矿中最常见的微量元素，通常以类质同象方式替代黄铁矿中的 Fe。黄铁矿中的 Co、Ni 含量及 Co/Ni 值对判断矿床成因类型有指示意义（Bralia et al.，1979；Cook，1996）。前人研究表明，与岩浆或火山热液有关的矿床中黄铁矿的 Co/Ni 值通常大于 1，而沉积成因的矿床中黄铁矿的 Co/Ni

值往往小于 1（Bralia et al., 1979）。栗山铅锌铜多金属矿床中黄铁矿的 Co/Ni 值为 0.67～4354（平均 134），明显大于 1，指示黄铁矿可能为热液成因。

栗山矿床主要赋存在幕阜山岩体中细粒二云母花岗岩中，次为花岗闪长岩，这两种岩性中 Pb 的含量分别为 11×10^{-6}～69×10^{-6}（平均 35×10^{-6}）和 27×10^{-6}～29×10^{-6}（平均 28×10^{-6}）（Wang et al., 2014），明显高于地壳丰度（17×10^{-6}：Sun and McDonough, 1989），暗示幕阜山岩体可能为成矿提供了物质来源。钻孔岩心编录发现中细粒二云母花岗岩向黄铁矿化和黄铜矿化的含石榴子石花岗伟晶岩［图 3-40（d）］及矿体的逐渐过渡，结合硫同位素特征，花岗伟晶岩中的矿化表明该矿床的成矿流体可能来自幕阜山岩体的晚期岩浆热液演化。综上所述，幕阜山复式岩体中的花岗岩类可能为栗山矿床提供了成矿物质和流体来源。然而，具体的成矿母岩还有待于进一步深入研究。

综上所述，栗山矿床闪锌矿具有鲜明的，不同于 VMS 型、SEDEX 型、MVT 型、夕卡岩型等矿床的微量元素组成特征，指示了该矿床的成因为与岩浆热液有关的中低温矿床。栗山矿区矿脉是以石英+萤石脉的形式产于幕阜山岩体的中细粒二云母花岗岩内外的硅化构造破碎带中，矿脉表现出明显的梳状构造［图 3-42（h）］、花岗岩角砾呈棱角状［图 3-40（b）］等指示张性构造的特征，矿体与围岩界线截然清晰，表明矿体形成至少略晚于围岩中细粒二云母花岗岩（132～127Ma）。栗山矿区未变形的中细粒二云母花岗岩切穿了剪切变形的似斑状黑云母花岗岩［图 3-40（a）］，表明成矿形成于韧性剪切变形之后的脆性阶段，即抬升到浅部脆性环境成矿。矿脉与石英脉产状指示了近 EW 向的拉伸应力，暗示栗山铅锌铜多金属矿床形成于伸展构造环境。大云山–幕阜山地区的侵位–折返事件研究表明该区经历了两个阶段的构造演化：150Ma 的挤压剪切变形（D_1）；135～95Ma 的伸展剪切变形（D_{2a}）和 90～50Ma 的抬升折返阶段（D_{2b}）（Ji et al., 2018）。因此，类似于钦杭成矿带中其他与燕山期花岗岩有关的铅锌矿床（表 4-41），栗山铅锌铜多金属矿床不仅在时间和空间上与燕山期岩浆作用有关，而且在成因上（成矿物质和成矿流体方面）也密切相关，表现出明显的构造和岩浆岩控矿特征。结合区域构造演化，栗山铅锌铜多金属矿床可能是在太平洋板块俯冲后撤所引起的伸展构造背景下形成的中低温岩浆热液充填交代型矿床。

表 4-40　不同类型矿床中闪锌矿化学成分含量对比表

矿床名称	矿床类型	Fe/%	Cd/%	$Mn/10^{-6}$	$Co/10^{-6}$	$Ni/10^{-6}$	$Ga/10^{-6}$	$Ge/10^{-6}$	$In/10^{-6}$	$Tl/10^{-6}$
四川大梁子铅锌矿床	MVT 型	0.57～5.77	0.53～1.95	0.11～48.9	0.44～10.3	0.29～10.8	0.16～374	0.11～328	0.002～15.3	0.001～10.942
墨西哥 Tres Marias	MVT 型	1.67～3.86	0.34～0.60	4.40～17.3	0.09～0.31	0.20～2.33	4.51～54.7	175～448	0.06～0.20	105.500
贵州牛角塘铅锌矿床	MVT 型	0.10～3.66	0.10～2.70	1.00～225	0.01～1.44	0.01～6.22	0.68～64.54	6.71～546	0.001～0.75	0.172～43.600
云南芦子园铅锌矿床	夕卡岩型	4.30～10.6	0.18～0.24	630～2143	212～461	0.19～1.16	0.11～1.03	2.53～3.73	0.01～0.11	低于检测限～0.158
云南核桃坪铅锌矿床	夕卡岩型	2.03～11.4	0.40～0.70	1241～5766	71.0～473	0.03～0.47	0.06～1.84	2.60～3.26	0.001～0.18	低于检测限～0.075
罗马尼亚 Baita Bihor 铅锌矿床	夕卡岩型	0.13～2.86	0.23～0.78	967～3827	8.00～1183	0.30～11.4	0.30～4.00	0.60～1.30	16.8～25.8	0.000～0.030
广东大宝山铜铅锌多金属矿床	SEDEX 型	10.3～12.5	0.47～0.60	675～2642	0.02～6.59	0.04～0.20	8.0～91.7	2.57～3.62	111～415	低于检测限～0.144
云南澜沧老厂银铅锌矿床	VMS 型	12.2～14.1	0.83～0.91	2645～4111	0.04～4.41	0.03～1.66	3.00～117	2.11～15.1	66.0～566	0.006～2.571
云南白牛厂铅锌矿床	SEDEX 型	11.9～16.0	0.53～0.86	2439～6537	0.02～7.49	0.33～0.57	2.16～24.3	1.99～20.8	6.00～262	低于检测限～0.090
云南金顶铅锌矿床	砂岩容矿型	0.01～0.36	0.02～6.86	1.00～1937	0.02～26.0	0.02～5.73	0.38～10.9	1.82～75.1	0.002～1.38	2.000～73.300

续表

矿床名称	矿床类型	Fe/%	Cd/%	$Mn/10^{-6}$	$Co/10^{-6}$	$Ni/10^{-6}$	$Ga/10^{-6}$	$Ge/10^{-6}$	$In/10^{-6}$	$Tl/10^{-6}$
栗山铅锌铜多金属矿床	岩浆热液型	0.41～2.40	0.04～0.11	59.3～384	27.3～233	0.001～4.94	4.18～187	0.61～5.57	0.001～158	0.010～0.130

注：除栗山矿床来自本书外，其余矿床类型数据引自 Cook 等（2009b）、Ye 等（2011）和 Yuan 等（2018）。

表 4-41　华南地区钦杭成矿带与燕山期岩浆作用有关的铅锌矿床特征表　　（单位：Ma）

矿床名称	成因类型	侵入体年龄	成矿时代	成矿母岩	赋矿围岩	数据来源
栗山铅锌铜多金属矿床	岩浆热液交代充填型	154～127	约 129	花岗岩	中细粒二云母花岗岩	本书
水口山铅锌矿床	岩浆热液交代充填型	158.8±1.8	157.8±1.4	花岗闪长岩	灰岩	Huang et al., 2015
黄沙坪铅锌矿床	夕卡岩型	161.6±1.1	157.6±2.3	花岗斑岩	灰岩	雷泽恒等，2010
桃林铅锌矿床	与岩浆作用有关的中低温热液型	154～127	?	中粗粒黑云母二长花岗	浅变质岩	张九龄，1990
宝山铜铅锌多金属矿床	夕卡岩型	157.7±1.1	160±2	花岗闪长斑岩	白云岩、砂页岩和灰岩	路远发等，2006
铜山岭铜铅锌多金属矿床	夕卡岩型	160.7±0.5	162.2±1.6	花岗闪长斑岩	白云质灰岩和泥晶灰岩	Jiang et al., 2009b
大宝山铜铅锌多金属矿床	沉积-热液改造型	162.2±0.7	164.6±0.9	次英安斑岩	碳酸盐岩	毛伟等，2013

参考文献

蔡应雄，谭娟娟，等．2015．湘南铜山岭铜多金属矿床成矿物质来源的 S、Pb、C 同位素约束．地质学报，89（10）：1792-1803.

陈国达．1959．大陆地壳第三基本构造单元——地洼区．科学通报，4（3）：94-95.

陈国达．2000．关于多因复成矿床的一些问题．大地构造与成矿学，24（3）：199-201.

池国祥，卢焕章．2008．流体包裹体组合对测温数据有效性的制约及数据表达方法．岩石学报，24（9）：1945-1953.

邓会娟，夏浩东，息朝庄，等．2013．湖南平江童源-和尚坡金矿区成矿流体地球化学特征．矿物学报，33（4）：691-697.

董国军，许德如，王力，等．2008．湘东地区金矿床矿化年龄的测定及含矿流体来源的示踪——兼论矿床成因类型．大地构造与成矿学，32（4）：482-491.

范宏瑞，李兴辉，左亚彬，等．2018．LA-（MC）-ICPMS 和（Nano）SIMS 硫化物微量元素和硫同位素原位分析与矿床形成的精细过程．岩石学报，34（12）：3479-3496.

付山岭，胡瑞忠，陈佑纬，等．2016．湘中龙山大型金锑矿床成矿时代研究——黄铁矿 Re-Os 和锆石 U-Th/He 定年．岩石学报，32（11）：3507-3517.

高永宝，李侃，钱兵，等．2016．扬子北缘马元铅锌矿床闪锌矿微量元素及 S-Pb-He-Ar-C 同位素地球化学研究．岩石学报，32（1）：251-263.

顾尚义，杜定全，付勇，等．2016．江南古陆西南缘石英脉型金矿中毒砂 Re-Os 同位素定年研究．岩矿测试，35（5）：542-549.

郭飞，王智琳，许德如，等．2018．湘东北地区栗山铅锌铜多金属矿床的成因探讨：来自矿床地质、矿物学和硫同位素的证据．南京大学学报（数学半年刊），54（2）：366-385.

郭飞，王智琳，许德如，等．2020．湖南栗山铅锌铜多金属矿床闪锌矿微量元素特征及成矿指示意义．地学前缘，27（4）：66-81.

韩凤彬，常亮，蔡明海，等．2010．湘东北地区金矿成矿时代研究．矿床地质，29（3）：563-571.

贺转利．2009．江南古陆湖南段金多金属成矿动力学特征及成矿模式．广州：中国科学院广州地球化学研究所．

贺转利，许德如，陈广浩，等．2004．湘东北燕山期陆内碰撞造山带金多金属成矿地球化学．矿床地质，23（1）：39-51.

胡俊良，徐德明，张鲲，等. 2016. 湖南七宝山铜多金属矿床石英斑岩时代与成因：锆石U-Pb定年及Hf同位素与稀土元素证据. 大地构造与成矿学，40（6）：1185-1199.
胡明月，何红蓼，詹秀春，等. 2008. 基体归一定量技术在激光烧蚀-等离子体质谱法锆石原位多元素分析中的应用. 分析化学，36（7）：947-953.
胡祥昭，彭恩生，孙振家. 2000. 湘东北七宝山铜多金属矿床地质特征及成因探讨. 大地构造与成矿学，24（4）：365-370.
黄诚，樊光明，姜高磊，等. 2012. 湘东北雁林寺金矿构造控矿特征及金成矿ESR测年. 大地构造与成矿学，36（1）：76-84.
雷泽恒，陈富文，陈郑辉，等. 2010. 黄沙坪铅锌多金属矿成岩成矿年龄测定及地质意义. 地球学报，31（4）：532-540.
黎彤，倪守斌. 1997. 中国大陆岩石圈的化学元素丰度. 地质与勘探，33（1）：31-37.
李华芹. 1998. 新疆北部有色贵金属矿床成矿作用年代学. 北京：地质出版社.
李鹏春. 2006. 湘东北地区显生宙花岗岩岩浆作用及其演化规律. 广州：中国科学院广州地球化学研究所.
李晓峰，华仁民，杨凤根. 2002. 金山金矿K-Ar年龄及其对赣东北构造演化的指示意义. 岩石矿物学杂志，21（1）：49-54.
李晓峰，陈文，毛景文，等. 2006. 江西银山多金属矿床蚀变绢云母^{40}Ar-^{39}Ar年龄及其地质意义. 矿床地质，25（1）：17-26.
刘垢群，金维群，张录秀，等. 2001. 湘东北斑岩型和热液型铜矿成矿物质来源探讨. 华南地质与矿产，（1）：40-47.
刘海臣，朱炳泉. 1994. 湘西板溪群及冷家溪群的时代研究. 科学通报，39（2）：148-150.
刘亮明，彭省临，吴延之. 1999. 湘东北地区脉型金矿床的活化转移. 中南工业大学学报（自然科学版），30（1）：4-7.
刘铁庚，叶霖，周家喜，等. 2010. 闪锌矿的Fe、Cd关系随其颜色变化而变化. 中国地质，37（5）：1457-1468.
刘荫椿. 1989. 黄金洞金矿床地球化学特征. 地质与勘探，25（11）：43-48.
刘英俊，曹励明，李兆麟. 1984. 元素地球化学. 北京：科学出版社.
刘育，张良，孙思辰，等. 2017. 湘东北杨山庄金矿床流体成矿机制. 岩石学报，33（7）：2273-2284.
柳德荣，吴延之，刘石年. 1994. 平江万古金矿床地球化学研究. 湖南地质，13（2）：83-90.
卢焕章，王中刚，陈文一，等. 2012. 浊积岩型金矿地质. 北京：科学出版社.
陆松年，怀坤，李惠民. 1999. 成矿地质事件的同位素年代学研究. 地学前缘，6（2）：335-342.
路睿. 2013. 湖南省常宁市水口山铅锌矿床地质特征及成因机制探讨. 南京：南京大学.
路远发，马丽艳，屈文俊，等. 2006. 湖南宝山铜-钼多金属矿床成岩成矿的U-Pb和Re-Os同位素定年研究. 岩石学报，22（10）：2483-2492.
罗献林. 1988. 论湖南黄金洞金矿床的成因及成矿模式. 桂林冶金地质学院学报，8（8）：225-240.
罗献林. 1989. 论湖南前寒武系金矿床的形成时代. 桂林冶金地质学院学报，9（1）：25-34.
罗献林. 1990. 论湖南前寒武纪系金矿床的成矿物质来源. 桂林冶金地质学院学报，10（1）：13-25.
吕赟珊，解国爱，倪培，等. 2012. 赣东北金山金矿床构造变形特征及其区域构造意义. 大地构造与成矿学，36（4）：504-517.
毛光周，华仁民，龙光明，等. 2008 江西金山金矿成矿时代探讨——来自石英流体包裹体Rb-Sr年龄的证据. 地质学报，82（4）：532-539.
毛景文，李红艳. 1997. 江南古陆某些金矿床成因讨论. 地球化学，26（5）：71-81.
毛景文，李红艳，徐钰，等. 1997. 湖南万古地区金矿地质与成果. 北京：原子能出版社.
毛伟，李晓峰，杨富初. 2013. 广东大宝山多金属矿床花岗岩锆石LA-ICP-MS U-Pb定年及其地质意义. 岩石学报，29（12）：4104-4120.
毛先成，潘敏，刘占坤，等. 2018. 西天山阿希金矿床黄铁矿微量元素LA-ICP-MS原位测试及其指示意义. 中南大学学报（自然科学版），49（5）：1148-1159.
梅建明. 2000. 浙江遂昌治岭头金矿床黄铁矿的化学成分标型研究. 现代地质，14（1）：51-55.
宁钧陶. 2002. 湘东北原生钴矿成矿地质条件分析. 湖南地质，21（3）：192-195，200.
彭建堂. 1998. 湖南雪峰地区金矿床的成因研究. 矿床地质，17（Z2）：417-420.
彭建堂，戴塔根. 1998. 雪峰地区金矿成矿时代问题的探讨. 地质与勘探，34（4）：39-43.
彭建堂，胡瑞忠，赵军红，等. 2003. 湘西沃溪Au-Sb-W矿床中白钨矿Sm-Nd和石英Ar-Ar定年. 科学通报，48（18）：976-981.

彭建堂，符亚洲，袁顺达，等．2006. 热液矿床中含钙矿物的 Sm-Nd 同位素定年．地质论评，52（5）：662-667.
陕亮．2019. 湘东北地区铜-铅-锌-钴多金属成矿系统．北京：中国地质大学．
盛继福，李岩，范书义．1999. 大兴安岭中段铜多金属矿床矿物微量元素研究．矿床地质，18（2）：153-160.
唐晓珊，贾宝华，黄建中，等．2004. 湖南早前寒武纪变质结晶基底的 Sm-Nd 同位素年龄．资源调查与环境，25（1）：55-63.
万嘉敏．1986. 湘西西安白钨矿矿床的地球化学研究．地球化学，（2）：183-192.
王加昇，温汉捷，李超，等．2011. 黔东南石英脉型金矿毒砂 Re-Os 同位素定年及其地质意义．地质学报，85（6）：955-964.
王瑞湖，张青枝．1997. 桂北地下热下溶滤金矿床地质特征及成因．南方国土资源，10（2）：25-36.
王秀璋，梁华英，单强，等．1999. 金山金矿成矿年龄测定及华南加里东成金期的讨论．地质论评，45（1）：19-25.
王永磊，陈毓川，王登红，等．2012. 湖南渣滓溪 W-Sb 矿床白钨矿 Sm-Nd 测年及其地质意义．中国地质，39（5）：1339-1344.
韦星林．1996. 江西金山韧性剪切带型金矿地质特征．江西地质，10（1）：52-64.
文志林，邓腾，董国军，等．2016. 湘东北万古金矿床控矿构造特征与控矿规律研究．大地构造与成矿学，40（2）：281-294.
肖拥军，陈广浩．2004. 湘东北大洞-万古地区金矿构造成矿定位机制的初步研究．大地构造与成矿学，28（1）：38-44.
徐九华，何知礼，申世亮，等．1993. 小秦岭文峪-东闯金矿床稳定同位素地球化学及矿液矿质来源．地质找矿论丛，8（2）：87-100.
徐文炘，李蘅，陈民扬，等．2008. 广东大宝山多金属矿床成矿物质来源同位素证据．地球学报，29（6）：684-690.
徐卓彬，邵拥军，杨自安，等．2017. 内蒙古黄岗梁铁锡矿床闪锌矿 LA-ICP-MS 微量元素组成及其指示意义．岩石矿物学杂志，36（3）：360-370.
许德如，王力，李鹏春，等．2009. 湘东北地区连云山花岗岩的成因及地球动力学暗示．岩石学报，25（5）：1056-1078.
杨波，水新芳，赵元艺，等．2016. 江西德兴朱砂红斑岩铜矿床 H-O-S-Pb 同位素特征及意义．地质学报，90（1）：126-138.
姚军明，华仁民，林锦富．2005. 湘东南黄沙坪花岗岩 LA-ICP-MS 锆石 U-Pb 定年及岩石地球化学特征．岩石学报，21（3）：688-696.
叶传庆，戴文剑，刘荫椿，等．1988. 试论黄金洞金矿床成因及找矿意义．黄金地质，（2）：24-36.
叶霖，高伟，杨玉龙，等．2012. 云南澜沧老厂铅锌多金属矿床闪锌矿微量元素组成．岩石学报，28（5）：62-72.
叶有钟，叶桂顺，赵关连，等．1993. 浙江诸暨璜山地区金（银）矿成矿时代探讨．浙江国土资源，（2）：12-16.
易祖水，罗小亚，周东红，等．2010. 浏阳市井冲钴铜多金属矿床地质特征及成因浅析．华南地质与矿产，（3）：12-18.
于琼华，若黔，冯祖同．1987. 南岭地区铅锌矿床中闪锌矿的标型特征//全国第一届矿相学学术讨论会矿相学论文集．北京：地质出版社：80-85.
张金春．1994. 江西金山韧性剪切型金矿成矿地球化学研究．南京：南京大学．
张九龄．1989. 湖南桃林铅锌矿床控矿条件及成矿预测．地质与勘探，（24）：1-7.
张九龄．1990. 桃林铅锌矿床成矿条件及找矿预测．矿山地质，11（2）：7-12.
张理刚．1985. 湘西雪峰山隆起区钨锑金矿床稳定同位素地质学．地质与勘探，21（11）：24-28.
张伟，张寿庭，曹华文，等．2014. 滇西小龙河锡矿床中绿泥石矿物特征及其指示意义．成都理工大学学报（自然科学版），41（3）：318-328.
张志远，谢桂青，李惠纯，等．2018. 湖南龙山锑金矿床白云母$^{40}Ar/^{39}Ar$年代学及其意义初探．岩石学报，34（9）：2535-2547.
赵劲松，邱学林，赵斌，等．2007. 大冶-武山矿化夕卡岩的稀土元素地球化学研究．地球化学，36（4）：400-412.
郑作平，陈繁荣，于学元．1997. 八卦庙金矿床的绿泥石特征及成岩成矿意义．矿物学报，17（1）：100-106.
周卫宁，傅金宝，李达明．1989. 广西大厂矿田铜坑-长坡矿区闪锌矿的标型特征研究．矿物岩石，9（2）：65-72.
朱赖民，袁海华，栾世伟．1995. 金阳底苏会东大梁子铅锌矿床内闪锌矿微量元素标型特征及其研究意义．四川地质学报，15（1）：49-55.
朱炎龄，李崇佑，林运淮．1981. 赣南钨矿地质．南昌：江西人民出版社．
祝新友，王京彬，王艳丽，等．2012. 湖南黄沙坪 W-Mo-Bi-Pb-Zn 多金属矿床硫铅同位素地球化学研究．岩石学报，28（12）：3809-3822.

邹志超，胡瑞忠，毕献武，等．2012．西北兰坪盆地李子坪铅锌矿床微量元素地球化学特征．地球化学，41（5）：482-496.

Andersen T. 2002. Correction of common lead in U-Pb analyses that do not report ^{204}Pb. Chemical Geology，192（1-2）：59-79.

Anglin C D，Jonasson I R，Franklin J M. 1996. Sm-Nd dating of scheelite and tourmaline：implications for the genesis of Archean gold deposits，Val d'Or，Canada. Economic Geology，91：1372-1382.

Bajwah Z U，Seccombe P K，Offler R. 1987. Trace element distribution，Co：Ni ratios and genesis of the Big Cadia iron-copper deposit，New South Wales，Australia. Mineralium Deposita，22：292-300.

Bakker R J. 2003. Package FLUIDS 1. Computer programs for analysis of fluid inclusion data and for modelling bulk fluid properties. Chemical Geology，194（1）：3-23.

Ballentine C J，Burnard P G. 2002. Production，release and transport of noble gases in the continental crust. Reviews in Mineralogy and Geochemistry，47（1）：481-538.

Basta F F，Maurice A E，Fontboté L，et al. 2011. Petrology and geochemistry of the banded iron formation（BIF）of Wadi Karim and Um Anab，Eastern Desert，Egypt：implications for the origin of Neoproterozoic BIF. Precambrian Research，187（3-4）：277-292.

Battaglia S. 1999. Applying X-ray geothermometer diffraction to a chlorite. Clays and Clay Minerals，47（1）：54-63.

Bau M，Dulski P. 1995. Comparative study of yttrium and rare-earth element behaviors in fluorine-rich hydrothermal fluids. Mineralogy and Petrology，119：213-22.

Bauer M E，Burisch M，Ostendorf J，et al. 2019. Trace element geochemistry of sphalerite in contrasting hydrothermal fluid systems of the Freiberg district，Germany：insights from LA-ICP-MS analysis，near-infrared light microthermometry of sphalerite-hosted fluid inclusions，and sulfur isotope geochemistry. Mineralium Deposita，54（2）：237-262.

Becker J，Craw D，Horton T，et al. 2000. Gold mineralisation near the Main Divide，upper Wilberforce valley，Southern Alps，New Zealand. New Zealand Journal of Geology and Geophysics，43（2）：199-215.

Belissont R，Boiron M C，Luais B，et al. 2014. LA-ICP-MS analysis of minor and trace elements and bulk Ge isotopes in zoned Ge-rich sphalerites from the Noailhac-Saint-Salvy deposit（France）：insights into incorporation mechanisms and ore deposition process. Geochimica et Cosmochimica Acta，126：518-540.

Belissont R，Muhoz M，Boiron M C，et al. 2016. Distribution and oxidation state of Ge，Cu and Fe in sphalerite by μ-XRF and K-edge μ-XANES：insights into Ge incorporation，partitioning and isotopic fractionation. Geochimica et Cosmochimica Acta，177：298-314.

Bell K，Anglin C D，Franklin J M. 1989. Sm-Nd and Rb-Sr isotope systematics of scheelites：possible implications for the age and genesis of vein-hosted gold deposits. Geology，17（6）：500-504.

Bernardini G P，Borgheresi M，Cipriani C，et al. 2004. Mn distribution in sphalerite：an EPR study. Physics and Chemistry Minerals，31（2）：80-84.

Black L P，Kamo S L，Allen C M，et al. 2003. TEMORA 1：a new zircon standard for Phanerozoic U-Pb geochronology. Chemical Geology，200：155-170.

Bodnar J，Vityk M. 1994. Interpretation of microthermometric data for H_2O-NaCl fluid inclusions//De Vivo B，Frezzotti M L. Fluid inclusions in minerals：methods and applications. IMA Short Course Volume：117-130.

Bodnar R，Mavrogenes J，Anderson A，et al. 1993. Synchrotron XRF evidence for the sources and distributions of metals in porphyry copper deposits. Eos，Transactions，American Geophysical Union，74：669.

Bourdelle F，Parra T，Chopin C，et al. 2013. A new chlorite geothermometer for diagenetic to low-grade metamorphic conditions. Contributions to Mineralogy and Petrology，165（4）：723-735.

Bowers T S，Helgeson H C. 1983. Calculation of the thermodynamic and geochemical consequences of nonideal mixing in the system H_2O-CO_2-NaCl on phase relations in geologic systems：equation of state for H_2O-CO_2-NaCl fluids at high pressures and temperatures. Geochimica et Cosmochimica Acta，47（7）：1247-1275.

Boyle R W. 1979. The geochemistry of gold and its deposits. Geological Survey of Canada Bulletin，579-584.

Bralia A，Sabatini G，Troja F. 1979. A revaluation of the Co/Ni ratio in pyrite as geochemical tool in ore genesis problems. Mineralium Deposita，14：353-374.

Brown P E，Lamb W M. 1989. PVT properties of fluids in the system $H_2O \pm CO_2 \pm NaCl$：new graphical presentations and implications for fluid inclusion studies. Geochimica et Cosmochimica Acta，53（6）：1209-1221.

Brugger J L, Etschmann B, Pownceby M, et al. 2008. Oxidation state of europium in scheelite: tracking fluid-rock interaction in gold deposits. Mineralogical Magazine, 257 (1-2): 1-33.

Burnard P G, Hu R Z, Turner G, Bi X W. 1999. Mantle, crustal and atmospheric noble gases in Ailaoshan gold deposits, Yunnan Province, China. Geochimica et Cosmochimica Acta, 6: 1595-1604.

Campbell F A, Ethier V G. 1984. Nickel and cobalt in pyrrhotite and pyrite from the Faro and Sullivan orebodies. The Canadian Mineralogist, 22: 503-506.

Cathelineau M. 1988. Cation site occupancy in chlorites and illites as function of temperature. Clay Minerals, 23 (4): 471-485.

Cathelineau M, Nieva D. 1985. A chlorite solid solution geothermometer the Los Azufres (Mexico) geothermal system. Contributions to Mineralogy and Petrology, 91 (3): 235-244.

Charvet J, Shu L S, Faure M, et al. 2010. Structural development of the Lower Paleozoic belt of South China: genesis of an intracontinental orogen. Journal of Asian Earth Sciences, 39 (4): 309-330.

Chen L, Li X H, Li JW, et al. 2015. Extreme variation of sulfur isotopic compositions in pyrite from the Qiuling sediment-hosted gold deposit, West Qinling orogen, central China: an in situ SIMS study with implications for the source of sulfur. Mineralium Deposita, 50 (6): 643-656.

Chesley J T, Halliday A N, Kyser T K, et al. 1994. Direct dating of Mississippi valley-type mineralization using of Sm-Nd in fluorite. Economic Geology, 89 (5): 1192-1199.

Clark C, Grguric B, Mumm A S. 2004. Genetic implications of pyrite chemistry from the Palaeoproterozoic Olary Domain and overlying Neoproterozoic Adelaidean sequences, northeastern South Australia. Ore Geology Reviews, 25 (3-4): 237-257.

Clayton R N, Mayeda T K, Oneil J R. 1972. Oxygen isotope exchange between quartz and water. Journal of Geophysical Research, 77 (17): 3057-3067.

Cline J S, Hofstra A H, Muntean J L, et al. 2005. Carlin-type gold deposits in Nevada: critical geologic characteristics and viable models. Economic Geology (100th Anniversary volume): 451-484.

Cook N J. 1996. Mineralogy of the sulphide deposits at Sulitjelma, northern Norway. Ore Geology Reviews, 11: 303-338.

Cook N J, Ciobanu C L, Mao J W. 2009a. Textural control on gold distribution in as-free pyrite from the Dongping, Huangtuliang and Hougou gold deposits, North China Craton (Hebei Province, China). Chemical Geology, 264: 101-121.

Cook N J, Ciobanu C L, Pring A, et al. 2009b. Trace and minor elements in sphalerite: a LA-ICPMS study. Geochimica et Cosmochimica Acta, 73: 4761-4791.

Cox L, MacKenzie D, Craw D, et al. 2006. Structure and geochemistry of the Rise and Shine Shear Zone mesothermal gold system, Otago Schist, New Zealand. New Zealand Journal of Geology and Geophysics, 49 (4): 429-442.

Craw D, Norris R. 1991. Metamorphogenic Au-W veins and regional tectonics: mineralisation throughout the uplift history of the Haast Schist, New Zealand. New Zealand Journal of Geology and Geophysics, 34 (3): 373-383.

Darbyshire P F D, Pitfield E J P. 1996. Late Archean and Early Proterozoic gold-tungsten mineralization in the Zimbabwe Archean craton. Geology, 24 (1): 19-19.

Deditius A P, Utsunomiya S, Reich M, et al. 2011. Trace metal nanoparticles in pyrite. Ore Geology Reviews, 42: 32-46.

Deer W A, Howie R A, Zussman J. 1982. Rock-forming minerals (second edition) //Orthosilicates (volume 1A). London: Longman Scientific and Technical: 444-465.

Deer W A, Howie R A, Zussman J. 1966. An introduction to the rock forming minerals. England: Longman Scientific and Technical: 511-515.

Deng T, Xu D R, Chi G X, et al. 2017. Geology, geochronology, geochemistry and ore genesis of the Wangu gold deposit in northeastern Hunan Province, Jiangnan Orogen, South China. Ore Geology Reviews, 88: 619-637.

Deng T, Xu D R, Chi G, et al. 2020. Caledonian (Early Paleozoic) veins overprinted by Yanshanian (Late Mesozoic) gold mineralization in the Jiangnan Orogen: a case study on gold deposits in northeastern Hunan, South China. Ore Geology Reviews, 124: 103586.

Ding T, Ma D S, Lu J J, et al. 2016. S, Pb, and Sr isotope geochemistry and genesis of Pb-Zn mineralization in the Huangshaping polymetallic ore deposit of southern Hunan Province, China. Ore Geology Reviews, 77: 117-132.

Ding T P, Rees C E. 1984. The sulfur isotope systematics of the Taolin lead-zinc ore deposit, China. Geochimica et Cosmochimica Acta, 48: 2381-2392.

Ding T P, Younge C, Schwarcz H P. 1986. Oxygen, hydrogen, and lead isotope studies of the Taolin lead-zinc ore deposit, China.

Economic Geology, 81: 421-429.

Faure M, Shu L S, Wang B, et al. 2009. Intracontinental subduction: a possible mechanism for the Early Palaeozoic Orogen of SE China. Terra Nova, 21 (5): 360-368.

Fifarek R H, Rye R O. 2005. Stable-isotope geochemistry of the Pierina high-sulfidation Au-Ag deposit, Peru: influence of hydrodynamics on SO_4^{2-}-H_2S sulfur isotopic exchange in magmatic-steam and steam-heated environments. Chemical Geology, 215 (1-4): 253-279.

Foster M D. 1962. Interpretation of the composition and a classification of the chlorites. US Geological Survey Professional Paper, 414A: 1-33.

Frenzel M, Hrisch T, Gutzmer J. 2016. Gallium, germanium, indium, and other trace and minor elements in sphalerite as a function of deposit type-a mesa-analysis. Ore Geology Reviews, 76: 52-78.

Fryer B J, Taylor R P. 1984. Sm-Nd direct dating of the Collins Bay hydrothermal uranium deposit, Saskatchewan. Geology, 12 (8): 479-482.

George L L, Cook N J, Ciobanu C L. 2016. Partitioning of trace elements in co-crystallized sphalerite-galena-chalcopyrite hydrothermal ores. Ore Geology Reviews, 77: 97-116.

Ghaderi M, Palin J M, Campbell I H, et al. 1999. Rare earth element systematics in scheelite from hydrothermal gold deposits in the Kalgoorlie-Norseman region, Western Australia. Economic Geology, 94 (3): 423-437.

Giesemann A, Jger H J, Norman A L, et al. 1994. Online sulfur-isotope determination using an elemental analyzer coupled to a mass spectrometer. Analytical Chemistry, 66 (18): 2816-2819.

Gilder S A, Keller G R, Luo M, et al. 1991. Eastern Asia and the Western Pacific timing and spatial distribution of rifting in China. Tectonophysics, 197: 225-243.

Goldschmidt V M. 1954. Geochemistry. London: Oxford University Press.

Goldstein R H, Reynolds T J. 1994. Systematics of fluid inclusions in diagenetic minerals. SEPM Short Course, 31: 1-199.

Gomide C S, Brod J A, Junqueira-Brod T C, et al. 2013. Sulfur isotopes from Brazilian alkaline carbonatite complexes. Chemical Geology, 341: 38-49.

Groves D I, Santosh M. 2016. The giant Jiaodong gold province: the key to a unified model for orogenic gold deposits. Geoscience Frontiers, 7 (3): 409-417.

Hall C M, Farrell J W. 1995. Laser $^{40}Ar/^{39}Ar$ ages of tephra from Indian Ocean deep-sea sediments: tie points for the astronomical and geomagnetic polarity time scales. Earth and Planetary Science Letters, 133: 327-338.

Hawley J E, Nichol I. 1959. Selenium in some Canadian sulfide. Economic Geology, 54: 608-628.

Hillier S, Velde B. 1991. Octahedral occupancy and the chemical composition of diagenetic (low-temperature) chlorites. Clay Minerals, 26: 149-168.

Hoefs J. 1997. Stable Isotope Geochemistry (4th edition). Berlin: Berlin Sprinter Verlag: 1-201.

Hu R Z, Burnard P G, Bi X W, et al. 2004. Helium and argon isotope geochemistry of alkaline intrusion-associated gold and copper deposits along the Red River-Jinshajiang fault belt, SW China. Chemical Geology, 203: 305-317.

Huang J C, Peng J T, Yang J H, et al. 2015. Precise zircon U-Pb and molybdenite Re-Os dating of the Shuikoushan granodiorite-related Pb-Zn mineralization, southern Hunan, South China. Ore Geology Reviews, 71: 305-317.

Hutchison M N, Scott S D. 1983. Experimental calibration of the sphalerite cosmobarometer. Geochimica et Cosmochimica Acta, 47 (1): 101-108.

Inoue A. 1995. Formation of clay minerals in hydrothermal environments//Velde B. Origin and Mineralogy of Clays. Berlin: Springer: 268-329.

Ji W B, Lin W, Faure M, et al. 2017. Origin of the Late Jurassic to Early Cretaceous peraluminous granitoids in the northeastern Hunan province (middle Yangtze region), South China: geodynamic implications for the Paleo-Pacific subduction. Journal of Asian Earth Sciences, 141: 174-193.

Ji W B, Faure M, Lin W, et al. 2018. Multiple emplacement and exhumation history of the Late Mesozoic Dayunshan-Mufushan batholith in southeast China and its tectonic significance: 1. Structural analysis and geochronological constraints. Journal of Geophysical Research: Solid Earth, 123 (1): 689-710.

Jiang S Y, Dai B Z, Jiang Y H, et al. 2009a. Jiaodong and Xiaoqinling: two orogenic gold provinces formed in different tectonic settings. Acta Petrologica Sinica, 25 (11): 2727-2738.

Jiang Y H, Jiang S Y, Dai B Z, et al. 2009b. Middle to late Jurassic felsic and mafic magmatism in southern Hunan province, southeast China: implications for a continental arc to rifting. Lithos, 107 (3-4): 185-204.

Jowett E C. 1991. Fitting iron and magnesium into the hydrothermal chlorite geothermometer. GAC/MAC/SEG Joint Annual Meeting. Program with Abstracts, 16: A62.

Kalogeropoulos S. 1984. Composition of arsenopyrite from the Olympias Pb-Zn massive sulfide deposit, Chalkidiki Peninsula, Greece. Neues Jahrbuch Fur Mineralogie-Monatshefte, (7): 296-300.

Keith M, Haase K M, Schwarzchampera U, et al. 2014. Effects of temperature, sulfur, and oxygen fugacity on the composition of sphalerite from submarine hydrothermal vents. Geology, 42 (8): 699-702.

Kelly K D, Leach D L, Johnson C A, et al. 2004. Textural, compositional, and sulfur isotope variations of sulfide minerals in the Red Dog Zn-Pb-Ag deposits, Brooks Range, Alaska: implications for ore formation. Economic Geology, 99 (7): 1509-1532.

Kempe U, Belyatsky B, Krymsky R, et al. 2001. Sm-Nd and Sr isotope systematics of scheelite from the giant Au (-W) deposit Muruntau (Uzbekistan): implications for the age and sources of Au mineralization. Mineralium Deposita, 36 (5): 379-392.

Kendrick M A, Burgess R, Pattrick R A D, et al. 2001. Fluid inclusion noble gas and halogen evidence on the origin of Cu-Porphyry mineralising fluids. Geochimica et Cosmochimica Acta, 65: 2651-2668.

Kerr L, Craw D, Youngson J. 1999. Arsenopyrite compositional variation over variable temperatures of mineralization, Otago Schist, New Zealand. Economic Geology, 94 (1): 123-128.

Koh Y K, Choi S G, So C S, et al. 1992. Application of arsenopyrite geothermometry and sphalerite geobarometry to the Taebaek Pb-Zn (-Ag) deposit at Yeonhwa I mine, Republic of Korea. Mineralium Deposita, 27 (1): 58-65.

Kokh M A, Lopez M, Gisquet P, et al. 2016. Combined effect of carbon dioxide and sulfur on vapor-liquid partitioning of metals in hydrothermal systems. Geochimica et Cosmochimica Acta, 187: 311-333.

Kokh M A, Akinfiev N N, Pokrovski G S, et al. 2017. The role of carbon dioxide in the transport and fractionation of metals by geological fluids. Geochimica et Cosmochimica Acta, 19: 433-466.

Koppers A A. 2002. Ar-Ar CALC-software for $^{40}Ar/^{39}Ar$ age calculations. Computers and Geosciences, 28: 605-619.

Kranidiotis P, MacLean W H. 1987. Systematics of chlorite alteration at the Phelps Dodge massive sulfide deposit, Matagami, Quebec. Economic Geology, 82 (7): 1898-1911.

Kretschmar U, Scott S. 1976. Phase relations involving arsenopyrite in the system Fe-As-S and their application. Canadian Mineralogist, 14 (3): 364-386.

Laird J. 1988. Chlorites: metamorphic petrology. Reviews in Mineralogy and Geochemistry, 19 (1): 405-453.

Large R R, Danyushevsky L, Hollit C, et al. 2009. Gold and trace element zonation in pyrite using a laser imaging technique: implications for the timing of gold in orogenic and Carlin-style sediment-hosted deposits. Economic Geology, 104: 635-668.

Large R R, Halpin J A, Danyushevsky L V, et al. 2014. Trace element content of sedimentary pyrite as a new proxy for deep-time ocean-atmosphere evolution. Earth and Planetary Science Letters, 389: 209-220.

Li H, Wu Q H, Evans N J, et al. 2017b. Geochemistry and geochronology of the Banxi Sb deposit: implications for fluid origin and the evolution of Sb mineralization in central-western Hunan, South China. Gondwana Research, 55: 112-134.

Li J H, Zhang Y Q, Dong S W, et al. 2013. The Hengshan low-angle normal fault zone: structural and geochronological constraints on the Late Mesozoic crustal extension in South China. Tectonophysics, 606: 97-115.

Li J H, Zhang Y Q, Dong S W, et al. 2014. Cretaceous tectonic evolution of South China: a preliminary synthesis. Earth-Science Reviews, 134 (1): 98-136.

Li J H, Dong S W, Zhang Y Q, et al. 2016a. New insights into Phanerozoic tectonics of south China: Part 1, polyphase deformation in the Jiuling and Lianyunshan domains of the central Jiangnan Orogen. Journal of Geophysical Research—Solid Earth, 121 (4): 3048-3080.

Li J W, Bi S J, Selby D, et al. 2012a. Giant Mesozoic gold provinces related to the destruction of the North China craton. Earth and Planetary Science Letters, 349: 26-37.

Li J W, Li Z K, Zhou M F, et al. 2012b. The Early Cretaceous Yangzhaiyu lode gold deposit, North China Craton: a link between craton reactivation and gold veining. Economic Geology, 107 (1): 43-79.

Li L, Ni P, Wang G G, et al. 2017a. Multi-stage fluid boiling and formation of the giant Fujiawu porphyry Cu-Mo deposit in South China. Ore Geology Reviews, 81: 898-911.

Li X, Huang C, Wang C, et al. 2016b. Genesis of the Huangshaping W-Mo-Cu-Pb-Zn polymetallic deposit in Southeastern Hunan

Province, China: constraints from fluid inclusions, trace elements, and isotopes. Ore Geology Reviews, 79: 1-25.

Li X F, Sasaki M. 2007. Hydrothermal alteration and mineralization of Middle Jurassic Dexing porphyry Cu-Mo deposit, southeast China. Resource Geology, 57 (4): 409-426.

Li Y B, Liu J M. 2006. Calculation of sulfur isotope fractionation in sulfides. Geochimica et Cosmochimica Acta, 70 (7): 1789-1795.

Li Z X, Li X H. 2007. Formation of the 1300-km-wide intracontinental orogen and postorogenic magmatic province in Mesozoic South China: a flat-slab subduction model. Geology, 35 (2): 179-182.

Li Z X, Wartho J, Occhipinti S, et al. 2007. Early history of the eastern Sibao Orogen (South China) during the assembly of Rodinia: new mica $^{40}Ar/^{39}Ar$ dating and SHRIMP U-Pb detrital zircon provenance constraints. Precambrian Research, 159 (1-2): 79-94.

Liu Y S, Gao S, Hu Z C, et al. 2010a. Continental and oceanic crust recycling-induced melt-peridotite interactions in the Trans-North China Orogen: U-Pb dating, Hf isotopes and trace elements in zircons from mantle xenoliths. Journal of Petrology, 51 (1): 537-571.

Liu Y S, Hu Z C, Zong K Q, et al. 2010b. Reappraisement and refinement of zircon U-Pb isotope and trace element analyses by LA-ICP-MS. Chinese Science Bulletin, 55 (15): 1535-1546.

Ludwig K. 2003. Isoplot 3.0—A Geochronological Toolkit for Microsoft Excel. Berkeley, CA, USA: Berkeley Geochronology Center, Special Publication.

Ludwig K. 2004. Users manual for ISOPLOT/EX, version3. 1. A geochronological toolkit for Microsoft Excel Berkeley Geochronology Center. Special Publication, 4.

Mao J W, Goldfarb R J, Zhang Z, et al. 2002a. Gold deposits in the Xiaoqinling-Xiong'ershan region, Qinling Mountains, central China. Mineralium Deposita, 37 (3): 306-325.

Mao J W, Kerrich R, Li H Y, et al. 2002b. High $^{3}He/^{4}He$ ratios in the Wangu gold deposit, Hunan province, China: implications for mantle fluids along the Tanlu deep fault zone. Geochemical Journal Japan, 36 (3): 197-208.

Mao J W, Cheng Y B, Chen M H, et al. 2013. Major types and time-space distribution of Mesozoic ore deposits in South China and their geodynamic settings. Mineralium Deposita, 48 (3): 267-294.

Marty B, Jambon A, Sano Y. 1989. Helium isotopes and CO_2 in volcanic gases of Japan. Chemical Geology, 76 (1-2): 25-40.

McDougall I, Harrison T M. 1999. Geochronology and Thermochronology by the $^{40}Ar/^{39}Ar$ Method. Oxford University Press on Demand.

Möller P, Parekh P P, Scbneider H J. 1976. The application of Tb/Ca-Tb/La abundance ratios to problems of fluorspar genesis. Mineralium Deposita, 11: 111-116.

Murakami H, Ishihara S. 2013. Trace elements of indium-bearing sphalerite from tin-polymetallic deposits in Bolivia, China and Japan: a femto-second LA-ICPMS study. Ore Geology Reviews, 53: 223-243.

Ni P, Wang G G, Chen H, et al. 2015. An Early Paleozoic orogenic gold belt along the Jiang-Shao Fault, South China: evidence from fluid inclusions and Rb-Sr dating of quartz in the Huangshan and Pingshui deposits. Journal of Asian Earth Sciences, 103: 87-102.

Nieto F. 1997. Chemical composition of metapelitic chlorites: X-ray diffraction and optical property approach. European Journal of Mineralogy, 9: 829-842.

Nomade S, Renne P, Vogel N, et al. 2005. Alder Creek sanidine (ACs-2): A Quaternary $^{40}Ar/^{39}Ar$ dating standard tied to the Cobb Mountain geomagnetic event. Chemical Geology, 218 (3): 315-338.

Ohmoto H. 1972. Systematics of sulfur and carbon isotopes in hydrothermal ore deposits. Economic Geology, 67: 551-578.

Ohmoto H. 1986. Stable isotope geochemistry of ore-deposits. Reviews in Mineralogy and Geochemistry, 16: 491-559.

Ohmoto H, Rye R. 1979. Isotopes of sulfur and carbon//Barnes H L. Geochemistry of Hydrothermal ore Deposits (2nd Edition). New York: John Wiley and Sons: 509-567.

Özen Y, Arik F. 2015. S, O and Pb isotopic evidence on the origin of the İnkaya (Simav-Kütahya) Cu-Pb-Zn-(Ag) Prospect, NW Turkey. Ore Geology Reviews, 70: 262-280.

Pačevski A, Libowitzky E, Živković P, et al. 2008. Copper-bearing pyrite from the Čoka Marin polymetallic deposit, Serbia: mineral inclusions or true solid-solution. The Canadian Mineralogist, 46 (1): 249-261.

Peng B, Frei R. 2004. Nd-Sr-Pb isotopic constraints on metal and fluid sources in W-Sb-Au mineralization at Woxi and Liaojiaping

(Western Hunan, China). Mineralium Deposita, 39 (3): 313-327.

Potter R W, Clynne M A, Brown D L. 1978. Freezing point depression of aqueous sodium chloride solutions. Economic Geology, 73: 284-285.

Qiu H, Bai X, Liu W, et al. 2015. Automatic $^{40}Ar/^{39}Ar$ dating technique using multicollector ArgusVI MS with home-made apparatu. Geochimica, 44 (5): 477-484.

Qiu Y M, Groves D I, McNaughton N J, et al. 2002. Nature, age, and tectonic setting of granitoid-hosted, orogenic gold deposits of the Jiaodong Peninsula, eastern North China craton, China. Mineralium Deposita, 37 (3): 283-305.

Raimbault L, Baumer A, Dubru M, et al. 1993. REE fractionation between scheelite and apatite in hydrothermal conditions. American Mineralogist, 78: 1275-1285.

Rao K S P, Sastry R S N, Raju S V. 1989. Scheelite as a prospecting tool for gold in the Ramagiri greenstone belt, Andhra Pradesh, India. Journal of Geochemical Exploration, 31 (3): 307-317.

Rausell-Colom J A, Wiewiora A, Matesanz E. 1991. Relationship between composition and d001 for chlorite. American Mineralogist, 76 (7-8): 1373-1379.

Raymond O L. 1996. Pyrite composition and ore genesis in the Prince Lyell copper deposit, Mt Lyell mineral field, western Tasmania, Australia. Ore Geology Reviews, 10 (3-6): 231-250.

Reich M, Kesler S E, Utsunomiya S, et al. 2005. Solubility of gold in arsenian pyrite. Geochimica et Cosmochimica Acta, 69 (11): 2781-2796.

Reich M, Deditius A, Chryssoulis S, et al. 2013. Pyrite as a record of hydrothermal fluid evolution in a porphyry copper system: a SIMS/EMPA trace element study. Geochimica et Cosmochimica Acta, 104: 42-62.

Ripley E M, Li C, Shin D. 2002. Paragneiss assimilation in the Genesis of magmatic Ni-Cu-Co sulfide mineralization at Voisey's Bay, Labrador: $\delta^{34}S$, $\delta^{13}C$, and Se/S evidence. Economic Geology, 97: 1307-1318.

Robert F, Kelly W C. 1987. Ore-forming fluids in Archean gold-bearing quartz veins at the Sigma Mine, Abitibi greenstone belt, Quebec, Canada. Economic Geology, 82 (6): 1464-1482.

Roedder E, Howard K W. 1988. Taolin Pb-Zn-fluorite deposit, People's Republic of China: an example of some problems in fluid inclusion research on mineral deposits. Journal of Geology Society London, 145: 163-174.

Roedder J. 1984. Fluid inclusions. Review in Mineralogy, 12: 1-644.

Sack R O. 2006. Thermochemistry of sulfde mineral solutions. Reviews in Mineralogy and Geochemistry, Eos Transactions American Geophysical Union, 61: 265-364.

Schmid-Beurmann P, Bente K. 1995. Stability properties of the CuS_2-FeS_2 solid solution series of pyrite type. Mineralogy and Petrology, 53 (4): 333-341.

Schwinn G, Markl G. 2005. REE systematics in hydrothermal fluorite. Chemical Geology, 216: 225-248.

Scott S D, Barnes H L. 1971. Sphalerite geothermometry and geobarometry. Economic Geology, 66 (4): 653-669.

Seal R R. 2006. Sulfur isotope geochemistry of sulfide minerals. Reviews in Mineralogy and Geochemistry, 61 (1): 633-677.

Seifert T, Sandmann D. 2006. Mineralogy and geochemistry of indiumbearing polymetallic vein-type deposits: implications for host minerals from the Freiberg district, eastern Erzgebirge, Germany. Ore Geology Reviews, 28 (1): 1-31.

Sharp Z D, Gibbons J A, Maltsev O, et al. 2016. A calibration of the triple oxygen isotope fractionation in the SiO_2-H_2O system and applications to natural samples. Geochimica et Cosmochimica Acta, 186: 105-119.

Shu L S, Zhou G Q, Shi Y S, et al. 1994. Study of the high pressure metamorphic blueschist and its Late Proterozoic age in the eastern Jiangnan belt. Chinese Science Bulletin, 39 (14): 1200-1204.

Shu L S, Faure M, Wang B, et al. 2008. Late Palaeozoic-Early Mesozoic geological features of South China: response to the Indosinian collision events in Southeast Asia. Comptes Rendus Geoscience, 340 (2-3): 151-165.

Simmons S F, White N C, John D A. 2005. Geological characteristics of epithermal precious and base metal deposits. Economic Geology (100th anniversary volume), 29: 485-522.

Sláma J, Košler J, Condon D J, et al. 2008. Plešovice zircon—a new natural reference material for U-Pb and Hf isotopic microanalysis. Chemical Geology, 249 (1-2): 1-35.

Stanley C J, Vaughan D J. 1982. Copper, lead, zinc and cobalt mineralization in the English Lake District: classification, conditions of formation and genesis. Journal of the Geological Society, 139 (5): 569-579.

Steiger R H, Jager E. 1977. Subcommission on geochronology - convention on use of decay constants in geochronology and cosmochronology. Earth and Planetary Science Letter, 36: 359-362.

Stuart F M, Burnard P G, Taylor R P, et al. 1995. Resolving mantle and crustal contributions to ancient hydrothermal fluids: He-Ar isotopes in fluid inclusions from Dae Hwa W-Mo mineralization, South Korea. Geochimica et Cosmochimica Acta, 59 (22): 4663-4673.

Sun S S, McDonough W F. 1989. Chemical and isotopic systematics of oceanic basalts: implications for mantle composition and processes. Geological Society, London, Special Publication, 42 (1): 313-345.

Sun W, Ling M, Yang X, et al. 2010. Ridge subduction and porphyry copper-gold mineralization: an overview. Sciences in China (Series D: Earth Sciences), 53: 475-484.

Taylor H P. 1974. Application of oxygen and hydrogen isotope studies to problems of hydrothermal alteration and ore deposition. Economic Geology, 69 (6): 843-883.

Todt W, Cliff R A, Hanser A, et al. 1996. Evaluation of a ^{202}Pb-^{205}Pb Double Spike for High-Precision Lead Isotope Analysis. Earth Processes: Reading the Isotopic Code: 429-437.

Tuduri J, Chauvet A, Barbanson L, et al. 2018. Structural control, magmatic-hydrothermal evolution and formation of hornfels-hosted, intrusion-related gold deposits: insight from the Thaghassa deposit in Eastern Anti-Atlas, Morocco. Ore Geology Reviews, 97: 171-198.

Voicu G, Bardoux M, Stevenson R, et al. 2000. Nd and Sr isotope study of hydrothermal scheelite and host rocks at Omai, Guiana Shield: implications for ore fluid source and flow path during the formation of orogenic gold deposits. Mineralium Deposita, 35 (4): 302-314.

Walshe J L. 1986. A six-component chlorite solid solution model and the conditions of chlorite formation in hydrothermal and geothermal systems. Economic Geology, 81 (3): 681-703.

Wang C, Shao YJ, Evans N J, et al. 2019a. Genesis of Zixi gold deposit in Xuefengshan, Jiangnan Orogen (South China): age, geology and isotopic constraints. Ore Geology Reviews, 117: 103301.

Wang J S, Wen H J, Li C, et al. 2019b. Age and metal source of orogenic gold deposits in Southeast Guizhou Province, China: constraints from Re-Os and He-Ar isotopic evidence. Geoscience Frontiers, 10 (2): 581-593.

Wang L X, Ma C Q, Zhang C, et al. 2014. Genesis of leucogranite by prolonged fractional crystallization: a case study of the Mufushan complex, South China. Lithos, 206: 147-163.

Wang W, Zhou M F, Zhao J X, et al. 2016. Neoproterozoic active continental margin in the southeastern Yangtze Block of South China: evidence from the ca. 830–810Ma sedimentary strata. Sedimentary Geology, 342: 254-267.

Wang Z L, Xu D R, Chi G X, et al. 2017. Mineralogical and isotopic geochemical constraints on the genesis of the Jingchong Co-Cu polymetallic ore deposit in northeastern Hunan Province of South China. Ore Geology Reviews, 8: 638-654.

Warmada I W, Lehmann B. 2003. Polymetallic sulfides and sulfosalts of the Pongkor epithermal gold-silver deposit, West Java, Indonesia. The Canadian Mineralogist, 41 (4): 185-200.

Wei C, Huang Z, Yan Z, et al. 2018a. Trace element contents in sphalerite from the Nayongzhi Zn-Pb deposit, northwestern Guizhou, China: insights into incorporation mechanisms, metallogenic temperature and ore genesis. Minerals, 8 (11): 490.

Wei C, Ye L, Huang Z, et al. 2018b. Ore genesis and geodynamic setting of Laochang Ag-Pb-Zn-Cu deposit, southern Sanjiang Tethys Metallogenic Belt, China: constraints from whole rock geochemistry, trace elements in sphalerite, zircon U-Pb dating and Pb isotopes. Minerals, 8 (11): 516.

Wen H J, Hu R Z, Fan H F, et al. 2008. Analytical technique of selenium stable isotope and geological applications. Acta Mineralogica sinica, 27 (4): 346-352.

Wiewióra A, Weiss Z. 1990. Crystallochemical classifications of phyllosilicates based on the unified system of projection of chemical composition: Ⅱ. The chlorite group. Clay Minerals, 25 (1): 83-92.

Wilkinson J J, Chang Z, Cooke D R, et al. 2015. The chlorite proximitor: a new tool for detecting porphyry ore deposits. Journal of Geochemical Exploration, 152: 10-26.

Winderbaum L, Ciobanu, Cristiana L, et al. 2012. Multivariate analysis of an LA-ICP-MS trace element dataset for pyrite. Mathematical Geosciences, 44 (7): 823-842.

Wu G, Chen Y C, Li Z Y, et al. 2014. Geochronology and fluid inclusion study of the Yinjiagou porphyry-skarn Mo-Cu pyrite deposit in the East Qinling orogenic belt, China. Journal of Asian Earth Sciences, 79: 585-607.

Xu D R, Chi G X, Zhang Y H, et al. 2017a. Yanshanian (Late Mesozoic) ore deposits in China—an introduction to the special issue. Ore Geology Reviews, 88: 481-490.

Xu D R, Deng T, Chi G X, et al. 2017b. Gold mineralization in the Jiangnan Orogenic Belt of South China: geological, geochemical and geochronological characteristics, ore deposit-type and geodynamic setting. Ore Geology Reviews, 88: 565-618.

Xu X B, Li Y, Tang S, et al. 2015. Neoproterozoic to Early Paleozoic polyorogenic deformation in the southeastern margin of the Yangtze Block: constraints from structural analysis and $^{40}Ar/^{39}Ar$ geochronology. Journal of Asian Earth Sciences, 98: 141-151.

Yamamoto M. 1976. Relationship between Se/S and sulfur isotope ratios of hydrothermal sulfide minerals. Mineraliun Deposita, 11: 197-209.

Yang Q, Xia X P, Zhang W F, et al. 2018. An evaluation of precision and accuracy of SIMS oxygen isotope analysis. Solid Earth Sciences, 3 (3): 81-86.

Ye L, Cook N J, Ciobanu C L, et al. 2011. Trace and minor elements in sphalerite from base metal deposits in South China: a LA-ICP-MS study. Ore Geology Reviews, 39 (4): 188-217.

Yu D, Xu D, Zhao Z, et al. 2020. Genesis of the Taolin Pb-Zn deposit in northeastern Hunan Province, South China: constraints from trace elements and oxygen-sulfur-lead isotopes of the hydrothermal minerals. Mineralium Deposita, 55: 1467-1488.

Yuan B, Zhang C Q, Yu H J, et al. 2018. Element enrichment characteristics: insights from element geochemistry of sphalerite in Daliangzi Pb-Zn deposit, Sichuan, Southwest China. Journal of Geochemical Exploration, 186: 187-201.

Yuan H, Gao S, Liu X M, et al. 2004. Accurate U-Pb age and trace element determinations of zircon by laser ablation-inductively coupled plasma-mass spectrometry. Geostandards and Geoanalytical Research, 28 (3): 353-370.

Zachariáš J, Moravek P, Gadas P, et al. 2014. The Mokrsko-West gold deposit, Bohemian Massif, Czech Republic: mineralogy, deposit setting and classification. Ore Geology Reviews, 58: 238-263.

Zang W, Fyfe W S. 1995. Chloritization of the hydrothermally altered bedrock at the Igarapé Bahia gold deposit, Carajás, Brazil. Mineralium Deposita, 30 (1): 30-38.

Zartman R, Doe B. 1981. Plumbotectonics—the model. Tectonophysics, 75 (1): 135-162.

Zhang B S, Li Z Q, Hou Z Q, et al. 2018. Mineralogy and chemistry of sulfides from the Longqi and Duanqiao hydrothermal fields in the Southwest Indian Ridge. Acta Geologica Sinica (English Edition), 92 (5): 1798-1822.

Zhang L, Yang L Q, Groves D I, et al. 2019a. An overview of timing and structural geometry of gold, gold-antimony and antimony mineralization in the Jiangnan Orogen, southern China. Ore Geology Reviews, 115, doi: https://doi.org/10.1016/j.oregeorev.2019.103173.

Zhang Z Y, Xie G Q, Mao J W, et al. 2019b. Sm-Nd dating and in-situ LA-ICP-MS trace element analyses of scheelite from the Longshan Sb-Au Deposit, Xiangzhong Metallogenic Province, South China. Minerals, 9 (2): 87.

Zhao C, Ni P, Wang G G, et al. 2013. Geology, fluid inclusion, and isotope constraints on ore genesis of the Neoproterozoic Jinshan orogenic gold deposit, South China. Geofluids, 13 (4): 506-527.

Zhao G, Cawood P A. 2012. Precambrian geology of China. Precambrian Research, 222: 13-54.

Zhao L, Guo F, Fan W, et al. 2016. Early Cretaceous potassic volcanic rocks in the Jiangnan Orogenic Belt, East China: crustal melting in response to subduction of the Pacific-Izanagi ridge? Chemical Geology, 437: 30-43.

Zhou X M, Li W X. 2000. Origin of Late Mesozoic igneous rocks in Southeastern China: implications for lithosphere subduction and underplating of mafic magmas. Tectonophysics, 326 (3-4): 269-287.

Zhou X M, Sun T, Shen W Z, et al. 2006. Petrogenesis of Mesozoic granitoids and volcanic rocks in South China: a response to tectonic evolution. Episodes, 29 (1): 26-33.

Zhu K Y, Li Z X, Xu X S, et al. 2014. A Mesozoic Andean-type orogenic cycle in southeastern China as recorded by granitoid evolution. American Journal of Science, 314 (1): 187-234.

Zhu R X, Fan H R, Li J W, et al. 2015. Decratonic gold deposits. Science in China (Series D: Earth Sciences), 58 (9): 1523-1537.

Zhu Y N, Peng J T. 2015. Infrared microthermometric and noble gas isotope study of fluid inclusions in ore minerals at the Woxi orogenic Au-Sb-W deposit, western Hunan, South China. Ore Geology Reviews, 65 (P1): 55-69.

Zou S H, Zou F H, Ning J T, et al. 2018. A stand-alone Co mineral deposit in northeastern Hunan Province, South China: its timing, origin of ore fluids and metal Co, and geodynamic setting. Ore Geology Reviews, 92: 42-60.

第5章　湘东北陆内成矿系统与找矿预测地质模型

5.1　华南板块陆内过程与成矿

华南大陆是中国境内典型的“陆中陆”（图2-11），其北面以秦岭-大别造山带与华北克拉通相连；其西面以龙门山断裂带与松潘-甘孜地块相连；其西南面以哀牢山-红河断裂带与印支板块相连；其东面受古太平洋板块俯冲影响（Ji et al.，2018）。华南大陆是新元古代东南侧的华夏板块与北西侧的扬子板块拼贴的结果（Li et al.，2008）。但自新元古代碰撞聚合以来，该大陆又经历了加里东期、印支期和燕山期等多期陆内构造-岩浆（热）事件，并伴有多期成矿作用（Li and Li，2007；Mao et al.，2013；Wang et al.，2013；Li et al.，2014；Shu et al.，2015；Xu et al.，2017a）。特别是，华南大陆于晚中生代出现的陆内造山与岩石圈伸展的多期次交替，不仅强烈改造或破坏了古老大陆岩石圈或克拉通，同时产生大规模岩浆作用［如大花岗岩省产生、强烈的火山喷发（Zhou and Li，2000）］、显著的陆内变形［如北东—北北东向深大断裂、韧性剪切变形、断块隆升和剥蚀、挤压逆冲推覆与多类型褶皱、成群排列的断陷或凹陷盆地、独具特色的盆-岭式构造式样和变质核杂岩构造等（任纪舜，1990；傅昭仁，1992；尹国胜和谢国刚，1996；舒良树等，1997；张进江和郑亚东，1998；陈国达等，2001；Li et al.，2012；Li et al.，2013；Wang et al.，2013）］，以及大规模的W、Sn、Bi、Mo、Cu、Pb、Zn、Au、Sb等有色金属、稀有金属和贵金属及放射性金属（U）的爆发式成矿（华仁民和毛景文，1999；Hart et al.，2002；毛景文等，2005；朱日祥等，2015）。国内外学者还认识到，晚中生代是华南大陆最主要的成矿幕，造就了世界级的W、Sn、Bi、Mo和Sb矿床（Mao et al.，2013）。

为阐明包括华南在内的中国东部大陆燕山期陆内大规模构造-岩浆与成矿事件的深部过程和动力学机制，近一个世纪来，多代中国地质学者为此做出了长期的探究和不懈的努力。翁文灏先生（Wong，1929）最先注意到中生代中国东部所发生的有特色的构造-岩浆事件（特别是华北北缘阴山-燕山地区于晚侏罗世—早白垩世间出现不整合面），并以“燕山运动”或燕山事件而表征（张宏仁，1998）。20世纪50年代中期至60年代初，陈国达先生提出活化构造理论（即地台活化理论）以解释该时期华南大陆东南部所发生的大规模构造-岩浆活动及相关成矿事件（陈国达，1956，1960）。自20世纪80年代板块构造理论及随后的地幔柱理论引入中国以来，中国学者还用“华南再造”或“华北克拉通破坏”（朱日祥等，2012）等术语描述中国东部大陆于晚中生代所发生的巨大变革。但对这种陆内变革特别是“燕山运动”等重大地质事件发生的构造背景与活动期次、精确时限、影响范围与规模、深部过程与浅部表现、动力学过程与演变机制等，迄今未达成统一认识（赵越，1990；赵越等，1994；崔盛芹等，2000；郑亚东等，2000；陈国达等，2001；马寅生等，2002；赵越等，2004；张岳桥等，2007；吴福元等，2008；翟明国，2010；朱日祥等，2012；Li et al.，2013；张宏仁等，2013；Faure et al.，2014；Heberer et al.，2014；Li et al.，2014；陈印，2014；董树文等，2019）。更重要的是，目前有关华南、华北和东北等不同陆块，甚至不同陆块内部与“燕山运动”等重大地质事件的耦合关系，以及因之而发生的陆内变形、沉积充填、岩浆活动和成矿事件等在浅部与深部所表现的异同、造成差异的原因，尚有待开展系统的对比研究（崔盛芹，1999；贾承造等，2005；何治亮等，2011；吴根耀等，2012）。

针对中国东部、特别是华南大陆陆内大规模成矿作用，自20世纪90年代末以来，我国还设立了国家重点基础研究发展计划（973计划）项目“大规模成矿作用与大型矿集区预测”（1999～2004年，首席科学家：毛景文、胡瑞忠）、“华南陆块陆内成矿作用：背景与过程”（2007～2011年，首席科学家：胡瑞忠）、“华夏地块中生代陆壳再造与巨量金属成矿”（2012～2016年，首席科学家：蒋少涌）、国家自然科学基金重大研究计划“华北克拉通破坏”（2007 ~ 2018 年，首席科学家：朱日祥）、科技部“深部探测技术与实验研究（SinoProbe）专项”（2008 ~ 2012 年，首席科学家：董树文），以及国家重点研发计划项目“深地资源勘查开采专项”（2016 ~ 2020 年）等，并取得了一系列重大研究成果，出版了《华南陆块陆内成矿作用》（胡瑞忠等，2015）。Hu 等（2017）还在华南大陆识别出三大陆内成矿系统，即：①晚古生代地幔柱成矿系统，以峨眉山大火成岩省及伴生的钒钛磁铁矿、Cu-Ni-PGE 岩浆硫化物矿床等为特征；②中生代大花岗岩省成矿系统，以大规模南岭钨锡矿、稀有金属矿、长江中下游斑岩-夕卡岩铜多金属矿、与火山-侵入岩有关的铁多金属矿、华南热液铀矿为特征；③中生代大面积低温成矿系统，以发育川滇黔铅锌矿、黔西南卡林型金矿、华南锑矿带为特征。尽管目前中国学者趋于认为华南大陆于中生代所发生的大规模陆内变形、巨量岩浆作用和大规模成矿可能源于古太平洋板块向欧亚大陆边缘俯冲及由此诱发的系列构造事件（图 5-1：如板片拆沉、板片后撤、弧后伸展等），但涉及古太平洋板块俯冲过程的俯冲时限和动力学模式还存在不同的学术争论（Zhou and Li，2000；Zhou et al.，2006；Li and Li，2007；Mao et al.，2011；Wang et al.，2012）。此外，华南大陆早古生代、早中生代的构造性质，即是陆内的还是与大洋事件有关的，也极具争议（图 5-2）。无疑，这些争论或争议均影响到对中国东部特别是华南大陆于中生代所发生的重大构造转折的时间、空间和地球动力学机制等的正确认识。

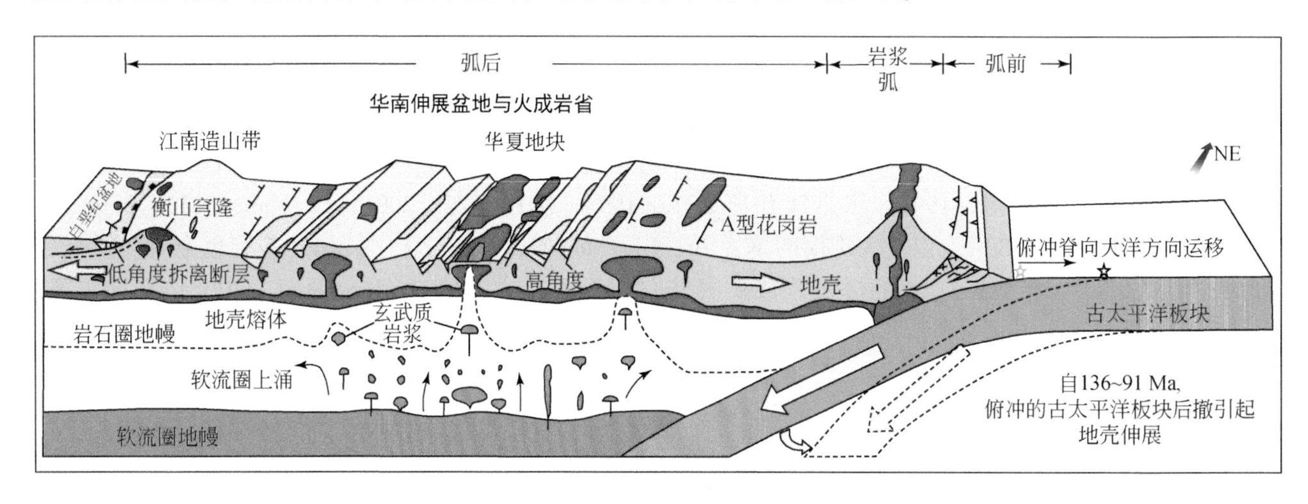

图 5-1　弧后伸展模式卡通图解释华南早-中白垩世（136 ~ 91Ma）NE 向伸展构造和岩浆岩，弧后伸展被认为与俯冲的古太平洋板片后撤有关（据 Li et al.，2014）

中国东部大陆于中生代所发生的重大构造转折及伴随的强烈岩浆-成矿事件，是与其中生代时期复杂的地壳组成和结构以及特殊的地质背景密切相关的，这体现在该时期古老大陆岩石圈发生了强烈的陆内活化或克拉通破坏以及古亚洲、环太平洋和特提斯等构造域长时间相互作用的复杂地球动力学系统（图 5-3；何治亮等，2011；董树文等，2019）。此外，来自北部的西伯利亚板块与古亚洲构造带（华北-蒙古联合地块）沿蒙古—鄂霍次克洋的汇聚和碰撞而产生的远程构造作用可能也是燕山事件产生的原因之一（Davis et al.，2001；董树文等，2008）。由此而引发的诸如俯冲远程效应、板块碰撞、地壳加厚、后碰撞垮塌、岩石圈伸展/裂解或岩石圈减薄/折沉和岩浆底侵，以及壳-幔相互作用等地质构造事件，还导致多阶段岩浆作用和早三叠世—白垩纪，特别是以晚中生代为成矿高峰的斑岩型、斑岩型-夕卡岩型、夕卡岩型、花岗岩型、火山岩型和热液脉型 W、Sn、Bi、Mo、U、Cu、Pb、Zn、Sb 和 Au 等矿床形成。这些不同类型的矿床显然是中生代时期不同构造环境下岩浆-热液成矿系统的产物，但有关它们的成矿精细过程和成因机理还未能合理地解释，由此关于中国东部大陆特别是华南大陆中生代陆内大规模成矿的模式和找矿模型仍未得到普遍的认同。因此，深刻理解中国东部大陆特别是华南大陆中生代重大构造转折和“燕山运动”等重大地质事件发生的背景、深部过程、精确时限和影响规模，以及动力学来源与演变机制，并以此阐明成藏成矿过程和富集机理，仍然是亟待解决的重大科学问题。

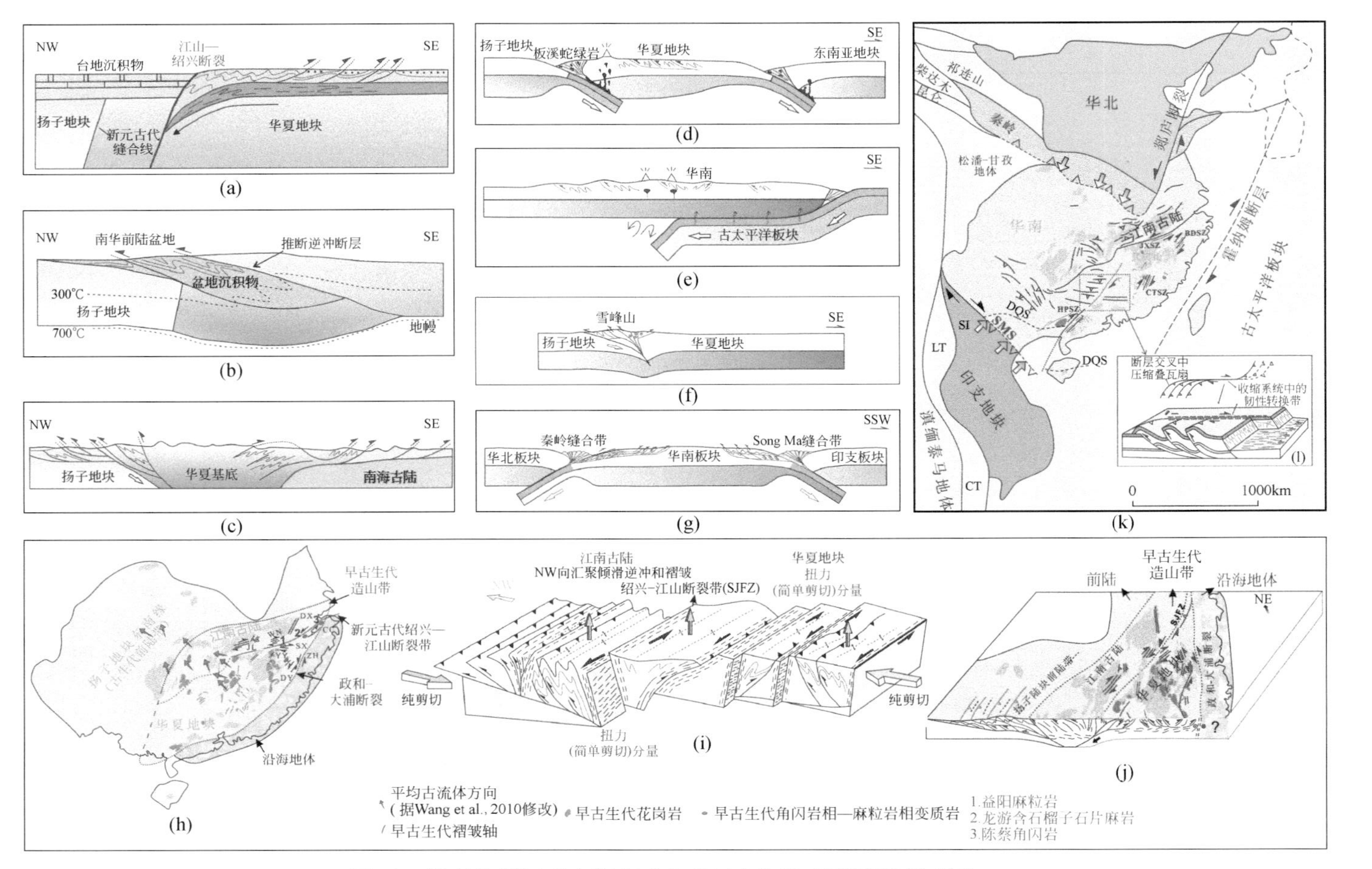

图5-2　华南(包括江南古陆)早古生代以来构造-岩浆事件模式图

(a)~(c) 早古生代造山事件构造模式：(a)板内俯冲模式(据Faure et al., 2009修改)；(b)板内仰冲模式(据Li et al., 2010修改)；(c)板内双向俯冲模式(据Shu et al., 2014修改)。(d)~(g)三叠纪印支期构造模式：(d)阿尔卑斯型碰撞模式(据Hsü et al., 1988, 1990修改)；(e)古太平洋平板俯冲模式(据Li and Li, 2007修改)；(f)陆内斜向汇聚模式(据Wang et al., 2005修改)；(g)华南大陆与华北大陆和印支板块大陆碰撞模式(据Wang et al., 2013；Li et al., 2016b修改)。(h)~(j)早古生代造山作用模式：(h)显示华南大陆早古生代构造、变质岩和岩浆岩简略构造图，此图中作者描述了一个经江南古陆延伸至华夏板块北部的早古生代造山带(据Li et al., 2016b修改)，且这个造山带以政和-大浦断裂与东南沿海地体分离(Xu et al., 2007；Yin, 2015)；ZH. 政和剪切带；SX. 山下剪切带；CC. 陈蔡剪切带；DY. 东游剪切带；YY. 弋阳剪切带(Shu et al., 2015)；JL. 九岭剪切带(Li et al., 2016b)；WN. 万年剪切带(徐备, 1992)；DX. 德兴剪切带(Xu et al., 2015)；SJFZ. 绍兴-江山断裂带。(i)解释早古生代左旋压扭期间江南古陆和华夏板块应变分异的概略性构造模型。(j)展示了华南大陆早古生代构造框架，江南古陆的南缘标志了扬子-华夏板块汇聚的核心，而扬子板块东南缘在造山时期充当了前陆盆地带。(k)~(l)中三叠世构造-岩浆动力学模式(据Li et al., 2016b修改)：(k)展示了华南大陆中三叠世构造和岩浆岩的简化构造图；(l)解释逆冲和右旋构造之间运动学耦合的压缩终止模型图，大约走向东的逆冲和褶皱表示发育于右旋走滑系统终点，并容纳沿右旋走滑系统位移的压缩构造；HFSZ. 合浦剪切带；CTSZ. 长汀剪切带；DBSZ. 八都剪切带；JXSZ. 江山-新余剪切带

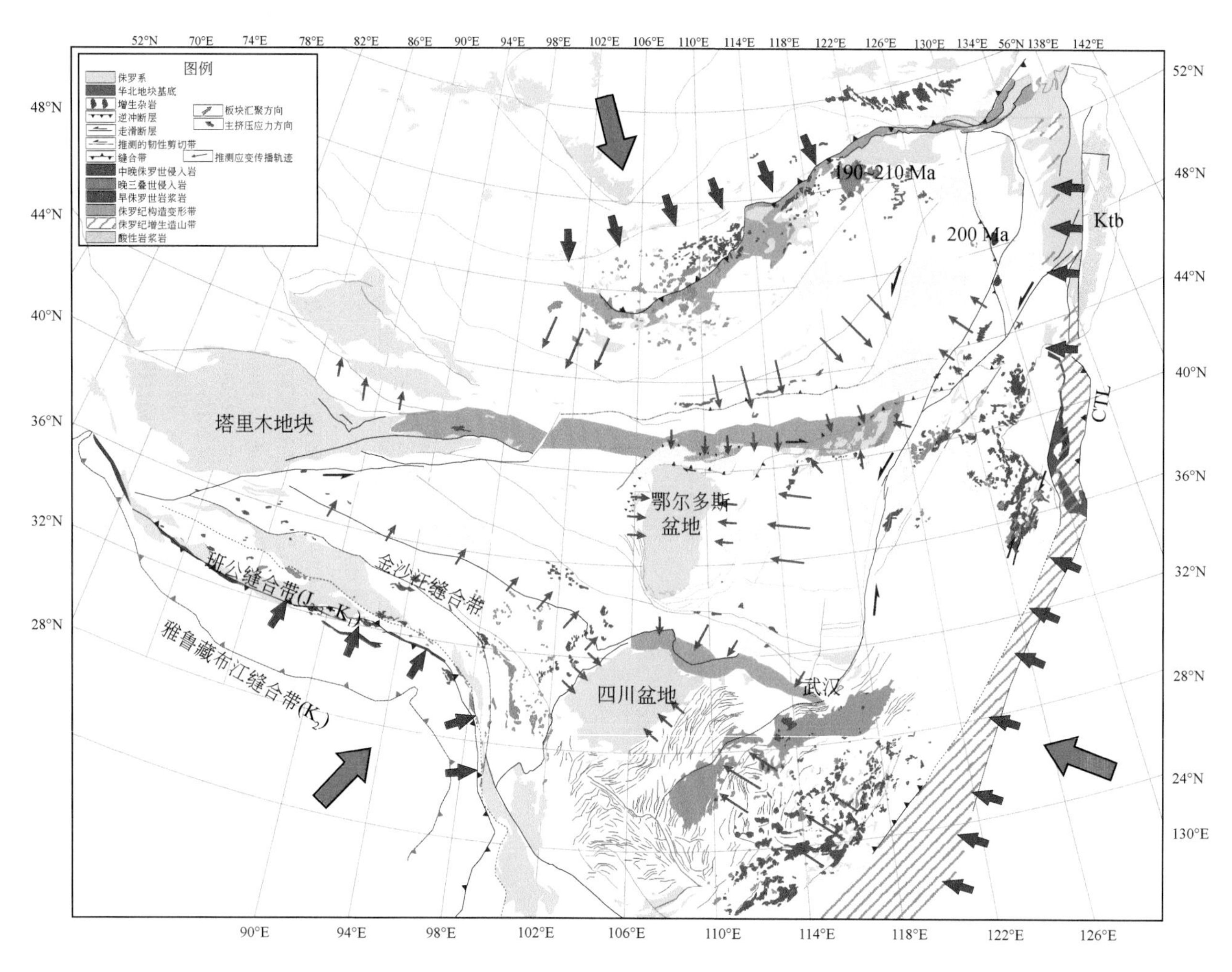

图 5-3　东亚大陆中生代多向汇聚的构造格架图（据董树文等，2019 修改）

5.2　湘东北陆内构造活化与成矿

先存构造的活化或构造活化是一种常见的地质现象，也是长期以来构造与成矿研究的重点（陈国达，1956；Müller et al.，2012）。大规模的构造活化，如“地台活化”（陈国达，1956）和“克拉通破坏”（朱日祥等，2012；Zhu et al.，2015）通常与岩浆作用和金属成矿作用密切相关（陈国达，1956；周裕藩和杨心宜，1984；Tommasi et al.，2009；Müller et al.，2012；Xu et al.，2017b）。区域和局部规模的构造活化则对成矿起着重要控制作用（赫英，1996；Hart et al.，2002；林舸等，2008；Zi et al.，2015；朱日祥等，2015；Jiao et al.，2017）。然而，陆内构造-岩浆活化与成矿的过程通常是复杂的，需要结合地质年代学制约以及系统矿物学与地球化学等研究，对陆内不同期次的岩浆作用和构造变形及其应力场特征与相互关系进行精细解剖。本节在阐明湘东北金（多金属）大规模成矿的陆内过程与富集机理之前，首先以野外观察到的各种构造切割和叠加关系为基础，结合陆内构造-岩浆事件的同位素定年成果，通过变形构造的几何学、运动学和动力学分析，系统研究了区域和矿区构造体系的组成、式样和构造变形事件的期次，并重建了不同期次古应力场。为正确理解陆内构造-岩浆活化的方式、精细过程和活化机制及其对湘东北金（多金属）的成矿作用提供依据。

5.2.1　陆内活化的地质构造演化史

5.2.1.1　华南大陆和江南古陆

华南大陆由西北部的扬子板块和东南部的华夏板块组成。新元古代，扬子板块与华夏板块发生碰撞与拼接形成了统一的华南大陆，成为罗迪尼亚超大陆的一部分，并在扬子板块的东南缘形成了江南古岛弧或江南古陆（Charvet et al.，1996；Li et al.，2002；Ye et al.，2007）。这次碰撞（820～800Ma），被称为晋宁或武陵构造事件，在相对软的冷家溪群中形成了与区域 NW—SE 向挤压相关的褶皱和劈理，并使得新元古界冷家溪群与板溪群之间呈角度不整合接触（柏道远等，2015）。有学者研究表明（柏道远等，2012），这些褶皱和劈理在江南古陆西南段呈 NE 向，而其中段呈 EW、NW—NWW 向，其方向的变化则受扬子和华夏板块边界形态控制（图 5-4）。随后，由于晚新元古代时期的地幔柱活动，罗迪尼亚超大陆逐渐转换为伸展的应力背景并最终裂解，在扬子和华夏板块之间形成了南华断陷盆地（Wang and Li，2003）。

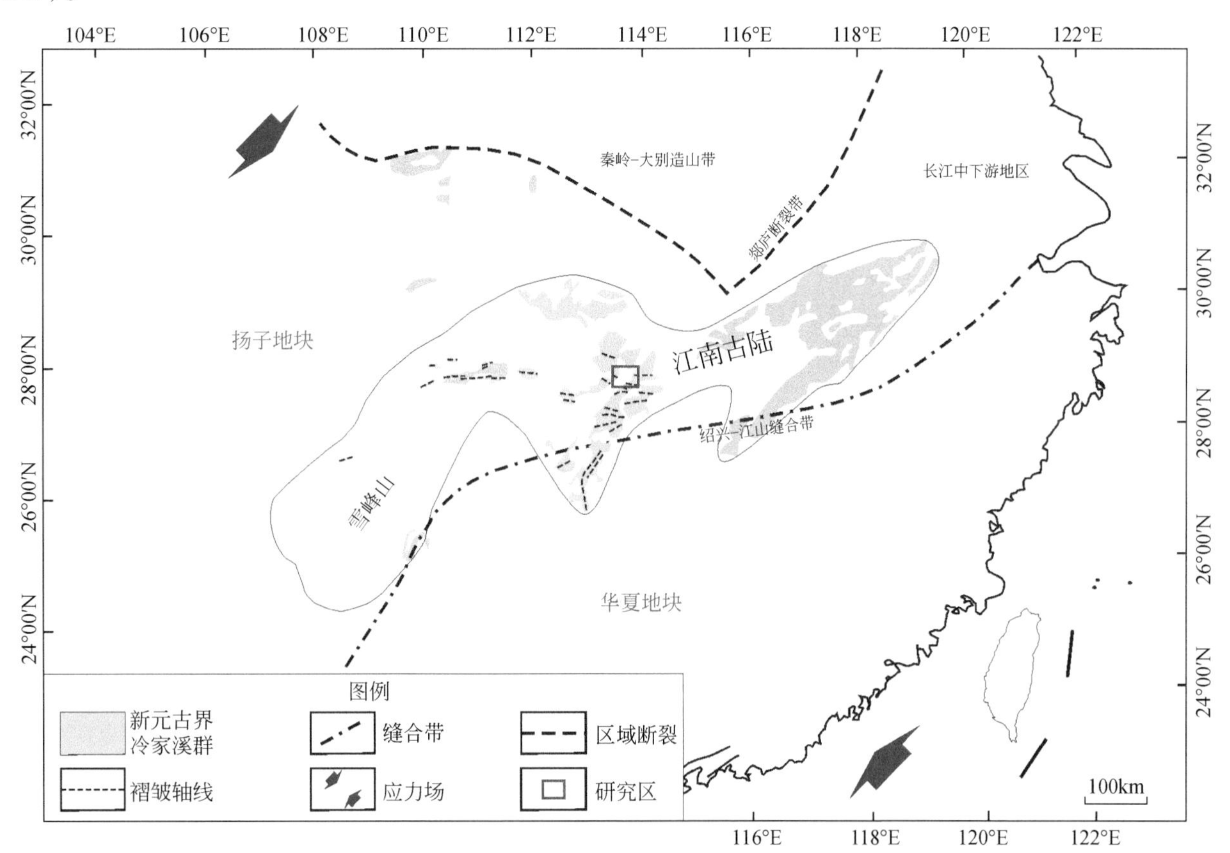

图 5-4　华南大地构造简图显示发育于新元古界冷家溪群中构造分布（据柏道远等，2012；Du et al.，2013）
图中褶皱轴方向由 WNW—ESE 和 E—W 走向变化为 NE—SW 和 S—N 走向，可能于晋宁或武陵造山期间由能干的扬子和华夏板块所控制

南华断陷盆地中的沉积自新元古代的板溪期开始，一直持续到早古生代的加里东期（Charvet et al.，1996；Sun et al.，2005；Shu et al.，2008）。在加里东期的陆内造山作用中，华南大陆可能受到南北向挤压应力的作用，导致了中泥盆统与下志留统之间的角度不整合接触（图 5-5），并在前泥盆纪基底中形成了近东西向褶皱（丘元禧等，1998；Chen and Rong，1999；丘元禧，1999；郝义，2010；柏道远等，2012）（图 5-6），并导致地壳强烈抬升和侵蚀（Charvet et al.，1996；Faure et al.，2009）。

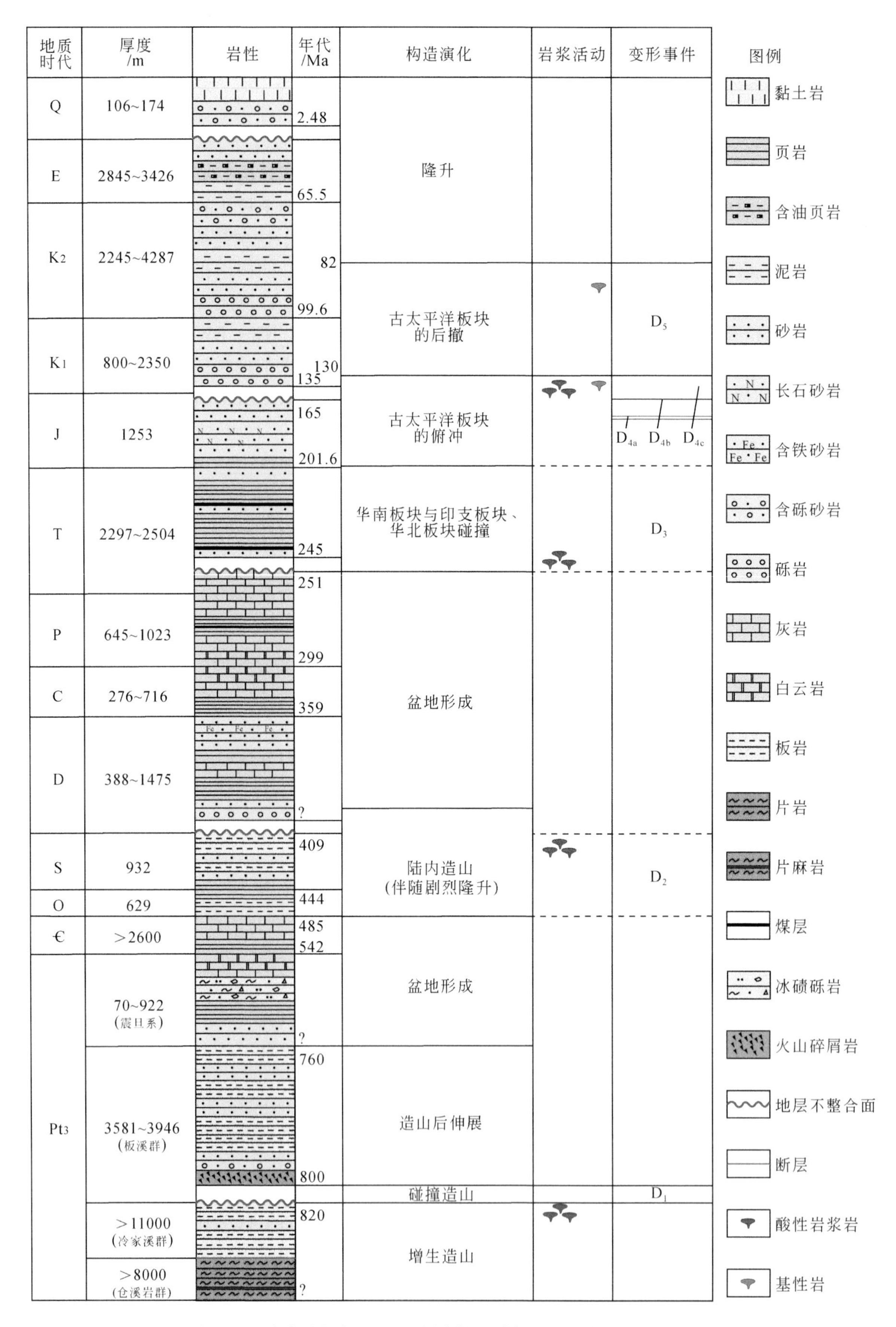

图 5-5　江南古陆湘东北地区地层岩性、厚度和沉积时限的地层柱状图

图中 D_1、D_2、D_3、D_5分别代表第一期、第二期、第三期、第五期变形事件，D_{4a}、D_{4b}、D_{4c}分别代表第四期变形事件的早期、中期、晚期

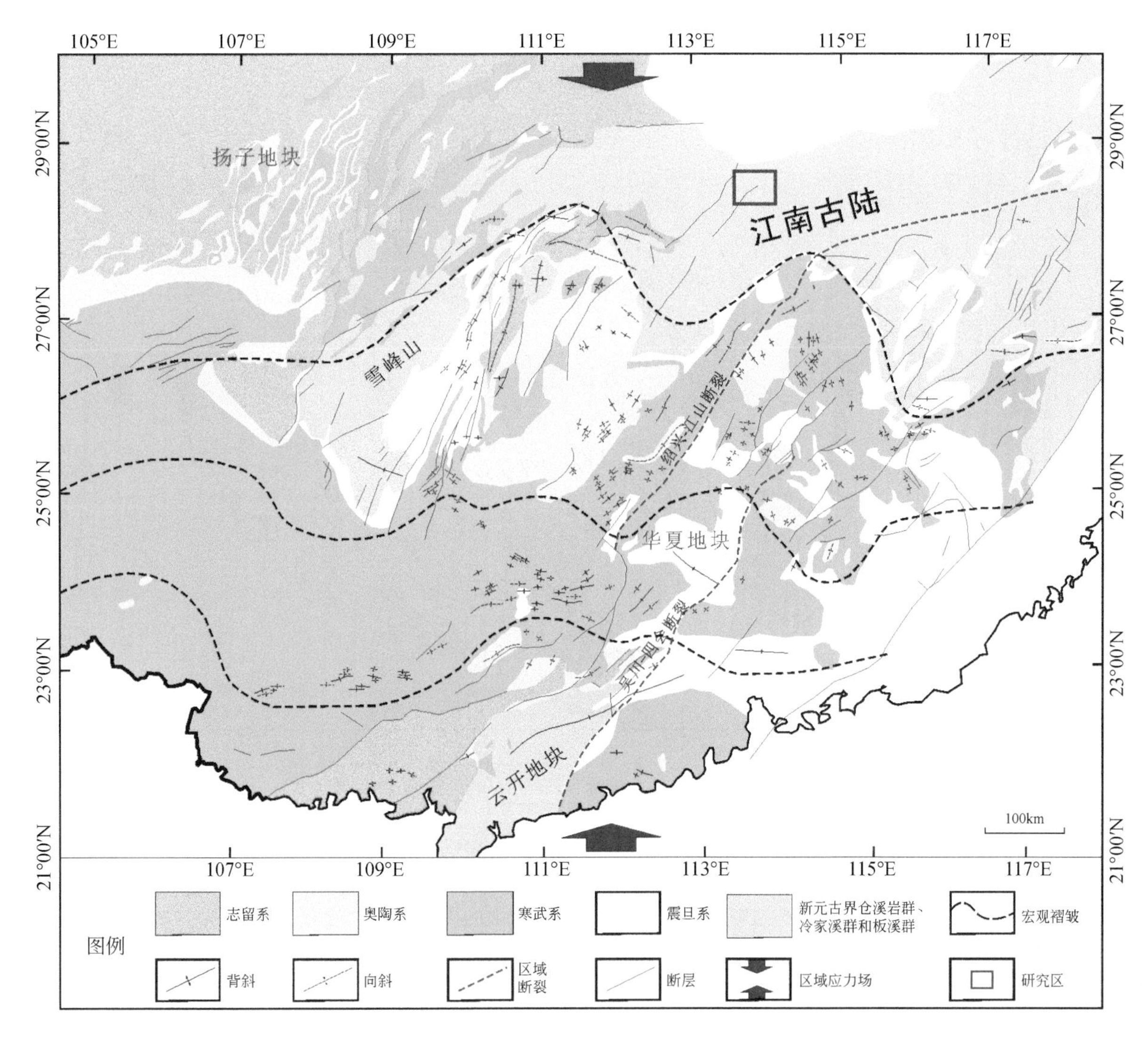

图 5-6　华南大陆构造简图显示发育于前泥盆纪基底中的构造（据郝义等，2010）

图中 E—W 向微褶皱暗示加里东造山期所发生的 N—S 向缩短

自晚古生代末期（约 250Ma）至晚三叠世，古特提斯洋的闭合导致华南大陆分别与印支板块和华北板块发生碰撞。这次碰撞事件导致了华南大陆的大规模陆内变形和三叠系的不整合，与印支期的造山作用有关（Wang et al.，2005；Li and Li，2007；Faure et al.，2009；许德如等，2009；张岳桥等，2009；Li et al.，2014；Shu et al.，2015）。相关的构造变形式样包括 EW—NWW 向褶皱、NE—NNE 向左旋走滑断层（图 5-7；Shu et al.，2008；许德如等，2009；张岳桥等，2009），它们与 SN 向挤压应力场相一致（施炜等，2007；张岳桥等，2009；苏金宝等，2013；Faure et al.，2014）。

自中生代以来，华南大陆构造体制由特提斯构造域向古太平洋构造域转换（张岳桥等，2012）。此后，华南大陆经历了由燕山早期（侏罗纪）挤压阶段向燕山晚期（白垩纪）伸展阶段的转变（Zhou et al.，2006；Shu et al.，2008；Li et al.，2014）。燕山早期的早中侏罗世形成以大量 NE—NNE 向褶皱和逆冲构造为特征的宽约 1300km 的 NE—NNE 向构造带（图 5-8；许德如等，2009；Li et al.，2014）。这些构造整体指示 NW—SE 向挤压，可能与古太平洋板块向华南陆块俯冲有关（Zhou et al.，2006）。但也有学者认为该时期存在可能与太平洋板块俯冲转向有关的近 EW 挤压（施炜等，2007；Sun et al.，2007；张岳桥等，2012；Li et al.，2014）。自 130 ~ 82Ma，由于古太平洋板块的后撤，华南陆块处于 NW—SE 向伸展应力场之下，形成了 NE 向的盆-岭构造格局（图 5-9；Zhou and Li，2000；Zhou et al.，2006；张岳桥等，

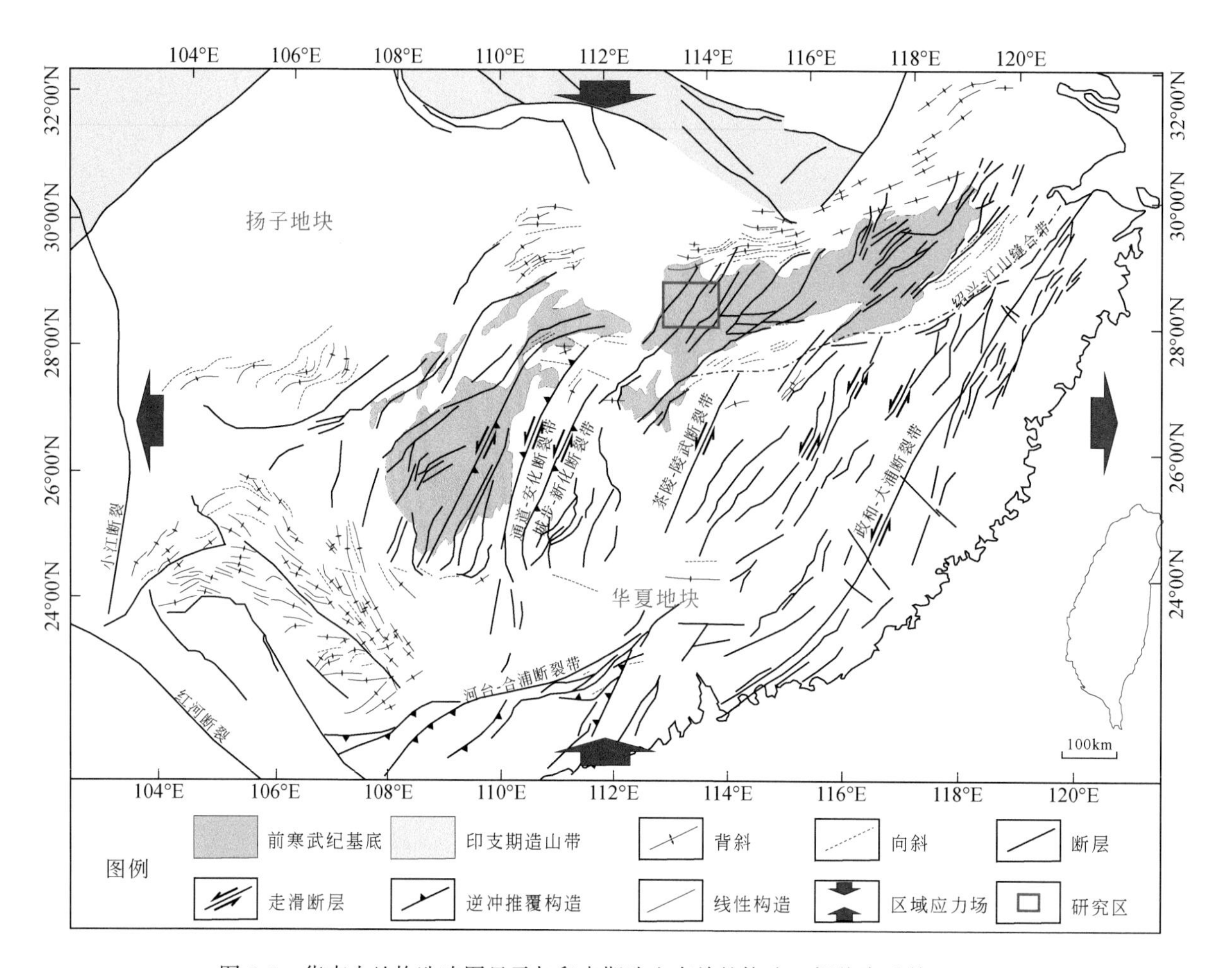

图 5-7　华南大地构造略图显示与印支期造山有关的构造（据徐先兵等，2009）

其中的构造式样主要包括 E—W 向至 WNW—ESE 向褶皱、NE—SW 向至 NNE—SSW 向左行走滑断层，暗示 E—W 向伸展、N—S 向压缩应力场

2012；Li et al.，2014；Li et al.，2016b）。

5.2.1.2　湘东北地区

湘东北地区位于江南古陆中段的湖南东北部。该区出露的地层主要为前寒武纪变质岩和白垩纪未变质的陆源沉积物，古生代沉积岩和第四系沉积物也有少量出露；新元古代到白垩纪岩浆岩（主要是陆内花岗质岩）均有发育（图 1-13；许德如等著《湘东北陆内伸展变形构造及形成演化的动力学机制》一书）。

湘东北地区前寒武纪变质岩由古中新元古界仓溪岩群（?）和冷家溪群、中新元古界板溪群和新元古界震旦系组成（图 5-5）。仓溪岩群（?）以片麻岩和片岩为主，与冷家溪群呈断层接触，而后者又与上覆的板溪群呈角度不整合接触（Xu et al.，2007；高林志等，2011）。在湘东北地区的西部，板溪群被震旦系—志留系的砂质页岩、砾岩和板岩覆盖，在南部则被中泥盆—中三叠统的碳酸盐岩、砂岩和粉砂岩覆盖；第四系与白垩系沉积岩主要分布于 NE—NNE 向断陷盆地（半地堑）中，基底抬升并伴随不同时代花岗岩侵入，形成盆-岭构造（详见许德如等著《湘东北陆内伸展变形构造及形成演化的动力学机制》一书）。许德如等（2009）在湘东北地区还确定了三条近 EW 向韧性剪切带，这些剪切带深切于地壳深部（图 1-13）。

新元古代花岗质岩和加里东期、印支期、燕山期等陆内花岗质岩在湘东北地区均有发育，其中燕山期花岗质岩出露面积最大（图 1-13）。先前的研究已表明（详见许德如等著《湘东北陆内伸展变形构造及形成演化的动力学机制》一书），新元古代同碰撞 S 型花岗质岩主要集中在 845～820Ma 侵入；加里东期具埃达克质岩性质的 I-S 型花岗闪长岩主要侵入于 434～418Ma；印支期具埃达克质岩性质的 S 型花岗质

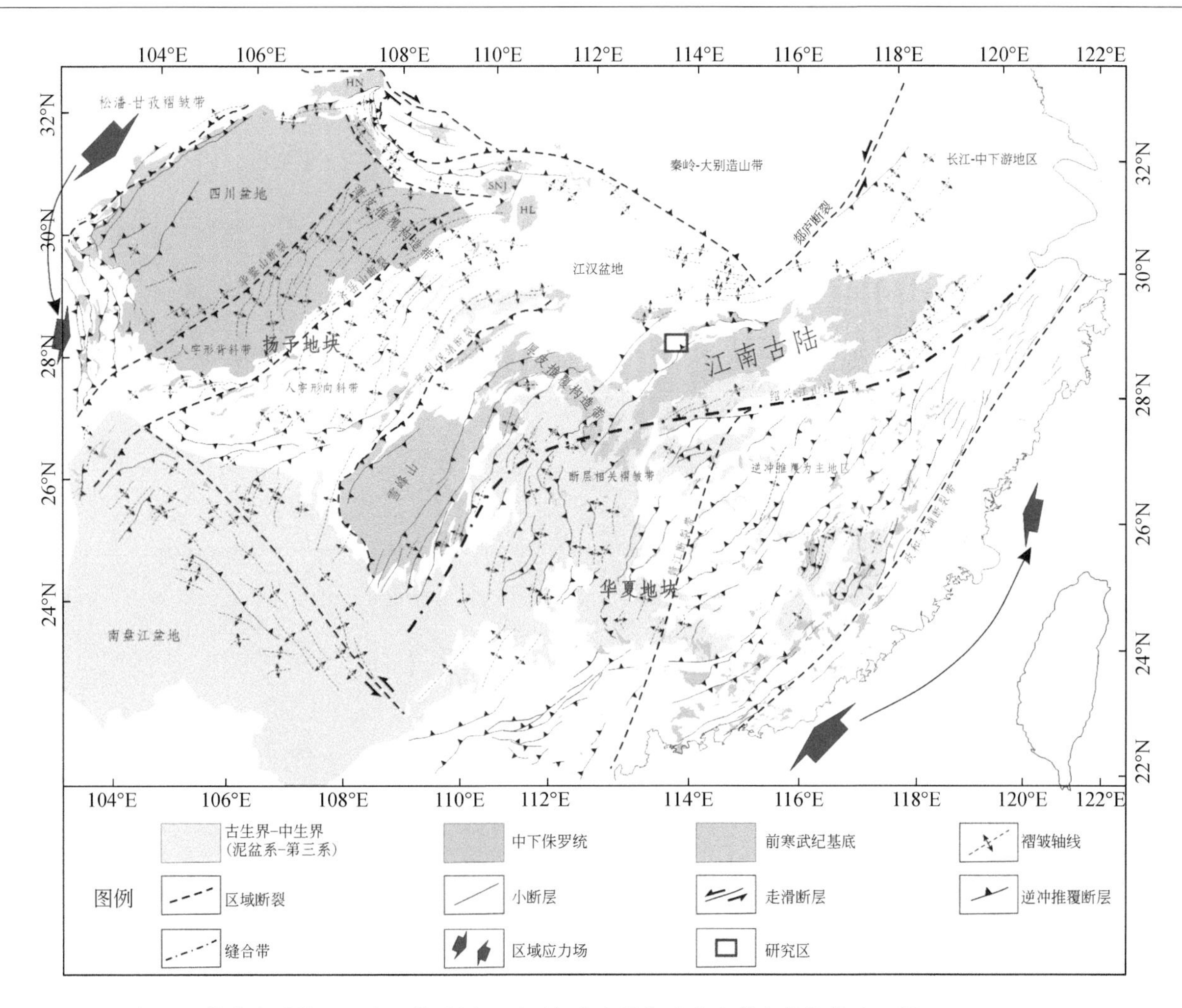

图5-8 华南大陆侏罗纪大地构造图显示了与燕山早期造山事件有关的构造（据 Li et al., 2014）
发生在早-中侏罗世的褶皱和逆冲构造主要呈 NE—NNE 向，暗示 NW—SE 至 WNW—ESE 挤压应力场

岩集中于 250 ~ 233Ma 侵入；而燕山期 S 型花岗质岩分晚侏罗世—最早的早白垩世（155 ~ 146Ma）、早白垩世（143 ~ 136Ma）、早中白垩世（132 ~ 127Ma）三个脉动期侵入。此外，湘东北还发育 136Ma 和 93 ~ 83Ma 的基性岩，它们表现出 OIB（洋岛玄武岩）型地球化学性质，可能是伸展构造背景下，软流圈上涌与地壳物质混合的结果（贾大成和胡瑞忠，2002；贾大成等，2002a，2002b；许德如等，2006）。

5.2.2 陆内构造活化过程

5.2.2.1 构造活化分析方法

为研究金（多金属）矿化和构造变形的关系，我们在湘东北选取了连云山地区、大万矿区、黄金洞矿区三个变形域（图 5-10），对区内的褶皱、断层及相关剪切构造、香肠构造、面理和劈理、线理和脉状构造的几何学和运动学特征开展了详细的观察和测量，以此约束古应力场（Angelier et al., 1982; Hancock, 1985；万天丰，1988）。断滑数据采用 Faultkin 软件（Angelier, 1984; Marrett and Allmendinger, 1990; Allmendinger et al., 2012）处理。区域断层的活动性质根据 Angelier（1994）的方法由邻近地区的次级断层推断而来。

本次研究中，构造事件或构造元素由字母表示，构造变形的相对时间由字母后的数字下标表示。例如，“D”表示变形事件，“F”表示断层或断裂，“f”表示褶皱，“V”表示脉体，“S”表示糜棱状和片

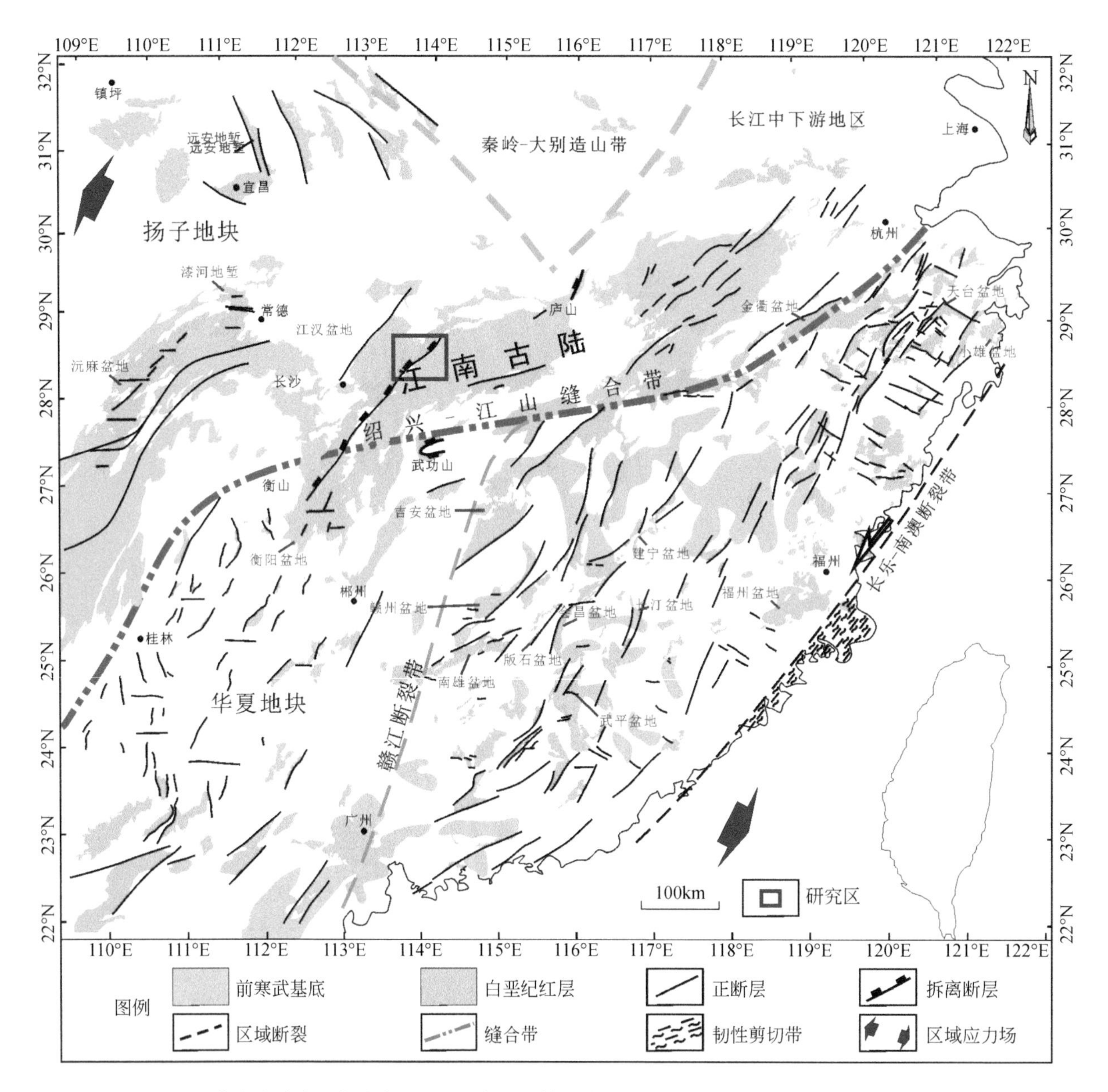

图 5-9　华南大陆大地构造略图显示了白垩纪伸展盆地和 NE—SW 向、E—W 向正断层的分布，这些构造可能是燕山晚期造山过程中 NW—SE 向伸展环境下的产物（据 Li et al., 2014）

麻状结构，“C”表示劈理，“L”表示线理。因此，F_1和 V_1分别代表 D_1构造事件期间发育的断层/断裂和脉体，其他依次类同表述。

5.2.2.2　构造变形特征

区域性长平深大断裂自南西向北东穿过研究区。长平断裂带南东侧为连云山花岗质岩体和新元古界片麻岩或片岩，北西侧为白垩纪沉积盆地［图 5-10（a）］。从北西至南东，长平断裂带可划分为碎裂板岩带、硅化构造角砾岩带和与之呈断层接触的糜棱岩带（图 5-11、图 5-12）。①碎裂板岩带沿长平断裂带连续分布，宽 100～890m，主要由碎裂的新元古界板岩组成［图 5-11（a）］；②硅化构造角砾岩带沿断裂带断续分布，宽 50～500m，由强烈硅化的构造角砾岩组成，局部出现黄铁矿化、金矿化和绿泥石化［图 5-11（b）(c)］；构造角砾岩的成分在北西侧以板岩为主，向南东侧逐渐过渡为花岗质岩；③糜棱岩带宽 25～200m［图 5-11（d）］。

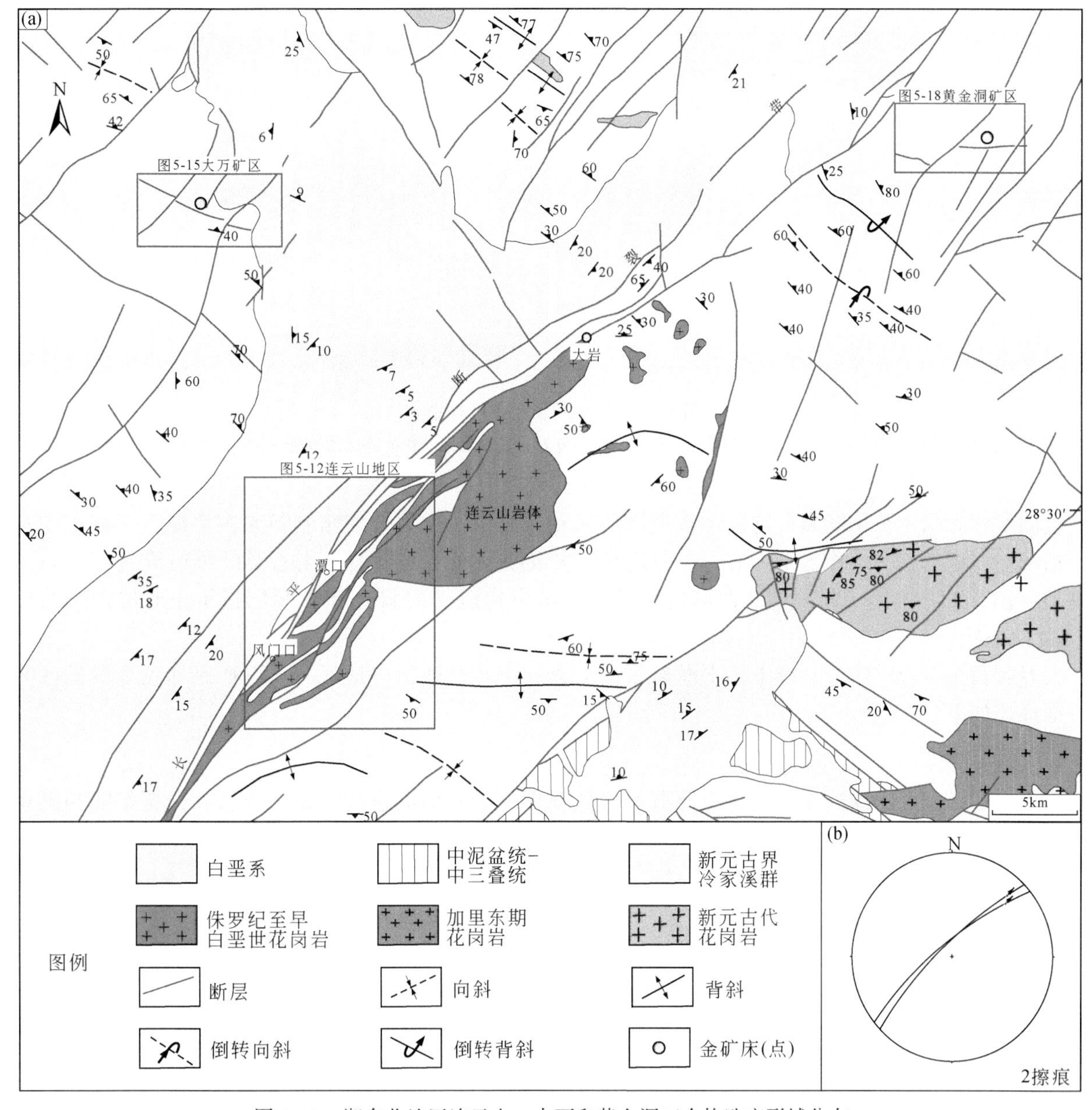

图5-10　湘东北地区连云山、大万和黄金洞三个构造变形域分布

(a) 湘东北地区地质图显示主要构造、地层、岩浆岩和金矿床（点）的分布以及连云山、大万和黄金洞三个构造变形域位置；(b) 长平断裂带附近东北—西南向次级断层上擦痕的等角度（吴氏）立体投影表明长平断裂带经历过右旋走滑。图（a）中的数字均为倾角，单位为（°）；图（b）解释详见正文

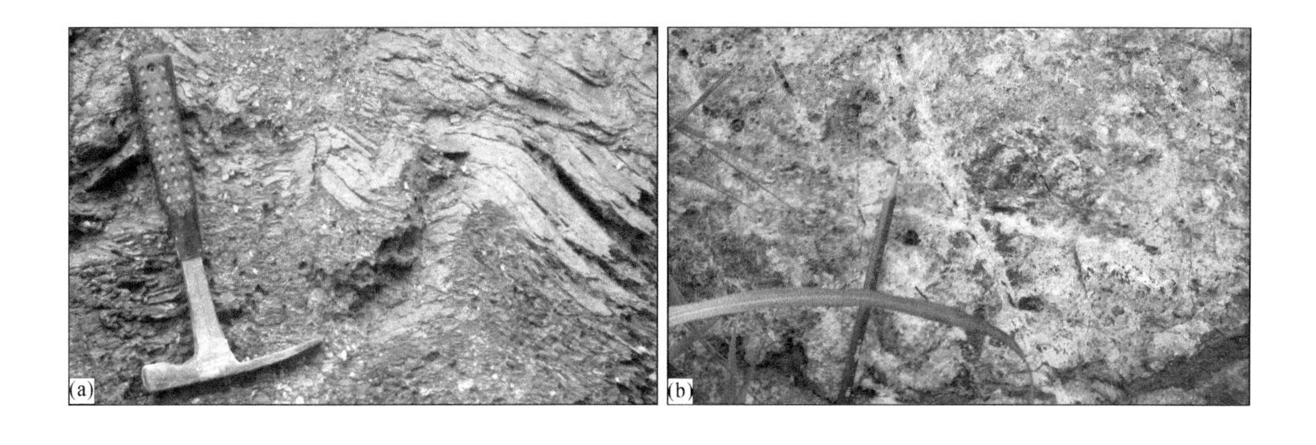

图 5-11　长平断裂带中的构造岩

（a）长平断裂带中的破碎板岩；（b）长平断裂带中的硅化构造角砾岩；（c）绿泥石化的硅化构造角砾岩；（d）长平断裂带中的糜棱岩

运动学标志指示长平断裂带曾发生多期次的活动。其中，断裂带南东侧新元古界冷家溪群中的牵引褶皱指示左行走滑错动［图 5-11（a）］；邻近露头次级断层面上的擦痕（由石英纤维组成）指示右行走滑错动［图 5-11（b）］；断裂带北西侧白垩系中的牵引构造（向斜）和正断层指示正断层性质的错动［图 5-11（a）］。

大万和黄金洞金矿床分别位于长平断裂带的上盘和下盘。连云山地区、大万矿区和黄金洞矿区的构造特征详述如下。

1. 连云山地区

连云山地区同时出露新元古界冷家溪群、晚侏罗世—早白垩世连云山花岗质岩和白垩纪陆相沉积岩（图 5-12）。

该地区冷家溪群的板岩和片岩/片麻岩中发育 NW—NNW 向的褶皱（f_1）［图 5-13（a）］，为该地区发现的最老变形。局部可见这些褶皱被 EW 向褶皱（f_2）叠加（彭和求等，2004）。此外，片麻岩中还发育石香肠构造，石香肠成分为长石和石英，呈 EW 走向，倾伏角较缓（小于 30°）［图 5-13（b）］。

连云山岩体的主要岩性为中-细粒二云母花岗岩和中（粗）粒斑状黑云母花岗岩，形成于 155～129Ma 之间（详见许德如等著《湘东北陆内伸展变形构造及形成演化的动力学机制》）。岩体中断续发育 EW 向（S_{4a}）、NE 向（S_{4b}）及 NNE 向（S_{4c}）三组变形面理及相关剪切褶皱。EW 向面理（S_{4a}）及相关剪切褶皱在连云山地区北东部的思村等地特别发育，大多表现为上盘往北的性质［图 5-14（a）（b）］。这些面理和褶皱被 NE 向和 NEE 向的变形面理（S_{4b}）叠加［图 5-13（c）、图 5-14（c）］。其中，NE 向面理（S_{4b}）主要表现为左行剪切［图 5-13（e）］，而 NEE 向面理（S_{4b}）则表现为右行剪切［图 5-13（d）］，两者均表现为上盘往 NW 向的性质。这两组面理（S_{4a}和 S_{4b}）及相关剪切褶皱又被 NNE 向的面理（S_{4c}）及相关的褶皱叠加［图 5-13（f）、图 5-14（d）（e）］。S_{4c}面理大多表现为上盘往 W 或 E 向的性质。上述三组变形面理（S_{4a}、S_{4b}和 S_{4c}）及相关剪切褶皱中，S_{4a}和 S_{4b}及相关剪切褶皱仅发育于连云山岩体的中-细粒二云母花岗岩中，S_{4c}及相关剪切褶皱在中-细粒二云母花岗岩和中（粗）粒斑状黑云母花岗岩中均有发育。由于仅出现于连云山花岗岩与新元古界冷家溪群的接触带部位，这些变形很可能发生于连云山花岗岩的同构造侵位期。地质年代学数据也支持这一推断，如变形花岗岩的侵位年龄为 155～130Ma，而在与连云山花岗岩相邻位置的新元古界冷家溪群内，通过白云母 Ar-Ar 法获得的变形年龄最小值为约 130Ma（Li et al.，2016b；Deng et al.，2017）。

连云山岩体中的 NNE 向面理（S_{4c}）又被 NS—NNE 向的张裂隙（F_5）切穿［图 5-13（g）、图 5-14（f）］。连云山岩体附近地区，长平断裂带硅化构造角砾岩带的角砾成分在靠近连云山花岗岩一侧时逐渐变为花岗岩。硅化构造角砾岩带中常见石英晶洞和晶簇，指示伸展的构造环境［图 5-13（h）］。在白垩纪

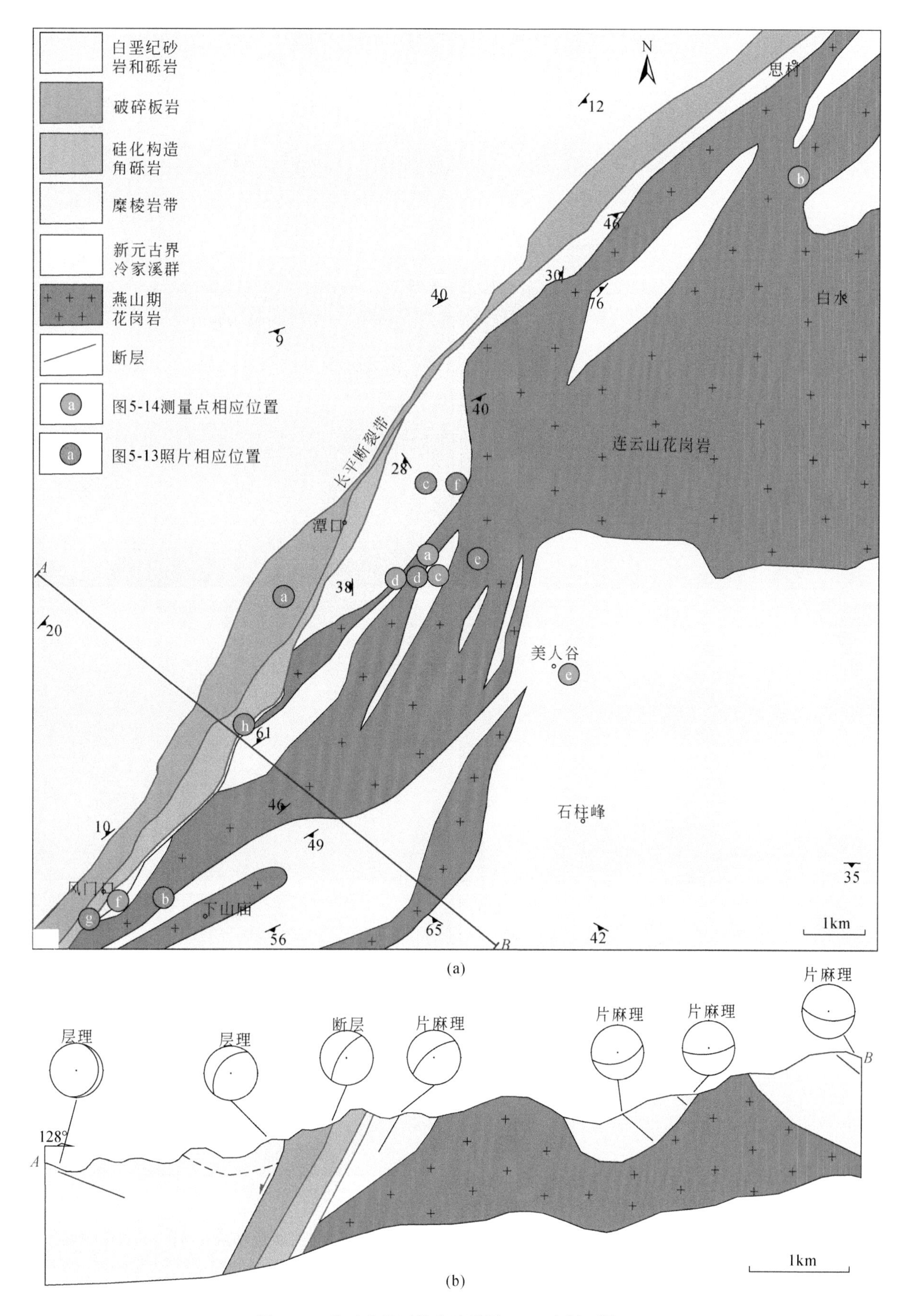

图5-12　连云山地区构造地质图（a）和剖面图（b）

图（b）系图（a）中的剖面 *A*—*B*

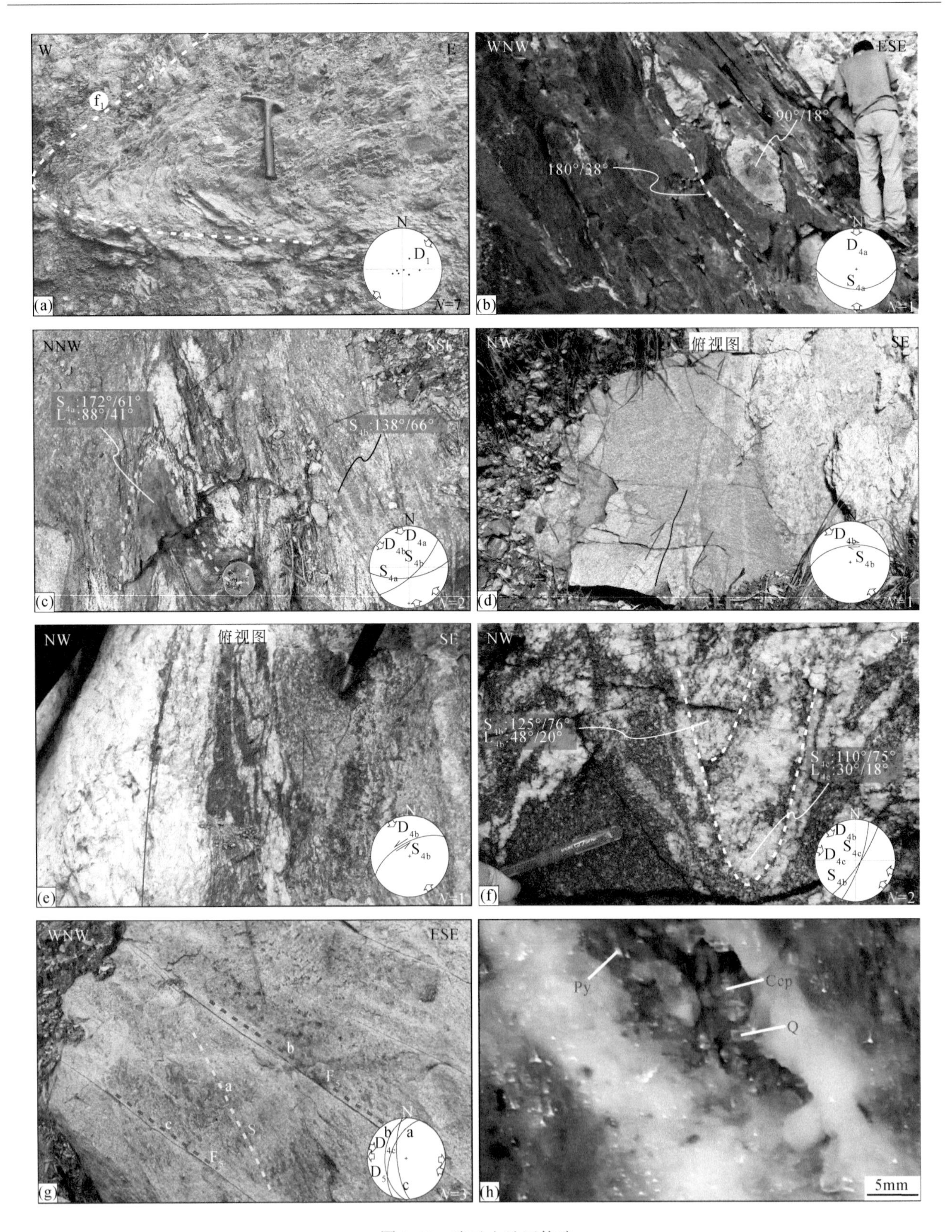

图 5-13　连云山地区构造

(a) 长平断裂带碎裂板岩带内的横卧褶皱（赤平投影图内为其层面极点的投影）；(b) 发育于片麻岩中的 EW 向长英质石香肠构造；(c) 连云山花岗岩中的 EW 向褶皱被离散的 NE 向糜棱岩面理切穿；(d) 发育于 NEE 向糜棱岩带中的剪切褶皱指示右旋剪切；(e) 发育于 NE 向糜棱岩带中的剪切褶皱指示左旋剪切；(f) 连云山花岗岩中的 NE 向褶皱被 NNE 向褶皱叠加；(g) 发育于细粒花岗岩中的 NNE 向面理被 NS—NNE 向的张裂隙切穿；(h) 长平断裂带硅化构造角砾岩中发育的晶洞，指示伸展的应力状态。Q. 石英；Py. 黄铁矿；Ccp. 黄铜矿

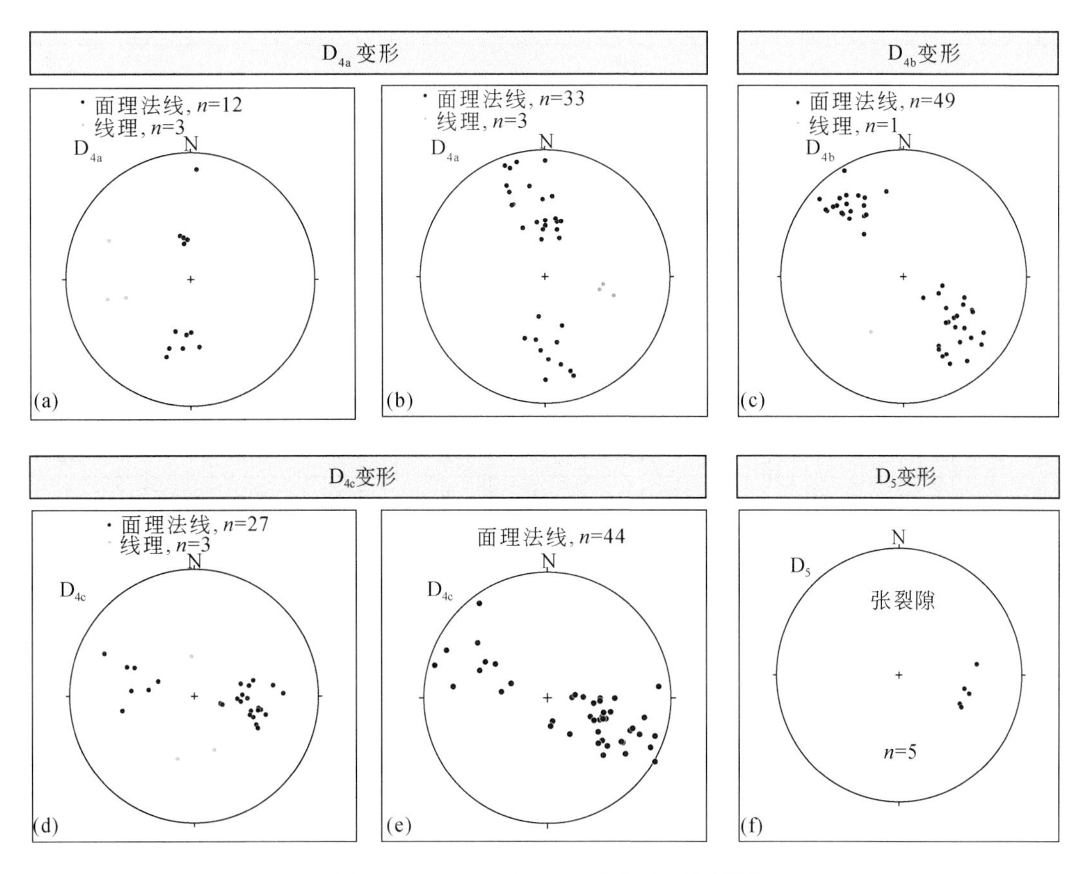

图 5-14　连云山地区构造数据赤平投影图

(a) ~ (e) 连云山岩体中测量到的变形面理的法线和线理，面理法线为黑色，线理为绿色；(f) 连云山岩体中测量的张裂隙的法线，所有赤平投影图均为下半球等角度（吴氏）投影。(a)(b) 数据见表 5-1；(c) 数据见表 5-2；(d)、(e) 数据见表 5-3；(f) 数据见表 5-4

沉积岩中发育一系列正断层，断面上的擦痕（L_5）指示 NW—SE 向的伸展（Li et al., 2016a, 2016b）。白垩纪地层整体倾向南东，靠近长平断裂带处倾向变为北西，构成向斜构造（图 5-12）。

表 5-1　连云山岩体中指示 N—S 向挤压应力场的面理（S_{4a}）和线理（L_{4a}）资料统计　[单位：(°)]

测量点	面理									线理		
	编号	倾向	倾角	编号	倾向	倾角	编号	倾向	倾角	编号	倾伏向	倾伏角
图 5-14（a）	1	5	47	5	18	59	9	175	35	1	295	18
	2	7	57	6	169	32	10	0	45	2	257	21
	3	17	46	7	166	39	11	353	56	3	255	33
	4	18	65	8	170	37	12	183	82			
图 5-14（b）	1	0	78	12	180	85	23	345	75	1	97	40
	2	341	44	13	358	66	24	171	47	2	105	31
	3	4	60	14	350	70	25	178	63	3	103	42
	4	19	54	15	160	86	26	174	33			
	5	9	53	16	166	86	27	157	76			
	6	180	44	17	350	55	28	180	48			
	7	177	41	18	10	35	29	156	64			
	8	200	36	19	155	46	30	185	65			

续表

测量点	面理									线理		
	编号	倾向	倾角	编号	倾向	倾角	编号	倾向	倾角	编号	倾伏向	倾伏角
图 5-14（b）	9	194	42	20	344	78	31	196	49			
	10	192	48	21	157	72	32	190	50			
	11	170	72	22	162	84	33	155	64			

表 5-2　连云山岩体中指示 NW—SE 向挤压应力场的面理（S_{4b}）和线理（L_{4b}）资料统计　[单位：(°)]

测量点	面理									线理		
	编号	倾向	倾角	编号	倾向	倾角	编号	倾向	倾角	编号	倾伏向	倾伏角
图 5-14（b）	1	136	50	18	130	79	35	309	65	1	212	36
	2	146	60	19	132	85	36	322	80			
	3	140	68	20	144	77	37	305	46			
	4	135	70	21	136	65	38	314	54			
	5	140	78	22	141	73	39	316	53			
	6	153	70	23	311	72	40	294	56			
	7	148	60	24	310	79	41	294	35			
	8	135	71	25	318	69	42	282	36			
	9	136	76	26	304	76	43	288	55			
	10	150	73	27	330	70	44	315	26			
	11	130	78	28	332	63	45	295	63			
	12	150	88	29	333	70	46	296	64			
	13	140	68	30	331	76	47	308	55			
	14	168	69	31	333	65	48	305	56			
	15	148	60	32	310	79	49	313	60			
	16	150	66	33	318	69						
	17	134	77	34	311	72						

表 5-3　连云山岩体中指示 E-W 向挤压应力场的面理（S_{4c}）和线理（L_{4c}）资料统计 [单位：(°)]

测量点	面理									线理		
	编号	倾向	倾角	编号	倾向	倾角	编号	倾向	倾角	编号	倾伏向	倾伏角
图 5-14（d）	1	113	61	10	259	48	19	282	55	1	355	55
	2	273	38	11	285	24	20	284	50	2	160	42
	3	262	65	12	268	71	21	289	53	3	196	36
	4	284	61	13	286	26	22	288	50			
	5	281	57	14	115	77	23	268	42			
	6	294	57	15	95	54	24	276	41			
	7	296	59	16	115	56	25	272	46			
	8	255	42	17	439	61	26	98	41			
	9	255	52	18	280	55	27	112	35			

续表

测量点	面理									线理		
	编号	倾向	倾角	编号	倾向	倾角	编号	倾向	倾角	编号	倾伏向	倾伏角
图5-14（e）	1	292	49	16	289	72	31	307	58			
	2	291	71	17	300	70	32	348	21			
	3	308	63	18	315	65	33	354	25			
	4	303	52	19	295	85	34	295	45			
	5	270	57	20	305	75	35	97	75			
	6	289	53	21	291	77	36	281	77			
	7	270	46	22	115	84	37	300	90			
	8	288	50	23	268	22	38	112	35			
	9	282	55	24	263	25	39	98	41			
	10	284	50	25	289	85	40	123	53			
	11	276	41	26	112	61	41	328	37			
	12	273	46	27	300	69	42	120	60			
	13	293	41	28	144	86	43	128	71			
	14	264	84	29	106	87	44	311	57			
	15	290	51	30	268	32						

表5-4　连云山岩体中指示NW—SE向伸展应力场的张裂隙（F_5）资料统计　［单位：（°）］

编号	倾向	倾角
1	262	65
2	284	61
3	281	57
4	294	57
5	296	59

2. 大万矿区

大万矿区位于研究区的北西部，距长平断裂带约16km［图5-10（a）］。大万矿床产出于新元古界冷家溪群的砂质板岩、粉砂质板岩和杂砂岩之中。冷家溪群在矿区北东部被白垩纪沉积岩不整合覆盖（图5-15）。通过系统测量冷家溪群的原生层理产状，识别出两组褶皱，其中一组呈NW向（f_1），另一组呈近东西向（f_2）［图5-15（a）、图5-16（a）（c）、图5-17（c）］。对应地，区内发育有两组近垂直（90°～65°）的轴面劈理，分别为NNW—NW（S_1）向［图5-15（a）、图5-16（b）］和EW—NWW向（S_2）［图5-15（a）、图5-16（d）］。S_1劈理被S_2劈理切穿［图5-17（b）］。

S_2劈理被一组近平行的EW—NWW向构造破碎带切穿。构造破碎带倾向北，倾角中等至较缓（60°～19°）［图5-16（e）、图5-17（d）］。这些构造破碎带宽0.2～14.11m，长200～3280m，向深部延伸超过2000m（据钻孔资料）。这组构造破碎带的断层面上发育两期由石英纤维或磨损沟构成的擦痕。其中一期擦痕（L_3）指示伴随少量逆断层运动分量的走滑错动［图5-16（g）～（i）、图5-17（h）（i）］；另一期擦痕（L_4）叠加在L_3擦痕之上，指示伴随少量走滑分量的正断层性质的错动［图5-16（k）～（m）、图5-17（h）（i）］。大万金矿床的金矿体（包括无矿石英脉和含矿的石英-黄铁矿-毒砂细脉）大多赋存于EW—NWW向构造破碎带之中［图5-15（a）（b）］。

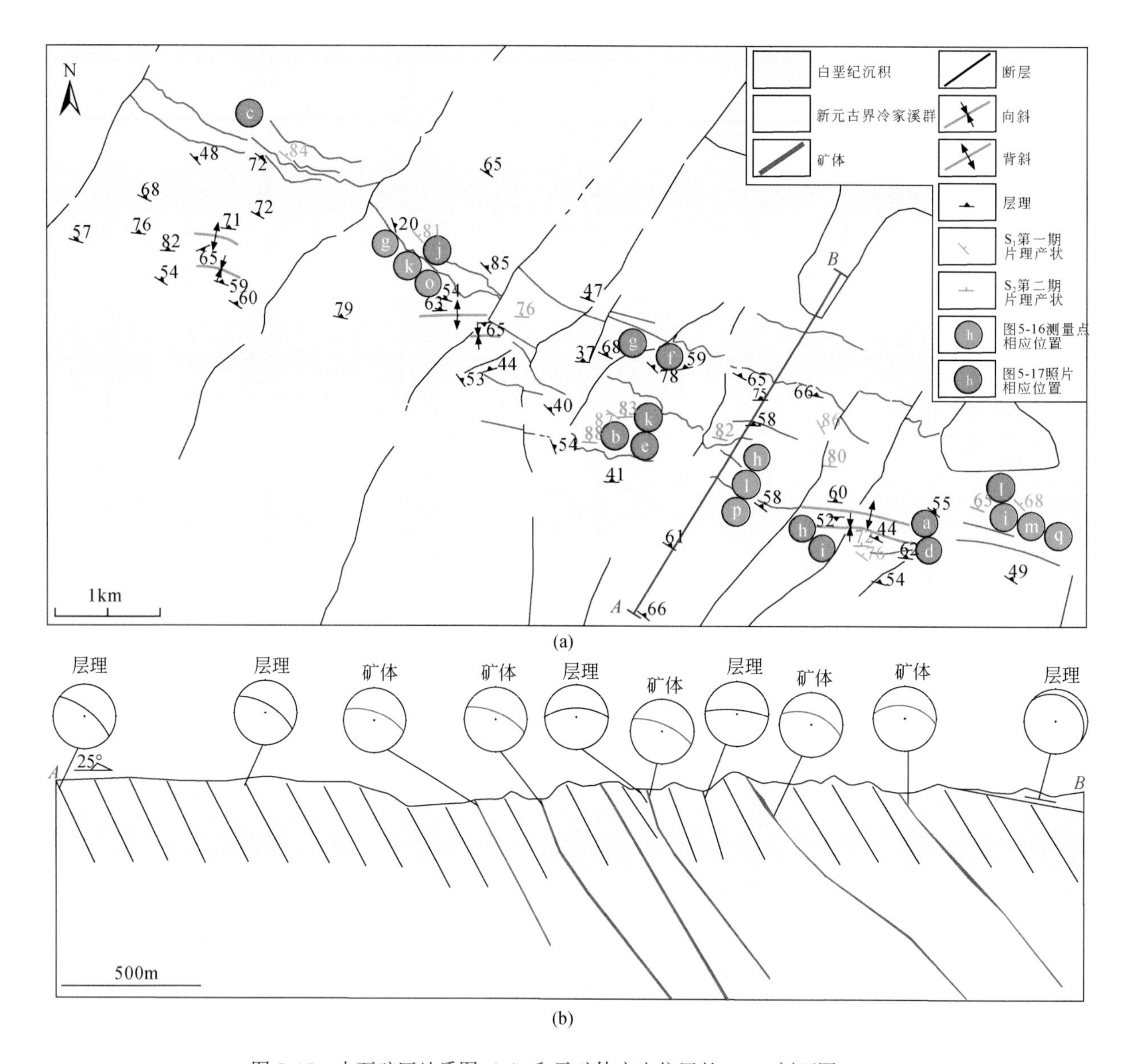

图 5-15　大万矿区地质图（a）和示矿体产出位置的 *A*—*B* 剖面图（b）

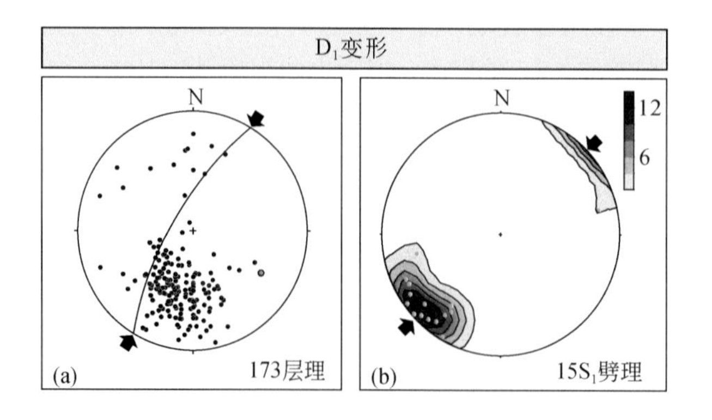

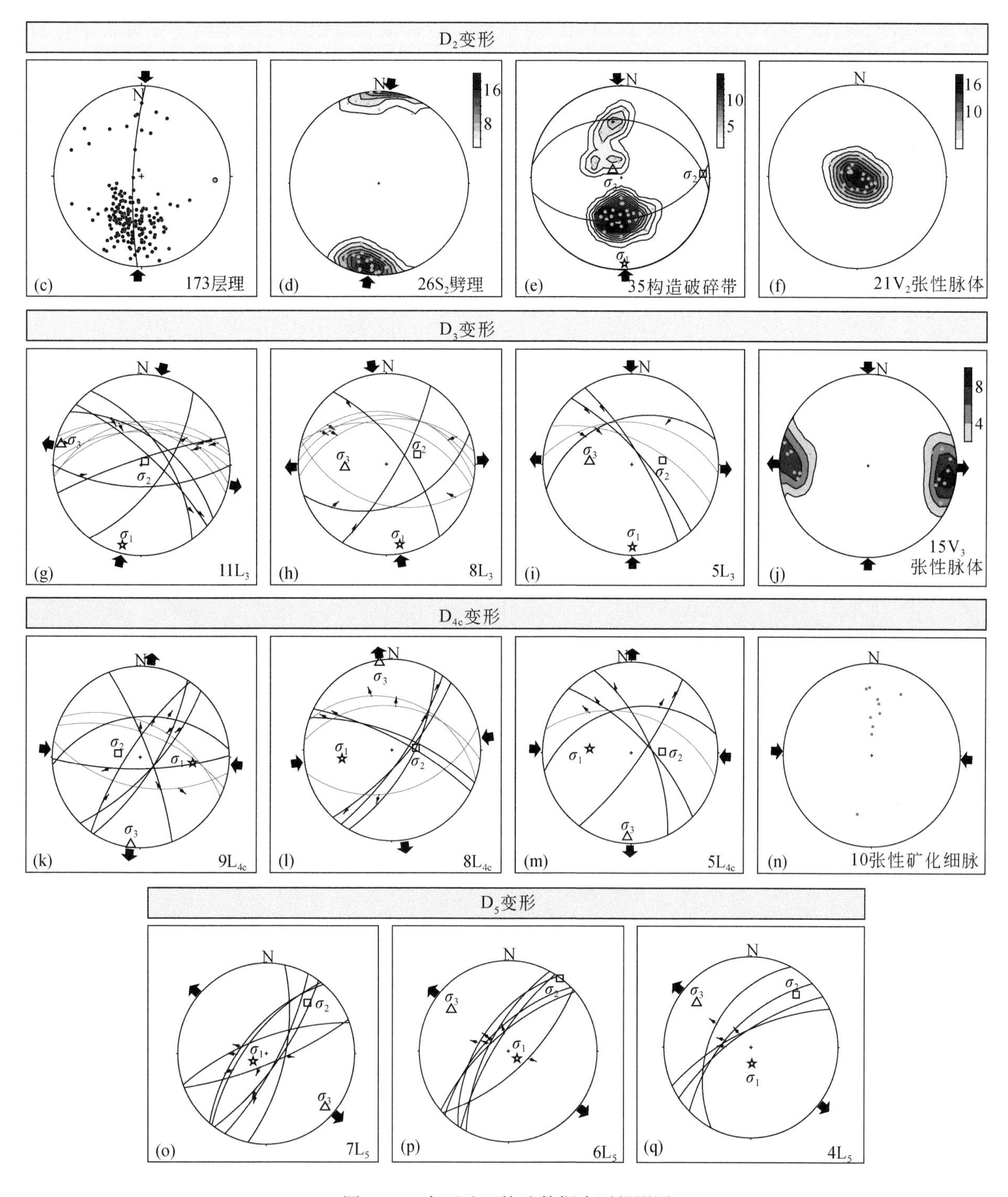

图5-16　大万矿区构造数据赤平投影图

(a) 新元古界冷家溪群中测得的层理法线数据以及根据层理产状构建的褶皱 f_1 的大圆和枢纽（绿色）；(b) 与NE—SW向挤压（D_1）相关的NNW—NW向劈理（S_1）的法线；(c) 新元古界冷家溪群中测得的层理法线数据以及根据层理产状构建的褶皱 f_2 的大圆和枢纽（蓝色）；(d) 与SN向挤压（D_2）相关的EW—NWW向劈理（S_2）的法线；(e) 大万矿区赋矿构造破碎带的法线；(f) 近水平方向张性脉体（V_2）的法线指示近垂直方向的 σ_3；(g)～(i) D_3 相关的擦痕指示SN向伸展和EW向挤压的古构造应力场；(j) 近垂直方向SN向张性脉体（V_3）的法线指示EW向近水平的 σ_3；(k)～(m) D_{4c} 相关的擦痕指示近EW向挤压和SN向伸展的古构造应力场；(n) 大万矿区矿化细脉（V_{4c}）的法线指示近EW向的挤压，且 $\sigma_2 \approx \sigma_3$；(o)～(q) D_5 相关的擦痕指示NW—SE向伸展，且 σ_1 近垂直。图(b)(d)～(f)(j)为下半球等面积（施密特）投影，其余为下半球等角度（吴氏）投影；赋矿构造破碎带断层面上的擦痕用红色大圆和黑色箭头表示；σ_1，σ_2 和 σ_3 分别代表最大、中等和最小挤压应力；(a)(c) 数据见表5-5；(b) 数据见表5-6；(d) 数据见表5-7；(e) 数据见表5-8；(f) 数据见表5-9；(g)～(i) 数据见表5-12；(j) 数据见表5-10；(k)～(m) 数据见表5-13；(n) 数据见表5-11；(o)～(q) 数据见表5-14

矿区发育多组石英脉。根据交切关系识别的最早的一组石英脉与研究区内的第二期变形事件有关，因此被命名为 V_2。V_2 由三组脉体组成。第一组呈近水平（34°～3°）产出，在 EW—NWW 向构造破碎带之中呈雁列状分布［图 5-16（f）、图 5-17（f）］。这些细脉均发育于张性裂隙之中，厚 0.1～2.5cm，密度约 8 条/m。第二组 V_2 脉体产出于 EW—NWW 向的剪切裂隙之中，倾向南/北，倾角中等至较缓（56°～19°）。这些脉体仅在局部发育，通常为透镜状的细脉，厚 0.2～1cm，密度可达约 40 条/m；它们相互交切，呈共轭的几何形态［图 5-17（e）］。第三组 V_2 脉体厚 1～3cm，发育于 S_2 劈理之中，约 100 条 S_2 劈理面中仅有 1 条脉体发育［图 5-17（b）］。近水平的 V_2 脉体和近垂直的 S_2 劈理均被近垂直（86°～62°）的 SN—NNW 向伸展脉切穿［图 5-16（j）、图 5-17（g）（k）］。脉体厚 0.2～5cm，在矿区零星离散发育。V_2 和 V_3 均为块状愈合形态，无矿化，主要由石英组成。在显微镜下，V_2 和 V_3 局部可见波状消光［图 5-17（m）（n）］。

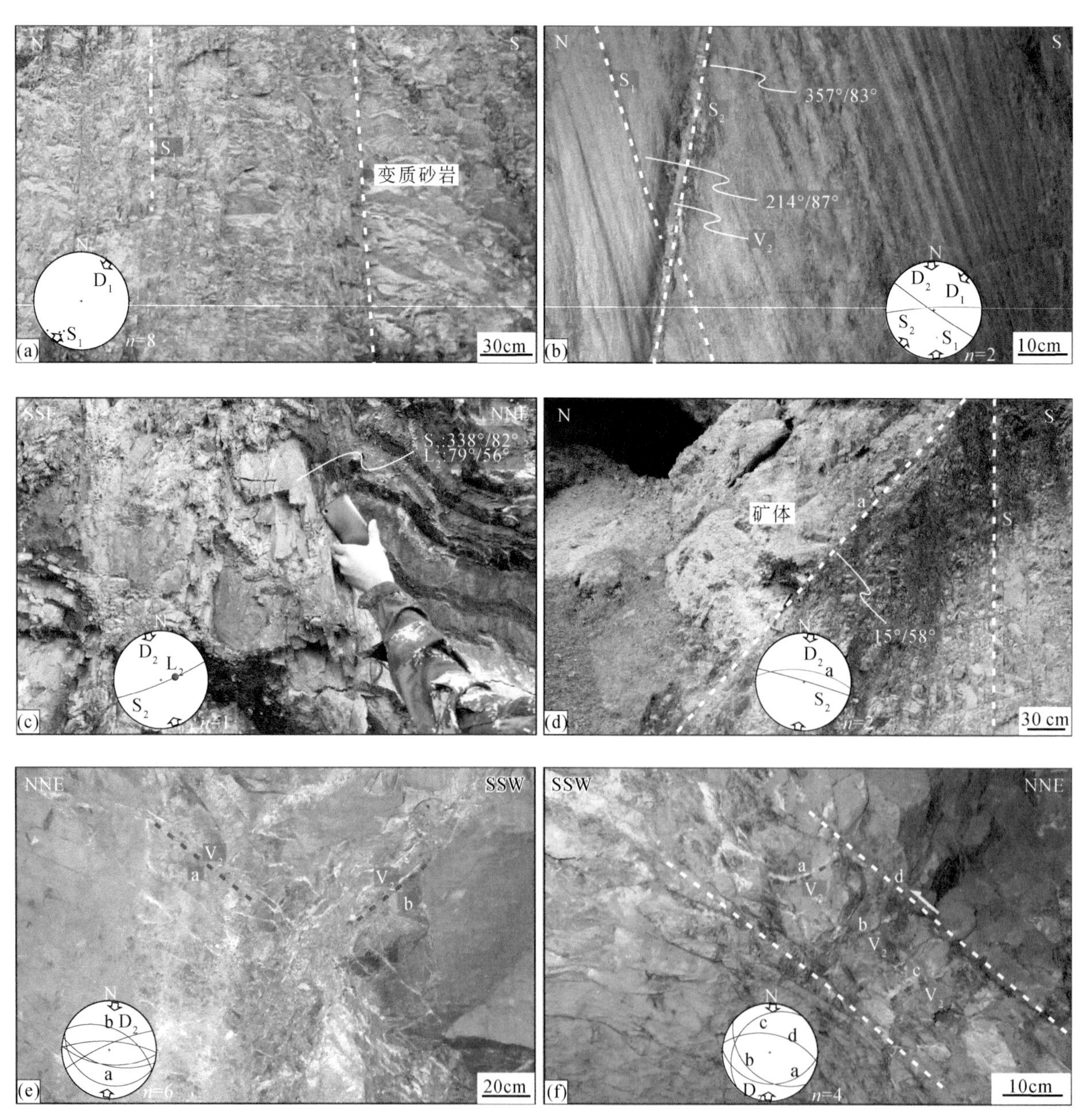

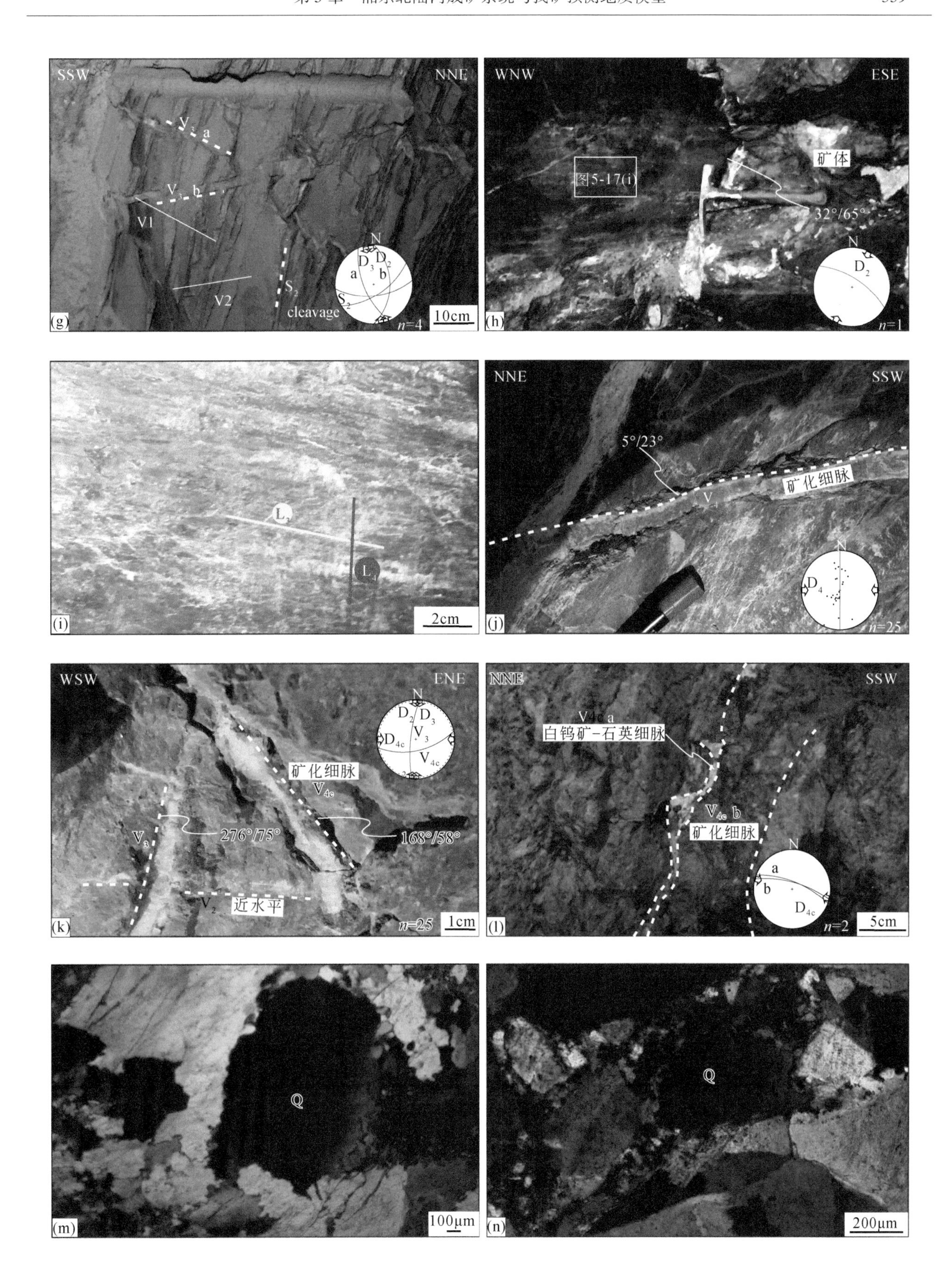
SSW
NNE
V_3 a
V_3 b
V1
V2
S_2
cleavage
N
D_3
D_2
a
b
S_2
n=4
10cm
(g)
WNW
ESE
矿体
图5-17(i)
32°/65°
N
D_2
n=1
(h)
L_3
L_4
2cm
(i)
NNE
SSW
5°/23°
矿化细脉
V_4
N
D_4
n=25
(j)
WSW
ENE
N
D_2
D_3
D_{4c}
V_3
V_{4c}
矿化细脉
V_{4c}
V_3
276°/75°
168°/58°
V_2
近水平
n=25
1cm
(k)
NNE
SSW
V_{4c} a
白钨矿-石英细脉
V_{4c} b
矿化细脉
N
a
b
D_{4c}
n=2
5cm
(l)
Q
100μm
(m)
Q
200μm
(n)

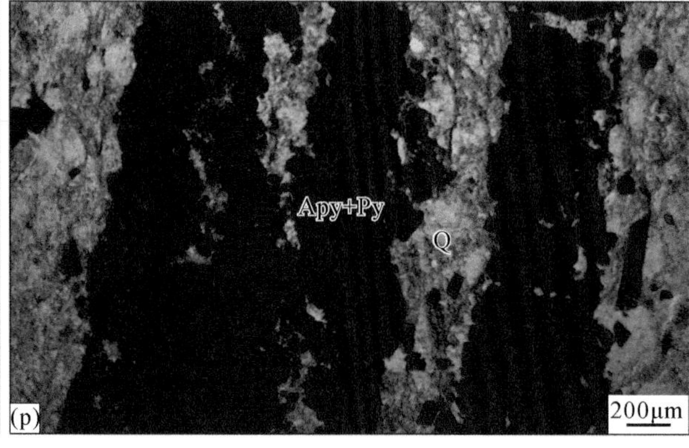

图 5-17　大万矿区构造要素

（a）变质砂岩中近垂直的 NW 向劈理（S_1）；（b）近垂直的 NW 向劈理（S_1）被近垂直的 EW 向劈理（S_2）切穿；（c）露头尺度上轴面近垂直且呈 NEE 向的褶皱；（d）近垂直的 NWW 向劈理（S_2）被 EW 向的赋矿断裂破碎带（F_2）切穿；（e）呈共轭形态产出的 NW 向、EW—NEE 向无矿石英脉（V_2）；（f）产出于逆断层性质断裂破碎带中的近水平无矿石英脉；（g）近垂直的 EW—NEE 向劈理（S_2）被倾角中等至较陡的 SN 向无矿石英脉（V_3）切穿；（h）（i）与 D_3 相关的擦痕（L_3）和与 D_{4c} 相关的擦痕（L_{4c}）出现于同一个含矿断裂破碎带的断层面上（注意，L_3 被 L_{4c} 叠加）；（j）以石英、黄铁矿和毒砂矿物组合为特征的含金石英细脉称为“矿化细脉”；（k）近水平无矿石英脉（V_2）、近垂直无矿石英脉（V_3）和近 EW 向矿化细脉（V4c）之间的交切关系（注意，V_3 切穿了 V_2，同时又被 V_{4c} 切穿）；（l）具有相似产状的 NWW 向的白钨矿细脉和金矿化细脉相伴产出；（m）（n）V_2（m）和 V_3（n）无矿石英脉显示出波状消光现象；（o）（p）含金的石英-黄铁矿-毒砂细脉（V_{4c}）显示出梳状构造（o）和破裂-愈合（crack-seal texture）构造（p）。（m）~（p）为正交偏光。Apy. 毒砂；Py. 黄铁矿；Q. 石英

V_3 脉体又被近东西向的张性矿化细脉（V_{4c}）切穿［图 5-17（k）］。V_{4c} 厚 1 ~ 10cm，在 EW—NWW 向构造破碎带中的密度约 7 条/m。它们主要由石英、黄铁矿和毒砂组成，倾向南/北，倾角变化大（88° ~ 5°）［图 5-16（n）、图 5-17（j）］。V_{4c} 矿化细脉局部呈块状愈合形态，梳状构造［图 5-17（o）］和破裂愈合构造（crack-seal texture）［图 5-17（p）］。金或呈自然金发育于这些矿化细脉的矿物裂隙之中，或呈不可见金出现于毒砂、黄铁矿和其他硫化物之中（Deng et al.，2017；Xu et al.，2017b）。局部可见与 V_{4c} 矿化细脉平行产出的厚 1 ~ 10cm 的张性白钨矿-石英细脉（V_{4c}）［图 5-17（l）］。

EW—NWW 向构造破碎带及其中的脉体（包括 V_2、V_3 和 V_{4c}）均被一系列近等距分布（平均间距约 1km）的 NE—NNE 向的正断层切穿［图 5-15（a）］，指示金成矿事件后的变形事件。这些 NE—NNE 向的断层倾向 NW 或 SE，倾角较陡至中等（79° ~ 41°）。断层宽 0.5 ~ 20m，沿走向方向延伸长 600 ~ 6000m，断层中未见矿化。断层中发育构造角砾岩和断层泥。

表 5-5（a）　大万矿区地层层理产状（编号 1 ~ 44）　　［单位：（°）］

编号	倾向	倾角	编号	倾向	倾角	编号	倾向	倾角	编号	倾向	倾角
1	0	51	12	13	70	23	17	52	34	23	43
2	0	47	13	14	83	24	20	55	35	23	55
3	2	88	14	15	56	25	20	55	36	23	32
4	4	44	15	15	54	26	20	82	37	25	44
5	5	60	16	15	68	27	20	42	38	25	54
6	5	56	17	15	69	28	20	48	39	25	70
7	7	62	18	15	53	29	20	67	40	25	68
8	9	61	19	16	65	30	20	68	41	25	57
9	10	83	20	16	44	31	22	47	42	25	46
10	11	51	21	17	84	32	22	56	43	25	36
11	11	64	22	17	58	33	23	62	44	26	74

表 5-5（b）　大万矿区地层层理产状（编号 213～273）　［单位：(°)］

编号	倾向	倾角	编号	倾向	倾角	编号	倾向	倾角	编号	倾向	倾角
213	65	71	229	70	50	245	97	30	261	200	30
214	65	50	230	70	42	246	100	85	262	210	32
215	65	40	231	70	71	247	100	70	263	210	32
216	65	82	232	70	60	248	100	65	264	220	25
217	65	60	233	70	44	249	105	40	265	290	50
218	65	60	234	71	45	250	109	11	266	291	13
219	66	78	235	74	75	251	110	31	267	305	72
220	67	54	236	75	30	252	111	54	268	320	31
221	67	40	237	76	63	253	115	64	269	330	40
222	68	39	238	78	45	254	118	59	270	340	45
223	69	40	239	78	52	255	146	41	271	345	25
224	69	54	240	84	26	256	150	15	272	355	78
225	69	40	241	85	58	257	156	65	273	357	83
226	70	65	242	85	79	258	175	65			
227	70	40	243	89	49	259	179	52			
228	70	59	244	90	51	260	180	40			

表 5-6　大万矿区 S_1 劈理产状　［单位：(°)］

编号	倾向	倾角	编号	倾向	倾角	编号	倾向	倾角	编号	倾向	倾角
1	46	68	7	29	85	13	67	85	19	55	83
2	214	87	8	31	71	14	60	86	20	69	87
3	34	78	9	32	78	15	68	89	21	38	84
4	31	90	10	36	76	16	74	86	22	48	81
5	31	88	11	240	86	17	64	89	23	60	86
6	27	90	12	64	86	18	57	87			

表 5-7　大万矿区 S_2 劈理产状　［单位：(°)］

编号	倾向	倾角	编号	倾向	倾角	编号	倾向	倾角	编号	倾向	倾角
1	20	65	5	13	82	9	16	82	13	3	88
2	0	72	6	148	58	10	21	84	14	173	83
3	170	80	7	0	72	11	173	83	15	5	80
4	0	93	8	16	87	12	2	76	16	20	84

表 5-8　大万矿区赋矿构造破碎带产状　　[单位：(°)]

编号	倾向	倾角	编号	倾向	倾角	编号	倾向	倾角	编号	倾向	倾角
1	20	60	13	32	65	25	9	60	37	10	32
2	23	64	14	20	32	26	6	50	38	19	51
3	20	51	15	17	28	27	302	25	39	8	38
4	9	46	16	32	34	28	9	44	40	15	40
5	15	58	17	5	36	29	25	48	41	10	45
6	337	77	18	20	30	30	42	23	42	11	53
7	185	56	19	20	25	31	24	41	43	355	65
8	195	54	20	0	50	32	15	26	44	355	32
9	25	43	21	15	41	33	200	38	45	10	50
10	3	70	22	8	45	34	7	20	46	18	47
11	202	19	23	20	40	35	3	63	47	20	56
12	11	49	24	36	38	36	14	38			

表 5-9　大万矿区 V_2 张性脉产状　　[单位：(°)]

编号	倾向	倾角	编号	倾向	倾角	编号	倾向	倾角	编号	倾向	倾角
1	90	33	8	90	9	15	90	3	22	61	5
2	90	24	9	19	16	16	90	7	23	90	22
3	90	18	10	90	17	17	90	14	24	90	34
4	40	15	11	90	13	18	90	17	25	90	6
5	90	31	12	90	30	19	90	11	26	90	19
6	90	25	13	90	15	20	90	8	27	90	18
7	90	12	14	84	8	21	47	14	28	90	27

注：σ_1、σ_2 和 σ_3 分别代表最大、中等和最小挤压应力。

表 5-10　大万矿区 V_3 张性脉产状　　[单位：(°)]

编号	倾向	倾角	编号	倾向	倾角	编号	倾向	倾角	编号	倾向	倾角
1	276	75	7	95	85	13	273	70	19	75	69
2	90	45	8	85	68	14	264	86	20	278	76
3	247	62	9	258	81	15	105	75	21	95	63
4	100	72	10	274	77	16	80	73			
5	88	80	11	280	66	17	82	64			
6	265	70	12	285	67	18	87	45			

表 5-11　大万矿区 V_{4c} 张性矿化细脉产状　　[单位：(°)]

编号	倾向	倾角	编号	倾向	倾角	编号	倾向	倾角	编号	倾向	倾角
1	35	15	8	21	32	15	25	43	22	200	25
2	29	29	9	65	40	16	3	70	23	5	23
3	15	24	10	50	32	17	202	19	24	158	34
4	28	25	11	25	88	18	4	20	25	210	44
5	55	25	12	337	77	19	176	61			
6	35	5	13	185	56	20	168	58			
7	168	70	14	195	54	21	165	34			

表 5-12　大万矿区 S—N 向挤压应力场断层滑动矢量资料统计　[单位：(°)]

测量点	编号	断层倾向	断层倾角	侧伏向	侧伏角	活动性质	σ_1（倾伏向/倾伏角）	σ_2（倾伏向/倾伏角）	σ_3（倾伏向/倾伏角）
图 5-16（g）	1	125	80	35	52	正断层	170. 1/21	16. 9/66. 7	263. 8/9. 6
	2	46	44	136	21	右行走滑			
	3	65	44	155	50	正断层			
	4	97	74	187	65	正断层			
	5	100	66	190	84	正断层			
	6	25	36	295	19	右行走滑			
	7	16	38	286	38	右行走滑			
	8	9	53	279	25	右行走滑			
	9	12	42	282	26	右行走滑			
图 5-16（h）	1	355	42	85	13	左行走滑	187. 2/15. 5	306. 6/60. 6	90/24. 3
	2	356	39	86	12	左行走滑			
	3	0	40	90	12	左行走滑			
	4	350	39	80	15	左行走滑			
	5	3	43	93	32	左行走滑			
	6	20	46	290	54	右行走滑			
	7	22	48	292	34	右行走滑			
	8	14	76	284	0	右行走滑			
	9	11	75	281	5	右行走滑			
	10	13	76	103	11	右行走滑			
	11	66	55	156	24	右行走滑			
	12	57	49	147	18	右行走滑			
	13	65	72	155	14	右行走滑			
图 5-16（i）	1	5	78	275	52	右行走滑	182. 6/9. 7	306. 4/72. 9	90. 2/13. 9
	2	49	74	139	54	右行走滑			
	3	347	45	77	24	左行走滑			
	4	129	75	39	57	左行走滑			
	5	45	67	135	13	右行走滑			
	6	70	56	160	40	右行走滑			

注：σ_1、σ_2 和 σ_3 分别代表最大、中等和最小挤压应力。

表 5-13　大万矿区近 EW 向挤压应力场断层滑动矢量资料统计　[单位：(°)]

测量点	编号	断层倾向	断层倾角	侧伏向	侧伏角	活动性质	σ_1（倾伏向/倾伏角）	σ_2（倾伏向/倾伏角）	σ_3（倾伏向/倾伏角）
图 5-16（k）	1	357	53	87	71	正断层	102. 6/22. 9	239. 1/59. 8	4. 4/18. 6
	2	174	82	84	45	右行走滑			
	3	143	58	233	22	右行走滑			
	4	13	62	283	79	正断层			
	5	2	50	92	62	正断层			
	6	122	65	32	27	右行走滑			
	7	131	77	41	29	右行走滑			
	8	123	78	33	18	右行走滑			

续表

测量点	编号	断层倾向	断层倾角	侧伏向	侧伏角	活动性质	σ_1（倾伏向/倾伏角）	σ_2（倾伏向/倾伏角）	σ_3（倾伏向/倾伏角）
图 5-16（l）	1	350	48	80	28	正断层	99. 2/11. 8	216. 6/65. 7	4. 6/21
	2	22	65	292	80	正断层			
	3	12	71	282	87	正断层			
	4	134	65	44	46	右行走滑			
	5	119	64	29	35	右行走滑			
	6	135	58	45	39	右行走滑			
	7	25	30	295	71	正断层			
	8	125	70	35	36	右行走滑			
图 5-16（m）	1	14	74	104	80	正断层	274. 2/26. 2	112. 3/62. 6	7. 9/7. 4
	2	125	74	35	11	右行走滑			
	3	178	59	268	57	正断层			
	4	30	65	300	34	左行走滑			
	5	6	40	276	81	正断层			
	6	146	70	56	27	右行走滑			
	7	14	45	284	72	正断层			
	8	325	64	235	33	右行走滑			
	9	137	69	47	24	右行走滑			

注：σ_1、σ_2和σ_3分别代表最大、中等和最小挤压应力。

表 5-14　大万矿区 NW—SE 向伸展应力场断层滑动矢量资料统计　　[单位：(°)]

测量点	编号	断层倾向	断层倾角	侧伏向	侧伏角	活动性质	σ_1（倾伏向/倾伏角）	σ_2（倾伏向/倾伏角）	σ_3（倾伏向/倾伏角）
图 5-16（o）	1	34	69	124	80	正断层	175/77. 4	52/6. 9	320. 7/10. 5
	2	42	41	132	88	正断层			
	3	74	35	344	79	正断层			
	4	97	74	187	7	右行走滑			
	5	95	71	185	15	右行走滑			
	6	307	58	37	80	正断层			
	7	317	66	47	85	正断层			
	8	338	58	248	76	正断层			
图 5-16（p）	1	290	59	20	69	正断层	33. 1/77. 5	221. 8/12. 4	131. 4/1. 8
	2	287	62	17	57	正断层			
	3	281	61	11	51	正断层			
	4	275	58	5	64	正断层			
	5	126	64	216	73	正断层			
	6	137	56	227	86	正断层			
	7	122	60	32	88	正断层			
	8	133	46	223	85	正断层			
图 5-16（q）	1	276	61	6	72	正断层	73/72. 7	209. 8/12. 8	302. 5/11. 4
	2	283	59	13	75	正断层			
	3	285	56	15	52	正断层			
	4	284	58	14	64	正断层			

续表

测量点	编号	断层倾向	断层倾角	侧伏向	侧伏角	活动性质	σ_1（倾伏向/倾伏角）	σ_2（倾伏向/倾伏角）	σ_3（倾伏向/倾伏角）
图5-16（q）	5	304	58	34	77	正断层	73/72.7	209.8/12.8	302.5/11.4
	6	313	64	43	83	正断层			
	7	295	52	205	86	正断层			

注：σ_1、σ_2和σ_3分别代表最大、中等和最小挤压应力。

3. 黄金洞矿区

黄金洞矿区位于湘东北地区的北东部，距长（沙）平（江）断裂带约5km［图5-10（a）］。黄金洞矿床赋存于冷家溪群的砂质和粉砂质板岩之中（详见本书第3章）。矿区的构造以NW向的倒转褶皱（f_1）为特征［（图5-18（a）（b）、图5-19（a）］。对应地，矿区发育一组NW向的近垂直（88°~61°）的轴面

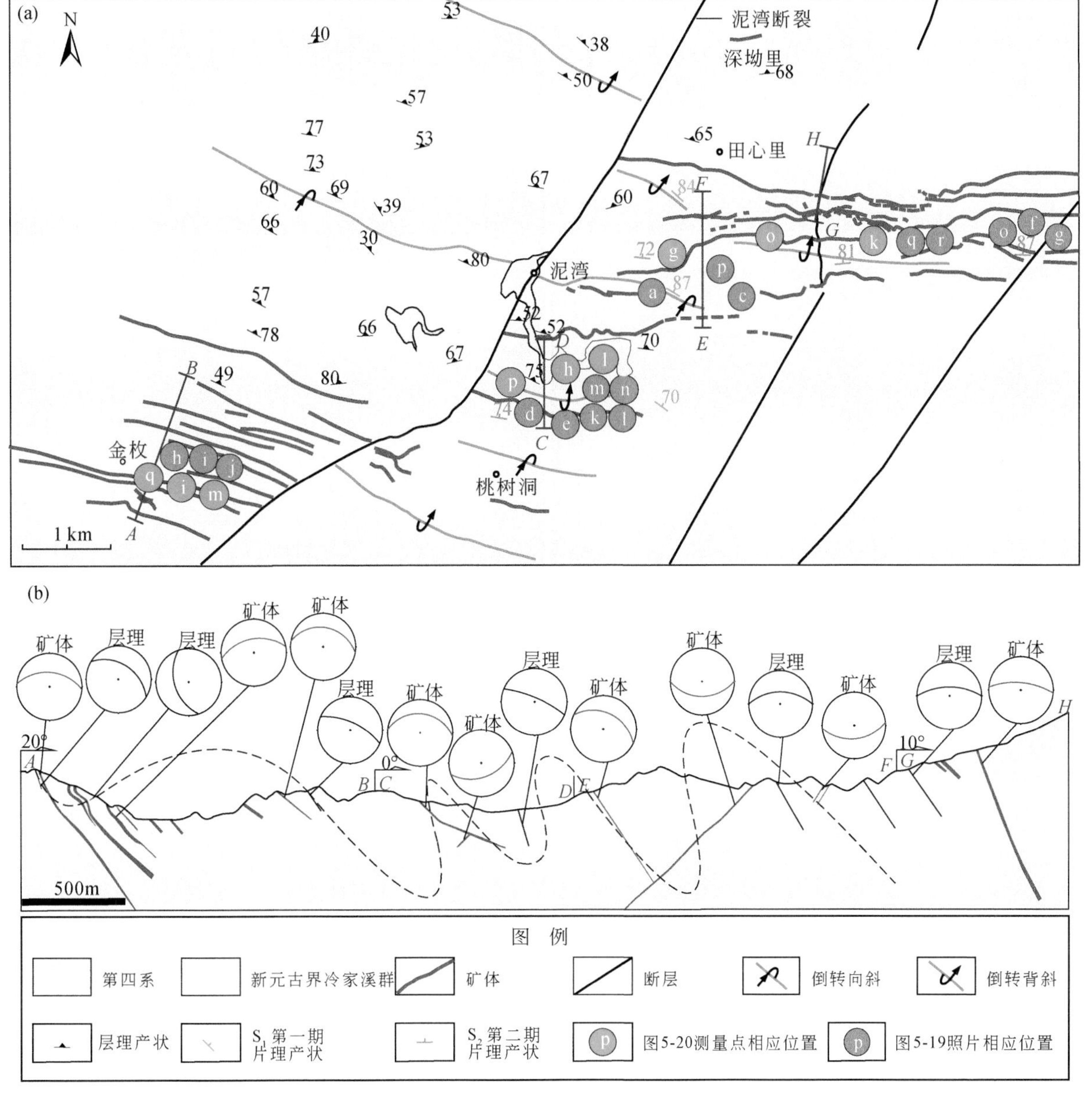

图5-18　黄金洞矿区地质图（a）（据Deng et al.，2017修改）和显示矿体位置剖面图（b）

劈理（S_1）［图 5-18（a）、图 5-20（b）］。f_1褶皱和 S_1劈理是区内观察到的最老的构造（根据交切关系）。此外，矿区还发育一组 EW 向褶皱（f_2）和 EW—NWW 向的近垂直（90°～67°）的轴面劈理（S_2）［图 5-20（d）、图 5-19（b）］。f_2褶皱叠加于 f_1褶皱之上［图 5-18（a）、图 5-20（c）］。

与大万矿区类似，S_2劈理被 EW—NWW 向的构造破碎带切穿［图 5-19（c）］。这些构造破碎带宽 0.46～12.75m，沿走向延伸长 270～3300m，向深部延伸超过 1400m（由钻孔控制）。这些构造破碎带大多倾向北，其余倾向南，倾角中等至较缓（63°～14°）。倾向南与倾向北的构造破碎带相互切穿，呈共轭形态［图 5-20（e）（g）（h）］。擦痕（由磨损沟构成）、牵引褶皱和构造形态指示 EW—NWW 向构造破碎带曾发生过逆断层［图 5-19（c）］、走滑断层［图 5-19（e）］和正断层［图 5-19（f）］性质的错动。金矿体大多赋存于这些 EW—NWW 向构造破碎带之中［图 5-18（a）（b）］。

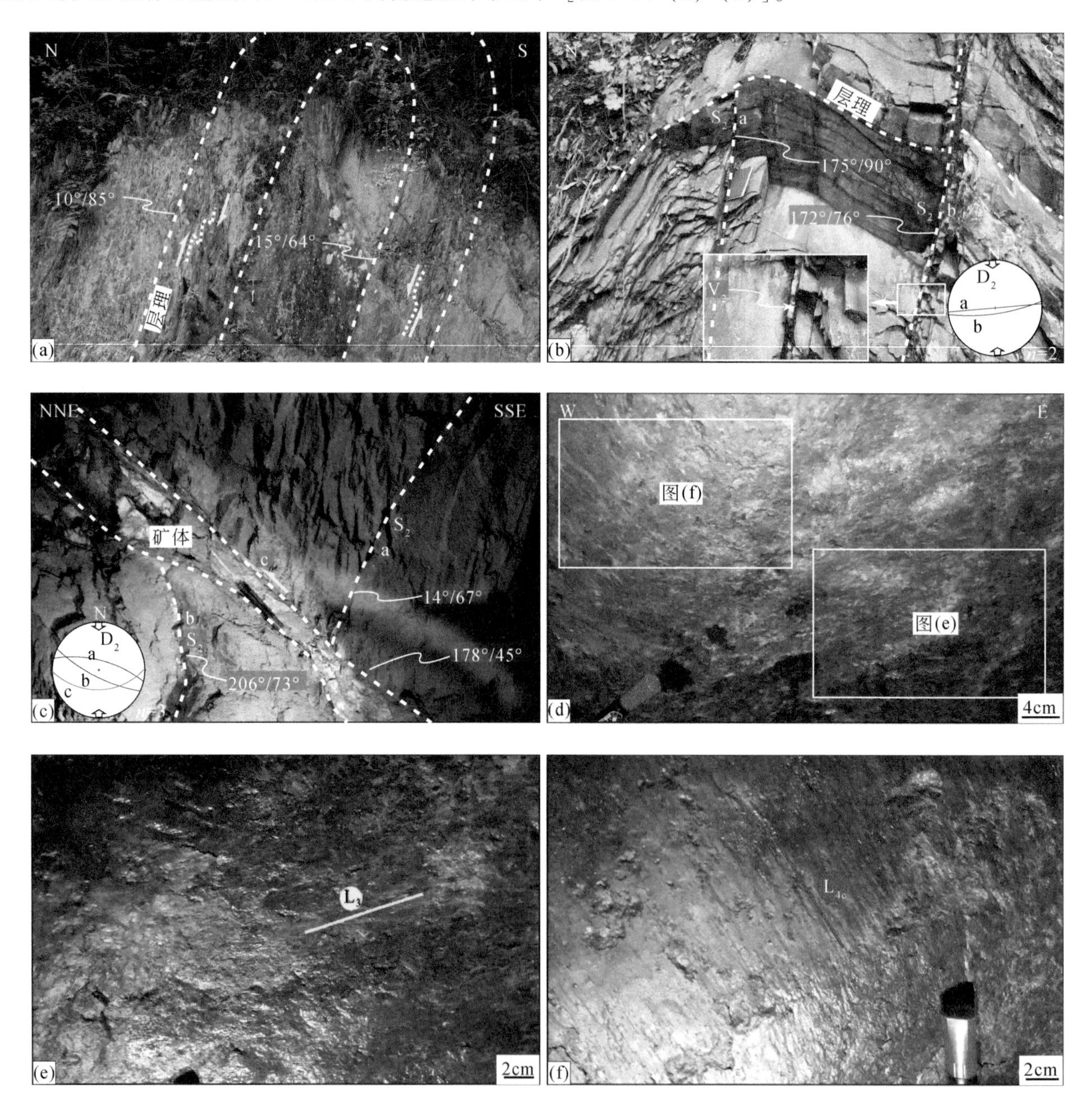

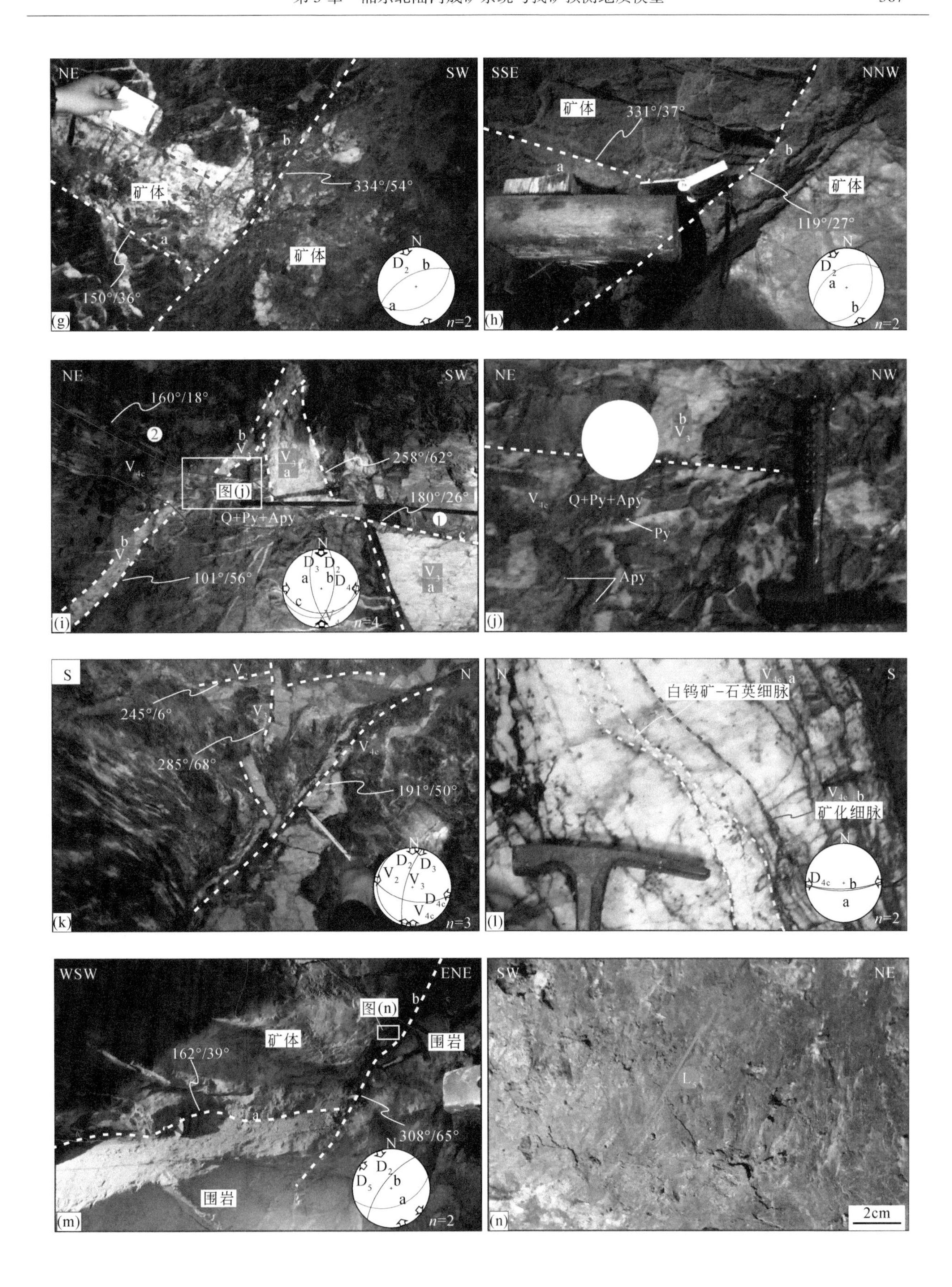

NE
SW
矿体
334°/54°
150°/36°
n=2
SSE
NNW
331°/37°
119°/27°
160°/18°
258°/62°
180°/26°
Q+Py+Apy
101°/56°
图(j)
n=4
NE
NW
Py
Apy
S
N
245°/6°
285°/68°
191°/50°
n=3
白钨矿-石英细脉
矿化细脉
WSW
ENE
图(n)
矿体
围岩
162°/39°
308°/65°
SW
NE
2cm

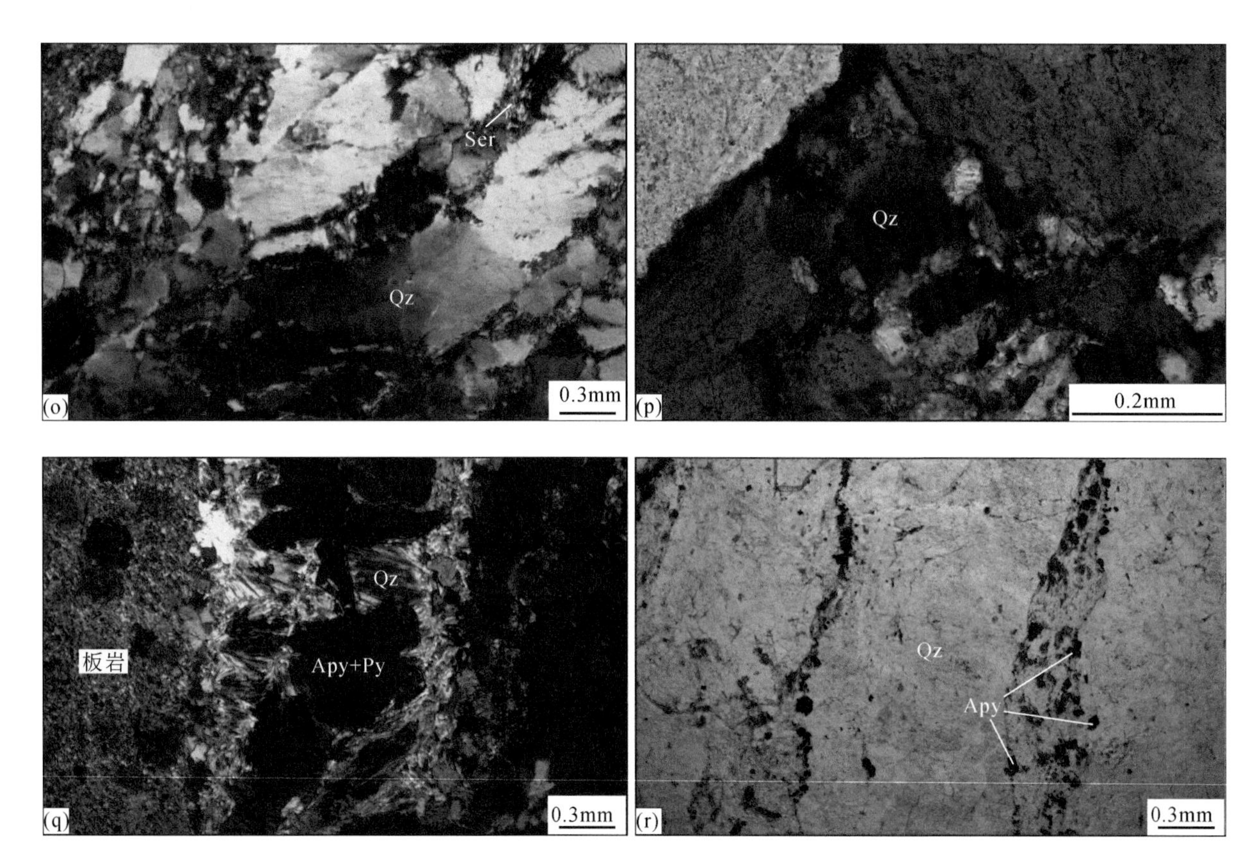

图 5-19　黄金洞矿区的构造要素

（a）冷家溪群中走向为 NWW 向的倒转背斜；（b）轴面为 EW 向走向为褶皱（f_2）及其轴面劈理（S_2），劈理中局部发育无矿石英脉（V_2）；（c）NWW 向劈理（S_2）被 EW 向赋矿断裂破碎带（F_2）切穿；（d）~（f）指示走滑的擦痕（L_3）（e）和指示正断层错动的擦痕（L_{4c}）（f）同时出现于近东西向的赋矿断裂破碎带（F_2）的断层面（d）之上；（g）（h）走向北东东的向南倾和向北倾的赋矿断裂破碎带（F_2）相互切穿；（i）（j）SN 向的无矿石英脉被断层切穿，断层早期呈逆断层性质的活动，晚期呈正断层性质的活动（注意，NEE 向的断层发生正断层性质的活动后，石英-黄铁矿-毒砂组成的矿化脉（V_{4c}）产出于断层中）；（k）近水平无矿石英脉（V_2）、近垂直无矿石英脉（V_3）和近 EW 向的含金石英脉（V_{4c}）之间的交切关系（注意，V_2被 V_3切穿，两者均被 V_{4c}切穿）；（l）白钨矿细脉（V_{4c}）与矿化细脉（V_{4c}）相伴产出，两者近平行；（m）（n）近 EW 向的金矿体被 NE 向的断层切穿（m），断层面上的擦痕指示 NW—SE 向的伸展（D5）（n）；（o）V_2无矿石英脉显示出波状消光现象，裂隙中有绢云母；（p）V_3无矿石英脉显示出波状消光现象；（q）（r）含金的石英-黄铁矿-毒砂细脉（V_{4c}）显示出梳状构造（q）和破裂-愈合（crack-seal texture）构造（r）。（o）~（r）为正交偏光。Apy. 毒砂；Py. 黄铁矿；Qz. 石英；Ser. 绢云母

根据交切关系确定的矿区最老的脉体（V_2）可分为两组。第一组厚 0.8 ~ 4cm，发育于近水平（28° ~ 5°）的张性裂隙之中，密度约 8 条/m［图 5-20（k）、图 5-20（f）］。第二组 V_2脉体厚 1 ~ 2.2cm，发育于劈理之中（约 50 条 S_2劈理中发育 1 条脉体）［图 5-19（b）］。V_2脉体被一组近垂直（87° ~ 56°）的 SN 向张性脉体（V_3）切穿。V_3脉体形成的同时，EW—NWW 向断层发生少量逆断层性质（与含少量逆断层分量的走滑错动有关）的错动［图 5-20（i）~（k）］。V_3脉体厚 1 ~ 45cm。V_2和 V_3均为无矿脉体，主要成分为石英，呈块状愈合形态，显微镜下局部可见波状消光现象［图 5-19（o）（p）］。

SN 向的 V_3脉体被 NWW 向、EW—NEE 向的张性矿化细脉（V_{4c}）切穿，V_{4c}矿化细脉与近 EW 向断层正断层性质的错动有关［图 5-19（i）（k）］。这些矿化细脉通常厚 0.2 ~ 2.5cm，局部脉体密度可高达 83 条/m，倾角变化于 73° ~ 26°之间［图 5-20（n）］。其成分主要为石英、黄铁矿和毒砂［图 5-19（j）］。金以自然金的形式产出于这些矿化细脉的毒砂的裂隙之中，或以不可见金的形式赋存于毒砂和黄铁矿之中（刘英俊等，1989）。V_{4c}矿化细脉呈块状愈合形态，局部见梳状构造［图 5-19（q）］和破裂愈合构造［图 5-19（r）］。局部可见一组主要成分为白钨矿和石英的细脉（V_{4c}）产出。这些细脉通常为 1 ~ 8cm 厚，

与矿化细脉相伴产出，且产状相近［图5-19（l）］。

黄金洞金矿区的金矿体和金矿体所赋存的EW—NWW向的构造破碎带均被一系列NE向正断层切穿［图5-18（a）、图5-20（m）］。这些NE向断层主要倾向NW，少量倾向SE，倾角中等（65°~36°）。断层宽0.2~10m，沿走向延伸长达5000m，断层内未见矿化。断层内发育断层泥和构造角砾岩。断层面上发育由磨损沟构成的擦痕（L_5）［图5-19（n）］。这些擦痕与NW—NE向伸展有关，指示金矿化事件后的一期伸展事件［图5-20（o）~（q）］。

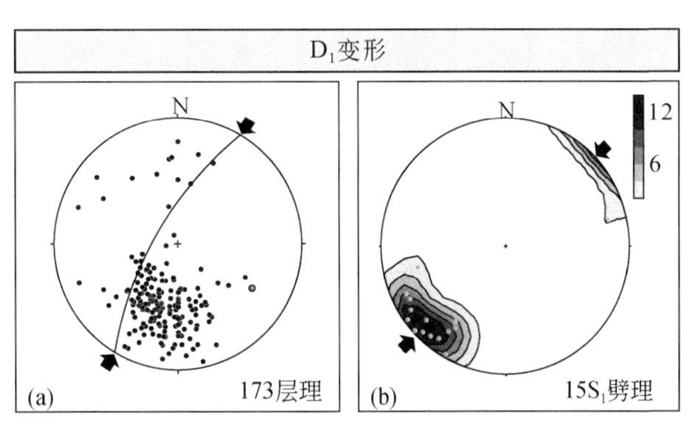

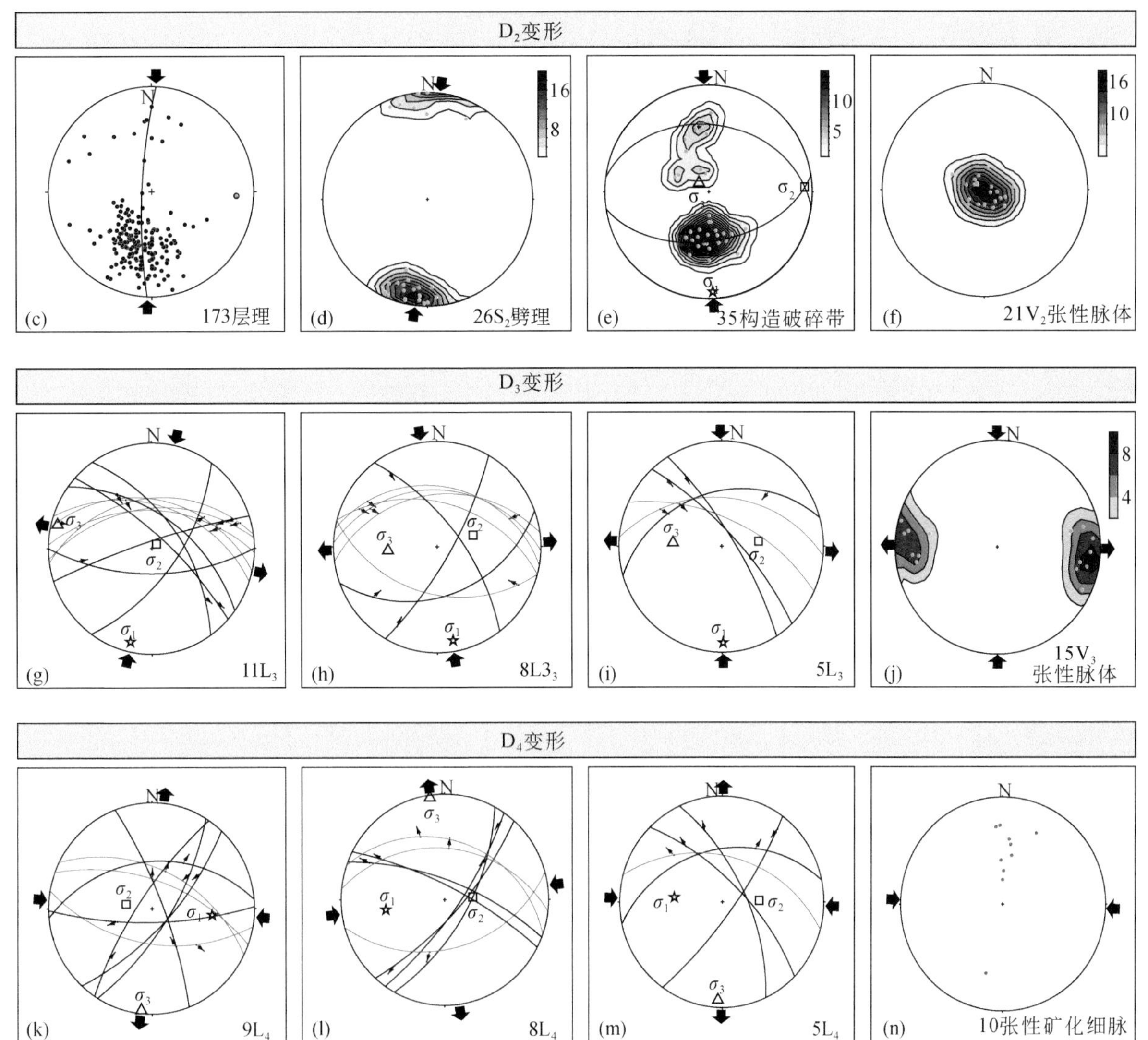

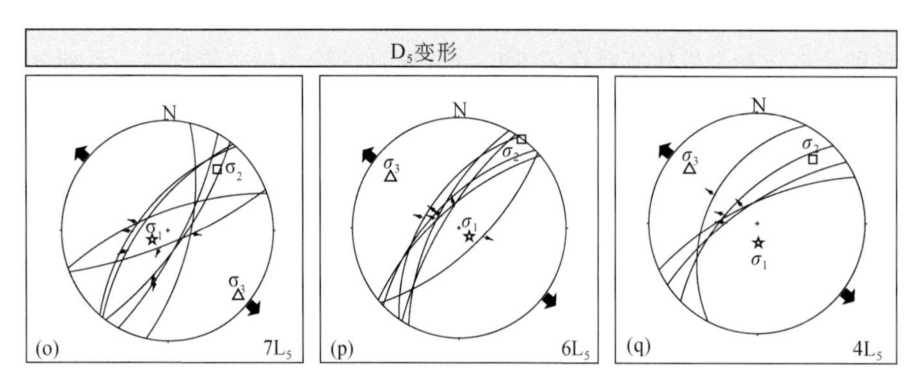

图 5-20　黄金洞矿区构造数据赤平投影图

(a) 新元古界冷家溪群中测得的层理法线数据以及根据层理产状构建的褶皱 f_1 的大圆和枢纽（绿色）；(b) 与 NE—SW 向挤压（D_1）相关的 NW 向劈理（S_1）的法线；(c) 新元古界冷家溪群中测得的层理法线数据以及根据层理产状构建的褶皱 f_2 的大圆和枢纽（蓝色）；(d) 与SN 向挤压（D_2）相关的 EW—NWW 向劈理（S_2）的法线；(e) 黄金洞矿区赋矿构造破碎带的法线；(f) 近水平方向张性脉体（V_2）的法线指示近垂直方向的 σ_3；(g) ~ (i) D_3 相关的擦痕指示 SN 向伸展和 EW 向挤压的古构造应力场；(j) 近垂直方向 SN 向张性脉体（V_3）的法线指示 EW 向近水平的 σ_3；(k) ~ (m) D_{4c} 相关的擦痕指示近 EW 向挤压和 SN 向伸展的古构造应力场；(n) 黄金洞矿区矿化细脉（V_{4c}）的法线；(o) ~ (q) D_5 相关的擦痕指示 NW—SE 向伸展，且 σ_1 近垂直。(b)、(d) ~ (f)、(j) 为下半球等面积（施密特）投影，其余为下半球等角度（吴氏）投影；赋矿构造破碎带断层面上的擦痕用红色大圆和黑色箭头表示；σ_1、σ_2 和 σ_3 分别代表最大、中等和最小挤压应力；(a)(c) 数据见表 5-15；(b) 数据见表 5-16；(d) 数据见表 5-17；(e) 数据见表 5-18；(f) 数据见表 5-19；(g) ~ (i) 数据见表 5-22；(j) 数据见表 5-20；(k) ~ (m) 数据见表 5-23；(m) 数据见表 5-21；(o) ~ (q) 数据见表 5-24

表 5-15　黄金洞矿区地层层理产状　　［单位：(°)］

编号	倾向	倾角	编号	倾向	倾角	编号	倾向	倾角	编号	倾向	倾角
1	1	60	24	12	73	45	20	48	66	28	85
4	2	77	25	13	67	46	20	53	67	28	50
5	3	79	26	14	55	47	21	60	68	29	57
6	3	60	27	14	66	48	21	75	69	29	30
7	3	52	28	15	61	49	22	45	70	29	61
8	5	82	29	15	58	50	22	52	71	29	78
9	7	56	30	16	52	51	22	80	72	30	50
10	7	58	31	16	73	52	22	70	73	30	60
11	7	32	32	16	55	53	23	43	74	31	20
12	8	30	33	17	53	54	24	72	75	31	68
13	8	53	34	18	64	55	24	69	76	32	44
14	8	73	35	18	65	56	24	35	77	32	50
15	8	47	36	18	70	57	25	53	78	33	60
16	8	85	37	18	63	58	25	60	79	33	58
17	9	41	38	18	57	59	26	60	80	34	57
18	9	73	39	18	55	60	26	85	81	34	66
19	9	67	40	19	34	61	26	49	82	34	37
20	9	70	41	19	44	62	27	52	83	37	62
21	9	78	42	20	66	63	27	52	84	37	52
22	10	77	43	20	58	64	27	75	85	37	56
23	10	64	44	20	64	65	27	56	86	37	48

续表

编号	倾向	倾角	编号	倾向	倾角	编号	倾向	倾角	编号	倾向	倾角
87	38	60	109	66	36	131	314	48	153	352	80
88	38	53	110	68	40	132	317	30	154	352	40
89	39	38	111	69	81	133	335	56	155	353	74
90	39	44	112	75	42	134	335	54	156	356	68
91	40	48	113	75	33	135	335	65	157	356	83
92	40	60	114	83	11	136	336	42	158	357	39
93	41	40	115	110	81	137	336	63	159	357	60
94	43	53	116	121	70	138	337	48	160	358	72
95	46	30	117	129	80	139	338	67	161	358	77
96	46	35	118	145	65	140	339	55	162	358	40
97	47	48	119	156	9	141	339	81	163	359	64
98	48	58	120	163	60	142	343	51	164	359	61
99	48	57	121	166	34	143	345	56	165	0	42
100	49	73	122	174	68	144	346	60	166	0	47
101	50	42	123	176	69	145	347	67	167	0	48
102	50	66	124	180	54	146	348	69	168	0	50
103	52	36	125	180	78	147	348	87	169	0	53
104	52	35	126	192	52	148	348	56	170	0	61
105	55	43	127	193	72	149	349	48	171	0	65
106	55	32	128	204	70	150	349	53	172	0	70
107	59	70	129	296	62	151	349	78	173	0	72
108	59	39	130	309	55	152	351	64			

表5-16　黄金洞矿区S_1劈理产状　［单位：(°)］

编号	倾向	倾角	编号	倾向	倾角	编号	倾向	倾角	编号	倾向	倾角
1	35	61	5	35	70	9	48	75	13	41	82
2	77	61	6	33	65	10	37	79	14	65	77
3	30	87	7	45	84	11	48	88	15	62	76
4	256	74	8	54	87	12	57	80			

表5-17　黄金洞矿区S_2劈理产状　［单位：(°)］

编号	倾向	倾角	编号	倾向	倾角	编号	倾向	倾角	编号	倾向	倾角
1	25	85	8	0	86	15	5	84	22	15	77
2	23	87	9	5	79	16	175	90	23	355	81
3	25	76	10	5	80	17	172	76	24	17	58
4	16	72	11	9	74	18	158	83	25	206	73
5	180	90	12	13	86	19	164	82	26	14	67
6	20	72	13	6	72	20	13	85			
7	357	71	14	2	87	21	180	69			

表 5-18　黄金洞矿区赋矿构造破碎带产状　[单位：(°)]

编号	倾向	倾角	编号	倾向	倾角	编号	倾向	倾角	编号	倾向	倾角
1	170	14	10	155	45	19	0	44	28	350	30
2	160	18	11	6	40	20	15	36	29	15	30
3	168	50	12	349	34	21	12	43	30	20	40
4	175	53	13	314	41	22	3	40	31	0	23
5	113	29	14	357	23	23	340	40	32	2	33
6	150	36	15	334	54	24	6	40	33	0	54
7	119	27	16	331	37	25	28	40	34	0	18
8	182	63	17	26	34	26	20	40	35	340	34
9	178	45	18	349	40	27	18	52			

表 5-19　黄金洞矿区 V_2 张性脉产状　[单位：(°)]

编号	倾向	倾角	编号	倾向	倾角	编号	倾向	倾角	编号	倾向	倾角
1	245	6	7	188	17	13	49	17	19	307	20
2	278	10	8	116	28	14	60	14	20	316	12
3	333	15	9	106	15	15	264	23	21	0	11
4	157	12	10	117	9	16	288	17			
5	125	7	11	130	8	17	296	14			
6	136	11	12	25	12	18	292	5			

表 5-20　黄金洞矿区 V_3 张性脉产状　[单位：(°)]

编号	倾向	倾角	编号	倾向	倾角	编号	倾向	倾角	编号	倾向	倾角
1	101	56	5	282	77	9	80	69	13	105	87
2	258	62	6	98	81	10	85	72	14	296	80
3	285	68	7	265	82	11	84	66	15	280	70
4	273	79	8	257	74	12	100	77			

表 5-21　黄金洞矿区 V_{4c} 张性矿化细脉产状　[单位：(°)]

编号	倾向	倾角	编号	倾向	倾角	编号	倾向	倾角	编号	倾向	倾角
1	14	67	4	191	50	7	182	35	10	188	59
2	206	73	5	180	26	8	175	72			
3	178	45	6	178	73	9	186	63			

表 5-22　黄金洞矿区 S—N 向挤压应力场断层滑动矢量资料统计　[单位：(°)]

测量点	编号	断层倾向	断层倾角	侧伏向	侧伏角	活动性质	σ_1（倾伏向/倾伏角）	σ_2（倾伏向/倾伏角）	σ_3（倾伏向/倾伏角）
图 5-20（g）	1	180	63	270	20	左行走滑	193. 8/5. 9	44. 6/83. 1	284. 1/3. 5
	2	2	50	92	27	左行走滑			
	3	354	48	84	20	左行走滑			
	4	352	39	82	10	左行走滑			
	5	18	45	288	53	右行走滑			
	6	342	82	72	8	左行走滑			
	7	126	62	36	43	左行走滑			
	8	12	40	282	5	右行走滑			
	9	42	75	132	13	右行走滑			
	10	55	59	145	25	右行走滑			
	11	36	55	306	33	右行走滑			
图 5-20（h）	1	10	30	280	26	右行走滑	170. 2/6. 7	72. 2/50	265. 7/39. 2
	2	160	40	250	22	左行走滑			
	3	195	42	105	13	右行走滑			
	4	120	75	210	10	左行走滑			
	5	2	33	272	32	右行走滑			
	6	352	37	82	16	左行走滑			
	7	15	44	285	15	右行走滑			
	8	53	65	323	10	右行走滑			
图 5-20（i）	1	344	35	74	38	左行走滑	179. 4/5. 9	82. 1/50. 8	274. 1/38. 6
	2	5	40	275	32	右行走滑			
	3	47	74	317	10	右行走滑			
	4	58	76	328	15	右行走滑			
	5	25	60	295	35	右行走滑			

注：σ_1、σ_2和 σ_3分别代表最大、中等和最小挤压应力。

表 5-23　黄金洞矿区近 EW 向挤压应力场断层滑动矢量资料统计　[单位：(°)]

测量点	编号	断层倾向	断层倾角	侧伏向	侧伏角	活动性质	σ_1（倾伏向/倾伏角）	σ_2（倾伏向/倾伏角）	σ_3（倾伏向/倾伏角）
图 5-20（k）	1	355	42	85	58	正断层	95. 4/29	279. 9/60. 9	186. 4/1. 9
	2	20	60	290	80	正断层			
	3	190	53	100	42	正断层			
	4	26	49	296	86	正断层			
	5	179	75	269	53	正断层			
	6	122	70	32	40	右行走滑			
	7	304	75	214	25	右行走滑			
	8	69	78	159	45	左行走滑			
	9	133	70	43	32	右行走滑			

续表

测量点	编号	断层倾向	断层倾角	侧伏向	侧伏角	活动性质	σ_1（倾伏向/倾伏角）	σ_2（倾伏向/倾伏角）	σ_3（倾伏向/倾伏角）
图 5-20（l）	1	19	31	289	54	正断层	260.9/30.2	84.1/59.8	351.7/1.4
	2	6	38	276	89	正断层			
	3	132	73	222	14	右行走滑			
	4	165	40	255	65	正断层			
	5	119	64	29	35	右行走滑			
	6	125	75	35	5	右行走滑			
	7	27	75	297	20	左行走滑			
	8	21	69	291	13	左行走滑			
图 5-20（m）	1	65	64	335	23	左行走滑	276.2/38.9	87.3/50.8	182.7/4.4
	2	348	37	78	52	正断层			
	3	126	77	36	8	右行走滑			
	4	15	43	285	36	左行走滑			
	5	45	68	315	27	左行走滑			

注：σ_1、σ_2 和 σ_3 分别代表最大、中等和最小挤压应力。

表 5-24　黄金洞矿区 NW—SE 向伸展应力场断层滑动矢量资料统计　　[单位：(°)]

测量点	编号	断层倾向	断层倾角	侧伏向	侧伏角	活动性质	σ_1（倾伏向/倾伏角）	σ_2（倾伏向/倾伏角）	σ_3（倾伏向/倾伏角）
图 5-20（o）	1	340	70	250	64	正断层	242.3/70.6	39.3/18	131.6/7.1
	2	102	66	12	88	正断层			
	3	118	75	208	42	右行走滑			
	4	126	73	216	48	右行走滑			
	5	158	77	248	76	正断层			
	6	308	65	218	51	正断层			
	7	310	60	220	67	正断层			
图 5-20（p）	1	315	62	225	85	正断层	127.2/76.3	35.7/35.7	305.7/13.7
	2	302	73	32	74	正断层			
	3	319	68	229	84	正断层			
	4	298	65	208	87	正断层			
	5	137	66	47	78	正断层			
	6	304	54	214	79	正断层			
图 5-20（q）	1	335	69	245	84	正断层	176.9/70.6	70.6/14.1	308.1/13
	2	326	70	236	65	正断层			
	3	315	60	225	74	正断层			
	4	297	40	27	85	正断层			

注：σ_1、σ_2 和 σ_3 分别代表最大、中等和最小挤压应力。

5.2.2.3　构造变形序列

依据构造要素之间的交切和叠加关系以及由变形地质体（如花岗质岩等）锆石 U-Pb、Ar-Ar 定年推测的不同变形事件的相对形成时间，可将研究区内的构造变形划分为 7 期变形（图 5-21），标记为 $D_1 \sim D_5$

（D_4分为 D_{4a}、D_{4b}和 D_{4c}）。D_1～D_3变形仅在新元古界冷家溪群中发育；D_{4a}和 D_{4b}变形仅在晚侏罗世—早白垩世的连云山花岗岩发育；D_{4c}变形在新元古界冷家溪群和晚侏罗世—早白垩世的连云山花岗岩中发育；而 D_5变形在冷家溪群、白垩系以及晚侏罗世—早白垩世的连云山花岗岩中均有发育。每期变形事件的特征及其相互关系，包括先存构造的活化以及它们与金矿脉形成的关系，详细说明如下。

变形事件		应力场	褶皱	劈理	断层和裂隙	糜棱岩面理	片理	擦痕	脉体	金（多金属）成矿事件
晋宁期造山作用（820～800Ma）	D_1		f_1	S_1						
加里东期造山作用（?～400Ma）	D_2		f_2	S_2	F_2				V_2	是
印支期造山作用（约250Ma～? Ma）	D_3		f_3?		F_3			L_3	V_3	
早燕山期造山作用	D_{4a}（155～150Ma）		f_{4a}		F_{4a}	S_{4a}	S_{4a}	L_{4a}		
	D_{4b}（150～135Ma）		f_{4b}		F_{4b}	S_{4b}		L_{4b}		
	D_{4c}（135～130Ma）		f_{4c}		F_{4c}	S_{4c}	S_{4c}	L_{4c}	V_{4c}	是
晚燕山期造山作用	D_5（130～82Ma）				F_5			L_5		

图 5-21　湘东北地区变形事件、构造要素、脉体和金成矿事件汇总表

1. D_1变形

D_1变形是研究区内最早的变形，显示韧性变形，以新元古界冷家溪群发育的褶皱（f_1）和劈理（S_1）为特征（图 5-21）。f_1褶皱主要为 NW 走向，局部转变为 NWW 向［图 5-16（a）、图 5-18（a）、图 5-20（a）］。这些褶皱的残余可在黄金洞矿区的地表露头观察到［图 5-19（a）］。S_1劈理呈 NW 走向，大多倾向 NE，倾角较陡（90°～61°）［图 5-15（a）、图 5-16（b）、图 5-18（a）、图 5-20（b）］。

王建（2010）、柏道远等（2012）的研究表明，板块碰撞时，发育于板块之间较不能干地层中的褶皱和劈理的走向线通常平行于两碰撞板块的边界线。另据柏道远等（2012），江南古陆发育于新元古界冷家溪群中的最老构造（褶皱和劈理）的走向线在南西段为 NE 向，但在中段转变为 EW 向、NWW 向和 NW 向，明显受到其两侧扬子和华夏地块边界形态的控制。本次研究区位于江南古陆的中段（图 5-4），区内 NW 向褶皱（f_1）和劈理（S_1）与冷家溪群形成后的第一次变形有关，且与其北西侧能干性较强的扬子地块的边界平行。因此，认为它们形成于扬子地块和华夏地块在新元古代（820～800Ma）的碰撞，对应着 NW—SE 向的区域挤压应力（图 5-5、图 5-21；Cawood et al.，2017）。区域性深大断裂长平断裂带可能形成于这个时期（图 5-21）。

2. D_2变形

第二期变形（D_2变形）可分为两个阶段，早阶段由褶皱（f_2）和劈理（S_2）组成，晚阶段由 EW—NWW 向构造破碎带和无矿石英脉（V_2）组成［图 5-21、图 5-22（a）（b）、图 5-23（a）］。这些构造要素仅在新元古界冷家溪群发育。S_2劈理切穿 S_1劈理［图 5-17（b）］，又被 EW—NWW 向构造破碎带切穿［图 5-17（d）、图 5-19（c）］。

f_2褶皱的枢纽为 EW 向，但在大万、黄金洞矿区分别向西、向东倾伏，倾伏角较小（20°～10°）［图 5-16（c）、图 5-20（c）］。相关的轴面劈理（S_2）为 EW—NWW 走向，倾向南/北，倾角 90°～65°［图 5-

15（a）、图 5-16（d）、图 5-17（b）（g）、图 5-18（a）、图 5-20（d）]。

EW—NWW 向构造破碎带的形态和近水平脉体（V_2）的发育指示近南北向的挤压应力和垂直方向的 σ_3 [图 5-16（e）（f）、图 5-17（e）（f）、图 5-20（e）（f）、图 5-23（a）]。这期古构造应力场与研究区内早阶段的褶皱（f_2）[图 5-16（c）、图 5-19（c）] 和劈理（S_2）[图 5-16（d）、图 5-17（b）（g）、图 5-19（d）] 相容，也与华南板块前泥盆系基底中发育的近 EW 向的褶皱相容。而华南前泥盆系基底中的近 EW 向褶皱被认为与加里东期造山作用有关（图 5-6；丘元禧等，1998；Chen and Rong，1999；丘元禧，1999；郝义等，2010）。因此，研究区内的近 EW 向褶皱、S_2劈理、EW—NWW 向构造破碎带和 V_2脉体也形成于加里东期。D_2变形期间研究区内早阶段向晚阶段的构造式样的变化表明，发生了由韧性变形向脆性变形的转变，这可能是加里东期造山作用期间引起地层隆升和剥蚀作用的结果（图 5-5；Charvet et al.，1996；Faure et al.，2009；Li et al.，2016b）。黄金洞矿区 EW—NWW 向构造破碎带内切穿无矿石英脉的白云母的 Ar-Ar 年龄（约 400Ma；详见第 3 章）同样支持以上观点。新元古界冷家溪群中发育的牵引褶皱表明，长平断裂带在这次构造事件中可能发生左行走滑错动 [图 5-10（a）、图 5-21]。

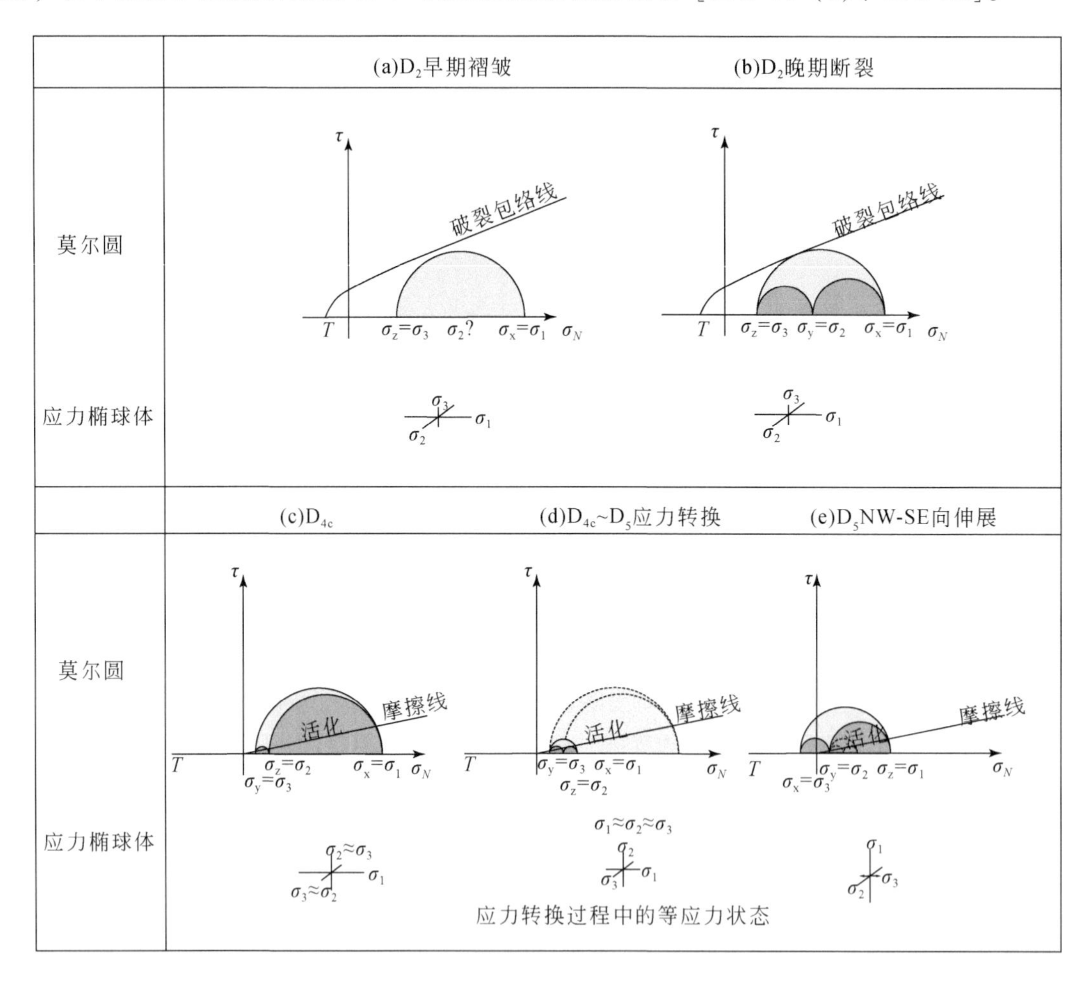

图 5-22　从 D_2早阶段的挤压褶皱（a）到 D_2晚阶段的挤压破裂（b）、从 D_{4c}挤压转换和破裂（σ_1为近水平）（c）经近等压应力场（$\sigma_1 \approx \sigma_2 \approx \sigma_3$）（d）到 NW—SE 向伸展（$\sigma_1$为近垂直）（e）变形演化的应力应变

3. D_3变形

D_3变形与新元古界冷家溪群中的脉体（V_3）和断层活动有关（图 5-21）。在大万和黄金洞矿区，V_3脉体切穿了 D_2变形早阶段的 S_2劈理和晚阶段的 V_2脉体，因此，D_3变形发生在 D_2变形之后 [图 5-17（g）（k）、图 5-19（k）]。

L_3擦痕指示南北向挤压和东西向伸展的古构造应力场 [图 5-16（g）~（i）、图 5-20（g）~（i）]，与 V_3脉体的几何形态相容［图 5-16（j）、图 5-20（j）］。新元古界冷家溪群中的牵引褶皱指示，长平断裂带在本次构造应力场中可能发生左行走滑错动［图 5-10（a）、图 5-21］。尽管 D_2 变形和 D_3 变形均与南北向挤压有关，但前者对应的伸展应力（σ_3）为近垂直方向，后者对应的伸展应力为近水平方向［图 5-23（b）］。

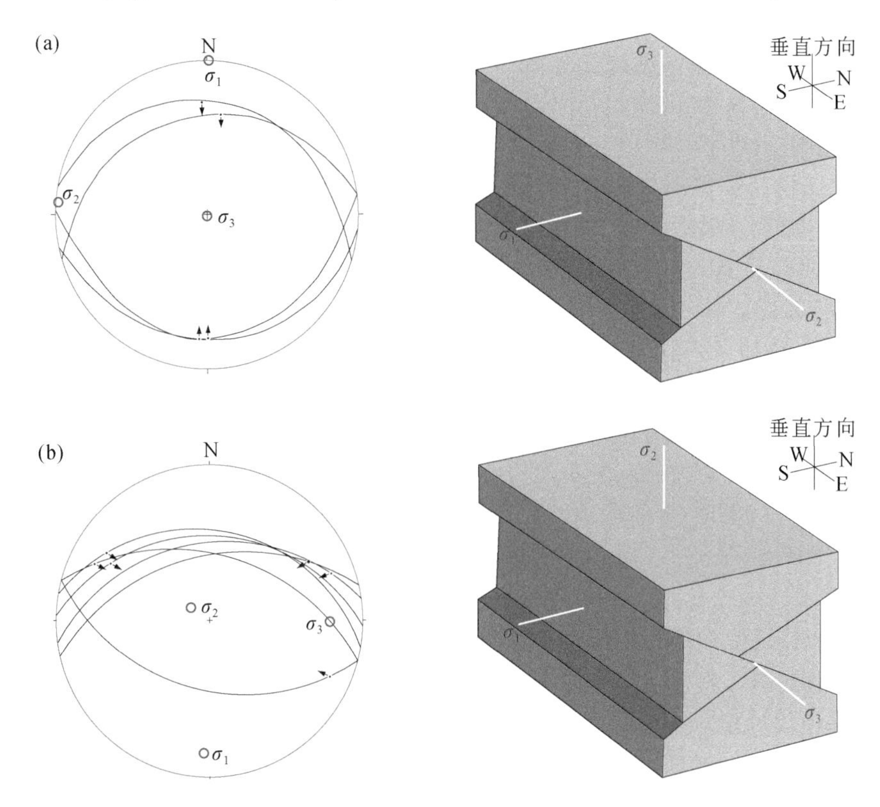

图 5-23　关于 D_2 晚阶段变形（a）和 D_3 期变形（b）构造系统的模式（断滑向量用箭头表示；修改自 Angelier，1994）
图（a）中的数据来自大万和黄金洞矿区

华南板块早中生代的造山作用被认为是开始于约 250Ma 的陆内构造事件，以 EW—NWW 向的褶皱和 NE—NNE 向左行走滑断裂为特征（图 5-5、图 5-7；Wang et al.，2005；徐先兵等，2009；张岳桥等，2009；Shu et al.，2015）。尽管缺乏地质年代学证据，但是研究区的构造要素和相关的古构造应力场与华南板块早中生代造山作用的构造要素相容。所以，D_3 变形被认为与这次造山作用有关。这次变形对应的南北向挤压应力可能来自华南板块与北边华北板块和西南边印支板块的碰撞（图 5-7；Faure et al.，2014）。

4. D_4 变形

D_4 变形又可分为 D_{4a}、D_{4b} 和 D_{4c}。其中，D_{4a} 和 D_{4b} 变形仅在连云山岩体的中-细粒二云母花岗岩中出现，而 D_{4c} 变形在新元古界冷家溪群中、连云山岩体的中-细粒二云母花岗岩和中（粗）粒斑状黑云母花岗岩中均有发育。

D_{4a} 变形：D_{4a} 变形以连云山岩体中发育的变形面理（S_{4a}）和相关剪切褶皱（f_{4a}）为特征［图 5-13（c）、图 5-14（a）（b）、图 5-21］。

S_{4a} 变形面理和 f_{4a} 剪切褶皱呈近 EW 走向，线理 L_{4a} 向东/西倾伏，指示南北向挤压和东西向伸展的古构造应力场。先前研究表明（详见许德如等著《湘东北陆内伸展变形构造及形成演化的动力学机制》一书），连云山岩体侵位年龄介于 155～129Ma，且 D_{4a} 变形在年龄小于 150Ma 的弱变形或未糜棱岩化花岗质岩中并不十分发育。因此，D_{4a} 变形可能发生于 155～150Ma。这期变形可能与燕山早期古太平洋板块向华南板块之下的俯冲有关。这个时期华南地区的 NW—SE 向挤压应力在该地区的局部应力分量为南北向挤压，可能是受研究区基底发育的 EW 向为主的构造影响所致。

D_{4b}变形：该期变形表现为连云山岩体中发育的 NE—NEE 向变形面理（S_{4b}）和相关剪切褶皱（f_{4b}）［图 5-13（d）（e）、图 5-14（c）、图 5-21］。NE 向的变形面理（S_{4b}）切穿 EW 向的褶皱（S_{4a}），因此认为 D_{4b}变形晚于 D_{4a}变形［图 5-13（c）］。

NE 向变形面理呈左行走滑剪切，而 NEE 向变形面理呈右行走滑剪切。两者对应着 NW—SE 向挤压的古构造应力场。前期研究发现（详见许德如等著《湘东北陆内伸展变形构造及形成演化的动力学机制》一书），发育 NNE 向面理（S_{4c}）的斑状花岗岩（样品 X-26）侵入具有 NE 向面理（S_{4b}）化的细粒花岗岩（样品 Y-21），前者锆石 U-Pb 年龄约 135Ma，后者约 150Ma。因此，D_{4b}变形可能发生于 150 ~ 135Ma。本期变形对应的 NW—SE 向挤压可能与燕山早期古太平洋板块呈 NW 向往华南板块之下俯冲有关（图 5-8、图 5-21）（张岳桥等，2009；张岳桥等，2012；李建华，2013）。

D_{4c}变形：这期变形包括新元古界冷家溪群中的矿化细脉（V_{4c}）、白钨矿-石英细脉（V_{4c}）和断层活动（图 5-21），以及连云山岩体中 NNE 向的变形面理［图 5-13（f）（g）、图 5-14（d）（e）］。在冷家溪群中，L_3擦痕被 L_{4c}擦痕叠加，V_3脉体被 V_{4c}矿脉细脉切穿［图 5-17（k）、图 5-19（i）~（k）］；在连云山岩体中，f_{4c}褶皱叠加 f_{4b}褶皱［图 5-13（f）］。这些交切和叠加关系表明，D_{4c}为晚于 D_{4b}的一期变形。

由于在极射赤平投影图中，σ_3方向对应脉体的极轴方向（Miller and Wilson，2004）。V_{4c}矿化细脉多变的倾角指示 EW 向单轴挤压应力（$\sigma_2 \approx \sigma_3$）［图 5-16（n）、图 5-20（n）、图 5-22（c）］。这期 EW 向挤压应力场与赋矿的 EW—NWW 向构造破碎带断层面上发育的 L_4擦痕（指示正断层性质的错动）相容［图 5-16（k）~（m）、图 5-17（i）、图 5-19（f）、图 5-20（k）~（m）］，也与连云山岩体中的 NNE 向的变形面理相一致。

这期变形对应的古构造应力场与华南板块普遍发育的 NE—NNE 向褶皱和逆冲构造相容，且华南板块的这些构造被认为与侏罗纪—早白垩世的构造事件有关（图 5-5、图 5-8；徐先兵等，2009；Li et al.，2014）。因此，研究区内的 D_{4c}变形可能也与侏罗纪—早白垩世的构造事件有关。又因太平洋板块俯冲方向随时间而变化（Engebretson et al.，1984；Koppers et al.，2001；Sun et al.，2007；Maruyama，2010），古构造应力场方向由 D_{4b}变形期的 NW—SE 向挤压向 D_{4c}变形期的近 EW 向挤压的转变可能反映了古太平洋板块在华南板块之下俯冲方向的变化。根据约 135Ma 的斑状花岗岩（样品 X-26：详见许德如等著《湘东北陆内伸展变形构造及形成演化的动力学机制》一书）中发育 NNE 向面理（S_{4c}）的现象，推断这一构造应力场的变化可能开始于约 135Ma。

5. D_5变形

研究区内的 D_5变形以断层活动和张裂隙的发育为特征（图 5-21）。D_5变形晚于 D_{4c}变形的证据包括：①在大万矿区和黄金洞矿区，发育有 L_5擦痕的 NE—NNE 向断层切穿了由 V_2（无矿石英脉）、V_3（无矿石英脉）和 V_{4c}（矿化细脉和白钨矿-石英细脉）组成的金矿体［图 5-15（a）、图 5-18（a）、图 5-19（m）(n)］；②在连云山岩体中，与 D_5相关的张裂隙切穿了 NNE 向的 S_{4c}变形面理［图 5-13（g）］；③长平断裂带硅化构造角砾岩带的角砾成分在靠近连云山花岗岩一侧时逐渐变为花岗岩，这表明硅化构造角砾岩的形成晚于连云山花岗岩的形成时间；且硅化构造角砾岩带中常见石英晶洞和晶簇，指示伸展的构造环境（D_5）。

与 D_5有关的张裂隙呈 NS—NNE 向，倾向 W—NWW，倾角中等较陡（57 ~ 65°）。L_5擦痕反演出的古构造应力场指示 NW—SE 向的伸展，σ_1为垂直方向［图 5-16（o）~（q）、图 5-20（o）~（q）、图 5-22（d）（e）］，与连云山岩体中 NS—NNE 向的张裂隙基本一致。早白垩世晚期—晚白垩世的构造事件发生于 130 ~ 82Ma 之间（Li et al.，2016a），由俯冲的古太平洋板块后撤引起且形成了华南板块 NE 向的盆岭构造式样（图 5-5、图 5-9；Zhou and Li，2000；Zhou et al.，2006；张岳桥等，2012）。D_5对应的古构造应力场与早白垩世晚期—晚白垩世构造事件的古构造应力场一致。因此，推测研究区内的 D_5变形与早白垩世晚期—晚白垩世构造事件有关。北西侧白垩纪沉积岩内发育的牵引褶皱（向斜）和正断层表明，NE 向长平断裂带在此期间可能发生正断层性质的错动［图 5-10（a）、图 5-21］。

5.2.2.4 长平断裂带构造演化

长平断裂带作为区域性深大断裂，是湘东北地区盆-岭构造省的重要组成部分（详见许德如等著《湘东北陆内伸展变形构造及形成演化的动力学机制》一书；Li et al.，2016a），也被认为在金（多金属）成矿作用中发挥了重要作用（Li et al.，2016a；Deng et al.，2017；Wang et al.，2017；Xu et al.，2017b；许德如等，2017；Zhang et al.，2019b）。

长平断裂带被认为是往深部延伸到下地壳的深大断裂带（详见许德如等著《湘东北陆内伸展变形构造及形成演化的动力学机制》一书；肖拥军和陈广浩，2004；许德如等，2009），因而其形成需要巨大的应力。由于该断裂带附近新元古界板溪群的微量元素与其他地区的同一层位表现出明显的差异，张文山（1991）认为长平断裂带在新元古界板溪群沉积之时已经存在。长平断裂带发育于新元古界冷家溪群之中，表明其形成晚于冷家溪期。Cawood等（2017）的研究表明，新元古代，位于北西方向的扬子地块和位于南东方向的华夏地块发生了碰撞拼合，湘东北地区所在的江南古陆受到巨大的NW—SE向挤压应力的作用。冷家溪群与板溪群呈不整合接触的现象表明，这次碰撞拼合可能发生于冷家溪群和板溪群之间的沉积间歇期。因此，长平断裂带可能形成于新元古代的这次碰撞造山作用，对应着上文中的D_1构造事件［图5-5、图5-24（a）］。

文志林等（2016）根据长平断裂带对EW向韧性剪切带的错动，认为其断裂带曾经发生过左行走滑错动。这与本次野外工作的发现相符：①研究区长平断裂带南东侧新元古界冷家溪群的地层走向自断裂带由近到远依次为北东—北东东向→近东西向→北西—北西西向［图5-10（a）］，指示长平断裂带对地层的左行走滑牵引；②这组牵引构造出现于新元古界冷家溪群，但并未见于白垩系中的现象［图5-10（a）］表明，左行错动的时间较老，为冷家溪群形成之后，白垩系沉积之前。三叠纪以前地层被长平断裂带左行错动的现象（张文山，1991）进一步将活动时间限定于三叠纪或更晚。这对应着上文中的D_3、D_{4a}、D_{4b}、D_{4c}和D_5构造事件，分别为SN向挤压应力、SN向挤压应力、NW—SE向挤压应力、近EW向挤压应力和NW—SE向伸展应力［图5-24（b）~（h）］。这些应力体系中，仅SN向挤压应力与长平断裂带的左行错动相一致。又由于D_{4a}仅在连云山花岗岩中产生同构造变形，大万矿区和黄金洞矿区均未发现相应的变形，其构造应力可能较弱，推测长平断裂带的左行错动可能发生于早中生代（印支期），对应着本书的D_3构造事件［图5-24（c）］。然而，D_2变形同样受SN向的挤压应力，可能引起长平断裂带的左行错动，且以上证据并不能排除其在加里东期的活动［图5-24（b）］。以上分析与张文山（1991）推测的最早发生左行错动的认识一致。

大型断裂带的运动性质与邻近地区近平行次级断层的运动性质相似（Angelier，1994）。相邻露头近平行的次级断层上的擦痕［图5-10（b）］指示，长平断裂带可能曾发生右行走滑错动［图5-24（g）］。这期活动与D_{4c}变形的近EW向挤压应力相一致。

在D_5变形事件（130~82Ma）对应的时期，华南板块发生强烈的地壳伸展和岩石圈减薄作用（林舸等，2008；张岳桥等，2012），形成了众多的断陷盆地（Li et al.，2012）和低角度拆离断层（沈晓明等，2008）。在这个时期，包括湘东北在内的华南地区整体处于NW—SE向伸展应力下（许德如等著《湘东北陆内伸展变形构造及形成演化的动力学机制》；Zhou and Li，2000；Zhou et al.，2006；张岳桥等，2012；Li et al.，2016a）。根据长平断裂带附近次级NNE向断层面上的擦痕，再结合带内硅化构造角砾岩带中的晶洞构造［图5-13（h）］和断裂带北西侧白垩系中的向斜牵引构造［图5-10（a）、图5-12］，推测长平断裂带此时呈正断层性质的错动［图5-24（h）］。本次野外观察发现，长平断裂带破碎板岩带中还发育北北东向逆断层。这些逆断层倾角较缓（25°~38°）并切穿早期韧性变形的板岩，暗示长平断裂带曾经历了强烈的隆升和剥蚀。自下而上，自南东向北西方向，长平断裂带依次为糜棱岩带、硅化构造角砾岩带和破碎板岩带，韧性逐渐减弱，脆性逐渐增强，表现出明显的退变质趋势［图5-11（a）~（d）、图5-12］。这与长平断裂带南部延长线上的衡山主拆离断裂的特征一致（Li et al.，2013），也与美国西部盆岭省的拆离断层类似（Spencer and Welty，1986）。因此，长平断裂带在本构造期同样为拆离断层。长平断裂带硅化构造角砾岩带中的绿泥石化（图5-11c）可能为深部温度高的还原性岩体在拆离过程中上升到浅部发生退变质作用的结果（Zappettini et al.，2017）。

综上所述，长平断裂带形成于新元古代造山作用（D_1）期间，于加里东期（D_2）和早中生代（D_3）

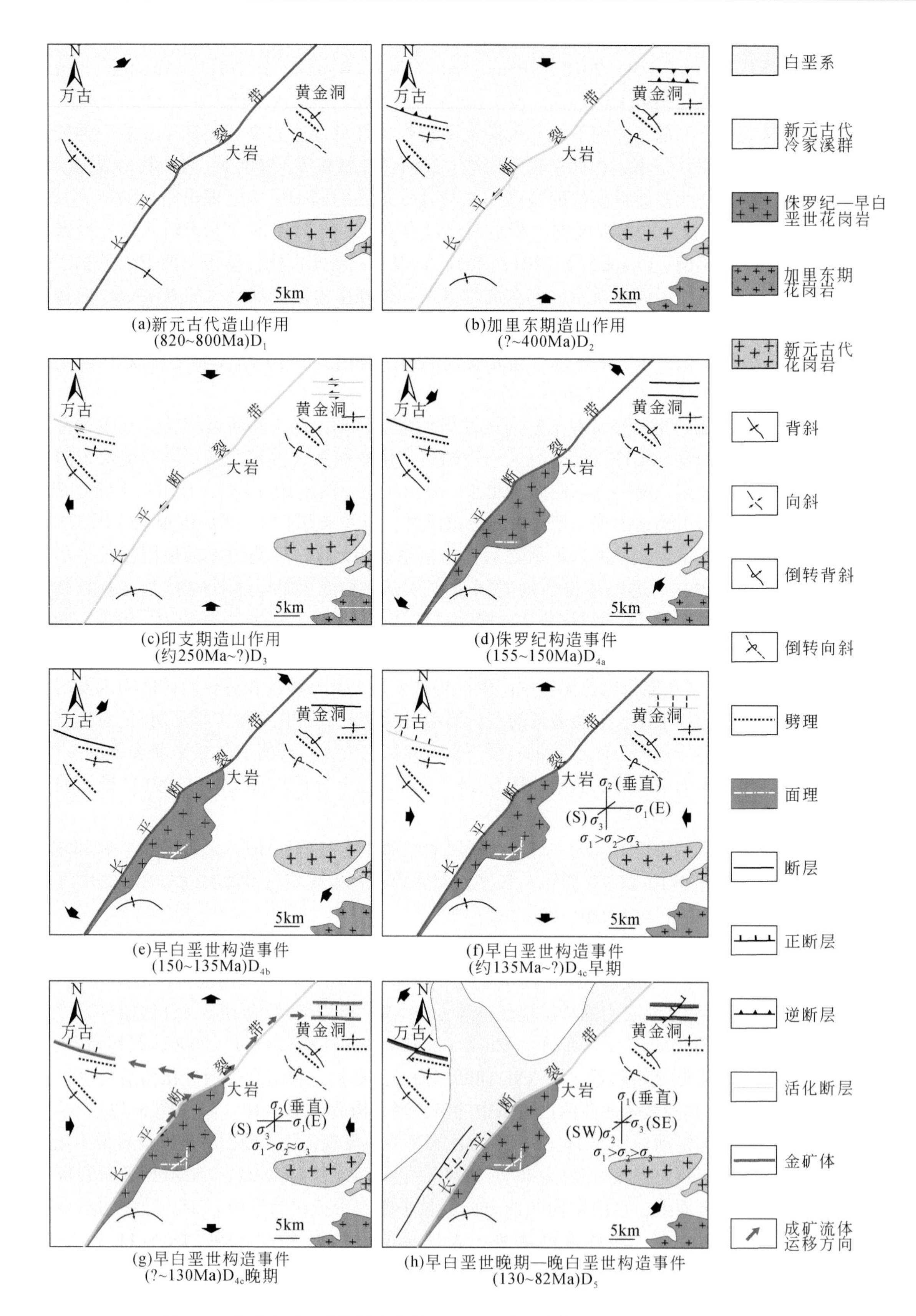

图 5-24　湘东北地区多期构造事件（D_1 ~ D_5变形事件）中构造、应力演化及其与金矿化的关系示意图（比例尺为近似值）

造山作用中发生左行走滑错动，于早白垩世（D_{4c}）发生右行走滑错动，于早白垩世晚期—晚白垩世（D_5）发生大规模的拆离、抬升。

5.2.2.5　构造应力转换

D_{4c}变形期，EW—NWW 向构造破碎带呈正断层性质的错动，具有纯剪切分量。这个时期，NE 向右行走滑断层具有简单剪切分量［图5-16（k）~（m）、图5-20（k）~（m）］。纯剪切分量和简单剪切分量同时存在于不同构造的现象表明，D_{4c}变形期存在着解耦挤压转换（Lebrun et al.，2017）。D_{4c}变形期 σ_1 为近水平方向，而 D_5变形期 σ_1 为近垂直方向。因此，在 D_{4c}变形的晚期（早白垩世）σ_1 的方向发生了从水平方向至垂直方向的转换［图5-22（d）］。由于 D_{4c}变形和 D_5变形分别为古太平洋板块向华南板块之下俯冲（Zhou et al.，2006）和回撤（Zhou and Li，2000；Zhou et al.，2006；张岳桥等，2012）的结果，σ_1 方向的转换应为一个连续的过程。在这个过程中，随着俯冲的古太平洋板块的后撤，近 EW 向的 σ_1（$\sigma_1>\sigma_2>\sigma_3$；图5-24f）逐渐减小。同时，湘东北地区的地壳发生减薄，进而引起 σ_2 逐渐减小（贾大成和胡瑞忠，2002b；贾大成等，2002a，2002b；许德如等，2006）。这可能会在某个时间点形成 $\sigma_2\approx\sigma_3$ 的近 EW 向挤压应力场［图5-24（g）］，这个应力场与湘东北地区矿化细脉产状所指示的古构造应力场一致［图5-16（n）、图5-20（n）］。板块后撤的过程继续进行，近 EW 向挤压应力继续减小，继而 NW—SE 向的伸展应力逐渐增大，最终形成了 D_5变形期 NW—SE 向伸展的古构造应力场。

5.2.3　陆内构造活化与成矿关系

5.2.3.1　赋矿构造形成时限

湘东北地区的金矿床大多赋存于新元古界冷家溪群 EW—NWW 向构造破碎带中。这些构造破碎带曾被认为形成于燕山期以前，但确切的形成时间不明（图5-5；许德如等，2017）。由于 EW—NWW 向构造破碎带的形态特征与南北向挤压应力有关，文志林等（2016）认为它们形成于加里东期或印支期造山作用。而由于这些构造破碎带反过来被印支期构造叠加，傅昭仁等（1999）却认为 EW—NWW 向的构造破碎带形成于加里东期或新元古代造山作用。EW—NWW 向的构造破碎带中发育早于400Ma 的石英脉的现象也支持上述观点（详见第4章）。再者，EW—NWW 向的构造破碎带切穿 EW—NWW 向的劈理（S_2）［图5-17（d）、图5-20（c）］，后者又切穿了与新元古代造山作用有关的 NW—NNW 向的劈理（S_1）［图5-17（b）］，表明 EW—NWW 向的构造破碎带晚于新元古代的变形，因而应形成于加里东期的造山作用（图5-5）。构造破碎带的形态特征［图5-16（e）、图5-20（e）］以及由韧性向脆性转换的特征（见5.2.3.4节）也与加里东期造山作用一致（Charvet et al.，1996；丘元禧等，1998；Chen and Rong，1999；丘元禧，1999；Faure et al.，2009；郝义等，2010；Li et al.，2016b）。

5.2.3.2　成矿作用时限

湘东北地区金（多金属）成矿作用的时代长期以来存在着争议，被认为形成于加里东期（韩凤彬等，2010）或燕山期（胡瑞英等，1995；董国军等，2008；Deng et al.，2017）。基于以下考虑，燕山晚期至少是一次主要成矿期：①加里东期的年龄（462~425Ma；韩凤彬等，2010）是基于流体包裹体的 Rb-Sr 年龄。流体包裹体的 Rb-Sr 定年法的原理表明，测试对象为整体的流体包裹体。因此，这些年龄可能和金矿化的年龄不相关。②通过白云母 Ar-Ar 同位素定年（详见第4章）和脉体几何形态［图5-16（f）、图5-20（f）］确定的加里东期（>400Ma）石英脉（V_2）均为无矿石英脉。③根据脉体形态特征［图5-16（j）、图5-20（j）］限定至印支期的石英脉（V_3）也为无矿石英脉。因此，与 V_{4c}脉体紧密相关的金矿化的年龄很可能形成于印支期之后。

前人通过流体包裹体 Rb-Sr 法（约152Ma、约70Ma；董国军等，2008）和石英裂变径迹法（160~

115Ma；胡瑞英等，1995）获得的燕山期的成矿年龄范围太宽，因而也用处不大。长平断裂带被认为是大万和黄金洞金矿床的导矿构造（Deng et al.，2017；Zhang et al.，2019b）。大岩金矿化点［图 5-10（a）］产出于长平断裂带中，其矿物组合与大万和黄金洞金矿床成矿阶段的矿物组合类似，均为石英-毒砂-黄铁矿。Deng 等（2017）通过锆石 U-Pb 定年和白云母 Ar-Ar 定年将其成矿年龄限定为 142～130Ma，并认为此年龄也代表大万和黄金洞金矿床的成矿年龄。

本次通过 Sm-Nd 同位素测得黄金洞金矿床的白钨矿的年龄为 129.7±7.4Ma（图 4-20）。在显微镜下，白钨矿被含金硫化物细脉切穿［图 4-18（e）(f)］。因此，金成矿作用的年龄应晚于 129.7±7.4Ma。本次的构造研究发现，包含白钨矿（V_{4c}）在内的金矿体被 NE 向的次级构造切穿，NE 向次级构造的活动（由擦痕 L_5 指示）对应着 130～82Ma 的 NW—SE 向伸展的构造活动（D_5）。因此，金成矿作用发生的时间也应早于 130Ma。此外，白钨矿细脉通常与含金的矿化细脉相伴产出，且两者产状相近，属于同一构造变形期（D_{4c}）。因此，白钨矿的年龄为 129.7±7.4Ma 可作为黄金洞金矿床的成矿年龄。这个年龄与大岩金矿化点的年龄（142～130Ma；Deng et al.，2017）在误差范围内一致。本次的构造和应力分析表明，D_{4c}变形事件和 V_{4c}脉体形成于早白垩世（135～130Ma），也与本次的白钨矿 Sm-Nd 同位素年龄一致。

5.2.3.3　陆内构造活化成矿

先前研究表明（详见许德如等著《湘东北陆内伸展变形构造及形成演化的动力学机制》一书），包括湘东北地区在内的江南古陆自新元古代扬子板块和华夏板块碰撞聚合成统一的华南大陆以来，还经历了加里东期、印支期、燕山期等多期陆内造山事件及构造-岩浆演化，其中约 135Ma 以来的燕山晚期是湘东北地区变质核杂岩或伸展穹隆和盆-岭构造式样等伸展构造的主要形成时期。黄金洞矿床成矿前石英脉中白云母 Ar-Ar 定年表明（图 4-16），部分成矿前的无矿石英（Q_1）形成于加里东期以前（>397Ma）。本次构造分析也表明，成矿前的无矿石英（Q_1）部分（V_2）形成于加里东期，部分（V_3）形成于印支期。显微观察发现，V_2和 V_3局部可见波状消光［图 5-17（m）（n）、图 5-19（o）（p）］。SIMS 原位 O 同位素组成也显示（图 4-15），无矿石英（Q_1）来源于变质流体。锆石 U-Pb 定年、白云母 Ar-Ar 定年和白钨矿 Sm-Nd 定年（详见第 4 章；许德如等著《湘东北陆内伸展变形构造及形成演化的动力学机制》一书）以及本次构造分析均指示，V_{4c}白钨矿脉（Q_2）和矿化细脉（Q_3和 Q_4）均形成于早白垩世（约 130Ma）。此外，V_{4c}矿化细脉局部可见梳状构造［图 5-17（o）、图 5-19（q）］和破裂愈合构造［图 5-17（p）、图 5-19（r）］。本次 SIMS 原位 O 同位素组成分析（详见第 4 章）也进一步显示，V_{4c}（Q_2、Q_3和 Q_4）中的流体由变质热液、岩浆热液和大气降水共同组成。这些证据均表明，燕山晚期陆内伸展作用与湘东北金（多金属）成矿作用密切相关。

然而，值得注意的是，不管是形成于加里东期和印支期的无矿石英脉，还是形成于早白垩世的含金细脉，它们都受矿区的 EW—NWW 向构造破碎带的控制。而这些 EW—NWW 向构造破碎带可能最早形成于加里东期，因此可推测，金成矿作用与这些构造的活化有关。研究表明，构造活化受先存构造的产状、差异应力、流体压力和摩擦系数的综合控制（Sibson，1985，2001）。在某个特定的构造应力场中，产状合适的构造易被活化；而产状不合适的构造发生活化还需要其他更多的条件，如相对较低的差异应力水平和高的流体压力（Sibson，1985）。有效主应力是控制断层活动和破裂的最重要因素之一，等于主应力减去流体压力。流体压力的升高通常会推动应力莫尔圆向左移动而引起构造活化（Sibson et al.，1988；图 5-22、图 5-24）。此外，低摩擦系数也有利于构造活化（Sibson，1985）。先存构造是岩石中的构造薄弱带，其抗张强度趋近于零（Sibson，1985）。因此，在变形事件中，先存构造发生活化比形成新的断层更容易（Sibson，1985，2001）。事实上，湘东北地区的 EW—NWW 向构造破碎带和 NE 向的长平断裂带自形成以来发生了多次构造活化（图 5-24）。

紧接着的问题是，最初形成的加里东期的 EW—NWW 向构造破碎带为什么直到燕山期（早白垩世）才成矿？加里东期和印支期没有发生金成矿作用可能与许多因素有关，包括缺乏成矿流体和/或缺乏将成矿流体和赋矿构造相连的构造。根据流体包裹体、SIMS 原位 O 同位素以及 H-O、He-Ar 和 S-Pb 同位素组成分析（详见第4章），结合区域地质背景和前人研究（毛景文和李红艳，1997；毛景文等，1997；李杰等，2011），湘东北金矿床成矿流体由变质热液、岩浆热液和地幔来源的流体组成。这些由不同来源的流体混合而成的成矿流体可能储存于上地壳的深部。金成矿作用的发生要求成矿流体被深大断裂连通并引导至适合金沉淀成矿的构造之中。前人通常认为，EW—NWW 向构造破碎带和成矿流体源区的连通与前者由挤压向伸展的转换有关（肖拥军等，2002；肖拥军和陈广浩，2004；许德如等，2017）。本次的构造分析表明，D_{4c}变形期 W 走向至 NWW 走向构造破碎带确实由挤压转换成了伸展状态（图5-21、图5-24）。不仅如此，D_{4c}变形期发生的时间 135 ~ 130Ma 也与本次通过白钨矿 Sm-Nd 同位素获得的成矿年龄（约 130Ma）和先前研究结果（详见许德如等著《湘东北陆内伸展变形构造及形成演化的动力学机制》一书）相一致。然而，由于这些产状较缓的 EW—NWW 向构造破碎带很难到达深部的成矿流体源区，仅仅这些构造破碎带由挤压向伸展的转换不一定能导致金成矿作用。例如，尽管擦痕所反映的D_{4c}变形期的构造应力场与V_{4c}白钨矿脉和矿化细脉反映的构造应力场的σ_1均为 EW 向，但前者对应 SN 向近水平的σ_3，而后者是$\sigma_2 \approx \sigma_3$（图5-21、图5-24）。

据此，我们认为当应力体系由 EW 向挤压（D_{4c}）向 NW—SE 向伸展（D_5）转换时，深大断裂长平断裂带在D_{4c}晚期连通了成矿流体源区。D_{4c}变形期对应的σ_1为水平方向，而D_5变形期对应的σ_1为垂直方向。因此，D_{4c}变形期的晚期发生了应力转换，使得σ_1的方向由水平方向转换为垂直方向。由于D_{4c}变形和D_5变形分别由古太平洋板块在华南大陆下的俯冲（Zhou et al.，2006）和回撤（Zhou and Li，2000；Zhou et al.，2006）引起，这次由挤压（D_{4c}）向伸展（D_5）应力转换应为一个连续的过程。在这个过程中，随着古太平洋板块的后撤，D_{4c}变形对应的近 EW 向挤压应力σ_1（$\sigma_1>\sigma_2>\sigma_3$）逐步减小。与此同时，随着板块后撤引起的地壳减薄（贾大成和胡瑞忠，2002；贾大成等，2002b；贾大成，2002；许德如等，2006），σ_2也逐步减小。这个应力转换的过程逐渐形成一个$\sigma_1>\sigma_2 \approx \sigma_3$的应力场［图5-24（g）］，这与矿化细脉$V_{4c}$的产状所指示的应力相一致［图5-16（n）、图5-20（n）］。这时，垂直于长平断裂带的有效应力减小到一定的程度，使得长平断裂带发生活化，如断层阀模式所描述，引起地震活动并连通深部的成矿流体源区（图5-25；Sibson et al.，1988；Sibson and Scott，1998）。根据擦痕的指示［图5-10（b）］，当 NE 向长平断裂带发生挤压转换和右行走滑错动时，EW—NWW 向构造破碎带处于伸展状态，从而形成了大量的伸展空间，使得成矿流体自长平断裂带流入其中［图5-24（g）］。含金脉体所呈现的破裂愈合构造表明［图5-16（p）、图5-19（r）］，随着流体压力（P_f）在静岩压力（P_l）和静水压力（P_h）之间波动（图5-25），成矿流体自深部反复释放进入长平断裂带并流入 EW—NWW 向构造破碎带。

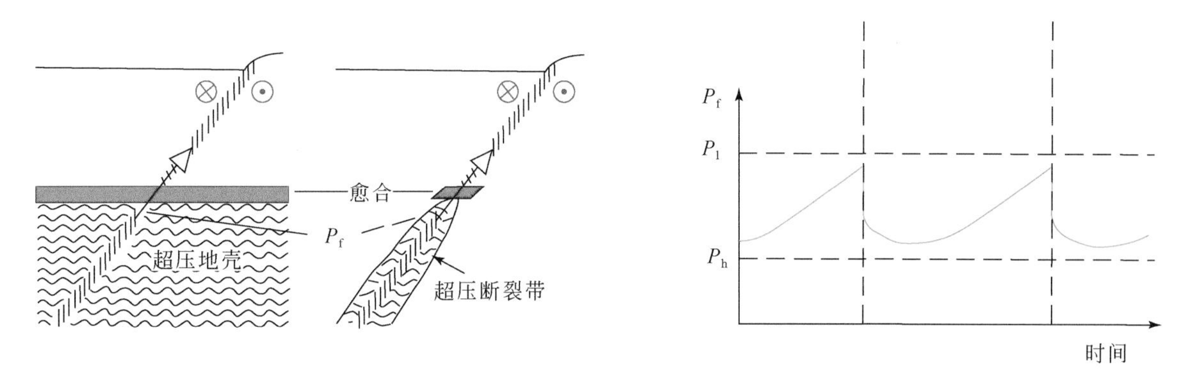

图5-25　断层阀模式（修改自 Sibson，2000）

最后，为什么金矿床会选择性地赋存于前寒武纪地层中？除了在上文中提到的有利于成矿流体运移的构造条件之外，前寒武纪岩石相对还原的环境可能起到了化学圈闭的作用。当成矿流体流入 EW—NWW 向构造破碎带之中时，围岩中的还原性流体同样被吸入这些构造中。由于还原性流体中 Fe 的溶解度相对较高，成矿流体与富 Fe 的还原性流体发生混合可能会导致大量黄铁矿和毒砂的迅速沉淀，从而发生硫化作用。这与矿化细脉和围岩蚀变中的现象一致（见第3章），硫化作用是湘东北地区大万和黄金洞等矿床金沉淀成矿的主要机制（见第4章）。

以上讨论证明，在某个区域特别是经过多期构造事件的区域的构造历史中，构造的初始形成时间、它们的产状和几何形态、它们相互之间的空间关系以及区域构造应力的演化都是控制构造是否被活化和如何被活化的重要因素。而活化的构造是否成矿进一步取决于很多因素。其中，最重要的因素包括与成矿流体源区的构造的连接和能吸引成矿流体与沉淀成矿的构造-化学圈闭。在湘东北地区的例子中，区域性的NE向长平断裂带是连通深部成矿流体的关键构造，而发育于新元古代变质沉积岩中的EW—NWW向构造破碎带是金成矿作用的有效构造-化学圈闭。这些有利于活化和连通这些构造的构造条件于早白垩世得到了最好的满足。基于这个模式，长平断裂带附近发育于新元古代变质沉积岩之中的EW—NWW向构造破碎带，特别有证据地表明在早白垩世发生过活化的EW—NWW向构造破碎带，此处是金矿勘查的有利地段。这个例子证明，在矿产勘查过程中，研究构造对矿产的控制特征非常重要。

5.3 湘东北陆内岩浆活化与成矿

位于扬子与华夏两大板块结合部位、扬子板块东南缘的江南古陆，以江绍（江山-绍兴）深大断裂为界，沿下扬子板块东南缘（程裕淇，1994；饶家荣等，1993；王剑，2000）与滇东北、川南和赣东北等成矿带相衔接，形成一个规模宏大的受NE向区域性大断裂控制的跨省金（多金属）成矿带（Xu et al., 2017b）。扬子板块与华夏板块在新元古代完成拼合形成统一的华南大陆后（Chen et al., 1991；Li et al., 2002），又经历了多次裂解、碰撞和贴合，表现出极其复杂的地球动力学演化特征。位于江南古陆中段的湘东北地区（图1-13），因华南大陆的多期次、多类型（陆缘、陆间和陆内）造山作用，在该区最终形成了由NNE和NW向大型走滑断裂系统控制的雁列式盆-岭山链构造格局和陆内岩浆活动带，以及以金铜钴铅锌铌钽等为特色的多金属成矿带（饶家荣和王纪恒，1993；傅昭仁等，1999；李紫金和傅昭仁，1998；Xu et al., 2017a；刘翔等，2019）。

湘东北地区岩浆活动具多期性，尤以燕山期花岗质岩体分布最广（详见许德如等著《湘东北陆内伸展变形构造及形成演化的动力学机制》一书），但目前关于湘东北地区花岗质岩与金（多金属）的成矿关系仍存在不同的看法（详见第1章）。然而，越来越多的证据表明（详见第4章；王甫仁等，1993；彭建堂，1999；彭建堂和戴塔根，1998；毛景文等，1997；胡瑞英等，1995；Peng and Frei, 2004），燕山期是区内金多金属成矿的主要时期。此外，由于包含湘东北地区在内的江南古陆，自新元古代以来经历了多期复合碰撞造山事件，构造变形强烈、复杂且相互叠置，并伴随多期次岩浆作用和角闪岩相（局部可能达麻粒岩相）至绿片岩相变质作用（详见许德如等著《湘东北陆内伸展变形构造及形成演化的动力学机制》一书），但这些变形变质事件对金（多金属）富集成矿的贡献，也一直处在争议之中（详见第1章）。因此，本节进一步开展对湘东北地区金（多金属）矿床的地球化学示踪，以期深刻理解燕山期陆内花岗质岩浆作用对金（多金属）成矿的贡献，并为阐明区内大规模金（多金属）成矿作用提供依据。

5.3.1 燕山期岩体与矿床空间关系

5.3.1.1 燕山期花岗质岩体的成因类型

晚中生代以来，湘东北地区花岗质岩浆活动主要表现为燕山早期（155～140Ma）和燕山晚期（136～127Ma）两个主要侵入期（详见许德如等著《湘东北陆内伸展变形构造及形成演化的动力学机制》一书）。燕山期花岗质岩出露面积达2300km^{2}以上，大多岩体（如幕阜山、连云山、望湘等）呈复式岩体，与金、铜、钴、铅、锌、铌、钽、（铍）等多金属大规模成矿作用最为密切（详见本书第3章；毛景文等，1997；湖南省地质矿产局，1988；符巩固等，2002；Xu et al., 2017a；刘翔等，2018，2019）。根据地质学、岩石学、地球化学及地球动力学背景，可以将燕山期花岗质岩分成以下两种成因类型：

第一种成因类型为燕山早期同碰撞型花岗质岩，属高钾钙碱性强过铝质I-S型，岩浆起源于中下地壳冷家溪群的部分熔融，并受岩石圈拆沉和软流圈上涌及可能随之的富钾玄武质岩浆底侵作用影响，因而具壳幔混合岩浆特征，构造环境上属于同碰撞造山（类似于A型俯冲），可能是印支期以来湘中南陆壳向赣西陆壳俯冲（傅昭仁等，1999）在155～140Ma陆内碰撞造山作用增温减压体制达到鼎盛阶段的产物。燕山早期花岗质岩体出露最广，面积约2000km^2，主要有长乐街、小墨山、幕阜山、望湘、金井、连云山等岩体，属于高Sr低Y型（详见许德如等著《湘东北陆内伸展变形构造及形成演化的动力学机制》一书），大部分岩体被燕山晚期基性脉岩和花岗质岩侵入（贾大成等，2002a）。岩体均侵位于长平断裂带西北侧和南东侧早中新元古代冷家溪群变质沉积岩中，呈岩基、岩株状产出；岩性以细-中粗粒斑状黑（二）云母二长花岗岩为主，局部为黑云母花岗闪长岩及斜长花岗岩，与印支期中酸性侵入岩相似（贾大成和胡瑞忠，2001），而与燕山晚期花岗质岩体差异较大（贾大成等，2002b）；岩体与围岩接触部位，热接触变质强烈，变质带宽数百米至2000余米，由岩体边缘向中心一般可分为斑点状板岩带、石英绢云母千枚岩带和石英片（角）岩带，局部尚见微弱混合岩化。

第二种成因类型为燕山晚期后造山A型碱性花岗质岩（贾大成等，2002b），属于富碱质的钙碱性I型系列，大部分具有低Sr高Y的特征，形成于晚侏罗世—最早白垩世由挤压向伸展，直至燕山晚期伸展的构造环境，岩体多呈岩株状沿NE向断裂产出，侵入于燕山早期花岗质岩中，主要岩体为幕阜山的黄龙山岩体，望湘复式岩体中的万寿宫、四方岭、桃花洞、莲花塘、元冲、天雷山等岩体构成的影株山岩石序列，东岗山花岗斑岩体和珍珠岭花岗斑岩体，这些岩体同位素年龄集中在136～127Ma间（详见许德如等著《湘东北陆内伸展变形构造及形成演化的动力学机制》一书）。主要岩性为细粒-中细粒-粗中粒、无斑或少斑二云母二长花岗岩，以相对富石英和碱性长石为特征。各岩体内的白云母为含锂多硅白云母，与燕山早期花岗岩内的白云母明显不同。

燕山期花岗质岩的成因类型反映了晚中生代以来，湘东北地区岩石圈构造也相应地经历了始自印支期的陆内俯冲，到燕山早期碰撞挤压，到伸展（减薄）的构造转换以及燕山晚期进一步拉张（减薄）的动力学演化过程。傅昭仁等（1999）、丘元禧等（1998）、邓晋福等（1995）曾分别从陆内俯冲陆块和仰冲陆块的性质、陆内俯冲机制和过程等讨论了晚中生代以来湘赣边区发生的这一陆内俯冲作用。

5.3.1.2　岩体与矿床的空间关系

湘东北地区金属矿产以金、铜、铅、锌、钴、铌、钽等为特色，矿床（点）多于125处，典型的有万古、黄金洞、雁林寺等一批金矿床，七宝山、井冲、横洞等一批Au-Cu-Co多金属矿床，桃林、栗山铅锌（铜）矿床，以及仁里、传梓源等铌钽（铍）矿床等（详见第3章）。这些矿床（点）在矿集区（群）的空间分布、单个矿体的产出特征、矿床类型、控矿因素等均与花岗质岩的岩浆活动密切相关，且多分布于燕山期特别是燕山早期的岩体内外接触带。由于岩浆的化学成分及围岩部分融熔程度的差异，可以形成不同矿物类型的矿床组合，表现出明显的成矿专属性。

金是湘东北地区主要的金属矿种，主要与花岗闪长斑岩、黑云母花岗闪长岩、富黑云母二长似斑状花岗岩有关，如金井岩体东北面的大万金矿、连云山岩体东北面的黄金洞金矿，其他如洪源金矿、雁林寺金矿等也与岩浆热液活动和/或动力变质作用有关（图1-13；毛景文等，1997；刘亮明等，1997；刘亮明和彭省临，1999；Xu et al.，2017b）。赋矿围岩主要为冷家溪群浅变质系，蚀变作用强烈，岩体主要为硅化和绢/白云母化，围岩为绢云母化、硅化、黄铁矿化、碳酸盐化、绿泥石化。主要矿化类型有石英脉型、破碎蚀变岩型和蚀变角砾岩型。90%以上的金矿与韧性推覆剪切构造及其派生的裂隙系统密切相关（黄镜友，1997；童潜明，1998），形成于中-低温、还原环境，成矿流体具有混合源的特点（详见许德如等著《湘东北陆内伸展变形构造及形成演化的动力学机制》一书）。

铜铅锌金多金属矿化主要与酸性、中酸性花岗斑岩、花岗闪长斑岩等燕山期小型浅成侵入岩体有关，并伴有破碎热液蚀变和接触交代，如七宝山铜多金属矿床。七宝山铜多金属矿床位于七宝山-荷花推覆断层与岩寨推覆断层的复合交接部位，矿区内断层、褶皱发育，岩浆活动频繁，大小矿体200多个（详见

第3章）。按成矿作用可分为热液作用形成的充填型矿体、接触交代作用形成的夕卡岩型矿体、风化作用形成的残余型矿体。斑岩铜矿的蚀变和矿化作用常围绕斑岩体（岩筒）呈环状、半环状分带，矿（化）体主要赋存于蚀变岩带内及岩体附近的断裂和裂隙中，成矿物质主要来自岩浆分异演化（刘姤群等，2001）。与铜多金属矿床有关的岩体受NE—NNE向构造为主导，复合改造EW向等其他方向构造的交汇部位控制，矿体就赋存于岩体内及其附近的破碎带中。

湘东北地区钴铜多金属矿床均沿NE—NNE向长平深大断裂带分布，矿体主要赋存于长平深大断裂带主干断层F_2下盘连云山岩体的外接触带的构造热液蚀变带内，与燕山期花岗岩具有紧密的时空关系（详见第3章）。与矿化关系密切的围岩蚀变主要有硅化、绿泥石化，次为碳酸盐化、绢云母化、高岭土化等。矿化以黄铁矿化和黄铜矿化为主，次为毒砂矿化、赤铁矿化。许德如等（2009）认为在燕山早期形成并经历了多期次活动的长平深大断裂可能为区内岩浆岩和含矿热液运移提供了通道。

湘东北地区铌钽矿化以平江县仁里铌钽多金属矿床为代表，是湖南省核工业地质局三一一大队发现的高品位超大型伟晶岩型稀有多金属矿床（刘翔等，2018），主要产于幕阜山复式花岗岩体及附近的伟晶岩脉中。矿区伟晶岩可分为微斜长石型、微斜长石钠长石型、钠长石型和钠长石锂辉石型四个类型分带，且脉体呈NE—SW向分布，而较大规模的伟晶岩脉具有较完善的分带，铌钽矿化主要产在伟晶岩内部的中-粗粒白云母钠长石带和锂云母石英带。各伟晶岩脉总体上具有地表品位低，深部品位升高的特点（周芳春等，2019）。仁里矿区是幕阜山地区铌钽等稀有金属主要产地。

此外，湘东北地区钨矿包括黑钨矿（如梅仙地区）、白钨矿（如黄金洞金矿区）两种类型，主要与燕山期二长花岗岩有关，矿化产于燕山期岩体与围岩蚀变破碎接触带部位或岩体中裂隙带内，有时岩体本身就是成矿母岩，典型的如蕉溪岭高温热液裂隙充填型钨铜多金属矿床；钼矿化主要与花岗闪长岩关系密切，其次与二长花岗岩有关；铀矿则受NNE向走滑断裂控制，产于前中生代花岗岩及印支—燕山期重熔花岗岩内，如幕阜山岩体内的井冲铀矿田（李先福等，1998；李紫金和傅昭仁，1998）。

5.3.2　岩浆作用对成矿贡献

本次对燕山期花岗岩10个样品和万古金矿、黄金洞金矿与雁林寺金矿三个矿区围岩、蚀变围岩及矿石共33个样品进行了微量元素（含REE）和Au元素分析，为保证样品的分析数据有合理性，所采集的围岩样品尽量远离矿区。测试分析均在湖北省地质实验测试中心完成，REE和其他微量元素采用电感耦合等离子体原子发射光谱法（ICP-AES）分析，Au采用化学反应光谱法分析（ES-D），U用激光荧光光度法分析，Pb用X射线荧光光谱法分析，精度均优于3%。分析结果见表5-25、表5-26。

5.3.2.1　含矿性分析

采样分析表明（表5-25），无论是燕山期花岗质岩，还是冷家溪群，Au的含量整体都偏低，均小于0.2×10^{-9}，且远低于程国满（1999）、刘荫椿（1989）（程国满，1999）对湘东、赣西北地区冷家溪群的金含量分析结果（分别为2.83×10^{-9}、$1.70\times10^{-9}\sim4.73\times10^{-9}$），柳德荣等（1994）对湘东北万古金矿区冷家溪群的分析结果（13.50×10^{-9}），刘亮明和彭省临（1999）对黄金洞金矿和雁林寺金矿近矿围岩、远矿围岩的金分析结果（分别为$3.10\times10^{-9}\sim4.00\times10^{-9}$和$1.70\times10^{-9}\sim2.40\times10^{-9}$、$4.35\times10^{-9}\sim5.46\times10^{-9}$和$1.83\times10^{-9}\sim2.43\times10^{-9}$），较大的分析值差可能与样品选择性和/或岩性有关。但受蚀变作用和动力变质作用的影响，Au含量都有增加的趋势，如蚀变和强蚀变板岩Au含量在$0.1\times10^{-9}\sim3.9\times10^{-9}$、糜棱岩化板岩Au含量在$0.2\times10^{-9}\sim9.2\times10^{-9}$，反映湘东北地区赋矿地层冷家溪群含矿元素丰度较低，但变化较大，金的富集明显受热液活动和动力作用的控制。因此，我们推测无论是冷家溪群赋矿地层，还是燕山早期花岗质岩可能都不具备提供大规模金成矿的物源基础。

然而，如果我们认为以往分析者采样合理的话，也只能认为湘东北地区冷家溪群中金分布较为分散、变化大，能局部提供金成矿物质。不过，由于大规模成矿常与物质巨量供给有关，甚至与地幔活动及部分物质供应有关，且须有巨大能量供给和流体的运移（毛景文等，1999）；而大规模的花岗质岩的形成过程又常促使金等成矿元素活化转移，为金的成矿创造了有利条件（胡受奚等，2002），因此推测，湘东北地区燕山期大规模酸性岩浆活动为金成矿提供了热能和/或含矿流体条件。

表 5-25　湘东北区岩/矿石金丰度分析

岩性及时代	样号	样品数/个	丰度/10^{-9}
金井岩体、幕阜山岩体燕山早期（160～139Ma）富黑云母斑状二长花岗岩	JJ01-JJ10	10	均小于 0.2
郑家里古中新元古界冷家溪群泥质板岩、砂质板岩	ZJ01-ZJ0	10	均小于 0.2
大洞金矿区古中新元古界冷家溪群砂质板岩	DD01-DD05	5	均小于 0.2
大洞金矿含矿石英脉	DK01	1	26.3
	DK02	1	35.0
	DK03	1	16.9
	DK04	1	54.1
	DK05	1	小于 0.2
黄金洞金矿区古中新元古界冷家溪群强硅化蚀变板岩	HD07-HD13	7	均小于 0.1
黄金洞金矿含矿石英脉	HD-01	1	1.6
	HD02	1	13.1
	HD03	1	0.4
	HD04	1	23.9
	HD05	1	17.3
	HD06	1	4.8
雁林寺金矿区古中新元古界冷家溪群糜棱岩化板岩	LL01	1	0.4
	LL03	1	9.2
	LL04	1	0.2
	LL05	1	0.6
雁林寺金矿区古中新元古界冷家溪群强糜棱岩化板岩（黄铁矿化）	LL08	1	1.6
雁林寺金矿区古中新元古界冷家溪群蚀变板岩	LL07	1	1.9
雁林寺金矿区古中新元古界冷家溪群强蚀变板岩	LL02	1	3.9
雁林寺金矿含金石英脉	LL06	1	236.0
	LL09	1	14.4
	LL10	1	82.3

注：测试方法为化学反应光谱法（ES-D）；测试单位为湖北省地质实验测试中心；测试人为曹显文；测试精度为优于 3%。

表 5-26　湘东北地区岩（矿）石微量元素分析

岩石类型采样地及样号			丰度																
			Ga	Cr	Co	Ni	U	Th	Rb	Sr	Pb	V	Ba	Cs	Ta	Nb	Hf	Zr	Sc
雁林寺金矿区冷家溪群	（1）糜棱岩化岩石	LL01	14.3	72.3	14.9	32.7	3.5	15.1	187	112	19.9	117.5	441	11.9	0.6	15.4	4.7	216	15.2
		LL03	11.8	54.9	12.7	27.6	2.3	8.9	162	100	18.1	95.9	441	9.5	0.5	12.7	3.7	137	14
		LL04	21.3	84.8	19.8	42.9	4	17.3	246	76	18.4	150.1	618	13.5	1.6	18.7	5.2	201	18.8
		LL05	16.8	12.4	7.6	18.6	3	15.2	208	56	13.6	57.6	625	10.6	<0.5	13.1	6.9	274	15.7
	（2）强糜棱岩化岩石	LL08	24.5	77.4	21	46	2.8	16.2	222	61	35.1	158.2	695	11.9	0.6	16.5	4.8	192	19.9

续表

岩石类型采样地及样号			丰度																
			Ga	Cr	Co	Ni	U	Th	Rb	Sr	Pb	V	Ba	Cs	Ta	Nb	Hf	Zr	Sc
雁林寺金矿区冷家溪群	（3）蚀变岩石	LL07	8.6	54.6	11.4	27.7	2.9	12.1	125	108	13.6	86.9	316	10	0.9	14.6	6.1	212	12.5
	（4）强蚀变岩石	LL02	16.1	67.5	14.9	33.9	2.8	11.6	203	70	12.3	115.7	528	10.3	0.6	14.6	3.7	153	14.4
大万金矿区冷家溪群		DD01	20.5	85.9	16.5	35.1	2.2	13.9	152	75.4	22.2	103	369	10.5	0.8	17.5	6.6	214	18.5
		DD02	23.6	84	20	40	2.4	15.3	192	65.4	16.7	128	448	13.1	1.19	18.3	6.2	202	23
		DD03	22.6	96	21	42.1	2.5	15.4	222	79.4	14.6	125	460	16.5	1.96	19.6	6.7	201	23.5
		DD04	33.6	105	23	45.8	3	16.8	226	62.4	17.4	148	548	18.5	1.31	20	6.1	224	25.8
		DD05	26.5	103	22.8	45	2.6	16.3	227	64.4	14.3	144	540	15.8	2.16	20.3	5.5	215	23.3
燕山早期金井和幕阜山岩体		JJ01	31.2	19.5	4.5	5.6	3	24.7	304	140	42	24.6	519	10.5	0.5	14.6	4.2	135	3.8
		JJ02	27.2	9.1	4.3	5.2	3.9	23.1	273	116	36.9	23.6	507	9.8	0.82	12.9	3.5	123	3.5
		JJ03	22.7	15.8	5.5	6.5	6	27.7	288	140	44.2	27.7	517	10.5	0.98	13.8	4.1	150	4.2
		JJ04	30.6	15.8	5.5	6.5	12.3	27.3	292	169	49.3	26.8	629	11.5	0.95	13.8	4.5	150	3.9
		JJ05	22.6	13.3	5.4	6.3	11.3	30	282	137	40.3	27.4	517	11.1	0.77	14.1	4.5	151	4.3
		JJ06	21.3	6.5	4	5.4	2.2	16.8	345	102	42.6	16.1	358	32.5	2.09	16.6	3.3	104	2.6
		JJ07	15.8	11.9	4.2	5.1	1.9	17	336	106	44.2	16.3	344	34.5	1.79	16.9	2.9	108	2.8
		JJ08	19.5	6.7	3.4	4.5	2.1	18	350	103	44.6	15.5	354	34.5	1.26	16.6	2.7	105	2.6
		JJ09	22.2	13.6	5.7	6.9	4.3	15.3	318	226	48.2	26.6	564	42.5	1.1	16.5	4.2	123	4.4
		JJ10	21.6	13.1	4.5	5.2	4.1	13	298	229	48.7	23	488	46.5	1.23	16.2	3.1	110	3.9
雁林寺金矿区含金石英脉		LL06	<1.0	15.9	3.1	6.8	0.5	2.1	25	72	274.3	17.5	93	2	<0.5	4.2	1.1	33	4
		LL09	<1.0	21.8	1.8	10	<0.5	1.2	7	50	355.4	6.3	52	1.3	<0.5	2.5	<0.5	20	2.7
		LL10	<1.0	7.5	2.5	6.3	0.6	<1.0	14	53	590.9	10.4	45	1.3	0.5	3.2	<0.5	27	3.5
大万金矿区含金石英脉		DK01	14	53.7	13.9	28.6	1.2	9.8	168	61.2	84.3	66.1	218	9.8	0.56	16.5	2.8	155	11
		DK02	1.5	14.4	2	4.3	0.06	1.2	20.3	10	153	10.2	44.1	<1.0	<0.5	6	<0.5	30.3	1.5
		DK03	9.4	46.7	13.8	25.6	1.2	8.4	139	120	52.3	65.7	220	10.5	0.74	13.4	3.2	127	11.2
		DK04	1.9	10.8	2.3	4	0.17	1.2	20.2	7.2	323	10.5	40.2	0.84	<0.5	5.5	<0.5	30.8	1.3
		DK05	0.68	<5.0	0.9	2.1	0.26	<1.0	1.9	10.7	16.5	2.7	21.3	<1.0	<0.5	4.9	<0.5	21.9	0.51

注：测试方法为U用激光荧光光度法，Pb用X射线荧光光谱法，其余微量元素采用电感耦合等离子体原子发射光谱法（ICP-AES）；测试单位为湖北省地质实验研究所；测试人为张赤斌，黄福滨等；测试精度为优于3%。表中数据数量级均为10^{-6}。

5.3.2.2　微量元素变化特征

由表5-26可知（详见许德如等著《湘东北陆内伸展变形构造及形成演化的动力学机制》一书），与古中新元古界冷家溪群相比，燕山早期花岗岩Co、Cr、Ni、V、Nb、Zr、Hf、Sc、Ta含量均较低，而Th、U、Rb则偏高；在微量元素球粒陨石标准化图上（图5-26），燕山早期花岗岩［图5-26(b1)~(b4)］Ga、Cr、Rb、Sr、Pb、Ba、Zr元素含量比球粒陨石高，Co、U、V、Cs、Ta、Nb、Hf、Sc、Th元素含量比球粒陨石低，与冷家溪群具有非常类似的元素分布特点［图5-26（a）］。但冷家溪群无论是未蚀变围岩、蚀变围岩还是糜棱岩化围岩，微量元素变化均不大，只是Cr、Co、Pb在糜棱岩化围岩中略有变化，反映热液蚀变和动力变质作用对冷家溪群微量元素的质量迁移影响不大或处于质量平衡迁移，其中Cr、Rb、Zr、Ba、Sr、Pb、Ni、Ga、V元素含量比CI-球粒陨石高，Sc、Th、U、Nb、Cs、Hf、Co元素含量比球粒陨石低。

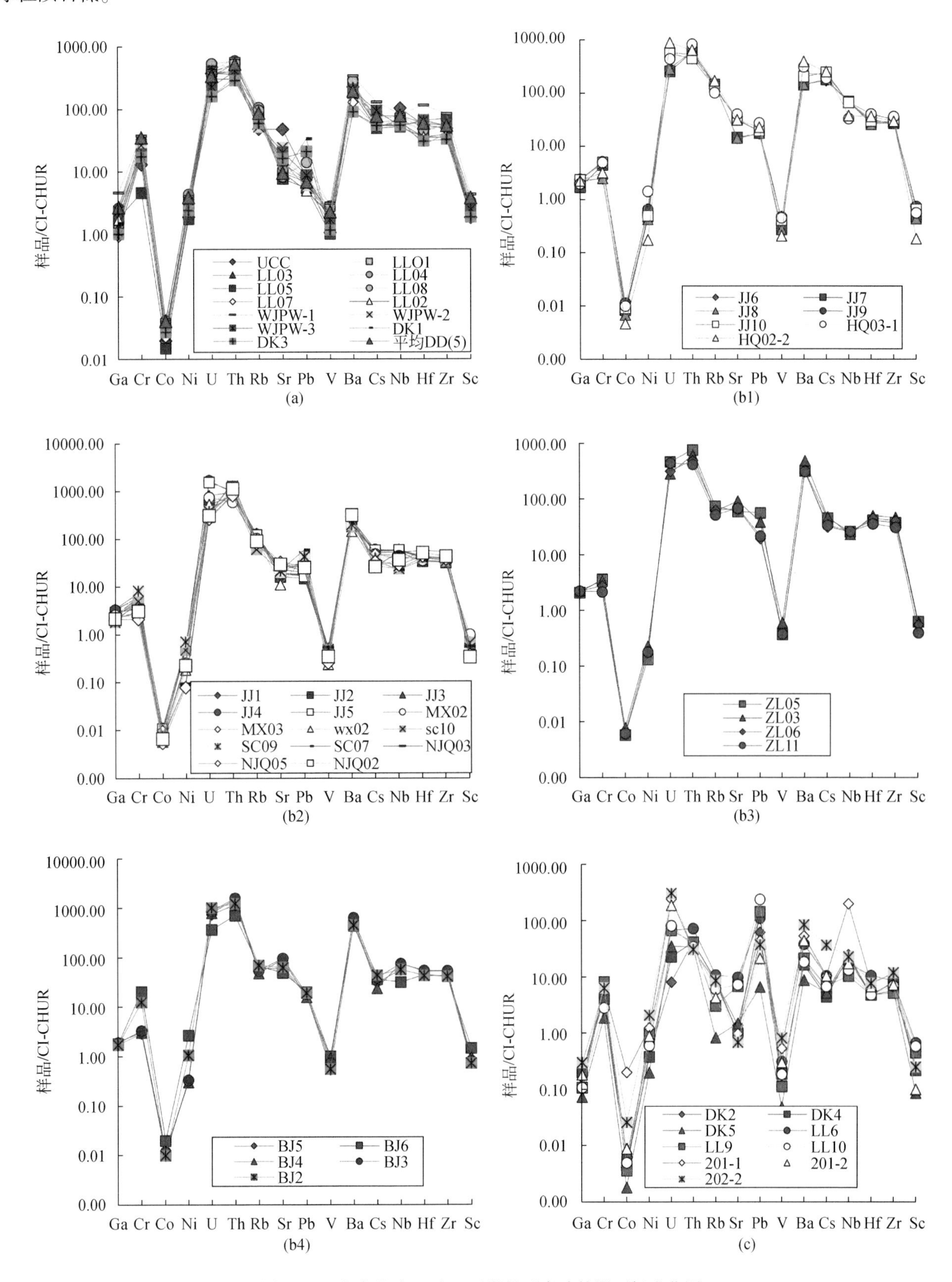

图 5-26 湘东北岩（矿）石微量元素球粒陨石标准化图

（a）冷家溪群围岩；（b1）～（b4）燕山早期花岗岩；（c）含金石英脉。（a）、（b1）～（b4）数据详见许德如等著《湘东北陆内伸展变形构造及形成演化的动力学机制》一书；图（a）中“平均 DD（5）”数据来自表 5-26 内 5 个大万矿区冷家溪群样品平均值；CI-CHUR 标准化值引自 McDonough 和 Sun（1995）；图（a）中 UCC 来自 Condie（1993）的上地壳值

然而，无论是来自大万矿区，还是雁林寺矿区，其含矿石英脉微量元素变化都相当大［表 5-26、图 5-26（c）］，如 Pb 元素显著高于冷家溪群，其他元素丰度低于冷家溪群各类围岩，也低于燕山早期花岗岩中相应元素含量，但 Ga、U、Cs、Co、Ba 元素却显著偏低。一般来说 Pb 含量较高时，金的丰度越高，如 DK05 石英脉样品 Pb 含量仅为 16.5×10^{-6}，远低于其他几个金含量较高的含矿石英脉样品，此外，Co、Ni、V、Ba、Rb、Sc 也表现出类似的特征（表 5-25）。由于含金石英脉中的矿石铅主要是赋存在方铅矿、黄铁矿等中的铅，而这些矿物形成后不再有放射性成因铅的明显加入，铅元素从矿源岩中浸取时又不会产生同位素分馏，转移进入成矿热液并随之迁移的过程中，即使成矿热液的物理化学条件发生变化，它们的同位素组成一般也不会发生变化（吴开兴等，2002），说明成矿热液一部分来源于富铅的氯化物络合物气成-热液，可能与岩浆活动有关（刘英俊和马东升，1984）。而与 CI-球粒陨石成分相比，含矿石英脉 Pb、Ba、Sr、Zr、Rb、Cr 元素含量比 CI-球粒陨石高，其他元素均较 CI-球粒陨石低，在同一矿区矿石和不同矿区矿石之间或同一矿区不同矿石之间微量元素变化较大。在图 5-26（c）中，与燕山早期花岗质岩和冷家溪群微量元素变化特征相比，含金石英脉中与成矿有关的元素既具有继承性特点，又有较大的不同，反映热液作用和动力变质作用过程成矿热液中微量元素活动性有较大差异。上述表明含矿热液蚀变和动力变质作用对成矿起重要的控制作用，成矿物质和成矿热液可能具有多来源性。

5.3.2.3 稀土元素变化特征

来自冷家溪群样品，无论是未蚀变的、未糜棱岩化的还是蚀变和糜棱岩化的，ΣREE 总量均较高（$141.15\times10^{-6}\sim225.68\times10^{-6}$），并都表现轻稀土富集［$(\text{La/Sm})_N=2.98\sim4.23$］、重稀土分布平衡［$(\text{Gd/Yb})_N=0.98\sim1.13$、LREE/HREE = 6.56 ~ 11.32］的 REE 配分模式（图 5-27；详见许德如等著

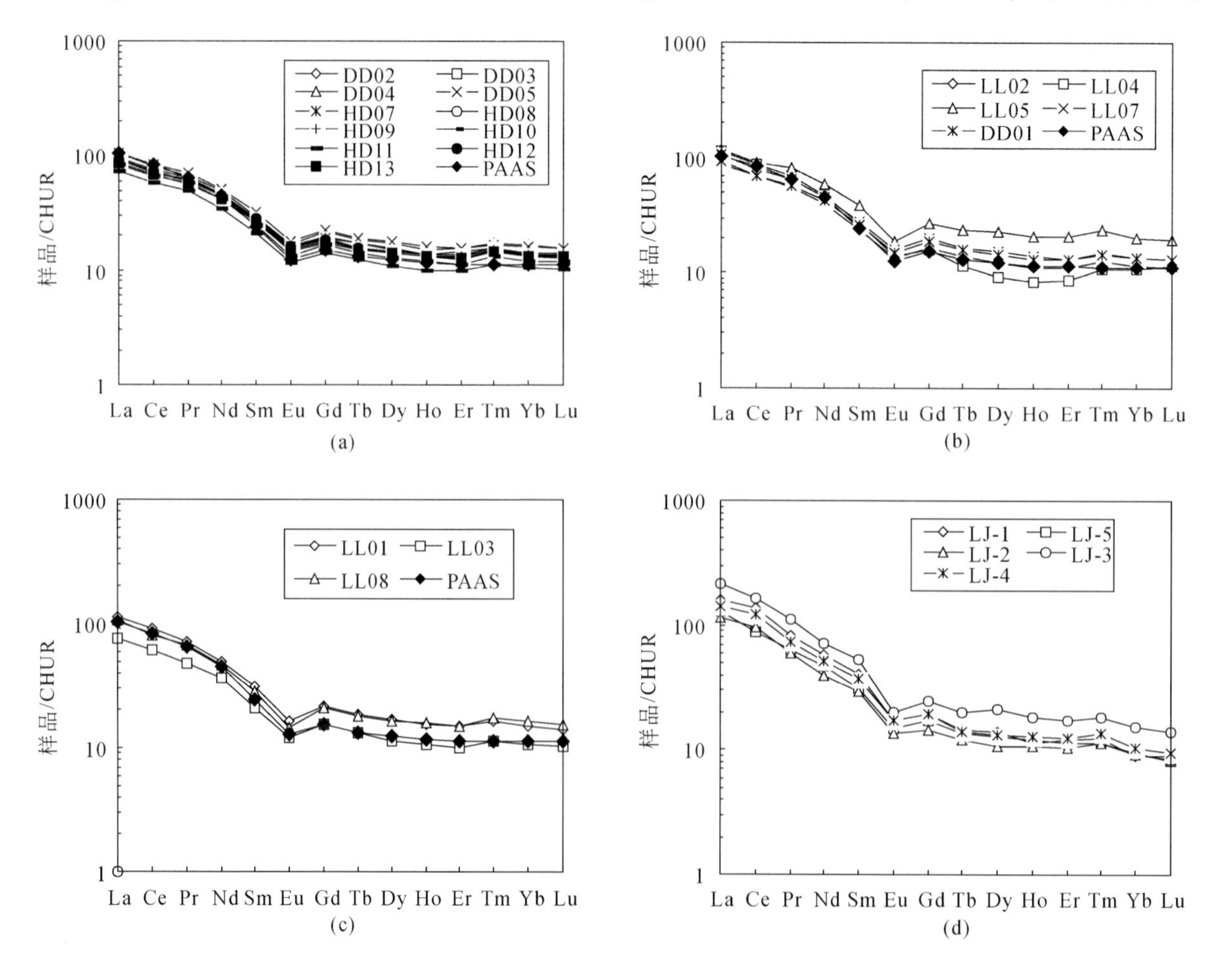

图 5-27 湘东北地区冷家溪群泥质岩（a）、砂质板岩（b）、砂岩（c）（d）REE 配分图.
PAAS 成分引自 Taylor 和 McLennan（1985）

《湘东北陆内伸展变形构造及形成演化的动力学机制》一书），Eu 表现中等至弱的负异常（δEu = 0.62 ~ 0.76），Ce 则表现出弱的负异常（δCe = 0.81 ~ 0.88），显然，稀土元素特征与后太古宙澳大利亚页岩（PAAS）和/或北美太古宙页岩（NASC）相当（Taylor and McLennan，1985）；同时也说明 REE 组成未受热液蚀变和/或变质作用的影响。

然而，蚀变的和糜棱岩化的冷家溪群围岩在稀土元素活动特征，还是表现一定的差异性。与蚀变围岩相比，糜棱岩化岩石 LREE/HREE 值升高，如，雁林寺金矿及其糜棱岩化围岩 ΣREE 总量普遍高于 190×10^{-6}、LREE/HREE 值可达 11.32；而蚀变围岩 ΣREE 总量则有降低的趋势，但 LREE/HREE 值有升高的趋势，如黄金洞金矿区和雁林寺金矿区。结合蚀变围岩和糜棱岩化围岩中金丰度分析，反映蚀变作用和糜棱岩化过程中不仅引起金元素的迁移，还能引起稀土元素的质量迁移。前者主要与热液蚀变作用有关，而后者主要与动力变质作用有关。

不同时代特别是显生宙以来的花岗岩 REE 配分模式均表现为 LREE 高度富集特征［$(La/Yb)_N$ = 27.46 ~ 110.94］（图 5-28），因而与冷家溪群 REE 特征差异较大（图 5-27），反映这些花岗质岩并不完全来源于冷家溪群的部分熔融（详见许德如等著《湘东北陆内伸展变形构造及形成演化的动力学机制》一书）。根据 Eu^*/Eu 值，这些花岗岩可进一步分成两组：一组是弱负 Eu 异常-正 Eu 异常型（Eu^*/Eu = 0.74 ~ 1.11），另一组是 Eu 显著负异常型（Eu^*/Eu = 0.58 ~ 0.72）。前者包括早古生代和部分晚中生代花岗岩［图 5-28（a）（b）］，而后者包括剩余部分的晚中生代花岗岩［图 5-28（c）］。晚中生代花岗岩两组 REE 特征共存可能与源区岩化学成分的变化有关。不过，燕山早期花岗质岩稀土元素 ΣREE 为 81.48×10^{-6} ~ 172.67×10^{-6}（表 5-27），LREE/HREE = 16.52 ~ 24.92，$(La/Yb)_N$ = 25.13 ~ 39.90，$(La/Sm)_N$ = 5.56 ~ 6.12，$(Gd/Yb)_N$ = 2.03 ~ 2.86，显示轻重稀土元素的明显分馏和 LREE 强烈富集［图 5-28（a）］。Eu 表现一定程度的负异常且 δEu 值变化较大（δEu = 0.58 ~ 0.85），Ce 则表现弱的负异常（δCe = 0.74 ~ 0.83）。与冷家溪群围岩稀土配分特征具有一定的相似性。

与燕山期花岗质岩和冷家溪群未蚀变和未糜棱岩化岩石相比，来自不同金矿区的含矿石英脉的稀土元素含量总体显著偏低。其中，大万金矿含矿石英脉 ΣREE = 2.27×10^{-6} ~ 118.58×10^{-6}，黄金洞金矿含矿石英脉 ΣREE = 1.28×10^{-6} ~ 14.41×10^{-6}，雁林寺金矿含矿石英脉 ΣREE = 12.13×10^{-6} ~ 35.24×10^{-6}。稀土配分模式可分为三种类型：第一种类型 REE 配分模式与冷家溪群相似（图 5-27；详见许德如等著《湘东北陆内伸展变形构造及形成演化的动力学机制》），包括来自大万、黄金洞和雁林寺矿床的部分样品［图 5-29（a）（d）］；第二种类型为中等铕负异常（δEu = 0.67 ~ 0.8）、显著铈负异常（δCe = 0.45 ~ 0.85），均为轻稀土元素相对富集［$(La/Sm)_N$ = 1.80 ~ 3.86］、重稀土元素较为平衡分布［$(Gd/Yb)_N$ = 0.92 ~ 1.36］的右倾型［$(La/Yb)_N$ = 3.12 ~ 7.66］［图 5-29（b）］，这种分配模式以黄金洞为代表，少部分来自大万，与冷家溪群围岩和燕山早期花岗质岩具有显著差别的稀土配分特征。其中，弱负铈异常可能是成矿流体继承围岩冷家溪群的结果，或与当时古海水加入有关（王中刚等，1989）；第三种类型具有 Eu 的弱负异常或弱正异常（δEu = 0.96 ~ 1.17）、Ce 的弱负异常（δCe = 0.74 ~ 0.87）、轻稀土元素较为富集［$(La/Sm)_N$ = 2.90 ~ 5.57］、重稀土元素亏损明显［$(Gd/Yb)_N$ = 1.30 ~ 1.79］的右倾型［$(La/Yb)_N$ = 5.77 ~ 18.36］［图 5-29（c）］，这种分配模式主要为大万和雁林寺金矿样品，与冷家溪群迥然不同（图 5-27；详见本章 5.5 节），但与花岗岩第一组 REE 配分模式类似［图 5-28（a1）(a2)］。此外，来自雁林寺矿床矿脉样品 LL9 具有与平均太古宙 TTG 岩类似的 REE 配分模式［Eu/Eu^* = 0.97、$(La/Yb)_N$ = 18.2；Condie，1993］。其余样品也都与平均太古宙安山岩［Eu/Eu^* = 0.85、$(La/Yb)_N$ = 7.6］和/或平均古-中元古代长英质火山岩［Eu/Eu^* = 0.82、$(La/Yb)_N$ = 5.8 ~ 8.3；Condie，1993］REE 模式相似。这些特征似乎暗示成矿流体可能来源于前寒武纪克拉通的岩基杂岩或者来源于显生宙大陆边缘弧系统内的弧火山-沉积系列。

Rossman 等（1987）、Norman 等（1989）认为，石英沉淀时大部分的 Rb、Sr 和稀土元素包含在流体中，因此石英中微量元素和稀土元素地球化学组成可近似地代表石英流体包裹体成分。来自江南古陆湘东北地区不同金矿床中的含矿石英脉 REE 配分模式也的确反映了矿床与矿床之间在成矿流体性质上存在某些差别。雁林寺矿床含矿石英脉所具有的相对高的∑REE 值可能显示含矿流体是一种含盐度高，且富 Cl 络合物的流体（Norman et al.，1989）。与此相反，大万（除样品 DK01），尤其是黄金洞矿床的成矿流体则具有低的、可变的盐度，这可能是高盐度流体与低盐度流体混合的结果。Michard（1989）还指出，热水溶液中的 REE 浓度随着 pH 的降低而升高，而大的正 Eu 异常的出现则严格局限于高温、富 Cl 且 pH<6、$^{87}Sr/^{86}Sr$ 值较宽的溶液。由于雁林寺矿床含矿石英脉样品具有 LREE 强烈富集、REE 含量高和 Eu 正异常的 REE 配分特点，该矿床可能形成于成矿流体 pH<6、具高 Cl 含量和高温度（>230℃）的相对还原的环境（Lottermoser，1989）。对于大洞矿床，因其具 LREE 富集、可变的 Eu 异常和中等含量的 REE 配分模式，该矿床成矿流体可能为一种还原环境下的低温酸性硫酸盐水，该流体可能是富含岩浆成因的 HCl 导致沉积岩中的 Ca 元素的加入或者发生强烈的水岩交互反应从而导致 Na-Cl 盐水向 Ca-Na-Cl 演化得来的（Michard，1989）。黄金洞矿床具有 LREE 富集、负的 Ce 和 Eu 异常配分模式，显示该矿床成矿流体可能来源于海水（Graf，1978；Lottermoser，1989）。

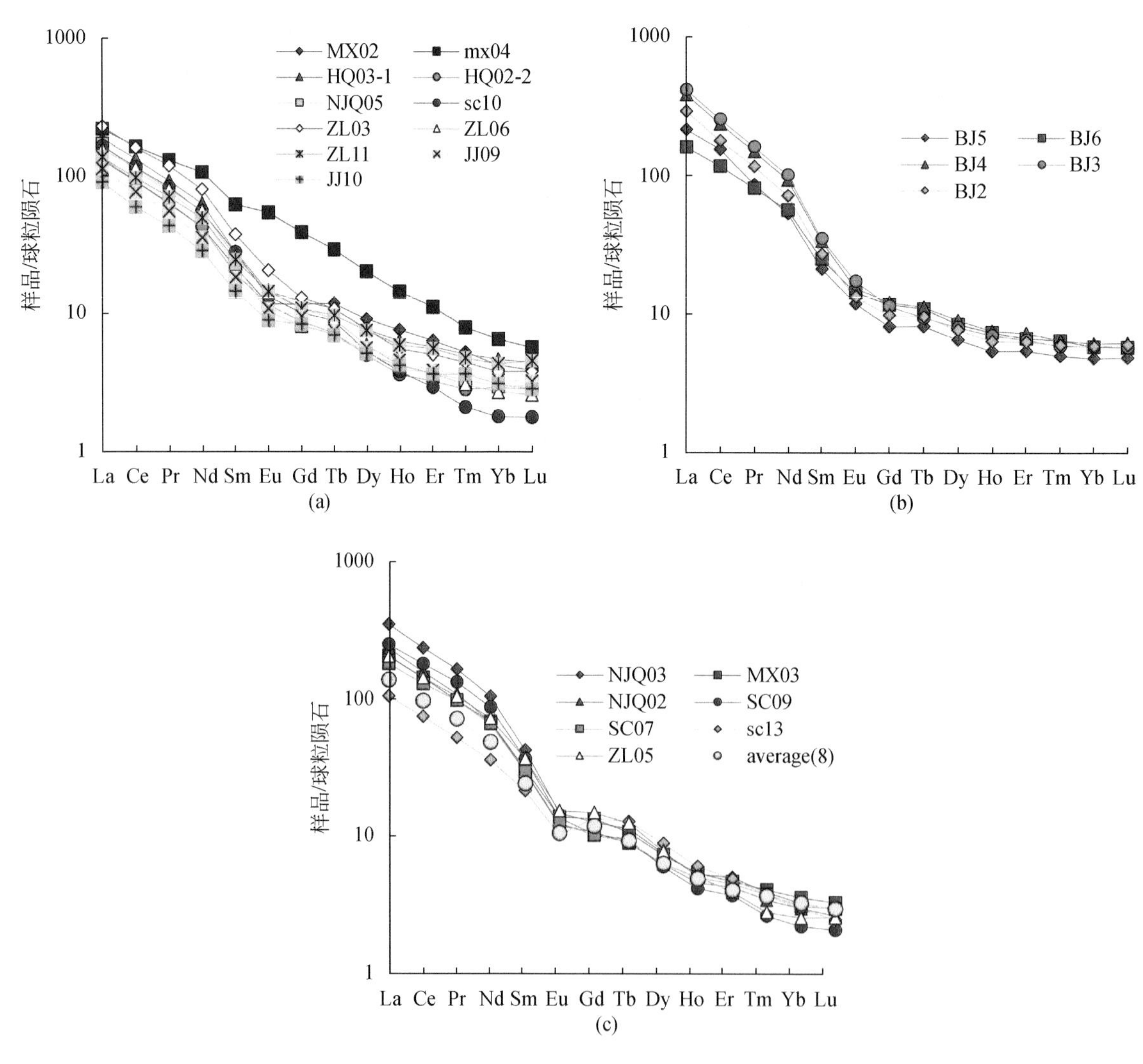

图 5-28 不同时代花岗岩球粒陨石标准化 REE 配分图

（a）（c）晚中生代花岗岩；（b）早古生代花岗岩；（c）中“average（8）”系金井岩体 8 个样品的平均值，另外 7 个样品数据来自其他晚中生代花岗岩岩体；数据来源详见许德如等著《湘东北陆内伸展变形构造及形成演化的动力学机制》一书；球粒陨石标准化值数据引自 McDonough 和 Sun（1995）

表5-27(a) 湘东北地区岩(矿)石稀土元素分析及特征值

元素及特征值	燕山早期金井和幕阜山岩体										大洞金矿区含金石英脉					黄金洞金矿含金石英脉						雁林寺金矿区含金石英脉		
	JJ01	JJ02	JJ03	JJ04	JJ05	JJ06	JJ07	JJ08	JJ09	JJ10	DK01	DK02	DK03	DK04	DK05	HD01	HD02	HD03	HD04	HD05	HD06	LL06	LL09	LL10
$La/10^{-6}$	30.61	31.01	39.71	35.59	42.13	27.08	29.01	26.14	26.55	21.15	23.33	1.42	18.38	1.79	0.48	0.6	3.25	0.26	1.42	2.36	0.65	6.96	2.76	3.9
$Ce/10^{-6}$	56.43	54.68	73.67	68.59	78.8	48.19	51.62	43.98	46.32	36.05	47.79	3.08	35.64	3.49	0.81	0.75	5.46	0.26	1.89	4.69	1.01	14.35	5.29	8.12
$Pr/10^{-6}$	6.38	6.23	8.13	7.63	8.78	5.33	5.78	5.28	5.1	3.99	5.63	0.38	4.42	0.44	0.1	0.13	0.74	0.05	0.31	0.54	0.16	1.9	0.66	0.92
$Nd/10^{-6}$	20.29	20.35	27.74	25.01	30.22	17.82	18.56	17.18	16.17	13	21.68	1.37	16.94	1.56	0.39	0.48	2.91	0.25	1.36	2.25	0.63	6.05	2.4	3.49
$Sm/10^{-6}$	3.3	3.29	4.31	4	4.74	2.96	3.2	2.91	2.71	2.14	4.24	0.23	3.5	0.32	0.1	0.1	0.59	0.09	0.26	0.49	0.16	1.34	0.31	0.84
$Eu/10^{-6}$	0.59	0.6	0.7	0.68	0.71	0.5	0.53	0.49	0.61	0.5	0.89	0.06	0.82	0.06	0.03	0.02	0.11	0.02	0.05	0.12	0.03	0.46	0.09	0.26
$Gd/10^{-6}$	2.2	2.22	2.76	2.47	2.98	2.13	2.21	2.03	1.9	1.66	3.89	0.22	3.69	0.23	0.11	0.09	0.49	0.09	0.21	0.51	0.13	1.27	0.26	0.94
$Tb/10^{-6}$	0.31	0.32	0.38	0.35	0.41	0.32	0.31	0.3	0.27	0.25	0.59	0.04	0.59	0.04	0.02	0.02	0.09	0.02	0.04	0.09	0.02	0.2	0.04	0.14
$Dy/10^{-6}$	1.52	1.54	1.75	1.57	1.95	1.42	1.46	1.39	1.39	1.26	3.57	0.21	3.38	0.22	0.1	0.1	0.52	0.1	0.23	0.49	0.12	1.09	0.24	0.83
$Ho/10^{-6}$	0.27	0.26	0.31	0.27	0.33	0.24	0.24	0.24	0.25	0.23	0.76	0.05	0.67	0.05	0.02	0.02	0.1	0.02	0.05	0.09	0.02	0.22	0.04	0.16
$Er/10^{-6}$	0.65	0.63	0.75	0.65	0.78	0.58	0.58	0.57	0.62	0.58	2.17	0.12	1.86	0.13	0.05	0.06	0.29	0.06	0.13	0.24	0.06	0.6	0.1	0.41
$Tm/10^{-6}$	0.09	0.09	0.1	0.09	0.11	0.08	0.08	0.09	0.09	0.09	0.34	0.02	0.29	0.02	0.01	0.009	0.049	0.008	0.02	0.037	0.009	0.1	0.01	0.06
$Yb/10^{-6}$	0.51	0.52	0.59	0.54	0.64	0.47	0.48	0.49	0.53	0.5	2.21	0.11	1.88	0.13	0.05	0.05	0.31	0.05	0.14	0.23	0.06	0.6	0.09	0.37
$Lu/10^{-6}$	0.07	0.07	0.08	0.08	0.09	0.07	0.06	0.07	0.08	0.07	0.33	0.02	0.28	0.02	0.01	0.009	0.048	0.007	0.022	0.036	0.009	0.09	0.01	0.06
$\sum REE/10^{-6}$	123.24	121.81	160.97	147.50	172.67	107.18	114.12	101.16	102.59	81.48	118.58	7.34	92.33	8.51	2.27	2.45	14.41	1.28	6.11	12.16	3.06	35.24	12.13	20.5
LREE/HREE*	21.25	20.56	22.99	24.92	22.69	19.22	20.06	18.53	19.00	16.52	7.00	8.18	6.31	9.01	5.47	5.62	9.67	2.66	6.45	6.11	6.29	7.43	18.56	5.90
δEu	0.69	0.70	0.63	0.67	0.58	0.63	0.63	0.64	0.84	0.85	0.72	0.88	0.76	0.70	0.96	0.69	0.67	0.74	0.69	0.80	0.67	1.17	1.03	0.98
δCe	0.81	0.78	0.82	0.83	0.82	0.80	0.79	0.74	0.80	0.77	0.85	0.86	0.80	0.80	0.74	0.54	0.71	0.45	0.57	0.84	0.64	0.81	0.80	0.87
$(La/Yb)_N$*	35.69	35.37	39.9	39.16	39.07	34.26	35.83	31.66	29.74	25.13	6.27	7.66	5.81	8.22	5.77	7.23	6.23	3.12	6	6.1	6.34	6.88	18.36	6.25
$(La/Sm)_N$*	5.8	5.89	5.76	5.56	5.56	5.72	5.67	5.61	6.12	6.18	3.44	3.86	3.28	3.49	3.0	3.76	3.44	1.8	3.42	3.01	2.54	3.21	5.57	2.9
$(Gd/Yb)_N$*	2.65	2.61	2.86	2.81	2.85	2.78	2.82	2.54	2.2	2.03	1.08	1.22	1.2	1.09	1.35	1.15	0.97	1.12	0.92	1.36	1.31	1.3	1.79	1.55

表 5-27(b)　湘东北地区岩(矿)石稀土元素分析及特征值

元素及特征值	大洞金矿区冷家溪群					黄金洞金矿区冷家溪群强硅化蚀变岩							糜棱岩化岩石[a]				强糜棱岩化岩石[b]	蚀变岩[c]	强蚀变岩[d]
	DD01	DD02	DD03	DD04	DD05	HD07	HD08	HD09	HD10	HD11	HD12	HD13	LL01	LL03	LL04	LL05	LL08	LL07	LL02
La/10^{-6}	33.51	33.58	33.64	38.68	38.66	34.74	33.23	33.58	30.81	26.59	33.31	31.26	40.99	27.95	41.38	42.34	39.23	38.56	32.23
Ce/10^{-6}	66.47	66.44	70.66	77.84	79.34	71.09	68.05	67.01	63.66	55.22	70.66	65.7	86.63	58.34	83.86	87.25	77.87	74.73	67.22
Pr/10^{-6}	7.83	8.38	8.33	8.97	9.65	8.72	8.3	8.38	7.87	6.69	8.26	7.58	9.85	6.59	9.33	11.18	9.27	8.92	7.57
Nd/10^{-6}	30.41	31.42	31.54	35.4	36.28	32.69	31.34	31.67	29.66	24.66	31.53	29.78	35.29	25.75	32.86	42.38	32.57	32.19	27.98
Sm/10^{-6}	5.95	6.13	6.1	6.78	7.31	6.62	6.41	6.27	5.8	4.91	6.45	6.1	7.21	4.9	6.12	8.88	6.54	6.42	5.39
Eu/10^{-6}	1.28	1.39	1.35	1.47	1.54	1.42	1.35	1.32	1.14	1	1.4	1.27	1.43	1.05	1.2	1.62	1.25	1.38	1.17
Gd/10^{-6}	5.67	6.09	5.89	6.59	6.94	5.78	5.56	5.54	5.1	4.39	5.59	5.3	6.56	4.66	4.96	8.34	6.49	6.17	5.1
Tb/10^{-6}	0.93	1	0.99	1.08	1.12	0.91	0.88	0.91	0.81	0.71	0.92	0.88	1.06	0.77	0.66	1.39	1.05	0.96	0.8
Dy/10^{-6}	5.55	5.93	5.84	6.5	6.82	5.67	5.4	5.43	4.97	4.15	5.44	5.39	6.48	4.3	3.47	8.78	6.3	5.85	4.66
Ho/10^{-6}	1.12	1.17	1.16	1.3	1.36	1.18	1.12	1.13	1.02	0.85	1.12	1.12	1.29	0.91	0.71	1.79	1.34	1.2	0.96
Er/10^{-6}	3.28	3.61	3.42	3.85	3.91	3.37	3.13	3.31	2.84	2.45	3.23	3.23	3.74	2.5	2.13	5.09	3.71	3.3	2.81
Tm/10^{-6}	0.51	0.56	0.53	0.62	0.6	0.561	0.528	0.539	0.476	0.402	0.521	0.526	0.58	0.4	0.39	0.83	0.62	0.53	0.45
Yb/10^{-6}	3.33	3.56	3.44	4.08	3.97	3.45	3.3	3.43	3	2.6	3.31	3.3	3.74	2.64	2.69	5.05	4	3.34	2.85
Lu/10^{-6}	0.5	0.54	0.51	0.6	0.6	0.525	0.498	0.52	0.464	0.388	0.496	0.511	0.54	0.39	0.44	0.75	0.59	0.5	0.43
∑HREE/10^{-6}	166.33	169.79	173.40	193.77	198.10	176.73	169.1	169.05	157.64	135.02	172.25	161.96	205.40	141.15	190.19	225.68	190.84	180.04	159.64
LREE/HREE*	6.97	6.56	6.96	6.87	6.82	7.24	7.28	7.12	7.43	7.47	7.35	6.99	8.87	7.52	11.32	6.05	6.92	9.09	7.83
δEu	0.73	0.76	0.75	0.73	0.72	0.75	0.74	0.73	0.69	0.71	0.76	0.73	0.68	0.73	0.71	0.62	0.64	0.73	0.74
δCe	0.83	0.81	0.86	0.85	0.84	0.83	0.84	0.82	0.84	0.85	0.87	0.87	0.88	0.87	0.86	0.82	0.83	0.82	0.87
$(La/Yb)_N$*	5.97	5.6	5.81	5.63	5.78	5.98	5.98	5.81	6.1	6.07	5.98	5.62	6.51	6.29	9.13	4.98	5.82	6.85	6.71
$(La/Sm)_N$*	3.52	3.42	3.45	3.57	3.31	3.28	3.24	3.35	3.32	3.38	3.23	3.2	3.55	3.56	4.23	2.98	3.75	3.75	3.74
La/Yb*	10.06	9.43	9.78	9.43	9.74	10.07	10.07	9.71	10.27	10.23	10.06	9.47	10.96	10.59	15.38	8.38	9.81	11.54	11.31
$(Gd/Yb)_N$*	1.04	1.05	1.05	0.99	1.07	1.03	1.03	0.99	1.04	1.04	1.04	0.98	1.08	1.08	1.13	1.01	0.99	1.13	1.1
Sm/Nd*	0.20	0.20	0.19	0.19	0.20	0.20	0.20	0.20	0.20	0.20	0.20	0.20	0.20	0.19	0.19	0.21	0.20	0.20	0.19

* 单位为 1。a,b,c,d. 均来自雁林寺金矿区。

注:测试方法为电感耦合等离子体原子发射光谱法(ICP-AES);测试单位为湖北省地质实验研究所;测试人为张赤斌等;测试精度为优于 3%。

综上所述，不同矿床含矿石英脉中Eu异常存在明显不同：雁林寺矿床以正Eu异常为主、大洞矿床具有可变的Eu异常、黄金洞矿床具有显著Eu负异常和Ce负异常。这种Eu异常的差别可能是随硫化物矿化位置的变化，成矿流体的Eu溶解度、温度和盐度的降低，pH升高所引起的结果。但是，含矿石英脉样品REE地球化学特征显示这些矿床的成矿元素和成矿流体的来源是相当复杂的，可能来自不同源区，并经不同程度的混合。雁林寺矿床的成矿元素更可能来自深成岩体或者弧火山岩；黄金洞矿床的成矿金属可能来源于与海水环境有关的源区（如含金属的深海沉积物）；大洞矿床的成矿金属则更可能是深成岩体或者弧火山岩与冷家溪群的混合源。

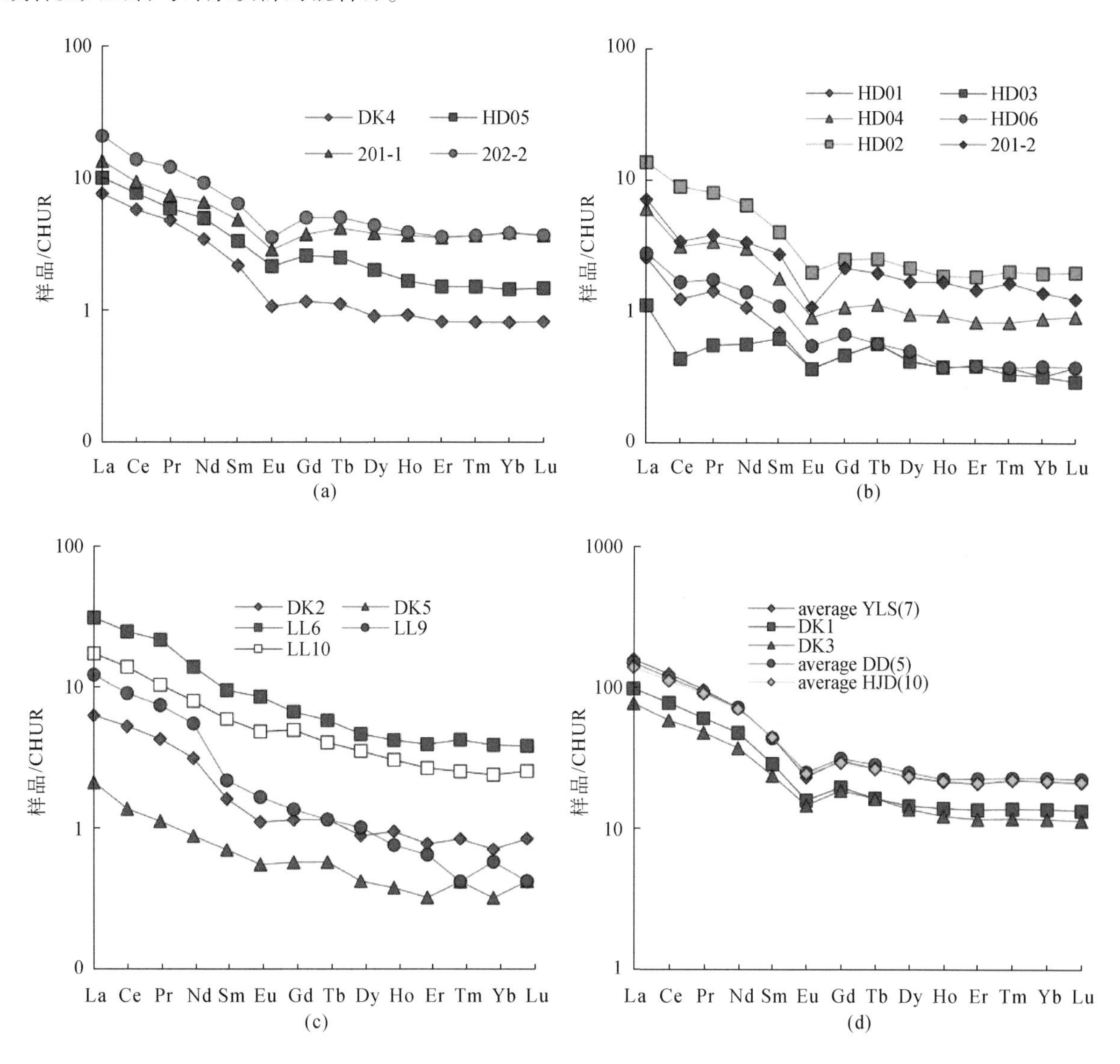

图5-29　含矿石英脉（a）～（c）和中元古代冷家溪群（d）球粒陨石标准化REE配分图

DK，201，202. 大万金矿样品；HD. 黄金洞金矿样品；LL. 雁林寺金矿样品。图（d）中，average YLS(7)为雁林寺金矿区7个样品平均值；average DD(5)为大洞金矿区5个样品平均值；average HJD(10)为黄金洞金矿区10个样品平均值。CHUR标准化值引自McDonough和Sun（1995）

5.3.2.4　Rb-Sr和S同位素组成特征

本次对湘东北地区黄金洞、大万大洞和雁林寺金矿分别进行了石英流体包裹体Rb-Sr同位素测定和矿石硫化物S同位素组成分析。测试样品均来自这些矿床含矿石英脉，并由中国地质调查局武汉地质调查中心宜昌基地采用MAT-261可调多接收质谱仪完成。样品加工、处理及测试方法可详见Ma等（1998）、王秀璋等（1999）。大万金矿矿脉石英中包裹体发育，形态为椭圆及不规则状，由纯液相和液相两种包裹体组成，前者直径<3μm、后者为3～7μm，包裹体气相比为5%～10%；均一法测温表明矿床形成温度早期为244～310℃，而更晚期为136～145℃（柳德荣等，1994；Mao et al.，2002以及详见4.2节）。黄金洞金矿流体包裹体均一温度从早期到晚期矿化阶段变化于250～400℃之间（罗献林，1988；马东升和刘英俊，1991）。雁林寺金矿石英包裹体均一温度在第一矿化阶段为250～350℃，而在第二矿化阶段为300～400℃（柳德荣和吴延之，1993）。

1. Rb-Sr 同位素组成

所研究的矿床含矿脉石英中的流体包裹体具有较高 Rb（$0.03401\times10^{-6}\sim4.926\times10^{-6}$）和 Sr（$0.1646\times10^{-6}\sim116.3\times10^{-6}$）丰度变化范围（表5-28），可能反映成矿流体初始 Sr 同位素组成并不均一。其中，雁林寺金矿床含金石英脉石英流体包裹体具有相对较低的$^{87}Sr/^{86}Sr$值（0.73396～0.75637），其次为大万大洞金矿床含金石英脉石英流体包裹体（$^{87}Sr/^{86}Sr$=0.75819～0.75978），而黄金洞金矿床含金石英脉石英流体包裹体$^{87}Sr/^{86}Sr$值最高（0.76491～0.81718）。Rb-Sr 同位素组成的差异，可能与不同矿床具有不同的含矿流体成分或其演化有关，但都反映了大气降水参与的特征。

表5-28　湘东北地区主要金矿床含金石英脉石英流体包裹体 Rb-Sr 同位素成分

样品号	矿床及样品描述	$Rb/10^{-6}$	$Sr/10^{-6}$	$^{87}Rb/^{86}Sr$	$^{87}Sr/^{86}Sr$	$\pm2\sigma$	等时线年龄/Ma
Ylsb1	雁林寺金矿床含金石英脉石英流体包裹体	0.4733	1.301	1.052	0.74295	0.00003	未获得
Ylk2		0.5376	3.829	0.4058	0.73396	0.00007	
Li01-6		0.6886	3.599	0.5533	0.73757	0.00004	
Li01-9		0.832	2.094	1.149	0.74063	0.00003	
Li01-10		0.3337	2.889	0.3345	0.75637	0.00002	
HD01-1	黄金洞金矿床含金石英脉石英流体包裹体	0.03401	0.2492	0.3957	0.76491	0.000001	152±13Ma
HD01-2		2.488	0.7714	9.365	0.7811	0.00005	
HD01-3		1.346	0.1646	23.83	0.81718	0.00007	
HD01-4		4.926	0.7732	18.54	0.80233	0.00008	
HD01-5		0.949	0.4085	6.743	0.77741	0.00003	
HD01-6		0.2148	0.2709	2.3	0.77082	0.00001	
DD02-2	大万大洞金矿床含金石英脉石英流体包裹体	0.35	0.639	1.587	0.75978	0.00007	70.7±2.2Ma
DD02-4		0.2598	0.7152	1.053	0.75921	0.00003	
DD02-5		0.1056	0.6669	0.4589	0.75862	0.00003	
DD02-3		0.1738	116.3	0.004328	0.75819	0.00005	

2. 硫（S）同位素组成

采自黄金洞矿区除了三个黄铁矿$\delta^{34}S_{S-CDT}$值为-13.92‰～-10.02‰（均值-11.8‰）外，大多数黄铁矿和毒砂$\delta^{34}S_{V-CDT}$值在-8.62‰～-4.83‰之间，平均为-6.3‰（表5-29；详见4.2节）。大万金矿硫化物也显示相对均一的，但稍亏损的S同位素组成（$\delta^{34}S_{V-CDT}$值介于-10.2‰～-7.97‰之间，平均-9.2‰）。这些硫化物S同位素组成与张理刚（1985）、罗献林（1990）、柳德荣等（1994）、毛景文等（1997）先前所获结果相一致。如黄金洞硫化物$\delta^{34}S_{V-CDT}$值为-12.2‰～-3.4‰之间（普遍集中在-8.3‰～-5.6‰之间，平均-6.7‰），而万古在-11.6‰～-8.9‰之间。与黄金洞及大万金矿相比，雁林寺金矿尽管S同位素成分变化较大（$\delta^{34}S_{V-CDT}$=-14.76‰～6.12‰），但普遍偏高，并主要集中在-2.6‰～6.12‰之间，平均-1.24‰（表5-29）。热液S同位素组成特征可能反映研究区不同矿床含矿热液来源上的差异。

表 5-29　湘东北地区主要金矿床含矿石英脉硫化物硫同位素组成　（单位：‰）

序号	样号	硫化物	样品来源	矿床名称	$\delta^{34}S_{V\text{-}CDT}$	来源
1	HD01-8	Py	含金石英脉	黄金洞金矿	-12.92	本书
2	HD01-9	Py			-10.02	本书
3	HD01-12	Py			-12.56	本书
4	HD01-10	Py			-5.93	本书
5	HD01-11	Py			-6.84	本书
6	HD01-13	Py			-8.62	本书
7	HD01-4	Arsp			-6.7	本书
8	HD01-5	Arsp			-5.8	本书
9	HD01-10	Arsp			-4.83	本书
10	HD01-11	Arsp			-5.69	本书
11	YLS01-1	Py	含金石英脉	雁林寺金矿	-2.6	本书
12	YLS01-2	Py			-1.08	本书
13	YLS01-3	Py			6.12	本书
14	YLS01-4	Py			-6.04	本书
15	YLS01-5	Py			-1.3	本书
16	YLS01-6	Py			-4.33	本书
17	YLS01-7	Py			-10.34	本书
18	YLS01-8	Py			-1.48	本书
19	YLS01-9	Py			-0.58	本书
20	YLS01-10	Py			-14.76	本书
21	YLS01-1	Py			-1.62	本书
22	YLS01-2	Py			-1.34	本书
23	YLS01-4	Arsp			-0.54	本书
24	YLS01-5	Arsp			-1.35	本书
25	YLS01-6	Arsp			-0.91	本书
26	YLS01-7	Arsp			-1.16	本书
27	YLS01-8	Arsp			-1.46	本书
28	YLS01-9	Arsp			-0.24	本书
29	YLS01-10	Arsp			-1.67	本书
30	DD02-1	Py	含金石英脉	大洞金矿	-8.64	本书
31	DD02-3	Py			-9.3	本书
32	DD02-5	Py			-7.97	本书

续表

序号	样号	硫化物	样品来源	矿床名称	$\delta^{34}S_{V-CDT}$	来源
33	DD02-2	Arsp	含金石英脉	大洞金矿	-9.67	本书
34	DD02-3	Arsp			-10.2	本书
35	DD02-4	Arsp			-9.54	本书
36	DD02-5	Arsp			-9.23	本书
37	DD02-1	Arsp			-9.35	本书

注：Py. 黄铁矿；Arsp. 毒砂。

5.3.3 含矿流体和成矿物质来源

湘东北地区金矿床硫化物较为简单（主要为黄铁矿和毒砂），因此所获得的S同位素组成可代表含矿热液流体总的S同位素特征（Ohmoto and Rye，1979）。罗献林（1988，1990）、柳德荣等（1994）、刘亮明和彭省临（1999）已获得湘东北地区冷家溪群成岩期黄铁矿 $\delta^{34}S$ 值在-12～-10‰之间。大万金矿热液成因硫化物（见第4章）与冷家溪群同生黄铁矿具有相近的 $\delta^{34}S$ 值，可能反映其含矿流体S主要来源于赋矿围岩。但本研究表明，冷家溪群具有极低的成矿元素Au丰度，因而暗示这种含矿热液流体中S可能来源于一个同位素相似的源区，如地壳深部（Hu et al.，2002）深成岩体或者弧火山岩。Mao等（2002）对大万矿床的O/H/He同位素分析也表明，早期含金流体可能来源于变质水和/或岩浆水，而晚期无矿流体可能由再循环的陨石水组成。黄金洞矿床在S、Pb同位素组成上则主要与湘西沃溪矿床和板溪群马底驿组相似（图5-30；罗献林，1990），或暗示该矿床成矿物质和含矿流体不仅来源于元古宇，而且与岩浆热液可能有某种成因关系（Peng and Frei，2004）。雁林寺金矿硫化物大多数 $\delta^{34}S$ 值主要落在岩浆S范围内（-3‰～7‰：Ohmoto et al.，1999），但与矿区冷家溪群差别较大，说明该矿床成矿物质主要来源于含矿岩浆流体。但成矿阶段，含矿热液中的S同位素可能由于与围岩反应而混染围岩中的S（如冷家溪群中的同生黄铁矿）（Ohmoto et al.，1999），从而导致雁林寺金矿S同位素组成具有较大的变化（表5-29）。因而部分成矿物质有可能来源于冷家溪群。总之，S同位素组成反映这些金矿床热液成因硫化物 $\delta^{34}S$ 值从雁林寺到黄金洞和大万有逐渐降低的趋势，可能与升高的氧逸度、降低的温度、升高的围岩生物硫或降低的下地壳/地幔物质贡献有关（Ohmoto et al.，1999；Pan and Dong，1999）。

McCuaig和Kerrich（1998）进一步认为脉型金矿床含矿热液流体的主要成分要么来源于下地壳和/或地幔，并与变质地体之下古老长英质地壳达到平衡，要么与起源于这些古老长英质地壳的深熔型花岗质岩有关。湘东北地区多期次特别是晚中生代花岗质岩广泛出现该区大多数矿床附近，暗示岩浆来源的流体对这些矿床形成具有重要的影响。最有意义的是，湘东北地区大多数早古生代加里东期、印支期和晚中生代花岗质岩具有典型埃达克岩和/或太古宙高Al-TTG/TTD岩套地球化学亲和性（详见许德如等著《湘东北陆内伸展变形构造及形成演化的动力学机制》一书）。时空上，埃达克质岩与Cu-Au多金属成矿作用具有密切的关系（Zhang et al.，2001；Wang et al.，2003；刘红涛等，2004）。尽管研究认为（详见许德如等著《湘东北陆内伸展变形构造及形成演化的动力学机制》一书），该区显生宙以来的花岗质岩主要起源于玄武质岩浆底侵导致的加厚下地壳部分熔融，但暗示最初来源于这种下地壳的含矿流体为大规模金（多金属）成矿起重要作用。图5-31也明显反映，矿化早期深部来源的含矿流体（岩浆的和/或变质的）是主要的，而矿化晚期则有再循环的大气降水（盆地卤水和地热流体）和/或海水大量加入。该推测与S和Sr-Nd-Pb同位素的研究结果也相一致（本书；罗献林，1990；Peng and Frei，2004）。

然而，由于成矿地质条件的差异，江南古陆湖南段金矿床在矿石矿物和成矿元素组合、含矿流体和矿化年龄必然显示一定的差异。例如，黄金洞矿床具有与湖南省境内产于下寒武统页岩中PGE（铂族元

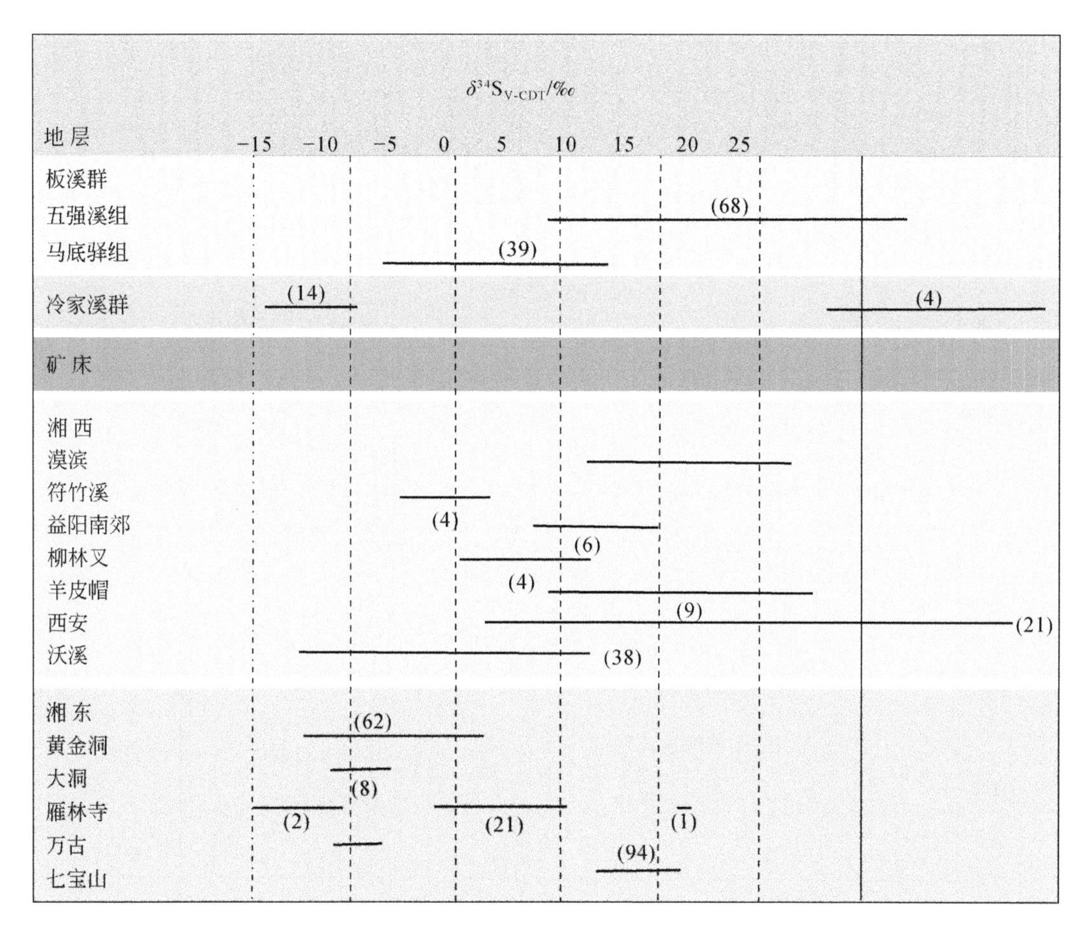

图 5-30　江南古陆湖南段典型金矿床矿脉及元古宇硫化物硫同位素组成

数据来源于张理刚（1985）、罗献林（1988，1990）、柳德荣等（1994）、毛景文等（1997）及本书

素）和 Au 矿（Li and Sun，1995）相似的 REE 配分模式和 S 同位素组成，暗示扬子板块晚新元古代—早古生代海底喷流沉积岩为黄金洞矿床提供了有意义的成矿金属和含矿流体。不过，成矿年代学清楚地表明，150 ~ 130Ma 是黄金洞矿床的主要形成时期（详见第 4 章），从而暗示晚中生代深部来源的岩浆热液对原始成矿金属可能起了活化和再富集作用。对湘东北大万、黄金洞和雁林寺矿床的地球化学示踪和 S-H-O 及 Sr-Nd-Pb 同位素组成研究已表明（见上述及第 4 章），新元古界冷家溪群和板溪群对这些脉型金矿床有着重要的成矿物质贡献，因此，深部来源的岩浆热液可能从这些地层中萃取了部分成矿金属，从而有利于热液脉型金矿床的形成。

5. 3. 4　陆内岩浆活化与成矿关系

湘东北地区位于江南古陆成矿带中段，矿产资源丰富。该区以金为主，还产出钴、铜、铅、锌、铍、铌和钽等金属矿床，且这些矿产主要分布在 NE—NNE 向深大断裂如长平深大断裂、汨罗-灰汤深大断裂两侧或附近（图 1-13）；同时，这些金（多金属）矿产分布在燕山期花岗质岩体周缘且具明显的分带性，典型的如在连云山岩体的东北部所发现的金（多金属）矿化表明成矿温度可能远离岩体而降低（图 5-32），暗示了它们在成因上与燕山期花岗质岩浆岩侵入存在某种联系（许德如等，2009）。

本书研究表明（详见第 3 ~ 4 章），湘东北金（多金属）矿床的主要成矿时代为 140 ~ 121Ma（高峰：约 130Ma），略晚于区内燕山期花岗质岩浆岩主要侵位时代，与该区伸展变形事件密切（详见许德如等著《湘东北陆内伸展变形构造及形成演化的动力学机制》一书）。我们的研究表明（详见第 4 章及 5. 3. 3

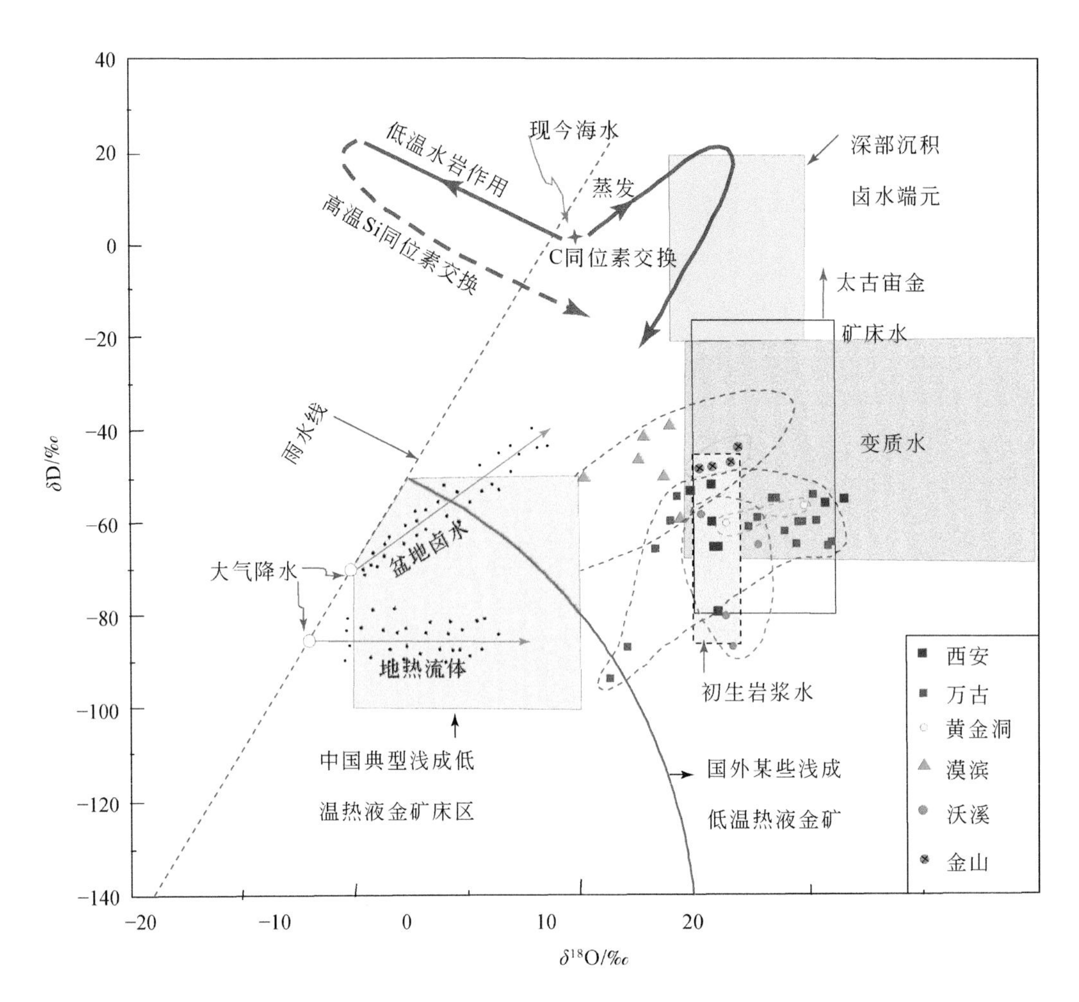

图 5-31　江南古陆主要金矿床成矿流体氢（H）、氧（O）同位素组成特征及与国内外典型浅成热液型金矿和太古宙脉型金矿的对比（原图据 Ohmoto et al.，1999）

江南古陆金矿床资料据马东升（1997，1999）、马东升等（2002）、毛景文等（1997）、王秀璋等（1999）、Mao 等（2002）及所列文献；太古宙脉型金矿范围据 McCuaig 和 Kerrich（1998）；国内典型浅成热液型金矿范围据赵振华和涂光炽（2003）

节），该区金多金属成矿物质和含矿流体主要来源于冷家溪群和/或地壳深部，长平断裂是导矿构造，同期的花岗质岩浆岩还为成矿流体的运移提供了能量（罗献林，1990；刘亮明等，1997；毛景文等，1998；Mao et al.，2002；许德如等，2006；韩凤彬等，2010；李杰等，2011；Xu et al.，2017b）。另外，产于长平断裂带内的横洞钴矿床、井冲铜钴矿床（详见第 3 章）就分布于连云山花岗质岩体的外接触带，并赋存于热液蚀变构造角砾岩带内，暗示与连云山岩体有着密切的成因关系（图 1-13；详见第 4 章）。我们的研究也表明，这些钴铜矿床的成矿时代与燕山期连云山岩体成岩年龄相近，且铜钴成矿物质主要来源于深部含矿岩浆（详见第 4 章），暗示花岗质岩浆沿长平断裂带大规模侵入，本身既带来部分成矿物质，又提供动力和热能，从而促使钴、铜等成矿元素的活化迁移和富集。此外，桃林铅锌矿床、栗山铅锌矿床也与燕山期幕阜山岩体有着密切的成因联系（详见第 3 ~ 4 章）。这些铅锌矿床主要产于幕阜山岩体内的近南北向破碎带内（栗山矿床），或产于变质核杂岩拆离断层内（桃林矿床）；而幕阜山花岗岩-伟晶岩有关的铌钽矿床更是燕山期岩浆作用的结果，可能来源于岩浆期后成矿热液作用（详见第 3 章）。

我们的研究曾表明（详见许德如等著《湘东北陆内伸展变形构造及形成演化的动力学机制》一书），湘东北地区存在一套燕山期具有高 Sr/Y 值（一般介于 25 和 82 之间）、强分馏 REE 配分模式 [$(La/Yb)_N$ = 28 ~ 111]，但 HREE 和 Y 含量均较低（$Yb=1.0\times10^{-6}$，$Y=12\times10^{-6}$）以及具有弱负 Eu 异常到 Eu 正异常的花岗质岩。这些地球化学特征与典型的埃达克岩或太古宙高 Al-TTG/TTD 岩套类似，而后者直接来自年

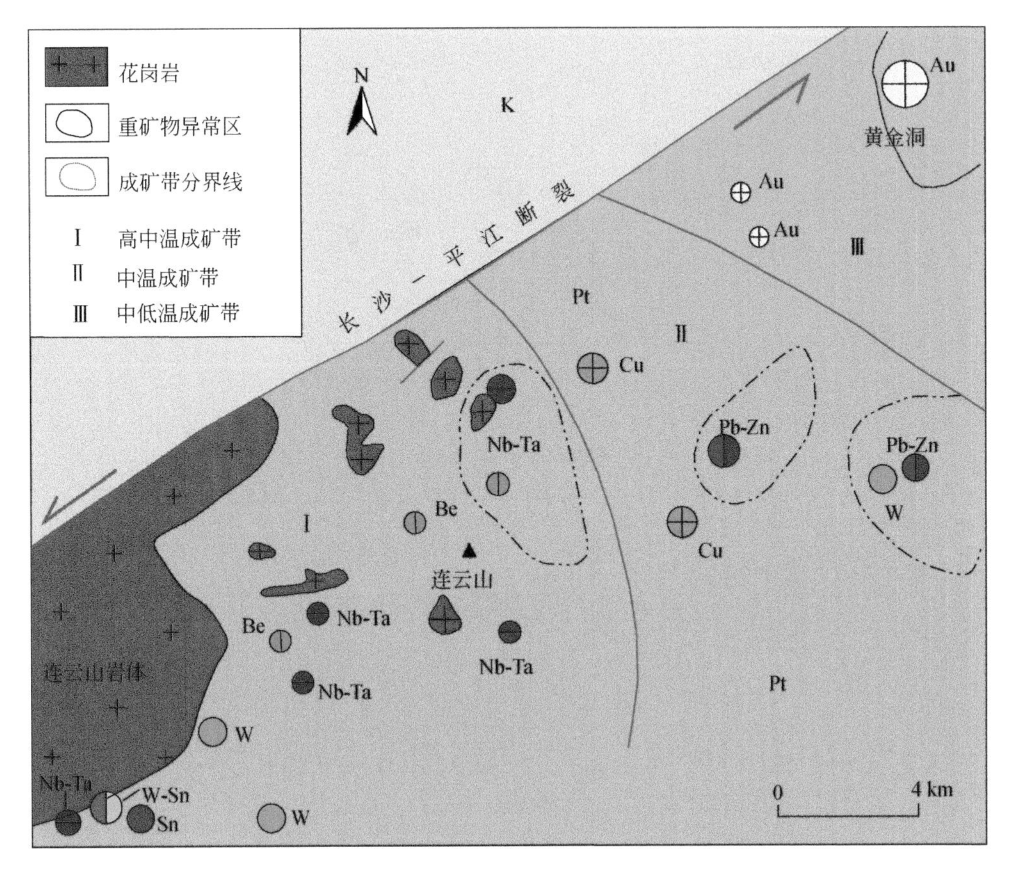

图5-32　围绕连云山岩体矿产分布示意图（据许德如等，2009修改）

轻的、热的被俯冲的大洋壳（Defant and Drummond，1990），且空间和时间上与Cu-Au多金属成矿作用密切相关（Thieblemont et al.，1997；Sajona and Maury，1998）。虽然湘东北地区燕山期花岗质岩的成因显著不同于典型的埃达克岩，但金（多金属）矿产的形成与区内燕山期花岗质岩肯定有着密切的成因联系。由燕山期花岗质岩全岩成分及其黑云母和锆石所计算出的氧逸度较低的事实（详见许德如等著《湘东北陆内伸展变形构造及形成演化的动力学机制》一书），也暗示湘东北地区以Au-Pb-Zn矿化为主，而不是以Cu矿化为主，因而该区不具备斑岩型铜矿大规模成矿的潜力。

区域构造分析和应力应变解析表明（详见5.3节及许德如等著《湘东北陆内伸展变形构造及形成演化的动力学机制》一书），160～127Ma时期，因向华南大陆之下俯冲的古太平洋板片的回撤，导致俯冲板片破裂和坍塌（高峰：约130Ma），湘东北地区总体上处于由挤压向伸展转换，直至全面伸展的构造环境中，但是其地壳仍处于加厚的状态之下。岩石圈地幔和下沉的俯冲板片脱水、软流圈上涌，使得加厚的下地壳发生减压熔融，从而形成早期的具有埃达克质岩地球化学特征的强过铝质岩浆源区（高Sr低Y型）以及因加厚地壳本身厚度的不均一而形成的晚期低Sr低Y型岩浆源区。中下地壳物质部分熔融形成的岩浆上涌，同时驱动了深部的富金多金属的成矿流体向上运移。在含金（多金属）的成矿流体向上运移过程中，不断萃取围岩地层中的金、砷、硫等元素，并在浅部北西西向次级断裂与北东向断裂交汇的部位，或在NE—NNE向断裂带内富集、沉淀和成矿。当岩浆上升到一定的高度之后，逐渐冷却而形成燕山期花岗质岩体，围岩与岩浆岩接触的部位则发生混合岩化。富铜、钴、铅和锌等元素的岩浆期后流体，则在岩浆冷凝之后向围岩扩散，形成带状分布的多金属矿产（图5-33）。至于这些金（多金属）矿产的成矿过程和成矿机理及其与燕山期花岗质岩的内在成因联系，可详见本书第4章以及以下章节的进一步讨论部分。

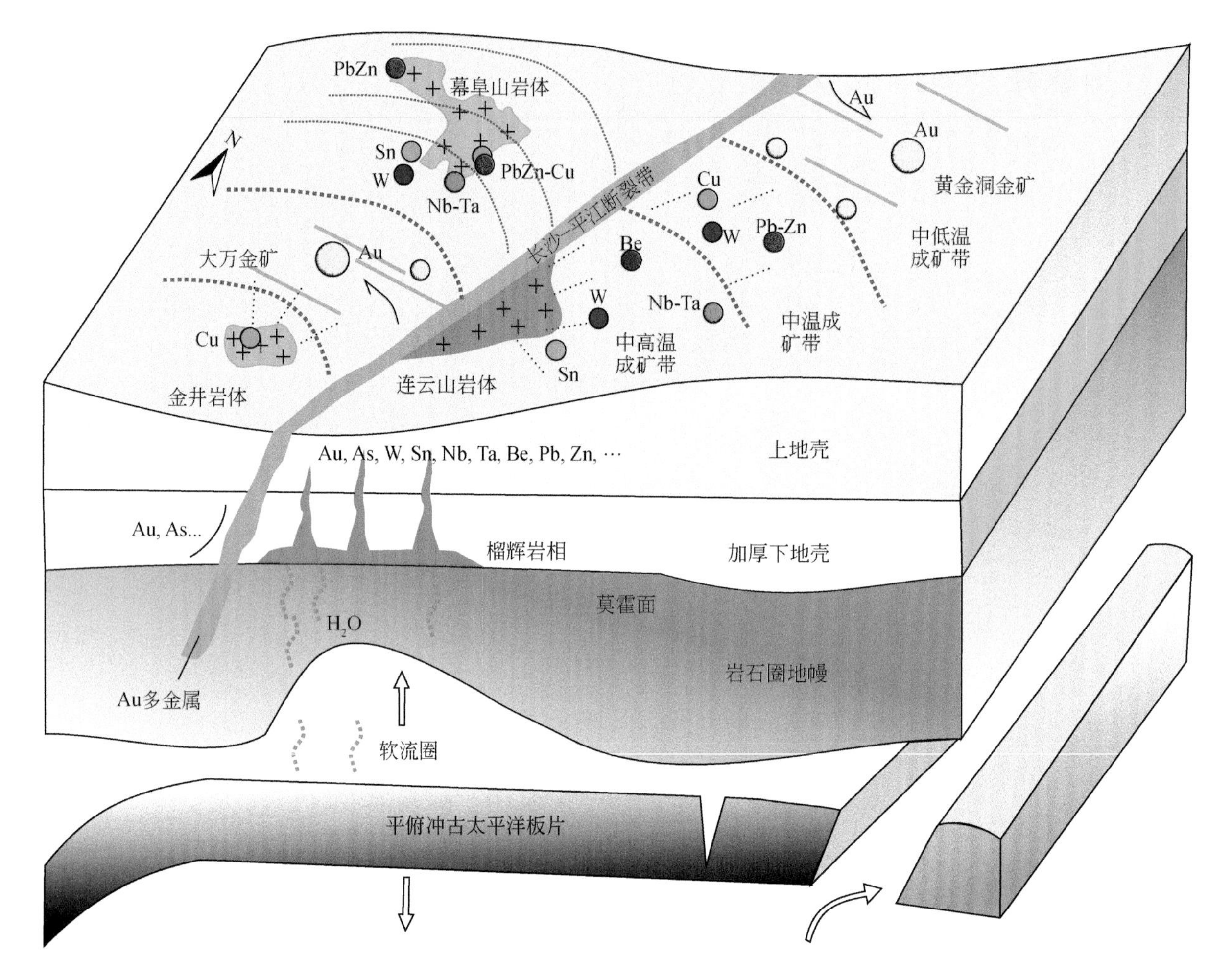

图 5-33　湘东北地区燕山期花岗质岩形成的构造环境及其成矿作用示意图

5.4　湘东北陆内构造-岩浆活化成矿模式

5.4.1　陆内活化成矿表现形式

江南古陆是华南内陆具特色的地质构造单元，是扬子板块与华夏板块于新元古代拼贴成统一的华南大陆而形成的碰撞造山带。自晚新元古代以来，江南古陆又经历了加里东期、印支期和燕山期等多个陆内构造-岩浆活化事件，对金（多金属）矿床的形成和改造富化起着决定性作用，江南古陆已成为华南内陆重要的以 Au 为主的、Au-Sb-W-Cu-Pb-Zn-(Nb-Ta-Be) 多金属成矿带（详见第 1 章、第 3 章）。江南古陆陆内构造-岩浆活化与金（多金属）叠加成矿和富化具体表现在以下几个方面。

（1）所有金（多金属）矿床均赋存在新元古代浅变质火山-碎屑岩地层内，但成矿时代普遍晚于赋矿地层的沉积时代［同见（3）］。

（2）同一矿区内具有不同矿物组成、产状和赋矿构造的矿脉往往相互穿插或叠置。

（3）以往年代学工作表明，江南古陆可能存在晋宁—雪峰期（罗献林，1989）、加里东期（彭建堂等，2003；王加昇等，2011；Ni et al.，2015；Wang et al.，2019）、印支期（Zhang et al.，2019c）和燕山期（王加昇等，2011；本书第 4 章）多期成矿事件。

（4）江南古陆同一地段或不同地段内具有相同成矿元素组合的不同矿床，乃至同一矿区不同期次的矿脉在成矿流体的物理化学条件、来源和性质上往往表现出一定程度的差异性（毛景文等，1997；Zhao et al.，2013b；Ni et al.，2015；Peng and Zhu，2015）。

（5）基于上述四个方面的成矿特点，以往研究者将江南古陆的金（多金属）矿床归于沉积-变质改造型（罗献林，1989）、岩浆热液型（毛景文和李红艳，1997；Peng and Frei，2004）、SEDEX（喷流-沉积）型（Gu et al.，2007；Gu et al.，2012）和造山型（Zhao et al.，2013a；Ni et al.，2015；Zhang et al.，2019b）等不同成因类型。

基于对江南古陆晚新元古代以来陆内构造-岩浆活动与成矿事件分析，Xu 等（2017b）提出陆内活化型矿床的成因认识，认为该类型矿床具如下成矿特征：

（1）金（多金属）大规模成矿富集产于盆-岭式伸展构造环境，矿体常常赋存在早期压扭性断裂在后期被活化转换为伸展型层间或层内脆性断层中，部分矿床还与变质核杂岩构造有关，矿化有时赋存在拆离断层带内。

（2）金（多金属）大规模成矿富集的机制系陆内多期特别是燕山期构造-岩浆活化所触发，因而往往表现叠加富化成矿特征。

（3）晚中生代壳-幔相互作用是金（多金属）大规模成矿富集的深部过程，晚中生代岩浆作用可能为成矿富集提供了物源和热驱动力。

（4）先存构造特别是区域性深大断裂活化对金（多金属）流体大规模迁移与成矿物质沉淀起着重要控制作用，NE—NNE 向深大断裂可能是主要的导矿构造，而再活化的 NW—NWW 向层间或层间断层则是主要的赋矿和控矿构造。

（5）金（多金属）大规模成矿富集是多期特别是燕山期构造-岩浆热液叠加的结果，加里东期，甚至元古宙可能产生矿物质的初始富集或形成矿源层，而印支期尤其是燕山期的叠加改造是金（多金属）大规模成矿富集的主要时期。

然而，关于江南古陆金（多金属）大规模成矿的构造背景、触发机制、深部过程，以及控矿构造特征和成矿时限等问题的精细回答，仍有待深入研究。

湘东北地区位于江南古陆中段的湖南省东北部（详见第3章）。结合前人研究成果（刘亮明等，1997；毛景文和李红艳，1997；韩凤彬等，2010；安江华等，2011；邓会娟等，2013；Deng et al.，2017；Zhang et al.，2019a），前文已表明（详见第4章），湘东北金（多金属）矿床的形成与陆内构造-岩浆活化事件也有着密切的关系，具体表现在：

（1）主要金矿床均存在具不同矿物共生组合的五阶段矿脉，且这些矿脉在宏观和微观尺度上都显示出明显的穿插关系，早阶段矿物普遍地被晚阶段矿物溶蚀交代。

（2）成矿年代学显示，湘东北地区金矿主要经历了加里东期（约400Ma）、燕山期（145～130Ma）两期热液成矿事件。

（3）金（多金属）矿床主要是由分散在元古宙基底中的成矿物质经加里东期和燕山期两次构造-岩浆事件活化迁移和叠加富集的结果，矿脉早期表现为韧性变形，后期则发生脆性破裂和细脉充填成矿。

（4）成矿前、成矿期和成矿后流体在 CO_2 等成分、均一温度和压力、盐度等具有较大差别，如含 CO_2 流体包裹体可能只出现在第一阶段不含金矿脉中，而含金的第三和四阶段的流体中不含 CO_2。

据此，本书以湘东北地区为例，进一步阐述了陆内活化型矿床的概念和内涵、成矿作用过程与机理，并对该类型矿床的成矿规律与找矿预测开展了深入分析。

5.4.2　陆内活化型矿床成矿特征

由以上所述，湘东北地区金（多金属）大规模富集成矿作用是华南晋宁期以来多期陆内构造-岩浆活化诱发的结果，在成矿作用上表现如下显著特征：

（1）金（多金属）大规模成矿作用主要发生在盆-岭式伸展构造环境，矿体常赋存在早期压扭性断裂因在后期被活化转换为伸展型层间破碎带或脆性断层中，部分矿床的形成还与变质核杂岩或伸展穹隆等伸展构造有关，矿化主要赋存在拆离断层带内。

（2）金（多金属）大规模成矿富集的机制系陆内多期特别是燕山期构造-岩浆活化所触发，因而往往表现叠加富化特征（如黄金洞、大万等矿床等）。

（3）晚中生代玄武质岩浆底侵、壳-幔相互作用是金（多金属）大规模富集成矿的深部过程，晚中生代岩浆作用最可能为成矿富化提供了物源和热驱动力。

（4）先存构造特别是 NE—NNE 向区域性深大断裂活化对金（多金属）流体大规模迁移与成矿物质沉淀起着决定性控制作用，NE—NNE 向深大断裂可能是主要的导矿构造，而再活化的 NW—NWW 向层间破碎带或断层是主要的赋矿和控矿构造。

（5）金（多金属）大规模成矿富集是多期特别是燕山期构造-岩浆热液叠加的结果，加里东期甚至元古宙可能产生矿物质的初始富集或形成矿源层，而印支期特别是燕山期的叠加改造是金（多金属）大规模成矿富集的主要时期。

进一步结合华南（包括江南古陆）地质构造演化特征和金（多金属）矿床成矿规律，以及我国华北地区所谓的“克拉通破坏型”金矿的成矿作用特征（朱日祥等，2015），并参考国内外一些重要成矿区（带）代表性矿床的成矿作用特征（如我国境内钦州-杭州成矿带的海南省石碌铁-钴-铜多金属矿床，西南三江-特提斯成矿带的拉拉、拖拉厂、大红山等 IOCG 型铁-铜-金-铀-稀土多金属矿床，昆仑-祁连-秦岭成矿带的驼路沟、德尔尼等钴-铜-金多金属矿床和华阳川铀-铌-稀土-铅锌多金属矿床，中亚成矿带的白云鄂博铁-稀土-铌-钽多金属矿床等，以及澳大利亚 Yilgarn 克拉通中的金矿床、津巴布韦 Kwekwe 地区金-多金属矿床、中非 Copperbelt 带钴-铜矿床、美国 Idaho 钴矿带的 Cu-Au-Co 矿床、摩洛哥 Bou Azzer Co-Ni-Fe-As-Au-Ag 矿床、南非 Witwatersrand 盆地金-铀矿床等：Bucci et al.，2004；Cailteux et al.，2005；Selley et al.，2005；McGowan et al.，2006；Buchholz et al.，2007；Desouky et al.，2010；Large et al.，2013；Roberts and Gunn，2014；Bouabdellah et al.，2016；Muchez et al.，2017；Saintilan et al.，2017；Sillitoe et al.，2017），我们正式提出了陆内活化型矿床这一矿床类型的概念。陆内活化型矿床是指产于板内或陆内环境而非板块边缘，由先存构造活化和陆内多期岩浆侵入和/或变质作用共同诱发的、经历了多期成矿或叠加富化成矿而形成的一类大而富的矿床。该类型矿床普遍具如下成矿特征：

（1）通常产于陆内伸展构造环境（如江南古陆、华北胶东地区等），与盆-岭构造省和变质核杂岩或伸展穹隆等伸展构造的形成演化有着密切的关系。

（2）强烈的陆内构造-岩浆活化触发的结果，往往伴随着玄武质岩浆底侵、壳-幔相互作用等深部过程。

（3）矿床普遍赋存于古老变质地体中，但成矿时代普遍晚于赋矿围岩年龄，并具有多期叠加成矿特征。

（4）矿床常常围绕复式岩基周缘分布，或矿区深部存在隐伏岩体。

（5）矿体往往赋存于具脆-韧性转换性质的断层破碎带内（如江南古陆、华北胶东地区），但后者严格受多期活化的区域性深大断裂控制。

（6）成矿流体和成矿物质来源多样，但成矿早期似乎以变质流体为主，成矿期以岩浆流体为主，成矿晚期则有丰富的大气降水参与。

（7）在同一成矿带或矿集区内，不同矿床在成矿流体的物理化学条件、来源和性质上往往表现出一定程度的差异性（如江南古陆、华北胶东地区）。

（8）矿物组成多样，不同产状的矿体或矿脉往往相互穿插或叠置。

（9）往往形成大而富的矿床，并可能表现出多成矿元素组合特征，如 Au-（Sb-W）组合、Fe-Co-Cu 组合、Fe-REE-Nb-Ta 组合、铁氧化物-Cu-Au-U-Co-REE 组合、Cu-Au-Mo 组合、Co-Cu-（Pb-Zn）-稀散金属组合、W-Sn-Bi-Mo-Pb-Zn 组合等。

总之，陆内活化型矿床的成矿富集是先存构造的活化和/或同期岩浆热液叠加结果。它们具有如下几个显著特征：①在成矿背景上，往往形成于由挤压构造向伸展构造转换的过渡时期，主要产于诸如盆-岭构造省等伸展构造环境和/或变质核杂岩构造拆离断层体系；②在成矿富集机制上，是在最后一次板（陆）缘造山作用以来因板（陆）内多期构造-岩浆活动而诱发的结果；③在成矿作用的深部过程上，岩石圈减薄、软流圈上涌以及壳-幔相互作用等过程对多金属成矿富集起重要作用；④在控矿的构造上，由于先存区域性深大断裂活化导致了大规模含矿流体的运移、聚集，并最终控制矿床、矿体的定位；⑤在成矿时限上，表现为时间跨度大，但以某个或某几个成矿期为主，具有叠加成矿特征；⑥在成矿规模上，由于叠加富化和/或改造富化成矿，往往形成大型甚至超大型，且品位富的矿床、矿体。

5.4.3　陆内构造-岩浆活化成矿模式

以往研究表明（McCuaig and Kerrich，1998；Qiu and Groves，1999；Yang et al.，2003），与地幔热和地壳熔融有关的热异常可能是由构造-岩浆事件如陆-陆碰撞、岩石圈拆沉和/或减薄以及外来地体的俯冲-增生等造成；这种热异常不仅和主要克拉通范围内脉型金成矿作用是同时的，而且因其足够的规模驱动上地壳巨型流体系统循环以解释广泛的金矿床分布。矿石矿物相关的Sr-Nd-Pb和O-H同位素组成已证明，流体循环可通过江南古陆深部的侵入花岗闪长岩或花岗闪长质片麻岩地壳（本书第4章；Peng et al.，2003；Peng and Frei，2004）；而初始氢和氧同位素数据显示混合的深源流体和表面水仅仅出现在最上部地壳，并为脉型金矿床所记录。相对于扬子和华夏板块的缝合带、华南与印支板块的缝合带、扬子板块和秦岭-大别造山带（大别地体）的缝合带以及不同时代的花岗质岩出露区，江南古陆的金（多金属）矿床分布位置显然暗示了这种成矿流体在水平和垂向上的流动规模可分别达数十公里到数百公里和数百公里到数十公里。因而，主要的构造事件在时空上可和江南古陆湖南段金（多金属）成矿区联系起来。

对江南古陆湖南段的湘东北地区金（多金属）矿床的成矿地球化学示踪（详见第4章），已揭示了金多金属成矿物质和含矿流体具有多来源性特征，不同地域的金（多金属）矿床还具有不同的成因，但成矿物质和含矿流体既来源于深部含矿的气成-热液，又与围岩含矿物质的活化、迁移和富集有关，古海水对成矿流体（如黄金洞矿床）也可能有一定贡献；燕山期花岗质岩和冷家溪群虽然难以直接提供大规模成矿物源，但花岗质岩浆活动能为成矿流体活动和运移提供巨量能源，热液作用和动力变质作用则是区内金（多金属）成矿的主要控制因素。为了更好地描述湘东北地区金（多金属）矿床的成矿物质和含矿流体的起源以及它们的驱动机制和富集机理，我们结合整个江南古陆构造演化和金（多金属）成矿特征，构建了晚新元古代以来华南大陆可能的构造演化模式（图5-34）和金（多金属）成矿动力学演化模型（图5-35）。

晚新元古代—奥陶纪［图5-34（a）（b）］：因790～730Ma的地幔柱/超地幔柱活动，华南地区沿先前的缝合线经历了陆内裂解，进而导致晚新元古代—奥陶纪时期华南扬子板块和华夏板块之间裂谷盆地的沉积作用（Li et al.，1999，2002，2003a，2003b）。而这种环境通常产生沿大陆边缘分布的低温热液型矿床，代表性地表现为同生或外生PGE和Au-Sb-W矿化作用，局部出现重晶石或辰砂（Sedex型?）。Zhai和Deng（1996）还认为，区内还可能有Cu-Ni硫化物矿床和塞浦路斯型火山块状硫化物VMS型矿床的出现，因而标志这一时期华南局部地区可能有洋壳和洋中脊的形成（Jankovic，1997）。这一时期成矿地球动力学事件可能也与古太平洋向华南大陆俯冲有关［图5-34（a）（b）］。

中志留世—泥盆纪时期［图5-34（c）］，裂解后的扬子板块和华夏板块之间的重新拼合可能是由该区俯冲/增生和碰撞造山事件所导致。这个造山事件还伴随有岩石圈拆沉过程，进而引起了江南古陆从东北面到西南面分布有大量的晚前寒武纪钙碱性火山侵入杂岩以及早古生代与碰撞有关的过铝质S型花岗岩，局部还有碱性岩（如铁镁质煌斑岩）的出现（Qiu and Mcnaughton，1998）。这一时期在湖南段所产生的最重要矿化类型是出现于中晚新元古代岩套中下地壳的浅成热液型或层控型矿床。而最有意义的是湖南段西部的沃溪W-Sb-Au矿床、漠滨金矿床。但已有研究显示，这些矿床早期形成的矿脉已强烈地变形，且被晚期的矿脉所切割（顾雪祥等，2003；彭建堂等，2003）。

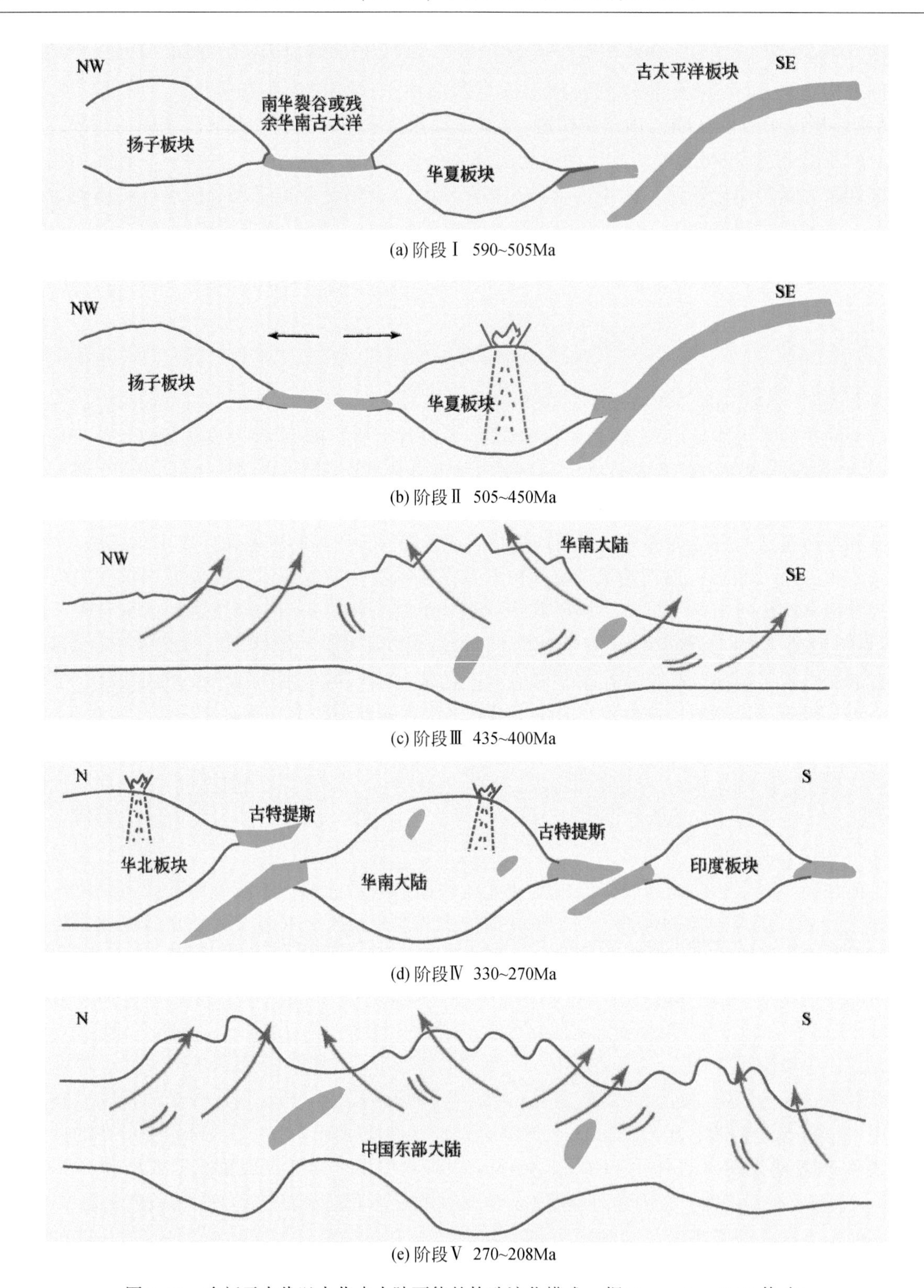

图 5-34 晚新元古代以来华南大陆可能的构造演化模式（据 Xu et al.，2007 修改）
（a）古太平洋俯冲阶段；（b）弧后盆地伸展和大洋化阶段；（c）扬子板块和华夏板块碰撞阶段；
（d）古特提斯洋俯冲阶段；（e）华南大陆与印支板块、华北板块碰撞聚合阶段

因 330～270Ma 的古特提斯大洋［图 5-34（d）］于 270～208Ma（高峰：约 220Ma）发生封闭，华南板块与印支板块、华北板块之间相继碰撞、汇聚［图 5-34（e）］，除在湖南段西北地区局部出现小规模金矿化外，极少出现有经济价值的矿床。造成这种情况的原因不是很清楚，要么是区域隆升使赋矿围岩遭

受侵蚀，要么是由于未出现大规模的流体活动。约208Ma之后，华南大陆开始进入后碰撞伸展阶段(208～180Ma)。由于岩石圈拆沉和软流圈上涌，边缘裂谷和一系列的陆内裂谷很可能分别沿扬子板块和华夏板块间重新活动的缝合带和华南内部的先存断裂发生（金文山和赵风清，1997）。但区内这些裂谷活动均具有短暂效应，并未能发展到洋壳阶段即发生夭折，可能是在约180Ma古太平洋板块俯冲于华南大陆边缘之下已造成了这些裂谷盆地的再次关闭。因而这次伸展事件在江南古陆湖南段仅仅形成了小规模的花岗斑岩体和相关的矿化作用，如湖南段西部的廖家坪W-Sb-Au和符竹溪、板溪Au-Sb等矿床。

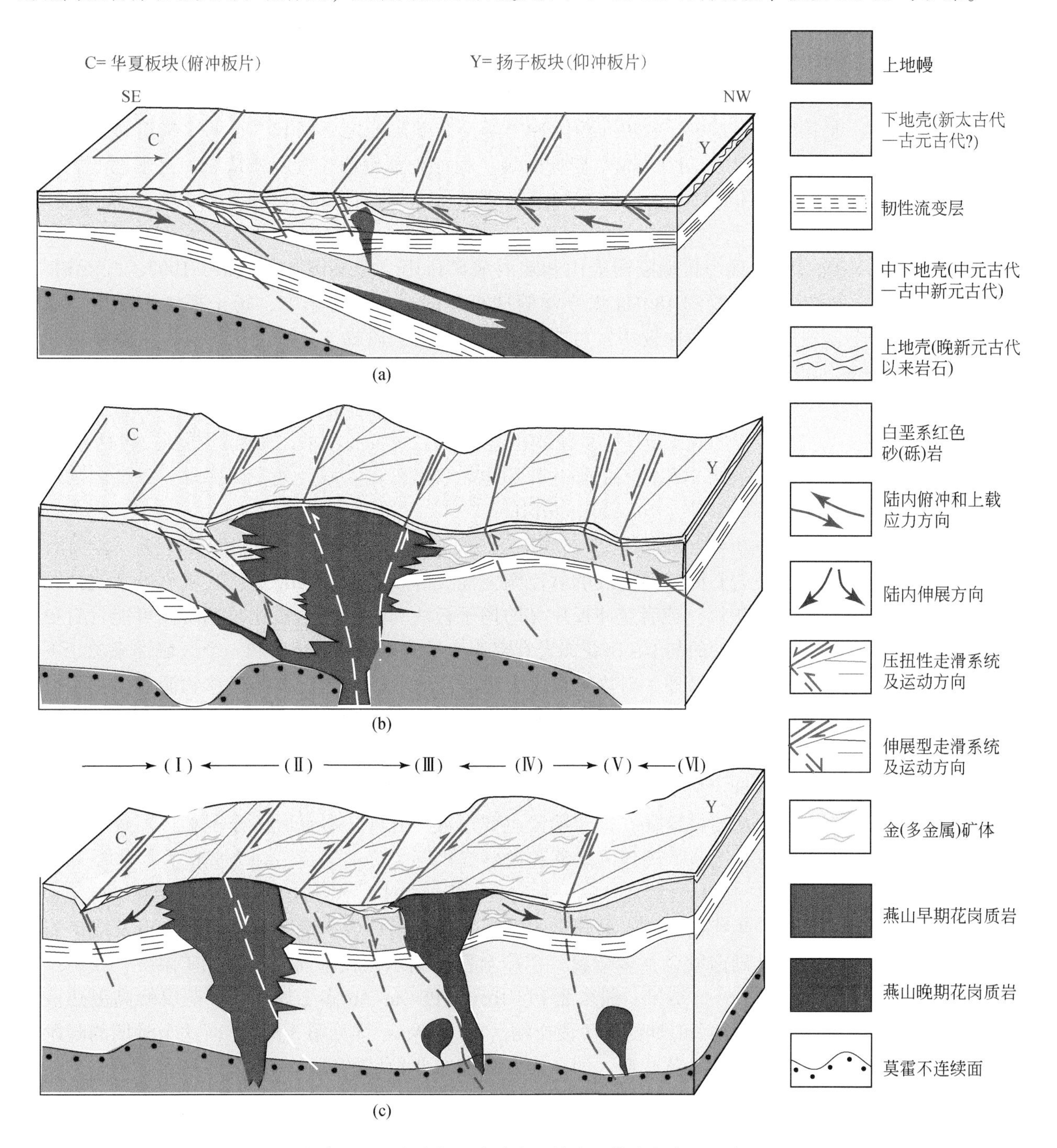

图5-35 湘东北地区印支期以来陆内碰撞造山带成岩成矿地球动力学模式

(a) 陆内俯冲作用阶段（180～160Ma），Au、Pb、Zn和Cu多金属元素原始富集，并产生少量熔体；(b) 陆内碰撞造山阶段（160～130Ma），燕山早期花岗岩侵位，Cu、W、Mo、U、Pb、Zn、Au矿化及七宝山多金属矿床产生；(c) 造山后伸展阶段（130～80Ma），燕山晚期花岗岩和煌斑岩脉侵位，Au进一步富化，Co、Cu、Pb-Zn矿化产生。(Ⅰ) 汨罗-洞庭断陷盆地；(Ⅱ) 幕阜山-望湘断隆；(Ⅲ) 长沙-平江断陷盆地；(Ⅳ) 浏阳-衡东断隆；(Ⅴ) 醴陵-攸县断陷盆地；(Ⅵ) 罗霄山断隆

尽管目前对印支期以来华南联合古陆发生的陆内俯冲陆块和仰冲陆块性质及地球动力学机制还存在不同的观点和看法（邓晋福等，1995；饶家荣等，1993；毛建仁和陶奎元，1997；王金琪，1998；丘元禧等，1998；傅昭仁等，1999），但均认识到湘东北及华南邻区出现了系列 NNE 向大型走滑剪切断裂、板片堆叠及广泛的陆内岩浆作用和金-铅锌-铜-钴等多金属大规模成矿作用。由此可见，侏罗纪以来，湘东北地区无疑是位于俯冲板片之上的仰冲板片，决定了金（多金属）成矿主要发生在该仰冲块体中（葛良胜，1997）。根据构造几何学和运动学分析，先前研究认为（详见许德如等著《湘东北陆内伸展变形构造及形成演化的动力学机制》一书），江南古陆湖南段及其邻区自早中生代以来可能已经历了两次重要的构造转折事件：即从晚三叠世—侏罗纪的压缩造山（陆内俯冲造山到汇聚造山）到早白垩世的压剪（或从汇聚压缩到离散伸展造山）以及白垩纪—古近纪的伸展。第一次构造转折可能是华南与印支和华北板块间相继碰撞汇聚所引起，而第二次是太平洋板块向西俯冲于华南东部陆缘之下引起。这两次构造转折事件最终导致江南古陆内出现一系列 NNE 向和 NWW 向的断裂、板片叠覆构造、变质核杂岩和大规模的岩浆作用以及金（多金属）成矿事件（Hsü et al.，1990；饶家荣等，1993；Charvet et al.，1996；丘元禧等，1998；傅昭仁等，1999）。

晚三叠世后，江南古陆表现为典型陆内造山和陆内成矿作用（金文山和赵风清，1997；丘元禧等，1998；Wang et al.，2002）。可能受约 180Ma 太平洋俯冲板片的远程效应影响，扬子板块内部由一系列 NE—SW 深大断裂分割的微陆块（仰冲板片）可能以一种渐进的、阶梯方式叠覆于华夏板块微陆块（俯冲板片）之上（Yan et al.，2003）。在陆内压缩阶段 180 ~ 160Ma［图 5-35（a）］，成矿流体和成矿金属主要来源于俯冲板片（华夏板块）或下地壳。但这个阶段可能由于部分熔融程度低以及构造域的压缩性质，从而地热梯度较低，只产生少量的成矿流体，且流体通道不发育（Chen et al.，2004）。但局部的扩张可能仍然存在，因为约 170Ma 的花岗斑岩和相关的矿化作用也出现在江南古陆，如发生在贵州省境内的部分金矿床、江西省德兴的大型铜矿床等（Xu et al.，2017b）。

在变质和变形高峰时期 160 ~ 130Ma［图 5-35（b）］，构造域性质开始从压缩向伸展转变。这一阶段，由于华南地区的地壳加厚以及岩石圈减薄造成的软流圈上涌（Wang et al.，2005），区域热异常值持续升高，而源于俯冲板片（即华夏板块）或者逆冲板片（即扬子板块）的深部岩石比早期阶段可能具有更高的部分熔融程度。结果，一个大型的与 I-S 型花岗岩有密切关系的花岗质岩浆房和一个区域性来源于下地壳的成矿流体系统在研究区形成。另外，高热异常还为成矿流体从深部到浅部的迁移和循环提供了巨大的能量，不仅引起这种源于深部的成矿流体和浅源的大气水或地下水发生充分混合，而且还导致这种混合流体与赋矿围岩和先存的矿体发生相互作用。此阶段进一步导致了北西西向的走滑剪切构造和它们北西向的次级构造的发育，以及仰冲板片（扬子板块）的前寒武纪岩石的广泛动力变质作用。而来自逆冲和仰冲板片内的层状矿体的成矿变质流体在这个阶段也就形成。此外，由于减压作用必将导致北西西向到东西向的浅层构造扩容，这就为成矿流体的运移和循环提供了更好的通道，并为成矿金属物质和石英沉淀提供了空间（Chen et al.，2004）。因此，这一时期是大规模晚中生代花岗质岩以及脉型和网脉型金矿化的主要时期。江南古陆晚中生代花岗质岩呈脉动式侵入，且矿床形成于地壳的不同深度以及成矿流体具不同的来源，因而江南古陆湖南段金（多金属）矿床自西南到东北在垂向上呈现成矿温度、成矿压力和成矿金属的带状分布（图 5-36）。结果，湘东北七宝山 Cu-Pb-Zn-Au 多金属矿床、蕉溪岭高温热液型 W-Cu 矿床和井冲 U 矿床可能是这个时期的早阶段产物（约 153Ma；详见第 3 章）；而这个时期的晚阶段则以大规模金矿化为主，且表现为石英脉型，如江南古陆湘东北地区的雁林寺、大万和黄金洞金矿，西北地区的沃溪和相关的 W-Sb-Au 矿床以及西南地区的漠滨金矿等（140 ~ 130Ma；详见第 4 章），因而形成于此阶段的矿脉往往叠加或切割了早期形成的矿体（彭建堂等，2003）。

碰撞后，江南古陆湖南段全面处于后造山伸展阶段［图 5-35（c）：130 ~ 80Ma）］。可能是古太平洋大洋板片的后撤以及欧亚板块和印度板块碰撞联合造成的，从而最终导致了江南古陆 NNE 向的盆-岭式构造格局和以基性/超基性岩为主的非造山岩浆作用（如煌斑岩等：贾大成等，2003；Wang et al.，2005；许德如等，2006）。这一阶段，成矿流体主要来自深源岩浆热液和浅源大气水，而成矿物质特别是金属 Co、

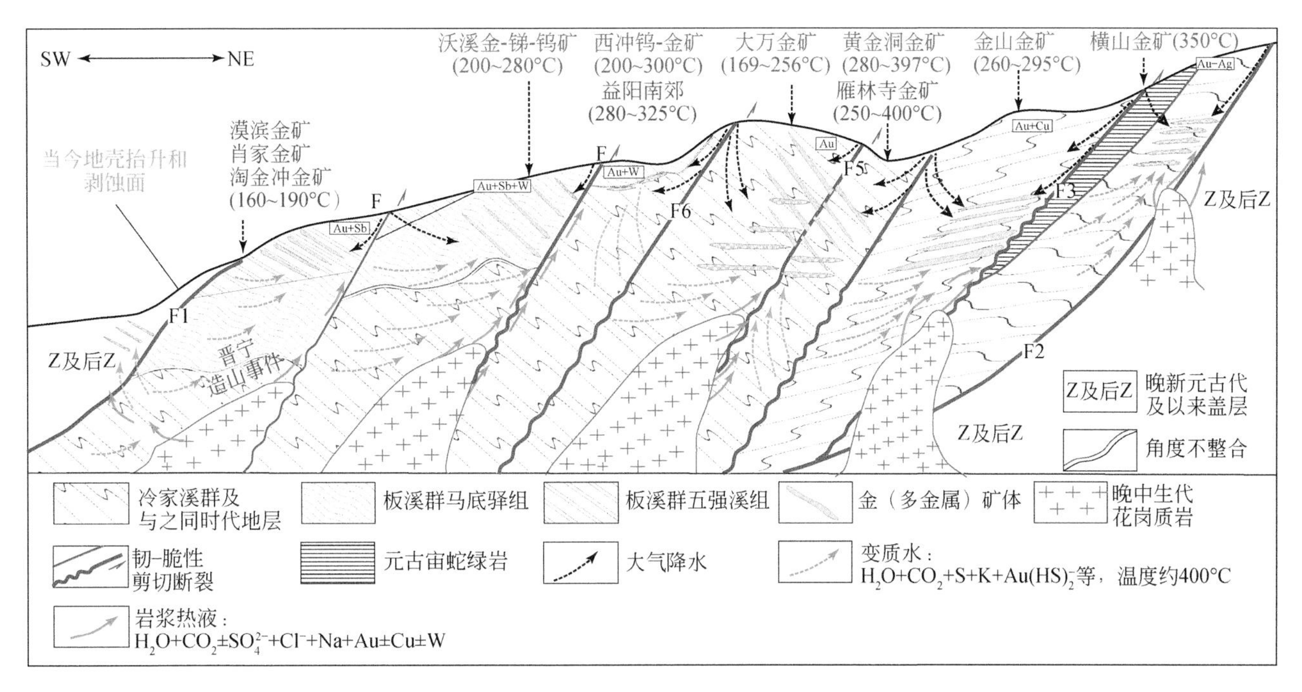

图 5-36　华南江南古陆金（多金属）矿床成矿模式图

F1. 大庸断裂；F2. 江山–绍兴断裂；F3. 赣东北断裂；F5. 长沙–平江断裂；F6. 新宁–灰汤断裂

Au 可能主要因流体运移过程萃取古老基底，因而可能产生了叠置于先前矿体的最新的矿化作用，如湖南段东部地区的大洞和万古金矿床、黄金洞金矿床就有叠加富化的表现，而 Co-Cu-(Pb-Zn-Au) 多金属矿床主要沿长平深大断裂带分布。

在晚中生代以来华南大陆的陆内俯冲/碰撞造山阶段，江南古陆湖南段长期处于隆升和剥蚀状态，因而沉积作用相当有限，仅有白垩纪的红色磨拉石或准磨拉石建造保存在一些地堑内。结果，大多数赋存于冷家溪和板溪群的金（多金属）矿床在陆内碰撞造山向后造山伸展阶段形成（145 ~ 125Ma），这种俯冲–增生体系内加里东期（440 ~ 400Ma）也可能是主要的成矿期。这种模式能更合理地解释大规模矿化的成矿流体和金属的来源，及其与前寒武纪赋矿围岩和各时代花岗岩的相互关系，也能更好地从时空上理解江南古陆矿床的演化与华南大地构造的发展关系。

印支期以来，湘赣边区因强烈的陆内俯冲作用（傅昭仁等，1999），主滑脱俯冲带强烈应变引起应力、热力作用，不仅使俯冲和仰冲陆块相关地层和岩石中的金等成矿元素活化、迁移、富集，也使来自深部的含矿热液或其他循环流体伴随逆冲推覆运动沿滑动面运行上升（葛良胜，1997）。特别是碰撞挤压达高峰时期（160 ~ 130Ma），因地壳加厚、岩石圈拆离和软流圈上涌及随后的玄武岩底侵影响，区域热异常持续增高并逐步达高峰（陈衍景和郭辉，1998），致使俯冲板片和之上的仰冲板片中下地壳冷家溪群或更古老的基底物质部分熔融加快，形成大规模含矿流体和混合岩浆，并以流体或岩浆的形式向低压低温的上部迁移，在仰冲板片发生流体与冷家溪群的化学反应，同时高的热异常为含矿流体活动提供了最大的能量，导致深源含矿流体与浅源含矿流体强烈活动并混合、循环，进一步萃取仰冲陆块冷家溪群及相关地层中分散的金等成矿物质；而在碰撞挤压达高峰时期进一步发展、成熟的走滑剪切构造因减压扩容为含矿流体活动和岩浆侵位提供了空间，最终在仰冲陆块即湘东北地区发生了大面积燕山早期花岗质岩浆侵位和金多金属成矿作用。在陆内俯冲作用发展时期，仰冲陆块主要呈上升和被剥蚀状态，在其上的沉积物保存相当有限，仅见于少数断陷盆地内的红色磨拉石或类磨拉石等沉积，因此在区内发现的许多在陆内俯冲体制作用下（或与之有关）的金属矿床，虽然以燕山期为主要成矿期，但绝大多数产在陆内俯冲之前所形成的沉积建造，即冷家溪群中，只是可能因岩浆作用、动力作用和/或热液活动影响程度的差异，产于其内的金多金属矿床表现了不同的成因特征。

5.5 湘东北陆内活化型矿床成矿规律

5.5.1 湘东北地区找矿勘查进展

湘东北地区位于江南古陆中段的湖南省东北部。江南古陆处于扬子成矿域的东南缘，其与滇东北、川南和赣东北等成矿带相衔接，形成一个规模宏大的、跨省的、以金为主的金、锑、钨、铜、钴、铅、锌、银、铌钽等为特色的多金属成矿带。湘东北地区金（多金属）矿床（点）星罗棋布，成矿系统类型多样，是湖南省重要的黄金产地，原生钴矿的发现在湖南省尚属首例，而伟晶岩型铌钽铍矿床在湖南省境内独具特色。湘东北地区因此是以金为主的多金属矿产密集区。

5.5.1.1 金矿床勘探进展

1. 对典型矿床进行解剖，发现并掌握了矿体的侧伏规律

该规律在湘东北地区大万金矿区（图1-13）于1991年开展1：5万三市幅、嘉义幅区域地质调查时被发现。1992年对该矿进行普查的同时，对Ⅰ号金矿脉进行了详查，当时时间仓促，未对该金矿区的成矿规律（特别是空间分布规律）做深入细致的研究，致使勘探工程的布设偏离其侧伏方向。1999年以来，通过深入研究矿床地质特征，发现并掌握了该矿区金矿体具有向北东方向侧伏的规律（特别是空间分布规律），且金矿体侧伏延伸较大，厚度、品位等均较稳定。据此改变了勘探工程的布设方向，大万取得了深部和近外围找矿的重大突破。近年来，经过对比研究，发现黄金洞金矿区的金矿脉同样具有侧伏规律。其中，黄金洞泥湾断裂以西金枚矿段的矿体向北东方向侧伏，泥湾断裂以东向北倾的矿体向北西方向侧伏，向南倾的矿体向南东方向侧伏。

2. 断陷盆地边缘和红层隐伏区深部找金有新突破

根据湘东北地区的金矿床一般不产于断隆带中央部位，而多分布于断隆与断陷盆地界面的2～5km范围内的断隆斜坡上的特征，积极开展断陷盆地边缘的找矿工作，在金井地区东南侧的芭蕉洞、大源洞、羊角湾等地发现了金矿脉17条（图5-37）。含金矿脉带长220～800m，厚度0.85～6.83m，金品位为1.09×10^{-6}～12.20×10^{-6}。特别是在2016年，通过对大万（即大洞-万古矿区简称）金矿区外围的北部白垩系红层覆盖区的深部预测靶区进行钻探验证，成功揭露到了厚达7m的工业矿体，控制矿体最大斜深1100m左右，新增金资源量达45t，产生了巨大的社会和经济效益（详见第6章）。

3. 从已知矿床推测未知矿床（点）的突破

通过对大万金矿的成矿条件和控矿因素的全面分析与研究，并以此为“样本”与相邻区域的成矿地质条件等进行对比，发现金井地区的戴公岭、大洞一带与万古金矿的成矿地质条件特别相似。同时认识到，构造在脉型金矿的成矿作用中不仅仅为成矿物质的运移和聚集创造了空间条件，而且还通过力学-化学耦合机制参与了金的活化、转移和沉淀成矿的整个时空演化过程。根据这一认识，在金井地区共发现了11条金矿脉。在大洞的6条金矿脉中，规模最大的Ⅰ号含金破碎蚀变带长约2700m，产出有老山坡金矿、大洞金矿、鲁源洞金矿、桃树洞金矿等多个金矿体。矿体产状20°～60°∠25°～55°，厚度0.5～2.5m（均厚1.5m），品位1.05×10^{-6}～84.9×10^{-6}，平均17.35×10^{-6}，局部最高品位可达150×10^{-6}～200×10^{-6}。初步估计可以新增金资源量80～100t。此外，根据大万矿区金矿体具有等距离产出的特征，我们推测在大洞地区Ⅰ号含金破碎蚀变带的西北端以及Ⅲ号含金破碎蚀变带的东南均有可能产出1个或多个隐伏金矿体。

另外，我们在湘东北地区长-平断陷盆地东侧的南桥地区，还先后发现金矿脉15条。矿脉走向大多为近东西向，长400～800m，厚0.75～4.05m，品位0.5×10^{-6}～12.50×10^{-6}。预测南桥地区的金资源量在40t以上。

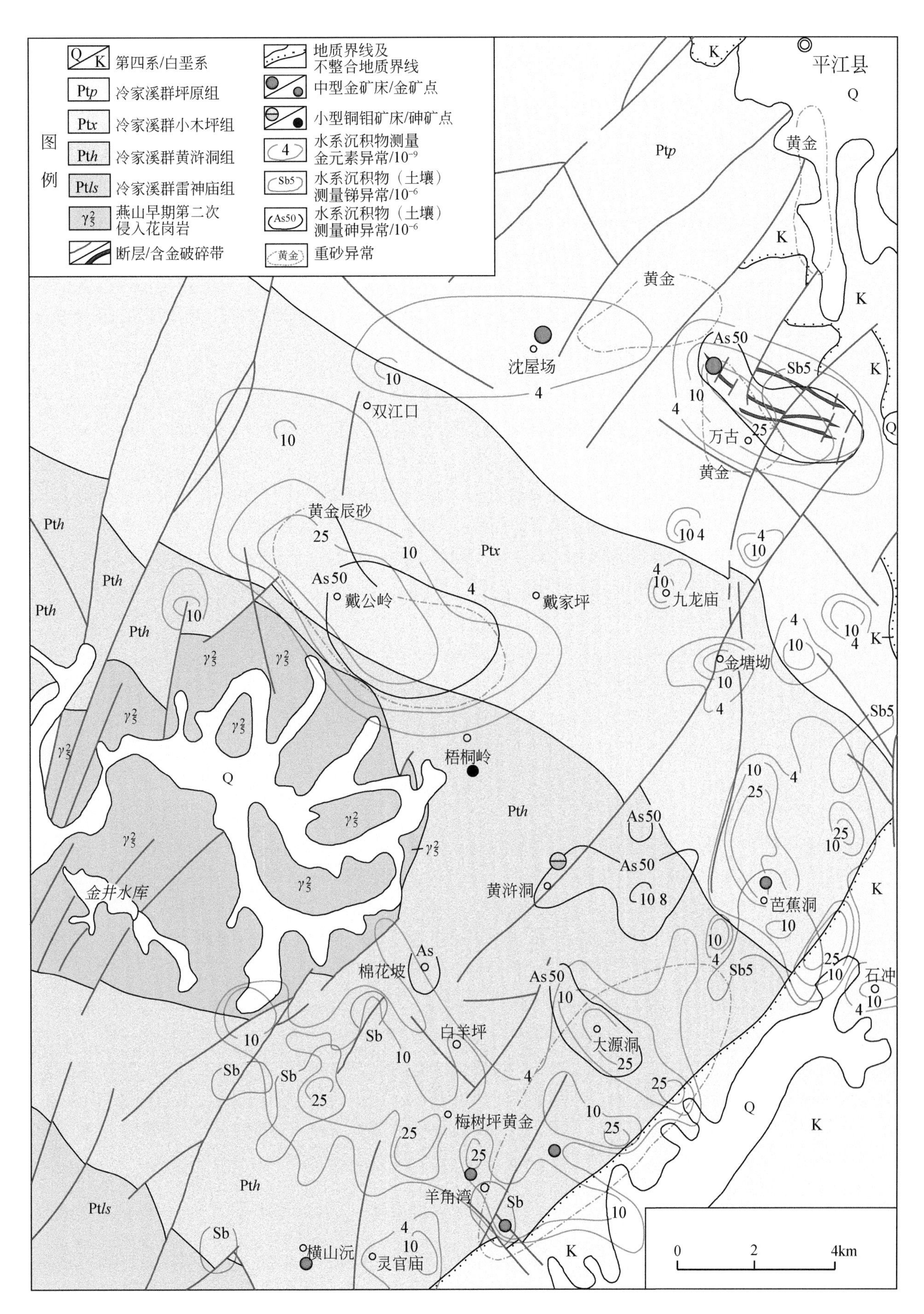

图5-37 金井地区地球化学异常图

4. 矿床类型上的找矿突破

湘东北地区金成矿系统的成因类型可能多样，除与陆内活化有关的典型石英脉型、破碎蚀变岩型外，可能还存在斑岩型-夕卡岩型、与侵入岩型有关的金矿。陆内活化型金（锑钨）成矿系统（如大万、黄金洞等金矿）以 NW—NWW 走向的矿脉为特征。不少矿脉具有大型矿床规模，其分布大都与东西向或北东向韧性剪切带及其派生的裂隙系统有关，因此沿此种剪切带及其旁侧，是今后的找矿方向。斑岩型-夕卡岩型金矿床成矿系统以七宝山“五元素”矿床为代表，但研究仍较薄弱。其成矿作用与花岗斑岩、石英斑岩有关，并受 NE—NNE 向、EW 向等构造及其交汇部位控制。因此，应加强岩体内及其附近的破碎带的找矿研究。与侵入岩型有关的金成矿系统可能与燕山期花岗质岩浆侵入有关，但受 NE 向、NW 向两组断裂构造控制。雁林寺金矿床可能属于这种类型。不过，如结合大万金矿等的成矿特征，这类成矿系统可能曾受到多期成矿事件的改造，因此湘东北地区金（多金属）矿床可统归为陆内活化型矿床成矿系统。

5.5.1.2　与岩浆岩有关的多金属矿勘探进展

在湘东北地区，特别是在长平断裂带，寻找类似于横洞钴矿、井冲钴铜多金属矿及东冲铅锌矿等类型的裂隙充填交代型矿床，总结其成矿规律，为找矿指明方向具有重要意义。如产于 NE—NNE 向长沙-平江断裂带内蚀变构造角砾岩中的钴铜（金）矿床，以及产于燕山期花岗质岩体内的 NE—NEE 至 NNE 向构造破碎带的铅锌矿床等，均具有显著的成矿特征。近年来的勘探工作还表明，湘东北也是铌钽等稀有金属的重要矿产地，如在平江县仁里发现的铌钽多金属矿床就主要赋存在伟晶岩内的 NWW—NNW 向构造裂隙中，估算的 Ta_2O_5资源量 10791t、Nb_2O_5资源量 14057t，平均品位分别为：Ta_2O_5 0.036%、Nb_2O_5 0.047%，达到超大型规模（刘翔等，2018）。

1. 硅化构造岩带

湘东北地区 NE—NNE 向或近 SN 向硅化构造岩带以产出钴铜铅锌多金属矿床成矿系统为特征。根据我们的找矿勘查与研究，硅化构造岩带是最直接的找矿标志，常产于燕山期花岗质岩体内，或位于岩体与围岩的过渡部位。其岩性以碎裂岩、构造角砾岩为主，其厚度越大、产状越陡、裂隙越发育、硅化蚀变越强，越有利于钴铜、铅锌等多金属矿化。硅化构造岩带中黄铁矿化或褐铁矿化（地表）越强，钴越富集。

2. 燕山期岩浆岩

湘东北地区陆内岩浆岩特别是燕山期岩浆岩发育，并具有多期多阶段侵入特征。陆内岩浆-热液作用过程，不仅活化、萃取围岩中的成矿物质，而且还可能从深部带来成矿元素。含矿热液在上升运移期间，由于温度、压力和成分等物理化学条件变化，自岩体中心由近到远，分别形成不同类型的矿床成矿系统。如在花岗质、伟晶质岩浆结晶早期就可能形成铌钽铍钨多金属成矿系统，而在花岗质岩浆-热液演化晚期可能分别形成了金（锑钨）、钴铜铅锌多金属和铅锌多金属等矿床成矿系统。

3. 侧伏规律

通过研究发现，湘东北井冲矿区铜钴矿体及上部的铅锌矿体侧伏明显，且具有走向长度小、轴向延伸长度大的规律。矿体的露头走向长仅 200m，控制矿体侧伏方向延伸长度达 2600m 以上，矿体轴向长度是其走向长度的 10 倍。矿体呈长条状或透镜状平行侧列产于长平断裂带次级断裂 F_2 下盘构造热液蚀变岩带中，产状与长平断裂基本一致，倾向北西，并有向南西 240°方向侧伏下延的规律，侧伏角为 20°左右。通过对比研究，相邻的横洞矿区钴矿体同样具有侧伏规律，侧伏方向为 245°，侧伏角为 15°～30°。因此，本区侧伏延伸方向的中深部仍具有较大找矿潜力。

4. 化探异常

据我们以往工作资料，在湘东北长平断裂带中段的横洞矿区井冲—北山一带，存在钴的原生晕和土壤化探异常。异常面积虽小，但强度较高，钴含量最高达 1000×10^{-6}以上。水系沉积物测量钴异常分布范围较广，其中跃龙—东冲一带最为发育，其次为白马冲、坛前，异常强度一般 30×10^{-6} ～40×10^{-6}。连云山岩体东侧钴的水系沉积物异常也较发育，面积虽小，但强度相对较高，一般为40×10^{-6} ~ 60×10^{-6}。其中井冲、横洞在F_2断裂下盘的构造蚀变带上均存在原生钴异常，其强度最高达1000×10^{-6}以上，说明该区具有较大找矿潜力。2000年横洞钴矿体正是在平江横洞、北山、安下及浏阳普乐、小洞等地开展钴异常调查评价，对横洞地区原生钴异常进行地表槽探揭露及浅部钻探验证时被发现并控制的。在今后工作中要高度重视对化探异常的验证和评价。

在资源评价的方法和手段上，近年来在湘东北地区已广泛应用可控源大地电磁测深、激电法、地电化学法等技术和方法（详见第6章），既节约了勘探成本、缩短了勘探周期，又可以进行有效类比，提高了资源预测的准确度。另外，为奠定勘探区寻找大型-超大型矿床的理论基础，基础地质方面的专题研究逐步得到了加强。如湘东北地区与赣东北地区的系统对比研究、湘东北地区中生代岩浆作用的（金、铜、钴）大规模成矿信息研究、大规模成矿作用与地球动力学研究、金矿体的等距产出和金矿体小角度侧伏等矿床的定位机制研究等，均取得了一系列重要成果。

湘东北地处江南古陆中段，大面积出露有湖南最古老的基底，显生宙以来陆内岩浆岩发育齐全，特别是燕山期岩浆活动强烈；断层构造和裂谷作用十分剧烈，变质核杂岩和/或伸展穹隆以及断陷盆地等伸展构造发育，这些成矿地质条件使得湘东北成为金（锑钨）矿床成矿系统、铅锌多金属矿床成矿系统、钴（铜）多金属矿床成矿系统和铌钽铍钨稀有金属成矿系统的十分有利地区。在新一轮国土资源大调查中，对这一区域矿产资源潜力调查评价的投入正在逐渐加大。

5.5.2　成矿系统发育规律

5.5.2.1　空间发育规律

湘东北地区构造十分复杂，不同地段基底构造线方向变化较大（图5-38）。岳阳以北的临湘一带以EW向褶皱为主，平江一带转为NW向；在浏阳、长沙一带以EW向为主，在醴陵、株洲一带则以NE向为主。晚二叠世—早三叠世及白垩纪，区内可能发生过强烈的裂谷活动，形成所谓的“湘东裂谷系”（饶家荣等，1993），其结果导致区内十分醒目的NE向三条深大断裂将本区强烈切割成一系列的盆-岭相间的NE向构造块体。此外，区内还发育有三条近EW向的慈利—临湘、仙池界—连云山及安化—浏阳韧性推覆剪切带。这些构造体系共同对区内不同矿床成矿系统起重要控制作用。

1. 矿床成矿系统的空间分布规律

湘东北地区不同矿床成矿系统的空间分布表现明显的分带性规律。

（1）区域性北（北）东向斜列式展布的断隆和断陷对不同矿床成矿系统起重要的控制作用，矿床（点）大多产于断隆带内，或产于断陷带与隆起带的结合部位。

（2）不同矿床成矿系统具有鲜明的空间分布特点。①金（锑钨）矿床成矿系统主要分布在NE—NNE向区域性深大断裂的两侧、燕山期花岗质岩体周缘（如大万金矿、黄金洞金矿等）或加里东期花岗质岩体周缘（如雁林寺金矿），赋存在下中新元古界冷家溪群内，赋矿构造主要为NW—NWW层间或层内蚀变破碎带，其次为NE向和NW向层间蚀变破碎带（如雁林寺金矿），矿体主要由含矿石英脉和破碎蚀变岩组成，其次为蚀变角砾岩型矿体；②钴铜铅锌（金）多金属矿床成矿系统主要产于NE—NNE向长平断裂带内及其次级蚀变构造岩带中，赋存于冷家溪群和/或泥盆系与燕山期连云山岩体接触部位的蚀变构造角砾岩内，矿体主要由含矿蚀变构造角砾岩、含矿石英脉和含矿蚀变破碎岩组成；③铅锌多金属矿床成矿系统主要赋存在近EW向至NE向变质核杂岩构造的拆离断层内（如桃林矿床）和/或燕山期岩体及其侵入的冷家溪群围岩内的近SN向蚀变破碎裂隙中（如栗山矿床），矿体主要由含矿蚀变构造角砾岩、含矿石英脉和含矿蚀变花岗质岩组成，暗示与燕山期花岗质岩浆岩侵入密切相关（如幕阜山复式岩体）；④铌钽铍稀有金属成矿系统主要赋存在与幕阜山复式岩体接触部位的新元古界冷家溪群围岩内的伟晶岩岩脉中，部分赋存在岩体内接触带伟晶岩岩脉中，这些赋矿的伟晶岩岩脉主要呈NW—NNW向，少部分

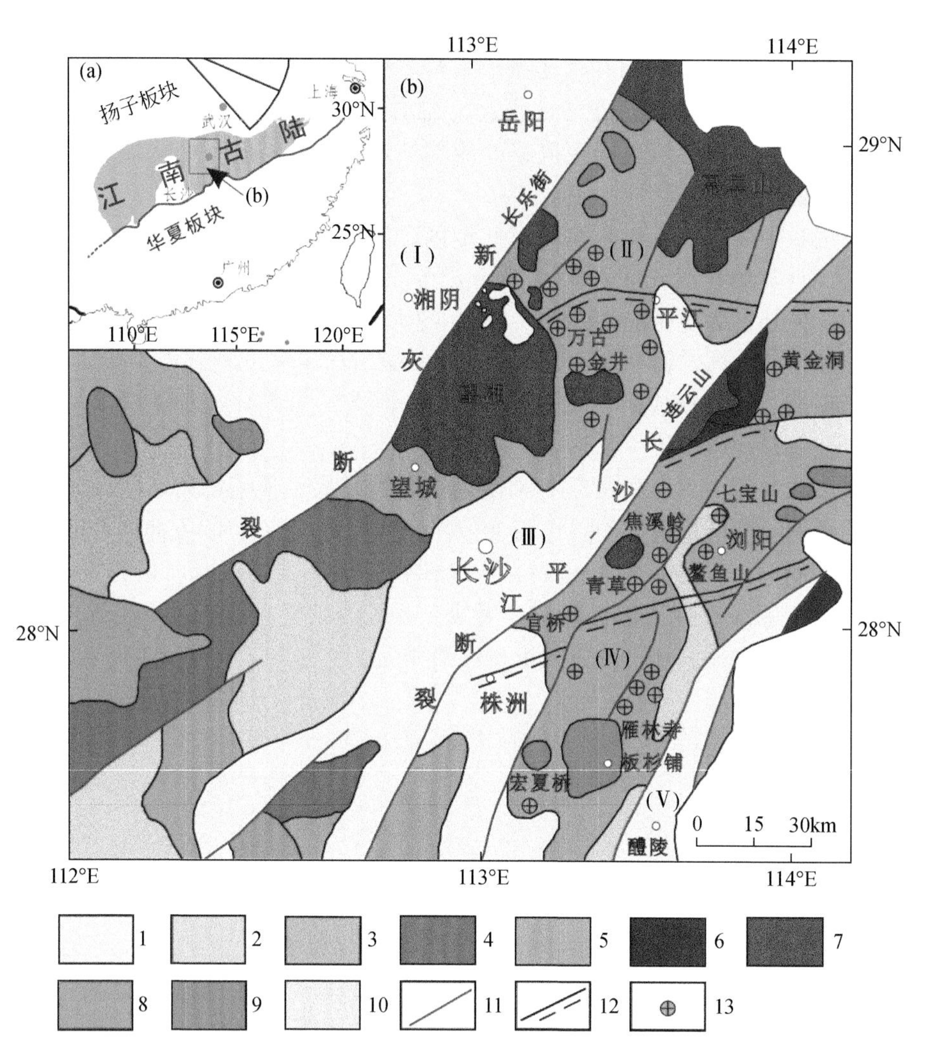

图 5-38　湘东北地区金矿化密集区分布图

Ⅰ. 汨罗断陷盆地；Ⅱ. 幕阜-望湘断隆；Ⅲ. 长-平断陷盆地；Ⅳ. 浏阳-衡东断隆；Ⅴ. 醴-攸断陷盆地；1. 第四系—白垩系；2. 中三叠统—中泥盆统；3. 志留系；4. 中晚新元古代；5. 早中新元古代；6. 新太古代—早古元古代（?）；7. 燕山期花岗岩；8. 印支期花岗岩；9. 加里东期花岗岩；10. 新元古代花岗岩；11. 深大断裂；12. 韧性推覆剪切带；13. 金矿床（点）

呈NE—近 SN 向，可能与区域性 NE—近 SN 向花状构造及其 NW—NWW 向次级构造发展有关。

（3）区域上形成了六个相对集中的矿化密集区（图 5-38），且这六个矿化密集区总体上显示了北（北）东向斜列、东西成带展布的特点：自西向东、自北向南依次为幕阜山铅锌铌钽矿化密集区、望湘-金井金矿化密集区、长平断裂带钴铜铅锌（金）矿化密集区、黄金洞金矿化密集区、浏阳（大围山-普迹）金铜矿化密集区、板杉铺-雁林寺金矿化密集区。由此可见，区内近 EW 向韧性推覆剪切带，以及北（北）东向盆-岭构造格局对不同矿床成矿系统具有重要的控制作用。

（4）不同矿床成矿系统明显受不同构造体系控制（详见第 3 章）。金（锑钨）矿床成矿系统主要受 NE—NNE 向断裂构造体系与 NW—NWW 向褶皱和断裂构造体系联合控制；钴铜铅锌多金属成矿系统主要受 NE—NNE 向断裂构造体系控制；铅锌多金属成矿系统主要受近 EW—NE 向和近 SN 向构造体系控制；而铌钽铍成矿系统主要受 NW—NWW 向和 NE—近 SN 向断裂构造体系所控制。

2. 金（锑钨）矿床成矿系统空间分布规律

湘北东金（锑钨）矿床成矿系统在矿集区（群）的自然空间分布、单个矿体的产出特征、矿化类型的异同，以及控矿因素方面均有共同特征。

1）金（锑钨）矿床（点）带状分布规律

区内金（锑钨）矿床（点）分布十分广泛，因受地层、构造等条件的制约，它们的分布呈“东西成带，南北成行”的规律。东西方向可分为北矿带和南矿带（图 5-39）。其中北矿带与安化-浏阳东西向褶断带东段相吻合，也与区内出露的仙池界-连云山韧性推覆剪切带基本吻合，代表性矿床包括大万、黄金洞等。南矿带则与醴陵-紫云山东西向构造带相吻合，并分布于普迹—官庄—王仙一带出现的韧性变形带的南侧，其代表性金矿床有官庄地区雁林寺、正冲等。近南北方向可分两个北东向成矿带（图 5-39），即东矿带和西矿带，它们分别与浏阳-衡东断隆带和幕阜-望湘断隆带相对应，其西矿带的代表性金矿床有大洞、芭蕉洞、羊角湾、金坑冲等；东矿带的代表性金矿床有七宝山、鳌鱼山、金枚、寒婆坳、黄龙桥等。很明显，以上四个矿带相互交错，并形成一个变形的“井”字，而交汇处往往是金（锑钨）矿床（点）的密集区，也是金矿勘探最为理想的地段。尚需指出的是，东西向的北矿带还可以继续往东延伸，北东向的东矿带亦可继续往北东方向延伸，二者均进入江西九岭金成矿区（符巩固等，2002）。

2）区域构造对金（锑钨）成矿系统的控制规律

湘东北地区构造特别复杂，金（锑钨）矿床无一例外地受到各级构造单元的逐级控制。区内两个规模宏大、贯穿全区的东西向构造带，控制着区内南矿带和北矿带。其中安化-浏阳东西向构造带东段控制着区内的北矿带（图 5-39），以及带内的Ⅰ-1、Ⅰ-2、Ⅰ-3 和Ⅰ-4 等 4 个自然矿集群区。而醴陵-紫云山东西向构造带控制着区内的南矿带以及带内的Ⅱ-2、Ⅱ-3、Ⅲ-1 等三个矿集群区，该三个矿集群区大致呈等距离分布；北东向的区域性深大断裂以及北东产出的断隆分别控制了北东向的东矿带和西矿带。长平深大断裂、浏阳-醴陵-衡东深大断裂与浏阳-衡东断隆控制着东矿带以及带内的 4 个自然矿集群区；汨罗-新宁深大断裂与幕阜-望湘断隆控制着西矿带以及带内的 3 个自然矿集群区；此外，低级别的构造类型，则控制着各个不同的矿床或矿体。

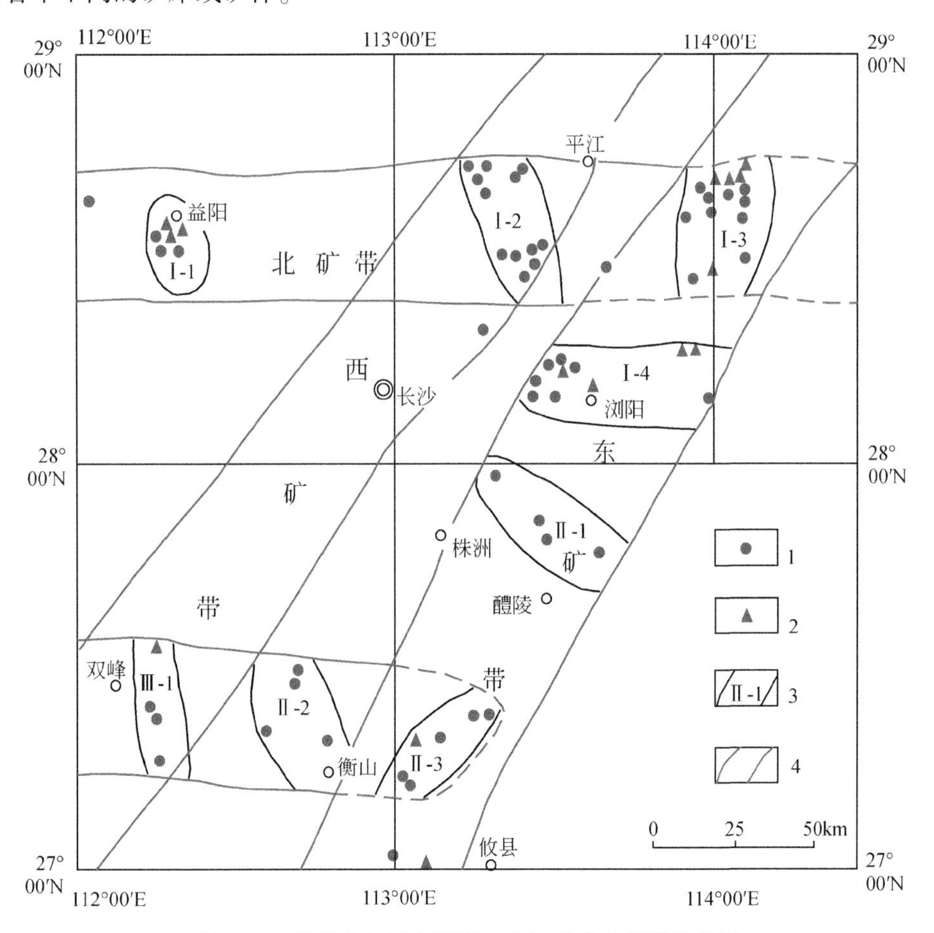

图 5-39　湘东北地区金矿床（点）及自然集群分布图

1. 重要金矿（化）点；2. 金矿床；3. 金矿矿集区及编号；4. 金矿成矿带

3）金（锑钨）矿床沿断陷盆地边缘分布规律

已有勘探成果发现，湘东北金（锑钨）矿床一般不产出于断隆带的中央部位，而是多分布于断隆与断陷盆地界面的2～5km范围内的断隆斜坡上，且与断陷盆地的大小无关。这可能与断隆和断陷盆地过渡带往往是构造和热液活动最强烈的地段有关。

4）金（锑钨）矿床等距性产出规律

无论是矿带、矿田，还是矿床、矿体（或矿脉）之间，在空间分布上均有可能出现等距产出的特征。如我国境内有三条大型纬向构造成矿带：阴山-天山构造成矿带、秦岭-昆仑构造成矿带和南岭构造成矿带，各带具有不同矿产，矿带与矿带间距约为纬度3°。大到矿带如此，小到矿体亦然。在湘东北的大洞地区新发现的几个金矿体也具有类似的等距产出特征。如在Ⅰ号含矿破碎蚀变带上每隔500～600m就有一个金矿体产出，如桃树洞金矿、鲁源洞金矿、大洞金矿、老山坡金矿等（图5-40），每个矿体走向长度一般为300～400m。该含矿破碎蚀变带往北西方向延伸，根据金矿体等间距产出的特征，预计在该破碎蚀变带的西北端还可能找到类似的金矿体。特别应注意的是，大洞地区的Ⅲ号破碎蚀变带产出有小洞金矿，根据金矿体等间距产出的特征，我们推测在Ⅲ号破碎蚀变带的东南端有可能找到1～2个金矿体。掌握金矿体的这一产出特征之后，可以开拓在湘东北地区找金的新视域。

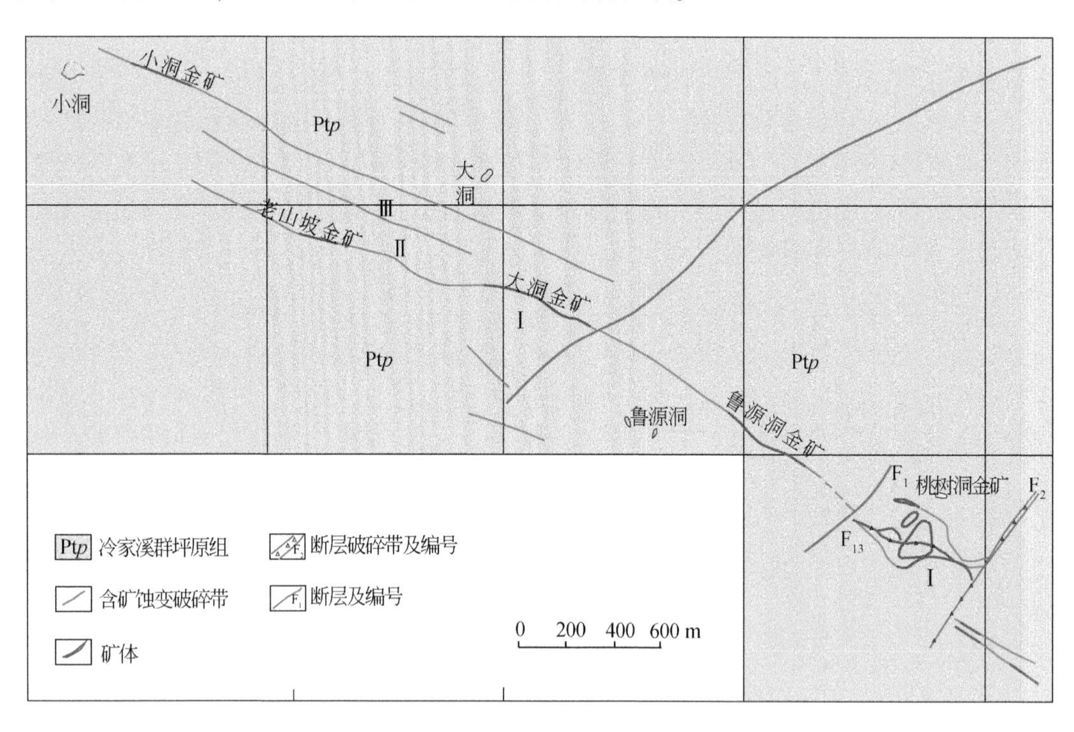

图5-40 大万金矿区矿体等距性产出图

5）矿体侧伏规律

综合研究表明，在湘东北地区，凡受近东西向或北西向构造所控制的金矿体多有向东侧伏的规律（图5-41）；而受北东向构造所控制的金矿体则多有向南侧伏的规律。因此，弄清金矿体的侧伏规律，在找矿勘探时，可以有的放矢，减少探矿工程布置的盲目性，节约勘探成本，同时可以大大增加资源量。例如，我们在万古金矿区进行普查时，发现金矿脉21条，并主要对其中6条矿脉进行了评价，共获金储量约15t，但对其Ⅰ号矿脉进行详查时仅获储量约3t。而我们掌握了其矿体有向东小角度侧伏的规律后（图5-40），对Ⅰ号矿脉进行了进一步补勘，使Ⅰ号矿脉的储量增至11t。此外，通过对金井地区新发现的金矿脉与万古Ⅰ号金矿脉进行对比研究也发现，其中多条金矿脉均有向东小角度侧伏的规律，从而新增一批金的资源量。

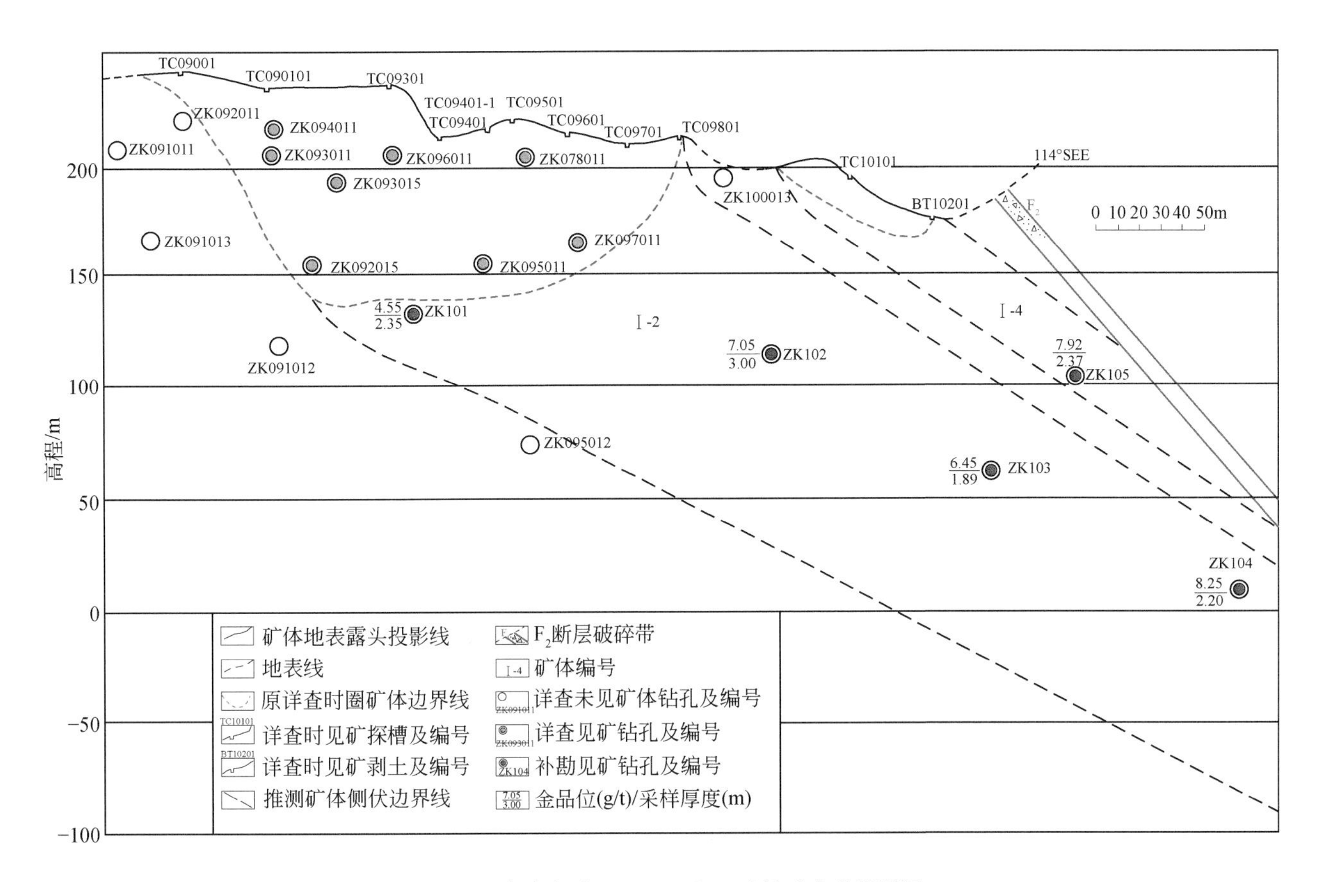

图5-41　大古金矿区Ⅰ-2、Ⅰ-1矿体垂直纵投影图

5.5.2.2　成矿时代演化规律

1. 矿床成矿系统类型的多样性

研究表明，湘东北地区除出现少量砂金外，原生矿床可划分为五大矿床成矿系统：

（1）金（锑钨）矿床成矿系统。以产于冷家溪群浅变质火山-碎屑沉积岩中大万、黄金洞等金矿床为代表。此外，可能有少量古砂砾岩型金矿出现，如浏阳社港地区。

（2）钴铜铅锌多金属矿床成矿系统。以产于NE—NNE向长平断裂带内的蚀变构造角砾岩型、蚀变破碎岩型和石英脉型井冲、横洞矿床为代表。

（3）铅锌多金属矿床成矿系统。以产于燕山期花岗质岩体内构造裂隙中或岩体与冷家溪群围岩过渡部位拆离断层中的栗山矿床、桃林矿床为代表。

（4）铜-铅锌-金-银-稀散金属"五元素"矿床成矿系统。以产于石英斑岩与围岩内外接触带、充填围岩裂隙和风化淋滤层中的"五元素"七宝山矿床为代表。

（5）铌钽铍稀有金属成矿系统。以主要产于燕山期花岗质岩体与冷家溪群围岩内外接触带中的NW—NNW向伟晶岩岩脉内的仁里、传梓源矿床为代表。

2. 成矿系统与地层和岩浆岩的关系

（1）金（锑钨）矿床成矿系统主要发育在冷家溪群内，但普遍围绕燕山期望湘-金井、连云山等花岗质岩体分布，暗示其成因与沉积作用、岩浆活动和/或变质作用有着密切关系。其中，连云山岩体侵入时代在155～129Ma间，但可分为三个脉动期；而望湘-金井岩体可能侵入于151～133Ma（详见许德如等著《湘东北陆内伸展变形构造及形成演化的动力学机制》一书）。其他如南桥等金矿化点有可能与新元古代（?）基性岩浆作用有关。

（2）钴铜铅锌多金属矿床成矿系统主要赋存在经构造破碎，并蚀变的新元古界或泥盆系内，但与燕山期连云山花岗质侵入岩密切相关。

（3）铅锌多金属矿床成矿系统主要产于幕阜山复式花岗质岩体与冷家溪群围岩内外接触带部位，明显受构造与侵入岩体所控制。幕阜山复式岩体主要于燕山期侵入，其成岩年龄集中在 154 ~ 139Ma、132 ~ 127Ma 两个脉动时间幕（详见许德如等著《湘东北陆内伸展变形构造及形成演化的动力学机制》一书）。

（4）铜-铅锌-金-银-稀散金属“五元素”矿床成矿系统与燕山期石英斑岩或花岗斑岩（151 ~ 148Ma：胡俊良等，2017；Yuan et al.，2018）有关的七宝山、鳌鱼山、花果山斑岩型-（夕卡岩型）-热液脉型铜多金属矿床（胡祥昭等，2002；杨荣等，2015；陕亮，2019）主要产于岩体与石炭系灰岩内外接触带内，也有少量的金产出，而丰富的硫化物经风化淋滤作用后，则形成铁帽型或铁锰黑土型金矿，即风化壳型金矿床。

（5）铌钽铍稀有金属成矿系统主要产于幕阜山花岗质复式岩体与冷家溪群围岩内外接触带的伟晶岩岩脉内，其中仁里矿田锂辉石白云母钠长石伟晶岩中白云母 Ar-Ar 等时线和坪年龄约 130Ma（刘翔等，2019）。

3. 矿床成矿系统发育的时间规律

根据本书和前人的研究成果，湘东北地区不同矿床成矿系统在成矿时代上既表现出叠加成矿特点，又表现出与当时的陆内构造-岩浆活化密切相关的特征。

（1）金（锑钨）矿床成矿系统。与华南大陆加里东期以来陆内构造-岩浆（热）事件相对应，湘东北地区金（锑钨）矿床成矿系统至少表现加里东期和燕山期两个时期叠加成矿特征。以大万和黄金洞金矿为代表，加里东期成矿可能发生在约 400Ma（含矿石英脉中白云母 Ar-Ar 定年：详见第 4 章），而燕山期为主成矿期，发生在约 130Ma（含矿石英脉中白钨矿 Sm-Nd 等时线年龄）。约 153Ma 的晚侏罗世可能也是湘东北金（锑钨）成矿系统的一个重要时期，如本书（5.4 节）曾获得黄金洞金矿含矿石英脉石英流体包裹体 Rb-Sr 等时线年龄为 152±13Ma（MSWD=1.3）。

（2）钴铜铅锌多金属矿床成矿系统。本书已获得湘东北地区长平断裂带北端大岩金钴矿化点含白云母石英脉中白云母 Ar-Ar 年龄为 130 ~ 127Ma，获得长平断裂带内横洞钴矿区蚀变碎裂化的花岗质糜棱岩中白云母 Ar-Ar 年龄为 125 ~ 122Ma。由于大岩矿化点含白云母石英脉已切穿含钴铜铅锌多金属矿的蚀变构造角砾岩带（详见第 4 章），且后者未穿过连云山 136 ~ 129Ma 的中细粒黑云母花岗岩，因此，湘东北地区钴铜铅锌多金属矿床成矿系统可能形成于 130 ~ 122Ma。

（3）铅锌多金属矿床成矿系统。本书获得桃林、栗山矿床$^{40}Ar/^{39}Ar$年龄分别为约 121Ma、129Ma，而矿物化学和 H-O、S、Pb 多同位素已揭示湘东北地区铅锌多金属矿床成矿系统与幕阜山燕山期侵入岩有着密切的成因联系，且在幕阜山复式岩体南部侵入于冷家溪群内的含钼伟晶岩脉中辉钼矿 Re-Os 等时线年龄为约 138Ma，白云母 Ar-Ar 年龄为约 128Ma，它们与矿区外围花岗质岩约 143 ~ 127Ma 的 U-Pb 年龄接近（详见第 4 章；许德如等著《湘东北陆内伸展变形构造及形成演化的动力学机制》一书）），暗示铅锌多金属矿床成矿系统形成于 129 ~ 121Ma。

（4）铜-铅锌-金-银-稀散金属“五元素”矿床成矿系统。胡俊良等（2017）获得七宝山“五元素”矿床中含矿石英脉石英流体包裹体 153.4±2.0Ma（MSWD=1.8）的 Rb-Sr 等时线年龄；Yuan 等（2018）获得该矿床夕卡岩型磁铁矿体中与磁铁矿及黄铁矿共生的辉钼矿 Re-Os 同位素等时线年龄 152.7±1.7Ma（MSWD=0.42，n=6）。这些年龄与湘东北地区燕山期早阶段花岗质岩（155 ~ 149Ma）和七宝山矿区石英斑岩（151 ~ 148Ma）的侵入年龄以及黄金洞金矿约 153Ma 成矿年龄在误差范围内一致。

（5）铌钽铍稀有金属成矿系统。由于该成矿系统也与幕阜山燕山期侵入岩有着密切的成因联系，推测其形成时代略早于铅锌多金属矿床成矿系统或与之同期。

结合区域构造-岩浆活化事件，湘东北地区金（锑钨）矿床成矿系统可能存在三个成矿时代，即约 400Ma、约 153Ma、约 130Ma。其中，第二个成矿期与铜-铅锌-金-银-稀散金属“五元素”矿床成矿系统一致，第三个成矿期与铅锌多金属矿床成矿系统、铌钽铍稀有金属成矿系统同期或相近，但均略早于钴铜铅锌多金属矿床成矿系统。由此可见，湘东北金（多金属）矿床成矿系统具有多期叠加成矿特征。

5.5.2.3　成矿作用规律

1. 成矿物质与含矿流体的来源

前人大都认为湘东北地区金（多金属）成矿物质来源于冷家溪群围岩（详见第1章），主要是因为多数矿床成矿系统特别是金（锑钨）矿床成矿系统均产出于冷家溪群中，并且冷家溪群岩石金含量又高出上部地壳金丰度值6.44倍（毛景文和李红艳，1997）。然而，本书研究表明（详见第4章），区内金（锑钨）矿床成矿系统中金元素既可能来源于冷家溪群或更老的基底，又可能有来自深部的岩浆贡献；而含矿流体在成矿早期以变质热液为主，在成矿期和成矿期后则有岩浆热液或地幔来源流体和大气降水的参与，典型的如大万、黄金洞等金矿床。此外，无论是铜-铅锌-金-银-稀散金属“五元素”矿床成矿系统、钴铜铅锌多金属矿床成矿系统，还是铅锌多金属矿床成矿系统和铌钽铍稀有金属成矿系统，其含矿流体均主要来源于岩浆期后热液，只是在成矿演化过程中有不同比例的大气降水加入（详见第4章）。

2. 成矿演化规律

根据湘东北地区不同矿床系统成矿时代的分析，并结合华南陆内构造-岩浆作用及其演化特征，湘东北地区金（多金属）矿床成矿作用演化规律如下：

（1）江南古陆于中晚新元古代（850～820Ma）所发生的晋宁运动或格林威尔造山事件，导致了湘东北地区大规模碰撞型S型系列花岗质岩浆活动和强烈的构造变形变质作用（详见许德如等著《湘东北陆内伸展变形构造及形成演化的动力学机制》一书）。这个造山事件可能使冷家溪群和/或更古老的基底中的金、锑、钨、铜、钴、铅、锌等成矿元素发生初步富集，但是否出现具有经济价值的矿床，仍有待进一步研究。

（2）江南古陆于加里东期（465～390Ma）发生的陆内碰撞造山事件（Charvet et al.，1996；Peng et al.，2003；Wang et al.，2007，2012，2013；张岳桥等，2009），不仅导致湘东北地区的志留纪（434～418Ma）花岗闪长质岩浆作用，而且可能使长平断裂带进一步发生左旋走滑、EW向褶皱叠加早期NW向褶皱及伴随的劈理和线理的发育。碰撞期后于约400Ma则可能发生钨（金）成矿事件。

（3）约180Ma以来开始的古太平洋板块向中国东部大陆的俯冲作用，以及华南大陆与华北大陆于晚三叠世碰撞所导致的后续效应，可能共同对包括江南古陆在内的华南陆内构造-岩浆事件产生重大影响；古太平洋板块俯冲发展至约160Ma时期，可能由于俯冲板片的回撤导致构造应力由挤压开始向伸展转变，在湘东北形成一套153～150Ma的斑岩型-夕卡岩型和/或热液脉型成矿系统（即七宝山“五元素”矿床）。

（4）约150Ma以来，由于俯冲的古太平洋板块折返，俯冲板片发生破裂和坍塌，导致湘东北地区总体上处于伸展的构造环境之中，开始形成与北美西部相似的盆-岭构造格局（Cline et al.，2005；Muntean et al.，2011）和其内的变质核杂岩、伸展穹隆等伸展构造（详见许德如等著《湘东北陆内伸展变形构造及形成演化的动力学机制》一书）。湘东北盆-岭式构造由一系列北东向深大走滑断裂、深大断裂控制的由元古宇基底和侵入其中的花岗质岩组成的山岭，以及白垩系红层盆地组成。这一盆-岭式构造和其内的变质核杂岩等伸展构造对湘东北地区的成岩成矿作用起重要控制作用。

先前加厚的下地壳由于受下沉的俯冲板片脱水的影响和/或来自岩石圈地幔岩浆底侵作用发生部分熔融，形成了燕山期花岗质岩浆源区。这些花岗质岩浆在155～127Ma间可能以脉动方式上侵，并在上升到一定的高度后逐渐冷却，在湘东北地区形成一系列复式岩体（如连云山、幕阜山、望湘-金井等）和/或由这些侵入岩组成的变质核杂岩，而侵入岩浆与围岩接触的部位则发生强烈的混合岩化。该盆-岭式构造中的北东向深大断裂连通了变质基底和浅部沉积盖层，从而使得来自深部的韧性下地壳含矿流体在岩浆热能的驱动下向上运移，并在上升过程中可能还萃取了冷家溪群和/或更老基底中的金、锑、钨等成矿物质，至138～130Ma时，在脆性上地壳的NW—NWW向断裂活化构造、NW—NNW向和近SN向构造裂隙，以及NE—近EW向拆离断层和近SN向构造裂隙充填和/或叠加富集/富化成矿，从而分别形成金矿床成矿系统、铌钽铍稀有金属成矿系统、铅锌多金属矿床成矿系统。不过，燕山晚期岩浆岩可能也为这些特别是铌钽铍稀有金属、铅锌多金属矿床成矿系统提供了含矿热液。

当岩浆演化至后期的130～121Ma时，形成了富Cu、Co、Pb、Zn、（Au）等成矿元素的岩浆期后热液，当该岩浆期后热液沿长平断裂带向上运移的同时，还萃取了古老基底中的成矿元素Co，由于大气降水混入等导致成矿物理化学条件的变化，该岩浆期后含矿热液最终在长平断裂带主干断裂下盘的次级构造破碎带发生沉淀、富集，从而形成了沿长平断裂带分布的钴铜铅锌（金）多金属矿床成矿系统。

5.6　金（锑钨）矿床成矿系统特征及找矿预测地质模型

5.6.1　金（锑钨）矿床成矿系统特征

5.6.1.1　成矿系统地质体

1. 成矿地质体的确定

湘北东地区金（锑钨）矿床成矿系统主要分布于幕阜山-望湘断隆带、浏阳-紫云山断隆带内，受岩体、地层和构造等地质条件严格控制。矿体赋存在下中新元古界冷家溪群中，呈脉状、似层状或长透镜体状充填于北西（西）或近东西向的层间蚀变断裂破碎带，其形态、产状和规模也受断裂破碎带控制。矿床地球化学研究表明（详见第4章），金矿床成矿系统的S和Pb主要来源于冷家溪群，部分来源于花岗质岩浆；He-Ar同位素则表明有深部，甚至是地幔来源流体参与成矿；流体包裹体，以及H-O同位素研究显示，早期成矿流体以变质水为主，成矿期主要为岩浆水，成矿晚期则有大气水的加入。湘东北地区以及整个华南的近东西向韧性剪切带形成于加里东期—印支期或更早的晋宁期，而湘东北金矿床成矿系统的主成矿期为燕山晚期，因此湘东北金矿床成矿系统不是典型的韧性剪切带型金矿，不仅暗示了先前断裂构造活化成矿，而且与燕山期陆内岩浆活动有着密切关系。

虽然Au、Sb、W等成矿元素可能主要由赋矿围岩或更老的基底提供，但Au富集成矿是通过陆内多期构造-岩浆活动实现的，构造破碎带仅为“形”，而与金（锑钨）矿床成矿系统同期的岩浆岩则为”体”。因此，我们将湘东北地区金（锑钨）矿床成矿系统定义为与陆内构造-岩浆作用有关的陆内活化型金矿，其成矿地质体为燕山期花岗质岩体。不过，大万和黄金洞等金矿床分别距地表出露的望湘-金井岩体和连云山岩体10～15km，如此远的距离使这两个出露的花岗质岩体很难为金成矿提供驱动力。但地球物理深部探测结果表明（详见第6章），在思村—社港一带有较大的航磁正异常和稳定的低重力场，暗示深部存在隐伏岩体；在大万矿区外围深部也有较大的磁异常，说明该隐伏岩体可能延伸到此处深部，因此，推测与望湘-金井岩体和连云山岩体同期侵位的矿区深部或外围隐伏的花岗岩为大万和黄金洞金矿的成矿地质体，隐伏岩体能为成矿流体的迁移提供能量，并提供部分含矿流体和成矿物质。然而，关于隐伏岩体的详细信息还需更深入的工作。

2. 成矿地质体空间位置和宏观特征

虽然地球物理探测结果推测金矿区深部存在着隐伏岩体，但关于隐伏岩体的空间分布范围、三维形态等问题还未解决。已有数据暗示隐伏岩体可能与地表出露的连云山和望湘-金井岩体同期，因此可利用连云山和望湘-金井岩体（详见许德如等著《湘东北陆内伸展变形构造及形成演化的动力学机制》一书）来代表成矿地质体的地质及地球化学特征。连云山和望湘-金井岩体均侵位于新元古代浅变质地层之中。连云山岩体位于北东向长平深大断裂的南东侧，以断裂为其西部界线。整体形态呈北东向延伸的楔形，中部略有膨大，出露面积约135km^2。望湘-金井岩体位于长沙-平江断裂和新宁-汨罗断裂之间，呈东西向延伸，中间凹陷，出露总面积约110km^2。

3. 成矿地质体特征

望湘-金井岩体与冷家溪群呈突变侵入接触，与白垩系呈沉积接触，其侵入时代为151～133Ma；岩性主要为二云母二长花岗岩，中细粒、中粗粒结构，部分为似斑状结构，斑晶的主要组成矿物有钾长石、石英和微斜长石，基质主要有斜长石、石英、钾长石、黑云母和白云母，副矿物包括磁铁矿、钛铁矿、磷灰石和锆石等；矿物组成、主微量元素和Sr-Nd同位素特征显示，望湘-金井岩体为华南元古宙地壳部分熔融形成的S型花岗岩，岩浆源区为富黏土、贫水和还原的元古宙地壳，具有较低的温压条件。大万金矿的成矿地质体为隐伏岩体，其可能与望湘-金井岩体在深部相连，因此推测该成矿地质体与望湘-金井岩体具有相似的特征（详见许德如等著《湘东北陆内伸展变形构造及形成演化的动力学机制》一书）。

连云山岩体与围岩呈突变的侵入接触，在连云山花岗岩和地层接触部位，可见冷家溪群板岩包体和强烈的混合岩化；连云山岩体的岩性主要为中细粒二云母二长花岗岩，次为花岗闪长岩，主要组成矿物有石英、斜长石、钾长石、白云母和黑云母。副矿物包括磷灰石、独居石和锆石等。连云山岩体锆石U-Pb年龄为155～129Ma；矿物组成、主微量元素和Sr-Nd同位素特征显示，连云山花岗岩为华南元古宙地壳部分熔融形成的S型花岗岩，系贫黏土的下地壳物质部分熔融的产物，其源区具有一致且较低的温度和较高的压力；按照地球化学组成、含水性和氧逸度，可以将源区分为两组：一组为相对还原、干燥、贫泥质、富斜长石粗粒碎屑岩源区；另一组为相对氧化、富水和贫斜长石的富泥质源区（详见许德如等著《湘东北陆内伸展变形构造及形成演化的动力学机制》一书）。与连云山岩体在深部相连的隐伏岩体为黄金洞金矿的成矿地质体，推测该成矿地质体与连云山岩体具有相似的特征。

在晚侏罗世—早白垩世时期，因俯冲的古太平洋板片后撤或折返，华南大陆此时处于伸展的构造环境，破裂和下沉的俯冲板片脱水和/或来自岩石圈地幔的玄武质岩浆底侵作用，使得加厚的下地壳发生部分熔融，形成S型的连云山和望湘-金井岩体。

4. 成矿地质体与金（锑钨）成矿的关系

湘东北金（锑钨）矿床的S-Pb同位素组成与燕山期岩体及斑岩型矿床明显不同，而与赋矿围岩相似，石英流体包裹体H-O和方解石Rb-Sr同位素组成也指示变质流体的来源（详见第4章）。但H、O同位素数据还表明，岩浆岩可能为成矿提供了部分含矿流体；He-Ar同位素也说明，部分成矿流体来自深部地幔（详见第4章）。岩浆作用将驱动深部的含矿流体沿北东向深大断裂带向上运移，同时提供部分成矿物质，使得金（锑钨）矿床含矿流体具有地幔来源的H-O-He-Ar同位素组成特征。流体在运移过程中，还从围岩中萃取了Au、Sb、W等成矿物质，使得金（锑钨）矿床具有地层来源的S-Pb-H-O-Sr同位素特征。因此，在陆内多期岩浆热能或构造应力驱动下，可能的含矿岩浆热液与变质流体共同萃取了赋矿围岩和/或更古老基底中的成矿元素，并在浅部的次级NW—NWW向破碎带沉淀或叠加富集，从而形成了湘东北地区金（锑钨）矿床。

5.6.1.2 成矿构造与成矿结构面

1. 成矿构造系统及结构面特征

湘东北地区金（锑钨）成矿构造系统为断裂-褶皱构造系统。断裂构造包括导矿的NE—NNE向深大断裂带和次级的NE—NNE向断裂以及赋矿的NW—NWW向断裂破碎带；褶皱构造包括NW—NWW向紧闭（倒转）褶皱（如黄金洞矿区）。但这些断裂和褶皱构造的发生、发展明显具有相辅相成的关系和多期次活化的特征（详见5.2节）。

湘东北地区的金（锑钨）矿床成矿系统主要赋存于NW—NWW向的层间或层内断层破碎带之中，矿体沿控矿断裂侧伏，在倾伏侧和深部都具有找矿前景。同时，矿区内冷家溪群赋矿围岩的岩性为单一的板岩，且无岩体出露及相应的侵入接触界面。因此，湘东北金（锑钨）矿成矿结构面为构造界面，而不是地质体界面和物理化学界面。

2. 成矿前、成矿期和成矿后构造

（1）成矿前构造。华南大陆在加里东期、印支期分别处于NW—SE向、SN向压应力环境下，形成了系列近EW向的褶皱和韧性推覆剪切带。湘东北地区也存在三条近EW向，并贯穿前寒武纪基底的韧性推覆剪切带及伴生的褶皱构造。然而，湘东北金（锑钨）矿床成矿系统主要产于 NW—NWW 向断裂破碎带内，且后者普遍倾向 N（N）E 和/或 S（S）W，并与地层产状相近或小角度斜切地层，因而属于层间或层内断裂，我们推测它们和区域性 NW—NWW 向褶皱和韧性推覆剪切带一样可能形成于加里东期或更早时期，系冷家溪群因具有不同能干性的岩层而发生层间或层内滑脱的结果。因此，这些 NW（W）向构造及其次级断裂可能为成矿前构造。不过，这些 NW—NWW 向构造在燕山期可能发生了活化，进而转变为成矿期构造。我们的研究已表明（文志林等，2016；Deng et al.，2017；Xu et al.，2017b；5.2 节），大万金矿区内的 NW—NWW 向断裂在加里东期—印支期可能就已形成，并经历了韧性剪切变形作用，而在燕山期，可能由于古太平洋板块向欧亚大陆的俯冲，或来自华南与北部的华北板块、华南与南部的印支板块碰撞的后续效应等影响，华南大陆经历了从挤压向伸展的转换，使得湘东北地区这些 NW—NWW 向断裂重新活动，从而成为赋矿构造，该研究结果与前人的认识相一致（傅昭仁等，1999）。伸展作用使得该组断裂伸展扩容，并成为发育有构造角砾岩的容矿构造，这也与肖拥军和陈广浩（2004）认为该组断裂经历了先压后张的结论一致。此外，Zhang 等（2019a）对黄金洞金矿的相关研究也表明，该矿床的形成与成矿期近 EW 向褶皱和断裂构造的活化有着密切关系。因此，NW—NWW 向断裂可能较区内 NE—NNE 向深大断裂稍早或同期，但它们在燕山期再次活化而成为成矿期构造。不过，沿 NE—NNE 向深大断裂侵位的连云山岩体以及分布于其西侧幕阜山-望湘隆起，并呈 NE 走向的望湘-金井岩体、幕阜山岩体，反映了长平深大断裂形成时代至少较这些燕山期（155～129Ma）岩体还早（推测它们形成于晚新元古代：详见 5.2 节）。从而也解释了黄金洞金矿发生于长平深大断裂下盘，而大万金矿位于该断裂上盘的事实。从而暗示了成矿期前，长平断裂可能已错断了区域性的北西（西）向构造。

（2）成矿期构造。印支晚期（？）—燕山早期，古太平洋板块的俯冲和其后的回撤在华南大陆形成了一系列 NE—NNE 向构造带和大规模岩浆活动，包括引起湘东北地区与金（锑钨）矿床成矿系统有关的 NE—NNE 向深大断裂带，如长平断裂带活化等。这些深大断裂带可能为成矿期导矿构造，是含矿流体的运移通道，其证据如下。

a. 湘东北地区金矿都位于深大断裂带附近，间距约 15km。虽然区内金矿床如大万、黄金洞等大都分布在距离长平断裂带约 20km 位置，但国内外很多（超）大型金矿床都离导矿的深大断裂较远，如我国胶东金矿集区距离郯庐断裂（图 5-42）、美国内华达州金矿距离 Getchell 断裂（Cline et al.，2005）等都超过了 15km。

b. 对地幔流体敏感的 He-Ar 同位素分析结果表明（Mao et al.，2002），大万矿区含矿石英脉中黄铁矿的 $^3He/^4He$ 值较高，为 4.9×10^{-6}～13.7×10^{-6}（即 3.5～9.8Ra），$^{40}Ar/^{36}Ar$ 值变化较大，为 389～822；不含矿石英脉中的黄铁矿的 $^3He/^4He$ 值较低，为 1.1×10^{-6}～1.2×10^{-6}（即 0.8～0.98Ra），$^{40}Ar/^{36}Ar$ 值为 301～397。可见，含矿石英脉的 $^3He/^4He$ 值大大高于地壳的相应值（0.01～0.05R/Ra）、接近地幔惰性气体的成分（6～9R/Ra），$^{40}Ar/^{36}Ar$ 值明显高于大气的相应值（295.5）；不含矿石英脉的 $^3He/^4He$ 值略小于大气的相应值（1R/Ra），$^{40}Ar/^{36}Ar$ 值略高于大气的相应值。两种类型的黄铁矿的 He 组成差异是幔源和壳源流体的不同比例混合造成的。根据公式 $^4He_{mantle}=(R-R_c)/(R_m-R_c)\times100$ 计算出含矿石英脉中黄铁矿的地幔 He 组分（>45.2%）远远大于不含矿石英脉中的黄铁矿（10.2%～11.5%）。因此本区黄铁矿的 He 主要是地幔来源，并混有不同程度的地壳流体成分，而接近大气的 Ar 同位素组成则暗示了有大气氩的加入。

两种类型石英脉中的石英流体包裹体研究结果表明（Mao et al.，2002），含矿石英脉中的石英包裹体有高的均一温度（207～310℃）、盐度为 3.0%～4.5% NaClequiv.，并以碳水溶液包裹体为特征，δD（-64‰～-56‰）和 $\delta^{18}O$ 值（17.8‰～19.6‰）与岩浆流体特征一致；而不含矿石英脉中的石英的均一温度较低，为 138～145℃，盐度高于含矿石英脉，为 5.5%～6.0% NaClequiv.，主要为水溶液包裹体，其 δD（-92‰～-86‰）和 $\delta^{18}O$（17.7‰～22.0‰）值接近演化的大气降水。但遗憾的是，这两类石英脉的生成期次未能精细厘定。

结合本书对不同成矿阶段石英流体包裹体研究结果（详见第 4 章），湘东北金矿床成矿系统的成矿早

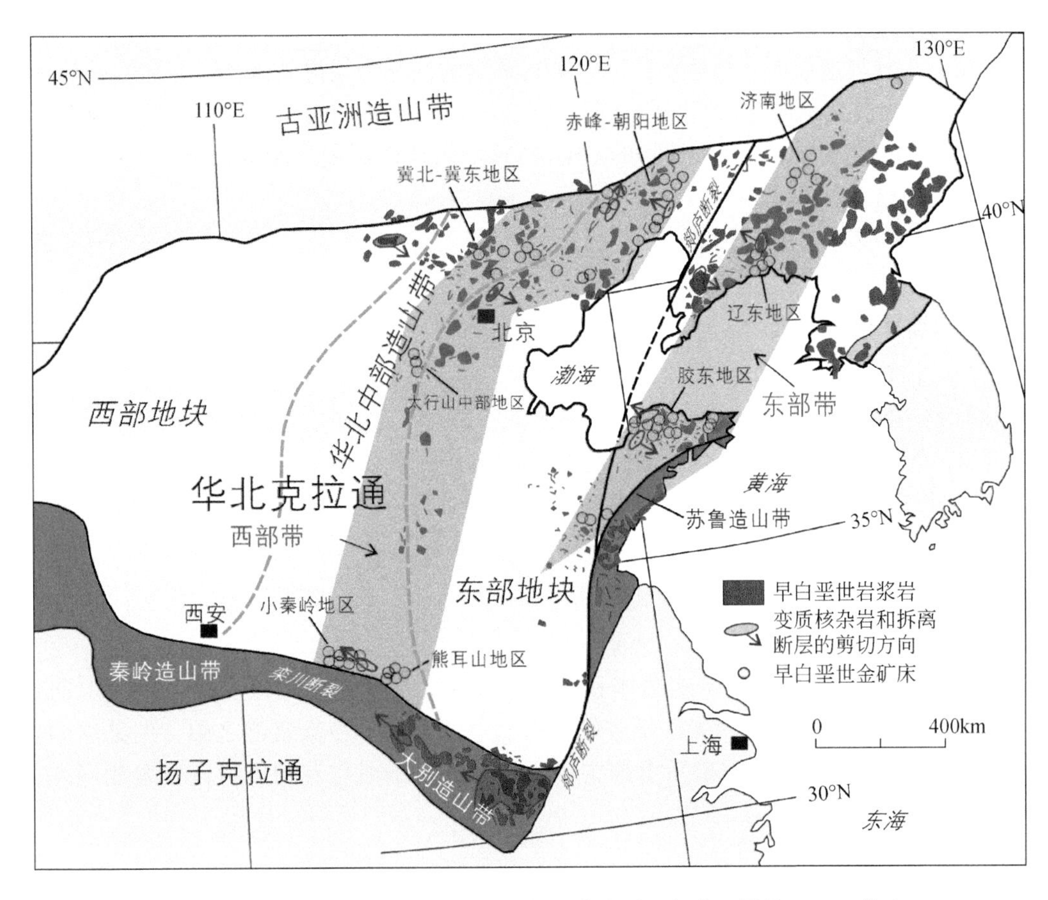

图5-42　华北克拉通地质与主要金矿集区分布图（据朱日祥等，2015修改）

期以变质水为主，成矿期流体有岩浆来源（包括幔源）的热液加入，而演化到成矿晚期逐渐有大气降水混入。目前研究表明湘东北地区与金（锑钨）成矿有关的望湘-金井和连云山岩体均为壳源成因，那么金成矿过程中地幔流体很可能就与长平深大断裂息息相关，后者为深部流体的运移提供了有利通道。因此，推测与金矿化在空间上联系紧密的长平深大断裂是作为运移通道最理想的构造。

c. 结合国内外不同成因类型的典型金矿床模式，世界上来源于地层、深源的主要金矿类型包括造山型、卡林型、斑岩型、浅成热液型和与侵入岩有关的金矿，它们往往都是产于深大断裂附近，而这些深大断裂往往是充当含矿流体运移的通道，如美国内华达州的Getchell断裂（Cline et al.，2005）、我国华北郯庐断裂等。长平断裂上大岩金钴多金属矿化点的发现也证实了长平深大断裂作为导矿构造的重要性。

（3）成矿期后构造。在湘东北地区，还存在一系列次级的NE向断裂，这些断裂也具有多期次活动的特征。在大万和黄金洞金矿区，可见大量的切穿矿体或矿脉的NE向次级构造，这些构造则为成矿后构造。矿区内NE向断裂的总体走向为30°~50°，倾角变化较大。NE向断裂以左旋为主，如在大万矿区内F_{23}断裂（详见第3章）就使得冷家溪群坪原组赋矿地层和NW—NWW向含矿断裂破碎带发生了错动。

此外，黄金洞矿区还发育规模较大的复式紧闭褶皱，皱褶枢纽整体呈北西（西）走向，后者与矿区普遍发育的北西（西）向的断裂平行。这些紧闭褶皱对金矿也有一定的控制作用，其形成时间可能与控矿的北西西向断裂同期，为成矿前构造。

3. 成矿结构面特征

湘东北地区金（锑钨）矿床的成矿结构面为NW—NWW向断裂构造面。这些断裂面规模较小，大致呈平行排列，与地层产状基本一致或局部斜交，倾向NNE，倾角30°~65°。断裂破碎带内构造角砾岩和断层泥发育，且自破碎带中心向两侧依次出现石英脉和蚀变破碎带-蚀变岩带-围岩带。如大万矿区赋存8号矿脉的构造破碎带呈NWW走向，宽度约3m，中间夹有含矿石英脉，破碎带周围的岩层变形较弱，且错动较小，因此无法确定其性质，破碎带的上下顶板较清晰，顶板的产状为26°∠37°，底板的产状为26°∠47°，产状较稳定，且与地层产状总体一致。含矿石英脉的两侧为构造角砾岩，并强烈硅化和黄铁矿化。NW—NWW向断裂可能形成于加里东期—印支期，并在燕山期活化成为赋矿构造。区域航磁、CSAMT测深（详见第6章）和钻探进一步显示，低阻的NW—NWW向含矿断裂可能延伸至万古矿区外围深部的冷家溪群黄浒洞组。

此外，如果矿区深部隐伏岩体能得到进一步证实，那么岩体与赋矿围岩的侵入接触界面也可能成为另一种类型的成矿结构面。

4. 成矿构造和控矿构造关系

湘东北地区金（锑钨）矿床成矿系统的成矿构造包括了NE—NNE向的深大断裂导矿构造和NW—NWW向的控矿构造。NE—NNE向的导矿构造（长平深大断裂）为深部幔源流体和含矿流体的运移提供了上升通道；NW—NWW向的控矿构造主要作为金矿的容矿、赋矿构造，可能受区域导矿构造的应力场变化而发生活化。控矿的NW—NWW向次级断裂和紧闭褶皱为应力释放区，由导矿构造运移来的成矿流体在此处聚集，是成矿的有利部位。另外，从空间上看，控矿构造又被成矿后构造切穿，因此它们是连通的。

5. 成矿结构面空间格架

成矿结构面空间格架研究的是成矿地质体和矿体的关系。在湘东北地区，指的是燕山期隐伏花岗岩和NW—NWW向矿体之间的关系，两者位于或侵位于下中新元古界冷家溪群之中，但是它们在深部可能发生接触。湘东北地区金（锑钨）成矿系统的主要成矿年龄小于或与花岗质岩侵位时代同期，具有典型的陆内构造-岩浆活化特征。

6. 成矿构造与区域构造关系

受华南区域构造发展影响，湘东北地区构造至少经历了五个变形期次（图5-21）。显然，这些构造变形期次与区域构造演化事件相一致（详见许德如等著《湘东北陆内伸展变形构造及形成演化的动力学机制》一书）。加里东期或更早的晚新元古代时期，华南大陆发育一系列近EW向的褶皱、韧性推覆剪切带和断裂构造；在江南古陆的湘东北地区，同样也发育三条近EW向的韧性推覆剪切带、近EW向褶皱和一系列NW—NWW向的含矿次级断裂等，暗示它们也形成于加里东期或更早的晚新元古代时期。

燕山早期，华南大陆的构造-岩浆活动主要受古太平板块的俯冲的影响，总体处于NW—SE向的应力场作用下，形成了NE—NNE向构造格局。在南岭地区，存在大量的160Ma左右的A型花岗岩，指示华南大陆自晚侏罗世以来可能开始进入伸展构造环境，这一应力场的改变可能与燕山晚期古太平洋板片的后撤、随后的断离有关，由此还导致了由NE—NNE向走滑深大断裂所控制的岩浆岩和其侵入的古老地层所组成的隆起带以及隆起带与走滑断裂带间的白垩系—新近系断陷盆地，这些共同构成了华南特色的盆-岭构造格架（详见许德如等著《湘东北陆内伸展变形构造及形成演化的动力学机制》一书）。湘东北地区的主导构造也为三条NE—NNE向走滑深大断裂带，在断裂带附近发育有一系列侵位于古老地层中的晚侏罗世—早白垩世花岗质岩体，断裂带之间则为白垩系—新近系组成的红层盆地，因而是华南伸展性盆-岭构造的重要组成部分。由于古太平洋板块俯冲和回撤，加里东期或更早时期（如元古宙时期；详见5.2节）形成的NE—NNE向深大断裂和/或NW—NWW向断裂构造体系再次发生活化，从而导致湘东北地区金矿床成矿系统在NW—NWW向断层破碎带的定位，而其中切穿矿体的NE向次级断裂则形成较晚。因此，成矿期NE—NNE向深大断裂和成矿后NE向次级断裂都与古太平洋板片的回撤和伸展型盆-岭构造的形成有着密切成因联系。

5.6.1.3　成矿作用特征标志

1. 矿体宏观特征

湘东北地区金（锑钨）矿床成矿系统中矿体形态、产状和规模基本上受北西（西）或近东西向断裂破碎带控制，呈脉状、似层状或长透镜体状沿构造破碎带分布，顶底板均为冷家溪群板岩，其中的含矿石英脉亦呈透镜状及细（网）脉状顺构造面分布，前者脉一般宽5～20cm。含矿石英脉较发育处，往往金品位相对较高，局部可见明金。矿体走向整体呈北西或近东西向，倾向北东、倾角20°～86°，沿走向及倾向产状变化较大。矿脉长160～1830m，厚0.25～16.10m。矿体规模明显受所在矿脉带规模制约，即矿脉带规模（含侧伏延深）越大，其中的矿体规模一般就越大。

2. 矿石矿物特征

根据矿物组合和共生序列，湘东北金（锑钨）矿床成矿系统的形成过程从早至晚大致划分为五个阶段（详见第3章）：①大颗粒白色石英阶段；②烟灰色石英+毒砂+黄铁矿阶段；③烟灰色石英+金+多硫化物+白钨矿阶段；④方解石+浅红色或乳白色石英阶段；⑤方解石+白钨矿阶段。其中，第二和第三阶段为主要的成矿阶段。矿石类型主要为石英脉型和破碎蚀变岩型，少量为构造角砾岩型。矿石矿物主要为毒砂和黄铁矿，其次为方铅矿、闪锌矿、辉锑矿、自然金、白钨矿等。脉石矿物主要为石英、方解石，以及少量的绿泥石、绢云母等。电子探针测试表明，毒砂、黄铁矿、辉锑矿、闪锌矿、黄铜矿、锑铜矿、方铅矿等为载金矿物，金的赋存状态主要有三种：自然金、晶格金和纳米级的金颗粒。

3. 成矿蚀变带特征

围岩蚀变主要为绢云母化，其次为弱硅化及少量绿泥石化、黄铁矿化和碳酸盐化。在构造破碎带及其两侧，岩石受热液作用蚀变普遍加强，主要蚀变有硅化、黄铁矿化、毒砂化、绢云母化。含金石英脉中常伴有方铅矿化、铁闪锌矿化、辉锑矿化、白钨矿化。地表矿脉带中具较强的褐铁矿化，部分围岩具褪色化现象。金矿化与硅化、黄铁矿化、毒砂化、白钨矿化关系密切，当上述蚀变同时出现时，金也相对富集。

4. 成矿元素化学成分

大万和黄金洞金矿中黄铁矿的Co/Ni值大于1（详见第4章），指示热液来源特征。黄铁矿主要有两种形态：一种为颗粒较大的五角十二面体，另一种呈他形细粒状。电子探针分析表明，这两种黄铁矿的金含量相近，而他形细粒状黄铁矿中As含量普遍较低。其中，所有的细粒状黄铁矿和大部分五角十二面体的黄铁矿Au/As>0.02（原子数比值），位于金在黄铁矿中的溶解度之上，说明金除了以类质同象的方式作为晶格金进入黄铁矿之外，还有纳米级金颗粒。结合局部可见自然金颗粒，大万和黄金洞金矿的金主要以晶格金、自然金和纳米级金颗粒存在。大万和黄金洞的载金硫化物中的Ag含量都非常低，Ag/Au（原子数比值）较低，其中万古金矿绝大部分硫化物中的Ag/Au值小于0.5，而黄金洞金矿绝大部分硫化物中的Ag/Au值小于1。

5. 成矿的物理化学条件

大万和黄金洞金矿的主要载金矿物是黄铁矿和毒砂，含金毒砂中的As含量可以用来估计成矿流体的温度（详见第4章）。电子探针分析结果表明，大万金矿和黄金洞金矿中毒砂的As原子含量平均值分别为28.6和28.4，其对应的成矿温度分别为245±20℃和240±20℃。流体包裹体研究表明，黄金洞金矿的成矿温度为336～339℃，属中高温；盐度为3.55%～10.98% NaClequiv.，为中低盐度；流体包裹体中含有CO_2、N_2和CH_4，阳离子主要为Na^+、K^+、Ca^{2+}、Mg^{2+}及Fe^{3+}等，阴离子主要为S^{2-}、F^-及Cl^-等（刘英俊等，1991）；由包裹体溶液测定结果可知，成矿溶液的pH在5.13～6.90之间，为弱酸—弱碱性，Eh=−0.62～−0.47V，为还原条件（刘荫椿，1989）。大万金矿含矿石英脉石英流体包裹体研究表明，成矿温度为220～260℃，属中低温（安江华等，2011），盐度为4.04%～11.58% NaClequiv.，属中低盐度，成矿流体为HCO_3^--Cl^--Na^+-Ca^{2+}型热水溶液（柳德荣等，1994），但成矿期流体不含CO_2成分（详见第4章）。

6. 成矿物质和流体来源

大万和黄金洞金矿的S、Pb同位素组成与冷家溪群相似，而与燕山期岩浆岩及相关的斑岩型矿床明显不同（详见第4章）。成矿期方解石的$^{87}Sr/^{86}Sr$值较高，指示地壳来源。流体包裹体H-O和石英原位O同位素指示早期成矿流体主要来自变质水，但主要成矿阶段有岩浆水的加入。He-Ar同位素组成进一步表明有明显的地幔或者岩浆岩物质参与成矿（Mao et al.，2002）。综合 S-Pb-H-O-Sr-He-Ar 同位素组成和流体包裹体特征（详见第4章），湘东北地区金（锑钨）矿床成矿系统的含矿流体和成矿物质主要来源于冷家溪群，但有地幔和岩浆物质的加入。

7. 络合物问题

对于大多数热液 Au 矿床而言，金属 Au 通常被认为在成矿流体中以 Au^+ 的氢硫化物络合物而存在。在近中性 pH 的还原性含硫溶液中，占主导地位的 Au(Ⅰ) 氢硫化物络合物已被接受为 $Au(HS)_2^-$（Benning and Seward，1996；Mikucki，1998）。据 Benning 和 Seward（1996）报道，在温度为 150～500℃，压力为 0.5～1.5kbar 间的含水硫化物溶液中，当 pH 和总的溶解硫浓度超过一宽阔的范围时，溶解度（即溶解的 Au 总数）通常随温度、pH 和溶解总硫量增加而增加，但接近中性 pH 时 Au 的溶解度和压力呈反相关关系，且温度高于 150℃时，压力与 Au 在酸性 pH 溶液中的溶解度呈显著正相关。正如 Hayashi 和 Ohmoto（1991）、Berndt 等（1994）、Widler 和 Seward（2002）通过实验所得出的结论一样，Au 的溶解度随着 $H_2S_{(aq)}$ 活性的增加而增加，但与溶液中 Cl^- 和 H^+ 的活性无关，这表明，根据反应式 $Au_{(s)}+2H_2S_{(aq)} = HAu(HS)_2^0+1/2H_{2(aq)}$，Au 溶解主要以双硫化物络合物存在，而不是以氯化物络合物形式存在。在过饱和的热液中，Au 溶解度与双硫化物密切相关，且后者是 Au 富集和迁移的主要模式（Berndt et al.，1994），并对具低盐度和中等硫（S）活性的造山型 Au 矿床的形成有着特别的意义（Mikucki，1998）。因此，在中等还原条件下（在 SO_4-H_2S 缓冲线或其下方）、中性至轻微碱性 pH 以及中至高的总硫（S）含量（$m_{\Sigma S}$）下，大多数研究指向可观的 Au 溶解度以还原性硫络合物出现（Mikucki，1998）。然而，Stefánsson 和 Seward（2003）的结论认为，Au(Ⅰ) 氯化物络合物将在温度高于 400℃的含水酸性氯化物溶液中对金的运移发挥重要作用。因此，哪种络合物，如 $AuOH_{(aq)}$ 或 $AuHS_{(aq)}$ 或 $Au(HS)_2^-$ 或 $HAu(HS)_2^0$ 或 $AuCl_2^-$，有利于 Au 的迁移，又是什么机制导致络合物运移和 Au 的沉淀，不仅有赖于成矿流体的温度、pH 和压力条件（Benning and Seward，1996），而且与 Cl 和 S 的丰度有着密切关系（Stefánsson and Seward，2003，2004）。

湘东北地区金（锑钨）成矿系统中大万和黄金洞金矿床的主成矿期成矿流体温度属中低温、普遍不超过 400℃，而流体压力普遍低于 1.9kbar，且成矿流体偏中性（详见第4章）；结合这些矿床中的载金矿物主要为毒砂和辉锑矿，且 Ag 含量均较低，说明成矿流体系统中 Au 与 Ag 具有不同的地球化学行为，Au 在成矿流体中可能主要以 $Au(HS)_2^-$ 络合物形式迁移，这与本书所获得的主成矿期成矿流体并不含 CO_2 相一致。

8. 成矿作用时代

前面分析已表明（详见第 4 章），湘东北地区金（锑钨）矿床具有叠加成矿特征，是燕山晚期约 130Ma 构造作用和岩浆热液对加里东晚期（约 400Ma）和/或燕山早期（约 153Ma）先存成矿事件的改造富化结果。因此，湘东北金（锑钨）矿床成矿系统与显生宙以来的陆内构造-岩浆活化有着密切的关系，是典型的陆内活化型矿床。

然而，有关湘东北地区金（锑钨）矿床成矿系统的成矿深度、成矿作用特征和成矿地质体、成矿结构面及其相互关系仍需要做进一步的深入研究。

5.6.2 金（锑钨）矿床成矿系统找矿预测地质模型

5.6.2.1 大万金矿床

1. 成矿要素特征

根据矿床地质特征、控矿因素与成矿特征等，归纳总结了大万矿床的主要成矿要素，并根据重要性程度将成矿要素划分为必要、重要、次要三类（表 5-30）。

表5-30　湘东北地区大万金矿床主要特征

成矿要素		描述内容	成矿要素分类
特征描述		与陆内构造-岩浆作用有关的金矿（陆内活化型）	
成矿地质环境	大地构造位置	扬子板块东南缘江南古陆中段湘东北盆-岭构造亚省	必要
	赋矿围岩	下中新元古界冷家溪群坪原组板岩	必要
	岩浆岩	隐伏的燕山期花岗质岩体	必要
	构造	矿区总体为一单斜构造，区域上位于北东向的长沙-平江断裂的北西侧，矿区存在北东向和北西（西）向断裂，其中北西（西）向断裂为控矿断裂	必要
	蚀变	黄铁矿化、毒砂化、硅化、绿泥石化。其中黄铁矿化、毒砂化和硅化与矿化关系密切，叠加蚀变对成矿更为有利	重要
矿床特征	矿体规模及形态、产状	矿体多呈似层状、透镜状产出，走向NW—NWW、倾向NE—NNE，倾角25°～82°，矿脉带长200～3280m不等，厚0.20～14.11m，一般厚1～3m	次要
	破碎带组成	石英脉、蚀变板岩和构造角砾岩	重要
	矿石类型	石英脉型、破碎蚀变岩型、构造角砾岩型	重要
	矿物组合	矿石矿物主要为毒砂和黄铁矿，少量方铅矿、闪锌矿、辉锑矿、自然金、白钨矿等；脉石矿物主要为石英、方解石，少量的绿泥石、绢云母等	重要
	结构构造	矿石结构主要为自形或他形粒状结构，不等粒镶嵌结构、碎裂结构、角砾状结构等。矿石构造主要为角砾状构造、块状、条带状、脉状及浸染状构造	次要
	矿石品位	3.55～11.87g/t	次要
	资源储量	85t	重要
		规模：预测达到超大型	重要
矿床成因		陆内活化型金矿	重要

2. 矿床成因

大万金矿位于北东向长平深大断裂的北西侧，距离南西侧的金井岩体和南东侧的连云山岩体8～10km。矿床主要成矿时代145～130Ma，与盆-岭伸展构造环境密切相关。矿体主要产于NW—NWW向层间断裂破碎带中，浅变质冷家溪群坪原组板岩是其赋矿围岩。矿石类型除主要为石英脉型和蚀变破碎岩型外，也有少量的蚀变构造角砾岩型。蚀变类型主要为毒砂化、黄铁矿化、硅化、绢云母化和方解石化。金属矿物主要为毒砂和黄铁矿，还有少量的自然金和白钨矿，非金属矿物主要为石英、方解石和绢云母。矿石的硫化物含量相对较低（普遍小于5%体积），成矿温度为245±20℃，盐度较低。硫、铅和Sr同位素特征表明成矿物质来源于壳源（冷家溪群）；H-O同位素特征暗示成矿流体性质为变质水+/岩浆热液，成矿晚期有大气降水加入；He-Ar同位素表明地幔物质可能也参与了金矿化。结合矿区赋矿构造的形成演化特征和周缘燕山期望湘-金井花岗质岩的成因（详见许德如等著《湘东北陆内伸展变形构造及形成演化的动力学机制》一书），我们认为大万金矿为典型的陆内活化型金矿。

3. 成矿模式

根据大万金矿床的地质特征、控矿因素与成矿的物理化学条件等（详见第3～4章），我们建立了其成矿模式（图5-43）。雪峰期以来的多期陆内构造-岩浆事件和变质作用使得Au、Sb、W等成矿元素趋向富集于新元古界中的有利部位。燕山期为金的主要成矿期，燕山期的构造-岩浆活动形成了湘东北地区占主导地位的北东向深大断裂和本区最广泛的S型花岗质岩。花岗质岩浆的上涌，不仅提供了部分含矿流体，而且还促使了来源于深部的含矿流体沿深大断裂向上运移，流体在运移过程中则萃取了围岩中的Au、As、S和H_2O等物质。浅部NW—NWW向次级层间断裂破碎带是应力释放区，沿长平深大断裂向上运移的深部流体在这些有利的次级构造聚集，并沉淀成矿。成矿作用发展到后期，由于大气降水混入增加，发生贫矿化的碳酸盐化。

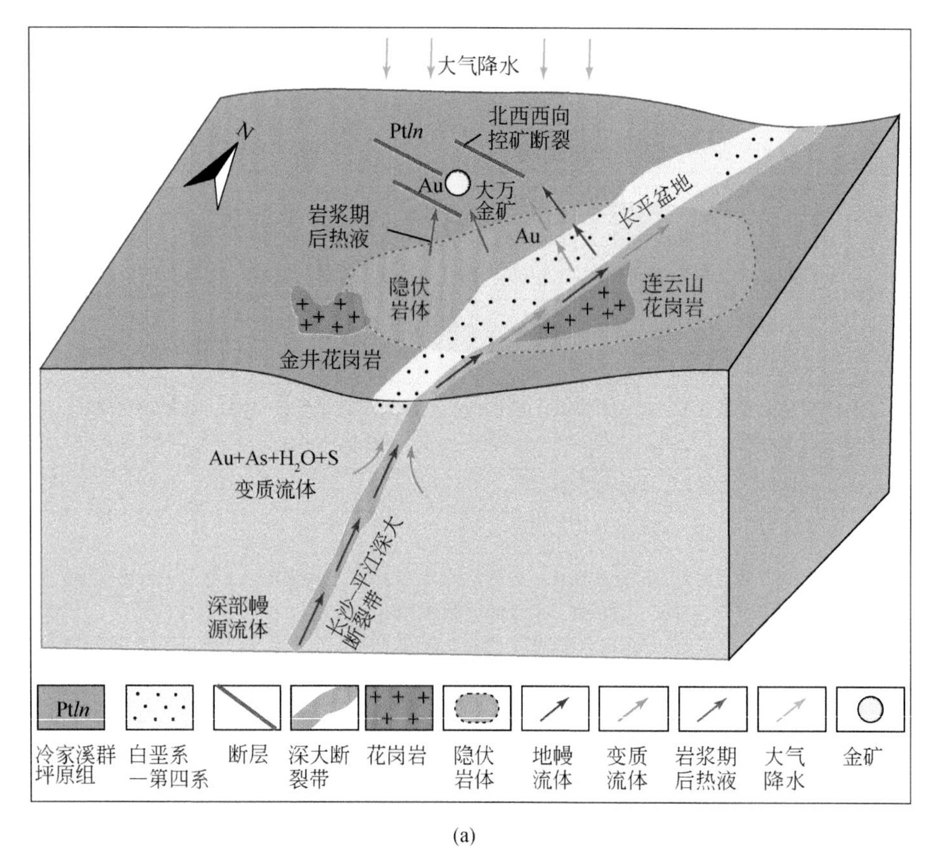

(a)

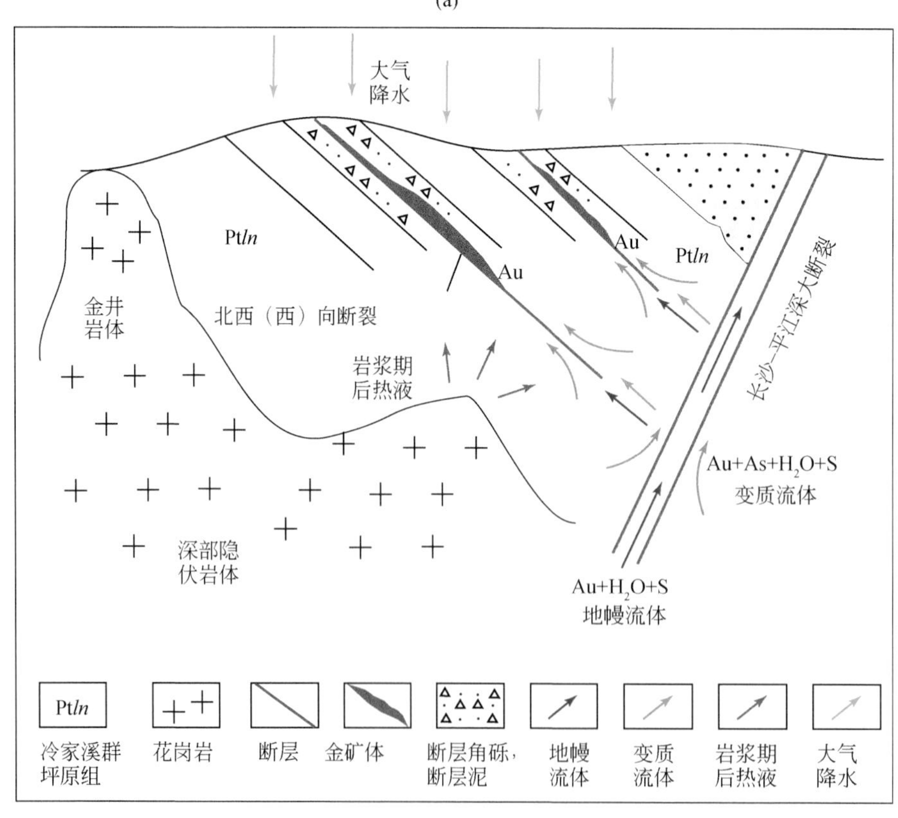

(b)

图 5-43　大万金矿床的成矿模式图

（a）成矿模式三维图；（b）成矿模式二维图

5. 6. 2. 2　黄金洞金矿床

1. 成矿要素特征

根据矿床地质特征、控矿因素与矿化特征等，归纳总结了黄金洞矿床的主要成矿要素（表 5-31），并根据重要性程度将成矿要素划分为必要、重要、次要三类。

表 5-31　湘东北地区黄金洞金矿主要成矿要素表

成矿要素		描述内容	成矿要素分类
特征描述		与陆内构造-岩浆作用有关的金矿（陆内活化型）	
成矿地质环境	大地构造位置	扬子板块东南缘江南古陆中段湘东北盆-岭构造亚省	必要
	赋矿围岩	下中新元古界冷家溪群小木坪组板岩	必要
	岩浆岩	与连云山花岗岩同期的燕山期隐伏岩体	必要
	构造	区域上位于北东向的长沙-平江深大断裂的北东侧；矿区发育一系列倒转褶皱、北东向和北西（西）向断裂。其中，北西（西）向断裂为控矿断裂。此外，矿区北西（西）向的紧闭褶皱的转折端对矿体也有一定的控制作用	必要
	蚀变	黄铁矿化、毒砂化、白钨矿化、硅化、绿泥石化、绢云母化和叶蜡石化。其中黄铁矿化、毒砂化、白钨矿化和硅化与矿化关系密切，叠加蚀变对成矿更为有利	重要
矿床特征	矿体规模及形态、产状	矿体多呈似层状、透镜状产出，走向 NWW、倾向 NNE 或 SSW，钻孔的最大见矿深度达 1000m	次要
	破碎带组成	石英脉、蚀变板岩和构造角砾岩	重要
	矿石类型	石英脉型、破碎蚀变岩型、构造角砾岩型	重要
	矿物组合	矿石矿物主要为毒砂和黄铁矿，少量方铅矿、闪锌矿、辉锑矿、白钨矿、自然金等。脉石矿物主要为石英、方解石，少量的绿泥石、绢云母、叶蜡石等	重要
	结构构造	矿石结构主要为自形或他形粒状结构、不等粒镶嵌结构、碎裂结构、角砾状结构等。矿石构造主要为角砾状构造、块状、条带状、脉状及浸染状构造	次要
	矿石品位	4～10g/t	次要
	资源储量	80t	重要
		规模：预测达到超大型	重要
矿床成因		陆内活化型金矿	重要

2. 矿床成因

黄金洞矿床位于长平深大断裂东侧附近，连云山花岗质岩体北东侧约 10km 处。由于包括江南古陆在内的华南大陆自晚前寒武纪以来经历了多期陆内构造-岩浆活动和变质事件，黄金洞金矿典型地表现出三个时期的叠加成矿作用特征：约 400Ma、约 151Ma、约 130Ma，而其中的约 130Ma 是成矿的主要时期（详见第 4 章），与湘东北盆-岭伸展构造格局形成密切相关。矿体主要受 NWW 向的层间断裂破碎带和倒转褶皱的转折端严格控制，赋矿围岩为浅变质的冷家溪群小木坪组板岩。矿石类型主要为石英脉型和破碎蚀变岩型，少量为构造角砾岩型。蚀变类型主要为毒砂化、黄铁矿化、辉锑矿化、白钨矿化、叶蜡石化、硅化、绢云母化和方解石化。金属矿物主要为毒砂、黄铁矿、辉锑矿和白钨矿，还有少量的自然金等；非金属矿物主要为石英和方解石。矿石的硫化物含量较低，成矿温度为 240±20℃（主成矿期达 350℃以上中高温），盐度较低。S-Pb-H-O 同位素研究表明，黄金洞金矿的成矿流体和成矿物质主要来自冷家溪群，但少量来源于地幔和岩浆岩（详见第 4 章）。结合成矿作用阶段的划分和控矿构造多期活化的特征，上述事实说明黄金洞金矿为典型的陆内活化型金矿。

3. 成矿模式

黄金洞金矿床的成矿模式见图 5-44。雪峰期以来的多期陆内构造-岩浆活动和变质作用，使得 Au、

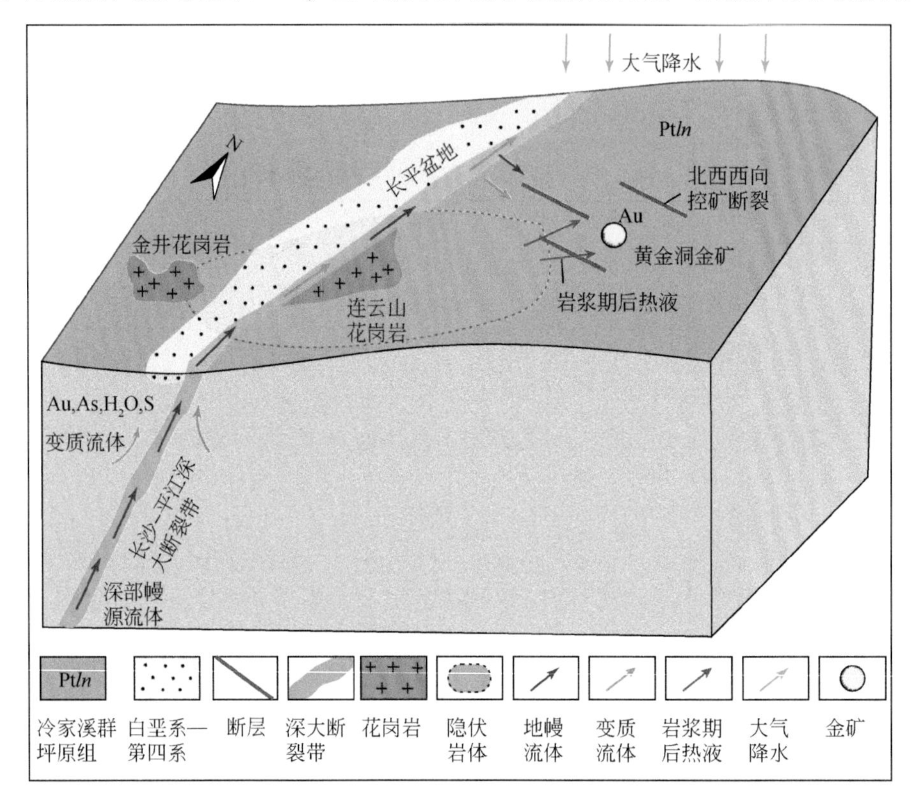

(a)

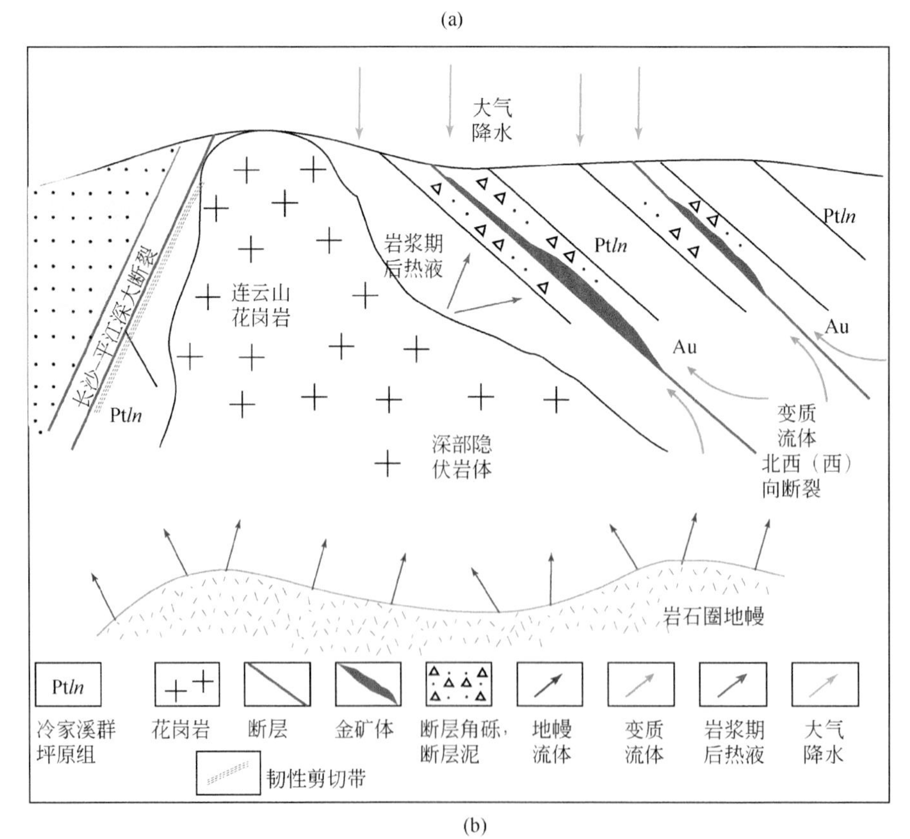

(b)

图 5-44　黄金洞金矿成矿模式图

（a）成矿模式三维图；（b）成矿模式二维图

Sb、W等成矿元素趋于富集在冷家溪群中的有利岩性和构造部位，加里东期约400Ma可能形成了最初贫矿体。151～130Ma是黄金洞矿床的主要成矿时期，其原因是燕山期陆内构造-岩浆活化形成了湘东北占主导地位的北东向深大断裂、S型花岗质岩和盆-岭伸展构造。这些花岗质岩浆侵位，不仅提供了部分含矿热液，而且还促使了深部的含矿流体沿深大断裂向上运移，流体在运移过程中萃取围岩中的Au、Sb、W等成矿物质。浅部NWW向次级断裂和紧闭褶皱的转折端部位是应力释放区，为成矿的有利构造部位。向上运移的深部流体在此处聚集沉淀成矿或叠加先存矿体而富化。成矿后期，大气降水混入增加，并发生贫矿化的碳酸盐化。

5.6.2.3 陆内活化型矿床区域找矿预测地质模型

1. 区域成矿要素特征

根据典型矿床成矿地质条件、矿床地球化学和成矿构造背景等特征分析，我们将湘东北地区金（锑钨）矿床成矿系统的成因类型归为陆内活化型金矿，并归纳总结了该类型金矿床成矿系统要素（表5-32）。

表5-32　湘东北地区陆内活化型金矿床成矿系统要素表

成矿要素		描述内容	成矿要素分类
特征描述		与陆内构造-岩浆活化有关的金矿	
成矿地质环境	大地构造位置	扬子板块东南缘江南古陆中段湘东北盆-岭构造亚省	必要
	赋矿围岩	下中新元古界冷家溪群板岩	必要
	岩浆岩	成矿富集主要与燕山期（155～129Ma）花岗质岩或同期的隐伏岩体有关	必要
	构造	位于区域性北东向长沙-平江深大断裂的两侧，矿区发育北东向和北西（西）向断裂或褶皱，其中北西（西）向断裂为赋矿构造，区域性长沙-平江深大断裂是导矿构造。但这些构造表现多期活化特征	必要
成矿地质特征	蚀变	黄铁矿化、毒砂化、辉锑矿化、白钨矿化、硅化、绿泥石化，围岩褪色化，地表见褐铁矿化。其中黄铁矿化、毒砂化、辉锑矿化、白钨矿化和硅化与矿化关系密切，叠加蚀变对成矿更为有利	重要
	矿体形态、产状	矿体多呈似层状、透镜状产出，走向NW—NWW、倾向NNE或SSW，倾角25°～82°	次要
	破碎带组成	石英脉、蚀变破碎板岩、蚀变构造角砾岩	重要
	矿石类型	石英脉型、破碎蚀变岩型，以及构造角砾岩型	次要
	矿物组合	矿石矿物主要为毒砂和黄铁矿，少量方铅矿、闪锌矿、辉锑矿、自然金、白钨矿等。脉石矿物主要为石英、方解石，少量的绿泥石、绢云母等	重要
	结构构造	矿石结构主要为自形或他形粒状结构、不等粒镶嵌结构、碎裂结构、角砾状结构等。矿石构造主要为角砾状构造、块状、条带状、脉状及浸染状构造	次要
矿化情况		黄铁矿化、毒砂化、辉锑矿化、方铅矿化、闪锌矿化、白钨矿化等。其中黄铁矿化、毒砂化、辉锑矿化、白钨矿化与金矿化富集关系密切	重要
找矿标志		①陆内活化型金矿定位于区域性深大断裂带两侧15～20km范围内，并围绕燕山期岩体周缘分布。因此，深大断裂+岩体是首选找矿标志。②矿体赋存于冷家溪群板岩中，故后者是寻找该类型金矿的主要找矿标志。③矿体主要赋存于NW—NWW向断裂破碎带中，后者是最重要的找矿标志。④黄铁矿化、毒砂化、白钨矿化、硅化与富矿体关系密切，是陆内活化型金矿重要的找矿标志	必要

2. 区域成矿模式

结合先前地质构造演化研究（详见许德如等著《湘东北陆内伸展变形构造及形成演化的动力学机制》

一书），本书将湘东北地区陆内活化型金（锑钨）矿床成矿系统的形成过程划分为三个期次：①新元古代矿源层沉积期（860～820Ma）；②（雪峰期）—加里东期变质改造期（820～400Ma）；③燕山期构造-岩浆活化成矿期（153～130Ma）。其中，燕山期为主成矿期，可能又分为燕山早期（约153Ma）和燕山晚期（约130Ma）。燕山期陆内构造-岩浆活动形成的NE—NNE向深大断裂带，不仅为深部含矿流体向上运移提供了通道，而且有利于岩浆的侵入。含矿流体通过进一步萃取、淋滤地层中的有用成矿元素，形成了富Au、Sb、W等多金属的成矿热液，这些含矿热液沿有利的构造部位发生沉淀或叠加先存矿体，从而富集成矿（图5-45）。

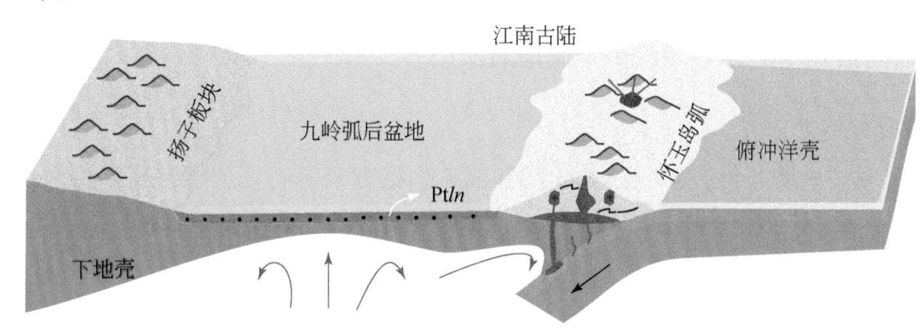

(a)早中新元古代矿源层沉积期

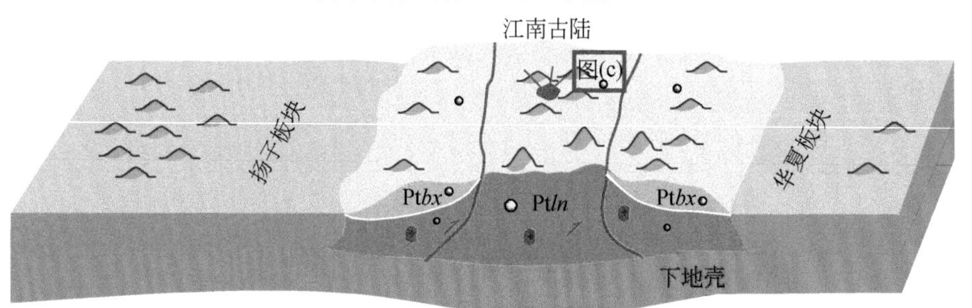

(b)雪峰期—加里东期变质改造成矿期

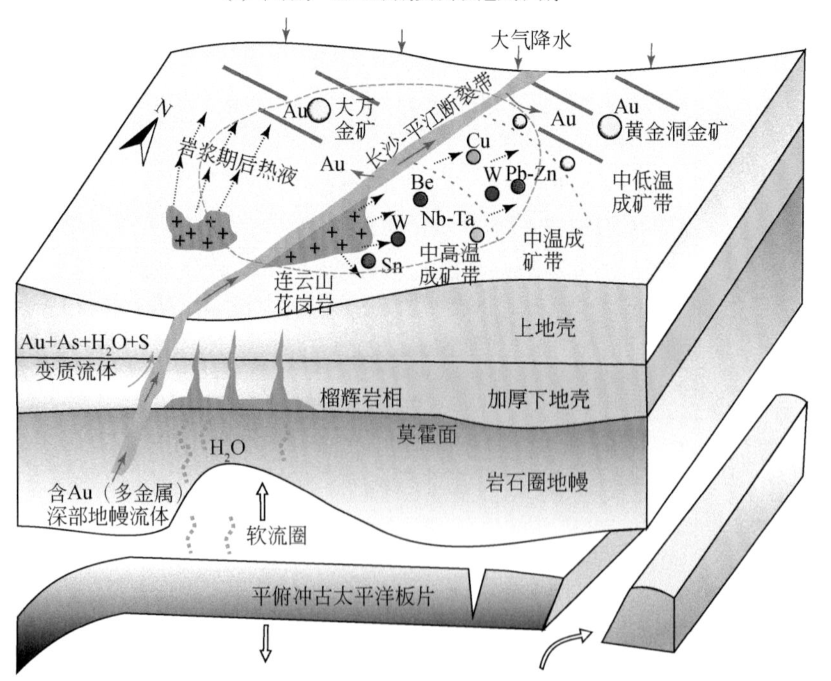

(c)燕山期构造-热液活化（叠加）成矿期

Ptln. 冷家溪群；Ptbx. 板溪群　　推测的深部隐伏岩体范围

图5-45　湘东北地区陆内活化型金（锑钨）矿床区域成矿模式图

3. 区域预测要素

综合典型矿床地质特征、成矿要素及区域成矿模式、地球物理和地球化学探测等综合信息特征，分析了各成矿因素与陆内活化型矿床的成因关系，以此确定了预测工作区的必要、重要和次要预测要素如下（表5-33）。

表5-33　湘东北地区陆内活化型金成矿系统预测要素表

预测要素		描述内容	预测要素分类
特征描述		与陆内构造-岩浆作用有关的金矿	
成矿地质环境	大地构造位置	扬子板块东南缘江南古陆中段湘东北盆-岭构造亚省	必要
	赋矿围岩	下中新元古界冷家溪群板岩	必要
	岩浆岩	成矿富集主要与燕山期（155～129Ma）花岗质岩或同期的隐伏岩体有关	必要
	构造	位于区域性北东向长沙-平江深大断裂的两侧，矿区发育北东向和北西（西）向断裂或褶皱，其中北西（西）向断裂为赋矿构造，区域性长沙-平江深大断裂是导矿构造。但这些构造表现多期活化特征	必要
成矿地质特征	蚀变	黄铁矿化、毒砂化、辉锑矿化、白钨矿化、硅化、绿泥石化，围岩褪色化，地表见褐铁矿化。其中黄铁矿化、毒砂化、辉锑矿化、白钨矿化和硅化与矿化关系密切，叠加蚀变对成矿更为有利	重要
	矿体形态、产状	矿体多呈似层状、透镜状产出，走向NW—NWW，倾向NNE或SSW，倾角25°～82°	次要
	破碎带组成	石英脉、蚀变破碎板岩、蚀变构造角砾岩	重要
	矿石类型	石英脉型、破碎蚀变岩型，以及构造角砾岩型	次要
	矿物组合	矿石矿物主要为毒砂和黄铁矿，少量方铅矿、闪锌矿、辉锑矿、自然金、白钨矿等。脉石矿物主要为石英、方解石，少量的绿泥石、绢云母等	重要
	结构构造	矿石结构主要为自形或他形粒状结构、不等粒镶嵌结构、碎裂结构、角砾状结构等。矿石构造主要为角砾状构造、块状、条带状、脉状及浸染状构造	次要
矿化情况		黄铁矿化、毒砂化、硅化、绿泥石化、绢云母化和叶蜡石化。其中黄铁矿化、毒砂化和硅化与矿化关系密切	重要
找矿标志		①陆内活化型金矿定位于区域性深大断裂带两侧15～20km范围内，并围绕燕山期岩体周缘分布。因此，深大断裂+岩体是第一找矿标志。②矿体赋存于冷家溪群板岩中，故后者是寻找该类型金矿的主要找矿标志。③矿体主要赋存于NW—NWW向断裂破碎带中，后者是最重要的找矿标志。④黄铁矿化、毒砂化、白钨矿化、硅化与富矿体关系密切，是陆内活化型金矿重要的找矿标志	必要
综合信息特征	化探水系沉积物测量异常	元素组合为Au、As、Mo、Zn、Be、Ag、Cu、Pb、W	重要
	物探异常	航磁正异常、稳定的低重力场和深部地层的局部强磁异常为隐伏岩体的标志。北西西向的羽状航磁异常带和CSAMT（可控源音频大地电磁法）所揭露的北西西低阻带为金矿的物探找矿标志	重要

4. 区域预测模型

根据区域预测要素，以区域成矿要素和区域成矿模式为基础，全面总结了区域物化探等综合信息异常特征，结合包括江南古陆在内的华南大陆多期陆内构造-岩浆演化事件（详见许德如等著《湘东北陆内伸展变形构造及形成演化的动力学机制》一书），建立了湘东北陆内活化型金（锑钨）矿床成矿系统的区域预测模型（图5-46）。

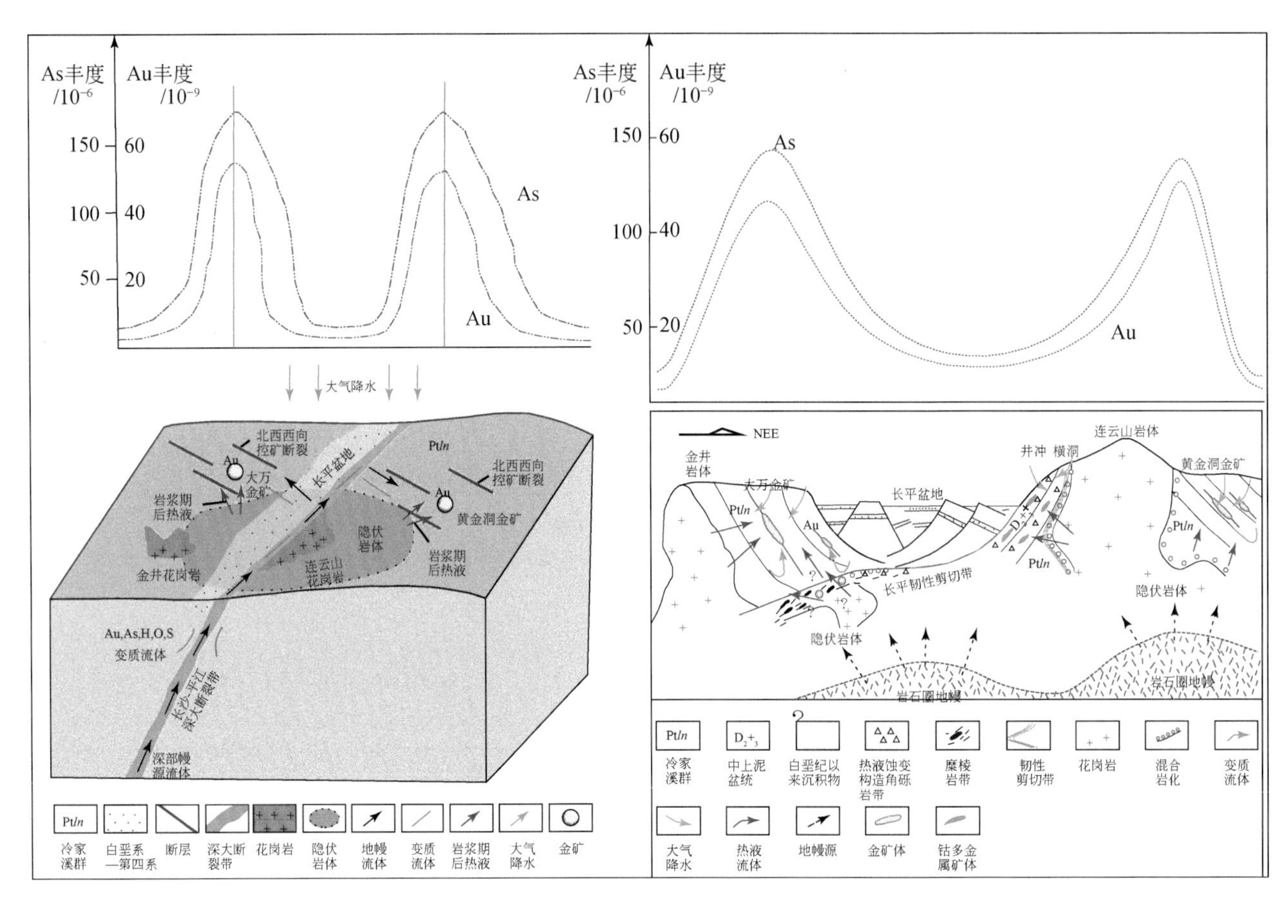

图 5-46　湘东北地区陆内活化型金矿区域预测模型图

5.7　钴铜多金属矿床成矿系统特征及找矿预测地质模型

5.7.1　钴铜多金属矿床成矿系统特征

5.7.1.1　成矿系统地质体

1. 成矿系统地质体确定

湘东北钴铜多金属矿床成矿系统在成矿地质特征上，具有以下几方面特征：

（1）深大断裂带控矿。钴铜多金属矿床（如井冲铜钴铅锌矿床、横洞钴矿床等）均位于长平断裂带内。许德如等（2009）认为在燕山早期或更早时期形成，并经历了多期次活动的长平深大断裂可能为区内岩浆岩侵位和含矿热液运移提供了通道。本书（见 5.2 节）及前期研究结果（许德如等著《湘东北陆内伸展变形构造及形成演化的动力学机制》一书）进一步认为，长平深大断裂带更可能于元古宙时期就已形成。

（2）发育于蚀变构造角砾岩带中。矿体分布于 NE—NNE 向长平深大断裂带主干断层 F_2 下盘的冷家溪群或泥盆系蚀变构造角砾岩中，受岩性界面或裂隙、断裂面控制。

（3）与连云山岩体关系密切。已知的钴铜多金属矿床均分布在燕山期连云山岩体的外接触带，两者具有很好的空间关系。另外，冷家溪群与岩体的接触带部位常发生强烈的混合岩化和韧性剪切变形，而矿体就产出在混合岩带另一侧的蚀变构造破碎带构造角砾岩内，混合花岗岩中局部可见浸染状黄铁矿和黄铜矿化。

（4）具有多成矿元素组合。钴铜矿体的上部或浅部往往产有铅锌矿化，呈现出“上铅锌下钴铜”矿体的空间分布特征。井冲矿床的S-Pb、He-Ar同位素研究均表明，成矿物质和流体主要来自岩浆热液，结合其与连云山岩体紧密的空间关系，我们认为连云山岩体为湘东北钴铜多金属矿床成矿系统的成矿地质体。然而，由于连云山岩体为复式岩体，具体哪一期成岩作用与成矿有关，也就是具体的成矿地质体还需要深入研究。不过，详细的成岩成矿年代学研究表明（详见第4章；许德如等著《湘东北陆内伸展变形构造及形成演化的动力学机制》一书），湘东北钴铜多金属矿床成矿系统可能主要形成于130～122Ma，因此，连云山岩体中因最后一次（136～129Ma）岩浆脉动所形成的中细粒黑云母花岗闪长岩可能构成成矿地质体。

2. 成矿地质体空间位置和宏观特征

空间上，连云山岩体分布在长平断裂带中段山田—连云山一带（详见许德如等著《湘东北陆内伸展变形构造及形成演化的动力学机制》一书），以长平深大断裂带为界与北西侧的长平断陷盆地相连。该岩体整体呈北东向延伸的楔形，中部略有膨大，南西端呈分叉拖尾状。连云山岩体在规模上自西南向北东可能有逐渐加大的趋势。

3. 成矿地质体特征

连云山岩体出露面积约135km^2，为一复式岩体，呈岩基状产出，侵入新元古界和连云山混杂岩中（详见许德如等著《湘东北陆内伸展变形构造及形成演化的动力学机制》一书）。岩体与围岩呈突变和渐变两种接触关系，岩体中片麻状构造、斑杂构造发育，混染现象明显，相带不发育，外接触带混合岩化和接触变质作用强烈。

连云山岩体形成于燕山期三个岩浆脉动期（详见许德如等著《湘东北陆内伸展变形构造及形成演化的动力学机制》一书）：155～150Ma、149～142Ma、136～129Ma，主要岩性为中粗粒、中细粒或斑状二云母二长花岗岩，次为中细粒黑云母花岗闪长岩，但与围岩接触部位发生强烈韧性剪切变形；矿物成分主要为钾长石、斜长石和石英，含少量黑云母、白云母、角闪石；副矿物有锆石、独居石、磷灰石、磁铁矿、钛铁矿等。岩石结构为花岗结构、似斑状结构，块状构造；整体上，岩石具有高的SiO_2和Al_2O_3，Na_2O、K_2O、CaO和P_2O_5含量变化较大，镁铁质含量相对较低；稀土特征表现为轻稀土强烈富集的右倾型，但稀土元素含量变化较大，显示Eu负异常至正异常，变化的δEu指示经历了斜长石不同程度的分异结晶；微量元素上表现为大离子亲石元素富集、高场强元素亏损，部分岩石具有高Sr、低Y特征，$(^{87}Sr/^{86}Sr)_i=0.72286\sim0.73097$，$\varepsilon_{Nd}(t)=-13.65\sim-13.36$；成矿元素方面，具有较高的Pb、Zn含量，但低的Co、Ni含量。矿物包裹体包括石英、长石和黑云母，还有少量的石榴子石；岩体中还可见少量的板岩包体。根据岩相学和地球化学特征，认为连云山岩体属高钾钙碱性-钙碱性系列，是地幔物质上涌、下地壳发生部分熔融条件下由华南元古宙地壳部分熔融形成的S型花岗岩，与晚侏罗世—早白垩世古太平洋板块的俯冲、板片回撤引起的伸展构造环境有关，因而具有埃达克质岩地球化学亲和性。

4. 成矿地质体与成矿作用的关系

“三位一体”找矿预测地质模型（叶天竺等，2017）认为，成矿地质体不一定直接提供成矿元素和流体，但成矿作用必须通过成矿地质体聚集才能发生。黄铁矿原位微量元素分析结果以及S-Pb、He-Ar同位素分析结果表明（详见第4章），除金属钴可能来源于基底建造外，连云山成矿地质体既为成矿提供了铜、铅锌等成矿元素，又提供了成矿流体、热能和驱动力。空间上，钴铜多金属成矿作用均发生在连云山岩体的外接触带的构造破碎带中，成矿物质受构造驱动，沉淀以充填和交代作用为主（详见第4章）。时间上，连云山岩体侵位与钴铜多金属成矿是在同一地质作用下先后发生的产物，为侵入体成岩期后经历水岩分离而成矿，具有后生成矿作用特征。结合连云山岩体的成岩年龄和钴铜多金属的成矿时代，我们认为湘东北地区钴铜多金属矿床成矿系统的成因与连云山侵入体最后一次岩浆脉动具有密切的联系，但仍有待精细的地质年代学制约。

5.7.1.2　成矿构造与成矿结构面

1. 成矿构造系统

根据矿床地质特征，认为断裂构造系统控制了湘东北地区钴铜多金属矿床成矿系统的形成（详见第4章）。

（1）区域性控岩构造。长平深大断裂带总体呈NNE20°～30°走向纵贯全区，其规模巨大，北东段向江西省境内延伸、南西段向湖南衡阳直至广东省境内发展，全长达680km，是一条区域性深大断裂，但它是否是一条因板块（如扬子与华夏板块）碰撞而导致的混杂岩带（图5-47），或者是否是因华南和华北板块于晚三叠世碰撞拼合和/或古太平洋板块向中国东部的俯冲所形成的郯庐（郯城-庐江）走滑断裂系统（朱光等，2001；Zhu et al.，2009；Zhu et al.，2018；Zhu and Xu，2018）向华南大陆的南延部分（傅昭仁等，1999），仍有待深入研究。不过，我们先前对有关变质沉积岩的岩相学和锆石U-Pb年代学研究结果暗示，由于具有不同年龄的岩石可能呈混杂堆积，我们更倾向于长平断裂带可能是一条加里东造山期碰撞混杂岩带（详见许德如等著《湘东北陆内伸展变形构造及形成演化的动力学机制》一书）。长平断裂带是由数条时分时合的压扭性断裂及其间所夹动力变质岩带组成，分别切割了下中新元古界及上古生界。本

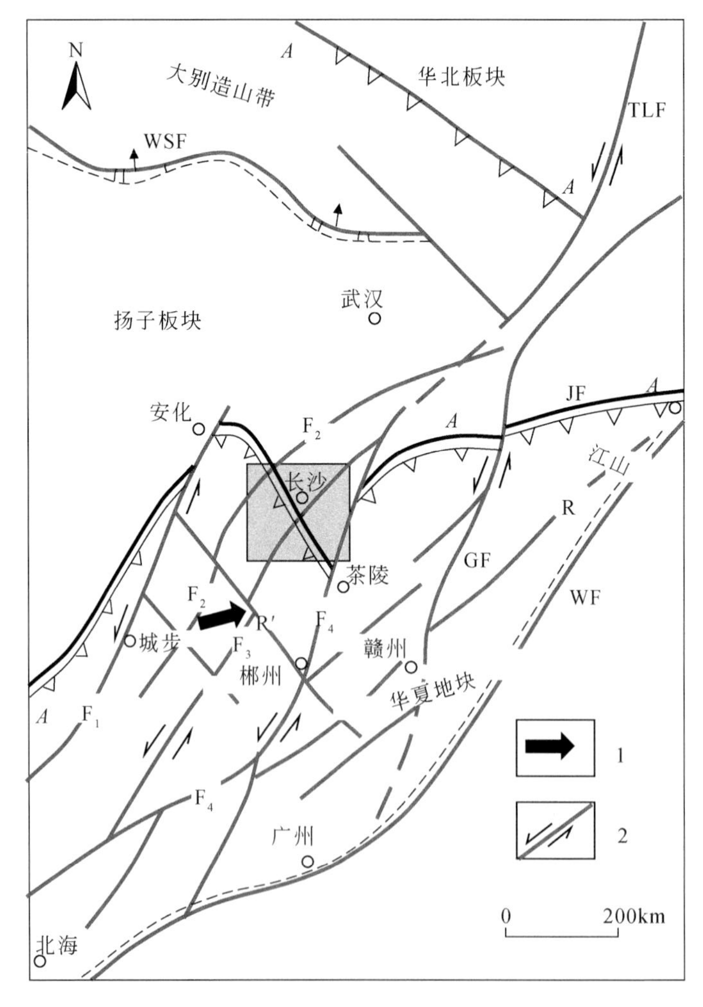

图5-47　华南联合大陆和郯庐断裂南端构造略图（据傅昭仁等，1999修改）

1. 陆内俯冲方向；2. 走滑运动方向。F_1. 安化-城步走滑断裂；F_2. 望城走滑断裂；F_3. 长沙-平江走滑断裂；F_4. 茶陵-郴州走滑断裂；TLF. 郯庐走滑断裂；JF. 江山-绍兴断裂；GF. 赣江断裂；WF. 武夷断裂；WSF. 武当-随州断裂；R. 同向走滑断层；R′. 反向走滑断层；*A*-*A*-*A*. 板块缝合线

书及张文山（1991）研究表明，该断裂带具有多期活化特征，经历了早中侏罗世左行走滑剪切兼具逆冲推覆、晚侏罗世—白垩纪的走滑拉伸和新生代的挤压三个主要演化阶段，因而是区内重要的控岩控矿断裂构造，对燕山期岩体（脉）的侵入如连云山岩体和井冲、横洞等钴铜多金属成矿系统的形成具有重要的控制作用。

（2）成矿构造系统。湘东北钴铜多金属矿床成矿系统的成矿构造为长平断裂构造，主要由 F_1、F_2、F_3、F_4、F_5等组成，它们均呈 NNE 向大致平行展布（详见第3章）。其中，F_2为长平断裂带的主干断裂，总体走向北东30°，倾向北西，倾角40°左右，带内发育广泛的构造破碎带和热液蚀变构造角砾岩带，构造破碎带宽数十米至百余米，带内岩石片理化、糜棱岩化、碎裂岩化以及构造透镜体极为发育。钴铜多金属矿体分布于 F_2下盘的热液蚀变构造角砾岩带中。因此，长平断裂带主干断裂 F_2及其旁侧发育的次级构造、蚀变构造角砾岩组成钴铜多金属矿床的成矿构造系统。

2. 成矿前、成矿期和成矿后构造

构造变形与成矿关系研究表明（详见5.2节；许德如等，2017），长平深大断裂带至少经历了五期构造演化历史，最早（D_1变形期）可能于新元古代晋宁期形成雏形，因受 NW—SE 向扬子与华夏板块碰撞拼合所引起的压应力作用发生左旋剪切，并伴随新元古代花岗质岩的侵入；至加里东期（D_2变形期）因扬子与华夏板块陆内碰撞聚合成华南统一大陆，应力场改变为 SN 向挤压，长平断裂带可能发生了右旋剪切，并伴随 NW—NWW 向褶皱和层间断裂的产生和加里东期花岗质岩的侵入；印支期—燕山早期（D_3变形期），由于华南大陆分别与北部的华北大陆和南部的印支板块碰撞拼合，构造应力场虽仍保持 SN 向挤压，但长平断裂带的运动改变为左旋剪切；燕山早期（D_4变形期），因受古太平洋板块俯冲及其俯冲极性影响，华南大陆受 NW—NWW 向挤压应力主导，长平断裂带再次转变成右旋剪切，并产生155～142Ma 的花岗质岩，以及热液蚀变带和混合岩化带；136～129Ma 燕山晚期（D_5变形期）因古太平洋俯冲板片后撤和断离，长平断裂带及 NW—NWW 向构造再次活化并产生系列次级断裂破碎带和低序次的构造裂隙群，成为含矿热液充填的良好场所。因此，长平断裂带包括其主干断裂是重要的成矿前构造；长平断裂带旁侧发育的压扭性次级构造（包括 NE 向赋矿构造）是成矿期构造；部分切穿矿体的小规模 NW 向断裂为成矿后构造。

3. 成矿结构面特征

成矿断裂带内构造破碎岩和蚀变构造角砾岩广泛发育，岩石片理化、糜棱岩化、碎裂岩化以及构造透镜体极为发育。断裂面沿走向及倾向呈舒缓波状，下盘低序次构造发育。因此，长平断裂带旁侧压性“入”字形次级构造是矿体富集的有利构造部位（详见第3章），控制了区内钴铜多金属矿体的产出。次级成矿构造主要为沿不同岩性界面发育形成的层间破碎带，因此不同岩性界面和断裂、裂隙面是钴铜多金属矿床成矿系统的成矿结构面，根据力学性质分析，成矿结构面具有张扭性性质。

4. 成矿构造和控矿构造关系

控岩控矿构造即长平断裂带控制了成矿地质体（即连云山岩体）的空间总体分布特征，而成矿构造既受控于成矿地质体的成矿有效能量，又受控于控矿构造，因此，成矿构造和控矿构造为继承性构造。在时间发育顺序上，由于控矿构造的发生早于成矿构造，而成矿构造在性质、空间和形态上又继承了控矿构造，因此属于同一构造体系下的多期活动中的后序次构造，但空间位置上属于低级别构造。

5. 成矿结构面空间格架

湘东北地区钴铜多金属矿床成矿系统主要发育在成矿地质体-连云山岩体外接触带的不同岩性的层间破碎带中，根据成矿地质体与成矿结构面的空间位置，可构建“内外”结构模式。此外，铅锌在热液中的分配系数随着压力减小而增加，以及成矿温度有由深部至浅部逐渐降低的趋势，因此铅锌矿往往距离侵入体接触带更远，这也就导致了矿体从深部到浅部出现“下钴铜→上铅锌”的空间分布特征。

6. 成矿构造与区域构造关系

湘东北地区钴铜多金属矿床成矿系统受控于连云山岩体和北东向的长平断裂构造体系。许德如等

（2006）认为白垩纪时期长平断裂带为郯庐断裂带的南延部分，但长平断裂带的区域构造属性以及它是否是在印支期—燕山期或更早时期就已形成还需进一步研究。总体来说，湘东北地区钴铜多金属成矿构造晚于区域构造，是 NW—SE 向应力挤压作用所形成的 NE 向区域构造的次级、后序次产物，但区域构造在成矿期又发生活化。

5.7.1.3 成矿作用特征标志

1. 矿体宏观特征

湘东北地区钴铜多金属矿床成矿系统的矿体主要呈似层状或透镜状产出，受构造、岩性控制明显。其中铜、钴矿体产于热液蚀变构造角砾岩带的中下部，而铅锌矿体分布于铜、钴矿体的斜上方。铜矿体互相平行排列，相距较近，一般 3 ~ 10m。矿体地表出露长度 162 ~ 232m，倾向北西，倾角 36° ~ 47°，沿侧伏方向呈透镜体产出，侧伏总长 610 ~ 2528m，厚 0. 31 ~ 16. 67m，控制矿体最大斜深长约 592m，单工程铜品位 0. 282% ~ 1. 671%。钴矿体地表矿体长 70 ~ 240m，倾向北西，倾角 44° ~ 45°。钴矿体呈似层状或长扁豆状，沿侧伏方向长 1400 ~ 1500m，剖面上矿体斜长 70 ~ 600m。钴矿体厚度 0. 86 ~ 17. 63m。单工程钴品位 0. 021% ~ 0. 041%，伴生元素铜品位 0. 249% ~ 0. 919%。铅锌矿体由北东向南西与铜矿化体的距离逐渐加大，矿体走向北东 30°，倾向北西，倾角 36° ~ 46°，呈长条状产出，走向上不连续，总长 1500m 左右，倾向长 80 ~ 224m，厚度 0. 42 ~ 1. 74m。单工程铅品位 0. 06% ~ 2. 01%，锌品位 0. 03% ~ 4. 52%。矿体产于构造热液蚀变岩下部硅质构造角砾岩中，顶板、底板均为硅质构造角砾岩。

2. 矿物组合与成矿阶段

湘东北地区钴铜多金属矿床成矿系统的矿石矿物主要为黄铁矿、黄铜矿，少量的为斑铜矿、辉铜矿、铜蓝、辉铋矿、辉铅铋矿、硫铋铜矿、辉砷钴矿、毒砂、磁黄铁矿、白铁矿、闪锌矿、方铅矿、磁铁矿等；脉石矿物以石英、绿泥石为主，次为绢云母、方解石、高岭石等。矿石结构主要有自形、半自形、他形粒状结构、乳滴状结构、交代结构、胶状结构、斑状压碎结构等，矿石构造主要有块状、浸染状、条带状构造，其次为皮壳镶边构造、角砾状构造、（细）脉状-网脉状构造。

湘东北地区钴铜多金属矿床成矿系统可分为两个成矿期次（详见第 3 章）：热液成矿期、表生氧化期。其中热液成矿期又可划分成石英-黄铁矿阶段、石英-多金属硫化物阶段、石英-碳酸盐阶段。石英-黄铁矿阶段形成的黄铁矿（世代Ⅰ，PyⅠ）呈疏松多孔状，或呈半自形-他形细粒状产出。石英-多金属硫化物阶段以形成不同金属硫化物为特征，如黄铜矿、黄铁矿、白铁矿、辉铋矿、辉砷钴矿、毒砂等，其中黄铁矿（世代Ⅱ，PyⅡ）多呈自形粒状产出，或围绕 PyⅠ核部生长，而黄铜矿（世代Ⅰ，CcpⅠ）则呈他形粒状充填于矿物裂隙或粒间。石英-碳酸盐阶段主要形成石英+碳酸盐+硫化物细脉，这些细脉往往穿过早阶段矿石，硫化物以黄铜矿（世代Ⅱ，CcpⅡ）+黄铁矿（世代Ⅲ，PyⅢ）+方铅矿+闪锌矿等组合为特征。表生氧化期形成了赤铁矿、针铁矿、褐铁矿、铜蓝和孔雀石等。

3. 成矿蚀变带特征

湘东北钴铜多金属矿床成矿地质体-连云山岩体其外接触带发育数百米至数千米的混合岩化带，普遍具有强烈的硅化、绢云母化、绿泥石化、黄铁矿化。靠近矿体，围岩蚀变以硅化、绿泥石化为主，次为碳酸盐化、绢云母化、高岭土化等；矿化以黄铁矿化和黄铜矿化为主，次为毒砂矿化、赤铁矿化。

4. 成矿元素化学成分研究

湘东北地区钴铜多金属矿床成矿系统中井冲钴铜多金属矿区浅部为铅锌矿，深部为钴铜矿。LA-ICP-MS 原位微量元素分析结果表明（详见第 4 章），矿石中大部分黄铁矿的 Co/Ni 值明显大于沉积成因黄铁矿的相应值（通常<1），暗示了其热液来源（Clark et al.，2004）。呈疏松多孔状的世代Ⅰ黄铁矿具有最高的 Co 含量和 Co/Ni 值，这种明显的结构和化学差异暗示了世代Ⅰ黄铁矿可能来源于沉积胶状黄铁矿，但受到后期岩浆热液的影响，因此世代Ⅰ黄铁矿中的钴主要来源于地层，热液活动使元素 Co 更加富集。另外，矿石中黄铁矿的 Cu 含量也普遍较低（最高 666×10^{-6}），明显低于江西省德兴斑岩铜矿，可能与成矿

温度较低有关。而相对于世代Ⅰ黄铜矿，世代Ⅱ黄铜矿中更高的Pb、Zn含量表明Pb、Zn矿化主要形成于晚阶段。综上所述，结合矿物共生组合，可以发现井冲矿区成矿早阶段以形成固溶体Co为特征，而随着热液进一步活动（即中期成矿阶段），部分Co从黄铁矿中分离出来形成钴的独立矿物，Cu、Pb、Zn成矿作用则与中晚期热液活动关系密切。

5. 成矿物理化学条件

根据与矿化关系密切的绿泥石的化学组成可知（详见第4章），钴铜多金属矿床成矿系统中井冲矿区绿泥石为富铁绿泥石。一般认为低氧化环境有利于富镁绿泥石的形成，而还原环境有利于形成铁绿泥石（Inoue，1995），因此，高的Fe/（Fe+Mg）值（0.65～0.92）暗示了井冲地区的绿泥石可能形成于还原环境。根据绿泥石温度计，计算得到绿泥石的形成温度范围为250～305℃。由于绿泥石是金属硫化物成矿期热液蚀变的产物，所以该温度可以代表成矿流体早阶段的温度。此外，所获得的横洞矿区早期绿泥石形成温度为280～350℃、晚期绿泥石形成温度为120～290℃，与流体包裹体测温结果相一致。

6. 成矿物质和流体来源

湘东北地区钴铜多金属矿床成矿系统中井冲矿区的$\delta^{34}S$值变化范围为-4.5‰～0.2‰，平均值为-3.2‰，暗示了硫主要来自岩浆热液，但略富轻硫可能与地层硫的混入有关。横洞钴矿区的$\delta^{34}S$值存在两个端元：接近零值的端元与井冲矿区相接近，暗示了岩浆硫来源特征；另一端元则与冷家溪群赋矿地层组成接近（详见第4章），因此，推测横洞矿区具有地层硫和岩浆硫来源特征。钴铜多金属矿床成矿系统铅同位素分析结果落在造山带和上地壳之间，并接近连云山花岗质岩的铅同位素组成范围，但明显不同于冷家溪群的铅同位素组成，暗示了井冲矿石中的铅主要来源于连云山花岗岩。He-Ar同位素分析结果表明，井冲矿区的$^{3}He/^{4}He$值范围为0.017～0.30Ra，接近或略高于地壳值，但明显低于地幔值，根据公式计算出成矿流体中地幔He的最大比例为0.12%～4.84%，因此，井冲矿石中的He主要来自壳源（花岗质岩的源区）。$^{40}Ar/^{36}Ar$值为285.3～306.1，略高于大气氩组成，暗示了成矿过程中有大气降水的参与。据此，提出岩浆起源的热液流体与大气降水的混合导致了钴铜多金属成矿物质的沉淀。

7. 成矿时代

大岩金钴多金属矿点位于井冲和横洞矿床的北东延伸段，三者均受长平断裂带的严格控制，含矿构造均呈北东向，含矿构造蚀变破碎带上盘发育破碎蚀变板岩，下盘为连云山岩体或混合岩带+连云山岩体。鉴于它们相似的成矿地质特征，大岩金钴多金属矿点的白云母Ar-Ar定年（130Ma）可用来约束金钴多金属成矿作用的下限。结合横洞矿区蚀变糜棱岩中白云母Ar-Ar定年结果（125～122Ma；详见许德如等著《湘东北陆内伸展变形构造及形成演化的动力学机制》一书），认为湘东北地区钴铜多金属矿床成矿系统最可能形成于130～122Ma，但精确的成矿时代还需要进一步厘定。

由于湘东北地区钴铜多金属矿床成矿系统的研究程度相对较低，对于成矿深度、络合物问题等成矿作用标志尚不能明确识别，还需进一步开展科学研究。

5.7.2　“三位一体”找矿预测地质模型

5.7.2.1　井冲钴铜多金属矿床

1. 成矿要素特征

通过对矿床地质特征、矿体特征、控矿因素与蚀变特征等的分析和归纳，提取了与成矿相关的要素（表5-34），总结了井冲钴铜多金属矿床的成矿要素特征。

表 5-34　井冲钴铜多金属矿床成矿要素一览表

成矿要素			描述内容	成矿要素分类
特征描述			金属储量（平均品位）：Cu 98080t（0.619%）、Co 3718t（0.027%）、Pb 3597t（0.89%）、Zn 7022t（1.74%）、Au 1.459t（0.12g/t）、Ag 21t（1.73g/t）	
			成因类型：与陆内构造-岩浆活化有关的热液充填型钴铜多金属矿床	
地质环境	成矿年代		早白垩世（130～122Ma）	必要
	大地构造位置	大地构造位置	扬子板块东南缘江南古陆中段湘东北盆-岭构造亚省	必要
		区域构造位置	连云山复式背斜西侧，长平断陷盆地东南缘，长平断裂带中段	必要
		区域构造类型	NNE—NE 向长平断裂带，轴向 NE20°～40°连云山复背斜	必要
	沉积建造	地层单元	下中新元古界冷家溪群，上古生界泥盆系	重要
		岩石组合	冷家溪群坪原组：板岩、砂质板岩、千枚状板岩，夹变质粉（细）砂岩	重要
			泥盆系：砂质页岩、砾岩、板岩、泥灰岩，及硅质构造角砾岩、硅质岩、绿泥石化硅质岩	重要
	岩浆建造和侵入构造	侵入岩类型	早白垩世花岗质岩体，以二长花岗岩为主，次为花岗闪长岩、黑云母花岗岩、花岗斑岩	必要
		接触带特征	接触带发生混合岩化，围岩蚀变强烈	重要
		岩体侵位构造	连云山岩体主动侵位于下中新元古界和泥盆系中	重要
		控制岩体侵位区域构造带	长平断裂带	必要
		岩浆构造旋回	燕山旋回	重要
矿床特征	成矿构造	区域构造带	长平断裂带	必要
		断裂构造	北北东向的断裂	必要
		构造岩特征	构造热液蚀变岩、混合岩、构造角砾岩、碎裂岩、糜棱岩	重要
		构造蚀变特征	硅化、绿泥石化、绢云母化、黄铁矿化，局部黄铜矿化、毒砂化、碳酸盐化、萤石化	必要
	成矿特征	矿体形态	脉状、透镜状	重要
		矿体产状	走向 NE—SW，倾向 NW，倾角 38°～45°	重要
		矿体规模	地表出露长度 160～230m，单层厚度约 3m	次要
		矿石矿物成分	金属矿物以黄铁矿和黄铜矿为主，少量闪锌矿、方铅矿、毒砂、辉铜矿、斑铜矿；脉石矿物主要为石英和绿泥石	重要
		矿石组构	以自形、半自形、他形粒状结构为主；角砾状构造、浸染状构造、块状团粒构造，其次为细脉状/网脉状构造	重要
		共伴生组分	Cu、Co、(Au)、Pb、Zn	重要
控矿条件		构造因素	NNE 向长平断裂带为控矿导矿构造，次级的层间构造裂隙为容矿构造	必要
		岩性条件	矿体产于热液蚀变构造角砾岩带内	必要
		岩浆岩因素	早白垩世连云山复式岩体	必要

2. 矿床成因

结合矿床地质特征和矿床地球化学研究（详见第 3～4 章），将井冲钴铜多金属矿床的成矿作用过程总结为：早侏罗世（约 180Ma）古太平洋板块向欧亚板块呈斜向俯冲，这一挤压的构造背景导致长平深大断裂带发生构造活化，兼具左行走滑剪切和逆冲推覆的特征；晚侏罗世（约 155Ma），随着软流圈的上涌，加厚的下地壳部分熔融形成了连云山岩体，连云山岩体演化的晚阶段（130～122Ma），富 Cu、Pb、

Zn 等成矿元素的岩浆热液沿着长平断裂主干断裂（F_2）运移，运移过程中可能萃取了围岩或古老基底中的成矿元素（如 Co），随着压力、温度等成矿条件的变化，在可能的大气降水的参与条件下，在成矿地质体外接触带有利的构造部位如层间裂隙、构造破碎带富集成矿。因此，可归为中低温热液充填交代成因矿床，其中 Co 成矿作用发生在热液成矿期的早-中阶段，而 Cu、Pb、Zn 成矿主要发生在中、晚阶段。

3. 成矿模式

参考国内外经典矿床模型，按照成矿地质体、成矿结构面和矿体的关系、成矿作用特征标志，初步构建了井冲钴铜多金属矿床的二元空间结构地质模型（图 5-48）。该模型表明，井冲矿床的形成与湘东北盆-岭构造格局定位有着密切的关系，明显受燕山期陆内构造-岩浆作用的控制，而由于成矿物理化学条件（流体成分、温度、压力等）的变化，浅部表现为铅锌矿体，而深部表现为钴铜矿体，但矿体矿化样式没有太大区别，主要受断裂构造侧伏规律控制，蚀变主要为硅化和绿泥石化。

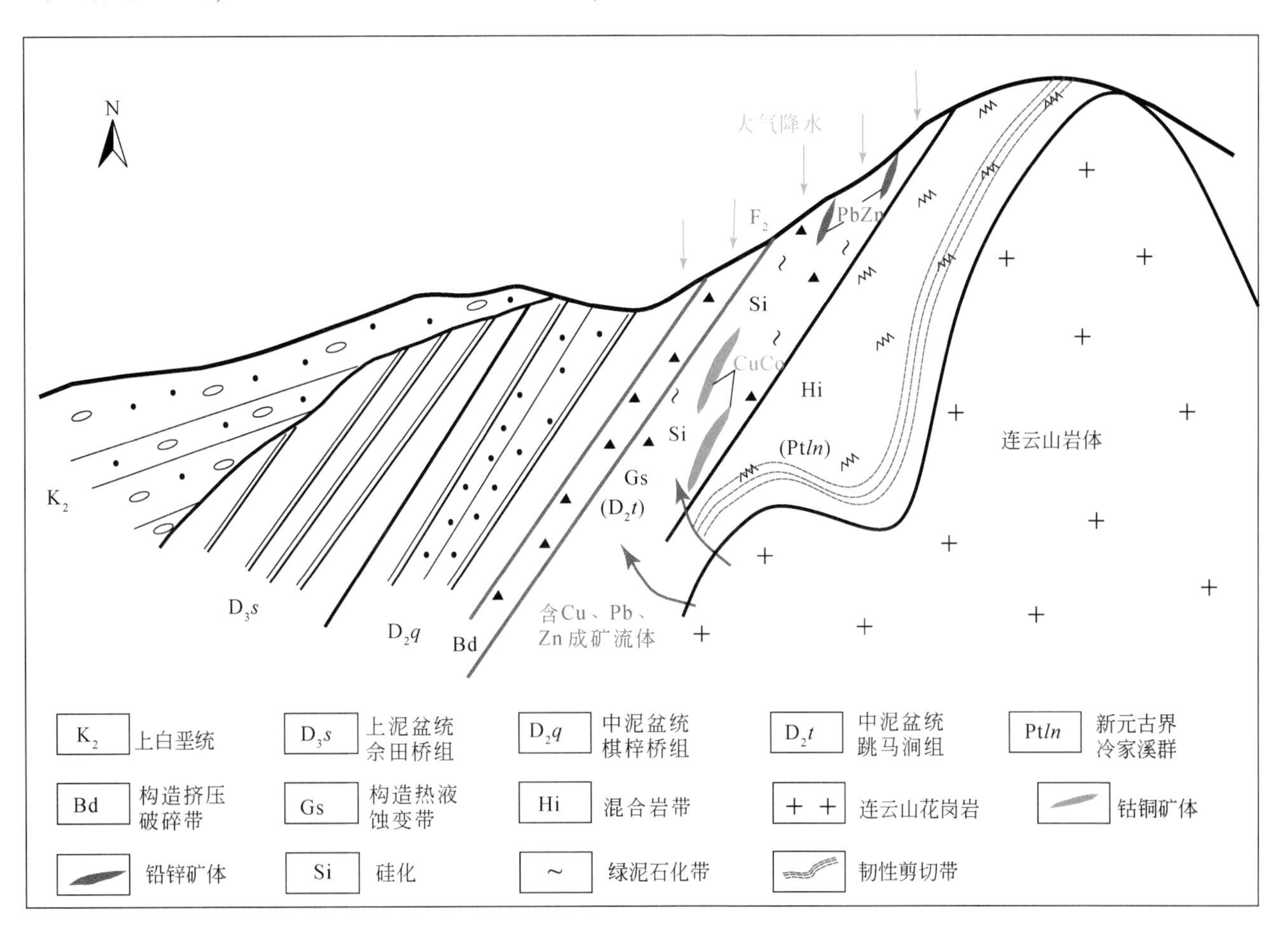

图 5-48　井冲钴铜多金属矿床的二元空间结构地质

5.7.2.2　钴铜多金属矿床成矿系统找矿预测地质模型

1. 区域成矿要素特征

根据井冲钴铜多金属矿床和横洞钴矿床的成矿地质条件，归纳总结了湘东北地区热液充填型钴铜多金属矿床成矿系统的区域成矿要素（表 5-35）。

表 5-35　湘东北地区热液充填型钴铜多金属矿床成矿系统的区域成矿要素

成矿要素			描述内容	成矿要素分类
特征描述			与陆内构造-岩浆活化有关的热液充填型钴铜多金属成矿系统	
地质环境	成矿年代		早白垩世（130～122Ma?）	重要
	大地构造位置	大地构造位置	扬子板块东南缘江南古陆中段湘东北盆-岭构造亚省	必要
		区域构造位置	连云山复式背斜西侧，长平断陷盆地东南缘，长平断裂带内	必要
		区域构造类型	NE—NNE 向长平断裂带，轴向 NE20°～40°连云山复背斜	必要
	赋矿地层		蓟县系（下中新元古界冷家溪群）板岩、砂质板岩、千枚状板岩，夹变质粉（细）砂岩；上古生界泥盆系砂质页岩、砾岩、板岩、泥灰岩等	重要
	岩浆建造和侵入构造	侵入岩类型	早白垩世花岗质岩，以二长花岗岩为主，次为花岗闪长岩、黑云母花岗岩、花岗斑岩	必要
		接触带特征	接触带发生混合岩化，围岩蚀变强烈	重要
		岩体侵位构造	连云山岩体主动侵位于蓟县系和泥盆系中	重要
		控制岩体侵位区域构造带	长平断裂带	重要
矿床特征	成矿构造	区域构造带	长平断裂带	必要
		断裂构造	北北东向的断裂	必要
		构造岩特征	构造热液蚀变岩、混合岩、构造角砾岩、碎裂岩、糜棱岩	重要
		构造蚀变特征	硅化、绢云母化、绿泥石化、黄铁矿化，局部黄铜矿化、毒砂化、碳酸盐化、萤石化	重要
	成矿特征	矿体形态	脉状、透镜状	重要
		成矿部位	与岩体侵入活动有关的热液蚀变构造角砾岩带	重要
		矿石矿物组合	金属矿物以黄铁矿和黄铜矿为主，少量闪锌矿、方铅矿、毒砂、辉铜矿、斑铜矿、辉铋矿、辉铅铋矿；脉石矿物以石英和绿泥石为主	重要
		矿石结构构造	以自形、半自形、他形粒状结构为主；构造为角砾状构造、浸染状构造、块状团粒构造，其次为细脉状（或网脉状）构造	次要
		共伴生矿产	Cu、Co、(Au)、Pb、Zn	重要
找矿标志			①蚀变构造角砾岩带及其旁侧次级构造； ②燕山期中酸性岩浆岩分布地区； ③硅化、绿泥石化、次为碳酸盐化等围岩蚀变	必要

2. 区域成矿模式

自侏罗纪中晚期以来，由于受古太平洋板块的俯冲极性、俯冲角度与俯冲速率等影响，华南内陆经历了岩石圈“局部伸展”到“拉张裂解”的构造转变，最终形成了醒目的构造-岩浆盆-岭陆缘构造。Li（2000）根据大量发育的 A 型花岗岩和板内玄武岩（140～90Ma）认为华南于晚侏罗世—早白垩世已经处于伸展的构造背景。连云山岩体地球化学特征显示湘东北地区在晚侏罗世处于古太平洋板块俯冲引起的弧后拉张构造背景，伴随着 NE 向区域构造的活化，软流圈地幔上涌诱发了中下地壳部分熔融，并沿长平断裂带侵位形成了连云山花岗岩。伴随着强烈的构造和岩浆活动，富含 Cu、Pb、Zn 等成矿元素的热液流体沿长平断裂带运移，并萃取了基底或围岩地层中的 Co 元素，大气降水的混入导致了成矿流体沿有利的构造部位（长平断裂带下盘“入”字形次级构造）富集成矿。湘东北热液充填型钴铜多金属成矿系统的区域成矿模式详见图 4-33。

3. 区域预测要素

根据典型矿床和区域成矿要素的研究，湘东北地区钴铜多金属矿床成矿系统与构造、岩浆岩、地层关系密切，因此构造、岩浆岩、地层是必要要素。在预测区的综合信息方面，实测的高精度磁异常和重力异常与成矿密切相关，是重要的预测要素。化探水系沉积物 Cu、Co、Pb、Zn 等元素的化探异常与已知矿床点重合较好，都可以作为重要的预测要素使用。根据区内的物化探异常特征，在成矿要素表的基础上编写了金井–九岭地区热液充填型钴铜多金属矿床成矿系统的预测要素表（表 5-36）。

表 5-36　金井–九岭地区热液充填型钴铜多金属矿床成矿系统的预测要素

预测要素			描述内容	预测要素分类
特征描述			与陆内构造–岩浆活化有关的热液充填型钴铜多金属成矿系统	
地质环境	成矿年代		早白垩世（130 ~ 122Ma?）	重要
	大地构造位置	大地构造位置	扬子板块东南缘江南古陆中段湘东北盆–岭构造亚省	必要
		区域构造位置	连云山复式背斜西侧，长平断陷盆地东南缘，NE—NNE 向长平断裂带	必要
		区域构造类型	NE—NNE 向长平断裂带，轴向 NE20° ~ 40°连云山复背斜	必要
	赋矿地层		蓟县系（下中新元古界冷家溪群）板岩、砂质板岩、千枚状板岩，夹变质粉（细）砂岩；上古生界泥盆系砂质页岩、砾岩、板岩、泥灰岩等	重要
	岩浆建造和侵入构造	侵入岩类型	早白垩世花岗质岩体，以二长花岗岩为主，次为花岗闪长岩、黑云母花岗岩、花岗斑岩	必要
		接触带特征	接触带发生混合岩化，围岩蚀变强烈	必要
		岩体侵位构造	连云山岩体主动侵位于冷家溪群坪原组和泥盆系中	重要
		控制岩体侵位区域构造带	长平断裂带	必要
矿床特征	成矿构造	区域构造带	长平断裂带	必要
		断裂构造	NE—NNE 向的断裂	必要
		构造岩特征	构造热液蚀变岩、混合岩、构造角砾岩、碎裂岩、糜棱岩	必要
		构造蚀变特征	硅化、绢云母化、绿泥石化、黄铁矿化，局部黄铜矿化、毒砂化、碳酸盐化、萤石化	重要
	成矿特征	矿体形态	脉状、透镜状	重要
		成矿部位	与岩体侵入活动有关的热液蚀变构造角砾岩带	必要
		矿石矿物组合	金属矿物以黄铁矿和黄铜矿为主，少量闪锌矿、方铅矿、毒砂、辉铜矿、斑铜矿、辉铋矿、辉铅铋矿；脉石矿物以石英和绿泥石为主	重要
		矿石结构构造	以自形、半自形、他形粒状结构为主；构造为角砾状构造、浸染状构造、块状团粒状构造，其次为细脉状（或网脉状）构造	次要
		共伴生矿产组分	Cu、Co、（Au）、Pb、Zn	重要
找矿标志			①热液蚀变构造角砾岩带及其旁侧次级构造； ②燕山期中酸性岩浆岩分布地区； ③硅化、绿泥石化、碳酸盐化等围岩蚀变	必要
综合信息特征		水系沉积物异常	异常元素组合为 Cu、Co、Pb、Zn，异常浓集中心明显，与已知矿床相吻合	重要
		重力异常	北东展布的自由空间重力异常，面积约 300km^2，异常中心位于井冲南东侧，与已知矿床套合好	重要
		航磁异常	呈北东向展布的长梨形，长 25km、宽 5 ~ 12km，异常中心位于井冲和思村之间，且基本套合于长平断裂带上，与已知矿床相吻合	重要

4. 区域预测模型

根据预测要素研究结果，以区域成矿要素和区域成矿模式为基础，叠加可用于预测的综合信息异常，建立了湘东北地区热液充填型钴铜多金属矿床成矿系统区域预测模型图（图5-49）。

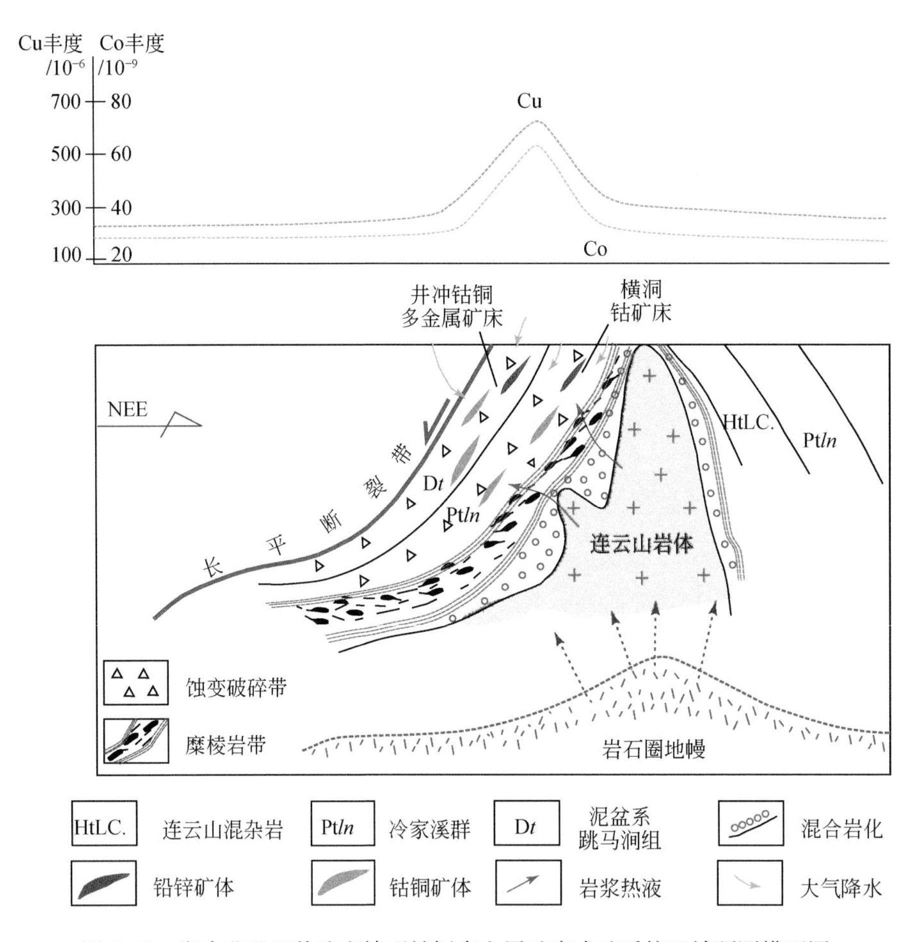

图5-49　湘东北地区热液充填型钴铜多金属矿床成矿系统区域预测模型图

参 考 文 献

安江华，李杰，陈必河，等. 2011. 湘东北万古金矿的流体包裹体特征. 华南地质与矿产，27（2）：169-173.

柏道远，贾宝华，钟响，等. 2012. 湘中南晋宁期和加里东期构造线走向变化成因. 地质力学学报，18（2）：165-177.

柏道远，钟响，贾朋远，等. 2015. 雪峰造山带及邻区构造变形和构造演化研究新进展. 华南地质与矿产，31（4）：321-343.

陈国达. 1956. 中国地台"活化区"的实例并着重讨论"华夏大陆"问题. 地质学报，36（3）：239-271.

陈国达. 1960. 地洼区的特征和性质及其与所谓"准地台"的比较. 地质学报，40（2）：167-186.

陈国达，杨心宜，梁新权. 2001. 中国华南活化区历史—动力学的初步研究. 大地构造与成矿学，25（3）：228-238.

陈衍景，郭光军. 1998. 华北克拉通花岗绿岩地体中中生代金矿床的成矿地球动力学背景. 中国科学D辑：地球科学，28（1）：35-40.

陈印. 2014. 云蒙山变质核杂岩的演化及其与华北克拉通破坏的关系. 合肥：合肥工业大学.

程国满. 1999. 湘东赣西地区金矿矿源层的初步研究. 黄金地质，5（2）：32-35.

程裕淇. 1994. 中国区域地质概论. 北京：地质出版社.

崔盛芹. 1999. 论全球性中—新生代陆内造山作用与造山带. 地学前缘，6（4）：283-293.

崔盛芹，李锦蓉，吴珍汉，等. 2000. 燕山地区中新生代陆内造山作用. 北京：地质出版社.

邓会娟，夏浩东，息朝庄，等. 2013. 湖南平江童源—和尚坡金矿区成矿流体地球化学特征. 矿物学报，33（4）：691-697.

邓晋福，吴宗絮，杨建军，等. 1995. 格尔木——额济纳旗地学断面走廓域地壳—上地幔岩石学结构与深部过程. 地球物理学报，38（A02）：130-130.
董国军，许德如，王力，等. 2008. 湘东地区金矿床矿化年龄的测定及含矿流体来源的示踪——兼论矿床成因类型. 大地构造与成矿学，32（4）：482-491.
董树文，张岳桥，陈宣华，等. 2008. 晚侏罗世东亚多向汇聚构造体系的形成与变形特征. 地球学报，29（3）：306-317.
董树文，张岳桥，李海龙，等. 2019. "燕山运动"与东亚大陆晚中生代多板块汇聚构造——纪念"燕山运动"90 周年. 中国科学 D 辑：地球科学，49（6）：913-938.
符巩固，许德如，陈根文，等. 2002. 湘东北地区金成矿地质特征及找矿新进展. 大地构造与成矿学，26（4）：416-422.
傅昭仁. 1992. 变质核杂岩及剥离断层的控矿构造解析. 武汉：中国地质大学出版社.
傅昭仁，李紫金，郑大瑜. 1999. 湘赣边区 NNE 向走滑造山带构造发展样式. 地学前缘，6（4）：263-272.
高林志，陈峻，丁孝忠，等. 2011. 湘东北岳阳地区冷家溪群和板溪群凝灰岩 SHRIMP 锆石 U-Pb 年龄——对武陵运动的制约. 地质通报，30（7）：1001-1008.
葛良胜. 1997. 四川金鸡台子金矿床地质特征及成因探讨. 沈阳黄金学院学报，16（1）：9-15.
顾雪祥，刘建明，郑明华. 2003. 湖南沃溪钨-锑-金矿床的矿石组构学特征及其成因意义. 矿床地质，22（2）：107-120.
韩凤彬，常亮，蔡明海，等. 2010. 湘东北地区金矿成矿时代研究. 矿床地质，29（3）：563-571.
郝义. 2010. 华南加里东期构造变形特征和动力学机制. 青岛：中国海洋大学.
郝义，李三忠，金宠，等. 2010. 湘赣桂地区加里东期构造变形特征及成因分析. 大地构造与成矿学，34（2）：166-180.
何治亮，汪新伟，李双建，等. 2011. 中上扬子地区燕山运动及其对油气保存的影响. 石油实验地质，33（1）：1-11.
赫英. 1996. 构造岩浆活化与秦岭金矿床. 大地构造与成矿学，20（1）：61-66.
胡俊良，陈娇霞，徐德明，等. 2017. 湘东北七宝山铜多金属矿床成矿时代及成矿物质来源——石英脉 Rb-Sr 定年和 S-Pb 同位素组成. 地质通报，36（5）：857-866.
胡瑞英，程景平，郭士伦，等. 1995. 裂变径迹法在金矿研究中的应用. 地球化学，24（2）：188-192.
胡瑞忠，毛景文，华仁民，等. 2015. 华南陆块陆内成矿作用. 北京：科学出版社.
胡受奚，赵乙英，孙景贵，等. 2002. 华北地台重要金矿成矿过程中的流体作用及其来源研究. 南京大学学报（自然科学），38（3）：381-391.
胡祥昭，肖宪国，杨中宝. 2002. 七宝山花岗斑岩的地质地球化学特征. 中南工业大学学报，33（6）：551-554.
湖南省地质矿产局. 1988. 湖南省区域地质志. 北京：地质出版社.
华仁民，毛景文. 1999. 试论中国东部中生代成矿大爆发. 矿床地质，18（4）：300-307.
黄镜友. 1997. 湖南境内东西走向矿脉群的地质特点及找矿方向. 湖南地质，16（3）：159-162.
贾承造，宋岩，魏国齐，等. 2005. 中国中西部前陆盆地的地质特征及油气聚集. 地学前缘，12（3）：3-13.
贾大成，胡瑞忠. 2001. 湘东北构造活化期花岗岩形成构造环境及成因. 大地构造与成矿学，25（3）：277-281.
贾大成，胡瑞忠. 2002. 湘东北中生代基性岩脉岩石地球化学及构造意义. 大地构造与成矿学，26（2）：179-184.
贾大成，胡瑞忠，谢桂青. 2002a. 湘东北中生代基性岩脉岩石地球化学特征. 矿物岩石，22（3）：37-41.
贾大成，胡瑞忠，卢焱，等. 2002b. 湘东北蕉溪岭富钠煌斑岩地球化学特征. 岩石学报，18（4）：459-467.
贾大成，胡瑞忠，赵军红，等. 2003. 湘东北中生代望湘花岗岩体岩石地球化学特征及其构造环境. 地质学报，77（1）：98-103.
金文山，赵风清. 1997. 湘黔桂雪峰期地层单元岩石地球化学特征. 湖南地质，16（2）：78-84.
李建华. 2013. 华南中生代大地构造过程. 北京：中国地质科学院.
李杰，陈必河，安江华，等. 2011. 湖南黄金洞金矿成矿流体包裹体特征. 华南地质与矿产，27（2）：163-168.
李先福，李建威，傅昭仁，等. 1998. 湘赣边地区走滑断裂带致矿异常的结构样式及分形特征. 地球科学——中国地质大学学报，23（2）：141-146.
李紫金，傅昭仁. 1998. 湘赣边区 NNE 向走滑断裂—流体—铀成矿动力学分析. 现代地质，12（4）：522-531.
林舸，赵崇斌，肖焕钦，等. 2008. 华北克拉通构造活化的动力学机制与模型. 大地构造与成矿学，32（2）：133-142.
刘姤群，金维群，张录秀，等. 2001. 湘东北斑岩型和热液脉型铜矿成矿物质来源探讨. 华南地质与矿产，（1）：40-47.
刘红涛，张旗，刘建明，等. 2004. 埃达克岩与 Cu-Au 成矿作用：有待深入研究的岩浆成矿关系. 岩石学报，20（2）：205-218.
刘亮明，彭省临. 1999. 湘东北地区脉型金矿床的活化转移. 中南工业大学学报（自然科学版），30（1）：4-7.
刘亮明，彭省临，吴延之. 1997. 湘东北地区脉型金矿床成矿构造特征及构造成矿机制. 大地构造与成矿学，21（3）：

197-204.
刘翔，石威科，苏俊男，等.2018. 湖南平江县仁里超大型伟晶岩型铌钽多金属矿床的发现及其意义. 大地构造与成矿学，42（2）：235-243.
刘翔，周芳春，李鹏，等.2019. 湖南仁里稀有金属矿田地质特征、成矿时代及其找矿意义. 矿床地质，38（4）：771-791.
刘荫椿.1989. 黄金洞金矿床地球化学特征. 地质与勘探，25（11）：43-48.
刘英俊，马东升.1984. 江西隘上沉积-叠加成因钨矿床的元素地球化学判据. 中国科学B辑：化学，14（12）：1126-1135.
刘英俊，孙承辕，崔卫东，等. 1989. 湖南黄金洞金矿床毒砂中金的赋存状态的研究. 地质找矿论丛，（1）：42-49.
刘英俊，季峻峰，孙承辕，等.1991. 湖南黄金洞元古界浊积岩型金矿床的地质地球化学特征. 地质找矿论丛，6（1）：1-13.
柳德荣，吴延之.1993. 醴陵市雁林寺金矿床成因探讨. 湖南地质，12（4）：247-251.
柳德荣，吴延之，刘石年.1994. 平江万古金矿床地球化学研究. 国土资源导刊，13（2）：83-90.
罗献林.1988. 论湖南黄金洞金矿床的成因及成矿模式. 桂林冶金地质学院学报，8（8）：225-240.
罗献林.1989. 论湖南前寒武纪系金矿床的形成时代. 桂林冶金地质学院学报，9（1）：25-34.
罗献林.1990. 论湖南前寒武系金矿床的成矿物质来源. 桂林冶金地质学院学报，10（1）：13-26.
马东升.1997. 地壳中大规模流体运移的成矿现象和地球化学示踪——以江南地区中-低温热液矿床的地球化学研究为例. 南京大学学报（自然科学），33（地质流体专辑）：1-10.
马东升.1999. 华南中、低温成矿带元素组合和流体性质的区域分布规律——兼论华南燕山期热液矿床的巨型分带现象和大规模成矿作用. 矿床地质，18（4）：347-358.
马东升，刘英俊.1991. 江南金成矿带层控金矿的地球化学特征和矿床成因. 中国科学B辑：化学，（4）：424-433.
马东升，潘家永，卢新卫.2002. 湘西北—湘中地区金-锑矿床中-低温流体成矿作用的地球化学成因指示. 南京大学学报（自然科学版），38（3）：435-445.
马寅生，吴满路，曾庆利.2002. 燕山及邻区中新生代挤压与伸展的转换和成矿作用. 地球学报，23（2）：115-121.
毛建仁，陶奎元.1997. 中国东南部中生代陆内岩浆作用的动力学背景. 火山地质与矿产，18（2）：95-104.
毛景文，李红艳.1997. 江南古陆某些金矿床成因讨论. 地球化学，26（5）：71-81.
毛景文，李红艳，王登红，等.1998. 华南地区中生代多金属矿床形成与地幔柱关系. 矿物岩石地球化学通报，17（2）：130-132.
毛景文，华仁民，李晓波.1999. 浅议大规模成矿作用与大型矿集区. 矿床地质，18（4）：291-299.
毛景文，李红艳，徐钰，等.1997. 湖南万古地区金矿地质与成因. 北京：原子能出版社.
毛景文，谢桂青，张作衡，等.2005. 中国北方中生代大规模成矿作用的期次及其地球动力学背景. 岩石学报，21（1）：169-188.
彭和求，贾宝华，唐晓珊.2004. 湘东北望湘岩体的热年代学与幕阜山隆升. 地质科技情报，23（1）：11-15.
彭建堂.1999. 湖南雪峰地区金成矿演化机理探讨. 大地构造与成矿学，23（2）：144-151.
彭建堂，戴塔根.1998. 湘西南金矿床的稀土元素地球化学研究. 湖南地质，17（1）：41-44.
彭建堂，胡瑞忠，赵军红，等.2003. 湘西沃溪 Au-Sb-W 矿床中白钨矿 Sm-Nd 和石英 Ar-Ar 定年. 科学通报，48（18）：1976-1981.
丘元禧.1999. 雪峰山的构造性质与演化. 北京：地质出版社.
丘元禧，张渝昌，马文璞.1998. 雪峰山陆内造山带的构造特征与演化. 高校地质学报，4（4）：432-433.
饶家荣，王纪恒，曹一中.1993. 湖南深部构造. 湖南地质，（S1）：1-101.
任纪舜.1990. 论中国南部的大地构造. 地质学报，64（4）：275-288.
陕亮.2019. 湘东北地区铜-铅-锌-钴多金属成矿系统. 北京：中国地质大学.
沈晓明，张海祥，张伯友.2008. 华南中生代变质核杂岩构造及其与岩石圈减薄机制的关系初探. 大地构造与成矿学，32（1）：11-19.
施炜，董树文，胡健民，等.2007. 大巴山前陆西段叠加构造变形分析及其构造应力场特征. 地质学报，81（10）：1314-1327.
舒良树，马瑞士，郭令智.1997. 天山东段推覆构造研究. 地质科学，32（3）：337-350.
苏金宝，张岳桥，董树文，等.2013. 雪峰山构造带古构造应力场. 地球学报，34（6）：671-679.
童潜明.1998. 浅析湘东北地区形成大型金铜多金属矿的条件及进一步工作意见. 湖南地质，（1）：19-22，44.
万天丰.1988. 古构造应力场. 北京：地质出版社.

王甫仁，权正钰，胡能勇，等. 1993. 湖南省岩金矿床成矿条件及分布富集规律. 湖南地质，12（3）：163-170.
王加昇，温汉捷，李超，等. 2011. 黔东南石英脉型金矿毒砂 Re-Os 同位素定年及其地质意义. 地质学报，85（6）：955-964.
王建. 2010. 雪峰山构造系统褶皱复合—联合叠加样式及动力机制. 青岛：中国海洋大学.
王剑. 2000. 华南新元古代裂谷盆地演化：兼论与 Rodinia 解体的关系. 北京：地质出版社.
王金琪. 1998. 小陆拼接，多旋回，陆内构造——中国大陆石油地质三根基柱. 成都理工学院学报，25（2）：182-190.
王秀璋，梁华英，单强，等. 1999. 金山金矿成矿年龄测定及华南加里东成金期的讨论. 地质论评，45（1）：19-25.
王中刚，于学元，赵振华，等. 1989. 稀土元素地球化学. 北京：科学出版社.
文志林，邓腾，董国军，等. 2016. 湘东北万古金矿床控矿构造特征与控矿规律研究. 大地构造与成矿学，40（2）：281-294.
吴福元，徐义刚，高山，等. 2008. 华北岩石圈减薄与克拉通破坏研究的主要学术争论. 岩石学报，24（6）：1145-1174.
吴根耀，王伟锋，迟洪星，等. 2012. 黔南坳陷及邻区盆地演化和海相沉积的后期改造. 古地理学报，14（4）：507-521.
吴开兴，胡瑞忠，毕献武，等. 2002. 矿石铅同位素示踪成矿物质来源综述. 地质地球化学，30（3）：73-81.
肖拥军，陈广浩. 2004. 湘东北大洞-万古地区金矿构造成矿定位机制的初步研究. 大地构造与成矿学，28（1）：38-44.
肖拥军，陈广浩，符巩固. 2002. 湘东北大万金矿区构造成矿背景探讨. 大地构造与成矿学，26（2）：143-147.
徐备. 1992. 皖浙赣地区元古代地体和多期碰撞造山带. 北京：地质出版社.
徐先兵，张岳桥，贾东，等. 2009. 华南早中生代大地构造过程. 中国地质，36（3）：573-593.
许德如，陈广浩，夏斌，等. 2006. 湘东地区板杉铺加里东期埃达克质花岗闪长岩的成因及地质意义. 高校地质学报，12（4）：507-521.
许德如，王力，李鹏春，等. 2009. 湘东北地区连云山花岗岩的成因及地球动力学暗示. 岩石学报，25（5）：1056-1078.
许德如，邹凤辉，宁钧陶，等. 2017. 湘东北地区地质构造演化与成矿响应探讨. 岩石学报，33（3）：695-715.
杨荣，符巩固，陈必河，等. 2015. 湖南七宝山铜多金属矿床地质特征与找矿方向. 华南地质与矿产，3（3）：246-252.
叶天竺，韦昌山，王玉往，等. 2017. 勘查区找矿预测理论与方法. 北京：地质出版社.
尹国胜，谢国刚. 1996. 江西庐山地区伸展构造与星子变质核杂岩. 中国区域地质，（1）：17-26.
翟明国. 2010. 华北克拉通的形成演化与成矿作用. 矿床地质，29（1）：24-36.
张宏仁. 1998. 燕山事件. 地质学报，72（2）：103-111.
张宏仁，张永康，蔡向民，等. 2013. 燕山运动的“绪动”——燕山事件. 地质学报，87（12）：1779-1790.
张进江，郑亚东. 1998. 变质核杂岩与岩浆作用成因关系综述. 地质科技通报，17（1）：19-25.
张理刚. 1985. 湘西雪峰山隆起区钨锑金矿床稳定同位素地质学. 地质与勘探，21（11）：24-28.
张文山. 1991. 湘东北长沙—平江断裂动力变质带的构造及地球化学特征. 大地构造与成矿学，15（2）：100-109.
张岳桥，董树文，赵越，等. 2007. 华北侏罗纪大地构造：综评与新认识. 地质学报：1462-1480.
张岳桥，徐先兵，贾东，等. 2009. 华南早中生代从印支期碰撞构造体系向燕山期俯冲构造体系转换的形变记录. 地学前缘，16（1）：234-247.
张岳桥，董树文，李建华，等. 2012. 华南中生代大地构造研究新进展. 地球学报，33（3）：257-279.
赵越. 1990. 燕山地区中生代造山运动及构造演化. 地质论评，36（1）：1-13.
赵越，杨振宇，马醒华. 1994. 东亚大地构造发展的重要转折. 地质科学，29（2）：105-119.
赵越，徐刚，张拴宏，等. 2004. 燕山运动与东亚构造体制的转变. 地学前缘，11（3）：319-328.
赵振华，涂光炽. 2003. 中国超大型矿床（Ⅱ）. 北京：科学出版社.
郑亚东，Davis G A，王琮，等. 2000. 燕山带中生代主要构造事件与板块构造背景问题. 地质学报，74（4）：289-302.
周芳春，李建康，刘翔，等. 2019. 湖南仁里铌钽矿床矿体地球化学特征及其成因意义. 地质学报，93（6）：1392-1404.
周裕藩，杨心宜. 1984. 构造-岩浆活化. 大地构造与成矿学，8（4）：348.
朱光，王道轩，刘国生，等. 2001. 郯庐断裂带的伸展活动及其动力学背景. 地质科学，36（3）：269-278.
朱日祥，徐义刚，朱光，等. 2012. 华北克拉通破坏. 中国科学：地球科学，42（8）：1135-1159.
朱日祥，范宏瑞，李建威，等. 2015. 克拉通破坏型金矿床. 中国科学：地球科学，45（8）：1153-1168.
Allmendinger R W，Cardozo N，Fisher D. 2012. Structural geology algorithms：vectors and tensors in structural geology. Cambridge：Cambridge University Press.
Angelier J. 1984. Tectonic analysis of fault slip data sets. Journal of Geophysical Research Solid Earth，89（B7）：5835-5848.
Angelier J. 1994. Fault Slip Analysis and Palaeostress Reconstruction. Hancock：Pergamon Press.

Angelier J, Tarantola A, Valette B, et al. 1982. Inversion of field data in fault tectonics to obtain the regional stress — I. Single phase fault populations: a new method of computing the stress tensor. Geophysical Journal of the Royal Astronomical Society, 69 (3): 607-621.

Benning L G, Seward T M. 1996. Hydrosulphide complexing of Au (I) in hydrothermal solutions from 150-400℃ and 500-1500bar. Geochimica et Cosmochimica Acta, 60 (11): 1849-1871.

Berndt M E, Buttram T, Iii D E, et al. 1994. The stability of gold polysulfide complexes in aqueous sulfide solutions: 100 to 150℃ and 100 bars. Geochimica et Cosmochimica Acta, 58 (2): 587-594.

Bouabdellah M, Maacha L, Levresse G, et al. 2016. The Bou Azzer Co-Ni-Fe-As (±Au±Ag) district of central Anti-Atlas (Morocco): a long-lived Late Hercynian to Triassic magmatic-hydrothermal to low-sulphidation epithermal system//Bouabdellah M, Slack J F. Mineral Deposits of North Africa. Switzerland: Springer International Publishing: 229-247.

Bucci L A, McNaughton N J, Fletcher I R, et al. 2004. Timing and duration of high-temperature gold mineralization and spatially associated granitoid magmatism at Chalice, Yilgarn Craton, Western Australia. Economic Geology, 99 (6): 1123-1144.

Buchholz P, Oberthür T, Lüders V, et al. 2007. Multistage Au-As-Sb mineralization and crustal-scale fluid evolution in the Kwekwe district, Midlands greenstone belt, Zimbabwe: a combined geochemical, mineralogical, stable isotope, and fluid inclusion study. Economic Geology, 102 (3): 347-378.

Cailteux J L H, Kampunzu A B, Lerouge C, et al. 2005. Genesis of sediment-hosted stratiform copper-cobalt deposits, central African Copperbelt. Journal of African Earth Science, 42 (1-5): 134-158.

Cawood P A, Zhao G C, Yao J L, et al. 2017. Reconstructing South China in Phanerozoic and Precambrian supercontinents. Earth-Science Reviews, 186: 173-194.

Charvet J, Shu L S, Shi Y S, et al. 1996. The building of south China: collision of Yangzi and Cathaysia blocks, problems and tentative answers. Journal of Southeast Asian Earth Sciences, 13 (3-5): 223-235.

Chen J F, Foland K A, Xing F M, et al. 1991. Magmatism along the southeast margin of the Yangtze block: precambrian collision of the Yangtze and Cathysia blocks of China. Geology, 19 (8): 815-818.

Chen X G, Rong J Y. 1999. From Biostratigraphy to Tectonics-with Ordovician and Silurian of South China as an example. Geoscience, 13: 385-389.

Chen Y, Pirajno F, Sui Y. 2004. Isotope geochemistry of the Tieluping silver-lead deposit, Henan, China: a case study of orogenic silver-dominated deposits and related tectonic setting. Mineralium Deposita, 39 (5-6): 560-575.

Clark C, Grguric B, Mumm A S. 2004. Genetic implications of pyrite chemistry from the Palaeoproterozoic Olary Domain and overlying Neoproterozoic Adelaidean sequences, northeastern South Australia. Ore Geology Reviews, 25 (3-4): 237-257.

Cline J S, Hofstra A H, Muntean J L, et al. 2005. Carlin-Type Gold Deposits in Nevada: critical geologic characteristics and viable models. Economic Geology (100th Anniversary volume): 451-484.

Condie K C. 1993. Chemical composition and evolution of the upper continental crust: contrasting results from surface samples and shales. Chemical geology, 104 (1-4): 1-37.

Davis G A, Zheng Y D, Wang C, et al. 2001. Mesozoic tectonic evolution of the Yanshan fold and thrust belt, with emphasis on Hebei and Liaoning provinces, northern China//Hendrix M S, Davis G A. Paleozoic and mesozoic tectonic evolution of Central and Eastern Asia: from continental assembly to intracontinental deformation. Memoir of Geological Society of America, 194 (194): 171-197.

Defant M J, Drummond M S. 1990. Derivation of some modern arc magmas by melting of young subducted lithosphere. Nature, 347 (6294): 662-665.

Deng T, Xu D R, Chi G X, et al. 2017. Geology, geochronology, geochemistry and ore genesis of the Wangu gold deposit in northeastern Hunan Province, Jiangnan Orogen, South China. Ore Geology Reviews, 88: 619-637.

Desouky H A E, Muchez P, Boyce A J, et al. 2010. Genesis of sediment-hosted stratiform copper-cobalt mineralization at Luiswishi and Kamoto, Katanga Copperbelt (Democratic Republic of Congo). Mineralium Deposita, 45 (8): 735-763.

Du Q, Wang Z, Wang J, et al. 2013. Geochronology and paleoenvironment of the pre-Sturtian glacial strata: evidence from the Liantuo Formation in the Nanhua rift basin of the Yangtze Block, South China. Precambrian Research, 233: 118-131.

Engebretson D C, Cox A, Gordon R G. 1984. Relative motions between oceanic plates of the Pacific Basin. Journal of Geophysical Research, 89 (B12): 10291-10310.

Faure M, Shu L S, Wang B, et al. 2009. Intracontinental subduction: a possible mechanism for the Early Palaeozoic Orogen of SE

China. Terra Nova, 21 (5): 360-368.

Faure M, Lepvrier C, Nguyen V V, et al. 2014. The South China block-Indochina collision: Where, when, and how? Journal of Asian Earth Sciences, 79 (2): 260-274.

Graf W L. 1978. Fluvial adjustments to the spread of tamarisk in the Colorado Plateau region. Geological Society of America Bulletin, 89 (10): 1491-1501.

Gu X X, Schulz O, Vavtar F, et al. 2007. Rare earth element geochemistry of the Woxi W-Sb-Au deposit, Hunan Province, South China. Ore Geology Reviews, 31 (1): 319-336.

Gu X X, Zhang Y M, Schulz O, et al. 2012. The Woxi W-Sb-Au deposit in Hunan, South China: an example of Late Proterozoic sedimentary exhalative (SEDEX) mineralization. Journal of Asian Earth Sciences, 57: 54-75.

Hancock P L. 1985. Brittle microtectonics: principles and practice. Journal of Structural Geology, 7 (3): 437-457.

Hart C J, Goldfarb R J, Qiu Y, et al. 2002. Gold deposits of the northern margin of the North China Craton: multiple late Paleozoic-Mesozoic mineralizing events. Mineralium Deposita, 37 (3-4): 326-351.

Hayashi K I, Ohmoto H. 1991. Solubility of gold in NaCl- and H_2S- bearing aqueous solutions at 250-350℃. Geochimica et Cosmochimica Acta, 55 (8): 2111-2126.

Heberer B, Anzenbacher T, Neubauer F, et al. 2014. Polyphase exhumation in the western Qinling Mountains, China: rapid Early Cretaceous cooling along a lithospheric-scale tear fault and pulsed Cenozoic uplift. Tectonophysics, 617 (4): 31-43.

Hsü K J, Sun S, Li J L, et al. 1988. Mesozoic overthrust tectonics in south China. Geology, 16: 418-421.

Hsü K J, Li J L, Chen H H, et al. 1990. Tectonics of South China: Key to understanding West Pacific geology. Tectonophysics, 183: 9-39.

Hu R, Fu S, Huang Y, et al. 2017. The giant South China Mesozoic low-temperature metallogenic domain: reviews and a new geodynamic model. Journal of Asian Earth Sciences, 137: 9-34.

Hu R Z, Su W C, Bi X W, et al. 2002. Geology and geochemistry of Carlin-type gold deposits in China. Mineralium Deposita, 37 (3-4): 378-392.

Inoue A. 1995. Formation of clay minerals in hydrothermal environments//Velde B. Origin and Mineralogy of Clays. Berlin: Springer: 268-329.

Jankovic S, 1997. The Carpatho-Balkanides and adjacent area: a sector of the Tethyan Eurasian metallogenic belt. Mineralium Deposita, 32 (5): 426-433.

Ji W B, Faure M, Lin W, et al. 2018. Multiple Emplacement and Exhumation History of the Late Mesozoic Dayunshan-Mufushan Batholith in Southeast China and Its Tectonic Significance: 1. Structural Analysis and Geochronological Constraints. Journal of Geophysical Research: Solid Earth, 123 (1): 689-710.

Jiao Q Q, Deng T, Wang L X, et al. 2017. Geochronological and mineralogical constraints on mineralization of the Hetai goldfield in Guangdong Province, South China. Ore Geology Reviews, 88: 655-673.

Koppers A A P, Morgan J P, Morgan J W, et al. 2001. Testing the fixed hotspot hypothesis using $^{40}Ar/^{39}Ar$ age progressions along seamount trails. Earth and Planetary Science Letters, 185 (3): 237-252.

Large R R, Meffre S, Burnett R, et al. 2013. Evidence for an intrabasinal source and multiple concentration processes in the formation of the Carbon Leader Reef, Witwatersrand Supergroup, South Africa. Economic Geology, 108 (6): 1215-1241.

Lebrun E, Miller J, Thebaud N, et al. 2017. Structural controls on an orogenic gold system: the world-class Siguiri gold district, Siguiri Basin, Guinea, West Africa. Economic Geology, 112 (1): 73-98.

Li J H, Zhang Y Q, Dong S W, et al. 2012. Late Mesozoic-Early Cenozoic deformation history of the Yuanma Basin, central South China. Tectonophysics, 570-571 (11): 163-183.

Li J H, Zhang Y Q, Dong S W, et al. 2013. The Hengshan low-angle normal fault zone: structural and geochronological constraints on the Late Mesozoic crustal extension in South China. Tectonophysics, 606: 97-115.

Li J H, Zhang Y Q, Dong S W, et al. 2014. Cretaceous tectonic evolution of South China: a preliminary synthesis. Earth-Science Reviews, 134 (1): 98-136.

Li J H, Shi W, Zhang Y Q, et al. 2016a. Thermal evolution of the Hengshan extensional dome in central South China and its tectonic implications: new insights into low-angle detachment formation. Gondwana Research, 35: 425-441.

Li J H, Dong S W, Zhang Y Q, et al. 2016b. New insights into Phanerozoic tectonics of south China: Part 1, polyphase deformation in the Jiuling and Lianyunshan domains of the central Jiangnan Orogen. Journal of Geophysical Research-Solid Earth, 121 (4):

3048-3080.

Li X H. 2000. Cretaceous magmatism and lithospheric extension in Southeast China. Journal of Asian Earth Sciences, 18 (3): 293-305.

Li X H, Sun X S. 1995. Lamprophyre and gold mineralization—an assessment of observations and theories. Geological Review, 41 (3): 252-260.

Li X H, Li Z X, Zhou H W, et al. 2002. U-Pb zircon geochronology, geochemistry and Nd isotopic study of Neoproterozoic bimodal volcanic rocks in the Kangdian Rift of South China: implications for the initial rifting of Rodinia. Precambrian Research, 113 (1): 135-154.

Li X H, Li Z X, Ge W C, et al. 2003a. Neoproterozoic granitoids in South China: crustal melting above a mantle plume at ca. 825 Ma? Precambrian Research, 122 (1-4): 45-83.

Li Z X, Li X H. 2007. Formation of the 1300-km-wide intracontinental orogen and postorogenic magmatic province in Mesozoic South China: a flat-slab subduction model. Geology, 35 (2): 179-182.

Li Z X, Li X H, Kinny P D, et al. 1999. The breakup of Rodinia: did it start with a mantle plume beneath South China? Earth and Planetary Science Letters, 173 (3): 171-181.

Li Z X, Li X H, Zhou H W, et al. 2002. Grenvillian continental collision in south China: new SHRIMP U-Pb zircon results and implications for the configuration of Rodinia. Geology, 30 (2): 163-166.

Li Z X, Li X H, Kinny P D, et al. 2003b. Geochronology of Neoproterozoic syn-rift magmatism in the Yangtze Craton, South China and correlations with other continents: evidence for a mantle superplume that broke up Rodinia. Precambrian Research, 122 (1-4): 85-109.

Li Z X, Li X H, Li W X, et al. 2008. Was Cathaysia part of Proterozoic Laurentia? —new data from Hainan Island, south China. Terra Nova, 20 (2): 154-164.

Li Z X, Li X H, Wartho J A, et al. 2010. Magmatic and metamorphic events during the early Paleozoic Wuyi-Yunkai orogeny, southeastern South China: new age constraints and pressure-temperature conditions. Geological Society of America Bulletin, 122 (5-6): 772-793.

Lottermoser B G. 1989. Rare-earth element behaviour associated with strata-bound scheelite mineralisation (Broken Hill, Australia). Chemical geology, 78 (2): 119-134.

Ma C, Li Z, Ehlers C, et al. 1998. A post-collisional magmatic plumbing system: mesozoic granitoid plutons from the Dabieshan high-pressure and ultrahigh-pressure metamorphic zone, east-central China. Lithos, 45 (1): 431-456.

Mao J R, Takahashi Y, Kee W S, et al. 2011. Characteristics and geodynamic evolution of Indosinian magmatism in South China: a case study of the Guikeng pluton. Lithos, 127 (3-4): 535-551.

Mao J W, Kerrich R, Li H Y, et al. 2002. High $^{3}He/^{4}He$ ratios in the Wangu gold deposit, Hunan province, China: implications for mantle fluids along the Tanlu deep fault zone. Geochemical Journal, 36 (3): 197-208.

Mao J W, Cheng Y B, Chen M H, et al. 2013. Major types and time-space distribution of Mesozoic ore deposits in South China and their geodynamic settings. Mineralium Deposita, 48 (3): 267-294.

Marrett R A, Allmendinger R W. 1990. Kinematic analysis of fault-slip data. Journal of Structural Geology, 12: 973-986.

Maruyama S. 2010. Pacific-type orogeny revisited: miyashiro-type orogeny proposed. Island Arc, 6 (1): 91-120.

McCuaig T C, Kerrich R. 1998. P- T- t—deformation—fluid characteristics of lode gold deposits: evidence from alteration systematics. Ore Geology Reviews, 12 (6): 381-453.

McDonough W F, Sun S S. 1995. The composition of the Earth. Chemical Geology, 120 (3-4): 223-253.

McGowan R R, Roberts S, Boyce A J. 2006. Origin of the Nchanga copper-cobalt deposits of the Zambian Copperbelt. Mineralium Deposita, 40 (6-7): 617-638.

Michard A. 1989. Rare earth element systematics in hydrothermal fluids. Geochimica et Cosmochimica Acta, 53 (3): 745-750.

Mikucki E J. 1998. Hydrothermal transport and depositional processes in Archean lode-gold systems: a review. Ore Geology Reviews, 13 (1-5): 307-321.

Miller J M, Wilson C J. 2004. Stress controls on intrusion-related gold lodes: wonga gold mine, stawell, western lachlan fold belt, southeastern Australia. Economic Geology, 99 (5): 941-963.

Muchez P, André-Mayer A S, Dewaele S, et al. 2017. Discussion: age of the Zambian Copperbelt. Mineralium Deposita, 52: 1269-1271.

Müller R D, Dyksterhuis S, Rey P. 2012. Australian paleo-stress fields and tectonic reactivation over the past 100 Ma. Journal of the Geological Society of Australia, 59 (1): 13-28.

Muntean J L, Cline J S, Simon A C, et al. 2011. Magmatic- hydrothermal origin of Nevada's Carlin- type gold deposits. Nature Geoscience, 4 (2): 122-127.

Ni P, Wang G G, Chen H, et al. 2015. An Early Paleozoic orogenic gold belt along the Jiang? Shao Fault, South China: evidence from fluid inclusions and Rb- Sr dating of quartz in the Huangshan and Pingshui deposits. Journal of Asian Earth Sciences, 103: 87-102.

Norman D I, Kyle P R, Baron C. 1989. Analysis of trace elements including rare earth elements in fluid inclusion liquids. Economic Geology, 84 (1): 162-166.

Ohmoto H, Rye R O. 1979. Geochemistry of hydrothermal ore deposits//Barnes H L. Isotopes of Sulfur and Carbon. New York: John Wiley and Sons: 509-567.

Ohmoto H, Rasmussen B, Buick R, et al. 1999. Redox state of the Archean atmosphere: evidence from detrital heavy minerals in ca. 3250-2750 Ma sandstones from the Pilbara Craton, Australia: Comment and Reply. Geology, 27 (12): 1151-1152.

Pan Y, Dong P. 1999. The Lower Changjiang (Yangzi/Yangtze River) metallogenic belt, east central China: intrusion-and wall rock-hosted Cu-Fe-Au, Mo, Zn, Pb, Ag deposits. Ore Geology Reviews, 15 (4): 177-242.

Peng B, Frei R. 2004. Nd-Sr-Pb isotopic constraints on metal and fluid sources in W-Sb-Au mineralization at Woxi and Liaojiaping (Western Hunan, China) . Mineralium Deposita, 39 (3): 313-327.

Peng J T, Zhu Y N. 2015. Infrared microthermometric and noble gas isotope study of fluid inclusions in ore minerals at the Woxi orogenic Au-Sb-W deposit, western Hunan, South China. Ore Geology Reviews, 65 (1): 55-69.

Peng J T, Hu R, Burnard P G. 2003. Samarium- neodymium isotope systematics of hydrothermal calcites from the Xikuangshan antimony deposit (Hunan, China): the potential of calcite as a geochronometer. Chemical Geology, 200 (1-2): 129-136.

Qiu Y M, Mcnaughton N J. 1998. Constraints on crustal evolution and gold metallogeny in the Northwestern Jiaodong Peninsula, China: from SHRIMP U-Pb Zircon studies of granitiods. Ore Geology Reviews, 13 (1-5): 275-291.

Qiu Y M, Groves D I. 1999. Late Archean collision and delamination in the Southwest Yilgarn Craton: the driving force for Archean orogenic lode gold mineralization? Economic Geology, 94 (1): 115-122.

Roberts S, Gunn G. 2014. Cobalt//Gunn G. Critical Metals Handbook. Chicester, UK: Wiley: 361-385.

Rossman G R, Weis D, Wasserburg G J. 1987. Rb, Sr, Nd and Sm concentrations in quartz. Geochimica et cosmochimica Acta, 51 (9): 2325-2329.

Saintilan N J, Creaser R A, Bookstrom A A. 2017. Re-Os systematics and geochemistry of cobaltite (CoAsS) in the Idaho cobalt belt, Belt-Purcell Basin, USA: evidence for middle Mesoproterozoic sediment-hosted Co-Cu sulfide mineralization with Grenvillian and Cretaceous remobilization. Ore Geology Reviews, 86: 509-525.

Sajona F G, Maury R C. 1998. Association of adakites with gold and copper mineralization in the Philippines. Comptes Rendus de l´Académie des Sciences-Series IIA-Earth and Planetary Science, 326 (1): 27-34.

Selley D, Scott R J, Bull S W, et al. 2005. A new look at the geology of the Zambian Copperbelt. Economic Geology (100th Anniversary volume): 965-1000.

Shu L S, Faure M, Wang B, et al. 2008. Late Palaeozoic- Early Mesozoic geological features of South China: Response to the Indosinian collision events in Southeast Asia. Comptes Rendus Geoscience, 340 (2-3): 151-165.

Shu L S, Jahn B M, Zhou J C, et al. 2014. Early Paleozoic Depositional Environment and Intraplate Tectono- magmatism in the Cathaysia Block (South China): evidence from stratigraphic, structural, geochemical and geochronological investigations. American Journal of Science, 314 (1): 154-486.

Shu L S, Wang B, Cawood P A, et al. 2015. Early Paleozoic and Early Mesozoic intraplate tectonic and magmatic events in the Cathaysia Block, South China. Tectonics, 34 (8): 1600-1621.

Sibson R H. 1985. A note on fault reactivation. Journal of Structural Geology, 7 (6): 751-754.

Sibson R H. 2000. Fluid involvement in normal faulting. Journal of Geodynamics, 29 (3-5): 469-499.

Sibson R H. 2001. Seismogenic framework for hydrothermal transport and ore deposition. Reviews in Economic Geology, 14: 25-50.

Sibson R H, Scott J. 1998. Stress/fault controls on the containment and release of overpressured fluids: examples from gold- quartz vein systems in Juneau, Alaska; Victoria, Australia and Otago, New Zealand. Ore Geology Reviews, 13 (1-5): 293-306.

Sibson R H, Robert F, Poulsen K H. 1988. High- angle reverse faults, fluid- pressure cycling, and mesothermal gold- quartz deposits. Geology, 16 (6): 551-555.

Sillitoe R H, Perello J, Creaser R A, et al. 2017. Age of the Zambian copperbelt. Mineralium Deposita, 52 (5): 1245-1268.

Spencer J E, Welty J W. 1986. Possible controls of base-and precious-metal mineralization associated with Tertiary detachment faults in the Lower Colorado River Trough, Arizona and California. Geology, 14 (3): 195.

Stefánsson A, Seward T M. 2003. The hydrolysis of gold (I) in aqueous solutions to 600 ℃ and 1500 bar. Geochimica et Cosmochimica Acta, 67 (9): 1677-1688.

Stefánsson A, Seward T M. 2004. Gold (I) complexing in aqueous sulphide solutions to 500℃ at 500 bar. Geochimica et Cosmochimica Acta, 68 (20): 4121-4143.

Sun T, Zhou X M, Chen P R, et al. 2005. Strongly peraluminous granites of Mesozoic in Eastern Nanling Range, southern China: petrogenesis and implications for tectonics. Science in China, 48 (2): 165-174.

Sun W D, Ding X, Hu Y H, et al. 2007. The golden transformation of the Cretaceous plate subduction in the west Pacific. Earth and Planetary Science Letters, 262 (3-4): 533-542.

Taylor S R, McLennan S M. 1985. The continental crust: its composition and evolution. Oxford: Blackwell Scientific Publications.

Thieblemont D, Stein G, Lescuyer J L. 1997. Epithermal and porphyry deposits: the adakite connection. Earth and Planetary Sciences, 325 (2): 103-109.

Tommasi A, Knoll M, Vauchez A, et al. 2009. Structural reactivation in plate tectonics controlled by olivine crystal anisotropy. Nature Geoscience, 2 (6): 423-427.

Wang J, Li Z X. 2003. History of Neoproterozoic rift basins in South China: implications for Rodinia break-up. Precambrian Research, 122 (1-4): 141-158.

Wang J S, Wen H J, Li C, et al. 2019. Age and metal source of orogenic gold deposits in Southeast Guizhou Province, China: constraints from Re-Os and He-Ar isotopic evidence. Geoscience Frontiers, 10 (2): 581-593.

Wang Q, Zhao Z H, Xu J F, et al. 2003. Petrogenesis and metallogenesis of the Yanshanian adakite-like rocks in the Eastern Yangtze Block. Science in China (Series D), 46: 164-176.

Wang X L, Zhou J C, Griffin W L, et al. 2007. Detrital zircon geochronology of Precambrian basement sequences in the Jiangnan orogen: dating the assembly of the Yangtze and Cathaysia Blocks. Precambrian Research, 159 (1-2): 117-131.

Wang X L, Shu L S, Xing G F, et al. 2012. Post-orogenic extension in the eastern part of the Jiangnan orogen: evidence from ca 800-760 Ma volcanic rocks. Precambrian Research, 222-223: 404-423.

Wang Y J, Fan W M, Guo F, et al. 2002. U-Pb dating of Mesozoic granodioritic intrusions in southeastern Hunan Province and its petrogenetic implication. Science in China (Series D), 45 (3): 280-288.

Wang Y J, Zhang Y H, Fan W M, et al. 2005. Structural signatures and $^{40}Ar/^{39}Ar$ geochronology of the Indosinian Xuefengshan tectonic belt, South China Block. Journal of Structural Geology, 27 (6): 985-998.

Wang Y J, Fan W M, Zhang G W, et al. 2013. Phanerozoic tectonics of the South China Block: key observations and controversies. Gondwana Research, 23 (4): 1273-1305.

Wang Z L, Xu D R, Chi G X, et al. 2017. Mineralogical and isotopic constraints on the genesis of the Jingchong Co-Cu polymetallic ore deposit in northeastern Hunan Province, South China. Ore Geology Reviews, 88: 638-654.

Widler A M, Seward T M. 2002. The adsorption of gold (I) hydrosulphide complexes by iron sulphide surfaces. Geochimica et Cosmochimica Acta, 66 (3): 383-402.

Wong W H. 1929. The Mesozoic Orogenic Movement in Eastern China. Acta Geologica Sinica, 8 (1): 33-44.

Xu D R, Gu X X, Li P C, et al. 2007. Mesoproterozoic-Neoproterozoic transition: geochemistry, provenance and tectonic setting of clastic sedimentary rocks on the SE margin of the Yangtze Block, South China. Journal of Asian Earth Sciences, 29 (5-6): 637-650.

Xu D R, Chi G X, Zhang Y H, et al. 2017a. Yanshanian (Late Mesozoic) ore deposits in China—an introduction to the special issue. Ore Geology Reviews, 88: 481-490.

Xu D R, Deng T, Chi G X, et al. 2017b. Gold mineralization in the Jiangnan Orogenic Belt of South China: geological, geochemical and geochronological characteristics, ore deposit-type and geodynamic setting. Ore Geology Reviews, 88: 565-618.

Xu X B, Li Y, Tang S, et al. 2015. Neoproterozoic to Early Paleozoic polyorogenic deformation in the southeastern margin of the Yangtze Block: constraints from structural analysis and $^{40}Ar/^{39}Ar$ geochronology. Journal of Asian Earth Sciences, 98: 141-151.

Yan D P, Zhou M F, Song H L, et al. 2003. Origin and tectonic significance of a Mesozoic multi-layer over-thrust system within the

Yangtze Block (South China). Tectonophysics, 361 (3-4): 239-254.

Yang J H, Wu F Y, Wilde S A. 2003. A review of the geodynamic setting of large-scale Late Mesozoic gold mineralization in the North China Craton: an association with lithospheric thinning. Ore Geology Reviews, 23 (3-4): 125-152.

Ye M F, Li X H, Li W X, et al. 2007. SHRIMP zircon U-Pb geochronological and whole-rock geochemical evidence for an early Neoproterozoic Sibaoan magmatic arc along the southeastern margin of the Yangtze Block. Gondwana Research, 12 (1): 144-156.

Yin C. 2015. Is the south China Block an accretionary orogeny? Insights from recent geological and geochronological data and lessons from the appalachian-Caledonian orogeny. Contemporary French and Francophone Studies, 19 (4): 410-418.

Yuan S, Mao J, Zhao P, et al. 2018. Geochronology and petrogenesis of the Qibaoshan Cu-polymetallic deposit, northeastern Hunan Province: implications for the metal source and metallogenic evolution of the intracontinental Qinhang Cu-polymetallic belt, South China. Lithos, 302-303: 519-534.

Zappettini E O, Rubinstein N, Crosta S, et al. 2017. Intracontinental rift-related deposits: a review of key models. Ore Geology Reviews, 89: 594-608.

Zhai Y, Deng J. 1996. Outline of the mineral resources of China and their tectonic setting. Australian Journal of Earth Sciences, 43 (6): 673-685.

Zhang L, Groves D I, Yang L Q, et al. 2019a. Utilization of pre-existing competent and barren quartz veins as hosts to later orogenic gold ores at Huangjindong gold deposit, Jiangnan Orogen, southern China. Mineralium Deposita, 55 (2): 363-380.

Zhang L, Yang L Q, Groves D I, et al. 2019b. An overview of timing and structural geometry of gold, gold-antimony and antimony mineralization in the Jiangnan Orogen, southern China. Ore Geology Reviews, 115, doi: https://doi.org/10.1016/j.oregeorev.2019.103173.

Zhang Q, Wang Y B, Qian Q, et al. 2001. The characteristics and tectonic-metallogenic significances of the adakites in Yanshan period from eastern China. Acta Petrologica Sinica, 17 (2): 236-244.

Zhang Z Y, Xie G Q, Mao J W, et al. 2019c. Sm-Nd Dating and In-Situ LA-ICP-MS Trace Element Analyses of Scheelite from the Longshan Sb-Au Deposit, Xiangzhong Metallogenic Province, South China. Minerals, 9 (2): 87.

Zhao C, Ni P, Wang G G, et al. 2013a. Geology, fluid inclusion, and isotope constraints on ore genesis of the Neoproterozoic Jinshan orogenic gold deposit, South China. Geofluids, 13 (4): 506-527.

Zhao K D, Jiang S Y, Chen W F, et al. 2013b. Zircon U-Pb chronology and elemental and Sr-Nd-Hf isotope geochemistry of two Triassic A-type granites in South China: implication for petrogenesis and Indosinian transtensional tectonism. Lithos, 160-161: 292-306.

Zhou X M, Li W X. 2000. Origin of Late Mesozoic igneous rocks in Southeastern China: implications for lithosphere subduction and underplating of mafic magmas. Tectonophysics, 326 (3-4): 269-287.

Zhou X M, Sun T, Shen W Z, et al. 2006. Petrogenesis of Mesozoic granitoids and volcanic rocks in South China: a response to tectonic evolution. Episodes, 29 (1): 26-33.

Zhu G, Xu J W. 2018. Displacement, timing and tectonic model of the Tan-Lu fault zone//Zheng Y D, Davis G A, Yin A. Structural Geology and Geomechanics. Proceedings of the 30th International Geological Congress, 14: 217-228.

Zhu G, Liu G S, Niu M L, et al. 2009. Syn-collisional transform faulting of the Tan-Lu fault zone, East China. International Journal of Earth Sciences, 98 (1): 135-155.

Zhu G, Liu C, Gu C C, et al. 2018. Oceanic plate subduction history in the western Pacific Ocean: constraint from late Mesozoic evolution of the Tan-Lu Fault Zone. Science China Earth Sciences, 61 (4): 386-405.

Zhu R X, Fan H R, Li J W, et al. 2015. Decratonic gold deposits. Science in China: Earth Sciences, 58 (9): 1523-1537.

Zi J W, Rasmussen B, Muhling J R, et al. 2015. In situ U-Pb geochronology of xenotime and monazite from the Abra polymetallic deposit in the Capricorn Orogen, Australia: dating hydrothermal mineralization and fluid flow in a long-lived crustal structure. Precambrian Research, 260: 91-112.

第 6 章 深部资源预测与潜力评价

6.1 深部资源预测方法

随着找矿勘查工作的推进，覆盖区或隐伏区和深部（本书定义其为“500m 以深”）已成为我国今后找矿勘查的主攻方向，且深部具有很大的找矿潜力。针对深部资源，通过认真分析成矿区（带）大地构造背景、成矿地质条件和成矿规律，以已有的成矿预测理论为基础，合理选用地球物理、地球化学等探测方法和技术，综合分析深部成矿前景，同时加强和改进深部钻探工作，从而最大程度增加找矿概率，降低勘查风险。

6.1.1 概述

经过多年的地质调查和找矿勘查工作，湘东北地区的近地表找矿难度越来越大，同时随着全国战略性矿产资源深部找矿等各类专项的实施，开展深部和近外围找矿工作势在必行。据我国深部找矿的最新进展，很多矿床还有很大的深部找矿潜力，在深部 500～2000m 深度范围，即第二找矿空间，可能还有很大的找矿前景。因此，深部矿产资源已成为我国今后找矿的主攻方向，但如何合理采用一些深部找矿预测理论和方法，已成为广大地质工作者较为关注的问题。而我国针对成矿理论和方法已有大量的研究，且是当今找矿领域的热点和难点。

6.1.2 成矿理论与深部找矿技术方法

6.1.2.1 成矿理论

深部找矿有其特殊性，成矿理论可通过大量的深部找矿实践而逐步完善。现有的成矿理论可通过与物探、化探等技术方法结合来指导深部找矿，而深部找矿实践反过来又可以修正成矿理论，从而不断促进成矿理论的发展和完善。现有成矿理论主要有：

（1）“矿床成矿系列与预测”理论（程裕淇等，1979；陈毓川，1994；陈毓川等，2016）。该理论认为矿床在自然界时空域内是有规律存在与分布的，与一定时段、一定地质环境、一定成矿作用有关形成的一组有成因联系的矿床自然组合，也就是一个矿床成矿系列。该理论初步厘定了全国矿床成矿系列，完善了成矿系列序列（共划分 5 个序次）；提出成矿系列是一种矿床的自然分类，共划分出 214 个矿床成矿系列；在应用方面，已在多个靶区取得较好的验证结果。

（2）“成矿系统理论”（翟裕生，1999；2000，2007；翟裕生等，2000，2002）。该理论认为成矿系统是在一定的时空域内，控制矿床形成和保存的全部地质要素和成矿作用动力过程，以及所形成的矿床系列、异常系列构成的整体，是具有成矿功能的一个自然系统。不同的成矿系统形成在不同的构造环境和地壳的不同深度，不同成矿系统的发育深度见图 6-1。

（3）“三联式-成矿预测理论”。该理论以地质异常分析为基础，以成矿多样性分析与矿床谱系研究为指导，把研究区的地质异常、成矿多样性和矿产谱系三个相互联系、互为因果的地质因素进行数字化、定量化，并建立数字找矿模型，把这三个因素的联合分析研究形成的数字找矿模型作为成矿预测和找矿的切入点，从而提高成矿预测和找矿的成功率和效果。

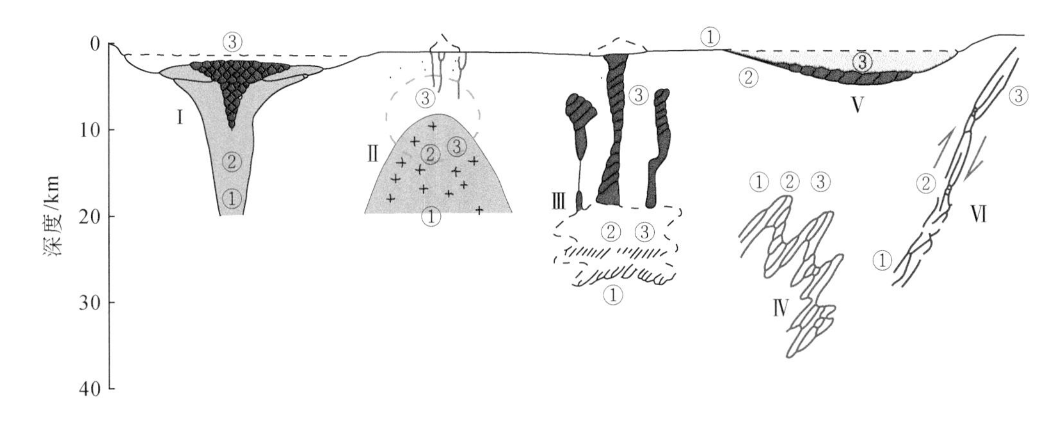

图6-1　主要成矿系统发育深度概况（据翟裕生等，2002）

Ⅰ. VMS型、SEDEX型成矿系统；Ⅱ. 花岗岩类岩浆热液成矿系统；Ⅲ. 镁铁-超镁铁质岩浆成矿系统；Ⅳ. 变质-受变质成矿系统；Ⅴ. 沉积成矿系统；Ⅵ. 韧性剪切带有关成矿系统；①矿源场；②中介场；③储矿场

（4）“三位一体”找矿预测（叶天竺，2004）。该方法从多个实例剖析，理论联系实践，系统总结了深部找矿的理论方法体系，提出了“三位一体”深部找矿预测方法，即通过研究成矿地质作用确定成矿地质体，研究成矿构造分析矿体空间分布特征，研究成矿流体确定找矿方向的地质预测方法。其中成矿地质体、成矿构造及成矿结构面、成矿作用特征标志，三者缺一不可。以斑岩铜矿为例，中酸性岩浆侵入体为成矿地质体，成矿构造及成矿结构面是侵入体顶部内外接触带叠加区域构造带，成矿作用特征标志是发育内带、中带、外带等蚀变分带（图6-2），内带普遍以钾硅化带为主，中带及外带与岩体及围岩成分相关，如围岩为中性或中基性岩，则中带为绿泥石、绢云母硅化带，外带为泥化带和青磐岩化带。

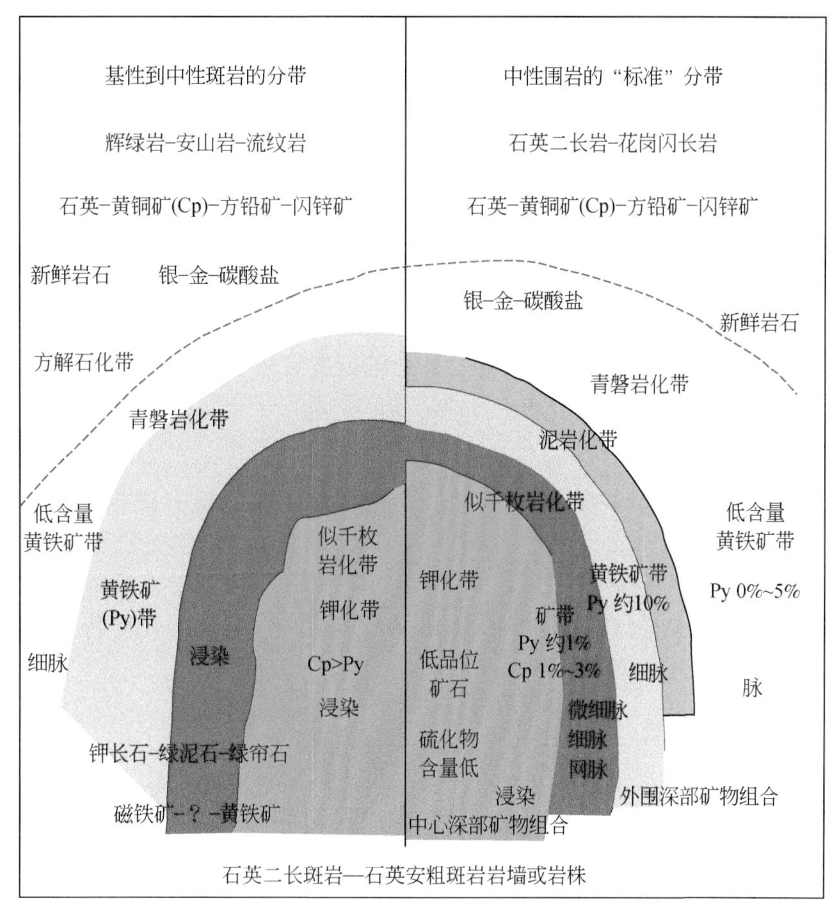

图6-2　斑岩矿床蚀变分带模式

此外，在前人的找矿工作中还总结出了大量的找矿模式，如五层楼钨矿、焦家式金矿、玲珑式金矿、玢岩铁矿等模式，都是前人的找矿经验总结，对于找矿有重要的指导意义。

6.1.2.2　深部找矿物探方法

1. 磁法

该种方法的应用前提是岩矿石存在磁性差异，且其深部磁性体引起的磁异常能被所用仪器捕捉到，能够与已知的矿岩异常相区别。而该类方法的技术难点即为数据处理的多解性，因此其对软件的要求很高，最新的磁法包括瞬变电磁法（TEM）等。瞬变电磁法与传统的直流电法、激电方法比较，其探测深度明显加大，其竖向分辨率也高，因此易于探测到覆盖层下的良导电体；该方法的探测深度可达300～400m，自20世纪该方法被应用以来已相继发现了一批隐伏的、埋藏较深的金属矿藏，目前该种方法在国内已处于普及阶段。

2. 电磁法

可控源音频大地电磁法（CSAMT）是一种主动源大地电磁测量方法，通过在一定范围内逐步改变发射机与接收机的频率对不同深度矿藏进行取样。CSAMT针对大地电磁探测法中场源的随机性及其微弱信号难以直接感应观测到的信息，改用人工控制场源的一种方法。其应用前提是深部矿藏存在着明显的电阻率差异以便于研究解决接触带的位置、形态及向下的变化趋势，该种方法探测深度可达1000m左右，山东招金集团有限公司在多处矿山应用该种方法预测靶区，其中有6处在800～1000m深度范围内发现矿体，该种方法目前在国内处于推广阶段。

3. 井中物探法

井中物探方法可获取井壁四周和钻孔底部的信息，对发现井旁或井底的盲矿非常重要，该类方法包括井中磁测、井中瞬变电磁法、井中激发极化法以及井中充电法等。该种方法目前在西方发达国家应用较为普遍，其工作深度可达2500～3000m，探测范围为井周半径为200～300m范围内的良导体。该技术应用的典型范例为哈萨克斯坦在库斯穆龙矿田内成功地探测到埋深为700m的块状含铜黄铁矿矿体以及埋深为2400多米的维克多铜镍矿床等。井中物探探测技术目前在国内处于普及和推广的阶段。

4. 大比例尺航空物探法

大比例尺航空物探方法具有远距离快速获取地质信息的特点，它也被广泛应用于区域地质填图工作。在深部找矿应用中，是利用航空物探资料结合区域地球化学和地质理论来研究区域控矿因素，确定隐伏矿可能存在的靶区。随着该系统本身的精度以及综合配套能力的不断提高而逐步形成由航测、电磁、放射性等方法构成的综合系统，然后与全球卫星定位系统进行配合以在区域普查及矿区深部找矿中发挥作用。该种探测方法曾于2006年在湖北大冶铁矿区深部找矿中取得了一定的实际效果。

5. 地震勘查技术

主要原理是基于地震反射技术，现已经成为油气勘探中使用的主要工具手段，但在一段时间内该方法在金属找矿中受到制约，直至20世纪90年代随着人们对岩石和矿物的物理性质的深入研究才为它在固体矿产找矿中应用创造了条件。其基本原理是利用地震反射技术探测到潜在反射体并对其加以成像，成像则取决于矿床或反射界面与周围介质间存在的声阻抗差异和该反射体的几何特征，二者综合为岩石的声阻抗并将其作为反射技术能否成功利用的先决条件。

6.1.2.3　深部找矿化探方法

目前较为有效的勘查地球化学新技术新方法主要有深穿透地球化学理论、原生晕叠加理论和构造叠加晕找盲矿法。

1. 深穿透地球化学理论

深穿透地球化学理论是研究能探测深部隐伏矿体发出的极微弱直接信息的勘查地球化学理论与方法

技术。深穿透地球化学方法主要包括地气法、元素有机态法、活动金属离子法及金属活动态法等。深穿透地球化学方法的特点是：①探测深度大，可达数百米；②所测量的主要是直接来自深部矿体的直接信息；③这种信息极为微弱，往往在亿分之几至百亿分之几；④但这种微弱信息反而更可靠，因为常规化探中起干扰作用的物质发不出这种信息。常规地球化学方法主要针对出露区和半出露区找矿，而深穿透地球化学方法针对隐伏区找矿效果较好。

2. 原生晕叠加理论和构造叠加晕找盲矿法

原生晕叠加理论认为热液作用形成的矿体及其原生晕具有明显的轴（垂）向分带，即每次成矿形成的矿体（晕）都有明显的前缘晕、近矿晕和尾晕。其中金矿盲矿预测的原生晕元素组合如下。①金矿最佳指示元素组合：Au、Ag、Cu、Zn、Hg、As、Sb、B、Bi、Mo、Mn、Co；②单一次成矿形成原生晕的前缘晕、近矿晕、尾晕。前缘晕特征指示元素组合是：Hg、As、Sb、（F、I、B、Ba）；近矿晕特征指示晕元素组合是：Au、Ag、Cu、Zn；尾晕特征指示元素组合：Mo、Bi、Mn、Co。构造叠加晕找盲矿法只研究构造蚀变带中原生叠加晕特征、提取构造中成矿信息，并用于盲矿预测。

构造叠加晕找盲矿法在金矿的深部盲矿预测中已得到了应用。该方法提高了找盲矿准确性，在矿山深部及外围找矿取得了显著找矿效果，显示了巨大经济效益和社会效益。

6.1.2.4　深部钻探技术

深部找矿离不开钻探，且钻探工作的成功与否直接关系着地质找矿的成败，钻探技术不可替代。因此，在先进的成矿理论及物化探新技术新方法基础上，也需要加强和改进深部钻探工作，特别是在钻探设备、器具和工艺方法等方面。

首先是钻探设备方面，应加快第三代新型钻机——全岩液压动力头钻机的推广，加快坑道钻探设备的能力的提升。其次是器具及工艺方法方面，应加快新型基础钻具的研制和新工艺技术的完善。新型基础钻具如新型高寿命金刚石钻头、高强度深孔绳索取心钻杆、新型深孔双壁钻杆的研制；新工艺技术如空气泡沫钻进等有待完善和推广。最后，还需要有高素质的从业人员保障。

6.1.2.5　深部成矿理论与找矿技术方法综合运用

在实际找矿工作中，如何灵活应用成矿理论和方法技术，是深部找矿工作取得成效的关键。深部找矿难度大，且深部成矿规律和成矿模式研究还不太成熟，必须在已有地质工作基础上，充分利用和分析已有的地质资料，针对不同的矿床类型，不同的地质构造背景和成矿地质条件，选择适用的地质成矿理论、找矿经验和有效的物化探方法技术，综合运用这些地质、物探和化探等理论和方法技术，综合分析深部成矿前景，提高深部找矿的成功率。

6.2　区域地球物理探测

为推断湘东北地区深部地质体（矿体）特征，探索区内北西西向含矿构造在深部的分布情况，并为建立深部地质体三维结构模型、开展深部找矿预测提供依据，本次对湘东北地区金井-九岭地区四条剖面（图6-3、表6-1）开展了可控源音频大地电磁法（CSAMT）测量（美国产GDP-32Ⅱ）、重力法测量（加拿大产CG-5重力仪）和高精度磁法（加拿大产GSM-19t高精度质子磁力仪）测量。本次工作引用的技术标准依据《中国地质调查局地质调查技术标准》（DD 2019—02）的相关规定执行。

6.2.1　以往区域物探概况

根据1989年《湖南区域重磁成果研究报告》中的区域布格重力异常研究成果：湘东北地区重力场以洞庭盆地重力值最高，幕阜山地区重力值最低，Δg 只有 $-50\times10^{-5}\,m/s^2$。总的趋势大体以长沙-平江深大断裂带为界，西侧为重力高异常区，东侧为重力低异常区。盆地及低海拔地区呈现为高重力值，山区为低重力值。

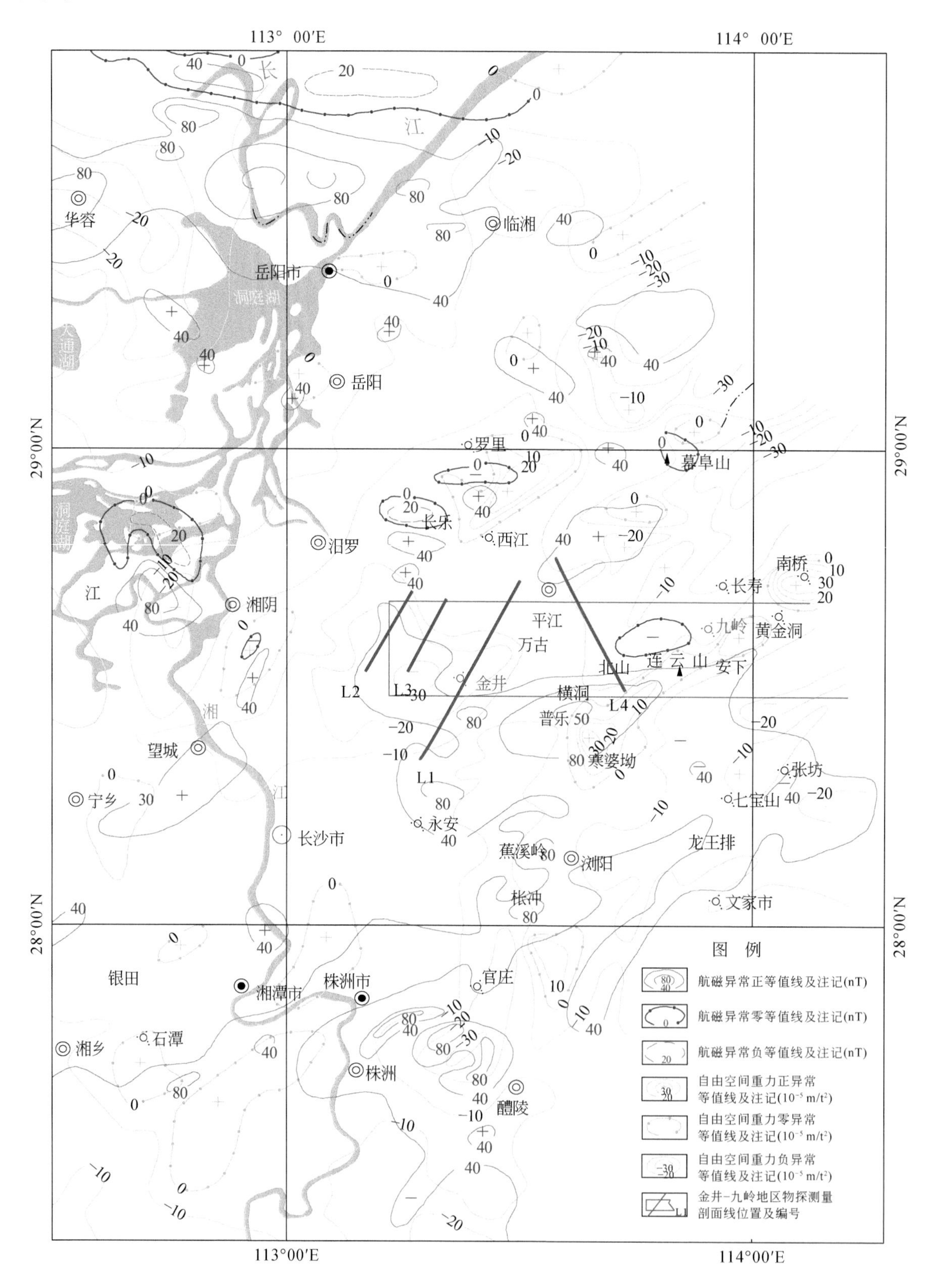

图 6-3 区域布格重力异常、ΔT 航磁异常分布图（附金井–九岭地区物探测量剖面线）

表6-1　金井-九岭地区物探剖面工作量完成情况表

实际完成工作量					施工设计工作量		丢点百分比数/%
剖面号	点距	点段	点数	长度/km	长度/km	点数	
L1	40	100～2600	626	25	43	1077	0.56
L4	40	100～1900	444	18			
L2	40	100～400	76	3	3	152	0
L3	40	100～400	76	3	3		
L1	40	602～1100	248	10	10	250	0.64
L1	160	1108～2100	63	10	10	63	
L4	40	550～850	134	5.5	5.5	138	2.89
L4	160	1900～1600	50	8	8	50	
L2	40	100～400	75	3	3	75	0
L3	40	100～400	75	3	3	75	0
L1、L4	40	100～2600、100～1900	1045	43	43	1077	2.88
L1、L4	40	100～2600、100～1900	1066	43	43	1077	0.93

湘东北地区布格重力异常主要反映了地质构造特征及花岗岩的分布。区内重力低反映了花岗岩的分布，如幕阜山、望湘-金井、连云山、蕉溪岭岩体等。而重力高值则与中生代局部隆起有关，同时也反映了相对高密度的元古宇基底。宁乡-浏阳相对重力高区呈东西向展布，反映了基底构造的分布特点。由于晚期北东向断隆、断陷及岩浆岩侵入的叠加、改造，湘东北地区东西向基底构造重力异常表现不明显。

根据湖南地质矿产局物探队1985年编制的《湖南省1∶50万航磁 ΔT 等值线平面图》，可见区内磁场比较平稳，总体表现为大面积的低缓区域正磁场和负磁场区（图6-3）。场值变化较小，可将本区分为3个磁异常带：

（1）汨罗—长乐街—岑川一带表现为变化的正磁场区，呈北东向展布，由多个相对独立的异常组合而成，长约50km，宽约15km。局部最高值+130nT、最低值-80nT。

（2）平江幕阜山—金井一带表现为不稳定的变化负磁场区，极小值约-40nT，所谓变化负磁场区，是在此负磁场背景上又有规模较次一级的低缓异常叠加。

（3）连云山一带为相对稳定的正磁场区，长约70km，宽约20km，由两个局部异常组成，异常最高强度为+97nT。

以上三个区域正、负磁场区，面积均在 $n\times1000\text{km}^2$ 以上，它们以北东向正负相间分布，即北西和南东为正磁场区，中间为负磁场区。

区内局部异常广泛分布，但局部异常强度不大，最强 ΔT_{max} 也仅有130nT，一般在100nT以内，规模也较小，但有明显的展布规律：

（1）局部异常主要分布于正磁场区或者正负磁场区交接带，而在负磁场区明显减少，只有零星分布。

（2）异常一般分布于岩浆岩活动区，尤其在酸性岩体接触带有大量出现，如幕阜山岩体和望湘（铜盆寺）岩体接触带上分布的异常，可占全区异常总数的60%以上，反映了异常与岩浆岩的密切关系。

（3）异常一般成群、成带分布，具有明显的方向性，与相应的区域性断裂或相应级次的断裂相吻合。长平断裂上有相应的异常带与之相吻合；影珠山岩体内部有南北向的线状异常带与相应的南北向断层相一致。在有些异常带中，还可以看到各异常之相对关系：有的呈雁行排列；有的呈羽毛状形态展布，总之，都反映了异常与断裂的密切关系。

湘东北地区共发现8个航磁异常，异常分布于杨四安、黄花尖、三节坳、分水坳、小古溪、芦洞、戴家洞。这些区内断裂、小岩体、岩脉均发育，区域背景场的起伏变化和异常产生，与岩浆活动、构造变形、热液蚀变等有着密切关系。

6.2.2　地球物理特征

6.2.2.1　岩（矿）石物性特征

本次岩（矿）石标本采集以同种岩性力争均匀分布的原则，共采集13种岩性标本409块。电性参数测量采用SCIP电性参数仪测定，磁性参数测量采用SM-3.0磁化率仪测定，密度测量采用质量–体积法测定，岩（矿）石物性参数测量统计结果见表6-2。

表6-2　湘东北地区岩（矿）石物性参数特征表

地层/岩体	岩石类型	块数	密度/(g/cm³)			磁化率/10⁻⁶SI			视电阻率/(Ω·m)			视极化率/%		
			平均值	最大值	最小值	平均值	最大值	最小值	平均值	最大值	最小值	平均值	最大值	最小值
白垩系戴家坪组	粉砂岩	40	2.47	2.8	2.18	146	321	95	521	2029	35.7	3.26	7.17	1.85
冷家溪群坪原组	砂质板岩	35	2.49	3.1	2.23	278	343	218	884	1463	296	2.75	6.97	1.55
冷家溪群小木坪组	石英脉	26	2.56	2.86	2.26	6	13	2	21432	26253	15747	0.20	0.28	0.12
冷家溪群小木坪组	粉砂质板岩	35	2.59	3.13	0.53	318	422	235	1190	2492	230	1.24	1.93	0.94
冷家溪群黄浒洞组	板岩	35	2.6	2.82	2.44	228	361	154	2259	6240	623	1.93	3.55	0.72
冷家溪群雷神庙组	绢云母板岩	30	2.59	3.03	1.84	233	339	136	892	5513	187	1.84	5.0	0.82
冷家溪群	板岩（zk2306）	26				199	222	144	1620	3202	801	0.73	1.11	0.32
大万采矿场	破碎蚀变岩型金矿石	30	2.62	3.4	0.97	148	354	5	623	1541	244	4.95	14.08	0.84
大万采矿场	石英脉型金矿石	32	2.69	3.5	2.22	19	92	0	7580	18168	3911	1.67	3.30	0.34
连云山岩体接触带	混合岩化片岩	30	2.64	2.95	2.34	261	388	17	3771	7660	655	1.52	3.94	0.63
长平断裂带	硅化构造角砾岩	30	2.54	3.31	2.3	6	28	0	11037	22094	6096	1.22	2.29	0.59
连云山岩体	二长花岗岩	30	2.4	2.9	2.08	6	31	0	17078	38491	2873	0.95	1.63	0.58
金井岩体	二长花岗岩	30	2.49	2.7	2.33	6	27	0	868	1359	568	1.80	3.42	1.25

1. 岩（矿）石电性特征

1）视电阻率特征

（1）破碎蚀变岩型金矿石，视电阻率变化范围244～1541Ω·m，均值为623Ω·m；

（2）石英脉型金矿石，视电阻率变化范围3911～18168Ω·m，均值为7580Ω·m；

（3）白垩系戴家坪组粉砂岩，视电阻率变化范围35.7～2029Ω·m，均值为521Ω·m；

（4）冷家溪群坪原组砂质板岩，视电阻率变化范围296～1463Ω·m，均值为884Ω·m；

（5）冷家溪群小木坪组粉砂质板岩，视电阻率变化范围230～2492Ω·m，均值为1190Ω·m；

（6）冷家溪群黄浒洞组板岩，视电阻率变化范围623～6240Ω·m，均值为2259Ω·m；

（7）冷家溪群雷神庙组绢云母板岩，视电阻率变化范围187～5513Ω·m，均值为892Ω·m；

（8）连云山岩体接触带混合岩化片岩，视电阻率变化范围655～7660Ω·m，均值为3771Ω·m；

（9）长平断裂带硅化构造角砾岩，视电阻率变化范围6096～22094Ω·m，均值为11037Ω·m；

（10）连云山岩体（中侏罗世）二长花岗岩，视电阻率值变化范围2873～38491Ω·m，均值为17078Ω·m；

（11）金井岩体（晚侏罗世）二长花岗岩，视电阻率值变化范围568～1359Ω·m，均值为868Ω·m；

综上所述，视电阻率从低到高分别为白垩系戴家坪组、破碎蚀变岩型金矿石、冷家溪群坪原组、金井岩体（晚侏罗世）二长花岗岩、冷家溪群雷神庙组、冷家溪群小木坪组、冷家溪群黄浒洞组、石英脉型金矿石、连云山岩体（中侏罗世）二长花岗岩。岩（矿）石电性差异明显，破碎蚀变岩型矿石呈低阻产出，石英脉型矿石个体呈高阻，相同之处在于其均产于破碎带，而破碎带一般呈低阻产出，也就是说在本区找寻低阻破碎带是本次地球物理的找矿标志。

2）视极化率特征

电性参数测定结果表明，研究区不同岩性视极化率值均在3.3%以下，只有破碎蚀变岩型金矿石视极化率值相对较高，达4.95%，说明在本区矿石呈高极化率特征。此次测定该区岩（矿）石视极化率不作为本次成果解析的依据，仅为今后在本区开展地球物理工作提供参考依据。

2. 岩（矿）石磁性特征

磁参数统计结果表明，区内出露各地层、连云山岩体及金井岩体磁化率平均值在$6\times10^{-6}\sim318\times10^{-6}$SI范围内，均属于无磁性，金矿石亦属于无磁性，均不足以引起磁异常。虽然本区岩体本身不具磁性，但是在构造运动作用下岩浆热液在侵位或沿断裂运移过程中与围岩产生蚀变，铁磁性矿物的析出、运移、富集从而形成岩体的磁性壳或断裂磁异常，而从航磁异常分析，异常与岩体、岩体接触带关系、区域性断裂密切，可以反映出本区的构造活动，热液蚀变情况，从而为寻找隐伏岩体、断裂提供依据。

3. 岩（矿）石密度特征

密度参数统计结果表明，区内出露岩体及白垩系戴家坪组平均密度在2.4～2.49g/cm^{3}范围内，属于低密度；矿石平均密度在2.62～2.69g/cm^{3}范围内，属于高密度；区内出露其他各地层平均密度在2.49～2.59g/cm^{3}范围内，居于前二者之间。综上所述，认为区内地层、岩体密度差异明显，可以为本区寻找隐伏岩体提供地球物理依据。

6.2.2.2　区域航磁异常特征

湘东（北）航磁异常（ΔT）平面图（1∶20万）显示（图6-3；许德如等著《湘东北陆内伸展变形构造及形成演化的动力学机制》一书），本区东部存在一处大规模航磁异常，即代家洞-连云山-嘉义市异常区，异常规模大、异常轴呈北东向展布，长度约40km，强度大，正极值超过100nT，负极值超过-40nT，该处航磁异常反映了岩浆活动的存在，地质上该处存在连云山岩体、异常轴走向与长平断裂相吻合。而本区西部航磁异常规模小，强度低，大部分处在0值附近，说明与其异常相对应的望湘岩体和金井岩体不具磁性。

6.2.2.3　区域重力异常特征

湘东（北）布格重力异常综合图（1∶50万）显示，本区重力异常总体呈“一区一带”展布。

一区：在本区西部存在大规模负异常区，该异常西部等值线呈北东向展布，中、东部异常轴呈东西向展布，东西长约60km，南北长约44km，强度大，异常中心极值达-37mGal，在地质上与望湘岩体、金井岩体相对应。

一带：在本区中北部存在一北西向重力异常带，异常等值线呈北西向展布，而紧接着往南、东出现90°转弯，呈北东向展布，强度在-30～-17mGal范围内，分析其成因，该带为在地质上对应有长沙-平江凹断带，北受幕阜山岩体，西受望湘岩体、金井岩体，东南受连云山岩体相夹持，才出现布格重力等值线转弯、扭曲。

6.2.3　数据处理内容及方法

6.2.3.1　重力数据处理

（1）消除干扰。对已经数据预处理得到的Δg采用上延法场分离，上延高度为50m，用所分离的区域场做下一步场分离的基础数据。

（2）场源分离。重力场属于位场，所得异常为叠加异常，为了进一步剖析重力异常，更好地推断地下不同深度、不同规模大小地质体，采用上延法进行了场分离，上延高度为200m、400m、800m、1200m、2000m。

6.2.3.2　磁法数据处理

根据研究区已知的成矿控矿地质条件，磁测的主要地质任务是查找、圈定区内热液活动、导矿断裂构造等三种地质目标体的分布位置，为基础地质及找矿靶区优选提供依据。磁测数据处理主要以实测磁异常特征为基础，按预期查找的地质体为目标，通过对实测磁异常的分离与处理，提取反映目标地质体的磁场信息，并对目标磁场信息赋予内涵。本次磁测数据处理的步骤及内容主要包括以下几个方面。

1. 实测磁场数据预处理

（1）手动去干扰预处理。由于本区测线经过村庄、电线及公路等，采集数据存在干扰，所以首先对实测 ΔT 磁异常进行手动圆滑去干扰预处理。

（2）消除高频干扰。上延法场分离，对实测磁异常数据以上延 50m 进行高频滤波及圆滑处理，通过对比，处理前及处理后异常形态及基本特征完全一致，但由于处理后少数高频特征数据得到了削平，异常形态更加明晰，异常等值线更加圆滑，这有利于异常特征的把握和分析。

2. 目标磁异常的化极处理

研究区地理上处于中低纬度区，受斜磁化作用，正值场主体向南偏离磁源体，其偏离距离与磁源体的埋深及延深具正相关关系，为提高磁源体定位准确性，将斜磁化条件下的磁异常转换为相当于地球磁极的垂直磁化条件下形成的磁场。

本次处理采用跨平台金维地学信息处理研究应用系统，主要对 ΔT 磁异常作化磁极处理，磁倾角为 43.67°，磁偏角为 3.657°。

3. 磁异常分离处理 $\Delta T_{\perp}$

因磁场属于位场，在地面或任一空间点显示的磁异常场一般都是众多磁异常的叠加场，而引起磁异常的磁源体（注：此处磁源体定义为含有铁磁性组分且能引起可供检测磁异常的地质体）往往具有各自的性质、不同的埋深、不同的规模等。因此，实测 ΔT 磁异常实质就是磁源体赋存空间可视化三维信息的反映，这次磁法勘探任务要求以某种特定地质体作为研究目标体，而这类目标体与磁源体存在关联时，将实测磁异常中相应目标体异常分离提取出来时必然有利于异常的解释。但在实际工作中要将各类磁性体完整分离出来，从现有数据处理方法来看基本是不可能做到的，我们只能采取最适宜的方法，对有助于找矿指标的目标异常进行有限的分离处理。

本次磁法勘探阶段的地质目标体，从矿区成矿条件分析，应以隐伏岩体、导矿控矿断裂构造等作为主要目标体，因此在磁场的分离处理时以 0～2000m 内局部磁异常为主要研究对象，从多个深度层次对磁异常进行综合研究。

本次处理采用跨平台金维地学信息处理研究应用系统，窗口大小选择为 200m、400m、800m、2000m、5000m，异常符号为 ΔT_L、ΔT_G，即分别表示分离后提取的局部磁异常和区域磁异常。

6.2.3.3　重磁数据联合处理

由于本区工作主要为精测剖面，为了更充分地利用地磁总场和布格重力异常信息划分地层界线及把握层厚度，推断隐伏岩体范围，断裂发育情况，采用 Geosoft 软件对其进行重磁异常联合反演。

6.2.3.4　可控源大地电磁法数据处理

1. 数据的编辑与平滑

（1）对测点中偏离大、明显畸变的数据进行平滑。

（2）对曲线首尾支畸变严重的频点，参考相邻测点予以校正。

（3）提交一套完整的编辑平滑后的数据。

2. 资料的平面波场处理

（1）近场校正，采用全区视电阻率校正法。

（2）近场校正后的视电阻率曲线平滑连续，没有出现超过45°陡峭上升现象。

3. 静态位移校正

（1）根据已知地质资料和原始断面等值线图（视电阻率、相位断面图等）及地形起伏情况，判断静态位移现象及其严重性。

（2）对数据进行静态位移校正，采用曲线平移法、五点中值滤波、七点中值滤波等进行校正对比，以选择最佳校正方法，校正后保留一套完整的数据。

4. 覆盖点的处理

对于相对误差在10%以内的覆盖点，采用算术平均值处理，小于5%可不作处理，统计结果见表6-3。

表6-3　金井-九岭地区可控源大地电磁法野外工作覆盖点统计结果表

序号	线号	点号	卡尼亚电阻率相对误差/%	相位相对误差/%
1	L1	1340	7.57	8.43
2	L1	1356	8.59	7.78
3	L1	2060	4.21	4.20
4	L1	2222	8.89	9.19
5	L1	2226	8.03	8.50
6	L4	1268	8.38	7.33
7	L4	1284	9.50	7.56

6.2.4　异常分析与解释

6.2.4.1　重力异常特征

1. 重力异常场值总体特征

据统计结果，研究区重力异常极小值-19.155mGal，极大值8.918mGal，最大变化范围约28.1mGal，统计图（图6-4）显示，反映工作区重力场值变化范围较小，主要为相对稳定的低缓异常。

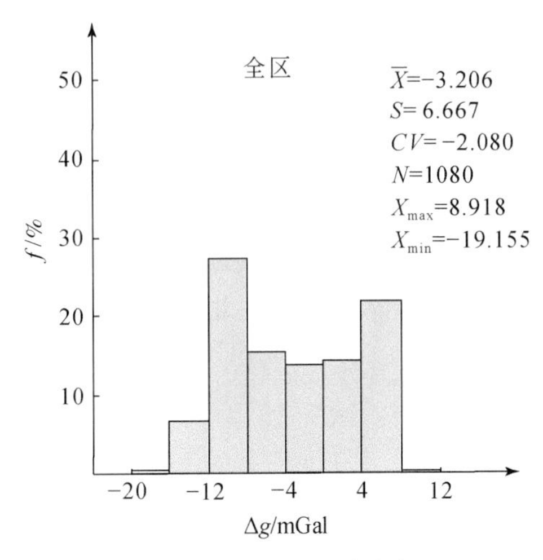

图6-4　重力异常幅值分布图

$\overline{X}$=统计测点的均值，S=标准离差，CV=变异系数，N=测点数，X_{max}=测点最大值，X_{min}=测点最小值

2. 剖面重力异常特征

（1）地层重力异常。冷家溪群雷神庙组及黄浒洞组呈重力负异常，Δg 异常值达-8.60mGal，异常曲线圆滑、重力异常值变化平缓，无明显的局部重力异常；冷家溪群小木坪组及坪原组为重力正异常，Δg 异常值达8.92mGal，异常曲线圆滑、重力异常值变化平缓，无明显的局部重力异常；新生界及中生界在L1线呈重力正异常，Δg 异常值达7.40mGal，而在L4线呈重力负异常，Δg 异常值达-11.12mGal。

（2）岩体重力异常。L1线地表出露的金井岩体呈重力负异常，Δg 异常值达-11.88mGal；L4线地表出露的连云山岩体呈重力负异常，规模较大，且往南东未封闭，Δg 异常值达11.16mGal。

6.2.4.2　磁异常特征

1. 地面磁异常场值总体特征

据统计结果，研究区磁异常极小值-49.629nT，极大值117.371nT，最大变化范围约167.0nT，统计图（图6-5）显示，磁异常值主要分布于-20～10nT之间，反映研究区磁场值变化范围较小，主要为相对稳定的低缓异常，高幅值数据频率较低，因此不存在规模很大的强磁异常区。

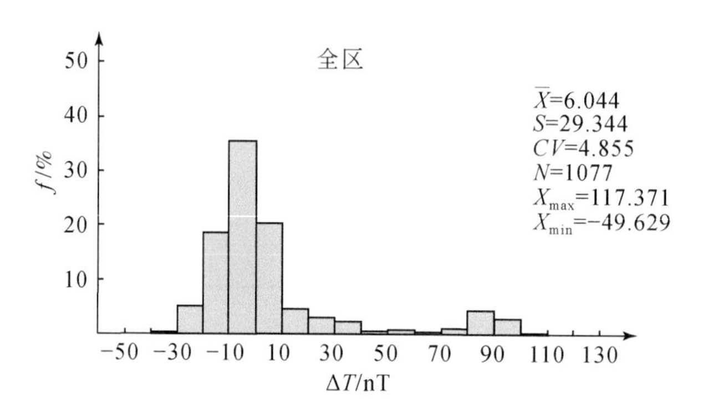

图6-5　磁异常幅值分布图

$\overline{X}$=统计测点的均值，S=标准离差，CV=变异系数，N=测点数，X_{max}=测点最大值，X_{min}=测点最小值

2. 剖面磁异常特征

分析L1、L4线磁异常分布及形态特点，总体上可以概括为：磁异常区位性突出，规律性明显，对比磁异常剖面图及地质图，磁异常绝大部分分布在侵入岩分布区及岩体接触带上，而在新生界、中生界及元古宇，磁场较为平稳，仅有零星状少量局部异常分布。详述如下：

（1）地层磁异常。新生界、中生界、元古宇磁异常曲线圆滑、磁异常值变化平缓，无明显的磁异常。

（2）岩体磁异常。L1线地表出露的金井岩体上无明显磁异常，这点与本区磁性参数测定结果认为该岩体无磁性相吻合；L4线地表出露的连云山岩体磁异常特征明显，规模较大，且往南东未封闭，异常强度达100nT以上。

（3）接触带磁异常。L1线在金井岩体与早中新元古界冷家溪群黄浒洞组接触区域，磁异常特征表现突出，异常规模大，异常强度达50nT，磁异常化极后往北东方向位移，且异常幅值有所增加。

6.2.4.3　卡尼亚电阻率异常特征

1. 卡尼亚电阻率值总体特征

据统计结果，研究区卡尼亚电阻率异常极小值0.179Ω·m，极大值113000Ω·m，最大变化范围约112999Ω·m，中值为1428Ω·m，统计图（图6-6）显示，卡尼亚电阻率异常值≤2000Ω·m占到全区的57.49%，卡尼亚电阻率异常值≤4000Ω·m占到全区的76.31%，反映出研究区卡尼亚电阻率变化范围大，且以中、低阻异常为主。

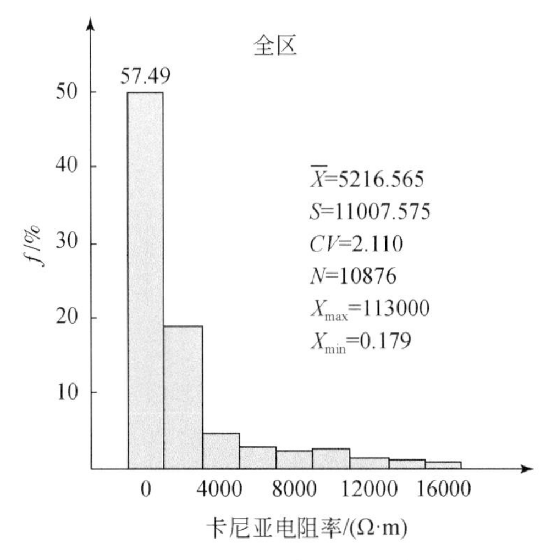

图 6-6　卡尼亚电阻率异常幅值分布图

$\overline{X}$=统计测点的均值，S=标准离差，CV=变异系数，N=测点数，X_{max}=测点最大值，X_{min}=测点最小值

2. 剖面卡尼亚电阻率异常特征

分析湘东北金井–九岭地区各线卡尼亚电阻率异常剖面图（图 6-3、图 6-7～图 6-10）分布及形态特点，总体上可以概括为：新生界、中生界及新元古界卡尼亚电阻率主要呈中低阻产出，连云山岩体呈高阻产出，金井岩体地表风化呈低阻产出，深部呈中高阻产出。

6.2.4.4　综合推断与解释

综合推断解译依据：剖面卡尼亚电阻率异常、地面布格重力异常、地面磁异常、物性参数测定成果及本区地质特征。下面按照实测各剖面依次解译。

1. L1 线推断解释

依地质剖面地层从南西往北东向分段分析（图 6-7）。

（1）新元古界冷家溪群雷神庙组。对应物理点号为 100～288 点，呈布格重力负异常，异常曲线光滑，无明显局部异常，磁异常值在零值附近，无明显磁异常；金井岩体，岩性为二长花岗岩，对应物理点号为 288～920 点，呈布格重力负异常，异常曲线光滑，无明显局部异常，磁异常值在零值附近，无明显磁异常，卡尼亚电阻率异常在地表风化呈低阻产出，深部呈中高阻产出，物性参数测定结果为低密度，无磁性，低视电阻率，说明该剖面异常结果与本区物性测定结果相吻合。分析该岩体异常成因认为，其岩性为二长花岗岩，本身为低密度，而其为酸性岩体，主要矿物为长石、石英、云母等，铁磁性矿物含量少所以无磁性，而在地表、近地表由于其风化强烈，呈黏土状，所以其呈低阻形态，而在中深部风化程度较弱，卡尼亚电阻率剖面在中深部呈中高阻形态。

（2）新元古界冷家溪群黄浒洞组。对应物理点号为 920～1332 点，呈布格重力负异常，异常曲线光滑，无明显局部异常，磁异常广为发育，规模大，强度大，具有多个局部异常，卡尼亚电阻率为高阻异常区，幅值达 10000Ω·m 以上，明显大于西南侧金井岩体卡尼亚电阻率（图 6-7），该层地表采集板岩标本测定结果为相对中等密度，无磁性，中低阻视电阻率，与剖面异常差异较大，分析其异常成因，该地层为老地层，在多次构造作用下其中次级断裂、裂隙发育较多，岩浆热液在侵位过程中与围岩产生接触、交代蚀变，存在铁磁性矿物运移、富集，在岩体和围岩接触面上形成磁性壳，其析出的硅质热液沿黄浒洞组岩层裂隙、次级断裂充填、交代蚀变，所以形成规模较大的磁异常和高阻异常区，规模较小的叠加磁异常推断其与次级断裂有关，而从本区成矿规律分析，认为区内强烈的岩浆活动不仅为成矿提供了巨大的热能，而且通过对围岩的“改造”作用，能够为成矿提供部分矿质来源，区内金多金属矿受区域Ⅲ级隆起带中的次级褶皱构造控制，金矿（化）体的产出受次级北西向（北西西向）断裂构造带或层间破

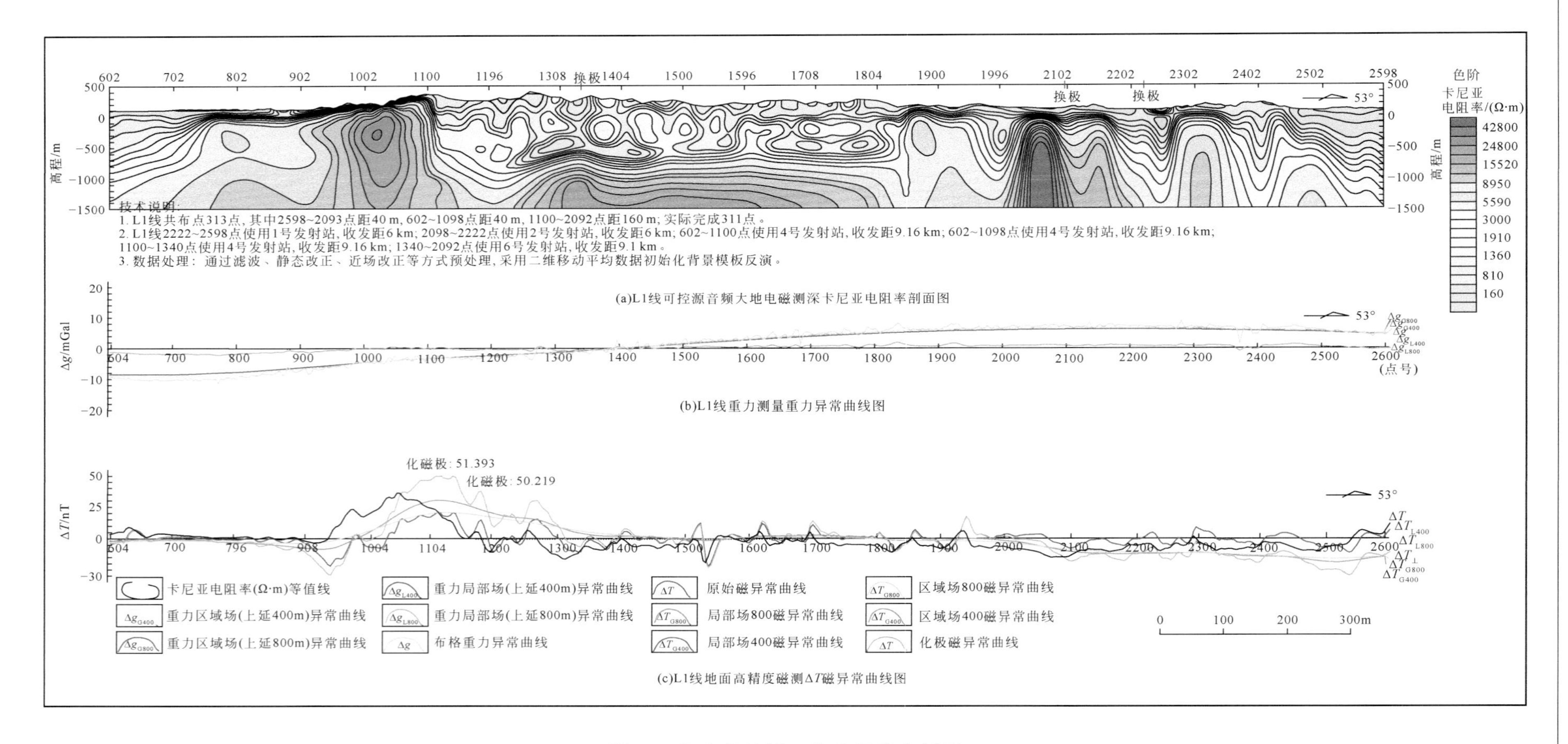

图6-7　湘东北地区L1线物探综合剖面

碎带严格控制，说明区内成矿与岩体、构造关系十分密切。综合以上分析认为，在黄浒洞组中深部存在隐伏岩体接触带，而且存在次级北西向（北西西向）断裂构造带，为成矿有利部位，并且通过重磁联合反演将该范围缩小到950～1200点段，可作为下一步工作布置的重点位置。

（3）新元古界冷家溪群小木坪组。对应物理点号为1332～1952点，布格重力异常从南西往北东由负到正，异常曲线光滑，无明显局部异常，磁异常整体呈现平缓，存在多个小规模局部磁异常，而卡尼亚电阻率由浅部到深部逐渐增大，浅部表现为低阻，中深部表现为中高阻，该层地表采集板岩标本测定结果为相对中等密度，无磁性，中低阻视电阻率，分析异常成因，该地层地表为板岩，裂隙较为发育，在地表、浅部呈中低阻，而在深部压力增大、岩石致密度增加，所以表现为高阻，局部低阻区对应有局部磁异常，推断其成因与次级断裂发育有关。

（4）新元古界冷家溪群坪原组。对应物理点号为1952～2454点，处于重力异常正值区，异常曲线光滑，无明显局部异常，磁异常整体呈现平缓，存在小规模局部磁异常，卡尼亚电阻率在近地表、浅部呈中低阻产出，在中深部电阻率呈局部高阻产出，表现出强烈的电性不均匀，该层地表采集板岩标本测定结果为相对中等密度，无磁性，中低阻视电阻率，分析异常成因，该地层地表为板岩，而中深部局部强烈的电性不均匀推断其与本层板岩受构造破坏作用较强，在构造变质作用下导致局部岩性中含硅质成分增多，则呈现为高阻。

（5）新生界第四系全新统、中生界白垩系戴家坪组。对应物理点号为2454～2598点，处于重力异常正值区，从坪原组过渡到该层位重力剖面异常形态有下降趋势，异常曲线光滑，无明显局部异常，磁异常整体呈现平缓，异常曲线光滑，无明显局部异常，化极后呈宽缓负异常，卡尼亚电阻率在近地表呈低阻产出，中深部呈中高阻产出，电性均匀，且根据异常形态推断中元古界蓟县系坪原组倾向北东，倾角约25°，据湘东北区域地质资料分析认为，中生界白垩系红层厚度为1695～5047m，说明本次CSAMT成果未探测至该层底部，根据在其附近的钻探资料约40m穿过红层，分析认为该层倾角较缓，且钻孔布置在红层靠近边界位置，穿过红层为必然，该层地表采集粉砂岩标本测定结果为低密度，无磁性，低视电阻率，与剖面异常形态吻合，磁异常化极后呈宽缓负异常推测与次级断裂发育有关。

（6）由卡尼亚电阻率断面图及磁异常形态特征推断断裂8条，编号为WF1～WF8：

WF1位于新元古界冷家溪群坪原组与中生界白垩系戴家坪组接触部位，倾向北东，倾角约22°。

WF2位于新元古界冷家溪群坪原组，倾角近于直立。

WF3位于新元古界冷家溪群坪原组，倾向南西，倾角约83°。

WF4位于新元古界冷家溪群小木坪组，倾向南西，倾角约45°。

WF5位于新元古界冷家溪群小木坪组，倾向北东，倾角约52°，性质为逆断层。

WF6位于新元古界冷家溪群小木坪组，倾向南西，倾角约53°。

WF7位于新元古界冷家溪群黄浒洞组，倾向北东，倾角约77°。

WF8位于新元古界冷家溪群黄浒洞组，倾向北东，倾角约77°。

另外，在冷家溪群黄浒洞组与金井岩体接触部位推断一处硅化蚀变体。

2. L2线推断解释

依地质剖面地层从南西往北东向分段分析（图6-8）。

（1）金井岩体，岩性为二长花岗岩。对应物理点号为100～150点，卡尼亚电阻率浅部呈低阻产出，中深部呈中高阻产出，地表采集标本物性参数测定结果为低阻，分析认为，在地表、近地表由于其风化强烈，呈黏土状，所以其呈低阻形态，而在中深部风化程度较弱，所以卡尼亚电阻率剖面在中深部呈中高阻形态。

（2）新元古界冷家溪群黄浒洞组。对应物理点号为150～278点，卡尼亚电阻率呈高阻产出，幅值达10000Ω·m以上，而物性参数测定结果为中低阻视电阻率，剖面卡尼亚电阻率与其相差较大，异常成因分析与L1线蓟县系黄浒洞组相同，推断其中深部存在隐伏岩体接触带。

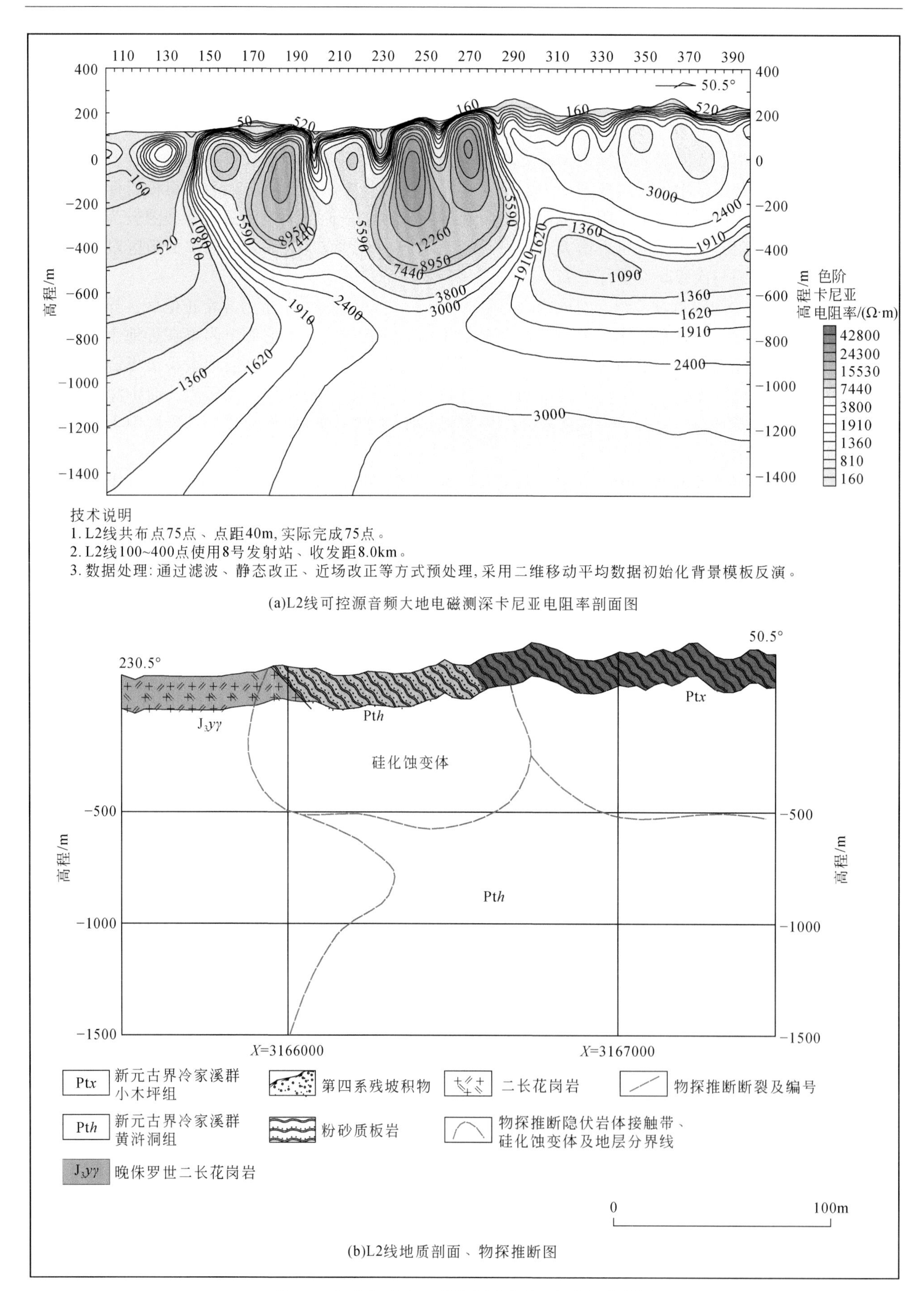

(a)L2线可控源音频大地电磁测深卡尼亚电阻率剖面图

(b)L2线地质剖面、物探推断图

图 6-8　湘东北地区 L2 线物探综合剖面与物探推断图

（3）新元古界冷家溪群小木坪组。对应物理点号为278～398点，卡尼亚电阻率浅部呈中阻产出，中部夹一水平相对低阻层，深部电阻率增加，呈中阻产出，表现出电性纵向不均匀，分析认为，电性不均匀是由该层变质程度的差异引起，岩层中含硅质成分多的情况下，卡尼亚电阻率相对较高，夹层中含泥质成分多的情况下，卡尼亚电阻率相对较低。

（4）新元古界冷家溪群黄浒洞组与金井岩体的接触部位，推断为一处硅化蚀变体。

3. L3线推断解释

依地质剖面地层从南西往北东向分段分析（图6-9）。

（1）金井岩体。岩性为二长花岗岩。对应物理点号为100～178点，卡尼亚电阻率浅部呈低阻产出，中深部呈中高阻产出，地表采集标本物性参数测定结果为低阻，分析认为，在地表、近地表由于其风化强烈，呈黏土状，所以其呈低阻形态，而在中深部风化程度较弱，所以卡尼亚电阻率剖面在中深部呈中高阻形态。

（2）新元古界冷家溪群黄浒洞组。对应物理点号为178～360点，卡尼亚电阻率呈高阻产出，幅值达10000Ω·m以上，而物性参数测定结果为中低阻视电阻率，剖面卡尼亚电阻率与其相差较大，异常成因分析与L1线蓟县系黄浒洞组相同，推断其中深部存在隐伏岩体接触带。

（3）新元古界冷家溪群小木坪组。对应物理点号为360～398点，卡尼亚电阻率浅部呈中阻产出，中部夹一水平相对低阻层，深部电阻率增加，呈中阻产出，表现出电性纵向不均匀，分析认为，电性不均匀是由该层变质程度的差异引起，岩层中含硅质成分多的情况下，卡尼亚电阻率相对较高，夹层中含泥质成分多的情况下，卡尼亚电阻率相对较低。

（4）依据卡尼亚电阻率断面图异常形态特征推断出4条断裂，编号为WF9～WF12：

WF9位于早中新元古界冷家溪群黄浒洞组，倾向北东，倾角约59°。

WF10位于早中新元古界冷家溪群黄浒洞组，倾向北东，倾角约53°。

WF11位于金井岩体，倾向南西，倾角约72°。

WF12位于金井岩体，倾向南西，倾角约85°。

（5）在冷家溪群黄浒洞组与金井岩体的接触部位，还推断出一处硅化蚀变体。

4. L4线推断解释

依地质剖面地层从南东往北西向分段分析（图6-10）。

（1）区域上主要分布片岩、片麻岩、混合岩化片岩及连云山岩体（对应岩性为二长花岗岩）等岩性。对应物理点号为100～774点，处于重力负异常区，强磁异常区，异常曲线光滑，无明显局部异常，卡尼亚电阻率高值异常区，该层地表采集二长花岗岩、标本测定结果为低密度，无磁性，高视电阻率，剖面磁异常特征与其相差甚远，连云山本无磁性，所以据大规模强磁异常推断存在后期岩浆活动，后期岩浆热液对前期岩体的重熔、改造及隐伏岩体与围岩存在蚀变都可以产生铁磁性矿物的运移和富集，形成岩体磁性壳，在该段南部地表出露片岩区深部为连云山隐伏岩体，且通过航磁异常推断该磁性壳非常完整。

（2）新生界第四系及中生界白垩系戴家坪组。对应物理点号为774～1468点，处于重力异常渐变区，异常由南东往北西向由负转正，异常曲线光滑，无明显局部异常，磁异常整体呈现平缓，异常曲线光滑，无明显局部异常，卡尼亚电阻率在近地表、浅部呈低阻产出，在中、深部呈中高阻产出，由浅至深逐渐增加，且电性均匀，该层地表采集粉砂岩标本测定结果为低密度，无磁性，低视电阻率，与剖面异常形态吻合。在该层位深部局部成高阻体，从本区地表出露地层缺失较多情况来看，目前无法对该高阻体进行定性，初步推断为白垩系不同组段地层或是其他时代的地层或是岩体的侵位引起。

（3）新元古界冷家溪群坪原组。对应物理点号为1468～1900点，处于重力异常正值区，异常曲线光滑，无明显局部异常，磁异常整体呈现平缓，卡尼亚电阻率在1468～1620点段呈局部高阻，表现出了强烈的电性不均匀，在1620～1900点段异常平缓，由浅至深卡尼亚电阻率逐渐增加，该层地表采集板岩标本测定结果为相对中等密度，无磁性，中低阻视电阻率，分析异常成因，在1468～1620点段电性不均匀推断其与本层板岩受构造破坏作用较强，在构造变质作用下导致局部岩性中含硅质成分增多，则呈现为高阻。

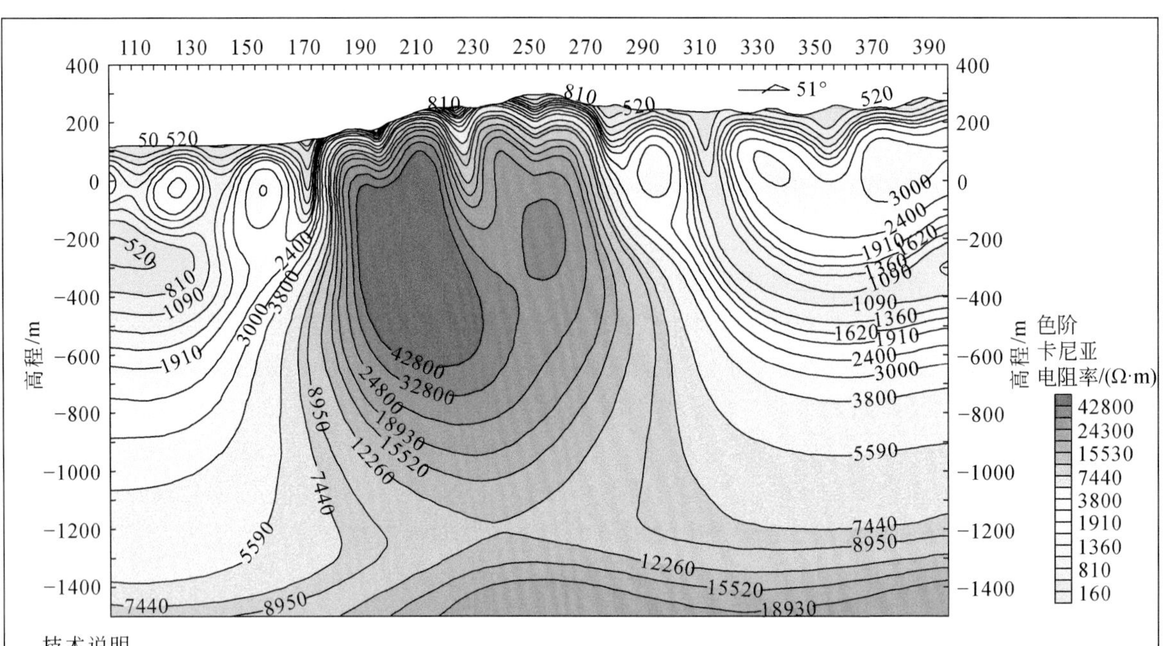

技术说明

1. L3线共布点75点、点距40m，实际完成75点。
2. L3线100~400点使用9号发射站，收发距6.68km。
3. 数据处理：通过滤波、静态改正、近场改正等方式预处理，采用二维移动平均数据初始化背景模板反演。

(a)L3线可控源音频大地电磁测深卡尼亚电阻率剖面图

231°　WF12　WF11　WF10　WF9　51°

$J_3\gamma\gamma$　Pt*h*　Pt*h*　Pt*x*

硅化蚀变体

−500　−1000　−1500　高程/m

X=3165000　*X*=3166000

Pt*x* 新元古界冷家溪群小木坪组　二长花岗岩　物探推断断裂及编号

Pt*h* 新元古界冷家溪群黄浒洞组　粉砂质板岩　实测断层　物探推断隐伏岩体接触带、硅化蚀变体及地层分界线

$J_3\gamma\gamma$ 晚侏罗世二长花岗岩

0　100m

(b)L3线地质剖面、物探推断图

图6-9　湘东北地区L3线物探综合剖面与物探推断图

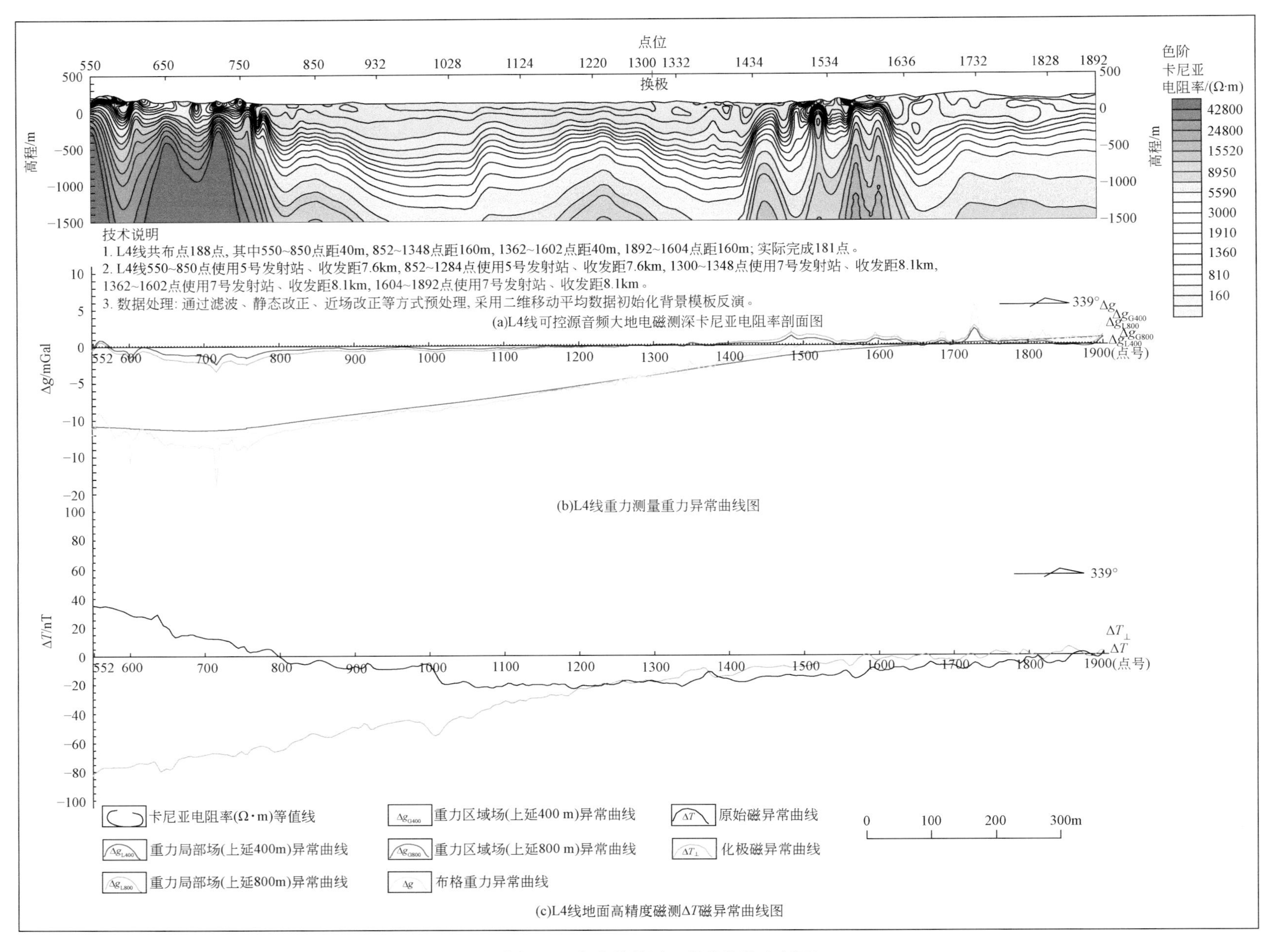

图6-10　湘东北地区L4线物探综合剖面

（4）由卡尼亚电阻率断面图异常形态特征推断出 5 条断裂，编号为 WF13 ~ WF17：

WF13 位于早中新元古界冷家溪群坪原组，倾向北西，倾角约 69°。

WF14 位于早中新元古界冷家溪群坪原组，倾向南东，倾角约 74°。

WF15 位于早中新元古界冷家溪群坪原组，倾向北西，倾角约 74°。

WF16 位于早中新元古界冷家溪群坪原组，倾向北西，倾角约 74°。

WF17 位于早中新元古界冷家溪群坪原组，倾角近于直立。

WF18 位于早中新元古界冷家溪群坪原组与中生界白垩系戴家坪组，倾向南东，倾角约 64°。

6.2.4.5　成矿预测分析

根据本次工作成果，结合湘东北金井-九岭地区矿床类型、成矿规律，确定一处成矿预测区，即东山屋—光华村—玉楼洞—桐子坡成矿预测区，L1 剖面存在宽 2.3km，强度达 50nT 以上的磁异常，沿走向 L1、L2、L3 线存在卡尼亚电阻率高阻区及梯变带、化探见面状 Au 元素异常，对应地层为早中新元古界冷家溪群黄浒洞组，物探推断认为该区存在岩体接触带，显示热液蚀变现象，次级构造发育，综合认为该区存在岩体、构造等成矿条件，建议以金（Au）为目标开展下一步工作。

6.2.5　总结与建议

1. 地球物理联合探测总结

（1）CSAMT 成果卡尼亚电阻率异常分布形态突出，规律明显，对研究区起到了很好的划分地层的作用，同时也圈定了多条断裂。

（2）重力异常成果有效地区分了岩体与地层。

（3）磁异常反映岩体接触带与断裂的存在，且局部磁异常反映了矿化活动信息。

（4）根据 L1 线重、磁、电成果分析，推断 L2、L3 线冷家溪群黄浒洞组组合异常特征为重力负异常，强磁异常、卡尼亚电阻率高阻区特征，其中深部亦存在岩体接触带异常，综合考虑将此范围圈定为成矿有利靶区，而且也是本次物探成果圈定的重点靶区，建议进一步布置工作。

（5）根据重力测量、磁法测量及 CSAMT 测量成果共圈定断裂 18 条，隐伏岩体接触带 1 处、成矿有利靶区 1 处。

2. 相关建议

（1）据湘东北区域地质资料分析认为，中生界白垩系红层厚度为 1695 ~ 5047m，说明本次 CSAMT 成果未探测至该层底部，建议在该处布置地震剖面。

（2）地面高精度磁法测量成果突出，接触蚀变型磁性体是本区主要磁性体，也是研究区蚀变作用的主要类型，可以作为岩浆岩系列金多金属内生成矿预测的重要依据，而且施工成本较低，建议在预测靶区一区域处布置磁测扫面，网度为 100m×20m，进一步提炼其找矿信息。

（3）下一步主要任务是对 L1、L4 线进行重、磁联合反演，重、磁、电成果进一步精细化解释，在进一步提取找矿信息和判断地层厚度上力争突破；在钻探、电、磁测井基础上，对反演结果进一步调整，做到最大程度上与实际地质体情况相吻合。

6.3　大万矿区外围深部探测

由于 CSAMT 具有工作效率高、勘探深度范围大、垂向分辨能力好、水平方向分辨能力高、地形影响小、高阻层的屏蔽作用小等特点，本次还采用 CSAMT 对大万矿区外围白垩系红层覆盖区的五条 NE—SW 向剖面（表 6-4、图 6-11）进行了进一步的深部探测，以期为开展白垩系红层隐伏区深部资源预测和潜力评价提供依据。本次共在大万矿区外围完成了测线长 6.4km、137 个物理点的探测任务。

表6-4 CSAMT测量成果概况

线号	物理点数	长度/m	起点坐标	终点坐标
01	19	900	(38461059.70, 3168392.07)	(38461467.01, 3169287.54)
02	21	1000	(38461203.26, 3168237.41)	(38461583.70, 3169048.61)
03	31	1500	(38461196.8, 3167766.7)	(38461840.32, 3169070.06)
04	31	1500	(38461371.17, 3167645.08)	(38462009.50, 3169010.43)
05	30	1450	(38461553.07, 3167574.3)	(38462190.89, 3168919.95)

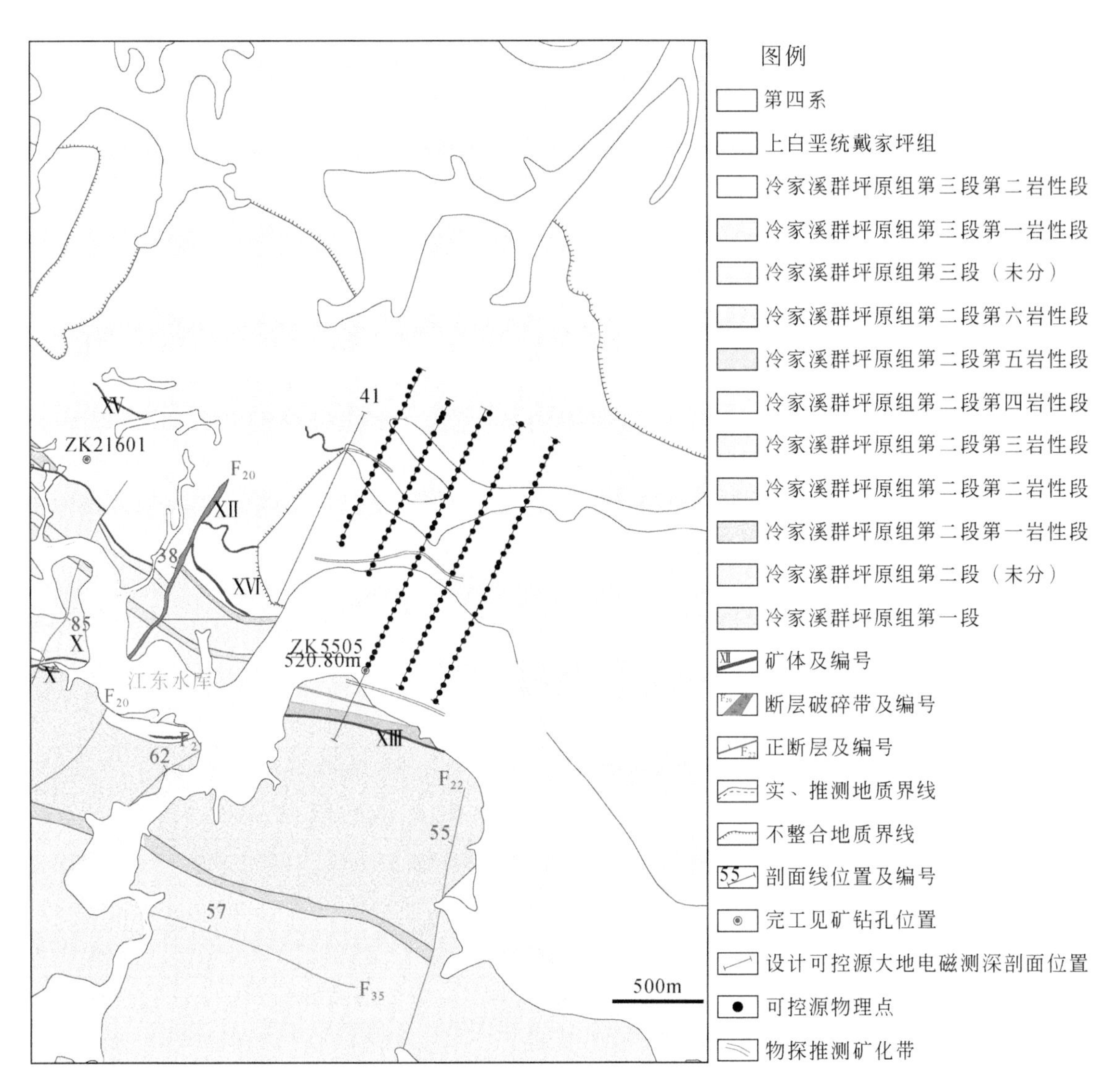

图6-11 大万矿区外围CSAMT探测布置图

6.3.1 地球物理特征

金虽然具有高导电性，但对电法勘探而言，当导电矿物连通时，它对岩（矿）石的导电性才有明显的影响；当导电矿物为球粒状时，其含量占岩（矿）石体积60%以上时，对岩（矿）石的导电性才有明显影响。由于金在岩（矿）石中含量极低且呈星点状分布，故对岩（矿）石的导电性无任何影响。因此，在自然界中不具备用地球物理方法直接寻找金矿床的地球物理前提，即地球物理方法不能作为一种找金矿的直接手段，只能作为一种间接的找金矿手段，主要用来解决与金矿成矿有关的地质问题。因而此次物探工作，采取了间接手段，以寻找金矿的可行性为前提，应是能够通过应用 CSAMT 发现北西向或北西西向断层破碎带或者冷家溪群层间破碎带，圈出破碎带异常区域，然后再通过地质工作筛查异常区域是否为含金矿床。

6.3.1.1　矿化带地球物理特征

第一种情况：如果存在厚而完整的石英脉，则电阻率值会很高。石英电阻率值往往达到上万至十几万 Ω · m。厚而完整的石英脉与围岩间具有极明显的电性差异。可以较容易地圈定石英脉的范围规模及走向。

第二种情况：当石英脉较小而破碎时，往往与围岩间呈无明显的电性差异，电阻率法不会取得好的效果。若这类石英脉含有较多硫化物时，采用激电法将是有效的。

第三种情况：当小而破碎的石英脉赋存于断裂破碎带或层间破碎带中时，尽管石英脉本身为高阻，但其总体反映为低阻异常。

6.3.1.2　冷家溪群坪原组电阻率特征

冷家溪群坪原组岩层岩性主要分为三种：灰色绢云母板岩，偶夹含凝灰质石英砂岩；灰色绢云母板岩与灰绿色块状含凝灰质板岩互层；深灰色薄层状含凝灰质砂岩与薄层条带状粉砂质板岩交替出现。通过野外采集的坪原组板岩物性参数测定分析，坪原组各岩性段物性差异不是很明显，电阻率值在 500 ~ 1000Ω · m 间，但坪原组岩层电阻率却因为风化、变质、矿化、硅化、吸水性、破碎等呈现迥异的电阻率差异。因此，在做解释工作时，更偏重外因对岩层电阻率差异的影响。

6.3.1.3　白垩系与第四系电阻率特征

研究区内白垩系与第四系电阻率均较低，电阻率值在 300Ω · m 以下。

所测得的大万矿区及外围各岩性的物性参数见表 6-5。

表 6-5　物性参数表

编号	岩性	密度/(g/cm^3)	电阻率/(Ω · m)	极化率/%	磁性/nT	采样点	描述
WG01	板岩	2.53	1230	8	未测	3 线起点处，民房后，人工切挖剖面	浅灰色板岩，风化
WG02	板岩	2.66	1123	7	未测	4 线起点处，民房后，人工切挖剖面	浅灰色板岩，风化
WG03	板岩	2.65	1030	7	未测	5 线起点处，民房后，人工切挖剖面	浅灰色板岩，风化
WG04	板岩	2.81	975	10	未测	江东金矿	灰色砂质板岩
WG05	板岩	2.79	901	9	未测	江东金矿	灰色砂质板岩
WG06	板岩	2.81	987	9	未测	江东金矿	灰色砂质板岩
WG07	板岩	2.77	980	10	未测	江东金矿	灰色砂质板岩
WG08	板岩	2.88	785	12	未测	江东金矿	灰色绢云母板岩
WG09	板岩	2.83	794	11	未测	5301 钻孔	灰色绢云母板岩
WG10	板岩	2.91	782	11	未测	2 线 20 号点附近山沟	灰绿色凝灰质板岩
WG11	石英	2.94	20032	24	未测	江东金矿	黄铁矿化
WG12	石英	2.91	24356	32	未测	江东金矿	黄铁矿化
WG13	石英	2.91	28976	27	未测	江东金矿	黄铁矿化

续表

编号	岩性	密度/(g/cm³)	电阻率/(Ω·m)	极化率/%	磁性/nT	采样点	描述
WG14	黄土	1.35	20	2	未测	3 线果园内	第四系松散层
WG15	黄土	1.38	31	1	未测	4 线水田田埂	第四系松散层
WG16	黄土	1.44	25	2	未测	5 线河边	第四系松散层
WG17	红砂	1.52	68	2	未测	1 线 1 号点附近斜坡	白垩红层
WG18	红砂	1.56	87	3	未测	2 线民房后，人工切挖剖面	白垩红层
WG19	风化红砾岩	2.13	969	2	未测	1 线国道旁，人工切挖剖面	白垩砾岩，砾径 3～6cm
WG20	风化红砾岩	2.16	834	3	未测	1 线国道旁，人工切挖剖面	白垩砾岩，砾径 3～10cm

6.3.2　异常推断解释

6.3.2.1　推断解释原则

为更好地了解研究区的地球物理特征，物探工作前，我们选择在 ZK5301、ZK5307 两个钻孔间布置一个 CSAMT 排列，共五个点，250m。通过与 55 线地质剖面图的对比（图 6-12），发现视电阻率剖面图与地质剖面图达到比较好的吻合。同时由于 53 线和 55 线距离两百米，在矿化带深度上和位置上存在较小的差异。从生产前试验及后续物探工作我们得出如下几点结论。

1. 解释的指导原则

根据生产前试验及后面的物探成果，我们认为金矿床的地球物理勘查无法从金的导电性为解释依据寻找异常，更多的还是依靠矿床的赋存环境，即寻找金矿床的载体-破碎带。破碎带在电阻率剖面上为低阻异常，而非破碎带由于某种原因如变质程度、赋水性等也会出现低阻异常，为了能够区分出两类低阻异常，通过地质分析，认为同时满足以下条件，可以认定其为矿化带：①低阻异常；②异常在倾向满足倾向北东或北北东向，倾角应与坪原组地层倾角相近；③测线间低阻异常能被所有或者多数测线探测到，测线与测线之间能够相互验证，测线间在位置上和深度上合理；④测线间同一异常在平面图的连线延伸方向应满足大万构造控矿特征，即北西向或北西西向。

2. 无法探测到的金矿化带

分析认为研究区内有两种情况的金矿化带被 CSAMT 所忽略。当矿化带为石英脉型且石英脉较小时或者破碎带规模较小时，无法被电阻率法探测到。还有一个情况是断层在深部由于构造应力及上覆岩层的重力，导致古断层挤压致密，破碎带内破碎带岩石重结晶等情况，导致断层不容易被探测到。对于深部异常体来说，只有当厚度埋深比大于异常体与围岩电阻率比的平方根的 0.2 倍，异常体才能够被分辨出来。如图 6-11 试验剖面所示，钻孔探测的深部矿脉在视电阻率剖面图上很难分辨出来。

3. 大万矿区坪原组围岩电阻率剖面物性特征

大万矿区坪原组赋矿围岩物性特征表现为：浅部为一套中高阻层，视电阻率范围 200～1000Ω·m；中部为低阻层，视电阻率值为 50～200Ω·m；深部为由小至大，电阻率范围 500Ω·m 以上的岩层。对于此，地质分析人员认为，这种岩性差异无法从岩性本身物性参数解释，因为浅部高阻区和中部低阻区并不是沿岩层的倾向变化，而表现出了很好的水平展布特征。经我们深入分析认为，这种特征一方面与坪原组的变质程度有关；另一方面是雪峰—印支期间，湘东北地区处于总体抬升状态，坪原组长期遭受剥蚀（包括白垩系下覆的坪原组地层），原岩中，泥质碎屑及游离导电离子被搬运带走，补偿接受沉积地区，留下高石英质板岩、结晶矿物，从而导致坪原组浅部表现出高阻特征。

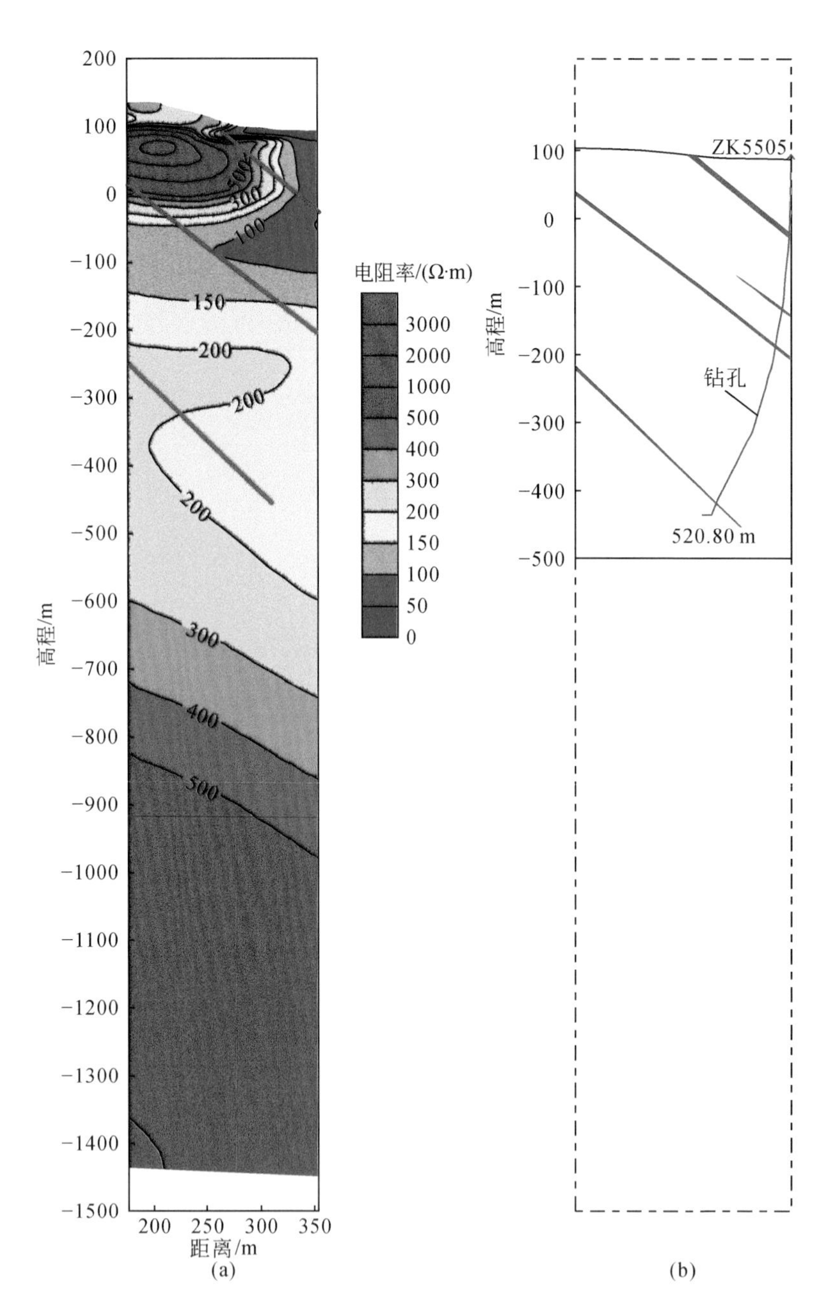

图 6-12　CSAMT 解译图与钻孔对比图

（a）53 线钻孔试验电阻率剖面图；（b）55 线地质剖面图

6.3.2.2　推断解释及成果

1. 1 线视电阻率剖面成果解译

1 线剖面发现两条异常带（图 6-13），分别命名为 K1、K2 异常带。K1 异常带上端点不在 1 线剖面内，视电阻率显示仅为其下部一段，K1 异常交 1 线 1 号点于标高-500m 处，倾角约 45°，倾向北东。K2 异常上端点位于 1 线距起点 500m 处，标高 10m 左右，倾向北东，倾角约 60°。

2. 2 线视电阻率剖面成果解译

2 线剖面发现一条异常带（图 6-14），命名为 K3。K3 异常上端点位于 2 线距起点 120m 处，标高-10m 左右，倾向北东，倾角 60°。

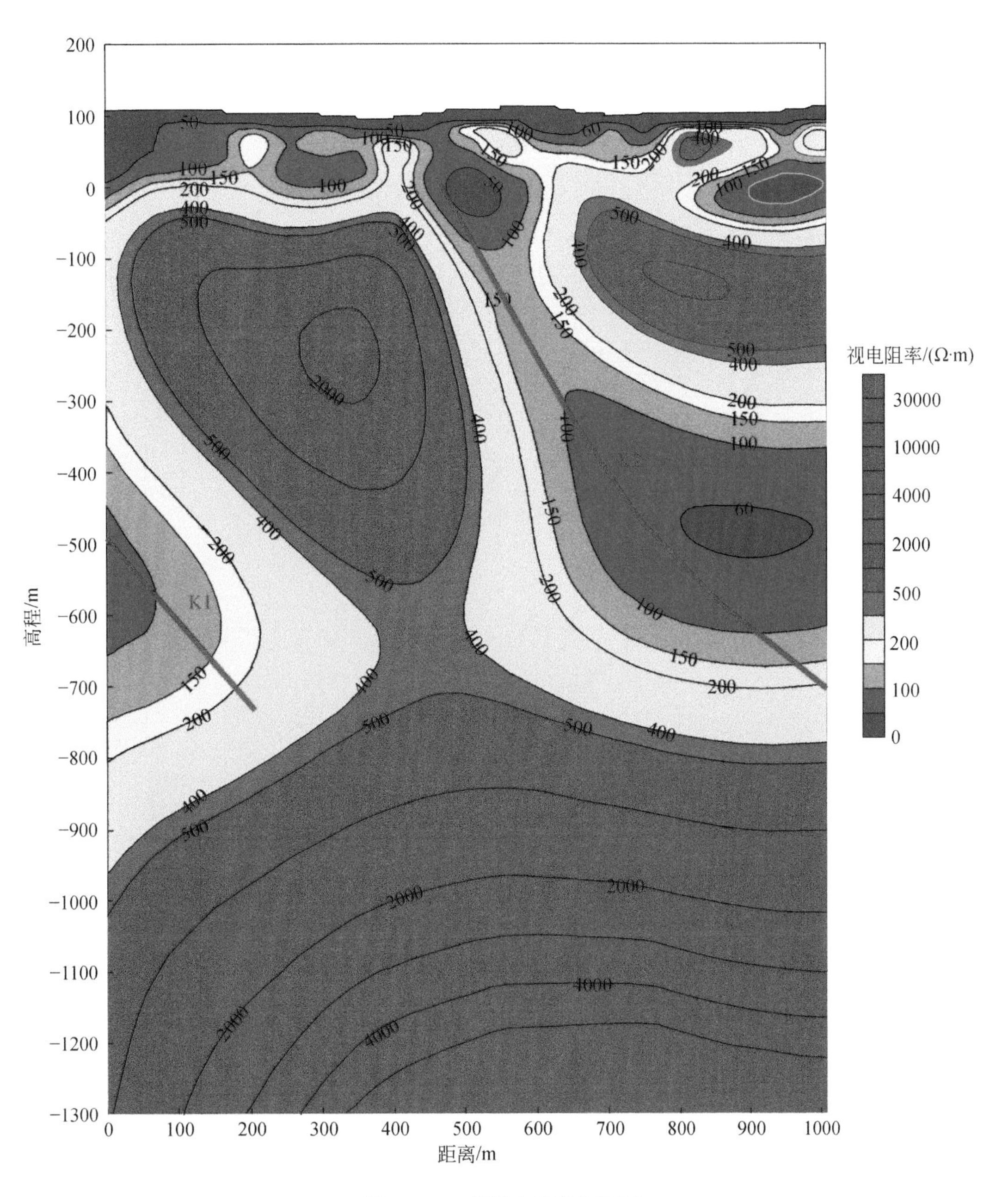

图6-13　1线视电阻率剖面图

3. 3线视电阻率剖面成果解译

3线剖面发现两条异常带（图6-15），命名为K4、K5。K4异常上端点不在3线剖面内，剖面图上显示其深部一段，该异常交3线起点于标高-20m处，倾角约60°，倾向北东。K5异常上端点距3起点780m处，标高-50m左右，倾向北东，倾角约60°。

4. 4线视电阻率剖面成果解译

4线剖面发现异常带2个（图6-16），命名为K6、K7。K6异常带上端点不在4线剖面内，与4线起点交于标高-20m处，倾向北东，倾角约60°。K7异常带上端点位于距起点650m处，标高-60m左右。倾向北东，倾角约60°。

5. 5线视电阻率剖面成果解译

5线剖面发现异常带两个（图6-17），命名为K8、K9异常带。K8异常上端点不在5线剖面内，其中

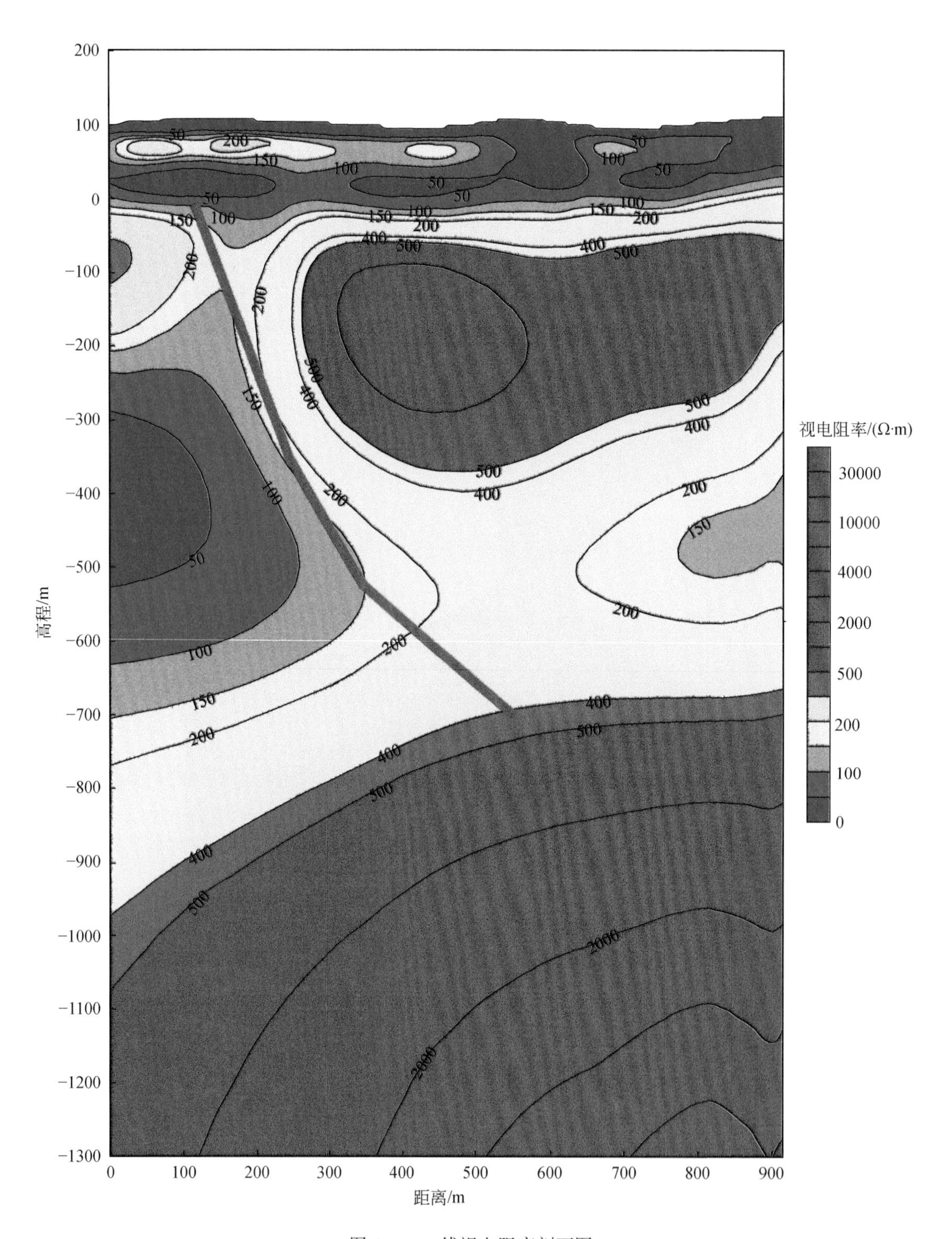

图 6-14　2 线视电阻率剖面图

深部交 4 线起点于-50m，倾向北东，倾角约 60°。K9 异常上端点位于 5 线距起点 350m 处，标高-10m 左右，倾向北东，倾角约 60°。

总之，经分析推断，认为 CSAMT 在区内所发现的 K3、K5、K7、K9 为同一矿化带，K4、K6、K8 为同一矿化带。具体情况见表 6-6。

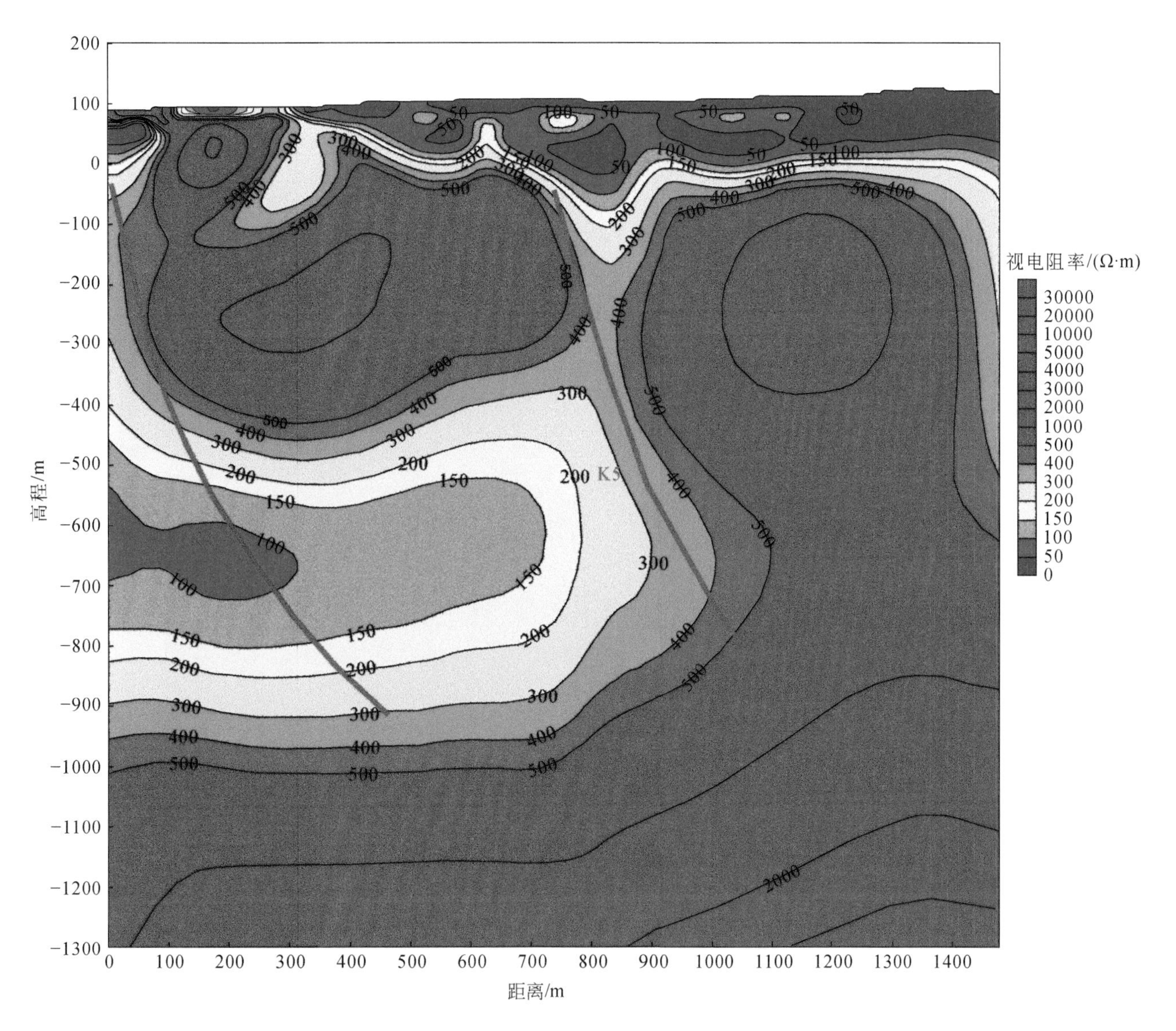

图6-15　3线视电阻率剖面图

6.3.3　结论与建议

（1）本次CSAMT在大万矿区外围共发现9条破碎带，并认为其中的K3、K5、K7、K9为同一矿化带，K4、K6、K8为同一矿化带，这些破碎带的认识有可能成为间接找矿的突破点。

（2）本次可控源音频大地电磁测深圈定的三条破碎带在电阻率剖面图上效果比较明显，且与地质情况基本吻合。因此，认为大万金矿外围东北部具有显著的蕴矿潜力。

（3）大万矿区内虽未发现岩浆岩，但据可探源CSAMT探测分析，部分地区深部视电阻率呈区域性高阻，推测矿区和外围深部具有隐伏岩体的可能。

（4）本次仅是针对大万矿区构造控矿特征来圈定破碎带，具体到破碎带是否为金矿体，还需要后续钻探加以验证。建议针对大万矿区黄铁矿化、毒砂化矿化特征，后续采用激发极化法（针对矿化特征的高极化率）、磁法（针对矿化特征的磁异常）等方法进行对比和验证。

（5）因物探资料的多解性，应与地质工作密切配合，才能取得显著成效。如研究区白垩系电阻率总体上是呈现低阻，但白垩系砾岩却是高阻，这样白垩系底砾岩与坪原组上部高阻区假整合接触后，仅凭

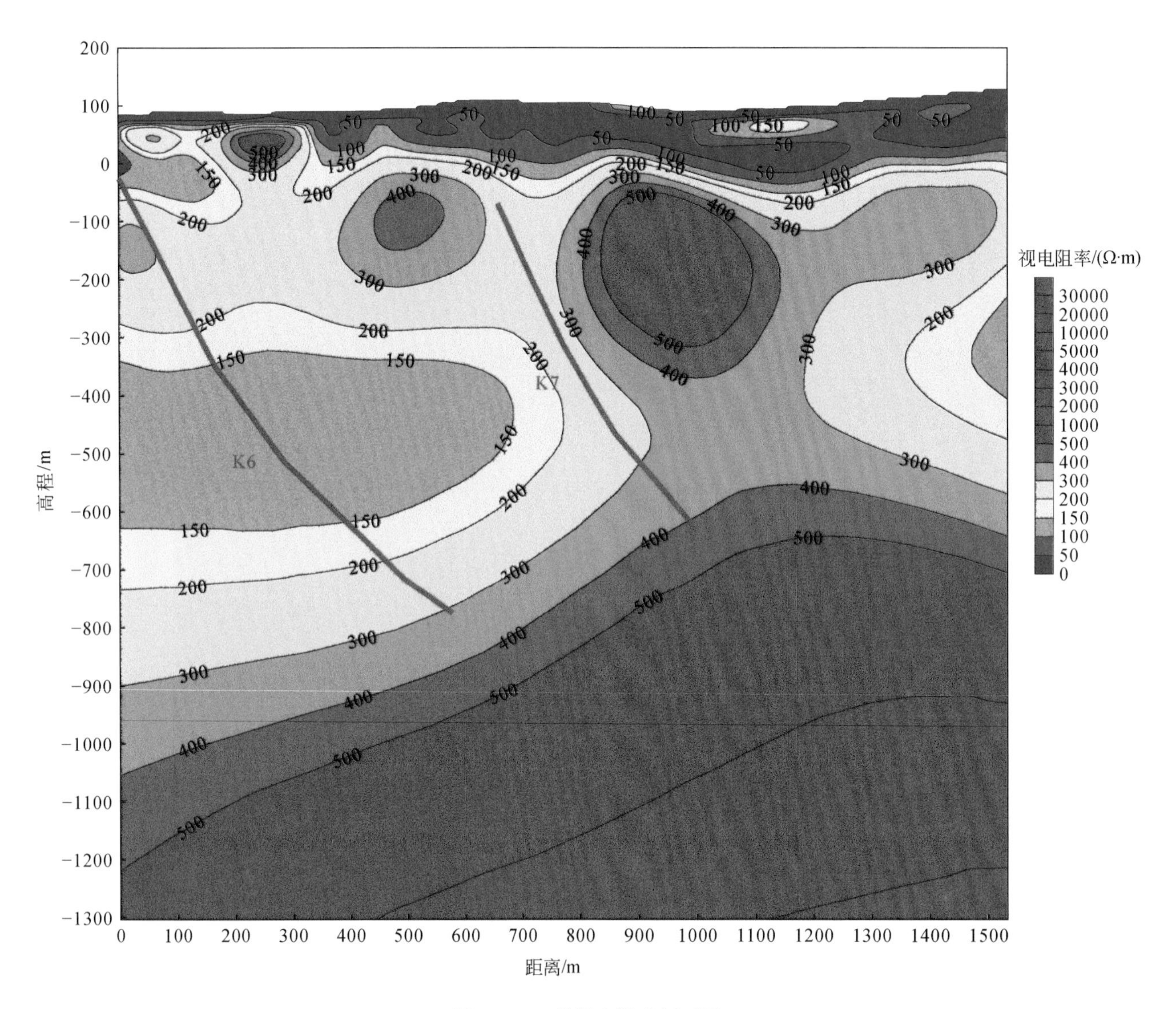

图 6-16　4 线视电阻率剖面图

物探成果不可能将两套地层区分开来。因此，如果断层在晚喜马拉雅运动错断白垩系，那么物探解释的矿化带的上端点将落在白垩系，实际的情况应是将上端点沿破碎带下移至坪原组，类似的情况比比皆是。因此物探解释与后续地质工作应充分结合。

表 6-6　推断破碎带一览表

序号	位置（距起点距离）	产状	备注
K1	1 线起点标高-500m	倾向北东，倾角约 50°	K1 异常上端点不在 1 线剖面内
K2	1 线 500m 处标高 10m	倾向北东，倾角约 60°	
K3	2 线 120m 处标高-10m	倾向北东，倾角约 70°	
K4	3 线起点标高-250m	倾向北东，倾角约 70°	K4 异常上端点不在 3 线剖面内
K5	3 线起点 750m 处标高-50m 左右	倾向北东，倾角约 70°	
K6	4 线起点 100m 标高 50m	倾向北东，倾角约 70°	K6 异常上端点不在 4 线剖面内
K7	4 线起点 650m 标高-60m	倾向北东，倾角约 70°	

续表

序号	位置（距起点距离）	产状	备注
K8	5线起点200m处标高20m左右	倾向北东，倾角约70°	K8异常上端点不在5线剖面内
K9	5线距起点700m处标高-100m左右	倾向北东，倾角约70°	

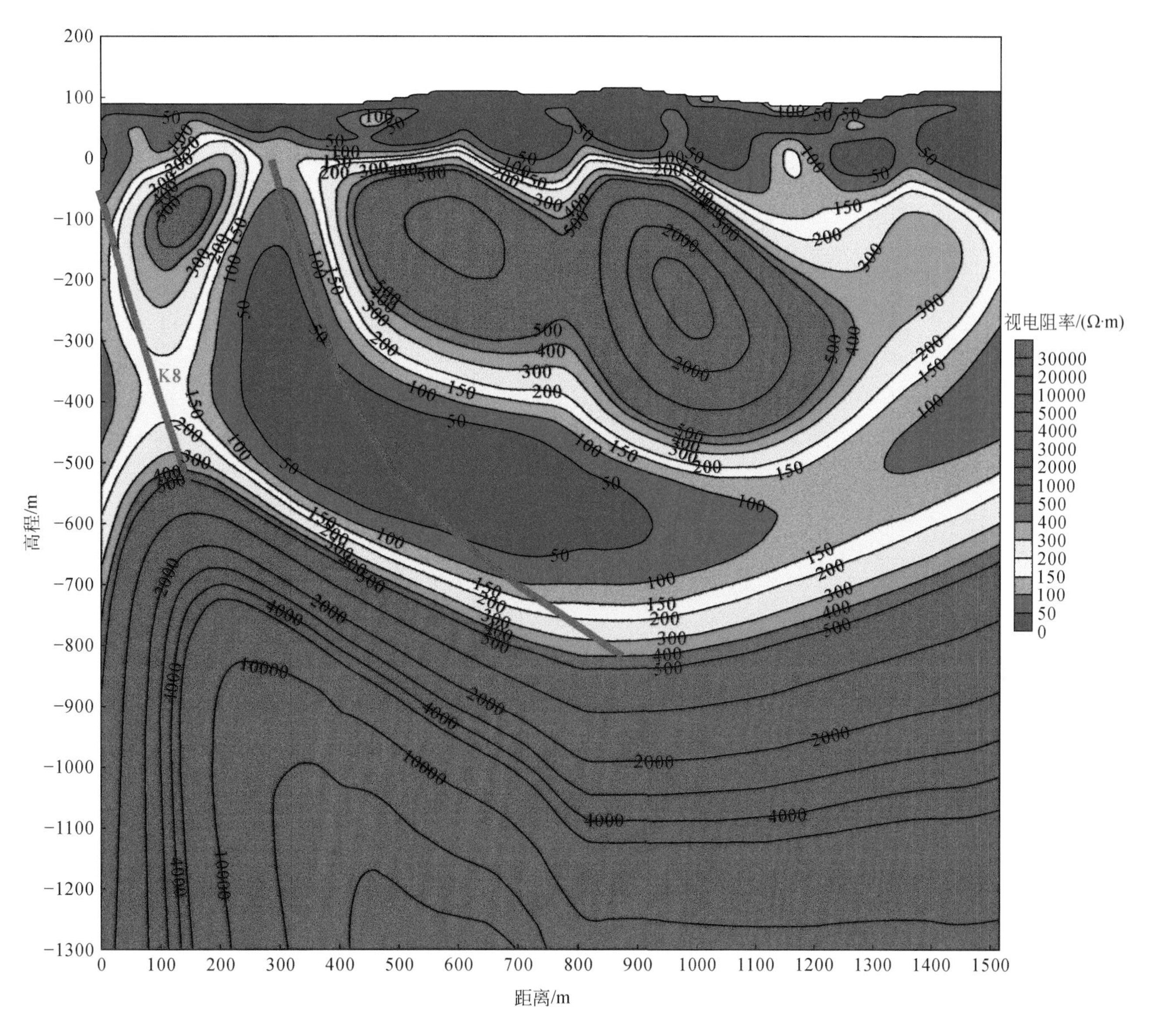

图6-17　5线视电阻率剖面图

6.4　横洞矿区物探测量

平江县横洞钴矿区位于湘东北金、铜、钴等多金属成矿区带上（图1-19），具有优越的成矿地质条件。本次对矿区区域性断裂F_2开展了激电中梯（长导线）剖面测量工作，目的是圈定构造热液蚀变带异常范围，为深部找矿勘查提供依据。本次共完成了激电中梯测量（网度100m×40m，*AB*距1200～1600m）$6km^2$，完成测线85条，物理点1571个（图6-18）。

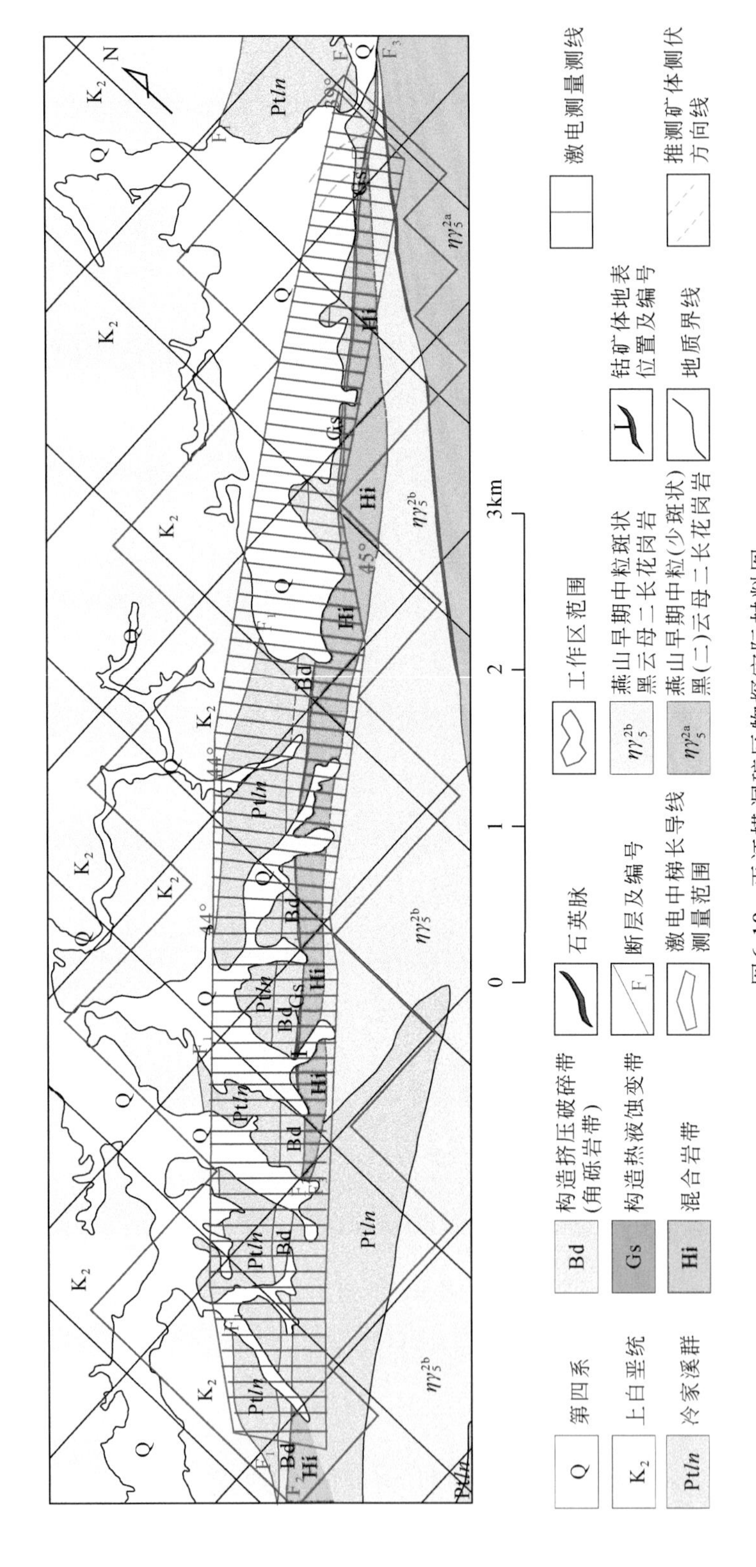

图6-18　平江横洞矿区物探实际材料图

6.4.1　矿区地球物理电性特征

由于各类岩（矿）石的电化学性质与组成它们的矿物成分和结构、孔隙度、湿度、所含水溶液的矿化度以及外界温度甚至岩（矿）石本身风化程度等多种因素密切相关，对不同岩（矿）石，甚至同一地段相同岩（矿）石的电参数会出现不同。故将区内有关岩（矿）石的电阻率和极化率等激电参数资料收集如下，并将它们整体上所反映的基本特点归纳于表6-7。

表6-7　横洞矿区岩石电性参数表

岩石名称	所在地层	视电阻率变化范围/(Ω·m)	算术平均值/(Ω·m)
混合岩	冷家溪群	1547~9250	6750
板岩	冷家溪群	97~1373	431
花岗岩	燕山早期	2843~8593	4391
砂岩	白垩系	412~843	647
角砾岩	冷家溪群?	372~2847	1654
钴矿石	热液蚀变带	248~693	474

由表6-7可见，区内大部分岩石呈现高阻低极化特征，而钴矿化则具有低阻高极化特征，从而表现出岩（矿）石极化率随多金属含量的增加而变大，电阻率大小主要取决于金属含量和结构。基于上述区内各类岩（矿）石的物性特征，可以认为区内构造热液蚀变带矿化体与其围岩存在着明显的电性差异，其矿化体将产生明显的低、中阻高激电异常，而赋矿围岩则对应于中、高阻低激电异常特征，从而构成了本区找矿的主要物探异常标志。这也表明在该区进行激电工作具备良好的地球物理前提条件。

6.4.2　数据处理解释流程与方法

本次电法资料的综合处理解释工作大体分三步。

1. 基础工作

（1）电法处理解释资料的汇总，及以往地质成果资料（区域和矿区地质、钻井）的收集与整理。

（2）物性参数资料的收集与物性统计分析。

通过上述两项工作对资料的归纳与整理，分析以往区域与矿区地质构造特征、矿床成因类型，控矿构造和矿化蚀变类型，初步建立研究区成矿构造模式和物性分层系统，明确物性层断面结构特征，建立初始的地质模型。

2. 电法资料处理解释

（1）电法资料的全平面数据处理。

（2）剖面电测资料的正反演处理。

（3）电法异常特征的综合分析。

进行电法资料的多参数多方法综合类比处理，消除干扰因素，克服多解性，分析不同磁电异常特征，合理提取矿化与构造信息。

3. 综合地质解释与分析

综合地质电法资料，推断研究区的控矿构造、磁性岩体、隐伏矿化地质体的分布特征，提出下一步的工作建议。

6.4.3　极化率及视电阻率异常特征

本次激电中梯测量主要得到两个物性参数，一个为视极化率参数，另一个为视电阻率参数。根据激电中梯工作发现，横洞矿区视极化率整体偏低，整体变化范围 0.02% ~4.995%，异常下限定为 2%。在构造热液蚀变带附近，视电阻率反应强烈，变化突出。根据构造热液蚀变带矿化体金属含量多少及结构，本矿区异常带视电阻率呈中、高阻反应。另外由于此次激电剖面最大供电电极 $AB=1600$m，探测深度可能在 200 ~300m。通过激电中梯剖面的解释得到各测线异常解释剖面图（本书仅列代表性测线异常解释剖面图）。

（1）1 线（图 6-19）。解释激电异常 1 块，位于测线 200 ~240m 之间。呈高极化率，电阻率呈中、高阻反应，推断为构造热液蚀变带中矿化体引起的异常。

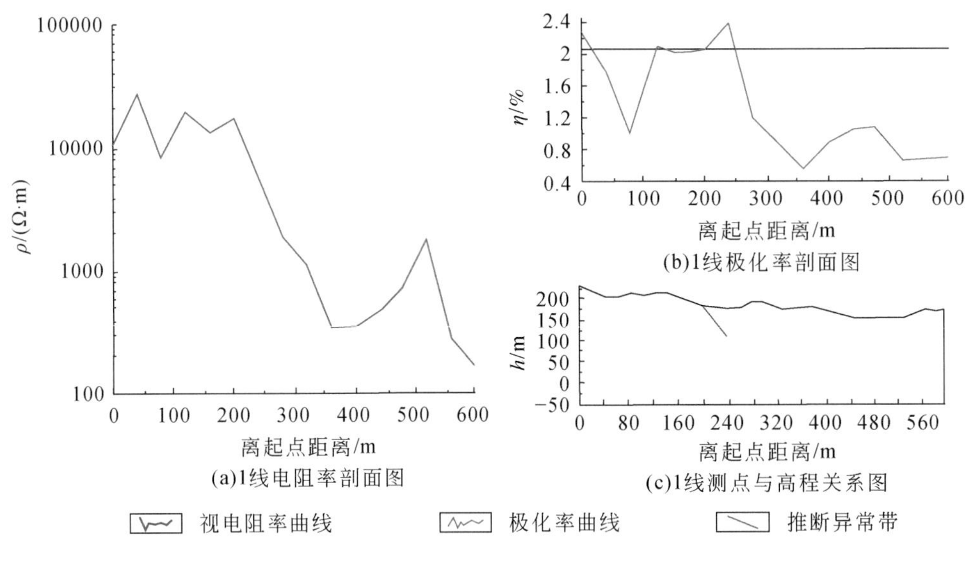

图 6-19　横洞矿区 1 线异常解释剖面图

（2）2 线。解释激电异常 1 块，位于测线 200 ~280m 之间。呈高极化率，电阻率呈中、低阻反应，推断为构造热液蚀变带中矿化体引起的异常。钻孔 ZK4701 在深度 93.37 ~98.80m 见到不同程度的矿化钴矿体。在 ZK4701 附近呈低极化、中高电阻率反应，推断由断层 F2 引起。

（3）6 线。解释激电异常 1 块，位于测线 200 ~240m 之间。呈高极化率，电阻率呈中、高阻反应，推断为构造热液蚀变带中矿化体引起的异常。

（4）8 线。解释激电异常 1 块，位于测线 200 ~240m 之间。呈高极化率，电阻率呈中、低阻反应，推断为构造热液蚀变带中矿化体引起的异常。

（5）10 线。解释激电异常 1 块，位于测线 120 ~200m 之间。呈高极化率，电阻率呈中、高阻反应，推断为构造热液蚀变带中矿化体引起的异常。

（6）11 线。解释激电异常 1 块，位于测线 80 ~200m 之间。呈高极化率，电阻率呈中、高阻反应，推断为构造热液蚀变带中矿化体引起的异常。

（7）14 线。解释激电异常 1 块，位于测线 0 ~80m 之间。呈高极化率，电阻率呈中、高阻反应，推断为构造热液蚀变带中矿化体引起的异常（图 6-20）。

（8）15 线。解释激电异常 1 块，位于测线 80 ~120m 之间。呈高极化率，电阻率呈中、高阻反应，推断为构造热液蚀变带中矿化体引起的异常。

（9）16 线。解释激电异常 1 块，位于测线 120 ~160m 之间。呈高极化率，电阻率呈中、高阻反应，推断为构造热液蚀变带中矿化体引起的异常。

（10）17 线。解释激电异常 1 块，位于测线 120 ~160m 之间。呈高极化率，电阻率呈中、低阻反应，

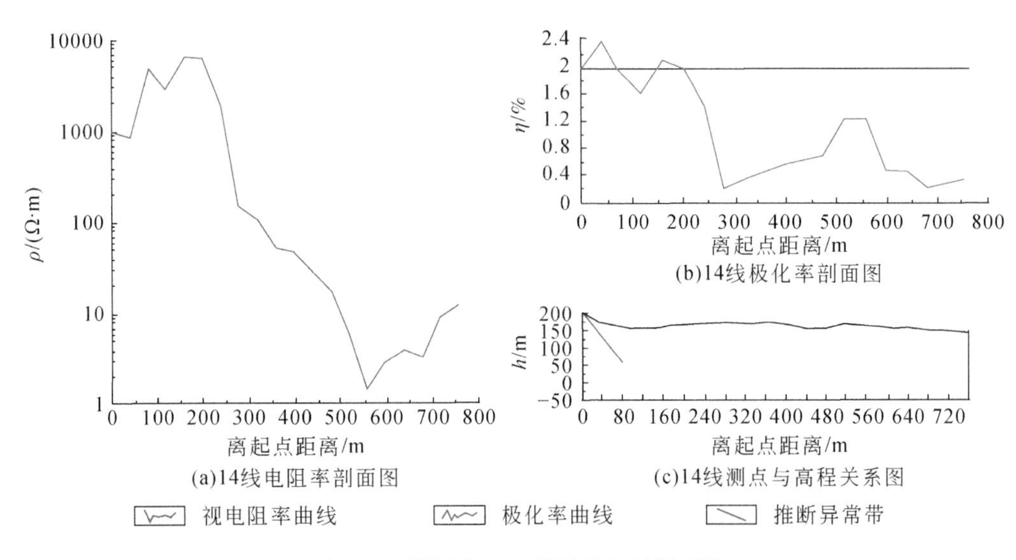

图6-20　横洞矿区14线异常解释剖面图

推断为构造热液蚀变带中矿化体引起的异常。

(11) 18线。解释激电异常1块，位于测线80～140m之间。呈高极化率，电阻率呈中、高阻反应，推断为构造热液蚀变带中矿化体引起的异常。

(12) 19线。解释激电异常1块，位于测线80～120m之间。呈高极化率，电阻率呈中、高阻反应，推断为构造热液蚀变带中矿化体引起的异常。根据地质及钻孔资料，此处异常可能由Ⅰ号矿脉引起。钻孔ZK11001在深度182.60～190.60m见到不同程度的矿化钴铜矿体。但在ZK11001附近并未有明显的激电反应。

(13) 20线。解释激电异常1块，位于测线80～120m之间。呈高极化率，电阻率呈中、高阻反应，推断为构造热液蚀变带中矿化体引起的异常。

(14) 23线。解释激电异常1块，位于测线200～240m之间（图6-21）。呈高极化率，电阻率呈中、高阻反应，推断为构造热液蚀变带中矿化体引起的异常。此处异常可能由Ⅰ号矿脉引起。

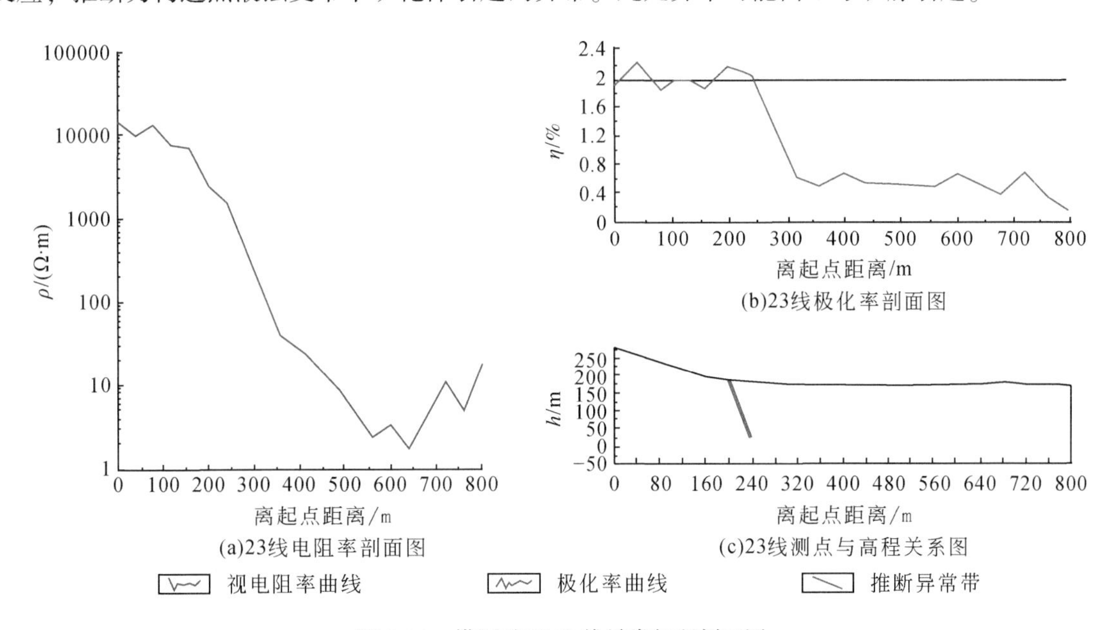

图6-21　横洞矿区23线异常解释剖面图

（15）24 线。解释激电异常 1 块，位于测线 180 ~ 220m 之间。呈高极化率，电阻率呈中、高阻反应，推断为构造热液蚀变带中矿化体引起的异常。此处异常可能由 Ⅰ 号矿脉引起。钻孔 ZK301 在深度 77. 5 ~ 102. 15m 见到不同程度的矿化钴铜矿体。但在 ZK301 附近并未有明显的激电反应。

（16）25 线。解释激电异常 1 块，位于测线 240 ~ 320m 之间。呈高极化率，电阻率呈中、低阻反应，推断为构造热液蚀变带中矿化体引起的异常。此处异常可能由 Ⅰ 号矿脉引起。

（17）26 线。解释激电异常 1 块，位于测线 200 ~ 240m 之间。呈高极化率，电阻率呈中、高阻反应，推断为构造热液蚀变带中矿化体引起的异常。根据地质及钻孔资料，此处异常可能由 Ⅰ 号矿脉引起。钻孔 ZK001 及 ZK002 分别在深度 171. 8 ~ 193. 67m 及 19. 90 ~ 63. 08m 见到不同程度的矿化体。但在 ZK301 附近并未有明显的激电反应。

（18）27 线。解释激电异常 1 块，位于测线 200 ~ 280m 之间。呈高极化率，电阻率呈中、高阻反应，推断为构造热液蚀变带中矿化体引起的异常。此处异常可能由 Ⅰ 号矿脉引起。

（19）28 线。解释激电异常 1 块，位于测线 200 ~ 280m 之间（图 6-22）。呈高极化率，电阻率呈中、高阻反应，推断为构造热液蚀变带中矿化体引起的异常。根据地质及钻孔资料，此处异常可能由 Ⅰ 号矿脉引起。钻孔 ZK401 在深度 82. 91 ~ 92. 80m 见到不同程度的钴铜矿体。但在 ZK401 附近并未有明显的激电反应。

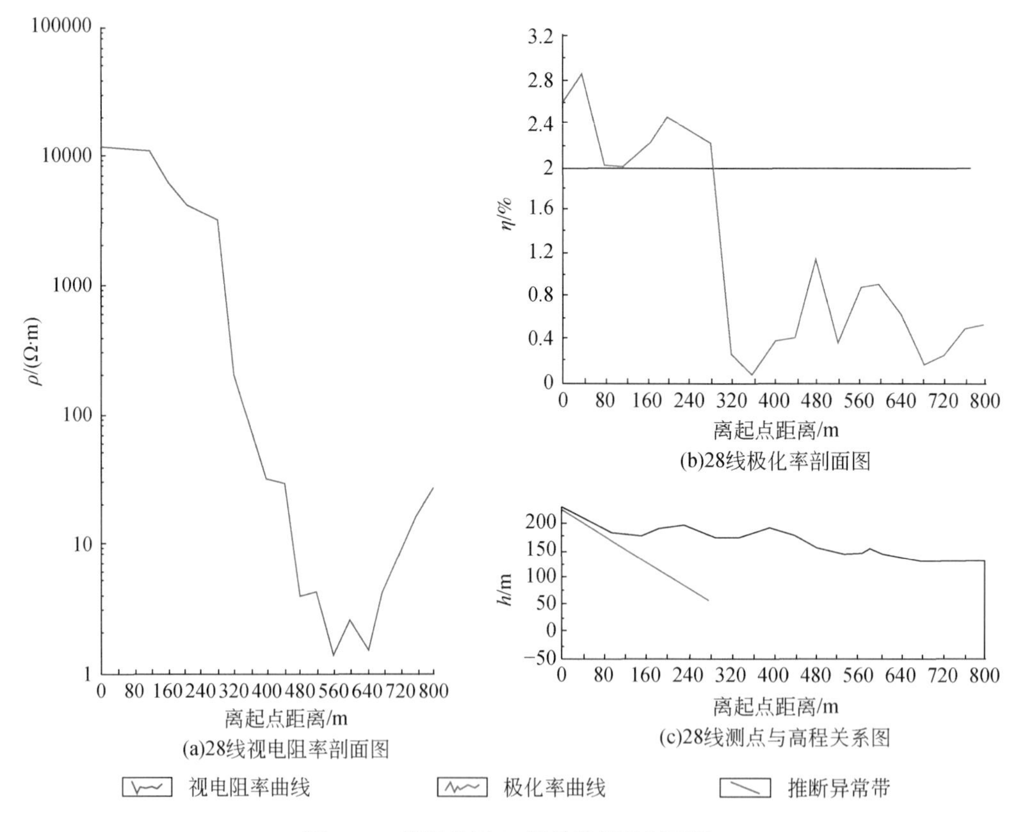

图 6-22　横洞矿区 28 线异常解释剖面图

（20）29 线。解释激电异常 1 块，位于测线 140 ~ 280m 之间。呈高极化率，电阻率呈中、高阻反应，推断为构造热液蚀变带中矿化体引起的异常。此处异常可能由 Ⅰ 号矿脉引起。

（21）30 线。解释激电异常 1 块，位于测线 100 ~ 240m 之间。呈高极化率，电阻率呈中、高阻反应，推断为构造热液蚀变带中矿化体引起的异常。此处异常可能由 Ⅰ 号矿脉引起。

（22）31 线。解释激电异常 1 块，位于测线 80 ~ 120m 之间。呈高极化率，电阻率呈中、高阻反应，推断为构造热液蚀变带中矿化体引起的异常。

（23）32线。解释激电异常1块，位于测线120～160m之间。呈高极化率，电阻率呈中、高阻反应，推断为构造热液蚀变带中矿化体引起的异常。

（24）56线。解释激电异常1块，位于测线120～200m之间。呈高极化率，电阻率呈中、高阻反应。经过白水电站，此处异常可能为电站干扰引起。

（25）57线。解释激电异常1块，位于测线60～160m之间。呈高极化率，电阻率呈中、高阻反应，经过白水电站，此处异常可能为电站干扰引起。

（26）61线。解释激电异常1块，位于测线0～80m之间。呈高极化率，电阻率呈中、高阻反应，推断为构造热液蚀变带中矿化体引起的异常（图6-23）。

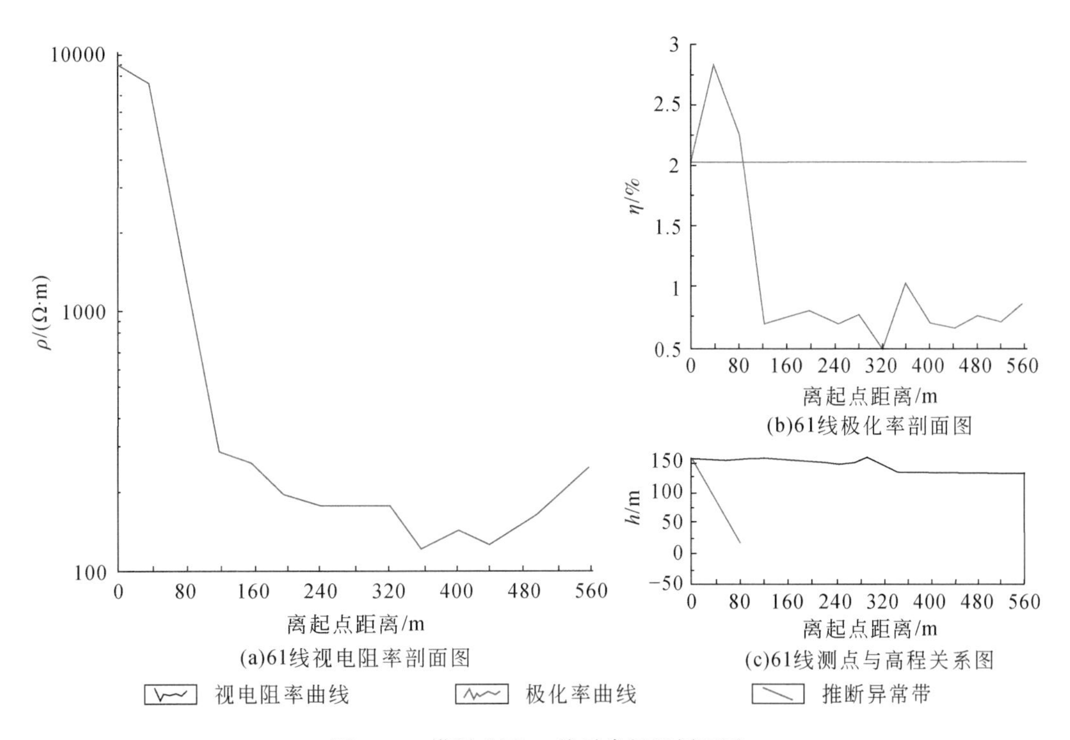

图6-23 横洞矿区61线异常解释剖面图

（27）62线。解释激电异常1块，位于测线0～80m之间。呈高极化率，电阻率呈中、高阻反应，推断为构造热液蚀变带中矿化体引起的异常。

（28）63线。解释激电异常1块，位于测线80～120m之间。呈高极化率，电阻率呈中、高阻反应，推断为构造热液蚀变带中矿化体引起的异常。

（29）64线。解释激电异常1块，位于测线80～120m之间。呈高极化率，电阻率呈中、高阻反应，推断为构造热液蚀变带中矿化体引起的异常。

（30）68线。解释激电异常1块，位于测线80～140m之间。呈高极化率，电阻率呈中、高阻反应，推断为构造热液蚀变带中矿化体引起的异常。

（31）69线。解释激电异常1块，位于测线120～180m之间。呈高极化率，电阻率呈中、高阻反应，推断为构造热液蚀变带中矿化体引起的异常。

（32）70线。钻孔ZK8601在深度146.16～199.06m见到不同程度的钴铜矿体。但在ZK8601附近并未有明显的激电反应。

（33）71线。解释激电异常1块，位于测线100～150m之间。呈高极化率，电阻率呈中、高阻反应，推断为构造热液蚀变带中矿化体引起的异常（图6-24）。

（34）72线。解释激电异常1块，位于测线60～160m之间。呈高极化率，电阻率呈中、低阻反应，推断为构造热液蚀变带中矿化体引起的异常。

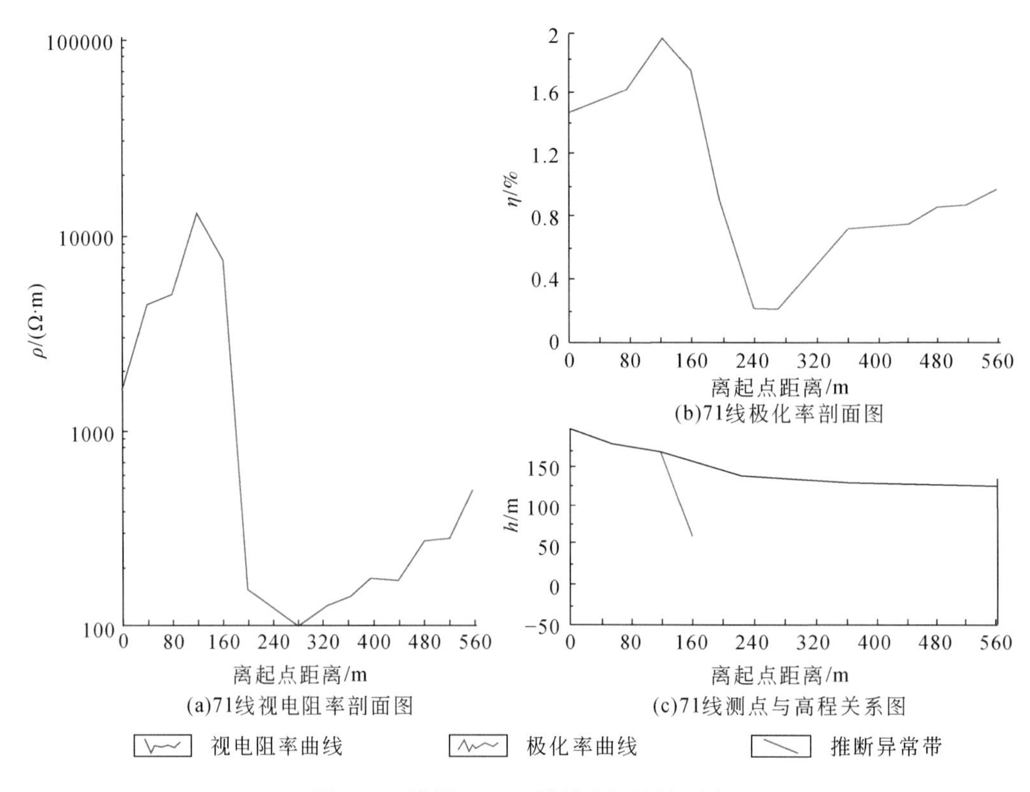

图 6-24　横洞矿区 71 线异常解释剖面图

（35）73 线。解释激电异常 1 块，位于测线 140 ~ 200m 之间。呈高极化率，电阻率呈中、高阻反应，推断为构造热液蚀变带中矿化体引起的异常。

（36）74 线。解释激电异常 1 块，位于测线 170 ~ 210m 之间。呈高极化率，电阻率呈中、高阻反应，推断为构造热液蚀变带中矿化体引起的异常。

（37）81 线。解释激电异常 1 块，位于测线 200 ~ 300m 之间。呈高极化率，电阻率呈中、高阻反应，推断为构造热液蚀变带中矿化体引起的异常。根据地质及钻孔资料，钻孔 ZK11001 在深度 96. 55 ~ 127. 22m 见到不同程度的钴铜矿体。但在 ZK11001 附近并未有明显的激电反应。

（38）82 线。解释激电异常 1 块，位于测线 200 ~ 280m 之间。呈高极化率，电阻率呈中、高阻反应，推断为构造热液蚀变带中矿化体引起的异常。

（39）83 线。解释激电异常 1 块，位于测线 160 ~ 240m 之间。呈高极化率，电阻率呈中、高阻反应，推断为构造热液蚀变带中矿化体引起的异常。槽探 TC11401 在深度 6. 7 ~ 13. 8m 见到不同程度的钴矿体。但在 TC11401 附近呈高极化率、高电阻率反应。

6. 4. 4　综合地质解释

本次获得激电异常 35 处，综合各测线物探方法及相关地质资料，得出以下综合解释：

（1）1 线异常与 2 线异常可连成一条异常带。

（2）10 线与 11 线异常可连成一条异常带。

（3）14 线、15 线、16 线、17 线、18 线、19 线及 20 线异常可连成一条异常带。

（4）23 线、24 线、25 线、26 线、27 线、28 线、29 线、30 线、31 线及 32 线异常可连成一条异常带，结合地质资料，此处异常带可能为 Ⅰ 号矿体。

（5）61 线、62 线、63 线及 64 线异常可连成一条异常带。

（6）68 线与 69 线异常可连成一条异常带。

（7）71线、72线、73线及74线异常可连成一条异常带。

（8）81线、82线及83线异常可连成一条异常带，结合地质资料，此处异常带可能为Ⅱ号矿体。

然而，由于本次激电中梯工作最大$AB=1600m$，勘探深度较浅，覆盖层较厚，建议今后运用多种物探手段相结合（如可控源音频大地电磁法、激电测深法、磁法等），可能会达到更好的效果。另外，本次物探研究区经过集镇，高压线影响较大，植被茂密，给本次工作的开展带来了一定的困难。横洞矿区地质资料较稀缺，也给解释带来一定困难。

6.5　区域找矿标志

6.5.1　陆内活化型金（锑钨）矿床成矿系统找矿标志

1. 地层标志

新元古界冷家溪群、板溪群是寻找陆内活化型金（锑钨）矿床的标志层位。

2. 岩浆岩标志

区内的金（锑钨）矿床均分布在燕山期花岗岩的外接触带，成矿时间略晚于成岩时间。因此，距离隐伏或出露的燕山期花岗岩类数公里的外接触带新元古界是寻找金（锑钨）矿的有利地段。

3. 构造标志

区内北西向和近东西向断裂破碎带或层间滑脱带是矿体有利的空间赋存部位。

4. 围岩蚀变标志

断裂破碎带及其顶、底板围岩中，硅化、绢云母化、黄铁矿化、毒砂化、辉锑矿化、白钨矿化及褪色化较强地段，以及含硫化物石英脉及细小网脉发育地段，是找金（锑钨）的直接标志。

5. 物化探标志

（1）Au、As、Sb、Hg等元素的组合异常及金的重砂异常是找金的间接标志。

（2）重力负异常、强磁异常和低的视电阻率异常及其叠加区是寻找蚀变破碎带的物探标志。

6.5.2　热液充填型钴铜多金属矿床成矿系统找矿标志

1. 地层标志

长平深大断裂带主干断裂下盘的泥盆系或蓟县系，其厚度越大、产状越陡、裂隙越发育或岩性变化越丰富、硅化蚀变越强，越有利于钴铜多金属矿床的形成，因此，泥盆系或蓟县系中强硅化蚀变破碎带是寻找热液充填型钴铜多金属矿体的有利部位。

2. 岩浆岩标志

区内的钴铜多金属矿化均分布在燕山期花岗岩的外接触带，成矿时间略晚于成岩时间。因此，燕山期花岗岩外接触带数公里是寻找钴铜多金属矿的有利地段。

3. 构造标志

长平断裂带的F_2主干断裂下盘热液蚀变构造角砾岩带是矿区钴铜多金属矿体的主要赋存部位。沿F_2主干断裂旁侧次级“多”字形构造、“入”字形构造发育地段以及不同方向断裂构造发育交汇处可能为钴铜多金属矿体的有利找矿地段。

4. 围岩蚀变标志

构造破碎带中的硅化、绿泥石化、黄铁矿化可作为寻找钴铜多金属矿的有效标志。

5. 物化探标志

水系沉积物测量或土壤测量 Cu、Co 异常区，重砂矿物 Cu、Pb、Zn 异常区是钴铜多金属的找矿标志。低、中高激电异常是寻找蚀变角砾岩带的物探标志。

6.6 区域三维地质模型与成矿远景区划分

6.6.1 程序组织

1. 建模单元确定

基于湘东北金井–九岭地区（图 6-3）三维地质结构模型服务于三维成矿预测的需要，合并含矿性无关的第四系 Qh、Qp 到 K*dt*、K*dj* 后，确定了金井–九岭地区 12 个地质建模单元（表 6-8）。

表 6-8 金井–九岭地区三维地质结构模型建模单元

地质体	颜色	线串号	体号
bdj（构造挤压破碎带）	255，232，230	101	101
hp（第四系）	223，163，254	102	102
$J_2\eta\gamma$（中侏罗世花岗质岩）	255，191，254	103	103
$J_3\eta\gamma$（晚侏罗世花岗质岩）	255，144，254	104	104
Pt*h*（冷家溪群黄浒洞组）	255，184，135	105	105
Pt*p*（冷家溪群坪原组）	242，141，114	106	106
Pt*x*（冷家溪群小木坪组）	243，154，138	107	107
K*dj*（白垩系）	153，255，50	108	108
py	255，255，75	109	109
sb	255，224，163	110	110
$T_1\gamma\delta$（早三叠世花岗质岩）	254，103，117	111	111
hy	254，127，197	112	112

2. 模型精度确定

三维地质模型本质上是充分综合利用地质、地球物理、地球化学、遥感和钻探等地质资料，以专家对区域地质的认知为指导，利用现代信息技术，在三维地质空间内建立和表达地质体的空间形态、内部物理化学性质等要素的一种地质信息模型，是对传统三维地质图的发展和替代。三维地质模型建立的过程是地质信息和专家经验联合驱动的过程，模型的精度除了专家对研究区域地质本质的认知程度以外，也和地质资料的详尽程度、研究区面积、模型应用目的等存在很大的关系，在本研究项目实施的过程中，通过综合参考分析国内外三维地质模型的发展现状，初步提出了一种三维地质结构模型的精度划分方案（表 6-9）。

表 6-9 三维地质结构模型精度划分方案

建模指标	概览模型	系统模型	详细模型
剖面距离/km	50	1～2	<0.5
剖面长度/km	50	5～10	<5
钻孔密度/（个/km^2）	少于1	5～10	>100

续表

建模指标	概览模型	系统模型	详细模型
地质平面图比例尺	1∶25 万或 1∶5 万	1∶5 万或 1∶1 万	小于 1∶5000
建模输出	系列剖面和栅格图	地质体和地质界面	地质体和地质界面
最小地质体厚度/m	5	1	0.1

为完成金井–九岭地区区域三维地质结构模型的建设，本次收集到的资料主要是 1∶5 万平面地质图、主要集中在大万矿区（占整个研究区的面积比例很小）的钻孔。基于收集到的资料，确定整个金井–九岭地区三维地质结构模型精度为系统模型，同时设定与成矿有关的区域的剖面距离为 1km，其他区域剖面距离为 2km，来构建三维地质模型。

3. 建模工程组织

为方便开展本次建模研究工作，实现建模项目资料的分类存储管理，设置了金井–九岭地区金矿三维地质找矿研究的各目录，详见表 6-10。

表 6-10　建模工程组织文件夹说明

ID	文件夹名称	文件夹存放内容
1	00 原始数据	收集到的所有原始数据
2	01 勘探线	整理后的勘探线
3	02 地质数据库	Surpac 地质数据库
4	03 剖面解译	平剖绘制的剖面线
5	04 中段解译	整理后的中段平面数据
6	05 实体模型	三维实体模型
7	06 块体模型	三维块体模型
8	07 基础统计	对模型统计分析的结果
9	08 变异函数	变异函数分析结果
10	09 绘图	出图模板及出图结果
11	10 地形	地形数据、遥感影像、地质平面图
12	11 氧化界线	氧化界线数据
13	12 报告	工作总结报告

4. 建模文件组织

1）文件组织

按内容分为勘探线、地层、矿体、剖面坐标线、钻孔剖面、地质剖面、地质剖面旋转为东西向、地质剖面旋转为水平、用于打印的平面图、剖面块模型等类型文件。

（1）勘探线。该文件记录矿区的所有勘探线。每条勘探线用一个线段记录，记录两个端点。各勘探线要以南、南西、西、北西侧的端点为起点，以北、北东、东、东南侧的端点为终点。D1 属性字段记录“勘探线_ ID”，D2 属性字段记录“勘探线号”。

（2）地层。在该类型的文件中存放剖面上的除矿体界线以外的其他地质界线。

（3）矿体。在该类型的文件中存放剖面上的矿体界线。

（4）剖面坐标线。在该类型的文件中存放各勘探线剖面图上的剖面坐标网。在生成勘探线剖面图时，正交剖面的坐标线能自动生成，斜交剖面的坐标线在中国的表示方法具有特殊性，在剖面解译时，根据剖面的空间位置制作一个勘探线剖面上的坐标线，供剖面解时参考和绘图使用。线的编号方法见本章 6.4 节内容。

（5）钻孔剖面。在软件中执行“提取用于打印的剖面图”功能得到结果文件。提取钻孔剖面时要以勘探线的第一个端点为起点，第二个端点为终点。

（6）地质剖面。将各勘探线剖面上的地层、矿体、剖面坐标线等类型的文件合并成一个文件用于记录所属剖面的除钻孔剖面信息以外的所有的地质信息。

（7）地质剖面旋转为东西向。地质剖面上的信息是空间三维的。为了打印出图，需要把垂面上的信息变换到水平面上来。所采取的操作是用“线文件2D转换”功能先把剖面旋转东西方向（针对“勘探线段”来讲，就是把相应的“勘探线段”移动到东坐标轴上，并把勘探线的左端点移到坐标原点）。

（8）地质剖面旋转为水平。经过上步操作后，剖面还是在垂面上，把该文件的 Y 坐标和 Z 坐标互换，便把剖面由铅直面变换到水平面上，至此，剖面上的信息和钻孔剖面的信息扣合到一起，为打印出图做好准备。

（9）用于打印的平面图。该文件中记录着在剖面图下方的小平面中打印的钻孔轨迹线，文件的 ID 号为 0。

（10）剖面块模型。该类型的文件存放在剖面位置剖切块模型的轮廓。

2）文件的命名方法

文件内容+勘探线_ ID. str（如“地层 40006. str”表示 6 勘探线上的地层线文件）。

在解译的初始阶段，先对每个剖面上的各种岩性和矿体进行单独的解译，命名方法为：地层编号或矿体号+勘探线_ ID. str；地层文件和矿体文件中要在 D1 属性中记录地层名称或矿体号。

3）线串号分配

（1）勘探线类型文件线串号分配规则。勘探线中的线号通常取 1 或任一线号，也可以每一条勘探线取一个单独的线号。

（2）构造类型文件线串号分配规则。每个剖面形成 1 个地层的线文件，并构建了地层信息与 Surpac 软件中的线串文件中线号的关联方法（表 6-11）。

表 6-11　构造类型文件线串号分配规则

线号	内容
1	地形
232000100	地层
332000100	岩体
432000100	脉岩
532000100	正断层
632000100	逆断层
732000100	平移断层
832000100	性质不明断层
932000100	蚀变岩
40	采空区
41	露采区（终了）
42	氧化原生界线
43	露采区（现状）
44	采矿证边界
50	矿体的外推延伸
51	矿体形态的标示线
62	地层注释
63	岩体注释

续表

线号	内容
64	脉岩注释
65	正断层注释
66	逆断层注释
67	平移断层注释
68	性质不明断层注释
8000	中段工程和剖面的交点

（3）地层类型文件线串号编号规则，详见表6-12。

表6-12　地层类型文件线串号编号规则

地层	地层代号	线号
第四系	Q	1102
新近系	N	2102
古近系	E	3102
白垩系	K	4102
侏罗系	J	5102
三叠系	T	6102
二叠系	P	7102
石炭系	C	8102
泥盆系	D	9102
志留系	S	10102
奥陶系	O	11102
寒武系	Є	12102
震旦系	Z	13102

（4）岩体类型文件线串号分配规则，详见表6-13。

表6-13　岩体类型文件线串号分配规则

岩体	地层代号	线号
花岗岩	γ	103
闪长岩	δ	203
辉长岩	ω	303
二长岩	η	403
正长岩	ξ	503
斑岩	π	603
流纹岩	λ	703
安山岩	α	803
玄武岩	β	903
辉绿岩	$\beta\upsilon$	1003
粗面岩	τ	1103

续表

岩体	地层代号	线号
橄榄岩	σ	1203
玢岩	υ	1303

（5）蚀变类型文件线串号分配规则，详见表6-14。

表6-14　蚀变类型文件线串号分配规则

蚀变	地层代号	线号
夕卡岩化		109
碳酸岩化		209
云英岩化		309
钠长岩化		409

（6）矿体类型文件线串号分配规则。用于建实体模型的“矿体”界线，在解译时，每个剖面上把主要的矿体和无编号的小矿体形成一个线文件。

主矿体的编号与Surpac软件中线串文件的线号的关联方法：矿体号+10（注：矿体中夹石与矿体同号，采用逆时针顺序串联），在线文件中用D1属性字段记录矿体的实际编号（注：在建矿体的实体模型时，矿体的实体号要和矿体的线号保持一致）。

用于打印绘图的“矿体”界线，在解译时，每个剖面上把主要的矿体和无编号的小矿体形成一个线文件。主矿体的编号与Surpac软件中线串文件的线号的关联方法（注：矿体中夹石与矿体同号，用逆时针），详见表6-15。

表6-15　矿体类型文件线串号分配规则

线号	矿体编号
50	矿体的外推延伸
51	矿体形态的标示线

5. 钻孔数据库表结构设计

为方便利用Surpac软件建立地质数据库，将金井-九岭地区的信息分为5个数据表在Excel软件中录入，各数据表的结构录入格式如下。

1）井口表

所收集的金井-九岭地区钻孔井口结构数据见表6-16。

表6-16　钻孔井口结构数据表

数据项名称	命名规范	数据类型	长度（小数位数）	备注
孔号	矿田代号/中段平面/勘探线号/ZK孔号	字符	20	
Y	数字	实数	3位小数	北坐标
X	数字	实数	3位小数	东坐标
Z	数字	实数	3位小数	高程
最大深度	数字	实数	3位小数	终孔深度
孔迹线类型	curved或linear或vertical	字符	10	见下面说明

2）测斜表

所收集的金井–九岭地区钻井测斜数据结构见表6-17。

表6-17　钻井测斜数据结构表

数据项名称	命名规范	数据类型	长度（小数位数）	备注
孔号	矿田代号/中段平面/勘探线号/ZK孔号	字符	20	
测斜深度	数字	实数	1位小数	测斜深度
倾角	数字	实数	1位小数	该深度至下点的倾角
方位角	数字	实数	1位小数	该深度至下点的方位角

3）样品分析结果表

所收集的金井–九岭地区钻孔岩心样品分析数据结构见表6-18。

表6-18　钻孔岩心样品分析数据结构表

数据项名称	命名规范	数据类型	长度（小数位数）	备注
孔号	矿田代号/中段平面/勘探线号/ZK孔号	字符	20	
样号	数字	实数		可以为空
深度自	数字	实数	3位小数	
深度至	数字	实数	3位小数	
样长	数字	实数	3位小数	
矿石类型	矿石类型代号	字符	16	
Sn	数字	实数	3位小数	
Cu	数字	实数	3位小数	
XX（其他矿石类型）	数字	实数	3位小数	

4）岩性表

所收集的金井–九岭地区钻孔岩心岩性数据结构见表6-19。

表6-19　钻孔岩心岩性数据结构表

数据项名称	命名规范	数据类型	长度（小数位数）	备注
孔号	矿田代号/中段平面/勘探线号/ZK孔号	字符	20	
样号	数字	实数		也可以为空
深度自	数字	实数	3位小数	
深度至	数字	实数	3位小数	
矿岩类型	矿岩代号	字符	16	按照标注规范

5）地层表

所收集的金井–九岭地区钻孔地层特征数据结构见表6-20。

表6-20　钻孔地层特征数据结构表

数据项名称	命名规范	数据类型	长度（小数位数）	备注
孔号	矿田代号/中段平面/勘探线号/ZK孔号	字符	20	
样号	数字	实数		可以为空
深度自	数字	实数	3位小数	

续表

数据项名称	命名规范	数据类型	长度（小数位数）	备注
深度至	数字	实数	3 位小数	
地层类型	矿岩代号	字符	16	按照标注规范

6.6.2　物探数据解译

主要收集了研究区 1∶20 万区域重力数据、高程数据、研究区 1∶5 万地质矿产图。

6.6.2.1　重力数据解译与岩体反演

1. 重力资料预处理

将数据投影转换后直接进行网格化处理，用网格化数据即可进行图件编制或进行数据解算。重力数据网格化采用泛克里格网格化方法，网格距为 1km，扩边大于 10km。

2. 岩体异常筛选

岩体异常筛选主要根据 1∶20 万区域重力资料提取出来的局部重力异常来开展，结合地质成果，定性地识别隐伏岩体异常。

隐伏岩体的边界的确定主要根据剩余重力异常和垂向二阶导数零值线来确定。

局部异常是地下局部构造或其他形式的地质体的存在造成地壳密度局部不均匀引起的，采用滑动平均法可以将这种局部异常和区域异常划分开来。其划分效果与窗口半径或边长大小的选择有关，对于一定规模的局部异常，对应有一定的窗口半径或边长，但窗口半径或边长太小时，所求得的剩余异常的强度小于实际局部异常的强度；而窗口半径或边长太大时，剩余异常中除了局部异常外，尚包含有一定的区域异常，因此，合适的窗口半径或边长应略大于局部异常范围的最大线度的一半。为了能将不同规模、不同层次的场源体引起的叠加异常分离开来，本次反演选用了 24km 窗口提取的剩余异常（图 6-25）。

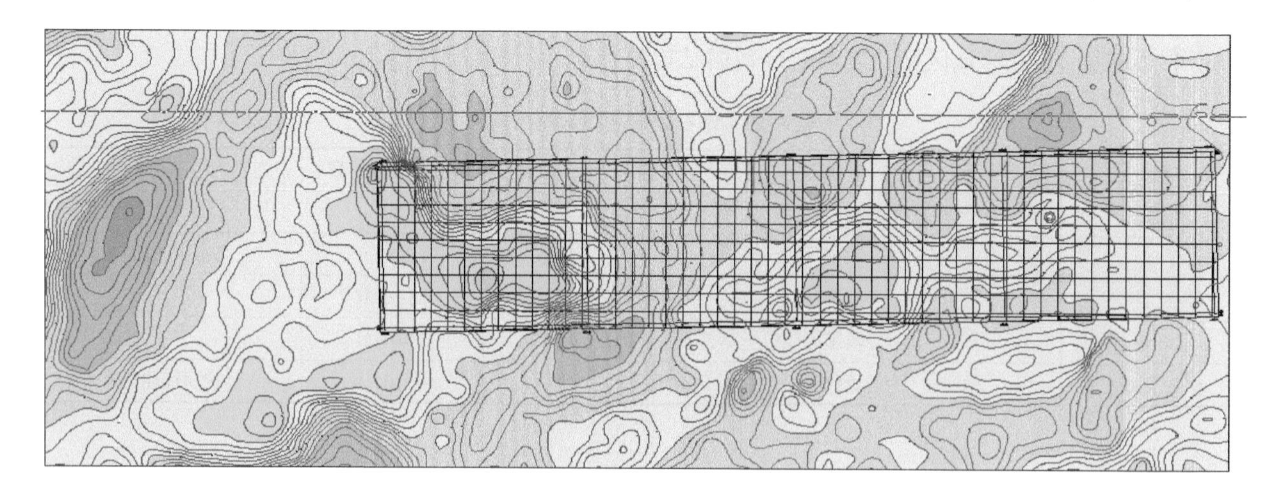

图 6-25　剩余重力异常（2400km^2）

黑色实框部分表示金井–九岭地区

3. 重力异常定量反演计算

对筛选出的岩体异常进行了重力异常定量反演计算，综合地质资料研究隐伏岩体的埋深、空间展布形态。在实际重力异常的反演过程中，一般认为岩体都是致密分布的，在反演中使场源尽可能简单，且场源内没有空洞。反演计算采用 RGIS 软件进行计算。根据剩余重力异常和重力垂向二次导数零值线确定的隐伏岩体的范围，向外推 0 ~ 2km 提取三维反演的剩余重力异常数据，并提取相同范围的地形高程数据作为三维重力反演的基础数据。在反演计算时消除了部分围岩的影响。

4. 岩体形态与分析

1）连云山岩体

连云山岩体三维正演异常和 1 : 20 万剩余重力异常拟合的剖面情况详见许德如等著《湘东北陆内伸展变形构造及形成演化的动力学机制》一书，拟合程度比较好。

从连云山岩体模型看，岩体顶部略有起伏，顶部埋深小于 1km，局部出露地表。岩体底部向东南倾斜，最深处在东南部，下延深度最深为 12km，往西逐渐接近地表，底部深度为 2km 或更浅。岩体形态复杂，由东南往西往北侵入时分成三支，南北宽约 10km，东西长 16 ~ 22km。

2）金井岩体

金井岩体三维正演异常和 1 : 20 万剩余重力异常拟合的剖面情况详见许德如等著《湘东北陆内伸展变形构造及形成演化的动力学机制》，拟合程度比较好。从金井岩体模型看，岩体顶部起伏较大，顶部埋深 0 ~ 4km，大部分出露地表，区内东部岩体顶部起伏较小，顶部埋深 0 ~ 2km，大部出露地表。岩体底部延伸一般为 10km，南西角最深处下延深度最深为 13km。岩体形态较为复杂，南北宽 12 ~ 42km，东西长 24 ~ 50km。

6.6.2.2　航磁数据解译与岩体反演

1 : 5 万航磁数据解译条件为：500m 节点网（西部 30km 无数据），反演范围 Y 坐标：19750 ~ 19818，X 坐标：3156 ~ 3176，磁倾角 41.87°，偏角 -2.87°，反演深度 0 ~ 15km。

金井地区存在一较大磁性体（图 6-26），磁性较弱，磁感应强度在 0.088A/m 左右，磁性体界于金井岩体与连云山岩体之间，主体倾向北东。磁性体顶部起伏较大，埋深 0 ~ 6km；底部起伏较小，下延深度 10 ~ 13km。磁性体深部磁性比近地表磁性略强。

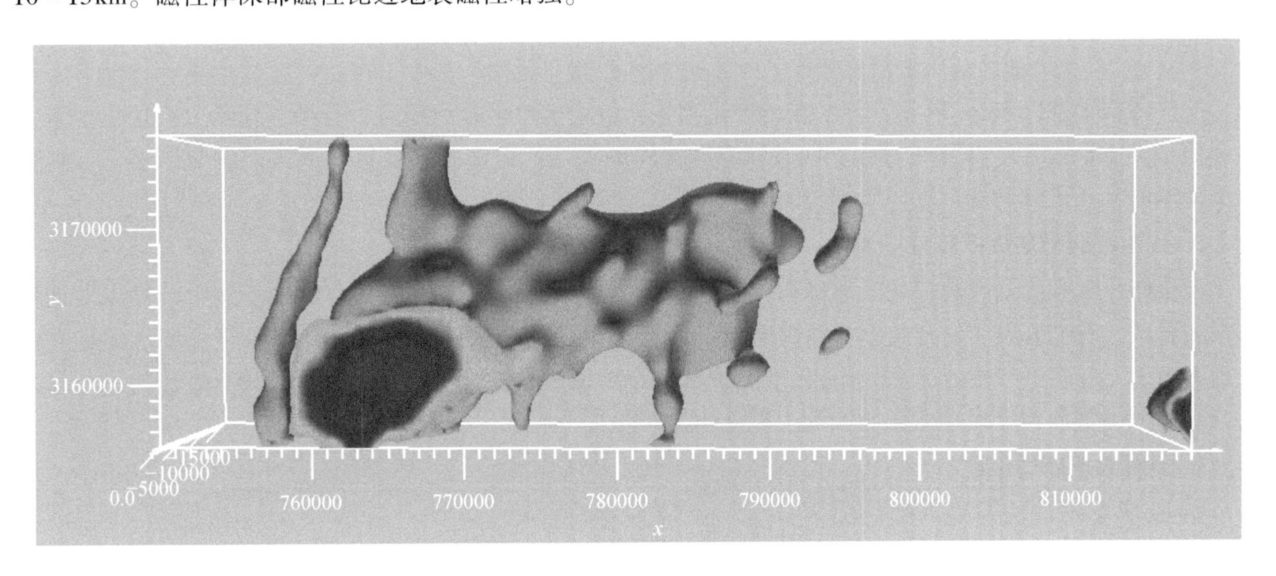

图 6-26　航磁自动反演模型上视图（磁感应强度 0.088A/m）

6.6.2.3　区域三维岩体模型分析

利用 RGIS 软件将反演出的金井岩体和连云山岩体三维形态数据保存成 gm3 明码文本格式，然后根据其文件结构规则，建立其与 Surpac 文件之间的对应关系，并进行转换，实现岩体空间形态在 Surpac 工作空间中的定位和显示（图 6-27）。

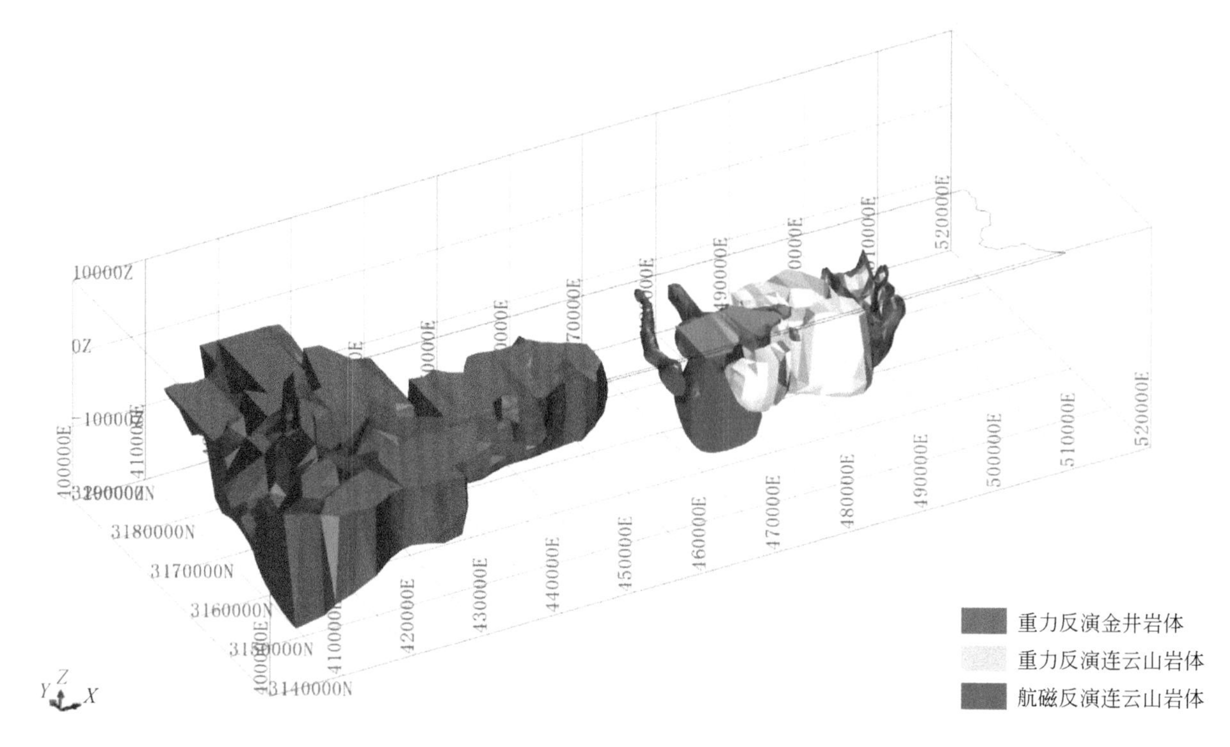

图 6-27　物探反演三维岩体模型图

6.6.3　地质数据库建设与样品统计

1. 钻孔数据收集处理

本次金井-九岭地区地质数据库建库共收集到 148 孔钻孔数据，其中 140 孔钻孔数据集中在大万金矿区，这些数据大都以 MapGIS 钻孔柱状图的形式存在，包括孔口坐标、测斜、岩性、样品分析值以及责任表等信息，信息内容可以满足 Surpac 地质数据库建库的要求，但需要将其提取成关系型数据格式，如以人工拾取的方式进行处理，工作效率和工作质量都无法得到保证。

2. 钻孔数据辅助提取软件开发

根据所收集到的钻孔数据的文件特征，通过认真细致地分析钻孔柱状图的规律及地质数据库对钻孔数据的要求，我们开发了钻孔数据辅助提取系统，利用该工具一次性将钻孔柱状图中符合要求的钻孔信息提取出来，并将其导出成 Excel 文件格式，提取效率和提取质量有了极大提升，且具有推广价值，目前该软件已获得软件著作权一项（登记号：2014SR106683）。

3. 地质数据库的创建

1）文件要求

数据录入时，在 Excel 中进行，这样的好处在于：①便于自动生成样品编号；②Surpac 地质数据库可以直接接受 Excel 的 csv 电子表格的文件；③录入数据时便于查看；④方便将 Excel 数据表转换成 Surpac 软件识别的其他格式。按照以上格式将录入好的数据保存为制表符分隔的 . csv 格式，分别为孔口文件 . csv、测斜文件 . csv、样品文件 . csv。

2）地质数据库的创建

上述三个 Excel 电子文件生成后，就可以在 Surpac 中建立地质数据库。在 Surpac 中建立地质数据库包括 4 个步骤：

（1）将生成后的 Excel 文件另存为制表符分隔的 . csv 文件类型；

（2）将另存为制表符分隔的 . csv 文件导入 Surpac 的文件；

（3）数据的有效性校验和修改；

（4）建立各个文件之间的关联，生成地质数据库。

按照如上 4 个步骤建立地质数据库，将另存为制表符 . csv 格式的孔口文件、测斜文件和样品文件导入 Surpac，把校验出的错误一一改正，再将改正错误后的三个 . dmt 格式的文件用 Surpac 软件合并，就创建出了地质数据库。

通过对金井–九岭地区钻孔数据的清理，并按照 Surpac 地质数据库的建设要求，将其拆分成开孔坐标表、测斜表、岩性分析表和样品分析表，然后将其导入 Surpac 地质数据库，经过反复检查修正，最终建立金井–九岭地区三维钻孔模型（图 6-28）。

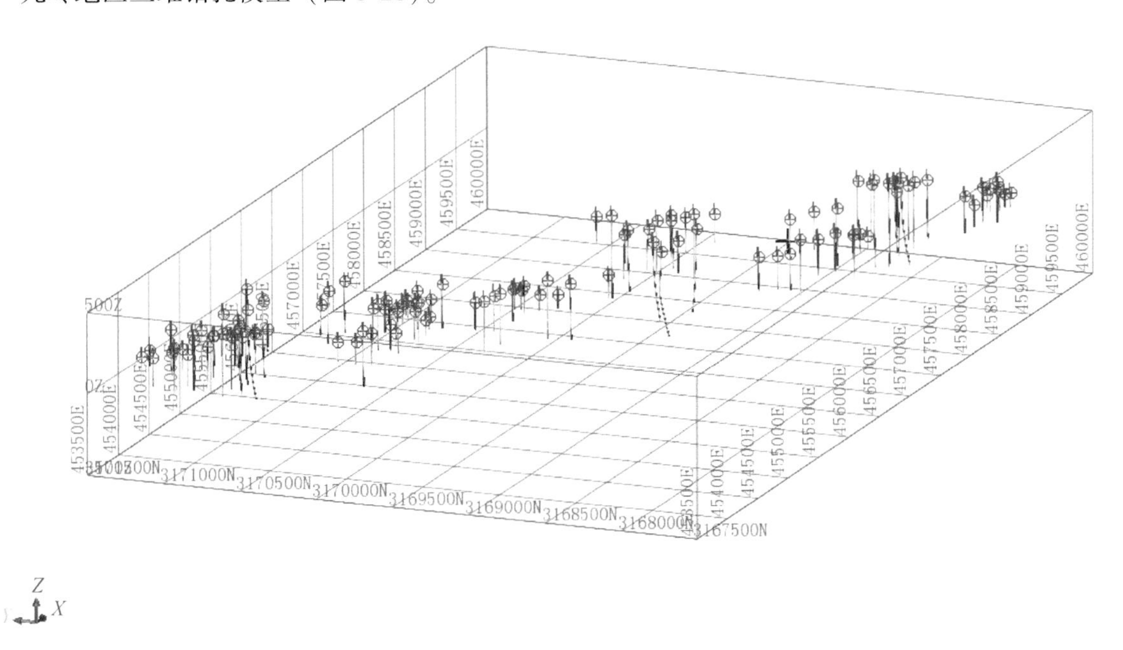

图 6-28　金井–九岭地区三维钻孔模型

6.6.4　金井–九岭地区三维地质建模

1. 地质建模基准要素三维空间定位

进行三维地质结构模型建设的前提是，能够准确反映地质事实的地质信息，本次面向三维地质结构模型建设需要，确定二维地质平面要素、地形要素、钻孔要素、物探地质剖面和物探反演实体模型作为三维地质建模基准要素（表 6-21），通过对这些基准要素的整理分析、格式转换、三维空间定位，在三维空间实现基准要素的集成定位和表达，作为绘制和检验平行剖面的基础（图 6-29）。

表 6-21　金井–九岭地区三维地质建模基准要素表

要素类型	具体内容
二维地质平面要素	二维地质矿产图、勘探线剖面、地质剖面
地形	30m 等高线
钻孔数据	142 孔钻孔数据

续表

要素类型	具体内容
物探地质剖面	2013 年 5 条物探地质剖面、2014 年 4 条地质剖面
物探反演实体模型	1∶20 万重力反演实体模型、1∶5 万航磁反演磁性实体模型

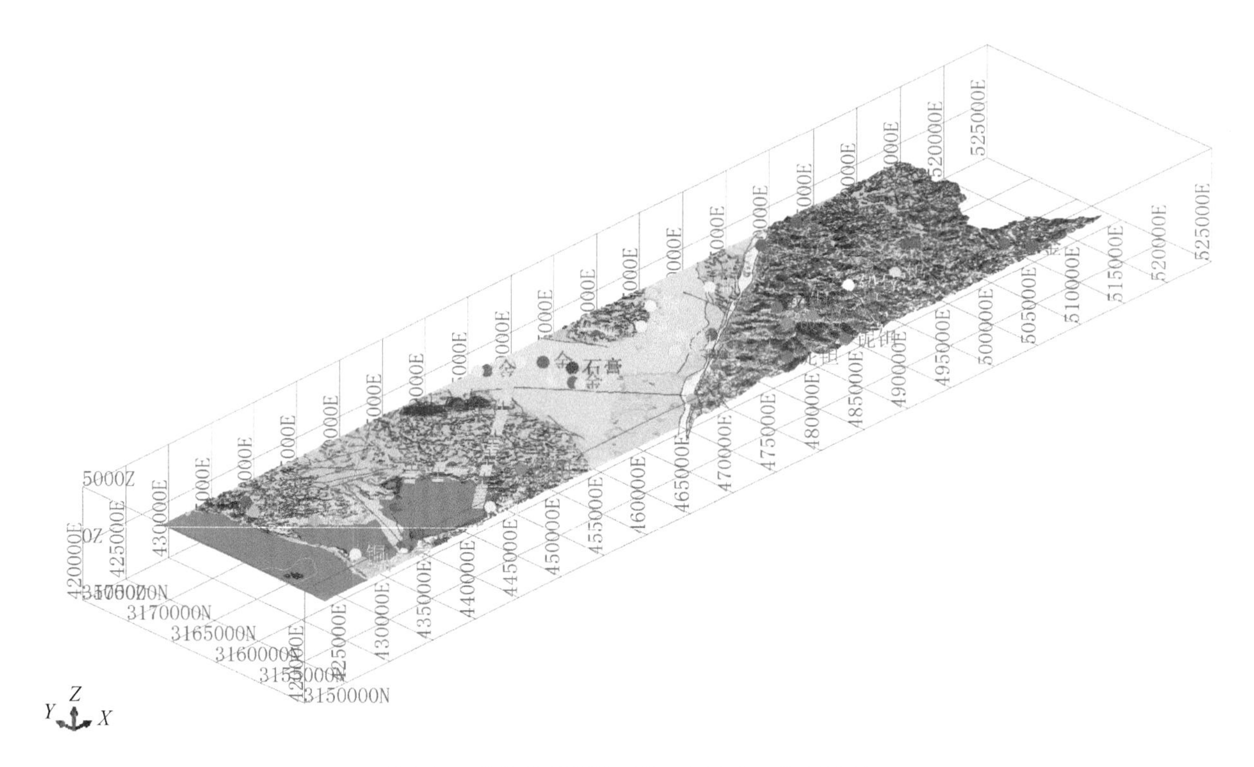

图 6-29　基准地质要素三维空间集成定位效果图

2. 平行地质剖面绘制

根据金井-九岭地区三维地质模型建模精度要求，基于三维地质建模基准要素，采用 500m 剖面间距，沿东向绘制完成 158 条平行剖面（图 6-30），剖面要素涵盖地层、构造和岩体信息，为建立三维地质结构模型奠定基础。

3. 金井-九岭地区三维地形模型构建

根据金井-九岭地区经纬度范围下载了 ASTER GDEM2 遥感影像数据，利用 Global Mapper 软件提取了调查区 30m 等高线数据，经过 MapGIS 软件的投影变换和格式转换后，在 Surpac 软件中构建了调查区的 DTM 模型，完成建设金井-九岭地区的三维地表模型（图 6-31）。

4. 金井-九岭地区三维地质建模

通过对湖南金井-九岭地区地质及矿产情况的分析，建立了研究区三维地质结构模型的地层单元；根据建模所采用的地质图比例尺为 1∶5 万，确定三维地质模型的精度级别为系统级。参考综合柱状地质图、地层之间的新老交替及接触关系，结合地质专家的理解和修正，勾绘了 160 条地质剖面，并按照 Surpac 软件的要求，通过线串提取分类赋值、三维配准定位、实体建模等过程，初步构建了金井-九岭地区三维地质结构模型，包括三维地层模型（图 6-32）、三维构造模型（图 6-33）、区域岩体模型（图 6-34）及合成后的区域三维地质结构模型（图 6-35），这些模型均可以进行动态拼接、缩放和体积计算，为后续在整个金井-九岭地区尺度上探讨已知矿体与金井-九岭地区地质体的空间关系、开展金井-九岭地区成矿预测等工作奠定了坚实的基础。

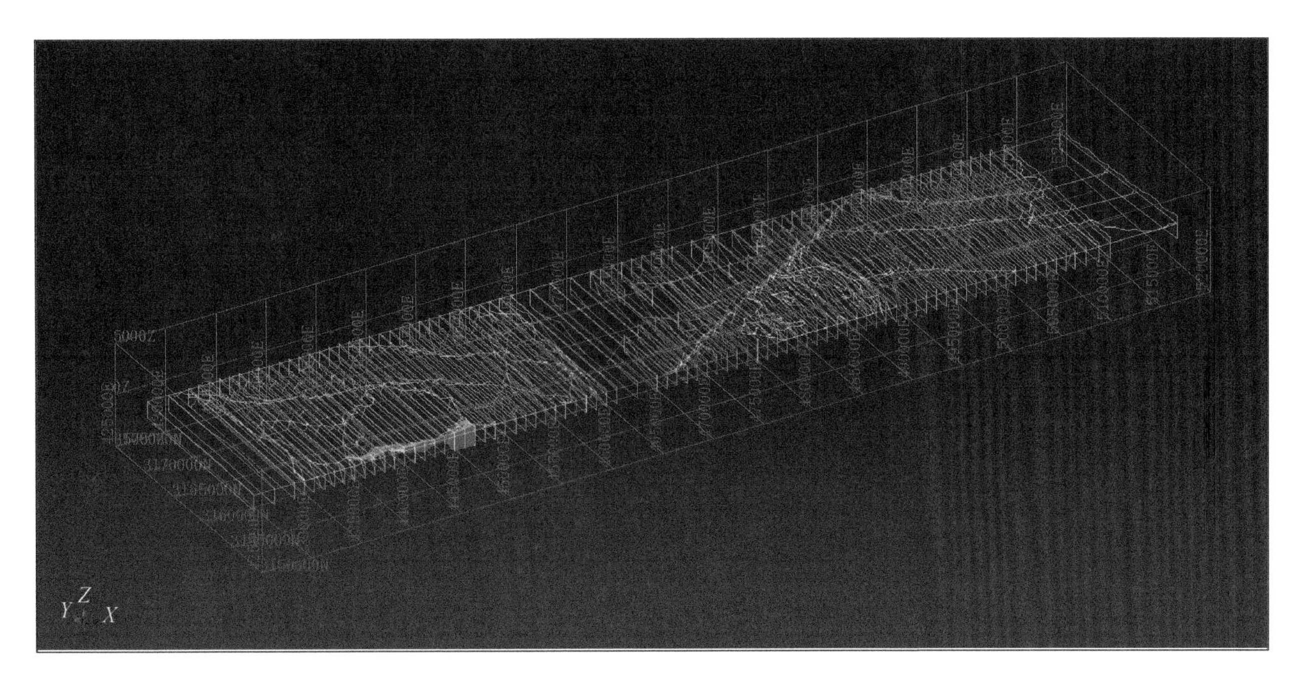

图6-30 金井-九岭地区平行地质剖面

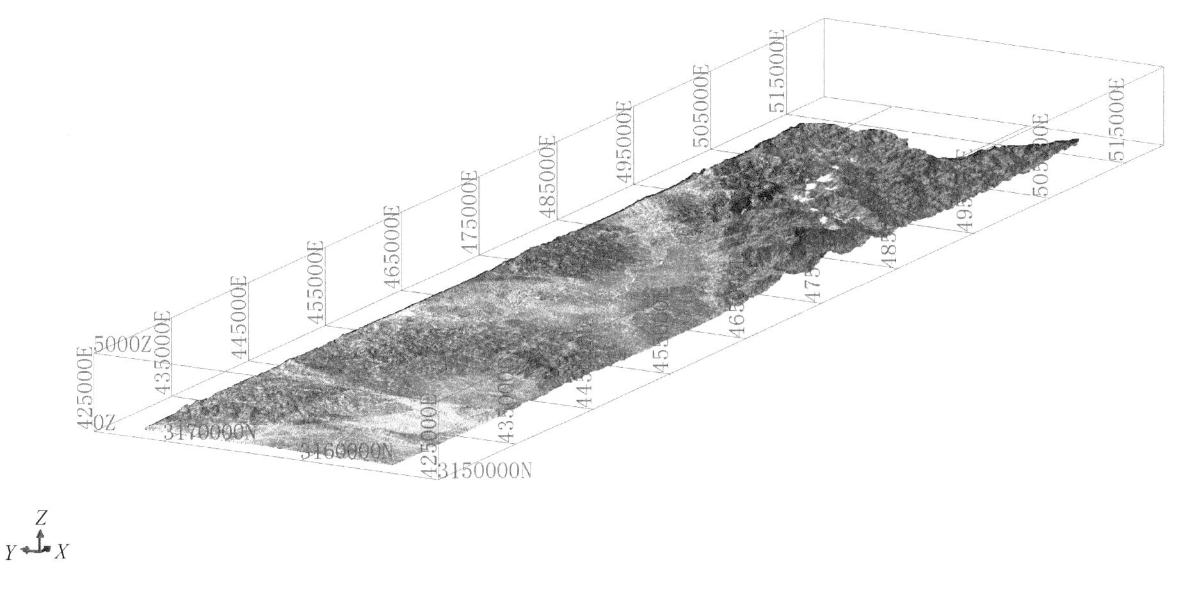

图6-31 金井-九岭地区三维地表模型

5. 区域三维块体模型建设

1）块体模型范围确定

块体模型是开展成矿预测及成矿信息量统计分析的基础，块段模型的基本思想是将建模工作过去在三维空间内按照一定的尺寸划分为众多的单元块，然后对填满整个工作区范围内的单元块根据已知的样品点进行品位推估，并在此基础上进行储量估算。

本次建立的块体模型的建模范围是金井-九岭地区整个研究区。

2）基础块尺寸确定

基础块尺寸选择主要依据研究区范围、模型精度、空间形态、勘探网度等因素。本次研究区范围由于 X 和 Y 方向延伸较长，而在 Z 方向延伸较短，经综合考虑选取基础块尺寸为：X 和 Y 方向为200m，Z

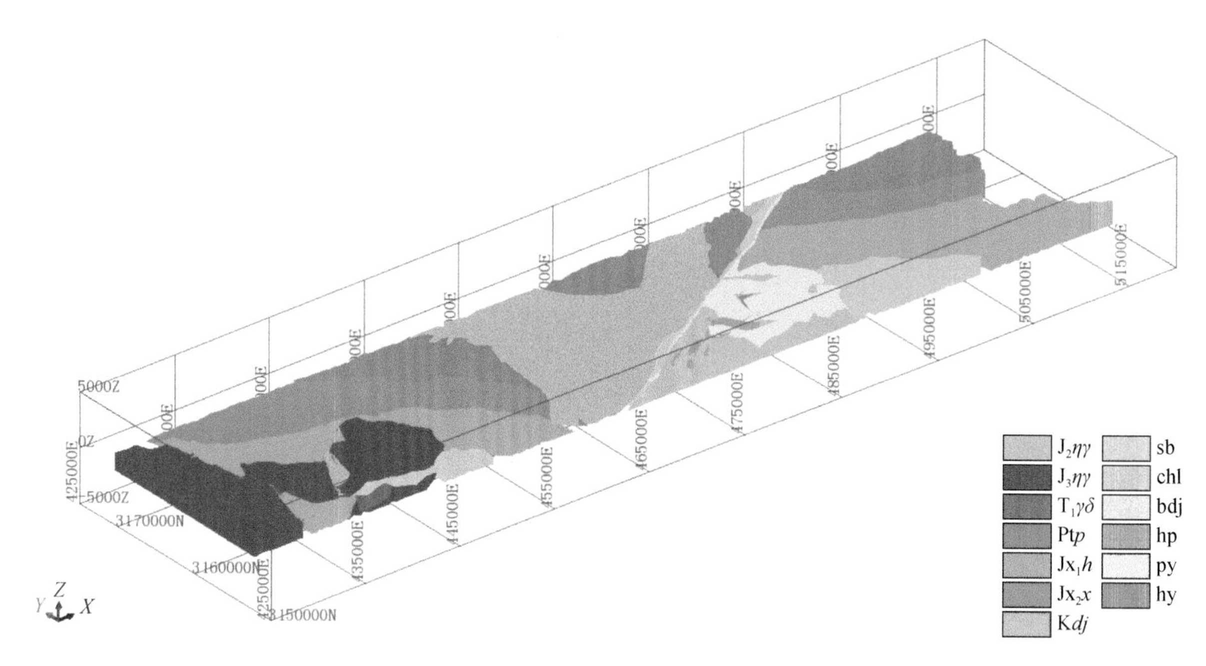

图 6-32　金井-九岭地区三维地层模型

$J_2\eta\gamma$. 晚侏罗世二长花岗岩；$J_3\eta\gamma$. 中侏罗世二长花岗岩；Ptp. 冷家溪群坪原组；$T_1\gamma\delta$. 早三叠世花岗闪长岩；Jx_1h. 蓟县系黄浒洞组；Jx_2x. 蓟县系小木坪组；Kdj. 白垩系戴家坪组；py. 片岩；sb. 碎裂板岩；hy. 混合岩；Chl. 中元古界长城系（?）；bdj. 板岩质构造角砾岩；hp. 混合岩化片岩

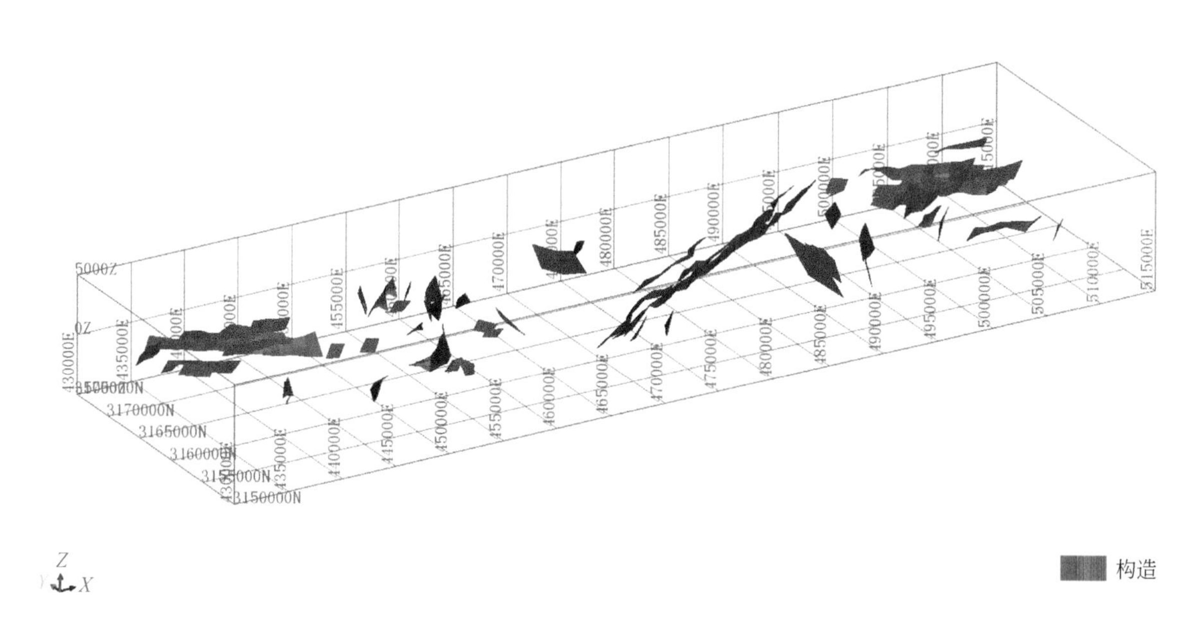

图 6-33　金井-九岭地区三维构造模型

方向为 100m。

3）三维块体模型

首先按照 200m×200m×100m 的尺寸，建立包括 1418044 个体元的调查区三维块体模型（图 6-36）。利用三维空间方法，结合地质体的三维空间范围，分别将范围内的块体属性赋予相应的地质体属性，包括地层、构造、岩体、航磁异常、物化探延伸异常、构造缓冲区异常等属性值。

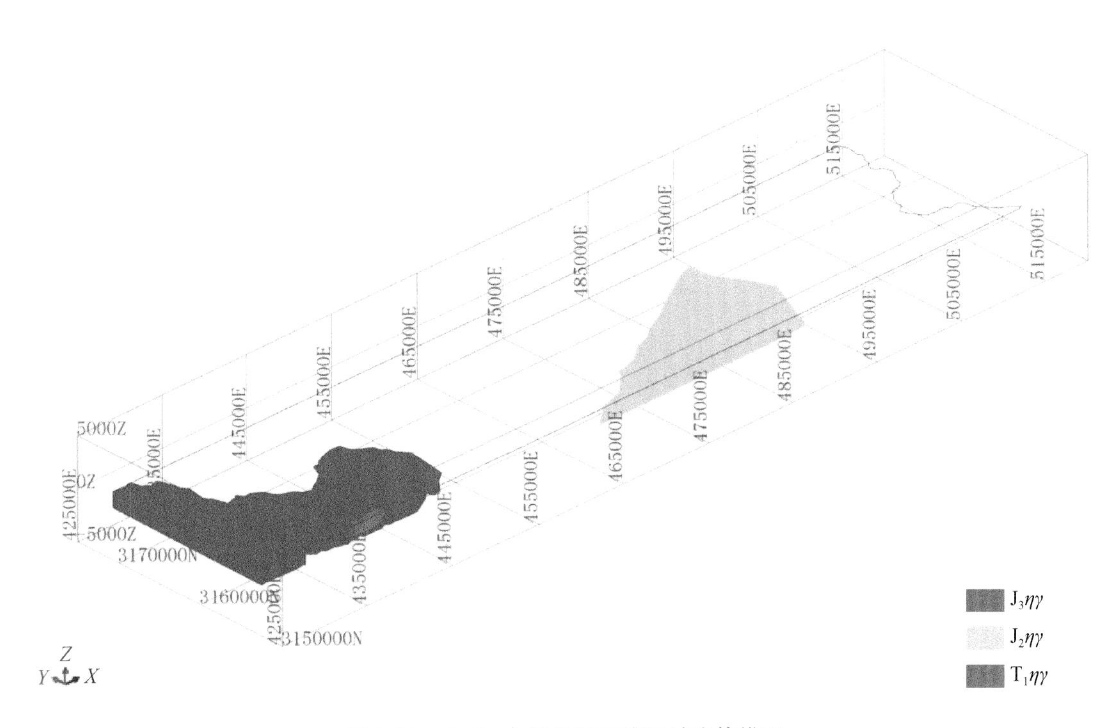

图 6-34　金井–九岭地区三维区域岩体模型

$J_2\eta\gamma$. 晚侏罗世二长花岗岩；$J_3\eta\gamma$. 中侏罗世二长花岗岩；$T_1\eta\gamma$. 早三叠世二长花岗岩

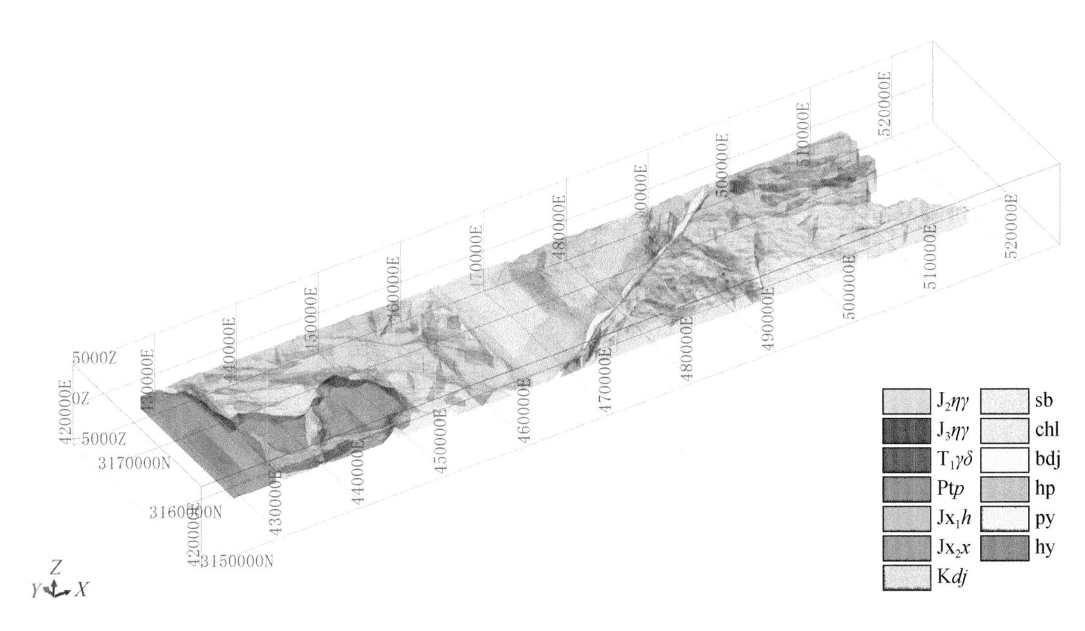

图 6-35　金井–九岭地区合成后的区域三维地质结构模型

$J_2\eta\gamma$. 中侏罗世二长花岗岩；$J_3\eta\gamma$. 晚侏罗世二长花岗岩；Pt*p*. 冷家溪群坪原组；$T_1\gamma\delta$. 早三叠世花岗闪长岩；Jx_1h. 蓟县系黄浒洞组；Jx_2x. 蓟县系小木坪组；K*dj*. 白垩系戴家坪组；py. 片岩；sb. 碎裂板岩；hy. 混合岩；chl. 中元古界长城系（?）；bdj. 板岩质构造角砾岩；hp. 混合岩化片岩

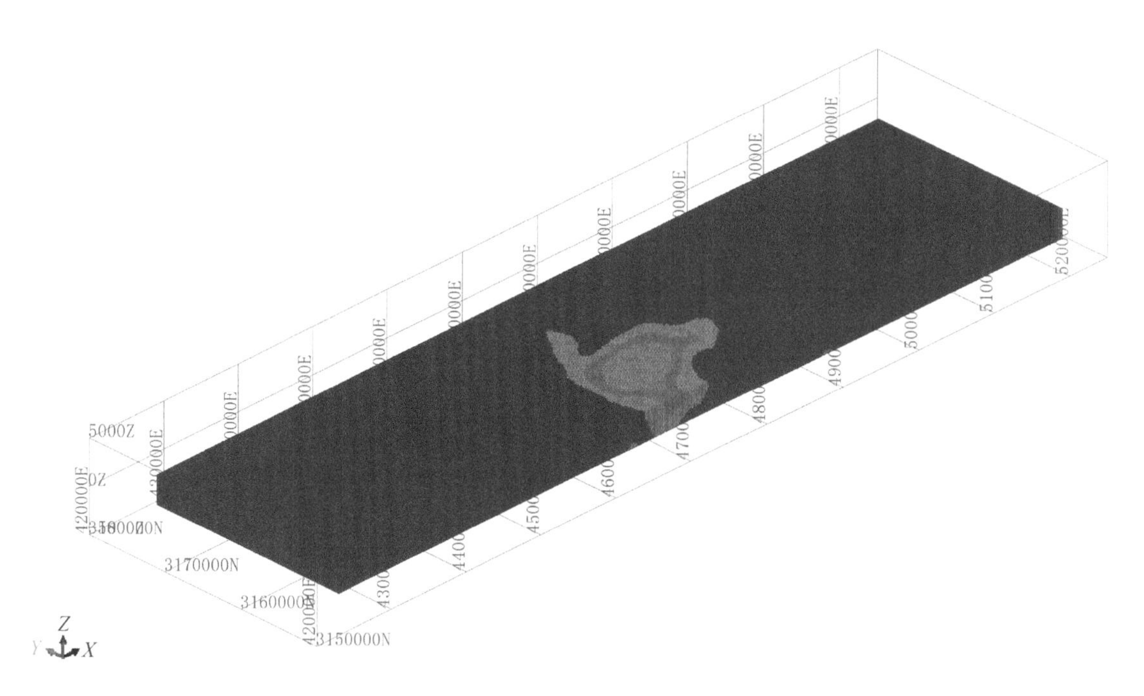

图 6-36　金井-九岭地区三维块体模型

6.6.5　金井-九岭地区三维成矿预测

1. 成矿信息定量预测模型

以金井-九岭地区金（多金属）成矿模式为指导（详见第 4～5 章），结合专家知识，确定金井-九岭地区三维成矿定量预测模型（表 6-22）。

表 6-22　金井-九岭地区三维成矿定量预测模型

控矿要素	成矿预测因子	特征变量	特征值	权重
构造	成矿有利构造	构造缓冲区	300m 缓冲区	0.3
地层	成矿有利地层	成矿有利地层	坪原组实体	0.2
岩体	成矿有利岩体	岩体地层接触面	金井岩体界面 200m 缓冲区	0.2
硅化蚀变体	硅化蚀变体	硅化蚀变体	硅化蚀变体实体	0.8
矿点	矿点	矿点缓冲区	500m 缓冲、150m 拓深	1
化探异常	化探异常	化探异常深部扩展区	150m 拓深	0.5
物探异常	物探异常	物探异常深部拓展区	150m 拓深	0.2

通过构建不同控矿要素的约束条件，将控矿要素权重赋值给三维块体模型中每个块体，再通过成矿信息量公式计算每个块体的成矿信息量：

$$D = \sum_{i=1}^{n} W_i$$

式中，D 为单个块体的成矿信息量；W_i 为第 i 控矿要素权重；n 为控矿要素数量。

利用如下转换函数对成矿信息量进行均一化，以方便进行成图和分级：

$$D^* = \frac{D - \text{Min}}{\text{Max} - \text{Min}}$$

式中，D^*为单个块体均一化后的成矿信息量；Max为所有块体成矿信息量的最大值；Min为所有块体成矿信息量的最小值。

2. 三维成矿预测结果

根据成矿要素模型，以及赋予调查区块体模型中的每个体元相应的属性值，利用专家证据权法，进行了三维成矿预测，圈定了成矿靶区，并将靶区按成矿信息量划分为三级，其预测结果详见图6-37。根据成矿信息量（表6-23），将金井-九岭地区划分三级成矿预测区（表6-24）。将其与金井-九岭地区已知的矿床、矿化点叠加对比发现，预测结果包括已知矿点和矿床，说明预测方法切实有效，预测结果可靠。

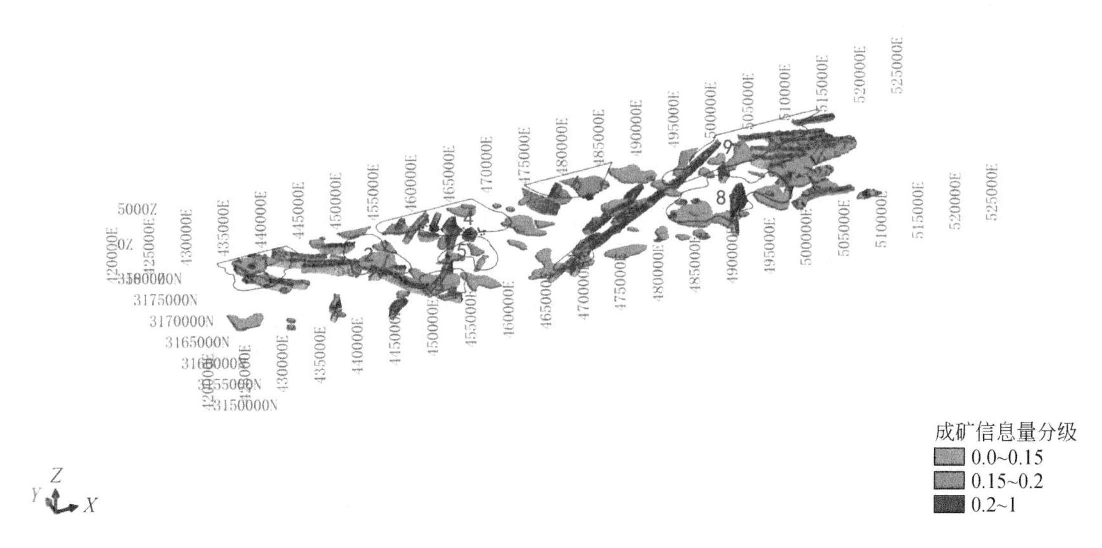

图6-37　金井-九岭地区成矿预测靶区

1. 指泉村金钨多金属矿找矿远景区；2. 康阜村金找矿远景区；3. 戴家洞钨铜钼多金属找矿远景区；4. 大万金矿找矿远景区；5. 金塘坳-秋湖水库金矿找矿远景区；6. 姚家洞金矿找矿远景区；7. 大岩钴矿找矿远景区；8. 徐家洞-岭下铅锌铜钨多金属矿找矿远景区；9. 九岭-黄金洞金矿找矿远景区

表6-23　不同级别成矿有利靶区成矿信息量统计

成矿信息等级	下限	上限	体元总数	平均信息量
Ⅰ级	1.2	1.7	901	1.388013
Ⅱ级	0.8	1.2	2125	1.068941
Ⅲ级	0.4	0.8	36017	0.511445

表6-24　湖南金井-九岭地区找矿靶区登记表

远景区级别	远景区名称	面积/km²	找矿靶区名称	靶区编号、级别	靶区面积/km²	预测矿种
Ⅰ级	大万金矿找矿远景区	77.46	大万金矿边深部找矿靶区	A1	26.36	岩浆期后远成中低温热液型金
	九岭-黄金洞金矿找矿远景区	102.77	金枚-黄金洞金找矿靶区	A2	21.47	岩浆期后远成中低温热液型金
			九岭金找矿靶区	B1	22.32	
	戴家洞钨铜钼多金属找矿远景区	24.17	戴家洞钨铜钼找矿靶区	A3	9.29	岩浆热液型钨铜钼

续表

远景区级别	远景区名称	面积/km²	找矿靶区名称	靶区编号、级别	靶区面积/km²	预测矿种
Ⅱ级	指泉村金钨多金属矿找矿远景区	54.05	指泉村金钨找矿靶区	B2	18.66	岩浆热液型金钨
	姚家洞金矿找矿远景区	41.25	姚家洞金找矿靶区	B3	7.34	岩浆期后远成中低温热液型金
	康阜村金找矿远景区	46.86	康阜村金找矿靶区	C1	14.83	岩浆期后远成中低温热液型金
	大岩钴矿找矿远景区	10.90	大岩钴多金属找矿靶区	B4	5.23	岩浆热液型钴
	徐家洞-岭下铅锌铜钨多金属矿找矿远景区	95.50	芦头铅锌金找矿靶区	A4	19.18	岩浆热液型铅锌金
			徐家洞金铜多金属找矿靶区	B5	21.63	岩浆热液型金铜
			岭下钨多金属找矿靶区	B6	12.96	岩浆热液型钨
Ⅲ级	金塘坳-秋湖水库金矿找矿远景区	29.75	秋湖水库金找矿靶区	C2	11.98	岩浆期后远成中低温热液型金

6.7　典型矿床三维地质模型与深部矿产预测

6.7.1　概述

大万金矿是金井-九岭地区的主要金矿产地，已有20多年的勘探开采历史，已产生显著的经济和社会效益。大万金矿区目前已探明金矿主要在400m以浅。对大万金矿区的地质成矿条件和成矿规律的研究表明，在已勘探开采的金矿区的深边部成矿潜力巨大。因此，本次研究选定大万金矿区作为三维地质建模研究的重点区域，开展三维成矿预测，圈定深部隐伏靶区，对于指导下一步钻探验证及开采具有重要意义。

大万金矿区三维地质建模与成矿预测和金井-九岭地区技术方法一样，细节在此不再赘述。本节将重点围绕大万金矿区三维地质建模与成矿预测工作的结果展开。

6.7.2　矿区地质数据库及统计分析

1. 地质数据库建设

通过对大万金矿区157孔钻孔数据的提取、检查和入库，首先构建了包括孔口坐标、孔口测斜、孔口岩性和孔口样品测试等在内的Surpac地质数据库，据此建立了大万金矿区三维钻孔模型（图6-38）。

2. 样品统计分析

样品品位分布直方图（图6-39）显示金品位值主要集中在1～3g/t，其次为3～9g/t，部分样品金品位值超过12g/t。

矿体揭露深度分布直方图（图6-40）显示现有勘探工程控制矿体在400m以浅，且主要集中在距地表75～225m之间。

样品品位-深度关系图（图6-41）显示品位值沿深度稳定，并没有随着深度呈现下降趋势，预示深部

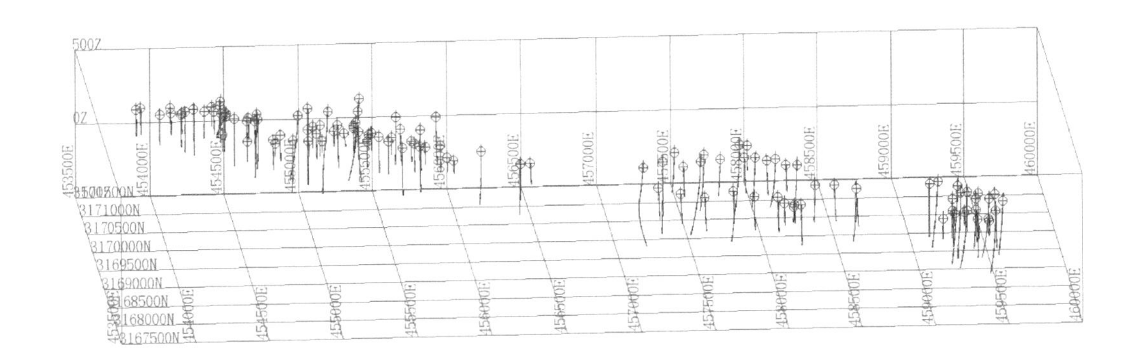

图 6-38　大万金矿区三维钻孔模型

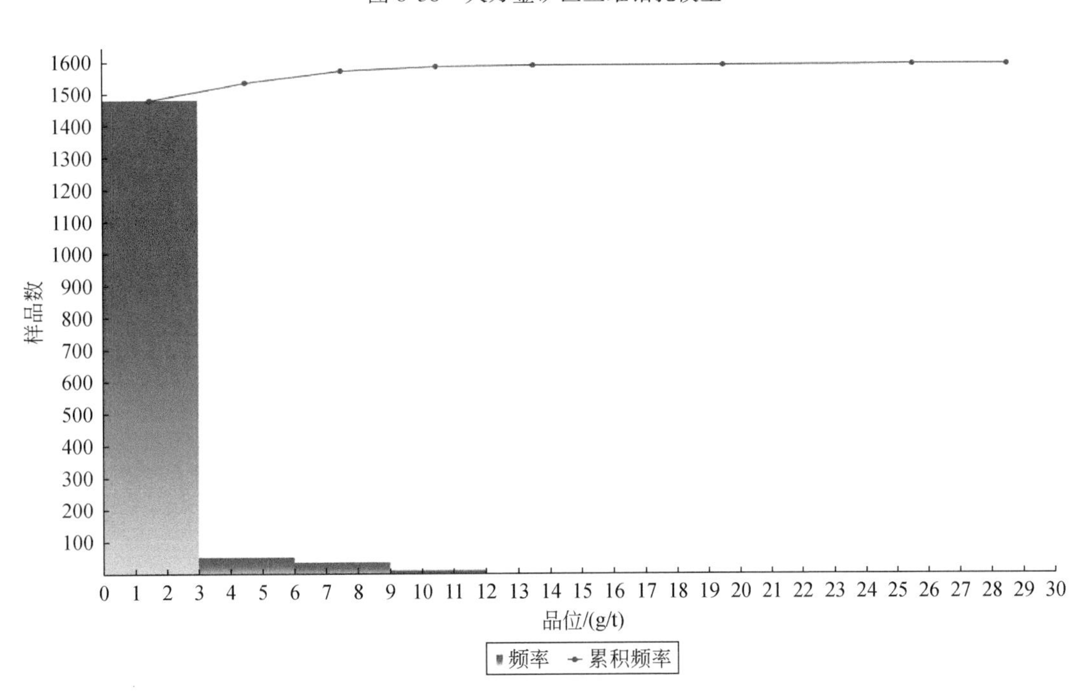

图 6-39　样品品位分布直方图

具有成矿前景。

样品品位-*X* 坐标关系图（图 6-42）显示，样品品位沿东向品位稳定，预示东部具有成矿前景。

6.7.3　大万金矿区三维地质模型建立

根据开展大万金矿区深边部三维成矿预测的目标，基于矿区 1∶1 万二维地质矿产图、钻孔地质数据库和物探解释地质剖面，完成了大万金矿区三维地形模型建设。

1. 三维地形模型

地形数据从 ASTER GDEM2 遥感中提取，影像数据从 Google Earth 服务器中下载，通过整理，在 Surpac 中完成了矿区三维地形模型构建（图 6-43、图 6-44）。

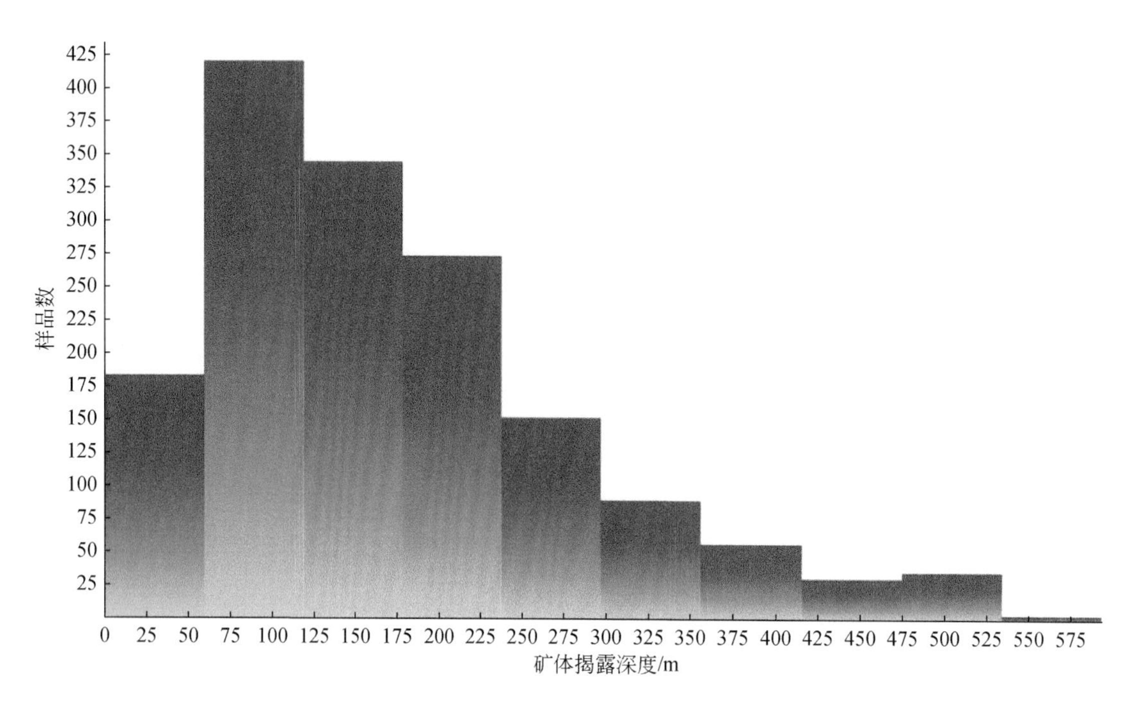

图 6-40　矿体揭露深度分布直方图

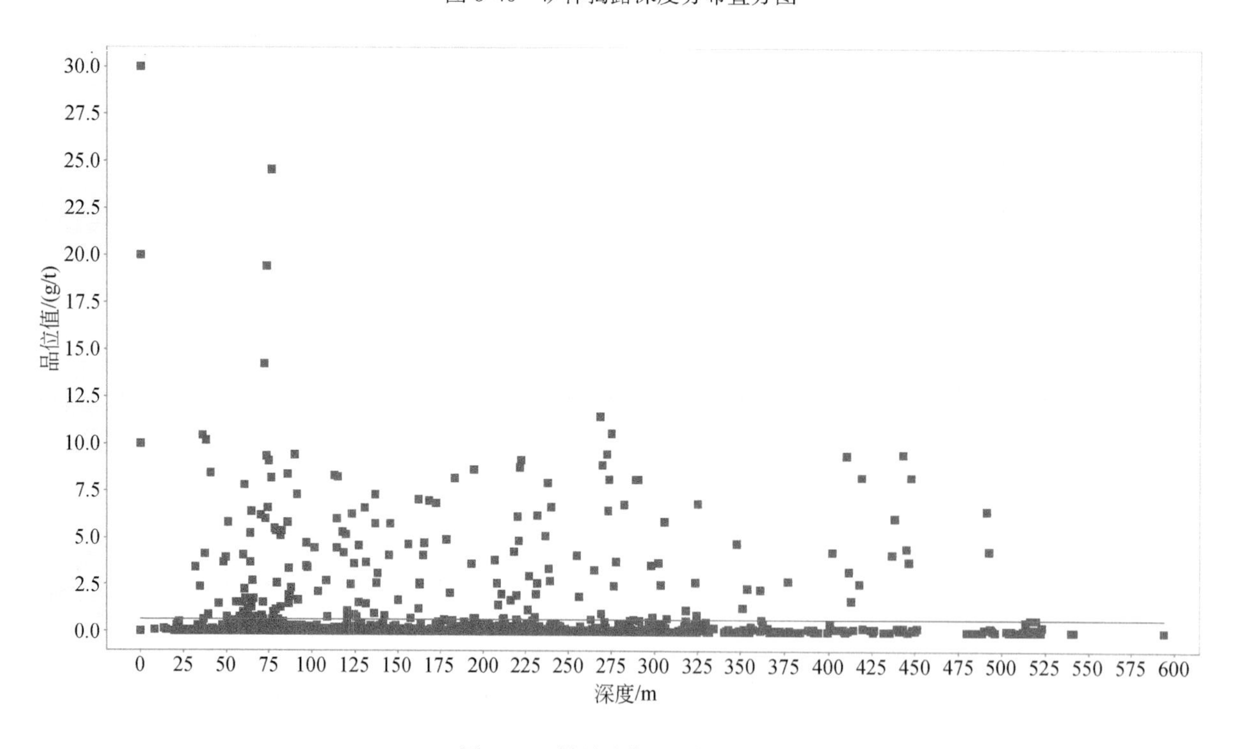

图 6-41　样品品位-深度关系图

2. 建模平行剖面

采用平行剖面法，以 100m 间距，绘制了能够反映地层、构造、岩体、矿体深度平面形态的 56 条剖面（图 6-45），且根据规范对建模单元进行编号、三维空间定位，为下一步构建三维地质模型奠定基础。

3. 三维地层模型

矿区含矿层主要是新元古界坪原组（Pt_3p），在研究区的东部出露有少量的白垩系戴家坪组（Kdj），根据剖面上的地层界线约束，所构建的三维地层模型见图 6-46。

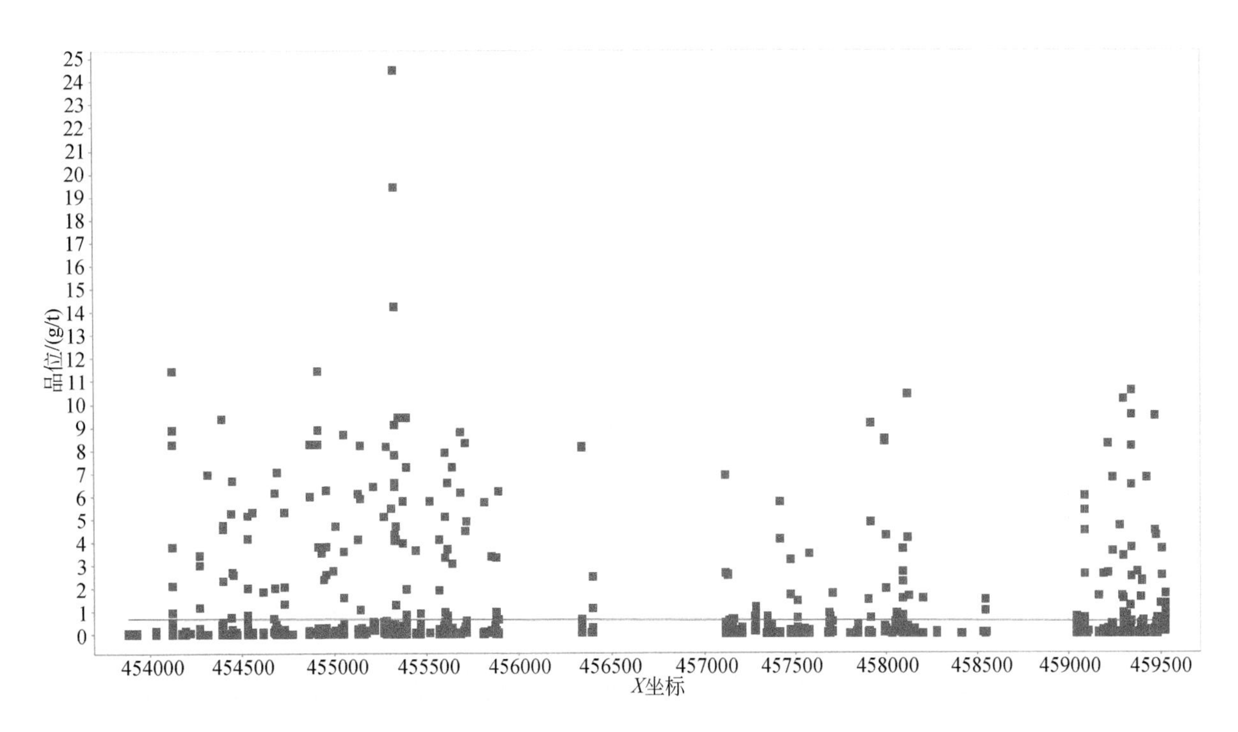

图 6-42　样品品位-X 坐标关系图

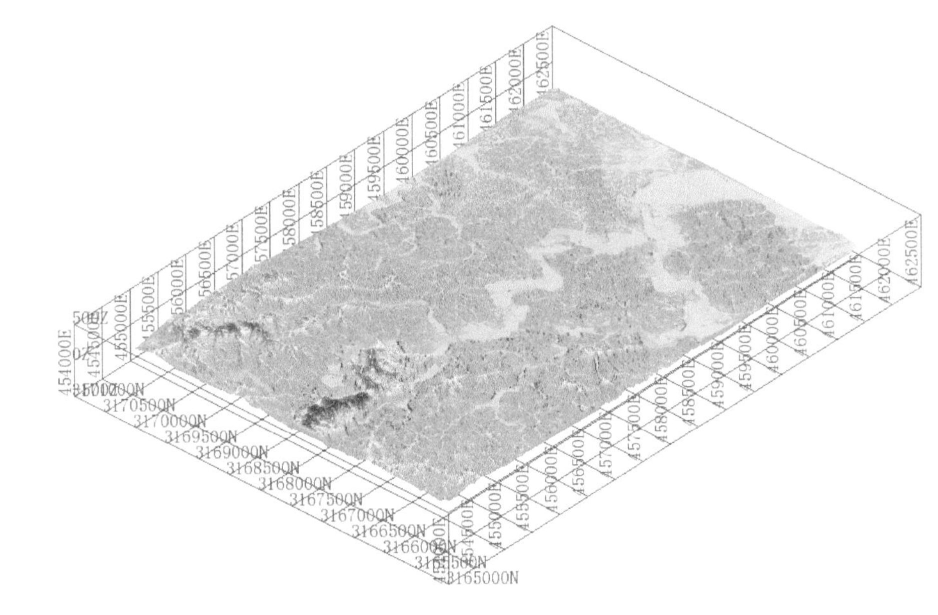

图 6-43　大万金矿区地形模型

4. 三维构造模型

基于所提取的构造定位基准信息，通过平行剖面法构建了大万矿区三维构造模型。从矿区三维构造模型（图 6-47）中可以看出，北西（西）向断裂为含矿构造。

5. 三维岩体模型

根据 5. 2 ~ 5. 3 节地球物理探测成果，通过三维定位转化，并利用克里格方法进行三维插值反演后，推测在研究区东北部 2000m 左右有岩体出露，并根据工作区已知花岗岩的物性值，圈定大万金矿区的深部三维岩体空间形态（图 6-48）。

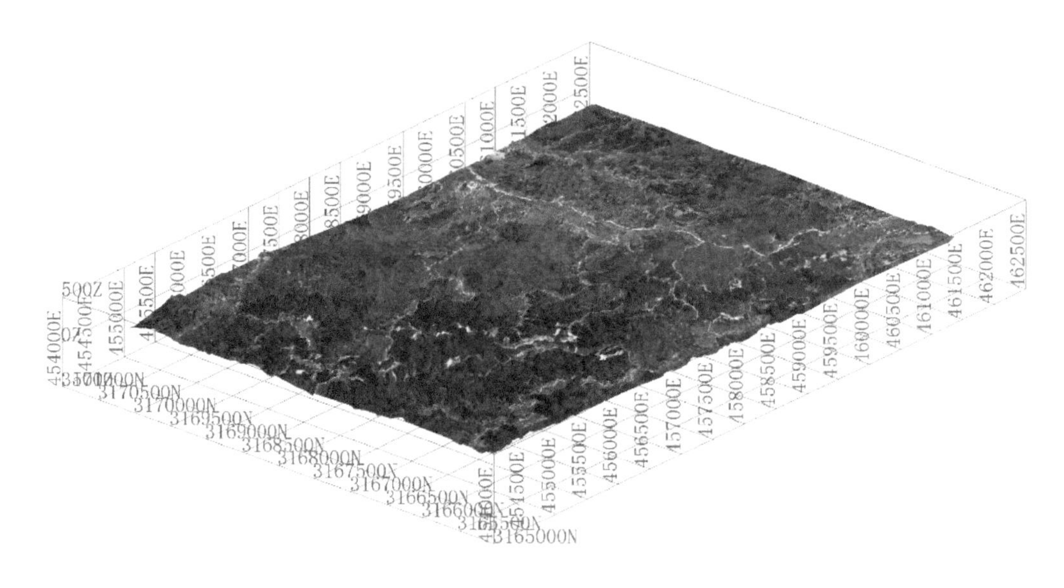

图 6-44　叠加遥感影像的大万金矿区地形模型

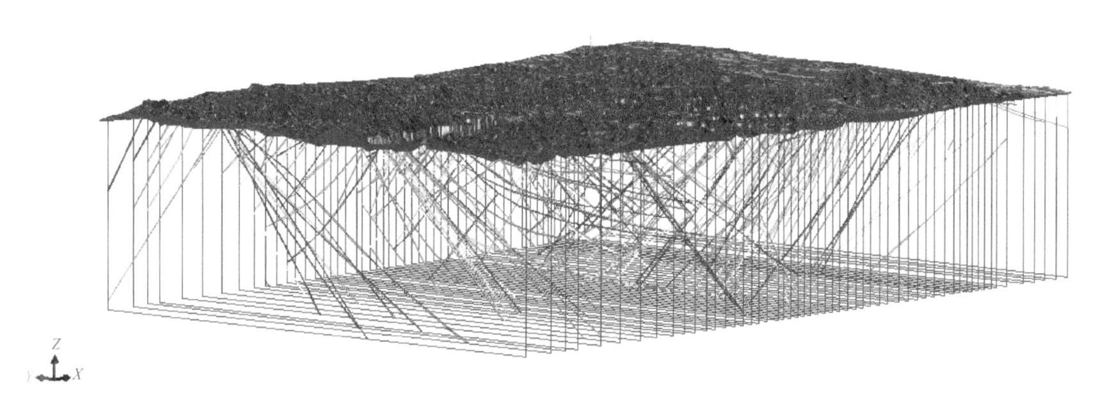

图 6-45　大万金矿区 56 条平行剖面图

6. 三维矿体模型

三维矿体模型的形态（图 6-49）清晰地反映出矿体整体倾向北东，具有向东端、西端及深部延伸的趋势，结合已有样品统计分析结果，表明大万矿区的东部、西部及深部具有很好的成矿前景。

6.7.4　大万矿区三维成矿预测

1. 块体模型建立

大万金矿区金矿体整体倾向北东，并具有向东端、西端和深部延伸趋势。基于钻孔地质数据库，通过样品值与成矿深度、东向坐标的相关性分析发现，已有样品揭露金矿向深部及东、西两端的变化稳定，结合已在大万金矿区东部所完成的 5 条 CSAMT 探测的地质实际（详见 6.3 节），同时结合 13 和 14 号矿脉在地表的空间位置，选定在 13 和 14 号脉的北面、大万金矿区的东边部、物探工作基础好的金井-九岭地区作为预测工作区，建模范围为 X：3166300 ~ 3169300，Y：460700 ~ 463700，并以 5m×5m×5m 的规格，建立包括 103198 个体元在内的块体模型（图 6-50）。

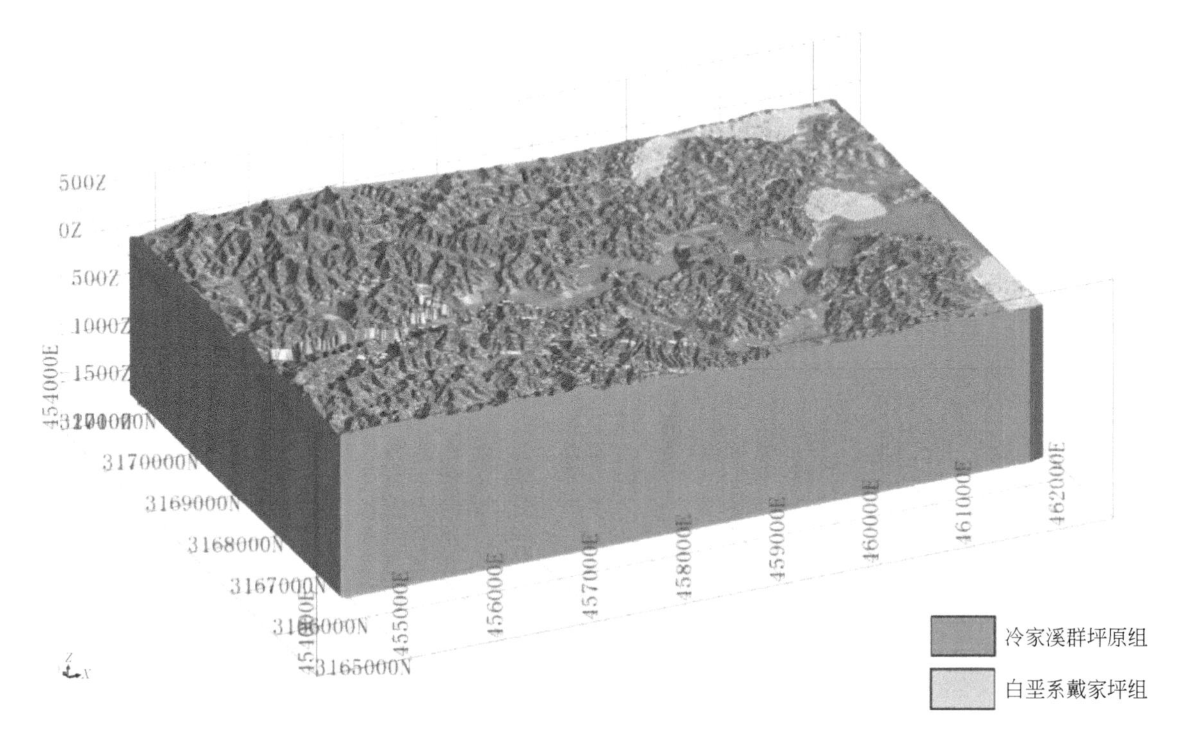

图6-46　大万金矿区地层模型

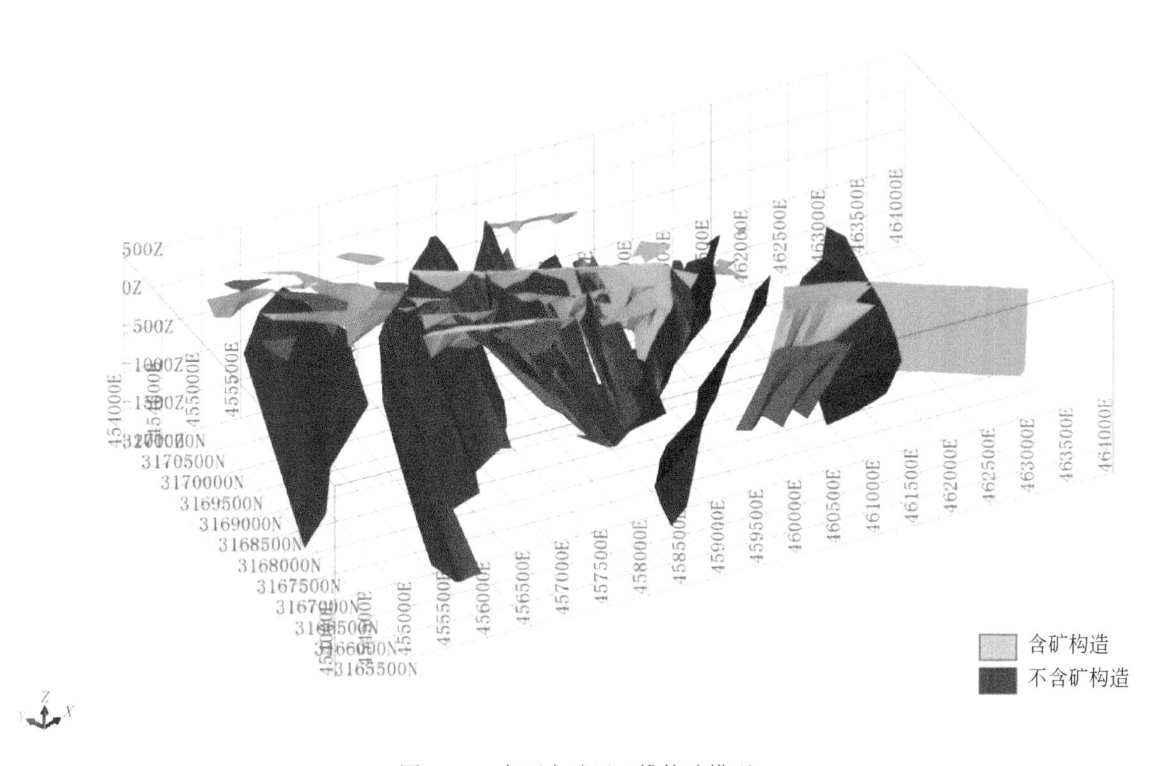

图6-47　大万金矿区三维构造模型

2. 成矿定量预测模型

以大万金矿区成矿模式为指导，建立大万金矿区成矿定量预测模型（表6-25）。

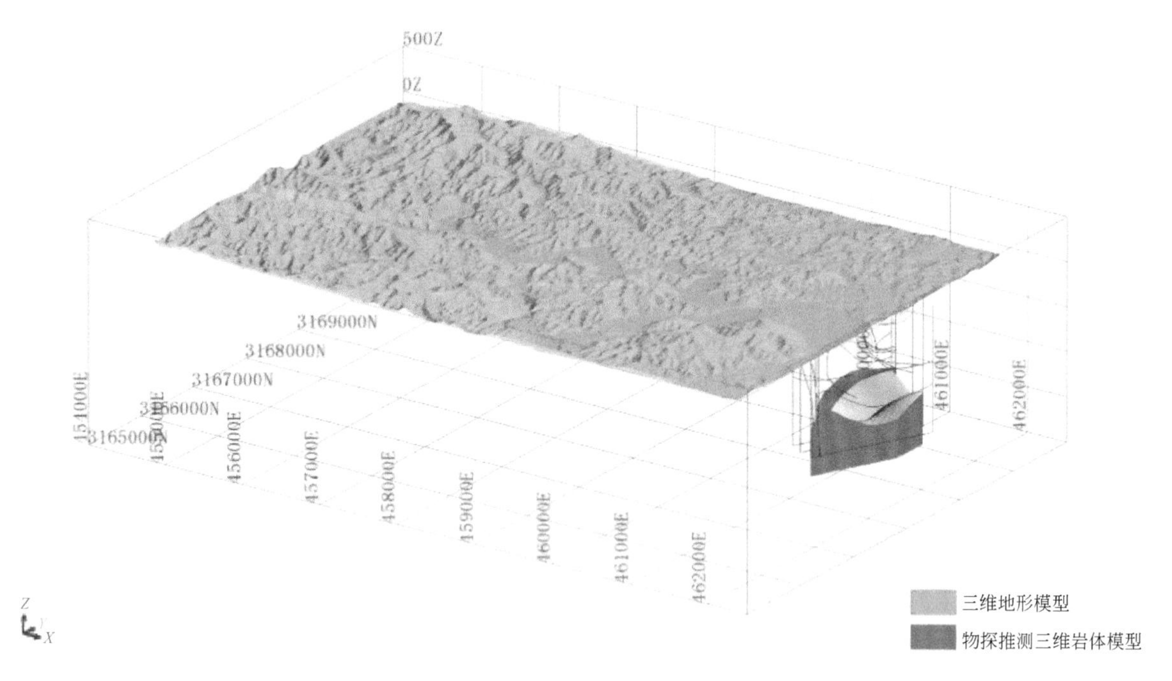

图 6-48　大万金矿区岩体模型

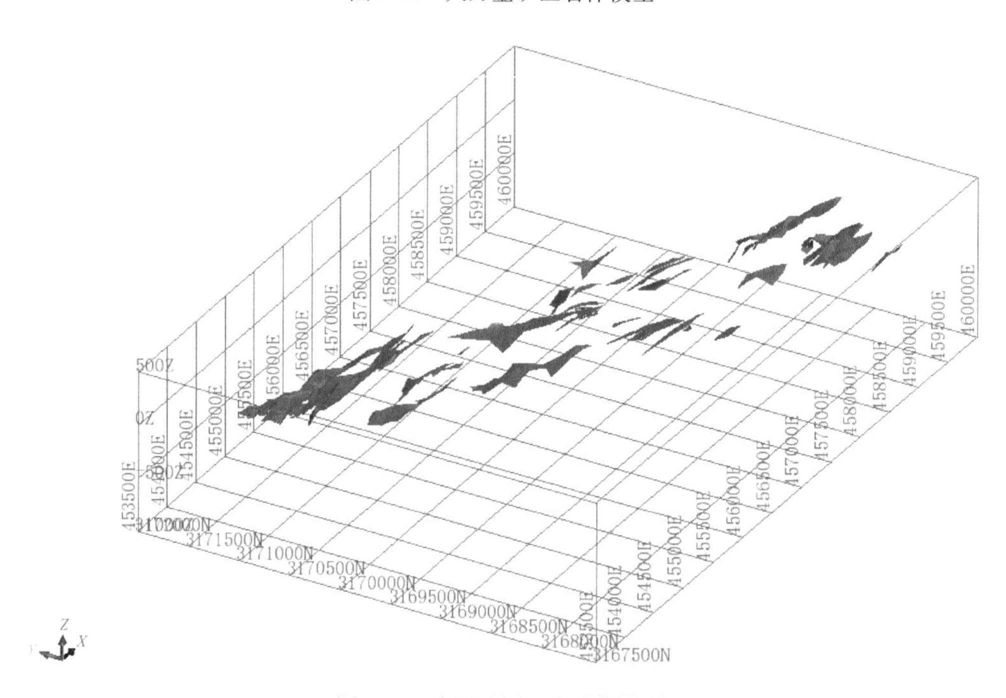

图 6-49　大万矿区三维矿体模型

表 6-25　大万金矿区成矿定量预测模型

控矿要素	成矿预测因子	特征变量	特征值	证据权重
构造	成矿有利构造	成矿有利构造	近东西走向 33、34 号含矿构造深部推断	0.2
物探异常	CSAMT 异常	CSAMT 异常	根据破碎带视电阻率物性值 1500 ~ 3000	0.8

3. 三维成矿预测

利用专家证据权法，在大万矿区的东部，圈定了深部隐伏靶区（图 6-51），其中一级靶区一处，分别位于 750m 左右和 980m 左右，并以此靶区为参考基准，设计了验证钻孔，得到了 2015 年施工的深部钻探

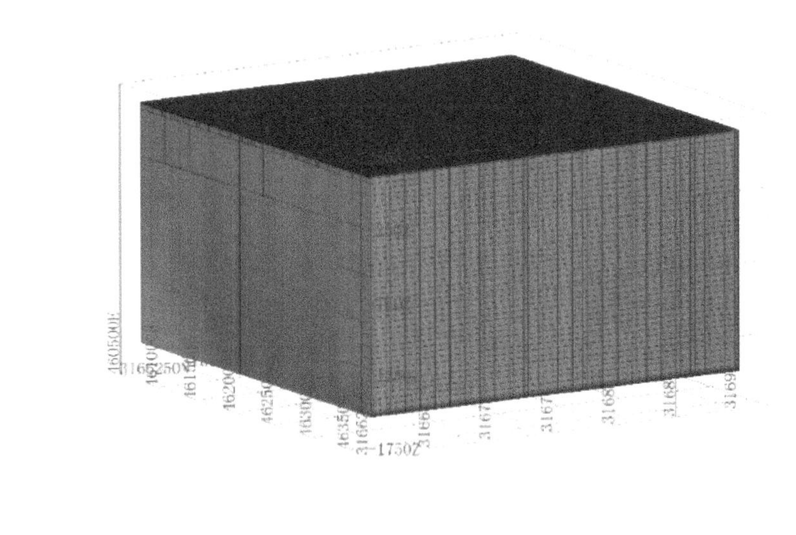

图6-50　选定的大万金矿区预测工作区块体模型

验证（图6-52），充分说明将三维地质建模研究方法应用于成矿预测的可行性，且相对于传统的二维找矿方法更加直观、准确。

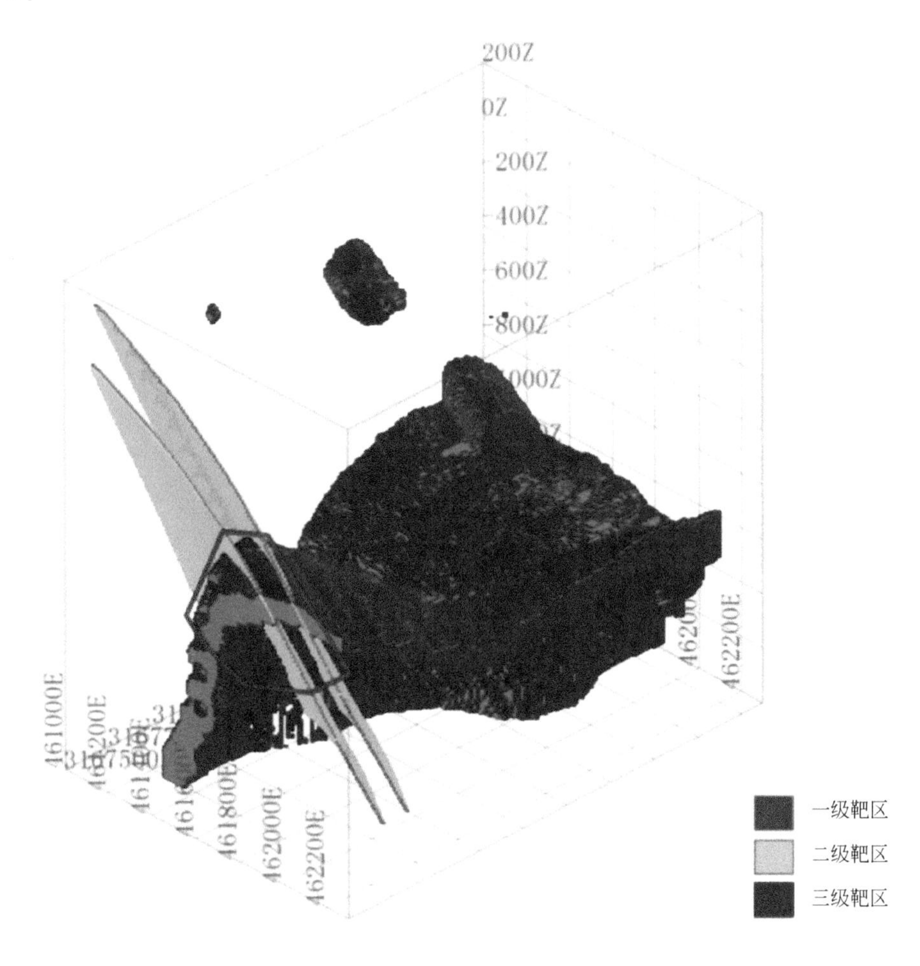

图6-51　大万金矿东部预测靶区

深部推测的矿体与物探异常交叉重合位置，其成矿信息量最大，为一级靶区

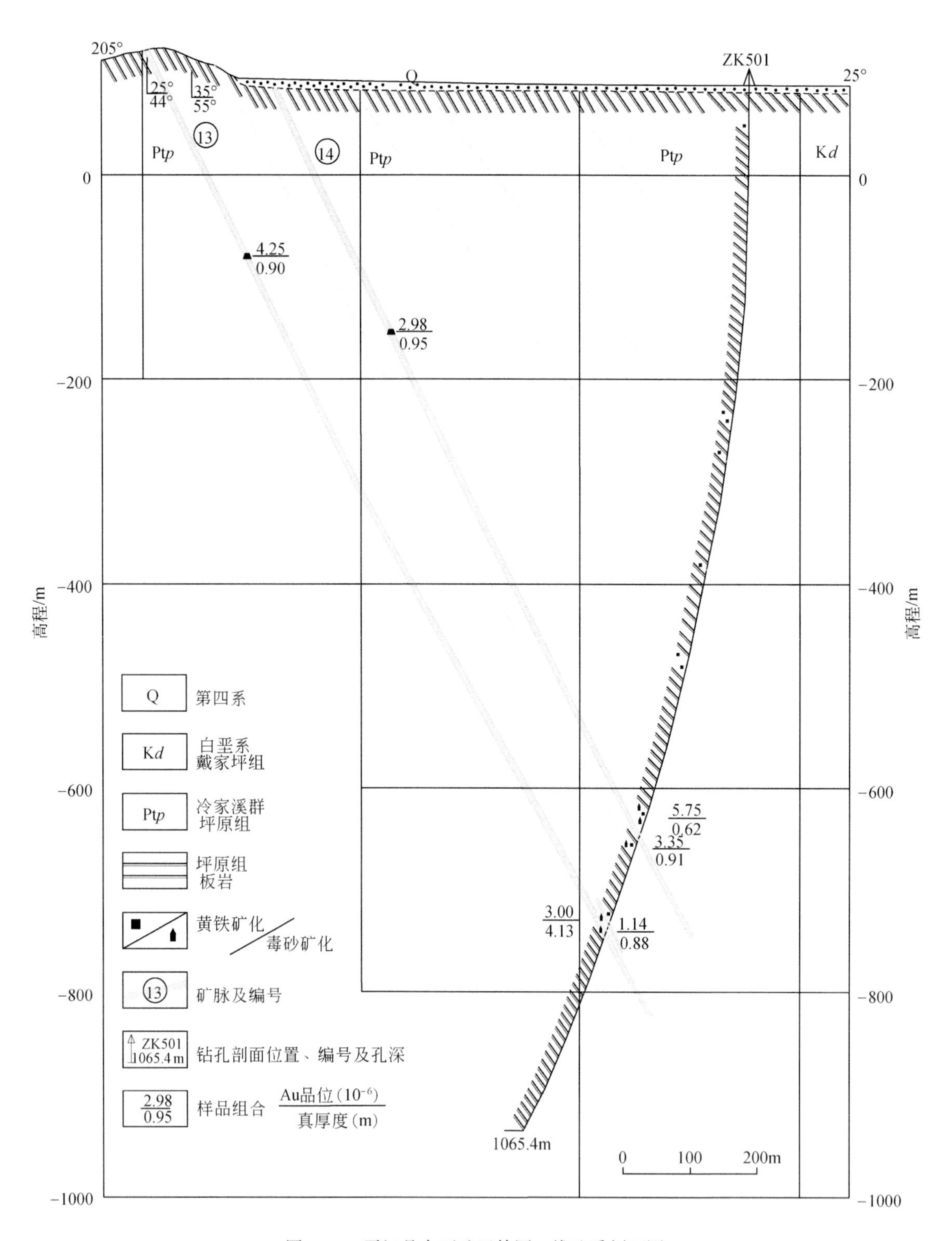

图6-52 平江县大万矿区外围5线地质剖面图

6.8 找矿预测与深部资源潜力评价

在深入研究湘东北地区成矿地质背景的基础上，充分利用地质、地球物理、地球化学、遥感等各种资料，以及控矿因素和成矿机制、成矿规律和时空演化等研究成果，结合成矿模式以及金井-九岭（含连云山）地区和重点矿区的三维地质建模和三维地质找矿预测模型研究，运用“勘查区找矿预测理论和方法”，初步确定了湘东北金、钴矿预测靶区，开展了金、钴资源潜力评价。

6.8.1　金矿资源潜力评价

湘东北地区金矿预测工作区如图 6-53 所示。

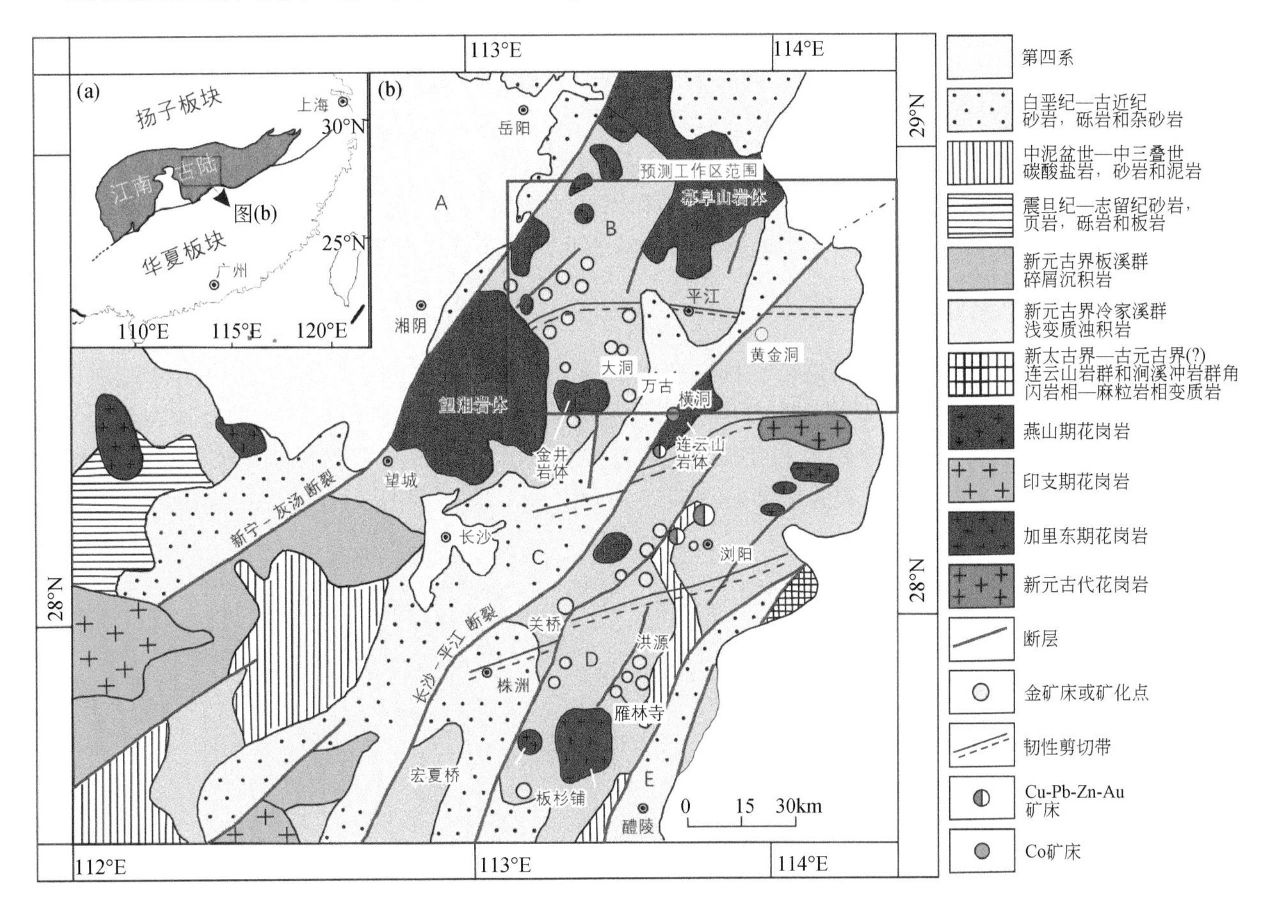

图 6-53　湘东北地区金矿预测工作区范围示意图

A. 汨罗断陷盆地；B. 幕阜山-望湘断隆；C. 长沙-平江断陷盆地；D. 浏阳-衡东断隆；E. 醴陵-攸县断陷盆地

6.8.1.1　成矿要素和预测要素

通过对湘东北地区典型金矿床，即大万金矿床和黄金洞金矿床的研究，确定了成矿要素和预测要素。

1. 成矿要素

（1）构造基底。扬子板块东南缘的江南古陆。

（2）赋矿层位。新元古界冷家溪群坪原组和小木坪组。

（3）控矿构造。北东向的长沙-平江断裂及其两侧的次级北东向和北西（西）向断裂。其中，北东向的长沙-平江断裂为导矿构造，北西（西）向断裂为控矿断裂，次级北东向断裂为成矿后断裂。

（4）成矿地质体。隐伏的燕山期花岗岩岩体。

（5）成矿构造和成矿结构面。北西（西）向断裂构造。

（6）成矿作用特征标志。主要包括黄铁矿化、毒砂化、白钨矿化、辉锑矿化、硅化、褪色化。其中黄铁矿化、毒砂化和硅化与矿化关系密切，叠加蚀变对成矿更为有利。白钨矿出现时，常常伴随有富矿甚至明金。

2. 预测要素

（1）大地构造位置。扬子板块东南缘的江南古陆。

（2）地层。新元古界冷家溪群坪原组和小木坪组。

（3）构造。北东向的长沙-平江断裂及其两侧的次级北东向和北西（西）向断裂，其中，北东向的长沙-平江断裂为导矿构造，北西（西）向断裂为控矿断裂，次级北东向断裂为成矿后断裂。

（4）岩浆岩。出露和隐伏的燕山期花岗岩岩体。

（5）矿化蚀变。黄铁矿化、毒砂化、白钨矿化、辉锑矿化、硅化、褪色化。其中黄铁矿化、毒砂化和硅化与矿化关系密切，叠加蚀变对成矿更为有利。白钨矿出现时，常常伴随有富矿甚至明金。

（6）化探水系沉积物测量异常。Au、As、Sb、Hg 元素组合。

（7）物探异常。航磁正异常、稳定的低重力场和深部地层的局部强磁异常为隐伏岩体的标志。北西西向的羽状航磁异常带和可控源音频大地电磁法所揭露的北西西向低阻带为金矿的物探找矿标志。

6.8.1.2　预测单元划分

在确定预测要素的基础上，选用地层、构造、水系异常和重砂异常四个要素，运用 MRAS 软件对预测单元进行了初步划分。地层要素和构造要素为必要要素，水系异常要素和重砂异常要素为重要要素，因此在运算时，将地层要素和构造要素求交集，将水系异常要素和重砂异常要素求并集，两者的运算结果再求交集（图 6-54）。运算后得到的结果如图 6-55 所示。

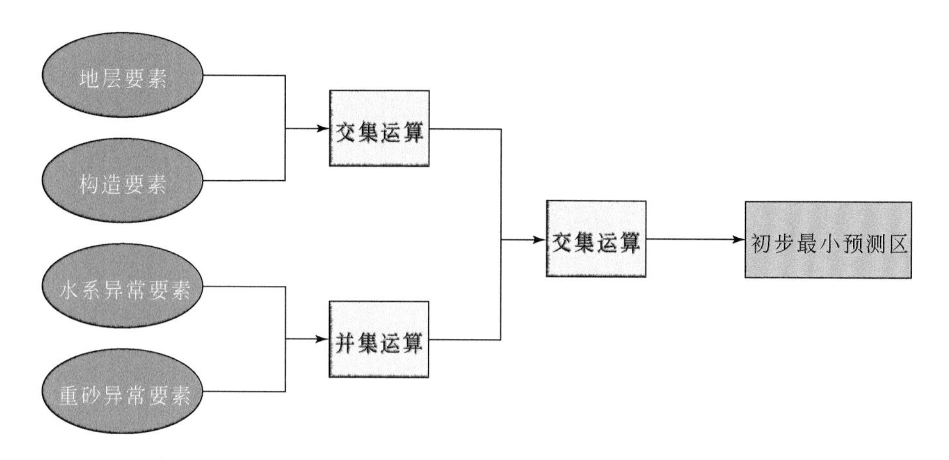

图 6-54　MRAS 最小预测区运算过程示意图

在建模器圈定的初步预测区的基础上，结合矿化蚀变情况以及湖南省地质矿产勘查开发局四〇二队在本地区的实际勘查工作成果，对初步预测区进行了适当的合并、拆分及补充，人工圈定了各预测单元的范围（图 6-56）。

6.8.1.3　最小预测区优选

在划分预测单元的基础上，运用地层、构造、矿点、黄铁矿化、毒砂化、辉锑矿化、白钨矿化、硅化、褪色化、水系综合异常、金重砂异常 11 个预测要素，通过特征分析法，对预测单元进行优选。大万和黄金洞金矿床分别位于长沙-平江深大断裂带的上盘和下盘，且两者的勘查程度均比较高。由于长平断裂带下盘仅划分了一个预测单元（黄金洞预测单元），本次仅对断裂带上盘的预测单元进行优选（图 6-56）。

1. 预测要素及其组合的数字化、定量化

预测要素及其组合的定量化是开展矿产资源定量预测的重要环节之一。预测要素常常是概念性的，为了预测单元划分和定量化预测的需要，预测要素必须进行数字化和定量化。

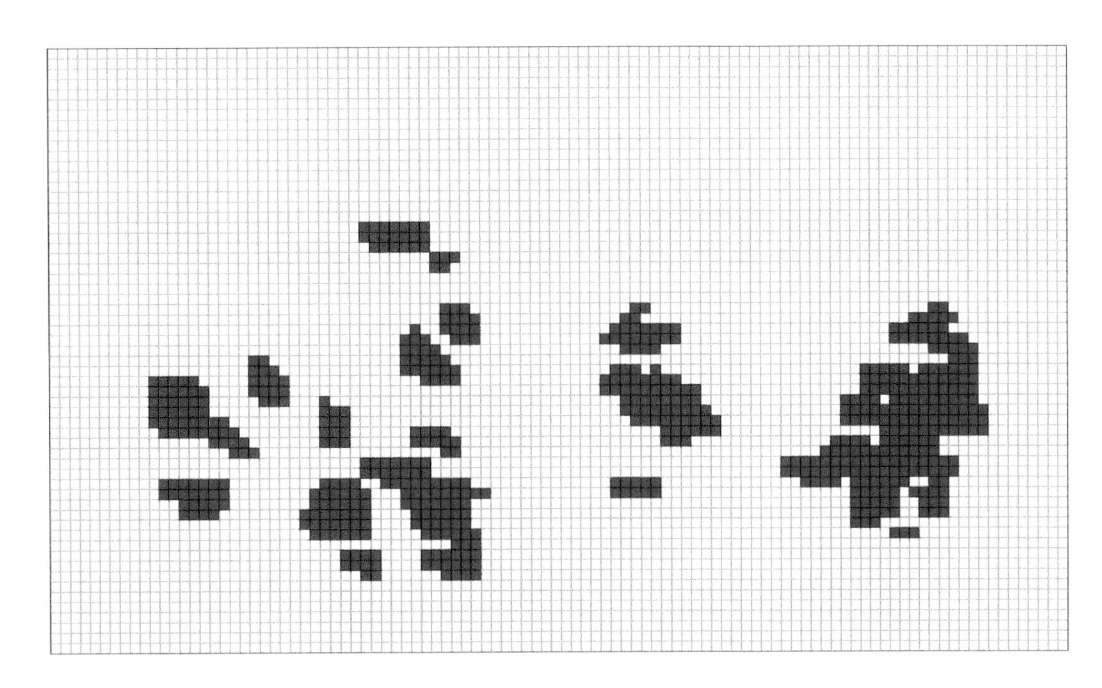

图 6-55　湘东北地区金矿初步预测区色块图

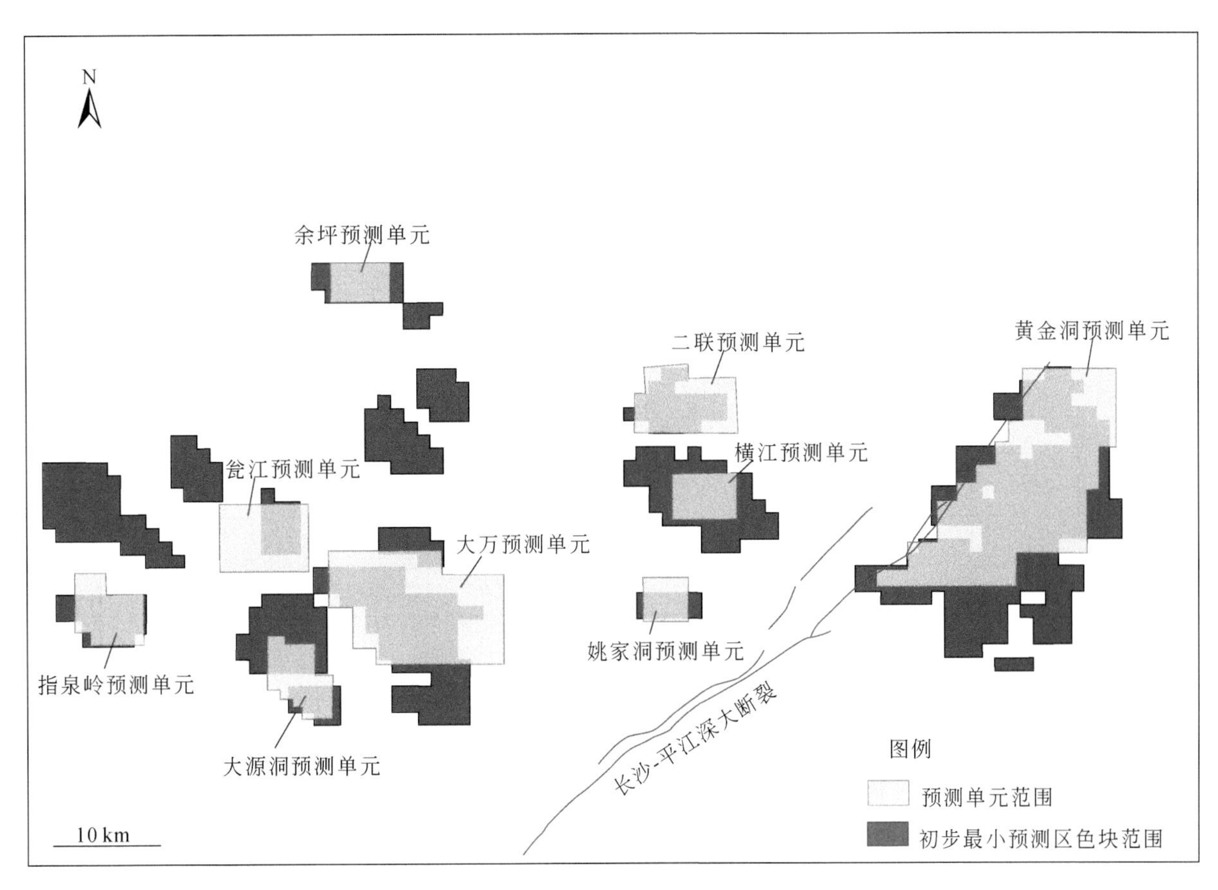

图 6-56　湘东北地区金矿预测单元分布图

红色边界为人工圈定的预测单元，蓝色部分为 MRAS 圈定的预测区色块

对于断裂带上盘的预测单元，首先在 MRAS 软件中对各预测要素提取了存在标志（表 6-26）。接着，

在 MRAS 软件中对各个预测要素进行了数字化和定量化，其二值化后的结果见表 6-27。对于各矿床（点）图元，根据其规模由小到大分别赋予属性 1 ~ 5，分别对应矿化点、矿点、小型、中型、大型。

表 6-26　湘东北金矿变量属性一览表

序号	变量名称	图层属性	变量提取	变量意义	备注
1	矿点	点图元	存在标志	有无已知矿床（点）	
2	北西向、北西西向、近东西向构造缓冲带（缓冲带宽度 25.6m）	面图元	存在标志	赋矿构造	
3	新元古界青白口系黄浒洞组、小木坪组和坪原组	面图元	存在标志	赋矿地层	
4	黄铁矿化	面图元	存在标志	矿化	
5	毒砂化	面图元	存在标志	矿化	
6	辉锑矿化	面图元	存在标志	矿化	
7	白钨矿化	面图元	存在标志	矿化	
8	硅化	面图元	存在标志	蚀变	
9	褪色化	面图元	存在标志	蚀变	
10	水系综合异常	面图元	存在标志	水系异常	
11	金重砂异常	面图元	存在标志	金重砂异常	

表 6-27　湘东北金矿变量属性二值化结果

序号	矿点要素存在标志	白钨矿化要素存在标志	地层要素存在标志	毒砂化要素存在标志	硅化要素存在标志	黄铁矿化要素存在标志	辉锑矿化要素存在标志	水系综合异常要素存在标志	褪色化要素存在标志	金重砂异常要素存在标志	构造要素存在标志
1	1	0	1	1	1	1	0	1	1	0	0
2	0	0	1	0	0	0	0	1	0	0	1
3	1	0	1	0	0	1	0	1	0	0	1
4	1	1	1	1	1	1	1	1	1	1	1
5	1	0	1	1	1	1	0	1	1	1	0
6	1	0	1	0	1	1	0	1	0	1	1
7	1	0	1	0	1	1	0	0	1	0	0
8	1	0	1	0	0	1	0	0	0	0	1

2. 预测单元划分及变量初步优选

变量的二值化结束之后，通过选择定位预测变量的方法（相似系数法），确定各预测变量的权重值大小，通过设置阈值对预测变量进行初步的优选，保留权重值较大的变量。如图 6-57 所示，由于各个变量对于预测该类型矿床均显示出比较重要的特征，变量在其重要性上没有表现为有明显的拐点出现，因此变量的阈值设置为 0.5，保留所有的变量。

通过构造预测模型然后使用平方和法（即矢量长度法）计算出各预测变量的标志权系数如表 6-28 所示。设定阈值为 0，保留所有变量。

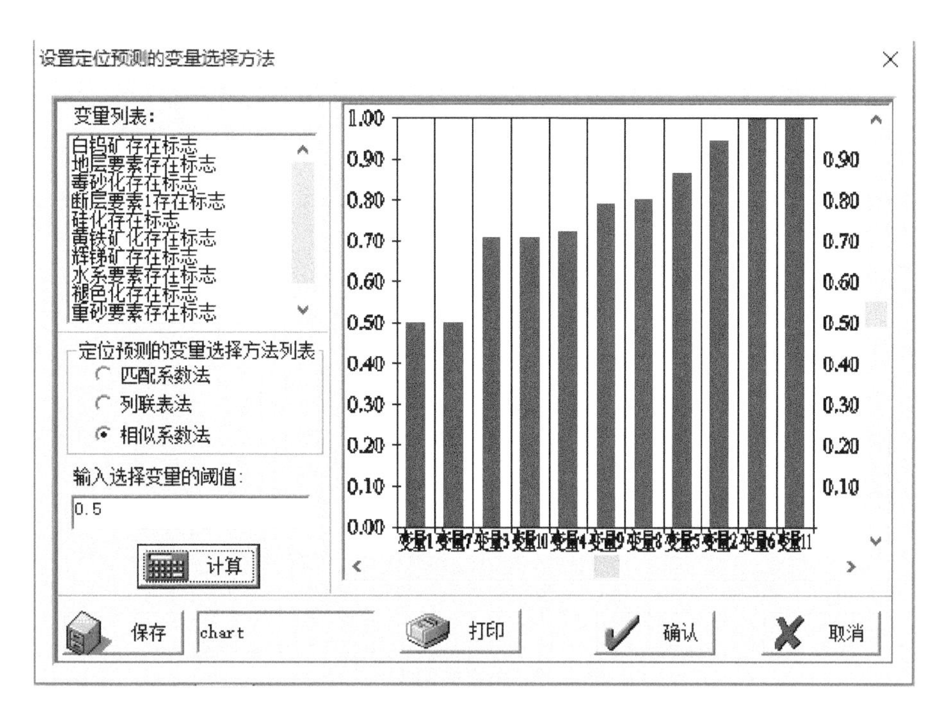

图 6-57　湘东北地区金矿变量初步优选图

表 6-28　预测变量标志权系数一览表

序号	变量名称	标志权系数
1	矿点要素存在标志	0.371612
2	白钨矿化要素存在标志	0.161835
3	地层要素存在标志	0.371612
4	毒砂化要素存在标志	0.288675
5	硅化要素存在标志	0.288675
6	黄铁矿化要素存在标志	0.371612
7	辉锑矿化要素存在标志	0.161835
8	水系综合异常要素存在标志	0.371612
9	褪色化要素存在标志	0.288675
10	金重砂异常要素存在标志	0.288675
11	构造要素存在标志	0.248807

根据预测模型得出的预测变量的权重，使用回归方程计算各预测单元的成矿概率，并制作成矿概率的曲线图，如图 6-58 所示。

根据成矿概率的大小对预测单元进行优选。在靶区分类点和阈值的选择上面，必须通过不断的尝试才能最终确定，但是对成矿概率曲线（图 6-58）上具明显拐点的成矿概率应尽量使用。优选阈值的选择不能过高或者过低。如果选择过低，则会导致最终的靶区数量太多，不能很好地反映成矿的分布；而如果阈值选择过高，则会导致最终的靶区数量太少，漏掉一些成矿有利的地段。在曲线图上将阈值以下的区去掉，保留阈值以上的区，最后用 3 个分类点将保留下来的预测单元分为 3 级，每一级用不同的颜色表示。本次将曲线的三个拐点设置为阈值，最终的选取结果如下：成矿概率小于 1.140970（关联度 0.50）的预测单元，我们认为其成矿条件不利，目前认为是不成矿区，先去掉。再将成矿概率大于等于 2.623574（关联度 0.87）的预测单元划分为 A 类，用红色表示；成矿概率为 1.900576（关联度 0.62）到

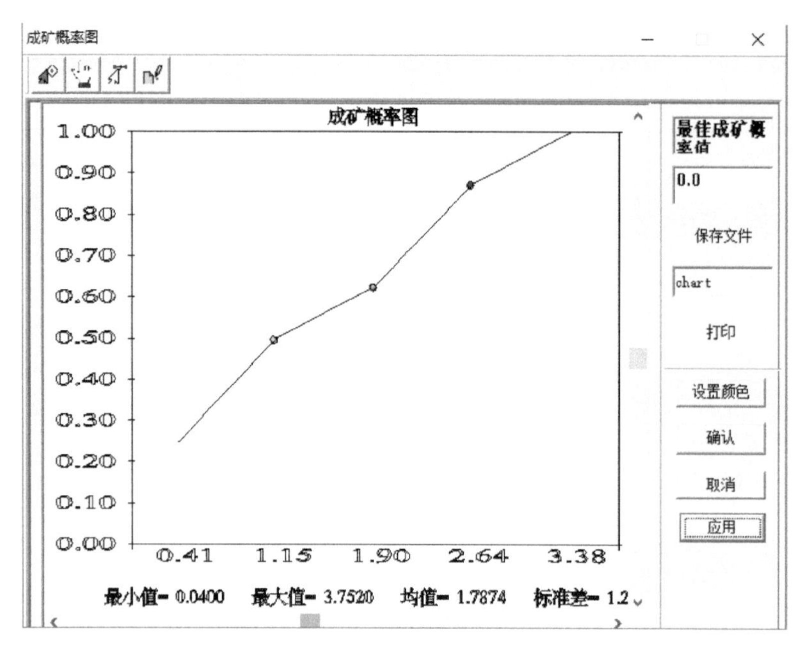

图 6-58　成矿概率曲线图

2.623574（关联度 0.87）之间的预测单元划分为 B 类，用粉红色表示；成矿概率为 1.140970（关联度 0.50）到 1.900576（关联度 0.62）之间的预测单元划分为 C 类，用蓝色表示。本次通过计算机优选，最终圈定了 6 个最小预测区，其中 A 类预测区 2 个，B 类预测区 2 个，C 类预测区 2 个，如图 6-59 所示。二联预测单元和横江预测单元因成矿概率小于 1.140970 而被删除。各最小预测区的关联度及成矿概率如表 6-29所示。

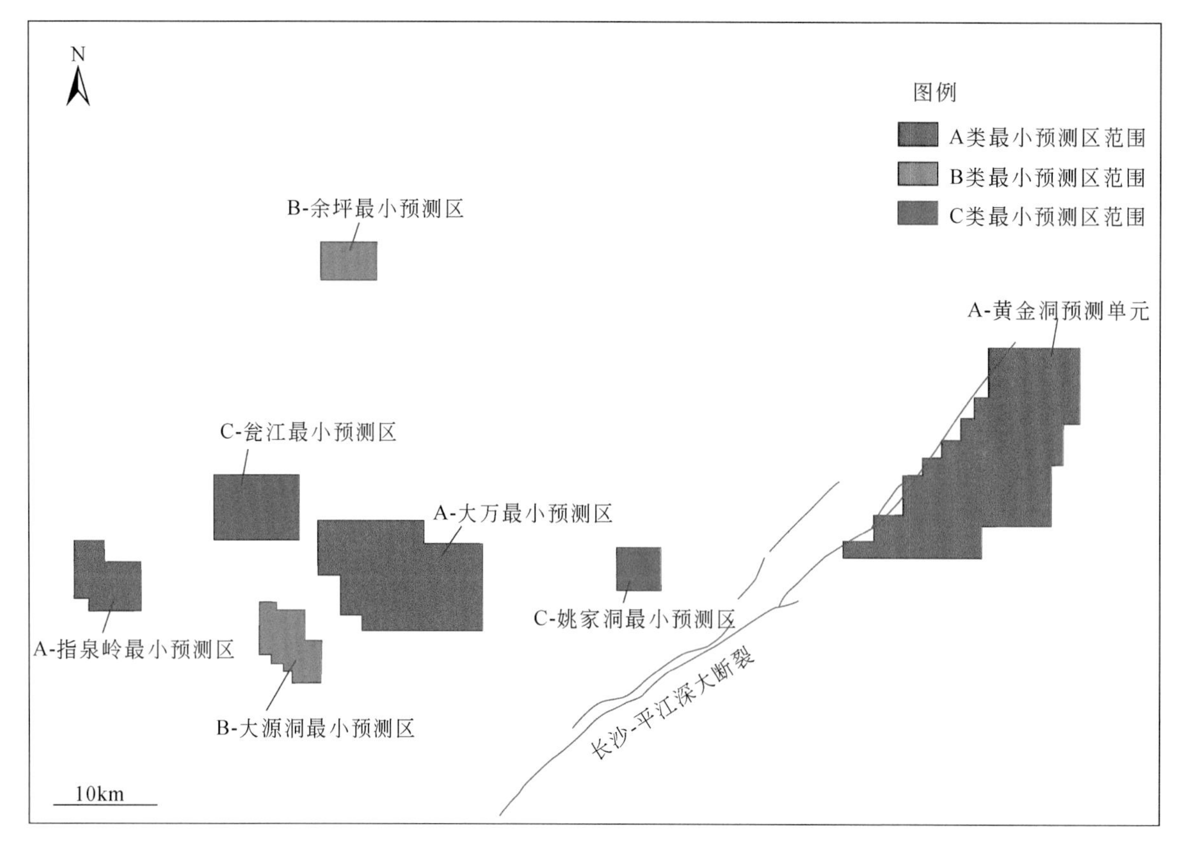

图 6-59　湘东北地区金矿最小预测区优选成果图

表 6-29　湘东北地区金矿最小预测区成矿概率表

序号	最小预测区名称	关联度	成矿概率
1	A-大万最小预测区	1.00	3.75
2	A-指泉岭最小预测区	0.82	2.80
3	B-余坪最小预测区	0.73	2.31
4	B-大源洞最小预测区	0.72	2.25
5	C-瓮江最小预测区	0.54	1.28
6	C-姚家洞最小预测区	0.53	1.21

6.8.1.4　资源量定量估算

预测区资源量定量计算采用地质体积法，通过计算模型区内单位体积的含矿率，再根据各预测区的关联度、面积、预测深度进行资源量定量计算，计算公式如下：

$$Q=K\times S\times L\times M$$

式中，Q 为预测资源量；K 为关联度；S 为预测区面积；L 为预测深度；M 为含矿率。

经计算，湘东北地区 7 个最小预测区 333 类以上及 334 类金资源量共计 1158.8t（图 6-60、表 6-30）。各最小预测区概况及资源量预测过程如下。

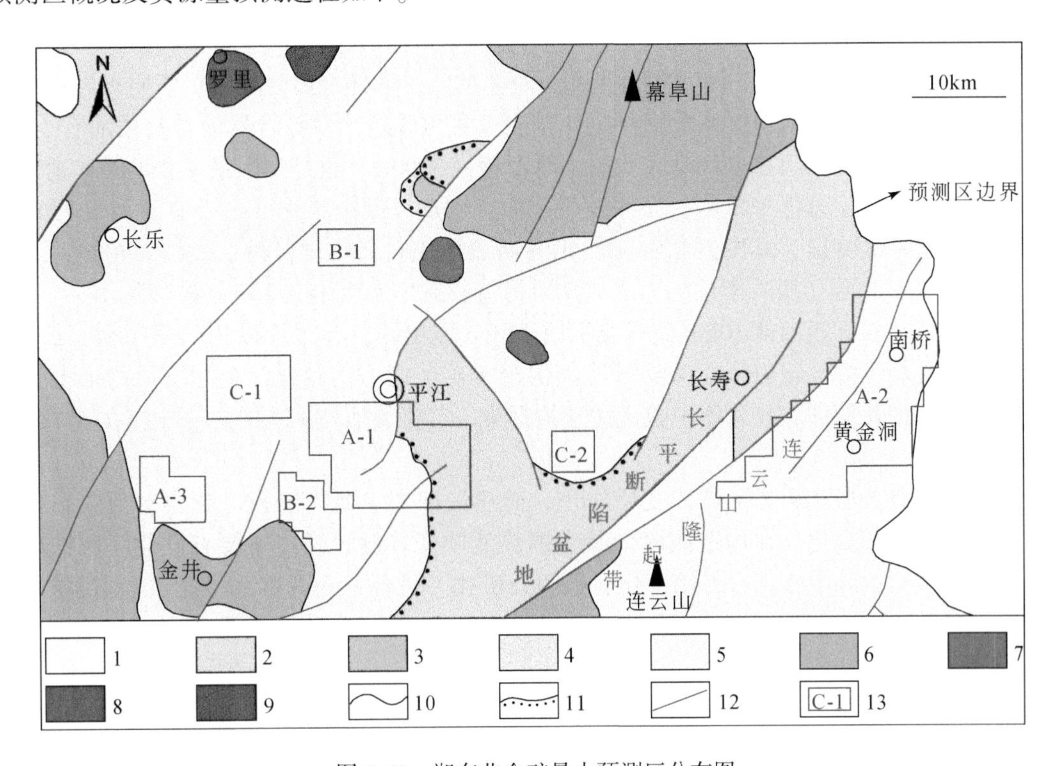

图 6-60　湘东北金矿最小预测区分布图

1. 第四系；2. 白垩系—新近系；3. 震旦系—志留系；4. 板溪群；5. 冷家溪群；6. 燕山早期二长花岗岩；7. 加里东期斜长花岗岩；8. 加里东期花岗闪长岩；9. 雪峰期斜长花岗岩；10. 地层界线；11. 地层不整合界线；12. 实测、推测断层；13. 最小预测区范围及代号

表 6-30　湘东北地区金矿最小预测区金资源量表　（单位：t）

序号	最小预测区代号	最小预测区名称	333 类及以上资源量	334 类资源量	总资源量
1	A-1	大万最小预测区	150.2	365.6	515.8
2	A-2	黄金洞最小预测区	38.7	406.3	445.0

续表

序号	最小预测区代号	最小预测区名称	333 类及以上资源量	334 类资源量	总资源量
3	A-3	指泉岭最小预测区		55.8	55.8
4	B-1	余坪最小预测区		28.1	28.1
5	B-2	大源洞最小预测区		42.6	42.6
6	C-1	翁江最小预测区		54.3	54.3
7	C-2	姚家洞最小预测区		17.2	17.2
总计			188.9	969.9	1158.8

1. 大万最小预测区（A-1）（模型区）

1）预测区特征

大万预测区位于幕阜山-望湘断隆与长沙-平江断陷盆地镶接部位，地理坐标：$X=3167\sim3176$，$Y=19744\sim19757$，面积 87km^2。区内地质工作程度和研究程度较高，大部分地区已达到详查程度，矿床类型为受断裂控制的中-低温热液脉型金矿床。区内已探明大型金矿 4 处（万古、大洞、江东、大塘冲），中型金矿三处（团家洞、金盆岭等），另外探明小型金矿多处，如大南、金盆岭、大源、张花、张家洞、尧皋等。这些金矿绝大多数受发育于冷家溪群坪原组板岩、粉砂质板岩地层中的北西西向基底构造控制，目前金矿体最大控制深度达 2091.35m，深边部具有巨大的找金潜力。

（1）地质环境

矿区出露地层主要为新元古界冷家溪群坪原组（图 6-61），岩性主要为板岩、砂质板岩，局部含条带状板岩、石英砂岩，北东部出露白垩系戴家坪组，岩性主要为砂岩、砂砾岩，沟谷及坡地有少量第四系。其中广泛出露的冷家溪群坪原组是本区基底地层，厚度超过 3000m，也是本区最重要的赋矿地层。

矿区褶皱不发育，岩层总体呈单斜，局部发生挠曲，构造以断裂为主，主要有北西（西）向和北东向两组，均具多期次活动特征，其中：北西（西）向断裂形成时代较早，为主要控矿构造；北东向断裂呈近等距分布，常错断北西（西）断层，为成矿期后构造，对早期矿体有一定的破坏作用。

区内未发现岩体，在其西南部 10km 处有燕山期金井岩体出露，为中深成相的壳源型二云母（二长）花岗岩。根据重磁资料推测，该岩体在深部可能倾伏于本矿区之下。此外，金井岩体的稀土元素特征与石英脉型金矿有一定的相似性，且岩体中微量元素的富集、贫化特征与矿区的金矿化存在着一定联系。

（2）蚀变与矿化

矿区冷家溪群岩石普遍经历了区域浅变质作用，而热液蚀变主要为绢云母化，次为弱硅化及少量绿泥石化、黄铁矿化和碳酸盐化。在构造破碎带及旁侧热液蚀变普遍较强，主要有硅化、黄铁矿化、毒砂化、绢云母化，含金石英脉中常伴有方铅矿化、铁闪锌矿化。另外，在万古 9 号脉、江东 14 号矿脉局部还见辉锑矿化、白钨矿化，部分围岩具褪色化。金矿化与硅化、黄铁矿化、毒砂化关系密切。

（3）物化探异常特征

预测区西部金井一带重力异常表现为明显的圈闭重力低异常特征，异常中心幅值为$-56\times10^{-5}\,m/s^2$，异常轴线走向为近东西向，呈不规则状，环岩体异常呈梯级带特征，反映金井花岗岩岩体在深部往大万方向有延伸。

区内化探异常具有明显的浓集中心。1∶5 万水系沉积物测量表明本区有多种元素组合异常重叠吻合，异常总体呈北西向展布，主要元素组合为 Au、As、Sb、Hg、Ag、Mn 等。异常明显可分为东、西两个浓集中心。西部浓集中心元素组合为 Au、As、Hg，Ag、Au 异常强度大（最高含量为 540×10^{-9}），划分出Ⅰ、Ⅱ、Ⅲ三个浓度带，异常面积达 3.88km^2，与罗家塘-大洞金矿吻合度高。东部浓集中心元素组合为 Sb、As、Hg、Au，Au 异常出露面积小，强度低，但 Sb、As 异常强度较高，面积大，该异常与团家洞-大万金矿吻合度高。

通过对采自江东 14 号脉矿体及矿化带原生晕样品进行测试，并对各元素衬度值和构造叠加晕分布特

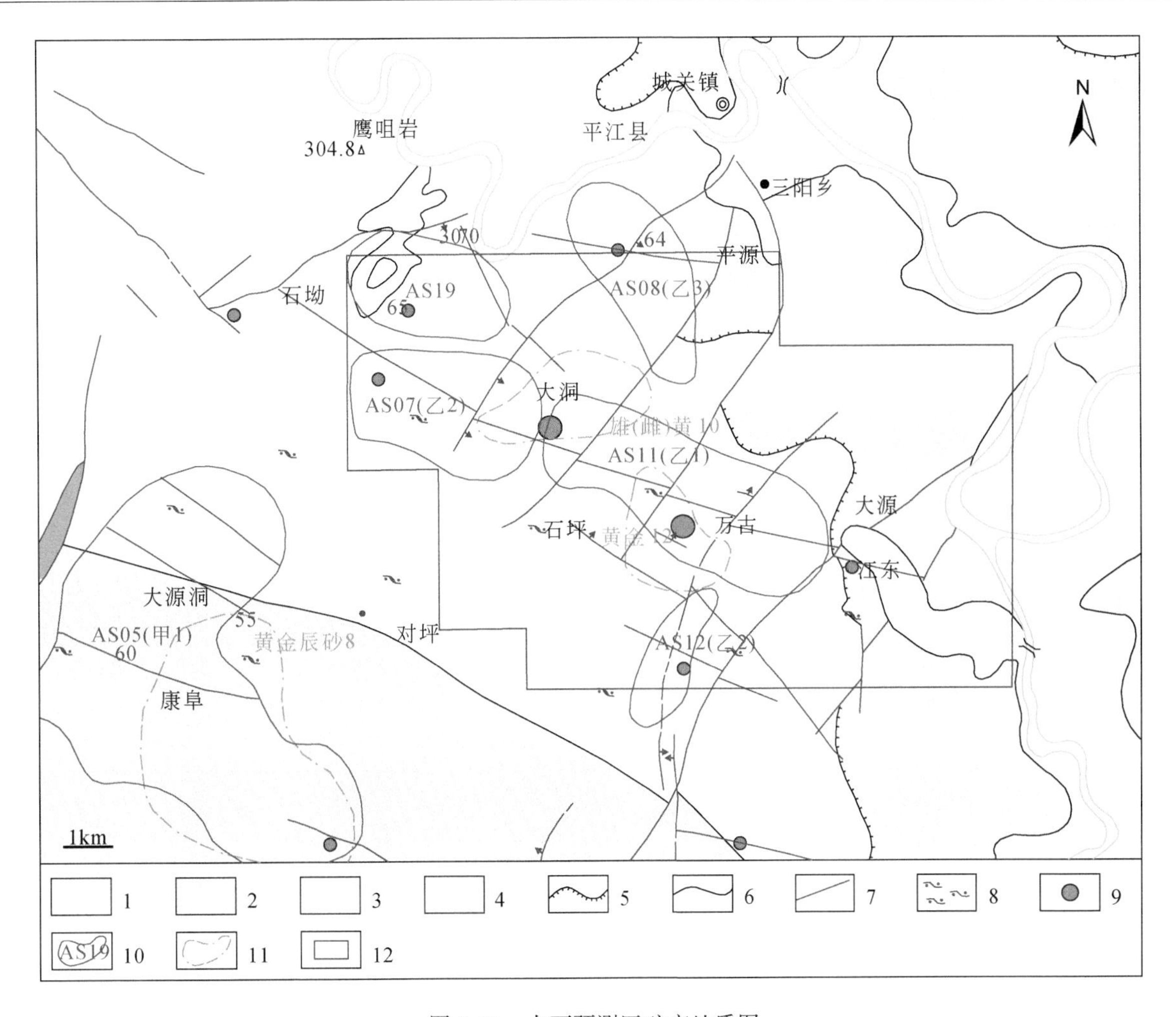

图6-61 大万预测区矿产地质图

1. 第四系；2. 白垩系；3. 冷家溪群坪原组；4. 冷家溪群小木坪组；5. 实测、推测地质界线；6. 实测、推测不整合地质界线；7. 实测、推测断层；8. 韧性变形剪切带；9. 金矿点；10. 综合异常范围及编号；11. 重砂异常及编号；12. 预测区范围

征研究表明：大万金矿指示元素为Au-Cu-Pb-Zn-W-As-Sb-Mo，其中前缘晕特征指示元素为As、Sb，近矿特征指示元素为Au、Cu、Pb、Zn，尾晕特征指示元素为W、Mo。对矿体剖面及各元素构造叠加晕分布特征的研究表明，前晕元素As、Sb在-1130～-200m均有中带及内带分布；Au元素的叠加晕内带集中在矿体中部，由矿体中部向两侧含量逐渐降低，中带和外带连续性较好，且外带向深部延伸大，尾晕元素W、Mo异常较弱，局部还叠加有Pb、Zn、Cu异常，暗示大万金矿具有多个成矿阶段叠加，且前缘晕元素（As、Sb）从-1130～-200m一直存在中带及内带异常，而尾晕元素异常较弱甚至未出现，因此，大万金矿主矿体往深部还有较大延伸。之后施工的钻孔ZK808在1900m控制到14号脉，进一步佐证了该推测。

（4）重砂异常

区内发育两个重矿物异常：金甲寺雄（雌）黄异常位于大洞金矿西北侧，面积约3.8km^2，21个样点中有19个见雄（雌）黄，其中Ⅰ级含量样10个，Ⅱ级含量样6个，Ⅲ级含量样1个，Ⅳ级含量样2个，伴生重矿物有铅矿物、黄金、辰砂、锡石等，异常中叠加有小的铅矿物异常和黄金点异常；白荆垄黄金异常与大万金矿吻合，面积约3.2km^2，4个样点中都见有黄金，其中Ⅰ级含量样3个，Ⅱ级含量样1个。伴生有辰砂、白钨矿、雄雌黄、锡石等。

2）资源量估算

（1）探明资源量

模型区地质工作程度高，基本达到详查程度，探明资源量可依据最新勘查报告、核实报告进行准确统计，区内各矿储量及平均控制深度见表 6-31，探明金资源总量为 150. 2t，所统计资源量绝大部分已备案，部分为已控制但未上表。

表 6-31　大万模型区探明金资源储量汇总表

区块	矿区	金属量/kg	平均控制深度/m	所属主矿脉号	备案情况
大万模型区	大南金矿	4355	650	20-1	已上表
	江东金矿	36118	850	14、13	已上表
	大万金矿	30005	800	2、8	已上表
	万鑫金矿	3267	450	1、2	已上表
	大源金矿	1124	450	5	已上表
	金盆岭金矿	14525	900	5、8	部分未上表
	张花金矿	1005	300	F	已上表
	团家洞金矿	14631	500	20-2	部分未上表
	大洞金矿	17024	500	20-1	已上表
	摇钱坡金矿	2376	500	14、8	已上表
	大塘冲金矿	25797	1200	14、13	未上表
合计		150227			

（2）远景资源量

远景资源量的统计对象主要为模型区内金矿体的深边部延伸，目前区内主矿体最大控制深度为 1900m（14 号脉），因此，预测底界取值 2000m，有较高的置信度。通过研究模型区地质特征和矿体赋存规律，发现占据大万金矿 90% 以上储量的 20-1、20-2、2、8、14 号 5 条主脉在走向上大致连续，各矿脉之间因受成矿期后北东向断层破坏而稍有错位，但错距不大，一般为 50～300m。因此，本次将这几条主矿脉还原至同一投影图上（图 6-62），通过估算其 2000m 以浅的远景资源量，可以代表模型区的总体远景资源量。估算方法：依据已知矿体的空间分布、厚度、品位、资源量等信息，再结合深部钻孔见矿信息，来推测深部矿体综合信息，再运用成矿标志模型–地质特征分析法及算术平均法进行远景资源量定量计算。通过计算，大万模型区 2000m 以浅控制的资源量为 147. 7t（不含小矿体及部分小脉），远景资源量为 365. 6t。

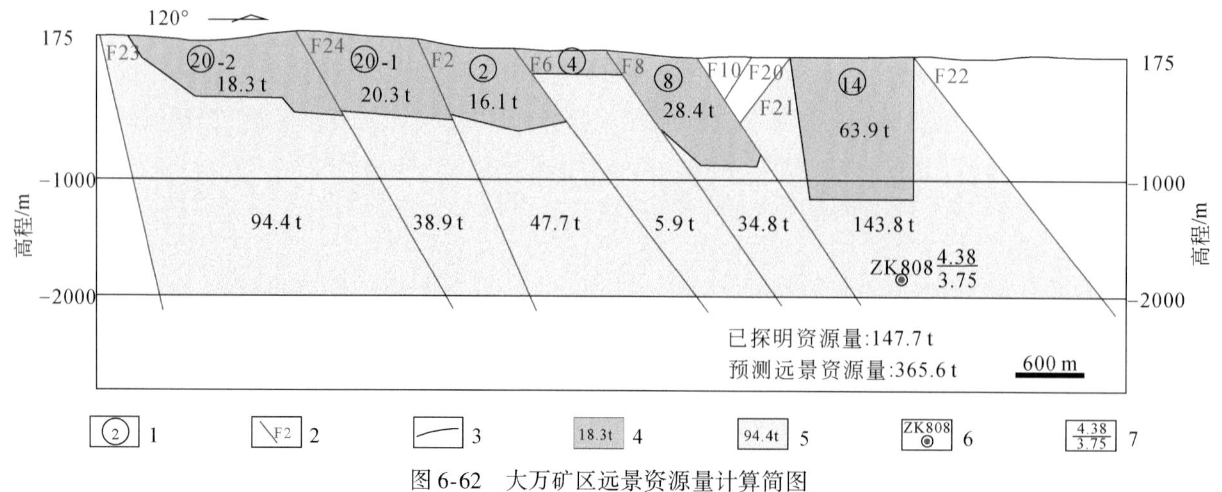

图 6-62　大万矿区远景资源量计算简图

1. 金矿体编号；2. 北东向断层；3. 矿体露头线；4. 工程控制范围及资源量；5. 预测范围及资源量；6. 最深钻孔见矿位置；7. 品位（g/t）/厚度（m）

大万预测区总面积 87km²，2000m 以浅总资源潜力为 515.8t，综合含矿率 2.96t/km³。

2. 黄金洞最小预测区（A-2）（模型区）

1）预测区特征

黄金洞预测区位于九岭（浏阳-衡阳）隆起与长沙-平江断陷盆地镶接部位，黄金-胆坑复式向斜北部倒转翼，地理坐标：$X=3173\sim3190$、$Y=19786\sim19798$，面积 157km²。该预测区矿床成因类型及控矿特征与大万金矿相似，区内已发现大型金矿 1 处、中小型金矿 7 处、金矿点 10 处，矿脉产于冷家溪群坪原组、小木坪组中，主要受近东西向、北西西向断裂控制，研究区综合信息表明区内具有很大的找矿潜力。

（1）地质环境

预测区出露地层主要为新元古界冷家溪群坪原组、小木坪组（图 6-63），岩性主要为板岩、粉砂质板岩，局部含条带状板岩、变质砂岩，均为赋矿层位。

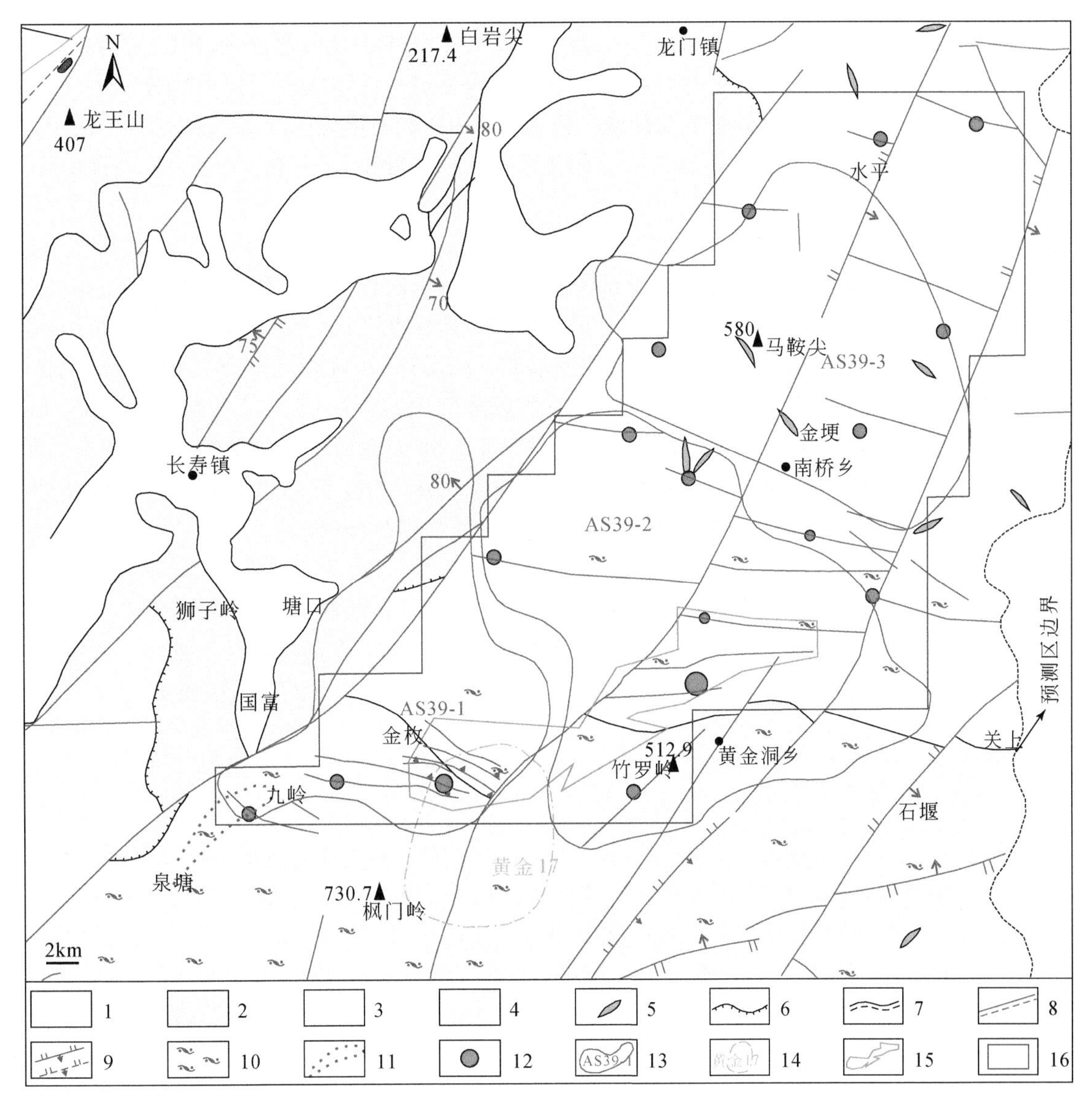

图 6-63　黄金洞预测区矿产地质图

1. 第四系；2. 白垩系；3. 冷家溪群坪原组；4. 冷家溪群小木坪组；5. 石英脉；6. 实测、推测不整合地质界线；7. 实测、推测地质界线；8. 性质不明实测、推测断层；9. 实测、推测逆断层；10. 韧性变形剪切带；11. 热变质区；12. 金矿点；13. 综合异常范围及编号；14. 重砂异常及编号；15. 模型区范围；16. 预测区范围

区内褶皱、断裂发育。褶皱主要由一系列轴向近东西的复式倒转向（背）斜组成，断裂构造极为发育，主要有近东西向、北西（西）和北东向三组：近东西及北西（西）向断裂形成时代较早，性质为压扭性，是主要控矿断裂。北东向断裂至少可划分为三期，形成较早的一期规模较小，部分含矿；最晚的一期为成矿期后断层，规模较小但对矿体有一定的破坏作用；中间一期为区域性大断裂，如贯穿全区的泥湾断裂、坑上断裂，这期断裂与金成矿的关系暂未查明，从泥湾断裂局部具金矿化推测，该组断裂在成矿作用中可能起导矿或配矿作用。

区内没有岩浆岩出露，但是在黄金洞水库之东北部，通过在快鸟卫星图上解释发现，有一个清晰的环形构造存在，其间还有近东西向线形构造发育。环形构造主要与岩体有关，此影像反映深部可能有岩浆岩存在。另外在矿区西南方向约20km处有燕山早期连云山黑云母二长花岗岩出露。

（2）蚀变与矿化

区内围岩蚀变普遍，属区域变质类型和裂隙式热液蚀变类型两种，主要有硅化、绢云母化、绿泥石化、碳酸盐化、高岭石化等。裂隙式热液蚀变主要发生在含矿脉带中及两侧，有硅化、碳酸盐化、绢云母化、毒砂、黄铁矿化等。围岩蚀变引起岩石的颜色、结构构造、矿物成分、化学成分发生变化，蚀变无明显的分带现象，它们往往在破碎带的两侧或一侧和矿脉带中同时出现，蚀变带宽度3～5m，与正常围岩呈渐变关系。金矿化与黄铁矿化、毒砂化、硅化关系密切，矿脉中若伴有白钨矿化、辉锑矿化，则金也相对较富集。

（3）物化探异常特征

模型区西南部布格异常表现为重力低值异常带特征，主要反映连云山岩体的存在，连云山重力低异常分为东西两部分：西侧异常幅值为$-54\times10^{-5}m/s^2$，总体走向为北西向，呈不规则块状展布；东侧异常幅值为$-52\times10^{-5}m/s^2$，总体走向为东西向，呈条带状展布，暗示连云山岩体在深部往黄金洞方向延伸。

根据1：5万水系沉积物测量成果，区内分布一个规模巨大的Au、As、Sb、W、Mo、Bi、Cu、Pb、Zn（AS39）甲1综合异常，面积达$148.6km^2$，其中Au、As、Sb元素异常基本遍布全区，套合性非常好，异常强度非常高，其含量峰值：Au为5907×10^{-9}，As为2957×10^{-6}，Sb为85.0×10^{-6}，三级浓度分带且浓集中心面积大。该异常与区内的黄金洞大型金矿及周边多个金矿点吻合度高。

（4）重砂异常

根据1：5万三市-嘉义幅重砂测量结果，本区位于金枚黄金异常（甲）的北东部，异常面积约$7.5km^2$，30个样点中有22个见自然金，其中Ⅰ级含量样12个，Ⅱ级含量样4个，Ⅲ级含量样2个，Ⅳ级含量样4个。伴生重矿物有白钨矿、毒砂、锡石、铅矿物、雄（雌）黄等，异常北部叠加有白钨矿及毒砂异常，与模型区金枚金矿吻合度高。

2）资源量估算

（1）模型区内资源量

预测区中部黄金洞金矿范围内有$25km^2$区块地质工作程度高，基本查清了矿脉（体）的分布及资源量，本次将其列为模型区，通过计算模型区内资源量及含矿率，再进行整个预测区的远景资源量计算。

通过分析区内勘查及储量核实报告，各矿脉资源量及控制情况见表6-32，由此可见，模型区内资源量主要分布于1号、202号、3号主矿脉，约占全区的90%，但主要矿脉如1号、202号矿脉沿走向仍未封闭，有扩大规模的潜力，已控制的资源量不能代表模型区总资源量。为合理计算模型区资源总量，需估算模型区内的远景资源量部分，其计算方法为：依据已控制主要矿体的综合信息对主矿体进行适当外推，再采用算术平均法进行定量计算，外推底界统一取值1000m，计算结果同表6-27。模型区1000m以浅探明金金属资源量为38.7t、远景资源量为21.2t，合计59.9t，面积$25km^2$的综合含矿率为$2.39t/km^3$。

（2）预测区资源量

预测区主要位于模型区深部及外围，综合信息特征与模型区高度相近，但考虑到外围地区工作程度较低，通过专家权重分析，关联度取0.6较为合理。预测区面积$147km^2$，依据模型区综合含矿率为$2.39t/km^3$计算，2000m以浅（不含模型区）远景资源量为385.1t。

表6-32　黄金洞模型区资源量计算表

预测区	矿脉编号	探明资源量	远景资源量
黄金洞	1	0～600m：4.7t	600～1000m：3.1t
	202	0～530m：11.6t	530～1000m：7.1t
	3	0～900m：18.4t	900～1000m：7.0t
	其他	0～500m：4.0t	500～1000m：4.0t
合计		38.7t	21.2t

经定量计算，黄金洞预测区远景资源总量为445.0t，综合信息矿产统计预测结果，属A类成矿远景区，资源潜力巨大。

3. 指泉岭最小预测区（A-3）

预测区位于金井岩体北东部指泉岭—铁罗洞一带，地理坐标：$X=3169\sim3174$，$Y=19724\sim19729$，面积23km^2。找矿综合信息标志明显，有利于寻找大万式构造破碎带型金矿床。

1）预测区特征

（1）地质环境

预测区出露地层为新元古界冷家溪群坪原组和小木坪组，其中坪原组为主要赋金地层，小木坪组为重要赋金地层（图6-64）。

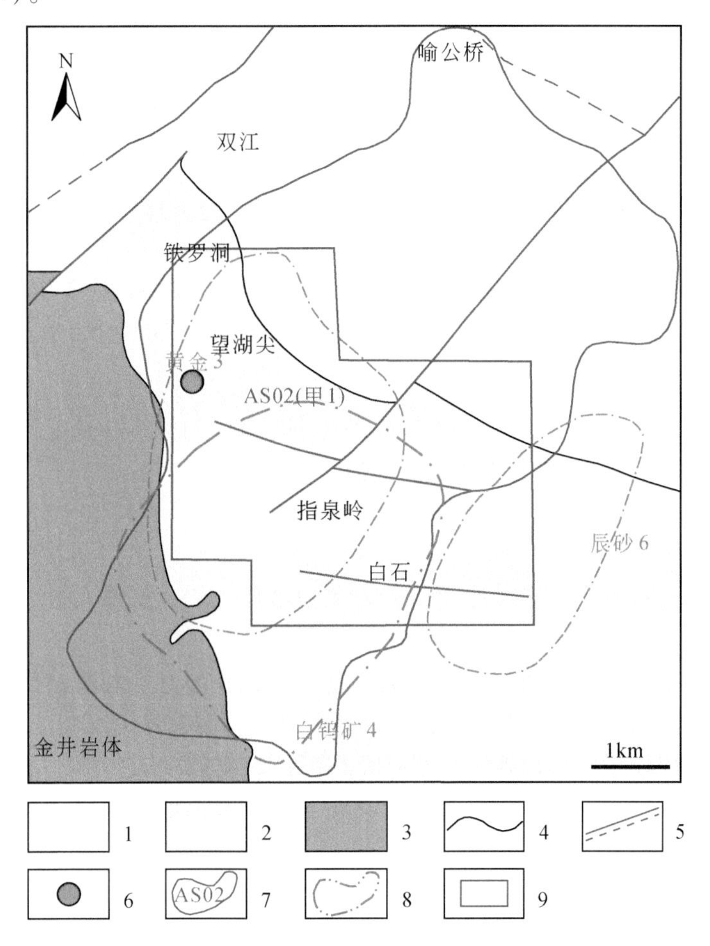

图6-64　指泉岭预测区矿产地质图

1. 冷家溪群坪原组；2. 冷家溪群小木坪组；3. 晚侏罗世二长花岗岩；4. 实测、推测地质界线；5. 性质不明实测、推测断层；6. 金矿点；7. 综合异常范围及编号；8. 重砂异常及编号；9. 预测区范围

断裂系统由一组北西西向断裂和一组较晚的北东向断裂构成，其特征与大万模型区极为相似，发育于基底中的北西西向断裂形成时间早，与金成矿关系极密切，是重要的控矿构造。

西南部出露有金井花岗岩体，该岩体的稀土元素特征与石英脉型金矿有一定的相似性，且岩体中微量元素的富集、贫化特征与本区金矿化存在着一定联系。

（2）矿产概况

区内发现有铁罗洞和指泉岭两处金矿点，以往开展过预查工作，地表发现多条含金矿脉带，类型多为石英脉型，受北西西向和北东向断裂破碎带控制，初步查明的厚度 0.51 ~ 6.27m，金品位 0.75 ~ 2.15g/t。

（3）蚀变与矿化

区内蚀变分布广、种类多，且较强烈。主要有硅化、绢云母化、黄铁矿化、褐铁矿化、绿泥石化等，与岩体接触的围岩具片岩化、云英岩化、角岩化蚀变，其中硅化、黄铁矿化与金矿化关系密切。

（4）物化探异常特征

预测区重力异常轴向北西，面积 2.1km×1.5km，背景值 0nT，$\Delta T_{max}=6nT$，$\Delta T_{min}=-3nT$，反映金井岩体在深部向本预测区延伸。

1：5 万水系沉积物测量结果显示，本区位于综合异常 AS02（甲 1）西南部，异常总体呈不规则状，面积超过 $50km^2$，主要元素组合为 Au、Ag、As、Sb、Hg、W、Bi、Mo、Ni 等，均具Ⅲ级浓度带，并以 Au、Ag、W 三种元素异常强度高，分布面积大，浓集中心明显，相互套合好为特征（图 6-65）。该综合异常与指泉岭金矿点吻合好。

（5）重砂异常

区内重砂异常与化探异常重叠发育，且相互套和较好，分布有指泉岭黄金（3 号）甲类、白石尖白钨矿（4 号）甲类、岭脚里辰砂（6 号）乙类重砂异常，黄金（3 号）甲面积约 $6.5km^2$，52 个样点中有 42 个见黄金，其中Ⅰ级 32 个，Ⅱ级含量样 4 个，Ⅲ级含量样 3 个，Ⅳ级含量样 3 个。伴生重矿物有白钨矿、锡石、重晶石、铌钽矿物、铍矿物等，异常与化探综合异常吻合良好（图 6-65）。

2）资源量估算

本预测区成矿地质条件与大万金矿相似，综合含矿率参照大万模型区的 $2.96t/km^3$，预测面积 $23km^2$，关联度为 0.82，因工作程度低，预测深度取 1000m，计算的远景资源量为 55.8t。

4. 余坪最小预测区（B-1）

预测区位于幕阜山岩体西侧余坪乡一带，地理坐标：$X=3195\sim3198$，$Y=19744\sim19749$，面积 $13km^2$。综合信息标志明显，成矿条件与大万金矿类似。

1）预测区特征

（1）地质环境

预测区出露地层为新元古界冷家溪群坪原组板岩、粉砂质板岩、变质粉砂岩等，坪原组是区域最重要的赋金地层（图 6-66）。

区内发育北西向、北东向、北西西向三组断裂构造，北西向新屋–南坡源断裂为一条区域性压扭断裂，贯穿整个预测区；北东向断裂发育有 5 条，大致等距分布，形成时代较晚；北西西向断裂构造在本区较发育，该组断裂形成时代较早，与金矿化关系密切，是主要的含矿构造。

预测区东侧出露有幕阜山燕山早期陆壳改造型花岗岩体，根据前人研究，该岩体与本区金成矿有密切的成因联系。

（2）矿产概况

湖南省地质矿产勘查开发局四〇二队在区内开展过异常查证工作，在大坡里一带发现金矿脉两条，产于北西西向断裂破碎带中，赋矿地层为冷家溪群坪原组板岩、粉砂质板岩，控制长度 200 ~ 500m 不等，厚度 0.80 ~ 4.20m 不等，金品位 $0.2\times10^{-6}\sim43.8\times10^{-6}$。

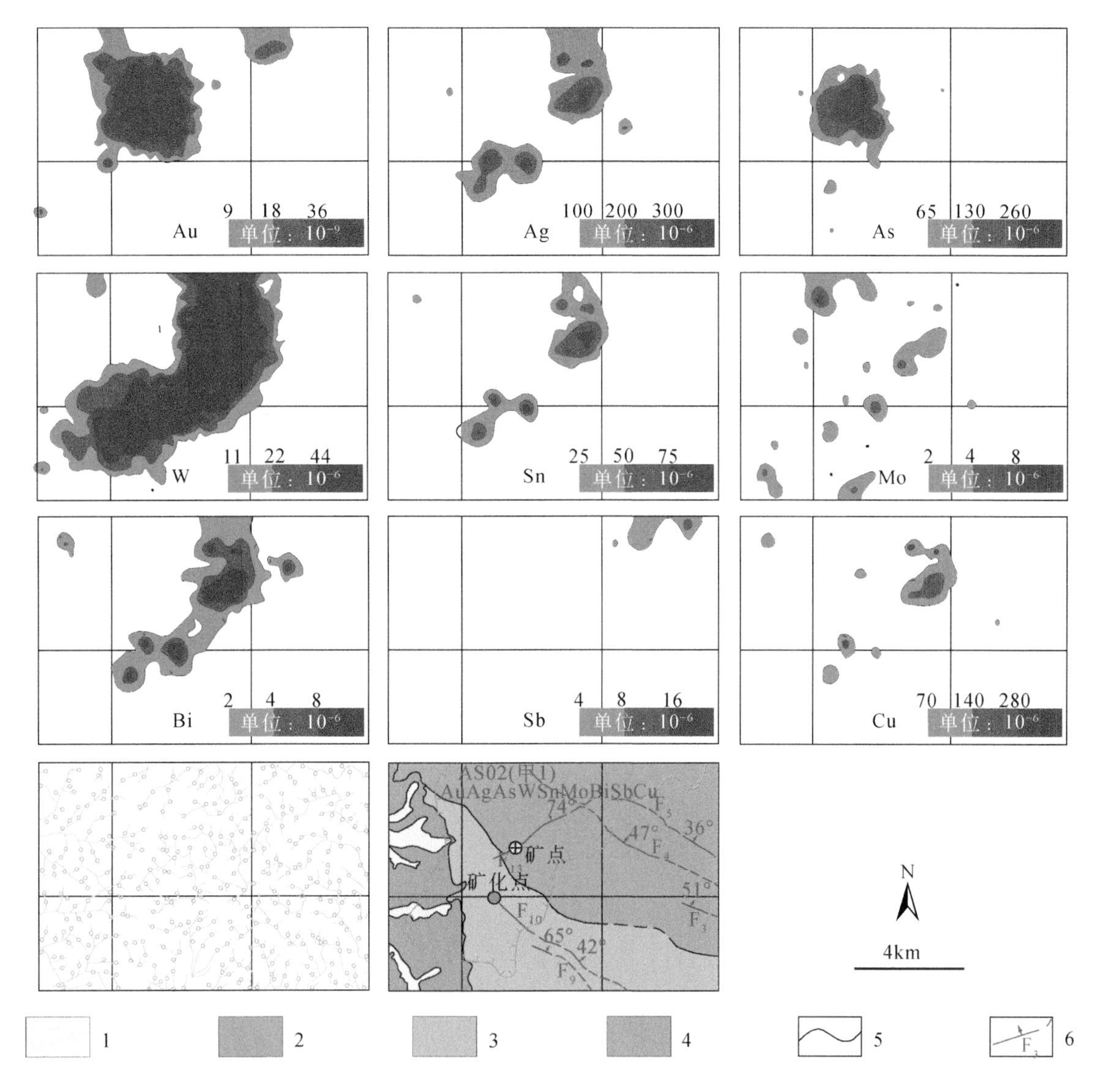

图6-65　指泉岭AS02综合异常剖析图

1. 第四系；2. 冷家溪群坪原组；3. 冷家溪群小木坪组；4. 晚侏罗世二长花岗岩；5. 实测地质界线；6. 实测断层

（3）蚀变与矿化

区内蚀变分布广，主要有硅化、黄铁矿化、褐铁矿化、绿泥石化等，硅化、黄铁矿化与金矿化关系密切。

（4）物化探特征

区内发育一个1∶20万水系沉积物综合异常（AS32），面积40km^2，异常元素有Au(3个)、Ag（1个)、Sb（1个)、Mo（3个）等，其中Au、Mo具有Ⅲ级浓度带，由两个浓集中心组成，主要异常元素有Au 3个中心（$108.46\times10^{-9}/36.65\times10^{-9}/12.01\times10^{-9}$），其中南部中心与余坪金矿点吻合度好。

2）资源量估算

资源量计算参照大万模型区，综合含矿率2.96t/km^3，面积13km^2，关联度为0.73，因工作程度低，预测深度取1000m，计算的远景资源量为28.1t。

5. 大源洞最小预测区（B-2）

预测区位于大万金矿区西南大源洞—康阜一带，地理坐标：$X=3163\sim3170$，$Y=19766\sim19769$，面积20km^2。综合信息标志明显，具有较好的找矿潜力。

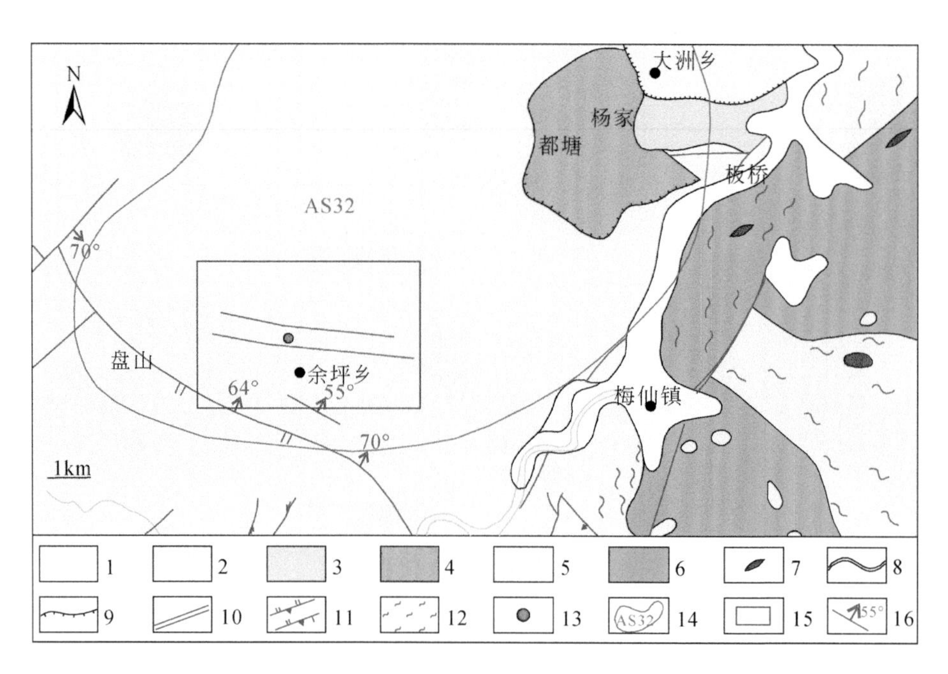

图6-66　余坪预测区矿产地质图

1. 第四系；2. 白垩系；3. 寒武系；4. 震旦系；5. 冷家溪群坪原组；6. 中侏罗世二长花岗岩；7. 花岗伟晶岩；8. 实测、推测地质界线；9. 实测、推测不整合地质界线；10. 性质不明实/推测断层；11. 实测、推测逆断层；12. 混合岩化带；13. 金矿点；14. 综合异常及编号；15. 预测区范围；16. 地质产状

1）预测区特征

（1）地质环境

出露地层主要为冷家溪群小木坪组，次为黄浒洞组、坪原组及第四系。小木坪组是本区重要的赋矿地层，岩性主要为板岩、条带状板岩，少量粉砂质板岩，岩层多呈薄层状，倾向12°～67°、倾角36°～79°（图6-67）。

构造以断裂为主，褶皱不发育。断层主要分为北西向、北东向、近东西向三组，近东西向断裂为主要控矿断裂，北东向断裂为次要控矿断裂。

西南区出露由晚侏罗世二长花岗岩组成的金井岩体，该岩体的稀土元素特征与石英脉型金矿具有一定的相似性，且岩体中微量元素的富集、贫化特征与本区金矿化存在着一定联系。

（2）矿产概况

预测区内已发现金矿点1处，发现含金矿脉带3条，受北西向、近东西向断裂控制，走向出露长200～650m，厚度0.40～1.50m，金品位0.10～5.08g/t。断裂破碎带内矿体由构造角砾岩、石英脉及绢云母化板岩组成。

（3）蚀变与矿化

区内蚀变主要有硅化、绢云母化、绿泥石化、黄铁矿化、毒砂化，其中硅化、毒砂化、黄铁矿化与金矿化关系密切。

（4）物化探异常特征

预测区位于1∶5万水系沉积物As05—AuAgAsBiHg（甲类）综合异常南部，且与黄金重砂异常套合。异常规模大，浓集中心明显，强度高，其中Au、Bi异常具Ⅲ级浓度分带，Hg、Ag具Ⅱ级浓度分带，与金矿点相吻合（图6-68）。

（5）重砂异常

预测区内分布有马龙殿黄金辰砂（8号）丙类重砂异常，面积12.3km^2，黄金异常样8个，含量1～5颗，异常连续性好；辰砂异常样4个，含量6～30颗。异常强度较高，连续好。伴生雄黄1～15颗。与已

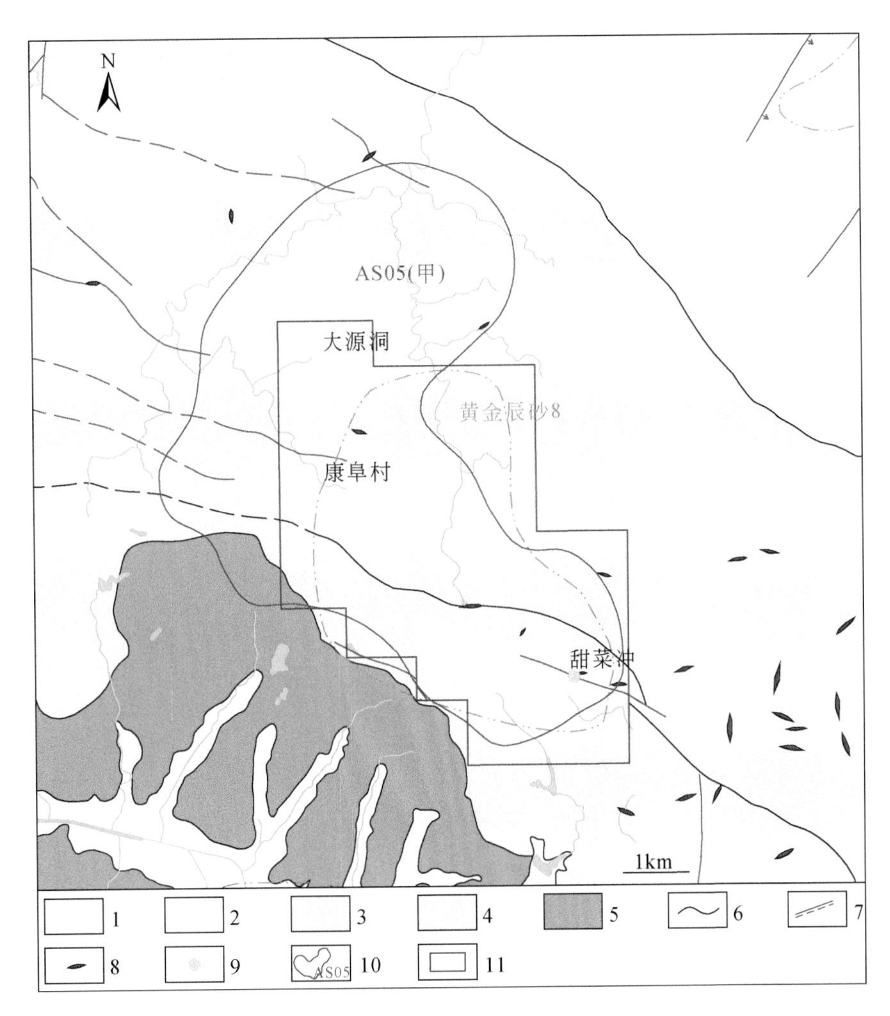

图6-67　大源洞预测区矿产地质图

1. 第四系；2. 冷家溪群坪原组；3. 冷家溪群小木坪组；4. 冷家溪群黄浒洞组；5. 晚侏罗世二长花岗岩；6. 实测、推测地质界线；7. 性质不明实测、推测断层；8. 石英脉；9. 金矿床；10. 综合异常及编号；10. 预测区位置

知甜菜冲金矿化点及沉积物综合异常相吻合。

2）资源量估算

本预测区成矿地质条件与大万金矿相似，综合含矿率参照大万模型区的2.96t/km^3，面积20km^2，关联度为0.72，因工作程度低，预测深度取1000m，计算的远景资源量为42.6t。

6. 瓮江最小预测区（C-1）

预测区位于大万金矿北西延伸的翁江—石坳一带，地理坐标：$X=3169\sim3180$，$Y=19735\sim19742$，面积34km^2。综合信息标志明显，金成矿条件与大万相似。

1）预测区特征

（1）地质环境

预测区出露地层为冷家溪群坪原组，岩性为薄-中层状绢云母板岩夹条带状粉砂质板岩，局部见变质砂岩透镜体。岩层总体倾向北东，倾角40°~60°，是重要的赋矿地层（图6-69）。

岩层为单斜构造，局部地段地层挠曲。断裂构造主要是断层，共发育3组规模不等的断层，以北西向或近东西向为主，其次为北东向，北西西向断裂是主要含矿断裂。

区内未发现有岩浆岩出露，但地层中发育石英脉，多沿节理、裂隙充填，脉壁较平直，石英脉一般延伸长几米、几十米，厚0.2~0.4m，个别达1.0m，以北西向为主，其次为北东或近南北向。预测区西

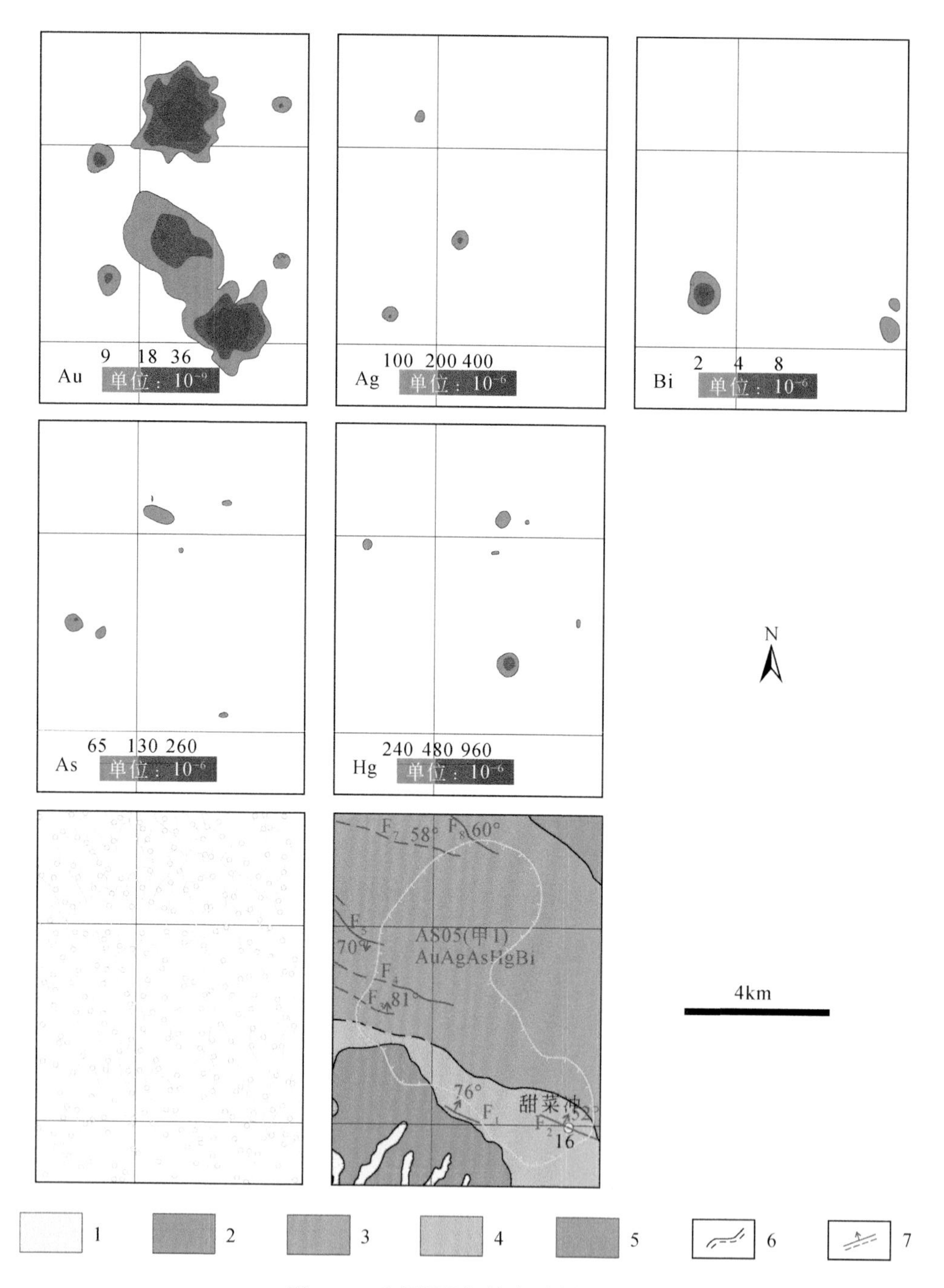

图 6-68　大源洞化探综合异常剖析图

1. 第四系；2. 冷家溪群坪原组；3. 冷家溪群小木坪组；4. 冷家溪群黄浒洞组；5. 晚侏罗世二长花岗岩；6. 实测、推测地质界线；7. 性质不明实测、推测断层

南部出露有金井花岗岩体。

（2）矿产概况

预测区内已发现小型金矿床 2 处（仕源、石坳）、金矿点 2 处（黄鸡岭、莲花洞），发现含金矿脉带 10 余条，主要受北西西向断裂破碎带控制，部分矿脉受北东向断裂控制，出露长 310～2900m，厚度 0.24～9.82m，金品位 0.30～9.84g/t，金矿体通常由构造角砾岩、石英脉及绢云母化板岩组成。

（3）蚀变与矿化

区内蚀变分布广，主要有硅化、绢云母化、绿泥石化、黄铁矿化、毒砂化。其中，硅化、毒砂化、

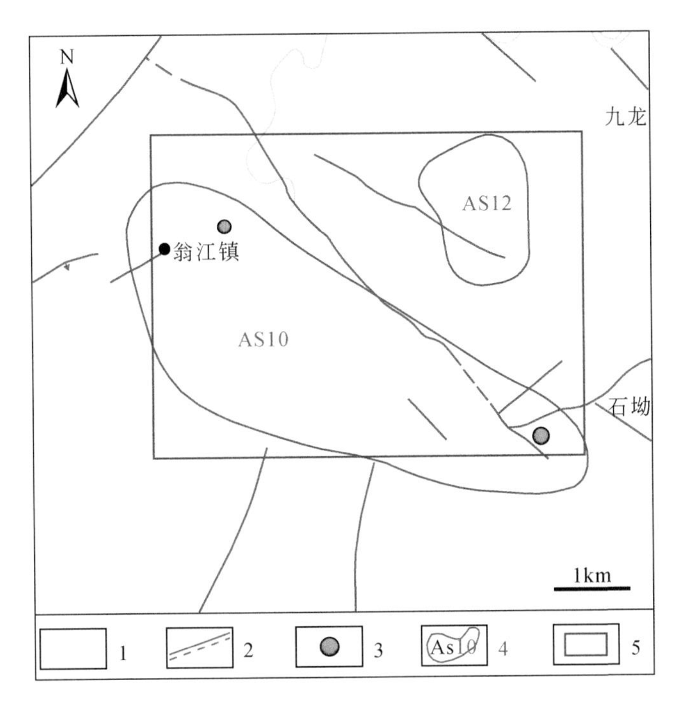

图6-69 翁江预测区矿产地质图

1. 冷家溪群坪原组；2. 性质不明实测、推测断层；3. 金矿点；4. 综合异常及编号；5. 预测区范围

黄铁矿化与金矿化关系密切。

(4) 化探异常特征

预测区分布于水系沉积物综合异常（AS10）甲1类异常内，异常元素组合为Au、As、Mo，以Au为主。Au、As套合性较好，金含量最高值达17.13×10^{-9}，平均含量7.07×10^{-9}，衬度2.86。金异常分布与断裂构造及石英脉分布有关（图6-70）。

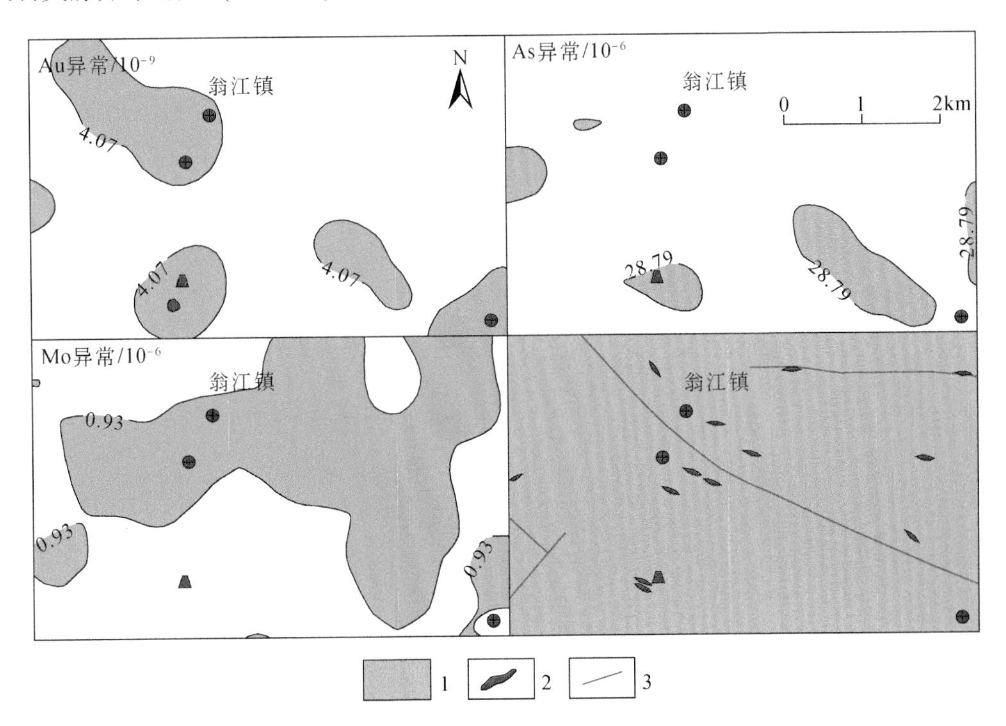

图6-70 石坳矿区综合异常剖析图

1. 冷家溪群坪原组；2. 石英脉；3. 性质不明实测断层

2）资源量估算

本预测区成矿地质条件与大万金矿相似，综合含矿率参照大万模型区的 2.96t/km^3，预测区面积 34km^2，关联度为 0.54，因工作程度较低，预测深度取 1000m，计算的远景资源量为 54.3t。

7. 姚家洞最小预测区（C-2）

预测区位于长沙-平江断陷盆地与幕阜山-望湘隆起镶结部位的姚家洞—周方一带，地理坐标：X = 3171～3174，Y = 19766～19769，面积 11km^2。综合信息标志明显，具有良好的找金潜力。

1）预测区特征

（1）地质环境

出露地层主要为冷家溪群坪原组，岩性为板岩、粉砂质板岩、条带状板岩，局部含变质砂岩，走向北西、倾向北东，为赋矿地层（图 6-71）。

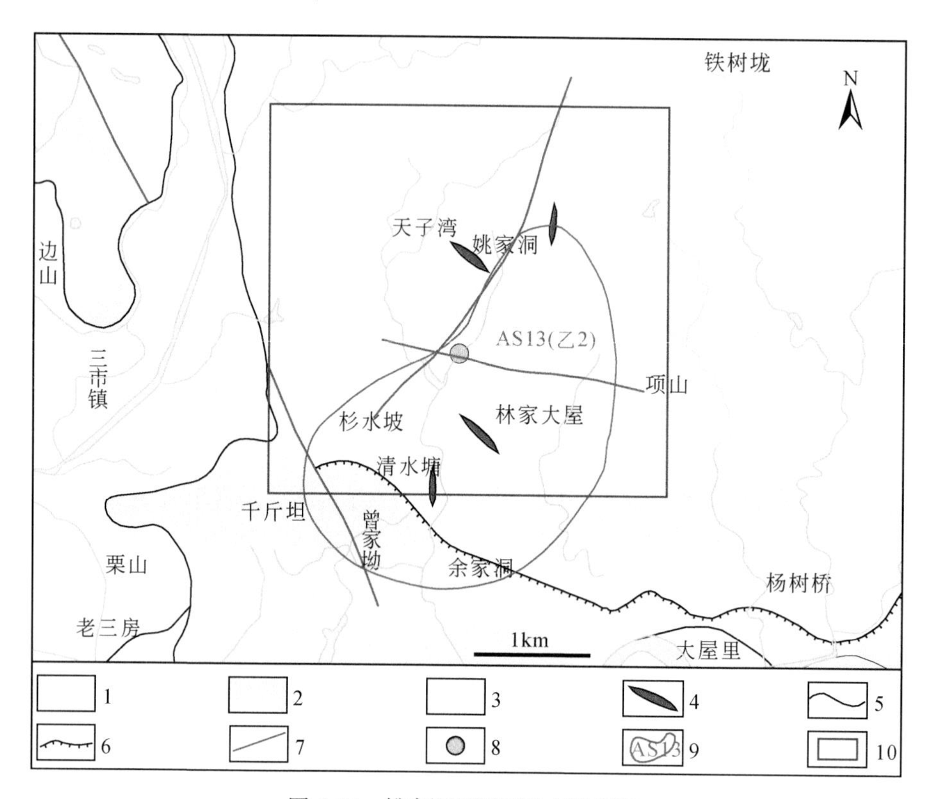

图 6-71　姚家洞预测区矿产地质图

1. 第四系；2. 白垩系；3. 冷家溪群坪原组；4. 石英脉；5. 实测、推测地质界线；6. 实测、推测不整合地质界线；7. 性质不明实测、推测断层；8. 金矿点；9. 综合异常及编号；10. 预测区位置

预测区褶皱不发育，构造以断裂为主，现已发现北西向、近东西向、北东向三组共 13 条断裂。近东西向、北西向断裂为主要控矿断裂，北东向断裂为次要控矿断裂。

预测区北部腰子坪—毛湾里一带出露少量武陵期黑云母斜长花岗岩，岩体呈长条状岩株产出，黑云母呈线状定向排列，斜长石亦略有定向分布，受构造作用影响明显。岩体侵位时代较早，与金矿化关系暂未查明。

（2）矿产概况

区内已发现金矿点 2 处，含金矿脉带 3 条，受北西、近东西向断裂控制，出露长度>1000m，厚度 0.50～1.60m，金品位 0.30～9.58g/t。含矿断裂破碎带由破碎板岩、构造角砾岩、石英脉组成。

（3）蚀变与矿化

蚀变主要有硅化、绿泥石化、黄铁矿化、褐铁矿化，近矿围岩部分具褪色化，金主要与硅化、黄铁矿化关系密切。

(4) 物化探异常特征

1∶5万水系沉积物测量表明，预测区内存在两个综合异常As30和As13：As30位于预测区北部周方一带，面积12km²，异常元素组合为Au、Sb、As、Hg，以Au为主，2个异常出现三级浓度分带，浓集中心明显，Au元素最高含量73.9×10^{-9}，平均含量12.25×10^{-9}，衬度4.96，异常北部浓集中心与已发现矿脉吻合度高；As13位于预测区南部姚家洞一带，异常元素为Sb、Hg、As，其中Sb、Hg均具Ⅱ级浓度带，异常规模大，元素组合性好，具有与大万金矿白荆垄As11—Au、As、Sb、Hg、Ag异常相似的组合特征，从地球化学角度解释推断，区内金矿（化）体可能处于隐伏状态。

2) 资源量估算

本预测区成矿地质条件与大万金矿相似，综合含矿率参照大万模型区的2.96t/km³，面积11km²，关联度为0.53，因工作程度低，预测深度取1000m，计算的远景资源量为17.2t。

6.8.2 钴矿资源潜力评价

湘东北地区钴矿预测工作区范围如图6-72所示。

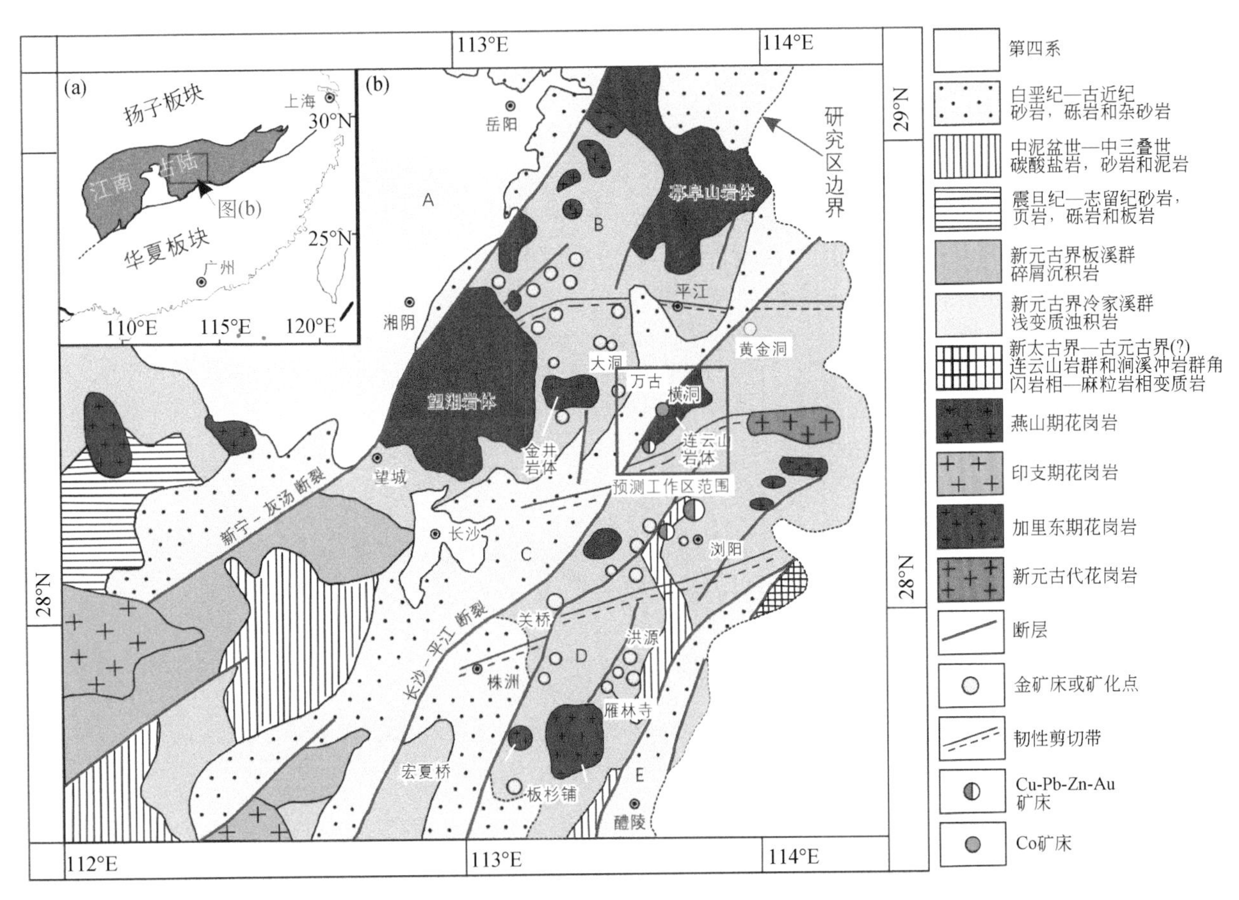

图6-72 湘东北地区钴矿预测工作区范围示意图

A. 汨罗断陷盆地；B. 幕阜山-望湘断隆；C. 长沙-平江断陷盆地；D. 浏阳-衡东断隆；E. 醴陵-攸县断陷盆地

6.8.2.1 成矿要素和预测要素

通过对湘东北地区典型矿床井冲钴铜多金属矿床的研究，确定了成矿要素和预测要素。

1. 成矿要素

(1) 基底构造：湘东北浏阳-紫云山断隆带（Ⅳ级，编号Ⅳ-4-9-4）。

（2）构造环境：NNE—NE 向长沙-平江深大断裂带。

（3）成矿地质体：燕山晚期花岗质岩体。

（4）成矿构造及成矿结构面：北东向断裂及硅化构造破碎带。

（5）成矿特征标志：主要是矿化蚀变，包括硅化、绿泥石化、绢云母化、黄铁矿化、褐铁矿化，局部黄铜矿化、毒砂化、碳酸盐化、萤石化。

2. 预测要素

（1）大地构造位置：湘东北断隆带（Ⅳ级，编号Ⅳ-4-9-4），江南古陆中段湘东北地区。

（2）区域成矿带：幕阜山-紫云山锰磷铜金铅锌多金属稀土成矿带。

（3）岩浆岩带：湘东北构造岩浆岩带。

（4）构造环境：NNE—NE 向深大断裂（长沙-平江深大断裂）。

（5）成矿地质体：燕山晚期花岗质岩体。

（6）矿化蚀变：硅化、绿泥石化、绢云母化、黄铁矿化、褐铁矿化，局部黄铜矿化、毒砂化、碳酸盐化、萤石化。

（7）化探水系沉积物测量异常：Cu、Co、Au、Pb、Zn 元素组合。

（8）物探异常：航磁正异常、稳定的低重力场和深部地层的局部强磁异常为隐伏岩体的标志；钴矿化体表现中、低阻高极化特征。

6.8.2.2　预测单元划分

在确定预测要素的基础上，选用地层、构造、水系异常和重砂异常四个要素，运用 MRAS 软件对预测单元进行了初步划分。由于早白垩世花岗岩体和长平断裂带为必要要素，水系沉积物异常为重要要素，在运算时，将早白垩世花岗岩体和长平断裂带的要素求交集，将 Cu、Co、Pb、Zn、Au 水系异常求并集，两者的运算结果再求交集（图 6-73），运算后得到的初步预测区色块图如图 6-74 所示。

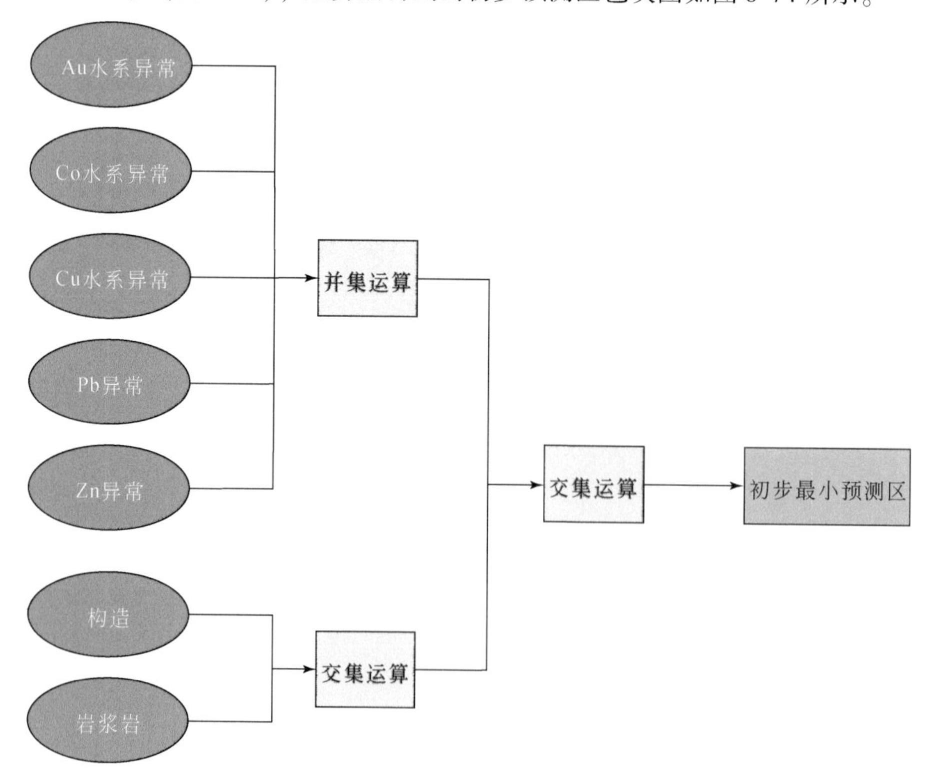

图 6-73　MRAS 最小预测区运算过程示意图

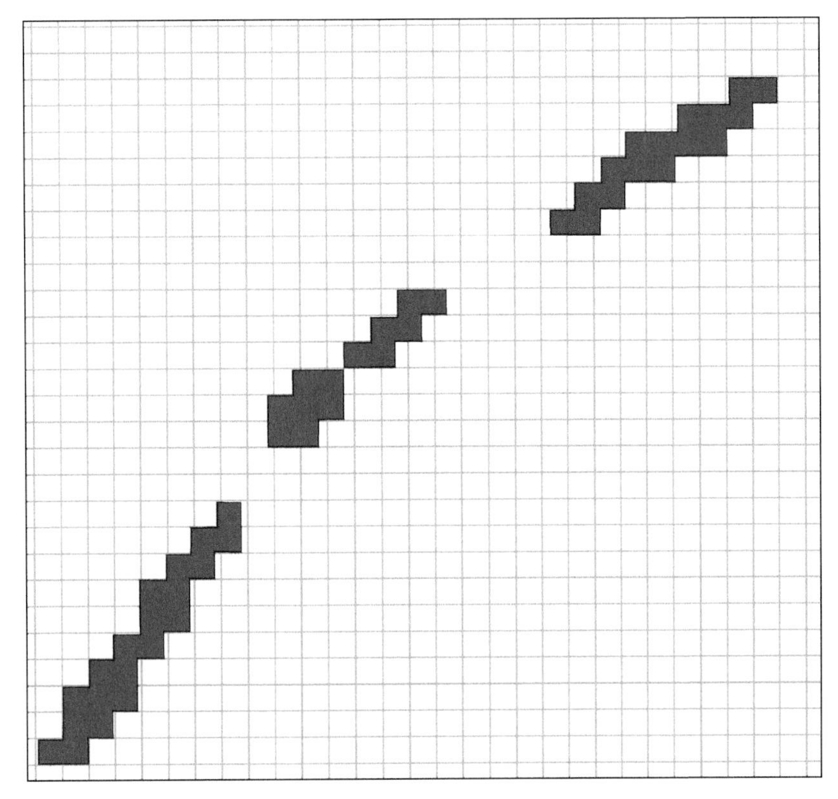

图6-74　湘东北地区钴矿初步预测区色块图

在建模器圈定的初步预测区的基础上，结合矿化蚀变情况以及本地区的实际勘查工作成果，对初步选定的预测区进行了适当的合并、拆分及补充，人工圈定了各预测单元的范围（图6-75）。

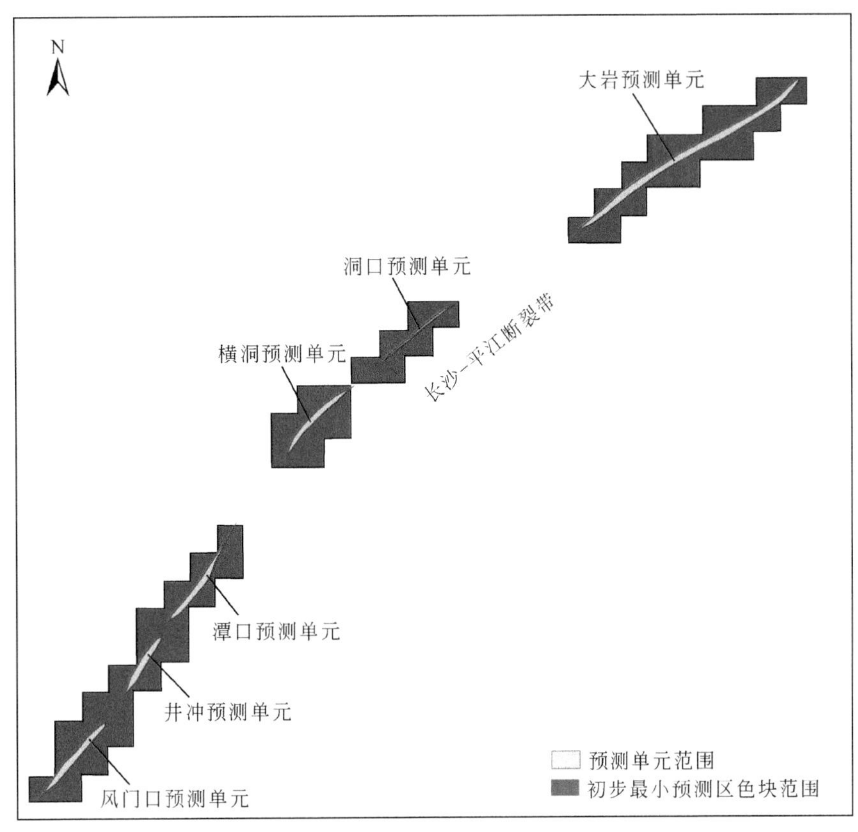

图6-75　湘东北地区钴矿预测单元分布图

6.8.2.3　最小预测区优选

运用矿点、构造、侵入岩、Cu 化探异常、Co 化探异常、Pb 化探异常、Zn 化探异常、Au 化探异常、黄铁矿化蚀变带、绿泥石化蚀变带等 10 个预测要素，通过特征分析法，对已经圈定的预测单元进行优选。

1. 预测要素及要素组合的数字化、定量化

首先，在 MRAS 软件中对各预测要素提取了存在标志（表 6-33）。然后在 MRAS 软件中对各个预测要素进行了数字化和定量化，其二值化后的结果见表 6-34。对于各矿床（点）图元，根据其规模由小到大分别赋予属性 1 ~ 3，分别对应矿点、小型、中型规模。

表 6-33　湘东北地区钴矿变量属性一览表

序号	变量名称	图层属性	变量提取	变量意义	备注
1	矿点	点图元	存在标志	有无已知矿床（点）	
2	长平断裂带缓冲 0.93km	面图元	存在标志	导矿构造和赋矿构造	
3	早白垩世侵入体缓冲 3.1km	面图元	存在标志	成矿的热液来源	
4	Cu 化探异常	面图元	存在标志	Cu 异常范围	
5	Co 化探异常	面图元	存在标志	Co 异常范围	
6	Pb 化探异常	面图元	存在标志	Pb 异常范围	
7	Zn 化探异常	面图元	存在标志	Zn 异常范围	
8	Au 化探异常	面图元	存在标志	Au 异常范围	
9	黄铁矿化蚀变带	面图元	存在标志	矿化蚀变特征	
10	绿泥石化蚀变带	面图元	存在标志	蚀变特征	

表 6-34　湘东北地区钴矿变量属性二值化结果

序号	黄铁矿化蚀变带存在标志	绿泥石化蚀变带存在标志	Au 化探异常存在标志	Co 化探异常存在标志	Cu 化探异常存在标志	Pb 化探异常存在标志	Zn 化探异常存在标志	构造图层存在标志	侵入岩建造图层存在标志	矿点存在标志
1	0	0	1	0	0	0	0	1	1	0
2	1	0	0	0	0	0	0	1	1	1
3	1	1	0	0	0	0	0	1	1	1
4	1	1	0	0	1	1	0	1	1	1
5	1	1	0	0	1	1	1	1	1	1
6	1	1	0	0	1	0	0	1	1	0

2. 预测单元划分及变量初步优选研究

变量的二值化结束之后，通过选择定位预测变量的方法（相似系数法），确定各预测变量的权重值大小，通过设置阈值对预测变量进行初步的优选，保留权重值较大的变量。如图 6-76 所示，由于各个变量对于预测该类型矿床均显示出比较重要的特征，变量在其重要性上没有表现为有明显的拐点出现，因此变量的阈值设置为 0.3，保留所有的变量。

通过构建预测模型，然后使用平方和法（即矢量长度法）计算出各预测变量的标志权系数如表 6-35 所示。设定阈值为 0.1，删除 Au 异常和 Co 异常的变量。

表 6-35　预测变量标志权系数一览表

序号	变量名称	标志权系数
1	矿点存在标志	0. 410347
2	绿泥石化蚀变带	0. 315684
3	黄铁矿化蚀变带	0. 410347
4	Cu 化探异常	0. 315684
5	Pb 化探异常	0. 315684
6	Zn 化探异常	0. 165805
7	Au 化探异常	0
8	Co 化探异常	0
9	大型变形构造	0. 410347
10	侵入体缓冲区	0. 410347

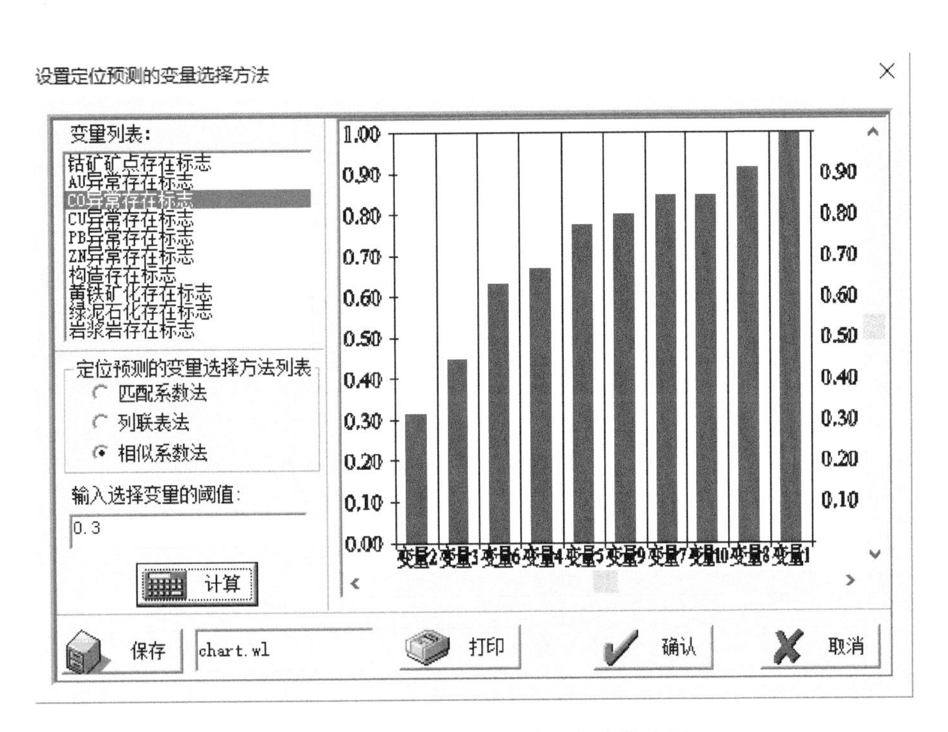

图 6-76　湘东北地区钴矿变量初步优选图

本次的阈值设置如图 6-77 所示，其中两个阈值为成矿概率曲线的拐点。成矿概率小于 0. 401082（关联度 0. 17）的预测单元，我们认为其成矿条件不利，目前认识为不成矿区，先去掉。再将成矿概率大于等于 0. 867403（关联度 0. 80）的预测单元划分为 A 类，用红色表示；成矿概率为 0. 599208（关联度 0. 66）到 0. 867403（关联度 0. 80）之间的预测单元划分为 B 类，用粉红色表示；成矿概率为 0. 401082（关联度 0. 17）到 0. 599208（关联度 0. 66）之间的预测单元划分为 C 类，用蓝色表示。本次通过计算机优选，最终圈定了 5 个最小预测区，其中 A 类预测区 2 个，B 类预测区 1 个，C 类预测区 2 个，如图 6-78 所示。各最小预测区的关联度及成矿概率如表 6-36 所示。

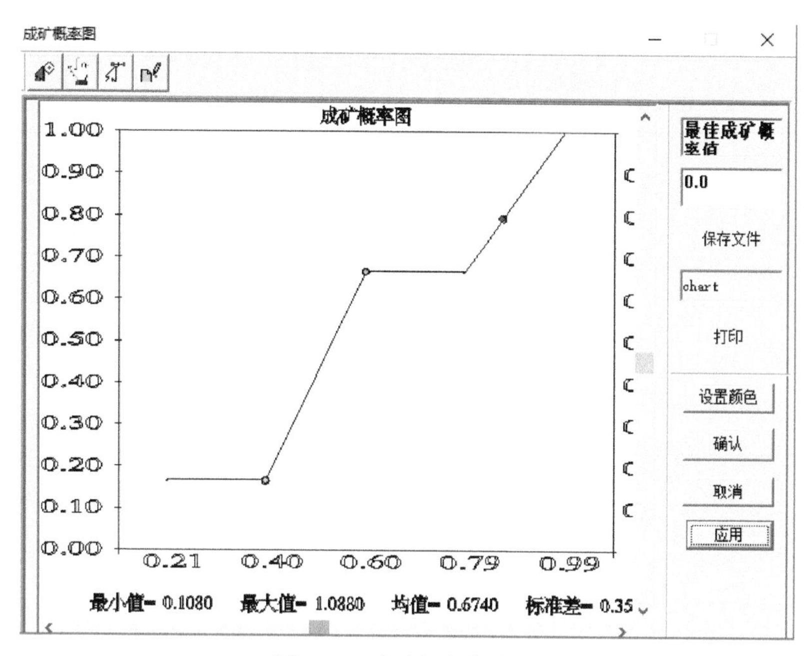

图 6-77　成矿概率曲线图

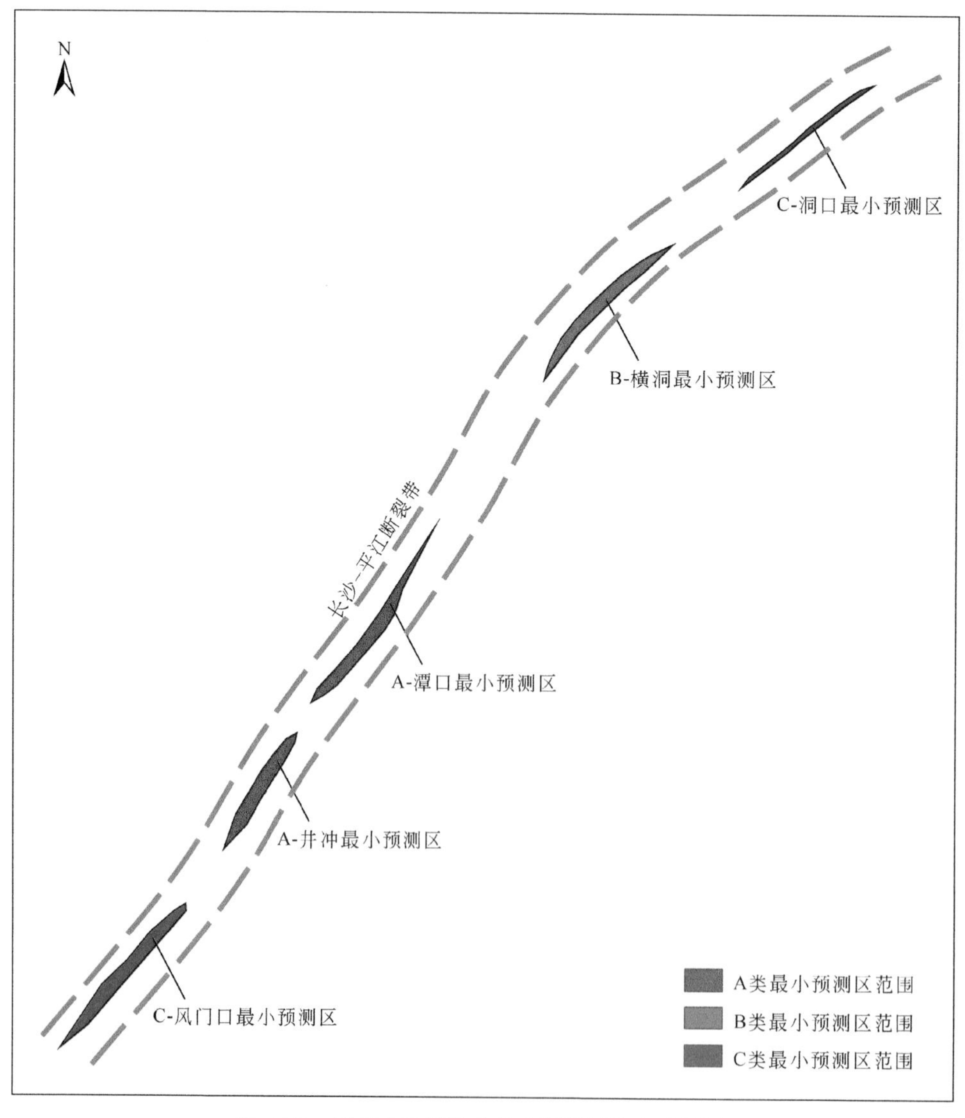

图 6-78　湘东北地区钴矿最小预测区优选成果图

表6-36　湘东北地区钴矿最小预测区成矿概率表

序号	最小预测区名称	关联度	成矿概率
1	A-井冲最小预测区	1.00	1.06
2	A-潭口最小预测区	0.94	0.99
3	B-横洞最小预测区	0.73	0.70
4	C-风门口最小预测区	0.69	0.65
5	C-洞口最小预测区	0.58	0.51

6.8.2.4　资源量定量估算

钴金属资源量的估算方法同金金属资源量估算。经资源量定量估算，本次5个最小预测区333类以上及334类钴金属资源量共计34177t（图6-79、表6-37）。各最小预测区概况及资源量预测过程如下。

表6-37　湘东北地区钴矿最小预测区钴资源量表

序号	最小预测区代号	最小预测区名称	333及以上资源量/t	334资源量/t	总资源量/t
1	A-1	井冲最小预测区	3283	4925	8208
2	A-2	潭口最小预测区		9483	9483
3	B-1	横洞最小预测区		6840	6840
4	C-1	风门口最小预测区		7781	7781
5	C-2	洞口最小预测区		1865	1865
总计			3283	30894	34177

1. 井冲最小预测区（A-1）（模型区）

本预测区为模型区，地理坐标为：$X=31474\sim31493$，$Y=197558\sim197570$，面积0.47km^2。上文根据MRAS计算得模型区的关联度为1.00，成矿概率为1.06。

1）预测区特征

（1）地质环境

预测区内地层出露简单，主要为连云山混杂岩和白垩系百花亭组，地层总体呈北东向展布。北东—南西向的区域性大断裂长平断裂带从区内经过。该断裂带倾向北西，倾角30°～55°，局部达75°，从北西向南东依次由破碎板岩带、硅化构造角砾岩带和糜棱岩带组成，岩浆岩（连云山岩体）出露于矿区的南东侧，呈岩基产出，形态既受北东向构造控制，又受北东向构造破坏，按同位素年龄值、岩石学特征、岩浆演化规律及接触关系将岩体分为两期，即早白垩世早期侵入体和早白垩世晚期侵入体（图6-80）。

（2）矿产概况

预测区内产出有中型的井冲钴铜多金属矿床。矿区内共圈出铜钴矿体6个，其编号5、6、7、8、9、10，其中主矿体3个（7、8、9号），其储量占总储量的84.8%，它们彼此互相平行排列，相距较近，一般为3～10m。在侧伏方向上，它们呈尖灭再现或尖灭侧现分布，受构造岩性控制明显。矿体地表出露长度162～232m，倾向北西，倾角36°～47°，沿侧伏方向呈透镜体产出，侧伏总长2528～610m，厚0.31～16.67m，控制矿体最大斜深长约592m。矿体赋存于硅化构造角砾岩、绿泥石化硅化构造角砾岩中。单工程铜品位0.291%～1.671%，钴品位0.010%～0.059%。矿石类型主要有黄铁矿-黄铜矿矿石、含铜钴黄铁矿矿石、黄铜矿矿石、方铅矿-闪锌矿矿石。主要矿石矿物为黄铁矿、黄铜矿，以及少量的斑铜矿、辉铜矿、铜蓝、辉铋矿、辉铅铋矿、硫铋铜矿、辉砷钴矿、毒砂、磁黄铁矿、白铁矿、闪锌矿、方铅矿、磁铁矿等；脉石矿物以石英、绿泥石为主，次为绢云母、方解石、高岭石、萤石等。矿石结构主要有自

图6-79　湘东北钴矿最小预测区位置分布图

1. 中细粒黑（二）云母二长花岗岩；2. 斑状黑（二）云母二长花岗岩；3. 连云山杂岩；4. 新元古界雷神庙组；5. 新元古界黄浒洞组；6. 新元古界小木坪组；7. 白垩系；8. 长平断裂带破碎板岩带；9. 长平断裂带硅化构造角砾岩带；10. 断层；11. 地质界线；12. 不整合接触界线；13. 水系沉积物 Au 元素异常范围；14. 水系沉积物 Cu 元素异常范围；15. 水系沉积物 Pb 元素异常范围；16. 水系沉积物 Zn 元素异常范围；17. 水系沉积物 Co 元素异常范围；18. 最小预测区范围及其代号

形、半自形、他形粒状结构、乳滴状结构、交代结构、斑状压碎结构等，矿石构造主要有块状、浸染状、条带状构造，其次为皮壳镶边构造、角砾状、脉状、网脉状构造。

（3）物化探异常特征

本区处于平江重力高区之南缘平缓带，剩余重力异常强度为 4mGal 左右。

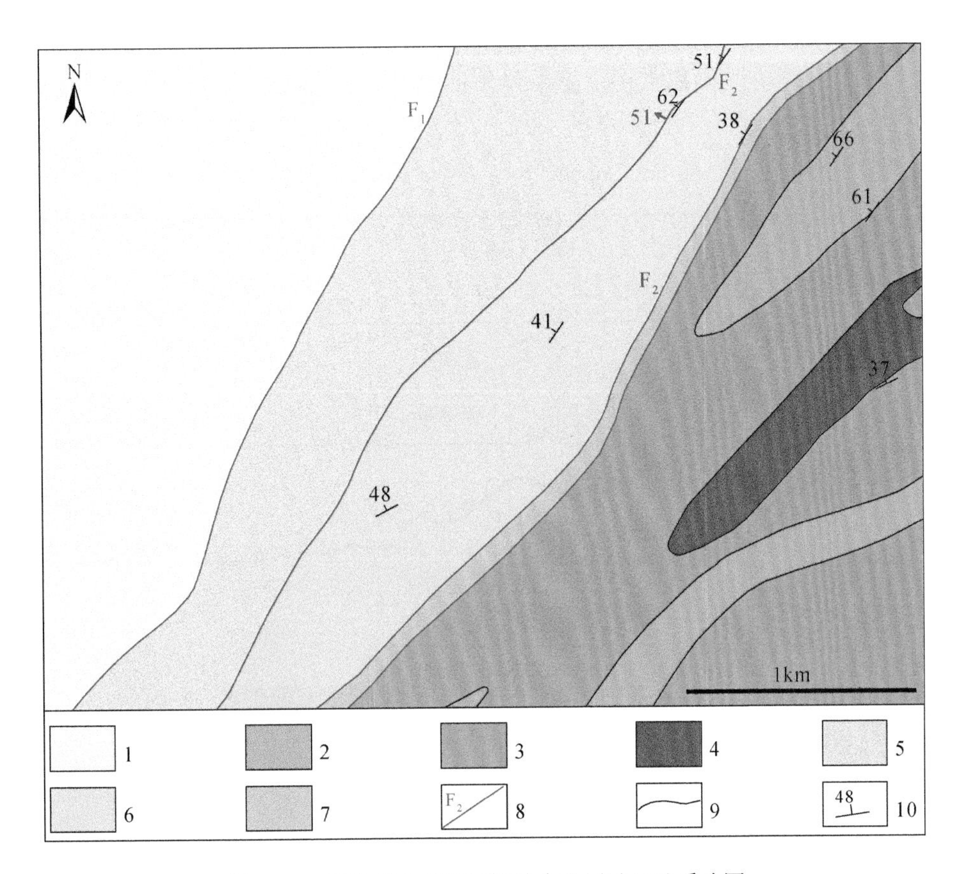

图 6-80　浏阳市井冲矿区铜钴多金属矿区地质略图

1. 白垩系百花亭组；2. 连云山杂岩体；3. 早白垩世早期侵入体；4. 早白垩世晚期侵入体；5. 长平断裂带破碎板岩带；6. 长平断裂带硅化构造角砾岩带；7. 长平断裂带糜棱岩带；8. 断层位置及编号；9. 地质界线；10. 地质体产状

1 : 20 万水系沉积物测量结果在本区表现出明显的浓集中心。该异常以 Cu 为主，伴有 U、Be、Pb、Zn、Bi、Rb、Sr、B、La，元素组合关系好，规模小，强度低。各元素的含量峰值为 Cu 85.4×10^{-6}、U 6.0×10^{-6}、Be 5.1×10^{-6}、Pb 73.9×10^{-6}、Zn 135×10^{-6}、Bi 1.0×10^{-6}、Rb 214.0×10^{-6}、Sr 90.0×10^{-6}、B 175.48×10^{-6}、La 67.8×10^{-6}。

2）资源量估算

资源量的预测采用地质体积法。模型区深部及外围资源量预测方法与金矿相似，本节不再重复阐述。井冲铜钴多金属矿床已探明的资源量包括已经过评审备案的 333 类及以上级别的资源储量，其数据来源于截至 2018 年 3 月底的《湖南省浏阳市井冲矿区潭玲铜多金属矿资源储量核实报告》。

体积含矿率为查明资源储量/（面积×延深），单位用 kg/m^3 表示。模型矿床——井冲铜钴多金属矿床的体积含矿率计算结果见表 6-38。

表 6-38　模型矿床查明资源储量及体积含矿率计算表

模型矿床	金属类型	查明资源量/t	面积/m^2	延深/m	体积含矿率/（kg/m^3）
井冲铜钴多金属矿床	Cu	98324	37470	800	3.2800907392
	Co	3283			0.1095209501
	Pb	5029			0.1677675474
	Zn	5124			0.1709367494
	Au	1.547			0.0000516080

深部预测资源量估算采用含矿地质体地质参数体积法，也就是以该模型矿床已查明资源量所确定的体积含矿率×相似系数×预测块段体积求得。重磁异常曲线表明，硅化构造角砾岩带浅地表厚度较薄，随着深度的增加，其延伸稳定，且有逐渐变厚的趋势（图6-81）。因此，模型区深部预测时将相似系数取1，预测至地表以下2000m（表6-39）。

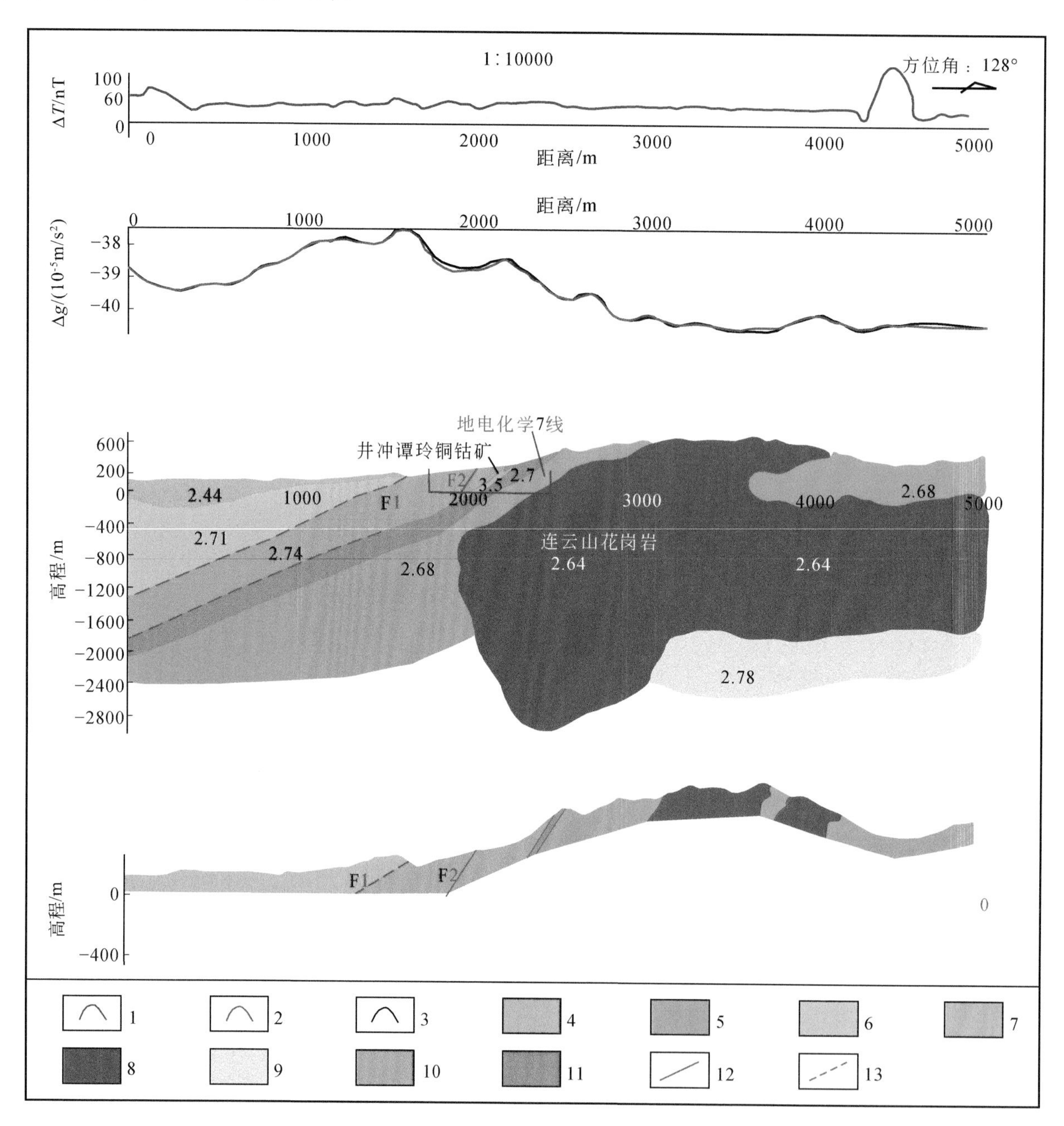

图6-81　200线重力2.5D反演推断解释图

1. 实测磁测异常曲线；2. 实测重力异常曲线；3. 拟合重力异常曲线；4. 白垩系；5. 苍溪群；6. 雷神庙组下段；7. 矿体；8. 黑云母花岗岩；9. 结晶基底；10. 破碎板岩带；11. 硅化构造角砾岩带；12. 重力推断断裂；13. 重力推断隐伏断裂

模型区查明资源量、预测资源量、资源总量见表6-40。对于本次进行潜力评价的钴资源，其模型区查明资源量（333类及以上）为3283t，预测资源量（334类）为4925t，总资源量为8208t，模型区体积含矿率为0.1095209501kg/m^3。

表 6-39　模型矿床深部及外围预测资源量估算表

模型矿床	外推面积/m^2	延深/m	矿种	体积含矿率/(kg/m^3)	新增资源量/t
井冲钴铜多金属矿床	0	2000	Cu	3.2800907392	147486
			Co	0.1095209501	4925
			Pb	0.1677675474	7544
			Zn	0.1709367494	7686
			Au	0.0000516080	2.321

表 6-40　模型矿床查明资源量、预测资源量、总资源量一览表

模型矿床	矿种	查明资源量/t	预测资源量/t	总资源量/t	总面积/m^2	总延深/m	体积含矿率/(kg/m^3)
井冲钴铜多金属矿	Cu	98324	147486	245810	37470	2000	3.2800907392
	Co	3283	4925	8208			0.1095209501
	Pb	5029	7544	12573			0.1677675474
	Zn	5124	7686	12810			0.1709367494
	Au	1.547	2.321	3.868			0.0000516080

2. 潭口最小预测区（A-2）

本预测区地理坐标为：$X=31499\sim31529$，$Y=197573\sim197595$，面积 0.58km^2。最小预测区的关联度为 0.94，成矿概率为 0.99。

1）预测区特征

（1）地质环境

区内出露的地层主要为连云山杂岩，岩性主要为云母片岩、黑云母斜长片麻岩。构造主要为北东向的长平断裂带，其出露岩性主要为破碎板岩和硅化构造角砾岩。早白垩世连云山岩体产出于长平断裂带之南东侧。

（2）矿产概况

区内硅化构造角砾岩带发育黄铁矿化、硅化，局部见绿泥石化。硅化构造角砾岩中发现钴矿脉一条。矿脉地表出露长约 200m，厚 1～1.6m，走向北东向，倾向北西，倾角 45°～61°，主要由硅化构造角砾岩组成，硅化极强且具多期性，局部见星点状、浸染状黄铁矿化，偶见方铅矿化，褐铁矿化较发育，局部见绿泥石化。刻槽采样分析得 Co 品位 0.014%～0.024%。

2）资源量估算

本区无探明资源量，最小预测区面积为 581381m^2，预测深度 2000m，根据模型区钴的体积含矿率（0.1095209501kg/m^3）以及本最小预测区的相似系数（即关联度 0.94），计算得本区的预测资源量（334 类）为 9483t。

3. 横洞最小预测区（B-1）

本预测区地理坐标为：$X=31555\sim31577$，$Y=197615\sim197636$，面积 0.58km^2。最小预测区的关联度为 0.73，成矿概率值为 0.70。

1）预测区特征

（1）地质环境

区内出露的地层主要为连云山杂岩，岩性主要为云母片岩、黑云母斜长片麻岩。构造为北东向的长平断裂带，岩性主要由破碎板岩、硅化构造角砾岩组成。长平断裂带南东侧为早白垩世连云山岩体。

（2）矿产概况

区内于长平断裂带硅化构造角砾岩带中发现矿脉一条。矿脉地表出露长约 330m，厚度 1.06 ~ 4.74m，走向北东向，倾向 313° ~ 327°，倾角 39° ~ 58°，主要由硅化构造角砾岩组成，硅化极为强烈，褐铁矿化较发育，局部见星点状及浸染状黄铁矿化，偶见方铅矿化，局部具绿泥石化。矿脉刻槽采样分析得到的 Co 品位分布于 0.020% ~ 0.032% 之间。

2）资源量估算

本区无探明资源量，最小预测区面积为 542259m^2，预测深度 2000m，根据模型区钴的体积含矿率（0.1095209501kg/m^3）以及本最小预测区的相似系数（即关联度 0.73），计算得本区的预测资源量（334 类）为 6840t。

4. 风门口最小预测区（C-1）

本预测区地理坐标为：X = 31440 ~ 31464，Y = 197529 ~ 197551，面积 0.65km^2。最小预测区的关联度为 0.69，成矿概率值为 0.65。

区内地质特征与井冲最小预测区（模型区）相近。长平断裂带硅化构造角砾岩中可见黄铁矿化和绿泥石化。

区内无探明资源量，最小预测区面积为 651636m^2，预测深度 2000m，根据模型区钴的体积含矿率（0.1095209501kg/m^3）以及本最小预测区的相似系数（即关联度 0.69），计算得本区的预测资源量（334 类）为 7781t。

5. 洞口最小预测区（C-2）

本预测区地理坐标为：X = 31588 ~ 31605，Y = 197649 ~ 197671，面积 0.18km^2。最小预测区的关联度为 0.58，成矿概率值为 0.51。

1）预测区特征

区内地质特征与横洞最小预测区类似。长平断裂带硅化构造角砾岩中发现矿脉一条。其地表出露长约 330m，厚 1.00 ~ 4.60m，走向北东向，倾向北西，倾角约 52°，主要由硅化构造角砾岩组成，硅化极为强烈，局部见星点状及浸染状黄铁矿化、磁黄铁矿化，褐铁矿化较发育，局部具绿泥石化。经刻槽采样分析得 Co 品位 0.029%。

2）资源量估算

区内无探明资源量，最小预测区面积为 184860m^2，预测深度 2000m，根据模型区钴的体积含矿率（0.1095209501kg/m^3）以及本最小预测区的相似系数（即关联度 0.58），计算得本区的预测资源量（334 类）为 1865t。

参考文献

陈毓川. 1994. 矿床的成矿系列. 地学前缘，1（3-4）：90-94.
陈毓川，裴荣富，王登红，等. 2016. 矿床成矿系列——五论矿床的成矿系列问题. 地球学报，37（5）：519-527.
程裕淇，陈毓川，赵一鸣. 1979. 初论矿床的成矿系列问题. 地球学报，1（1）：32-58.
叶天竺. 2004. 固体矿产预测评价方法技术. 北京：中国大地出版社.
翟裕生. 1999. 关于矿床学研究前景的探讨. 矿床地质，18（2）：146-152.
翟裕生. 2000. 成矿系统及其演化——初步实践到理论思考. 地球科学——中国地质大学学报，25（4）：333-339.
翟裕生. 2007. 地球系统、成矿系统到勘查系统. 地学前缘，14（1）：172-181.
翟裕生，彭润民，邓军，等. 2000. 成矿系统分析与新类型矿床预测. 地学前缘，7（1）：123-132.
翟裕生，王建平，邓军，等. 2002. 成矿系统与矿化网络研究. 矿床地质，21（2）：106-112.

第7章 结论与展望

自20世纪60年代末板块构造及其成矿理论兴起以来，国际成矿学研究多聚焦大陆板块边缘（洋陆板块）的成矿作用，即板缘或陆缘成矿。然而，基于威尔逊板块构造旋回理论在解释大陆板块内部的构造变形、岩浆活动和成矿作用等所遇到的挑战，80年代末国际上掀起了以发展板块构造理论、深入理解大陆成矿作用机制、提高发现大陆内部矿床能力为主要目的的“大陆动力学”研究热潮（翟明国，2020）。经过近四十年来的发展，板（陆）内成矿作用已成为当前国际矿床学研究的前沿领域和新热点。对板（陆）内成矿作用的深入研究，不仅能揭示制约大陆板块内部金属元素巨量堆积的机理及与深部过程的关系，反过来将为阐明大陆的组成与深部结构、增生和保存以及与之相关的大陆裂解、离散和聚合的动力学过程及机制等重大科学问题提供重要依据。

板（陆）内成矿作用在中国尤其是其东部，极其广泛和重要。中国大陆因复杂的地壳演化和独特的地质构造以及与全球其他大陆在成矿上的显著差异，是研究板（陆）内成矿作用特征、破解“大陆成矿之谜”的“世界窗口”。位于扬子板块与华夏板块结合部位的江南古陆，是华南内陆最具特色的地质构造单元，自晚中元古代—新元古代形成后又经历了多期陆内构造-岩浆（热）事件改造，已成为华南一个重要的、规模宏大的、以金钨铜为主的金锑钨铜铅锌银等多金属成矿带，因此，是创新研究中国大陆特色成矿理论的理想“天然实验室”。然而，江南古陆的成矿特征与华南大陆其他成矿带（如长江中下游、南岭、东南沿海等）相比，有着本身的独特性，且在不同的地段显示出一定差别。那么，是什么原因或机制驱动江南古陆金（多金属）大规模成矿的？又是什么因素控制着江南古陆的不同地段在成矿特征上的差别的？这都是国内外学者长期探索但未解决的重大关键科学问题，而这些科学问题又主要涉及以下三个方面：①金（多金属）大规模成矿的物质和流体的源区与性质、运移方式和驱动机制，由此导致对大规模成矿的深部过程与富集机理等的不同理解；②江南古陆金（多金属）大规模成矿是华南大陆多期陆内构造-岩浆（热）事件的必然结果，但后者是如何控制金（多金属）富集成矿的，仍有待深入研究；③江南古陆不同地段的金（多金属）成矿作用显示出一定的差异，但相对薄弱的研究程度也制约了对区内大规模成矿的机理和矿床成因的理解。

为探索江南古陆金（多金属）大规模成矿的根本原因，加深对华南大陆演化和陆内成矿特征及其深部过程与动力学机制的理解，并为查清江南古陆及邻区金（多金属）资源的富集规律、实现找矿新突破提供科学依据，本书以江南古陆湖南段的湘东北地区为例，以陆内构造-岩浆-成矿事件分析为主线，在大陆成矿学、矿床成矿系统等理论和研究方法指导下，通对湘东北地区不同类型典型金（多金属）矿床等精细解剖，重点开展了对不同类型典型金（多金属）矿床和重要围岩或侵入岩遍在性/指示性矿物的原位化学与多元同位素示踪、U-Pb法为主的定年研究，以精细厘定成岩成矿时代，查清成矿物质和流体的来源及物理化学变化条件；开展了构造解析与热年代学和流体动力学分析，以深入理解湘东北地壳变形特征和动力学演变机制及与流体运移和金（多金属）元素富集的关系；同时结合华南与周缘板块相互作用等研究进展，阐明了湘东北地区陆内构造-岩浆事件特征和形成机制及与金（多金属）大规模成矿的耦合关系，揭示了陆内金（多金属）大规模成矿的深部过程和富集机理与关键控制因素，厘定了不同类型矿床的成因，对深化华南大陆增生与陆内演化的认识、发现新的金（多金属）矿床/矿体、丰富和发展大陆成矿学均具重大理论和实际价值。

本书取得的主要创新成果和认识如下。

（1）正式提出了陆内活化型矿床的概念，并阐明了陆内活化型矿床的基本特征。陆内活化型矿床是指产于板内或陆内环境而非板块边缘，由先存构造活化和陆内多期岩浆侵入和/或变质作用共同诱发的、经历了多期成矿或叠加富化成矿而形成的一类大而富的矿床。其成矿特征如下：①通常产于陆内伸展构造环境，与盆-岭构造省和变质核杂岩或伸展穹隆等伸展构造的形成演化密切相关；②是强烈的陆内构造-岩浆活化触发的结果，往往伴随着岩浆底侵、壳-幔相互作用等深部过程；③矿床常常围绕复式岩基周缘分布，或矿区深部存在隐伏岩体；④矿体往往赋存于具脆-韧性转换性质的断层破碎带内，但后者受多期活化的区域性深大断裂控制；⑤成矿时代普遍晚于赋矿围岩的沉积时代，并具有多期叠加成矿特征；⑥成矿流体和成矿物质来源多样，但成矿早期以变质流体为主，成矿期以岩浆热液为主，成矿晚期有丰富的大气降水参与；⑦往往形成大而富的矿床，且表现多成矿元素组合特征，如 Au-Sb-W 组合、Fe-Co-Cu 组合、Fe-REE-Nb-Ta 组合、铁氧化物-Cu-Au-U-Co-REE 组合、Cu-Au-Mo 组合、Co-Cu-(Pb-Zn) -稀散金属组合、W-Sn-Bi-Mo-Pb-Zn 组合等；⑧矿物组成多样，不同产状的矿体或矿脉往往相互穿插或叠置；⑨同一成矿带内不同矿床在成矿流体的物理化学条件、来源和性质上往往表现出一定程度的差异性。

（2）湘东北金（多金属）大规模富集成矿是华南晋宁期以来多期陆内构造-岩浆活化诱发的结果，因而是典型的陆内活化型矿床，其标志性特征如下：①金（多金属）大规模成矿作用主要发生在盆-岭式伸展构造环境，矿体常常赋存在早期压扭性断裂在后期被活化转换成的伸展型层间破碎带或脆性断层中，部分矿床还与变质核杂岩或伸展穹隆等伸展构造有关，矿化主要赋存在拆离断层带内；②金（多金属）大规模成矿富集的机制系陆内多期特别是燕山期构造-岩浆活化所触发，因而往往表现叠加富化特征；③晚中生代壳-幔相互作用是金（多金属）大规模富集成矿的深部过程，晚中生代岩浆作用可能为成矿富化提供了物源和热驱动力；④先存构造特别是 NE—NNE 向区域性深大断裂的活化对金（多金属）流体大规模迁移与成矿物质沉淀起着重要控制作用，NE—NNE 向深大断裂可能是主要的导矿构造，而再活化的 NW—NWW 向层间破碎带或断层是主要的赋矿和控矿构造；⑤金（多金属）大规模成矿富集是多期特别是燕山期构造-岩浆热液叠加的结果，加里东期、晋宁期可能产生了金（多金属）成矿物质的初始富集或形成矿源层，而印支期尤其是燕山期（145～130Ma）的叠加改造是金（多金属）大规模成矿富集的主要时期。

（3）将湘东北地区的构造变形序列划分为 D_1、D_2、D_3、D_4、D_5等五个变形期次，其中，D_4变形期又被划分为 D_{4a}、D_{4b}和 D_{4c}三个亚阶段，从而揭示了构造-岩浆活化与金（多金属）成矿关系。从早到晚，上述构造变形期分别与武陵或晋宁期造山导致的区域性 NW—SE 向挤压作用（D_1）、加里东期造山或广西运动诱导的 NS 向挤压作用（D_2）、印支期造山引起的 NS 向挤压作用（D_3）、燕山早期古太平洋板块俯冲导致的 NW—SE 向挤压作用（D_4），以及燕山晚期俯冲的古太平洋板块的回撤和断离形成的 NW—SE 向拉张应力有关（D_5）。特别是 136～130Ma 发生的 D_3—D_4期陆内构造-岩浆活化是湘东北地区金（多金属）大规模成矿的主要驱动机制。湘东北地区伸展构造的形成演化与区域内金（多金属）大规模成矿事件相耦合。

（4）湘东北地区金（多金属）矿床的主要成矿时代为 140～121Ma（峰值：约 130Ma），与该区燕山期伸展变形事件相一致，但略晚于区内燕山期花岗质岩浆岩主要侵位时代（155～127Ma）。冷家溪群和“连云山混杂岩”为湘东北金（多金属）大规模成矿提供了主要的金（锑钨）等成矿物质；燕山期花岗质岩浆活动不仅为区内大规模成矿提供了含铜、钴、铅锌、铌钽和/或含部分金等成矿元素的岩浆热液，而且这些深部来源的岩浆热液对矿源层或先存矿体成矿金属还起着活化和再富集作用，因而所形成的金（多金属）矿产呈叠加改造特征，且围绕燕山期岩体（如连云山等）呈带状分布。然而，因基底变质岩和岩浆热液参与程度不同，不同矿床的成矿元素来源表现出一定差异性。例如，雁林寺金矿床的成矿元素可能主要来源于含矿岩浆热液，黄金洞金矿床的成矿金属可能来源于与海水环境有关的源区（如古老的含金属的深海沉积物），大万金矿床的成矿金属则更可能是深成岩体与冷家溪群的混合源。不过，由于燕山期花岗质岩浆普遍表现出较低的氧逸度特征，暗示湘东北地区以 Au-Pb-Zn 矿化为主，而不是以 Cu 矿化为主，因而该区可能不具备斑岩型铜矿大规模成矿的潜力。

（5）将湘东北金（多金属）矿床成矿系统划分为五种类型：①金（锑钨）矿床成矿系统；②钴铜多金属矿床成矿系统；③铅锌铜多金属矿床成矿系统；④铜-铅锌-金-银-稀散金属“五元素”矿床成矿系统；⑤铌钽锂稀有金属矿床成矿系统等。其中，金（锑钨）矿床成矿系统是典型的陆内活化型矿床成矿系统，表现出多期陆内构造-岩浆活化叠加成矿特征，且存在三个成矿时代：约400Ma、约153Ma、约130Ma，但后者是主要的成矿富化期；铜-铅锌-金-银-稀散金属“五元素”矿床成矿系统表现出斑岩型-夕卡岩型和热液脉型成矿特征，约153Ma是其主成矿期，与同时期石英斑岩侵入密切相关；钴铜多金属矿床成矿系统、铅锌铜多金属矿床成矿系统和铌钽铍稀有金属矿床成矿系统被确定为与晚侏罗世—早白垩世花岗质岩浆岩有关的热液脉型，但钴铜铅锌多金属矿床成矿系统形成于130～122Ma，而后两者形成于138～121Ma，因此，后两个成矿系统可能略晚于或与前者同期。

（6）湘东北地区不同矿床成矿系统明显地受到不同构造体系的控制。金（锑钨）矿床成矿系统主要受NE—NNE向断裂构造体系与NW—NWW向断裂和褶皱构造体系联合控制，矿体主要赋存在NW—NWW向层内和/或层间断裂破碎带内；钴铜铅锌多金属矿床成矿系统主要受NE—NNE向断裂构造体系和次级裂隙控制；铅锌多金属矿床成矿系统主要受近EW—NE向和近SN向构造体系控制，是在燕山期韧性剪切变形的脆性阶段形成的、与岩浆热液有关的中低温热液型矿床；铜-铅锌-金-银-稀散金属“五元素”矿床成矿系统主要受岩体与围岩的内外接触带控制，其次是受围岩中裂隙和风化淋滤层所控制；而铌钽铍矿床成矿系统主要受NW—NWW向和NE—近SN向断裂构造体系所控制。

（7）结合华南构造-岩浆演化特征和金（多金属）成矿事件，构建了晚新元古代以来江南古陆金（多金属）陆内构造-岩浆活化成矿模式。①晚新元古代—奥陶纪：790～730Ma的（超）地幔柱活动导致华南大陆陆内裂解和裂谷盆地沉积，可能出现低温热液型PGE和Au-Sb-W矿化。②中志留世—泥盆纪：裂解后华南大陆因加里东期造山事件重新拼合，并伴随钙碱性火山侵入杂岩、过铝质S型花岗岩的形成，可能出现造山型Au-(Sb)-(W)矿床等。③中晚三叠世：华南板块与印支板块、华北板块之间相继碰撞、汇聚，印支期造山后岩石圈发生伸展作用，但在江南古陆湖南段局部仅形成了与花岗斑岩有Au-(Sb)-(W)矿化作用。④早中侏罗世：因受约180Ma古太平洋俯冲板块的远程效应影响，在江南古陆出现与约170Ma花岗斑岩有关的金矿床（如贵州等）、斑岩型铜矿床（如江西）等。⑤晚侏罗世—早白垩世（160～130Ma），由于俯冲的古太平洋板片回撤、板片断离，引起构造域性质从压缩向伸展的转变，岩石圈减薄、软流圈上涌，I-S型花岗质岩浆呈脉动式大规模侵入，结果早期的晚侏罗世（约153Ma）以Cu-Pb-Zn-(Au)和W及放射性U金属矿化为主，而晚期的最早的早白垩世（140～130Ma）以大规模金矿化为主，且此阶段形成的矿脉往往叠加在或切割了早期形成的矿体。⑥早中白垩世（130～100Ma）：江南古陆全面处于后造山伸展阶段，成矿流体主要来自深源岩浆热液和浅源大气水，可能既产生了叠置于先前矿体的最新的Au矿化，又形成Co-Cu-(Pb-Zn-Au)多金属矿化。

（8）根据湘东北地区金矿床多分布于燕山期岩体的外围，并受深大断裂控制的特征，构建了该区陆内构造-岩浆活化过程与金（锑钨）改造富集成矿的耦合模型：伴随含矿断裂破碎带的初具雏形（D_2变形期），金发生早期成矿作用，成矿流体为H_2O-NaCl-CO_2成分体系，系变质水来源；之后，含矿构造在D_3和D_4变形期发生活化，流体也演化为H_2O-NaCl体系，明显不同于造山型金矿的流体，以岩浆热液来源为主。正是伴随多期构造-岩浆活化，超压的含金热液流体以断层阀模式不断运移至断层和裂隙内，湘东北地区从而发生金（多金属）的大规模成矿。进一步结合化探与物探成果，建立了湘东北地区陆内活化型金矿三维找矿预测地质模型，其基本要点包括：①金矿体定位于区域性NE—NNE向深大断裂带两侧15～20km范围内的NW—NWW向层间或层内断层破碎带内，后者是最重要的找矿标志；②成矿富集主要与燕山期（155～125Ma）花岗质岩或同期的隐伏岩体有关，并围绕岩体周缘分布；③矿体赋存于冷家溪群板岩中，后者是该类型金矿的主要找矿标志；④黄铁矿化、毒砂化、白钨矿化、硅化与富矿体关系密切，是陆内活化型金矿重要的找矿标志；⑤出现Au、As、Mo、Zn、Be、Ag、Cu、Pb、W元素异常组合；⑥NWW向羽状航磁异常带和可控源音频大地电磁法等所揭露的北西西低阻带为金矿床的物探找矿标志。

（9）分别建立了湘东北地区与变质核杂岩伸展构造有关的钴铜多金属矿床成矿系统、铅锌铜多金属矿床成矿系统的成矿模式，并提出了钴铜多金属矿床成矿系统的找矿标志。①构造标志：矿床主要赋存在变质核杂岩构造的拆离断层内，矿体位于长平断裂主干断裂旁侧次级“多”字形或“入”字形构造发育的地段以及不同方向断裂构造的交会部位。②成矿母岩标志：燕山期具埃达克质岩性质的高Sr低Y型花岗质岩是组成变质核杂岩构造中变质核的成矿母岩。③含矿岩性标志：蚀变构造角砾岩。④蚀变标志：具有多期且强烈的硅化、绿泥石化和菱铁矿化。⑤矿化标志：发育黄铁矿化、毒砂化、褐铁矿化和赤铁矿化，其中细粒黄铁矿+毒砂矿物组合是寻找钴矿体的直接矿物标志。同时，识别出钴铜多金属矿床中钴主要以类质同象形式存在于黄铁矿和毒砂中，次以细粒状辉砷钴矿嵌布于黄铁矿、毒砂、黄铜矿或脉石矿物中。根据钴的赋存状态，建议铜钴选矿工艺在考虑磨矿细度的基础上，采取浮选-强磁选联合工艺。

（10）以湘东北地区陆内活化型金（多金属）成矿理论和“三位一体”找矿预测理论研究为基础，应用可控源音频大地电磁法等深部找矿技术和三维地质建模可视化技术，构建了典型金（锑钨）矿床成矿系统和钴铜多金属矿床成矿系统的三维地质找矿预测模型，并根据成矿定量预测模型，在全区共圈出找矿远景区 9 处、找矿靶区 12 个。据此，预测了湘东北地区 2000m 以浅金属金、钴的远景资源总量。其中，金金属远景资源量为 1158. 8t、钴金属资源量为 34177t。经过近几年的找矿勘查实践，在大万矿区东部白垩系覆盖区的深部发现了多条隐伏的含金构造破碎带，实现了深部找矿突破，探获金资源量 104t，引领了研究区商业性及中央、省级财政地质勘查项目 15 个，为打造湖南“千吨级黄金产业基地”提供了资源保障，解决了湖南平江黄金矿山企业资源危机问题，为平江县革命老区脱贫攻坚提供强有力的支撑。

总之，陆内活化型矿床类型的提出，丰富和发展了大陆成矿学理论，为成矿预测和找矿勘查提供了科学依据，实现了找矿重大突破。然而，本书在陆内成矿理论方面所取得的认识仍有待深化和实际验证，更重要的是有赖于对整个江南古陆“金腰带”金（多金属）矿床的系统解剖。与陆内活化型矿床有关的陆内构造-岩浆活化的深部过程和动力学机制、陆内活化富集成矿的精细过程与机理、陆内成矿的物质和流体的来源与驱动机制等关键科学问题，仍将是今后研究的重点。此外，控制江南古陆湘东北地区构造-岩浆演化与成矿作用的长沙-平江深大断裂的物质组成、构造属性、发生与发展历史、动力学演变机制等，还需要更多细致工作加以精确厘定。对这些问题开展深入的研究，对精细刻画陆内活化型矿床的成矿过程与成因机理、阐明该类型矿床的成矿规律并指导找矿勘查等，均具重大的理论和实际意义。

参考文献

国家自然科学基金委员会，中国科学院. 2020. 大陆成矿学. 北京：科学出版社：1-439.